Lehrbuch

der

theoretischen Chemie.

Von

Dr. Wilhelm Vaubel,

Privatdocent an der technischen Hochschule zu Darmstadt.

In zwei Bänden.

Zweiter Band.

Zustandsänderungen und Chemische Umsetzungen.

Mit 75 Textfiguren und 1 Tafel.

Springer-Verlag Berlin Heidelberg GmbH

1903.

ISBN 978-3-642-50420-4   ISBN 978-3-642-50729-8 (eBook)
DOI 10.1007/978-3-642-50729-8

Softcover reprint of the hardcover 1st edition 1903

Inhaltsverzeichniss.

Inhaltsverzeichniss.   XI

Seite

Apparatur 535
   Landolt's Polarisationsapparat 535
10. Chemische Reaktionen mit Lichterscheinung 537
   Leuchten und Lichterzeugung 537
     Bunte's Tabelle über die Entwicklung der Flammenbeleuchtung 538
     Magnesiumlicht 538
   Leuchten von Kohlenstoff enthaltenden Flammen . . . . . , . 539
     Theorie von Lewes 539
     Cyan 540
     Verbrennung in verdünnter Luft 541
   Leuchten der Auer-Glühkörper 541
     Theorie von Bunte 541
     Theorie von Cl. E. St. John 541
     Versuche von H. Thiele 542
     Theorie von C. Killing 542
   Leuchten des elektrischen Glühlichts und der Nernstlampe . . 543
11. Photochemische Reaktionen 544
     Roloff's Eintheilung 544
     Eder'sche Lösung 545
  a) Umlagerungen der Atome im Molekül 546
     Allozimmtsäure, Angelikasäure u. s. w. 546
  b) Photopolymerisationen 546
     Phosphor 546
     Schwefel, Selen, Quecksilberjodid, Quecksilbersulfid, Rohrzucker 547
  Photographisch verwendbare chemische Reaktionen 548
     Halogensilbersalze 548
     Daguerre'scher Process 548
     Wiener'sche Streifen 549
     Theorien 549
     Diazoverbindungen 550
     Lichtempfindlichkeit der Farbstoffe 551
     Sensibilirende Wirkung, orthochromatische Platten 551
     Nachtblau, Eosin, Erythrosin 551
     Scheiner's Sensitometer 552
  Andere chemische Umsetzungen 552
     Duclaux's Aktinometer 552
     Versuche von G. Ciamician und P. Silber 553
  Einwirkung des Lichtes auf elektrisches Verhalten 554
     Arrhenius' Aktinometer 554
     Chlorwasser, Jodwasserstoff 555
     Aminbasen 555
     Zeit- oder Lichthydrolyse nach Kohlrausch 557
     Veränderung der Oberfläche von Metallen 558

VI. **Die Elektricität in ihrem Verhältniss zu Zustandsänderungen und Reaktionen** 560

  Allgemeines 560
  1. Unitarische und dualistische Hypothese über das Wesen der Elektricität 560
     Dualistische Hypothese 560

Inhaltsverzeichniss. XXI

Einleitung.

Nachdem im ersten Bande dieses Lehrbuches speciell die verschiedenen Arten der Materie, ihre Form, ihre Grösse, ihr Gewicht, sowie die Erscheinungsformen der Energie behandelt worden sind, soll uns im zweiten Bande der Verlauf der chemischen Reaktionen sowie der Zustandsänderungen beschäftigen, wie sie unter dem Einflusse der verschiedenen Energiearten stattfinden. Hierzu ist es nun nothwendig, die gesetzmässigen Beziehungen festzustellen, dener alle diese Einwirkungen unterliegen.

Die Möglichkeit einer durch Formeln und Gesetze ausdrückbaren Veränderung des Zustandes oder der Zusammensetzung erstreckt sich nun, dank der eifrigen Forschung der letzten Jahrzehnte auf diesem Gebiete, auf eine stattliche Reihe von Erscheinungen. Die thermodynamischen Grundsätze, das Massenwirkungsgesetz, die Gibbs'sche Phasenregel sind von weitgehendem Einfluss bei der Betrachtung vieler Verhältnisse gewesen und haben zur Förderung unserer Kenntnisse auf diesem Gebiete wesentlich beigetragen.

Doch auch hier fehlt es noch durchaus an der Möglichkeit einer umfassenden mathematischen Behandlung der Reaktionen und Zustandsänderungen. Noch immer zeigt sich der Widerstand der Individualität gegenüber der Einengung in starre Formen und bricht an manchen Stellen hervor, die man längst vollständig sicher gestellt glaubte. Eine grosse Zahl von Gesetzen ist nur als Annäherung an die Wirklichkeit anzusehen. Immer erscheinen einzelne Ausnahmen, die uns vorerst noch unerklärlich sind. „Keine Gleichung stellt irgend welche Vorgänge absolut genau dar, jede idealisirt sie, hebt Gemeinsames heraus und sieht von Verschiedenem ab, geht also über die Erfahrung hinaus. Dass dies nothwendig ist, wenn wir irgend eine Vorstellung haben wollen, die uns etwas Künftiges vorauszusagen erlaubt, folgt aus der Natur des Denk-

processes selbst, der darin besteht, dass wir zur Erfahrung etwas hinzufügen und ein geistiges Bild schaffen, welches nicht die Erfahrung ist
und darum viele Erfahrungen darstellen kann.“

Diese Worte Boltzmann's, der selbst ein hervorragender Pfadfinder
auf dem Gebiete der mathematischen Behandlung naturwissenschaftlicher
Fragen ist, mögen uns als eine Warnung dienen, nicht allzusehr das
Schema als Wirklichkeit anzusehen. Hier wie auch in dem blossen Auf-
häufen von Thatsachen ist das Extrem zu vermeiden. Medio tutissimus
ibis, gilt auch hier für den wahren Fortschritt. Möchten die Mahn-
ungen von Boltzmann, Dieterici, Nernst und andern nicht unbe-
herzigt bleiben.

I.

Maasse und Gesetzmässigkeiten.

———

Allgemeines. Ein principieller Unterschied zwischen Zustandsänderungen und chemischen Reaktionen besteht nicht. Wenn auch bei
den meisten Einwirkungen von Energie auf die Materie gewisse Unter-
scheidungen möglich sind, so finden sich doch hier die verschiedensten
Uebergänge. Man kann diese Vorgänge nach einzelnen Erscheinungsformen zu beurtheilen versuchen.

So erhebt sich als erste Frage die des **Maasses** der Veränderungen,
die wir als Zustandsänderungen oder chemische Reaktionen bezeichnen.
Als solches kann man die Reaktionsgeschwindigkeit oder aber wohl mit
grösserem Erfolge die Arbeitsleistung ansehen, wie nachher ausgeführt wird.

Es folgt dann die Frage nach der **Geschwindigkeit**, mit welcher
eine Zustandsänderung oder Reaktion eintritt. Dieselbe zeigt sich ausser
von Druck und Temperatur in hohem Maasse von der Koncentration abhängig; so dass wir den Satz aufstellen können:

„**Die Reaktionsgeschwindigkeit ist proportional dem Produkte der aktiven Massen der Komponenten.**"

Je nach den Umständen haben wir es mit einer Reaktion zu thun,
die vollständig bis zu Ende, d. h. bis zum völligen Verbrauch des einen
reagirenden Bestandtheils verläuft, oder die Reaktion verläuft nur theilweise, und es stellt sich dann ein **Gleichgewicht** ein. Dieses Gleichgewicht ist gleichfalls wieder abhängig von Temperatur, Druck und Koncentration, d. h. der Menge der vorhandenen reagirenden Bestandtheile,
wie sich aus dem **Guldberg-Waage'schen Massenwirkungsgesetz**
ergiebt, das folgendermassen lautet und bei Unveränderlichkeit des Aggregatzustandes, also für homogene Systeme, gilt:

Die chemische Kraft, mit welcher zwei Stoffe A und B
auf einander einwirken, ist gleich dem Produkte ihrer
aktiven Massen (p und q) multiplicirt mit dem Affinitätskoëfficienten k, und es tritt Gleichgewicht ein, wenn dieses

Produkt gleich dem aus den Massen der entsprechenden Verbindungen A' und B' (p' und q') mit dem entsprechenden Affinitätskoëfficenten k ist.

$$pq = k\,p'\,q'.$$

Bei der Messung der Reaktionsgeschwindigkeit muss sich der Affinitätskoëfficient k als konstant ergeben, sobald wir die entsprechende Gleichung für monomolekulare, bi- oder trimolekulare Reaktionen zu Grunde legen.

Die Gleichgewichtszustände bilden sich bei reversiblen und nicht-reversiblen Umsetzungen; bei ersteren können wir dieselben durch Abänderung von Druck, Temperatur und Koncentration, also durch Veränderung einer der Zustandsvariablen des Gleichgewichts, verschieben in dem einen oder andern Sinne; wir können auch den Vorgang rückläufig geschehen lassen. Bei den nicht reversiblen Vorgängen fällt dies weg.

Die Gleichgewichtserscheinungen bei reversiblen Vorgängen haben speciell ihren Ausdruck in der von W. Gibbs aufgestellten Phasen-regel gefunden, in welcher die einzelnen Zustände als Phasen aufgefasst und die Beziehungen der Phasen, der Komponenten, der möglichen Reaktionen und der Zustandsvariablen in eine bestimmte Regel gefasst erscheinen, die einen mehr oder minder glücklichen Ausdruck der betreffenden Verhältnisse gewährt. Sie lautet:

$$F = n + 2 - r,$$

d. h. die Anzahl der Freiheitsgrade F, die einer reversiblen Zustandsänderung oder Reaktion zustehen, ist gleich der Anzahl der Komponenten n vermehrt um 2 weniger der Anzahl der Phasen r.

Ein neuer Gesichtspunkt ist der der Betrachtung der Gleichgewichts-erscheinungen vom thermodynamischen Standpunkte aus. Die beiden Hauptsätze der mechanischen Wärmetheorie lauten:

1. In allen Fällen, wo durch Wärme Arbeit entsteht, wird eine der erzeugten Arbeit proportionale Wärmemenge verbraucht, und umgekehrt wird durch Verbrauch einer ebenso grossen Arbeit dieselbe Wärmemenge erzeugt werden können (Clausius).

2. Bei der Arbeitsleistung durch Wärme geht letztere immer von einem wärmeren Körper auf einen kälteren über, und dadurch wird die Arbeitsleistung hervorgerufen. Dagegen kann Wärme nicht von einem kälteren Körper auf einen wärmeren übergehen, und es kann also auf diese Weise keine Arbeitsleistung bewirkt werden. (Carnot-Clausius).

Aus diesen beiden Hauptsätzen leitete Clausius die Funktion der Entropie ab. Dieselbe ist gleich der Differenz vom Gesammt- und freier Energie dividirt durch die absolute Temperatur. Die Entropie kann man nun zur Beurtheilung und mathematischen Betrachtung chemischer Processe heranziehen, wie dies zuerst von Horstmann geschehen ist.

Auch kann man an Stelle der Entropie ähnliche Funktionen anwenden, wie die sog. freie Energie von Helmholtz, das thermodynamische Potential von Gibbs und Duhem, das Potential von Planck, das kinetische Potential von J. J. Thomson.

Weiterhin kommen in Frage bei der Beurtheilung chemischer Reaktionen die räumliche Anordnung und die sonstigen Affinitätsverhältnisse.

Es sind also die verschiedenartigsten Gesichtspunkte vorhanden, von denen aus wir chemische Reaktionen und Zustandsänderungen betrachten können, wozu ausser den angeführten die Einwirkungen der einzelnen Energiearten kommen. Ein vollständiges naturgetreues Bild erhalten wir erst durch Zusammenfassung aller dieser Umstände. Jede specialisirende Betrachtung muss als einseitig aufgefasst werden. Sie ist nur dann angebracht, wenn es sich um Untersuchungen vergleichender Art handelt.

1. Maass der chemischen Affinität.

Die chemische Affinität in einem Maasse auszudrücken, ist nicht so einfach, als es auf den ersten Blick scheinen möchte. Bei der Beurtheilung des Zustandekommens chemischer Verbindungen sind mehrere Umstände besonders zu beachten, es sind dies die Fragen, ob eine Reaktion exo- oder endothermisch verläuft, ob sie selbständig unter gewöhnlichen Umständen vor sich geht, oder ob der Einfluss von irgend einer Energieart oder der Zusatz eines bestimmten Stoffes, wie bei katalytischen Reaktionen erforderlich ist.

Es sind das lauter Fragen, die darauf hinweisen, dass wir es hier mit einer durchaus eigenartigen Materie voll wechselnden Spiels zu thun haben. Die Beantwortung der Frage nach dem Maasse der chemischen Affinität ist von J. H. van't Hoff in einem Vortrage im Jahre 1898 folgendermassen gegeben worden:

„Als Maass der Affinität[1]) ist nicht etwa die Reaktionsgeschwindigkeit oder die Reaktionswärme anzusehen, sondern die Arbeit, welche die Reaktion im Maximum leisten kann. In einigen Fällen ist dies einleuchtend, nehmen wir Reaktionen, die unter Volumvergrösserung erfolgen, etwa die Vereinigung von Kupfer- und Calciumacetat zu einem Doppelsalz. Thatsache ist, dass diese Umwandlung, falls im geschlossenen Gefässe vor sich gehend, die Gefässwand zertrümmert. Thatsache ist

---

1) J. H. van't Hoff, Ueber die zunehmende Bedeutung der anorg. Ch. 1898.

aber auch, dass ein gewisser Gegendruck, etwa im Cylinder und Kolben diese Umwandlung hemmt, und Spring stellte fest, dass darüber hinaus bei mehreren Tausend Atmosphären umgekehrt das Doppelsalz gespalten wird. Dieser Grenzgegendruck steht offenbar mit der Affinität, als Kraft betrachtet, im engsten Zusammenhang, und die Affinität als Arbeit ist eindeutig bestimmt durch die mechanische Arbeit, welche beim Maximalgegendruck durch die Reaktion geleistet wird."

„Vollbringt die Reaktion ihre Maximalarbeit in anderer, etwa elektrischer Form, wie beim Zink-Kupfer-Schwefelsäureelement oder im Cohenschen Umwandlungselement, so lässt sich dieselbe auch hier messen und steht mit der elektromotorischen Kraft in einfachem Zusammenhang. Sie zeigt sich gleich und muss sich gleich zeigen mit der mechanischen Arbeit, die geleistet wird, falls z. B. der aus dem Zinkkupferelement entwickelte Wasserstoff unter dem von Nernst und Tammann bestimmten Maximalgegendruck einen Kolben hebt."

„Wir haben dadurch ein einwurffreies Princip der Reaktionsvoraussagung:

Eine Umwandlung wird nur dann vor sich gehen können, falls sie im stande ist, eine positive Arbeitsmenge zu leisten; ist diese Arbeitsmenge negativ, dann wird die Umwandlung nur im umgekehrten Sinne vor sich gehen können; ist sie Null, dann weder im einen noch im andern."

„Diese Arbeit und damit die Reaktionsmöglichkeit lässt sich aber bei gegebener Reaktionsgleichung berechnen, falls nur für jedes der auftretenden Körper die Arbeit ein für allemal ermittelt ist, welche dessen Bildung aus den Elementen leisten kann ausgedrückt z. B. in Kalorien. Diese „Bildungsarbeit" führt durch einfache Addition und Subtraktion, wie bei der Berechnung einer Wärmeentwicklung, zur „Umwandlungsarbeit", deren Zeichen die Möglichkeit der Umwandlung beherrscht. Allerdings ist eine derartige Bildungsarbeit nicht nur von der Temperatur, sondern auch vom jeweiligen Zustande (gelöst oder ungelöst, Lösungsmittel und Koncentration) abhängig."

„Das hiermit gegebene, umfassende Arbeitsprogramm, worauf auch Ostwald in seiner Nürnberger Rede über Chemometer hinwies, wurde von Nernst und Bugarszky für die Quecksilberverbindungen bis zu einer gewissen Höhe durchgeführt. Und erwähnt sei, dass aus diesem Princip der Reaktionsprognose sich voraussehen lässt, dass Calomel von Kali zersetzt werden muss, wiewohl die Umwandlung unter Wärmeabsorption vor sich geht."

„In zweiter Linie haben wir einen Fundamentalsatz gewonnen für die Reaktionen, die sich nur zum Theil vollziehen durch Miteintreten der entgegengesetzten Reaktion und dann zu einem Zustande sog. chemischen Gleichgewichtes führen, wie bei der Verbindung von Jod und Wasserstoff und bei der Esterifikation, welche sich bekanntlich nur theilweise vollziehen. Wesentlich ist, dass in derartigen Fällen während der Reaktion und wegen der Reaktion Koncentrationsänderungen eintreten, die eine Aenderung bezw. Abnahme der Umwandlungarbeit veranlassen, dieselbe schliesslich auf Null zurückführen, wobei die Reaktionsgeschwindigkeit allmälig kleiner und schliesslich ebenfalls Null wird. Bei der Vereinigung z. B. von Kupfer- und Calciumnitrat zum Doppelsalz findet eine derartige Koncentrationsänderung nicht statt; die Reaktion vollzieht sich dementsprechend entweder gar nicht oder ganz bis zu Ende. Bei der Vereinigung von Jod und Wasserstoff dagegen entspricht die zunehmende Koncentration des gebildeten Jodwasserstoffs einer allmälig ansteigenden Gegenkraft, die schliesslich die Reaktion zum Stillstand bringt."

„Damit ist aber ein weiteres Princip der Reaktionsvoraussagung gewonnen von vielseitiger Anwendbarkeit. Der Punkt, bei welchem eine Reaktion zum Stehen kommt, lässt sich aus der Umwandlungsarbeit berechnen. Und eine glänzende Bestätigung wurde ganz neulich in dieser Beziehung von Bredig und Knüpffer gebracht, indem auf Grund von Messungen elektromotorischer Kräfte genau festgestellt wurde, wann die doppelte Zersetzung von Thalliumchlorid und Kaliumrhodanat zum Stillstande kommt."

„Aber auch die Aenderungen, welche die Umwandlungsarbeit durch Temperaturwechsel erleidet, sind der Wärmelehre rechnerisch zugänglich und damit die Gleichgewichtsverschiebungen, welche die genannte Aenderung veranlasst. In qualitativer Hinsicht sei diesbezüglich hervorgehoben, dass diese Verschiebung immer derart stattfindet, dass Abkühlung das unter Wärmeentwicklung sich Bildende begünstigt, bis schliesslich beim absoluten Nullpunkt sämmtliche Reaktionen in diesem Sinne vollständig verschoben sind. Dann wird also die Reaktionsrichtung von der Umwandlungswärme beherrscht; letztere ist aber auch beim Nullpunkt der Umwandlungsarbeit gleich.

„Uebersehen wir die Arbeiten über Gleichgewichtszustände von Roozeboom, Meyerhofer u. a., die unter diesen und derartigen Entwicklungen entstanden sind, so haben sie zunächst noch einen sehr bescheidenen, aber dennoch eigentümlichen Charakter. Gleichgewichtszustände einfachster Art, unter Einfluss von wechselnden Temperatur- und Mengenverhältnissen liegen am nächsten: gesättigte Lösungen, Hydrate, Doppelsalze; dann aber, und das ist das eigenthümliche, in einer so erschöpfenden Weise durchforscht, dass von jedem Körper nicht nur die Existenz, sondern auch die Existenzbedingungen festgestellt sind. Zwei sog. „Umwandlungstemperaturen" schliessen meistens das Existenzgebiet ab, beim Mineral Schönit z. B., indem es sich nach von der Heide bei 92^0 unter Wasserspaltung in Kaliastrakanit verwandelt, bei -3^0 unter Wasseraufnahme in eine Mischung von Kalium- und Magnesiumsulfat.

Die zwischenliegenden Verhältnisse und der Ueberblick z. B. über sämmtliche Lösungen, in deren Berührung der Schönit existenzfähig ist, ergeben
sich dann aus der bekannten Phasenregel im weitesten Umfange."

„Und das möchte ich schliesslich noch als zweites Merkmal derartiger
Untersuchungen beifügen: nicht nur die Existenzbedingungen des einzelnen
Körpers werden festgestellt, sondern auch sämmtliche Verbindungen werden erhalten, die bei gegebenen Materialien, sagen wir Wasser und einem
Salze, möglich sind. So wurden bei Neuaufnahme des Magnesiumchlorids
aus diesem Gesichtspunkte nicht weniger als sechs verschiedene Hydrate
isolirt."

„Die so ausgebildete Forschungsweise hat viele Aehnlichkeit mit der
kartographischen Aufnahme eines Gebietes, in dem früher nur einzelne
Städte und Dörfer besucht wurden. Und in nicht allzu ferner Zeit dürfte
auf diesem Wege die anorganische Chemie für die Geologie thun, was
sie bei der Darstellung der Einzelmineralien für die Mineralogie that."

2. Tabellen und graphische Darstellung.

Allgemeines. Zur übersichtlichen Wiedergabe der aus einzelnen
Versuchsreihen erhaltenen Resultate kann man sich der Tabellen oder
der graphischen Darstellungsweise bedienen. Je nach den Umständen ist die eine oder die andere Darstellungsweise vorzuziehen, wobei
noch zu bemerken ist, dass die graphische Darstellung die Aufstellung
der Tabellen zur Entnahme der einzelnen Daten voraussetzt. Aus jeder
der beiden Darstellungsweisen lassen sich dann die mehr oder weniger
bestimmten Gesetzmässigkeiten ableiten.

Bei der graphischen Darstellung, die speciell noch von van Ryn
von Alkemade erweitert worden ist, genügt meist ein Blick auf die
erhaltene Kurve, um festzustellen, welcher Art die Verhältnisse der durch
dieselbe festgelegten Beziehungen ist. Sind in der Kurve sog. Sprünge oder
weniger scharfe Knicke vorhanden, so können die einmal davon herrühren,
dass die Versuchsresultate in ihren Dimensionen so gewählt sind, dass sich
die unvermeidlichen Versuchsfehler allzu sehr geltend machen. Man kann
alsdann durch eine andere Wahl der Dimensionen das Bild klarer gestalten, oder aber es sind thatsächlich durch die sog. Sprünge Veränderungen in dem gegenseitigen Verhältnisse der dargestellten Grössen vorhanden. Ein Beispiel mag dies näher erläutern:

„Regnault[1]) ist bei seinen Versuchen über die Spannung des
Wasserdampfes bei verschiedenen Temperaturen zu dem Resultat gekommen,
dass die Kurve, welche die Spannung des Dampfes von Eis für Temperaturen unterhalb 0^0 darstellt, eine vollständige Kontinuität mit der-

---

1) Regnault, Compt. rend. **39**, 406; Pogg. Ann. **93**, 575.

jenigen darbietet, welche die Spannung des Dampfes von Wasser für Temperaturen über 0^0 liefert. Es ist dieses Resultat mit der mechanischen Theorie der Wärme insofern im Einklange, als nach dieser ein Zusammentreffen der beiden bezeichneten Kurven in einem Punkte stattfinden kann; die Theorie fordert dann, dass die Tangenten der Kurven in diesem Punkte verschieden von einander sind, mit andern Worten, dass der Differentialquotient der Spannung des Dampfes nach der Temperatur bei 0^0 einen Sprung erleidet."[1]

Man kann also sagen, dass an der Stelle eines Sprunges sich der Endpunkt einer Kurve und der Anfangspunkt einer neuen Kurve befindet.

Geben wir die drei Gleichgewichte: Dampf-Flüssigkeit, Dampf-fester Körper und Flüssigkeit-fester Körper durch je drei Kurven wieder, deren Ordinaten dem Drucke p und der Temperatur t entsprechen, so werden sich die drei Punkte in einem Punkte, dem sog. Tripelpunkte schneiden. Es ist dies der Punkt, bei dem die drei Aggregatzustände neben einander existiren können. Für das Gleichgewicht Wasserdampf, flüssiges Wasser, Eis liegt derselbe bei $0,0076^0$ und 4,6 mm Druck. Die entsprechenden Kurven sind in der nebentehenden Fig. 1 wiedergegeben.

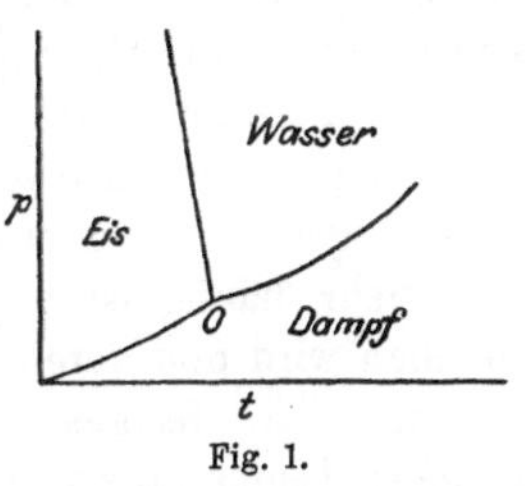

Fig. 1.

Solche Tripelpunkte können auch auftreten bei den Uebergängen enantiomorpher Formen aus dem festen Zustand des einen in den des andern, und in die Dampfform aus jedem der beiden. In dem Tripelpunkte begegnen sich dann die drei Gleichgewichtskurven von Fest_I bis Fest_{II}, Fest_I-Dampf und Fest_{II}-Dampf.

Nach P. Duhem[2] lassen sich hinsichtlich des dreifachen Punktes zwei Fälle unterscheiden:

1. Die Schmelzung erfolgt unter Volumzunahme wie bei der Essigsäure und fast allen andern Stoffen. Alsdann ist das Verhältniss

$$\frac{dF}{dT} > 0$$

wobei F den Schmelzdruck und T die absolute Schmelztemperatur bedeuten. Hierbei kann unterhalb des dreifachen Punktes nur a) das Gleichgewicht zwischen flüssigem und festem Körper, b) das Gleichgewicht zwischen festem Stoff und Dampf und oberhalb nur das Gleichgewicht zwischen Flüssigkeit und Dampf bestehen.

---

[1] Entnommen aus der Abhandlung von G. Kirchhoff, „Bemerkung über die Spannung des Wasserdampfes bei Temperaturen, die dem Eispunkt nahe sind." Pogg. Ann. **103**, 1858, Ostwald's Klassiker Nr. 101, S. 32.

[2] P. Duhem, Zeitschr. physik. Ch. **8**, 367, 1891.

2. Die Schmelzung erfolgt unter Volumabnahme wie beim Eis. Alsdann ist

$$\frac{d\,F}{d\,T} < 0.$$

Unterhalb des dreifachen Punktes kann dann nur ein Gleichgewicht zwischen Eis und Wasserdampf bestehen, oberhalb dagegen a) zwischen dem festen und dem flüssigen Stoff und b) ein Gleichgewicht zwischen der Flüssigkeit und dem Dampf bestehen.

Ein vierfacher Punkt ist ein Endpunkt für vier Kurven. Derselbe wird später bei Besprechung der Umwandlungspunkte und -Temperaturen ausführlicher abgehandelt.

Unter eutektischem oder kryohydratischem Punkte versteht man einen solchen, bei dem sowohl der flüssige wie auch der feste Körper gleiche Zusammensetzung haben. Dementsprechend ist eine eutektische Mischung eine solche, bei der flüssiger und fester Körper gleiche Zusammensetzung haben, z. B. bei einer theilweise geschmolzenen Legirung, einem theilweise geschmolzenen, krystallwasserhaltigen Krystall. Das Gegentheil von eutektisch ist dystektisch.

Sehr häufig ist es die Temperatur, welche als die eine Variable angesehen wird und deren Einfluss auf Druck, Volum, Reaktionsgeschwindigkeit u. s. w. festgestellt werden soll. Linien, welche die Punkte mit gleicher Temperatur verbinden, werden Isothermen genannt. In gleicher Weise werden diejenigen, welche die Punkte gleichen Drucks verbinden, Isobaren genannt, und Isochoren sind solche, welche angeben, wie bei gleichem Volum der Druck variirt.

Will man die Beziehungen dreier Grössen graphisch wiedergeben, so muss man dasselbe räumlich thun, indem man eine sog. Raumkoordinate zu Hilfe nimmt.

Graphische Darstellung der heterogenen Systeme aus ein bis vier Stoffen mit Einschluss der chemischen Umsetzung.

Hierüber giebt H. W. Bakhuis Roozeboom[1]) folgende Ableitung:

I. Graphische Darstellung.

1. „Bei Systemen, welche nur aus einem einzigen Stoffe bestehen, kann kein Unterschied sein in der Zusammensetzung der unterschiedenen Phasen, welche mit einander in Gleichgewicht stehen. Die Darstellung beschränkt sich deshalb auf die Angabe des Gleichgewichtsdruckes bei verschiedenen Temperaturen. Sie besteht also aus einer

---

[1]) H. W. Bakhuis Roozeboom, Zeitschr. physik. Ch. **15**, 145, 1895; **12**, 359, 1893.

Reihe von Druckkurven für die Gleichgewichte zweier Phasen, welche sich im Tripelpunkte begegnen können, je drei und drei. Diese Punkte geben die Gleichgewichtsbedingungen an für die Koexistenz dreier Phasen. Die Kurven zerlegen die Ebene p, t in Felder für die Existenz einer jeden Phase für sich."

2. „Bei Systemen aus z w e i S t o f f e n, A und B, kommt noch als dritte Variable die Zusammensetzung hinzu. Anschliessend an das vorige thut man am besten, jetzt die Gleichgewichte jeder Stoffe für sich in einer p-t-Ebene darzustellen und die beiden Ebenen in willkürlicher Entfernung parallel aufzustellen (Fig. 2). Nennt man jetzt diesen Abstand 1 oder 100 und drückt die Zusammensetzung der aus A und B zusammen gesetzten Phasen auf 1 oder 100 Gesammtmoleküle aus, so wird man im Raum zwischen den beiden Ebenen sowohl die Zusammensetzung wie Gleichgewichtsdruck

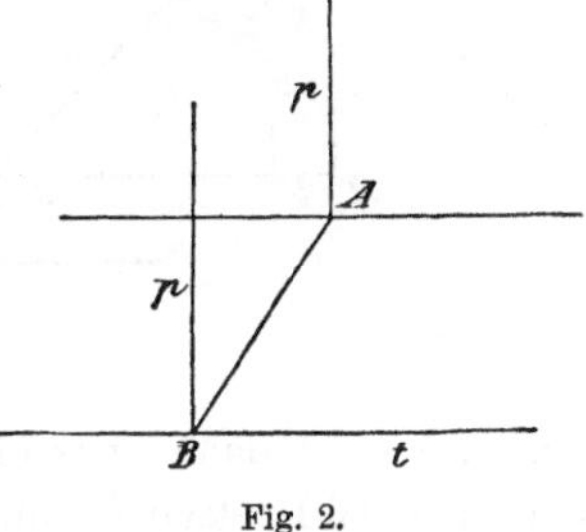

Fig. 2.

und Temperatur aller möglichen Gleichgewichtszustände darstellen können."

„Arbeitet man diese Vorstellung aus, so sieht man, dass die Gleichgewichte zweier Phasen durch Flächen, diejenigen dreier Phasen durch Raumkurven und diejenigen von vier Phasen durch Punkte ausgedrückt werden. Von den Phasen veränderlicher Zusammensetzung (gasförmige, flüssige oder feste Gemische) kann man eigentlich nur eine zu gleicher Zeit ausdrücken, und wird dafür die flüssige Phase am besten zu wählen sein, weil feste Gemische seltener sind, und von den gasförmigen bei den meisten Experimenten die Zusammensetzung vernachlässigt wird. Wäre diese jedoch bekannt, so liesse sich ihre Darstellung mit derjenigen der flüssigen Phase vereinigen. Nebst der Darstellung im Raum lässt sich natürlich auch eine horizontale oder vertikale Projektion benützen, d. h. eine Darstellung mit Hinweglassen des Druckes oder der Koncentration."

3. Für Systeme aus d r e i S t o f f e n[1]) wird die Darstellung der Zusammensetzung durch Punkte innerhalb eines rechtwinkligen gleichschenkligen Dreiecks vorgeschlagen (Fig. 3). W. G i b b s dagegen empfiehlt, die Zusammensetzung durch Senkrechte zu den Seiten eines gleichseitigen Dreiecks auszudrücken.

„Wenn aber ein System von drei Stoffen eine Unterabtheilung eines ausgedehnten Systems von vier Stoffen ist, muss man nothwendig bei einem gleichseitigen Dreieck bleiben. In diesem Falle ist die in Fig. 3b wiedergegebene Darstellung, wo die Entfernungen des Punktes P abgemessen sind, in Richtungen parallel zu den Seiten derjenigen in Fig. 3a

---

1) Als Beispiel sei das von R. K u r i l o f f behandelte erwähnt über das System β-Naphtol, Pikrinsäure und Benzol. Zeitschr. physik. Ch. **23**, 673, 1897; **24**, 441, 1897.

vorzuziehen. Je nachdem man die Entfernungen bestimmt durch die Ordinaten a und b, b und c oder c und a, wird man die Punkte C, A oder B als Ursprung nehmen können. Die Summe der drei Ordinaten

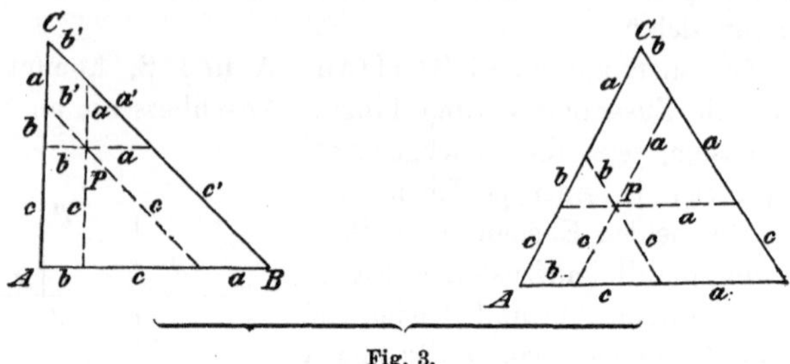

Fig. 3.

a, b und c ist dann stets gleich der Seite des Dreieckes, welche man also = 1 oder 100 setzen kann. Auf diese Weise behält man den nämlichen Massstab für die Zusammensetzung der ternären Phasen (im Dreiecke), wie für solche der binären Phasen (auf seinen Seiten)." . . . [1].

„In der Richtung senkrecht zur Ebene des Dreiecks lässt sich jetzt entweder die Temperatur oder der Druck ansetzen. Thut man das erste, so erhält man im dreieckigen Prisma (Fig. 4) eine Darstellung der Gleichgewichtszustände zwischen den drei Stoffen für verschiedene Temperaturen, aber bei feststehendem Druck, während die drei Seitenflächen die Gleichgewichte zwischen je zwei Stoffen darstellen. Neben der räumlichen Darstellung lässt sich auch eine Projektion auf einen Durchschnitt A, B, C in vielen Fällen benützen".

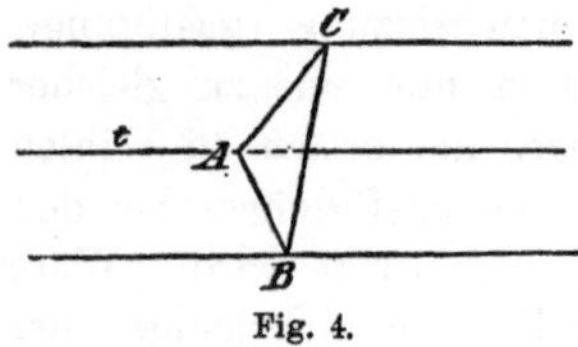

Fig. 4.

4. Für Systeme aus vier Stoffen liegt es auf der Hand, die Zusammensetzung der aus ihnen aufgebauten Phasen durch Punkte innerhalb eines regulären Tetraëders aufzustellen. Wenn man nun wieder die Entfernungen dieser Punkte von den Seitenflächen nicht senkrecht abmisst, sondern in Richtungen parallel zu den Kanten, so wird die Summe der Ordinaten a b c d (Fig. 5) gleich der Kante des Tetraëders. Setzt man diese daher = 1 oder 100, so bekommt man einerlei Massstab für die Darstellung der quaternären Phasen innerhalb des Tetraëders, wie für diejenige der ternären Phasen auf seinen Seitenflächen (nach Fig. 3) und der binären Phasen auf den Kanten selbst."

---

[1]) Vgl. hierzu auch F. A. H. Schreinemakers, Zeitschr. physik. Ch. **22**, 93, 515, 1897; **23**, 649, 1897; **25**, 305, 1898.

5. Bei Systemen aus fünf oder mehr Stoffen kann bereits die Zusammensetzung solcher Phasen, welche diese alle enthalten, nicht mehr ausgedrückt werden, und muss deshalb auf eine graphische Darstellung verzichtet werden.

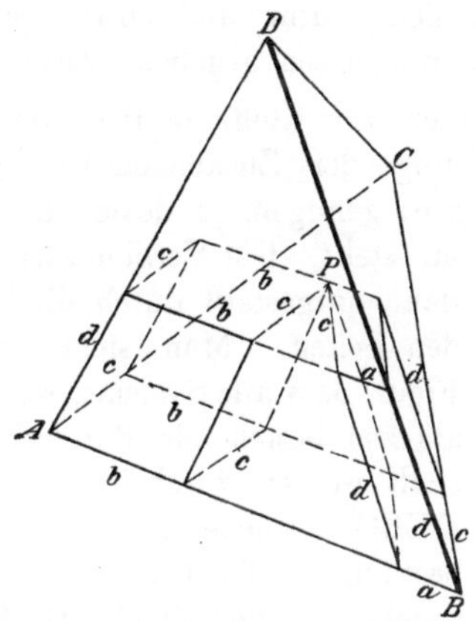

Fig. 5.

II. Wahl der Komponenten.

1. Die Anzahl derselben muss die kleinst mögliche sein. Dieselbe ist z. B. für das System HJ, H und J $= 2$, nämlich den Komponenten H und J.

2. Die Komponenten müssen in wechselnden Verhältnissen im System eintreten können.

3. Sie müssen sich unter den Versuchsbedingungen in wirkliches Gleichgewicht stellen."

III. Systeme mit chemischer Umsetzung.

1. „Wenden wir uns zunächst zu den Substitutionsgleichgewichten. Betrachten wir das Beispiel des Gleichgewichtes:

$$KJ + Cl = KCl + J.$$

Es giebt hier vier Bestandtheile, die man in wechselnden Verhältnissen im System einführen könnte, deren Verhältniss sich aber nachher durch eintretende Umsetzung ändern kann. In einer homogenen Phase (Schmelzfluss oder Lösung) würde dieses Gleichgewicht als solches von vier Stoffen zu betrachten sein."

„Dennoch giebt es nur drei unabhängig Veränderliche, von denen die Zusammensetzung solcher Phasen abhängt, nämlich die drei Elemente K, Cl. J. Werden diese in solchem Verhältniss zusammengefügt, dass alles K genügendes Cl oder J vorfindet, um sich damit zu vereinigen, so wird sich ein Gleichgewicht einstellen zwischen KCl, KJ, Cl und J, welches bei den Versuchsbedingungen den Gesetzen des homogenen Gleichgewichtes entspricht. Sind diese Gesetze genügend bekannt, dann ist aber für jede homogene Mischung die Vertheilung der vier Stoffe bestimmt, sobald Temperatur und Druck gegeben sind und die in den drei einfachsten Komponenten gegebene Zusammensetzung."

„Treten die genannten vier Stoffe in mehreren Phasen zusammen, so wird also zur Darstellung der Zusammensetzung der unterschiedenen Phasen ein Dreieck (Fig. 6) genügen, in dessen Eckpunkten man die drei elementaren Komponenten stellt. Die Verbindungen KCl und KJ werden dann dargestellt durch die Produkte D und E auf den Seiten. Man sieht nun unmittelbar in der Figur, dass alle Systeme, wovon nur KCl, KJ, Cl, J als frei bestehende Bestandtheile auftreten, dargestellt werden durch Punkte innerhalb des Vierecks DEBC. Solche Systeme umfassen also nur einen bestimmten Theil aller möglichen Gleichgewichte, welche aus den Stoffen K, Cl, J gebildet, gedacht werden können. Ausgeschlossen sind nämlich die Gleichgewichte, worin K, KCl, KJ als nähere Be standtheile auftreten (Dreieck ADE).

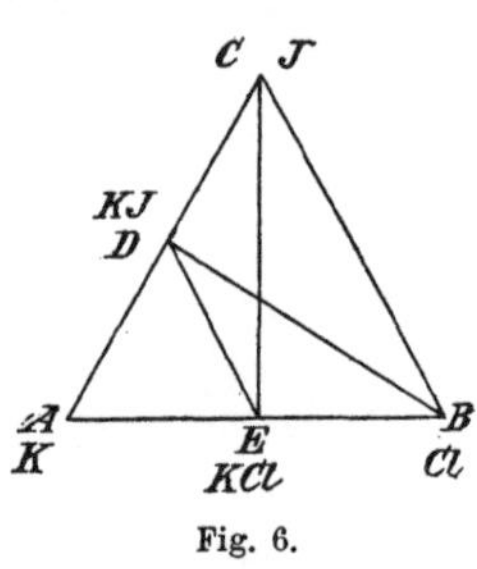

Fig. 6.

2. „Während bei Systemen, deren vier Stoffe sich unter Substitution in einander umwandeln können, noch drei einfache Komponenten anzugeben waren, ist dies nicht mehr möglich bei Systemen von vier Stoffen, welche doppelte Umsetzung zeigen. Die einfachsten Komponenten, z. B. eines Systems, worin die Umsetzung

$$6\,HCl + Sb_2O_3 = Sb_2Cl_6 + 3\,H_2O$$

stattfindet, wären H, O, Sb, Cl. Diese würden aber wieder ein System von vier Stoffen bilden. Demnach müssen die vier Körper der Umsetzungsgleichung, gleich wie im vorigen Fall, im heterogenen Gleichgewicht als nur drei Stoffe aufgefasst werden. Einerseits weil, wie zuvor, alle ihre Mischungsverhältnisse entstehen können durch Kombination der Stoffe je drei und drei, wenn nur hinlängliche Umsetzung stattfindet. Anderseits kann dieses auch graphisch eingesehen werden, wodurch aber zugleich ein Unterschied zu Tage tritt . . . ."

3. „Ebenso giebt es nun Systeme mit scheinbar fünf Komponenten, welche auf vier zurückzubringen sind, Es lassen sich hierbei noch drei Fälle unterscheiden:

a) Wenn vier von den fünf Stoffen je zwei und zwei aus einander durch Substitution hervorgehen können" . . . . .

b) Wenn zwischen vier der fünf Stoffe doppelte Umsetzung möglich ist; vergl. hierzu das von R. Löwenherz[1]) behandelte Beispiel der Umsetzung von $MgCl_2$ und K_2SO_4 in Gegenwart von Wasser.

c) Wenn alle fünf Stoffe sich untereinander umsetzen.

3. Geschwindigkeit von Zustandsänderungen.

Die Messung der Geschwindigkeit von Zustandsänderungen ist keine leichte Aufgabe, da es einestheils häufig an den geeigneten Messmethoden fehlen wird, dann aber bei den durch die Messungen erforderlichen Eingriffen leicht auch wieder Aenderungen der Zustandsbedingungen und damit der betreffenden Zustände selbst eintreten können. Im allgemeinen sind hier nicht sehr viele Arbeiten vorhanden, die sich mit dem Problem der Messung der Geschwindigkeit von Zustandsänderungen befassen. Man hat sich vielmehr meist nur mit dem Bestimmen der bei eingetretenem Gleichgewicht vorhandenen Verhältnisse befasst. Nachstehend seien einige Arbeiten wiedergegeben, die sich speciell mit der Messung der Geschwindigkeit von Zustandsänderungen beschäftigen.

Ueber die Auflösungsgeschwindigkeit von festen Stoffen in ihren eigenen Lösungen haben A. A. Noyes und W. R. Whitney[2]) gearbeitet und gefunden, dass die Auflösungsgeschwindigkeit eines festen Stoffes in seiner eigenen Lösung proportional ist der Differenz zwischen der Koncentration derselben und derjenigen seiner ungesättigten Lösung.

Ueber die Diffusionsgeschwindigkeit von atmosphärischer Luft in Wasser hat F. Hoppe-Seyler[3]) Versuche angestellt.

Gernez und G. Tammann[4]) stellten Versuche an über die Erstarrungsgeschwindigkeit und über die Krystallisationsgeschwindigkeit.

4. Reaktionsgeschwindigkeit.

Allgemeines. Einer der ersten, der die Reaktionsgeschwindigkeit aus den erhaltenen Daten berechnen lehrte, war Ludwig Wilhelmy[5]), der in seiner Untersuchung „Ueber das Gesetz, nach welchem die Einwirkung der Säuren auf den Rohrzucker stattfindet", diesen Begriff entwickelte. Den Bemühungen von Ostwald[6]) ist es zu verdanken, dass diese Arbeit der vollen Beachtung wieder näher gerückt ist, nachdem dieselbe Jahrzehnte lang unberücksichtigt geblieben war.

1) R. Löwenherz, Zeitschr. physik. Ch. 13, 459, 1894.
2) A. A. Noyes u. W. R. Whitney, Zeitschr. physik. Ch. 23, 689, 1897.
3) F. Hoppe-Seyler, Zeitschr. physiol. Ch. 17.
4) G. Tammann, Zeitschr. physik. Ch. 23, 326, 1897.
5) L. Wilhelmy, Pogg. Ann. 81, 413 u. 499, 1850; Ostwald's Klassiker Nr. 29.
6) W. Ostwald, Journ. pr. Ch. 29, 385, 1884; Lehrb. allg. Ch. II, 616.

Unter Reaktionsgeschwindigkeit verstehen wir das Verhältniss der reagirenden Menge der Stoffe zur Zeiteinheit, und man unterscheidet je nach der Anzahl der reagirenden Stoffe Reaktionen erster Ordnung, wenn die Umwandlung einen Stoff betrifft u. s. w. Je nachdem die eine oder andere Art vorliegt, ist die Berechnung der Reaktionsgeschwindigkeit auch entsprechend vorzunehmen. In der nachstehenden Ausführung folge ich den von Ostwald im Lehrbuch der allgemeinen Chemie, Bd. II, Theil 2 wiedergegebenen Darstellungen.

Ein Versuch, eine Theorie der chemischen Reaktionsgeschwindigkeit zu geben, wurde von Sv. Arrhenius[1] gemacht. Er setzte an die Stelle des Massenwirkungsgesetzes ein Druckwirkungsgesetz.

a) Reaktionen erster Ordnung.

Für die Reaktionen erster Ordnung gilt die Gleichung:

$$\frac{d\,x}{d\,\vartheta} = k(A - x),$$

in welcher $A - x$ der noch nicht veränderte Theil, x der verwandelte und ϑ die Zeit ist. Integriren wir diese Gleichung, so ergiebt sich:

$$- \ln(A - x) = k\,\vartheta + \text{konst.}$$

Beginnt man mit $x = 0$ und $\vartheta = 0$, d. h. mit dem Beginn der der Reaktion, so wird

$$- \ln A = \text{konst.}$$

Wir erhalten dann:

$$- \ln(A - x) = k\,\vartheta - \ln A,$$
$$\ln A - \ln(A - x) = k\,\vartheta,$$

oder $\qquad\qquad x = A\,(1 - e^{-k\,\vartheta}). \qquad\qquad (1)$

Setzt man dagegen die Zeit der ersten Messung $= \vartheta_0$ und die umgewandelte Menge $= x_0$, so ergiebt sich:

$$\ln(A - x_0) - \ln(A - x) = k\,(\vartheta - \vartheta_0).$$

Bei der Umwandlung des natürlichen Logarithmus e in den dekadischen durch Multiplikation mit 0,4343, findet man

$$\log(A - x_0) - \log(A - x) = 0{,}4343\,k\,(\vartheta - \vartheta_0),$$

oder wenn $x_0 = 0$ und $\vartheta_0 = 0$

$$0{,}4343\,k = \frac{1}{\vartheta}\,\log\,\frac{A}{A - x}.$$

Dies ist die für monomolekulare Reaktionen giltige Gleichung für die Reaktionsgeschwindigkeit. Die danach aus den einzelnen Daten berechneten Werthe müssen bei monomolekularen Reaktionen konstant sein, d. h. annähernd übereinstimmen.

---

1) Sv. Arrhenius, Zeitschr. physik. Ch. **28**, 312, 1899.

Beispiel: Die Bestimmung der Inversionsgeschwindigkeit nach Wilhelmy. Die nachstehend wiedergegebenen Daten wurden erhalten bei der Inversion einer Zuckerlösung, die vorher eine Drehung von 46°, 8r zeigte und von der 10 g mit 2 g Salpetersäure vom spec. Gewicht 1,2042 gemischt und in einem Polarisationsapparate untersucht wurde. Die Röhrenlänge betrug 150 mm, der Inhalt der Röhre 13850 mg destillirten Wassers bei 15°. Der Verlauf der Einwirkung wurde während eines Tages beobachtet. Die Berechnung der beiden letzten Reihen der Tabelle ist von Ostwald ausgeführt worden:

ϑ.	Drehungswinkel.	$\log \dfrac{A}{A-x}$.	$\dfrac{1}{\vartheta} \log \dfrac{A}{A-x}$.
0	46,75	—	—
15	43,75	0,0204	0,001360
30	41,00	0,0399	0,001330
45	38,25	0,0605	0,001344
60	35,75	0,0799	0,001332
75	33,25	0,1003	0,001352
90	30,75	0,1217	0,001371
105	28,25	0,1441	0,001379
120	26,00	0,1655	0,001321
150	22,00	0,1981	0,001378
180	18,25	0,2480	0,001371
210	15,00	0,2880	0,001399
240	11,50	0,3358	0,001425
270	8,25	0,3851	0,001465
330	2,75	0,4843	0,001499
390	— 1,75	0,5842	0,001471
450	— 4,50	0,6611	0,001463
510	— 7,00	0,7447	0,001431
570	— 8,75	0,8142	0,001386
630	—10,80	0,8735	—
∞	—18,70	—	—

Bei der Umsetzung des Rohrzuckers, die nach der Gleichung:

$$C_{12}H_{22}O_{11} + H_2O = C_6H_{12}O_6 + C_6H_{12}O_6$$

$$\text{Rohrzucker} \qquad \text{Dextrose} \quad \text{Lävulose}$$

erfolgt, erleidet nur der Rohrzucker selbst eine Veränderung. Die zugesetzte Säure wirkt nur katalytisch. Die Konstanz der Werthe in der vierten Reihe entspricht der Theorie und ist eine durchaus befriedigende.

Die von Fleury[1] und Ostwald[2] über den gleichen Vorgang ausgeführten Untersuchungen ergaben das gleiche Resultat.

---

[1] Fleury, Ann. chim. phys. (2), **7**, 381, 1876.
[2] W. Ostwald, Journ. pr. Ch. (2), **29**, 385, 1884.

Von Reaktionen erster Ordnung giebt Ostwald (l. c.) noch folgende Beispiele:

1. Reduktion von Kaliumpermanganat durch einen grossen Ueberschuss von Oxalsäure nach den Versuchen von Harcourt und Esson[1]).

2. Wechselwirkung zwischen Wasserstoffsuperoxyd und Jodwasserstoff von denselben Forschern.[2])

3. Katalyse des Methylacetats nach den Untersuchungen von W. Ostwald[3]).

4. Umwandlung der aus Fumarsäure und Brom entstehenden Bibrombernsteinsäure in Brommaleïnsäure und Bromwasserstoffsäure beim Kochen mit Wasser nach den Untersuchungen von van't Hoff[4]).

5. Umwandlung der Monochloressigsäure in Glykolsäure von demselben Forscher[4]).

Bei allen diesen Reaktionen, auch bei der Inversion des Rohrzuckers, sind es in Wirklichkeit zwei Stoffe, die in Wirksamkeit treten, z. B. bei der Inversion des Rohrzuckers der Rohrzucker selbst und das Wasser, wobei wir von der Wirkung der Säure ganz absehen. Diese verändert ja ihre Masse nicht, und von dem Wasser ist eine so grosse Menge da gegenüber dem sich umsetzenden Rohrzucker, dass wir annehmen können, nur der Rohrzucker selbst ändert sich.

Das Gleiche gilt für die andern oben angeführten Reaktionen, wo wir theilweise wiederum Wasser oder im andern Falle den zweiten Bestandtheil in so grossen Mengen zusetzen, dass der verschwindende Antheil desselben vernachlässigt werden kann.

b) Reaktionen zweiter Ordnung.

Bei den Reaktionen zweiter Ordnung sind es also zwei Bestandtheile, die in Wechselwirkung mit einander treten. Für diese gilt die Gleichung:

$$\frac{d\,x}{d\,\vartheta} = k\,(A - x)\,(B - x),$$

wo A und B die entsprechenden Koncentrationen der beiden reagirenden Stoffe bedeuten. x ist als für beide giltig nach Aequivalenten zu messen. Sind A und B in gleicher Menge vorhanden, so ergiebt sich

$$\frac{d\,x}{d\,\vartheta} = k\,(A - x)^2.$$

1) Harcourt u. Esson, Phil. Trans. 1866, 193.
2) Harcourt u. Esson, ibid. 1867, 117.
3) W. Ostwald, Journ. pr. Ch. 28, 449, 1883.
4) J. H. van't Hoff, Études de dynamique chimique, Amsterdam 1884, S 14.

Hieraus erhält man durch Integration

$$\frac{1}{A - x} = k\,\vartheta + \text{konst.}$$

Wird die Konstante wieder so bestimmt, dass x und ϑ gleichzeitig O werden, so folgt

$$\frac{1}{A - x} - \frac{1}{A} = k\,\vartheta \quad \text{oder} \quad \frac{x}{A - x} = A\,k\,\vartheta,$$

$$A\,k = \frac{1}{\vartheta}\,\frac{x}{A - x}.$$

Diese Formel ist in dieser Form zuerst von Harcourt und Esson[1] benutzt worden, nachdem Berthelot[2] bereits eine ähnliche entwickelt hatte. Auch Guldberg und Waage[3] haben dieselbe selbständig gefunden.

Beispiel. Verseifung der Ester mit Alkali nach den Untersuchungen von A. Warder[4].

Angewendet wurde Aethylacetat und eine entsprechende Menge Natron, die bei jedem Versuche 16,00 ccm Säure verbraucht haben würde. Durch die Abspaltung von Essigsäure wurde sie theilweise gesättigt, und wurden die unter s angegebenen Werthe erhalten, während x = 16,00 — s ist.

ϑ	s	x	$\dfrac{x}{A-x}$	$A\,k$
5′	10,24	5,76	0,563	0,113
15	6,13	9,87	1,601	0,107
25	4,32	11,68	2,705	0,108
35	3,41	12,59	3,69	0,106
55	2,31	13,69	5,94	0,108
120	1,10	14,90	13,55	0,113.

Die Grösse $A\,k$ zeigt eine hinreichende Konstanz.

Weitere Beispiele sind:

1. Die Umwandlung des Acetamids durch Säuren, von W. Ostwald[5] untersucht.

2. Die Umwandlung von monochloressigsaurem Natron in glykolsaures Natron durch eine äquivalente Menge Natron nach den Untersuchungen von Schwab und van't Hoff[6].

1) Harcourt u. Esson, Phil. Trans. **1866**, 216.

2) Berthelot, Ann. chim. phys. (3), **66**, 110, 1862; Ostwalds Allgem. Ch. l. c.

3) Guldberg u. Waage, Études sur les affinités chimiques Christiania 1867, Ostwald's Klassiker.

4) A. Warder, Ber. **14**, 1361, 1881.

5) W. Ostwald, Journ. pr. Ch. **27**, 1, 1883.

6) van't Hoff, Études de dyn. chim. 20.

Sind A und B verschieden, so wird aus der Gleichung

$$\frac{d\,x}{d\,\vartheta} = k\,(A - x)\,(B - x)$$

beim Integriren

$$\ln \frac{B\,(A - x)}{A\,(B - x)} = (A - B)\,k\,\vartheta$$

oder

$$\ln \frac{A - x}{B - x} - \ln \frac{A - x_0}{B - x_0} = (A - B)\,k\,(\vartheta - \vartheta_0).$$

Ersetzt man den natürlichen Logarithmus $\ln$ wieder durch den dekadischen, so ergiebt sich

$$\log (A - x) - \log (B - x) - (\log A - \log B) = 0,4343\,(A - B)\,k\,\vartheta,$$

$$0,4343\,k = \frac{1}{\vartheta\,(A - B)}\left(\log \frac{A - x}{B - x} - \log \frac{A}{B}\right).$$

Beispiel. Versuche von Reicher[1]**) über die Verseifung von Essigester durch Natron.**

In der Tabelle ist ϑ die Zeit, $A - x$ die unverbrauchte Menge Alkali, $B - x$ die unverseifte Menge des Esters und k die nach obiger Gleichung berechnete Menge.

ϑ	$A - x$	$B - x$	k
0	0,6209	0,2903	—
374	0,5433	0,2127	0,0347
628	0,5060	0,1754	0,0348
1048	0,4628	0,1327	0,0343
1359	0,4387	0,1081	0,0344
∞	0,3306	0,000	—

Auch hier zeigt k eine befriedigende Konstanz. Dasselbe ist berechnet nach der Formel

$$k = \frac{1}{0,4343\,(A - B)\,N\,\vartheta}\,\log . \frac{B\,(A - x)}{A\,(B - x)},$$

in der N den Titer der Lauge $= \dfrac{N}{24,07}$ normal angiebt.

Reaktionen höherer Ordnung. Für Reaktionen höherer Ordnung werden die Verhältnisse entsprechend komplicirter; doch ist es dann meist wohl möglich, die Gesammtreaktionen in einzelne zu zerlegen und diese getrennt zu untersuchen.

Für Reaktionen dritter Ordnung gilt die Gleichung:

$$c = \frac{d\,x}{d\,\vartheta} = k\,(A - x)\,(B - x)\,(C - x).$$

---

[1]) Reicher, Liebig's Ann. **228**, 258, 1885.

Sind A, B und C in äquimolekularen Mengen vorhanden, so ergiebt sich

$$c = \frac{d\,x}{d\,\vartheta} = k\,(A - x)^3,$$

und wir erhalten durch Integration

$$\frac{1}{2\,(A - x)^2} = k\,\vartheta + \text{konst.}$$

Gehen wir vom Anfangszustande x_0 und ϑ_0 aus, so ergiebt sich:

$$\frac{1}{2\,(A - x)^2} - \frac{1}{2\,(A - x_0)^2} = k\,(\vartheta - \vartheta_0),$$

$$k = \frac{1}{2\,\vartheta}\left(\frac{1}{(A - x)^2} - \frac{1}{A^2}\right).$$

Hat man verschieden grosse Mengen von A, B und C, so erhält man komplicirtere Gleichungen, deren mathematische Behandlung von A. Fuhrmann [1]) durchgeführt worden ist.

Ist $C = B$, so ergiebt sich für k:

$$k = \frac{1}{\vartheta\,(A - B)^2}\left[\frac{(A - B)\,x}{B\,(B - x)} + \ln\frac{A\,(B - x)}{B\,(A - x)}\right].$$

Sind A, B und C von einander verschieden, so erhalten wir:

$$k = \frac{1}{\vartheta\,(B - A)\,(C - B)\,(A - C)}\left[(B - C)\ln\frac{A}{A - x} + (C - A)\ln\frac{B}{B - x}\right.$$
$$\left. + (A - B)\ln\frac{C}{C - x}\right].$$

Beispiele für Reaktionen dritter Ordnung hat A. A. Noyes [2]) zunächst in der Einwirkung von Zinnchlorür auf Ferrichlorid gegeben, welche nach der Gleichung

$$2\,FeCl_3 + SnCl_2 = SnCl_4 + 2\,FeCl_2$$

auf einander reagiren. An Stelle dieser Gleichung können wir auch zwei andere setzen, die folgendermassen lauten:

$$FeCl_3 + SnCl_2 = SnCl_3 + FeCl_2,$$
$$SnCl_3 + FeCl_3 = SnCl_4 + FeCl_2.$$

Es reagiren also in Wirklichkeit folgende drei Körper auf einander: $FeCl_3$, $SnCl_2$ und das nicht isolirbare $SnCl_3$. Noyes giebt eine etwas andere Ableitung, bei der $SnCl_2$ und zweimal $FeCl_3$ auf einander wirken. Mir erscheint jedoch diese Ableitung, welche ich hier gegeben habe, plausibler.

Die Bestimmung geschah durch Zusatz von Quecksilberchlorid, durch welches sämmtliches Stannochlorid in Stannichlorid übergeführt, Ferro-

---

1) A Fuhrmann, Zeitschr. physik. Ch. 4, 89, 1889; vgl. auch Naturwissenschaftliche Anwendungen der Differential- und Integralrechnung, Berlin 1888 u. 1890.

2) A. A. Noyes, Zeitschr. physik. Ch. 16, 546, 1895.

chlorid dagegen nicht verändert wurde. Die Quantität des letztern wurde alsdann mit Kaliumdichromat titrimetrisch bestimmt.

In den nachfolgenden Tabellen ist k_2 nach der vorher gegebenen Formel, k_3 nach der für Reaktionen dritter Ordnung berechnet. Es zeigt sich die Konstanz nur für k_3, ein Beweis, dass wir es thatsächlich mit einer Reaktion dritter Ordnung zu thun haben.

a) $SnCl_2 = FeCl_3 = 0{,}0625$ Mol.

ϑ	x.	$A - x$	k_2	k_3
1	0,01434	0,04816	4,8	88
1,75	0,01998	0,04252	4,3	85
3	0,02586	0,03664	3,8	81
4,5	0,03076	0,03174	3,4	82
7	0,03612	0,02638	3,1	84
11	0,04102	0,02148	2,8	87
17	0,04502	0,01748	2,4	89
25	0,04792	0,01458	2,1	89
40	0,05058	0,01192	1,7	85

b) $SnCl_2 = FeCl_3 = 0{,}025$.

ϑ	x.	$A - x$	k_2	k_3
2,5	0,00351	0,02149	2,6	113
3	0,00388	0,02112	2,5	107
6	0,00663	0,01837	2,4	114
11	0,00946	0,01554	2,2	116
15	0,01106	0,01394	2,1	118
18	0,01187	0,01313	2,0	117
30	0,01440	0,01060	1,8	122
60	0,01716	0,00784	1,5	122

c) $SnCl_2 = 0{,}05$; $FeCl_3 = 0{,}025$.

ϑ	x.	$A - x$	k_2	k_3
1	0,00434	0,04566	4,0	176
2	0,00621	0,04379	3,1	142
3	0,00727	0,04233	2,7	130
5	0,00978	0,04022	2,2	116
8	0,01177	0,03823	1,8	104
10	0,01264	0,03736	1,7	98
13	0,01431	0,03569	1,6	102
20	0,01638	0,03362	1,3	99
26	0,01786	0,03214	1,2	104
30	0,01877	0,03123	1,2	112
43	0,02054	0,02946	1,1	127

Bei c zeigt sich infolge der nichtäquivalenten Mengen eine nicht völlig befriedigende Konstanz der Werthe von k_3. Vielmehr tritt hier ein Minimum ein.

Eine weitere Reaktion dritter Ordnung ist bereits von J. J. Hood[1]) untersucht worden. Dieselbe betrifft die Oxydation von Ferrosulfat durch Kaliumchlorat in Gegenwart von verdünnter Schwefelsäure. Würde man die Reaktion nach dem Schema

$$6\,FeSO_4 + KClO_3 + 3\,H_2SO_4 = 3\,Fe_2(SO_4)_3 + KCl + 3\,H_2O$$

schreiben, so würden die drei Bestandtheile die linksstehenden sein. Doch kann man dieselben auch folgendermassen nach Art einer Ionenreaktion wiedergeben

$$6\,Fe^{\cdot\cdot} + ClO_3{}' + 6\,H^{\cdot} = 6\,Fe^{\cdot\cdot\cdot} + Cl' + 3\,H_2O.$$

Die Untersuchungen sind von A. A. Noyes und R. S. Wason[2]) wiederholt und als trimolekular gedeutet worden, während Hood dieselbe als Reaktion zweiter Ordnung ansah, jedoch mit Unrecht, wie die Konstanz von k_3 erweist. Ausführliches ist bei Ostwald, Allg. Ch. l. c. zu finden.

Reaktionsgeschwindigkeit und Zahl der betheiligten Stoffe. Wie gerade vorstehendes Beispiel kundgiebt, kann man aus der Konstanz oder Inkonstanz des Geschwindigkeitskoëfficienten k ersehen, ob die betreffende Reaktion eine monomolekulare, bimolekulare oder trimolekulare u. s. w. ist. Man hat also zu dem Zwecke nur nöthig, k_1, k_2, k_3 für einige Werthe zu berechnen und sich in betreff der Konstanz zu informiren.

5. Unvollständig und vollständig verlaufende Reaktionen.

Gleichgewicht bei vollständig verlaufenden Reaktionen. Wie aus den Tabellen der Reaktionsgeschwindigkeiten sich ergiebt, kann theoretisch die Reaktion eigentlich erst nach unendlicher langer Zeit als abgeschlossen gelten. Praktisch ist sie es jedoch, sobald wir eine Veränderung nicht mehr mit unseren Hilfsmitteln nachweisen können. Wir sagen dann, die Reaktion ist beendigt.

Nun giebt es eine grosse Reihe von Reaktionen, die bei den gegebenen Verhältnissen von Druck, Temperatur und Koncentration nur bis zu einem gewissen Punkte, d. h. unvollständig verlaufen, die ausserdem auch die Eigenschaft besitzen, reversibel zu sein, d. h. in der umgekehrten Richtung verlaufen können, sobald wir die Verhältnisse entsprechend ändern. Bei solchen Reaktionen ist Gleichgewicht eingetreten, sobald sich soviel Moleküle bilden, wie an andern Stellen wieder zerfallen. Es ist das derselbe Vorgang, den wir auch bei Zustandsänderungen annehmen, bei denen Gleichgewicht eingetreten ist, z. B.

[1]) J. J. Hood, Phil. Mag. (5), **6**, 371, 1878; **8**, 121, 1879; **20**, 323, 1885.
[2]) A. A. Noyes u. R. S. Wason, Zeitschr. physik. Ch. **22**, 210, 1897.

bei einem Gase, das sich über einer Flüssigkeit befindet, bei dem ebenso
viele Gastheilchen in die Flüssigkeit eindringen werden, wie herausgewandert
sind, oder bei allen Gleichgewichten zwischen flüssig und gasförmig, fest
und gasförmig, bei denen dieselbe Erscheinung eintritt, bei Vertheilung
eines Körpers zwischen zwei nicht mischbaren Flüssigkeiten u. s. w. Ein
principieller Unterschied ist hier zwischen Zustandsänderungen und chemischen Umsetzungen nicht vorhanden.

Je nachdem man es mit den Veränderungen der Stoffe mit denselben
für sich oder mit verschiedenen Lösungsmitteln zu thun hat, unterscheidet
man nach Ostwald hylotrope Formen von nichthylotropen, wobei
unter erstere z. B. die Veränderungen des Stoffes Wasser, des Stoffes
Schwefel, des Stoffes Zinn zu rechnen sind. Bd. I, S. 616, 619, 622.

Dann unterscheidet man ferner homogene Systeme, wenn die
reagirenden Stoffe nur in dem gasförmigen oder nur in dem flüssigen
oder nur in dem festen Zustande vorkommen; während bei heterogenen Systemen alle drei oder nur zwei vorhanden sind. Bei kondensirten Systemen sind nach van't Hoff nur feste und flüssige Bestandtheile vorhanden.

Die eigentlichen Zustandsänderungen sind dadurch etwas verschieden
von den chemischen Umsetzungen, dass sie immer reversibel sind,
d. h. bestimmte Aenderungen von Druck und Temperatur bewirken auch
das Zurückgehen auf den Anfangszustand. Bei chemischen Umsetzungen
ist nur ein Theil reversibel, wie z. B. die Zerlegung von N_2O_4 in $2\,NO_2$,
die von $CaCO_3$ in CO_2 und CaO, die Bildung der Ester unter dem Einflusse einer anorganischen Säure u. s. w. Andere, und das sind gerade
die vollständig verlaufenden Reaktionen sind nicht reversibel, wie z. B.
die Inversion von Rohrzucker, die Zersetzung von Oxalsäure durch Kaliumpermanganat. Nur diejenigen, welche thatsächlich reversibel sind, können
mit Erfolg einem thermodynamischen Kreisprocess unterzogen werden.

Man kann als häufig zutreffend den Grundsatz aussprechen, dass die
reversiblen Vorgänge auch zugleich die unvollständig verlaufenden sind.

Zwischen zwei Systemen lassen sich in der Praxis drei nicht streng
geschiedene Stadien unterscheiden: 1. Das falsche Gleichgewicht nach
Duhem[1]), wo beide Systeme sich nebeneinander befinden, ohne merkbare
Umsetzung in endlicher Zeit. Dies wurde auch mit labilem Gleichgewicht
bezeichnet. 2. Die einseitige Reaktion und 3. das wahre Gleichgewicht
zwischen beiden Reaktionen. Diese Gebiete können bei gleichgerichteter
Aenderung der Umstände allmälig in einander übergehen.

Der Wirklichkeit scheinen diese Verhältnisse nicht völlig zu entsprechen[2]).

---

[1]) P. Duhem, Zeitschr. physik. Ch. **29**, 711, 1899.

[2]) Vgl. hierzu M. Bodenstein, ibid. **29**, 147, 295, 315, 429, 665. 1899; **30**,
113, 567, 1899; D. Konowalow, Journ. russ. physik. chem. Gesell. **30**, 371, 1898;
Chem. Ctrbl. 1898, II, 657.

Gleichgewichte bei vollständig verlaufenden Reaktionen. Unter vollständig verlaufenden Reaktionen versteht man solche, bei denen die Reaktion so weit vor sich geht, dass falls äquimolekulare Mengen vorhanden sind, diese vollständig innerhalb einer endlichen messbaren Zeit aufgebraucht werden, und falls der eine Bestandtheil überwiegt, die Reaktion bis zum vollständigen Verbrauch des in geringerer Menge vorhandenen Bestandtheils weitergeht. Selbstverständlich spielen auch hier die Zustandsvariabelen, Druck und Temperatur, sowie auch unter Umständen mechanische Einflüsse eine Rolle. So wissen wir, dass Knallgas sich bei gewöhnlicher Temperatur nur äusserst langsam in Wasser umsetzt, dass aber nach den Untersuchungen van't Hoff's die Beschaffenheit der Wandoberfläche eine bedeutende Rolle spielt. Bei erhöhter Temperatur geht die Vereinigung rasch, ja unter Umständen explosionsartig vor sich.

Also auch bei den vollständig verlaufenden Reaktionen können wir durch geeignete Umstände die Reaktionsgeschwindigkeit so verringern, dass dieselbe als praktisch $= 0$ angesehen werden kann, und die betreffenden Bestandtheile sich in einem labilen Gleichgewicht befinden.

Während die unvollständig verlaufenden Reaktionen in Bezug auf die Entwicklung der Gleichgewichtslehre, auf die thermodynamische Betrachtung von hervorragendem Interesse sind, lässt sich die Frage der Reaktionsgeschwindigkeit, der Beziehungen der Affinitätskoëfficienten zu den mono-, tri- u. s. w. molekularen Reaktionen bei beiden in gleicher Weise behandeln.

Dagegen haben die vollständig verlaufenden Reaktionen zwei Vorzüge, die beide geeignet waren, für sie das grösste Interesse und speciell auch vom praktischen Standpunkte aus zu erwecken. Das ist einmal die Möglichkeit einer quantitativen Bestimmung der reagirenden Bestandtheile. Nur dadurch, dass wir im stande sind, quantitativ und vollständig zugleich verlaufende Reaktionen zu benützen, ist überhaupt die chemische Wissenschaft vorwärts gekommen, indem durch diese Art der Reaktionen eine quantitative Analyse anwendbar geworden ist.

Ein zweiter Vorzug der vollständig und quantitativ verlaufenden Reaktionen ist der, dass es leicht möglich ist, dieselben thermisch zu messen, d. h. die Umsetzungs- und Bildungswärmen zu bestimmen. Solche Messungen lassen sich auch bei unvollständig verlaufenden Reaktionen ausführen, aber wie viel Schwierigkeiten sind dabei nicht nebenbei in der analytischen Bestimmung und eventuell doch stattfindenden Veränderung des labilen Gleichgewichtes eines reversiblen Vorgangs zu überwinden.

Bei den nicht reversiblen Vorgängen, die also vollständig oder unvollständig verlaufen, muss noch eines wichtigen Umstandes Erwähnung gethan werden, der vielfach zu Störungen im Verlauf der eigentlichen oder Hauptreaktion führt; es sind dies die Nebenreaktionen, die allerdings auch bei den reversiblen Vorgängen eintreten können.

Im allgemeinen lässt sich also theoretisch keine scharfe Grenze zwischen unvollständig und vollständig verlaufenden, reversibeln oder nicht reversibeln Vorgängen ziehen. Für Praxis und Theorie sind es vor allem die Grenzfälle, die von hervorragender Wichtigkeit für die quantitative Analyse, für die thermochemische Beobachtung und die weitgehenden theoretischen Betrachtungen sind. Dagegen sind es besonders die vollständig oder unvollständig, aber mit Nebenreaktionen verlaufenden Processe, welche der Technik die verschiedenartigsten Probleme stellen und besondere Anforderungen an den Scharfsinn der Chemiker machen. Die Fragen nach den Procenten der Ausbeute und dem billigsten Weg zur Darstellung sind hier die wichtigsten.

6. Die Phasenregel von Willard Gibbs.

Einleitung.

Nachdem bereits von A. Horstmann[1] sowie Peslin[2] und Moutier[3] mit Erfolg versucht worden war, die chemischen Reaktionen auf thermodynamische Grundlage zu stellen, war es W. Gibbs[4], der durch die Aufstellung der Phasenregel eine allgemeinere Betrachtung ermöglichte. Die von ihm gegebene Anschauungsweise ist unter dem Namen Phasenregel bekannt, weil er den Begriff der Phasen einführte, d. h. die auf die drei Aggregatzustände bezogenen vorhandenen Zustände der reagirenden und sonstigen vorhandenen Stoffe summirte.

Von Lemoine[5] ist eine Unterscheidung zwischen homogenen und heterogenen Systemen getroffen worden, wobei unter homogenen Systemen solche verstanden werden, bei denen nur eine Phase wie gasförmig oder flüssig oder vielleicht auch fest vorhanden ist. Die Reaktion verläuft also in einem gleichmässig gemischten Gas oder einer ebensolchen Flüssigkeit. Vollständig homogen, d. h. nur von einer einheitlichen Masse erfüllt sind diese ja auch nicht, da verschiedenartige Bestandtheile vor-

---

1) A. Horstmann, Ber. **2**, 137, 1869; **4**, 635, 1871, Liebig's Ann. Suppl. **8**, 112, 1871.

2) Peslin, Ann. chim. phys. (4), **24**, 208 1871.

3) Moutier, Compt. rend. **72**, 859, 1871.

4) W. Gibbs, Trans. Connect. Accad. III, 1874—1878. Ueber von Ostwald; vgl. hierzu Ostwald, Allg. Ch. Bd. II, 1886; Meyerhoffer, „Die Phasenregel und ihre Anwendungen" 1893; Bancroft, The Phase Rule 1897; H. W. Bakhuis Roozeboom, Die heterogenen Gleichgewichte vom Standpunkte der Phasenregel 1901.

5) Lemoine, Études sur les équilibres chimiques 1881, Encyclopédie von Fremy.

handen sind. Der Begriff homogen ist also nur ein relativer, zumal da
selbst bei nur aus einem Stoff bestehenden Substanzen, wie flüssiges
Wasser, Molekularassociationen neben einfachen Dampfmolekülen vorkommen können.

Unter heterogenen Systemen versteht man dementsprechend
solche, bei denen mehrere Phasen zugleich auftreten können, und sie
sind es besonders, die durch die Phasenregel ihre Formulirung finden.

Ueber den Werth der Phasenregel[1]) sind die Meinungen etwas getheilt. Doch kommt es vor allem darauf an, was man mit ihrer Hilfe
zu leisten im stande ist. Wenn man selbst auf dem Standpunkte steht,
dass man sich keinen übertriebenen Hoffnungen hinzugeben braucht, indem bei komplicirteren Vorgängen dieselbe öfter versagen dürfte, so muss
doch anerkannt werden, dass sie gestattet, viele Verhältnisse klarer zu
entwickeln und zu bestimmen. Es darf jedoch nicht verhehlt werden, dass
selbst Forscher, die in hervorragender Weise auf dem Gebiete der theoretischen Chemie thätig sind, keinen Gebrauch von der Phasenregel
machen.

Komponenten, Phasen und Zustandsvariabeln.

Bereits Horstmann legte seinen Betrachtungen das von Clausius
eingeführte Entropieprincip zu Grunde, nachdem er die für die Verdampfung flüchtiger Stoffe geltende Beziehung durch die Formel

$$T \frac{dp}{dt} = \frac{Q}{dV}$$

ausgedrückt hatte, in der Q die Verdampfungswärme, dV die Volumvermehrung, p den Dampfdruck und T die absolute Temperatur bedeuten.

Ebenfalls von dem Entropiesatze ging Gibbs aus, welcher besagt,
dass nur solche Aenderungen stattfinden, bei denen Entropievermehrung
eintritt. Der hieraus sich ableitende Grundsatz lässt sich nach C. H.
Wind[2]) folgendermassen formuliren, wobei von einer näheren Erläuterung
der Beziehungen ganz abgesehen ist:

„In einem im Gleichgewicht befindlichen System beliebiger homogener zusammengesetzter Körper oder Phasen
muss für jede Reaktion, welche als bei etwas abgeändertem
Zustande in dem einen oder andern Sinne möglich anzunehmen ist, zwischen den Zustandsvariabeln, d. h. Temperatur, Druck und den Bestimmungsstücken (Komponenten)
der Zusammenstellung der einzelnen Phasen eine bestimmte
(thermodynamische) Beziehung bestehen.“

[1]) Vgl. W. Bakhuis Roozeboom, (l. c.)
[2]) C. H. Wind, Zeitschr. physik. Ch. **31**, 392, 1899.

Man unterscheidet also:

Phasen, d. s. die durch Aggregatzustand, Zusammensetzung oder Energieinhalt verschiedenen Erscheinungsformen einer und derselben oder mehrerer Substanzen.

Eis, Wasser und Wasserdampf sind die drei Phasen des Stoffes Wasser. Schwefel existirt infolge der verschiedenartigen allotropen Modifikationen in acht verschiedenen Phasen.

Komponenten oder unabhängige Bestandtheile sind die einzelnen, unter sich verschiedenen Arten von Stoffen oder Beziehungen, welche bei der Reaktion auftreten. Die Zahl derselben wird mit n bezeichnet.

Bezeichnen wir die Summe der Phasen mit n_1, die Anzahl der möglichen Reaktionen mit n_2, so ist

$$n_1 - n_2 = n$$

die Gesammtzahl der unter sich verschiedenen unabhängigen Bestandtheile des Systems.

Man erhält also n, indem man die unter sich verschiedenen Bestandtheile (Komponenten, Molekül-, Atomen- oder Ionengattungen der sämmtlichen Phasen des Systems, zählt und von der so erhaltenen Zahl die Zahl der unabhängigen Reaktionen, welche zwischen verschiedenen Bestandtheilen einer Phase oder verschiedener Phasen denkbar sind, abzählt.

Die Schwierigkeit liegt in der Abschätzung der Zahl der sämmtlichen Komponenten sowie auch der möglichen unabhängigen Reaktionen. Bakhuis Roozeboom giebt hierfür folgende Anleitung (l. c.):

„Die richtige Auffassung des Begriffes der Komponenten ist von grösster Bedeutung. In vielen Fällen ist die Angabe der Komponenten eines Phasensystems ganz einfach. So stellen Eis, Wasser und Wasserdampf drei Phasen eines Komponenten dar, so können Lösungen und feste Hydrate eines Salzes aufgebaut werden aus anhydrischem Salz und Wasser als Komponenten. In andern Fällen würde die Angabe ihrer Zahl und Art weniger einfach sein. Es ist demnach hervorzuheben, dass Gibbs mit diesem Namen die unabhängig veränderlichen Bestandtheile eines Phasensystems hat andeuten wollen."

„Ihre Wahl hat also derart zu geschehen, dass 1. durch Variation ihrer Quantität jede mögliche Aenderung in der Zusammensetzung der Phasen des betrachteten Systems stattfinden kann; 2. diese Aenderungen unabhängig von einander sind, also die kleinste mögliche Anzahl Komponenten gewählt wird."

Für die Frage, ob und wann verbundene Moleküle als Komponenten in Rechnung gezogen werden müssen, ist folgendes zu bemerken:

a) „Eine chemische Verbindung ist als eine einzelne Komponente zu betrachten, wenn sie unter den Versuchsbedingungen sich in keiner einzigen Phase des Systems in andere Bestandtheile zersetzt."

„Ebenso ist als eine einzelne Komponente zu- betrachten eine Verbindung, die sich in mehrere gleichartige Theilchen zersetzt, wie N_2O_4 und viele Stoffe, die im flüssigen Zustande theilweise associirt sind, weil es unmöglich ist, einfache und doppelte Moleküle gesondert in das System einzutragen und die richtige Beziehung zwischen beiden sich in jeder Phase von selbst herstellt. Auch bleibt es dann gleichgiltig, ob man die einfachen oder doppelten Moleküle als Komponenten ansieht."

„Drittens kann auch noch eine Verbindung, die sich in ungleichartige Theile zersetzt, bisweilen für eine Komponente gelten. So wird ein Elektrolyt wie NaCl, wiewohl er in wässeriger Lösung sich theilweise in zwei ungleichartige Ionen trennt, dennoch als eine Komponente betrachtet werden müssen, weil, soviel wir wissen, diese Ionen in irgend eine andere Phase, womit die Lösung in Berührung gebracht wird, entweder nicht übergehen (Dampfphase) oder nur im selben Verhältniss, worin sie auch in der Lösung vorkommen; wie z. B. der Fall ist, wenn festes NaCl sich abscheidet, oder die Lösung mit einer zweiten nicht vollkommen mischbaren Flüssigkeit zusammengebracht wird. Wohl kann durch Hinzufügung eines zweiten Elektrolyten eines der Ionen beigebracht und dadurch das Ionenverhältniss bis zu einem gewissen Grade und damit natürlich auch ein eventuelles Gleichgewicht mit andern Phasen abgeändert werden, aber dann ist auch nothwendiger Weise wegen des fremden Ions die Anzahl der Komponenten vermehrt worden."

b) „In andern Fällen dagegen muss nicht, sondern kann die Verbindung als eine Komponente betrachtet werden. Es sind solche, die in zwei oder mehr ungleichartige Theile sich zersetzen können, die sich wohl gesondert in das System einführen lassen, aber deren Gleichgewichte nur bei einem bestimmten Verhältniss dieser Bestandtheile zur Untersuchung gelangen."

„Ein Beispiel haben wir hierfür im Gleichgewichte zwischen festem Salmiak und seinem Dampf. Dieser Dampf besteht nur zu einem sehr kleinen Theil aus NH_4Cl, grösstentheils aus den Theilmolekülen NH_3 und HCl. Dennoch kann, solange nicht absichtlich einer dieser Körper hinzugefügt wird, das System als aus einer Komponente bestehend betrachtet werden. Ebenso kann man bei einer Untersuchung über die Löslichkeit eines Doppelsalzes das Wasser als die eine und das Doppelsalz als die zweite Komponente betrachten, wiewohl letzteres in der Lösung theilweise oder ganz in seine beiden Salze (und eventuell ihre Ionen) zerfallen kann."

„In diesen beiden und andern analogen Fällen kann man aber auch die Zersetzungsprodukte gesondert in willkürlichen Verhältnissen einführen und bekommt dann Systeme einer höheren Ordnung. Daher waren die erstgenannten Gleichgewichte eigentlich nur wegen der Beschränktheit der untersuchten Mischungsverhältnisse scheinbar einfachere Systeme. In vielen Fällen wird dieser Thatbestand auch darin zum Vorschein kommen, dass bei Fortsetzung der Untersuchung über weitere Gebiete von p und t eine neue Phase auftritt, deren Zusammensetzung nur durch Annahme der Theilmoleküle als Komponenten ausgedrückt werden kann, so wenn z. B. aus einer Doppelsalzlösung sich das eine oder andere der zusammensetzenden Salze auszuscheiden anfängt.“

c) „Die ungleichartigen Bestandtheile einer Verbindung müssen als die Komponenten betrachtet werden, sobald in dem untersuchten System diese Bestandtheile in irgend einer Phase in wechselnden Verhältnissen auftreten. Daneben muss dann die Verbindung selbst nicht als besondere Komponente gezählt werden. So ist das Gleichgewicht zwischen HJ, H_2 und J_2, und ebenso das Gleichgewicht zwischen einem Salz und Wasser als System zweier Komponenten zu betrachten. Dabei brauchen weder HJ noch die eventuell auftretenden Salzhydrate als besondere Komponenten herangezogen zu werden, weil diese alle unter den geeigneten Bedingungen von selbst aus den einfacheren Komponenten des Systems entstehen.“

d) „Jedoch kann der Fall auch vorkommen, dass sowohl eine Verbindung wie ihre näheren Bestandtheile als Komponenten gerechnet werden müssen. Dieser Fall tritt auf, wenn unter den Versuchsbedingungen kein Gleichgewicht zu stande kommt zwischen der Verbindung und ihren Bestandtheilen. Fügte man z. B. bei gewöhnlicher Temperatur H_2, O_2 und H_2O zusammen, so würden diese ein System dreier Komponenten bilden, weil bei dieser Temperatur kein Gleichgewicht zwischen Wasser und seinen Elementen auftritt und also die drei Komponenten unabhängig von einander in das System eingeführt werden können.“

„Aus diesen Betrachtungen lässt sich folgern, dass die Anzahl der Komponenten eines Systems von den Versuchsbedingungen abhängig ist. Einschränkung dieser Zahl kann eintreten, wenn ein System vorliegt, worin eine Verbindung und ihre Zersetzungsprodukte auftreten, zwischen welchen bei niedriger Temperatur durch passive Widerstände kein Gleichgewicht auftritt. Bei genügender Temperaturerhöhung kann diese Passivität verschwinden, und dadurch die Verbindung als Komponente ausfallen. So würde es beim obigen Beispiele des Wassers stehen.“

„Umgekehrt kann Vermehrung der Komponentenzahl stattfinden, sobald eine Verbindung, die als Komponente vorkam, in merkbarer Weise anfängt, in ihre näheren Bestandtheile zersetzt zu werden, die zuvor nicht im System anwesend waren. So wird das System der zwei Komponenten $H_2O + Cl$ bei erhöhter Temperatur in ein solches dreier Komponenten übergehen, sobald die Umsetzung $2\,H_2O + 2\,Cl_2 = 4\,HCl + O_2$ anfängt.“

„Bei Gleichgewichten, in denen die Reaktionsgeschwindigkeit zwischen den Molekülgattungen sehr klein ist, kann die Anzahl der Komponenten sich beim raschen Arbeiten grösser zeigen als bei Anwendung grösserer Zeiträume. Bei organischen Isomeren sind die Folgen solcher Unterschiede für Schmelzerscheinungen bereits Gegenstand der Untersuchung geworden."

„Ebenso wie die Anzahl kann die Art der Komponenten bisweilen je nach den Umständen verschieden gewählt werden. Am meisten tritt hier der Umfang des untersuchten Gebietes massgebend auf. So lassen sich die Schmelz- und Lösungserscheinungen der Schwefelsäure und ihrer Hydrate alle ganz gut ausdrücken, wenn man als Komponenten H_2SO_4 und H_2O annimmt. Doch wird es bei dieser Wahl unmöglich sein, die weniger als ein Molekül H_2O enthaltenden Hydrate zu gleicher Zeit zu umfassen, und wird es daher zur Wiedergabe der Verhältnisse für das ganze Gebiet der möglichen Gleichgewichte besser sein, SO_3 und H_2O als Komponenten zu wählen."

„Ebenso wird man bei vielen praktischen Untersuchungen über Lösungserscheinungen bei Salzen ein hydratisches Salz und Wasser als Komponente annehmen können, weil das Temperaturgebiet, wo das wasserfreie Salz auftritt, unerreichbar ist. So kann man basische Salze entweder als Verbindungen zweier Oxyde mit Wasser oder als Verbindungen des basischen Oxyds mit normalem Salz und Wasser betrachten, ohne mit dieser Annahme etwas über die Konstitution dieser Verbindungen aussprechen zu wollen."

Die Phasenregel.

Dieselbe besagt, dass die Anzahl der Freiheitsgrade F, d. h. die Anzahl der möglichen Verschiebungen des Gleichgewichtes durch Aenderung des Drucks oder der Temperatur gleich ist der Anzahl der unabhängigen Komponenten n vermehrt um 2 minus der Anzahl der genannten vorhandenen Phasen r.

$$F = n + 2 - r.$$

Man unterscheidet je nach dem Verhältniss von $n + 2 : r$ verschiedenartige Gleichgewichte. Für den Fall, dass

$n + 2 - r = 0$, ist das Gleichgewicht nonvariant,
$n + 2 - r = 1$, „ „ „ monovariant,
$n + 2 - r = 2$, „ „ „ divariant.

u. s. w.

Diese Eintheilung ist von Bancroft zuerst in seinem Buche „The Phase Rule" angewandt worden, nachdem sie bereits früher von Trevor vorgeschlagen worden war, und soll dieselbe auch hier zu Grunde gelegt werden. Da eine absolute Unterscheidung zwischen homogenen und heterogenen Gleichgewichten, wie schon vorher erwähnt wurde, eine auf die Dauer unhaltbare werden wird, soll dieselbe hier nicht näher berücksichtigt werden.

Bei den nonvarianten Systemen ist $n + 2 = r$, d. h. also die Anzahl der Freiheitsgrade $= 0$. Man kann bei diesen Fällen die Temperatur oder den Druck nicht verändern, ohne dass eine Phase verschwindet. Das Gleichgewicht ist nur bei einer bestimmten Temperatur und bei einem bestimmtem Drucke vorhanden. Diese bestimmten Punkte ergeben sich in einem Diagramm, wenn man die einzelnen Phasen durch p-t-Kurven darstellt. Da, wo dieselben sich in einem Punkte treffen, der als Tripelpunkt u. s. w. bezeichnet wird, sind die Bedingungen für die gleichzeitige Existenz der verschiedenen Phasen gegeben.

Bei den monovarianten Systemen können sich Temperatur oder Druck in gewissen Grenzen bewegen, ohne dass dadurch eine Phase zum Verschwinden gebracht würde. Bei ihnen ist $n + 2 - r = 1$.

Komplicirter liegen die Verhältnisse bei di- und plurivarianten Systemen. Da dieselben noch wenig untersucht sind, können wir hier von einer eingehenderen Betrachtung absehen.

Nachstehend seien zur vorläufigen näheren Erläuterung einige Beispiele gegeben:

1. Eis, Wasser und Dampf. Dieselben bestehen bei $0{,}0076^0$ und 4,6 mm neben einander. Aendert man eine dieser Zustandsvariabeln, so verschwindet eine Phase. Unter dem angegebenen Druck und der betreffenden Temperatur z. B. haben wir also:

$$H_2O \text{ fest } / \; H_2O \text{ fl. } / \; H_2O \text{ gasf.}$$
$$H_2O \text{ fest } \rightleftarrows H_2O \text{ flüssig.}$$
$$H_2O \text{ flüssig } \rightleftarrows H_2O \text{ gesförmig.}$$

$$\left.\begin{array}{l} n = 3 - 2 = 1 \\ r = 3 \end{array}\right\} \; F = n + 2 - r = 1 + 2 - 3 = 0.$$

Das System ist unter diesen Umständen nonvariant, wird aber unter Verschwinden einer Phase monovariant bei Veränderung von Druck oder Temperatur bei 10^0 C.

$$H_2O \text{ fl. } / \; H_2O \text{ gasf.}$$
$$H_2O \text{ fl. } \rightarrow H_2O \text{ gasf.}$$

$$\left.\begin{array}{l} n = 2 - 1 = 1 \\ r = 2 \end{array}\right\} \; F = n + 2 - r = 3 - 2 = 1.$$

Folgendes Diagramm (Fig. 7) stellte den in der ersten Ableitung gegebenen Zustand dar. Erwähnt sei noch, dass F. Tammann[1] bei

---

[1] F. Tammann, Drude's Ann. (4), **2**, 1, 1900; vgl. auch Bakhuis Roozeboom, „Die heterogenen Gleichgewichte vom Standpunkte der Phasenregel" Braunschweig 1901 S. 193 u. f.

Fortsetzung seiner Untersuchungen über das Verhalten des Eises bei niederen Temperaturen und sehr hohen Drucken auf drei neue Eisarten gestossen ist.

2. **Stickstofftetroxyd und Stickstoffdioxyd.** Das Stickstofftetroxyd, eine helle Flüssigkeit und entsprechend gefärbtes Gas, wandelt sich bei Erhöhung der Temperatur um in das dunkel gelbroth gefärbte Stickstoffdioxyd nach der Gleichung:

$$N_2O_4 = 2\,NO_2.$$

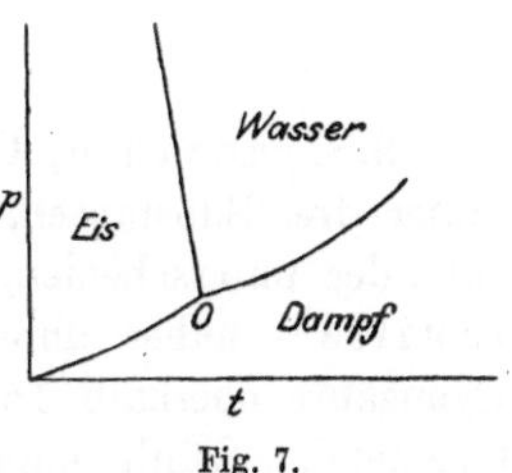

Fig. 7.

Die hier obwaltenden Verhältnisse sind von Playfair und Wanklyn[1]), von Troost[2]), Naumann[3]), Guldberg und Waage[4]) bereits früher untersucht worden. Späterhin haben E. und L. Natanson[5]) eine ausführliche Bearbeitung dieses Gegenstandes vorgenommen, und aus dem Jahre 1891 liegt eine Arbeit von A. J. Swart[6]) vor. Auch die in Lösungen vor sich gehenden Dissociationen des Stickstofftetroxyds haben zu einer Bearbeitung geführt, die von J. T. Cundall[7]) angestellt wurde.

Berthelot und Ogier[8]) hatten als Dissociationswärme des Stickstofftetroxyds die Zahl 129 K (K = 100 cal.) bestimmt, während Boltzmann[9]) die Zahl 139,2 auf Grundlage der Dissociationstheorie berechnete. Aus den Beobachtungen von Deville und Troost und den Berechnungen des Procentgehaltes von A. Naumann ergiebt sich eine Dissociationswärme von 129 K. A. J. Swart berechnete dieselbe zu 131,7 und 130,5 K.

Der Siedepunkt des Stickstofftetroxyds liegt bei ca. 26°. Bei 26,7° sind etwa 80% N_2O_4 noch vorhanden (Naumann), und bei 150° ist die Dampfdichte derjenigen von Stickstoffdioxyd entsprechend (Troost und Deville), also die Zersetzung vollständig. Es bestehen somit oberhalb 26° und unterhalb 150° folgende Zustände, welche durch diese Temperatur bestimmt, aber auch in entsprechender Weise vom Drucke abhängig

---

1) Playfair u. Wanklyn, Proc. Roy. Soc. Edinb. **4**, 395, 1862.

2) Troost, Compt. rend. **86**, 1395, 1878; vgl. auch Deville u. Troost, ibid. **64**, 237, 1867.

3) A. Naumann, Ber. **11** 2045 1878.

4) Guldberg u. Waage, s. nachher S. 37 u. f.

5) E. u. L. Natanson, Wied. Ann. **24**, 454, 1884; **27**, 606, 1886.

6) A. J. Swart, Zeitschr. physik. Ch. **7**, 120, 1891.

7) J. T. Cundall, Journ. Chem. Soc. 1891, 1606; vgl. hierzu W. Ostwald, ibid. 1892, 242.

8) Berthelot u. Ogier, Ann. chim. phys. (5), **30**, 382, 1883.

9) Boltzmann, Wied. Ann. **22**, 68, 1884; vgl. auch Boltzmann, Kinetische Gastheorie.

sind, so dass durch Aenderung einer dieser Zustandsvariablen das ganze System eine Aenderung erfährt. Wir haben also zwischen 26 und 150^0

$$N_2O_4 \text{ gasf. } / \text{ NO}_2 \text{ gasf.}$$
$$N_2O_4 \rightleftarrows 2\,NO_2.$$
$$\left.\begin{array}{l} n = 2 - 1 \\ r = 2 \end{array}\right\} F = n + 2 - r = 1 + 2 - 2 = 1.$$

3. Cyansäure, Cyanursäure und Cyamelid. Die Umwandlung dieser drei Substanzen, die sich durch verschiedene Molekulargrösse von einander unterscheiden, also polymer sind, ist von Troost und Haute-feuille[1]) näher untersucht worden. Dieselben stellten fest, dass sich Cyansäure oberhalb 150^0 zu Cyanursäure kondensirt, unterhalb 150^0 zu Cyamelid. Kühlt man sehr rasch ab auf 0^0, so erhält man flüssige Cyansäure. Das Gleichgewicht ist durch eine bestimmte Tension der gasförmigen Cyansäure festgelegt. Wir haben also oberhalb 150^0:

$$\text{Cyansäure gasf. } / \text{ Cyanursäure fest,}$$
$$3\,CNOH \rightleftarrows C_3N_3O_3H_3 \text{ (Cyanursäure)}.$$
$$\left.\begin{array}{l} n = 2 - 1 = 1 \\ r = 2 \end{array}\right\} F = n + 2 - r = 3 - 2 = 1$$

und unterhalb 150^0:

$$\text{Cyansäure gasf. } / \text{ Cyamelid fest,}$$
$$n\,CNOH \rightleftarrows C_nN_nO_nH_n \text{ (Cyamelid)}.$$
$$\left.\begin{array}{l} n = 2 - 1 = 1 \\ r = 2 \end{array}\right\} F = 1.$$

4. Calciumkarbonat, Kohlendioxyd und Calciumoxyd. Beim Erhitzen zerfällt Calciumkarbonat in Kohlendioxyd und Calciumoxyd. Wir haben also innerhalb weiterer Temperaturgrenzen folgendes System.

$$CaCO_3 \text{ fest } / \text{ CaO fest } / \text{ CO}_2 \text{ gasf.}$$
$$CaCO_3 \rightleftarrows CaO + CO_2.$$
$$\left.\begin{array}{l} n = 3 - 1 = 2 \\ r = 3 \end{array}\right\} F = 2 + 2 - 3 = 1.$$

Auch hier ist das System unter den betreffenden Umständen monovariant, d. h. die Menge des $CaCO_3$ wechselt mit Druck und Temperatur.

5. Lösung von Kochsalz in Wasser. Der Zerfall des Kochsalzmoleküls in Ionen erfolgt unter dem Einflusse des Wassers. Wir haben:

---

[1]) Troost u. Hautefeuille, Compt. rend. **67**, 1345, vgl. ferner van't Hoff-Cohen, Studien zur chemischen Dynamik 1896, S. 178.

$$H_2O \text{ fl. } / \text{ NaCl fl. } / \text{ Na' fl. } / \text{ Cl· fl.}$$

$$NaCl \underset{\leftarrow}{\overset{\rightarrow}{}} \underbrace{Na' + Cl·}$$

$$\left.\begin{array}{l} n = 4 - 1 = 3 \\ r = 4 \end{array}\right\} F = 3 + 2 - 4 = 1.$$

Das System ist also ebenfalls eindeutig bestimmt.

6. **Lösung von Schwefelsäure in Wasser.** Schwefelsäure zerfällt unter dem Einflusse des Wassers in die Ionen H und HSO_4, sowie H_2 und SO_4. Wir haben also:

$$H_2O \text{ fl. } / \text{ } H_2SO_4 \text{ fl. } / \text{ H' fl. } / \text{ } HSO_4· \text{ fl. } / \text{ H' fl. } / \text{ } SO_4· \text{ fl.}$$

$$H_2SO_4 \underset{\leftarrow}{\overset{\rightarrow}{}} \underbrace{H' + ·HSO_4},$$

$$·HSO_4 \underset{\leftarrow}{\overset{\rightarrow}{}} \underbrace{H' + ··SO_4}.$$

$$\left.\begin{array}{l} n = 6 - 2 = 4 \\ r = 5 \end{array}\right\} F = 4 + 2 - 5 = 1.$$

Man muss hierbei das Ion H' zweimal zählen, da es ja das eine Mal von HSO_4, das andere Mal von SO_4 abhängig ist. Als Phase kommt es nur einmal in Betracht. Eine Aenderung des Drucks oder der Temperatur bewirkt eine Aenderung der Koncentration von HSO_4 und dementsprechend der übrigen Bestandtheile.

7. **Lösung von Natriumhydrosulfat in Wasser.** Wir können dieses System als folgendes betrachten:

$$H_2O \text{ fl. } / \text{ } HNaSO_4 \text{ fl. } / \text{ H' fl. } / \text{ } NaSO_4· \text{ fl. } / \text{ Na' fl. } / \text{ } SO_4·· \text{ fl.}$$

$$Na' \text{ fl. } / \text{ } HSO_4· \text{ fl. } / \text{ H' fl. } / \text{ } SO_4·· \text{ fl.}$$

$$NaHSO_4 \underset{\leftarrow}{\overset{\rightarrow}{}} \underbrace{H' + NaSO_4·},$$

$$NaHSO_4 \underset{\leftarrow}{\overset{\rightarrow}{}} \underbrace{Na' + HSO_4·},$$

$$NaSO_4· \underset{\leftarrow}{\overset{\rightarrow}{}} \underbrace{Na' + SO_4··},$$

$$HSO_4· \underset{\leftarrow}{\overset{\rightarrow}{}} \underbrace{H' + SO_4··}.$$

$$\left.\begin{array}{l} n = 10 - 4 = 6 \\ r = 6 \end{array}\right\} F = 6 + 2 - 6 = 2.$$

Auch wenn wir das System als aus Na_2SO_4, $H_2SO_4 + H_2O$ bestehend ansehen, würden wir dasselbe Resultat erhalten. Wir haben es also hier mit einem divarianten System zu thun, d. h. es kann Na neben SO_4, oder H neben SO_4 vorhanden sein und durch Aenderung einer der Zustandsvariabeln ändert sich auch die Menge des vorhandenen $NaSO_4$ sowie HSO_4.

Eingehendere Betrachtungen dieser Verhältnisse werden je nach den Beziehungen unter den einzelnen Abtheilungen gebracht werden.

Einen Beweis für die Phasenregel nur mittels der thermodynamischen Beziehungen zu erbringen, ist schwierig und soll deshalb hier unterbleiben. Da es sich aber im allgemeinen nur um bestimmte Zahlenverhältnisse handelt, die durch die Versuchsbedingungen gegeben sind, so ist eine einfache **Ableitung der Phasenregel** leicht möglich.

Nehmen wir an, wir haben einen Stoff, der in drei verschiedenen Aggregatzuständen existiren kann, so ist die Anzahl der Bestandtheile unter bestimmten Temperatur- und Druckverhältnissen (vergl. Beispiel 1) $=$ drei. Nun sind entsprechend der Regel, dass zwischen n-Körpern $n - 1$ Relationen statthaben können, zwei Reaktionen möglich, nämlich Uebergang von fest in flüssig, und von flüssig in gasförmig. Der Uebergang fest in gasförmig wird nicht direkt erfolgen, sondern da der flüssige Zustand existenzfähig ist, durch den flüssigen Zustand hindurch. Wir haben also nur zwei verschiedene Zustandsänderungen, d. h. als unabhängige Bestandtheile sind vorhanden drei minus zwei $= 1$. Die Zahl der Phasen, d. h. der vorhandenen Aggregatzustände ist gleich 3. Wir haben also

$$n = 1, \ r = 3.$$

Wenn hier Gleichgewicht, wie es für diesen Zustand erforderlich ist, eintreten soll, müssen wir zu n zwei hinzuzählen.

Die Zahl 2 bedeutet die Zustandsvariablen, d. h. Druck und Temperatur. Wir haben also

$$A = \text{Anzahl der unabhängigen Bestandtheile} = n + 2,$$
$$B = \quad \text{„} \quad \text{„ vorhandenen Phasen} = r.$$
$$A - B = F = n + 2 - r.$$

F, die Anzahl der Freiheitsgrade, ist also gleich der Anzahl der unabhängigen Bestandtheile $n + 2$, vermindert um die Anzahl der vorhandenen Phasen.

Bei vielen Reaktionen haben wir als dritten unabhängigen Bestandtheil die Koncentration, d. h. die Masse, einzuführen. Thun wir dies, so erhalten wir für

$$A \text{ die Anzahl der unabhängigen Bestandtheile } n + 3,$$
$$B \text{ die Anzahl der abhängigen Bestandtheile } r,$$
$$A - B = F = n + 3 - r.$$

Beispiele:

1. $\quad H_2O$ fl. / NaCl fl. (Na′ fl. / Cl · fl.)

$$\text{NaCl} \rightleftarrows \text{Na}' + \text{Cl} \cdot \cdot$$
$$F = 3 + 3 - 4 = 2.$$

Hierbei ist der Einfluss der Koncentration nur gering, so dass wir auch

$$F = 3 + 2 - 4 = 1$$

setzen können, da die elektrolytische Dissociation selbst bei höheren Koncentrationen schon fast vollständig ist.

2. $\quad PCl_5$ fest / PCl_3 gasf. / Cl_2 gasf.

$$PCl_5 \rightleftarrows PCl_3 + Cl_2.$$

Für die Dissociation, bei welcher allein die erhaltenen Mengen der Komponenten in Frage kommen, gilt

$$F = 2 + 2 - 3 = 1$$

Setzen wir jedoch den Dissociationsgliedern noch Chlor oder Phosphortrichlorid zu, so übt die Koncentration einen wesentlichen Einfluss aus. Wir erhalten alsdann

$$F = 2 + 3 - 3 = 2,$$

d. h. um einen bestimmten Dissociationsgrad zu erhalten, müssen wir im ersten Falle eine Zustandsvariable entsprechend verändern, bei dem andern Falle dagegen zwei.

Der Einfluss der Koncentration speciell bei homogenen Systemen ist durch das nachstehend besprochene Massenwirkungsgesetz von Guldberg und Waage wiedergegeben.

7. Das Massenwirkungsgesetz von Guldberg und Waage.

1. Bedingungen des Gleichgewichtes.

Die ersten Untersuchungen über die Wirkung der vorhandenen Massen der reagirenden Bestandtheile sind von Wenzel 1777 und späterhin von Berthollet 1799 angestellt worden; den ersten allgemein giltigen Ausdruck haben Guldberg und Waage gefunden. In einer zusammenfassenden Abhandlung „über die chemische Affinität" geben Guldberg und Waage[1]) die Resultate ihrer diesbezüglichen Untersuchungen wieder. Ich glaube dem Charakter des Buches am zweckentsprechendsten zu handeln, wenn ich diese Arbeit zum Theile wörtlich hier anführe mit den von den Verfassern gegebenen Beispielen, soweit dieselben nicht infolge der elektrolytischen Dissociation der Elektrolyte in wässeriger Lösung speciell bei höheren Koncentrationen als unrichtig erkannt worden sind.

„Im Jahre 1867 haben Guldberg und Waage unter dem Titel „Études sur les affinités chimiques" eine Arbeit über die chemische Affinität veröffentlicht, in welcher sie sich vorzüglich mit der chemischen Massenwirkung beschäftigten. Sie sprechen es als ihre Anschauung aus, dass das Resultat eines chemischen Processes nicht allein von denjenigen Stoffen abhängt, welche in die neue chemische Verbindung eingehen, sondern auch von allen andern bei dem Processe gegenwärtigen Stoffen, welch letztere sie mit einem gemeinschaftlichen Namen als fremde Stoffe bezeichneten, insofern dieselben einen merkbaren Einfluss ausüben, obschon sie selbst keine chemische Veränderung während des Processes erleiden. Zu diesen fremden Stoffen rechneten sie namentlich auch die Auflösungsmittel."

---

1) C. M. Guldberg u. Waage, Journ. pr. Ch. (127), NF. **19**, 69—114, 1879; Ostwald's Klassiker der exakten Wissenschaften Nr. 104.

„Die chemischen Kräfte, welche zwischen den Stoffen in Wirksamkeit treten, sind abhängig von der Temperatur, dem Drucke, dem Aggregatzustande und dem Mengenverhältniss, und unterscheidet man zwei Hauptgruppen von chemischen Kräften: die eigentlichen Affinitätskräfte, welche die Bildung neuer chemischen Verbindungen zu stande bringen, und die sekundären Kräfte, deren Wirkung auf die fremden Stoffe zurückzuführen ist.“

„Solche chemischen Processe, welche sich am besten dazu eignen, um an ihnen die chemischen Kräfte zu studiren, sind nach unserer Anschauung diejenigen, in welchen ein Gleichgewichtszustand zwischen den Kräften eintritt, oder mit andern Worten: Processe, in welchen die chemische Reaktion gleichzeitig in zwei entgegengesetzten Richtungen vor sich geht.   Als Beispiele wollen wir anführen:

1. Ein Metall wird mittels Wasserdampf oxydirt und das Metalloxyd unter denselben Umständen mittels Wasserstoffs reducirt.

2. Dissociation eines.Körpers A B, bei welcher gleichzeitig die beiden Bestandtheile A und B und der ursprüngliche Stoff A B vorhanden sind.

3. Zwei auflösliche Stoffe geben Veranlassung zu einer doppelten Substitution; so werden Alkohol und Essigsäure theilweise in Ester und in Wasser übergehen, und umgekehrt werden Ester und Wasser auch theilweise in Alkohol und Essigsäure übergehen [1]).

4. Ein auflösliches und ein unauflösliches Salz tauschen theilweise die Säuren; so werden schwefelsaures Kali und kohlensaurer Baryt theilweise in kohlensaures Kali und schwefelsauren Baryt übergehen; und umgekehrt werden ebenfalls kohlensaures Kali und schwefelsaurer Baryt theilweise in schwefelsaures Kali und kohlensauren Baryt sich umsetzen.“

„Aus diesen Experimentaluntersuchungen in Verbindung mit dem sonst bereits bekannten Material leiteten Guldberg und Waage das Gesetz für die chemische Massenwirkung ab, welches sie folgendermassen aussprechen:

Wenn zwei Stoffe A und B sich in zwei neue Stoffe A' und B' umsetzen, so wird die chemische Kraft, mit welcher A und B gegenseitig aufeinander einwirken, gemessen durch die in der Zeiteinheit gebildete Menge der neuen Stoffe A' und B'.“

„Die Menge, mit welcher ein bestimmter Stoff in der Volumeinheit des Körpers auftritt, in welchem der chemische Process vorgeht, wird die aktive Masse des Stoffes genannt. Es ergiebt sich dann folgende Gesetzmässigkeit:

„Die chemische Kraft, mit welcher zwei Stoffe A und B

---

[1]) Berthelot u. Saint-Giles, Ann. chim. phys. 1862.

auf einander einwirken, ist gleich dem Produkte ihrer aktiven Massen, multiplicirt mit dem Affinitätskoëfficienten."

„Unter dem Affinitätskoëfficienten wird ein Koëfficient verstanden, der von der chemischen Natur der beiden Stoffe und von der
Temperatur abhängt. Werden die aktiven Massen von A und B mit p
und q bezeichnet, und bezeichnet k den Affinitätskoëfficienten, so wird
die zwischen A und B wirkende Kraft durch kpq ausgedrückt; dieser
Ausdruck repräsentirt demgemäss die Mengen von A und B, welche in
der Zeiteinheit in A' und B' umgesetzt werden."

„Wenn in einem chemischen Processe A und B in A'
und B' umgesetzt werden, und umgekehrt A' und B' in A und
B sich umsetzen lassen, so tritt Gleichgewicht ein, wenn
die zwischen A und B wirkende chemische Kraft der zwischen A' und B' wirkenden chemischen Kraft gleich ist."

„Bezeichnet man die aktiven Massen von A' und B' mit p' und q'
und ihren Affinitätskoëfficienten mit k', so wird die chemische Kraft,
welche zwischen A' und B' wirksam ist, durch k'p'q' ausgedrückt. Dieser
Ausdruck repräsentirt wie oben die Mengen von A' und B', welche in
der Zeiteinheit in A und B umgesetzt werden."

„Die Bedingung des Gleichgewichts wird also durch
die Gleichung:

$$k\,p\,q = k'\,p'\,q'$$

ausgesprochen."

Von historischen Daten in betreff dieses Gesetzes seien noch folgende
erwähnt: Die ersten Mittheilungen sind von Guldberg und Waage im
Jahre 1864 und dann 1869 in einem Universitätsprogramm gemacht
worden. Dieselben enthalten schon vollständig die Ausführung dieser
Gedankenreihe, wie sie hier vorliegt. „Im Jahre 1869 veröffentlichte
Julius Thomsen[1]) in Kopenhagen thermochemische Untersuchungen
über die Affinitätsverhältnisse zwischen Säuren und Basen in wässeriger Auflösung, und das Resultat dieser Untersuchungen bestätigt
ebenfalls das Gesetz der Massenwirkung."

„Ebenso hat W. Ostwald[2]) in Dorpat 1876 die Affinitätsverhältnisse zwischen Säuren und Basen mit Hilfe der Volumveränderungen zu bestimmen versucht und dadurch eine weitere Bestätigung der Thomsen'schen Resultate geliefert. Gleichzeitig hat
Ostwald aus seinen Versuchen eine Eigenschaft des Affinitätskoëfficienten
abgeleitet, welche durch folgenden Satz ausgesprochen werden kann:

Der Affinitätskoëfficient ist das Produkt zweier Koëfficienten, von denen der eine dem Stoffe A und der andere
dem Stoffe B angehört."

1) J. Thomsen, Pogg. Ann. **138**, 1869.
2) W. Ostwald, Journ. pr. Ch. (2), **16**, 385, 1876.

„Im Jahre 1877 hat Horstmann[1]) eine Theorie über die Verbrennung von Mischungen aus Kohlenoxyd und Wasserstoff aufgestellt. Diese Theorie ist aber in Wirklichkeit nichts anders als Guldberg und Waage's Gesetz der Massenwirkung. Lässt man in obiger Gleichung p die Wasserstoffmenge, q die Kohlensäuremenge, p' die Wasserdampfmenge und q' die Kohlenoxydmenge vorstellen, alles nach Abschluss der Verbrennung, so findet Horstmann aus seinen Versuchen, dass das Verhältniss $k : k'$ von der Temperatur abhängig ist. In demselben Jahre hat ferner van't Hoff[2]) die Esterbildung nach einer Formel berechnet, welche vollständig mit der von Guldberg und Waage im Jahre 1867 ausgeführten übereinstimmt."

„Da in solcher Art das Gesetz über die Massenwirkungen für unauflösliche, auflösliche, und gasförmige Stoffe zu gelten schien, so wird man zu der Annahme getrieben, dasselbe als ein allgemeines Gesetz zu betrachten, welches bei allen chemischen Processen Geltung hat. Im nachfolgenden soll versucht werden, die Annahme noch näher zu begründen, theils dadurch, dass die physikalische Bedeutung dieses Gesetzes noch weiter entwickelt wird, theils dadurch, dass seine Anwendbarkeit auf eine Reihe verschiedenartiger chemischen Processe nachgewiesen wird."

„Guldberg und Waage haben sich zum Studium der chemischen Affinität vorzugsweise an diejenigen chemischen Processe gehalten, in welchen die chemische Reaktion gleichzeitig in zwei entgegengesetzten Richtungen vor sich gehen kann. Dergleichen Processe sind freilich bisher in der Chemie als einzelne Phänomene angesehen worden. Wir glauben indessen Grund zu haben, die Auffassung geltend zu machen, dass gerade diese Processe, in welchen gleichzeitig zwei entgegengesetzte Reaktionen zum Vorschein kommen, als die eigentlichen oder vollkommenen chemischen Processe zu betrachten sind, und dass im Gegensatz dazu die Fälle, in welchen nur die eine Seite der Reaktion zu Tage tritt, als unvollkommene chemische Processe anzusehen sind, welche sich jedoch ohne Schwierigkeit unter erstere einordnen lassen. Die verschiedenartigsten Umstände können Veranlassung dazu geben, dass ein chemischer Process sich als unvollkommener Process darstellen muss. Die entgegengesetzte Reaktion kann so schon dann nicht zur Erscheinung kommen, wenn einer oder mehrere der neugebildeten Stoffe sich der chemischen Reaktion entziehen, sei es nun dadurch, dass sie einfach aus dem Processe austreten, oder sei es dadurch, dass die neugebildeten Stoffe zu anderweitigen chemischen Reaktionen Veranlassung geben, in welchem Falle das entsteht, was man einen zusammengesetzten chemischen Process nennt."

---

1) Horstmann, Liebig's Ann. **190**, 1877.
2) J. H. van't Hoff, Ber. **10**, 1877.

„Wenn z. B. Salzsäure auf Zink einwirkt, so erhält man Chlorzink, und der Wasserstoff entweicht in Gasform. Schliesst man aber die Flüssigkeit hermetisch in einem Gefässe ein und hindert dadurch den Wasserstoff am Entweichen, so kommt auch die entgegengesetzte Reaktion zum Vorschein, insofern nämlich die Wasserstoffentwicklung nach einiger Zeit aufhört. Hier bestehen nun alle vier Stoffe nebeneinander, und es ist somit Gleichgewicht eingetreten." [1]

„Als Beispiel einer zusammengesetzten chemischen Reaktion kann gelten das Verhalten der Flusssäure zu Kieselsäure und die Bildung von Kieselfluorwasserstoff aus Fluorkiesel (SiF_4) und Wasser".

„Die entgegengesetzte chemische Reaktion kommt ferner nicht zur Erscheinung, wenn die Temperatur der gebildeten Stoffe einen Werth annimmt, der innerhalb gewisser Grenzen liegt. Dies tritt z. B. ein, wenn die entgegengesetzte Reaktion aus einer Dissociation besteht, und die Temperatur unter die Dissociationsgrenze sinkt. So wird Wasserstoff und Sauerstoff unter Verbrennung Wasserdampf bilden, aber die Temperatur des letzteren sinkt unter den gewöhnlichen Verhältnissen rasch unter die Dissociationsgrenze. Ist dagegen die Temperatur hinreichend hoch, so wird die Dissociation des Wasserdampfes gleichzeitig vor sich gehen, und ein Gleichgewichtszustand sich etabliren".

„Die entgegengesetzte Reaktion kommt endlich auch dann scheinbar nicht zu stande, wenn die Affinitätskoëfficienten solche Werthe annehmen, dass das Gleichgewicht schon durch die Gegenwart so kleiner Mengen der betreffenden Stoffe zu Wege gebracht wird, dass man dieselben durch gewöhnliche Reaktionen häufig nicht nachweisen kann. Wenn man beispielsweise salpetersauren Baryt mit einer äquivalenten Menge Schwefelsäure zusammenbringt, so wird die Reaktion anscheinend vollständig vor sich gehen, und man wird kaum die Gegenwart von freier Schwefelsäure und salpetersaurem Baryt nachweisen können. Wenn man dagegen statt Schwefelsäure Oxalsäure anwendet, wird nur ein Theil des Baryts gefällt werden, und alle vier Stoffe sind nachweisbar. Zwischen diesen beiden Fällen besteht aber nur ein quantitativer Unterschied, insofern die Gleichgewichtsgleichungen die gleiche Form, die Koëfficienten dagegen verschiedene Zahlenwerthe haben".

2. Theorie der chemischen Massenwirkung, wenn die sekundären Kräfte ausser Betracht gelassen werden.

„Betrachtet man einen chemischen Process, der unter solchen Umständen vorgeht, dass zwei Stoffe A und B in zwei neue Stoffe A′ und B′ umgesetzt werden können, während gleichzeitig auch eine Umsetzung

---

[1] Vgl. hierzu Tammann u. Nernst, Zeitschr. physik. Ch. **9**, 1, 1892.

der beiden Stoffe A′ und B′ in die ursprünglichen A und B stattfinden kann, so reicht zur Erklärung der beiden Reaktionen, welche hier vor sich gehen, die einfache Annahme von Attraktionskräften, welche zwischen den Stoffen oder ihren Bestandtheilen auftreten, nicht aus, sondern man muss für diesen Zweck auch auf die Bewegung der Atome und Moleküle Rücksicht nehmen".

„Der Gleichgewichtszustand, welcher bei derartigen chemischen Processen eintritt, ist ein Zustand des beweglichen Gleichgewichts, da gleichzeitig zwei entgegengesetzte chemische Reaktionen statthaben, insofern nicht nur eine Neubildung von A′ und B′, sondern auch eine Rückbildung in A und B vor sich gehen. Wenn in der Zeiteinheit gleichviel von jedem dieser beiden Paare gebildet wird, so ist Gleichgewicht vorhanden. Die chemische Reaktion, durch welche A und B in A′ und B′ umgesetzt wird, wird ausgedrückt durch die Gleichung:

$$A + B = A' + B'.\text{"}$$

„Besteht die Molekel A aus den Atomen oder Molekeln α und γ, so werden α und γ innerhalb der zusammengesetzten Molekel A ihre eigenthümlichen Bewegungen ausführen. Infolge dieser Sonderbewegungen werden α und γ bald sich nähern, bald von einander sich entfernen, und unter gewissen Umständen werden diese Bewegungen eine solche Ausdehnung erlangen, dass die Molekel A sich in ihre beiden Bestandtheile α und γ spaltet. In derselben Weise verhält es sich mit den beiden Bestandtheilen β und δ, aus welchen man sich die Molekel B zusammengesetzt denkt. Da nun aber auch von den zusammengesetzten Molekeln A und B jede wieder ihre Eigenbewegung hat, so wird von Zeit zu Zeit eine Molekel A mit einer Molekel B zusammentreffen. Geschieht nun aber dieses Zusammentreffen von A und B unter solchen Umständen, dass entweder sowohl α und γ, als auch β und δ ganz von einander getrennt sind, oder doch wenigstens der Abstand zwischen α und γ auf der einen, und β und δ auf der andern Seite beinahe die Grenze der Aktionssphäre erreicht hat, so werden die chemischen Attraktionskräfte zwischen β und γ und zwischen α und δ nur bewirken können, dass die Bildung zweier neuen Molekeln A′ und B′ eintritt, wo $A' = \alpha + \delta$ und $B' = \beta + \gamma$ ist. In derselben Weise wird aber auch das Zusammentreffen von zwei Molekeln A′ und B′ zur Bildung der Molekeln A und B Veranlassung geben können, so oft bei demselben die Bestandtheile α und δ einerseits und β und γ anderseits entweder ganz von einander sind oder doch so weit von einander sich entfernt haben, dass die Attraktionskräfte zwischen α und γ und zwischen β und δ in den Stand gesetzt werden, die Bildung der neuen Molekeln $A = \alpha + \gamma$ und $B = \beta + \delta$ zu bewirken."

„Eine ähnliche Betrachtungsweise ist geltend zu machen, wenn statt der doppelten Substitution eine Addition vorliegt. Eine zusammengesetzte Molekel ABC kann unter gewissen Bedingungen sich in ihre drei Bestandtheile A und B und C spalten, während gleichzeitig durch das Zusammentreffen der Molekeln A, B und C neue Molekeln von der Form ABC sich bilden können".

„Die Geschwindigkeit, mit welcher die Bildung der neuen Stoffe vor sich geht, lässt sich nun in folgender Weise bestimmen. Bezeichnet p und q die Anzahl der Molekeln A und B in der Volumeinheit, so wird die Häufigkeit des Zusammentreffens der Molekeln von A und B durch das Produkt p q repräsentirt. Wäre nun jede Begegnung der verschiedenartigen Molekeln gleich günstig für die Bildung neuer Stoffe, so würde die Geschwindigkeit, mit welcher der chemische Process fortschreitet, oder mit andern Worten die Menge, welche in der Zeiteinheit sich umsetzt, gleich φ p q gesetzt werden können, wo der Geschwindigkeitskoëfficient φ von der Temperatur abhängig zu denken ist."

„Diese Betrachtungsweise, die bereits aus der Dissociationstheorie der Gasarten bekannt ist, lässt sich nun aber in folgender Weise so erweitern, dass sie im allgemeinen für alle Aggregatzustände anwendbar wird."

„Unter den p-Molekeln von A, welche sich in der Volumeinheit vorfinden, wird im allgemeinen bloss ein Bruchtheil a sich in dem Zustande befinden, dass sie beim Zusammentreffen mit Molekeln von B zu einer Umsetzung Veranlassung geben können. Ebenso wird unter den q-Molekeln von B, welche die Volumeinheit enthält, auch bloss ein Bruchtheil b in dem Zustande sich befinden, dass ihr Zusammentreffen mit A die Veranlassung zu einer Umsetzung wird. In der Volumeinheit giebt es also a p-Molekeln des Stoffes A und b q-Molekeln des Stoffes B, welche bei ihrem gegenseitigen Zusammentreffen in neue Stoffe umgesetzt werden können. Folglich wird die Häufigkeit des Zusammentreffens umsetzbarer Molekeln durch das Produkt a p . b q dargestellt werden, und die Geschwindigkeit, mit welcher die Bildung der neuen Stoffe von statten geht, ist somit auszudrücken durch:

$$\varphi \, a \, p \, b \, q = k \, p \, q,$$

wenn man der Kürze wegen φ a b $= k$ setzt."

„Diese Betrachtungsweise ist aber noch weiterer Ausdehnung fähig, so dass sie auf jede Reaktion Anwendung finden kann, ganz abgesehen von der Anzahl der dabei in Betracht kommenden Stoffe. Wird z. B. die Bildung neuer Verbindungen dadurch bedingt, dass drei verschiedene Stoffe A, B und C zusammentreffen müssen, und wird die Anzahl der in der Volumeinheit enthaltenen Molekeln dieser Stoffe bezw. durch p, q und r dargestellt, und bezeichnen endlich a, b und c den Stoffen eigenthümliche Koëfficienten, so ist der Ausdruck für die Geschwindigkeit:

$$\varphi . a \, p \, b \, q \, c \, r = k \, p \, q \, r,$$

indem man wieder der Kürze wegen das Produkt der Koëfficienten durch k ersetzt."

„Hat man aber beispielsweise eine **Additionsverbindung**

$$\alpha\, A + \beta\, B + \gamma\, C$$

vor sich, welche aus α-Molekeln von A, β-Molekeln von B und γ-Molekeln von C besteht, so wird die Geschwindigkeit ausgedrückt durch:

$$\varphi\, a\, p\, a\, p \ldots\ldots b\, q\, b\, q \ldots\ldots c\, r\, c\, r \ldots\ldots$$
$$= \varphi \cdot a^{\alpha}\, p^{\alpha}\, b^{\beta}\, q^{\beta}\, c^{\gamma}\, r^{\gamma}$$
$$= k\, p^{\alpha}\, q^{\beta}\, r^{\gamma},$$

wo k das Produkt aller Koëfficienten bedeutet.“

„Sowohl der Geschwindigkeitskoëfficient, als auch die Koëfficienten a, b, c, welche nach der Natur der Stoffe sich richten, müssen als von der Temperatur abhängig gedacht werden. Welcher Art indessen diese Abhängigkeit sein mag, kann allein durch Versuche ermittelt werden.“

„Ist aber die Geschwindigkeit, mit welcher die Bildung der neuen Stoffe vor sich geht, in solcher Weise bestimmt, so braucht man um die Bedingungen für den Gleichgewichtszustand zu erhalten, nichts Weiteres zu thun, als die Geschwindigkeiten der beiden entgegengesetzten Reaktionen einander gleich zu setzen.“

„Wünscht man die absolute Geschwindigkeit, mit welcher der chemische Process fortschreitet, kennen zu lernen, so ist leicht zu ersehen, dass diese der **Differenz** zwischen den Geschwindigkeiten gleich ist, mit welchen die beiden entgegengesetzten Reaktionen vor sich gehen. Aus der absoluten Geschwindigkeit ergiebt sich die Zeit für das Fortschreiten des chemischen Processes.“

„**Obige Entwicklung ruht auf der Voraussetzung, dass die sekundären Wirkungen nicht in Betracht genommen zu werden brauchen.** Ein solches Absehen von doch thatsächlich vorhandenen Kräften scheint indessen bei sehr verdünnten Auflösungen statthaft zu sein. Ein charakteristisches Kennzeichen derartiger Lösungen bietet uns die Thermochemie darin, dass ein weiterer Zusatz von Wasser keine merkbare Wärmeentwicklung hervorruft. Wir wollen nun zur Betrachtung verschiedener Systeme chemischer Reaktionen übergehen und die Theorie der Massenwirkung auf dieselbe anwenden.“

Nach J. H. van't Hoff[1]) lässt sich das **Guldberg-Waage**'sche Gesetz als eine Schlussfolgerung aus den für verdünnte Lösungen aufgestellten Gesetzen entwickeln. „Es handelt sich dabei nur um Ausführung eines reversiblen Kreisprocesses bei konstanter Temperatur, der sich vermittelst halbdurchlässiger Wände ebenso gut bei Lösungen als bei Gasen ausführen lässt (Fig. 8):

„Wir denken uns zwei im Gleichgewicht befindliche Systeme gasförmiger oder gelöster Körper und stellen dieselben allgemein durch folgendes Symbol dar:

$$a_{,}'\, M_{,}' + a_{,}''\, M_{,}'' + \text{u. s. w.} \;\rightleftarrows\; a_{,,}'\, M_{,,}' + a_{,,}''\, M_{,,}'' + \text{u. s. w.}$$

<hr>

[1]) J. H. van't Hoff, Zeitschr. physik. Ch. **1**. 498, 1887.

worin a die Molekülzahl, M die Formel vorstellt. Dieses Gleichgewicht ist in zwei verschiedenen Gefässen A und B bei derselben Temperatur, jedoch bei verschiedener Koncentration vorhanden, die wir durch den Partialdruck resp. osmotischen Druck, den ein jeder der betreffenden Körper ausübt, bezeichnen. Derselbe sei im Gefäss A resp. $P_{,}'\,P_{,}''\ldots P_{,,}'\,P_{,,}''$ u. s. w. in B grösser und zwar um resp. $d\,P_{,}'\,d\,P_{,}''\ldots d\,P_{,,}'\,d\,P_{,,}''$ u. s. w."

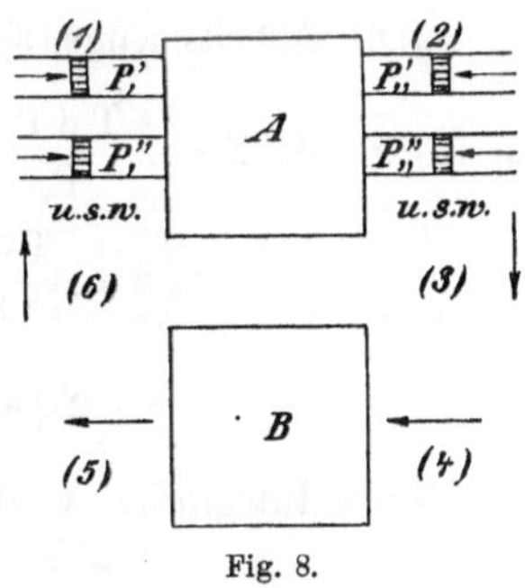

Fig. 8.

„Der durchzuführende Kreisprocess besteht nun darin, dass in A die Menge des ersten Systems durch obiges Symbol ausgedrückt, in Kilogrammen ausgeführt wird, während das zweite in entsprechender Menge austritt; beide haben dabei die Koncentrationen, welche in A bestehen. Diese Verwandlung wird derart vollführt, dass jeder der betreffenden Körper vermittelst eines eigenen Kolbens und Cylinders ein- und austritt, der vom Gefässe A durch eine Wand getrennt ist, durchlässig für diesen Körper allein. Handelt es sich um Lösung, so sind die Cylinder selbst aus halbdurchlässiger Wand angefertigt und vom Lösungsmittel umgeben."

„Ist dies vollführt, so erhält jeder Bestandtheil des zweiten Systems die gehörige Koncentrationsänderung, um der, welche in B besteht, gleich zu kommen; dabei wird pro Kilogrammmolekül eine Arbeit von $2\,\varDelta\,T$ geleistet, worin $\varDelta$ die Fraktion der Druckvermehrung also hier $\dfrac{d\,P}{P}$ ist;

für die in Rede stehende Menge handelt es sich also um $2\,a\,T\,\dfrac{d\,P}{P}$."

„Jetzt wird vermittelst des Gefässes B ganz wie oben das erhaltene zweite System in das erstere übergeführt zu den in B vorwaltenden Koncentrationen, und diese werden schliesslich durch geeignete Volumänderung in die ursprünglichen, in A bestehenden, verwandelt."

„Wo es sich um einen bei konstanter Temperatur ausgeführten Kreisprocess handelt, ist die Summe der betreffenden Arbeitsleistungen gleich Null, was durch folgende, wohl ohne Umschreibung fassliche Gleichung angedeutet werden kann:

$$(1) + (2) + (3) + (4) + (5) + (6) = 0.$$

Bemerken wir, dass (1) und (5) Verwandlungen im umgekehrten Sinne derselben Bestandtheile zur selben Menge bei derselben Temperatur sind, so folgt:

$$(1) + (5) = 0$$

und aus denselben Gründen

$$(2) + (4) = 0,$$

wodurch als Schlussergebniss erhalten wird:

$$(3) + (6) = 0.$$

Dies führt aber sofort zu Guldberg und Waage's Gesetz."

„Die Arbeitsmenge (3) ist nach obigem $\Sigma\, 2\, a_{,,}\, \dfrac{T\, d P_{,,}}{P_{,,}}$ und ebenso

ist (6) gleich $\Sigma\, 2\, a_{,}\, \dfrac{T\, d P_{,}}{P_{,}}$ woraus folgt:

$$\Sigma \left(2\, a_{,,}\, \frac{T\, d P_{,,}}{P_{,,}} - 2\, a_{,}\, \frac{T\, d P_{,}}{P_{,}} \right) = 0 \quad \text{oder}$$

$$\Sigma \left(a_{,,}\, \frac{d P_{,,}}{P_{,,}} - a_{,}\, \frac{d P_{,}}{P_{,}} \right) = 0.$$

Nach Integration wird dann erhalten:

$$\Sigma\, (a_{,,}\, l\,.\,P_{,,} - a_{,}\, l\, P_{,}) = \text{konst.},$$

darin ist aber P der Koncentration oder aktiven Masse C proportional, und kann also letztere statt ersterer eingeführt werden, ohne die Konstanz des ganzen Ausdrucks zu heben; demnach ist:

$$\Sigma\, (a_{,,}\, l\, C_{,,} - a_{,}\, l\, C_{,}) = \text{konst.},$$

was nicht anders ist als die unter Logarithmen gebrachte Guldberg-Waage'sche Formel."

3. System, aus vier auflöslichen Stoffen bestehend.

„Wir wollen eine Auflösung betrachten, in welcher vier auflösliche Stoffe A, A_1, B und B_1 enthalten sind, und dabei annehmen, dass das eine Paar A und B_1 in das andere Paar A_1 und B sich umsetzen lässt nach der Gleichung:

$$A + B_1 = A_1 + B.$$

„Als weitere Voraussetzung möge gelten, dass die Paare A und A_1, B und B_1, A und B sowie auch A_1 und B_1 keine Veranlassung zu irgend welcher chemischen Reaktion bieten dürfen."

„Bezeichnet man die im Gleichgewichtszustande vorhandenen Mengen der einzelnen Stoffe mit p, p_1, q und q_1, indem man sich im Interesse der Einfachheit diese Mengen in Aequivalenteinheiten ausgedrückt denkt, und stellt V das Volum der ganzen Auflösung vor, so werden:

die aktiven Massen durch $\dfrac{p}{V}$, $\dfrac{p_1}{V}$, $\dfrac{q}{V}$ und $\dfrac{q_1}{V}$,

die Geschwindigkeit, mit welcher die Bildung von A_1 und B vor sich geht, durch $\varphi\,.\,a\,\dfrac{p}{V}\,.\,b_1\,\dfrac{q_1}{V}$, und

die Geschwindigkeit, mit welcher die Bildung von A und B_1 vor sich geht, durch $\varphi\,\dfrac{a_1\, p_1}{V}\,.\,\dfrac{b\, q}{V}$

dargestellt werden, wobei angenommen ist, dass der Geschwindigkeitskoéf-
ficient φ für beide Reaktionen gleichen Werth hat. Die Bedingung des
Gleichgewichts lässt sich dann so schreiben:

$$(1) \qquad \varphi\, \frac{a\,p}{V}\, \frac{b_1\,q_1}{V} = \varphi\, \frac{a_1\,l_1}{V}\, \frac{l\,q}{V},$$

$$(2) \qquad \frac{a}{b} \cdot \frac{p}{q} = \frac{a_1}{b_1} \cdot \frac{p_1}{q_1}.$$

Wird hier $\dfrac{a}{b} = k$ und $\dfrac{a_1}{b_1} = k_1$, so erhält man:

$$(3) \qquad \frac{k\,p}{q} = \frac{k_1\,p_1}{q_1}.$$

„Geht man davon aus, dass die ursprünglichen Mengen P, P_1, Q
und Q_1 betragen haben, und dass der Gleichgewichtszustand eingetreten
ist, nachdem von den Stoffen A und B_1 eine Menge ξ umgesetzt war,
so ist:

$$p = P - \xi, \qquad\qquad p_1 = P_1 + \xi,$$
$$q = Q + \xi, \qquad\qquad q_1 = Q_1 - \xi.$$

„Werden diese Werthe in die Gleichung (3) eingesetzt, so bekommt
man eine Gleichung, die in Bezug auf ξ vom zweiten Grade ist; und
wird diese aufgelöst, indem man der Kürze wegen

$$\frac{k}{k_1} = \varkappa$$

setzt, so erhält man

$$(4) \qquad \xi = \frac{\varkappa\,(P + Q) + P_1 + Q}{2\,(\varkappa - 1)} +$$

$$\mp \sqrt{\left\{\frac{\varkappa\,(P + Q_1) + P_1 + Q}{2\,(\varkappa - 1)}\right\}^2 + \frac{P_1\,Q - \varkappa\,P\,Q_1}{\varkappa - 1}}.$$

„Hier gilt das obere Zeichen, wenn $\varkappa > 1$, und das untere Zeichen,
wenn $\varkappa < 1$. Der Werth von ξ in dieser Gleichung wird positiv, wenn

$$\varkappa\, \frac{P}{Q} > \frac{P_1}{Q_1}.$$

„Dagegen wird ξ negativ, was so viel sagen will, als dass von den
Stoffen A_1 und B die Menge ξ in A und B_1 umgesetzt wird, wenn

$$\varkappa\, \frac{P}{Q} < \frac{P_1}{Q_1}.$$

„Will man das Fortschreiten der Reaktion mit der Zeit studiren, so
wird man die absolute Geschwindigkeit einführen müssen. Bezeichnet x
die Menge von A und B_1, welche in der Zeit t in A_1 und B umgesetzt
wurde, so wird in der unendlich kurzen Zeit dt eine Menge dx umgesetzt werden, und die Geschwindigkeit ist somit $\dfrac{dx}{dt}$. Zur Zeit t sind

aber die aktiven Mengen

$$\frac{P-x}{V}, \quad \frac{P_1+x}{V}, \quad \frac{Q+x}{V}, \quad \frac{Q_1-x}{V},$$

und da nun die absolute Geschwindigkeit der Differenz zwischen den Geschwindigkeiten der beiden entgegengesetzten Reaktionen entspricht, so erhält man:

$$\frac{dx}{dt} = \varphi \left\{ a\,\frac{P-x}{V} \cdot b_1\,\frac{Q_1-x}{V} - a_1\,\frac{P_1+x}{V} \cdot b\,\frac{Q+x}{V} \right\} \quad (5)$$

$$= \varphi\,\frac{a_1\,b}{V^2} \left\{ \frac{k}{k_1}\,(P-x)(Q_1-x) - (P_1+x)(Q+x) \right\}.$$

„Setzt man in dieser Gleichung $x = \xi$, so wird die Geschwindigkeit der Null gleich, und man erhält wieder die Gleichung (1). Setzt man der Kürze wegen:

$$h = \frac{\varkappa\,(P+Q_1)+P_1+Q}{\varkappa-1} - \xi, \quad (6)$$

so kann die Gleichung (5) nach den nothwendigen Reduktionen auf folgende Form gebracht werden:

$$\frac{dx}{dt} = \varphi\,\frac{a_1\,b}{V^2}\,(\varkappa-1)\,(\xi-x)\,(h-x). \quad (7).$$

„Aus dieser Gleichung ergiebt sich durch Integration:

$$\log\,\mathrm{nat}\left(\frac{\xi}{\xi-x}\cdot\frac{h-x}{h}\right) = \varphi\,\frac{a_1\,b}{V^2}\,(\varkappa-1)\,(h-\xi)\,t. \quad (8)$$

„Aus dieser Gleichung scheint zu folgen, dass x erst nach unendlich langer Zeit den Grenzwerth ξ erreicht, der dem Gleichgewichtszustande entspricht. Die in der Gleichung (8) enthaltene Funktion ist indessen von solcher Beschaffenheit, dass der Unterschied zwischen ξ und x bereits nach verhältnissmässig kurzer Zeit so klein wird, dass er für den Beobachter verschwindet. Ein analoges Beispiel liefert uns die Hydraulik in dem Falle, wo man Wasser aus einem Gefässe ausströmen lässt. Die Geschwindigkeit beginnt hier mit Null und nähert sich schnell einem Grenzwerthe, der mathematisch gesprochen, erst nach unendlich langer Zeit eintreten sollte, während in der Praxis dieser Grenzwerth schon wenige Augenblicke nach Eröffnung der Mündung als erreicht angesehen werden darf.“

Erstes Beispiel.

$$A = \text{Essigsäure,} \qquad A' = \text{Ester}$$
$$B = \text{Wasser,} \qquad B' = \text{Alkohol.}$$

Versuche über die **Esterbildung** sind, wie oben erwähnt wurde, von **Berthelot** und **Saint-Giles** angestellt. Aus diesen Versuchen ergiebt sich das Verhältniss: $\dfrac{k}{k_{\prime}} = 4$.

Im Gleichgewichtszustande hat man also:

$$1 \frac{\text{Menge der Essigsäure}}{\text{Menge des Wassers}} = \frac{\text{Menge des Esters}}{\text{Menge des Alkohols}}.$$

wenn die Mengen dieser vier Stoffe in Aequivalenten ausgedrückt sind."

„Mit Hilfe der Gleichung (4) sind in nachfolgender Tabelle die Mengen von Essigsäure und Alkohol, welche in Ester und Wasser umgesetzt worden sind, berechnet und mit den Resultaten der Beobachtungen zusammengestellt. Dabei ist jedoch zu bemerken, dass eine vollständige Berechnung sämmtlicher Versuche darauf hindeutet, dass die sekundären Wirkungen in diesem Process eine nicht unbedeutende Rolle spielen. Dies schreibt sich besonders daher, dass Ester und Wasser sich nur mit Schwierigkeit zu einer homogenen Lösung vereinigen lassen.

Ursprüngliche Mengen von				Umgesetzte Mengen von Essigsäure	
Essigsäure P.	Alkohol Q_1.	Ester P_1.	Wasser Q.	beobachtet ξ.	berechnet ξ.
1	1	0	0	0,665	0,667
1	2	0	0	0,828	0,845
1	4	0	0	0,902	0,930
2	1	0	0	0,858	0,845
1	1	1,6	0	0,521	0,492
1	1	0	3	0,407	0,409
1	1	0	23	0,116	0,131
1	2	0	98	0,073	0,073

„Um die Anwendung der Gleichung (8) zu erläutern, sind eine Reihe von Versuchen berechnet, welche das Fortschreiten der Reaktion nachweisen, wenn 1 Molekel Essigsäure und 1 Molekel Alkohol unter gewöhnlicher Temperatur auf einander einwirken. Aus der Gleichung (6) finden wir h $= 2$, wenn $\xi = {}^2/_3$ ist, und die Gleichung (8) nimmt dann folgende Gestalt an:

$$\log\left(\frac{2-\text{x}}{2-3\,\text{x}}\right) = \psi\,\text{t},$$

wenn die Zeit in Tagen ausgedrückt wird, und ψ das Produkt aus den verschiedenen Koëfficienten mit Einschluss des Moduls der Brigg'schen Logarithmen vorstellt. Aus den Versuchen ergiebt sich $\psi = 0{,}0025$.

1 Mol. Essigsäure + 1 Mol. Alkohol bei gewöhnlicher Temperatur.

Tage.	x beobachtet.	x berechnet.
10	0,087	0,054
19	0,121	0,098

Tage.	x berechnet.	x berechnet.
41	0,200	0,190
64	0,250	0,267
103	0,345	0,365
137	0,421	0,429
167	0,474	0,472
190	0,496	0,499.

Zweites Beispiel.

A $=$ Salpetersäure, $A_1 =$ Schwefelsäure,

B $=$ Salpetersaures Natron, $B_1 =$ Schwefelsaures Natron.

„Versuche über die Theilung einer Phase zwischen zwei Säuren sind, wie vorher erwähnt wurde, von J. Thomsen angestellt worden. Diese Versuche wurden in der Weise ausgeführt, dass man einem Aequivalent schwefelsauren Natrons verschiedene Mengen Salpetersäure zusetzte und die dabei eingetretene Wärmeabsorption mass. Durch zahlreiche Versuche über die Wärmeerscheinungen, welche bei der Mischung oben genannter Säuren und Salze in den verschiedensten Verhältnissen beobachtet werden, war man in den Stand gesetzt, berechnen zu können, ein wie grosser Theil des schwefelsauren Natrons in salpetersaures Natron und freie Schwefelsäure umgesetzt war. Da diese Berechnung indes etwas weitläufig ausfällt, ist es bequemer, die Wärmeabsorption zu berechnen, welche eintreten würde, wenn bestimmte Mengen schwefelsaures Natron in salpetersaures Natron umgesetzt worden wären, und mit diesen berechneten Mengen die beobachtete Wärmeabsorption zu vergleichen. Die von Thomsen in solcher Weise ermittelten Zahlen sind in der unten stehenden Tabelle zusammengestellt, und es gewähren dieselben einen klaren Beweis für die Uebereinstimmung der Theorie mit den Versuchen. Bezüglich der Berechnung der Wärmeabsorption sei verwiesen auf Thomsen's citirte Abhandlung."

„Aus den Versuchen findet man das Verhältniss

$$\frac{k}{k_1} = 4,$$

weshalb man für den Gleichgewichtszustand:

$$4 \; \frac{\text{Menge der Salpetersäure}}{\text{Menge des salpetersauren Natrons}} = \frac{\text{Menge der Schwefelsäure}}{\text{Menge d. schwefelsauren Natrons}}$$

annehmen muss."

„In nachfolgender Tabelle ist $P_1 = 0$, $Q = 0$, $Q_1 = 1$ und der Werth von ξ nach der Gleichung (4) berechnet."

P-Aequivalente Salpetersäure + 1 Aequivalent schwefelsaures Natron.

P	ξ	Wärmeabsorption	
		beobachtet.	berechnet.
$1/8$	0,121	452	462
$1/4$	0,232	808	828
$1/2$	0,423	1292	1331
1	0,667	1752	1773
2	0,845	2024	1974
3	0,903	2050	2019

„Betrachten wir die Gleichung:

$$k\,\frac{p}{q} = k_1\,\frac{p_1}{q_1},$$

so ist ersichtlich, dass man aus den Versuchen allein das Verhältniss $k_1 : k$ bestimmen kann. Unternimmt man Versuche mit einem neuen System von Stoffen A_1, B_1, A_2 und B_2, so kann man das neue Verhältniss $k_2 : k$ feststellen, und in dieser Weise mit weiteren Systemen von Stoffen verfahren. Setzt man $k = 1$, so erhält man die relativen Werthe von k_1, k_2 u. s. w. in Bezug auf das Paar AB. Vereinigt man alle diese relativen Werthe in einer Tabelle, so kann man mit Hilfe dieser Tabelle alle Systeme berechnen, welche zwei beliebige, in der Tabelle vorkommende Paare von Stoffen enthalten."

„Will man z. B. den Gleichgewichtszustand des Systems A_1, A_2, B_1, B_2 berechnen, so hat man die Gleichung:

$$k_1\,\frac{p_1}{q_1} = k_2\,\frac{p_2}{q_2},$$

wo die Werthe von k_1 und k_2 aus der Tabelle zu entnehmen sind."

„Mit Hilfe der Thomsen'schen Versuche lassen sich folgende drei Tabellen aufstellen:

Relative Werthe von k.

Tabelle I.

Name.	A. Aequivalent.	B.	k.
Salzsäure,	HCl,	$NaCl$,	1,
Salpetersäure,	HNO_3,	$NaNO_3$,	1,
Schwefelsäure,	$1/2\ H_2SO_4$,	$1/2\ Na_2SO_4$,	0,25,
Oxalsäure,	$1/2\ H_2C_2O_4$,	$1/2\ Na_2C_2O_4$,	0,0676,
Phosphorsäure,	H_3PO_4,	NaH_2PO_4,	0,0625,
Weinsäure,	$1/2\ C_4H_6O_6$,	$1/2\ C_4H_4Na_2O_6$,	0,0025,
Citronensäure,	$1/3\ C_6H_8O_7$,	$1/3\ C_6H_5Na_3O_7$,	0,0025,
Essigsäure,	$C_2H_4O_2$,	$C_2H_3O_2Na$,	0,0009,
Borsäure,	HBO_2,	$NaBO_2$,	0,0001.

Tabelle II.

A.	B.	k.
Salzsäure	Chlormetall	1
Schwefelsäure	Schwefelsaures Salz	0,25

Das Metall kann sein: Kalium, Natrium, Ammonium.

Tabelle III.

A.	B.	k.
Salzsäure	Chlormetall	1
Schwefelsäure	Schwefelsaures Salz	0,5.

Das Metall kann sein: Mg, Mn, Fe, Zn, Co, Ni, Cu.

„Bezeichnet R″ eines der Metalle, die der Tabelle II angehören, und R‴ eines der Metalle, die der Tabelle III angehören, und setzt man:

$$A = HCl \qquad A_1 = ClR'' \qquad A_2 = ClR'''$$
$$B = {}^1\!/_2\,H_2SO_4 \qquad B_1 = {}^1\!/_2\,R_2''SO_4 \qquad B_2 = {}^1\!/_2\,R_2'''SO_4,$$

so erhält man folgende Gleichgewichtsgleichungen, in welchen p, q, p_1, q_1, p_2, q_2 die respektiven Massen ausdrücken:

$$1\,\frac{p}{p_1} = {}^1\!/_4 \cdot \frac{q}{q_1}; \qquad 1\,\frac{p}{p_2} = {}^1\!/_2\,\frac{q}{q_2}.$$

Durch Division ergiebt sich dann:

$$\frac{p_1}{p_2} = 2\,\frac{q_1}{q_2} \qquad \text{oder} \qquad \frac{p_1}{q_1} = 2\,\frac{p_2}{q_2}.$$

Tabelle IV.

A.	B.	k.
ClR″	${}^1\!/_2\,R''_2SO_4$	1
ClR‴	${}^1\!/_2\,R'''_2SO_4$	2.

4. Betheiligung fester Körper am chemischen Gleichgewicht.

„Die Erfahrung hat gelehrt, dass die relative Menge fester Körper allgemein keinen Einfluss auf das chemische Gleichgewicht ausübt, oder, wie man sich auch auszudrücken pflegt, dass die wirksame Masse fester Körper konstant erscheint. Es ist nun von Horstmann[1]) und andern wiederholt darauf hingewiesen worden, dass dieses Resultat im Widerspruch steht mit der kinetischen Hypothese, durch welche man alle sonstigen Erscheinungen des chemischen Gleichgewichts nach Pfaundler in sehr anschaulicher Weise erklären kann. Wenn z. B. Kohlendioxyd mit

---

1) A. Horstmann, Ber. **9**, 749, 1876; Zeitschr. physik. Ch. **6**, 1, 1890.

einem Gemisch von Calciumkarbonat und Calciumoxyd in Berührung steht, so sollte man annehmen, dass mehr CO_2-Molekeln von der Mischung aufgefangen und festgehalten werden, wenn die relative Menge des Calciumoxyds zunimmt, und dass gleichzeitig weniger ausgesandt werden, wenn die Menge des Karbonats abnimmt. Es scheint danach, als müsste die Gleichgewichtsspannung des Kohlendioxyds mit fortschreitender Zersetzung des Karbonats kleiner werden. Eine solche Abnahme wird aber thatsächlich nicht beobachtet, in Uebereinstimmung mit dem angeführten allgemeinen Satz. Die Gleichgewichtsspannung erweist sich merklich unabhängig von dem Mengenverhältniss der beiden festen Körper. Horstmann (l. c.) konnte dies namentlich in dem analogen Falle des Chlorsilberammoniaks in weitem Umfange mit aller Sicherheit konstatiren."

„Ein Ausweg eröffnet sich durch die Bemerkung van't Hoff's, dass die gegenseitige Löslichkeit fester Körper voraussichtlich, im Gegensatze zu der vollkommenen Mischbarkeit gasförmiger Stoffe, im allgemeinen eng begrenzt sein wird. Zwei feste Körper A und B werden in der Regel zwei gesättigte Lösungen mit einander bilden, die eine mit wenig B in viel A, die anderere mit wenig A in viel B gelöst. Unter diesen Umständen muss aber das Gleichgewicht, wie leicht einzusehen ist, in weiten Grenzen unabhängig von dem Mengenverhältnis der festen Körper erscheinen."

„Bleiben wir bei dem Beispiel der Zersetzung des Calciumkarbonats und nehmen an, dass aus $CaCO_3$ und CaO zwei Lösungen I und II entstehen: I mit a Proc. CaO in 100 $CaCO_3$, und II mit b Proc. $CaCO_3$ in 100 CaO, wo a und b klein sein sollen, so muss über diesen beiden Lösungen, die neben einander bestehen können, nach einem bekannten Satze der Thermodynamik die Spannung des Kohlendioxyds gleich gross sein. Diese gemeinsame Spannung nun ist es, die wir messen, und es ist klar, dass dieselbe konstant bleiben muss, so lange die beiden festen Lösungen zugleich vorhanden sind, wie auch sonst das Mengenverhältniss der festen Körper wechseln möge. Denn, wenn Kohlendioxyd hinweggenommen oder zugeführt wird, so kann nur die relative Menge der beiden Lösungen sich ändern; die Zusammensetzung derselben aber bleibt konstant, und darum auch die gemeinsame Gleichgewichtsspannung."

Dieser Erklärungsversuch Horstmann's befriedigt auch noch nicht vollkommen. Ich glaube eine andere Annahme mit etwas grösserer Berechtigung vorführen zu dürfen. Nehmen wir wieder das Beispiel des Calciumoxyds und Kohlendioxyds. Wenn sich CaO mit CO_2 verbinden soll, so müssen in beiden Molekülen entsprechende Bindungs- und Lagerungsveränderungen vor sich gehen, ehe die Vereinigung stattfinden kann. Bei dem CaO wird diese Umwandlung in folgender Weise stattfinden:

$$Ca = O \rightarrow Ca\diagdown_{O\,-}$$

In gleicher Weise verhält sich CO_2.

$$O = C = O \rightarrow -O \diagdown C = O.$$

Die Vereinigung findet dann in folgender Weise statt:

$$Ca \diagdown \begin{matrix} O - \\ - O \end{matrix} \diagup C = O.$$

Die Fähigkeit einzelner Kohlendioxydmoleküle, eine solche Lagerung einzunehmen, hängt von Druck und Temperatur ab, desgleichen aber auch die der Calciumoxydmoleküle, wobei wir noch annehmen können, dass die durch ihre Umlagerung verbindungsfähig gewordenen Kohlendioxydmoleküle erst anregend auf das Calciumoxyd wirken. Beide einander entsprechenden Verhältnisse sind durch denselben Umstand bedingt.

Es ist also das gegenseitige Verhalten von Kohlendioxyd und Calciumoxyd auf denselben Umstand zurückgeführt, und dadurch die gegenseitige Abhängigkeit erwiesen. Im allgemeinen wird also die Menge des sonst noch vorhandenen Calciumoxyds keinen Einfluss ausüben, wofern nur den lebhaft bewegten Kohlendioxydmolekülen die Möglichkeit des Herankommens gewährt wird. Haben wir dagegen etwa eine grössere Menge Kohlendioxyd nur durch eine Kapillare mit dem über dem Calciumoxyd befindlichen engen Raum in Verbindung stehen, so werden sich sicherlich Differenzen geltend machen; ebenso wenn wir die Menge bezw. die Oberfläche des Calciumoxyds sehr klein machen gegenüber dem Volum des Kohlendioxyds.

Im allgemeinen findet man häufiger Verstösse gegen diesen Satz, dass die relative Menge des vorhandenen festen Körpers ohne Einfluss auf die Reaktion ist. Es mag deshalb noch speciell auf die Wichtigkeit desselben hingewiesen werden.

Als Beispiel, wie die Reaktionsfähigkeit eines festen Körpers durch die erregende Kraft des reagirenden gasförmigen, flüssigen oder gelösten Körpers bedingt ist, mögen die Versuche von A. Schükarew[1] erwähnt sein. Derselbe stellte Beobachtungen an über die Löslichkeit von Metallen in Jodlösungen. Nach dem Guldberg-Waage'schen

$$Gesetz\ sollte\ k = \frac{\log Co - \log Cn}{T}$$

sein, wobei Co den Anfangstiter, Cn den Endtiter bedeutet; T die Zeit ist gleich 15 Minuten, k = konst. Ein Beispiel genügt, um zu zeigen, dass k nicht konstant bleibt.

---

[1] A. Schükarew, Zeitschr. physik. Ch. **38**, 77, 1901.

$$Zn + J_2; \; Vol. = 300 \; ccm, \; t = 17^0.$$

Co.	Cn.	k.
13,2	10,6	0,0063
11,05	9,1	0.0056
8,8	7,4	0,0051
6,6	5,6	0,0050
4,4	3,8	0,0045.

Dasselbe gilt für die Einwirkung von Chlor und Brom. Giebt man von Beginn des Versuchs bereits Zinkjodid zu, so tritt hierdurch schon Verminderung von k ein.

Im übrigen sind die Mengen der in einem gegebenen Zeitraume reagirenden Haloide bei gleichen oder äquivalenten Koncentrationen mit gleichen Oberflächen der meisten (wahrscheinlich aller) Metalle gleich oder äquivalent.

5. System aus zwei auflöslichen und zwei unauflöslichen Stoffen bestehend.

„In dem Falle, wo ein Stoff in unauflöslicher Form in einer Flüssigkeit zugegen ist, kann man nicht annehmen, dass seine aktive Masse oder die Anzahl der Molekeln, welche an der Reaktion theilnehmen, in demselben Verhältniss zunimmt wie die anwesende Menge desselben. Man kann deshalb die aktive Masse eines unauflöslichen Stoffes nicht durch Vergleich mit den aktiven Massen eines auflöslichen Stoffes bestimmen. Wendet man unauflösliche Stoffe an, so muss man die Versuche so einrichten, dass die Masse der unauflöslichen Stoffe unter der ganzen Versuchsreihe konstant verbleibt. Dies zu bewerkstelligen, bietet indes keine Schwierigkeiten dar, da man einfach nur die unauflöslichen Stoffe in solcher Quantität anzuwenden braucht, dass eine hinreichende Menge von jedem zugegen ist, und ausserdem dafür sorgt, dass das Totalvolum der Auflösung bei allen Versuchen dasselbe ist. Durch direkt zu diesem Zwecke angestellte Versuche haben Guldberg und Waage konstatirt, dass eine Vermehrung der absoluten Menge eines unauflöslichen Stoffes nicht in irgend merkbarem Grade die aktive Masse desselben vermehrt. Beispielsweise mag angeführt werden, dass 1 g und 2 g eines unauflöslichen Stoffes in 100 ccm einer Auflösung dasselbe Resultat lieferten."

„Geht man von der Voraussetzung aus, dass die unauflöslichen Stoffe mit konstanten Massen auftreten, so kann man diese Massen in den Gleichungen als unbekannte konstante Grössen einführen, und dieselben aus den Versuchen, entweder für sich allein oder in Verbindung mit andern unbekannten konstanten Werthen bestimmen."

„Wir wollen dieselben Bezeichnungen wie vorher benutzen und ein System von vier Stoffen betrachten, deren Reaktion durch folgende Gleichung dargestellt wird:

$$A + B_1 = A_1 + B.$$

Die Gleichgewichtsbestimmungen lassen sich nach Gleichung (3) so schreiben:

$$k \frac{p}{q} = k_1 \frac{p_1}{q_1}.$$

Nehmen wir nun an, dass die Stoffe unauflöslich sind, und dass ihre Massen p und q demgemäss konstant bleiben, so können wir setzen:

$$\frac{p}{q} = c$$

und erhalten: $\dfrac{k_1\,p_1}{q_1} = c\,k.$ (9)

Setzen wir zur Abkürzung: $\dfrac{c\,k}{k_1} = c_1$, so ist

$$\frac{p_1}{q_1} = c_1, \qquad\qquad\qquad (10)$$

d. h. das Verhältniss zwischen den Mengen der beiden auflöslichen Stoffe ist im Gleichgewichtszustand immer dasselbe.“

„Nehmen wir an, dass die unauflöslichen Stoffe gleich grosse Massen haben, was in manchen Fällen zutrifft, so ist das Verhältniss $c_1 = \dfrac{k}{k_1}.$“

„Sind die ursprünglichen Mengen der auflöslichen Stoffe P_1 und Q_1, und nehmen wir an, dass von A_1 die Menge ξ in B_1 umgesetzt wird, so ist:

$$p_1 = P_1 - \xi \text{ und } q_1 = Q_1 + \xi,$$

und diese Werthe geben, in die Gleichung (10) eingesetzt, eine Gleichung, aus welcher man findet:

$$\xi = \frac{P_1 - c_1\,Q_1}{1 + c_1}. \qquad\qquad (11)$$

„Das Fortschreiten der Reaktion mit der Zeit kann man in ähnlicher Weise wie vorher berechnen. Ist nach der Zeit t eine Menge x des Stoffes A_1 in B_1 umgesetzt, so ist die Geschwindigkeit der Reaktion zwischen A_1 und B ausgedrückt durch:

$$\varphi\,a_1\,\frac{P_1 - x}{V} \cdot b \cdot \frac{q}{V}$$

und die Geschwindigkeit der Reaktion zwischen A und B_1 durch

$$\varphi\,a\,\frac{p}{V} \cdot b_1 \frac{Q_1 + x}{V}.$$

„Die **absolute Geschwindigkeit** entspricht der Differenz dieser beiden Ausdrücke, und es ist somit:

$$\frac{d\,x}{d\,t} = \varphi\,\frac{a_1\,b\,q}{V^2}\left\{P_1 - x - c_1\,(Q_1 + x)\right\}.$$

„Führt man in diese Gleichung den Werth von ξ ein, so erhält man

$$\frac{d\,x}{d\,t} = \varphi\,\frac{a_1\,b\,q\,(1 + c_1)}{V^2}\,(\xi - x), \qquad (12)$$

und aus dieser Gleichung findet man durch Integration:

$$\log\ \mathrm{nat}\ \left(\frac{\xi}{\xi - x}\right) = \varphi\,\frac{a_1\,b\,q\,(1 + c_1)}{V^2}\,.\,t. \qquad (13)$$

Ueber diese Funktion gelten dieselben Bemerkungen, die schon im Anlass von Gleichung (8) gemacht wurden.

Erstes Beispiel.

A = Schwefelsaurer Baryt,   B = Kohlensaurer Baryt,
A_1 = Schwefelsaures Kali, B_1 = Kohlensaures Kali.

Aus den Versuchen über die Einwirkung der Alkalisalze auf die Barytsalze[1]) ergiebt sich:

$$c_1 = {}^1/_4,$$

und also kann man für den Zustand des Gleichgewichts schreiben:

$$\frac{\text{Menge des schwefelsauren Kali}}{\text{Menge des kohlensauren Kali}} = {}^1/_4$$

oder mit andern Worten: Die ganze Kalimenge vertheilt sich so, dass $^4/_5$ derselben als kohlensaures Kali und $^1/_5$ als schwefelsaures Kali auftreten.

„Mit Hilfe dieser Regel kann man leicht berechnen, wie viel von dem einen Salz sich in das andere umsetzt. Benutzt man die Gleichung (11), so ist zu bemerken, dass der positive Werth von ξ die Bedeutung hat, dass von dem ursprünglichen schwefelsauren Kali die Menge ξ in kohlensaures Kali umgesetzt worden ist; wird ξ dagegen negativ, so besagt dies, dass von dem ursprünglichen kohlensauren Kali die Menge ξ in schwefelsaures Kali übergeführt ist.“

Ursprüngliche Menge von		Verwandelte Menge	
schwefels. Kali.	kohlens. Kali.	beobachtet	berechnet
P_1	Q_1	ξ	ξ
0	3,5	0,719	0,700
0	2,5	0,500	0,500
0	2	0,395	0,400
0	1	0,176	0,200

---

1) Die Versuche finden sich beschrieben in Études sur les affinités chimiques; vgl. Ostwald's Klassiker **104**, 40, 47.

Ursprüngliche Menge von		Verwandelte Menge	
schwefels. Kali.	kohlens. Kali.	beobachtet.	berechnet.
P_1	Q_1	ξ	ξ
0,25	2	0,200	0,200
0,25	2,5	0,300	0,300
0,25	3	0,408	0,400
0,25	3,8	0,593	0,560
0,50	2	Spur	0,000.

Zweites Beispiel.

A = Schwefelsaurer Baryt,   B = Kohlensaurer Baryt,

A_1 = Schwefelsaures Natron, B_1 = Kohlensaures Natron.

„Aus den Versuchen findet man:

$$c = {}^1/_5$$

und kann demgemäss für den Gleichgewichtszustand schreiben:

$$\frac{\text{Menge des schwefelsauren Natrons}}{\text{Menge des kohlensauren Natrons}} = {}^1/_5,$$

woraus sich ergiebt, dass die ganze Natronmasse sich so vertheilt, dass im Gleichgewichtszustande $^1/_6$ schwefelsaures Natron und $^5/_6$ kohlensaures Natron vorhanden sind."

Ursprüngliche Menge von		Umgewandelt	
schwefels. Natron.	kohlens. Natron	beobachtet.	berechnet.
P_1	Q_1	ξ	ξ
0	5	0,837	0,833
0	3,5	0,605	0,583
0	2	0,337	0,333
0	1	0,157	0,167
0,2956	3	0,234	0,254
0,2956	3,86	0,438	0,397
0,2956	4,10	0,440	0,437
0,2956	4,73	0,558	0,543

„Wenn wir folgende Bezeichnungen einführen:

A = Schwefelsaurer Baryt,   B = Kohlensaurer Baryt,

A_1 = Schwefelsaures Kali, B_1 = Kohlensaures Kali,

A_2 = Schwefelsaures Natron, B_2 = Kohlensaures Natron,

so haben wir:

$$c_1 = c\,\frac{k}{k_1} = {}^1/_4; \quad c_2 = c\,\frac{k}{k_2} = {}^1/_5.$$

Hieraus folgt durch Division

$$\frac{k_1}{k_2} = {}^5/_4,$$

was wieder nach § 2 als Gleichgewichtsbedingung ergiebt:

$$\frac{\text{Schwefelsaures Kali}}{\text{Kohlensaures Kali}} = {}^5/_4 \frac{\text{Schwefelsaures Natron}}{\text{Kohlensaures Natron}}.$$

„Auf diesem indirekten Wege haben wir also das Verhältniss zwischen dem Affinitätskoëfficienten dieser vier auflöslichen Stoffe gefunden und sehen uns dadurch in den Stand gesetzt, die Umsetzung zu berechnen, welche stattfindet, wenn schwefelsaures Kali und kohlensaures Natron in beliebigem Verhältniss gemischt werden. Guldberg und Waage haben versucht, dieses Resultat dadurch zu verificiren, dass sie die beim Zusammenbringen der genannten Salze eintretenden Volumänderungen bestimmten. Dieselben waren indes so unbedeutend, dass ihre Fehler derselben Ordnung zugehören, wie die Observationsfehler, und folglich ein gesichertes Resultat auf diesem Wege nicht zu erreichen war."

6. System, aus drei auflöslichen und einem unauflöslichen Stoffe bestehend.

Benützen wir wieder dieselbe Bezeichnung wie in 2, so wird die Gleichgewichtsbestimmung für ein System aus vier Stoffen ausgedrückt durch:

$$k \frac{p}{q} = k_1 \frac{p_1}{q_1}.$$

Nehmen wir nun an, der Stoff B_1 sei unlöslich, so werden wir seine Masse q_1 als konstant anzusehen haben, und erhalten, nachdem wir zur Abkürzung

$$c = \frac{k}{k_1} q_1$$

gesetzt haben, für den Gleichgewichtzustand die Gleichung:

$$\frac{cp}{q} = p_1. \tag{14}$$

Nehmen wir ferner an, dass von den Stoffen A_1 und B die Menge ξ in A und B_1 umgesetzt ist, so wird:

$$p = P + \xi, \quad q = Q - \xi, \quad p_1 = P_1 - \xi.$$

Setzt man diese Werthe in (14) ein und bestimmt ξ, so wird schliesslich

$$\xi = {}^1/_2 (P_1 + Q + c) - \sqrt{{}^1/_4 (P + Q + c)^2 + c\,P - P_1 Q}. \tag{15}$$

Beispiel.

A = Salzsäure,	A_1 = Chlorcalcium,
B = Oxalsäure,	B_1 = Oxalsaurer Kalk.

„Versuche hierüber sind zuerst von Ostwald ausgeführt und in seiner oben citirten Arbeit beschrieben worden. Da indessen Ostwald's Versuchsreihe zu andern Zwecken angestellt wurde, bietet dieselbe kein Material zur Verificirung der Gleichung (15). Die unten folgende Versuchsreihe ist von Herrn S. Wleügel ausgeführt. Dieselbe schliesst sich an einen der Ostwald'schen Versuche an und wurde bei gewöhnlicher Temperatur in der Weise ausgeführt, dass bei jedem Versuch 50 ccm einer Chlorcalciumlösung, welche 0,563 g Kalk enthielt, in Anwendung kam, und man dieser die Oxalsäurelösung in verschiedenen Mengen zusetzte. Das Gesammtvolum der Mischung war in allen Versuchen 1100 ccm. Nachdem die Mischung drei Tage ruhig gestanden hatte, wurde die Menge des gefällten oxalsauren Kalks bestimmt."

$$1 \text{ Mol. Chlorcalcium} + Q\text{-Mol. Oxalsäure.}$$
$$c = 0,0215, \quad P_1 = 1, \quad P = 0.$$

Oxalsäure.	Gefällter oxalsaurer Kalk.	
	beobachtet.	berechnet.
$Q.$	ξ	ξ
0,398	0,385	0,385
0,596	0,569	0,568
0,795	0,744	0,736
0,994	0,873	0,863
1,491	0,957	0,961
1,988	0,973	0,979
1,000	0,863	0,864.

„Der letzte Versuch in dieser Reihe ist von Ostwald ausgeführt."

7. System, aus einer willkürlichen Anzahl auflöslicher Stoffe bestehend.

„Wenn mehrere chemische Reaktionen gleichzeitig neben einander in ein und derselben Auflösung vor sich gehen, so werden wir den Satz aufstellen dürfen, dass die Geschwindigkeit jeder einzelnen chemischen Reaktion von den übrigen Reaktionen unabhängig ist."

„Dieser Satz ist eine einfache Folgerung aus den Grundsätzen der Mechanik über die gegenseitige Unabhängigkeit der Kräfte und Bewegungen."

„Wir betrachten ein System aus $(n + 1)$ Paaren:

$$AB \quad A_1B_1 \quad A_2B_2 \ldots . A_nB_n,$$

und setzen voraus, dass eine gegenseitige Umsetzung zwischen sämmtlichen Stoffen stattfinden kann nach folgenden Gleichungen:

$$A + B_1 = A_1 + B; \quad A_1 + B_2 = A_2 + B_1; \quad A_2 + B_3 = A_3 + B_2 \text{ etc.}$$
$$A + B_2 = A_2 + B; \quad A_1 + B_3 = A_3 + B_1 \quad . \quad . \quad . \quad . \quad . \quad . \quad . \quad . \quad .$$
$$. \quad . \quad . \quad . \quad . \quad . \quad . \quad . \quad . \quad . \quad . \quad A_2 + B_n = A_n + B_2;$$
$$A + B_n = A_n + B; \quad A_1 + B_n = A_n + B_1.$$

„Bezeichnen wir die zugegen seienden Massen der Stoffe im Gleich-gewichtszustande mit

$$pq \quad p_1\, q_1 \quad p_2\, q_2 \, \cdot \cdot \cdot \, p_n\, q_n,$$

so werden die Gleichgewichtsbedingungen sich so schreiben lassen:

$$k\,\frac{p}{q} = k_1\,\frac{p_1}{q_1} = k_2\,\frac{p_2}{q_2} = \, \ldots \, k_n\,\frac{p_n}{q_n}. \tag{16}$$

Diese Gleichungen genügen nämlich der Gleichgewichtsbedingung für jedes Doppelpaar in der Auflösung in Uebereinstimmung mit Gleichung (3) in § 2.

Werden nun die ursprünglichen Mengen der Stoffe durch

$$T\,Q \quad P_1\, Q_1 \, \ldots \, P_n\, Q_n$$

vorgestellt, so hat man:

$$p + q = P + Q$$
$$p_1 + q_1 = P_1 + Q_1$$
$$. \quad . \quad . \quad . \quad . \quad .$$
$$. \quad . \quad . \quad . \quad . \quad .$$
$$p_n + q_n = P_n + Q_n.$$
$$p + p_1 + p_2 \, \cdot \cdot \cdot \, p_n = P + P_1 + P_2 \, \ldots \, P_n,$$
$$q + q_1 + q_2 \, \cdot \cdot \cdot \, q_n = Q + Q_1 + Q_2 \, \ldots \, Q_n.$$

Setzt man nun ausserdem:

$$\frac{p}{q} = z,$$

so hat man infolge der Gleichung (16)

$$\frac{p_1}{q_1} = \frac{k}{k_1}\, z,$$
$$\frac{p_2}{q_2} = \frac{k}{k_2}\, z,$$
$$. \quad . \quad . \quad . \quad . \quad .$$
$$. \quad . \quad . \quad . \quad . \quad .$$
$$\frac{p_n}{q_n} = \frac{k}{k_n}\, z.$$

Ferner ist: $p + q = q\,(z + 1) = P + Q,$

woraus

$$q = \frac{P + Q}{1 + z}.$$

Ebenso

$$p_1 + q_1 = q_1\left(\frac{k}{k_1}\, z + 1\right) = P_1 + Q_1.$$

woraus:

$$q_1 = \frac{P_1 + Q}{1 + \frac{k}{k_1} z},$$

und in entsprechender Weise q_2, $q_3 \ldots q_n$.

Hieraus folgt:

$$\frac{P + Q}{1 + z} + \frac{P_1 + Q_1}{1 + \frac{k}{k_1} z} + \cdots + \frac{P_n + Q_n}{1 + \frac{k}{k_n} z} = Q + Q_1 + \cdots Q_n. \quad (17)$$

„Aus dieser Gleichung, die in Bezug auf z vom $(n + 1)$sten Grade ist, findet man das unbekannte Verhältniss z. Mit Hilfe von z lassen sich q $q_1 \ldots q_n$ und daraus endlich p, p_1, $\ldots p_n$ berechnen."

„Obwohl keine Versuche vorliegen, an welchen man die Haltbarkeit dieser Theorie prüfen könnte, sollen doch, um die Anwendung derselben zu erläutern, mit Hilfe der Tabellen in § 2 einige Beispiele berechnet werden."

Erstes Beispiel.

Wie vertheilt sich ein Aequivalent Natron zwischen einem Aequivalent Salzsäure, einem Aequivalent Schwefelsäure und einem Aequivalent Oxalsäure?

Wir wollen annehmen, dass das ursprüngliche System, von welchem wir ausgehen, bestanden habe aus:

1 Salzsäure $+$ 1 Schwefelsäure $+$ 1 Oxalsaures Natron.

Setzen wir nun:

A = Salzsäure,	B = Chlornatrium,
A_1 = Schwefelsäure,	B_1 = Schwefelsaures Natron,
A_2 = Oxalsäure,	B_2 = Oxalsaures Natron,

so ist

$$P = 1, \qquad P_1 = 1, \qquad P_2 = 0,$$
$$Q = 0, \qquad Q_1 = 0, \qquad Q_2 = 1.$$

Aus Tab. I in § 2 ist zu entnehmen:

$$k = 1, \qquad k_1 = 0{,}25, \qquad k_2 = 0{,}0676.$$

Die Gleichung (17) ergiebt dann:

$$\frac{1}{1 + z} + \frac{1}{1 + 4 z} + \frac{1}{1 + 14{,}8 z} = 1.$$

Die Gleichung des dritten Grades wird am leichtesten durch Versuche mit verschiedenen Werthen von z aufgelöst. Annähernd findet man $z = 0{,}62$; und daraus folgt, dass im Gleichgewichtszustande das Aequivalentverhältniss der Stoffe sich so gestaltet:

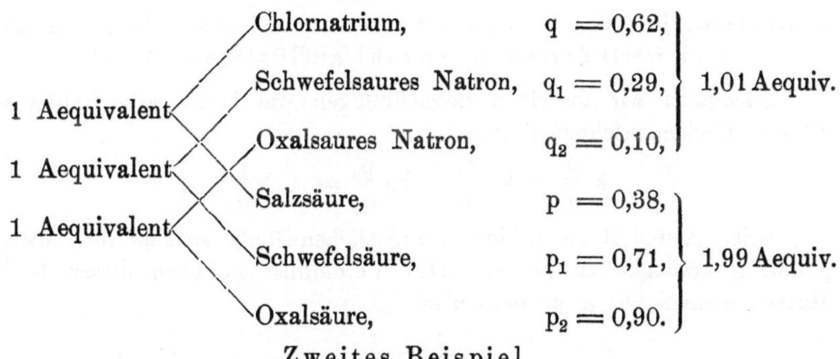

Zweites Beispiel.

Wie vertheilt sich 1 Aequivalent Salzsäure und 1 Aequivalent Schwefelsäure zwischen $^1/_2$ Aequivalent Natron und $^1/_2$ Aequivalent Magnesia?

Als ursprüngliches System möge hier gelten:

$$^1/_2 \text{ Salzsäure} + {}^1/_2 \text{ Chlornatrium} + {}^1/_2 \text{ Schwefelsäure} + {}^1/_2 \text{ schwefelsaure Magnesia.}$$

Sei nun:

$$A = \text{Salzsäure}, \qquad B = \text{Schwefelsäure},$$
$$A_1 = \text{Chlornatrium}, \qquad B_1 = \text{Schwefelsaures Natron},$$
$$A_2 = \text{Chlormagnesium}, \qquad B_2 = \text{Schwefelsaure Magnesia},$$

so ist:

$$P = {}^1/_2, \qquad P_1 = {}^1/_2, \qquad P_2 = 0,$$
$$Q = {}^1/_2, \qquad Q_1 = 0, \qquad Q_2 = {}^1/_2.$$

Nach Tab. I in § 2 ist $\dfrac{k}{k_1} = 4$

Nach Tab. IV in § 2 ist $\dfrac{k_1}{k_2} = {}^1/_2$ $\Bigg\}$ $\dfrac{k}{k_2} = 2$,

Die Gleichung (17) giebt also:

$$\frac{1}{1+z} + \frac{^1/_2}{1+4z} + \frac{^1/_2}{1+2z} = 1.$$

Hieraus findet man annäherungsweise $z = 0{,}6$, und danach folgende Aequivalentverhältnisse für den Gleichgewichtszustand:

8. System, bestehend aus zwei unauflöslichen Stoffen und
einer willkürlichen Anzahl auflöslicher Stoffe.

„Benutzen wir dieselben Bezeichnungen wie in 5, so erhalten wir
dieselbe Gleichgewichtsbedingung:

$$k\,\frac{p}{q} = k_1\,\frac{p_1}{q_1} = k_2\,\frac{p_2}{q_2} = \ldots k\,\frac{p_n}{q_n}.$$

Seien A und B die beiden unauflöslichen Stoffe, so sind ihre Massen
p und q konstant zu setzen. Das Verhältniss zwischen diesen beiden
Massen nennen wir c, so dass also

$$\frac{p}{q} = c.$$

Setzen wir nun ausserdem noch zur Abkürzung:

$$c\,\frac{k}{k_1} = c_1\,;\quad c\,\frac{k}{k_2} = c_2;\ \ldots c\,\frac{k}{k_n} = c_n,$$

so erhalten wir die Gleichgewichtsgleichungen:

$$\frac{p_1}{q_1} = c_1\,;\quad \frac{p_2}{q_2} = c_2 \ldots \frac{p_n}{q_n} = c_n. \tag{18}$$

Alle diese Gleichungen entsprechen durchaus der Gleichung (10) des
§ 3, und wir ziehen daraus den Schluss, dass jedes Paar der auflöslichen Stoffe sich mit dem unauflöslichen Paare umsetzt,
unabhängig davon, welche Stoffe sonst noch in der Auflösung zugegen sein mögen".

Beispiel.

A = Schwefelsaurer Baryt,   B = Kohlensaurer Baryt,
A_1 = Schwefelsaures Kali, B_1 = Kohlensaures Kali,
A_2 = Schwefelsaures Natron, B_2 = Kohlensaures Natron.

„Die Umsetzungen, welche in einem derartigen System stattfinden,
können nach den im Beispiele zu § 3 angegebenen Regeln berechnet
werden. Man vertheilt die Kalimenge so, dass im Gleichgewichtszustande
$^4/_5$ kohlensaures Kali und $^1/_5$ schwefelsaures Kali vorhanden ist, und
ebenso die Natronmenge so, dass $^5/_6$ derselben als kohlensaures und $^1/_6$
derselben als schwefelsaures Natron auftritt".

„Man kann aber auch die Gleichung (11) anwenden. Bezeichnet x
die Menge schwefelsauren Kalis, die in kohlensaures Kali umgesetzt wird,
und y die Menge von schwefelsaurem Natron, die in kohlensaures Natron
umgesetzt wird, so hat man:

$$x = \frac{P_1 - c_1\,Q_1}{1 + c_1}\,;\quad y = \frac{P_1 - c_2\,Q_2}{1 + c_2}.$$

„Die Summe x + y vergegenwärtigt dann die Menge kohlensauren
Baryts, die in schwefelsauren Baryt umgesetzt wird. Wird dieser Werth

von x + y negativ, so hat das zu bedeuten, dass die entsprechende Menge schwefelsauren Baryts in kohlensauren umgewandelt ist.

$$c_1 = {}^1/_4; \qquad c_2 = {}^1/_5.$$

| Ursprüngliche Menge des | | | | Schwefels. Baryt umges. in kohlens. Baryt. | |
schwefels. Kalis.	kohlens. Kalis.	schwefels. Natrons.	kohlens. Natrons.	beobacht.	berechn.
P_1	Q_1	P_2	Q_2	x + y	x + y
0	0,5	0	0,5	0,164	0,183
0	1	0	1	0,367	0,367
0	0,5	0	3,5	0,735	0,683
0	1,5	0	2,5	0,702	0,717
0	2	0,25	0	0,187	0,192.

9. System, bestehend aus auflöslichen und gasförmigen Stoffen, welch letztere in der Auflösung absorbirt sind.

„Wenn ein gasförmiger Stoff absorbirt in einer Flüssigkeit enthalten ist, kann man annehmen, dass seine aktive Masse der ganzen, in der Flüssigkeit gegenwärtigen Masse desselben proportional ist, und dass demgemäss auch dieselben Formeln hier in Anwendung gebracht werden dürfen, welche für auflösliche Stoffe gelten:

Beispiel.

A = Chlor, A_1 = Salzsäure,
B = Sauerstoff, B_1 = Wasser.

Guldberg und Waage haben einige Versuche angestellt, in welchen sie in Wasser absorbirtes Chlorgas der Einwirkung des Lichtes aussetzten und die gebildete Salzsäure bestimmten. Da indessen die Auflösung eine gewisse Menge Sauerstoff enthielt, welche sich nicht genügend ermitteln liess, haben die Versuche nicht so genaue Resultate ergeben. Doch scheint auch in diesem Falle die Theorie der Massenwirkung Geltung zu haben.“

„Von der ursprünglichen Chlormenge P seien x Theile umgesetzt, so dass also im Gleichgewichtszustande

die Chlormenge $p = (1 - x)\,P$.

Betrug die ursprüngliche Salzsäuremenge n P, so ist

die Salzsäuremenge $p_1 = (n + x)\,P$.

„Da die Wassermenge bedeutend ist, kann die Masse Q während der Dauer der Reaktion als konstant angesehen werden, und wir haben also

die Wassermenge $q_1 = Q_1$.

Ist endlich die ursprüngliche Sauerstoffmenge m Q_1, so ist im Gleichgewichtszustande

$$\text{die Sauerstoffmenge } q = m\,Q_1 + x\,P.$$

Die Gleichgewichtsbestimmung wird also nach § 2:

$$\frac{k\,(1 - x)\,P}{m\,Q_1 + x\,P} = \frac{k_1\,(n + x)\,P}{Q_1}.$$

Bezeichnen wir nun das Verhältniss zwischen dem ursprünglichen Chlorgehalt und der Wassermenge $\dfrac{P}{Q_1}$ mit α, so ist:

$$\frac{1 - x}{n + x} = \frac{k_1}{k}\,(m + \alpha\,x).$$

Erlaubt man sich ferner die Voraussetzung, dass $\alpha\,x$ klein ist im Verhältniss zu m, so kann man die rechte Seite der Gleichung als konstant ansehen und schreiben:

$$\frac{1 - x}{n + x} = c,$$

woraus man findet:

$$x = \frac{1 - c\,n}{1 + c}.$$

„Aus dieser Formel ergeben sich folgende Folgerungen:

1. Ist die ursprüngliche Salzsäuremenge Null, so wird die umgesetzte Chlormenge x unabhängig sein von dem absoluten Chlorgehalt. Das bestätigen die Versuche.

2. Ist die ursprüngliche Salzsäuremenge gross, so kann x verschwinden oder sogar negativ werden, welches letztere hier eine Vermehrung des Chlorgehaltes bedeutet. Auch hierfür liefern die Versuche die Bestätigung.

Die Konstante c hatte in den betreffenden Versuchen ungefähr den Werth $^1/_{60}$. Hieraus lässt sich schliessen, dass keine Umsetzung stattfindet, wenn die Salzsäuremenge das 60 fache der Chlormenge beträgt.“

10. System bestehend aus gasförmigen Stoffen, die durch Dissociation eines festen Stoffes entstanden.

„Wir wollen einen festen Stoff ins Auge fassen, der sich als eine Additionsverbindung von der Form $\alpha\,A + \beta\,B + \gamma\,C$ ansehen lässt, so dass sich derselbe bei der Dissociation in α-Molekeln A, in β-Molekeln B und γ-Molekeln C zerspaltet.

Sei nun

$$a + \beta + \gamma = n,$$

so spaltet sich der Stoff in n-Molekeln.“

„Ist die Menge der verschiedenen Bestandtheile p, q und r, so wird die Geschwindigkeit, mit welcher die Bildung des festen Stoffes vor sich geht, ausgedrückt durch:

$$\varphi \, (a \, p)^\alpha \, (b \, q)^\beta \, (c \, r)^\gamma,$$

oder wenn alle Koëfficienten unter einem gemeinsamen Koëfficienten k zusammengefasst werden, durch

$$k \, p^\alpha \, q^\beta \, r^\gamma.$$

„Die Geschwindigkeit ψ, mit welcher die Dissociation von statten geht, ist bei gleicher Temperatur immer dieselbe, da die aktive Masse des festen Körpers als konstant angesehen werden kann. Im Gleichgewichtszustande muss die Geschwindigkeit, mit welcher die Dissociation fortschreitet, der Geschwindigkeit gleich sein, mit welcher die Bildung des festen Körpers vor sich geht, und man wird mithin setzen dürfen:

$$k \, p^\alpha \, q^\beta \, r^\gamma = \psi.$$

„Wird hier k auf die andere Seite hinübergebracht und berücksichtigt, dass sowohl k als ψ Funktionen der Temperatur t vorstellen, so kann man schreiben:

$$p^\alpha \, q^\beta \, r^\gamma = f \, (t). \tag{19}$$

„Wenn man nun voraussetzt, dass die Gase den Boyle-Mariotte und Charles-GayLussac-Dalton'schen Gesetzen folgen, und bedenkt, dass die Molekeln der verschiedenen Stoffe im gleichen Raume gleichen Druck ausüben, so kann man den erzielten Gasdruck π der Summe aller Molekeln proportional setzen und hat also

$$\pi = h \, (p + q + r),$$

wo h eine Grösse bezeichnet, die von der Natur abhängig ist.

Infolge der Zusammensetzung der Stoffe hat man:

$$\frac{p}{\alpha} = \frac{q}{\beta} = \frac{r}{\gamma} = \frac{p + q + r}{n}.$$

Hieraus findet man:

$$p = \frac{\alpha \, \pi}{n \, h},$$

$$q = \frac{\beta \, \pi}{n \, h}, \tag{20}$$

$$r = \frac{\gamma \, \pi}{n \, h}.$$

„Setzt man diese Werthe in die Gleichung (19) ein und bringt alle Koëfficienten auf die rechte Seite hinüber, so kann man schreiben:

$$\pi^n = F \, (t). \tag{21}$$

Hiernach ist also der Schluss berechtigt, dass der Druck der gasförmigen Bestandtheile eine Funktion der Temperatur ist."

„Geht die Dissociation in einem Raume vor sich, in welchem indifferente Gasarten, die auf den chemischen Process keinen Einfluss üben, zugegen sind, so bleiben doch die oben stehenden Formeln giltig, nur dass π in diesem Falle den Partialdruck bezeichnen wird, der durch die aus der Dissociation herrührenden gasförmigen Bestandtheile hervor-

gebracht wird. Der Totaldruck ist gleich der Summe dieses Partial-
druckes und des durch die indifferenten Gasarten ausgeübten Partial-
druckes. Die Gleichung (21) zeigt also, dass die Dissociation eines festen
Stoffes, wie dies die Versuche längst nachgewiesen haben, in Analogie
mit der Verdampfung einer Flüssigkeit vor sich geht, indem π dem
Maximum der Dampfspannung entspricht."

„Wir haben oben vorausgesetzt, dass der feste Stoff aus drei Bestandtheilen A, B und C bestehe; es lassen sich indes die gefundenen
Formeln mit leichter Mühe so erweitern, dass dieselben für jede beliebige
Anzahl von Bestandtheilen gelten. Ferner wurde oben davon ausgegangen,
dass der feste Stoff sich bei der Dissociation nur in gasförmige Bestandtheile spaltete. Die Gleichungen behalten ihre Giltigkeit jedoch auch für
den Fall, dass die Dissociation des festen Stoffes nicht nur die gasförmigen
A, B und C, sondern auch anderweitige feste Bestandtheile ergiebt. Diese
festen Bestandtheile werden nämlich mit konstanten Massen auftreten,
deren Grösse freilich unbekannt ist, die man aber als in den Koëfficienten
k eingehend sich denken kann."

„Wir wollen nun den allgemeinsten Fall betrachten, wo die Dissociation des festen Stoffes in einem Raume vor sich geht, in welchem bereits gegebene Mengen der gasförmigen Bestandtheile A, B und C vorhanden sind. Im Gleichgewichtszustand werden die wirksamen Mengen
der gasförmigen Stoffe den Summen aus den ursprünglich vorhandenen
Mengen und aus den durch die Dissociation gebildeten Mengen gleich zu
setzen sein. Bezeichnet man im Gleichgewichtszustande die Massen durch
p′ q′ und r′, so wird infolge der Gleichung (19):

$$p'^{\alpha}\, q'^{\beta}\, r'^{\gamma} = f\,(t).$$

Durch Division mittels der Gleichung (19) ergiebt sich daraus:

$$\left(\frac{p'}{p}\right)^{\alpha} \left(\frac{q'}{q}\right)^{\beta} \left(\frac{r'}{r}\right)^{\gamma} = 1. \tag{22}$$

„Um diese Gleichung bequemer anwenden zu können, müssen wir
statt der Masse den Druck einführen. Wir nehmen dabei noch an, dass
von den Stoffen A und B von vornherein die Mengen p_0 und q_0 zugegen
sind, während vom Stoffe C vor Beginn der Dissociation nichts vorhanden
ist. Der durch p_0 und q_0 ausgeübte Druck betrage π_0, so ist

$$\pi_0 = h\,(p_0 + q_0).$$

„Der im Gleichgewichtszustande herrschende Druck, wie derselbe sich
aus dem Zusammenwirken sämmtlicher gasförmigen Stoffe A, B und C
ergiebt, sei dagegen π', so ist:

$$\pi' = h\,(p' + q' + r).$$

Nun ist aber:

$$\frac{p' - p_0}{\alpha} = \frac{q' - q_0}{\beta} = \frac{r}{\gamma} = \frac{p, + q, + r - (p_0 + q_0)}{n} = \frac{\pi' - \pi_0}{n\,h}.$$

Setzt man ferner:

$$\frac{p_0}{q_0} = \varepsilon,$$

so wird:

$$\pi_0 = h\, q_0\, (1 + \varepsilon),$$

$$q_0 = \frac{\pi_0}{(1 + \varepsilon)\, h}; \quad p_0 = \frac{\varepsilon\, \pi_0}{(1 + \varepsilon)\, h}.$$

Folglich erhält man:

$$p' = \frac{\varepsilon}{1 + \varepsilon}\, \frac{\pi_0}{h} + \frac{\alpha}{n}\, \frac{\pi' - \pi_0}{h},$$

$$q' = \frac{\varepsilon}{1 + \varepsilon}\, \frac{\pi_0}{h} + \frac{\beta}{n}\, \frac{\pi' - \pi_0}{h},$$

$$r' = \frac{\gamma}{n}\, \frac{\pi' - \pi_0}{h}.$$

„Werden diese Grössen in die Gleichung (22) eingesetzt und gleichzeitig die Werthe für p, q und r aus der Gleichung (20) eingeführt, so erhält man:

$$\left(\frac{\varepsilon}{1 + \varepsilon}\, \frac{n}{\alpha}\, \frac{\pi_0}{\pi} + \frac{\pi' - \pi_0}{\pi}\right)^{\alpha} \cdot \left(\frac{1}{1 + \varepsilon}\, \frac{n}{\beta}\, \frac{\pi_0}{\pi} + \frac{\pi' - \pi_0}{\pi}\right)^{\beta} \cdot \left(\frac{\pi' - \pi_0}{\pi}\right)^{\gamma} = 1.$$

„Ein Beispiel für die Anwendbarkeit dieser Gleichung liefert das karbaminsaure Ammoniak, welches bei der Dissociation sich in 1 Mol. Kohlensäure und 2 Mol. Ammoniak zerlegt.

Sind die Versuche so eingerichtet, dass Kohlensäure im Ueberschusse vorhanden ist, so ist zu setzen:

$$A = 0, \qquad B = \text{Kohlensäure}, \qquad C = \text{Ammoniak},$$
$$\alpha = 0, \qquad \beta = 1, \qquad \gamma = 2.$$

Ferner hat man $\varepsilon = 0$; und da $n = 3$, ergiebt sich:

$$\left(3\, \frac{\pi_0}{\pi} + \frac{\pi' - \pi_0}{\pi}\right) \left(\frac{\pi' - \pi_0}{\pi}\right)^{2} = 1.$$

Ist dagegen Ammoniak im Ueberschuss vorhanden, so wird:

$$B = \text{Ammoniak}, \qquad C = \text{Kohlensäure},$$
$$\beta = 2, \qquad\qquad \gamma = 1,$$

und man erhält:

$$\left(2/3\, \frac{\pi_0}{\pi} + \frac{\pi' - \pi_0}{\pi}\right)^{2} \left(\frac{\pi' - \pi_0}{\pi}\right) = 1.$$

Diese Gleichungen sind in eben dieser Gestalt von Horstmann[1] aufgestellt und finden in seinen Versuchen ihre Bestätigung.“

---

1) A. Horstmann, Liebig's Ann. **187**, 1877.

11. System, ausschliesslich aus gasförmigen Stoffen bestehend.

„Die hier benutzte Anschauungsweise hat ihr Vorbild in folgendem[1]): Ein Cylinder enthält gesättigten Dampf und kochende Flüssigkeit. In jedem Augenblicke kondensirt sich ebenso viel Dampf, wie Flüssigkeit verdampft. Geht man zur Grenze und lässt die Flüssigkeitsmenge Null werden, so dass nur trockener gesättigter Dampf übrig ist, so liegt es nahe sich zu denken, dass Dampf sich kondensirt, der jedoch ebenso schnell wieder verdampft."

„Betrachten wir ein Gas M, welches sich als eine Additionsverbindung α A $+ \beta$ B $+ \gamma$ C auffassen lässt, so wird bei der Dissociation eine Molekel von M in α-Molekeln von A, β-Molekeln von B und γ-Molekeln von C zerfallen. Sei nun wieder $\alpha + \beta + \gamma = $ n, so spaltet sich also eine Molekel der Verbindung in n-Molekeln der Bestandtheile. Beträgt ferner die Menge der verschiedenen Bestandtheile in der Einheit des Volums p, q und r, so wird in Uebereinstimmung mit § 10 die Geschwindigkeit, mit welcher die Bildung der Verbindung von statten geht, ausgedrückt durch:

$$k\, p^{\alpha}\, q^{\beta}\, r^{\gamma}.$$

„Fassen wir zunächst einen Grenzfall ins Auge, indem wir annehmen, dass nur eben gerade vollständige Dissociation eingetreten ist, wie sich dies für die verschiedenen Temperaturen durch Anwendung genügend niedrigen Druckes erreichen lässt. In diesem Falle ist es gleichgiltig, ob die zusammengesetzte Verbindung M fest oder gasförmig ist, und die Gleichung (19) des § 10 kann also auch hier in Anwendung gebracht werden. Um den Gleichgewichtszustand in diesem Falle, wo also vollständige Dissociation eingetreten, uns genügend erklären zu können, werden wir uns nun vorstellen müssen, dass in jeder Zeiteinheit sich immer eine gewisse Menge der Verbindung aus den Bestandtheilen bildet, die sich aber sofort und in derselben Zeit auf's neue wieder durch Dissociation in die Bestandtheile auflöst. Diese Menge können wir als eine Funktion der Temperatur ansehen, und bezeichnen wir dieselbe durch F (t), so kann die Gleichung (19) des § 10 umgeschrieben werden:

$$k\, p^{\alpha}\, q^{\beta}\, r^{\gamma} = k'\, F\,(t).$$

„Betrachten wir nun den allgemeinen Fall, wo sich neben den Mengen p, q und r der dissociirten Bestandtheile noch die Menge P der zusammengesetzten Verbindung vorfindet, so wird dementsprechend die aktive Masse der zusammengesetzten Verbindung im Gleichgewichtszustande gleich

---

1) Anm. 28 in Ostwald's Klassiker 104.

$P + F(t)$ zu setzen sein. Die Geschwindigkeit, mit welcher die Dissociation vor sich geht, wird demgemäss durch

$$k'\,(P + F(t))$$

auszudrücken sein und die Gleichgewichtsgleichung lautet somit:

$$k\,p^\alpha\,q^\beta\,r^\gamma = k'\,(P + F(t)),$$

oder wenn man das Verhältniss zwischen den Koëfficienten einführt:

$$p^\alpha\,q^\beta\,r^\gamma = \varphi\,(P + F(t)). \qquad (23)$$

„Ist die zusammengesetzte Verbindung eine feste, so kann die wirksame Menge P konstant angesehen werden. In solchen Fällen lässt sich die rechte Seite der Gleichung (23) als eine Funktion der Temperatur allein betrachten, so dass die Gleichung (23) mit der Gleichung (19) identisch wird. Ist dagegen die zusammengesetzte Verbindung eine gasförmige, so bezeichnet P diejenige Menge der Verbindung, die noch nicht dissociirt ist, und P wird alsdann dem Partialdruck dieses Restes proportional.“

„Die Gleichung (23) gilt in ihrer Allgemeinheit für alle Fälle, sowohl wenn einzelne der Bestandtheile im Ueberschuss vorhanden sind, als auch wenn fremde indifferente Gasarten zugegen sind. Im nachfolgenden wollen wir, zur Verifikation der Formeln, nun noch ein paar specielle Fälle, für welche Versuche vorliegen, einer genaueren Behandlung unterwerfen.

a) Ursprünglich ist allein die zusammengesetzte Verbindung zugegen.

„Wir nehmen an, dass nach Eintritt des Gleichgewichts die Menge der zusammengesetzten Verbindung P und ihr Partialdruck π betrage. Die dissociirten Bestandtheile betrachten wir als eine Gasmischung, deren Menge, in derselben Einheit wie bei der Verbindung ausgedrückt, P′ beträgt, während ihr Partialdruck π' ist. Wir haben dann:

$$\frac{p}{\alpha} = \frac{q}{\beta} = \frac{r}{\gamma} = \frac{p + q + r}{n}\,P'.$$

$$\pi = h\,P, \quad \pi' = h\,(p + q + r) = h\,n\,P'.$$

„Werden nun diese Grössen p, q, r und P in Gleichung (23), um von den Mengen zu den Partialdrucken überzugehen, durch die hier sich ergebenden Werthe ersetzt, so erhält man:

$$\pi'^n = C\,\varphi\,(\pi + h\,F(t)),$$

wo C die verschiedenen Koëfficienten umfasst, die entweder konstant sind oder von der Temperatur abhängen. Der Kürze wegen geben wir dieser Gleichung noch folgende Form:

$$\pi'^n = \psi\,(\pi + l), \qquad (24)$$

wo ψ und l demgemäss von der Temperatur abhängig sind. Setzt man in dieser Gleichung $\pi = 0$, so erhält man den Grenzfall, in welchem die Dissociation gerade eben vollständig ist. Die Grösse l bezeichnet also den Partialdruck, welcher von der in der Zeiteinheit gebildeten Menge der Verbindung ausgeübt wird."

„Wird der Dissociationsgrad oder die dissociirte Menge in Theilen der ursprünglichen Menge durch z bezeichnet, so ist:

$$z = \frac{P'}{P + P'} = \frac{\pi'}{n\,\pi + \pi'}.$$

Wird ferner der Totaldruck durch S vorgestellt, so ist:

$$\pi + \pi' = S.$$

Aus diesen Gleichungen ergiebt sich:

$$z = \frac{\pi'}{n\,S - (n-1)\,\pi'}, \qquad \pi' = \frac{n\,z}{1 + (n-1)\,z}\,S.$$

„Bezeichnet endlich d die physikalische Dichtigkeit der Verbindung, d' die Dichtigkeit der Mischung der Bestandtheile, und D die Dichtigkeit der gesammten Gasmischung, so hat man:

$$d : \frac{P}{\pi} = d' : \frac{P'}{\pi'} = D : \frac{P + P'}{\pi + \pi'}.$$

Hieraus folgt:

$$d = n\,d' = D\,\frac{P + n\,P'}{P + P'} = D\,(1 + (n-1)\,z),$$

$$z = \frac{1}{n-1}\left(\frac{d}{D} - 1\right), \qquad \pi' = \frac{n}{n-1}\left(1 - \frac{D}{d}\right)S.$$

„Als Beispiel für die Anwendung obiger Formeln möge die Dissociation des Stickstofftetroxyds, der Untersalpetersäure, dienen. Versuche über dieselbe sind von Deville und Troost[1]) sowie von A. Naumann[2]) angestellt. Ausserdem sind zwei Versuche von Guldberg und Waage in folgender Weise ausgeführt. In einen mit Glashahn versehenen Kolben wurde Untersalpetersäure gefüllt, der Kolben wurde alsdann in einem Wasserbade einer konstanten Temperatur ausgesetzt, während er gleichzeitig mit einer Wasserluftpumpe in Verbindung gesetzt war. In die Leitung war ein Regulator eingeschaltet, um den Druck im Kolben konstant zu erhalten. Nachdem nun die Untersalpetersäure in Dampfform übergegangen und ein Theil des Dampfes ausgepumpt war, wurde der Hahn geschlossen und der Kolben gewogen."

„Die Untersalpetersäure spaltet sich bei der Dissociation in zwei Molekeln NO_2; es ist also hier n = 2. Die Gleichung (24) nimmt demgemäss folgende Gestalt an:

$$\pi'^2 = \psi\,(\pi + 1).$$

Anm. von Guldberg u. Waage. Wie von anderen Verfassern gezeigt wird, ist F(t) = 0 und in dem angeführten Beispiele ist l = 0 zu setzen. Jedoch

---

1) Deville u. Troost, Compt. rend. 1875.

2) A. Naumann, Ber. **10**, 2045, 1877.

bei der Grenze ($z = 0,99$ in der untersten Tabelle) ist l von Bedeutung. Vgl. hierzu O s t w a l d, Allg. Ch. 2. Aufl. Bd. **2**, 2, S. 333 u. N e r n s t, Theor. Ch. S. 352, wo $l = 0$ angenommen bezw. gesetzt wird.

Wird hier $\pi = S - \pi'$ eingesetzt, so findet man:

$$\pi' = -\frac{\psi}{2} + \sqrt{\psi\left(S + 1 + \frac{\psi}{4}\right)}.$$

„Da sowohl ψ als l von der Temperatur abhängen, würde eine Reihe von Versuchen bei gleicher Temperatur und mit verschiedenem Druck (S) für die Verifikation der Formeln am bequemsten sein. Es liegen indes nur wenige derartige korrespondirende Versuche vor. Es wurde deshalb der Weg eingeschlagen, dass man zunächst aus sämmtlichen Versuchen ψ und l bestimmte. Innerhalb der bei den Versuchen in Betracht kommenden Temperaturintervalle kann l annähernd gleich 10 mm gesetzt werden. Die gefundenen Werthe von ψ wurden in einer Kurve aufgezeichnet, und daraus durch graphische Interpolation die unten folgenden Werthe ermittelt. So kann man dann nun für eine gegebene Temperatur aus dem Druck S den Partialdruck π' berechnen, und mittels des letzteren den Dissociationsgrad z ermitteln, da infolge der entwickelten Formeln

$$z = \frac{\pi'}{2\,S - \pi'}.$$

Tabelle über ψ.

Temp.	ψ	Temp.	ψ	Temp.	ψ
— 5 °	1,8	20 °	53	45 °	405
0	5,0	25	100	50	590
5	9,6	30	145	55	850
10	16,0	35	200	60	1200.
15	29,0	40	280		

Berechnung korrespondirender Versuche.

Temp. t	Druck. S	ψ	Dissociationsgrad. beob.	ber.	Bemerkungen.
57,0 °	760 mm	990	0,49	0,50	Deville u. Troost.
57,0	407	990	0,64	0,63	Guldberg u. Waage.
29,8	760	140	0,22	0,21	Deville u. Troost.
29,8	395	140	0,28	0,29	Guldberg u. Waage.
27,0	760	115	0,20	0,19	Deville u. Troost.
27,0	35	115	0,99	0,98	Troost.
22,5	136,5	73	0,35	0,37	Naumann.
22,5	101	73	0,39	0,43	Naumann.
20,8	153,5	59	0,29	0,31	Naumann.
20,0	301	53	0,18	0,21	Naumann.
18,5	136	44	0,30	0,29	Naumann.
18,0	279	42	0,17	0,19	Naumann.

b) Einer der Bestandtheile ist im Ueberschuss vorhanden.

„Nehmen wir an, der Stoff A sei im Ueberschuss vorhanden, seine Menge betrage p_0 und sein Partialdruck π_0, so ist;

$$\pi_0 = h\, p_0.$$

Die Gleichung (23) lässt sich dann schreiben:

$$(p_0 + p)^\alpha\, q^\beta\, r^\gamma = \varphi\,(P + F\,(t)).$$

„Führen wir nun anstatt der Menge den Druck ein, indem wir für p, q, r und P die Gleichungen des vorigen Falles, für p_0 den eben gefundenen Werth benutzen, so erhalten wir:

$$\left(\frac{n}{\alpha}\,\pi_0 + \pi'\right)^\alpha \pi'^{\beta+\gamma} = \psi\,(\pi + 1). \qquad (25)$$

Der Totaldruck der Mischung ist:

$$S = \pi_0 + \pi' + \pi.$$

„Als Beispiel für die Anwendung dieser Formeln wollen wir die **Dissociation des Jodwasserstoffs** betrachten, über welche Versuche von G. Lemoine[1]) vorliegen.

Da 2 Volumen Jodwasserstoff bei der Dissociation 1 Vol. Jod und 1 Vol. Wasserstoff bilden, so erleidet die Dichtigkeit keine Veränderung, und folglich muss man in unserer Gleichung setzen:

$$n = 1, \qquad\qquad \alpha = \beta = {}^1/_2.$$

Da der Jodwasserstoff sich nur in zwei Bestandtheile spaltet, fällt p in den Gleichungen fort.

Ist keiner der Bestandtheile im Ueberschuss vorhanden, so gilt die Gleichung (24), welche dann folgende Gestalt annimmt:

$$\pi' = \psi\,(\pi + 1).$$

Wird hier der Totaldruck S eingeführt, so erhält man den Dissociationsgrad

$$z = \frac{\pi'}{S} = \frac{\psi}{1+\psi}\left(1 + \frac{1}{S}\right).$$

Lemoine hat eine Reihe von Versuchen bei 440° unter verschiedenem Druck ausgeführt. Aus diesen leiten wir ab:

$$1 = 0{,}05 \text{ Atmosphären,}$$
$$\psi = 0{,}316 \text{ Atmosphären.}$$

Hiernach ergiebt sich der Dissociationsgrad:

$$z = 0{,}24\left(1 + \frac{0{,}05}{S}\right).$$

---

[1]) G. Lemoine, Ann. chim. phys. (5), **12**, 145.

Druck S. Atmosphären.	Dissociationsgrad. beob.	berechn.
4,5	0,24	0,242
2,3	0,255	0,246
1,0	0,26	0,252
0,5	0,25	0,264
0,2	0,29	0,300.

„Findet sich Wasserstoff im Ueberschuss, und gehen wir von der Voraussetzung aus, dass ursprünglich bloss Wasserstoff und Jod vorhanden waren, so wird es, weil der Druck in diesem Falle sich während der Dissociation nicht ändert, sofort einleuchtend sein, dass der Druck π_1, welcher dem Wasserstoff allein zuzuschreiben ist, sich so ergeben muss:

$$\pi_1 = \pi + {}^1/_2\,(\pi' + \pi).$$

Der Druck, welcher von Jod herrührt, wird ${}^1/_2\,(\pi' + \pi)$. Hieraus folgt, dass das Verhältniss zwischen der Jodmenge und der Wasserstoffmenge, welches wir mit ε bezeichnen, sein wird:

$$\varepsilon = \frac{{}^1/_2\,(\pi' + \pi)}{\pi_1} = \frac{\pi_1 - \pi_0}{\pi_1}.$$

Im Gleichgewichtszustande wird der Druck, der von der freien Wasserstoffmenge ausgeübt wird, betragen:

$$\pi_0 + {}^1/_2\,\pi'.$$

Bezeichnen wir das Verhältniss der freien Wasserstoffmenge und der ganzen Wasserstoffmenge mit x, so wird:

$$x = \frac{\pi_0 + {}^1/_2\,\pi'}{\pi_1} = 1 - {}^1/_2\,\frac{\pi}{\pi_1}.$$

Unter der Voraussetzung, dass der vom Wasserstoff allein hervorgebrachte Druck π_1 und das Verhältniss ε gegeben sind, kann man die Grösse x berechnen. Wir haben nämlich:

$$\pi_0 = 2\,\pi_1 - S,$$
$$\pi' = S - \pi_0 - \pi = 2\,(S - \pi_1) - \pi.$$

Werden diese Werthe in die Gleichung (25) eingesetzt, so erhalten wir:

$$(2\,\pi_1 - \pi)^{{}^1/_2}\,[2\,(S - \pi_1)]^{{}^1/_2} = \psi\,(\pi + 1).$$

Dividirt man die Gleichung durch π_1 und bemerkt, dass

$$\varepsilon = \frac{S - \pi_1}{\pi_1} \qquad \text{und} \qquad \frac{\pi}{\pi_1} = 2\,(1 - x),$$

so erhält man durch Einführung dieser Werthe eine quadratische Gleichung, aus welcher x bestimmt werden kann. Setzt man zur Abkürzung noch:

$$c = \frac{\varepsilon - 1 + \psi^2\left(2 + \dfrac{1}{\pi_1}\right)}{2\,(1 - \psi^2)}$$

und
$$f = \frac{\psi^2}{4\,(1 - \psi^2)} \left(2 + \frac{1}{\pi_1}\right)^2,$$

so ist nämlich:

$$x = -c + \sqrt{c^2 + f}.$$

Mit Hilfe dieser Formel ist nachfolgende Reihe berechnet:

π_1 Atmosph.	ε	x beob.	x berechn.
2,20	1,000	0,240	0,242
2,33	0,784	0,350	0,345
2,33	0,527	0,547	0,519
2,31	0,258	0,774	0,751.

8. Die dynamischen Methoden.

Allgemeines.

In seinem Buche „Anwendungen der Dynamik auf Physik und Chemie (Leipzig 1890), macht J. J. Thomson den Versuch, die physikalischen und chemischen Veränderungen eines Systems ohne Benutzung des zweiten thermodynamischen Grundsatzes abzuleiten, sondern nur aus dem Princip der Erhaltung der Energie, dem ersten dynamischen Grundsatze unter Benutzung des Hamilton'schen Princips der variirenden Wirkung und der Methode der Lagrange'schen Gleichungen, „die kaum eine eingehendere Kenntniss der Struktur des Systems erfordern, auf welches sie angewandt werden, als das Princip der Erhaltung der Energie selbst, die aber trotzdem genügen, um die Bewegung des Systems vollkommen zu bestimmen."

„Diese Methode hat vor derjenigen, die sich auf die beiden Gesetze der Thermodynamik stützt, die folgenden Vorzüge:

1. Sie ist eine dynamische Methode und besitzt als solche einen viel fundamentaleren Charakter als diejenige, welche die Anwendung des zweiten Gesetzes der Thermodynamik erfordert.

2. Sie stützt sich nur auf ein Princip statt wie jene auf zwei.

3. Sie ist auf Fragen anwendbar, in denen keine Umwandlungen anderer Energieformen aus oder in Wärme vorkommen (ausgenommen die durch die Reibung verursachten), während für diesen Fall die andere Methode in das Princip der Erhaltung der Energie ausartet, welche oft zur Lösung des Problems nicht genügt."

„Anderseits hat diese Methode als dynamische Methode den Nachtheil, dass die Resultate derselben dynamische Grössen wie Energie, Moment, Geschwindigkeit sind und daher die Kenntniss anderer Beziehungen erfordern, wenn es sich darum handelt, die physikalischen Grössen, die wir zu messen wünschen, z. B. Intensität eines Stromes, Temperatur u. s. w. aus jenen Resultaten abzuleiten. Diese Beziehungen sind uns aber nicht in allen Fällen bekannt."

„Das zweite Gesetz der Thermodynamik dagegen enthält als Erfahrungssatz keine Grösse, die nicht im physikalischen Laboratorium gemessen werden kann. Aus diesem Grunde giebt es einige Fälle, in denen das zweite Gesetz der Thermodynamik zu bestimmteren Resultaten führt als die dynamischen Methoden von Hamilton oder Lagrange. Allein auch in diesem Falle dürften die Resultate der Anwendung der dynamischen Methode von Interesse sein, da sich aus ihnen ergiebt, welcher Theil dieser Probleme mit Hilfe der Dynamik gelöst werden kann, und welcher nur durch Betrachtungen, die aus der Erfahrung abgeleitet sind."

Nachstehend sei ein kurzer Auszug aus dem Werke von J. J. Thomson gegeben, der soweit als möglich dem Wortlaute nach erfolgt, da dies schon im Interesse einer einheitlichen Bezeichnung der mathematischen Grössen nothwendig erscheint. Speciell sollen die den chemischen Theil betreffenden Ausführungen wiedergegeben werden und muss im übrigen zum eingehenden Studium dieses interessanten Werkes aufgefordert werden, da es bisher weniger gekannt und benutzt zu werden scheint.

Es sei noch erwähnt, dass die Durchführung dieser Methode in allgemeiner Weise und mehr für rein physikalische Probleme theilweise bereits von H. Helmholtz[1]) in seiner Arbeit über „Die physikalische Bedeutung des Princips der kleinsten Wirkung" geschehen ist. Helmholtz scheint die Allgemeingiltigkeit des Principes der kleinsten Wirkung so weit gesichert, dass es als heuristisches Princip und als Leitfaden für das Bestreben, die Gesetze neuer Klassen von Erscheinungen zu formuliren, einen hohen Werth in Anspruch nehmen darf. Ausserdem haben wir den Vorzug, die sämmtlichen Bedingungen, welche für die untersuchte Klasse von Erscheinungen von Einfluss sind, in den engsten Rahmen einer einzigen Formel zusammenzufassen, und dadurch einen vollständigen Ueberblick über alles Wesentliche zu geben.

Hamilton'sches Princip und Lagrange'sche Funktion.

„Um die Beziehungen zwischen verschiedenen Eigenschaften von Körpern zu ermitteln, können wir nur dynamische Methoden benutzen, welche keine eingehende Kenntniss des Systems erfordern, auf welches sie angewendet werden. Die von Hamilton und Lagrange eingeführten Methoden besitzen diesen Vorzug, und da sie das Verhalten des Systems von den Eigenschaften einer einzigen Funktion abhängig machen, so reduciren sie die Untersuchung auf die Bestimmung dieser Funktion. Im allgemeinen

---

1) H. v. Helmholtz, Wissensch. Abhand. Bd. III, 203—248, 1886; 248—263, 1887; 476—504, 1892; 596—603, 1894.

besteht das Verfahren, durch welches wir verschiedene physikalische Erscheinungen in Zusammenhang bringen, darin, dass wir aus dem Verhalten des Systems unter gewissen Umständen den Schluss ziehen, dass in dieser Funktion ein Glied von einer bestimmten Art sein muss. Das Vorhandensein dieses Gliedes lässt aber häufig bei Anwendung Lagrange'scher und Hamilton'scher Methoden ausser derjenigen Erscheinung, die zur Entdeckung desselben führte, noch andere Erscheinungen erkennen."

„Wir wollen zunächst diejenigen dynamischen Gleichungen, die in folgendem am meisten Anwendung finden, hier zusammenstellen, um bequem auf dieselben hinweisen zu können."

„Die Methode, welche der ausgedehntesten Anwendbarkeit fähig ist, ist das Hamilton'sche Princip, wonach

$$\delta \int_{t_0}^{t_1} (T - V)\, d\,t = \left\{ \Sigma \frac{d\,T}{d\,q}\, \delta\, q \right\}_{t_0}^{t_1} \tag{1}$$

T und V sind beziehungsweise die kinetische und potentielle Energie des Systems, t ist die Zeit und q eine Ordinate irgend welcher Art. In diesem Falle wird vorausgesetzt, dass t_0 und t_1 konstant sind."

„In manchen Fällen empfiehlt es sich, die Gleichung in dieser Form zu gebrauchen, während in andern die Lagrange'schen Gleichungen vorzuziehen sind. Dieselben können aus der Gleichung (1) abgeleitet und in folgender Form geschrieben werden:

$$\frac{d}{d\,t}\frac{d\,L}{d\,q} - \frac{d\,L}{d\,q} = Q, \tag{2}$$

L, welches hier an Stelle von T—V geschrieben ist, heisst die Lagrange'sche Funktion, Q ist die äussere Kraft, die auf das System wirkt und q zu vergrössern strebt."

„Es wird vorausgesetzt, dass in diesen Gleichungen die kinetische Energie durch die Geschwindigkeiten der Koordination ausgedrückt ist. Statt mit sämmtlichen, den Koordinaten entsprechenden Geschwindigkeiten operirt man jedoch in manchen Fällen bequemer mit einem Theil der Geschwindigkeiten, die den Koordinaten entsprechen, und den Momenten, die den übrigen Koordinaten entsprechen. Dies ist namentlich dann bequem, wenn einige der Koordinaten nicht selbst in explicirter Form, sondern nur vermittelst ihrer Differentialquotienten in der Lagrange-schen Funktion vorkommen. In einer Abhandlung „On some Applications of Dynamical Principles to Physical Phenomena" hat J. J. Thomson[1] dieselben als kinosthenische bezeichnet. Im folgenden sollen dieselben als „Geschwindigkeitskoordinaten" bezeichnet werden, sobald jede Zweideutigkeit des Ausdrucks ausgeschlossen ist."

---

[1] J. J. Thomson, Phil. Trans. 1885, II.

„Die wichtigste Eigenschaft einer solchen Koordinate ist die, dass das ihr entsprechende Moment konstant ist, sobald keine äussere Kraft von derselben Art auf das System wirkt. Wenn nämlich x eine Geschwindigkeitskoordinate ist, so ist:

$$\frac{d\,L}{d\,x} = 0,$$

und da keine äussere Kraft auf das System wirkt, so geht die Lagrange'sche Gleichung über in

$$\frac{d}{d\,t}\frac{d\,L}{d\,x} = 0, \tag{3}$$

Da aber das der Koordinate X entsprechende Moment $d\,L\big/d\,X$ ist, so ergiebt sich aus dieser Gleichung, dass es konstant ist.“

„Routh (Stability of Motion p. 61) hat eine allgemeine Methode angegeben, die uns in den Stand setzt, die Geschwindigkeiten einiger Koordinaten und die den übrigen entsprechenden Momente zu benutzen, und zwar ist diese Methode anwendbar, einerlei ob diese letzteren Koordinaten Geschwindigkeitskoordinaten sind oder nicht.“

„Diese Methode besteht in dem folgenden Verfahren: Wenn wir z. B. die Geschwindigkeiten der Koordinaten q_1, q_2 . . . . . und die den Koordinaten φ_1, φ_2 entsprechenden Momente benutzen wollen, so gilt, wie Routh bewiesen hat, der folgende Satz. Wenn wir statt der Funktion L die durch die Gleichung

$$L' = L - \varphi_1 \frac{d\,T}{d\,\varphi_1} - \varphi_2 \frac{d\,T}{d\,\varphi_2} - \text{u. s. w.} \tag{4}$$

gegebene neue Funktion L' benutzen und φ_1, φ_2 . . . vermittelst der Gleichungen:

$$\Phi_1 = \frac{d\,T}{d\,\varphi_1}, \ \Phi_2 = \frac{d\,T}{d\,\varphi_2} - \text{u. s w.}$$

eliminiren, so können wir für die Koordinaten q_1, q_2 . . . die Lagrange-schen Gleichungen benutzen, wenn wir L durch L' ersetzen. Wir haben daher eine Reihe von Gleichungen von der Form:

$$\frac{d}{d\,t}\frac{d\,L'}{d\,q} - \frac{d\,L'}{d\,q} = Q. \tag{5}$$

Wenn wir

$$^1\!/_2 \, \varphi_1 \frac{d\,T}{d\,\varphi_1}$$

den der Koordinate φ_1 entsprechenden Theil der kinetischen Energie nennen, so ergiebt sich aus (4), dass L' gleich der kinetischen Energie des Systems ist, vermindert um die potentielle Energie, vermindert um die doppelte kinetische Energie, die denjenigen Koordinaten entspricht, deren Geschwindigkeiten eliminirt sind.“

„Wenn wir die Struktur dieses Systems nicht kennen, so können wir durch die Beobachtung seines Verhaltens weiter nichts als die Lagrange'sche Funktion oder die modificirte Form derselben bestimmen, und da diese Funktion die Bewegung des Systems vollkommen bestimmt, so genügt die Kenntniss derselben zur Untersuchung der Eigenschaften desselben. Wenn wir jedoch die „Energie" berechnen, die irgend einer physikalischen Bedingung entspricht, so kann die Interpretation zweideutig sein, wenn die Energie nicht ausschliesslich potentiell ist. Denn das, was wir in Wirklichkeit berechnen, ist die Lagrange'sche Funktion oder die modificirte Form derselben. Diese ist aber die kinetische Energie, vermindert um die potentielle Energie, vermindert um die doppelte kinetische Energie, die denjenigen Koordinaten entspricht, deren Geschwindigkeiten eliminirt sind. Die Energie, welche wir berechnet haben, kann daher jeder der drei Benennungen zukommen. Man sagt z. B. die Energie eines Stückes weichen Eisens von der Volumeinheit, in welchem die Intensität der Magnetisirung gleichförmig und gleich I ist, sei $-\dfrac{I^2}{2\,k}$, wo k den Koëfficienten der Magnetinduktion des Eisens bedeutet. Hiermit ist jedoch weiter nichts gesagt, als dass der Ausdruck $\dfrac{I^2}{2\,k}$ in der modificirten oder ursprünglichen Lagrange'schen Funktion des Systems vorkommt, dessen Bewegung oder Konfiguration die Erscheinung der Magnetisirung hervorbringt. Ohne weitere Betrachtungen wissen wir nicht, ob dieser Ausdruck eine Menge kinetischer Energie $\dfrac{I^2}{2\,k}$ oder potentieller Energie $-\dfrac{I^2}{2\,k}$ oder kinetische Energie bedeutet, die Koordinaten entspricht, deren Geschwindigkeiten eliminirt sind, oder endlich, ob sich nicht die durch ihn ausgedrückte Energie aus allen drei Arten zusammensetzt."

„Diese Zweideutigkeit ist nicht vorhanden, wenn das System vollständig durch Koordinaten bestimmt ist. In diesem Falle muss nämlich jedes Glied der Lagrange'schen Funktion durch die Koordinaten und deren Geschwindigkeiten oder die entsprechenden Momente ausgedrückt sein, und wir können entscheiden, ob das Glied kinetische oder potentielle Energie ausdrückt. Zwei Untersuchungen im zweiten Bande von Maxwell's Electricity and Magnetism bilden ein gutes Beispiel dafür, wie diese Zweideutigkeit durch eine erhöhte Bestimmtheit unserer Vorstellungen über die Konfiguration des Systems aufgeklärt wird. In dem ersten Theil des Bandes wird bei Betrachtung der mechanischen Kräfte zwischen zwei von elektrischen Strömen durchlaufenen Leitern bewiesen, dass zwei solche Leiter, die von Strömen i und j durchlaufen werden, die Menge $-M\,i\,j$ potentieller Energie enthalten, wo M eine Grösse bedeutet, die von der Gestalt und Grösse sowie der gegenwärtigen Stellung der beiden Stromleiter abhängt. Später dagegen, nachdem Koordinaten eingeführt sind, durch die die elektrische Konfiguration des Systems fixirt werden kann, wird gezeigt, dass das System in Wirklichkeit nicht — M i j Einheiten potentieller, sondern $+$ M i j kinetischer Energie enthält."

Erwähnt sei die Unterscheidung in:

    a) **Umkehrbare Vektorerscheinungen**;
    b) **Umkehrbare skalare Erscheinungen**;
    c) **Nichtumkehrbare Erscheinungen**;

wobei skalare Erscheinungen solche sind, die ausser Vektorwirkungen auch skalare wie die Temperatur enthalten.

Die einzelnen Kapitel, die der Eintheilung dienen, sind folgende:

1. **Anwendung dieser Principien auf die Physik.** Hierin werden speciell die Koordinaten zur Fixirung der geometrischen Konfiguration des Systems, die Koordinaten zur Fixirung der Konfiguration der Deformation, die Koordinaten zur Fixirung der elektrischen Konfiguration des Systems und die zur Fixirung der magnetischen Konfiguration abgehandelt. Hierauf folgt:

2. **Diskussion der Glieder der Lagrange'schen Funktion.** Dieses Kapitel betrifft unter andern die Deformationen in einem Dielektrikum, die durch das elektrische Feld erzeugt werden, Einfluss der Trägheit auf magnetische Erscheinungen, Torsion eines magnetisirten Eisendrahtes durch einen elektrischen Strom und das **Hall**'sche Phänomen[1]).

3. **Reciproke Beziehungen zwischen physikalischen Kräften, wenn die Systeme, welche sie ausüben, sich in einem unveränderlichen Zustande befinden.**

4. **Einwirkung der Temperatur auf die Eigenschaften der Körper.** Unter anderem werden hier besprochen die Beziehungen zwischen Wärme und Deformation, Wärmewirkung der Elektrisirung, Wärmewirkungen der Magnetisirung.

5. **Elektromotorische Kräfte, die durch Temperaturunterschiede erzeugt werden.** Dieses Kapitel enthält thermoelektrische Wirkungen der Deformation, elektromotorische Kräfte, die durch Ungleichheiten der Temperatur in einem magnetischen Felde erzeugt werden u. s. w.

6. **Ueber Rückstandswirkungen.**

---

[1]) **Hall** entdeckte (Phil. Mag. **10**, 301), dass beim Durchfliessen von Strömen durch einen Leiter in einem magnetischen Feld, eine durch das Feld erzeugte elektromotorische Kraft selbst dann vorhanden ist, wenn es konstant bleibt, und dass diese elektromotorische Kraft an jedem beliebigen Punkt paralell und proportional der mechanischen Kraft ist, die auf den Leiter wirkt, in dem sich in dieser Stelle der Strom bewegt.

7. **Einleitung in das Studium umkehrbarer skalarer Erscheinungen.**

8. **Die Berechnung der mittleren Lagrange'schen Funktion.** Hier wird der mittlere Werth der Lagrange'schen Funktion für ein vollkommenes Gas, sowie der für einen flüssigen oder festen Körper ermittelt.

9. **Verdampfung.** Ausser dem Dampfdruck selbst wird hier auch der Einfluss einer Ladung Elektricität oder eines elektrischen Feldes oder der Einfluss der Deformation, sowie eines Gases, das auf Wasserdampf nicht chemisch einwirkt, behandelt. Auch der Einfluss des gelösten Salzes auf den Dampfdruck findet hier eine Besprechung.

10. **Eigenschaften verdünnter Lösungen.** Dieses Kapitel betrifft die Absorption von Gasen durch Flüssigkeiten, den Einfluss gelöster Salze auf die Koëfficienten der Zusammendrückbarkeit verschiedener Lösungen; osmotischer Druck; Oberflächenspannung von Lösungen.

11. **Dissociation.** Es werden die Formeln von van der Waals und von Clausius besprochen, weiterhin die von Gibbs und Boltzmann, und hieran schliesst sich die Behandlung der Frage vom kinetischen Standpunkte von J. J. Thomson selbst. Ausserdem werden erörtert der Einfluss der Oberflächenspannung auf die Dissociation, der Einfluss der Elektricität auf die Dissociation, der Einfluss eines neutralen Gases, dann folgt die Dissociation von Salzen in Lösung.

12. **Allgemeiner Fall des chemischen Gleichgewichtes.** Hier ergiebt sich folgender Ausdruck für die Massenwirkung der Bestandtheile, die an einer Reaktion theilnehmen.

$$\frac{(\zeta_0 + \delta_3\,p)\,(\varepsilon_0 + \delta_4\,p)}{(\xi_0 - d_1\,p)\,(\eta_0 - \delta_2\,p)} = k^2\,\frac{\delta_3\,\delta_4}{\delta_1\,\delta_2}, \qquad (A)$$

wobei

$$\xi_0 = \delta_1\,t, \quad \eta_0 = \delta_2\,t, \quad \zeta_0 = \delta_3\,t, \quad \varepsilon_0 = \delta_4\,t$$

$$\text{und} \quad k = \frac{t + p}{t - p} \quad \text{ist.}$$

„Der Ausdruck (A) stimmt mit der Formel überein, die Guldberg und Waage aus ganz andern Principien abgeleitet haben[1]). Der aus dem Hamilton'schen Principe abgeleitete Ausdruck stimmt jedoch mit dem von Guldberg und Waage gegebenen nur in dem Falle überein, wenn $a = b = c = d$. Nach der Theorie von Guldberg und Waage, wie sie in den citirten Werken gegeben wird, ist die Gleichung (A) immer richtig, während sie nach unserer Theorie nur richtig ist, wenn $a = b = c = d$. Die Principien, aus denen Guldberg und Waage ihre Gleichungen

---

1) Vgl. Muir's Principles of Chemistry 407; L. Meyer, Moderne Theorie der Chemie. Kap. **13**.

ableiten, führen jedoch, wie es scheint, wenn a, b, c, d nicht sämmtlich gleich sind, eher auf die für Gase und verdünnte Lösungen abgeleitete

$$\frac{\zeta^c\,\varepsilon^d}{\xi^a\,\eta^b} = \varphi_1\,(\Theta)\;v^{\,c+d-a-b}\;\frac{a}{\varepsilon\,R_1\Theta}\;\frac{d\,w}{d\,\xi} \qquad\qquad (B)$$

als auf die obige. Ihr Gesichtspunkt scheint nämlich der folgende zu sein. Wenn zunächst $a = b = c = d = 1$, so wird in einer bestimmten Anzahl der Zusammenstösse zwischen den Molekülen von A und B eine chemische Vereinigung von A und B stattfinden. Die Anzahl der Zusammenstösse in der Zeiteinheit ist proportional dem Produkt aus der Anzahl der Moleküle von A und B, also proportional $\xi\,\eta$. Die Anzahl der Fälle, in denen chemische Vereinigung stattfindet, kann daher gleich $k\,\xi\,\eta$ angenommen werden, wenn k eine Grösse bedeutet, die von den gegenwärtigen Mengen von A, B, C, D unabhängig ist. Die Anzahl der Moleküle, mit andern Worten, welche aus den Zuständen von A und B austreten und in diejenigen von C und D eintreten, ist $k\,\xi\,\eta$. In ähnlicher Weise können wir sehen, dass die Anzahl der Moleküle von C und D, welche sich in A und B verwandeln, $k'\,\zeta\,\varepsilon$ ist. Wenn sich nun das System in einem unveränderlichen System befindet, so muss die Anzahl der entstehenden Moleküle von A und B gleich der Anzahl der verschwindenden Moleküle sein, d. h. es ist

$$k\,\xi\,\eta = k'\,\zeta\,\varepsilon.$$

„Dies ist die Gleichung von Guldberg und Waage. Es ist aber leicht einzusehen, dass das Gesagte nur dann gilt, wenn eine chemische Vereinigung zwischen einem Molekül von A und einem Molekül von B, sowie zwischen je einem Molekül von C und D stattfindet, mit andern Worten, wenn $a = b = c = d = 1$. Wenn dagegen die chemische Reaktion durch die Gleichung

$$2\,(A) + (B) = (C) + 2\,(D)$$

ausgedrückt wird, so findet eine chemische Vereinigung statt, wenn ein Molekül von B mit zwei Molekülen von A zusammenstösst. Die Anzahl solcher Verbindungen wird $\eta\,\xi^2$, und nicht $\eta\,\xi$ proportional sein, und die Anzahl der Moleküle von A, welche infolge ihrer Verbindung mit Molekülen von B verschwinden, wird daher durch $k\,\eta\,\xi^2$ dargestellt. In ähnlicher Weise kann die Anzahl der Moleküle von A, welche infolge der Vereinigung von C und D auftreten, durch $k'\,\zeta\,\varepsilon^2$ dargestellt werden, und da für den Gleichgewichtszustand die Anzahl der verschwindenden und die der auftretenden Moleküle von A dieselbe sein muss, so ist

$$k\,\eta\,\xi^2 = k'\,\zeta\,\varepsilon^2.$$

Diese Gleichung stimmt mit der obigen (B), aber nicht mit der Gleichung von Guldberg und Waage überein.“

Weiterhin wird auch der von Horstmann untersuchte Fall betrachtet, in welchem Wasserstoff und Kohlenoxyd verbrennt. Es ergeben sich hierbei dieselben Werthe, wie sie auch von Horstmann berechnet wurden.

13. **Einfluss der Aenderungen in den physikalischen Bedingungen auf den Koëfficienten der chemischen Reaktion.** In diesem Kapitel werden die Wirkungen des Drucks, des Magnetismus auf die chemische Reaktion behandelt.

14. **Uebergang aus dem festen in den flüssigen Aggregatzustand.** Es werden besprochen Lösung und Schmelzung.

15. **Der Zusammenhang zwischen elektromotorischer Kraft und chemischem Process.**

16. **Nichtumkehrbare Wirkungen.**

Einige der hier nur angedeuteten Behandlungen verschiedener Probleme werden bei den Einzelbetrachtungen weiter ausgeführt werden. In betreff des übrigen Materials muss ich auf das Studium dieser interessanten Bearbeitung verweisen.

9. Die thermodynamischen Methoden.

Die beiden Hauptsätze der mechanischen Wärmetheorie.

Die Untersuchungen von Carnot, Clapeyron, W. Thomson (1851) und R. Clausius (1850) haben uns die beiden Hauptsätze der mechanischen Wärmetheorie oder Thermodynamik kennen gelehrt.

Der erste Hauptsatz lautet: „In allen Fällen, wo durch Wärme Arbeit entsteht, wird eine der erzeugten Arbeit proportionale Wärmemenge verbraucht und umgekehrt wird durch Verbrauch einer ebenso grossen Arbeit dieselbe Wärmemenge erzeugt werden können." (Clausius.)

Das mechanische Wärmeäquivalent ist nach den Untersuchungen von Joule und andern Forschern = 42750 Grammcentimeter für eine Grammkalorie oder = 427,5 Kilogrammeter für eine Kilogrammkalorie.

Mathematisch lässt sich der erste Hauptsatz folgendermassen formuliren:

$$d\,Q = d\,U + A\,R\,\frac{\alpha + t}{v}\,d\,v = d\,U + \frac{A\,R\,T}{v}\,d\,v.$$

Hierbei ist $d\,Q$ = zugeführte Wärmemenge;

$d\,U$ = geleistete Arbeit,

A = verbrauchte Wärme durch erzeugte Arbeit;

R = Gaskonstante;

$\alpha = 273$, also $\alpha + t = T$ = absolute Temperatur;

v = Volum.

Man kann hierfür auch schreiben:

$$d\,Q = d\,U + p\,d\,v, \tag{1}$$

wo p den der Volumveränderung entsprechenden Druck bedeutet.

Dieser Satz gilt für Gase, bei denen die durch die zugeführte Wärmemenge bewirkte Volumveränderung entsprechend berücksichtigt ist. Für andere Verhältnisse, bei denen keine Gase auftreten, kann häufig der Summand p d v vernachlässigt werden, und wir erhalten dann:

$$d\,Q = d\,U.$$

Integriren wir, so ergiebt sich:

$$U_1 - U_2 = Q.$$

Hierbei bedeutet: U_1 die Energie im Anfangszustande,
U_2 die Energie im Endzustande.

Der erste Hauptsatz der mechanischen Wärmetheorie lässt sich in anderer Weise auch folgendermassen ausdrücken:

Ein Perpetuum mobile, also eine Maschine, die ohne Wärme- oder entsprechende Zufuhr anderer Energiearten Arbeit leistet, ist unmöglich.

Der zweite Hauptsatz der mechanischen Wärmetheorie besagt:

Bei der Arbeitsleistung durch Wärme geht letztere immer von einem wärmeren Körper auf einen kälteren Körper über, und dadurch wird die Arbeitsleistung hervorgerufen. Dagegen kann Wärme nicht von einem kälteren Körper auf einen wärmeren Körper übergehen und also auf diese Weise keine Arbeitsleistung bewirkt werden. (Carnot-Clausius.)

Es ergiebt sich also, dass auch ein **Perpetuum mobile zweiter Art**, bei dem Wärme durch Uebergang von einem kälteren Körper auf einen wärmeren oder gleich warmen geleitet wird, unmöglich ist.

Mathematisch lässt sich der zweite Hauptsatz folgendermassen wiedergeben:

$$d\,Q = T\,d\,S - \mathit{\Delta}. \tag{2}$$

Hierin bedeuten: $S =$ sog. Entropie;
$\mathit{\Delta} =$ positive Grösse, die bei umkehrbaren Processen stets $= 0$, bei nicht umkehrbaren Processen nur bei Gleichgewicht $= 0$ ist.

Für S lässt sich auch setzen:

$$S = \frac{U - F}{T},$$

d. h. die Entropie ist gleich der Differenz von Gesammt- und freier Energie dividirt durch die absolute Temperatur.

Aus Gleichung (2) ergiebt sich:

$$T\,d\,S = d\,Q + \varDelta,$$
$$T\,d\,S = d\,U + p\,d\,V + \varDelta$$
$$(d\,S)_{u,\,v} = \frac{\varDelta}{T} \gtreqless 0, \qquad (3)$$

d. h. bleiben Gesammtenergie und Volum konstant, so strebt die Entropie einem Maximum zu.

Die Entropiefunktion ist von grosser Wichtigkeit, speciell bei der Betrachtung der adiabatisch, d. h. ohne Abgabe oder Aufnahme von Wärme verlaufenden reversiblen Processe. Auch für chemische Vorgänge ist sie verwendet worden und zwar zuerst wohl von Horstmann bei seinen Untersuchungen.

Der obige Entropiesatz lässt sich auch umkehren, indem wir schreiben:

$$d\,U = T\,d\,S - p\,d\,v - \varDelta,$$
$$(d\,U)_{s,\,v} = -\varDelta \lesseqgtr 0, \qquad (4)$$

d. h. bei konstanter Entropie und konstantem Volum strebt die Gesammtenergie einem Minimum zu.

Als Beispiel sei folgende Untersuchung gegeben:

Ueber die Aenderung der Entropie bei der Dissociation ähnlicher heterogenen Systeme hat C. Matignon[1]) eine Arbeit geliefert. Er leitet aus den Beobachtungen von Isambert (1868) und Bonnefoi (1897, 1898) das Gesetz ab, dass die Dissociationswärmen Q analoger Ammoniakverbindungen den absoluten Temperaturen, bei gleichem NH_3 Partialdruck (760 mm) proportional sind.

Folgende Beobachtungen bestätigen dies:

Verbindungen.	Dissociationsprodukte.	Q.	T.	$\frac{Q}{T}$.
$ZnCl_2$, 6 NH_3,	$ZnCl_2$, 4 NH_3 + 2 NH_3,	110 K.	332 ⁰	0,33
$ZnCl_2$, 4 NH_3,	$ZnCl_2$, 2 NH_3 + 2 NH_3,	119	363	0,33
$CaCl_2$, 8 NH_3,	$CaCl_2$, 4 NH_3 + 4 NH_3,	99	305	0,32
$CaCl_2$, 4 NH_3,	$CaCl_2$, 2 NH_3 + 2 NH_3,	103	315	0,33
$CaCl_2$, 2 NH_3,	$CaCl_2$ + 2 NH_3,	140	453	0,31
2 ($AgCl$, 3 NH_3),	2 $AgCl$, 3 NH_3 + 3 NH_3,	95	293	0,33
2 $AgCl$, 3 NH_3,	2 $AgCl$, + 3 NH_3,	116	341	0,33
$MgCl_2$, 6 NH_3,	$MgCl_2$, 2 NH_3 + 4 NH_3,	131	415	0,315
PdJ_2, 4 NH_3,	PdJ_2, 2 NH_3 + 2 NH_3,	129	383	0,34
$PdCl_2$, 4 NH_3,	$PdCl_2$, 2 NH_3 + 2 NH_3,	156	483	0,32
$LiCl$, 4 NH_3,	$LiCl$, 3 NH_3 + NH_3,	89	285	0,31
$LiCl$, 3 NH_3,	$LiCl$, 2 NH_3 + NH_3,	110	332	0,33
$LiCl$, 2 NH_3,	$LiCl$, NH_3 + NH_3,	116	357	0,32
$LiCl$, NH_3,	$LiCl$ + NH_3,	120	386	0,31

---

[1]) C. Matignon, Compt. rend. **128**, 103, 1899; Ref. Zeitschr. physik. Ch. **29**, 739, 1899.

Die Aenderung der freien Energie der NH_3-Bindung ist also derjenigen der Gesammtenergie proportional.

Unter der Bezeichnung Gibbs'sches Paradoxon bespricht O. Wiedeburg[1]) das Ergebniss der Thermodynamik, dass zwar bei der isothermen Vermischung zweier verschiedenen Gase ein bestimmter von der Natur der Gase unabhängiger Arbeitsbetrag erhalten werden kann, dagegen keiner, wenn die beiden Gase gleich sind. Wiedeburg kommt hierbei zu dem Schlusse, dass die Vermischung zweier gleichen Gasmengen deshalb keinen Arbeitsbetrag ergeben, weil es kein Mittel giebt, hierbei Arbeit zu gewinnen. Bei ungleichen Gasen lässt sich dies aber erreichen durch Anbringen einer Scheidewand, durch welche das eine Gas hindurchgeht, das andere aber nicht.

Kreisprocess.

„Wenn irgend ein Körper sein Volum verändert, so wird dabei im allgemeinen mechanische Arbeit erzeugt oder verbraucht. Es ist aber in den meisten Fällen nicht möglich, diese genau zu bestimmen, weil zugleich mit der äusseren Arbeit auch gewöhnlich noch eine unbekannte innere stattfindet. Um diese Schwierigkeit zu vermeiden, hat Carnot das sinnreiche Verfahren angewandt, dass er den Körper nacheinander verschiedene Veränderungen durchmachen lässt, die so angeordnet sind, dass er zuletzt wieder genau in seinen ursprünglichen Zustand zurückkommt, d. h. einen Kreisprocess durchmacht. Dann muss, wenn bei einigen Veränderungen innere Arbeit geleistet wurde, diese bei den andern gerade wieder aufgehoben sein, und man ist sicher, dass die äussere Arbeit, die etwa bei den Veränderungen übrig bleibt, auch die ganze überhaupt hervorgebrachte Arbeit ist. Clapeyron hat dieses Verfahren sehr anschaulich graphisch dargestellt, und dieser Darstellung wollen wir zunächst für die permanenten Gase folgen, jedoch mit einer geringen Aenderung, die durch den ersten Satz der mechanischen Wärmetheorie bedingt ist."

„Sei in nebenstehender Fig. 9 durch die Abscisse o e das Volumen, und durch die Ordinate e a der Druck der Gewichtseinheit Gas in einem Zustande, in welchem zugleich ihre Temperatur $= t$ sei, angedeutet. Man nehme nun an, das Gas befinde sich in einer ausdehnsamen Hülle, mit der es aber keine Wärme austauschen könne. Lässt man es nun in dieser Hülle sich ausdehnen, so würde es dabei, wenn ihm keine neue

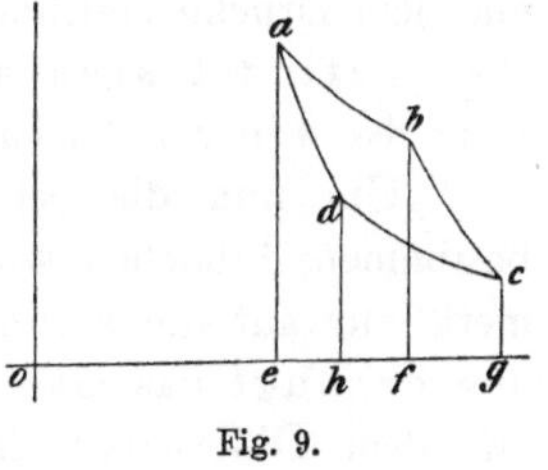

Fig. 9.

---

1) O. Wiedeburg, Wied. Ann. 53, 684, 1894.

Wärme mitgetheilt würde, seine Temperatur erniedrigen. Um dieses zu vermeiden, sei es während der Ausdehnung mit einem Körper A in Berührung gebracht, der auf der konstanten Temperatur t erhalten wird, und dem Gase immer so viel Wärme mittheilt, dass seine Temperatur ebenfalls t bleibt. Während dieser Ausdehnung bei konstanter Temperatur nimmt der Druck nach dem Boyle-Mariotte'schen Gesetze ab, und lässt sich durch die Ordinate einer Kurve ab darstellen, welche ein Stück einer gleichseitigen Hyperbel ist. — Hat das Gas auf diese Weise sein Volumen von oe bis of vermehrt, so nehme man den Körper A fort und lasse nun, ohne dass neue Wärme hinzutreten kann, die Ausdehnung noch weiter stattfinden. Dann wird die Temperatur sinken und daher der Druck schneller abnehmen wie vorher, und das Gesetz, nach welchem dieses geschieht, sei durch die Kurve bc angedeutet. — Ist so das Volumen des Gases von of bis og vermehrt, und dabei seine Temperatur von t bis T erniedrigt, so fange man an, es wieder zusammenzudrücken, um es zu seinem ursprünglichen Volum oe zurückzubringen. Dabei würde, wenn es sich selbst überlassen wäre, seine Temperatur sogleich wieder steigen. Das gestatte man aber zunächst nicht, sondern bringe es mit einem Körper B von der konstanten Temperatur T in Berührung, dem es die entstehende Wärme gleich abgeben muss, so dass es die Temperatur T behält, und in dieser Berührung drücke man es so weit zusammen (um das Stück gh), dass das übrig bleibende Stück he gerade ausreicht, um die Temperatur des Gases, wenn es während dieser letzten Zusammendrückung keine Wärme abgeben kann, von T bis t zu erhöhen. Während der ersteren Zusammendrückung nimmt der Druck nach dem Boyle-Mariotte'schen Gesetze zu, und wird durch das Stück cd einer andern gleichseitigen Hyperbel dargestellt. Während der letztern dagegen geschieht die Zunahme schneller und sei durch die Kurve da angedeutet. Diese Kurve muss genau in a enden, denn da am Schlusse der Operation das Volumen und die Temperatur wieder ihren ursprünglichen Werth haben, so muss dieses auch mit dem Drucke stattfinden, welcher eine Funktion jener beiden ist. Das Gas befindet sich also jetzt wieder ganz in demselben Zustande wie zu Anfang."

„Um nun die bei diesen Veränderungen hervorgebrachte Arbeit zu bestimmen, brauchen wir aus den oben angeführten Gründen unser Augenmerk nur auf die äussere Arbeit zu richten. Während der Ausdehnung erzeugt das Gas eine Arbeit, die durch das Integral des Produktes aus dem Differential des Volumens in den dazu gehörigen Druck bestimmt und also geometrisch durch die Vierecke eabf und fbcg dargestellt wird. Zur Zusammendrückung dagegen wird Arbeit verbraucht, die ebenso durch die Vierecke gcdh und hdae dargestellt wird. Der Ueberschuss der ersteren Arbeit über die letztere ist als die im ganzen während der Veränderungen erzeugte Arbeit anzusehen, und dieser wird dargestellt durch das Viereck a b c d.“

„Wenn man den vollständigen vorher beschriebenen Process in umgekehrter Ordnung ausführt, so erhält man die Grösse a b c d als Ueberschuss der verbrauchten Arbeit über die erzeugte.“

„Um nun die vorstehenden Betrachtungen analytisch anwenden zu können, wollen wir annehmen, die von dem Gase erlittenen Veränderungen seien alle unendlich klein gewesen. Dann können wir die erhaltenen Kurven als gerade Linien betrachten, wie es in nebenstehender Fig. 10 geschehen ist. Zugleich können wir bei der Bestimmung des Flächeninhalts das Viereck a b c d als Parallelogramm ansehen, indem der dadurch entstehende Fehler nur ein unendlich kleiner dritter Ordnung sein kann, während der Inhalt selbst ein solcher zweiter Ordnung ist. Bei dieser Annahme lässt sich der Inhalt, wie man leicht sieht, durch

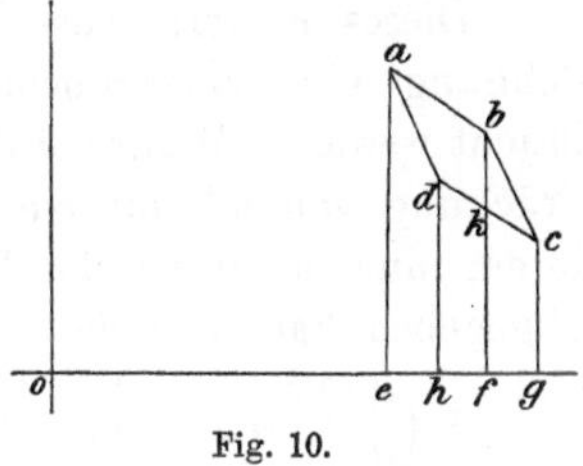

Fig. 10.

das Produkt c f . b k ausdrücken, wenn k der Punkt ist, wo die Ordinate b f die untere Seite des Vierecks schneidet. Die Grösse b k ist die Zunahme des Druckes, während das Gas bei konstantem Volum c f seine Temperatur von T bis t, also um das Differential t — T = d t erhöht. Diese Grösse lässt sich mittels der folgenden Gleichung in v und t ausdrücken, nämlich

$$d\,p = \frac{R\,d\,t}{v}. \tag{1}$$

„Bezeichnen wir ferner die Volumzunahme c f mit d v, so erhalten wir den Inhalt des Vierecks, und somit

$$\text{die erzeugte Arbeit} = \frac{R\,d\,v\,d\,t}{v}.$$

„Wir müssen nun die bei jenen Veränderungen verbrauchte Wärmemenge bestimmen. Die Wärmemenge, welche dem Gase mitgetheilt werden muss, während es aus irgend einem frühern Zustande auf einem bestimmten Wege in den Zustand übergeführt wird, in welchem sein Volum = v und seine Temperatur = t ist, möge Q heissen, und die in dem obigen Processe vorkommenden Volumänderungen, welche hier einzeln betrachtet werden müssen, seien bezeichnet:

$$c\,f \text{ mit } d\,v,$$
$$h\,g \text{ mit } d'\,v,$$
$$e\,h \text{ mit } \delta\,v,$$
$$f\,g \text{ mit } \delta'\,v.$$

Während einer Ausdehnung von dem Volum $oe = v$ zu dem $of = v + dv$ bei der konstanten Temperatur t muss dann das Gas die Wärmemenge

$$\left(\frac{dQ}{dv}\right) dv$$

erhalten und dementsprechend während einer Ausdehnung von $oh = v + \delta v$ bis $og = v + \delta v + \delta' v$ bei der Temperatur $t - dt$ die Wärmemenge

$$\left[\left(\frac{dQ}{dv}\right) + \frac{d}{dv}\left(\frac{dQ}{dv}\right)\delta v - \frac{d}{dt}\left(\frac{dQ}{dv}\right) dt\right] d'v. \tag{2}$$

Dieses letztere muss in unserem Falle, weil statt einer solchen Ausdehnung eine Zusammendrückung stattfand, negativ in Rechnung gebracht werden. Während der Ausdehnung of bis og und der Zusammendrückung von oh bis oe hat das Gas weder Wärme erhalten noch verloren, und somit ist die Wärmemenge, die das Gas mehr empfangen als abgegeben hat, also die **verbrauchte Wärmemenge**

$$= \left(\frac{dQ}{dv}\right) dv - \left[\left(\frac{dQ}{dv}\right) + \frac{d}{dv}\left(\frac{dQ}{dv}\right)\right]\left(\delta v - \frac{d}{dt}\left(\frac{dQ}{dv}\right) dt\right]\delta v.$$

Hieraus müssen die Grössen dv und $d'v$ fortgeschafft werden. Dazu hat man erstens die unmittelbar aus der Anschauung der Figur folgende Gleichung:

$$dv + \delta' v = \delta v + d' v,$$

und ausserdem ergeben sich aus der Bedingung, dass das Gas während der Zusammendrückung von oh bis oe und also auch umgekehrt bei einer unter denselben Umständen stattfindenden Ausdehnung von oe bis oh, und ebenso bei der Ausdehnung von of bis og, welche beide eine Temperaturerniedrigung um dt verursachen, keine Wärme empfängt und verliert, die Gleichungen:

$$\left(\frac{dQ}{dv}\right)\delta v - \left(\frac{dQ}{dt}\right) dt = 0.$$

$$\left[\left(\frac{dQ}{dv}\right) + \frac{d}{dv}\left(\frac{dQ}{dv}\right) dv\right]\delta' v - \left[\left(\frac{dQ}{dt}\right) + \frac{d}{dv}\left(\frac{dQ}{dt}\right) dv\right] dt = 0.$$

„Eliminirt man aus diesen drei Gleichungen und der Gleichung (2) die drei Grössen $d'v$, δv und $\delta' v$ und vernachlässigt auch hier bei der Entwicklung die Glieder, welche in Bezug auf die Differentiale von höherer als der zweiten Ordnung sind, so erhält man:

$$\text{Die verbr. Wärme} = \left[\frac{d}{dt}\left(\frac{dQ}{dv}\right) - \frac{d}{dv}\left(\frac{dQ}{dt}\right)\right] dv\, dt. \tag{3}$$

Gehen wir zurück auf den Grundsatz, dass zur Erzeugung einer bestimmten Arbeit auch immer der Verbrauch einer proportionalen Wärmemenge nöthig sei, so können wir daraus die Gleichung bilden:

$$\frac{\text{die verbrauchte Wärme}}{\text{die erzeugte Arbeit}} = A, \tag{4}$$

worin A eine Konstante ist, welche das Wärmeäquivalent für die Einheit der Arbeit bedeutet.“

„In diese Gleichung die Ausdrücke (1) und (3) eingesetzt, giebt:

$$\frac{\left[\frac{d}{dt}\left(\frac{dQ}{dv}\right)-\frac{d}{dv}\left(\frac{dQ}{dt}\right)\right]dvdt}{\dfrac{R.dvdt}{v}}=A$$

oder

$$\frac{d}{dt}\left(\frac{dQ}{dv}\right)-\frac{d}{dv}\left(\frac{dQ}{dt}\right)=\frac{AR}{v} \qquad (5)$$

„Diese Gleichung können wir als den für die (sog.) permanenten Gase geltenden analytischen Ausdruck des ersten Grundsatzes betrachten. Sie zeigt, dass Q keine Funktion von v und d t sein kann, so lange die letzteren von einander unabhängig sind. Denn sonst müsste nach dem bekannten Satze der Differentialrechnung, dass, wenn eine Funktion von zwei Veränderlichen nach beiden differenzirt werden soll, die Ordnung, in der dies geschieht, gleichgiltig ist, die rechte Seite der Gleichung Null sein.“

„Man kann die Gleichung auch auf die Form einer vollständigen Differentialgleichung bringen, nämlich:

$$dQ = dU + AR\frac{a+t}{v}dv,$$

worin U keine willkürliche Funktion von v und t ist. Diese Differentialgleichung ist natürlich nicht integrabel, sondern wird es erst, wenn zwischen den Veränderlichen noch eine zweite Beziehung gegeben wird, der zufolge man t als Funktion von v betrachten kann. Der Grund davon liegt aber nur in dem letzten Gliede, und dieses entspricht gerade der bei der Veränderung vollbrachten äusseren Arbeit, denn das Differential dieser Arbeit ist p d v, und daraus erhält man, wenn man p mittels (1) eliminirt

$$\frac{R(a+t)}{v}dv.$$

„Es ergiebt sich also die Gleichung des ersten Hauptsatzes der mechanischen Wärmetheorie:

$$dQ = dU + vdp,$$

worin Q die während der Veränderung aufgenommene Wärmemenge bedeutet, die man in zwei Theile zerlegen kann. Der erste Theil U ist die hinzugekommene freie Wärme und die zu innerer Arbeit verbrauchte Wärme, während der andere $p.dv = \dfrac{R(a+t)}{v}dv$, die zu äusserer Arbeit verbrauchte Wärmemenge begreift.“

In den vorstehenden Ausführungen ist als eine Anwendung der Theorie des Kreisprocesses die von Clausius[1]) mitgetheilte Ableitung des ersten thermodynamischen Hauptsatzes gegeben zugleich als klassisches Beispiel über die Art der Benützung desselben. Wie schon erwähnt wurde, war Carnot der erste, der hiervon Gebrauch machte. Späterhin ist diese Methode noch von Clapeyron weiter ausgebildet worden.

Diese Art der Betrachtung ist also nur für reversibele Vorgänge möglich, d. h. für solche, bei denen man nach dem Durchlaufen der einzelnen Zustände wieder auf den Anfangszustand zurückkehren kann. Sie hat mehrfach auch bei der Behandlung chemischer Processe Verwerthung gefunden. Doch ist jedenfalls ein Mahnwort, dem Nernst Ausdruck verliehen hat, nicht unangebracht, dass man die Theorie des Kreisprocesses nur auf thatsächlich reversible Vorgänge anwenden solle.

Auf einzelne Anwendungen derselben wird noch an mehreren Stellen hingewiesen werden. Vgl. auch Band II, S. 44—46.

---

[1]) Clausius, „Ueber die bewegende Kraft der Wärme u. s. w." Poggend. Ann. **79**, 368, 500, 1850; Ostwald's Klassiker Nr. 99, herausgegeben von W. Planck.

II.

Beziehungen der Zustandsänderungen und Reaktionen zu der stofflichen Beschaffenheit der Komponenten.

Allgemeines. Bereits im ersten Bande sind zahlreiche Beispiele von den Beziehungen gegeben, welche die Zustandsänderungen und Reaktionen zu der stofflichen Beschaffenheit der Komponenten zeigen. Wir haben die verschiedenen Aggregatzustände, die Lösungen, die Säure-, Base- und Salznatur der Elektrolyte, den indifferenteren Charakter der Nichtelektrolyte kennen gelernt. Es würde nicht angebracht sein, alle diese Dinge in dem vorliegenden Kapitel zu wiederholen. Hier sollen ausser einer nur kurzen Zusammenfassung der vorher erhaltenen Resultate einzelne, besonders charakteristische Phänomene eine Besprechung finden.

A. Zustandsänderungen.

Wenn man zwei verschiedene Körper zusammenbringt, so kann dreierlei stattfinden, einmal können die beiden Körper trotz inniger Mischung gar nicht auf einander einwirken, wir haben es dann mit einer blossen Mischung zu thun. Dann kann der Zustand der beiden Körper verändert werden, in der Art, dass sich eine Lösung bildet, sei es eine solche eines Gases in dem Lichtäther, oder sei es eine Lösung in einer Flüssigkeit oder eine solche zwischen zwei festen Körpern, eine sog. feste Lösung. Drittens kann aber auch eine chemische Reaktion beim Zusammenbringen zweier Stoffe erfolgen, die häufig oder meist sogar von einer oder mehreren Zustandsänderungen begleitet ist.

Eine durchgreifende Scheidung zwischen den dreien ist eigentlich nicht möglich. Ueberall finden sich auch hier Uebergänge, und wie überall ist auch bei diesen Verhältnissen eine Unterscheidung nur durch die sonst fehlende Uebersichtlichkeit bedingt.

1. Lösungen von Gasen.

Unter der Voraussetzung, dass der Licht- oder Weltäther wirklich existirt, haben wir es bei dem gasförmigen Zustande eigentlich nur mit einer Lösung zu thun, und ist diese Annahme ein ganz plausibler Grund für die Uebereinstimmung, welche zwischen den Gasgesetzen und den Lösungsgesetzen existirt.

Für die Gase gelten folgende Gesetze:

1. Der Druck der Gase ist umgekehrt proportional dem Volum, (Boyle-Mariotte.)

2. Das Volum eines Gases dehnt sich bei 1^0 Temperaturerhöhung aus um $^1/_{273}$ seines Volums bei 0^0. (Charles-GayLussac-Dalton.)

3. In gleichen Raumtheilen verschiedener Gase sind bei gleichem Druck und gleicher Temperatur eine gleiche Anzahl von Molekülen vorhanden. (Avogadro.)

2. Lösungen von Flüssigkeiten.

Für die Lösungen von Flüssigkeiten gelten folgende Gesetze, die ebenfalls alle schon in Band I ausführlich besprochen worden sind.

1. Isotonische Lösungen, d. h. Lösungen derselben Flüssigkeit mit gleichem osmotischen Druck enthalten eine gleiche Anzahl von Molekülen des gelösten Körpers. (Avogadro-van't Hoff.)

2. Isotonische Lösungen derselben Flüssigkeiten zeigen eine gleiche Gefrierpunktserniedrigung bezw. Siedepunktserhöhung. (Raoult-van't Hoff.)

3. Bei der Vertheilung eines Körpers zwischen zwei Lösungsmitteln gilt meist das Gesetz, dass der Vertheilungskoëfficient konstant ist. (Henry, Nernst.)

4. In wässeriger Lösung sind die Elektrolyte elektrolytisch dissociirt, d. h. es hat eine Trennung in Bezug auf die Gravitoaffinität, nicht aber in Bezug auf die Elektroaffinität zwischen den Ionen stattgefunden. Dieselben sind räumlich mehr oder weniger getrennt, jedoch ist die Wirkung der Ionenladungen nicht aufgehoben. (Clausius, Arrhenius, Vaubel.)

5. In wässeriger Lösung von Salzen aus schwachen Säuren mit starken Basen oder schwachen Basen mit starken Säuren tritt eine sog. hydrolytische Dissociation ein. Es wird die Base von der Säure mehr oder weniger vollständig getrennt, und je nach der Stärke der Säure oder Base werden dieselben elektrolytisch dissociirt, und überwiegt alsdann der Einfluss des sogen. stärkeren Antheils dadurch, dass derselbe weitgehender elektrolytisch dissociirt ist und demgemäss ein entsprechendes Vorwalten der alkalischen oder sauren Reaktion bewirkt.

3. Feste Lösungen.

Von den Lösungen in Flüssigkeiten unterscheiden sich die sogen. festen Lösungen nur durch den Aggregatzustand, doch sind letztere ihres festen Zustandes wegen viel schwieriger zu beobachten. Für die festen Lösungen gelten dieselben Gesetze wie für die Lösungen in Flüssigkeiten. Man kann dieselben als erstarrte flüssige Lösungen ansehen.

Als Beispiele für die festen Lösungen, bei denen mehrfach die entsprechenden Gesetzmässigkeiten nachgewiesen wurden, seien erwähnt die Metalllegirungen, soweit sie keine chemische Verbindung bilden, das Kohlenstoff enthaltende Eisen u. s. w.

Unter Adsorption, einem von W. Ostwald in die chemische und physikalische Nomenklatur eingeführten Ausdruck, versteht man die Eigenschaft gewisser festen Körper Gase oder auch aus Lösungen Farbstoffe u. s. w. an ihrer Oberfläche festzuhalten und sie dadurch dem Gas- oder Flüssigkeitsgemische zu entziehen. Zu den Adsorptionserscheinungen ist theilweise die Hygroskopicität zu rechnen.

Als besonders auffallend ist das Verhalten der thierischen Kohle zu betrachten, einer durch Glühen von Knochen unter Luftabschluss erhaltenen Kohle, die infolge des noch in ihr enthaltenen phosphorsauren Kalks als äusserst fein vertheilt angesehen werden kann. Diese Kohle findet besonders als Entfärbungsmittel eine grosse Anwendung in den verschiedensten Zweigen der chemischen Technik. Durch einfaches Schütteln von längerer oder kürzerer Dauer in kalter oder warmer Lösung findet eine vollständige Wegnahme des störenden Farbstoffes je nach der Güte der Kohle in längerer oder kürzerer Zeit statt. Das Filtrat zeigt sich ungefärbt. Ausserdem vermag die Kohle Riechstoffe u. s. w. festzuhalten.

4. Hygroskopische Verbindungen.

Bei den meisten festen Körpern ist wohl ein mehr oder minder grosses Verlangen vorhanden, Wasserdampf anzulagern. Zumal werden die Körper, die Wasser in der Form des Krystallwassers aufzunehmen in der Lage sind, diese Eigenschaft, welche man Hygroskopicität nennt, in besonders grossem Maasse besitzen. Solche Körper besitzen Nebenvalenzen, die noch nicht abgesättigt sind, und können als Trockenmittel für Wasserdampf enthaltende sog. feuchte Gase dienen.

Bei andern wiederum ist die Eigenschaft Wasserdampf zu absorbiren nur in geringerem Grade ausgeprägt, jedoch so, dass man immerhin genöthigt ist, die betreffenden Körper vor dem Wägen in einem Exsiccator, d. h. einem Apparat, der einen durch die wasseranziehende Kraft von koncentrirter Schwefelsäure oder Chlorcalcium trocken gehaltenen Raum besitzt, aufzubewahren oder aber sie durch Erhitzen auf $100—110°$ von dem Wassergehalt zu befreien.

Bei manchen derartigen Körpern wird es sich vielleicht nur um eine Oberflächenattraktion handeln, die, ohne dass verfügbare Nebenvalenzen vorhanden sind, eintritt.

Wie dies ja selbstverständlich ist, wird die Aufnahme des Wassers mit der Zunahme an Feuchtigkeit zu und mit Erhöhung der Temperatur abnehmen. Dies wird von einem bestimmten Gesetze abhängen, das aber dem individuellen Verhalten entsprechend, für jeden Körper wieder in Bezug auf Maxima und Minima ein verschiedenes Gepräge zeigen wird.

5. Lösen und Extrahiren.

Mit diesen Bezeichnungen, die die gleichen Vorgänge umfassen, verbindet man insofern eine gewisse Verschiedenheit, als man den Ausdruck Lösen mehr für das Auflösen fester oder flüssiger Körper in irgend einem Lösungsmittel verwendet, den Ausdruck Extrahiren mehr für das Entziehen eines Stoffes aus einem Lösungsmittel durch ein anderes oder aus einem Gemische durch irgend ein Lösungsmittel. Mit der Bezeichnung Extrahiren verbindet man meist auch den Begriff einer wiederholten Anwendung eines Lösungsmittels zum Herausziehen einer Substanz und zwar einer so oft wiederholten Anwendung, bis der zu extrahirende Stoff mehr oder weniger vollständig in Lösung übergegangen ist.

a) Lösen.

Die Geschwindigkeit der Auflösung ist je nach der Natur des Stoffes verschieden, so üben z. B. Krystallgestalt, Krystallwassergehalt sowie auch die Korngrösse u. dergl. einen besonderen Einfluss aus. Von ausserordentlicher Bedeutung ist in den meisten Fällen die Höhe der Temperatur. Vielfach nimmt die Löslichkeit mit Erhöhung der Temperatur zu, in andern Fällen aber auch ab. Jedem Temperaturgrad kommt auch eine bestimmte Löslichkeit des betreffenden Körpers zu.

Die Wahl des Lösungsmittels ist insofern von Wichtigkeit, als man nicht von vornherein behaupten kann, dass ein Körper, der in einem Lösungsmittel stärker löslich ist als ein anderer, dieses Verhalten auch gegenüber einem zweiten Lösungsmittel zeigt. Vielmehr können hier ausserordentlich grosse Verschiedenheiten obwalten.

Zunächst kommen in Frage die indifferenten Lösungsmittel wie Wasser, Alkohol, Aether, Chloroform, Petroläther, Benzin, Benzol, Toluol etc., bei denen also im allgemeinen keine eingreifende chemische Wirkung des Lösungsmittels auf den gelösten Körper anzunehmen ist, obgleich immerhin bei chemischen Reaktionen auch ein Einfluss der sog. indifferenten Lösungsmittel nicht von der Hand zu weisen ist.[1]

---

[1] Vgl. z. B. N. Menschutkin, Zeitschr. physik. Ch. **34**, 157, 1900.

Auch bei den sauren und alkalischen Lösungsmitteln braucht nicht immer eine chemische Wirkung des Lösungsmittels auf den gelösten Körper, also etwa eine Neutralisation einzutreten. So werden Eisessig sowie auch koncentrirte Schwefelsäure häufiger als Lösungsmittel benutzt, ohne dass alsdann deren saure Natur dabei in Frage kommen würde.

Die Entfernung des gelösten Stoffes aus der Lösung kann geschehen durch Verdampfen des Lösungsmittels oder durch Auskrystallisiren der heiss gesättigten Lösung, ausserdem auch durch Fällung mit der einen oder andern, in dem betreffenden Lösungsmittel löslichen Substanz.

Von den organischen Lösungsmitteln kommen hauptsächlich folgende in Betracht bezw. unter Umständen auch Gemische derselben:

Name.	Siedepunkt.	Dichte.
Petroläther	50—60^0	0,650—0,660
Benzin	60—80	0,680—0,700
Ligroin	120—130	—
Chloroform.	61	1,526
Tetrachlorkohlenstoff .	78	1,630
Schwefelkohlenstoff . .	46	1,292
Eisessig	119	1,056
Aceton	56	0,792
Aether	35,5	0,736
Methylalkohol	66—67	0,798
Aethylalkohol	78	0,8002
Amylalkohol	173	0,825
Essigäther.	73	0,905
Benzol	80,4	0,899
Toluol	111	0,882
Xylol	128—142	0,840
Anilin.	182	1,036
Terpentinöl.	158	0,86—0,99.

Es ist wohl nicht gut möglich, etwas über die allgemeine Verwendungsweise dieser Lösungsmittel mitzutheilen, da sich dieselbe ganz nach den Umständen im Einzelfalle richtet. Ist man im Unklaren über die Wahl des Extraktionsmittels, so müssen, zumal wenn es sich um quantitative Bestimmungen handelt, umfangreiche Vorstudien gemacht werden, die nicht allein die Löslichkeit des zu bestimmenden Stoffes, sondern auch die durch die begleitenden Substanzen hervorgerufenen Störungen umfassen, welche dieselben auf die Löslichkeit des reinen Materials ausüben.

b) Extrahiren.

Zur **Extraktion** eines gelösten Körpers mit Hilfe eines andern Lösungsmittels muss man sich selbstverständlich einer Flüssigkeit bedienen, die den betreffenden Körper reichlicher löst, als die Flüssigkeit in der er sich zuerst gelöst befand. Je nach dem Verhältniss der Löslichkeit muss man, um eine möglichst grosse Erschöpfung an gelöstem Stoff in dem ersten Lösungsmittel zu bewirken, einmal oder mehrmals extrahiren. Eine absolute Entfernung des betreffenden Körpers aus dem Lösungsmittel, welches ihn weniger reichlich löst, ist theoretisch ebenso wenig denkbar wie die Herstellung eines luftleeren Raumes. Dagegen wird sich bei geeigneter Wahl des Extraktionsmittels immerhin praktisch eine hinreichende Erschöpfung bewirken lassen.

„**Berthelot und Jungfleisch**[1]) haben nachgewiesen, dass ein Stoff zwischen zwei flüssigen Lösungsmitteln sich ebenso vertheilt, wie im Falle der Absorption eines Gases durch irgend ein Lösungsmittel; in jedem Falle bleibt der Vertheilungskoëfficient, d. h. das Verhältniss der Koncentrationen des Stoffes in beiden Phasen konstant. In letzterer Zeit haben **van't Hoff**[2]) und **Riecke**[3]) auf theoretischem Wege gezeigt, dass dieses unter dem Namen **Henry** bekannte Gesetz nur in dem Falle anwendbar ist, wenn bei dem Uebergang aus einer Phase in die andere das Molekulargewicht des Stoffes konstant bleibt. Ist aber das Molekulargewicht des einen Stoffes in der ersten Phase n mal kleiner als das in der zweiten, so bleibt das Verhältniss der n ten Potenz der Koncentration von der ersten Phase zu der Koncentration der zweiten konstant.“

„Dieses Gesetz, welches man das **potencirte Henry**'sche Gesetz nennen kann, wurde von **W. Nernst**[4]) sowohl theoretisch, als auch experimentell bestätigt.“ Die Formel für dasselbe lautet:

$$\frac{c_1{}^n}{c_2} = \text{konstant.}$$

Berthelot und Jungfleisch untersuchten das Vertheilungsverhältniss von Brom und Jod zwischen Wasser und Schwefelkohlenstoff, die Vertheilung organischer Säuren zwischen Aether und Wasser. **Nernst** bearbeitete das Verhalten von Essigsäure und Phenol gegen Wasser und Benzol, von Benzoësäure gegen Wasser und Benzol, desgl. von Salicyl-

---

[1]) **Berthelot u. Jungfleisch**, Ann. chim. et phys. **4**, 26, 400; A. A. Jakowkin, Zeitschr. physik. Ch. **18**, 585, 1895.

[2]) I. H. **van't Hoff**, Zeitschr. physik. Ch. **5**, 322, 1888.

[3]) E. **Riecke**, ibid. **7**, 97, 1890.

[4]) W. **Nernst**, Zeitschr. physik. Ch. **8**, 111, 1891; vgl. auch P. **Aulich**, ibid. **8**, 105, 1891; E. A. **Klobbie**, ibid. **24**, 615, 1897, F. A. H. **Schreinemakers**, ibid. **25**, 543, 1898; **26**, 237, 1898; **27**, 95, 1898.

säure. A. A. Jakowkin (l. c.) wiederholte die Versuche von Berthelot und Jungfleisch und benutzte ausser Schwefelkohlenstoff noch $CHBr_3$, CCl_4.

Im allgemeinen bestätigen diese Versuche die Giltigkeit der obigen Darlegung. Als Beispiel seien die Verhältnisse wiedergegeben, wie sie sich bei der Lösungsvertheilung der Bernsteinsäure, bei Anwendung von Wasser und Aether als Lösungsmittel ergeben bei 15 ⁰ C. die angewandte Flüssigkeitsmenge beträgt je 10 ccm.

Wässerige Lösung.	Aetherische Lösung.	Koëfficient.
0,486	0,073	6,6
0,420	0,067	6,3
0,365	0,061	6,0.

Für Ausschüttelungen ergiebt sich somit die praktische Vorschrift, nicht einmal mit viel der betreffenden, zur Ausschüttelung verwendeten Flüssigkeit, sondern öfter mit einer geringeren Quantität auszuschütteln, da eben der Theilungskoëfficient unabhängig von dem relativen Volum der Flüssigkeiten, aber abhängig von Koncentration und Temperatur ist.

P. Duden[1]) macht Mittheilung über eine zur Demonstration geeignete Erscheinung des chemischen Gleichgewichts, die sich auf die Natriumsalze der Benzolsulfamide des Kamphenamin, des Heptyl- und Kamphylamin bezieht. Dieselben sind in Natronlauge unlöslich oder sehr schwer löslich, in wässeriger Lösung sind sie sehr weitgehend hydrolytisch gespalten unter Abscheidung der leicht ätherlöslichen Benzolsulfamide. Suspendirt man Benzolsulfokamphylamid in überschüssiger 10 ⁰/o iger Lauge, so verwandelt sich nach Verlauf einer halben Minute das ölige Sulfamid in eiuen dicken Brei des alkaliunlöslichen Natriumsalzes. Schüttelt man nun mit Aether das Natriumsalz durch, so verschwindet dasselbe sehr rasch wieder, und in Aether befindet sich annähernd quantitativ das Sulfamid, frei von Natriumsalz. „Das Ausschütteln mit Aether hat also denselben Effekt wie die Zugabe von verdünnter Schwefelsäure oder Wasser, d. h. völlige Zerlegung des Salzes und Regenerirung des freien Sulfamids." Da der in Lösung befindliche minimale Antheil des letztern stark hydrolytisch dissociirt ist, wird mit Aether das freie Sulfamid gelöst, und dadurch ist wieder neuem Natriumsalz zur weiteren hydrolytischen Dissociation und Aufnahme durch Aether Gelegenheit gegeben.

---

[1]) P. Duden, Ber. **33**, 483, 1900.

c) Giltigkeitsgrenze der Nernst'schen Hypothese.

Nach der Nernst'schen Hypothese sollte der Zusatz indifferenter Stoffe ohne Einfluss auf das Lösungsvermögen anderer Stoffe bleiben. Dies trifft wirklich in einer grossen Zahl von Fällen nicht zu.

Die Verminderung, welche die Löslichkeit eines Körpers durch Zufügung eines Salzes erfährt, ist von V. Rothmund[1]) ausführlich bearbeitet worden. Er bespricht speciell das sog. Aussalzen von Nichtelektrolyten durch Zufügung von Kochsalz oder Pottasche zu wässerigen Lösungen und stellte Experimentaluntersuchungen über die Löslichkeitsbeeinflussung durch Salze auf wässerige Lösungen des Phenylthiokarbamids an.

J. Setshenow[2]) untersuchte die Frage, wie sich die Absorption des Kohlendioxyds in einer Salzlösung zu derjenigen in Wasser verhält. In ähnlicher Weise haben Gordon[3]) und Roth[4]) diejenige von Stickoxydul, Steiner[5]) die von Wasserstoff und L. Braun[6]) die von Stickstoff und Wasserstoff untersucht. Bereits früher hatte Raoult[7]) das gleiche Verhalten des Ammoniaks untersucht.

H. Euler[8]) führte für das Aethylacetat den Nachweis, dass die für diesen Stoff in Salzlösung auftretende Löslichkeitsverminderung mit der bei Gasen beobachteten vollkommen parallel geht.

Aehnliche Erscheinungen hat Arrhenius[9]) bei der Untersuchung der Löslichkeitsbeeinflussung schwerlöslicher Salze durch Salzzusatz beobachtet.

Es ergiebt sich nach Rothmund, dass man in verdünnten Lösungen die Löslichkeitsverminderung proportional der Koncentration der Salzlösung setzen kann.

Die Reihenfolge der Salze hinsichtlich der Löslichkeitsbeeinflussung zeigt sich für CO_2, H_2, N_2O, $CH_3COOC_2H_5$ und Phenylthiokarbamid als die gleiche. Das Nernst'sche Gesetz zeigte grössere Abweichungen.

Den Einfluss des Chlorwasserstoffs auf die Löslichkeit der Chloride hat R. Engel[10]) untersucht. Er fand, dass mehrere durch Chlorwasserstoff aus wässeriger Lösung fällbare Chloride in solchen Mengen in Salzsäure löslich sind, dass die Gesammtmenge des Chlors in der Lösung annähernd konstant bleibt; doch hat dies nur für geringere

---

1) V. Rothmund, Zeitschr. physik. Ch. 33, 401, 1900.
2) Setschow, ibid. 4, 117, 1889; Ann. de chim. et de phys. (6), 25, 226, 1892.
3) Gordon, Zeitschr. physik. Ch. 18, 159, 1895.
4) Roth, ibid. 24, 114, 1897.
5) Steiner, Wied. Ann. 52, 275, 1894.
6) L. Braun, Zeitschr. physik. Ch. 33, 721, 1900.
7) M. Raoult, Ann. de chim. et de phys. (5), 1, 262, 1874.
8) H. Euler, Zeitschr. physik. Ch. 36, 360, 1899.
9) Sv. Arrhenius, ibid. 31, 197, 1899.
10) R. Engel, Compt. rend. 104, 433, 1887; Ref. Zeitschr. physik. Ch. 1, 416, 1887.

Chlorwasserstoffmengen mit grösserer Annäherung Giltigkeit. Chlormagnesium gab z. B. folgende Werthe:

$MgCl_2$.	HCl.	Summe.	Dichte der Lösung.
99,6	0	99,6	1,362
95,5	4,1	99,6	1,354
90,0	9,5	99,5	1,344
82,5	17,0	99,5	1,300
79,0	20,5	99,5	1,297
71,0	28,5	99,5	1,281
60,1	42,0	102,1	—
46,3	58,8	105	—
38,5	65,5	107	—
32,0	76,0	108	—

Die Zahlen bedeuten Aequivalente Chlor in 10 ccm Lösung, und ist ihre Summe bis 28,5 HCl völlig konstant. Aehnliche jedoch schneller zunehmende Werthe gab Chlorcalcium. LiCl verhält sich wie $MgCl_2$, und $BaCl_2$ und $SrCl_2$ folgen in sehr weitem Umfange dem Gesetze.

Wie meine Berechnungen aus den durch F. Winteler[1]) über die Löslichkeit von Chlorkalium in Kalilauge, Chlornatrium in Natronlauge, Kaliumchlorat in Kaliumchlorid-, Natriumchlorat in Natriumchlorid-Lösung ermittelten Daten ergeben, gilt diese Gesetzmässigkeit der in diesem Falle zu erwartenden Konstanz der Kalium- bezw. Natriumionen nicht. So fand ich z. B. für Chlorkaliumlöslichkeit in Aetzkali folgende Werthe:

Im Liter		Summe der Kalium-	Spec. Gew.
g. KOH	g. KCl	ionen.	
10	293	160	1,185
100	211	195	1,210
200	148	247	1,245
300	104	309	1,295
400	68	375	1,345
500	40	445	1,397
600	22	522	1,450
700	14	601	1,500
800	11	685	1,550

Für die Löslichkeit von Chlornatrium in Aetznatron ergaben sich folgende Werthe:

---

1) F. Winteler, Zeitschr. f. Elektroch. **1900**, Nr. 23.

| Im Liter | | Summe der Natrium- | Spec. Gew. |
g. NaOH	g. NaCl.	ionen.	
10	308	127	1,200
100	253	157	1,250
200	174	182	1,290
300	112	215	1,330
400	61	252	1,375
500	30	296	1,425
600	22	351	1,470

In beiden Fällen nimmt also mit zunehmender Koncentration an Aetzkali auch die Koncentration der Kalium- bezw. Natriumionen zu.

Für die Löslichkeit von Kaliumchlorat in Chlorkalium gelten folgende Zahlen:

| Im Liter | | Summe der Kalium- | Spec. Gew. |
g. KCl.	g. $KClO_3$.	ionen.	
0	71,1	22,8	1,050
10	58	23,4	1,050
50	36,5	36	1,058
100	27	56	1,086
150	21,5	79	1,113
200	20	102	1,140
250	20	126	1,168

In betreff der Löslichkeit von Natriumchlorat in Natriumchlorid ergeben sich die Werthe:

| Im Liter | | Summe der Natrium- | Spec. Gew. |
g. NaCl	g. $NaClO_3$.	ionen.	
5	668	143,4	1,426
10	661	139,2	1,424
50	599	151	1,412
100	522	166	1,398
150	442	182	1,379
200	338	191	1,345
250	197	195	1,289
300	55	197	1,217

Während bei dem System Kaliumchlorid-Kaliumchlorat ein rasches Anwachsen der Koncentration der Kaliumionen mit Zunahme des Kaliumchloridgehaltes stattfindet, ist diese Zunahme bei dem System Natriumchlorid-Natriumchlorat entsprechend geringer und nähert sich rascher einem Maximalwerthe.

Die Untersuchungen von R. Engel über den Einfluss der Schwefelsäure auf die Löslichkeit der Sulfate ergaben, dass die Schwefelsäure der Salzlösung so viel Wasser entzieht, bis sie davon 12 Aequivalente aufgenommen hat, und die entsprechende Menge des gelösten Stoffes ausfällt. Ebenso wie bei der Salzsäure gilt diese Regel nicht mehr bei hohen Koncentrationen. In den nachfolgenden Tabellen sind die Aequivalente Schwefelsäure und Salz auf 10 g Wasser angegeben; unter Wasser A steht die von der Schwefelsäure nach obiger Regel gebundene Wassermenge und unter Wasser S die zur Lösung des Salzes erforderliche; die Summe ist konstant. Die Versuche wurden bei 0° ausgeführt.

Kupfersulfat und Schwefelsäure.

Dichte.	Schwefel-säure.	Salz.	Wasser A.	Wasser S.	Summe.
1,1435	0,0	18,6	0	10	10
1,1433	4,14	17,9	0,44	9,62	10,06
1,1577	14,6	16,6	1,57	8,38	9,95
1,1697	31	12,4	3,34	6,76	10,1
1,1952	54,2	8,06	5,85	4,33	10,18
1,2113	56,25	7,75	6,07	4,16	10,23
1,2243	71,8	5	7,76	2,68	10,44.

Kadmiumsulfat und Schwefelsäure.

1,609	0	71,6	0	10	10
1,591	3,87	70,9	0,417	9,89	10,3
1,545	12,6	62,4	1,36	8,71	10,07
1,476	28,1	50,6	3,03	7,06	10,09
1,435	43,3	40,8	4,64	5,69	10,33
1,421	47,6	37,0	5,13	5,16	10,29
1,407	53,8	32,7	5,81	4,55	10,36
1,379	71,5	23	7,72	3,2	10,9.

Magnesium- und Zinksulfat verhalten sich ähnlich, obwohl sie saure Salze zu bilden vermögen.

Der Einfluss der Salpetersäure auf die Löslichkeit der Alkalinitrate ist ebenfalls von R. Engel[1]) untersucht worden. Hierbei wird Natriumnitrat durch Salpetersäure aus der wässerigen Lösung gefällt, so dass für jedes Aequivalent Salpetersäure annähernd ein Aequivalent Nitrat niedergeschlagen wird. Bei 0° enthielten je 10 ccm der Lösungen Aequivalente:

---

1) R. Engel, Compt. rend. **104**, 911, 1887; Ref. Zeitschr. physik. Ch. 1, 432, 1887.

Wasser.	$NaNO_3$.	HNO_3.	Summe.
7,76	66,4	0	66,4
7,79	63,7	2,65	66,3
7,80	60,5	5,7	66,2
7,84	56,9	8,8	65,7
7,84	52,75	12,57	65,32
7,88	48,7	16,9	65,6
7,84	39,1	27	66,5
7,83	35,1	32,25	67,35
7,82	31,1	37,25	68,35
7,74	23,5	48	71,5
7,62	18,0	57,25	75,25
7,34	12,9	71	83,9

Die Konstanz der Summe hört von 30 Aequivalent Salpetersäure auf. Von Interesse ist eine historische Notiz, nämlich eine briefliche Mittheilung von van't Hoff an Engel, nach welcher das Natriumnitrat von der Salpetersäure nicht Aequivalent für Aequivalent, sondern im Verhältniss 1 : 1,07 verdrängt werden muss. Rechnung und Beobachtung stimmten.

Für Ammoniumnitrat ist die Löslichkeitszunahme in salpetersaurer Lösung infolge der Bildung saurer Salze so stark, dass bei 87 Aequivalent Salpetersäure ein Minimum eintritt, und bei Vermehrung der Salpetersäure sich mehr Ammoniumnitrat löst. Das Gleiche gilt für Kaliumnitrat.

Besondere Abweichungen von dem Nernst'schen Gesetz haben Hantzsch und Sebaldt[1] bezw. Hantzsch und Vagt[2] festgestellt und zwar speciell dann, wenn das eine der beiden Lösungsmittel Wasser oder eine Verbindung von Wassertypus, z. B. Aether oder Glycerin, und das andere Lösungsmittel ein Kohlenwasserstoff, z. B. Toluol oder Chloroform ist. Als besonders beachtenswerth wird der Einfluss der Temperatur gefunden, was auch schon von Nernst[3] und Hendrixson[4] beobachtet worden war. Weiterhin wurde untersucht der Einfluss der Koncentration. Verfasser dieses hat denselben ebenfalls beobachten können bei den Systemen Anilin in Wasser und Benzol, sowie Phenol in Wasser und Benzol, sowie Wasser und Aether. Ebenso erwies sich der Einfluss eines zweiten Stoffes auf den Theilungskoëfficienten mitunter als von wesentlicher Bedeutung. Der Umkehrung des Vertheilungssatzes geben

1) A. Hantzsch u Sebaldt, Zeitschr. physik. Ch. **30**, 258, 1899.
2) A. Hantzsch u. A. Vagt, ibid. **38**, 705, 1901.
3) W. Nernst, ibid. **7**, 110, 1891.
4) Hendrixson, Zeitschr anorg. Ch. **13**, 73, 1897.

Hantzsch und Sebaldt in Uebereinstimmung mit Roloff folgende allgemeine Fassung:

Die Verschiebung des Theilungskoëfficienten bei stattfindender Beeinflussung des Systems ist ein Maass für die Veränderung, welche der vertheilte Stoff hierbei erleidet.

Weitere diesbezügliche Arbeiten auf diesem Gebiete dürften eine wesentliche Vertiefung unserer Kenntnisse der allgemeinen Lösungserscheinungen hervorbringen. Hantzsch hat im Vereine mit seinen Schülern speciell das Verhalten der Amine untersucht und sehr interessante Ergebnisse gefunden. In betreff der Einzelheiten sei auf die betreffenden Litteraturstellen verwiesen.

6. Allgemeines über Fällungsmittel und Fällungen.

Zum Theil zählen die Fällungen zu den reinen Verdrängungsprocessen, wobei jedoch immerhin die Fähigkeit des Fällungsmittels, die zu fällende Substanz in eine Form zu bringen, die ihr das Gelöstbleiben erschwert, berücksichtigt werden muss, denn nicht jedes Fällungsmittel ist in allen Fällen als Verdrängungsmittel geeignet. Vielmehr zeigen sich hier die konstitutiven Einflüsse in hohem Maasse wirksam. Die theoretische Seite dieser Methode ist bereits zugleich mit der der Lösung und Extraktion besprochen worden.

Um als Verdrängungsmittel dienen zu können, muss die betreffende Substanz in dem Lösungsmittel, und zwar ist dies in den meisten Fällen das Wasser, in grösserer Menge leicht löslich sein. Es muss weiterhin vielfach einen möglichst indifferenten Charakter besitzen und nicht in zu grosser Menge dem gefällten Körper beigemischt sein.

Es sei noch auf den Einfluss hingewiesen, den scheinbar indifferente Stoffe auf die Beschaffenheit des gefällten Stoffes ausüben. Von Fällen in der Analyse anorganischer Stoffe erwähnt R. Greig Smith[1] die Einwirkung von Ammoniumsalzen bei der Fällung des Baryumsulfats, des Ammoniumphosphormolybdats, des Calciumoxalats u. s. w. Bei der Fällung des Chlorsilbers ist Gegenwart von etwas Aluminiumnitrat in der Lösung sehr vortheilhaft. Chlorammonium bewirkt bessere Koagulirung auch von solchen Niederschlägen, die aus alkalischer Lösung gefällt werden, z. B. von Schwefelnickel, Schwefelzink, Eisenhydroxyd, Magnesiumphosphat. Zusatz von Kaliumsulfat befördert die Fällung des Kupferoxyduls durch Glukose aus Fehling'scher Lösung. Dieselbe giebt auch bessere Niederschläge, wenn man Aetzkali statt Aetznatron für die Herstellung verwendet.

Als klärende Substanzen[2] zur raschen Bildung des Nieder-

---

1) R. Greig Smith, Journ. Soc. Chem. Ind. **16**, 872, 1897; G. Bodländer, Zeitschr. physik. Ch. **12**, 685; J. Stark, Wied. Ann. **68**, 117, 1899.

2) Vgl. hierzu P. N. Raikow, Chem. Ztg. **18**, 484, 1894.

schlags können häufig gewisse organische Flüssigkeiten von schon bei gewöhnlicher Temperatur verhältnissmässig hoher Dampfspannung verwendet werden, die ohne sich in hervorragendem Maasse in der Flüssigkeit zu lösen, wohl hauptsächlich durch ihre Dampfbildung eine Beschleunigung der Fällung bewirken. Hierzu verwendet man Schwefelkohlenstoff, Chloroform, Aether u. s. w., welcher letztere auch in hervorragendem Maasse geeignet scheint, unangenehme Schaumbildungen zu beseitigen.

Mitunter ist auch kräftiges Durchschütteln geeignet einen gut filtrirbaren Niederschlag in kürzerer Zeit zu erhalten, als dies bei ruhigem Stehen der Fall gewesen wäre. Das Gleiche gilt vom Erwärmen.

Ueber Sedimentation berichtet O. Lehmann[1]) in einer sehr interessanten Arbeit. Er zeigt z. B., dass eine Suspension von Tuschetheilchen nicht durch Auflösen von Narcin, Asparagin, Succinamid, Resorcin, Katechusäure, Brenzkatechin, Tetramethylammoniumjodid oder Anilinfarbstoffe wie Eosin, Wasserblau, Tropäolin, Kongoroth ausgefällt wird, wohl aber durch ganz geringe Mengen Salmiak, Ammoniumsulfat, Chininbisulfat, Citronensäure u. s. w. Auf dieser Erscheinung beruht auch die sedimentirende Kraft des Meerwassers auf die in Süsswasser suspendirten Theilchen, daher die Deltabildung an der Mündung der Flüsse u. s. w. In einer weiteren Arbeit berichtet Lehmann über elektrische Konvektion, Sedimentation und Diffusion.

Die fraktionirte Fällung ist schon vor vielen Jahren von Heintz[2]) zur Trennung der nichtflüchtigen organischen Säuren verwandt worden, indem man eine kalt gesättigte alkoholische Lösung der betreffenden Säuren partiell durch eine koncentrirte wässerige Lösung von Magnesiumacetat in der Weise versetzt, dass jedes Mal nur etwa $^1/_{20}$ der gelösten Säuren gefällt wird. Die ersten Niederschläge enthalten die kohlenstoffreichste, die letzten die kohlenstoffärmste Säure. Man kann auch Baryumacetat oder eine alkoholische Lösung von Bleizucker verwenden, wie Pebal[3]) dies angegeben hat. Zuletzt setzt man vor dem Fällen der Lösung etwas Ammoniak zu.

Da bei Anwendung von Magnesiumacetat selten alle Säuren eines Fettes ausgefällt werden, so wendet man, sobald Magnesiumacetat keinen Niederschlag mehr giebt, alkoholische Bleizuckerlösung an. Dieser Niederschlag wird für sich behandelt, indem man die Bleisalze der Säuren mit Aether extrahirt.

Alsdann werden die einzelnen Niederschläge mit kochender verdünnten Salzsäure zerlegt, der Schmelzpunkt der freien Säuren bestimmt

---

1) O. Lehmann, Zeitschr. physik. Ch. **14**, 457, 1894; **14**, 301, 1894; vgl. auch G. Bodländer, Göttinger Natur. 1893, 267.

2) Heintz, Journ. pr. Ch. **66**, 1; vgl. auch A. Findlay, Theorie der fraktionirten Fällung von Neutralsalzen. Zeitschr. physik. Ch. **34**, 409, 1900.

3) A. Pebal, Liebig's Ann. **91**, 141.

und die Fraktionen von annähernd demselben Schmelzpunkt wiederholt aus Weingeist umkrystallisirt. Eine Säure kann als rein betrachtet werden, wenn ihr Schmelzpunkt auch nach mehrmaligem Umkrystallisiren richtig stimmt. Gemenge von Fettsäuren schmelzen meist niedriger als die reinen Säuren und zeigen undeutliche Krystallisation, während reine Säuren schuppig krystallinisch erstarren.

Die Trennung der flüchtigen Säuren geschieht durch partielles Neutralisiren[1]) und nachherige Destillation. Hierbei geht meist die niedriger siedende Säure zuerst über. Wie Veiel[2]) gefunden hat, lassen sich Buttersäure und Isovaleriansäure auf diese Weise nicht trennen.

Hat man nur kleine Mengen von Säure zur Verfügung, so sättigt man am besten fraktionirt mit Silberkarbonat, wobei man nach Erlenmeyer und Hell[3]) zunächst das Salz der Säure mit höherem Kohlenstoffgehalt erhält.

Die Reaktionen zwischen Bleisulfat und Natriumjodid und zwischen Bleijodid und Natriumsulfat sind nach den Untersuchungen von A. Findlay[4]) umkehrbar, und der Werth der Gleichgewichtskonstanten $\dfrac{C^2 \, \text{Jodionen}}{C \, \text{Sulfationen}} = K$ liegt bei 26° zwischen 0,25 und 0,30. Es ergiebt sich, dass eine Trennung zweier Salze durch fraktionirte Fällung nur bis zu einem Punkte, der durch die Gleichgewichtskonstante bestimmt ist, ausgeführt werden kann. Aus einer gemischten Lösung von Natriumjodid und Natriumsulfat kann durch Zusatz eines löslichen Bleisalzes unter Umständen nur das leichter lösliche Bleijodid ausgefällt werden, nämlich in den Fällen, wo das Verhältniss des Quadrats der Jodionenkoncentration zu der Koncentration der Sulfationen in der Lösung grösser ist als die Gleichgewichtskonstante. Ist dieses Verhältniss gleich der Gleichgewichtskonstanten geworden, so fällt Bleisulfat sowohl wie Bleijodid aus der Lösung heraus, und das Verhältniss $\dfrac{[J]^2}{[SO_4]}$ bleibt konstant. Das Gleiche gilt für Bleisulfat, wenn das Verhältniss der Ionenkoncentrationen kleiner ist als die Gleichgewichtskonstante.

Weiterhin ergiebt sich aus einigen Versuchen, dass die Ausscheidungsgeschwindigkeit von Bleijodid grösser ist als die von Bleisulfat. Auch kann die Gleichgewichtskonstante für die Reaktion zwischen Bleisulfat und Natriumjodid auf elektrochemischem Wege in gleicher Uebereinstimmung mit den analytisch bestimmten Werthen erhalten werden.

---

1) J. Liebig, Ann. **71**, 355.
2) Veiel, Liebig's Ann. **197**, 163.
3) Erlenmeyer u. Hell, ibid. **160**, 296.
4) A. Findlay, Zeitschr. physik. Ch. **34**, 409, 1900.

7. Indifferente Fällungsmittel.

Als indifferente Fällungsmittel sind anzusehen die Alkalisalze der unorganischen Säuren, wie Kochsalz, Natrium-, Kaliumsulfat, Ammoniumchlorid und Sulfat.

Kochsalz wird in sehr grossen Mengen in der Farbstofftechnik zum Fällen der verschiedensten Farbstoffe, zur Fällung und entsprechenden Trennung von einer Anzahl Naphtol- und Naphtylaminsulfosäuren u. dgl. mehr verwendet. Meist ist der Umstand, dass die auf diese Art gefällten Farbstoffe grössere oder geringere Mengen von Kochsalz enthalten, hierbei von geringer Bedeutung, da dasselbe bei der Ausfärbung nichts schadet, und die betreffenden Farbstoffe ja doch mit anderen Stoffen, wie calcinirtem Glaubersalz, Dextrin u. dgl. auf die entsprechende Farbstärke verdünnt werden.

In den betreffenden Fällen kommen auch die anderen oben erwähnten Mittel zum Niederschlagen anderer Stoffe in Betracht, doch längst nicht in dem Maasse wie gerade das Kochsalz, welches am geeignetsten scheint, die Azofarbstoffe in eine unlösliche Form umzuwandeln, während dies mit den anderen Fällungsmitteln nicht so leicht gelingt. Also auch hier ist der Einfluss der Individualität unverkennbar. Man kann deshalb wohl von dem Grundsatze ausgehen, dass die Zufügung von so und so viel Ionen Na oder Cl genügt, um die Dissociation der Ionen der betreffenden Körper aufzuheben. Alsdann kommt es jedoch auf die Löslichkeit der nicht mehr elektrolytisch dissociirten Verbindung an. Hierbei allgemein giltige Regeln aufstellen zu wollen, wäre durchaus verfrüht und unangebracht. Der Einfluss der Konstitution ist hier ein überaus grosser.

Durch Zusatz anderer indifferenten Lösungsmittel zu einer Lösung kann ebenfalls eine Fällung bedingt werden, indem der zu fällende Stoff in dem zweiten Lösungsmittel, welches mit dem ersten mehr oder weniger vollkommen mischbar ist, unlöslich oder sehr schwer löslich ist. So werden viele anorganischen Salze zum Theil oder fast vollständig gefällt aus ihren wässerigen Lösungen durch Zusatz von Alkohol[1]). Ausnahmen hiervon sind die alkohollöslichen Verbindungen wie Jodkalium, Jodnatrium, Sublimat, Silbernitrat und einige andern.

Ein anderes Beispiel ist die Fällung des Paraffins aus einer Lösung in Amylalkohol durch Aethylalkohol, welches nachstehend ausführlich besprochen wird.

Vielfach ist in der Laboratoriumspraxis auch eine andere Methode in Gebrauch, die man als Löslichkeitserschwerung bezeichnen kann. Sie dient dazu, die Löslichkeit des zu beseitigenden oder zu iso-

---

[1]) Vgl. die Arbeiten von W. D. Bancroft, Journ. physik. Ch. 1, 34, 1895; H. A. Bathrick, ibid. 1, 157, 1896; A. E. Taylor, ibid. 1, 718, 1897.

lirenden Stoffes durch Zusatz indifferenter Stoffe so weit zu verringern, sozusagen die Verwandtschaft des Lösungsmittels zum gelösten Körper derart zu vermindern, dass derselbe mit Hilfe einer anderen, mit dem ersteren Lösungsmittel nicht mischbaren Flüssigkeit extrahirt werden kann. Hier haben wir also einen Uebergang von Fällung zur Extraktion.

Als Beispiel hierfür diene die häufige Verwendung von Pottasche zur Löslichkeitsverminderung bezw. auch zur Entwässerung.

8. Verwendung von Säuren.

Die Verwendung von Säuren zur Fällung dient einmal dazu, andere Säuren aus ihren Salzen frei zu machen, so dass sie alsdann infolge ihrer Unlöslichkeit oder Schwerlöslichkeit ausfallen. Dabei kommt öfter noch die verdrängende Wirkung der zugesetzten Säure mit in Betracht, indem die Löslichkeit der organischen Säuren, abgesehen von einigen Amidosäuren, in anorganisch sauren Lösungen meist entsprechend den von Nernst (l. c.) ermittelten Gesetzmässigkeiten geringer ist als in Wasser selbst. Man giebt deshalb häufig sogar einen Ueberschuss an Säure, um die organische Säure möglichst vollständig aus der Lösung zu verdrängen, wobei natürlich die dadurch vermehrte Koncentration der H-Ionen als mitwirkend bei der Ausscheidung anzusehen ist.

Die Verwendung der einen oder andern anorganischen Säure richtet sich selbstverständlich ganz nach den Umständen. Ebenso ist das Verhalten der organischen Säuren vielfach von der Konstitution abhängig.

So zeigen z. B. einige Amidosulfosäuren wie die Sulfanilsäure, $C_6H_4\genfrac{}{}{0pt}{}{(1)\,NH_2}{(4)\,SO_3H}$, und die Naphtionsäure, $C_{10}H_6\genfrac{}{}{0pt}{}{(1)\,NH_2}{(4)\,SO_3H}$, gerade infolge der p-Stellung von NH_2 und SO_3H zu einander, nur eine äusserst geringe Löslickeit, so dass sie durch Säurezusatz zum grössten Theile aus der Lösung ihrer Natronsalze ausgefällt werden. Bei andern Amidosäuren ist das Verhalten ein in mehr oder weniger höherem Grade verschiedenes.

So ist die Metanilsäure, $C_6H_4\genfrac{}{}{0pt}{}{(1)\,NH_2}{(3)\,SO_3H}$, entsprechend weniger leicht durch Säure fällbar, und ähnlich verhält sich die o-Säure.

Andere organische Säuren wiederum zeigen eine so grosse Löslichkeit, dass sie durch Zusatz von anorganischen Säuren nicht aus ihrer Lösung verdrängt werden, wie z. B. Ameisensäure, Essigsäure, Phenolsulfosäure $C_6H_4\genfrac{}{}{0pt}{}{(1)\,OH}{(4)\,SO_3H}$, Diazoamidobenzoldisulfosäure, $C_6H_4\genfrac{}{}{0pt}{}{(4)\,SO_3H}{(1)\,N:N.NH(1)C_6H_5(4)SO_3H}$, während z. B. die der letzteren isomere Amidoazobenzoldisulfosäure, $C_6H_3(2)N:N(1)C_6H_4\genfrac{}{}{0pt}{}{(1)\,NH_2}{}SO_3H,\ \genfrac{}{}{0pt}{}{}{(4)\,SO_3H}$

infolge der günstigen Konstellation von NH_2 zu SO_3H in der p-Stellung viel schwerer löslich ist und aus der Lösung ihrer Salze direkt durch Säurezusatz gefällt werden kann.

Fraktionirte Fällung mit Säuren.

Untersuchungen über fraktionirte Fällung mit Säuren hat Th. Paul[1]) ausgeführt. Die Menge der ausgefällten, also durch Säurezusatz in den nichtdissociirten Zustand übergeführten Säure lässt sich aus der Löslichkeit derselben, ihrer Dissociation und der Menge der Salzsäure nach den Gesetzen der Löslichkeitsbeeinflussung und der Massenwirkung berechnen. Um diese Berechnung durchführen zu können, hat Paul die Löslichkeit der betreffenden Säuren in Wasser von 25^0 bestimmt und hieraus, sowie aus den früher bestimmten Affinitätskonstanten der Säuren die Mengen der dissociirten und nichtdissociirten Antheile in der gesättigten Lösung berechnet.

Folgende Tabelle giebt die betreffenden Daten wieder, wobei zu bemerken ist, dass der Dissociationsgrad nach der Ostwald'schen Formel $\dfrac{x^2}{(1-x)\,v}$ berechnet worden ist.

Die Untersuchungen beziehen sich auf die fraktionirte Fällung einer Säure aus der Lösung ihres Natronsalzes durch Salzsäure sowie auf die fraktionirte Fällung zweier Säuren. Bei den letzteren Bestimmungen muss unterschieden werden zwischen der fraktionirten Fällung zweier Säuren, wenn nur eine Säure ausfällt, sowie der fraktionirten Fällung zweier Säuren, wenn beide Säuren ausfallen.

Ein Beispiel wird die praktische Bedeutung der fraktionellen Fällung durch Salzsäure näher erläutern.

Es sei ein Gemenge von 2,5 Millimol. (0,6200 g) o-Jodbenzoësäure und 2,5 Millimol. (0,3400 g) p-Toluylsäure zu trennen. Die Fällung ist aus 135 ccm Lösung vorzunehmen. Man löst dasselbe in 50,00 $^N/_{10}$ Natronlauge auf und setzt ein gewisses Vol. $^N/_{10}$ Salzsäure zu, welches auf folgende Weise berechnet wird.

Die betreffende Gleichung, welche entwickelt wird, lautet:

$$(S_1 - l_1 - u_1)(H - l_1 - u_1 - l_2 - u_2) = C_1 = k_1\, l_1\, v,$$
$$(S_2 - l_2 - u_2)(H - l_1 - u_1 - l_2 - u_2) = C_2 = k_2\, l_2\, v_2,$$

Index (1) soll für o-Jodbenzoësäure und (2) für p-Toluylsäure gelten. Alsdann ist:

S_1 und S_2 gleich der betreffenden Säuremenge;

H \qquad gleich der Menge des betreffenden Wasserstoffs;

---

1) Th. Paul, Zeitschr. physik. Ch. **14**, 105, 1894; vgl. auch Heintz (l. c.), über die fraktionirte Fällung.

N a m e.	Mole-kular-Gewicht.	Affinitäts-konstante (100 K.).	Volum in Litern.	Disso-ciations-grad (x).	In 1000 cc gelöst		nicht dissociirt		dissociirt	
					g.	Millimol.	g.	Millimol.	g.	Millimol.
Anissäure	152	0,0032	671,7	0,1363	0,2263	1,488	0,1955	1,280	0,0308	0,2084
Benzoësäure	122	0,0060	35,6	0,0446	3,4260	28,082	3,2730	26,830	0,1530	1,252
m-Brombenzoësäure . . .	201	0,0137	499,7	0,2297	0,4023	2,001	0,3099	1.542	0,0924	0,4600
o- „ . . .	201	0,145	108,27	0,3254	1,8564	9,240	1,2523	6,230	0,6041	3,01
p- „ . . .	201	0,00835	3565	0,4168	0,0564	0,2806	0,0330	0,1169	0,0235	0,1636
α-Bromzimmtsäure . . .	227	1,44	57,56	0,5864	3,9325	17,32	1,6265	7,17	2,3059	10,16
β- „ . . .	227	0,093	432,0	0,4640	0,5255	2,315	0,2816	1,241	0,2438	1,074
Kuminsäure.	164	0,0050	1079	0,2069	0,1519	0,926	0,1204	0,734	0,0314	0,192
m-Jodbenzoësäure . . .	248	0,0163	2132	0,4408	0,1163	0,469	0,0650	0,262	0,0513	0,207
o-Jodbenzoësäure	248	0,132	260,6	0,4392	0,9518	3,838	0,5337	2,152	0,4180	1,686
m-Nitrobenzoësäure . . .	167	0,0345	48,9	0,1217	3,4140	20,44	2 9983	17 96	0,4156	2,49
o- „ . . .	167	0,616	22,63	0,3101	7,3795	44,19	5,0910	30,49	2,2885	13,70
p- „ . . .	167	0,0396	602,7	0,3836	0,2771	1,659	0,1708	1,023	0,1063	0,6375
Salicylsäure.	138	0,102	61,03	0,2203	2,2614	16,39	1,7632	12,78	0,4982	3,61
m-Toluylsäure	136	0,00514	138,8	0,0809	0,9801	7,207	0,9007	6,623	0,0796	0,584
o- „	136	0,0120	115,1	0,1108	1,1816	8,683	1,0507	7,721	0,1310	9,762
p- „	136	0,00515	393,8	0,1326	0,3454	2,540	0,2996	2,203	0,0458	0,337
o-Chlorbenzoësänre . . .	156,5	0,132	75,0	0,2690	2,0868	13,334	1,5255	9,747	0,5613	3,587
β-Naphtoësäure	172	0,00678	296,4	0,3590	0,0580	0,337	0,0372	0,216	0,0208	0,121
Zimmtsäure	148	0,00355	301,3	0,0982	0,4911	3,319	0,4429	2,993	0,0482	0,326

l_1 und l_2 ist die Anzahl der in Lösung befindlichen nicht dissociirten Säuremolekeln;

u_1 und u_2 bedeuten den gesuchten ausgefallenen Antheil;

k_1 und k_2 bedeuten die Affinitätskonstanten.

Da das Produkt der Ionen C_1 grösser als C_2 ist, wie sich aus der Tabelle und demgemäss folgender Zahlenzusammenstellung ergiebt:

$$k_1 \, l_1 = 0,00132 \,.\, 2,152 = 0,00284064,$$
$$k_2 \, l_2 = 0,0000515 \,.\, 2,203 = 0,0001134545;$$

lässt man $u_1 = 0$ werden und setzt für l_1 den aus der Tabelle für 135 ccm ersichtlichen Werth $0,002152 \,.\, 0,135 = 0,0002905$ ein. Ferner ist

$$S_1 = S_2 = 0,0025$$

nach der Versuchsbedingung.

l_2 ergiebt sich zu $0,002203 \,.\, 0,135$. Für H findet man dann 0,00268 Mol. $= 26,80$ ccm $^N/_{10}$ Salzsäure und für u_2, die ausgefallene p-Toluylsäure 0,002097 Mol. $= 0,2845$ g.

Filtrirt man jetzt ab und setzt noch 33,20 ccm Salzsäure und 1,6 ccm Wasser zu, so fallen bei diesem Volum 0,4669 g o-Jodbenzoësäure aus.

Man erhält demnach durch diese eine Fraktionirung 84 % der in dem Gemische enthaltenen p-Toluylsäure und 75 % der o-Jodbenzoësäure sogleich in reinem Zustande. Durch Eindampfen des Filtrats lässt sich ferner der in Lösung gebliebene Antheil wiedergewinnen und durch weiteres Fraktioniren trennen.

Auch für den Fall, dass drei oder mehr Säuren gleichzeitig in Lösung sind, gelten dieselben Beziehungen. Man erhält stets so viel Gleichungen als Unbekannte vorhanden sind.

Weiterhin werden Säuren zur Fällung von Basen in der Form ihrer Salze verwendet. Die Wahl der Säure richtet sich nach den Umständen.

So werden Anilin, Benzidin, Tolidin in Form ihrer Sulfate nahezu vollständig ausgeschieden, ebenso aber auch in der Form ihrer Chloride, wenn man reichlich Salzsäure zusetzt. Der Zusatz von Schwefelsäure wirkt gewöhnlich längst nicht in dem Maasse fällend wie der von Salzsäure. Bei vielen andern Basen zeigt das salzsaure Salz ebenfalls eine sehr geringe Löslichkeit in koncentrirter Salzsäure.

9. Alkalien und andere Fällungsmittel.

Alkalische Verbindungen können einmal zur Neutralisation von Säuren verwandt werden, dann aber auch zur Abspaltung von Basen aus ihren Salzen. Vielfach sind die Salze der organischen Basen mehr oder weniger wasserlöslich, während die Basen selbst meist sich in Wasser nur wenig oder nahezu gar nicht lösen. Es gelingt alsdann durch Zusatz von Alkali oder dem Karbonat oder Bikarbonat eines Alkalis die Base aus der Verbindung mit Säure frei und dadurch unlöslich zu machen, somit zur Fällung zu bringen.

In sehr seltenen Fällen giebt man, um eine Säure besser ausfällen zu können, die sich durch grosse Löslichkeit auszeichnet, Alkali hinzu, weil dies ausnahmsweise verdrängend auf das vorhandene leicht lösliche Alkalisalz einer Säure wirkt. Von sehr grossem Vortheil ist z. B. das Zufügen von Alkali bei der Fällung des diazoamidobenzoldisulfosauren Natrons in seiner leicht löslichen Form aus der Kochsalz enthaltenden Lösung. Erst durch die Zugabe von Alkali wird die Fällung bewirkt.

Von besonderem Interesse sind, wie L. Crismer[1]) hervorhebt, die Fällungen mit Ammoniumsulfat. Dasselbe fällt ausser Kolloiden viele Krystalloide. Wiederum andere, welche den gefällten Stoffen nahe stehen, werden nicht gefällt. Die Gegenwart des Ammoniumsulfates hebt die Löslichkeit organischer Flüssigkeiten wie Aether, Essigäther u. s. w. in Wasser fast völlig auf. Von den Fettsäuren werden Propionsäure und die höheren Glieder, von den Alkoholen die Glieder von Aethylalkohol ab ausgeschieden.

Weiter kommen zur Verwendung Alkalisulfite bei Aldehyden und Ketonen, die Erdalkalien zur Fällung organischer Säuren wie Oxalsäure, Weinsäure, Citronensäure, Aepfelsäure sowie für Dextrose und Rohrzucker, dann Zinksalze für Farbstoffe und Kreatinin sowie Eiweisskörper, Bleisalze für höher molekulare Fettsäuren, Eiweisskörper u. s. w., Quecksilberjodid-Jodkalium für Ammoniak, Alkaloide, Glykogen u. s. w.

Ausführlich sind diese Fällungen in meinem Buche „Die physikalischen und chemischen Methoden der quantitativen Bestimmung organischer Verbindungen" abgehandelt.

B. Chemische Reaktionen.

Es giebt eine ausserordentlich grosse Anzahl von chemischen Reaktionen, deren Eintritt direkt beim Zusammenbringen der verschiedenen Komponenten erfolgt. Wir haben vorhin den Unterschied zwischen vollständig und nicht vollständig verlaufenden Reaktionen, zwischen reversiblen und nicht reversiblen Umsetzungen kennen gelernt und wollen uns deshalb in diesem Kapitel nur mit den Gesetzmässigkeiten und qualitativen und quantitativen Reaktionen beschäftigen.

---

1) L. Crismer, Ann. de la Soc. méd. chirurg. de Liège 1891; Ref. Zeitschr. physik. Ch. 8, 690, 1891.

Von dem Aggregatzustande ist der Eintritt der Reaktion nach dem alten Grundsatze „corpora non agunt nisi liquida" in der Weise abhängig, dass flüssige oder gelöste Körper leichter aufeinander reagiren als feste Körper. Indem wir den Ausdruck Lösung auch auf die Gase übertragen und dieselben als Lösungen im Lichtäther betrachten, haben wir auch diese mit inbegriffen.

In einer Zusammenstellung weist neuerdings P. Rohland[1]) auf einige Fälle hin, wo auch feste Stoffe mit einander reagiren.

1. Abhängigkeit der Reaktionen von Affinitätsverhältnissen.

Allgemeines.

Bereits im ersten Bande ist auf die Verschiedenheit der Valenzen und ihre Zerlegung in Haupt- und Nebenvalenzen oder in solche, die mehr der Gravitoaffinität entsprechen, und solche, die mehr der Thermo- oder der Elektroaffinität ($+$ Gravitoaffinität) entsprechen, hingewiesen worden. Diese Unterschiede spielen auch eine hervorragende Rolle in betreff des Eintritts von Reaktionen, wozu dann noch ·die bedeutenden Einflüsse von Druck, Temperatur und Koncentration kommen.

Wir wissen, dass die Thermoaffinitäten sich von den Elektroaffiniäten bis jetzt dadurch unterscheiden, dass die ersteren nur Wärme bei ihrer Absättigung zu liefern vermögen, die letzteren dagegen Wärme oder Elektricität. Wahrscheinlich ist der Unterschied nur ein gradueller. So unterscheiden sich z. B. die Verbindungen von Kohlenstoff mit Wasserstoff durchaus von den Verbindungen der Halogene mit Wasserstoff, und die meisten Metalle besitzen sogar eine mehr oder weniger weitgehende Unfähigkeit der Bildung von Wasserstoffverbindungen.

Dagegen vermögen die Metalle sowohl als auch der Kohlenstoff mit Halogenen Verbindungen einzugehen: während aber die Metallhalogenverbindungen entsprechend den Wasserstoff-Halogenverbindungen Elektrolyte sind, müssen die Kohlenstoff-Halogenverbindungen als elektrochemisch indifferente Verbindungen angesehen werden.

Auch im periodischen System geben sich diese Unterschiede in auffallender Weise wenigstens in den Anfangsgliedern der Reihen kund, indem wir links in der ersten Reihe die elektropositiven Metalle, rechts die elektronegativen Metalloide und in der Mitte den elektrochemisch nahezu indifferenten Kohlenstoff haben.

Diese eigenartige Stellung des Kohlenstoffs und einer sehr grossen Zahl seiner Verbindungen ist es neben einigen andern, die uns eine derartige Trennung der Affinitäten in Thermo- und Elektroaffinitäten ermög-

---

1) P, Rohland, Chem. Ztg. **26**, 226, 1902; vgl. hierzu auch W. Spring, Bull. de l'Acad. roy. de Belgique (3) **30**, 199, 1895 und diesen Band im nächsten Kapitel.

licht. Ob in der gleichen Ursache die ausserordentlich weitgehende Fähigkeit der Bildung von Kohlenstoffketten und Ringen, denen auch in den heterocyklischen Verbindungen andere Elemente eingefügt sein können, sowie der zahlreichen Isomeren gegeben ist, muss vorerst dahingestellt bleiben. Es ist jedoch die grösste Wahrscheinlichkeit vorhanden, dass hier die Atomform von hervorragendem, vielleicht sogar entscheidendem Einfluss ist. Alsdann hätten wir aber die Affinitätsverhältnisse auf räumliche Bedingungen zurückgeführt, und es kann alsdann eine gesonderte Betrachtung der Affinitätsverhältnisse in ihrer Wirkung auf chemische Reaktionen unterbleiben.

Einfluss des Lösungsmittels und der Lösungsgenossen.

In gleicher Weise wie das Lösungsmittel sich von Einfluss zeigt bei Zustandsänderungen, also z. B. bei der elektrolytischen Dissociation der Elektrolyte in Wasser oder anderen Lösungsmitteln oder der Ausscheidung der Krystalle aus verschiedenen Lösungsmitteln, ebenso ist auch die Wirkung des Lösungsmittels von hervorragendem Einfluss auf die chemischen Reaktionen. Für Elektrolyte liegt dies schon in der Veränderung der Dissociation begründet und bei den andern spielen Löslichkeit, Bildung von Komplexen u. s. w. eine grosse Rolle.

Es würde zu weit führen, dies durch zahlreiche Beispiele belegen zu wollen, nachstehend seien nur einige kurz erwähnt.

Die Einwirkung der in organischen Lösungsmitteln gelösten Chlorwasserstoffsäure auf Zink wurde von F. Zecchini[1] untersucht. Er fand, dass amylalkoholische Säurelösung fast gar keine Einwirkung zeigt, die andern fast gleich starke. Erheblich stärker als alle übrigen wirkt eine Lösung in Aether. Sehr geringe Wasserzusätze beschleunigten bei der ätherischen Lösung die Reaktion sehr, verlangsamten sie aber bei den Alkoholen.

Ueber den Einfluss von Katalysatoren bei der Oxydation von Oxalsäurelösungen arbeitete W. P. Jorissen und L. Th. Reicher[2]. Sie wird in diffusem Lichte beschleunigt durch Schwefelsäure, Borsäure und Mangansulfat, Ferro-, Chrom-, Cero-, Ceri-, Thorium- und Erbiumsulfat, Natriumfluorid, Manganacetat, -butyrat, -benzoat, -oxalat. Kalium-, Magnesium- und Yttriumsulfat üben keinen merklichen Einfluss aus. Im Sonnenlichte befördern die Zersetzung Manganoxalat, -sulfat, -acetat, -butyrat und -benzoat (wenig). Die beschleunigende Wirkung wächst mit der Menge des Katalysators.

---

1) F. Zecchini, Gazz. chim. ital. **27**, I, 646, 1896.
2) W. P. Jorissen u. L. Th. Reicher, Zeitschr. physik. Ch. **31**, 142, 1899.

Verschiedenes bemerkenswerthes Verhalten des Wasserstoffs.

Je nach den Umständen wird Wasserstoff aus seiner Bindung mit Sauerstoff frei gemacht, oder bildet er mit Sauerstoff wieder Wasser.

Wasserstoffentwicklung durch Einwirkung von Oxydulsalzen auf Wasser findet statt bei:

$$\text{Kobalto-Cyankali[1]),} \quad Co(CN)_2, \ 4\,KCN;$$
$$\text{Chromo-Chlorid[1]),} \quad CrCl_2;$$
$$\text{Bromomolybdänhydroxyd[2]),} \quad Mo_3Br_4(OH)_2.$$

Die Umsetzung findet beim Bromomolybdänhydroxyd nach folgender Gleichung statt:

$$Mo_3Br_4(OH)_2 + 4\,KOH + 3\,H_2O = 3\,Mo(OH)_3 + 4\,KBr + 3\,H.$$

Die Wasserzersetzung durch Chromhydroxydul ist bereits von Moberg[3]) und Péligot[4]), die durch Chromchlorür von Berthelot[5]) und Peters[6]) beobachtet worden.

Versuch[7]): Man bringt in den zur gasvolumetrischen Bestimmung der Salpetersäure benutzten Apparat ein Stück Chrom, kocht dasselbe mit Wasser, bis die Luft ausgetrieben ist. Dann wird aus dem Tropftrichter Salzsäure zugelassen. Alsbald tritt eine stürmische Entwicklung von Wasserstoff ein, welcher in grossen Blasen in dem Messrohr aufsteigt. Sobald nach einigen Minuten alles Metall gelöst ist, und die Flüssigkeit eine schön blaue, an Kupfersulfat erinnernde Färbung angenommen hat, bricht diese Entwicklung plötzlich ab. Erhitzt man nun weiter, so steigen jetzt in dem Messrohr sehr fein vertheilte Bläschen empor, während die Farbe der Flüssigkeit rasch in Grün übergeht. Diese zweite, anfangs ziemlich lebhafte Gasentwicklung wird allmählich immer langsamer, so dass nach $^3/_4$- bis einstündigem Kochen das Gesammtvolumen des aufgefangenen Wasserstoffs noch nicht drei Aequivalente beträgt. Auch beim Kochen von Chromoacetat und Chromocyankalium mit Wasser kann diese Wasserstoffentwicklung beobachtet werden.

Wasserstoff wirkt, wie Berthelot[8]) ausführlicher untersuchte, auf **Schwefelsäure** reducirend, wobei sich H_2SO_3 bildet, dagegen wird **Salpetersäure** noch nicht bei 100^0 von Wasserstoff angegriffen. Verdünnte Salpetersäure bleibt ebenso unangegriffen; jedoch hört bei höheren

---

[1]) W. Manchot u. J. Herzog, Ber. **34**, 1742, 1901.

[2]) W. Muthmann u. W. Nagel, Ber. **31**, 2012, 1898.

[3]) Moberg, Journ. pr. Ch. **43**, 126.

[4]) Péligot, Jahresber. (Berzelius) **25**, 151, 307; Ann. de chim. et de phys. III, **12**, 528.

[5]) Berthelot, Compt. rend. **127**, 24, 1898.

[6]) Peters, Zeitschr. physik. Ch. **26**, 216.

[7]) W. Manchot u. J. Herzog, Ber. **34**, 1745, 1901.

[8]) Berthelot, Compt. rend, **127**, 27, 1898.

Temperaturen diese Unwirksamkeit bekanntlich auf. Zink und andere Metalle reduciren ja Salpetersäure leicht.

V. Meyer und M. von Recklinghausen[1]) machten die Beobachtung, dass Permanganatlösung durch Wasserstoffgas und Kohlenoxyd reducirt werden unter gleichzeitigem Freiwerden von Sauerstoff.

Oxydation der salpetrigen Säure.

Salpetrige Säure wird als ungesättigte Verbindung von Permanganat sehr leicht zur Salpetersäure oxydirt, aber salpetrigsaures Alkali widersteht der Oxydation. Andere ungesättigte Säuren zeigen nicht das gleiche Verhalten wie salpetrige Säure: schweflige Säure oder unterchlorige Säure z. B. werden in alkalischer wie in saurer Lösung leicht angegriffen. Wie ist dieser Unterschied zwischen salpetriger Säure und salpetrigsauren Salzen einerseits, schwefliger Säure und schwefligen sauren Salzen anderseits zu erklären?

Das salpetrigsaure Salz reagirt neutral und ist in der Lösung als $NaNO_2$ mehr oder weniger elektrolytisch dissociirt enthalten; das schwefligsaure Alkali dagegen reagirt alkalisch, wird von Wasser hydrolytisch gespalten und befindet sich in der Lösung zum Theil als $HSO_3Na + NaOH$. Salpetrige Säure, schweflige Säure und schwefligsaures Alkali enthalten Wasserstoff in reaktiver Stellung; dem salpetrigsauren Salz fehlt der Wasserstoff, und daher ist es gegen Permanganat beständig. Ebenso wie salpetrigsaures Alkali verhält sich Aethylnitrit, $C_2H_5O \cdot N \cdot O$.[2])

Verdrängungen bei den Halogenen.

Die Halogene verhalten sich bekanntlich derartig, dass Chlor das Brom und das Jod, sowie Brom das Jod aus seinen Verbindungen zu verdrängen vermag. Es erweckt also den Anschein, als sei das Chlor das reaktionsfähigste der Halogene, abgesehen von Fluor, das hier nicht in Betracht kommt. Dies ist jedoch nur bedingt richtig. So reagirt z. B. beim Vorhandensein von Chlor- und Bromwasserstoffsäure in einer wässerigen Phenollösung auf Zusatz von Kaliumbromat zuerst das freiwerdende Brom, während das Chlor viel träger einwirkt, und deshalb diese Methode zur quantitativen Bestimmung von Bromwasserstoffsäure neben Chlorwasserstoffsäure geeignet erscheint. Dagegen z. B. bei den Alkalisalzen und Silbersalzen der Halogene erfolgt die Verdrängung in der Reihenfolge J durch Br durch Cl[3]). Bemerkt sei, dass Fluorsilber ebenfalls durch Chlor in Chlorsilber übergeführt wird.

---

1) V. Meyer u. M. v. Recklinghausen, Ber. **29**, 2549, 1896.
2) D. Vorländer, Ber. **34**, 1692, 1901.
3) Vgl. hierzu F. W. Küster, Zeitschr. anorg. Ch. **18**, 77, 1898, der diese Reaktion auch für die festen Alkalisalze feststellte.

Weiterhin möge hier erwähnt sein die Arbeit von M. Wildermann[1]) über den Austausch von Chlor, Brom und Jod zwischen anorganischen und organischen Halogenverbindungen, wobei sich ergab, dass die Jodide von Ag, Pb, Sn, As, Sb, Hg mit den organischen Bromverbindungen der aliphatischen Reihe ihre Halogene austauschen, und dass sich da, wo kein Jodadditionsprodukt möglich ist, wie bei Isobutylen und Isoamylen, Jod ausscheidet.

Ueber den Austausch zwischen den Jodderivaten des Methans mit Zinnchlorid machte G. Gustavson[2]) die Mittheilung, dass nach 7jähriger Reaktionsdauer im System $4\,CHJ_3 + 3\,SnCl_4$ keine Reaktion stattgefunden hatte; dagegen waren in den Systemen $2\,CH_2J_2 + SnCl_4$ und $4\,CH_3J + SnCl_4$ 1,2 % und 33,93 % Chlor durch Jod ersetzt worden.

Verdrängungen in der Schwefel-, Selen- und Tellurgruppe.

Dieselben sind besonders von F. Krafft[3]) im Vereine mit seinen Schülern untersucht worden. Von den erhaltenen Resultaten seien folgende mitgetheilt:

Beim Erhitzen von Diphenylselenid, $C_6H_5SeC_6H_5$, mit der äquivalenten Menge Schwefel bildet sich Diphenylsulfid, $C_6H_5SC_6H_5$, und das Selen wird fast völlig ausgeschieden.

Diphenyltellurid, $C_6H_5TeC_6H_5$, verhält sich gegen Schwefel ebenso.

Diphenylsulfid, $C_6H_5SC_6H_5$, wird selbst nach tagelangem Erhitzen beim Durchleiten von Sauerstoff nicht merklich angegriffen; jedenfalls liess sich Diphenyläther, $C_6H_5OC_6H_5$, nicht nachweisen.

Dagegen liefert Diphenyläther beim Erhitzen mit Schwefel Diphenylsulfid.

Selendioxyd, SeO_2, wird durch Schwefel in Schwefeldioxyd übergeführt, Selensäure, H_2SeO_4, in Schwefelsäure, wobei noch an die bekannte Reducirbarkeit der Selensäure durch Salzsäure, sowie an die Reducirbarkeit der selenigen Säure durch schwefelige Säure erinnert sei.

Bei diesen Verdrängungen spielt wahrscheinlich die Bildung gewisser Zwischenverbindungen eine Rolle, in betreff derer auf das Orginal verwiesen werden muss.

Die Affinität von Schwefel, Selen, Tellur zu den Halogenen nimmt mit steigendem Atomgewicht zu. So dissociirt z. B. SCl_4 sehr leicht, $SeCl_4$ zerlegt sich erst bei 218°, und $TeCl_4$ ist sogar noch beständig bei 450°; während $SeBr_4$ sich bei 80° zersetzt, findet das bei $TeBr_4$ bei 420° noch nicht statt.

---

1) M. Wildermann, Zeitschr. physik. Ch. 9, 12, 1892.
2) G. Gustavson, Journ. russ. Ges. 1, 257, 1891.
3) F. Krafft u. R. E. Lyons, Ber. 27, 1772, 1894; F. Krafft u. O. Steiner Ber. 34, 560, 1901.

Dementsprechend wird Schwefel aus seinen Halogenverbindungen leicht durch Selen und Tellur verdrängt.

Verdrängungen in der Phosphor-Arsen-Antimongruppe.

Die Untersuchungen von F. Krafft und R. Neumann[1]) ergaben, dass bei den Verbindungen dieser relativ positiven Elemente mit dem negativen Sauerstoff, Schwefel oder Chlor das positivere Arsen den Phosphor und das noch positivere Antimon das Arsen aus den Oxyden, Sulfiden und Chloriden verdrängt.

Ein umgekehrtes Verhalten zeigt sich, wenn man die Einwirkung des Phosphors und seiner Homologen auf die Phenylverbindungen vor sich gehen lässt. So wird aus dem Triphenylstibin das Antimon leicht durch Arsen verdrängt, während das Triphenylarsin sich beim Erhitzen mit Phosphor in Triphenylphosphin umwandelt.

„Ohne allzu grosses Gewicht auf eine einseitige Formulirung der Beziehungen auf diesem Gebiete zu legen, kann man vorläufig doch sagen: Von einer Anzahl möglicher Verbindungen ist stets diejenige die beständigere, welche aus dem elektropositivsten Radikal der elektropositiveren Gruppe mit dem elektronegativsten der negativeren Gruppe gebildet wird.“

Metallverdrängungen.

Hinsichtlich der gegenseitigen Verdrängung der Metalle gilt die Ritter'sche Spannungsreihe, nach welcher sich die Metalle in eine solche Reihe anordnen lassen, dass bei der Berührung des vorhergehenden mit dem nachfolgenden das erstere elektronegativ, das zweite elektropositiv geladen wird. Das nachfolgende Metall wird also durch das vorhergehende aus seinen Salzlösungen ausgeschieden:

Es folgen sich hierhei:

Zn	Fe	As	Pt	Ag
Pb	Ei	Cu	Au	C.
Sn	Co	Sb	Hg	

Diese Reihenfolge gilt nicht für alle Salzlösungen gleichmässig. Sie erfährt vielmehr für einige und namentlich für solche, die Doppelsalze enthalten, eine Verschiebung. Ueber die näheren Umstände wird später noch ausführlicher berichtet.

Einfluss der Salzbildung auf die Verseifung von Amiden und Estern durch Alkalien.

Hierüber hat E. Fischer[2]) eine Arbeit veröffentlicht, deren Ergebniss folgendes ist:

---

1) F. Krafft u. R. Neumann, Ber. **34**, 565, 1901.
2) E. Fischer, Ber. **31**, 3266, 1898.

„Während das Xanthin stundenlang mit überschüssigem Alkali ohne merkliche Veränderung gekocht werden kann, ist das Trimethylxanthin, das Kaffeïn, gegen Basen sehr empfindlich. Durch Erwärmen mit Barytwasser oder verdünnten Alkalien oder selbst durch längeres Schütteln mit letzterem wird es total zersetzt, wobei als erstes Produkt die von Maly und Andreasch aufgefundene Kaffeïdinkarbonsäure und daraus dann weiter durch Abspaltung von Kohlensäure das Kaffeïdin entsteht. Diese Reaktion ist nichts anderes als die Verseifung einer Säureamidgruppe im Alloxankern des Moleküls. Die gleiche Erscheinung hat E. Fischer bei der neutralen Tetramethylharnsäure beobachtet. Dieselbe wird ebenfalls, im Gegensatz zu der in alkalischer Lösung sehr beständigen Harnsäure, schon bei gewöhnlicher Temperatur von Alkali zerlegt, wobei wiederum in dem Alloxankern eine Spaltung durch Verseifung eintritt und ein wahrscheinlich dem Kaffeïdin analoges Produkt, das Tetramethylureïdin, entsteht. [1]“

„Die weitere Verfolgung dieser Erfahrung hat in der Puringruppe zu der Ueberzeugung geführt, dass die Verseifbarkeit von Säureamidgruppen durch Alkali ausserordentlich viel rascher stattfindet, wenn das System neutral ist mit andern Worten, dass Salzbildung jene Verseifbarkeit erschwert. Die Empfindlichkeit schreitet fort mit der Zahl der eingetretenen Methylgruppen. Noch mehr ist sie aber durch deren Stellung beeinflusst, wie der Vergleich der isomeren Dimethyl- und insbesondere der Trimethyl-Harnsäure zeigt. Die empfindlichste von allen ist die 1 . 3 . 9 - Trimethylharnsäure.“

$$
\begin{array}{ll}
\text{N(CH}_3\text{) . CO} & \text{N(CH}_3\text{) . CO} \\
\text{CO} \quad \text{C — NH} & \text{CO} \quad \text{C . N(CH}_3\text{)} \\
\qquad\qquad\qquad \text{CO} & \qquad\qquad\qquad\qquad \text{CO.} \\
\text{N(CH}_3\text{) . C . N(CH}_3\text{)} & \text{N(CH}_3\text{) . C . N(CH}_3\text{)}
\end{array}
$$

1 . 3 . 9 - T r i m e t h y l h a r n s ä u r e.   T e t r a m e t h y l h a r n s ä u r e.

„Denn sie war schon nach einstündigem Erhitzen zum grössten Theil zerstört. Trotzdem wird auch diese noch bei weitem übertroffen von der Tetramethylharnsäure, wie namentlich der Vergleich in dem Verhalten gegen Alkali bei gewöhnlicher Temperatur beweist.“

Das mit der Tetramethylharnsäure isomere Methoxylkaffeïn, welches eine Laktimgruppe

$$
\begin{array}{l}
\text{H}_3\text{CN . CO} \\
\text{OC} \quad \text{C . N . CH}_3 \\
\qquad\qquad\qquad \text{COCH}_3 \\
\text{H}_3\text{CN . C . N}
\end{array}
$$

[1] E. Fischer, Ber. **30**, 3013, 1895.

enthält, wird ebenfalls, jedoch im Gegensatz zu dem nahe verwandten Hydroxylkaffeïn von warmem Alkali sehr rasch zerstört.

Bei den Dioxypurinen (Xanthinen) und bei den Monoxypurinen (Hypoxanthinen) liegen die Verhältnisse ebenso. Auch hier sind die beiden neutralen Verbindungen, das Kaffeïn und das Dimethylhypoxanthin, gegen Alkali ausserordentlich viel empfindlicher, als die unvollkommen methylirten und deshalb sauren Substanzen, und auch hier macht sich, wenigstens in der Xanthinreihe, eine stufenweise Veränderung der Stabilität mit der Anzahl der Methylgruppen bemerkbar. Selbst bei dem ,Guanin, wo durch den Einfluss der Amidogruppe der elektronegative Charakter des Alkalis ebenfalls stark vermindert ist, bemerkt man bei der neutralen Dimethylverbindung noch eine ziemlich schnelle Zerstörung, während das Guanin und das Methylguanin unter denselben Bedingungen kaum angegriffen werden.

„Aehnliche Resultate ergeben die gechlorten Purine, bei denen das Alkali entweder Halogen ablösend oder hydrolytisch spaltend wirken kann. Bei den Trichlorpurinen tritt nur die erstere Reaktion ein. Dass auch sie durch die Salzbildung beeinflusst wird, zeigt der Vergleich des sauren Trichlorpurins mit den neutralen Methyltrichlorpurinen. Das erstere bildet leicht lösliche Alkalisalze, welche von überschüssiger Lauge bei gewöhnlicher Temperatur kaum verändert werden, und selbst bei 100° ist mehrstündige Einwirkung nöthig, um das in Stellung 6 befindliche Chloratom abzuspalten [1]). Im Gegensatz dazu wird das neutrale 7 Methyltrichlorpurin schon durch blosses Schütteln mit Normalkalilauge im Laufe von drei Stunden völlig gelöst, indem es ein Chlor gegen Hydroxyl austauscht, und bei 100° erfolgt das Gleiche schon innerhalb einiger Minuten.[2]) Das 9-Methyltrichlorpurin ist zwar bei gewöhnlicher Temperatur, zum Theil wohl wegen seiner Unlöslichkeit, ziemlich beständig, wird aber bei 100° von Normalkalilauge auch innerhalb einiger Minuten unter Abspaltung von einem Chloratom gelöst. Das Gleiche wiederholt sich bei den 8-Oxydichlorpurinen."

Weitere Beispiele sind:

Bromxanthin wird kaum angegriffen, Bromtheobromin langsam, Bromkaffeïn ist gegen Alkali sehr empfindlich.

Cyanursäure wird beim Erhitzen zersetzt, Trimethylisocyanurat bereits in der Kälte.

Salicylamid und Salicylsäuremethylester zeigen grössere Beständigkeit als das neutrale Methylsalicylamid bezw. der Methylsalicylsäureester. Ebenso verhalten sich p-Oxybenzoësäuremethylester und Anissäuremethylester.

---

1) E. Fischer, Ber. **30**, 2227, 1897.
2) E. Fischer, Ber. **30**, 1847, 1897.

Acetessigester wird bei 0^0 langsamer zersetzt als Dimethylacetessigester.

Aehnlich verhalten sich Hippursäure, $C_6H_5 . CONHCH_2COOH$, und Benzoylmethylamid, $C_6H_5CONHCH_3$.

Acetonitril wird viel rascher zersetzt als Cyankalium, und Chloralhydrat wird leichter gespalten als Trichloressigsäure. Dass man aber bei dieser Verallgemeinerung nicht zu weit gehen darf, beweist anderseits das Verhalten des Chloracetals $ClCH_2CH(OC_2H_5)_2$, welches das Halogen an Alkalien viel schwerer abgiebt als der Chloraldehyd oder die Chloressigsäure.

„Ob und wie weit diese Erscheinung mit thermischen Verhältnissen zusammenhängt, lässt sich zur Zeit leider nicht übersehen." Aber selbst wenn dies der Fall wäre, so ist der tiefere Grund hauptsächlich in räumlichen Verhältnissen zu suchen.

2. Abhängigkeit der Reaktionen von räumlichen Verhältnissen.

Allgemeines.

Wie schon an mehreren Beispielen gezeigt worden ist, hängt die Grösse der chemischen Verwandtschaft vielfach von der räumlichen Anordnung der Atome in den Molekülen ab. So konnten die verschiedenen Löslichkeitsverhältnisse bei den Säuren der Bernsteinsäurereihe auf die Konfiguration derselben zurückgeführt werden. Die Bildung von Kohlenoxyd bezw. Kohlendioxyd zeigte sich in hohem Maasse abhängig von den Schwingungen zwischen Kohlenstoff und Sauerstoff. Wir können auch z. B. die Reaktionslosigkeit von Wasserstoff und Sauerstoff bei gewöhnlicher Temperatur bezw. die äusserst geringfügige Reaktionsgeschwindigkeit darauf zurückführen, dass die Konfiguration, d. h. auch zugleich die Atombewegungen in Wasserstoff- bezw. Sauerstoffmolekül unter gewöhnlichen Umständen derartige sind, dass eine Einwirkung unmöglich ist.

Bei der Mannigfaltigkeit der eintretenden Verhältnisse ist es, trotzdem schon eine grosse Zahl von hierher gehörigen Beobachtungen zur Verfügung steht, nicht möglich, jetzt schon allgemeine Gesetzmässigkeiten aufzufinden. Zumal bei den anorganischen Verbindungen ist dies infolge der noch nicht erfolgten Feststellung der Atomform der meisten Elemente bis jetzt unmöglich. Grössere Anhaltspunkte ergeben sich schon bei den organischen Verbindungen, deren Systematik gut begründet und durchgeführt ist. Bei den organischen Verbindungen sind viele Beispiele der Beeinflussung von chemischer Reaktion und Konfiguration vorhanden. Von Bischoff[1]), der sich neben andern Forschern speciell mit diesem Thema

---

1) C A. Bischoff, Ber. **23**, 623, 1890.

in weitgehendem Maasse beschäftigte, ist die sog. dynamische Hypothese aufgestellt worden, die folgendermassen lautet:

„Von zwei möglichen Gebilden entsteht ceter. par. das in grösserer Menge, welches für die betreffenden Versuchsbedingungen den Molekularbestandtheilen die möglichst freien Schwingungen gestattet."

Nachstehend seien noch verschiedene Beispiele für die Wirkung der räumlichen Anordnung auf die chemischen Umsetzungen gegeben. (Vgl. auch Bd. I.)

Anhydridbildung substituirter Bernsteinsäuren und ähnliche Reaktionen.

In einer Abhandlung: „Beiträge zur Theorie der Anhydridbildung substituirter Bernsteinsäuren" wies Bischoff[1]) auf den Einfluss hin, welchen Alkylgruppen auf die zunehmende Leichtigkeit des intramolekularen Wasseraustritts ausüben. „Die Gruppen, welche die Elemente des Wassers enthalten, Hydroxyle oder Karboxyle, sind in den Anfangsgliedern homologer Reihen von einander weiter entfernt als in den höheren Homologen. In letzteren sind die von den Hydroxylgruppen beanspruchten Plätze innerhalb der Molekel nicht mehr vorhanden; so erklärt es sich, dass die Xeronsäure und Pyrocinchonsäure nur in der Anhydridform existiren, so erklärt sich ferner der verschieden leichte Uebergang der Homologen der Lävulinsäure in Laktone, der substituirten Bernsteinsäuren in ihre Anhydride. Wenn in allen diesen Fällen der Ersatz von Wasserstoff durch Alkylgruppen eine Verkürzung der relativen Abstände der Hydroxyl bindenden Kohlenstoffatome von einander verursacht, so lässt sich die zur Wasserbildung drängende Reaktion der einander räumlich näher gebrachten Hydroxyle daraus erklären, dass dieselben bei der intramolekularen Bewegung gegen einander stossen. Diese Stösse werden mit der Zunahme der Energie (Wärmezufuhr von aussen) zahlreicher; die Anhydridbildung vollzieht sich leichter bei höherer Temperatur."

Viele von Bischoff weiterhin ausgeführten Untersuchungen lassen diese Hypothese als völlig gerechtfertigt erscheinen.

Wie sehr die Reaktionsgeschwindigkeit von der Platzfrage abhängig ist, ergeben die Untersuchungen von Ed. Hjelt[2]) über die Anhydridbildung bei Säuren der Bernsteinsäuregruppe. Unter Anwendung gleicher Versuchsbedingungen erhielt er folgende Werthe:

Brenzweinsäure . . . . 14,1 % anhydrisirte Säure.

Aethylbernsteinsäure . . . . . 14,5 „ „ „

n. Propylbernsteinsäure . . . . 16,6 „ „ „

---

1) C. A. Bischoff, Ber. **23**, 620.
2) Ed. Hjelt, Ber. **26**, 1925, 1893.

Isopropylbernsteinsäure . . . . 29,6 % anhydrisirte Säure.
Dimethylbernsteinsäure
        (unsymmetrisch) . . . . 36,7 „   „   „

Diese sämmtlichen Säuren wurden bei 160° C. untersucht. Für die
Phenylbernsteinsäure, die bei 167° C. schmilzt, wurde eine etwas höhere
Temperatur gewählt, nämlich 170° C. Sie wurde bei dieser Temperatur
mit Brenzweinsäure verglichen.

Brenzweinsäure   im Mittel 18,95 % anhydrisirte Säure.
Phenylbernsteinsäure „   „   13,9 „   „   „

Werden die untersuchten Säuren mit Berücksichtigung der bei 200° C.
gemachten Versuche nach zunehmender Neigung zur Anhydridbildung geordnet, so erhält man folgende Reihe: Bernsteinsäure, Phenyl-, Methyl-
und Aethyl-, n-Propyl-, Isopropyl-, Dimethylbernsteinsäure, Phtalsäure.

„Vergleicht man diese Resultate mit den bei den p-Oxysäuren
erhaltenen, so zeigt sich gute Uebereinstimmung, obgleich die Radikale
infolge ihrer Lage im Molekül bei diesen überhaupt stärker wirken. Auch
hier hat die unsubstituirte Säure die geringste Neigung zur Wasserabspalt-
ung. Von den Radikalen wirkt Phenyl am schwächsten, dann Methyl.
Auffallend ist auch hier der starke Einfluss des sekundären Propyls im
Vergleich mit dem des primären. Diese Erscheinung scheint allgemeiner
Natur zu sein, denn sie ist auch von Hantzsch und Miolati[1]) bei
ihren interessanten Untersuchungen über die Anhydrisirung der Oximido-
säuren beobachtet worden. Am leichtesten wird Phtalsäure anhydrisirt in
vollständiger Uebereinstimmung mit der grossen Geschwindigkeit der Lakton-
bildung aus Oxymethylbenzoësäure.“

Die Ursache dieser Erscheinung ist also darin zu suchen, dass die
Kohlenwasserstoffradikale eine Veränderung der fumaroïden Konfiguration
in eine der maleïnoiden sich mehr nähernde hervorrufen. Zu bemerken
ist besonders, dass die Verzweigung der Kohlenstoffkette durch Eintritt
von Isopropyl und zwei Methylen die Neigung zur Anhydridbildung stark
beeinflusst, wie dies ja auch die Konfiguration der betreffenden Säuren
zeigen würde. Zu einem ähnlichen Ergebniss hinsichtlich der Vermehrung
der Reaktionsgeschwindigkeit kam P. N. Evans[2]) bei seinen Untersuchungen über die Abspaltungsgeschwindigkeiten von Chlorwasserstoff aus Chlorhydrinen, indem er beobachtete, dass z. B.
die Einführung von Methylgruppen in Aethylenchlorhydrin die Reaktionsgeschwindigkeit sehr erhöht.

---

[1]) Hantzsch u. Miolati, Zeitschr. phys. Ch. **11**, 737.
[2]) P. N. Evans, Zeitschr. physik. Ch. **7**, 4, 1891.

Verhältniss des Hydroxyls zu den andern Radikalen in den unsymmetrischen Oximen.

Von Interesse ist auch noch eine Abhandlung von Hantzsch[1]), die das Verhältniss des Hydroxyls zu den beiden, in den unsymmetrischen Oximen vorhandenen Radikalen x und y aufklärt.

$$x - C - y \qquad\qquad x - C - y$$
$$\|\qquad\qquad\qquad\qquad \|$$
$$N - OH \qquad\qquad HO - N$$

Er stellt als ersten derartigen Versuch folgende nur auf annähernde Giltigkeit Anspruch machende Tabelle auf:

1. CH_2COOH,
2. CH_2CH_2COOH,
3. COOH,
4. C_6H_5,
5. C_6H_4x (m- oder p).
6. C_6H_5CO,
7. C_6H_4x (ortho),
8. $C_4H_3S(C_4H_3O)$,
9. C_nH_{2n+1},
10. CH_3.

Der schärfste Gegensatz besteht also zwischen dem das Hydroxyl am meisten „abstossenden" Methyl und dem es am stärksten „anziehenden" karboxylirten Methyl CH_2COOH. Als Ursache dieser Abstossung nimmt Hantzsch an, dass ausser den elektrischen Gegensätzen auch die räumlichen Dimensionen der Atome bezw. Atomgruppen in Bezug auf die von Bischoff betonte Platzfrage zu berücksichtigen seien.

Ich will hier nur auf einige Gruppen näher eingehen. Wie die Konfiguration der Verbindung

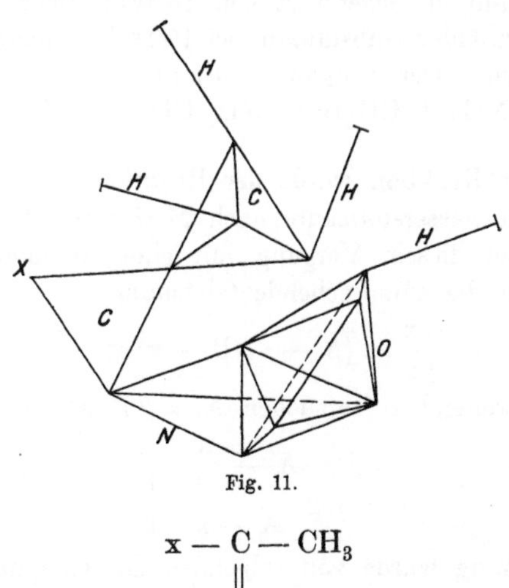

Fig. 11.

$$x - C - CH_3$$
$$\|$$
$$N - OH$$

zeigt, vermögen die Wasserstoffatome des Methyls das Wasserstoffatom

---

1) A. Hantzsch, Ber. 25, 2164, 1892. Band I, S. 600—602.

des Hydroxyls in seinen Bewegungen zu stören. Ersetzen wir eines der Wasserstoffatome des Methyls durch eine Alkylgruppe, so ist der störende Einfluss schon geringer, da die Wasserstoffatome des eingetretenen Alkyls schon weiter entfernt sind. Das Gleiche gilt von dem Wasserstoffatom der Karboxylgruppe, die an CH_2 gebunden ist. Da die Bewegungen der einzelnen Atome bei einer Lagerung am wenigsten Kollisionen ausgesetzt sind, bei welcher die Wasserstoffatome der CH_2COOH-Gruppe dem NOH abgewandt, dagegen die Gruppe $COOH$ zugewandt ist, so werden die schwingenden Atome durch eventuelle Stösse schon diese Lagerung hervorrufen. Das direkt angelagerte Karboxyl der Verbindung

$$x - C - COOH$$
$$\|$$
$$N - OH$$

liegt wieder näher als das der vorher erwähnten; demgemäss werden Kollisionen um so leichter stattfinden.

Bildungsgeschwindigkeit der Amine und der Alkylammoniumsalze.

Diesen Gegenstand behandelt eine Arbeit von N. Menschutkin[1]. Er benutzte hierbei die Methode von A. W. Hofmann, nämlich die Einwirkung der Halogenalkyle auf Ammoniak und Amine, welche sämmtliche Verbindungen darzustellen erlaubt. Die Versuche wurden alle mit Bromalkylen ausgeführt, welche in Quantitäten von 1 Mol. auf 2 Mol. Amin genommen und in Gegenwart von 15 Vol. Benzol auf 1 Vol. der Mischung der reagirenden Substanzen bei 100^0 in zugeschmolzenen Röhrchen erhitzt wurden. Der Vorgang verläuft nach folgender Gleichung:

$$NH_3 + CH_3Br = NH_2(CH_3) + HBr$$

u. s. w.

Nach erfolgter Reaktion wurde der Reaktionsverlauf durch Titration der gebildeten Bromwasserstoffsäure nach Mohr ermittelt.

Da wir es bei diesem Vorgang mit einer dimolekularen Reaktion zu thun haben, gilt die entsprechende Gleichung:

$$\frac{d\,x}{d\,t} = (A - x)(B - x)\,c;$$

und da in den betreffenden Versuchen $A = 2B$ ist, so erhalten wir:

$$c = \log \frac{A - \dfrac{x}{2}}{A - x} \cdot \frac{1}{t}.$$

Die Untersuchung wurde von folgenden Gesichtspunkten aus durchgeführt: 1. in betreff des Einflusses der Anzahl der Ketten auf die Ge-

[1] M. Menschutkin, Ber. **28**, 1398, 1895; Zeitschr. physik. Ch. **17**, 227, 1895; vgl. auch Journ. russ. phys. chem. Ges. (1), **32**, 29, 35, 40, 46, 1900.

schwindigkeit der Bildung der Amine; 2. hinsichtlich des Einflusses der chemischen Struktur der Ketten auf die Fähigkeit der Amine, sich mit den Halogenalkylen zu vereinigen. Nur der erste Theil der Untersuchung ist bis jetzt publicirt worden.

In der folgenden Tabelle sind die Konstanten $\times 10^6$ der Bildungsgeschwindigkeit verschiedener Amine wiedergegeben, wie sie bei Einwirkung desselben Bromalkyls erhalten wurden; sie sind nach der Reaktionsgeschwindigkeit geordnet:

<table>
<tr><td colspan="2">I.</td><td colspan="2">II.</td></tr>
<tr><td>$(CH_3)_2NH + CH_3Br =$</td><td>59954</td><td>$(CH_3)_3N + C_3H_5Br =$</td><td>34263</td></tr>
<tr><td>$(CH_3)_3N + \,$ „ $=$</td><td>47437</td><td>$(CH_3)_2NH + \,$ „ $=$</td><td>30833</td></tr>
<tr><td>$(CH_3)NH_2 + \,$ „ $=$</td><td>31910</td><td>$(CH_3)NH_2 + \,$ „ $=$</td><td>8302</td></tr>
<tr><td>$(C_2H_5)NH_2 + \,$ „ $=$</td><td>19377</td><td>$(C_2H_5)NH_2 + \,$ „ $=$</td><td>3807</td></tr>
<tr><td>$(C_2H_5)_2NH + \,$ „ $=$</td><td>16886</td><td>$(C_3H_7)NH_2 + \,$ „ $=$</td><td>3783</td></tr>
<tr><td>$(C_3H_7)NH_2 + \,$ „ $=$</td><td>15215</td><td>$(C_3H_7)_2NH + \,$ „ $=$</td><td>2910</td></tr>
<tr><td>$(C_3H_7)_2NH + \,$ „ $=$</td><td>10264</td><td>$NH_3 + \,$ „ $=$</td><td>1380</td></tr>
<tr><td>$NH_3 + \,$ „ $=$</td><td>5471</td><td>$(C_2H_5)_3N + \,$ „ $=$</td><td>757</td></tr>
<tr><td>$(C_2H_5)_3N + \,$ „ $=$</td><td>5380</td><td></td><td></td></tr>
</table>

<table>
<tr><td colspan="2">III.</td><td colspan="2">IV.</td></tr>
<tr><td>$(CH_3)_2NH + C_2H_5Br =$</td><td>1534</td><td>$(C_2H_5)NH_2 + C_3H_7Br =$</td><td>65</td></tr>
<tr><td>$(CH_3)_3N + \,$ „ $=$</td><td>1053</td><td>$(C_3H_7NH_2) + \,$ „ $=$</td><td>60</td></tr>
<tr><td>$(CH_3)NH_2 + \,$ „ $=$</td><td>490</td><td>$NH_3 + \,$ „ $=$</td><td>44</td></tr>
<tr><td>$(C_3H_5)NH_2 + \,$ „ $=$</td><td>214</td><td>$(C_3H_7)_2NH + \,$ „ $=$</td><td>21</td></tr>
<tr><td>$(C_3H_7)NH_2 + \,$ „ $=$</td><td>184</td><td>$(C_3H_7)_3N + \,$ „ $=$</td><td>0,5.</td></tr>
<tr><td>$(C_2H_5)_2NH + \,$ „ $=$</td><td>182</td><td></td><td></td></tr>
<tr><td>$NH_3 + \,$ „ $=$</td><td>124</td><td></td><td></td></tr>
<tr><td>$(C_3H_7)_2NH + \,$ „ $=$</td><td>101</td><td></td><td></td></tr>
<tr><td>$(C_2H_5)_3N + \,$ „ $=$</td><td>30</td><td></td><td></td></tr>
</table>

Hieraus ergiebt sich, dass Bromäthyl und Bromallyl die grössten Geschwindigkeiten ergeben; und am raschesten Dimethylanilin und Trimethylamin reagiren. Bemerkenswerth ist die geringe Reaktionsfähigkeit von Ammoniak, welches erst vor Dipropyl- und Triäthylamin rangirt. Im übrigen zeigen die Amine überall die gleiche Reihenfolge. Es lassen sich drei Typen unterscheiden:

Erster Typus. Das Minimum der Geschwindigkeit entspricht der Bildung des primären Amins, das Maximum der Bildung des tertiären Amins oder dem Alkylammoniumsalz. Hierfür sind die Methylamine der beste Typus.

Zweiter Typus. Das Maximum der Geschwindigkeit fällt auf die Bildung des sekundären Amins. Beispiele sind Aethyl- und Propylamine, und von den gemischten Aminen gehören zu diesem Typus alle diejenigen, die durch Einwirkungen von Bromalkylen, Methylbromid nicht ausgenommen, auf die Amine des zweiten Typus entstehen.

Dritter Typus. Das Maximum der Geschwindigkeit ist schon bei der Bildung des primären Amins erreicht; die Geschwindigkeit fällt sodann und erreicht das Minimum bei der Bildung der quaternären Ammoniumverbindungen.

„Die Substitution des ersten Wasserstoffatoms im Ammoniak durch Methyl hat eine enorme Steigerung der Geschwindigkeit = 25439 zur Folge: die Kette $CH_3 . CH_2 . CH_2$ übt bei der nämlichen Substitution keine Wirkung aus. Kohlenstoffreiche oder durch gewisse Strukturverhältnisse ausgezeichnete Ketten können beim Eintritt die Geschwindigkeit der Verbindung der Amine mit den Bromalkylen verzögern. Ein solches Verhalten der Kette hat zur Folge, dass die Bildungsgeschwindigkeit der Amine in der Weise sich gestalten muss, dass sie den oben gefundenen empirischen Regelmässigkeiten entspricht.

1. Hat die in das Ammoniak eingeführte Kohlenstoffkette die Fähigkeit des Stickstoffatoms, sich mit den Bromüren zu vereinigen, vergrössert, so wird durch Einführung solcher Ketten die Verbindungsfähigkeit immer grösser, und das Maximum der Geschwindigkeit muss auf die Bildung des tertiären Amins fallen, bei der Substitution aller drei Wasserstoffatome des Ammoniaks. Die Vergrösserung der Bildungsgeschwindigkeit mit der Anzahl der Ketten entspricht dem oben aufgestellten Typus der Amine.

2. Ist der Einfluss der Kette auf die Vergrösserung der Geschwindigkeit gering, so ist ihre Wirkung bei der Substitution des zweiten Wasserstoffatoms des Ammoniaks schon erschöpft; ein unbedeutendes Maximum wird man bei der Bildung der sekundären Amine sehen. Es ist dies der zweite Typus der Amine.

3. Wird von der eintretenden Kette die Geschwindigkeit der Vereinigung des Stickstoffatoms mit den Bromalkylen herabgedrückt, so ist das Maximum der Geschwindigkeit bei der Bildung des primären Amins und das Maximum bei der Bildung der Alkylammoniumverbindungen zu suchen. Das sind die Merkmale des dritten Typus der Amine.“

„Bei den diesem letzteren Typus angehörenden Aminen werden wir selten alle die Formen der Amine entwickelt finden. Je stärker die Kette die Bildungsgeschwindigkeit der Amine verringert, desto eher tritt ein Verschwinden der komplexeren Formen der Amine ein; zunächst verschwinden die Ammoniumverbindungen, sodann die tertiären, endlich die sekundären Amine. Etwas länger bleibt die Fähigkeit schwacher Basen, sich mit den Säuren zu verbinden und nur in dieser Form die Verbindungen des fünfatomigen Stickstoffs zu geben; es kann aber auch diese Eigenschaft abgehen, und es giebt Amine, die mit so stark deprimirend wirkenden Ketten versehen sind, dass sie sogar Salze zu bilden nicht im stande sind. Anilin ist eine schwache Base, Diphenylamin giebt nur wenig Salze, Triphenylamin ist mit den Säuren nicht verbunden und Tetraphenylammoniumverbindungen existiren nicht. Solche die Bildungsgeschwindigkeit der Amine stark deprimirenden Ketten sind betreffs ihrer Wirkung den sauerstoffhaltigen Ketten, wie sie uns z. B. die Säureamide zeigen, zu vergleichen. Acetamid CH_3CONH_2 ist kaum im stande, Verbindungen des fünfatomigen Stickstoffs zu geben."

„Den schwach basischen Aminen oder Säureamiden kann die Fähigkeit, Verbindungen des fünfatomigen Stickstoffs einzugehen, wiedergegeben werden durch Einführung der Geschwindigkeit erregenden Ketten, wie z. B. Methyl und dgl. mehr. Die Einführung des Methyls in Anilin verzehnfacht die Geschwindigkeit der Vereinigung derselben mit den Bromüren:

$$(C_6H_5)NH_2 + C_3H_5Br = 68,$$
$$(C_6H_5)CH_3NH + C_3H_5Br = 504.$$

„Bei dem weitern Eintritt des Methyls in Anilin finden wir wieder die Ammoniumverbindungen wie z. B.

$$(C_6H_5)(CH_3)_3NBr$$

vor. Durch Einführung des Piperidinrestes in das Acetamid bekommt man das Acetylpiperidin, $CH_3CO.N:C_5H_{10}$, welches verhältnissmässig stabile Salze giebt."

Im Anschlusse hieran hat E. Wedekind[1]) Untersuchungen ausgeführt, die das Resultat ergeben, dass, während Phenylgruppen einen mit ihrer Zahl wachsenden specifischen Einfluss ausüben, fette Radikale mit zunehmender Kohlenstoffzahl und beginnender Verzweigung der Kohlenstoffketten (Isoalkyle) das Vermögen, quaternäre Ammoniumverbindungen zu bilden, ausserordentlich schnell herabsetzen. Dies wurde in einer Versuchsreihe festgestellt, in der Dimethylanilin als tertiäre Base zu Grunde gelegt war und die Radikale Methyl, Aethyl, Allyl, Normalpropyl, Isopropyl, Normalbutyl, Isobutyl, Isoamyl und Benzyl in Gestalt ihrer Jodide zum Vergleiche herangezogen wurden.

Aus den Versuchen ergiebt sich, dass Methyl und Aethyl einander dynamisch sehr nahe stehen, während Methyl und Aethyl sich durch eine Differenz von $74\,^0/_0$ unterscheiden. Sehr verschieden verhalten sich Propyljodid, C_3H_7J, und Allyljodid, C_3H_5J, in gleicher Weise wie bei den Versuchen von Menschutkin, dagegen verhalten sich Benzyljodid und

---

1) E. Wedekind, Ber. **32**, 511, 1899. Habilitationsschrift: Zur Stereochemie des fünfwerthigen Stickstoffatoms Leipzig 1899. Liebig's Ann. **318**, 90 u. 117, 1901.

Methyljodid ähnlich. Grössere Unterschiede sind noch zwischen Propyljodid und Isopropyljodid (23 %) und zwischen Butyljodid und Isobutyljodid (ca. 16 %) vorhanden.

Es dürfte bei einer grossen Zahl der hier mitgetheilten Fälle jetzt schon nicht schwer sein, die entsprechende stereochemische Begründung zu finden; für die übrigen wird man auch noch dazu gelangen. Allerdings kann ich nicht anerkennen, dass die von Bischoff für das Stickstoffatom gegebene Pyramidenform diesen Anforderungen am besten gerecht wird, sondern nur die von mir gegebene, wie sie in Band I näher erläutert wurde.

3. Orientirende Wirkung.

Allgemeines.

Wohl bei allen Reaktionen, bei denen ein Substituent neu in ein Molekül an Stelle eines andern Atoms oder einer Gruppe eintritt, übt das Vorhandensein des einen oder andern Atoms oder einer Gruppe einen Einfluss hinsichtlich des Ortes aus, an welchem die Substitution erfolgt. Bei Additionen dagegen kommt meist nur das Vorhandensein von freien oder halb gesättigten Haupt- oder Nebenvalenzen in Frage, um den Ort der etwaigen Anlagerung zu bestimmen.

Bei Substitutionen haben wir es also häufig mit einem orientirenden Einfluss der vorhandenen Atome oder Gruppen zu thun. Doch auch bei Reaktionen, die die Hinwegnahme einer Gruppe oder bestimmter Atome bewirken, zeigt sich diese orientirende Wirkung. Wir können demgemäss unterscheiden zwischen orientirender Wirkung bei Subtraktionen und einer solchen bei Substitutionen.

Eine orientirende Wirkung zeigt sich vielfach bei Benzolderivaten in auffallender Weise, indem einerseits nur o- und p-Derivate und anderseits wieder nur m-Derivate entstehen. Eine ausführliche Besprechung findet sich in Band I, sowie in meinem Buche: Die physikalischen und chemischen Methoden der quantitativen Bestimmung organischer Verbindungen, Berlin, Springer 1902.

Vielfach ist eine direkte Anlagerung des neu eintretenden Substituenten an die orientirende Gruppe nachweisbar. Nach dieser Anlagerung überträgt dann die orientirende Gruppe den Substituenten an den ihm zukommenden Platz im Kern. Solche Anlagerungen sind nachgewiesen bei der Bromirung von Phenol, bei der Chlorirung, Bromirung und Nitrirung von Anilin.[1]

A. Hantzsch und N. Singer[2] erwähnen folgendes Beispiel:

$$C_6H_5N : NCOC_6H_5 + HCl = C_6H_5NCl . NHCOC_6H_5$$
$$C_6H_5NCl . NHCOC_6H_5 = C_6H_4(o)ClNH . NHCOC_6H_5.$$

---

1) Vgl. F. D. Chattaway, K. J. P. Orton u. R. C. F. Evans, Ber. **32**, 3573, 1899; **33**, 3057, 1900.

2) A. Hantzsch u. M. Singer, Ber. **30**, 319, 1897.

Wie P. Jannasch und W. Hinterskirch[1]) gefunden haben, wandelt sich das Jodidchlorid des Jodanisols beim Stehen um nach folgender Gleichung:

$$OCH_3 \quad J\!<\!^{Cl}_{Cl} \quad = \quad OCH_3 \quad J \;+\; HCl.$$

Ebenso verhält sich das Jodidchlorid des Jodphenetols[2])

$$OC_2H_5 \quad J\!<\!^{Cl}_{Cl}.$$

Ausbleiben von Reaktionen infolge hindernder Wirkung von Substituenten.

Bereits im I. Bande S. 491—505 sind einige hierher gehörige Beispiele wie z. B. die durch V. Meyer's Estergesetz u. s. w. gekennzeichneten Reaktionen ausführlich behandelt worden. Weiterhin seien folgende erwähnt:

Ketone, d. s. Körper, welche die Gruppe CO in Verbindung mit zwei Alkylgruppen enthalten, liefern mit Hydroxylamin oder einem Hydrazin zusammengebracht die entsprechenden Verbindungen, Oxime und Hydrazone. Diese Reaktionen lassen sich durch folgende Gleichungen wiedergeben:

$$\overset{|}{\underset{|}{C}}O + H_2NOH = H_2O + \overset{|}{\underset{|}{C}} : NOH \quad (Oxim).$$

$$\overset{|}{\underset{|}{C}}O + H_2NNHR = H_2O + \overset{|}{\underset{|}{C}} : N . NHR \quad (Hydrazon).$$

Auch Ketone der Formel $\overset{R}{\underset{CO}{|}}$ verhalten sich so, dagegen liefern

2) P. Jannasch u. W. Hinterskirch, Ber. **31**, 1710, 1898.
3) P. Jannasch u. M. Naphtali, Ber. **31**, 1714, 1898.

die der Formel $\underset{\displaystyle H_3C \diagdown\!\!\!\diagup CH_3}{\overset{\displaystyle \overset{R}{|}}{\underset{}{CO}}}$ keine derartigen Verbindungen [1]).

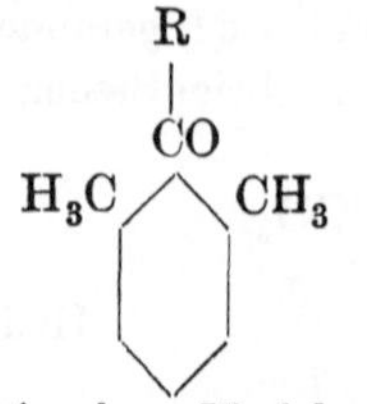

Bei aromatischen Kohlenwasserstoffen[1]) erleichtert das Vorhandensein von Methylgruppen die Aufnahme der Acetylgruppe nach dem Friedel-Crafts'schen Verfahren, welches auf der Einwirkung von Säurechloriden auf die aromatischen Kohlenwasserstoffe bei Gegenwart von Chloraluminium beruht und nachfolgende Gleichung verlangt:

$$C_6H_6 + CH_3COCl = HCl + C_6H_5COCH_3,$$

wobei das Aluminiumchlorid als Kontaktkörper wirkt. Diese Reaktion gestattet, in das Benzol eine, niemals aber mehrere Acetylgruppen einzuführen. Dies ist jedoch der Fall, wenn die aufgenommene Acetylgruppe von zwei Methylgruppen umgeben ist. Dieselbe ermöglicht noch die Aufnahme einer zweiten Acetylgruppe wie bei folgenden Körpern:

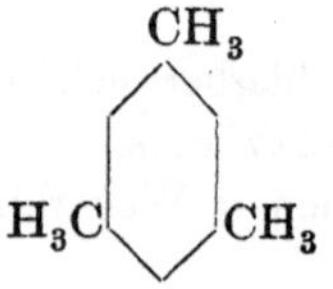

Mesitylen. 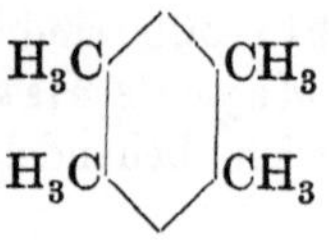   Durol. 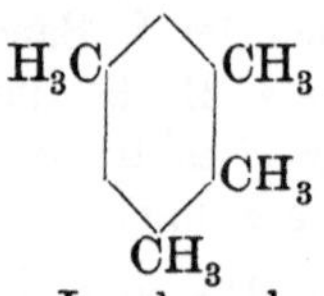   Isodurol.

M-Xylol, 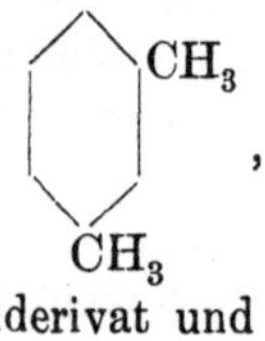   , dagegen liefert in überwiegender Weise nur ein Monoacetylderivat und in ganz geringer Menge ein Diacetylderivat. Das Gleiche gilt für die entsprechenden Aethylderivate.

In betreff der Bildung quaternärer Ammoniumverbindungen bei den Homologen des Anilins wiesen E. Fischer und A. Windaus[2]) nach, dass die Bildung quaternärer Ammoniumjodide bei den sechs Xylidinen bei erschöpfender Behandlung mit Jodmethyl nur dann ausbleibt, wenn beide der Amidogruppe benachbarte Stellungen durch Methyl ersetzt sind. Das Gleiche gilt für die Bromtoluidine, wo an Stelle der Methylgruppe Brom tritt.

Nach V. Meyer's Estergesetz ergiebt es sich, dass bei diorthosubstituirten Benzoësäuren eine Esterificirung sehr erschwert oder unmöglich ist.

---

1) Vgl. V. Meyer, Naturw. Rundsch. 11, 477, 1896.
2) E. Fischer u. A. Windaus, Ber. 33, 345 u. 1967, 1900, sowie Bd. I, S. 498.

Weitere hierher gehörige zahlreiche Fälle sind in Band I bei Besprechung der Konfiguration des Benzolkerns mitgetheilt worden.

Gesetzmässigkeiten bei der Bildung der Azofarbstoffe.

Die hinsichtlich der Bildung der Azofarbstoffe obwaltenden Gesetzmässigkeiten sind bereits durch die Arbeiten von P. Griess, sowie der vielen andern auf jenem Gebiete thätigen Forscher erschlossen worden. Diese Erscheinungen sind den bei der Bromirung aromatischer Verbindungen sich zeigenden so ähnlich, dass ich mich veranlasst sah[1]), die in der Litteratur noch vielfach verstreuten Angaben zu sammeln und je nach Umständen zu ergänzen.

Nach der sog. „Griess'schen Regel" ist der Eintritt einer Azogruppe in den Benzol-, bezw. einen andern aromatischen Kern an das Vorhandensein einer Hydroxyl- oder Amidogruppe geknüpft. Eine Ausnahme wird weiter unten erwähnt werden. Der Eintritt der Azogruppe erfolgt in die p-Stellung oder, falls diese besetzt ist, in o-Stellung. Sind die p- und beide o-Stellungen substituirt, so findet keine Kombination statt. Es können auch zwei Azogruppen in denselben aromatischen Kern eintreten.

Beispiele: Phenoldiazobenzoldiazotoluol[2]), und Resorcindisazofarbstoffe[3]).

Eine hindernde Wirkung auf den Eintritt einer Azogruppe üben andere Substituenten in der m-Stellung zur Amido- oder Hydroxylgruppe nicht aus, in der o- oder p-Stellung nicht bei den Gruppen: Alkyl, NO_2, Halogen, SO_3H, CO_2H. Auch der Chinonsauerstoff zeigt in dieser Hinsicht keinen Einfluss. So hat F. Kehrmann[4]) Azofarb-

stoffe aus Monochlor-p-dioxychinon, $\begin{array}{c} O \\ HO \diagup \diagdown Cl \\ | \quad \quad | \\ \diagdown \diagup OH \\ O \end{array}$, dargestellt.

Ebenso verhalten sich Nitrodioxychinon, Dioxytoluchinon, sämmtliche aus Naphtolgelb S dargestellte Sulfosäuren, welche die SO_3H-Gruppe in einer β-Stellung des zweiten Kerns besitzen. Die Reaktion versagt dagegen, wenn sich

---

1) W. Vaubel, Journ. pr. Ch. **52**, 284, 1895.
2) P. Griess, Ber. **9**, 628, 1876.
3) O. Wallach, das. **15**, 22, 1882.
4) F. Kehrmann, Chem. Ztg. **14**, 140, 1890.

das Hydroxyl nicht mit der Chinongruppe im nämlichen Kern befindet.

Die CO_2H-Gruppe kann in der p-Stellung durch die Azogruppe ersetzt werden.

Beispiele: Diazobenzol und p-Oxybenzoësäure vereinigen sich immer unter Abspaltung von CO_2 [1]), auch bei der Resorcylsäure $C_6H_3(COOH)(OH)_2$ (1. 2. 4.) kann Abspaltung erfolgen.

Sind in o- und p-Stellung alkylirte oder nichtalkylirte Amido- oder Hydroxylgruppen vorhanden, so findet nur ausnahmsweise Kombination statt.

Beispiele: Nach bisheriger Annahme gelang es nicht, im Hydrochinon oder Brenzkatechin die Azogruppe einzuführen; dagegen zeigten O. N. Witt und Fr. Meyer[2]), dass Brenzkatechin mit koncentrirter Diazolösung Farbstoffe giebt. Hydrochinon [3]) liefert, wahrscheinlich seiner stark reducirenden Eigenschaften wegen, mit Diazolösungen keinen Farbstoff, wohl aber das Monobenzoylderivat. o-Phenylendiamin[4]) giebt mit Diazobenzolsulfosäure Azimidobenzol und Sulfanilsäure; aus dem p-Phenylendiamin entsteht eine braune, gummiartige, nicht näher untersuchte Masse. Nach meinen Untersuchungen vereinigen sich Dimethylparaphenylendiamin, p-Phenetidin, Monobromparaphenetidin nicht mit Diazolösungen.

Ist die Amidogruppe alkylirt, so kann sie doch substituirend auf die Azogruppe wirken.

Beispiele: Bildung von Dimethylanilinorange aus Dimethylanilin und Diazobenzolsulfosäure, von Phenylamidoazobenzolsulfosäure aus p-Diazobenzolsulfosäure und saurer alkoholischer Diphenylaminlösung u. s. w.

Dagegen kombiniren alkylirte Hydroxylgruppen nicht mehr oder kaum noch mit Diazolösungen, wie das Verhalten von Anisol, Phenetol, Anissäure und der Naphtoläther zeigt.

Ebenso verhält sich eine acetylirte oder benzoylirte Amido- oder Hydroxylgruppe.

Beispiele: s. oben 1. das Verhalten des Benzoylhydrochinons, bei welchem die benzoylirte Hydroxylgruppe nicht mehr hindernd und deshalb wohl auch nicht mehr substituirend wirkt. 2. Acetanilid wirkt anscheinend nicht auf Diazolösungen.

Bemerkenswerth ist hier das Verhalten des Naphtylglycins,

$$C_{10}H_7NH \cdot CH_2COOH,$$

welches nach A. Donner[5]) mit Diazobenzol Farbstoffe liefert.

---

[1]) H. Limpricht, Ann. Chem. **263**, 224.

[2]) O. N. Witt u. Fr. Meyer, Ber. **26**, 1072, 1893.

[3]) O. N. Witt u. E. S. Johnson, das. **26**, 1032, 1893.

[4]) P. Griess, Ber. **15**, 2189, 1882.

[5]) A. Donner, Ber. **24**, 2902, 1891.

Der Substitution der Azogruppe in o- und p-Stellung
geht mit grösster Wahrscheinlichkeit eine Anlagerung der
Azogruppe an die Amido- oder Hydroxylgruppe voraus.

Begründung: Bildung von Diazoamidoverbindungen als End- oder
Zwischenprodukt, häufig bemerktes Auftreten einer Zwischenverbindung,
wie z. B. bei der Darstellung der Kongofarbstoffe.

Da bei den dialkylirten Aminen alsdann ebenfalls eine vorhergehende
Anlagerung an die Amidogruppe stattfinden muss, sind wir gezwungen
folgenden Vorgang anzunehmen:

$$\text{a)} \quad C_6H_5NH_2 + ClN:NC_6H_5 = C_6H_5 . N\diagdown\overset{H_2}{\underset{Cl}{-}} N:NC_6H_5 =$$

$$C_6H_5\overset{H}{N} . N:N . C_6H_5 + HCl = C_6H_4\diagdown\overset{NH_2}{\underset{N:N.C_6H_5}{}} + HCl.$$

$$\text{b)} \quad C_6H_5N(CH_3)_2 + Cl . N:N . C_6H_5 = C_6H_5 . N\diagdown\overset{(CH_3)_2}{\underset{Cl}{-}} N:NC_6H_5 =$$

$$C_6H_4\diagdown\overset{N(CH_3)_2}{\underset{N:N.C_6H_5}{}} + HCl.$$

Auf die Konstitution der o-Azoverbindungen ist hier absichtlich nicht
eingegangen worden, da die bisher bekannt gewordenen Versuchsergebnisse
für keine der beiden möglichen Annahmen zu einem vollgiltigen Beweise
geführt haben, so dass sehr wahrscheinlich tautomere Formen angenommen
werden müssen.

Unter gewissen, in ihrer Gesetzmässigkeit noch nicht vollständig erkannten Umständen findet überhaupt keine Substitution oder nur
wenig statt, dagegen überwiegend die Bildung von Diazoamido-
oder Diazooxyverbindungen. Auch andere Umsetzungen können
vor sich gehen. So erfolgt beim Anilin die Einführung der Azogruppe
in den Kern schon schwierig, beim p-Toluidin nur unvollkommen. o-Nitrophenol lässt sich mit o-Diazobenzoësäure zu einer Azoverbindung vereinigen, p-Nitrophenol dagegen liefert eine Substanz von wahrscheinlich
folgender Zusammensetzung $C_6H_4(CO_2H)N:N . OC_6H_4NO_2$ [1]). Nach
G r i e s s [2]) vereinigt sich auch die p-Diazophenolsulfosäure nicht mit Phenol,
während dies sonst mit Diazolösung sich leicht kombinirt.

Dem Verhalten von Anilin und p-Toluidin gegenüber ist das des

1) P. Griess, Ber. 17, 340, 1884.
2) P. Gries, Das. 16, 1631, 1883.

p-Xylidins [Strukturformel: Benzolring mit CH_3 oben, NH_2 rechts, CH_3 unten] auffallend, welches sich nach D. R. P. Nr. 67991 [1])

mit grösster Leichtigkeit zu Azoverbindungen kombinirt und deshalb mit dem α-Naphtylamin verglichen werden kann.

In betreff anderer vom Benzol sich ableitenden Verbindungen sei bemerkt, dass das Pyrrol nach O. Fischer und E. Hepp [2]) im stande ist, Azo- und Diazoverbindungen zu liefern. Auch Aethylpyrrol, $C_4H_4N(C_2H_5)$, giebt mit Diazolösung Farbstoffe. Das Verhalten des Pyrrols bei diesen Reaktionen erinnert lebhaft an Resorcin, welches letztere ebenfalls mit Leichtigkeit Azo- und Disazofarbstoffe bildet. Aus der Identität des Pyrroldisazobenzol-β-Naphtalins mit Pyrroldisazo-β-Naphtalinbenzol kann man den Schluss ziehen, dass der Eintritt der Azogruppe in das Molekül des Pyrrols in symmetrischer Weise zum Stickstoff stattfindet. Die Disazoverbindungen sind demnach entweder $\alpha\alpha$- oder $\beta\beta$-Derivate. Für die $\alpha\alpha$-Stellung spricht der Umstand, dass die α-Karbopyrrolsäure unter Eliminirung der Karboxylgruppe dasselbe Produkt giebt, wie das Pyrrol. Dass aber auch, wenn die α-Stellungen besetzt sind, die Azogruppe in die β-Stellung eintreten kann, zeigt das Verhalten des $\alpha\alpha$-Dimethylpyrrols. Nur kurz möchte ich darauf hinweisen, dass diese Beobachtungen in sehr gutem Einklange mit den von mir bei der Bromirung gemachten und demgemäss mit der von mir entwickelten Theorie über die Konstitution des Pyrrols [3]) stehen. (Vergl. S. 535 von Band I.)

Von Interesse ist noch das Verhalten des Thiënylmerkaptans C_4H_3SSH, welches sich nach A. Biedermann [4]) mit Diazolösungen kombinirt, während das beim Phenylmerkaptan nicht der Fall ist. Wir haben hier das einzige Beispiel einer derartigen Wirksamkeit der SH-Gruppe, die sie jedoch erst durch das Vorhandensein des Schwefelatoms im Kern erlangt.

Bezüglich der Naphtalinderivate sei bemerkt, dass sich die α-Verbindungen wie orthosubstituirte Benzolderivate verhalten, dagegen ist bei den β-Verbindungen merkwürdig, dass nur die α-o-Stellung besetzt wird, Ob dies seinen Grund in räumlichen Verhältnissen hat, mag einer späteren Erörterung vorbehalten bleiben. Eine andere auffallende Erscheinung ist die, dass aus α_2-Amido-β_1-naphtol mit Diazoverbindungen sich Farbstoffe [5])

[1]) P. Griess, Chem. Ztg. 1893, 731.
[2]) O. Fischer u. E. Hepp, Ber. **19**, 2251, 1886.
[3]) W. Vaubel, Journ. pr. Ch. [2], **50**, 367.
[4]) A. Biedermann, Ber. **19**, 1615.
[5]) D.R.P. Nr. 77256. Chem. Ztg. 1894, Nr. 91.

herstellen lassen, welche infolge des Umstandes, dass die Amido- und Hydroxylgruppe in o-Stellung zu einander stehen, die Eigenschaft zeigen, Metallbeizen anzufärben. Jedoch ist es fraglich, ob bei diesen Farbstoffen die beiden Gruppen OH und NH_2 noch intakt enthalten sind, da jenes Amidonaphtol nach anderer Angabe nicht kombinirt wird. Vielleicht zeigt sich aber auch hier, wie beim Brenzkatechin gefunden wurde, eine Kombination bei Anwendung koncentrirter Lösungen.

Aus der vorstehenden Zusammenstellung ergiebt sich, dass die Bildung der Azofarbstoffe sehr wohl mit der Bromirung aromatischer Hydroxyl- und Amidoverbindungen verglichen werden kann. Unterschiede zeigen sich nur in geringem Maasse, und liegt dies hauptsächlich wohl in der grösseren Verwandtschaft der Amidogruppe zur Azogruppe gegenüber dem Hydroxyl und der geringeren acidificirenden Wirkung der Azogruppe gegenüber dem Brom, sowie in den räumlichen Verhältnissen der Azogruppe gegenüber dem Bromatom. Dabei ist noch zu bemerken, dass die Bromirung in saurer Lösung erfolgt, die Bildung der Azofarbstoffe meist in alkalischer oder neutraler, selten in saurer.

Fettaromatische Disazoverbindungen sind folgende bekannt geworden:

1. die Kuppelungsprodukte des Acetessigesters mit Tetrazonium-diphenyl[1];

2. die des Acetessigesters mit o-Diaminodiphensäure[2];

3. die der Methylenverbindungen vom Typus des Acetessigesters mit diazotirtem Monoacet-p-phenylendiamin[3].

Aufnahme von mehr als ein Molekül Diazo- bezw. Tetrazoverbindung.

Wie schon erwähnt, haben Resorcin und verwandte Körper die Eigenschaft[4] sich mit ein oder auch zwei Mol. Diazolösung zu Farbstoffen zu vereinigen. Auch Phenol vermag, wie schon P. Griess[5] gefunden hat, zwei Mol. Diazokörper aufzunehmen, wie das Beispiel des Phenoldiazobenzoldiazotoluols zeigt. In gleicher Weise verhalten sich Pyrrol[6], Amidonaphtol[7] und Amidonaphtolsulfosäuren[6]. Bei den Amidonaphtolen kommt sowohl die Wirkung der Amido- als auch der Hydroxylgruppe in Betracht. Nach D.R.P. 89911 haben die Monoazofarbstoffe der Phenole die Eigenschaft mit ein Mol. Tetrazoverbindung ein Zwischen-

[1] E. Wedekind, Liebig's Ann. **295**, 233, 1898.

[2] K. Bülow, Ber. **31**, 2579, 1897.

[3] K. Bülow, Ber. **33**, 187, 1899.

[4] O. Wallach, Ber, **15**, 22, 1882.

[5] P. Griess, Ber. **9**, 628, 1876.

[6] O. Fischer u. E. Hepp, Ber. **19**, 2251, 1886.

[7] D.R.P. 86848 Leop. Cassella u. Co.

produkt zu bilden, das sich mit ein Mol. Amidonaphtolsulfosäure zu substantiven Farbstoffen zu vereinigen vermag. Eine Diazogruppe der Tetrazolösung tritt dabei in o-Stellung zur Hydroxylgruppe des zur Bildung der Monoazofarbstoffe verwendeten Phenols.

Ich habe nun bereits vor längerer Zeit die Beobachtung[1] gemacht, dass die Baumwolle direkt anfärbenden Farbstoffe, sowie einige andere die Eigenschaft haben, sich mit ein oder mehr als ein Mol. Tetrazoverbindung zu unlöslichen, braunen bis schwarzen Körpern zu vereinigen. Hierzu eignen sich die eine Hydroxyl- oder Amidogruppe enthaltenden Farbstoffe sowohl, als auch die aus den Amidonaphtol- und Dioxynaphtalinsulfosäuren hergestellten Körper. Folgende Beispiele seien erwähnt:

Das aus Tetrazodiphenyl und R-Salz hergestellte Benzidinblau vermag sich nach und nach mit ca. 2 Mol. Tetrazodiphenyl zu vereinigen; Der entstehende Körper wird mit der Aufnahme weiteren Tetrazodiphenyls immer weniger löslich und zuletzt völlig unlöslich in Wasser bezw. alkalischer Lösung.

Bei der Darstellung des aus Tetrazodiphenyl und 1,5-Dioxynaphtalinsulfosäure gebildeten Naphtocyanins ist eine äusserst vorsichtige Behandlung nöthig, da andernfalls schon bei Verwendung von 1 Mol. Tetrazolösung auf 2 Mol. Dioxynaphtalinsulfosäure nebenher unlösliche Körper entstehen. Der Farbstoff selbst vermag noch allmälig ca. 3 Mol. Tetrazoverbindung aufzunehmen. Dabei entsteht ein in Wasser bezw. Alkali völlig unlöslicher Körper.

Aehnlich verhält sich auch der aus 1,6-Dioxynaphtalin-4-sulfosäure bezw. 6-Amido-1-oxynaphtalin-4-sulfosäure hergestellte Farbstoff. Er wird bei weiterer Einwirkung von Tetrazoverbindung zunächst schwer löslich, später völlig unlöslich.

Die hierbei durch Einwirkung von Tetrazolösung auf die in Sodalösung befindlichen Farbstoffe zunächst hergestellten Körper mögen sich wohl durch Anlagerung von Tetrazodiphenyl bezw. einer andern Tetrazoverbindung an die Hydroxyl- bezw. Amidogruppe gebildet haben, also Verbindungen von der Formel:

$$\text{Farbstoffrest} \quad O - N = NC_6H_4 - C_6H_4N = NCl \text{ bezw.}$$
$$\text{,,} \quad NH - N = NC_6H_5 - C_6H_4N = NCl$$

sein. Ausserdem kann ein Eintritt der Azogruppe in o- oder eine andere entsprechende Stelle zur Hydroxyl- oder Amidogruppe erfolgt sein. Mehrere dieser betreffenden Moleküle können unter einander verknüpft sein etc. Es liegt also eine grosse Zahl von Möglichkeiten vor. Jedenfalls findet aber die Einwirkung ohne nennenswerthe Entwicklung von Stickstoff statt. Auch ist eine freie Diazogruppe nach einiger Zeit nicht mehr nachweisbar. Die in weiterer Folge entstandenen Körper unterscheiden

---

[1] W. Vaubel, Chem. Ztg. **21**, 68, 1897.

sich durchaus von den in D.R.P. 89 911 beschriebenen. Nicht unerwähnt will ich lassen, dass Diazolösungen, wenn überhaupt, nur sehr langsam einwirken. Auch auf die meisten Wollfarbstoffe der Azoreihe, also hauptsächlich Monoazofarbstoffe, ist die Einwirkung der Tetrazokörper eine sehr geringe.

Weiterhin habe ich nun die Beobachtung gemacht, dass die durch Einwirkung von Tetrazolösung auf Azofarbstoffe entstehenden Körper sich auch auf der Baumwollfaser bilden, wodurch zumeist sehr echte Färbungen erzeugt werden. Die Nüance der hierbei erhaltenen Farbtöne liegt vorwiegend zwischen Gelb und Braun. Bei einigen Farbstoffen erfolgt die Einwirkung der Tetrazoverbindung nicht rasch genug; alsdann färbt dieselbe die Baumwolle direkt, und es entstehen Mischfarben. Aehnliche Mischfarben würden sich auch erzeugen lassen, wenn man zunächst nach D.R.P. 55 837 (Kalle & Co.) die Baumwollfaser mit einer Diazo- bezw. Tetrazolösung an- und nachher mit einer andern Baumwollfarbe überfärben würde. Hierbei könnte auch die Diazo- bezw. Tetrazoverbindung als Beize dienen, z. B. für Methylenblau; in diesem Falle würde letztere Farbe mit dem Gelb des Diazokörpers ein Grün erzeugen.

Je nach der Dauer der Einwirkung der Tetrazolösung resultiren verschiedene Färbungen. Meist sind dieselben nach kürzerer Zeit braun; nach längerer Dauer ähnelt die Nüance bei einigen wieder der des ursprünglich angefärbten Körpers. Bei andern entstehen die vorher erwähnten Mischfarben.

Wir können also die Baumwollfarbe nach der Art der mit der Tetrazolösung auf der gefärbten Baumwolle erhaltenen Färbung in drei Klassen eintheilen:

1. Solche, bei denen nach längerer Einwirkungsdauer die entstandene Farbnüance der des ursprünglich angewendeten Farbstoffes ähnelt. Hierzu gehören:

	Ursprüngliche Farbe.	Nach 5—10 Min.	Nach 15 Stunden.
Benzidinblau	blau	gelblich braun	violettbraun
Benzidin-1,6-dioxynaphtalinsulfosäure	rotbraun	braun	dunkelrotbraun
Diaminechtrot	rot	braun	braunrot

2. Solche, bei denen auch nach längerer Einwirkungsdauer die Farbnüance braun bleibt, ohne sich der des ursprünglich angewendeten Farbstoffes zu nähern. Beispiele:

	Ursprüngliche Farbe.	Nach 5—10 Min.	Nach 15 Stunden.
Naphtocyanin	blau	braun	dunkelbraun
Benzidinsalicylsäure, Bisulfit . . .	gelb	bräunlichgelb	gelblichbraun
Diaminviolett N	violett	braun	braun
Kongo	rot	braun	braun

3. Mischfarben, d. h. solche, die durch Kombination der ursprünglichen Farbe mit der braungelben der Tetrazolösung entstehen. Beispiele:

	Ursprüngliche Farbe.	Nach 5—10 Minuten.
Benzoazurin G	blau	. . . . . . grün
Methylenblau	blau	. . . . . . grün

Natürlich finden in einzelnen Fällen auch Uebergänge statt, so dass
wir manche Farbstoffe in Klasse 1 und 2 event. auch 3 unterzubringen
hätten.

Die Einwirkung geschah in allen Fällen in schwach sodahaltiger
Lösung, worin bekanntlich Tetrazokörper längere Zeit haltbar sind. Die
entstehenden braunen Farbtöne zeichnen sich durch grosse Echtheit und
häufig auch Sattheit aus, und es dürfte vielleicht die Anwendung von
Tetrazolösung zum Nüanciren, bezw. bei Erzeugung von Druckfarben in
manchen Fällen von Vortheil sein.

Es sei noch darauf hingewiesen, dass gewisse Oxy-Amidonaphtalin-
sulfosäuren je nach der Art der Lösung entweder unter der orientirenden
Wirkung der Oxy- oder der Amidogruppe kuppeln. In alkalischer Lösung
ist es die Hydroxylgruppe, welche die Stellung des Azorestes bedingt, in
neutraler oder saurer die Amidogruppe. Auf diese Weise wurden aus
der γ-Amidonaphtolsulfosäure nach D.R.P. 55024 die entsprechenden
Farbstoffe dargestellt und nach D.R.P. 75015 aus Amidonaphtolsulfosäure H. Diese beiden Säuren haben folgende Konstitution:

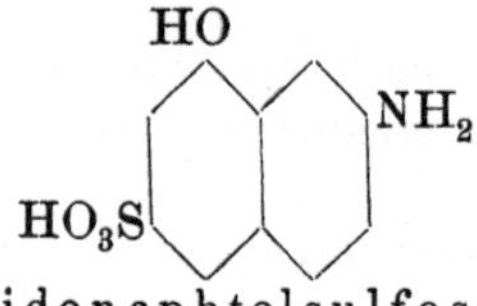

γ-Amidonaphtolsulfosäure. 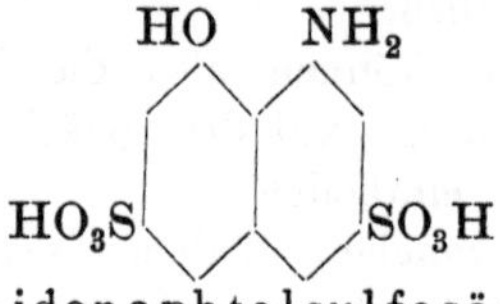   Amidonaphtolsulfosäure H.

Atomwanderungen.

Einhorn[1]) beobachtete eine eigenthümliche Atomwanderung bei der
Reduktion acylirter o-Nitrophenole, bei welchen der Säurerest
von dem Sauerstoffatom in die neu entstandene Amidogruppe wandert.

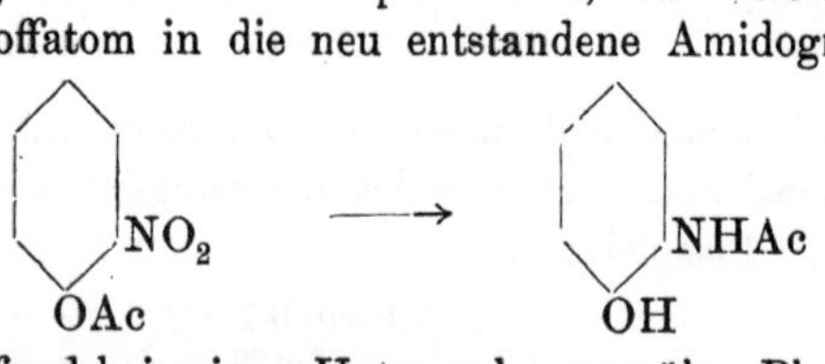

Auwers[2]) fand bei seinen Untersuchungen über Phenolbromide, dass
bei der Einwirkung von Basen auf Acetylverbindungen von

---

1) O. Einhorn, Liebig's Ann. **311**, 34.
2) K. Auwers, Ber. **33**, 1925, 1900.

dem Schema $\begin{array}{c}\text{CH}_2\text{Br}\\ \text{OC}_2\text{H}_3\text{O}\end{array}$ vielfach neben dem Ersatz des Halogenatoms durch den Rest der Base ein Uebertritt des Acetyls vom Sauerstoff an den Stickstoff erfolgt. Lässt man beispielsweise in benzolischer Lösung auf die Acetylverbindung des Dibrom-o-oxybenzylbromids bei erhöhter oder gewöhnlicher Temperatur Anilin einwirken, so entsteht das Dibrom-o-oxybenzylacetanilid nach der Gleichung:

$$\begin{array}{c} \text{Br} \\ \text{Br} \quad \text{CH}_2\text{Br} \\ \text{OC}_2\text{H}_3\text{O} \end{array} + 2\,\text{C}_6\text{H}_5\text{NH}_2 =$$

$$\begin{array}{c} \text{Br} \\ \text{Br} \quad \text{CH}_2\,.\,\text{N}\,.\,\text{C}_6\text{H}_5 \\ \text{OH} \qquad \mid \\ \text{C}_2\text{H}_3\text{O} \end{array} + \text{C}_6\text{H}_5\text{NH}_2,\ \text{HBr}.$$

Nach den bisherigen Versuchen findet diese Atomwanderung nur bei o-Oxybenzylverbindungen statt, nicht bei den isomeren m- und p-Derivaten. Primäre aromatische Amine scheinen die Umlagerung regelmässig hervorzurufen; sekundäre wirken verschieden, indem einzelne die Acetylgruppe abspalten, während andere ohne Nebenreaktion die Stelle des Halogens einnehmen.

F. Reverdin[1]) konnte nachweisen, dass bei der Nitrirung von p-Jodanisol und p-Jodphenetol eine Umlagerung des Jodatoms aus der ursprünglichen Stellung 4, welche es in diesen Derivaten einnimmt, in die Stellung 2 stattfindet. Eine ähnliche Wanderung findet nicht statt bei der Einwirkung von Salpetersäure auf o- und p-Jodtoluol.

Wanderungen der Diazogruppe sind von P. Griess[2]), von Schraube und Fritsch[3]), sowie A. Hantzsch und F. M. Perkin[4]) beobachtet worden. Schraube und Fritsch erhielten z. B. aus Nitrodiazobenzolchlorid und salzsaurem p-Toluidin : p-Toluoldiazoniumchlorid und Nitroanilin:

$$\text{NO}_2\text{C}_6\text{H}_4\text{N}_2\text{Cl} + \text{H}_2\text{N}\,.\,\text{C}_7\text{H}_7 = \text{NO}_2\text{C}_6\text{H}_4\text{NH}_2 + \text{C}_7\text{H}_7\,.\,\text{N}_2\text{Cl},$$

---

1) F. Reverdin, Ber. **29**, 997, 2595, 1896; **30**, 2999, 1897.
2) P. Gries, Ber. **15**, 2190, 1882.
3) Schraube u. Fritsch, Ber. **29**, 287, 1896,
4) A. Hantzsch u. F. M. Perkin, Ber. **30**, 1412, 1897.

während bei Umkehrung dieser Verhältnisse, nämlich Einwirkung von p-Toluoldiazoniumchlorid auf Nitroanilin eine Wanderung der Diazogruppe in saure Lösung nicht stattfindet.

Bindungswechsel.

Ein häufig zu beobachtender Fall des Wechsels von Bindungen ist der bei Doppelbindungen. Derselbe kann bewirkt werden durch Aenderungen von Druck und Temperatur, durch katalytische Wirkungen oder durch Einflüsse chemischer Agentien, bei denen dann vielfach eine Anlagerung des einwirkenden Bestandtheils, Erzeugung der Umlagerung und Wiederabspaltung eintritt. Für alle drei Erscheinungsarten giebt es genügend Beispiele, und wohl alle drei sind auf räumliche Verhältnisse, auf Störungen der gegenseitigen Atombewegungen oder auf Hindernisse, die nur durch die Masse bewirkt werden, zurückzuführen.

Hierzu gehören die Umlagerungen der höher molekularen Säuren der Gruppe C_nH_{2n-2} durch salpetrige Säure in die isomere Form, so von Oelsäure in Elaïdinsäure, von Erukasäure in Brassidinsäure.

Weiterhin sind hier die Beobachtungen von O. Widmann[1]) zu erwähnen, nach welcher gegenseitige Umwandlungen in der Propyl- und Isopropylgruppe in der Kumin- und Cymolreihe durch andere Substituenten stattfinden.

So lagert sich Isopropyl in folgenden Fällen zu normalem Propyl um:

a) Der Kuminalkohol geht beim Kochen mit Zinkstaub in gewöhnliches Cymol über.

b) Ebenso verhält sich Kumylchlorid gegen Zinkstaub und Salzsäure.

c) Unter gleichen Umständen liefert das Nitrocymylenchlorid mit Zinkstaub und Salzsäure normales Cymidin.

Normales Propyl wandelt sich in folgenden Fällen in Isopropyl um:

a) Gewöhnliches normales Cymol wird beim Durchgange durch den thierischen Organismus in Kuminsäure umgewandelt.

b) Ebenso geht Cymol beim Schütteln mit Natronlauge und Luft in die Kuminsäure über.

c) Normale Cymolsulfosäure liefert mit $KMnO_4$ in alkalischer Lösung Oxyisopropylsulfobenzoësäure.

d) Cymol giebt mit $KMnO_4$ in alkalischer Lösung Oxyisobenzoësäure.

e) Thymol liefert unter Kalilauge Oxykuminsäure.

f) Karvakrol giebt mit Alkali Oxykuminsäure.

Hieraus ergiebt sich als Regel:

---

1) O. Widmann, Ber. **19**, 251, 1886.

Wenn in einem Benzolderivate eine Methyl- oder eine Karboxylgruppe in p-Stellung zu einer Propylgruppe vorhanden ist, üben jene Gruppen ihren Einfluss dahin aus, dass die Methylgruppen zur Bildung von normalem Propyl, die Karboxylgruppen zur Bildung von Isopropyl prädisponiren. Wie die Methylgruppe verhält sich auch der Alkylsäurerest, $CH:CHCOOH$.

An dieser Stelle dürften auch die Umlagerungen Erwähnung finden, welche bei der Behandlung von Halogenverbindungen und ungesättigten Kohlenwasserstoffen bei der Behandlung mit alkoholischer Kalilauge stattfinden[1]. Hierbei bildet sich viel eher eine dreifache Bindung als zwei doppelte in benachbarter Stellung in den Fällen, wo zwei Doppelbindungen sich eigentlich bilden sollten.

C. Gleichzeitiges Eintreten von Zustandsänderungen und chemischen Umsetzungen.

Allgemeines.

Wenn man das Eintreten einer chemischen Reaktion bis in seine äussersten Winkel verfolgt, so wird man finden, dass eigentlich niemals eine chemische Reaktion ohne vorhergehende oder begleitende Zustandsänderung vor sich geht. Bei den Elektrolyten sind es die Wechsel in der Art der elektrolytischen oder hydrolytischen Dissociation, bei Nichtelektrolyten wie auch bei den Elektrolyten spielen sich dabei noch Aenderungen in Bezug auf die Atom- wie die Molekularbewegungen ab, die eine chemische Umsetzung begleiten. Es ist wohl nicht nothwendig dies näher zu begründen. (Vergl. S. 53 u. 54 dieses Bandes.)

Aus den nachstehend wiedergegebenen, besonders charakteristischen Beispielen ist leicht zu ersehen, welcher Art diese Zustandsänderungen sein können. Eine genaue Definition ist jedoch vorerst noch nicht möglich, so lange die Mechanik der Atome und Moleküle noch nicht die dazu nothwendige Erweiterung erfahren hat.

1. Autoxydationen.

Unter dem Namen Autoxydation versteht man den Eintritt einer Reaktion zwischen dem Sauerstoff der atmosphärischen Luft und einem andern Körper beim blossen Zusammenbringen derselben. Wir wissen z. B., dass die in der Gasanalyse zur Bestimmung des Sauerstoffs angewendeten Mittel wie der Phosphor und die alkalische Pyrogallollösung

---

1) W. Vaubel, Ber. **24**, 1685, 1891; Bd. I dieses Werkes, S. 457—459.

solche Körper sind, die sich direkt mit Sauerstoff vereinigen. Es findet also hierbei eine unter gewöhnlichen Umständen ohne Vorbedingung einer Temperaturerhöhung eintretende Oxydation, ein vollständig eintretendes Verbrennen, eine sog. Autoxydation statt.

Von vielen andern Körpern, nämlich allen den sog. Heiz- oder Brennmaterialien wissen wir, dass zum Eintritt einer Oxydation, d. h. also einer Verbrennung die Anwendung erhöhter Temperatur als einleitendes Mittel nothwendig ist. Hierin und auch in der nachher noch näher zu erörternden Anlagerung des Sauerstoffmoleküls als solches bei den Autoxydationen liegt also ein charakteristischer Unterschied zwischen diesen beiden Erscheinungen.

Die sog. Autoxydation der Metalle besteht darin, dass solche Metalle, wie Eisen, Zink, Aluminium etc. in lufthaltigem Wasser in die Hydroxyde übergehen. Verhindert oder verzögert wird diese Oxydation, wenn bei Eisen z. B. Alkalien oder Karbonate, Phosphate, Borate und Nitrite der Alkalien vorhanden sind. Dies rührt daher, dass diese Salze hydrolytisch dissociirt sind. Es sind dann also durch die elektrolytische Dissociation des entstandenen Alkalihydroxyds Hydroxylionen in grösserer oder geringerer Menge vorhanden. Da bei der Oxydation der Metalle eben solche gebildet werden nach der Gleichung:

$$Me + \frac{HO}{HO} = Me^{\cdot\cdot} + \frac{{}'OH}{{}'OH}{}'$$

so widerstreben die vorhandenen Hydroxylionen nach dem bekannten Lösungsgesetze der Neubildung von weiteren Hydroxylionen und vermindern die Reaktionsgeschwindigkeit[1]). Dass obige Gleichung mitunter nur eine Uebergangsform angiebt, und dass nachher ein weiterer Zerfall nach der Gleichung:

$$Me^{\cdot\cdot} + \frac{{}'OH}{{}'OH} = MeO + H_2O \qquad oder$$

$$Me^{\cdot\cdot} + \frac{{}'OH}{{}'OH} = MeO_2 + H_2 \qquad u.\ s.\ w.$$

stattfinden kann, ist dabei zunächst nebensächlich.

Ueber die Autoxydationen und die dabei eintretende Aktivirung von Sauerstoff sind von den verschiedensten Seiten auch Versuche gemacht worden.

Van't Hoff[2]) nimmt dabei an, dass von den schon bei gewöhnlicher Temperatur, wenn auch nur in minimaler Menge, in $+ O$ und $- O$

---

[1]) Vgl. hierzu R. Ihle, Zeitschr. physik. Ch. **22**, 114, 1897.

[2]) J. H. van't Hoff, Verh. d. Naturf. Vers. Frankfurt 1896. Chem. Ztg. 1896, 807; Zeitschr. physik. Ch. **16**, 411; W. P. Jorissen, Ber. **30**, 1951, 1897; J. H. van't Hoff, Vorl. über theor. und physik. Ch. I, 196; F. Bodländer, Ueber langsame Verbrennung 419.

Atome dissociirten Sauerstoffmolekülen, die Ionen gleichartiger Ladung andere, unter gewöhnlichen Verhältnissen nicht direkt oxydable Substanzen wie Indigo, arsenige Säure u. s. w. zu oxydiren im stande seien:

$$O_2 = \overset{+}{O} + \overset{-}{O}; \quad A + \overset{+}{O} = AO; \quad B + \overset{-}{O} = BO.$$

Aehnlich waren die Ansichten von Schönbein, Meissner, Clausius, Hoppe-Seyler, Richarz u. s. w. Van't Hoff bezeichnet die Wirkung des Sauerstoffs mit dem Koëfficienten $^1/_2$ nur als wahrscheinlich. Der in Aussicht gestellte Nachweis getrennter Elektricitäten bei Oxydation der arsenigen Säure mit Hilfe von Kaliumsulfit ist bis jetzt nicht gebracht worden.

Nach Engler und Wild[1]) geht die Autoxydation in folgender Weise vor sich:

$$A + O_2 = AO_2; \quad AO_2 + B = AO + BO.$$

Denkt man A z. B. als Triäthylphosphin, B als Indigo, so wird also der Sauerstoff vom Triäthylphosphin auf den Indigo, den Engler als Acceptor bezeichnet, übertragen.

Mit dieser Auffassung stimmt im wesentlichen die von M. Traube[2]) überein, der ebenfalls nicht eine Spaltung des Sauerstoffmoleküls oder doch nur in äusserst seltenen Fällen annahm. Dafür setzte er eine Zerlegung der gleichzeitig anwesenden Wassermoleküle voraus, während die Wasserstoffatome sich mit Sauerstoffmolekülen zu Wasserstoffsuperoxyd vereinigten, also nach folgendem Schema:

$$Zn + \begin{matrix} OHH \\ OHH \end{matrix} + \begin{matrix} O \\ \cdot\cdot \\ O \end{matrix} = Zn(OH)_2 + \begin{matrix} H.O \\ \cdot \\ H.O \end{matrix}$$

Traube zeigte, dass die bei der Oxydation des Zinks entstehende Menge Wasserstoffsuperoxyd quantitativ dieser Gleichung entspricht, wie dies schon früher von Schönbein[3]) bei der Oxydation des Bleis gefunden wurde. Nach der Ansicht von Traube könnten die Autoxydationen nur bei Gegenwart von Wasser unter diesen Bedingungen verlaufen.

Engler und Wild[4]) geben folgende Erklärung, die im wesentlichen mit der schon vorher von A. Bach[5]) ausgesprochenen übereinstimmt:

„Bei Autoxydationsprocessen werden nicht einzelne Sauerstoffatome, sondern immer ganze Sauerstoffmoleküle aufgenommen, indem sich unter Sprengung der doppelten

---

1) C. Engler u. seine Schüler u. W. Wild, Ber. **30**, 1669, 1897; u. J. Weissberg, Ber. **31**, 3046 u. 3055, 1898; Ber. **33**, 1090, 1097, 1109, 1900.

2) M. Traube, Ber. **15**, 666, 1882; **26**, 1471, 1893.

3) Schönbein, Journ. pr. Ch. **93**, 25,

4) C. Engler u. W. Wild. Ber. **30**, 1671, 1897.

5) A. Bach, Compt. rend. **124**, 951; Monit. scient. 479, 1897.

Bindung des Moleküls zunächst Superoxydverbindungen von der Form

$$\begin{matrix} R \cdot O \\ R \cdot O \end{matrix} \qquad \text{oder} \qquad R\!\!<\!\!\begin{matrix} O \\ O \end{matrix}$$

bilden. Diese Verbindungen können wie das Wasserstoffsuperoxyd ein Sauerstoffatom an andere oxydable Substanzen abgeben, indem sie hierbei in normale einfache Oxyde übergehen. Der aktivirte Sauerstoff ist also nicht Sauerstoff in Gestalt freier Atome, sondern es ist chemisch gebundener, aber leicht abspaltbarer Sauerstoff."

Da sich aus den bisherigen Beobachtungen über Autoxydationsvorgänge der Schluss ziehen lässt, dass dieselben eine Folge der ungesättigten Natur des Autoxydators oder des Vorhandenseins labiler Wasserstoffatome in demselben sind, so lassen sich nach C. Engler[1]) folgende Fälle unterscheiden:

1. Der Sauerstoff lagert sich an oxydirbare Körper an und bildet Superoxyde.

Beispiele:

Wasserstoffgas[2]): Beim Verbrennen von Wasserstoff findet sich unter gewöhnlichen Umständen in dem verdichteten Wasser nur eine so geringe Menge Wasserstoffsuperoxyd, dass der direkte Nachweis, zumal durch die Chromsäurereaktion, nicht gelingt. Wie M. Traube gefunden hat, lässt sich das Wasserstoffsuperoxyd nachweisen, wenn man eine Wasserstoffflamme so auf Wasser leitet, dass sie sich ausbreitet. Noch besser lässt sich das Wasserstoffsuperoxyd nachweisen, wenn man die Flamme auf Eis leitet und immer in Berührung mit dem Eisstückchen weiterbrennen lässt, bis das Eis geschmolzen ist. In dem gebildeten Schmelzwasser lässt sich das Wasserstoffsuperoxyd leicht durch Zusatz einiger Tropfen Jodkaliumstärke, Ansäuern und Zugabe einer Spur Eisenvitriollösung oder aber durch Schütteln mit Aether und Chromsäure nachweisen.

Kohlenoxyd: Wie Bach[3]) gefunden hat, bildet das Kohlenoxyd beim Verbrennen zunächst Karbonylsuperoxyd, welches mit Wasser Wasserstoffsuperoxyd bildet. Diese Wasserstoffsuperoxydbildung ist schon von M. Traube beobachtet worden und zeigt sich beim Verbrennen von Leuchtgas, Alkohol, Aether, Schwefelkohlenstoff u. s. w.

Oxydation von Metallen: Beim Verbrennen von Natrium auf einem Aluminiumblech lässt sich nach Engler das gebildete Natriumsuperoxyd durch Eintragen des verbliebenen Restes in Wasser nachweisen.

---

1) C. Engler, Ber. **33**, 1107, 1900.
2) C. Engler, Ber. **33**, 1109, 1900.
3) A. Bach, Monit. scient. (4), **12**, 484, 1897; Compt. rend. **124**, 951, 1897; Chemiker Ztg. **1897**, 398, 436.

„Auch beim Verbrennen von Magnesium lagert sich zunächst molekularer Sauerstoff an; das gebildete Superoxyd wird jedoch bei der grossen Hitze zersetzt. Zerschneidet man aber dünnes Magnesiumband der Länge nach in etwa 1 mm breite Streifchen und brennt diese also in kleiner Flamme ab, oder hält man brennendes Magnesiumband an Eis oder auf kaltes Wasser, wobei die Flamme wenigstens theilweise abgekühlt wird, so kann man in dem Verbrennungsprodukt mit Jodkaliumstärkekleister in der angesäuerten Flüssigkeit das Peroxyd nachweisen.“

Rubidium geht nach den Untersuchungen von Erdmann und Köthner[1]) bei der langsamen Oxydation quantitativ in Rubidiumsuperoxyd RbO_2 über, das sich dann mit Wasser in $Rb(OH)_2 + H_2O_2$ umwandelt.

Zink $+$ Wasser $+$ Sauerstoff: Bei der Einwirkung von Zink und Sauerstoff auf Wasser bildet sich neben Zinkhydroxyd Wasserstoffsuperoxyd. Man kann den Vorgang am einfachsten so erklären, dass die in das Wasser tretenden Zinkionen Wasserstoff ausscheiden, der dann mit Sauerstoff zu Wasserstoffsuperoxyd oxydirt wird.

Aehnliche Erscheinungen zeigen sich bei der Oxydation des Bleis, des Kupfers, einer schwach salzsauren Kupferchlorürlösung u. s. w.

Oxydation des Kathodenwasserstoffs: Wie M. Traube[2]) gezeigt hat, lässt sich die primäre Bildung des Wasserstoffs bei langsamer Verbrennung des Wasserstoffs durch die quantitative Ueberführung des an der Kathode sich ausscheidenden Wasserstoffs durch hinzugeleiteten Sauerstoff nachweisen. Hier kommt jedenfalls die primäre Bildung von Wasserstoffatomen bei der Elektrolyse in Betracht, da ja die Oxydation von molekularem Wasserstoff unter gewöhnlichen Umständen gar nicht oder nur mit nicht merklicher Geschwindigkeit verläuft.

Phosphor: Die Autoxydation des Phosphors findet bei Gegenwart von Feuchtigkeit bis zu einem Partialdruck des Sauerstoffs von 700 mm noch statt, während sie im trocknen Sauerstoff schon bei 377 mm aufhört[3]). „Höchst wahrscheinlich wird auch bei der Autoxydation des Phosphors zunächst ein Superoxyd gebildet, wie sich aus der Entstehung von Wasserstoffsuperoxyd bei Gegenwart von Wasser schliessen lässt. Van't Hoff[4]) schloss aus seinen Versuchen, dass das primäre Produkt im durch Phosphor erregten Sauerstoff nicht Ozon ist, weil es das Leuchten des Phosphors hemmt, während Ozon dasselbe begünstigt. Er glaubt, dass dieses primäre Produkt elektrisch geladener Sauerstoff sei. Die Ansicht von Engler und Wild (l. c.) geht dahin, dass es ein Superoxyd ist,

---

[1]) Erdmann u. Köthner, Liebig's Ann. **294**, 66.
[2]) M. Traube, Ber. **26**, 1473, 1893.
[3]) Ewan, Zeitschr. physik. Ch. **16**, 325, 328.
[4]) van't Hoff, Zeitschr. physik. Ch. **16**, 410.

welches durch Wasser unter Bildung von Wasserstoffsuperoxyd zersetzt
wird, während Verminderung des Sauerstoffdrucks Dissociation in ein gewöhnliches Phosphoroxyd und atomischen Sauerstoff herbeiführt, welch
letzterer dann Ozon bildet. So ist es vielleicht möglich auf Grund dieser
Anschauung auch über den bisher unerklärten Vorgang der Autoxydation
und Sauerstoffaktivirung des Phosphors, namentlich auch über die bekannte, geheimnissvolle Druckgrenze, die wahrscheinlich nichts anderes
als die Dissociationsgrenze des betreffenden Phosphorsuperoxyds ist, Aufschluss zu erhalten."

Kobaltocyankalium, $Co(CN)_2$, $4\,KCN$, geht unter Bildung von
Wasserstoffsuperoxyd in Kaliumkobalticyanid über, wie Manchot und
Herzog[1]) gefunden haben. Es wird hierbei das Wasserstoffsuperoxyd
durch den nascenten Wasserstoff, der sich bei der Zersetzung des Kobalto-
cyankaliums bildet, reducirt.

Chromoverbindungen geben auch bei Zufügung eines Acceptors
kein Wasserstoffsuperoxyd. Hierbei erfolgt also die Umwandlung in
Chromiverbindungen unter Aufspaltung des Sauerstoffmoleküls. Ebenso
verhält sich Ferrohydroxyd.

Triäthylphosphin: Die Sauerstoffaufnahme des Triäthylphosphins
wurde von Jorissen[2]), sowie von Engler und Wild bezw. Weissberg[3]) untersucht. Letztere fanden, dass bei der Oxydation des Triäthylphosphins nicht ein Atom, sondern ein Molekül pro Molekül Phosphin aufgenommen wird. Bei Anwesenheit von Wasser ist die Sauerstoff-
absorption durch Triäthylphosphin eine andere, indem hierbei nur die
Hälfte, also ein Atom Sauerstoff pro Molekül Phosphin aufgenommen
wird; allein dies ist bei der zersetzenden Wirkung des Wassers auf die
Superoxyde, wobei, wie bei den Alkalisuperoxyden Sauerstoff entwickelt
werden kann, nicht merkwürdig. Zuerst bildet sich also durch Anlagerung
von Sauerstoffmolekülen an das Phosphin ein Superoxyd,

$$\begin{array}{c} O \\ | \\ O \end{array}\!\!\!> P(C_2H_5)_3,$$

welches sich aber sofort entweder dem Aethylester anlagert oder auch mit
Triäthylphosphinoxyd Mono- oder Diäthylester bildet.

Terpentinöl: „Schönbein[4]) führt die stark oxydirenden Eigenschaften des Terpentinöls auf Bildung bezw. Gehalt an Ozon und Ant-
ozon zurück, während Berthelot[5]) drei Arten von Sauerstoff darin an-

1) W. Manchot u. J. Herzog, Ber. **34**, 1742, 1901.

2) Jorissen, Zeitschr. physik. Ch. **22**, 38.

3) C. Engler u. W. Wild, Ber. **30**, 1669, 1897; C. Engler n. Weissberg,
Ber. **31**, 3055, 1898.

4) Schönbein, Verh. d. Naturf. Ges. Basel I, 501.

5) Berthelot, Ann. d. Chim. Phys. (3), **58**, 445.

nimmt: gelösten gewöhnlichen Sauerstoff, organisirten Sauerstoff in Form einer losen Verbindung und Sauerstoff als Terpentinharz; auch Houzeau[1]) nimmt eine Verbindung mit lose gebundenem Sauerstoff an. Radunowitsch[2]) erklärt die oxydirende Wirkung der Dämpfe durch Ozon und die des flüssigen Terpentinöls durch darin gelöstes Wasserstoffsuperoxyd. Schär[3]), welcher Terpentinöl mit Wasser destillirte, nahm in dem wässerigen Destillat Wasserstoffsuperoxyd, in dem Oeldestillat Ozon an. Kingzett[4]) führt die oxydirenden Eigenschaften des Oeles auf ein sauerstoffreiches Peroxyd zurück, welches mit Wasser Wasserstoffsuperoxyd u. a. Produkte bildet. Löw[5]) nimmt atomistischen Sauerstoff an, der mehr physikalisch als chemisch gebunden, „noch mit der Wärmehülle umgeben" im Oele gelöst ist."

C. Engler und J. Weissberg[6]), deren Arbeit vorstehende Zusammenstellung entnommen ist, finden, dass der aktive Sauerstoff des Terpentinöls weder aus Ozon, noch aus atomistischem Sauerstoff besteht. Auch ist das Vorhandensein von Wasserstoffsuperoxyd ausgeschlossen, da sich nichts von der Verbindung mit Wasser ausschütteln lässt, wie schon Kingzett beobachtete. Ebenso konnte Löw zeigen, dass oxydirtes Terpentinöl aus Jodkalium beim Schütteln auch bei Abwesenheit von Säure, direkt starke Jodausscheidung zeigt, eine Eigenschaft, die das Wasserstoffsuperoxyd nicht besitzt.

Die meisten Superoxyde, auch das Wasserstoffsuperoxyd, zeigen mit Titansäure Gelbfärbung, aber nur für Wasserstoffsuperoxyd ist bis jetzt bekannt, dass es mit Chromsäure und Aether Blaufärbung giebt. Oxydirtes Terpentinöl giebt die Gelbfärbung, aber nicht die Blaufärbung. Es ist also kein Wasserstoffsuperoxyd vorhanden.

In Wirklichkeit bildet sich aus dem Terpentinöl ein Superoxyd nach der Gleichung:

$$A + O_2 = A\!\!<^O_O\cdot\ = A\!\!<^O_O\,.$$

Das oxydirte Terpentinöl kann auf sich selbst wirken und den Sauerstoff übertragen. Im Dunkeln aufbewahrt vermag es den Sauerstoff Jahre lang unverändert in der Form des Superoxyds zu erhalten und an hinzukommende oxydable Körper abzugeben. Auf diese Weise lassen sich bekanntlich leicht organische Farbstoffe, Zinnoxydulsalze, Jodkalium unter Jodausscheid-

---

1) Houzeau, Compt. rend. 50, 829.
2) Radunowitsch, Journ. d. Russ. chem. Ges. 5, 347, 1873.
3) Schär, Ber. 6, 406, 1873.
4) Kingzett, Journ. Chem. Soc. (2), 12, 511.
5) Löw, Chem. Centralbl. 1870, 821.
6) C. Engler u. J. Weissberg, Ber. 31, 3046, 1898; C. Engler, Ber. 33, 1090, 1900.

uug, arsenige Säure u. s. w. oxydiren. Auch Metalle wie Blei, Quecksilber u. s. w. nehmen unter Vermittlung des Terpentinöles Sauerstoff auf. Alle diese Processe verlaufen nach dem Schema:

$$A + O_2 = AO_2; \quad AO_2 + B = AO + BO,$$

wobei B den oxydablen Körper bedeutet.

Viele organische Superoxyde, wie z. B. Acetylsuperoxyd und Butyrylsuperoxyd nach Brodie[1]), Phtalylsuperoxyd nach v. Pechmann und Vanino[2]) sowie das Aethylsuperoxyd nach Berthelot[3]) und das Benzoylsuperoxyd nach Engler und Wild bilden mit Wasser allmälig oder rascher Wasserstoffsuperoxyd nach der für Benzoylsuperoxyd gegebenen Gleichung:

$$\begin{array}{l} C_6H_5CO - O \\ \qquad\qquad | + H_2O = 2\,C_6H_5COOH + H_2O_2. \\ C_6H_5CO - O \end{array}$$

Hierbei muss die Wasserstoffsuperoxydbildung als sekundäre Reaktion angesehen werden, indem beim Schütteln mit Wasser sich zuerst eine andere Superoxydverbindung bildet und ans Wasser abgegeben wird.

Mit steigender Temperatur nimmt die Menge des absorbirten Gesammtsauerstoffs rapid zu, ebenso steigt die Menge der gebildeten superoxydartigen Verbindung, jedoch nur bis etwa 100^0, und darüber geht sie rasch zurück, um über 140^0 auf Null zu sinken. Oberhalb dieser Temperatur wird der Sauerstoff von dem heissen Terpentinöl noch sehr stark an andere Körper übertragen, so dass angenommen werden muss, dass die bei höherer Temperatur primär gebildete superoxydartige Verbindung bei Abwesenheit oxydabler Stoffe für die Selbstoxydation des Terpentinöls verwendet wird.

Bei den Versuchen kam reines, über Natrium im Wasserstoffstrom destillirtes Pinen zur Anwendung, als Acceptor $^N/_{100}$-Lösung von indigschwefelsaurem Natron (1 ccm = 0,00008 g Sauerstoff).

Aehnlich wie Terpentinöl verhalten sich Amylen, Trimethylenäthylen, Hexylen, Styrol, Cyklopentadien, Diallyläther, Benzylallyläther, Bienenwachs, Palmöl; hierher gehört wahrscheinlich ebenfalls das Nachbleichen des Paraffins auf Lager, der Process des Ranzigwerdens der Fette, wobei nach Ritsert[4]) die Sauerstoffaufnahme am energischsten am Licht und in trockenem Zustande erfolgt.

1) Brodie, Ann. d. Chem. Suppl. 3, 214.
2) v. Pechmann u. Vanino, Ber. 27, 1512, 1894.
3) Berthelot, Bull. soc. chim. 36, 72.
4) Ritsert, Inaug. Dissert. d. Univ. Bern. Fischer's Jahresb. der chem. Technol. 1891, 1167.

Kissling[1]), der das Leinöl untersuchte, fand, dass dasselbe an der Luft rasch Sauerstoff aufnimmt, aber erst beim darauffolgenden Erhitzen flüchtige Oxydationsprodukte bildet.

Weiterhin ist hier die Beobachtung von Schützenberger und Riesler[2]) zu erwähnen, wonach eine Lösung von hydroschwefligsaurem Natrium beim Schütteln mit lufthaltigem Wasser gerade doppelt so viel Sauerstoff aufnimmt, als für seine Umwandlung in Natriumbisulfit, das Endprodukt der Reaktion, erforderlich ist. Aehnlich verhält sich ammoniakalische Kupferoxydullösung, und nach Jorissen[3]) wird beim Schütteln eines Lösungsgemisches von Natriumsulfit und Natriumarsenit mit Luft von dem Sulfit gerade so viel Sauerstoff aufgenommen, als zur Oxydation von Sulfit und Arsenit nöthig ist. Hierbei spielt das Arsenit die Rolle des Acceptors.

2. Der Sauerstoff verbindet sich mit labilem Wasserstoff des Autoxydators zu Wasserstoffsuperoxyd; der Rest wird weiter oxydirt unter Bildung eines Superoxyds.

Benzaldehyd. Wie Engler und Wild[4]) (l. c.) fanden, ergab das Studium der von Erlenmeyer aufgefundenen Superoxydbildung aus Aldehyden bei Gegenwart von Säureanhydriden einen gründlichen Einblick in den Mechanismus der Oxydation der Aldehyde. Bereits Jorissen (l. c.) hatte beobachtet, dass hierbei genau das doppelte Volum des zur Bildung von Benzoësäure nöthigen Sauerstoffs absorbirt wird. Die Untersuchung der Menge des bei der Oxydation gebildeten Superoxyds ergab, dass auf ein Molekül Aldehyd nicht ein, sondern zwei Moleküle Superoxyd gebildet werden.

Pyrogallol. Alkalische Pyrogallollösung nimmt Sauerstoff auf unter Bildung von Wasserstoffsuperoxyd. Da hierbei eine Abspaltung von Wasserstoff unter gleichzeitiger Oxydation des Pyrogallolrestes anzunehmen sein wird, dürfte diese Reaktion in der vorerwähnten Klasse unterzubringen sein.

Die Oxydation des Benzaldehyds geht also in der Weise vor sich, dass sowohl der Acylrest wie auch der Wasserstoff zu dem entsprechenden Superoxyd oxydirt wird, entsprechend der Gleichung:

---

1) **Kissling**, Zeitschr. angew. Ch. **1899**, 398; vgl. hierzu **Hazura**, ibid. **1888**, 396; **Jorissen**, Chem. Ztg. 1898, 162; **Weger**, Chem. Rev. über die Fett- u. Harz-Industrie 1898, Heft 11 u. 12.

2) **Schützenberger** u. **Riesler**, Ber. **6**, 678, 1873; vgl. auch **Tiemann** u. **Preusse**, Ber. **12**, 1768; **Bernthsen**, Ber. **33**, 126, 1900.

3) **Jorissen**, Zeitschr. physik. Ch. **23**, 667.

4) Vgl. hierzu **Erlenmeyer**, Ber. **27**, 1959, 1894.

$$C_6H_5-C{\overset{O}{\underset{H}{}}} \;+\; \overset{O}{\underset{O}{\|}} \;+\; \overset{O}{\underset{O}{\|}} \;=\; C_6H_5C{\overset{O}{\underset{O}{}}}\;+\; \underset{H.O}{H.O}$$

$$C_6H_5-C{\overset{O}{\underset{H}{}}} \qquad\qquad\qquad C_6H_5C{\underset{O}{}}$$

Das gebildete Wasserstoffsuperoxyd setzt sich dann unter gewöhnlichen Verhältnissen mit dem Acylsuperoxyd in Säure und Sauerstoff um nach der Gleichung:

$$C_6H_5C{\overset{O}{\underset{O}{}}}\;\Big|\;C_6H_5C{\overset{O}{\underset{O}{}}} \;+\; H_2O_2 \;=\; 2\,C_6H_5COOH + O_2.$$

„In Uebereinstimmung hiermit fand schon Brodie[1]) bei der Darstellung des Benzoylsuperoxyds, dass überschüssiges Baryumsuperoxyd auf dieses zersetzend unter Bildung von Baryumbenzoat und Sauerstoff einwirkt. Ferner erklärt diese Gleichung, weshalb bei der Oxydation eines Aldehyds bei Abwesenheit anderer Stoffe nur die zum Uebergang in Säure nöthige Sauerstoffmenge verbraucht wird."

„Durch Gegenwart von Säureanhydriden wird jedoch die erste Phase des Oxydationsprocesses festgehalten, indem das Wasserstoffsuperoxyd sich mit dem Säureanhydrid zu Acylsuperoxyd umsetzt:

$$C_6H_5C{\overset{O}{\underset{O}{}}}\;C_6H_5C{\overset{O}{\underset{O}{}}} \;+\; H_2O_2 \;=\; C_6H_5C{\overset{O}{\underset{O}{}}}\;\Big|\;C_6H_5C{\overset{O}{\underset{O}{}}} \;+\; H_2O.$$

„Das gebildete Wasser wird natürlich wieder von einem weiteren Molekül Säureanhydrid aufgenommen. Es werden also dann entsprechend den experimentellen Ergebnissen auf zwei Moleküle Aldehyd zwei Moleküle Sauerstoff aufgenommen und zwei Moleküle Superoxyd gebildet."

3. Der Sauerstoff vereinigt sich mit labil gebundenem Wasserstoff des Autoxydators zu Wasserstoffsuperoxyd, der dabei entstehende Rest des Autoxydators wird nicht weiter oxydirt und bleibt einzeln oder gepaart erhalten.

---

1) Brodie, Ann. d. Ch. Suppl. III, 207.

Beispiele:

Baryumsuperoxyd: Die Bildung desselben verläuft folgendermassen:

$$\mathrm{Ba}\Big\langle{\mathrm{OH}\atop\mathrm{OH}} + O_2 = \mathrm{Ba}\Big\langle{O\atop O} + H_2O_2,$$

wobei das Wasserstoffsuperoxyd in der Hitze selbstverständlich zersetzt wird. Saussure[1]) hat nachgewiesen, dass verdünnte wässerige Barythydratlösung bei Berührung mit Luft in der Kälte Baryumsuperoxyd bildet. Hier seien auch die Versuche von Boussingault[2]) erwähnt, wonach wasserfreies Baryumoxyd mit trockenem Sauerstoff so viel wie gar kein Superoxyd bildet, während die Anwesenheit einer minimalen Menge Wasser genügt, um grosse Mengen Superoxyd zu bilden.

Gold in Cyankaliumlösung: Gold löst sich nach den Beobachtungen von G. Bodländer[3]) unter Bildung von Wasserstoffsuperoxyd in Cyankaliumlösung. Dabei ist ein reichlicher Luftzutritt nothwendig. Die Umsetzung geht alsdann bei schnellerem Auflösen nach folgender Gleichung vor sich:

$$2\,\mathrm{Au} + 4\,\mathrm{KCN} + 2\,H_2O + O_2 = 2\,\mathrm{KAu(CN)}_2 + 2\,\mathrm{KOH} + H_2O_2.$$

Bei langsamerem Auflösen wird das Wasserstoffsuperoxyd zur Auflösung von Gold nach folgender Gleichung verwandt:

$$2\,\mathrm{Au} + 4\,\mathrm{KCN} + H_2O_2 = 2\,\mathrm{KAu(CN)}_2 + 2\,\mathrm{KOH}.$$

Um die Uebereinstimmung mit den oben angegebenen Unterscheidungsmerkmalen zu bewerkstelligen, lässt sich, da ja Cyankalium weitgehend hydrolytisch gespalten ist, die erstere Gleichung auch folgendermassen schreiben:

$$2\,\mathrm{Au} + 2\,\mathrm{HCN} + 2\,\mathrm{KCN} + O_2 = 2\,\mathrm{AuK(CN)}_2 + H_2O_2.$$

Arylhydroxylamine: Wie E. Bamberger[4]) gefunden hat, bildet sich auf ein Molekül Nitrosoaryl bei der Autoxydation der Arylhydroxylamine immer 1 Mol. Wasserstoffsuperoxyd nach der Gleichung:

$$\mathrm{RN}\Big\langle{\mathrm{OH}\atop H} + O_2 = \mathrm{RNO} + H_2O_2.$$

Hierbei zeigt sich deutlich der Unterschied der Wirkung von molekularem und gebundenem Sauerstoff, indem der letztere hierbei neben Nitrosobenzol nur Wasser liefert:

$$\mathrm{RN}\Big\langle{\mathrm{OH}\atop H} + O = \mathrm{RNO} + H_2O.$$

---

1) Saussure, Ann. chem. phys. **44**, 19.

2) Boussingault, Ann. d. chim. phys. (3), **35**, 5, 1851.

3) G. Bodländer, Zeitschr. angew. Ch. **1896**, 583.

4) E. Bamberger, Arch. d. scienc. phys. et. nat. VI. Oct. 1898. Ber. **33**, 113, 1900; Baum, Inaug.-Diss. Zürich **1899**, 19.

Hydrazone: Nach H. Biltz[1]) oxydiren sich die Hydrazone in alkalischer Lösung mittels Luftsauerstoff zu α-Osazonen, bei welchem Vorgang wahrscheinlich ebenfalls Wasserstoffsuperoxyd gebildet wird.

Für Dibrom-p-Oxybenzaldehydphenylhydrazon konnte Biltz nachweisen, dass die Reaktion folgendermassen verläuft:

$$2\ C_{13}H_{10}N_2Br_2O + O_2 = C_{26}H_{18}N_4Br_4O_2 + H_2O_2.$$

Oxanthranol: Manchot[2]) wies nach, dass Oxanthranol in alkalischer Lösung mit Luftsauerstoff quantitativ Anthrachinon und Wasserstoffsuperoxyd giebt.

$$C_6H_4\underset{\displaystyle CO}{\overset{\displaystyle CH(OH)}{\big\langle\big\rangle}}C_6H_4 + O_2 = C_6H_4\underset{\displaystyle CO}{\overset{\displaystyle CO}{\big\langle\big\rangle}}C_6H_4 + H_2O_2.$$

Dasselbe hat Manchot auch für andere Hydrochinone, sowie Hydrazokörper nachgewiesen.

Indigweiss: Wie schon Schönbein gefunden hat, bildet sich bei der Umwandlung von Indigweiss in Indigblau Wasserstoffsuperoxyd. Jedoch haben erst Manchot und Herzog[3]) nachgewiesen, dass dieser Vorgang nahezu quantitativ verläuft nach der Gleichung:

$$C_6H_4\underset{\displaystyle NH}{\overset{\displaystyle CO}{\big\langle\big\rangle}}\overset{H}{\underset{|}{C}} : \overset{H}{\underset{|}{C}}\underset{\displaystyle NH}{\overset{\displaystyle CO}{\big\langle\big\rangle}}C_6H_4 + O_2 =$$

$$C_6H_4\underset{\displaystyle NH}{\overset{\displaystyle CO}{\big\langle\big\rangle}}C : C\underset{\displaystyle NH}{\overset{\displaystyle CO}{\big\langle\big\rangle}}C_6H_4 + H_2O_2.$$

Ein Theil des gebildeten Wasserstoffsuperoxyds wird zur weiteren Oxydation des noch vorhandenen Indigweiss gebraucht.

Wie die Untersuchungen von W. Vaubel[4]) dargethan haben, vereinigen sich alsdann zwei Moleküle Indigblau in folgender Weise:

$$C_6H_4\underset{\displaystyle NH}{\overset{\displaystyle CO}{\big\langle\big\rangle}}C - C\underset{\displaystyle NH}{\overset{\displaystyle CO}{\big\langle\big\rangle}}C_6H_4$$

$$C_6H_4\underset{\displaystyle NH}{\overset{\displaystyle CO}{\big\langle\big\rangle}}C - C\underset{\displaystyle NH}{\overset{\displaystyle CO}{\big\langle\big\rangle}}C_6H_4.$$

---

1) H. Biltz, Liebig's Ann. **305**, 165; Ber. **33**, 2298, 1900.
2) Manchot, Habilitationsschrift, Göttingen 1900.
3) Manchot u. Herzog, Liebig's Ann. **316**, 318, 1901.
4) W. Vaubel, Zeitschr. angew. Ch. **14**, 892, 1901; Chemiker Ztg. **25**, 725, 1901.

2. Katalytische und Enzymwirkung.

Allgemeines.

Die katalytischen und Enzymwirkungen, die auf der Zerlegung eines Körpers in kleinere Bestandtheile beruhen, ohne dass der zur Zersetzung anregende Körper dabei wesentliche Veränderungen erfährt, sind schon seit sehr langer Zeit der Gegenstand zahlreicher Untersuchungen gewesen, ohne dass es bis jetzt gelungen ist, eine allseitig befriedigende Hypothese zu schaffen.

Es finden sich dabei die zahlreichsten Uebergänge, und dies erschwert wesentlich die Behandlung der theoretischen Seite der Frage. Wenn wir von dem Grundsatze ausgehen corpora non agunt nisi liquida", so liegt darin schon die Berufung auf eine katalytische Wirkung, sei dieselbe durch den Flüssigkeitszustand selbst oder durch das Vorhandensein einer Lösung hervorgerufen. Einzelne der nachstehend abgehandelten Beispiele werden dies noch näher erweisen.

Erwähnt sei noch, dass auch das Licht in gewisser Hinsicht katalytisch auf chemische Reaktionen einwirken kann. Eine ausführliche Besprechung findet an anderer Stelle statt.

Die über die katalytischen Vorgänge gehegten Ansichten sind äusserst zahlreich. Eine Klärung ist noch nicht erfolgt, ist auch nach Lage der Sache vorerst nicht zu erwarten. Soweit die durch die Fermente bewirkten Zerlegungen u. s. w. thermochemisch untersucht sind, lässt sich mit ziemlicher Sicherheit behaupten, dass alle katalytischen Vorgänge exothermischer Natur sind; diese Annahme ist bereits von mir seit einiger Zeit in meinen Vorlesungen vertreten worden, sie findet sich auch in dem Werke von C. Oppenheimer, „Fermente und ihre Wirkungen" und wird wahrscheinlich als durchaus naheliegend schon früher von irgend einer anderen Seite ausgesprochen worden sein.

Als Stütze dieser Behauptung seien folgende Wärmetönungen angeführt:

a) Bildung von Alkohol aus Glukose.

$$C_6H_{12}O_6 = 2\,C_2H_6O + 2\,CO_2 + 42,9\ \text{Kal.}$$

Zieht man von dieser Zahl die Lösungswärme der Dextrose ab, und addirt die des Alkohols und der Kohlensäure (11,8 Kal.) zu, so ergiebt sich als Endresultat 57,5 Kal.

b) Bildung von Essigsäure aus Aethylalkohol. Nur die Bildung der Essigsäure aus Acetaldehyd und nicht die aus Aethylalkohol ist gemessen worden, und sie ergiebt:

$$C_2H_4O\ \text{aq} + O = C_2H_4O_2\ \text{aq} + 66,8\ \text{Kal.}$$

W. Ostwald[1] definirt die Katalyse folgendermassen:

---

1) G. Bredig u. R. Müller v. Berneck, Zeitschr. physik. Ch. **31**, 258, 1899.

„Katalyse ist die (ev. auch negative) Beschleunigung eines langsam verlaufenden chemischen Vorganges durch die Gegenwart eines fremden Stoffes.“

Bereits Schönbein zeigte, dass besonders die katalytische Wirkung auf die H_2O_2-Zersetzung dem Blute und allen Enzymen mit dem Platin und den Superoxyden wie PbO_2, MnO_2 u. s. w. gemeinsam ist.

Die Analogie der kolloidalen Platinflüssigkeit mit dem Blute und den organischen Enzymen (Schönbein und Buchner) zeigt sich auch in auffallender Weise in der starken Lähmung, welche ihre Wirkung durch Spuren gewisser Gifte, wie Schwefelwasserstoff, Blausäure oder Sublimat, erfährt. Schon Schönbein hatte gezeigt, dass die pflanzlichen Enzyme ihre Fähigkeit, H_2O_2 zu zersetzen und H_2O_2-haltige Guajaktinktur zu bläuen, durch Spuren von Schwefelwasserstoffzusätzen verlieren.

Unter Zugrundelegung der bei der Umlagerung von Cinchonin statthabenden Einwirkung der Mineralsäure kommt R. Wegscheider[1] zu folgender Ansicht über die katalytischen ·Vorgänge: katalytische Beschleunigungen in homogener Lösung lassen sich durch die Annahme erklären, dass bei jeder chemischen Reaktion eine kontinuirliche Folge von Zwischenzuständen durchlaufen wird, und dass der Katalysator, indem er mit den reagirenden Körpern in Wechselwirkung tritt, die Art der Zwischenzustände derart verändert, dass die Reaktion ermöglicht oder beschleunigt wird.

Von weiteren auf katalytische Erscheinungen sich beziehenden Arbeiten seien erwähnt:

H. Euler, Zur Theorie katalytischer Reaktion. Zeitschr. physik. Ch. **36**, 641, 1901.

K. Drucker, Die Geschwindigkeit und Katalyse im inhomogenen System. ibid. **36**. 593, 1901.

Chemische Fernewirkungen.

Unter chemischen Fernewirkungen versteht W. Ostwald[2] solche Erscheinungen, bei denen eine chemische Reaktion durch die Berührung einer der reagirenden Substanzen mit einem andern Bestandtheil wesentlich beeinflusst wird, ohne dass der fremde Körper an der Reaktion selbst theilnimmt. Das bekannteste Beispiel ist die ausserordentliche Beschleunigung, welche das Auflösen von Zink in Salzsäure oder Schwefelsäure durch das Vorhandensein von Platin oder Verunreinigungen in Zink erfährt.

---

[1] R. Wegscheider, Zeitschr. physik. Ch. **34**, 290, 1900.

[2] W. Ostwald, Zeitschr. physik. Ch. **9**, 540, 1892. vgl. hierzu A. Wright u. C. Thomson, Journ. Chem. Soc. 1887, 672; P. Drude, Beilage zu Wied. Ann. **62**, 1897.

Ostwald beschreibt hier folgende äusserst interessante Versuche:

a) Bildet man aus Zink und Platin einen Bügel, dessen beide Arme in einiger Entfernung von einander sind, und senkt diese in eine Kaliumsulfatlösung so ein, dass die Flüssigkeitsantheile, welche die beiden Arme umgeben, durch eine Scheidewand von porösem Material, wie Thon oder Pergamentpapier, getrennt sind, so muss man den Theil der Flüssigkeit ansäuern, in dem sich das Platin befindet, um eine reichliche Auflösung des Zinks zu bewirken. Dagegen löst es sich nur in Spuren, wenn man nur den Theil der Flüssigkeit ansäuert, in dem sich das Zink befindet. Ebenso verhält sich Kadmium.

b) Man kann Silber in verdünnter Schwefelsäure nach wenigen Minuten in reichlicher Menge auflösen, wenn man dieses Metall mit einem Platindraht verbindet und in der Nähe des letzteren einige Tropfen Chromsäurelösung bezw. Kaliumbichromatlösung der Schwefelsäure zusetzt. Man kann dabei jede Vorsicht anwenden, um das Silber gegen die Berührung mit dem Chromat zu schützen, und findet doch, dass die Berührung des Platins mit dem Oxydationsmittel bedingt ist. Aehnlich kann man Silber in Natriumacetat auflösen.

c) Gold löst sich in Kochsalzlösung, wenn man das Platin mit Chlor (einer mit Chlor gesättigten Kochsalzlösung) umgiebt.

d) Bringt man eine Lösung von Eisenchlorür mit einer freies Chlor enthaltenden Kochsalzlösung in Berührung und taucht in beide Lösungen leitend verbundene Elektroden von Kohle oder Platin, so gehen im Eisenchlorür die zweiwerthigen Ferroionen in dreiwerthige Ferriionen über. Die dem Plus von positiver Elektricität entsprechende negative Menge entladet sich durch die Elektrode in die Chlorlösung und liefert dort die zur Umwandlung des molekularen Chlors in Chlorionen erforderliche Elektricitätsmenge, und dieser Vorgang setzt sich fort, bis alle Ferroionen oder alle Chlormolekeln verbraucht sind.

Diese Erklärungsweise ist für alle diese Fälle durchführbar. Sie wird unterstützt durch die Beobachtung, dass man bei einem galvanischen Element, das aus Zink in Natrium- oder Kaliumsulfatlösung und Kupfer in der gleichen Lösung besteht, die Schwefelsäure zu dem Kupfer und und nicht zu dem Zink geben muss, um einen Strom zu erhalten.

Eine ausführliche Arbeit über diesen Gegenstand bezw. Oxydationsketten führte W. D. Bancroft[1]) auf Veranlassung von Ostwald aus. Er benutzte dazu obenstehenden

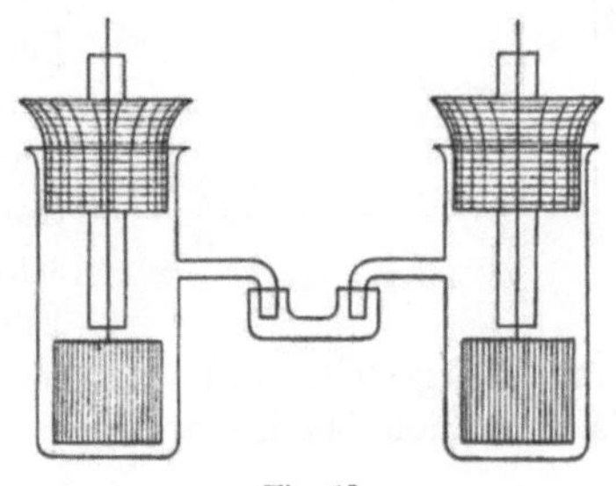

Fig. 12.

---

1) W. D. Bancroft, Zeitschr. physik. Ch. 10, 387, 1892.

Apparat (Fig. 12), der weiter keiner Erklärung bedarf. Die Ergebnisse waren die, dass die elektromotorische Kraft der Oxydationsketten eine additive Eigenschaft ist, dass sie innerhalb weiter Grenzen von der Koncentration unabhängig ist. Das Gleiche gilt für die Natur der Elektroden, so lange diese nicht angegriffen werden. Auch von der Natur des elektrolytischen Schliessungsbogens ist sie unabhängig. Dabei ist eine freie Säure ein stärkeres Oxydationsmittel als das entsprechende Salz; umgekehrt ist das Verhalten der Reduktionsmittel.

Ueber die Geschwindigkeit der Einwirkung des bleihaltigen Zinks auf einige Säuren bei verschiedenen Koncentrationen und Temperaturen haben W. Spring und E. van Aubel[1]) gearbeitet. Sie konnten die Annahme de la Rive's, als ob es sich um eine elektrolytische Erscheinung handele, nur in beschränktem Maasse bestätigt finden. Während z. B. die Reaktionsgeschwindigkeiten bei der Einwirkung von Chlor-, Brom- und Jodwasserstoffsäure[2]) sowie anderer Säuren auf Marmor gleich gross ist, verhält es sich beim Zink nicht so; die Bromwasserstoffsäure reagirt viel leichter als die andern. „Wir wissen die Ursache dieses Verhaltens nicht, doch scheint es uns unmöglich zu sein, dasselbe auf die Umstände zurückzuführen, welche auf den ersten Blick die Hauptrolle zu spielen scheinen und welche sind: die elektrische Leitfähigkeit der Säuren, die Neutralisationswärmen der Säuren, die Löslichkeit der Zinkhaloidsalze in Wasser."

Die Reaktionsgeschwindigkeit der Schwefelsäure ist etwa 27 mal geringer als die der Chlorwasserstoffsäure. Dieser enorme Unterschied lässt vermuthen, dass die Auflösung des Zinks in Schwefelsäure ein anders beschaffener Vorgang ist als die in den Halogenwasserstoffsäuren.

Die Einwirkung der Säure auf Zink beginnt langsam und geht durch ein Maximum. Bei tiefen Temperaturen und schwacher Koncentration wird das Maximum erreicht, wenn der Gehalt an Säure auf die Hälfte des ursprünglichen Werthes gefallen ist. Sonst stellt es sich früher ein. Alsdann vermindert sich die Geschwindigkeit proportional der Koncentration, so dass das Diagramm der Geschwindigkeit vom Maximum an bis zum Ende des chemischen Vorgangs durch eine Grade dargestellt wird. In der Fig. 13 wird der aufsteigende Ast OM als Induktion bezeichnet.

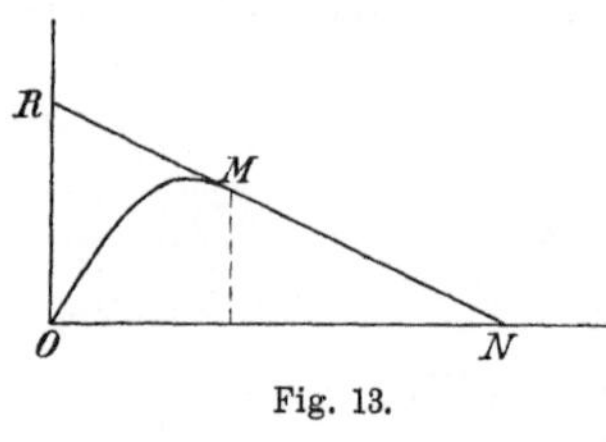

Fig. 13.

1) W. Spring u. E. van Aubel, Zeitschr. physik. Ch. 1, 465, 1887.
2) Boguski, Ber. 9, 1442, 1599, 1646, 1876; Zeitschr. physik. Ch. 1, 558, 1887; W. Spring, Ber. 10, 34, 1877.

Wasser als Katalysator.

Bekanntlich wirkt das Wasser auf Elektrolyte in der Weise ein, dass es dieselben in Ionen zerlegt, und diese dann zu einer intensiveren Wirksamkeit gelangen können, als es bei den unzersetzten Elektrolyten der Fall ist. Aber auch auf Nichtelektrolyte wirkt das Wasser in eigenartiger Weise, man kann sagen katalytisch.

Es giebt eine grosse Zahl von Reaktionen, die nur vor sich gehen, wenn eine Spur Feuchtigkeit da ist. Wir wissen z. B., dass Kohlenoxydknallgas in absolut trockenem Zustande nicht zur Explosion gebracht werden kann.

Wie R. E. Hughes[1]) beobachtete, wirkt trockener Schwefelwasserstoff nicht auf trockene Magnesia, Baryumoxyd, Eisenoxyd, Bleiacetat, arsenige Säure u. s. w., Chlorwasserstoff wirkt in trockenem Zustande nicht auf Kalkspath sowie auf Lackmus. Das sind alles Beweise für die Reaktionslosigkeit dieser Säuren, so lange keine Ionenbildung stattgefunden hat.

Weitere ausführliche Untersuchungen hat H. Breveton Baker[2]) angestellt.

Metalle als Katalysatoren.

Wie bereits Döbereiner fand, wird die Vereinigung von Wasserstoff und Sauerstoff durch Platinmohr und Palladium katalytisch beeinflusst. Einen geringeren Grad der Wirkung zeigten nach Dulong und Thénard alle Metalle noch unter dem Siedepunkte des Quecksilbers, ausserdem Glas, Bimsstein, Kohle, Porcellan u. s. w. Die katalytische Wirkung des Platinmohrs wird nach den Beobachtungen von R. Böttger aufgehoben durch NH_3, H_2S, CS_2, C_2H_2 und $(NH_4)_2S$. Aehnliches wurde von Faraday und Saussure, von letzteren wahrscheinlich bei Einwirkung von Bakterien beobachtet.

Weitere Versuche von van't Hoff, V. Meyer und Berthelot ergaben den besonders starken Einfluss, den die Gefässwandung auf die Bildung von Wasser aus Knallgas ausübt. Nach den Versuchen von Gautier und Hélier[3]) geht die Vereinigung beim Durchströmen durch ein erhitztes Porcellanrohr nur bis zu einem bestimmten, von der Temperatur abhängigen kleinen Bruchtheil vor sich. Weitere Versuche von Bodenstein[4]) bestätigten diese Beobachtung nicht.

---

1) R. E. Hughes, Phil Mag. (5), 33, 471, 1892; (5), 75, 531, 1893; R. E. Hughes u. F. R. L. Wilson, ibid. (5), 34, 117, 1892.

2) H. Breveton Baker, Journ. Chem. Soc. 1894, 611; Ref. Zeitsch. physik. Ch. 15, 519, 1895.

3) Gautier u. Hélier, Compt. rend. 122, 566; Ann. Chim. Phys. (7), 10, 521.

4) M. Bodenstein, Zeitschr. physik. Ch. 29, 665, 1899.

Wie C. Ernst[1]) fand, bildet sich bei der Knallgaskatalyse durch Platinmohr kein Ozon oder Wasserstoffsuperoxyd. Die pro Zeiteinheit umgesetzte Menge Knallgas ist direkt proportional der absoluten Menge des Platins. Bei „reinem" Knallgas verläuft die Katalyse direkt proportional der Koncentration des Gases. Bei beliebigem Gemisch von Wasserstoff und Sauerstoff verläuft die Reaktion so, als ob das im Ueberschuss befindliche Gas nur als Verdünnungsmittel dient. Der Temperaturkoëfficient ist sehr klein und wird bei höheren Temperaturen negativ. Ausserdem wurde der Einfluss hemmender bezw. beschleunigender Versuche auf kolloidales Platin $+$ Knallgas entsprechend dem von kolloidalem Platin $+$ Wasserstoffsuperoxyd untersucht.

Für die Absorption von Wasserstoff in Platinschwarz nimmt Berthelot[2]) an, dass die Verbindungen $Pt_{30}H_2$ und $Pt_{30}H_3$ existiren. L. Mond, W. Ramsay und J. Shields[3]) bezweifeln dies. Die von Berthelot bei der Absorption gemessene Wärme kann man nicht zu Gunsten dieser Ansicht anführen, da dieselbe bedingt ist durch den im Platinschwarz occludirten Sauerstoff, der sich mit dem Wasserstoff zu Wasser vereinigt. Wenn eine Verbindung des Platins mit Wasserstoff existirt, glauben die oben erwähnten Forscher eher, dass ihr die Formel Pt_2H zukommt, entsprechend der für Pd_2H angenommenen, jedoch in Frage gestellten. Vgl. Bd. I, S. 268—270.

Temperaturerhöhung bewirkt eine Zunahme der Absorption des Sauerstoffs durch Platin bis zu $360-380^0$, wo der Sauerstoff wieder abgegeben wird.

Die Wasserstoffaufnahme des Acetylens und Aethylens unter dem Einfluss von Kobalt, Nickel sowie Platinschwarz ist von P. Sabatier und J. B. Senderens[4]) untersucht worden. Acetylen kondensirt sich dabei zum Theil, Aethylen bildet Aethan. Dieselben Forscher wiesen auch nach, dass frisch reducirtes Nickel und Kobalt Kohlenmon- und -dioxyd unter gleichzeitiger Anwesenheit von Wasserstoff bei Temperaturen von 250^0 bezw. 350^0 in Methan überführen Nach Untersuchungen von J. Uhl und W. Vaubel findet auch unter dem Einfluss von Palladiumasbest eine Wasserstoffaufnahme unter starker Kohlenstoffabscheidung statt.

R. Raymann und O. Šulc fanden, dass bei der Inversion der Saccharose durch ganz reines Wasser gewisse Metalle, namentlich diejenigen der Platingruppe einen starken katalytischen Einfluss

---

1) C. Ernst, Zeitschr. physik. Ch. **37**, 448, 1901.

2) Berthelot, Ann. chim. phys. **30**, 519, 1883; vgl. auch Cailletet u. Collardeau, Compt. rend. **129**, 380, 1895.

3) L. Mond, W. Ramsay u. J. Shields, Zeitschr. physik. Ch. **13**, 61, 1895; **25**, 657, 1898; H. de Hemptinne, **27**, 929, 1898.

4) P. Sabatier u. J. B. Senderens, Compt. rend. **130**, 1628, 1900; **131**, 40, 187, 1766, 1900; Ref. Chem. Ztg. **26**, 313, 1902.

ausüben. Platin, Rhodium, Osmium, Palladium, in Pulverform angewandt, beschleunigten die Inversion, Iridium dagegen verzögerte sie. Nach Versuchen von Šulc[1]) ist auch Silberschwamm und Kupferschwamm wirksam, ersterer bedingt eine langsame, letzterer eine ziemlich energische Beschleunigung der Hydrolyse.

Palladium zeigte bei der Hydrolyse von Maltose und Raffinose durch Salzsäure eine Verlangsamung, wenigstens bei den Versuchen in der Kälte. Aehnlich verzögerten auch Palladium, Osmium, Rhodium, Iridium, Kupfer und Silber die Esterzersetzung durch kochendes Wasser bei Amylacetat und Isobutylacetat. Auch bei Methylacetat wirkte Palladium in gleicher Weise verzögernd bei der Zerlegung mit $N/_2$Salzsäure.

P. Rohland[2]) beobachtete einen solchen katalytischen Einfluss der Metalle auf die Umwandlung der einen Form des Chromichlorids in die isomere.

Wie die nachstehende Uebersicht zeigt, ergiebt sich ein annähernder Parallelismus zwischen der Lähmung der Katalyse des Wasserstoffsuperoxyds beim Blute und beim kolloiden Platin. G. Bredig und K. Ikeda[3]), welche diese Zusammenstellung gegeben haben, benutzten hierbei die von Jacobson sowie von E. Schaer gelieferten Versuchsresultate.

Lähmung der H_2O_2-Katalyse.

bei Zusatz von	bei Blut (Schaer)	bei Platin (Bredig, v. Bernecke, Ikeda)
Schwefelwasserstoff,	gar keine Katalyse,	äusserst starke Lähmung,
Jod,	sehr starke Abschwächung,	„ „ „
Quecksilberchlorid,	fast gänzliche Aufhebung,	„ „ „
Quecksilbercyanid,	sehr erhebliche Abschwächung,	sehr „ „
Blausäure,	äusserst starke Lähmung, (Schönbein)	äusserst „ „
Hydroxylsäure,	ganz aufgehoben,	starke Lähmung,
Amylnitrit,	äusserst starke Abschwächung,	„ „
Nitrobenzol,	geringe, aber erkennbare Abschwächung,	sehr schwache Lähmung,
Pyrogallol,	keine Schwächung,	schwache Lähmung,
Arsenige Säure,	unerhebliche Abnahme,	„ „

---

1) O. Šulc, Zeitschr. physik. Ch. **33**, 47, 1900; **21**, 481, 1896.
2) P. Rohland, Zeitschr. anorg. Ch. 1901.
3) G. Bredig u. K. Ikeda, Zeitschr. physik. Ch. **37**, 1, 1901; **38**, 122, 1901; vgl. W. Raudnitz, ibid. **37**, 551, 1901.

bei Zusatz von	bei Blut (Schaer)	bei Platin (Bredig, v. Bernecke, Ikeda)
Kaliumchlorat,	deutliche, wenn auch schwache Abnahme,	keine Lähmung,
Salpetrige Säure,	ganz sistirt,	schwache, aber noch merkliche Abnahme,
Anilin,	Katalyse sehr verstärkt,	erhebliche Lähmung,
Phosphor,	keine ersichtliche Abschwächung,	sehr starke „
Schwefelkohlenstoff,	keine ersichtliche Abschwächung,	starke „
Natriumthiosulfat,	Katalyse sehr verstärkt,	„ „

Erwähnt sei noch die Beobachtung von R. Höber[1]), dass die elektrolytische Kraft von Gasketten mit Sauerstoff erheblich vermindert wird, wenn an die Sauerstoffelektrode aus platinirtem Platin Cyankalium oder Hydroxylaminchlorhydrid gebracht wird.

Die Katalyse bei der Reaktion zwischen H_2O_2 und HJ wurde von J. Brode[2]) untersucht; die Goldkatalyse des Wasserstoffsuperoxyds bearbeiteten G. Bredig und W. Reinders[3]).

Ionen als Katalysatoren.

Allgemeines. Der katalytische Einfluss der Säuren und Basen auf die Verseifungsgeschwindigkeit der Ester und der Inversion der Zucker ist schon seit langem bekannt. Aber auch seit der Verwendung der Arrhenius'schen Theorie der Dissociation der Elektrolyte ist man dazu gelangt, den wirklichen Gang der Katalyse in einzelnen Theilen besser zu erkennen. Es hat sich herausgestellt, dass es bei den Säuren im wesentlichen die Wasserstoffionen und bei den Basen die Hydroxylionen sind, welche katalytisch wirken.

Je nach der Koncentration dieser Ionen verläuft die Katalyse langsam oder rasch, und es lassen sich aus der Reaktionsgeschwindigkeit direkt Schlüsse auf die elektrolytische Dissociation ziehen. Da Wasser ebenfalls in sehr geringem Grade elektrolytisch dissociirt ist, so wirkt auch es katalytisch, wenn gleich entsprechend der geringen Ionenkoncentration nur sehr langsam.

Auch die sog. Neutralsalze wirken in ganz geringem Maasse katalytisch, und man nimmt neuerdings demgemäss an, dass auch diese Salze wie $NaCl$, KCl, KNO_3 u. s. w. schwach hydrolytisch dissociirt sind[4]).

<hr>

1) R. Höber, Arch. f. ges. Physiolog. **82**, 631, 1900.
2) J. Brode, Zeitschr. physik. Ch. **37**, 257, 1901.
3) G. Bredig u. W. Reinders, ibid. **37**, 323, 1901.
4) K. Arndt, Zeitschr. anorg. Ch. **28**, 364, 1901.

Hier sei jedoch auch auf die Untersuchung von J. M. Crafts[1]) hingewiesen, dass gesteigerte Koncentration, welche doch der elektrolytischen Dissociation entgegenwirkt, also die Ionenkoncentration vermindert, doch eine Beschleunigung der Katalyse bewirken kann.

Ueber die Einwirkung von Nichtelektrolyten bei Verseifung von Aethylacetat ist von C. Kullgren[2]) gearbeitet worden. Dieselbe nimmt ab bei Zusatz von Rohrzucker, Glycerin, Methylalkohol, Aethylalkohol und Aceton. Die Abnahme ist am grössten bei Rohrzucker und sinkt in der angegebenen Reihenfolge bis zum Aceton, und zwar bildet die Natronlauge dabei mit Rohrzucker Natriumsaccharat; eine entsprechende Reaktion findet wahrscheinlich bei Glycerin statt.

Auf den Einfluss der Wasserstoffionen bei der Zersetzung der Thioschwefelsäure macht W. Ostwald[3]) aufmerksam. Natriumthiosulfat dissociirt in $Na_2 + S_2O_3$, die freie Thioschwefelsäure in $H_2 + S_2O_3$. Trotzdem dasselbe Ion S_2O_3 in beiden Fällen vorhanden ist, ist die freie Thioschwefelsäure unbeständig infolge der Wirkung der Wasserstoffionen, die hier einen katalysirenden Einfluss ausüben. Ostwald bezeichnet dies als Autokatalyse.

Ein weiteres Beispiel hierfür glaubt Una Collan[4]) in der Umsetzung verschiedener Oxysäuren in Laktone gefunden zu haben, bei denen bereits Hjelt[5]) beobachtete, dass, während die Berechnung der Reaktionskonstante für alle übrigen der von ihm damals untersuchten Säuren einigermassen konstante Werthe erhalten liess, sich bei der in Phtalid übergehenden α-Oxymethylbenzoësäure, $C_6H_4 {(1)\,CH_2OH \atop (2)\,COOH}$, dagegen ein mit fortlaufender Umsetzung immer wachsender Werth der Konstante ergab.

Den gleichen Vorgang findet P. Henry[6]) in betreff des Uebergangs der γ-Oxyvaleriansäure in das entsprechende Valerolakton.

Theorie des Verseifungsprocesses der Triglyceride.

Die Verseifung der Triglyceride ist bisher durch folgende allgemeine Gleichung ausgedrückt worden:

$$C_3H_5{\diagup OR \atop \diagdown OR}\!\!-OR + 3\,M.OH = C_3H_5{\diagup OH \atop \diagdown OH}\!\!-OH + 3\,M.OR,$$

in welcher M ein einwerthiges Metallatom oder Wasserstoff bedeuten soll.

---

[1]) J. M. Crafts, Ber. **34**, 1350, 1901.

[2]) C. Kullgren, Zeitschr. physik. Ch. **37**, 613, 1901.

[3]) W. Ostwald, Zeitschr. physik. Ch. **7**, 522, 1892; vgl. auch H. v. Oettinger, ibid. **33**, 1, 1900.

[4]) Una Collan, ibid. **10**, 130, 1892.

[5]) E. Hjelt, Ber. **24**, 1232, 1891.

[6]) P. Henry, Zeitschr. physik. Ch. **10**, 96, 1892.

Diese Gleichung stellt jedoch nur den Endzustand dar und giebt keinen Aufschluss darüber, wie der Verseifungsprocess verläuft, d. h. sie beantwortet nicht die Frage, ob das Triglycerid gerade auf in drei Mol. Fettsäure und ein Mol. Glycerin gespalten wird, oder ob der chemische Umsatz stufenweise erfolgt, so dass zuerst Diglycerid, dann Monoglycerid und schliesslich Fettsäure und Glycerin gebildet werden.

Geitel[1] hat jüngst auf Grund von physikalisch-chemischen Reaktionen nachgewiesen, dass der Verseifungsprocess bimolekular verläuft, und dass demnach ein Glycerid unter dem Einflusse verseifender Agentien zunächst in Diglycerid, dann in Monoglycerid u. s. w. gespalten wird.

J. Lewkowitsch[2] suchte nun auf die Weise zwischen den beiden Anschauungen zu entscheiden, dass er die Acetyl-, Hehner- und Verseifungszahlen von partiell verseiften Fetten bestimmte. Der Theorie nach mussten dieselben folgende sein.

	Acetyl-zahl.	Hehner-zahl.	Verseifungs-zahl.
Tristearin, $C_3H_5(OC_{18}H_{35}O)_3$	0	95,73	189,5
Stearinsäure, $C_{28}H_{36}O_2$	0	100,00	197,5
Monostearin, $C_3H_5(OH)(OH)(OC_{18}H_{35}O)$	253,8	—	—
Distearin, $C_3H_5OH(OC_{18}H_{35}O)_2$	84,2	—	—
Monacetyldistearin, $C_3H_5(OC_2H_3O)(OC_{18}H_{35}O)_2$	—	85,3	252,7
Diacetylmonostearin, $C_3H_5(OC_2H_3O)_2(OC_{18}H_{35}O)$	—	64,2	350,8

Der fast absolute Parallelismus bei den von Lewkowitsch im Verein mit C. D. Robertshaw und J. G. Read ausgeführten Versuchen zwischen dem Verlaufe der Acetylzahlen und den Verseifungszahlen zeigt deutlich die Berechtigung der Annahme einer theilweise vor sich gehenden Verseifung. Weniger frappant sind die Zahlenreihen für die unlöslichen Fettsäuren (Hehnerzahlen), weil sie ein sehr viel kleineres Intervall bei der graphischen Darstellung bedeuten. Natürlicherweise zeigen die Hehnerzahlen den umgekehrten Verlauf der beiden vorangehenden Zahlen, sie stellen das Spiegelbild derselben dar und beweisen daher dieselbe Gesetzmässigkeit.

Lewkowitsch giebt die Resultate von 11 verschiedenen Versuchen, die zum Beweise der partiell vor sich gehenden Verseifung dienen.

Inversion der Polysaccharide.

Mit dem Namen Inversion bezeichnete man ursprünglich die Erscheinung, dass in bestimmter Weise veränderter Rohrzucker seine Drehungsrichtung von rechts nach links verändert; der Rohrzucker ist alsdann invertirt worden. Wir wissen, dass Rohrzucker ein Disaccharid ist, das

[1] Geitel, Journ. pr. Ch. 55, 429, 1897.
[2] J. Lewkowitsch, Ber. 33, 89, 1900.

aus gleichen Theilen Glukose (Dextrose) und Fruktose (Lävulose) unter Wasseraustritt gebildet ist. Wird der Rohrzucker mit Säuren u. s. w. behandelt, so nimmt er wieder Wasser auf und zerfällt in d-Glukose und d-Fruktose. Da die Drehung der d-Fruktose die der d-Glukose überwiegt, ist die Drehungsrichtung des erhaltenen Produktes links im Gegensatz zu dem des rechtsdrehenden Ausgangsmaterials. Der Vorgang ist folgender:

a) $\quad C_{12}H_{22}O_{11} + H_2O = 2\,C_6H_{12}O_6.$

b) $\quad CH_2(CHOH)_4 CHCH_2OHC(CHOH)_2 CHCH_2OH + H_2O =$

Rohrzucker

$$CH_2OH\overset{H}{\underset{OH}{C}} - \overset{H}{\underset{OH}{C}} - \overset{OH}{\underset{H}{C}} - \overset{H}{\underset{OH}{C}} - CHO + CH_2OH\overset{H}{\underset{OH}{C}} - \overset{H}{\underset{OH}{C}} - \overset{OH}{\underset{H}{C}} - COCH_2OH$$

d-Glukose (Dextrose). d-Fruktose (Lävulose).

Nach den Untersuchungen von E. van Melckebecke[1]) beruht die bei langem Aufbewahren des Rohrzuckers eintretende Inversion auf der Einwirkung von Mikroorganismen, deren Lebensthätigkeit durch Feuchtigkeit und Luftzufuhr erhöht wird. Die Magazine müssen also trocken gehalten werden; ausserdem muss auch entgegen der herrschenden Ansicht jedes Lüften vermieden werden. Das Magazin soll aus Abtheilungen bestehen, die vollständig getrennt beschickt und geleert werden können, und zwar soll jede Abtheilung mit Zuckersäcken möglichst voll gepackt werden, um möglichst wenig Luft dazwischen zu lassen. Die Qualität des Zuckers hat weniger Einfluss, doch scheinen sich alkalische Zucker besser zu halten als solche mit saurer oder neutraler Reaktion.

Nach der Vorschrift von Herzfeld wird die Inversion des Rohrzuckers in der Weise vorgenommen, dass man das halbe Normalgewicht des Zuckers, also 171 g in 75 ccm Wasser löst, auf dem Wasserbade nach Zusatz von 5 ccm koncentrirter Salzsäure (38 % = spec. Gew. 1,118) bei 67—70° C. 7½ Minuten lang unter Umschwenken erwärmt, wovon 2½ Minuten auf das Anwärmen kommen, sofort abkühlt, auf 100 ccm auffüllt. Die betreffende Lösung giebt dann bei reinem Lösungsmittel eine Drehung von — 16,33°, bei normaler Lösung von — 32,66°.

---

[1]) E. van Melckebeke, Chem. Ztg. **24**, 579, 1900.

Ein zu langes Erhitzen mit der Salzsäure ist zu vermeiden, da sonst die Lävulose zerstört wird.

Unter Zugrundelegung folgender Beobachtungen:

d-Glukose (Dextrose) $[\alpha]^{20}_D = + 52{,}50 + 0{,}0188\,p + 0{,}000517\,p^2$,
        (Tollens),

d-Fruktose (Lävulose) $[\alpha]^{20}_D = - 88{,}13 - 0{,}2583\,p$,
        (Hönig und Jesser),

Invertzucker $[\alpha]^{20}_D = - 19{,}447 - 0{,}06068\,p + 0{,}000221\,p^2$,
        (Gubbe)

haben Hönig und Jesser[1]) nachstehende orientirende Tabelle über das Verhältniss von Dextrose und Lävulose einerseits gegenüber Invertzucker anderseits gegeben.

p.	Dextrose.	Lävulose.	Arithmetisches Mittel.	Invertzucker.	Differenz.
20	+ 53,08	− 93,30	− 20,11	− 20,57	+ 0,46
25	+ 53,29	− 94,59	− 20,65	− 20,83	+ 0,18
30	+ 53,52	− 95,88	− 21,18	− 21,07	− 0,11
35	+ 53,79	− 97,17	− 21,69	− 21,30	− 0,39.

Man erfährt die Drehung des Invertzuckers aus der des vorhandenen Rohrzuckers durch Multiplikation mit 0,33.

In ähnlicher Weise wie der Rohrzucker wird auch der Milchzucker durch die Einwirkung verdünnter Schwefelsäure oder Salzsäure invertirt, indem unter Wasseraufnahme Galaktose und Dextrose entstehen.

$$CH_2OH(CHOH)_4 - CH \underset{O}{\overset{OCH_2}{\diagup\diagdown}} CH(CHOH)_3CHO + H_2O =$$

Milchzucker.

$$CH_2OH\,.\,\overset{H}{\underset{OH}{C}} - \overset{H}{\underset{OH}{C}} - \overset{OH}{\underset{H}{C}} - \overset{H}{\underset{OH}{C}} - CHO + CH_2OH(CHOH)^4CHO.$$

d-Glukose (Dextrose).   d-Galaktose.

Da Dextrose und d-Galaktose beide nach rechts drehen, und das Gleiche beim Milchzucker selbst der Fall ist, so ergiebt sich als Endprodukt der Inversion ein ebenfalls rechts drehendes Produkt; also findet entgegen der in dem Ausdrucke Inversion liegenden Bezeichnung keine Umwandlung der Drehung von rechts nach links statt.

---

1) Hönig u. Jesser, Zeitschr. Ver. Rübenz.-Ind. 1888, 1037; H. Ost, Ber. **24**, 1640, 1891.

Von andern Polysacchariden seien noch erwähnt:

a) Die **Maltose** (Malzzucker), welche bei der Inversion mit verdünnter Schwefelsäure nahezu theoretisch in zwei Moleküle Dextrose zerfällt:

$$C_{12}H_{22}O_{11} + H_2O = 2\,C_6H_{12}O_6.$$

b) Die **Raffinose** (Melitriose, Melitose) zerfällt in je ein Molekül Dextrose, Lävulose und Galaktose:

$$C_{18}H_{32}O_{16} + 2\,H_2O = 3\,C_6H_{12}O_6.$$

c) Die **Trehalose** liefert nach **Winterstein**[1]) ausser Dextrose noch einen andern Zucker.

Die **Theorie der Inversion der Polysaccharide** ist von verschiedenen Seiten bearbeitet worden, ohne dass es jedoch gelungen wäre, eine allseitig befriedigende Erklärung zu finden, eine Thatsache, die ja auch für die Gesammtheit der katalytischen Erscheinungen gilt. Eine Zusammenstellung und kritische Beleuchtung der einzelnen Hypothesen findet sich in der Arbeit von **Edm. O. von Lippmann**[2]) „Zur Frage der Inversion des Rohrzuckers".

„Die auf einem ohnehin schon so schwierigen Gebiete arbeitenden Vorkämpfer würden sich zweifellos ein Verdienst um viele ihrer mitstrebenden Fachgenossen erwerben, wollten sie in derartigen Fällen ihre Gedanken fassbarer klarlegen und ihre Hypothesen eingehender präcisiren."

H. Euler[3]) nimmt an, dass bei der Inversion des Rohrzuckers aktive Moleküle desselben in Frage kommen, die eine Zerlegung in Ionen gestatten. Für die Umsetzung würde folgendes Produkt:

$$[A]\,[K]\,[OH]\,[H]$$

die Reaktionsgeschwindigkeit bestimmen, wobei [A] und [K] Anionen und Kationen des Rohrzuckers bedeuten, [OH] und [H] die des Wassers. Wird einer der Faktoren $= 0$, so kann die Inversion nicht stattfinden. Da nun Wasser und ganz besonders Rohrzucker sehr wenig dissociirt sind, so wird das Produkt sehr klein. Fügt man nun durch Zusatz einer Säure verhältnissmässig viele Ionen H und Cl der Lösung zu, so wird das Ionenprodukt vergrössert.

5. Enzyme und Fermente.

a) Natur und Arten der Enzyme oder Fermente.

Die Enzyme oder Fermente sind eigenartige Stoffe, welche nach Art der Katalysatoren eine zerlegende, spaltende oder überhaupt umsetzende und umlagernde Wirkung auf gewisse Substanzen ausüben können.

---

1) **Winterstein**, Dingl. polyt. Journ. **301**, 209; Ber. **26**, 3094, 1894.

2) **Edm. O. v. Lippmann**, Ber. **33**, 3560, 1900.

3) **H. Euler**, Ber. **33**, 3302, 1900; **34**, 1568, 1901; Zeitsch. physik. Ch. **36**, 641.

Der Umstand, dass man die Enzyme nur an ihrer specifischen Wirkung, der Zerlegung von gewissen Stoffen, ohne dass sie selbst stoffliche
Veränderung dabei erfahren, erkennen kann, dass aber eigentliche chemische Methoden der qualitativen oder gar quantitativen Bestimmung
fehlen, hat es mit sich gebracht, dass man über die Natur der Enzyme
im Unklaren ist. Vielfach neigt man der Ansicht zu, dass man es
hier mit eiweissähnlichen oder eiweissartigen Stoffen zu thun hat. Dies
mag jedoch mehr in der Schwierigkeit der Trennung und Abscheidung
gelegen sein, wodurch es den Anschein gewinnt, dass hier solche Stoffe
vorliegen. Für Pepsin z. B. ist die eiweissartige Natur sehr fraglich [1]), viel
eher ist dieselbe schon für Trypsin oder Diastase anzunehmen. Wir können
also sagen, über die eigentliche Natur der Enzyme wissen wir nichts, als
was mit ihrer specifischen Wirkung zusammenhängt.

Um einen Ueberblick zu erhalten, ist es am besten die Enzyme
bezw. die Lebewesen Pilze, Bakterien oder Bacillen, welche enzymartige
Wirkungen hervorbringen, dementsprechend in Unterabtheilungen unterzubringen. Dies ist in der nachfolgenden kurzen Zusammenstellung der
wichtigsten derselben geschehen. Man unterscheidet:

b) Amylolytische Fermente.

Unter amylolytischen Fermenten versteht man solche, welche die
Eigenschaft besitzen, Stärke in Zucker und zwar in Maltose zu verwandeln.
Hierzu gehören:

> die Diastase der Gerste;
> die Diastase des Speichels oder das Ptyalin;
> die Diastase des Pankreassaftes, das Amylopsin.

Die günstigste Temperatur für die Wirkung der Diastase der Gerste
ist 50—60°.

c) Proteolytische Fermente.

Die proteolytischen oder Eiweiss lösenden Fermente sind das im
Magensaft vorkommende Pepsin, das Trypsin des Pankreassaftes
sowie das Papaïn, welches aus den Früchten und dem Milchsafte des
Melonenbaums, Carica papaya, gewonnen wird. Diese drei Enzyme unterscheiden sich zunächst in Bezug auf die Verhältnisse, in welchen ihre
Wirkung am günstigsten ist. Pepsin wirkt nur in saurer, am besten in
salzsaurer Lösung, Trypsin in alkalischer und Papaïn in neutraler. Dann
aber auch differiren sie hinsichtlich der Spaltungsprodukte. Pepsin liefert
Albumosen und Peptone, Trypsin bildet wohl auch Pepton (Antipepton

---

[1]) H. Friedenthal, Arch. Anat. Phys. (His.-Engelmann) Physiol. Abthl. 1900,
181 glaubt, dass das Pepsin und auch das Papayotin Nukleoproteïde sind.

von Kühne), aber ausserdem noch Lysin, Arginin, Histidin (die sogen. Hexonbasen), dann noch Leucin, Tyrosin. Bei der Einwirkung von Papaïn entsteht Globulin, daraus Pepton, Leucin, Tyrosin.

d) Ester, Anhydride und Laktone spaltende Fermente.

Von diesen seien erwähnt, die Lipase[1]), welche Fette zerlegt und in Leber, Magen und Dünndarm vorkommt, sowie die Tannin spaltende Tannase[2]), welche aus Aspergillus niger hergestellt wird. Die Lipase kann auch wiederum aus [Buttersäure und Aethylalkohol eine Synthese des Buttersäureäthylesters bewirken.

e) Invertirende Fermente.

Hierzu gehören die Maltase, welche in Pflanzenreich und Thierreich weit verbreitet ist und die Fähigkeit besitzt, Maltose in Glukose zu verwandeln:

$$C_{12}H_{22}O_{11} + H_2O = 2\,C_6H_{12}O_6.$$

Das Optimum der Wirkung liegt bei 40^0, bei 55^0 findet Zerstörung statt. Auch in der Hefe findet sich dieses Ferment, und gelang es E. Fischer[3]) die Glukose als solche bei der Hefegährung der Maltose in der Form des Glukosazons nachzuweisen.

Weiterhin sind noch bekannt die Trehalase in Aspergillus vorkommend, welche die Fähigkeit besitzt, die Trehalose zu spalten, dann die Laktase, welche den Milchzucker in d-Glukose und d-Galaktose spaltet.

Auch eine Invertase oder ein Invertin, das Rohrzucker in Glukose und Fruktose zerlegt, ist aus der Hefe dargestellt worden[4]).

f) Glukosidspaltende Fermente.

Von diesen sind besonders erwähnenswerth das Emulsin und das Myrosin.

Das Emulsin ist ein in den Mandeln vorkommendes Enzym, das die Fähigkeit besitzt, Amygdalin, d. i. das in den Mandeln vorhandene Glukosid in Glukose, Benzaldehyd und Blausäure zu spalten. Emulsin findet sich ausser in den Mandeln auch noch in verschiedenen andern Pflanzen. Die günstigste Temperatur liegt bei $45\text{--}50^0$, bei 70^0 wird es zerstört.

---

1) J. H. Kastle u. A. S. Loevenhart, Amer. Chem. J. **24**, 491, 1900.

2) A. Fernbach, Compt. rend. **131**, 1214, 1900; H. Pottevin, ibid. **131**, 1215, 1900.

3) E. Fischer, Ber. **28**, 1433, 1895; Zeitschr. physiol. Ch. **26**, 74, 1898.

4) Vgl. z. B. E. Salkowski, Zeitschr. physik. Ch. **31**, 304, 1900.

Das **Myrosin**, welches im Senfsamen vorkommt, spaltet das darin befindliche **myronsaure Kali** in Glukose, saures schwefelsaures Kali und Senföl nach der Gleichung:

$$C_{10}H_{18}KS_2O_{10} = C_6H_{12}O_6 + KHSO_4 + C_3H_5NCS$$

Myronsaures Kali, Glukose, **Allylsenföl.**

g) Glukose spaltende Fermente.

Glukose spaltende Enzyme finden sich in den Hefen. **Buchner**[1]) gelang es, die wirksame Substanz, die **Zymase**, von lebenden Zellen befreit, darzustellen. Die Zymase spaltet die Glukose in Alkohol und Kohlensäure.

$$C_6H_{12}O_6 = 2CO_2 + 2C_2H_5OH.$$

Nebenher bilden sich noch geringe, aber ziemlich konstante Mengen von Glycerin (2,5—3,6 %) und Bernsteinsäure (0,4—0,7 %).

Nicht vergährbar sind die Pentosen, dagegen aber die Hexosen. Jedoch finden sich auch bei diesen Ausnahmen. Von den Aldosen gähren nach E. **Fischer**[2]) nur d-Glukose, d-Mannose und d-Galaktose; dagegen sind die l-Formen nicht gährfähig, ebensowenig wie Gulose, Talose und Idose. Vgl. Bd. I, S. 584—586.

Von den Ketosen vergährt mit Sicherheit nur die d-Fruktose (= Lävulose), dagegen sind Sorbose und Tagatose sowie auch l-Fruktose nicht gährfähig.

Im übrigen sind nur solche Zucker gährfähig, die der Reihe der Triosen, Hexosen oder Monosen angehören.

Die Polysaccharide vergähren erst nach der Zerlegung.

Die Geschwindigkeit des Gährprozesses ist ebenfalls verschieden. So vergährt d-Glukose rascher als d-Fruktose.

Die günstigste Temperatur ist 25^0 für die Vergährung. Bei 53^0 hört die Vergährung auf und bei untergährigen Hefen mitunter schon bei 38^0.

h) Durch Oxydation oder Spaltung Säure liefernde Fermente.

Hierzu gehören die die Essigsäuregährung, Milchsäuregährung, Citronensäuregährung u. s. w. bedingenden Fermente.

Unter dem Einfluss des Essigpilzes, Mycoderma aceti, bildet sich bei der **Essiggährung** aus dem Aethylalkohol zunächst Aldehyd und dann Essigsäure.

---

1) E. **Buchner**, Ber. **30**, 117, 1110, 2668, 1897; **31**, 209, 568, 1084, 1090, 1531, 1898; **32**, 127, 1899; **Buchner** u. **Albert**, Ber. **33**, 266, 971, 1900.

2) E. **Fischer**, Ber. **23**, 2137, 1890.

$$C_2H_5OH + O = CH_3CHO + H_2O,$$
$$CH_3CHO + O = CH_3COOH.$$

Bei der **Milchsäuregährung** bildet sich aus den Hexosen die Milchsäure nach der Formel

$$C_6H_{12}O_6 = 2\,C_3H_6O_3,$$

es entsteht fast immer die α-Oxypropionsäure, $CH_3CHOHCOOH$, und zwar meist in ihrer racemischen, also aus d- und l-Milchsäure zusammengesetzten Form.

Die günstigste Temperatur liegt bei 35—40°.

Die Bildung der **Citronensäure** aus Zuckern durch Citromyces Pfefferianus und glaber, welche von **Wehmer**[1]) beobachtet und technisch ausgebildet worden ist, kann wie auch die Essiggährung als Oxydationsgährung aufgefasst werden.

i) Koagulirende Fermente.

Hierzu sind zu rechnen: das die Eiweissstoffe der Milch, das Kaseïn, koagulirende **Labferment**, welches sich in der Schleimhaut des Magens bildet, ausserdem das die Gerinnung des Blutes bedingende **Fibrinferment** sowie die **Pektase**, welche die Koagulation pektinhaltiger pflanzlichen Stoffe bewirkt.

6. Theorie der Enzymwirkung.

Obgleich man bereits früher die Eigenschaft der Hefe kannte, an Wasser einen Stoff, die Invertase, abzugeben, der im stande ist, Rohrzucker zu spalten, war doch die Meinung vorherrschend, dass die Gährung eine Erscheinung der Lebensthätigkeit der lebenden Zelle sei. Zwar hatte bereits **Pasteur** die Ansicht ausgesprochen, dass in der Hefe auch ein die Gährung bewirkender Stoff vorhanden sei. Denselben aus den Hefezellen zu isoliren, gelang ihm aber nicht. Dies war erst der Fall, als **Buchner**[2]) seine interessanten Versuche anstellte, den Presssaft der Hefe so von allen lebenden Protoplasmastückchen zu reinigen. Auf diese Weise erhielt er den wirksamen Bestandtheil der Hefe, die **Zymase**, und vermochte zu zeigen, dass dieser Substanz alle Eigenschaften zukommen, wie wir sie von diesem Bestandtheil der Hefe erwarten durften.

Mit diesem Presssaft tritt selbst nach Zusatz von Toluol, Thymol, Glycerin u. dgl., wodurch die Gährthätigkeit der Hefe sicher aufgehoben wird, trotzdem die Gährung auf. Man kann den Presssaft im Vakuum bei 20—30° C. eintrocknen und erhält so eine eingetrocknetem Hühnereiweiss ähnliche Masse, welche ebenfalls die Gährung in zuckerhaltigen Lösungen veranlasst. Man kann den Presssaft neun Monate lang auf-

---

1) **Wehmer**, Sitzber. Berl. Accad. **1891**, 519.
2) E. **Buchner**, l. c.

bewahren, ohne dass er seine Gährfähigkeit verliert. Setzt man dem Presssaft Blausäure zu, so verliert er seine Wirkung; bei Luftdurchleiten kehrt die Wirksamkeit wieder, während die Protoplasmastückchen, welche etwa noch vorhanden sein könnten, hierdurch sicher abgetödtet würden. Bei schnellem Trocknen der Hefe bei niedriger Temperatur und darauf folgendem sechs Stunden langen Erhitzen auf 100^0 C. ist die Lebenskraft der Hefe abgetödtet, dagegen ihre Gährwirkung noch vorhanden. Das gleiche Ergebniss findet man, wenn Hefe in Aether-Alkohol eingetragen wird, wodurch sie selbst abgetödtet, ihre Gährwirkung aber nicht aufgehoben wird [1]).

Alle diese Gründe sprechen dafür, dass wir es bei der Gährfähigkeit der Hefe und somit wohl bei allen übrigen entsprechenden Vorgängen nicht mit der Lebensthätigkeit der Zelle, sondern mit chemischen Individuen zu thun haben, welche die Zersetzung bewirken.

Diese die Zerlegung bedingenden Stoffe, die Enzyme oder Fermente sind Katalysatoren, d. h. sie üben ihre zersetzende Wirkung aus, ohne selbst dadurch zerstört zu werden. In gleicher Weise wie man mit einem Schlüssel unendliche viele Schlösser derselben Art zu öffnen vermag, so üben auch die Enzyme und Fermente ihre Wirksamkeit aus [2]).

Nach den Untersuchungen von V. Henri [3]) ist das von den meisten Autoren angenommene Gesetz, nach welchem die Geschwindigkeit der Fermentreaktion den Verlauf einer logarithmischen Kurve $K = \dfrac{1}{t} \ln \dfrac{a}{a-x}$ besitzt, für die Wirkung der Inversion auf Rohrzucker nicht anwendbar. Die Reaktion verläuft schneller als die logarithmische Kurve. Für dieselbe ergiebt sich vielmehr die Formel

$$\frac{dx}{dt} = k_1 \left(1 + \frac{x}{a}\right)(a-x) \quad \text{oder} \quad 2\,k_1 = \frac{1}{t} \ln \frac{a+x}{a-x}.$$

Die Konstante k_1 ändert sich mit der Anfangskoncentration a, und zwar ist sie umso grösser, je kleiner a ist. Das Produkt $2k_1a$ bleibt aber nicht konstant, wie es nach der Annahme von Duclaux sein dürfte; es wächst mit steigendem a für kleinere Koncentration, wird konstant für die mittlere Koncentration und sinkt für weiter steigende Koncentration a.

7. Physiologische Wirkungen.

Allgemeines.

Eine durchgreifende Systematik für die Beziehungen zwischen chemischer Konstitution und physiologischer Wirkung steht noch aus. Nach-

---

[1]) Vgl. R. Albert, Ber. **33**, 3775, 1900.

[2]) E. Fischer, l. c.

[3]) V. Henri, Zeitschr. physik. Ch. **39**, 194, 1901.

stehend sei der Versuch gemacht, eine solche zu geben, soweit es die derzeitigen Beobachtungen und Untersuchungen gestatten. Um ein möglich umfassendes Bild von diesen Verhältnissen zu erhalten, ist es nothwendig, dieselben von möglichst vielen Seiten aus zu betrachten, und ist demgemäss die Eintheilung.

Versuche der Feststellung der Beziehungen zwischen chemischer Konstitution und physiologischer Wirkung sind bereits mehrere gemacht worden. Hiervon sei nachstehend ein Auszug gegeben.

a) Physiologische Wirkungen und die Gruppen des periodischen Systems.

Fasst man allein die chemischen Verhältnisse der einzelnen Gruppen des periodischen Systems ins Auge, so findet man da häufig auffällige Uebereinstimmungen, abgesehen von den gradweisen Aenderungen, die mit der Zunahme des Atomgewichtes eintreten. Ein besonders auffälliges Beispiel ist z. B. in den Halogenen vorhanden.

Chlor-, Brom- und Jodkalium geben mit Silbernitrat eine Ausscheidung von Silberhalogenverbindungen, die sich durch ihre Unlöslichkeit im Wasser auszeichnen, dagegen aber verschiedenes Verhalten gegen Ammoniaklösung zeigen. Chlorsilber ist bekanntlich in Ammoniak löslich, Bromsilber schwer löslich und Jodsilber unlöslich. Wir finden also genügend Uebereinstimmungen, die sich auch in dem sonstigen Charakter der Elemente selbst sowie auch ihrer Verbindungen aussprechen. Dagegen sind aber auch erhebliche Differenzen vorhanden. Und dies zeigt sich auch in der physiologischen Wirkung.

So ist es z. B. durchaus nicht gleichgiltig, ob man Chlor-, Bromoder Jodkalium als Medikament giebt. Wahrscheinlich sind die geringen Mengen von Jodalkalien, die wir täglich durch die Luft oder die Nahrung in uns aufnehmen, durchaus nicht bedeutungslos für den menschlichen bezw. thierischen Organismus. Gehen wir über diese kleinen Mengen hinaus und versuchen etwa einen grösseren Theil des als Nahrungsbestandtheil nothwendigen Chlornatriums durch Jod- oder Bromnatrium zu ersetzen, so tritt eine Erkrankung des Organismus ein.

Die Desinfektionswirkung der Halogene Cl, Br, J nimmt, wie Th. Paul und B. Krönig[1]) gefunden haben, entsprechend ihrem sonstigen chemischen Verhalten mit steigendem Atomgewicht ab.

Ueber die zur Ernährung der Schimmelpilze nothwendigen Metalle hat W. Beneke[2]) eine Arbeit veröffentlicht, deren Ergebnisse folgende sind: Die Gegenwart des Kaliums ist schlechterdings nothwendig; ohne dieses Metall tritt keine, oder richtiger nur spuren-

---

1) Th. Paul u. B. Krönig, Zeitschr. physik. Ch. **21**, 450, 1896.
2) W. Beneke, Jahrb. f. wiss. Bot. **28**, 487, 1895; Naturw. Rundsch. **11**, 87, 1896.

weise Keimung ein. Natrium und Lithium sind untauglich, auch von einer theilweisen Vertretbarkeit durch sie ist nichts zu bemerken. Wehmer hatte dagegen einen widersprechenden Befund.

Dem Rubidium ist insofern eine besondere Stellung anzuweisen, als es zwar das Kalium nicht ganz, wohl aber zum Theil vertreten kann, insofern es Mycelbildung, aber keine Sporenbildung erlaubt; ob diese Wirkung des Rubidiums nur im Verein mit den geringen Kaliumspuren, von denen eine vollkommene Nährlösung nicht ganz befreit werden kann, zu stande kommt, bleibt fraglich. In guten Nährlösungen mit Rubidium ohne Kalium ist das Gewicht der sterilen Pilzdecke ungefähr gleich dem einer entsprechenden Decke auf Kaliumnährlösung; in schlechteren Nährlösungen tritt die hemmende Wirkung des Rb mehr hervor; es erzeugt ein viel geringeres Erntegewicht. Wird das Rubidiumsalz hingegen nicht allzu subtil gereinigt, d. h. enthält es noch Kalium, so kommt die vereinigte Rb-K-Wirkung zur Geltung, dass meist ein bedeutend höheres Erntegewicht als in blossen K-Kulturen erzielt wird. Ob das Rubidium hier thatsächlich als Stimulans wirkt oder etwa nur negativ derart, dass es die Sporenbildung behindert und dadurch den Pilz zu länger fortgesetztem vegetativen Austreiben veranlasst, ist zweifelhaft.

Das Caesium schliesst sich in seiner Wirkung im allgemeinen dem Rubidium an, scheint aber ein viel geringeres Erntegewicht zu geben.

Wie die Versuche ergeben haben, sind speciell Baryumsalze für den thierischen Organismus schädlich und in verminderter Weise auch Strontiumsalze.

Wie fernerhin beobachtet wurde, werden gewisse Bakterien schon durch das Eintauchen von Blei, Kupfer und Quecksilber in Wasser getödtet. Also rufen schon die geringen Spuren dieser Metalle, welche sich in Wasser lösen (entsprechend der Nernst'schen Lösungstension) eine Giftwirkung hervor.

Th. Paul und B. Krönig[1]) haben gefunden, dass die Ansicht Behring's[2]), der desinficirende Werth der Quecksilberverbindungen sei im wesentlichen 'nur von dem Gehalt an löslichem Quecksilber abhängig, die Verbindung möge sonst heissen, wie sie wolle, nicht zu Recht besteht.

Wie Th. Paul und B. Krönig[3]) gefunden haben, kommt den Salzen der Edelmetalle mit Ausnahme des Platins, den Gold-, Silberund den Quecksilbersalzen eine specifisch giftige Wirkung gegenüber den Milzbrandsporen sowie für Staphylococcus pyrogenes aureus zu.

---

[1]) Th. Paul u. B. Krönig, Zeitschr. physik. Ch. **21**, 449, 1896.
[2]) Behring, Zeitschr. physik. Hygiene **9**, 400.
[3]) Th. Paul u. B. Krönig, Ztg. physik. Ch. **21**, 449, 1896.

b) Physiologische Wirkung als Ionenreaktion.

Die elektrolytisch dissociirbaren Verbindungen, die Säuren, Basen und Salze zeigen in ihren in wässeriger Lösung stattfindenden Reaktionen überwiegend den Charakter von Ionenreaktionen. Bei der Zerlegung der Säuren z. B. haben wir es mit dem betreffenden Anion, dem Säurerest, und dem Wasserstoffion als Kation zu thun. Bei jeder Säure ist also der eine Bestandtheil des infolge der Einwirkung des Wassers in seine Ionen dissociirten Säuremoleküls das Wasserstoffion:

$$\text{Sre}\,\text{H} = \underbrace{\text{Sre} + \text{H}}.$$

Es giebt nun eine Menge von Beispielen, bei denen der Eintritt einer Reaktion nur von dem Vorhandensein der Koncentration der Wasserstoffionen abhängig ist. Es sei hier an die Inversion des Rohrzuckers, die Verseifung der Ester erinnert, in welchen Beispielen die Reaktionsgeschwindigkeit mit der Koncentration der Wasserstoffionen ab- oder zunimmt. Der andere Bestandtheil, das Anion, spielt hierbei nur eine untergeordnete Rolle.

Die angeführten Reaktionen waren solche, bei denen die Wasserstoffionen nur katalytisch wirken, d. h. sie selbst verschwinden nicht, sondern wirken nur anregend. Dementsprechend wird der Verlauf der Reaktion in den Fällen ein anderer werden, wo ein Abstumpfen der Säuren, ein Neutralisiren, stattfindet. Aber auch dieses ist ja eine Ionenreaktion.

Wir wissen, dass der Vorgang bei der Neutralisation der folgende ist:

$$\underbrace{\text{Sre} + \text{H}} + \underbrace{\text{Me} + \text{OH}} = \text{H}_2\text{O} + \underbrace{\text{Sre} + \text{Me}}.$$

Es findet also bei der Neutralisation nur eine Vereinigung der Wasserstoffionen mit den Hydroxylionen statt, die andern Bestandtheile bleiben ungeändert. Der beste Beweis hierfür ist die Gleichheit der Neutralisationswärmen bei der Vereinigung von starken Säuren und starken Basen. Diese sind ihrer „Stärke" entsprechend schon in koncentrirteren Lösungen nahezu vollständig dissociirt, d. h. in ihre Ionen gespalten. Die auftretende Neutralisationswärme wird also nur bedingt durch die Vereinigung von Wasserstoffionen und Hydroxylionen zu dem indifferenten Wassermolekül. Es ergeben sich hierbei bekanntlich immer ca. 13800 bis 14000 cal., einerlei ob wir als Säure Salzsäure, Bromwasserstoffsäure, Jodwasserstoffsäure, Salpetersäure, Chlorsäure und als Basen Kali- oder Natronlauge wählen.

Dieser Konstanz der Neutralisationswärmen entsprechend sind die aus starken Basen und starken Säuren gebildeten Salze nahezu vollständig elektrolytisch dissociirt in den wässerigen Lösungen und zumal in den verdünnteren. Bei diesen werden wir es also ebenfalls überwiegend mit Ionenreaktionen zu thun haben. Es wird also, wenn wir die Wirkung von Kaliumionen untersuchen wollen, einerlei sein, ob wir Chlorkalium,

Bromkalium, Jodkalium, Kaliumnitrat wählen, sofern nur die Wirkung der Anionen eine zu vernachlässigende ist. Dies wird allerdings nur in den seltensten Fällen eintreten.

Bei den aus starken Basen und schwachen Säuren bezw. den aus schwachen Basen und starken Säuren gebildeten Salzen haben wir es dagegen noch mit einer sog. hydrolytischen Dissociation zu thun und die Sache wird dadurch ungleich komplicirter. Nehmen wir z. B. Soda, so haben wir es in der wässerigen Lösung hauptsächlich mit folgenden Theilen zu thun:

$$Na_2CO_3 + H_2O = 2\,(\underbrace{Na + OH}) + H_2CO_3.$$

Da nur die von der schwachen Säure abgespaltene Base elektrolytisch dissociirt ist, reagirt die Sodalösung infolge des Vorhandenseins der Hydroxylionen alkalisch.

Aehnlich verhalten sich Borax, Wasserglas, die Alkalisalze der höheren Fettsäuren, die Seifen.

Bei den Salzen, die dem Kupfersulfat, Zinksulfat, Quecksilberchlorid, Silbernitrat u. s. w. entsprechen, haben wir es mit folgender Zerlegung hauptsächlich oder doch häufig überwiegend zu thun:

$$CuCl_2 + 2\,H_2O = Cu(OH)_2 + 2\,(\underbrace{Cl + H}).$$

In dem durch die Gleichung wiedergegebenem Beispiel des Kupferchlorids ist also das Kupfer als Hydroxyd vorhanden und die Salzsäure elektrolytisch dissociirt. Dementsprechend reagirt die Lösung sauer.

So einfach, wie hier geschildert wurde, liegen nun die Verhältnisse bei der hydrolytischen Dissociation nur äusserst selten, vielmehr treten da sehr häufig Komplikationen durch Bildung von Hydraten oder basischen, bezw. sauren Salzen u. s. w. ein.

Wir sehen also, dass die Bezugnahme auf Ionenreaktionen im Falle der starken Basen und Säuren eine sehr einfache ist. Bei den Salzen liegen die Verhältnisse komplicirter, indem hier die hydrolytische Dissociation eine grosse Rolle spielt. Neuerdings sucht man dieselbe sogar bei Salzen aus starken Basen und starken Säuren, den sog. Neutralsalzen nachzuweisen, um deren Einfluss auf die Inversion der Rohrzucker erklären zu können.

Die Oxydationsmittel HNO_3, $H_2Cr_2O_7$, $HClO_3$, $HMnO_4$ wirken nach Paul und Krönig (l. c.) entsprechend ihrer Stellung in der für Oxydationsmittel auf Grund ihres elektrischen Verhaltens aufgestellten Reihe. Das Chlor passt sich dieser Reihenfolge nicht an, sondern übt eine sehr starke specifische Wirkung aus.

Von weiteren Arbeiten seien hier erwähnt die von M. Oker-Blom[1]) über thierische Säfte und Gewebe in physikalisch-chemischer Beziehung,

---

1) M. Oker Blom, Arch. f. d. ges. Phys. **79**, 111, 510, 534; **81**, 167, 1900.

in welcher die elektrische Leitfähigkeit des Blutes, eine Normalelektrode für physiologische Zwecke, die Durchlässigkeit der rothen Blutkörperchen für verschiedene Stoffe, beurtheilt nach der elektrischen Leitfähigkeit, sowie die Abhängigkeit der elektrischen Leitfähigkeit des Blutes von den Blutkörperchen besprochen werden. Es folgt dann eine Arbeit von R. Höber[1] über die Hydroxylionen des Blutes.

Ueber die Giftwirkung gelöster Salze und ihre elektrolytische Dissociation[2] wurden noch folgende Arbeiten veröffentlicht.

Kahlenberg und True stellten fest, dass die Wirkung der vier starken Mineralsäuren HCl, HBr, HNO_3 und H_2SO_4 dieselbe war; in der Verdünnung von 3200 Litern pro Grammäquivalent gingen die 2 bis 4 cm langen Keimlinge der Feldlupine (Lupinus albus L) zu Grunde, während diese bei der doppelten Verdünnung noch am Leben blieben. Sie schliessen daraus, dass die toxische Wirkung der Säuren in so verdünnten Lösungen nur von der Koncentration der Wasserstoffionen abhänge. Dies konnte bei einer grossen Reihe weiterer Säuren bestätigt werden. Ausserdem zeigte sich, dass Komplexbildung die Giftwirkung vermindert, so bei $1\ CuSO_4 + 1\ C_{12}H_{22}O_{11} + 3\ KOH$, bei $AgNO_3 + 3\ KCN$. Erwähnt sei, dass im übrigen Silbersalze die grösste Giftwirkung entfalteten.

Heald benutzte die Keimlinge von Pisum sativum, Zea Mais und Cucurbita Pepo. Er erhielt ziemlich ähnliche Resultate.

Nach den Untersuchungen von Th. W. Richards[3] bezw. auch J. H. Kastle[4] lässt sich die Koncentration der Salzsäure gut durch den Geschmack unterscheiden. Richards führt die Beobachtung, dass schwache Säure und saure Salze viel saurer schmecken im Vergleich mit Salzsäure, als aus der Annahme einer Proportionalität zwischen saurem

---

1) R. Höber, ibid. **81**, 522, 1900.

2) L. Kahlenberg u. R. K. True, Botanical Gazette **23**, 81, 1896; Ref. Zeitschr. physik. Ch. **22**, 473, 1896.
   L. Kahlenberg. Bull. Univ. of Wiskonsin **2**, Nr. 11, 1898.
   E. D. Heald, ibid. 125, Ref. **22**, 477, 1896.
   H. L. Stevens, Botanik. Gaz. **26**, 377, 1898.
   J. F. Clark, Journ. Phys. Ch. **3**, 263, 1899.
   R. H. True, Amer. Journ. of Sc. (4), **9**, 183, 1900.

3) Th. W. Richards, Amer. Chem. Journ. **20**, 121, 1898; Journ. physik. Ch. **4**, 207, 1900.

4) J. H. Kastle, ibid. **20**, 466, 1898; vgl. auch G. Tammann, Die Thätigkeit der Niere im Lichte der Theorie des osmotischen Druckes. Zeitschr. physik. Ch. **20**, 180, 1895; H. Köppe, Ueber den osmotischen Druck des Blutplasmas und die Bildung der Salzsäure im Magen. Arch. f. ges. Physiol. **62**, 567, 1896; M. Roloff, Zeitschr. angew. Ch. **15**, 969, 1902.

Geschmack und Koncentration der Wasserstoffionen folgen würde, darauf zurück, dass die Einwirkung derselben in einem Verbrauch und dementsprechender Neubildung der Wasserstoffionen bestehe. Einen entgegengesetzten Standpunkt vertritt Kahlenberg[1]).

Jedenfalls ergiebt sich daraus, dass nicht nur die Ionenkoncentration massgebend ist für die Giftwirkung der Elektrolyte.

Die Fähigkeit der Quecksilbersalze baktericid zu wirken, hängt in hohem Grade von der Grösse der elektrolytischen Dissociation ab. Demgemäss ordnen sich dieselben in beiden Richtungen in gleicher Weise, nämlich: Chlorid, Bromid, Rhodanid, Jodid, Cyanid, welch' letzteres am wenigsten dissociirt ist und demgemäss am schwächsten baktericide Wirkung zeigt.

Th. Paul und B. Krönig[2]) stellten noch folgende Beziehungen hier fest:

a) Metallsalzlaugen, in denen das Metall Bestandtheil eines komplexen Ions und infolgedessen die Koncentration seines Ions sehr gering ist, üben nur eine äusserst schwache Desinfektionswirkung aus.

b) Die Wirkung eines Metallsalzes hängt nicht nur von der specifischen Wirkung des Metallions ab, sondern auch von der des Anions bezw. des nichtdissociirten Antheils.

c) Die Halogenverbindungen des Quecksilbers inkl. des Rhodans und Cyans desinficiren nach Massgabe ihres Dissociationsgrades.

d) Die Desinfektionswirkung wässeriger Quecksilberchloridlösung wird durch Zusatz von Metallchloriden herabgesetzt.

e) Die starken Säuren wirken noch in Koncentrationen von 1 l und darüber nicht nur entsprechend der Koncentration ihrer Wasserstoffionen, sondern auch vermöge der specifischen Eigenschaften des Anions. Die verdünnteren starken und die schwachen organischen Säuren scheinen nach Massgabe ihres Dissociationsgrades zu wirken.

f) Die annähernd gleich dissociirten Basen KOH, NaOH, LiOH desinficiren fast gleich; das viel schwächer dissociirte $NH_4(OH)$ desinficirt sehr wenig.

Untersuchungen von L. Maillard[3]) ergaben, dass die Giftwirkung der Kupfersalze auf Penicillium glaukum durch Zusatz von Ammoniumsulfat, also Verminderung der SO_4-Ionen, herabgedrückt wird.

Nachdem Kahlenberg und True nachgewiesen hatten, dass die Giftwirkung mehrerer Säuren und Salze in verdünnten wässerigen Lösungen auf wachsende Pflanzen nur von den Wasserstoffionen und nicht

---

1) L. Kahlenberg, Journ. Phys. Chem. 4, 533, 1900.
2) Th. Paul u. B. Krönig, Zeitschr. physik. Ch. 21, 449, 1896.
3) P. Maillard, Bull. soc. chim. 21, 26, 1899.

von den Anionen herrührt, hat J. Loeb[1]) die physiologische Ionenwirkung einer Reihe von Elektrolyten an anderen Reaktionen geprüft, welche eine exakte quantitative Bestimmung zulassen. Er wählte hierfür die Wasseraufnahme der Muskeln bei Einwirkung der betreffenden Elektrolyte.

Froschmuskeln, insbesondere der Wadenmuskel, besitzen ungefähr denselben isotonischen Druck wie eine 0,7 %ige Kochsalzlösung, in welcher daher das Gewicht des Muskels unverändert bleibt. Werden aber der Kochsalzlösung Säuren oder Basen zugesetzt, so nimmt das Gewicht des Muskels zu, und zwar wesentlich durch Wasseraufnahme. Molekulare Lösungen verschiedener Säuren und Basen, und zwar $N/_{10}$, wurden verschiedenen Volumen der physiologischen Kochsalzlösung zugesetzt und die jedesmalige Gewichtsänderung des Muskels in diesen Lösungen gemessen Die gefundenen Wasseraufnahmen, welche als „Giftwirkungen" der der Kochsalzlösung zugesetzten Substanzen qualificirt werden, sind eine Funktion der osmotischen Druckdifferenz zwischen dem Muskel und der umgebenden Flüssigkeit, wobei der Umstand, dass die etwa 0,7 %ige Kochsalzlösung niemals mit diesem eine Gewichtsänderung bewirkt, den bisher noch nicht bestimmten osmotischen Druck des Muskels zu berechnen gestattet. Derselbe beträgt 4,91 Atmosphären.

Nachdem hierbei festgestellt worden war, dass die Wirkung der Elektrolyte (Säuren, Basen und Salze) nur auf der Wirkung der Ionen beruht, war es wichtig, Versuche über die relative Giftfähigkeit der Ionen anzustellen. Als Maass für die Giftwirkung wurde die Grösse der Reizschwelle verwendet, obwohl der Moment, in welchem der Muskel für einen bestimmten, kleinen Reiz erregbar wird, sich nicht mit absoluter Schärfe feststellen lässt.

Die Versuchsergebnisse waren folgende:

1. Zusatz einer kleinen Menge einer stark verdünnten Säure oder Base veranlasst eine starke Gewichtszunahme eines in physiologischer Kochsalzlösung befindlichen Muskels. Für die anorganischen Säuren, HNO_3, HCl, H_2SO_4, $KHSO_4$, $NaHSO_4$, in starker Verdünnung ist diese Gewichtszunahme lediglich eine Funktion der Zahl der in der Volumeinheit der physiologischen Kochsalzlösung enthaltenen Wasserstoffionen. Lösungen dieser verschiedenen Säuren, und die, welche die gleiche Zahl von H-Ionen in der Volumeinheit haben, bewirken quantitativ gleiche Gewichtszunahmen. Für organische Säuren, wie Essigsäure, Milchsäure, Aepfelsäure gilt diese einfache Beziehung nicht; hier macht sich der Einfluss des Anions bezw. des nichtdissociirten Moleküls geltend. Die Oxalsäure hingegen kommt den anorganischen Säuren ziemlich nahe. Für die Basen $LiOH$, $NaOH$, KOH, $Sr(OH)_2$, $Ba(OH)_2$, ist diese Gewichtszunahme lediglich ein Funktion der Zahl der Hydroxylionen in der Volumeinheit der Lösung. Ver-

---

1) J. Loeb, Pflüger's Arch. **79**, 1, 1897.

dünnte Lösungen dieser verschiedenen Basen, welche eine gleiche Zahl von Hydroxylionen in der Volumeinheit besitzen, bewirken auch eine gleiche Gewichtszunahme.

2. Bringt man den Muskel in verschiedene NaCl-Lösungen, deren osmotischer Druck höher oder niedriger ist als der des Muskels, so findet man, dass die Gewichtsänderung des Muskels der Druckdifferenz zwischen Muskel und umgebender Lösung nicht proportional ist. In hypisotonischen Lösungen nimmt der Muskel rascher an Gewicht zu, in hyperisotonischer Lösung nimmt er langsamer an Gewicht ab, als der Druckdifferenz entspricht.

3. Die Giltigkeit der van't Hoff'schen Theorie des osmotischen Druckes für diese Vorgänge wird dadurch bewiesen, dass Lösungen von LiCl, KCl, RbCl, CsCl, $MgCl_2$, $CaCl_2$, $SrCl_2$ und $BaCl_2$ ungefähr dieselbe Gewichtsänderung herbeiführen wie eine NaCl-Lösung von gleichem osmotischen Drucke.

4. Natrium- und Kaliumkarbonat bewirken eine Wasseraufnahme des Muskels infolge der in dieser Lösung enthaltenen Hydroxylionen. Die letzteren dürften wohl auch die bekannte erregende Wirkung des Na_2CO_3 bedingen, die meist fälschlich auf das Na zurückgeführt wird.

5. Die relative Giftigkeit der Ionengruppen: Li, Na, K, Rb, Cs für den Muskel geht parallel der Wanderungsgeschwindigkeit der Ionen und nicht dem Atomgewicht. Ebenso besteht ein solcher Parallelismus zwischen Ionengeschwindigkeit und relativer Giftigkeit für die Gruppe der Be-, Mg-, Ca-, Sr- und Ba-Ionen. Eine solche Beziehung ist natürlich nur zwischen Ionen zu erwarten, welche derselben engeren Gruppe des natürlichen Systems angehören.

Ueber eine Systematik des Geschmackes der verschiedenen Körper ist bis jetzt noch keine zusammenfassende Abhandlung erschienen. Erwähnt seien die Arbeiten von R. Höber und F. Kiesow[1] über den Geschmack von Salzen und Laugen.

H. Oehrwall[2] arbeitete über die Schmackfähigkeit der einzelnen Zungenpapillen.

Höber und Kiesow's Resultate waren folgende:

a) Der Geschmack, den die wässerige Lösung eines Elektrolyten verursacht, setzt sich zusammen aus einer Anzahl verschiedener elementaren Geschmacksempfindungen, die zum Theil durch die Ionen erregt werden.

b) Der Salzgeschmack von KCl, NaCl, $MgCl_2$, CH_3NH_3Cl, $C_2H_5NH_3Cl$, NaBr, NaJ, K_2SO_4 und Na_2SO_4 wird von den Anionen verursacht; die Salzschwelle liegt bei einer Koncentration von 0,020—0,025 g Ion auf 1 l.

---

[1] R. Höber u. F. Kiesow, Zeitschr. physik. Ch. **27**, 601, 1899.

[2] H. Oehrwall, Philosoph. Stud. **14**, 591, 1899.

c) Auch der Salzgeschmack von AmCl, AmBr und Am_2SO_4 steht in bestimmtem Verhältniss zur Koncentration der Anionen; die Schwelle liegt aber bei den Ammoniumsalzen viel tiefer, als bei den unter b) genannten, nämlich bei einer Koncentration von ungefähr 0,009 g Ion auf 1 l.

d) Der Süssgeschmack von $BeCl_2$ und $BeSO_4$ tritt an der Zungenspitze bei einem Gehalte von 0,00025—0,00035, an den hinteren Zungenrändern bei einem Gehalte von 0,0007 g Ion Be auf 1 l auf.

e) Sämmtliche (sieben) untersuchten Laugen fangen bei annähernd der gleichen Koncentration der H-Ionen an süss zu schmecken, nämlich von 0,006—0,009 g Ion auf 1 l.

8. Physiologische Wirkung und Konstitution.

Es ist selbstverständlich, dass die Konstitution einer chemischen Verbindung, abgesehen von den Ionenreaktionen, einen erheblichen Einfluss in Bezug auf die physiologische Wirkung derselben äussern wird. Hier sei nur daran erinnert, dass selbst so nahe verwandte Körper, wie es die stereoisomeren Formen der optisch aktiven Verbindungen sind, sich häufig durchaus verschieden gegenüber den Lebensprocessen der Schimmelpilze verhalten, derart dass meist bei racemischen Verbindungen die eine Form aufgezehrt, die andere aber mehr oder weniger vollständig unberührt gelassen wird. Auf diese Weise ist es ja bekanntlich möglich, eine Trennung der beiden optischen Antipoden zu bewirken; indem man das eine Mal diesen Pilz, das andere Mal jenen verwendet, gelingt es aus einem Racemkörper das eine Mal den linksdrehenden, das andere Mal den rechtsdrehenden Stoff zu isoliren.

Anästhesiophore Gruppen[1]).

Ueber die Gesetzmässigkeiten, die zwischen der Konstitution der organischen Verbindungen und ihrer physiologischen Wirkung bestehen, hat A. Einhorn einige Ausführungen gebracht.

Nur bestimmte aromatische Gruppen, welche Ehrlich anästhesiophore Gruppen nannte, geben bei ihrem Eintritte in das Molekül anästhesirende Alkaloide. Es ergab sich bei den Untersuchungen des Ekgonins und Kokaïns,

---

1) Vgl. hierzu auch das später folgende Kapitel über Narkotika. A. Einhorn Liebig's Ann. **311**, 26 u. 154, 1900.

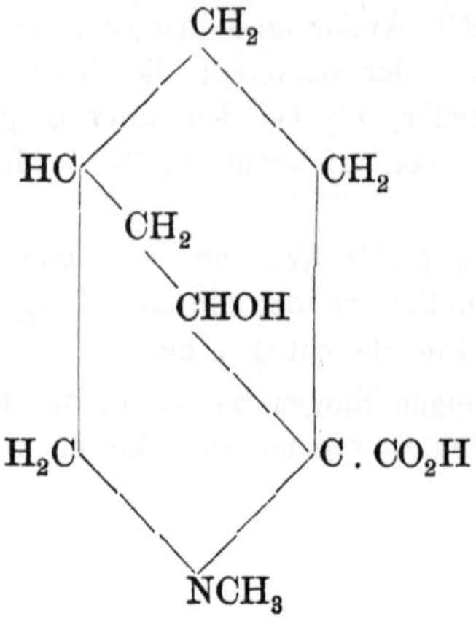

$$\text{Ekgonin} + H_2O \quad\quad (H_3C)NC_7H_{10}\!\!<\!\!\begin{array}{l}OC_7H_5O\\CO_2CH_3\end{array} = \text{Benzoylekgoninmethylester}$$

Ekgonin,   **Kokaïn,**

keine anästhesirende Wirkung,   anästhesirende Wirkung,

dass den Trägern des Benzoyls und Karboxylmethyls in bezug auf Anästhesirungsvermögen nur eine ganz untergeordnete Bedeutung zukommt, dass dieses vielmehr lediglich auf der geeigneten Kombination des Benzoyls mit dem Karboxyl beruht.

Schon die Benzoyloxyamidobenzoëester, $C_6H_3\!\!<\!\!\begin{array}{l}OCOC_6H_5\\COOCH_3\\NH_2\end{array}$, vermögen in Form ihrer salzsauren Salze eine schwache Anästhesie zu erzeugen. Der Benzoësäureester selbst vermag vollständige Anästhesie zu erzeugen.

Ausser Benzoyl sind von **Ehrlich** noch andere anästhesiophore Gruppen nachgewiesen worden. **Einhorn** stellte als neue anästhesirende Verbindungen das Orthoform (I) und Orthoform neu (II) her,

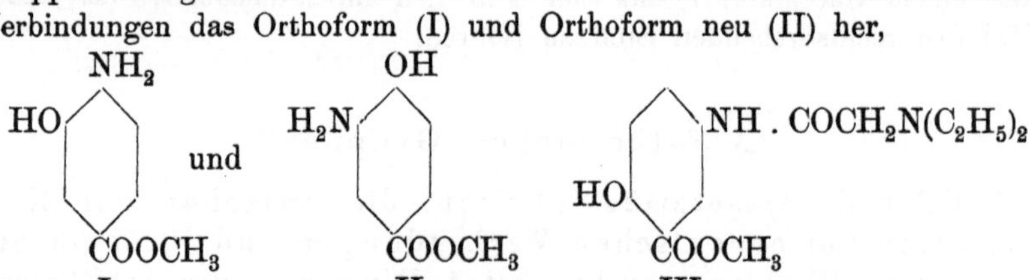

I.   und   **II.**   **III.**

sowie das Nirvanin, den 5-Diäthylglykokollamidosalicylsäuremethylester (III), indem er diese theoretischen Gesetzmässigkeiten zu Grunde legte.

Purinderivate.

Eine Untersuchung über die pharmakologische Wirkung der Purinderivate ist von O. Schmiedeberg[1] ausgeführt worden. „Ganz eigenthümlich ist den Purinderivaten die charakteristische Muskel-

---

1) O. Schmiedeberg, Ber. **34**, 2550, 1901.

wirkung. Für diese ist wohl die eigenartige Konstitution des Purinkerns als massgebend anzusehen. Alle bisher bekannten pharmakologischen Thatsachen weisen darauf hin, dass die pharmakologische Wirksamkeit einer Substanz von der stereochemischen Konfiguration, die Art der pharmakologischen Wirkungen dagegen mehr von der chemischen Konstitution abhängig sind. Wenn wir von dem Ausbleiben der Muskelstarre nach 6 Oxypurin und des Tetanus nach 8 Oxypurin absehen, da diese Abweichungen wahrscheinlich durch besondere Resorptionsverhältnisse bedingt sind, so hat sich in allen übrigen Fällen ergeben, dass durch den Eintritt von Sauerstoff und von Alkylgruppen in den Purinkern nur die Wirksamkeit im allgemeinen und das gegenseitige Stärkeverhältniss der verschiedenen Wirkungen verändert wird. Eine Gesetzmässigkeit in der Beeinflussung dieser Verhältnisse durch die Anzahl und die Stellung der Sauerstoffatome und der Alkylgruppen im Molekül lässt sich aber nicht erkennen. Es bleibt sogar zweifelhaft, ob bei einer solchen Veränderung der gegenseitigen Stärke der Wirkung die eine abgeschwächt wird und die andere deshalb schärfer hervortritt, oder ob es sich um eine direkte Verstärkung der in den Vordergrund tretenden Wirkung handelt. Auch hier spielen vielleicht die Resorptionsverhältnisse eine hervorragende Rolle."

Die Vergleiche wurden mit Koffeïn bezw. Theobromin durchgeführt.

Verbindungen der Piperidinreihe.

Ueber den Zusammenhang zwischen chemischer Konstitution und physiologischer Wirkung in der Piperidinreihe haben R. und E. Wolfenstein[1]) eine Arbeit veröffentlicht. Sie untersuchten die am Kohlenstoff alkylirten Verbindungen, die am Stickstoff alkylirten Verbindungen und die am Stickstoff acylirten Verbindungen

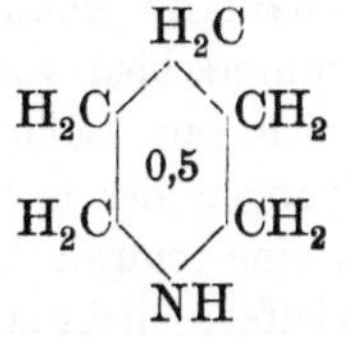

H_2C
H_2C ⟨ CH_2
0,5
H_2C ⟨ CH_2
NH
Piperidin.

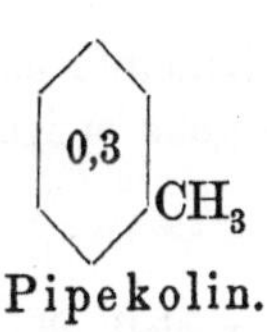

0,3   0,4 C_2H_5 0,3
CH_3 H_3C CH_3
α-Pipekolin. α-α_1-Dimethyl- β-Aethylpiperidin
piperidin.   (von Ehrlich[2]) unters.).

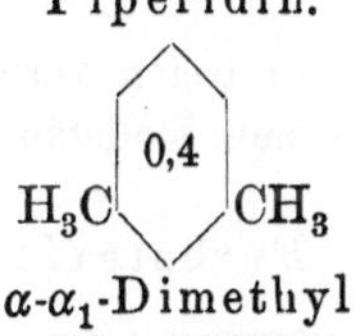

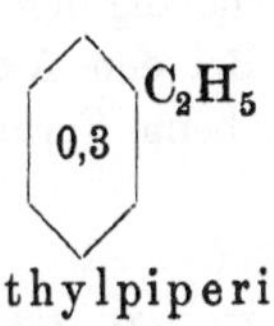

---

1) R. u. E. Wolfenstein, Ber. **34**. 2408, 1901.
2) P. Ehrlich, Ber. **31**, 2141, 1898.

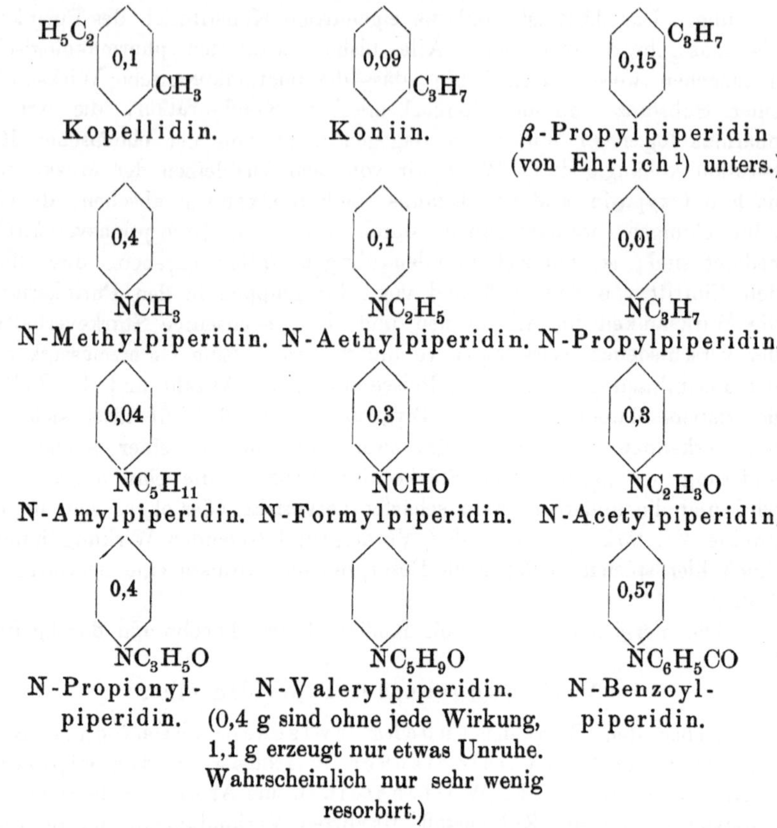

Die am Kohlenstoff wie am Stickstoff alkylirten Verbindungen verhalten sich qualitativ einander gleich, nur in quantitativer Beziehung war ein Wirkungsunterschied vorhanden.

Bei Fröschen zeigte sich eine Lähmung des Centralnervensystems und der peripherischen Endigungen der motorischen Nerven. Bei Warmblütern machte sich zuerst eine centrale Lähmung geltend, und kam es durch vorzeitige Erstickung vielfach nicht zur Lähmung der peripherischen Nervenendigungen.

Bei den Acylderivaten treten vorwiegend Krämpfe auf, die sich z. B. beim Formylderivat bis zum vollständigen Tetanus steigern.

Farbstoffe.

Von P. Ehrlich ist vorgeschlagen worden speciell die Farbstoffe zu verwenden, um die Verwandtschaft der Gewebezellen zu dem einen

---

¹) Granger-Ehrlich, Ber. **30**, 1060, 1897.

oder andern festzustellen und damit ein Charakteristicum für die einzelnen Arten zu erhalten.

Antitoxine.

Die Bezeichnung Antitoxine ist im Jahre 1893 von Behring[1]) für die specifisch giftwidrigen Substanzen im Tetanusheilserum und im Diphtherieheilserum eingeführt worden, und zwar nennt er diese wegen ihrer Herkunft aus dem Blute isopathisch immunisirter Thiere zum Unterschiede von antitoxischen Substanzen anderer Herkunft Blutantitoxine. Dieselben gehen bei der Gerinnung des extravaskulären Blutes in das Serum über, in welchem sie durch intakte Moleküle genuiner Eiweisskörper repräsentirt werden. Wasser, Salze und alle in gesättigter Ammonsulfatlösung gelöst bleibenden Serumbestandtheile lassen sich ohne jeden Verlust an Serum von dem Albumin und Globulin trennen, aber jeder physikalische und chemische Eingriff, welcher zu einer Denaturisirung der genuinen Eiweisskörper im Serum führt, hat auch einen Antitoxinverlust zur Folge.

Die antitoxischen Eiweisskörper fliessen dem Blute aus solchen Zellen zu, welche während der Immunisirung durch das Tetanusgift bezw. durch das Diphtheriegift Zustands- und Thätigkeitsänderungen erfahren.

Nach den Untersuchungen von Aronson (Patentanmeldung vom 8. Mai 1893) lässt sich das antitoxische Eiweiss theilweise von dem nichtantitoxischen trennen. Hierbei werden 100 ccm Blutserum mit 100 ccm destillirtem Wasser verdünnt, mit 30 ccm 10 %iger Aluminiumsulfatlösung versetzt und zu der Mischung unter Umrühren ca. 4 ccm 20%iger Ammoniaklösung gegeben. Man filtrirt, wäscht mit mässigen Mengen destillirten Wassers aus, schüttelt alsdann den Niederschlag in einem Schüttelapparat 24 Stunden lang mit 25 ccm schwach ammoniakhaltigen Wassers (0,08 %), filtrirt und verdampft das wenig trübe Filtrat im Vakuum bei möglichst niedriger Temperatur zur Trockne. Der Rückstand beträgt ca. 0,85 eines weissen organischen Körpers, der alle Reaktionen der Eiweisskörper giebt, und dessen Prüfung am Thier eine ca. 100 mal grössere Wirksamkeit ergiebt, als das angewandte Serum.

Soweit man also die Antitoxine vom chemischen Standpunkt aus zu beurtheilen vermag, sind es Eiweisskörper. Ueber den Unterschied zwischen antitoxischem Eiweiss und nichtantitoxischem Eiweiss wissen wir ebenso wenig, wie über den von magnetischem Eisen und nichtmagnetischem, abgesehen von dem Nachweis ihrer specifischen Funktion.

Alle Blutantitoxine besitzen weitgehende Analogien, die von Behring für das Tetanusantitoxin und durch Martin und Cherry für das Schlangenantitoxin festgestellt worden sind. Die antitoxische Wirkung

---

1) E. Behring, Deutsch. med. Wochenschr. 1899, 3.

ist eine ganz specifische Funktion von Eiweisskörpern, die im übrigen sich ebenso indifferent verhalten gegenüber dem Thierkörper wie normales Bluteiweiss.

„Die Specificität der antitoxischen Funktion des Tetanusheilserums kommt dadurch zum Ausdruck, dass kein anderes Gift durch Tetanusantitoxin unschädlich gemacht wird, als bloss das von den Bacillen des Wundstarrkrampfes producirte Gift. Da ferner keine andere Leistung, die über die Leistungen des normalen Serumeiweiss hinausginge, dem Tetanusantitoxin zukommt, als die giftwidrige, so giebt es nichts in der Welt, wodurch wir ein Tetanusantitoxin kenntlich machen könnten, als einzig und allein die experimentell zu konstatirenden Beziehungen zu den specifischen Eigenschaften und Leistungen des Tetanusgiftes, die ihrerseits wiederum qualitativ und quantitativ bis jetzt bloss durch die Erzeugung des Tetanus bei giftempfindlichen Thieren erkannt werden können."

Wenn nun Behring weiter ausführt, dass die besondere Wirkung eines antitoxischen Eiweisskörpers sich eben nur gegenüber dem Tetanusgift äussert, und dass nichts ausserdem auf die antitoxische Kraft des Tetanusheilserums reagirt, so darf man wohl dem hinzufügen, soweit bis jetzt unsere Kenntniss reicht: Es steht zu erwarten, dass wir auch andere Maasse für die Wirksamkeit eines derartigen Heilserums finden werden

In seiner Arbeit über die Werthbemessung des Diphtheriegiftes hatte P. Ehrlich[1]) nachgewiesen, dass in dem Diphtheriegift ausser dem eigentlichen Toxin noch andere Stoffe von sehr geringer Toxicität vorhanden sind, die aber den Antikörper genau so binden wie das eigentliche Toxin. Diese Stoffe, Toxoide genannt, vermehrten sich nach längerem Stehen der Diphtheriebacillen, während die Toxine sich verringerten. Die Toxoide können nun in drei Formen gedacht werden; in einer, in welcher sie eine grössere Verwandtschaft zum Antitoxin haben als das echte Toxin (Prototoxoide), in einer, in welcher die Verwandtschaft genau die gleiche ist (Syntoxoide), und in einer, in welcher sie schwächer ist (Epitoxoide oder Toxone).

Die Resultate der Untersuchungen von Ehrlich sind in folgenden Sätzen zusammengefasst:

a) „Der Diphtheriebacillus producirt zwei Arten von Substanzen α) Toxine, b) Toxone, die beide Antikörper binden. Toxine und Toxone wurden bei drei frischen Giftbouillons genau in denselben Mengenverhältnissen vorgefunden."

b) „Die Toxine (und wohl auch die Toxone) stellen keine einheitlichen Körper dar, sondern zerfallen in mehrere Unterabtheilungen, die sich durch ihre verschiedene Avi-

---

1) P. Ehrlich, Deutsch. med. Wochenschr. 1898, 595; vgl. hierzu Th. Madsen, Oversigt over Videnskabernes Selskaps Forhandlinger 1899, Nr. 2.

dität gegen das Antitoxin unterscheiden. Man unterscheidet daher in absteigender Skala Prototoxine, Deuterotoxine und Tritoxine als Gruppenbezeichnungen, von denen also das letztere die geringste Verwandtschaft zum Antitoxin hat, eine Verwandtschaft, die aber immer noch erheblich grösser ist als die der Toxone."

c) „Mit dieser Eintheilung ist die Komplikation noch nicht erschöpft, sondern es ist anzunehmen, dass jede Toxinart aus genau gleichen Theilen zweier verschiedenen Modifikationen besteht, die sich dem Antitoxin gegenüber zwar gleich verhalten, aber untereinander den zerstörenden Einflüssen gegenüber differiren. Wahrscheinlich sind sie von einander etwa so verschieden, wie rechts und links drehende Spielarten."

d) „Von diesen beiden Modifikationen geht die eine, die wir als α-Modifikation bezeichnen wollen, ausserordentlich leicht bei allen Toxinen in Toxoid über. Diese Umwandlung wird schon während der Giftbereitung im Brutschrank eingeleitet, manchmal sogar beendet. Die vollständige und reine Umwandlung der α-Modifikation in Toxoid, die mehr oder weniger partiell in allen durch die Beobachtung gegebenen Kurven erkennbar ist, führt dahin, dass in der entsprechenden Zone wegen des Schwundes der einen Hälfte des Giftes ein halbwerthiges Gift übrig bleibt, welches wir Hemitoxin nennen wollen."

e) „Die zweite Modifikation im Sinne von Satz c, die wir β-Modifikation nennen wollen, ist bei den verschiedenen Abarten des Giftes, den Prototoxinen, den Deuterotoxinen und Tritotoxinen verschieden haltbar. Relativ leicht zerstörbar ist das β-Tritoxin, das gelegentlich schon im Brutofen zerstört werden kann. Weit haltbarer ist das β-Protoxin, das immer erst beim Lagern der Bouillon, und zwar gewöhnlich erst nach mehreren Monaten in Toxoid übergeht. Die β-Modifikation des Deuterotoxins endlich ist, wenn die Bouillon unter gehörigen Vorsichtsmassregeln aufbewahrt wird, vollkommen stabil. Auf diese Weise erklärt sich die von Ehrlich, Madsen und anderen Untersuchern festgestellte Thatsache, dass beim Lagern von Diphtheriebouillon schliesslich nach einer gewissen Zeit ein Punkt erreicht wird, von welchem ab die Toxicität und die Prüfungskonstanten dauernd unverändert bleiben. Die Möglichkeit dieser Konstanz ist nur bedingt durch die Stabilität des β-Deuterotoxins. Nur diejenigen Gifte, in denen diese Stabilität eingetreten ist, dürfen nach der Instruktion als Testgifte benutzt werden."

f) „Nach erfolgter Tritoxoidbildung finden wir in der Tritoxoidzone noch geringe Reste von Giftigkeit vor, etwa so, dass auf 7—9 Theile Toxoid ein Theil aktives Toxin kommt. Diese Erscheinung beruht darauf, dass der Tritoxinzone noch geringe Mengen des stabilen Deuterotoxins beigemischt sind, die nach erfolgter Umwandlung des gesammten Tritotoxins in das entsprechende Toxoid manifest werden."

g) „Bei der Umwandlung von Toxin in Toxoid erfährt die Avidität zum Antitoxin nicht die geringste Veränderung. Es bindet z. B. das Toxoid des Prototoxins das Antitoxin genau so stark wie das Prototoxin selbst. (Bildung von Hemitoxin)."

h) „Die das Antitoxin schwächer bindenden Varietäten des Giftes werden langsamer und schwerer vom Antitoxin neutralisirt als die stärker bindenden. Daher kommt es, dass bei gewissen Giften der Tetanusreihe (Tetanolysin und Tetanospasmin) nur koncentrirte Lösungen von Antitoxin und Gift schnell und glatt neutralisirt werden."

i) „Die von uns gefundenen Thatsachen lassen sich am besten dadurch erklären, dass man in den Giftmolekülen zwei von einander unabhängige Atomkomplexe annimmt. Der eine davon ist haptophorer Natur und bewirkt die Bindung an das Antitoxin resp. an die diesem entsprechenden Seitenketten der Zellen. Der andere Atomkomplex ist toxophor, d. h. er ist die Ursache der specifischen Giftwirkung. Ebenso liegt die Sache bei den Toxonen. Bei diesen ist die haptophore Gruppe wohl identisch mit derjenigen der Toxine, der toxophore Atomkomplex aber ist von schwächerer und andersartiger Wirkung."

k) „Die haptophore Gruppe bewirkt es, dass das Giftmolekül an die Zelle gefesselt wird, und dass dadurch die letztere dem Einflusse der toxophoren Gruppe unterworfen werden kann. Aehnlich verschiedene Atomgruppen wie die haptophore und toxophore, sind, wie Dr. Morgenroth wahrscheinlich gemacht hat, beim Labferment vorhanden."

l) „Die Wirkungen der haptophoren und toxophoren Gruppe lassen sich in gewissen Fällen experimentell von einander trennen. So bindet, wie Herr Dr. Morgenroth durch successive Injektion von Toxin und Antitoxin zeigen konnte, das Nervensystem des Frosches Tetanusgift auch in der Kälte. Erkrankungen treten aber unter diesen Umständen, entsprechend den Angaben von Courmont, nicht auf. Werden dagegen die Frösche, welche in entsprechenden Zeiträumen erst mit Gift, dann mit Antikörpern behandelt sind, in den Brutofen gebracht, so bricht bei ihnen der Tetanus auch dann aus, wenn alles cirkulirende Gift durch den Antikörper gebunden und letzterer sogar im Ueberschuss vorhanden ist. Es wirkt also die haptophore Gruppe schon in der Kälte, die toxophore erst in der Wärme auf die Zellen ein."

„Durch den zeitlichen Unterschied in der Wirkung der haptophoren und toxophoren Gruppe findet auch die Inkubationsperiode, welche fast allen Inkubationsgiften (Behring) eigen ist, eine ausreichende Erklärung, nachdem Dömitz nachgewiesen hat, dass das Gift vom Nervensystem sehr schnell gebunden wird."

m) „Die toxophore Gruppe ist komplicirter gebaut und daher weniger haltbar als die haptophore. Durch diese Labilität der toxophoren Gruppe gegenüber der Stabilität der haptophoren ist die quantitative Umbildung von Toxinen in Toxoide verständlich. Bei einem so komplicirten Bau ist eine asymmetrische Atomgruppirung des toxophoren Komplexes sehr wohl denkbar, und eine solche würde am leichtesten die Anwesenheit zweier Modifikationen (α und β) in genau denselben Mengen verständlich machen."

n) „Die unter gewöhnlichen Umständen stabile haptophore Gruppe kann freilich durch stärkere chemische oder physikalische Einflüsse (Hitze, Jod u. s. w.) zerstört werden. Erkannt wird diese Zerstörung am einfachsten durch die Erhöhung der letalen Dosis, die den Verlust an bindenden Gruppen markirt."

o) „Der durch die Gifte erzeugte Antikörper wendet sich ausschliesslich an die haptophore Gruppe. Dadurch dass er vermittelst dieser haptophoren Gruppe das ganze Giftmolekül an sich fesselt, leitet er auch die toxophore Gruppe von den Organen ab. Er braucht demnach zur Unschädlichmachung des Giftes gar keine Zerstörung von dessen toxophorem Komplexe zu bewirken."

p) „Es geht aus dem Gesagten hervor, dass man specifische Antitoxine auch mit Toxoiden, nicht bloss mit Toxinen erzeugen kann, ja hochempfindliche Thiere (Mäuse und Meerschweinchen) können gegen Tetanusgift nur mit Hilfe von Toxoiden in leichter und schneller Weise immunisirt werden. Wohl gemerkt handelt es sich hierbei nur um die Erzeugung der Grundimmunität, nicht um die Hochtreibung des Immunisirungsgrades, wie sie zur Heilserumgewinnung nöthig ist. Hingegen kann sehr wohl die Immunisirung durch Toxoide direkt zu Heilzwecken benutzt werden, nämlich dann, wenn es sich darum handelt, Kranke und daher überempfindliche Individuen in möglichst schonender Weise aktiv zu immunisiren."

q) „Bei den natürlichen Immunisirungen, also bei derjenigen Form, bei welcher nicht die isolirten Gifte, sondern die Krankheitserreger selbst in Frage kommen, spielen wahrscheinlich die Toxone, d. h. die natürlichen Analoga der Toxoide eine hervorragende Rolle. Die Toxoide kommen hierbei nicht in Frage, da sie ja erst ein Zersetzungsprodukt des fertigen Giftes sind. Man wird auch daran denken müssen, dass ein Theil der künstlichen Immunisirungen, die durch gleichzeitige Zufuhr von Immuniserum und lebenden Bakterien erfolgen (Rinderpest, Schweinerothlauf), und welche, ohne erhebliche Krankheitserscheinungen zu bedingen, eine dauernde Immunität schaffen, zu einem gewissen Theile ins Gebiet der Toxonimmunisirung fallen.

r) „Es ist auch möglich, dass die Prototoxoide unter gewissen Umständen im stande sind, direkt dadurch Heilung zu bewirken, dass sie vermöge ihrer stärkeren Verwandtschaft das Gift aus der Verbindung mit den Gewebselementen verdrängen. Eine solche Möglichkeit wird allerdings nur dann gegeben sein, wenn die das Gift bindenden Gruppen in den lebenswichtigen Organen nur in sehr geringer Menge vorhanden sind. Etwas Derartiges liegt vielleicht bei der Diphtherie des Kaninchens vor, während aus den Wassermann'schen Untersuchungen hervorgeht, dass gerade das Gegentheil beim Tetanus Geltung hat."

Ehrlich schliesst diese ausserordentlich interessanten Darlegungen mit dem Hinweis, dass wohl noch Jahrzehnte vergehen mögen, ehe wir in dieses so schwierige Gebiet vollen Einblick erhalten, sowie dass bei der ausserordentlich komplicirten Zusammensetzung der Diphtheriekulturen, die Aussicht auf rein chemischem Wege die specifischen Gifte zu isoliren und deren Konstitution klarzulegen, in weite Ferne gerückt erscheint.

9. Physiologische Wirkung und Koncentration.

Von K. Arndt[1]) ist das biologische Grundgesetz aufgestellt worden, welches folgendermassen lautet: „Schwache Reize unterhalten die Lebensthätigkeit, mittelstarke erhöhen sie, noch stärkere hemmen sie, und ganz starke heben sie auf." In dieser Formulirung liegt schon der Einfluss, den die Koncentration auszuüben vermag, ausgesprochen. Danach können sogar, je nach der Koncentration mit demselben Mittel, die gerade entgegengesetzten Reaktionen erzielt werden, was Arndt durch folgenden Satz wiedergiebt: Schwache Reize haben die umgekehrte Wirkung von starken.

Als Beispiele seien folgende erwähnt:

„Beim Chloroformiren tritt anfangs eine mehr oder weniger heftige Erregung mit heftigem, vielen, lauten Sprechen, heftigen Körperbewegungen und Verengerung der Pupillen ein, nachher eine Lähmung mit Lallen, vollständiger Schlaffheit der Glieder und Erweiterung der Pupillen."

„Beim Alkohol, — dessen Wirkung grosse Aehnlichkeit mit der des Chloroforms hat, — bemerkt man zuerst eine Erregung im Sprechen, in den Bewegungen, im Gedankenablauf u. s. w., nachher von allem das Gegentheil."

„Es lassen sich noch eine grosse Zahl von Beispielen finden, in denen durch die verchiedenartigen Gifte zuerst — so lange nur wenig von dem Gifte in den Blutkreislauf gelangt ist, oder bei deren Aufnahme von ganz kleinen Dosen — alle Organe, die in specifischer Reizbeziehung zu dem betreffenden Gifte stehen, erregt werden, während dieselben Organe bei stärkeren Dosen später gelähmt werden."

„Umgekehrt hat H. Schulz durch viele Versuche festgestellt, dass bei den stärksten Giften in minimalen Mengen anstatt der gewohnten Abtödtung oder Thätigkeitshemmung eine theilweise abnorme Verstärkung der

---

1) K. Arndt, Das biologische Grundgesetz. Greifswald 1892.

Gährungsthätigkeit von Hefepilzen eintritt. Wir sehen also, dass das Auftreten von gegensätzlichen Wirkungen gleichartiger, aber durch die Koncentration verschiedenen Reize durchaus nichts Ungewöhnliches ist."

Narkotika.

Von den Theorien, die hinsichtlich der Narkotika aufgestellt worden sind, sei als erste die von Bibra und Harless (1847) erwähnt, nach welcher diejenigen Substanzen narkotisch wirken, welche Fette zu lösen vermögen, dagegen ist nach Richet der Wirkungsgrad der Narkotika umgekehrt proportional der Wasserlöslichkeit. Nach der Baumann-Kast'schen Theorie sollten die Sulfone, wie Sulfonal, Trional, Tetronal gespalten werden, und die Spaltungsprodukte sollten die wirksamen Bestandtheile sein. Auch sollte die Wirksamkeit dieser Verbindungen mit der Zahl der eintretenden Aethylgruppen zunehmen, also vom Sulfonal zum Tetronal:

$$
\begin{array}{ccc}
CH_3 \diagdown \quad \diagup SO_2C_2H_5 & C_2H_5 \diagdown \quad \diagup SO_2C_2H_5 & C_2H_5 \diagdown \quad \diagup SO_2C_2H_5 \\
\qquad C & \qquad C & \qquad C \\
CH_3 \diagup \quad \diagdown SO_2C_2H_5 & CH_3 \diagup \quad \diagdown SO_2C_2H_5 & C_2H_5 \diagup \quad \diagdown SO_2C_2H_5 \\
\textrm{Sulfonal} & \textrm{Trional} & \textrm{Tetronal} \\
\textrm{mit zwei Aethylgruppen.} & \textrm{mit drei Aethylgruppen.} & \textrm{mit vier Aethylgruppen.}
\end{array}
$$

Nach den Versuchen von Diehl hat sich jedoch diese Theorie nicht stichhaltig erwiesen.

Die Gruppe der Narkotika ist nun auch aus so verschiedenartigen Verbindungen zusammengesetzt, dass eine nur eine kleine Gruppe umfassende Theorie hier nicht viel Erfolge versprechen kann. Haben wir es doch hier mit so heterogenen Verbindungen[1]) zu thun, wie Paraldehyd, $(CH_3CHO)_3$, Chloralhydrat, $CCl_3CH(OH)_2$, Urethan, $CONH_2OC_2H_5$, die Sulfone, wie Sulfonal, Trional, Tetronal, Aethylalkohol in Form weingeistiger Getränke, die allgemeinen Inhalations-Anästhetika, Chloroform, Aether, Stickoxydul (N_2O), die Kohlensäure (CO_2) u. s. w.

Von umfassender Bedeutung ist nun eine Theorie von H. Meyer[2]), die auf diejenige von Bibra und Harless zurückgreift, und die in folgenden Sätzen gipfelt:

1. Alle chemisch zunächst indifferenten Stoffe, die für Fett und fettähnliche Körper löslich sind, müssen auf lebendes Protoplasma, sofern sie darin sich verbreiten können, natürlich wirken.

2. Die Wirkung wird an denjenigen Zellen am ersten und stärksten hervortreten müssen, in deren chemischem Baue jene fettähnlichen Stoffe

---

1) Vgl. E. Rost, Naturw. Rundsch. **14**, 455, 1899.
2) H. Meyer, Arch. exp. Path. u. Pharm. **42**, 1899.

vorwalten und wohl besonders wesentliche Träger der Zellfunktion sind: in erster Linie also an den Nervenzellen.

2. Die verhältnissmässige Wirkungsstärke solcher Narkotika muss abhängig sein von ihrer mechanischen Affinität zu fettähnlichen Substanzen einerseits, zu den übrigen Körperbestandtheilen, d. i. hauptsächlich Wasser anderseits, mithin von dem Theilungskoëfficienten, der ihre Vertheilung in einem Gemische von Wasser und fettähnlichen Substanzen bestimmt.

Für die Zusammengehörigkeit der Nervenzellfette mit den eigentlichen Fetten des Organismus spricht eine Beobachtung von Ehrlich aus dem Jahre 1888, derzufolge ein grosser Theil von Farbstoffen, die das Hirn grau färbten (Neurotropie; Farbstoffe wie z. B. Dimethylphenylengrün) auch gleichzeitig das Fettgewebe des Körpers färbten (Lipotropie).

Eine experimentelle Bestätigung erfuhr einmal die Theorie von H. Meyer durch die Versuche von Baum. Derselbe untersuchte den Uebergang verschiedener Narkotika in Oel und Wasser und erhielt folgende Werthe:

	Wirksame Molekularkoncentration:	Theilungskoëfficient:
Trional	0,0013	4,46
Tetronal	0,0018	4,04
Butyl-Chloralhydrat	0,0020	1,59
Sulfonal	0,0060	1,11
Bromalhydrat . . .	0,0020	0,66
Triaceton	0,010	0,30
Diacetin	0,015	0,23
Chloralhydrat . . .	0,020	0,22
Aethyl-Urethan . .	0,040	0,14
Monacetin	0,050	0,06
Methyl-Urethan . .	0,40	0,04

Somit ändert sich also die Stärke der pharmakologischen Wirkung im gleichen Grade wie der Theilungskoëfficient.

Was H. Meyer speciell für die Ganglienzellen erwiesen hat, konnte Overton[1]) für alle Zellen bestätigen. Die Theorie H. Meyers ist also ein specieller Fall der Overton'schen Theorie.

„Da Overton bemerkt hatte, dass die Beobachtung des Eintritts der Narkose ein guter Indikator für das Eindringen von gelösten Substanzen in den Zellleib (hier die Ganglienzellen) war, wo alle anderen Methoden ihn im Stiche gelassen hatten, benutzte er Kaulquappen, die er in Lösungen der betreffenden Stoffe hielt und bis zum Auftreten der

---

1) Vgl. E. Rost, Naturw. Rundsch. **14**, 456, 1899; Fortschr. d. Med. 1899. Nr. 23.

Narkose (Aufhören aller Spontan- und Reflexbewegungen, Meyers Maximalstadium) beobachtete."

Von den nach dieser Methode untersuchten Körpern, einwerthigen Alkoholen, Estern, Ketonen, Kohlenwasserstoffen, Phenolen und ihren Methylestern, zeigten sich alle diejenigen narkotisch, die in Wasser nicht unlöslich und mit Oel mischbar waren oder sich in ihnen merklich lösten. Beide Theorien beweisen also ein und dasselbe; nur solche Körper können in Form der Lösung in den Zellleib von Pflanzen oder Thieren eindringen und gewisse Erscheinungen z. B. Narkose verursachen, die infolge ihrer mechanischen Affinität zu Fetten sich in den fettartigen Substanzen des Protoplasmas lösen können."

„Einige der Overton'schen Tabellen werden beweisen, dass auch nach seinen Untersuchungen im allgemeinen eine grosse Uebereinstimmung, wenn auch natürlich keine direkte Proportionalität zwischen der narkotischen Kraft und dem Theilungskoëfficienten zwischen Oel und Wasser besteht."

Zur vollständigen Narkose von Kaulquappen sind nothwendig:

1 Gewichtstheil:	auf Gewichtstheile Wasser:	=Grammmolekül im Liter:	Theilungskoëfficient oder Löslichkeit in Wasser und Oel:
Ester			
Methylacetat	150—200	0,09—0,07	
Aethylformiat	200	0,07	
Aethylacetat	400	0,03	$\dfrac{\text{Wasser}}{\text{Oel}} = \dfrac{1}{4}$
Aethylpropionat	800	0,012	
Propylacetat	800	0,012	
Aethylisobutyrat	1500	0,06	Löslichkeit in aqua $1\,^1/_2\,{}^0/_0$.
Aethylbutyrat (norm.)	2000	0,043	Theilungskoëfficient $\dfrac{\text{Wasser}}{\text{Oel}} = \dfrac{1}{100}$.
Butylacetat (iso.)	1500	0,006	
Butylacetat (norm.)	1500—2000	0,006—0,004	
Aethylvalerianat	4000	0,002	
Amylacetat	4000	0,002	
Butylvalerianat	25000	0,000025	in Wasser sehr schwer löslich, in Oel in allen Verhältnissen löslich.

Kohlenwasserstoffe.

1 Gewichts-theil:	auf Gewichts-theile Wasser:	= Grammmole-kül im Liter:	Theilungskoëffi-cient oder Lös-lichkeit in Wasser und Oel:
Pentan	6000	0,0023	in etwa 2000 Thln. Wasser löslich, mit Oel mischbar.
Benzol	6000	0,0023	in etwa 1000 Thln. Wasser löslich, mit Oel mischbar.
Xylol	25000	0,0004	in etwa 8000 Thln. Wasser löslich, mit Oel mischbar.

„Für die Ansicht, dass das ganze unzersetzte Molekül und nicht Spaltungsprodukte das Wirksame bei der Erzeugung der Narkose sind, hat Overton unter anderem folgende Thatsache aufgefunden: Die Ester der Fettsäuren wirken nur solange narkotisch, als sie sich unverseift vorfinden. Entsprechend dem Gesetze, dass die Verseifungsgeschwindigkeit mit der Länge der Kohlenstoffkette der Säurekomponente abnimmt, dauert die Narkose umso länger, je kohlenstoffreicher ihr Säureradikal ist."

E. Overton fasst seine Resultate in folgende drei Sätze zusammen:

1. „Bei der Feststellung der Koncentration der verschiedenen Verbindungen, welche einerseits gerade ausreichten, um Pflanzenzellen, Infusorien, Flimmerzellen und dgl. in vollständige Narkose zu versetzen, anderseits um die Ganglienzellen des Grosshirns der Kaulquappen zu narkotisieren, zeigte es sich, dass fast allen solchen Verbindungen, welche in Oel, Aether und ähnlichen Lösungsmitteln viel leichter löslich sind als in Wasser und bei denen der Theilungskoëfficient zwischen Wasser, und Oel als Lösungsmittel daher stark zu Gunsten des Oels ausfällt, das Verhältniss dieser beiden Koncentrationen (der zur Gehirnnarkose nothwendigen zu der, welche zur Narkose von Pflanzenzellen u. s. w. nothwendig ist) sich meist etwa zwischen den Werthen 1:8 und 1:12 bewegte, während bei solchen Verbindungen, welche weniger löslich in Oel oder Aether als in Wasser — sofern dieselben überhaupt Gehirnnarkose bewirkten, dies erst in Koncentrationen geschieht, die nur etwa zwei bis dreimal niedriger sind, als zur Narkose von Pflanzenzellen hinreichten."

„Bei der Untersuchung der einwerthigen gesättigten Alkohole zeigte sich nämlich, dass von Methyl- und Aethylalkohol nur etwa die Hälfte oder ein Drittel der zur Narkose der Pflanzenzelle ausreichenden Koncentration nöthig ist, um die Gehirnganglienzellen der Kaulquappen zu betäuben, hingegen von den höheren Gliedern der Reihe, die in Wasser sehr wenig, in Oel dagegen in allen Verhältnissen löslich sind, die Koncentrationen 1 : 8 oder 1 : 10 für die Narkose beträgt. Dieselben Verhältnisse fand er bei den Nitrilen, Ketonen und Urethanen."

2. „In den verschiedenen homologen Reihen nimmt die narkotische Kraft mit der Länge der Kohlenstoffkette, sofern die Glieder gleiche Struktur besitzen, zunächst rasch zu, und zugleich verschiebt sich das Verhältniss der Löslichkeit in Wasser und Oel, oder Wasser und Aether u. s. w. immer mehr zu Gunsten des Oels resp. Aethers. Von einer bestimmten Länge der C-Kette an aber verschwindet die narkotische Wirkung, und zwar geschieht dies, sobald die betreffenden Glieder nicht nur in Wasser äusserst schwerlöslich sind, sondern auch in Oel in der Kälte sich nur noch schwer lösen. Während z. B. Kaprylalkohol ($C_8H_{17}OH$) eine ausserordentlich grosse narkotische Kraft besitzt, führt das sog. Aethal (Cetylalkohol, $C_{16}H_{33}OH$) nicht zu vollständiger Narkose, selbst nach sehr langer Dauer des Versuches."

3. „Unter den verschiedenen Isomeren des Alkohols u. s. w. waren stets die in Wasser löslichen Isomeren die von schwächster narkotischen Wirkung, während die in Wasser am schwersten löslichen die stärkste narkotische Kraft besassen, dem Umstande entsprechend, dass die in Wasser löslichen Isomeren einen Theilungskoëfficienten besitzen, der weniger zu Gunsten des Oels ausfällt."

Noch unerkärliche Erscheinungen.

Phenollösungen desinficiren bei Zusatz von Salzlösung besser als ohne dieselbe (Scheuerlen, Paul und Krönig (l. c.).

In absolutem Alkohol und Aether gelöste Körper sind fast ohne jede Wirkung auf Milzbrandsporen. Dies ist theilweise erklärlich durch verminderte oder mangelnde Ionenbildung (Paul und Krönig).

. Wässeriger Alkohol von bestimmtem Procentgehalte erhöht die Desinfektionswirkung des $HgCl_2$ und des $AgNO_3$ (Paul und Krönig).

III.

Die mechanischen Wirkungen in ihrem Verhältniss zu Zustandsänderungen und Reaktionen.

Als mechanische Wirkungen kommen speciell die Wirkung des Drucks und der Reibung in Betracht. Eine Einzelbetrachtung ist nur bei den Zustandsänderungen und Reaktionen möglich, wo die Einflüsse der gleichzeitig eintretenden Temperaturveränderungen nicht allzu sehr in den Vordergrund treten. Die Eintheilung ist auch hier wieder durch die Verschiedenheit der Zustandsänderungen und chemischen Reaktionen gegeben.

1. Volumänderungen bei Zustandsänderungen und Reaktionen.

Beim Lösen tritt gewöhnlich Kontraktion ein. Ausnahmen hiervon sind Ammoniak, Chlor-, Brom- und Jodammonium, ferner Chlormagnesium ($MgCl_2 + 6\,aq$) und Weinsäure, bei denen eine Dilatation auftritt. Wie F. Braun[1]) gefunden hat, streben, ebenso mit mitwachsendem Druck, alle Volumveränderungen, welche die Auflösung von Salzen begleiten, der Dilatation zu.

Ueber die Volumänderungen bei den Neutralisationen sind Untersuchungen von W. Ostwald[2]), Ruppin[3]) und G. Tammann[4]) ausgeführt worden.

Ueber die Volumänderung bei der Bildung der Oxyde hat N. Beketow[5]) gearbeitet.

1) F. Braun, Zeitschr. physik. Ch. **1**, 267, 1887.
2) W. Ostwald, Journ. pr. Ch. **18**, 328, 1876.
3) Ruppin, Zeitschr. physik. Ch. **14**, 467, 1894.
4) G. Tammann, ibidem. **13**, 178, 1894; **14**, 167, 1894; **16**, 91, 139, 1895.
5) Beketow, Journ. russ. chem. Ges. **19**, 57, 1887; Zeitschr. physik. Ch. **1**, 418, 1887.

2. Zustandsänderungen durch mechanische Einwirkung.

Druckwirkung bei Gasen.

Das Gesetz, welches die Druckwirkung bei Gasen im Verhältniss zum Volum regelt, ist das Boyle-Mariotte'sche. Es lautet:

Das Volum eines Gases ist umgekehrt proportional seinem Druck:

$$p = \frac{1}{v}, \quad p_1 = \frac{1}{v_1}; \quad p\,v = p_1\,v_1.$$

Das Boyle-Mariotte'sche Gesetz zeigt gewisse Ausnahmen, die sich einmal darauf beziehen, dass die Gase bei sehr hohem Druck in der Nähe ihres Verflüssigungspunktes Abweichungen zeigen, die um so grösser sind, je mehr sie sich dem kritischen Zustand nähern; dann aber auch bei geringem Drucke unter einer Atmosphäre finden sich abnorme Verhältnisse. Am besten gehorchen die sogen. permanenten Gase dem Druckgesetz.

Für die Absorption der Gase durch Flüssigkeit gilt das Henry'sche Gesetz (1803), welches folgendermassen lautet:

Die Grösse der Absorption eines Gases in einem beliebigen Lösungsmittel ist dem Drucke, den das Gas ausübt direkt proportional.

Nach Dalton (1807) löst sich beim Vorhandensein eines Gasgemisches jedes Gas seinem Partialdruck entsprechend auf.

Da der Druck des absoluten vorhandenen Gases dem Druck des gelösten Gases gleich sein muss, wenn Gleichgewicht vorhanden ist, so lässt sich das Henry'sche Gesetz auch derart umformen, dass man sagt:

Bei Gasen, die dem Henry'schen Absorptionsgesetz Folge leisten, wird Gleichgewicht beim Vorhandensein eines Lösungsmittels eintreten, wenn der Druck des ungelösten Gases gleich dem osmotischen Drucke des gelösten Gases wird.

Das Henry'sche Gesetz gilt speciell für die sog. permanenten Gase, weniger gut jedoch bei allen Gasen, die eine gewisse chemische Verwandtschaft zum Lösungsmittel besitzen, wie z. B. H_2S, HCl, NH_3, CO_2, SO_2, zum Wasser.

Druckwirkung bei flüssigen und festen Körpern.

Im allgemeinen ist die Einwirkung des Drucks auf flüssige und feste Körper nur von verhältnissmässig geringen Volumänderungen begleitet. Feste Körper können durch Kompression eine bleibende Veränderung der Form erfahren. So wissen wir z. B. vom Eis, dass dasselbe durch Druck weitgehende Formveränderungen erleiden kann, ja gewissermassen zum

Fliessen gebracht werden kann wie bei den Gletschern. In wie weit hierbei ein Uebergang in den flüssigen Zustand stattfindet, ist für viele Körper noch nicht hinreichend festgestellt.

Ausführliche Untersuchungen über die Kompressibilität von Salz‑lösungen sind von H. Gibault[1]) ausgeführt worden. Weiterhin seien erwähnt de Coppet, Guldberg, Kohlrausch, Bouty, Raoult, Röntgen.

Einfluss des Druckes auf die Löslichkeit.

Ueber den Einfluss des Druckes auf die Löslichkeit hat F. Braun[2]) eine Arbeit publicirt. „Wenn die Löslichkeit eines festen Stoffes z. B. eines Salzes, in einer Flüssigkeit vom Druck abhängig ist, so wird es möglich sein, diese Abhängigkeit zu ermitteln, indem man das Gemenge eines Salzes mit seiner gesättigten Lösung Druck- und Tem‑peraturänderungen unterworfen denkt. Man kann dann offenbar unter Leistung oder Gewinn von äusserer Arbeit einen umkehrbaren Kreis‑process konstruiren. Wendet man auf einen solchen Process die Prin‑cipien der mechanischen Wärmetheorie an, so gelangt man ohne jegliche Hypothese und Vernachlässigung zu der folgenden Gleichung:

(I) $$\varepsilon\,(J\lambda - p\nu\varphi) = T\nu\eta\varphi.$$

„Es seien alle Grössen, welche darin vorkommen, gemessen in G-, C-, S-, C-Grammkalorien (cal). Dann bedeutet:

p den Druck, bei welchem alle Grössen gemessen sind $[G, C^{-1}S^{-2}]$.

T die absolute Temperatur des Versuches.

φ das specifische Volum des Salzes $[G^{-1}C^{3}]$.

J das Arbeitsäquivalent der Wärmeeinheit
$$= 41{,}6\,.\,10^{6}\,[G\,.\,C^{2}\,S^{-2}\,cal^{-1}].$$

ε die Masse Salz, welche sich bei konstanter Temperatur in 1 g unter dem Drucke p gesättigter Lösung weiter löst durch die Druckzunahme 1. Positives ε bedeutet Zunahme der Löslichkeit mit wachsendem Druck.

$\nu\,\varepsilon\,\varphi$ bedeutet die Volumänderung in Kubikcentimetern, welche das Gemisch von Salz und nahezu gesättigter Lösung erleidet, wenn die Salz‑menge ε in Lösung geht und dadurch die Lösung gesättigt wird. Posi‑tives ν bedeutet Dilatation; ν ist eine reine Zahl.

η bedeutet die Masse Salz, welche sich bei konstantem Druck p in 1 g bei der Temperatur t gesättigter Lösung weiter löst durch die Tem-

---

1) H. Gibault, Zeitschr. physik. Ch. **24**, 385, 1897.

2) F. Braun, Zeitschr. physik. Ch. **1**, 259, 1887; Wied. Ann. **31**, 332, 1887; vgl. hierzu die Arbeiten von M. Schumann. „Ueber die Kompressibilität wässeriger Chloridlösungen". Wied. Ann. **31**, 14, 1887; W. Röntgen u. J. Schneider, Wied. Ann. **31**, 1000, 1887.

peratursteigerung von 1^0 C. Positives η bedeutet Zunahme der Löslichkeit mit steigender Temperatur, $\eta = \dfrac{1}{{}^0 C}$.

Sonach stellt $\lambda - \dfrac{p\,\nu\,\varphi}{J} = \varLambda$ die latente Lüsungswärme dar (mit Einschluss der äusseren Arbeit), wie sie beim Druck p direkt beobachtet wird."

„Berücksichtigt man nur Stoffe, deren Löslichkeit mit steigender Temperatur zunimmt, so werden:

a) Stoffe, welche sich unter Wärmeverbrauch in ihrer nahezu gesättigten Lösung auflösen und dabei Kontraktion bewirken, durch gesteigerten Druck sich stärker lösen.

b) Stoffe, bei welchen entweder das Vorzeichen der obigen Wärmetönung oder dasjenige der Volumänderung das entgegengesetzte ist, durch Drucksteigerung theilweise ausfallen."

So wird gesättigte Salmiaklösung durch Drucksteigerung theilweise ausgefällt werden, während Kochsalzlösung, welche bei Atmosphärendruck gesättigt ist, durch Drucksteigerung noch weiteres Salz aufnimmt. Letzteres gilt auch für Alaun und Natriumsulfat.

Nachstehend seien noch die Kompressionskoëfficienten der gesättigten Lösungen der vier Salze und die gleichen Konstanten für die festen Salze selber mitgetheilt. Die letzteren sind nicht sehr genau. Als Druckeinheit gilt 1 Atmosphäre und als Temperatur wurde $+ 1^0$ C. angenommen:

	Spec. Gewicht		Kompressionskoëff. $(1^0$ C.)	
	d. Salzes.	d. Lösung.	d. Salzes.	d. Lösung.
NH_4Cl	1,533	1,073	$4,9.10^{-6}$	38.10^{-6}.
Alaun, kryst.	1,724	1,030	$1,9.10^{-6}$	46.10^{-6}.
NaCl	2,15	1,212	$1,4.10^{-6}$	27.10^{-6}.
Na_2SO_4, 10 aq.	1,465	1,045	$7,1.10^{-6}$	$42,5.10^{-6}$.

Dabei gelten die specifischen Gewichte der bei 1^0 gesättigten Lösungen für die Temperatur $+ 1^0$ C.

3. Chemische Reaktionen durch mechanische Einwirkung.

W. Spring[1]) geht von der Vorstellung aus, dass jeder Körper bei einer bestimmten Temperatur den Zustand annimmt, den man ihm aufzwingt, und zeigte, dass man durch energischen Druck Substanzen in ihre

---

1) W. Spring, Bull. de l'Accad. roy. de Belgique (3), **30**, 199, 1895; Naturw. Rundsch. **11**, 13, 1896.

allotropen Modifikationen überführen und Mischungen verschiedener Körper
in chemische Verbindungen verwandeln kann, wenn die allotrope Modifikation und die Verbindung ein kleineres Volum einnehmen, als die ursprüngliche Substanz bezw. die einzelnen Bestandtheile der Mischung.

Dass auch der Fall der Zerlegung einer chemischen Verbindung
möglich ist, falls die chemische Verbindung ein grösseres specifisches Volum
besitzt, als die Summe der Volume ihrer Komponenten, zeigt der von
Spring und van't Hoff[1]) untersuchte Fall des Doppelsalzes Kalk-
kupferacetat, welches unter einem Drucke von 6000 Atmosphären
bei der Temperatur von 40° (Umwandlungspunkt bei 1 Atmosphäre 75°)
in essigsauren Kalk und essigsaures Kupfer zerlegt wird. Weiterhin
beobachtete Spring, dass das Hydrat des Arsentrisulfids,
$As_2S_3 + 6H_2O$ unter einem Drucke von 6000 bis 7000 Atmosphären
quantitativ in wasserfreies Sulfid und Wasser zerlegt wird; das Wasser
floss nach aussen ab, und das Trisulfid backte zu einer kompakten Masse
zusammen von der dunklen Farbe des geschmolzenen Auripigments. Die
Bestimmung des specifischen Gewichtes des Hydrats ergab, dass ihm bei
25,6° ein specifisches Volum von 53,174 zukommt, während das specifische
Volum von $As_2S_3 + 6H_2O$ zusammen 50,626 beträgt.

Weitere endothermische Zersetzungen durch Druck ergeben sich aus
den Untersuchungen von Carey Lea[2]) bei folgenden Verbindungen, bei
denen der Druck durch Reiben in einer Porcellanschale ausgeführt wurde.

Chlorsilber wird durch Reiben dunkel.

0,5 g Natriumgoldchlorid giebt nach einer halben Stunde
9,2 Milligramm metallisches Gold.

Platinchlorid und Platinsalmiak wird schwarz, Kalium-
ferrocyanid giebt Ferrosalz, Quecksilberchlorid giebt Chlorür,
Silbernitrat, -Karbonat u. s. w. geben Schwarzfärbung.

Eine durch Zusammenpressen bewirkte Reaktion fester Körper
beobachtete W. Spring[3]) bei einer äquimolekularen Mischung von Baryum-
sulfat und Natriumkarbonat, wobei eine bis zu 20 % gehende
Umsetzung stattfand. Dieselbe ergab sich beim reciproken System entsprechend zu 80 %. Auch spricht die Erscheinung für eine theilweise
Mischbarkeit fester Körper, da nach van't Hoff sonst leicht zu beweisen ist, dass vollständige Umwandlung in einem oder andern Sinne
eintreten muss.

Ueber die Einwirkung des Druckes auf die Aenderung gelöster
Chlorverbindungen arbeitete G. Fousserau[4]). Er fand z. B., dass

1) W. Spring u. J. H. van't Hoff, Zeitschr. physik. Ch. **1**, 227, 1887.
2) Carey Lea, Phil. Mag. (5), **37**, 31, 1894; **37**, 470.
3) W. Spring, Bull. de la Soc. **44**, 166, 299.
4) G. Fousserau, Compt. rend. **104**, 1161, 1887.

eine Lösung, welche 0,00003 g Eisenchlorid enthielt, durch einen Druck von 175 Atmosphären ihren elektrischen Widerstand von 114310 auf 113160 nach 90 Minuten änderte. Nach Aufhebung des Druckes zeigte sich erst nach sechs Tagen wieder der frühere Druck. Aehnlich verhielt sich Aluminiumchlorid, doch waren die Unterschiede geringer.

V. Rothmund[1]) setzte die schon von andern angestellte Untersuchung der Einwirkung des Druckes auf die Inversion des Zuckers fort. Hierbei liess sich die Geschwindigkeitskonstante und ihre Beeinflussung durch den Druck berechnen. Die Inversion des Zuckers wurde unter dem Einflusse von normaler Chlorwasserstoffsäure in weiten Glasröhren bei konstanter Temperatur unter Drucken von 250 und 500 Atmosphären und daneben in Kontrollversuchen bei 1 Atmosphäre untersucht. Es gelang der Nachweis, dass die Reaktionsgeschwindigkeit durch Erhöhung des Druckes vermindert wird und zwar um $1\,^0/_0$ für 100 Atmosphären Drucksteigerung. Die früher zu einem ähnlichen Resultate gekommenen Beobachter nahmen an, dass die Verlangsamung der Reaktion einer Verminderung der Säure zugeschrieben werden müsse; jedoch zeigte sich entsprechende Verlangsamung der Reaktion nicht bei der Katalyse von Estern, indem hierbei die Reaktionsgeschwindigkeit durch den Druck sehr bedeutend erhöht wird. Während also bei der Inversion des Zuckers der Druck von 500 Atmosphären eine Abnahme um $5\,^0/_0$ zur Folge hat, wird bei der Verseifung von Methyl- und Aethylacetat eine Zunahme um $20\,^0/_0$ bewirkt; bei Zusatz von KCl oder bei Aenderung der Koncentration der Säure oder des Esters war die Einwirkung des Druckes nicht merklich verschieden. Die Annahme, dass der Druck die Stärke der Säure ändere, wird also durch diese Beobachtungen nicht bestätigt.

Zur Erklärung zieht Rothmund eine Hypothese von Arrhenius heran, nach welcher in den Zuckerlösungen ein Gleichgewichtszustand zwischen aktiven und inaktiven Theilen existire, und dieser Gleichgewichtszustand werde nach einer von Planck theoretisch entwickelten Formel beeinflusst.

Durch eine zufällige, durch einen eindringenden Quecksilberstrahl veranlasste Explosion einer Mischung von Wasserstoff und Sauerstoff wurde F. Emich[2]) dazu bestimmt, Versuche über die Möglichkeit der Entzündung solcher Gasgemische durch Schütteln mit Quecksilber anzustellen. Die unter bestimmten Bedingungen von positivem Erfolge begleiteten Versuche zeigten, wenn sie im Dunkeln ausgeführt

---

1) V. Rothmund, Öfversigt af Kongl. Vetenskaps-Akademiens Förhandlingar 1896, 25, Naturw. Rundsch. 11, 293, 1896; vgl. auch Zeitschr. physik. Ch. 20, 168, 1895; u. A. Bogojawlowski u. G. Tammann, ibid. 23, 13, 1897.

2) F. Emich, Sitzber. Wiener Akad. Wiss. II, 6, 16, 10, 1897; Naturw. Rundsch. 12, 575, 1897.

wurden, dass die beim Schütteln von Quecksilber im Glas zwischen den
Tröpfchen überspringenden Funken meist in ungeheuerer Zahl vorhanden
waren, bevor die Entzündung vor sich ging. Demnach können sehr kleine
Funken unter Umständen ein entzündliches Gasgemisch überhaupt nicht
zur Verpuffung bringen. Aus dem Grunde stellte Emich Versuche über
die Ermittlung der kürzesten Länge der jeweilig zündenden Funken unter
verschiedenen Bedingungen an; dieselbe betrug unter bestimmten Bedingungen 0,22 mm. Mit zunehmendem Druck nahm die Entzündlichkeit zu,
dagegen ab mit zunehmender Temperatur. Der Zusatz von Wasserstoff
bewirkte nur eine Verringerung der Entzündlichkeit, welche derjenigen
ähnlich war, die durch eine Verminderung des Druckes zu stande kommt,
die Beimengung von Sauerstoff hingegen erhöhte zunächst die Entzündlichkeit und zwar so lange, bis das Volumverhältniss 1 : 1 erreicht war;
eine weitere Verdünnung bewirkte dann ebenfalls Abnahme der Entzündlichkeit. Verdünnte man die aus gleichen Volumtheilen bestehende Mischung einmal mit O, ein ander Mal mit demselben Volum H, so standen die
Zunahmen der kleinsten Funkenlängen im Verhältniss 1 : 2. Bei Mischungen von Knallgas mit Stickstoff oder Kohlensäure war die Entzündlichkeit im wesentlichen abhängig vom Partialdruck des Knallgases.

Hieran schliessen sich die Wirkungen von Schlag und Stoss auf
explosibele Stoffe wie Nitroglycerin, Schiessbaumwolle u. a. m.

IV.

Die Wärme in ihrem Verhältniss zu Zustands-
änderungen und Reaktionen.

Wenn wir die Wärme als die Bewegungsenergie der Atome und
Moleküle betrachten, so ist es wohl auch nicht weiterhin auffallend, dass
wir die Wärme als treibende oder mit zu berücksichtigende Energieart
bei allen Zustandsänderungen und chemischen Reaktionen anzusehen
haben. Sie ist das Grundprincip, auf welches alle andern Energiearten
zurückgeführt werden können, und von dem sie nur Abarten sind. Das
Licht, die Elektricität sind eigenartige Energieformen, die auf den Bewegungen des Lichtäthers und der Elektronen beruhen. Deren Bewegungen, auf die Atome und Moleküle übertragen, liefern uns wieder vermehrte Bewegungen dieser, sie werden in Wärme umgewandelt.

Die Unterschiede in der Bewegungsenergie, d. h. Unterschiede in der
Temperatur, sind es, die zur Arbeitsleistung befähigen. Die Grundsätze,
nach denen sich das Verhältniss von Wärme zur Arbeit regelt, sind in
der mechanischen Wärmetheorie niedergelegt, deren beide Hauptsätze folgendermassen lauten:

I. „In allen Fällen, wo durch Wärme Arbeit entsteht,
wird eine der erzeugten Arbeit proportionale Wärmemenge
verbraucht und umgekehrt wird durch Verbrauch einer
ebenso grossen Arbeit dieselbe Wärmemenge erzeugt werden können.“ (Clausius.)

II. „Bei der Arbeitsleistung durch Wärme geht letztere
immer von einem wärmeren Körper auf einen kälteren Körper über, und dadurch wird die Arbeitsleistung hervorgerufen. Dagegen kann Wärme nicht von einem kälteren
Körper auf einen wärmeren Körper übergehen und also auf
diese Weise keine Arbeitsleistung bewirkt werden.“ (Carnot-
Clausius.)

1. Specifische und Molekularwärme.

Allgemeines.

Die specifische Wärme ist diejenige Wärmemenge, welche aufgewendet werden muss, um die Temperatur der Gewichtseinheit eines Körpers um 1^0 C. zu erhöhen. Als Grundlage der specifischen Wärme sieht man die des Wassers an und bezeichnet diejenige Wärmemenge, welche nöthig ist, um die Temperatur eines Grammes Wasser um 1^0 C. zu erhöhen als Grammkalorie = kleine Kalorie = cal., und diejenige Wärmemenge, welche nöthig ist, um die Temperatur eines Kilogramm Wassers um 1^0 C. zu erhöhen als Kilogrammkalorie = grosse Kalorie = Cal. Ostwald hat noch eine Kalorieart eingeführt, die er mit K bezeichnet, und die gleich 100 Grammkalorien ist.

Als mittlere Kalorie bezeichnet man die durch Division mit 100 aus der zur Erhöhung der Temperatur von $0-100^0$ nöthigen Wärmemenge erhaltene, während man andererseits auch diejenige Wärmemenge als Grundlage annimmt, welche zur Erhöhung der Temperatur eines Gramms Wasser von 0 auf 1^0 nothwendig ist, und dieselbe als Nullpunktskalorie bezeichnet. Jedoch dürfte diejenige Kalorie am meisten Aussicht auf allgemeine Annahme haben, welche die Erhöhung der Temperatur von 15 auf 16^0 zu Grunde legt, und welche neuerdings wieder von Warburg als Grundlage empfohlen worden ist.

Als Molekularwärme bezeichnet man die auf das Grammmolekül bezogene specifische Wärme, z. B. also für das Dampfmolekül des Wassers $= 18 \times 1$ cal. Für analog zusammengesetzte Verbindungen sind nach Neumann die Molekularwärmen gleich, während nach Joule sich die Molekularwärme einer Verbindung als die Summe der Atomwärmen ergiebt.

Specifische Wärme und Temperatur.

Die specifische Wärme ist für viele Substanzen zwar nahezu, für keine aber in aller Strenge konstant, sondern sie wächst fast allgemein mit der Temperatur[1]. Nach den Messungen von E. Wiedemann liegt der Temperaturkoëfficient für die Zunahme der specifischen Wärme bei verschiedenen Dämpfen zwischen 0,001 und 0,0025; für Flüssigkeiten erhält man nach Hirn's Beobachtungen in dem Intervall 0^0 bis 100^0 die Temperaturkoëfficienten 0,001 bis 0,003; bei den festen Körpern dagegen ist nach Bède's Messungen der Temperaturkoëfficient meist von demselben Betrage oder kleiner als bei den andern Aggregatzuständen.

„Von der zugeführten Wärme dient bekanntlich nur ein Theil zur unmittelbaren Temperatursteigerung, d. h. zur Erhöhung der Fortschritts-

---

[1] Vgl. L. Sohncke, Sitzber. Münchener Akad. d. Wissensch. **1897**, 337; Naturw. Rundsch. **13**, 71, 1898.

oder Schwingungsenergie der Molekeln, während ein anderer Theil zur Leistung äusserer und innerer Arbeit verbraucht wird. Bei den festen Körpern ist nun die äussere Arbeit ganz unerheblich, wegen der geringen Wärmeausdehnung, ebenso ist sie bei den Flüssigkeiten noch klein, während sie bei den Gasen zwar erheblich, aber für ein und dasselbe Gas annähernd bei verschiedenen Temperaturen von derselben Grösse ist. Die Aenderung der specifischen Wärme mit der Temperatur kann daher im wesentlichen nur daher rühren, dass die gelegentlich der Temperaturerhöhung um 1° zu leistende innere oder Disgregationsarbeit nicht für alle Temperaturen denselben Werth hat, sich vielmehr im allgemeinen mit der Temperatur steigert."

„Die innere Arbeit besteht selbst wieder aus zwei Theilen: nämlich aus der Arbeit, welche bei der Ausdehnung gegen die gegenseitigen Anziehungen der Molekeln zu leisten ist, d. i. die sog. äussere Disgregationsarbeit nach Sohncke, und aus der Arbeit, welche zur Auflockerung der einzelnen Molekeln und zur Vermehrung der Atombewegungen innerhalb der Molekeln verbraucht wird (innere Disgregationsarbeit). Bei Gasen ist die äussere Disgregationsarbeit äusserst unerheblich; die Zunahme der specifischen Wärme mit der Temperatur kann also im wesentlichen nur daher rühren, dass die Vermehrung der inneren Energie der einzelnen Molekeln bei höherer Temperatur, einen grösseren Arbeitsaufwand beansprucht. Bedenkt man nun, dass die Aenderung der specifischen Wärme mit der Temperatur für die andern Aggregatzustände von derselben Grössenordnung ist, wie für die Gase, so wird es in hohem Grade wahrscheinlich, dass wenigstens in hinreichender Ferne von einer Aggregatzustandsänderung, die Aenderung der specifischen Wärme mit der Temperatur überhaupt für alle Körper, vornehmlich durch den Arbeitsaufwand zur Vermehrung der inneren Energie der Molekeln bedingt ist."

„Aus dieser Auffassung folgt, dass, wenn die Molekeln eines Körpers einatomig sind, ihre innere Energie nicht vermehrt werden kann, d. h. ihre innere Disgregationsarbeit $= 0$ sein muss. Nun ist auch bekanntlich die Molekel des Quecksilberdampfes einatomig, und wenn man annimmt, dass auch das flüssige Quecksilber aus einatomigen Molekeln bestehe, so darf die specifische Wärme des Quecksilbers mit steigender Temperatur nicht zunehmen, was mit den Beobachtungen von Winkelmann, Naccari und Milthaler in Uebereinstimmung ist. Die specifische Wärme des Quecksilbers erfährt sogar eine geringe Abnahme mit steigender Temperatur. — Vom Kadmium, dessen Dampf gleichfalls aus einatomigen Molekeln besteht, ist gleichfalls eine Abnahme der specifischen Wärme mit der höheren Temperatur behauptet, aber von anderer Seite nicht bestätigt worden. — Auch für Antimon ist ein ähnliches

Verhalten der specifischen Wärme, eine Abnahme mit steigender Temperatur beobachtet worden."

„Es bleibt nun nach der hier entwickelten Auffassung zu erklären, warum bei den Körpern mit einatomigen Molekeln (für Antimon muss eine besondere Erklärung gefunden werden), die specifische Wärme mit steigender Temperatur abnimmt. Sie nimmt nicht zu, weil die innere Disgregationsarbeit bei den einatomigen Molekeln ausfällt; denn ihre innere Arbeit besteht nur in der Ueberwindung der gegenseitigen Anziehungen der Molekeln, bezw. in der Vermehrung der potentiellen Energie der Molekeln bei ihren grösseren Schwingungsbewegungen, in der äusseren Disgregationsarbeit. Nun sind bei der höheren Temperatur wegen der Volumvergrösserung die Molekelschwerpunkte weiter von einander gerückt als zuvor; die Molekeln wirken mit geringeren Kräften auf einander, daher ist die äussere Disgregationsarbeit geringer als zuvor."

Dulong-Petit'sches und Neumann-Joule'sches Gesetz.

Das Dulong-Petit'sche Gesetz lautet folgendermaassen: Die Atomwärme, d. h. die Wärmemenge, die einem Atom zugeführt werden muss, um seine Temperatur um 1° zu erhöhen, ist für alle im festen Aggregatzustande befindlichen Elemente annähernd konstant, und zwar beträgt sie ungefähr 6,4.

Ausgenommen vom Dulong-Petit'schen Gesetze sind die Elemente C, B, Si, S, P, Be und Ge, sowie die flüssigen und gasförmigen Elemente, bezüglich deren noch keine allgemein giltigen Beziehungen entdeckt werden konnten. Jedoch lassen sich auch für diese Elemente aus der specifischen Wärme der starren Verbindungen Atomwärmen berechnen, deren Betrag für das einzelne Element in den verschiedenen festen Verbindungen konstant bleibt. Hieraus folgerte F. Neumann, dass die Konstanz der Atomwärme auch für die im starren Aggregatszustande befindliche Verbindung bestehen bleibt, was auch durch die Versuche von Regnault und Kopp bestätigt wurde. Joule leitete die Molekularwärme als Summe der Atomwärmen ab.

Ehe ich auf die Ausnahmen näher eingehe, will ich zunächst diejenigen Elemente berücksichtigen, die der Regel folgen, und zwar sind dies hauptsächlich die Metalle. Das Dulong-Petit'sche Gesetz besagt also, man muss jedem der betreffenden Elemente eine gleiche Wärmemenge bezw. Quantität der Wärmebewegung zuertheilen, damit das betreffende Atom derartige lebhafte Schwingungen bezw. Stösse gegen die Thermometerkugel ausführen kann, dass sich das Quecksilber um soviel ausdehnt als einem Grad Temperaturerhöhung entspricht. Die Erklärung des Gesetzes ergiebt sich aus einer einfachen Ueberlegung, wie ich sie bei Besprechung des Avogadro'schen Gesetzes anwandte. Ein weniger schweres Element wird, durch die gleiche Energiemenge angetrieben, lebhaftere Schwingungen ausführen als ein anderes mit grösserem Atomgewicht. Ein leichteres Element muss aber auch, um denselben Effekt zu erzeugen, die betreffende Bewegung öfter wiederholen als ein schweres Element, das nicht so zahlreiche, aber dafür umso wuchtigere Bewegungen zeigt. Da aber beides sich gegenseitig kompensirt, so ist der Effekt derselbe.

Als erste Ausnahme haben wir die Elemente: C mit der aus der Molekularwärme der starren Verbindungen berechneten Atomwärme 1,8, B mit 2,7, Si mit 3,8, Be mit 3,7, S mit 5,4, P mit 5,4 und Ge mit 5,5.

Dem Kohlenstoffatom kommt eine sehr regelmässige Form zu; es können sich deshalb die Atome so an einander lagern, dass wenig oder gar keine Bewegung derselben stattfindet. Auch für Silicium und Bor können wir ähnliche Formen für wahrscheinlich annehmen. Bei den Molekülen dieser Elemente ist also eine Atombewegung nicht in dem Maasse vorhanden wie bei anderen Elementen, wenigstens unter gewöhnlichen Umständen nicht. Dem widerspricht auch nicht die Annahme über die Leitfähigkeit des Graphits für den elektrischen Strom, denn es kann als wohl möglich gelten, dass die Moleküle sich unter dem Einflusse dieses Stromes erst so ordnen, dass sie leitfähig werden, oder aber eine derartige Lagerung im Molekül haben, dass sie den elektrischen Strom zu leiten vermögen, aber im Molekül keine oder nur ganz geringe Schwingungen für gewöhnlich ausführen. Vielleicht lässt sich durch folgende Annahmen dies näher ausführen. Vgl. auch Bd. I, S. 481—389.

Für gewöhnlich werden die Moleküle beim Graphit so liegen, dass der Basis des einen Polygons ein gleiches mit der Basis zugekehrt gegenüberliegt, während auf der anderen Seite ein Theil der Tetraëderspitzen sich gegenübersteht. Uebt nun die Wärme ihre Wirkung, so können die etwa anzunehmenden Stösse durch einfache Uebertragung von einem Molekül zum andern weiter befördert werden.

Der Unterschied zwischen den Metallen einerseits und Kohlenstoff, Silicium und Bor anderseits liegt also darin, dass letztere Elemente infolge der wegen der Atomform nicht oder nur in geringem Maasse vorhandenen Atombewegungen keine oder nur eine geringe Menge von Wärmeenergie für innere Arbeit verbrauchen. Aus dem Grunde ist ihre specifische Wärme bezw. die Atomwärme geringer, und sie nimmt zu mit der Zunahme der Unregelmässigkeit der Atomform der einzelnen Elemente C, B, Si. Den Metallen ist es infolge der Form ihres Anlagerungsfeldes leicht, hin- und herschwingende Atombewegungen auszuführen. Dieselben sind jedoch der ziemlich gleichmässigen Form des Anlagerungsfeldes wegen bei allen Metallen gleichartig, d. h. es sind Schwingungen um eine Kante. Für dieselben gilt also dasselbe, was ich oben bei Besprechung der Atomwärme ausführte. Ein Theil der Atomwärme wird also für diese Bewegungen bei den Metallen verbraucht. Erhöhen wir jedoch die Temperatur, so erhalten die oben erwähnten Ausnahmen ebenfalls Atombewegung, und die specifische Wärme und damit auch dieAtomwärme nimmt zu, wie dies auch H. F. Weber gefunden hat. Den drei Ausnahmen schliessen sich an Be und Ge, die wahrscheinlich aus derselben oder ähnlichen Ursache eine geringere specifische Wärme zeigen, während S und P an anderer Stelle ihren Platz finden.

Ausserdem gehören zu den Ausnahmen Flüssigkeiten und Gase. Zunächst wollen wir das Verhalten der letzteren besprechen. Bei Betrachtung der Atomwärme der Gase fällt auf, dass H, O und N unter Zugrundelegung der specifischen Wärmen bei konstantem Druck eine Atomwärme besitzen, die für alle drei Elemente nahezu gleich gross ist, nämlich: 3,4. Da nun das Anlagerungsfeld dieser Elemente dem der Metalle ziemlich ähnlich ist, indem ja darauf z. B. die Oxydbildung dieser Elemente beruht, so ist als wahrscheinlich anzunehmen, dass diese gasförmigen Elemente ähnliche Atombewegungen ausführen werden. Dementsprechend sollten auch die specifischen Wärmen bezw. die Atomwärmen sich verhalten, wenn nicht bei den Metallen noch ein dritter Punkt berücksichtigt werden müsste; dies ist aber die innere Reibung. Die Entstehung derselben lässt sich etwa in folgender Weise erklären: Nehmen wir an, ein Metallmolekül erhalte eine Wärmebewegung mitgetheilt, so werden seine Schwingungen lebhafter. Bei seinen Bewegungen um die Mittellage wird es an ein Molekül stossen, das noch keinen Impuls zur Fortpflanzung der Wärmebewegung erhalten hat. Macht letzteres nun eine Bewegung, die derjenigen des ersteren, mit erhöhter Thätigkeit ausgestatteten Moleküls gerade entgegengesetzt ist, so werden sich beide in ihrer Molekularbewegung schwächen, es wird also Energie verbraucht werden. Diese Schwächung muss aber für alle Metalle eine Konstante sein aus denselben Gründen, |wie ich sie schon oben für die Atomwärme u. s. w. entwickelte, denn lebhafter schwingende Atome bezw. Moleküle werden öfter in Kollision mit einander gerathen als langsamer schwingende. Bei letzteren, den schwereren Elementen, wird aber auch der Betrag der Schwächung ein entsprechend höherer sein. Bei den Gasen fällt dieser Betrag für die innere Reibung fast völlig weg, da bei ihnen keine Kohäsionswirkung in dem Maasse vorhanden ist wie bei den Metallen, und sie deshalb als idealelastische Körper der auf sie einwirkenden Bewegung voll und ganz Folge zu leisten vermögen. Wir haben also bei den bis jetzt betrachteten Elementen bezüglich der Atomwärme folgende Gleichungen:

1. Atomwärme für C = Atomgewicht $\times$ specifische Wärme = 1,8.

2. Atomwärme, vermehrt um die Erhöhung der lebendigen Kraft der Moleküle = Atomgewicht $\times$ specifische Wärme = 3,4. Dies gilt für H, O und N.

3. Atomwärme vermehrt um die Erhöhung der lebendigen Kraft $+$ innere Reibung des Moleküls $=$ Atomgewicht $\times$ specifische Wärme $=$ 6,4, was für die Metalle gilt.

Der für die Erhöhung der lebendigen Kraft aufgewendete Betrag ist also gleich 1,6, der für die innere Reibung dagegen 3,0. Letzteres Resultat ist bereits von Boltzmann[1]) auf anderem Wege in guter Uebereinstimmung mit dem meinigen erhalten worden. Nicht unbemerkt will ich lassen, dass in den Gleichungen unter Atomwärme die eigentliche Atomwärme gemeint ist, bei der also der für die innere Arbeit verwendete Betrag nicht mitgerechnet ist. Hinsichtlich der anderen Gase ist noch zu bemerken, dass sich bisher kaum Beziehungen haben finden lassen. Bei ihnen sind aber auch komplicirtere Bewegungen vorhanden als bei den oben erwähnten, sog. permanenten Gasen. Von Interesse ist es jedoch, dass der für die Erhöhung der Molekularthätigkeit verwendete Betrag der Molekularwärme mittels der obigen Gleichungen berechnet werden kann, und wir somit ein Mass für die Molekularbewegung der einzelnen Gase erhalten dürften.

Sauerstoff und die entsprechenden Elemente zeigen nun auch in starren Verbindungen ein anormales Verhalten, indem sich nur die Atomwärme 4 aus den betreffenden Molekularwärmen für O berechnet. Während z. B. bei den Metallchloriden der Quotient aus der Molekularwärme durch die Anzahl der Atome im Mittel 6,4 ist, zeigen die Oxyde ein anderes Verhalten, und zwar ist dieser Quotient für $RO = 5,6$, für $R_2O = 5,4$, für $RO_2 = 4,6$, für $RO_3 = 4,7$. Im allgemeinen nimmt also der Quotient mit dem Steigen der Anzahl der Sauerstoffatome ab, und zwar berechnet sich die Atomwärme des Sauerstoffs, wie vorhin erwähnt, in starren Verbindungen zu 4. Diese Thatsache lässt sich vielleicht dadurch erklären, dass je 6 Sauerstoffatome im stande sind, mit einer Kante bezw. je zwei Seitenflächen sich so zusammen zu lagern, wie etwa im Wassermolekül. Auch weniger als 6 Atome vermögen sich an einander zu legen, jedoch ist für das Sauerstoffatom die Zahl 6 die der Atomform entsprechendste. Durch die Bildung eines solchen Molekülkomplexes ist aber die innere Reibung derart beschränkt, dass die 6 Atome im Auftreten von Kollisionen nur als eines in Betracht kommen. Somit kommt auf 1 Atom nur der sechste Theil der für die innere Reibung berechneten Wärmemenge, nämlich $^3/_6 = 0,5$. Addiren wir diese Zahl zu der für die Gasform des Sauerstoffs berechneten Atomwärme, so erhalten wir 4 als Atomwärme für Sauerstoff in starren Verbindungen, was mit dem obigen Werthe völlig übereinstimmt. Wie die Verminderung der inneren Reibung durch Bildung eines Molekül-

---

[1]) L. Boltzmann, Sitzber. Wiener Akad. **63**, II, 1871; vgl. auch Ostwald, Allg. Chemie I, 989.

komplexes zu denken ist, kann noch nicht klar definirt werden, da so manche hier mitwirkende Ursache erst im Laufe der Zeit völlig erkannt werden wird. Eventuell liegt diese Erscheinung auch in einer andern Ursache, die jedoch auch durch die Atomform begründet ist, nämlich in den einspringenden Winkeln, welche bei diesen gasförmigen Elementen vorhanden sind.

Von Interesse ist noch die Besprechung der Verschiedenheit der specifischen Wärmen der drei Aggregatzustände des Wassers:

Eis hat nach Person die specifische Wärme . . . 0,480,
Eis hat nach Regnault die specifische Wärme . . 0,472,
Wasser hat die specifische Wärme 1,000,
Dampf bei konst. Volum hat die specifische Wärme 0,370.

Bei dem flüssigen Wasser wird also nahezu $^2/_3$ der specifischen Wärme für die innere Arbeit verwendet. Für andere Körper, z. B. Brom, ist der Unterschied längst nicht so gross.

Dies führt uns noch zur Besprechung der Wärmekapacität bei flüssigen Verbindungen. Dieselbe zeigt infolge des für die in grossem Maasse vorhandene, innere Reibung aufgewendeten Betrags eine von konstitutionellen Einflüssen in hohem Maasse abhängige Grösse. Nur bei homologen Reihen organischer Verbindungen zeigt sich für die einzelnen Reihen eine gewisse Regelmässigkeit bezüglich des Verhältnisses der Zunahme der Molekularwärme für den Eintritt der Gruppe CH_2. Diese Differenz ist aber auch wieder für die verschiedenen Reihen verschieden. Isomere Körper von verwandter Konstitution haben annähernd gleiche specifische Wärme; dieselbe ist dagegen um so verschiedener, je verschiedener die Konstitution ist.

Das Gesetz von Dulong und Petit ist nicht auf alle Temperaturen anwendbar, da es eine Konstanz der specifischen Wärmen voraussetzt. Dieselbe wechselt jedoch, wie dies z. B. von W. A. Tilden[1] für Kobalt und Nickel gezeigt wurde und für Quecksilber schon längere Zeit bekannt ist:

Temperatur.	Kobalt.	Nickel.
Von 100 ⁰ bis 15 ⁰	0,10303	0,10842
„ 15 ⁰ bis — 78,4 ⁰	0,0939	0,0975
„ 15 ⁰ bis — 182,4 ⁰	0,0822	0,0838
Berechnet — 78,4 ⁰ bis — 182,6 ⁰	0,0712	0,0719.

Es erscheint die Annahme gerechtfertigt, dass beim absoluten Nullpunkte die Werthe der Produkte der specifischen Wärmen, multiplicirt

---

[1] W. A. Tilden, Proc. Roy. Soc. **66**, 244, 1900.

mit den Atomgewichten identisch werden, oder nur um einen sehr kleinen, von experimentellen Fehlern herrührenden Werth differiren würden. Weitere Versuche an Silber, Kupfer, Eisen und Aluminium haben das allerdings nicht bestätigt, denn die mittlere specifische Wärme des Silbers zwischen 15^0 und $-182,4^0$ ist z. B. 0,0519, dagegen zwischen 100^0 und 15^0 nur 0,0558. Es ist also hier die Abnahme viel geringer.

Auch die Versuche von U. Behn[1]) haben dies bereits ergeben.

Es zeigte sich, dass die specifischen Wärmen um so stärker mit fallender Temperatur abnehmen, je kleiner das Atomgewicht ist. Pb (A = 207) hat auch bei tiefen Temperaturen noch die Atomwärme 6, für A = 195—108 bei Pt, Jr, Sb, Sn, Cd, Ag liegt die Atomwärme um 5,4 herum; Pd und Zn (A = 106 bezw. 65,4) haben die Atomwärme 5,2; Cu, Ni, Fe, Al, Mg (A = 64 bis 24) Atomwärme um 4,3, und Graphit hat bei diesen Temperaturen nur noch eine Atomwärme von 0,9.

Ableitung des Gesetzes von Dulong und Petit nach F. Richarz.

Eine theoretische Behandlung des Gesetzes von Dulong und Petit ist von F. Richarz[2]) ausgeführt worden.

Bei der Berechnung für einatomige Gase legt er folgende Gleichungen zu Grunde:

Hierin sind:

$\alpha = {}^1/_{273}$ (Gesetz von GayLussac-Dalton-Charles),

424 km = mechanisches Wärmeäquivalent,

p_0 = Druck einer Atmosphäre auf 1 m² Fläche = 10330 kg.

1. $(c_p - c_v)\, \mu_0 \cdot 424 = \alpha p_0,$

1a. $\mu_0 = 1,293\ d,$

μ_0 = Gewicht von 1 m³ Luft = **1,293 kg.**

2. $c_p - c_v = \dfrac{0,0691}{d} = \dfrac{\alpha p_0}{\mu_0\, 424} = \dfrac{10330}{273 \cdot 1,293\, d \cdot 424},$

c_p = spec. Wärme bei konst. Druck,
c_v = spec. Wärme bei konst. Vol.,
d = Dichte eines Gases.

3. $p_0 v_0 = 273\,(c_p - c_v) \cdot 424,$

---

1) U. Behn, Drude's Ann. (4), **1**, 257, 1900.
2) F. Richarz, Naturw. Rundsch. **15**, 226, 1900.

$$4. \quad p = \frac{N}{3} mu^2,$$

$$4a. \quad \frac{N}{2} mu^2 = \frac{L}{v},$$

$$4b. \quad pv = {}^2/_3 L,$$
$$p_0 v_0 = {}^2/_3 L^0,$$

$$4c. \quad L_0 = 273 . c_v . 424,$$
$$p_0 v_0 = {}^2/_3 \, 273 \, c_v \, 424,$$

$$5. \; 273 \, (c_p - c_v) \, 424 = {}^2/_3 \, 273 \, c_v \, 424,$$
$$c_p - c_v = {}^2/_3 \, c_v.$$

$$\varkappa = \frac{c_p}{c_v} = \frac{5}{3},$$

$$6. \quad c_p - c_v = \frac{0{,}0691}{d} = {}^2/_3 \, c_v,$$

$$d = \frac{A}{M_e} = \frac{A}{2 . 14{,}5},$$

$N =$ Anzahl der Mol.
$m =$ Masse
$u =$ Geschwindigkeit
$L =$ Lebendige Kraft
$v =$ Volum

kinetische Gastheorie.

(von **Kundt** und **Warburg** für Quecksilber als einatomiges Gas bestätigt.)

$M_e =$ mittleres Molekulargewicht der Luft $= 2 \times 14{,}5.$
$A =$ Atomgewicht des Gases.

und somit:

$$Ac_v = 3 . 0{,}0691 . 14{,}5 = 3{,}006.$$

Die Atomwärme eines einatomigen Gases ist also gleich 3,006.

Auf das Verhalten mehratomiger Gase, bei welchen also noch die intramolekulare Bewegung in Betracht kommt, wurde hierbei nicht eingegangen.

Für den festen Aggregatzustand gilt folgende Betrachtung:

Es sei angenommen, dass bei den Schwankungen der Atome der festen Körper um eine gewisse mittlere Lage sich das Atom nur um Abstände aus der Gleichgewichtslage entfernt, welche klein sind gegen seine Abstände von den benachbarten Atomen. Wie sich nun aus den weiteren Betrachtungen von Richarz unter Zugrundelegung des von Clausius gefundenen Satzes vom Virial ergiebt, ist das mechanische Aequivalent der einem festen Elemente vom absoluten Nullpunkte an zugeführten Wärmemenge gleich der lebendigen Kraft der Atombewegung plus einer Arbeitsleistung, bei welcher aber jedes Atom wiederum gleich ist der lebendigen Kraft. Jene Wärmemenge ist äquivalent der doppelten lebendigen Kraft.

$AC_v = 2 Ac_v = 2 \times 3{,}006$, also dem doppelten Werth des für Gase erhaltenen Werthes, wobei C_v die specifische Wärme bei konstantem Volum desselben Elementes in festem Zustand gegenüber c_v bedeutet, womit die specifische Wärme im einatomigen Gaszustand bezeichnet ist.

Das Verhältniss $K = \dfrac{C_p}{C_v}$ hatte sich nun nach Edlund und Richarz aus der adiabatischen Temperaturveränderung bei plötzlicher elastischer

Dehnung für Ag, Au, Cu, Pt, Fe, Al, Pb und Zn ergeben zu 1,01 bis 1,04.

Man findet also:

$$A \cdot C_p = (1{,}01 \text{ bis } 1{,}04)\, A\,C_v = 6{,}072 \text{ bis } 6{,}252.$$

Da K mitunter auch noch grössere Werthe hat, berechnen sich auch grössere Zahlen für $A\,C_p$.

Hierdurch sind nicht erklärt die Abweichungen, welche kleiner sind als die in der Gleichung $A\,C_v = 6{,}012$ gegebene Grösse.

Molekularwärme gasförmiger Stoffe.

Die Untersuchungen von Regnault über diesen Gegenstand hatten ergeben, dass bei gewöhnlicher Temperatur weder Gleichheit der Molekularwärmen, noch eine solche der Atomwärme bei Gasen stattfindet.

Aehnliches haben die Versuche von Mallard und Le Chatelier ergeben. Späterhin untersuchte H. Le Chatelier[1]) diese Verhältnisse nochmals, indem er vermuthete, dass die Molekularwärmen der Gase sich einem gemeinsamen Grenzwerthe nähern. Er versuchte die Hypothese auf die von E. Wiedemann unterhalb 200° bestimmten Veränderungen der specifischen Wärmen anzuwenden. Es zeigte sich, dass die Versuchsergebnisse innerhalb ihrer Fehlergrenzen durch Formeln von der Gestalt:

$$C = 6{,}8 + \alpha\,(273 + t)$$

wiedergegeben werden können, worin C die wahre specifische Wärme bei konstantem Druck und α einen von der Natur des Gases abhängigen Koëfficienten bedeutet, der um so grösser ist, je zusammengesetzter die Molekel ist.

Folgende Tabelle zeigt die Uebereinstimmung, die sich auch für höhere Temperaturen noch fortsetzt, ausser für Wasserdampf, bei dem z. B. für 3300° noch eine Dissociation in Frage kommt.

---

1) H. Le Chatelier, Compt. rend. **130**, 1755, 1900.

Bestimmungen von Wiedemann.

G a s.	Temperatur-Grenzen.	Mittlere spez. Wärme.	Grössere Abweichung.	$100 \, \alpha$.	Formel. Mittlere spec. Wärme.	Differenz.
Vollkommene Gase	20—200	6,8	—	0,000	6,8	0
NH_3	25—100	8,85	0,20	6,11	8,85	0
„	25—200	9,10	0,24	—	9,16	+ 0,06
CO_2	22—100	9,20	0,12	7,42	9,28	+ 0,08
„	25—150	9,47	0,08	—	9,47	0
„	25—200	9,66	0,14	—	9,66	0
N_2O	25—100	9,37	0,13	7,92	9,45	+ 0,08
„	25—200	9,85	0,22	—	9,85	— 0
C_2H_4	25—100	10,85	0,26	12,70	11,06	+ 0,21
„	27—200	12,00	0,30	—	11,70	0,30
$CHCl_3$	27—117	17,25	0,35	29,50	17,00	— 0,29
„	28—190	17,81	0,40	—	18,05	+ 0,24
C_2H_5Br	28—116	17,50	0,35	31,40	17,65	+ 0,19
„	29—190	18,97	0,20	31,40	18,77	— 0,20
C_3H_6O	26—110	20,1	0,40	39,30	20,2	+ 0,10
„	27—180	21,7	0,30	—	21,6	— 0,10
C_6H_6	35—115	23,3	0,75	50,00	24,0	+ 0,70
„	35—180	25,9	0,31	—	25,55	— 0,35
$CH_3COOC_2H_5$ . .	33—113	29,7	0,42	66,4	29,8	+ 0,10
. .	35—189	32,6	0,50	—	32,4	— 0,20
$(C_2H_5)_2O$	25—111	31,7	0,30	72,8	31,8	+ 0,10
„	27—189	34,2	0,50	—	34,2	— 0,00

2. Wärmeleitung.

Allgemeines. Man unterscheidet gute Leiter der Wärme und schlechte. Zu den guten Wärmeleitern gehören die Gase und Flüssigkeiten und dann hauptsächlich die Metalle. Die Leitfähigkeit der Gase und Flüssigkeiten beruht vor allem in der schnellen Bewegung der Theilchen, wodurch einmal die Gase im stande sind, die Vermehrung der Bewegungsenergie rasch weiter zu verbreiten bezw. einen Ausgleich herzustellen. Bei den Flüssigkeiten kommt hierzu neben der Beweglichkeit der Theilchen die Nähe derselben, wodurch die Vermehrung durch Bewegungsenergie mit Leichtigkeit fortgepflanzt wird.

Von den festen Körpern sind es vor allem die Metalle, die sich durch mehr oder weniger grosses Wärmeleitungsvermögen auszeichnen. In der später folgenden Tabelle, welche dem Werke von G. Wiedemann „Die Elektricität" entnommen ist, sind die Leitfähigkeiten für Wärme und Elektricität neben einander gestellt.

Ueber die Wärmeleitung von Flüssigkeiten haben Lees[1])

---

1) Ch. A. Lees Phil. Trans. **191**, A. 399, 1898.

und van Aubel[1]) gearbeitet. Eine Zusammenstellung der Ausdehnung der Flüssigkeiten durch die Wärme hat E. Heilborn[2]) gegeben.

Schnelligkeit der Wärmeübertragung.

Ein etwas verschiedenes Verhalten zeigen die Gase hinsichtlich der Schnelligkeit der Wärmeübertragung. So stellte z. B. Grove[3]) folgenden Versuch an. Er schaltete in den Stromkreis einer galvanischen Säule ein Voltameter und einen Platindraht ein, welchen er nach einander mit verschiedenen Gasen umgab. Infolge der gleich starken Abkühlung des glühenden Drahtes änderte sich die Intensität des Stromes, da ja mit der Temperaturerniedrigung die Leitfähigkeit wächst und umgekehrt zunimmt. Demgemäss änderte sich die in einer Minute im Voltameter entwickelte relative Gasmenge. So wurden z. B. folgende Verhältnisszahlen gefunden:

	Cub.-Zoll.		Cub.-Zoll.
Wasserstoff	7,7	Luft von 2 Atm. Druck	6,5
Aethylen	7,0	Stickstoff	6,4
Kohlenoxyd	6,6	Luft von 1 Atm. Druck	6,3
Kohlensäure	6,6	Luft verdünnt	6,4
Sauerstoff	6,5	Chlor	6,1

Bei einem anderen Versuche erhielt er folgende Verhältnisszahlen, als er einen Strom durch einen Platindraht einer mit Wasserstoff gefüllten Röhre und durch eine mit anderem Gase gefüllte Röhre schickte, die sich beide in je einem gesonderten Wasserbade befanden, und deren Temperaturerhöhungen gemessen wurden:

$$\frac{H}{1} \qquad \frac{C_2H_4}{1,57} \qquad \frac{CO_2}{1,90} \qquad \frac{O}{2,10} \qquad \frac{N}{2,20}.$$

Hierbei erglühte der Draht im Sauerstoff lebhaft, blieb aber im Wasserstoff dunkel.

Auch für Flüssigkeiten erhielt Grove ähnliche Erscheinungen. So betrug die Temperatursteigerung in gleichen Zeiten:

$$\frac{H_2O}{68,5-70,5} \qquad \frac{\text{Terpentinöl}}{88} \qquad \frac{\text{Schwefelkohlenstoff}}{87,6} \qquad \frac{\text{Olivenöl}}{85} \qquad \frac{\text{Naphta}}{78,8}$$

$$\frac{\text{Alkohol (0,84)}}{77} \qquad \frac{\text{Aether}}{76,1}.$$

---

1) E. van Aubel, Zeitschr. physik. Ch. **28**, 337, 1899.
2) E. Heilbronn, ibid. **7**, 367, 1891.
3) Grove, Phil. Mag. **27**, 445, 1845; **35**, 114, 1849; Pogg. Ann. **71**, 194, 1847; **73**, 366, 1849.

Einfluss der Temperatur.

Den **Einfluss der Temperatur** auf die **Wärmeleitung einfacher und gemischter, fester und flüssiger Körper** bestimmte Ch. H. Lees[1]) mittels einer Reihe ebener, kreisrunden Kupferscheiben, an welche je eine Thermokette gelöthet war. Die zu untersuchenden Substanzen wurden zwischen die Scheiben gebracht, eine der Scheiben mittels eines durch eine Spirale gehenden elektrischen Stromes in gemessenem Grade erwärmt und die Temperaturunterschiede zwischen den Scheiben gemessen. Untersucht wurden 30 feste und flüssige Körper in der Nähe ihres Schmelzpunktes und Mischungen von Flüssigkeiten zwischen den Temperaturen 15 und 50 °.

Hierbei wurden folgende Resultate erhalten:

1. Die Leitfähigkeit fester, die Wärme nicht sehr gut leitenden Körper nimmt allgemein ab mit steigender Temperatur in der Nähe von 40 °; Glas bildet eine Ausnahme.

2. Flüssigkeiten folgen demselben Gesetz in der Nähe von 30 °.

3. Die Leitfähigkeit einer Substanz ändert sich nicht immer plötzlich beim Schmelzpunkt.

4. Die Wärmeleitung einer Mischung liegt zwischen denen ihrer Konstituenten, ist aber keine lineare Funktion ihrer Zusammensetzung.

5. Mischungen von Flüssigkeiten vermindern ihre Leitfähigkeit bei steigender Temperatur in der Nähe von 30 ° in demselben Verhältniss wie ihre Konstituenten.

3. Erzeugung und Messung niederer Temperaturen.

Kältelösungen und Kältemischungen.

Dem **Berthelot**'schen Princip der grössten Arbeit entgegen findet bei der Lösung mancher Salze eine Temperaturerniedrigung von geringem oder höherem Grade statt. Man bezeichnet solche Lösungen mit dem Namen **Kältelösungen**. Man könnte sich versucht fühlen, hier und auch bei den eigentlichen Kältemischungen an eine Verletzung des zweiten thermodynamischen Hauptsatzes zu denken, welcher doch besagt, dass Wärme von einem kälteren Körper nicht auf einen wärmeren übergehen könne, allerdings um Arbeit zu leisten. Eine entsprechende Erklärung lässt sich in folgender Weise geben.

Nehmen wir an, es hätte sich ein Theilchen des festen Salzes mit einem Theile des Lösungsmittels vereinigt. Beide hatten vorher die der vorhandenen Temperatur entsprechende Bewegungsenergie, das Salz die

---

1) Ch. H. Lees, Proc. Roy. Soc. **62**, 286, 1898; Ref. Naturw. Rundsch. **13**, 184, 1898.

eines festen Körpers, das Lösungsmittel die einer Flüssigkeit. Bei der Vereinigung selbst soll Wärme frei werden. Aber diese Wärme reicht nicht hin, um die Bewegungsenergie des Salztheilchens und des Lösungstheilchens, die dann in vereinigtem Zustande sich befinden, auf dem status quo zu erhalten. Es wird mehr für die innere Energie, d. h. die Atombewegungen gebraucht wie vorher, und es findet deshalb ein Uebergang von äusserer Energie, d. h. der lebendigen Kraft der Molekularbewegungen in die hierbei als sog. latente Wärme anzusehende Energie der Atombewegungen statt. Dieser Annahme entspricht jedoch die Thatsache, dass die specifische Wärme der betreffenden Lösungen kleiner ist als die der Summe der Bestandtheile, während sie bei Mehrverbrauch für Atombewegungen grösser sein müsste, nicht ganz.

Ausser der aufzuwendenden Schmelzwärme des festen Salzes wird wahrscheinlich aber auch eine Zerlegung von einer grösseren und geringeren Anzahl von Wassermolekülkomplexen stattfinden, und wird hierauf die Arbeitsleistung und die dadurch bewirkte Temperaturerniedrigung beruhen.

Die beiden folgenden Tabellen, welche den Untersuchungen von Rüdorff[1]) bezw. Brendel und Rüdorff[2]) entnommen sind, geben eine Uebersicht über die zu erhaltenden Temperaturerniedrigungen[3]).

A. Salze mit Wasser.

Salze gemischt mit 100 Thln. Wasser,		so sank die Temperatur		
		von:	bis:	um:
Alaun kryst.	14 Thle.	10,8 ^{0}	9,4 ^{0}	1,4 ^{0}
Chlornatrium	36	12,6	10,1	2,5
Kaliumsulfat	12	14,7	11,7	3,0
Natriumphosphat kryst.	14	10,8	7,1	3,7
Ammoniumsulfat	75	13,2	6,8	6,4
Natriumsulfat kryst.	20	12,5	5,7	6,8
Magnesiumsulfat kryst.	85	11,1	3,1	8,0
Natriumkarbonat kryst.	40	10,7	1,6	9,1
Kaliumnitrat	16	13,2	3,0	10,2
Kaliumchlorid	30	13,2	0,6	12,6
Ammoniumkarbonat	30	15,3	3,2	12,7
Natriumacetat kryst.	85	10,7	—4,7	15,4
Chlorammonium	30	13,3	—5,1	18,4
Natriumnitrat	75	13,2	—5,3	18,5
Natriumhyposulfit kryst.	110	10,7	—8,0	18,7

---

1) Rüdorff, Pogg. Ann. **136**, 276.
2) Brendel u. Rüdorff, Pogg. Ann. **122**, 337.
3) Einer Zusammensetzung des Berliner Bezirksvereins des Vereins deutscher Chemiker entnommen.

Salze gemischt mit 100 Thln. Wasser, so sank die Temperatur

		von:	bis:	um:
Kaliumjodid	140	10,8	—11,7	22,5
Calciumchlorid kryst. .	250	10,8	—12,4	23,2
Ammoniumnitrat . .	60	13,6	—13,6	27,2
Ammoniumrhodanat .	133	13,2	—18,0	31,2
Kaliumrhodanat . .	150	10,8	—23,7	34,5

B. Salze mit Schnee.

Hierbei werden trockner Schnee und feingepulvertes Salz bei etwa —1° innig gemengt.

Salze gemischt mit 100 Thln. Schnee. — Es sinkt die Temperatur bis:

Kaliumsulfat,	10 %	—1,9°
Natriumkarbonat kryst.,	20	—2,0
Kaliumnitrat,	13	—2,85
Kaliumchlorid,	30	—10,9
Ammoniumchlorid,	25	—15,4
Ammoniumnitrat,	45	—16,75
Natriumnitrat,	50	—17,75
Natriumchlorid,	33	—21,3
Kaliumnitrat + Ammoniumchlorid,	13,5 / 26	—17,8
Ammoniumrhodanat + Natriumnitrat	39,5 / 54,5	—37,4

Nachstehend sei noch eine Tabelle wiedergegeben, die die erreichbare Temperaturgrenze angiebt, wenn man von einer bestimmten Temperatur ausgeht:

Kältemischungen: — Sinken des Thermometers

	von +	bis —
8 Glaubersalz + 5 konc. Salzsäure	10°	17°
1 Kaliumsulfocyanat + 1 Wasser	18	21
1 Kochsalz + 3 Schnee	—	21
3 kryst. Chlorcalcium + 1 Schnee	—	48,5
1 Ammoniumnitrat + 1 Wasser	10	15,5
5 Salmiak + 5 Salpeter + 8 Glaubersalz + 16 Wasser	10	15,5
3 Glaubersalz + 2 verd. Salpetersäure	10	10
9 Natriumphosphat + 4 verd. Salpetersäure	10	9
1 Salmiak + 1 Salpeter + 1 Wasser	8	17,8
1 Schnee + 1 verd. Schwefelsäure	5	41
1 Chlorkalium + 4 Wasser	—	11,8
1 Natriumnitrat + 4 Wasser	—	10,6
3 Natriumnitrat + 4 Wasser	13,2	5,3
Feste Kohlensäure + Aether	—	100.

Erzielung niedrigster Temperaturen.

Für die Erzielung **niedrigster Temperaturen** ist das von C. Linde[1]) angegebene Verfahren zur Gasverflüssigung anwendbar. Dasselbe sei hier wörtlich wiedergegeben:

„Für die Erzielung sehr niedriger Temperaturen, wie sie zur Verflüssigung schwer koërcibeler Gase nöthig sind, ist bisher davon ausgegangen worden, dass zunächst solche Gase komprimirt und kondensirt wurden, deren kritische Temperatur mit gewöhnlichen Mitteln erreichbar war. Indem man dieselben alsdann unter niedrigem Drucke verdampfen liess, gewann man diejenige Temperatur, bei welcher ein flüchtigeres Gas demselben Process unterworfen werden konnte und stieg auf diesem Wege stufenweise zu der gewünschten bezw. erreichbaren Temperatur hinab. Den letzten Theil der Abkühlung führten verschiedene Experimentatoren so aus, dass sie das zu verflüssigende Gas stark komprimirten und alsdann ausströmen liessen, wobei sich vorübergehend Nebelbildungen bezw. Flüssigkeitsstrahlen zeigten.“

„In dem nachstehend beschriebenen Apparate (Fig. 14) wird unter Beseitigung der vorausgehenden Hilfsprocesse zur Verflüssigung eines Gases aus-

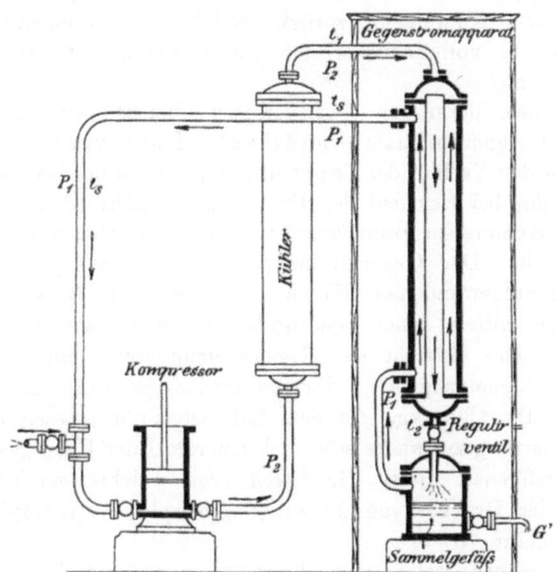

Fig. 14.

schliesslich die Abkühlung benutzt, welche beim Ausströmen desselben Gases (dauernd infolge innerer Arbeitsleistung) stattfindet. Da aber bei ein-

---

1) C. Linde, Wied. Ann. **57**, 328, 1896.

maligem Ausströmen nur eine relativ geringe und zur Verflüssigung schwer koërcibler Gase, selbst bei Anwendung sehr grosser Druckdifferenzen nicht ausreichende Temperaturerniedrigung gewonnen werden kann, so werden die Wirkungen beliebig vieler Ausströmungen in der Weise vereinigt, dass jede vorhergehende zur Vorkühlung des Gases vor der nachfolgenden dient."

„Das durch einen Kompressor (Fig. 14) vom Drucke p_1 auf den Druck p_2 und mittels eines „Kühlers", z. B. durch Brunnenwasser auf die Temperatur t_1 gebrachte Gas durchläuft das innere Rohr eines Gegenstromapparates und strömt alsdann durch die Mündung eines Drosselventils aus, wobei es sich um einen gewissen Betrag $(t_2 - t_3)$ abkühlt. Mit der Temperatur t_3 wird es nun in dem ringförmigen, durch die beiden Rohre des Gegenstromapparates gebildeten Zwischenräume dem komprimirten Gase entgegengeführt und überträgt auf dasselbe die erlangte Temperaturerniedrigung, so dass fortdauernd die beiden Temperaturen t_2 und t_3 sinken, bis Beharrungszustand eintritt — sei es durch eine kompensirende Wärmezufuhr von aussen, sei es durch innen frei werdende Wärme (bei der Verflüssigung). Das Gas kehrt, nachdem es den Rücklauf durch den Gegenstromapparat vollendet hat, mit dem Drucke p_1 und einer Temperatur t_5 zum Kompressor zurück, welcher der Temperatur t_1 um so näher liegt, je vollkommener der Gegenstromapparat den Wärmeaustausch vollzieht."

„Mit einem derartigen — in grossen Dimensionen ausgeführten — Apparate ist zunächst atmosphärische Luft verflüssigt worden. Fig. 15 stellt den Verlauf der Temperaturänderungen der Luft während eines Versuches dar, bei welchem der Druck p_2 ungefähr 65 Atmosphären betrug. Der Kompressor transportirte ungefähr 20 cbm Luft vom Drucke p_1 pro Stunde. Der Gegenstromapparat besteht aus je 100 m langen, spiralförmig aufgewundenen Röhren von 3 cm bezw. 6 cm l-Durchmesser, deren Gänge mittels roher Schafwolle und nach aussen hin sorgfältig isolirt sind. Das Gewicht des Gegenstromapparates mit dem daran anschliessenden „Sammelgefässe" für die verflüssigte Luft und mit Zubehör betrug ungefähr 1300 kg. In dem Sammelgefässe wurden nach Erreichung des Beharrungszustandes stündlich mehrere Liter Flüssigkeit gewonnen. Der Sauerstoffgehalt dieser Flüssigkeit (von welcher ein Theil bei Verminderung des Druckes von 22 auf 1 Atmosphäre verdampft war) ergab sich zu ungefähr 70 %."

„Die Angaben, welche von Thomson und Joule[1]) für die Akkühlung ausströmender atmosphärischen Luft gemacht wurden, wonach dieselbe beträgt:

$$\delta = 0{,}276\,(p_2 - p_1)\left(\frac{273}{T}\right)^2$$

---

[1]) Thomson u. Joule, Phil. Trans. Roy. Soc. p. 579, **1862**.

finden sich durch die vorliegenden Versuche innerhalb weiter Grenzen bestätigt, insbesondere bezüglich der Abhängigkeit der Abkühlung δ von der Ausflusstemperatur T."

„Der thermodynamische Wirkungsgrad des vorbeschriebenen Arbeitsprocesses erscheint nicht ungünstig, wenn man berücksichtigt, dass die kalorische Leistung (producirte Kältemenge) Q der Differenz der Drucke $(p_1 — p_2)$ proportional ist — wenigstens innerhalb der bisher beobachteten Grenzen —, dass dagegen der Aufwand an mechanischer Arbeit L nur von dem Verhältniss $p_2 : p_1$ der Drucke abhängt. Es lassen sich die Drucke demgemäss so wählen, dass das Verhältniss $Q : L$ demjenigen Werthe nahekommt, welcher bei sehr niedrigen Temperaturen (für Entziehung der Wärme Q) dem Carnot'schen Processe entspricht."

„Schliesslich sei noch auf bestimmte Schlussfolgerungen hingewiesen, welche sich für die Veränderlichkeit der specifischen Wärme c_p der Luft aus den Angaben von Thomson und Joule über die Abkühlung von Luft ergeben."

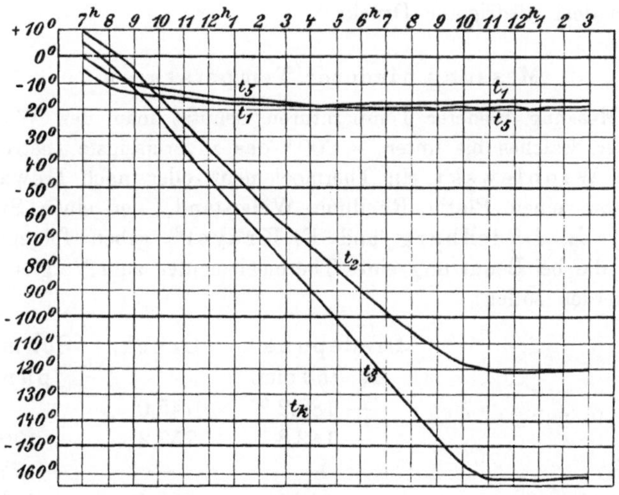

Fig. 15.

„Die vorstehend beschriebenen Versuche lieferten (vgl. Fig. 15) für Ausflusstemperaturen bis zu -125^0 C. volle Uebereinstimmung mit dem Satze, dass die Abkühlung für eine gegebene Druckdifferenz dem Quadrate der absoluten Ausflusstemperatur umgekehrt proportional sei. Denkt man sich nun in dem oben beschriebenen Apparate unter Ausschluss jeder sonstigen Energieveränderung dem abwärtsgehenden Luftstrome vom Drucke p_2 die Wärmemenge W entzogen, so dass seine Temperatur von t_1 auf t_2

gebracht wird, denkt man sich alsdann beim Durchgange durch das Drosselventil denselben weiter auf t_3 abgekühlt und bei der Rückkehr durch den Gegenstromapparat dieselbe Wärmemenge W ihm wieder zugeführt, welche ihm soeben entzogen worden war, so muss die resultirende Temperatur t_4 dieselbe sein, welche sich ergäbe, wenn der Luftstrom direkt (ohne Durchgang durch den Wärmeaustauscher) mit der Ausflusstemperatur t_1 vom Drucke p_2 durch Ausströmen auf p_1 gesunken wäre."

„Man hat also:
$$W = c_p' (t_1 - t_2) = c_p (t_4 - t_3).$$
Nach Thomson und Joule ist aber annähernd:
$$\frac{t_1 - t_4}{t_2 - t_3} = \left(\frac{T_2}{T_1}\right)^2.$$
Hieraus folgt mit aller Bestimmtheit, dass die specifische Wärme c_p mit dem Drucke wächst und zwar um so mehr, je niedriger die Temperatur ist. Für die Verhältnisse, wie sie bei den vorherbeschriebenen Versuchen im Beharrungszustande bestanden, ist der Mittelwerth von c_p' bei dem höheren Drucke um mindestens ein Fünftel grösser, als der Mittelwerth von c_p bei dem niedrigeren Drucke."

Messung niederer Temperaturen.

Zur Messung niederer Temperaturen benutzt man das Wasserstoffthermometer, welches bis unter -200^0 das zuverlässigste Instrument ist oder nach Wroblewski ein Thermoelement oder nach Dewar einen Platin- bezw. einen Platin-Rhodium-Widerstand, der einen Stromkreis schliesst.[1] E. Ladenburg und E. Krügel[2] geben folgende Temperaturen, die bei Benutzung eines Thermoelementes zum Vergleich herangezogen werden sollen:

	Siedepunkt. ca. 750 mm.	Druck.	Schmelzpunkt.
Sauerstoff	$-182,2^0$	745,0	—
Stickoxyd	$-142,8$	757,2	$-150,00^0$
Ammoniak	—	—	$-77,05$
Chlorwasserstoff . . .	$-83,1$	755,4	$-111,3$
Bromwasserstoff . . .	$-68,1$	755,4	$-86,13$
Jodwasserstoff . . .	$-36,7$	751,7	$-51,3$
Schwefelwasserstoff . .	$-60,4$	755,2	$-82,9$
Methan	$-162,0$	751,0	—
Aethan	$-85,4$	—	$-171,4$

---

[1] Dewar, Proceed. chem. soc. **15**, 70; Holborn u. W. Wien, Wied. Ann. **59**, 213.

[2] E. Ladenburg u. E. Krügel, Ber. **32**. 1818, 1899; **33**, 637, 1900.

	Siedepunkt. ca. 750 mm.	Druck.	Schmelz- punkt.
Aethylen	— 102,65	—	—
Propylen	— 50,5	—	bleibt fl. in fl. Luft.
Trimethylen	etwa — 35,0	—	— 126,0
Acetylen	— 82,40	—	—
Toluol	+ 110,0	—	— 94,2
Aethylbenzol	+ 135—136	—	— 94,2
Mesitylen	+ 164,0	—	— 59,6
Cymol	—	—	— 75,1
Chlormethyl	—	—	— 103,6
Bromäthyl	—	—	— 116,0
Methylalkohol . . .	—	—	— 93,9
Aethylalkohol . . .	—	—	— 112,3
Aether	—	—	— 113,1
Aldehyd	—	—	— 120,7
Aceton	—	—	— 94,9
Glykol	—	—	— 17,4
Methylformiat . . .	+ 32—33	—	— 101,2
Essigester	—	—	— 83,8
Aethylamin	+ 19—20	—	— 83,8.

Durch Vergleich dieser Temperaturen mit einem Wasserstoffthermometer ergab sich, dass die Temperatur nicht, wie Holborn und Wien angeben, eine Funktion zweiten, sondern dritten Grades ist.

Zur Messung tiefer Temperaturen empfehlen R. Pictet und M. Altschul[1]) Gefrierpunktsbestimmungen mit wässerigen Alkohollösungen auszuführen, da die Erstarrung dieser Mischungen mit ausserordentlicher Genauigkeit immer bei derselben Temperatur eintritt. Nachstehende Tabelle giebt die betreffenden Daten:

Alkoholhydrate.			Spec. Gewicht.	Procentgehalt an Alkohol.	Gefrier- punkt.
Alkohol	+	H_2O	0,8671	71,9 %	— 51,3 °
„	+	2 H_2O	0,9047	56,1	— 41,0
„	+	3 H_2O	0,9270	46,3	— 33,9
„	+	4 H_2O	0,9417	39,0	— 28,7
„	+	5 H_2O	0,9512	33,8	— 23,6
„	+	6 H_2O	0,9578	29,9	— 18,9
„	+	7 H_2O	0,9627	26,7	— 16,0
„	+	8 H_2O	0,9662	24,2	— 14,0

1) R. Pictet u. M. Altschul, Zeitschr. physik. Ch. **16**, 18, 1895.

Alkoholhydrate.	Spec. Gewicht.	Procentgehalt an Alkohol.	Gefrierpunkt.
„ + 9 H_2O	0,9689	22,1 $^0/_0$	— 12,2 ^{0}
„ + 10 H_2O	0,9712	20,3	— 10,6
„ + 11 H_2O	0,9732	18,8	— 9,4
„ + 12 H_2O	0,9747	17,5	— 8,7
„ + 13 H_2O	0,9761	16,4	— 7,5
„ + 16 H_2O	0,9793	13,8	— 6,1
„ + 20 H_2O	0,9824	11,3	— 5,0
„ + 35 H_2O	0,9870	6,8	— 3,0
„ + 50 H_2O	0,9916	4,8	— 2,0
„ + 100 H_2O	0,9962	2,5	— 1,0.

Arbeiten bei niederen Temperaturen.

Für die Zwecke des Arbeitens bei niederen Temperaturen hat Dewar die doppelwandigen evakuirten Glasgefässe konstruirt.

W. Hempel[1]) stellte Versuche mit verschiedenen Isolirungsmitteln an, um die leicht zerbrechlichen Dewar'schen Röhren zu ersetzen. Seine Resultate sind in der folgenden Tabelle wiedergegeben:

Art der Isolirung:	Temperatur im Innern des Gefässes nach:			
	5 Min.	32 Min.	58 Min.	88 Min.
Trockne, reine Schafwolle (bei 100^0 getr.),	—74^0	—63	—61	—50
Baumwolle,	—76^0	—63	—56	—43
Seide,	—76^0	—65	—58	—48
Schweisswolle,	—76^0	—64	—54	—44
Reine Wolle, lufttrocken,	—77^0	—74	—64	—55
Eider-Daunen,	—78^0	—76	—67	—66
Dewar'sche Röhre, schlecht evakuirt,	—70^0	—47	—23	—5
„ „ gut „	—78^0	—54	—31	—9
„ „ von Bender und Hobein, München,	—77^0	—65	—54	—38

Aus obigen Zahlen sieht man, dass Eider-Daunen und reine, trockene Wolle so gute Isolatoren sind, dass sie wahrscheinlich nur von den besten Dewar'schen Röhren im Wärmeisolirungsvermögen erreicht werden. Dagegen übertrafen sie die gewöhnlichen käuflichen Dewar'schen Röhren wesentlich.

---

1) W. Hempel, Ber. **31**, 2994, 1898.

4. Erzeugung und Messung höherer Temperaturen.

Flüssigkeits- und Dampfbäder.

Um einen Körper auf höhere Temperaturen zu erhitzen, kann man sich mannigfaltiger Mittel bedienen, die je nach dem zu erstrebenden Zwecke verschieden sein werden. Man kann hierbei Flüssigkeitsbäder benutzen, von denen nachstehend eine Reihe zusammengestellt ist:

Siedepunkt.

Toluol	110^0
Anilin	184^0
Naphtalin . . .	218^0
Diphenylamin . .	310^0
Quecksilber . . .	$357,25^0$
Schwefel	$448,4^0$
Phosphorpentasulfid	518^0
Zinnchlorid . . .	606^0

Bei höheren Temperaturen erleiden Glasgefässe Deformationen, es müssen alsdann andere Gefässe an deren Stelle treten, falls das Volum von Einfluss bei der betreffenden Untersuchung ist.

Vielfach benutzt sind wohl die Kochsalz- und Chlorcalciumbäder. Nachstehend seien einige erreichbare Temperaturen angegeben neben den Gemischen, durch welche sie erzeugt werden.

Salz:	Siedepunkt bei 760 mm:	Gew.-Thle. Salz in 100 Thle. Wasser:
Ammoniumchlorid, NH_4Cl,	114,8	87,1
Ammoniumnitrat, NH_4NO_3,	230	16950
Baryumchlorid, $BaCl_2 + 2 H_2O$,	104,5	71,6
Calciumchlorid, $CaCl_2$,	178	305
Calciumnitrat, $Ca(NO_3)_2 + 2 H_2O$,	150	10880
Kaliumacetat, CH_3COOK,	161	626
Kaliumkarbonat, K_2CO_3,	133,5	202,5
Kaliumchlorat, $KClO_3$,	104,4	69,2
Kaliumchlorid, KCl,	108,5	57,4
Kaliumnitrat, KNO_3,	115	338,5
Kaliumtartrat, $K_2C_4H_4O_6 + \tfrac{1}{2} H_2O$,	115	284
Natriumacetat, $CH_3COONa + 3 H_2O$,	120	6250
Natriumkarbonat, $Na_2CO_3 + 10 H_2O$,	165	1052,4
Natriumchlorid, $NaCl$,	108,8	40,7
Natriumnitrat, $NaNO_3$,	120	222
Natriumphosphat, Na_2HPO_4,	106,5	110,5
Strontiumchlorid, $SrCl_2 + 6 H_2O$,	117	810

Anm. Diese Tabelle ist dem Chemiker-Taschenbuch des Berliner Bezirksvereins deutscher Chemiker entnommen.

Beim direkten Erhitzen fester Körper findet entsprechend der Erhöhung der Temperatur, falls Verbrennen ausgeschlossen ist oder nur in geringem Maasse stattfindet, ein Wechsel im Aussehen statt, der sich folgendermassen zu den Temperaturverhältnissen verhält:

Beginnende Rothglut bei   525 °
Dunkelrothglut   „   700 °
Kirschrothglut   „   850 °
Hellrothglut   „   950 °
Gelbglut   „ 1100 °
Beginnende Weissglut „ 1300 °
Volle Weissglut   „ 1500 °.

Temperatur der Flamme.

Ueber die Temperatur der Flamme des Bunsen'schen Blaubrenners sind von W. J. Waggener[1]) Versuche ausgeführt worden mit Hilfe des Le Chatelier'schen Elementes. Die Platin-Platinrhodium-Elemente wurden sorgfältig geaicht, in verschiedener Form, geradlinig, V-förmig, parallel-geradlinig, halbkreisförmig und kreisförmig-spiralig und in verschiedener Dicke (0,5, 0,2, 0,1 und 0,05 mm) angewendet. Der Einfluss der ungleichen Erwärmung des Drahtes bei geradlinigen Elementen und der Wärmeleitung des Metalls konnte in eklatanter Weise nachgewiesen werden. Sogar bei dem allerdünnsten Element von 0,05 mm Dicke wird schon soviel Wärme abgeleitet, dass der Draht nicht genau die Temperatur der untersuchten Stelle annehmen kann. Die höchste Temperatur wurde im äusseren Mantelsaum ungefähr 2 cm über der Basis gemessen, und mit dem dünnsten Draht = 1724 ° gefunden; die Mitte des Flammenmantels zeigte die höchste Temperatur (1611 °) in 1 cm Höhe über der Basis, und der innere Mantelsaum war ungefähr 1 cm über der Basis am heissesten (1428 °).

Berechnet man für die heisseste Stelle aus den Angaben der verschieden dicken Elemente durch graphische Darstellung die Temperatur, die man mit einem unendlich dünnen Elemente finden würde, so erhält man den Werth 1770 °. Zur vollständigen thermoelektrischen Messung der Temperaturen der Flamme des Bunsen'schen Brenners wird man jedoch ein schwerer schmelzbares Metall anwenden müssen, da die Temperatur der heissesten Stelle, der Schmelztemperatur des Platins (1780 °) zu nahe liegt und sehr dünne Drähte thatsächlich zum Schmelzen gebracht werden können, so dass bei der Messung mit dem dünnsten Draht dieser in unmittelbarer Nähe der Kontaktstelle eine merkliche Verdickung erfahren, und etwas Wärme durch Leitung fortgeführt werden muss.

---

1) W. J. Waggener, Wied. Ann. 58, 579, 1896.

Thermit.

Eine besondere Erwähnung verdient das Thermit, welches eine Mischung von Aluminiumpulver mit Oxydationsmitteln darstellt, und mit dem man die Hitze infolge ihrer raschen Entwicklung sozusagen auf einen bestimmten Fleck koncentriren kann. Mit Hilfe des Thermits, welches nebst der dazu nöthigen Apparatur von der Allgemeinen Thermit-Gesellschaft in Essen an der Ruhr in den Handel gebracht wird, ist man im stande dicke Eisenplatten zu durchschmelzen.

Zu dem Zwecke leert man entweder den feuerflüssig gewordenen Korund auf die zu durchschmelzende Stelle aus oder lässt nach der neueren Konstruktion ein kleines am Boden des Tiegels angebrachtes Eisenstück durchschmelzen und durch die so entstandene Oeffnung das feuerflüssige Magma auf die betreffende Stelle laufen. Durch letztere Methode wird infolge der geringeren Abkühlung ein grösserer Effekt erzeugt. Infolge der Schnelligkeit der Wirkung wird nur die allernächste Umgebung der erzeugten Oeffnung heiss, während die Platte an den anderen Stellen bequem mit den Händen angefasst werden kann.

Anwendung des elektrischen Stromes.

Die Eigenschaft des elektrischen Stromes, beim Durchgang durch einen Leiter Wärmewirkungen zu erzeugen, deren Intensität sich nach dem Widerstande des Leiters richtet, ist bei den elektrischen Glühlampen in glücklicher Weise zur Verwendung gelangt. Auf dem gleichen Princip beruht die Anwendung elektrischer Zünder, indem durch einen elektrischen Strom ein Widerstandsdraht in dem zu entzündenden Gemische zum Glühen gebracht wird und dadurch dieses zur Entzündung.

Die erzeugte Wärmeentwicklung wird nach dem Joule'schen Gesetze folgendermassen von Widerstand und Stromstärke abhängig:

Die in einem Leiter in der Zeiteinheit erzeugte Wärmeentwicklung u ist seinem Widerstande w und dem Quadrate der Stromstärke i proportional:

$$u = w\,i^2.$$

In Zahlen ausgedrückt erhalten wir, indem wir $w = \dfrac{e}{i}$ setzen:

$$u = w\,i^2 = e\,i = \text{Ampère} \times \text{Volt}.$$

Nach den Untersuchungen von Joule sind aber:

$$1 \quad \text{Volt} \times \text{Ampère} = 4{,}24 \ \text{cal.}$$
$$0{,}236 \ \text{Volt} \times \text{Ampère} = 1 \quad \text{cal.}$$

Zur Erzeugung sehr hoher Temperaturen dient der elektrische Bogen, der in der Technik zur Darstellung von Calciumkarbid, Carborundum, Aluminium u. s. w. verwendet wird. Eine ausführliche Beschreibung der

Anwendungsweisen desselben findet sich in Moissan's Buch „Der elektrische Ofen".

Messung höherer Temperatur.[1]

Bis zu 360⁰ kann man sich der mit Stickstoff gefüllten Quecksilberthermometer bedienen. An Stelle des Quecksilbers empfehlen E. C. C. Baly und J. C. Corley[2] eine flüssige Legirung von Kalium und Natrium, deren Siedepunkt bei 700⁰ liegt. Doch bietet die Verwendbarkeit Schwierigkeiten infolge der Graufärbung der Glasröhre durch die Legirung.

Mittels des Luftthermometers lassen sich Temperaturen bis zu 1500⁰ messen.

Le Chatelier[3] hat für die Bestimmung höherer Temperaturen ein Thermoelement konstruirt, das aus Platin-Iridium hergestellt war. Neuerdings werden auch solche Elemente aus Platin-Rhodium konstruirt. Auch sehr geringe Wärmetönungen lassen sich auf diese Weise messen.[4] Le Chatelier's Element ist nur bis 1200⁰ brauchbar.

Als Fixpunkte speciell zum Vergleiche für Platinwiderstandsthermometer wurden von H. L. Callendar[5] folgende festgestellt:

Schmelzpunkte.		Siedepunkte.	
Zinn	231,9	Anilin	184,1
Wismuth	269,2	Naphtalin	218,0
Kadmium	320,7	Benzophenon	305,8
Blei	327,7	Quecksilber	356,7
Zink	419,0	Schwefel	444,5
Antimon	629,5	Kadmium	750
Aluminium	654,5	Zink	916.
Silber	961		
Gold	1061		
Kupfer	1082		
Palladium	1550		
Platin	1820.		

Für Gold erhielt L. Holborn und A. Day[6] den Werth 1063,5⁰. Den Siedepunkt des Schwefels bestimmten P. Chappuis und J. A. Harker[7] zu 465,2⁰ bei 770 mm.

---

1) Vgl. hierzu Carl Barus, Die physikalische Behandlung und die Messung hoher Temperaturen. Leipzig. Barth 1892.

2) E. C. C. Baly u. J. C. Corley, Ber. **27**, 470, 1894.

3) H. Le Chatelier, vgl. auch E. Holborn u. W. Wien, Wied. Ann. **47**, 107, 1892; **56**, 360, 1895.

4) H. v. Steinwehr, Zeitschr. physik. Ch. **38**, 185, 1901.

5) H. L. Callendar, Phil. Mag. (5), **48**, 519, 1899.

6) L. Holborn u. A. Day, Drude's Ann. **4**, 99, 1901.

7) P. Chappuis, J. A. Harker, Journ. de Phys, (3), **10**, 20, 1901.

Mit dem Namen Meldometer wird ein von W. Ramsay und N. Eumorfopoulos [1]) benutzter Apparat bezeichnet, den zuerst Joly [2]) beschrieben hat. Derselbe besteht aus einem schmalen Streifen Platin, welcher durch einen Strom erhitzt wird. Die Temperatur desselben wird aus seiner Verlängerung durch eine Mikrometerschraube mit elektrischem Kontakt aus den Schmelzpunkten von Normalsubstanzen bestimmt. Als Ausgangspunkt wurde der Schmelzpunkt des Goldes gewählt, den Violle zu 1045^0 bestimmt hatte, sowie der Schmelzpunkt des Salpeters mit 339^0. Statt des sich mit dem Platin legirenden Goldes kann Kaliumsulfat mit dem Schmelzpunkt 1052^0 verwendet werden. Von weiteren diesbezüglichen Schmelzpunkte seien gegeben:

$Li_2SO_4 = 853^0$, $Li_2CO_3 = 618^0$, $LiCl = 491^0$, $LiBr = 442^0$, LiJ unter 330^0, $Na_2SO_4 = 884^0$, $Na_2CO_3 = 851^0$, $NaCl = 792^0$, $NaBr = 733^0$, $NaJ = 603^0$, $K_2SO_4 = 1052^0$, $K_2CO_3 = 880^0$, $KCl = 762^0$, $KBr = 733^0$, $KJ = 614^0$, $CaN_2O_6 = 499^0$, $CaCl_2 = 710^0$, $CaBr_2 = 485^0$, $CaJ_2 = 575$ (?), $SrN_2O_6 = 570^0$, $SrCl_2 = 796^0$, $SrBr_2 = 498^0$, $SrJ_2 = 402^0$, $BaN_2O_6 = 575^0$, $BaCl_2 = 844^0$, $BaBr_2 = 828^0$, $BaJ_2 = 539^0$, $Ag_2SO_4 = 676^0$, $AgCl = 460^0$, $AgBr = 426^0$, $AgJ = 556^0$, $PbSO_4 = 937^0$, $PbCl_2 = 447^0$, $PbBr_2 = 363^0$, $PbJ_2 = 373^0$.

Le Chatelier [3]) hat einen Apparat konstruirt, welcher aus der Intensität des vom Eisenhammerschlag ausgestrahlten rothen Lichtes die Temperatur zu bestimmen gestattet. Das betreffende Photometer enthält absorbirende Glaskeile, und wird das Licht durch Einschaltung eines besonders hergestellten Glases nahezu einfarbig gemacht. Nachstehende Tabelle giebt die Beziehungen zwischen Intensität und Temperatur wieder, wobei die Zahlen über 1800^0 extrapolirt sind:

Temperatur.	Intensität.	Temperatur.	Intensität.
600^0	0,00008	1700^0	22,4
700	0,00073	1800	39,0
800	0,0046	1900	60,0
900	0,020	2000	93,0
1000	0,078	3000	1800,0
1100	0,24	4000	9700,0
1200	0,64	5000	28000,0
1300	1,63	6000	56000,0
1400	3,35	7000	100000,0
1500	6,7	8000	150000,0
1600	12,9	9000	224000,0
		10000	305000,0.

---

1) W. Ramsay u. N. Eumorfopoulos, Phil. Mag. **41**, 360, 1896; Ref. Zeitschr. physik. Ch. **21**, 317, 1896.

2) Joly, Chem. News. **65**, 30.

3) Le Chatelier, Journ. de Phys. (3), **1**, 185, 1892.

Neuerdings hat W. Hempel[1]) die Strahlung glühender Körper in der Art zur Messung ihrer Temperatur benutzt, dass er die mit der Temperatur veränderliche Ausdehnung des Spektrums nach der violetten Seite hin bestimmte. Nach H. Wanner[2]) ist jedoch die Fähigkeit des Auges, diese Grenze zu erkennen, für jedes Individuum verschieden.

Wanner konstruirte selbst ein Photometer, welches nur eine Farbe durchlässt und aus der Intensität der Farbe die Höhe der Temperatur nach der von Planck gegebenen Formel berechnen lässt. Dieselbe lautet für absolut schwarze Körper:

$$I = c_1{}^{\lambda-5}\; e^{\frac{-c_2}{\lambda T}} \cdot \frac{1}{1 - e^{\frac{-c_2}{\lambda T}}}.$$

Hierin bedeuten: I die Intensität der Strahlung für die Wellenlänge λ, c_1 und c_2 sind Konstanten.

Dieser Apparat ermöglicht eine Bestimmung bis 3700^0. Er kann von Dr. Hase-Hannover bezogen werden.

5. Schmelzen und Erstarren.

Die beiden Vorgänge, Schmelzen und Erstarren, die in entgegengesetzter Richtung verlaufen, bedeuten dieselbe Erscheinung. Mit Temperaturerhöhung nimmt der Vorgang des Schmelzens zu, mit Temperaturerniedrigung der des Erstarrens. Der Uebergang aus dem festen in den flüssigen Zustand ist fast immer mit einer Wärmeaufnahme begleitet, indem den Flüssigkeitstheilchen eine höhere lebendige Kraft zuertheilt werden muss, als sie vorher den Theilchen in festem Zustand zukam. Ausserdem kommen mitunter Zerlegungen von Molekularassociationen vor. Die hierzu nöthige Gesammtwärme nennt man die Schmelzwärme, und bezieht man dieselbe auf das Molekulargewicht, so erhält man die sog. molekulare Schmelzwärme.

Bestimmung der Schmelzwärme.

Die Bestimmung der Schmelzwärme kann direkt geschehen, oder sie kann berechnet werden aus der von van't Hoff für die molekulare Gefrierpunktserniedrigung in 100 g Lösungsmittel gegebenen Formel:

$$d = 0{,}01976\, \frac{T^2}{W},$$

woraus sich also W, die latente Schmelzwärme, leicht finden lässt,

<hr>

1) W. Hempel, Zeitschr. angew. Ch. **14**, 237, 1901.
2) H. Wanner, Chemiker Zeitung **25**, 1029, 1901.

sobald man d, die molekulare Erniedrigung, und T, den Schmelzpunkt, in absoluter Zählung bestimmt hat. (Vgl. Bd. I, S. 397 u. 398.)

Folgende, von J. F. Eykman[1]) gegebene Zusammenstellung zeigt die Uebereinstimmung der direkt beobachteten und der nach obiger Formel berechneten Werthe:

	Latente Schmelzwärme:	
	beob.	ber.
Wasser . :	79,0	80,0
Ameisensäure	55,6	56,5
Essigsäure	43,2	43,0
Laurinsäure	43,7	44,9
Myristinsäure	47,5	—
Palmitinsäure	—	50,4
Benzol	29,1	29,4
Naphtalin	35,5	35,7
Phenol . . . , . .	25,0	26,1
p-Toluidin	39,0	38,6
Diphenylamin	21,3	24,4
Napthylamin	19,7	26,4
Nitrobenzol	22,3	21,6
Dibromäthylen . . .	12,9	13,2.

Schmelzpunkt und Konstitution.

Hinsichtlich der Beziehungen, welche zwischen den Schmelzpunkten und der Zusammensetzung bezw. Konstitution der organischen Verbindungen bestehen, haben sich einige Gesetzmässigkeiten gezeigt, welche, wenn auch nicht streng giltig, doch wenigstens einigermassen gestatten, einen Ueberblick über diese Verhältnisse zu gewinnen.

Es sind folgende Regeln, welche sich aus der Betrachtung dieser Beziehungen ergeben haben, und die in ausführlicher Weise von W. Marckwald in Graham-Otto's Lehrburch Bd. I, Abth. 3 behandelt sind. Von dem dort mitgetheilten Stoff sei das Folgende erwähnt:

a) „Von zwei isomeren Verbindungen schmilzt diejenige höher, deren Molekül die symmetrischere Struktur besitzt."

Aethylenverbindungen schmelzen z. B. höher als die entsprechenden Aethylidenverbindungen. p-Verbindungen schmelzen höher als m- und o-Verbindungen. Ausnahmen hiervon bilden die Nitromandelsäuren, von denen die o-Verbindung am höchsten (140°) schmilzt, während das p-Derivat einen Schmelzpunkt von 126° und die m-Verbindung bei 120° hat. Ebenso ist es bei den Sulfamiden der Benzolreihe. Bei dreifacher Sub-

---

1) J. F. Eykman, Zeitschr. physik. Ch. **3**, 209, 1890.

stitution im Benzolkern hat ebenfalls die Verbindung mit den Substituenten in 1 . 3 . 5 meist den höheren Schmelzpunkt.

Bei den Naphtalinderivaten vermindert der Eintritt eines Substituenten in die β-Stellung die Schmelzbarkeit in höherem Grade als dies bei der α-Stellung der Fall ist. Ausnahmen von dieser Regel scheinen nur die Acetnaphtalide zu bilden, von denen die α-Verbindung bei 159^0, die β-Verbindung bei 132^0 schmilzt.

Weitere Ausnahmen von dieser Regel bilden noch die Dimethylharnstoffe, von denen der symmetrische $CO(NHCH_3)_2$ bei 99,5—102,5^0 schmilzt, der unsymmetrische $CONH_2 . N(CH_3)_2$ aber bei 180^0.

b) „Die Schmelzbarkeit ist um so geringer, je verzweigter die Kohlenstoffkette ist.

Diese Regel gilt fast für alle einfacher zusammengesetzten Kohlenstoffverbindungen der Methanreihe, speciell aber für die Brenzweinsäuren, für welche sie von Markownikoff[1]) aufgestellt worden ist.

Ausnahmen hiervon sind die Buttersäuren und die Hexansäuren, dagegen zeigen die Amide das regelrechte Verhältniss.

Bei den racemischen Verbindungen sind bisher wenig einfache Beziehungen aufgefunden worden.

Für die stereoisomeren Verbindungen vom Typus der Maleïnsäure und Fumarsäure gilt die Regel, dass die stabile Modifikation höher schmilzt als die labile. Diese Gesetzmässigkeit gilt nicht für die Stickstoffverbindungen.

c) „Die Schmelzpunkte homologer Reihen steigen mit wachsendem Molekulargewicht. Vergleicht man die geraden Glieder einer Reihe unter sich und die ungeraden für sich, so zeigt sich in jeder der beiden so gebildeten Reihen ein uuunterbrochenes Steigen des Schmelzpunktes mit wachsendem Molekulargewicht und zwar so, dass der Grad dieser Steigerung zwischen je zwei auf einander folgenden Gliedern derselben Reihe fortgesetzt abnimmt."

Diese Gesetzmässigkeiten, auf welche zuerst A. v. Baeyer[2]) aufmerksam machte, zeigen sich meist erst vom fünften oder sechsten Gliede, nachdem die Schmelzbarkeit ihr Maximum überschritten hat. Ein unregelmässiges Verhalten zeigen die Fettsäureamide.

d) „Gesättigte Verbindungen schmelzen gewöhnlich

---

1) Markownikoff, Liebig's Ann. **182**, 340.

2) A. v. Baeyer, Ber. **10**, 1286; vgl. auch die nicht streng giltigen Formeln zur Berechnung des Schmelzpunktes dieser homologen Verbindungen von Mills, Philos. Mag. (5) **17**, 175; W. Solonina, Journ. Russ. Phys. Ch. Ges. (7) **30**, 819, 1898; G. Cohn, Journ. pr. Ch. **50**, 38, 1894; M. Altschul u. B. v. Schneider, Zeitchr. physik. Ch. **16**, 24, 1895.

niedriger als die entsprechenden ungesättigten Aethylenverbindungen.“

Ausnahmen hiervon zeigen sich bei Elaïdinsäure und Stearinsäure
sowie einigen ihrer Derivate, Brassidin- und Behensäure, ausserdem bei
Dibromäthan, $CH_2Br . CH_2Br$, und Dibromäthylen, $CHBr : CHBr$, sowie
den entsprechenden Jodverbindungen.

Die Unterschiede der Schmelzpunkte zwischen Aethylen- und Acetylen-
verbindungen lassen diese Regelmässigkeit nicht in dem Maasse erkennen.

e) „Ersetzt man ein Wasserstoffatom einer Verbindung
durch ein Halogenatom, so erhöht sich der Schmelzpunkt,
wenn die symmetrische Struktur des Moleküls nicht gestört wird, und zwar schmilzt in der Regel die Chlorver-
bindung niedriger als die Bromverbindung und diese niedriger
als die Jodverbindung.“

Wie alle diese Regeln, so zeigt auch vorstehende einige Ausnahmen;
eine besonders frappante findet sich z. B. bei dem halogensubstituirten
Anilin:

$$p\text{-Chloranilin schmilzt bei } 70,0°,$$
$$p\text{-Bromanilin } \quad „ \quad „ \quad 66,4°,$$
$$p\text{-Jodanilin } \quad „ \quad „ \quad 60,0°.$$

Ausserdem ist die Regel, dass der Ersatz eines Wasserstoffatoms
durch Halogen den Schmelzpunkt erhöht, nur dann allgemein giltig, wenn
das Kohlenstoffatom, an welchem die Substitution erfolgt, noch nicht mit
Halogen verbunden ist. Im andern Falle tritt häufig das entgegengesetzte
Verhalten ein.

f) „Der Eintritt einer Hydroxylverbindung an Stelle
eines Wasserstoffatoms erhöht in der Regel den Schmelzpunkt, ebenso auch der Ersatz von Wasserstoff durch die
Amidogruppe[1]) und auch die Nitrogruppe.“

g) „Der Schmelzpunkt steigt, wenn zwei an ein Kohlenstoffatom gekettete Wasserstoffatome durch Sauerstoff ersetzt werden, ebenso wenn drei an ein Kohlenstoffatom
gekettete Wasserstoffatome durch Stickstoff ersetzt werden.[2])“

h) „Der Schmelzpunkt sinkt bei Ersatz eines Wasserstoffatoms der Hydroxyl- oder Amidogruppe durch Methyl.“

i) „Die Karboxylgruppe erhöht den Schmelzpunkt. Noch
höher als die Karboxylverbindungen schmelzen meist ihre
Amide; dagegen schmelzen die Ester entsprechend der Regel
(h) niedriger.“

---

[1]) A. P. N. Franchimont, Rec. trav. chim. Pays-Bas **16**, 126, 1897.
[2]) G. Schultz, Liebig's Ann. **207**, 362.

k) „Die Schmelzpunkte steigen von den Nitrokörpern zu den Azokörpern und nehmen bis zu den Amidokörpern wieder ab.[1]"

Hieran schliesst sich noch die Besprechung der Fälle mit chemischer Isomerie, bei der die Umwandlungsfähigkeit eine einseitige ist, indem die labile Modifikation nicht mehr aus der stabilen erhalten werden kann. Ein Beispiel hierfür ist Diazoamidobenzol. Wahrscheinlich bildet sich zuerst die Modifikation $C_6H_5N : N . N . C_6H_5$, wofür verschiedene That-
$$H$$
sachen sprechen. Dieselbe geht dann über in $C_6H_5N . NC_6H_5$ bezw.

$$\underset{\underset{H}{N}}{\diagdown\diagup}$$

$C_6H_5N : N : NC_6H_5$. Diese Umwandlung zeigt sich auch in dem Schmelz-
H
punkte[4]) an; derselbe steigt bis zu 99^0. Sind noch Antheile der anderen Modifikation vorhanden, so zeigt sich wohl auch bereits ein Flüssigwerden bei $75—78^0$ und darauffolgendes Erstarren. Die einmal umgewandelte Modifikation kann wohl noch bei gewissen Reaktionen nach Formel 1 reagiren, aber eine direkte Umwandlung in dieselbe ist noch nicht beobachtet worden, wenigstens nicht bei substituirten Derivaten, bei denen dies verfolgt werden könnte, wie z. B. bei der Diazoamidobenzol-p-disulfosäure[2]).

Flüssige Krystalle.

Der erste, der die flüssigen Krystalle beschrieb, ist O. Lehmann[3]) gewesen. Die Erfahrungen, welche als Beweise für die Existenz der flüssigen Krystalle gesammelt worden sind, ergeben die Nothwendigkeit einer Revision des Krystallbegriffs. Man hat also hier auch den Begriff fest auszuschalten und den Namen Krystall für einen anisotropen mit molekularer Richtkraft begabten Körper anzuwenden, dessen Aggregatszustand fest oder flüssig sein kann. Trotz der Tropfenform, welche die flüssigen Krystalle durch die Wirkung der Oberflächenspannung annehmen, lassen sie sich ohne weiteres in die bekannten Krystallsysteme einordnen; so würde das Azoxyphenetol z. B. der sphenoidischen Klasse des monoklinen Krystallsystems zuzuschreiben sein. Das Charakteristikum des Flüssigen sieht Lehmann ausschliesslich in dem Fehlen der Elasticität.

---

1) Vgl. A. Hantzsch u. F. M. Perkin, Ber. **30**, 1394, 1897; R. Walther, Journ. pr. Ch. **55**, 548, 1897.

2) Vgl. W. Vaubel, Zeitschr. angew. Ch. **1900**, 762.

3) O. Lehmann, Ann. d. Phys. 1900, Fig. II 649; vgl. auch R. Schenk, Zeitschr. physik. Ch. **28**, 286, 1899.

Solche flüssige Metalle sind beobachtet worden bei **Cholesterylbenzoat, p-Azoxyanisol, p-Azoxyphenetol.**

Die Umwandlungswärmen wurden von Hulett[1]) aus der Aenderung der Umwandlungspunkte mit dem Druck nach der Thomson-Clausiusschen Formel ermittelt, während Schenk nach der kalorimetrischen Methode arbeitete. Es wurde erhalten:

	Hulett	Schenk
p-Azoxyanisol,	0,71	1,32
p-Azoxyphenetol	1,7	—
Cholesterylbenzoat	0,32	—

Weiterhin untersuchten Schenk und Schneider die betreffenden molekularen Gefrierpunktserniedrigungen. Die geringen Schwankungen der Depressionskonstanten erlauben den Schluss, dass der Vertheilungskoëfficient zwischen der anisotropen und der isotrop-flüssigen Modifikation der p-Azoxyanisole für viele Körper nahezu gleich ist.

G. Tammann[2]) vertritt die Ansicht, die Beobachtungen von F. Reinitzer und L. Gattermann über die Entstehung trüber Flüssigkeiten durch Schmelzen klarer Krystalle liessen sich dadurch erklären, dass die fraglichen Krystalle beim Erhitzen in ein Gemenge zweier flüssigen Phasen zerfallen, von welchen die eine in Form feinster Tröpfchen in der anderen suspendirt ist.

Dieser Auffassung tritt jedoch O. Lehmann[3]) entgegen und führt folgende Gründe dafür an: Die doppelbrechenden Tropfen in der Flüssigkeit zeigen Oberflächenspannung; es sind deutliche Auslöschungsrichtungen vorhanden, welche nicht durch neben den Tröpfchen an den Glasflächen ausgeschiedene Kryställchen einer dritten Substanz bedingt sind.

Schmelz- und Erstarrungspunkte bei Gemischen.

Im allgemeinen kann man bei der Betrachtung dieser Verhältnisse von dem Satze ausgehen, dass, wie bei Flüssigkeiten der Gefrierpunkt durch Auflösung eines Körpers erniedrigt wird, so auch bei festen Körpern der Erstarrungspunkt jedes Stoffes durch Auflösen eines anderen Stoffes herabgedrückt wird.

Für das Erstarren fertig gebildeter Lösungen gilt bekanntlich das **Raoult- van't Hoff'sche Gesetz, dass der Gefrierpunkt in einem beliebigen Lösungsmittel durch Auflösen äquimolekularer Mengen um gleichviel erniedrigt wird.** Dieses Gesetz

1) Hulett, Zeitschr. physik. Ch. **28**, 643, 1899: R. Schenk u. Fr. Schneider, ibid. **29**, 546, 1899; R. Abegg u. W. Seitz, **29**, 491, 1899.

2) G. Tammann, Ann. d. Phys. **4**, 524, 1901.

3) O. Lehmann, Ann. d. Phys. **2**, 649, 1900; **4**, 237, 1901.

darf, wie die Untersuchungen von R. Fabinyi[1]) ergeben haben, auch auf Gemenge fester Stoffe ausgedehnt werden. Er erwärmte Gemenge von Naphtalin mit anderen Stoffen und bestimmte den Schmelzpunkt derselben. Die erhaltenen Zahlen liessen trotz ihrer nicht absoluten Genauigkeit doch die vorhandenen Gesetzmässigkeiten gut erkennen. Bei der Anwendung grösserer Mengen stieg die Uebereinstimmung.

Eine interessante Bestätigung dieses Gesetzes ist bei der Untersuchung von Gemischen von **Stearinsäure** und **Palmitinsäure** beobachtet worden. Die Versuche sind von **Heintz** ausgeführt und später von **de Visser**[2]) wiederholt worden. **De Visser** bediente sich dabei der Methode des Festwerdens, welche der Methode des Schmelzens gleichzustellen ist, vorausgesetzt, dass Ueberschmelzung vermieden wird.

Für **Stearinsäure** wurde der Erstarrungspunkt zu 69, 320.°, für **Palmitinsäure** zu 62, 618° gefunden. Bei Mischungen der beiden Säuren wurden folgende Beobachtungen gemacht:

Gew. Theile Stearinsäure auf 100 Theile der Mischung.	Erstarrungs-Temperatur.	Gew. Theile Stearinsäure auf 100 Theile der Mischung.	Erstarrungs-Temperatur.
100	69,32	43	56,31
90	67,02	42	56,25
80	64,51	41	56,19
70	61,73	40	56,11
60	58,76	39	56,00
55	57,20	38	55,88
54	56,85	37	55,75
53	56,63	36	55,62
52	56,50	34	55,38
51	56,44	32	55,12
50	56,42	{30	54,85}
49	56,41	{29	54,92}
{48	56,40}	25	55,46
{47	56,40}	20	56,53
46	56,39	15	57,80
45	56,38	10	59,31
44	56,36	0	62,61

Die hiermit korrespondirende Kurve (Gehalt an Stearinsäure auf der X-Achse, Temperaturen auf der Y-Achse) besitzt erstens zwei Inflexionspunkte, bei 54 % und bei 47,5 %, wo die Tangente mit der X-Achse parallel ist. Diese Erscheinung ist auf Bildung von festen Lösungen zurückzuführen. Die auskrystallisirende feste Phase wird nämlich fort-

---

1) R. Fabinyi, Zeitschr. physik. Ch. **3**, 38, 1889.
2) O. de Visser, Recueil, Pays-Bas **17**, 182, 346, 1898; Ref. Zeitschr. physik. Ch. **29**, 564, 1899.

während reicher an Palmitinsäure, so dass die Erniedrigung der Erstarrungstemperatur von 56,85° an fortwährend geringer und, bei 56,40° $= 0$ wird, alsdann besitzt die ausgeschiedene feste Lösung die nämliche Zusammensetzung wie die flüssige Mischung. Diese letztere wird daher bei der korrespondirenden Zusammensetzung (etwa 47,5 %) während der ganzen Krystallisationsdauer ihre Zusammensetzung nicht ändern, indem auch die Erstarrungstemperatur dabei unveränderlich bleibt (56, 40°).

Die niedrigste Temperatur ist 54,82° und bezieht sich auf einen Gehalt von 29,76 %. Das ist der kryohydratische Punkt. Hier giebt es zwei Phasen: eine feste Lösung von Palmitinsäure in Stearinsäure und von Stearinsäure in Palmitinsäure.

Im Anschluss hieran seien noch folgende Beobachtungen mitgetheilt: L. Vignon[1]) und A. Miolati[2]) untersuchten die Schmelzpunkte von organischen Verbindungen. Sie erhielten keine durchaus übereinstimmenden Resultate. Nachstehend seien die Beobachtungen von A. Miolati gegeben, wobei unter ber. die aus der molekularen Depression berechneten Werthe angeführt sind, welche für Naphtalin zu 69,4, für Phenanthren zu 110 angenommen wurden.

I. Naphtalin und Phenanthren.

In 100 Mol. des Gemisches sind Molekeln von		Erstarrungspunkt		Differenz.
$C_{10}H_8$.	$C_{14}H_{10}$.	beob.	ber.	
100,00	0,00	80,00 °	—	—
99,39	0,61	79,63	79,67	— 0,04
98,49	1,51	79,14	79,17	— 0,03
98,12	1,88	78,95	78,97	— 0,02
96,36	3,64	77,95	77,95	—
94,80	5,20	77,04	77,02	+ 0,02
93,16	6,84	76,06	76,02	+ 0,04
92,52	7,48	75,58	75,64	— 0,06
91,32	8,68	74,86	74,85	+ 0,01
90,66	9,34	74,50	74,41	+ 0,09
89,03	10,97	73,50	73,32	+ 0,18
86,91	13,09	72,23	71,83	+ 0,40
83,37	16,63	70,55	70,04	+ 0,51
81,33	18,67	68,72	67,55	+ 0,97
78,53	21,47	66,70	—	—
76,85	23,15	65,32	—	—

1) L. Vignon, Bull. Soc. Ch. de Paris. (3) 7, 387 u. 556, 1892.
2) Miolati, Zeitschr. physik. Ch. 9, 649, 1892.

| In 100 Mol. des Gemisches sind Molekeln von | | Erstarrungspunkt | | Differenz. |
$C_{10}H_8$.	$C_{14}H_{10}$.	beob.	ber.	
74,76	25,24	64,00°	—	—
72,29	27,71	62,10	—	—
70,79	29,21	60,20	—	—
69,02	30,98	59,10	—	—
67,98	32,02	58,18	—	—
65,29	34,71	56,63	—	—
63,54	36,46	55,38	—	—
61,95	38,05	53,90	—	—
60,07	39,93	51,50	—	—
57,81	42,19	49,70	—	—
56,90	43,10	48,80	—	—
55,04	44,96	48,00	—	—
52,33	47,67	49,95	—	—
48,80	51,20	54,30	—	—
45,61	54,39	57,00	—	—
41,97	58,03	61,12	—	—
38,84	61,16	64,90	—	—
34,44	65,56	68,65	—	—
29,66	70,34	72,80	—	—
23,37	76,63	78,50	—	—
16,27	83,73	83,95	83,85	+ 0,10
11,43	88,57	87,80	87,88	— 0,08
6,03	93,97	81,83	91,89	— 0,06
—	100,00	95,83	—	—

In gleicher Weise verhalten sich Mischungen von Naphtalin mit Diphenylmethan, sowie von Naphtalin mit Anthracen. Es ergiebt sich immer eine Mischung, deren Schmelzpunkt unter dem Schmelzpunkt beider Komponenten liegt, vergleichbar mit der sog. eutektischen Legirung von Guthrie[1]).

3. Die Erstarrungstemperaturen von Fettsäuren und den zugehörigen Seifen sind in einer Arbeit von F. Krafft[2]) ausführlich behandelt worden. Nachstehend seien die interessanten Ergebnisse mitgetheilt:

a) { Natriumstearat, $C_{18}H_{35}O_2Na$, Schmp. ca. 260°.
{ Stearinsäure, $C_{18}H_{36}O_2$, Schmp. 69,4°.

Das Salz krystallisirt: aus 20 °/o Lösung, aus 15 °/o Lösung,
bei: 69° 68°

[1]) Guthrie, Phil. Mag. (5) 17, 462.
[2]) F. Krafft, Ber. 32, 1596, 1899.

Das Salz krystallisirt: aus 10 % Lösung,   aus 1 % Lösung.
bei: 68—67 °   60 °

b) { Natriumpalmitat, $C_{16}H_{31}O_2Na$,   Schmp. ca. 270 °.
   { Palmitinsäure, $C_{16}H_{32}O_2$,   Schmp. 62 °.

Das Salz krystallisirt: aus 20 % Lösung,   aus 1 % Lösung,
bei: 62—61,8 °   45 °

c) { Natriummyristat, $C_{14}H_{27}O_2Na$,   Schmp. ca. 250 °.
   { Myristinsäure, $C_{14}H_{28}O_2$,   Schmp. 53,8 °.

Das Salz krystallisirt: aus 20 % Lösung,   aus 1 % Lösung.
bei: 53—52 °   31,5 °

d) { Natriumlaurinat, $C_{12}H_{23}O_2Na$,   Schmp. ca. 255—260 °.
   { Laurinsäure, $C_{12}H_{24}O_2$,   Schmp. 43,6 °.

Das Salz krystallisirt: aus 25 % Lösung,   aus 20 % Lösung,
bei: 45—42 °   ca. 36 °.

Das Salz krystallisirt: aus 1 % Lösung
bei: ca. 11 °

e) { Natriumoleat, $C_{18}H_{33}O_2Na$,   Schmp. 232—235 °.
   { Oelsäure, $C_{18}H_{34}O_2$,   Schmp. 14 °.

Das Salz krystallisirt: aus 25 % Lösung,   aus 1 % Lösung.
bei: 13—6 °   bei 0 °

f) { Natriumelaïdat, $C_{18}H_{33}O_2Na$,   Schmp. 225—227 °.
   { Elaïdinsäure, $C_{18}H_{34}O_2$,   Schmp. 45 °.

Das Salz krystallisirt: aus 20 % Lösung,   aus 1 % Lösung.
bei: 45,5—44,8 °   35 °

g) { Natriumerukat, $C_{22}H_{41}O_2Na$,   Schmp. 230—235 °.
   { Erukasäure, $C_{22}H_{42}O_2$,   Schmp. 34 °.

Das Salz krystallisirt: aus 20 % Lösung,   aus 1 % Lösung.
bei: 35—34 °   27 °

h) { Natriumbrassidat, $C_{22}H_{41}O_2Na$,   Schmp. 245—248 °.
   { Brassidinsäure, $C_{22}H_{42}O_2$,   Schmp. 60 °.

Das Salz krystallisirt: aus 20 % Lösung,   aus 1 % Lösung.
bei: 56 °   42 °

Auffallend war beim ölsauren Natrium sowie auch schon bei einigen andern, die lange Zeitdauer, die bis zum Eintritt vollständiger Ausscheidung erforderlich ist. Im übrigen ist die Krystallisationstemperatur der Natriumseifen aus wässeriger Lösung wesentlich durch die Erstarrungstemperatur der in letzteren vorhandenen und durch indifferente Lösungsmittel quantitativ extrahirbaren freien Fettsäure beeinflusst.[1]

---

[1] F. Krafft, Ber. **32**, 1596, 1899.

4. **Erstarrungstemperaturen der salzsauren Amidosalze.** Auch diese sind von F. Krafft (l. c.) untersucht worden.

	Procent-gehalt der Lösungen.	Krystallisations-temperatur.
a) Salzsaures Anilin, $C_6H_5NH_2$, HCl, Schmp. 194°.	60,0	44°
	55,5	34
Anilin, $C_6H_5NH_2$,	50,0	20
Schmp. 8°.	40,0	15
	20,0	7

		bewegt	ruhig
b) Salzsaures p-Toluidin, $C_6H_4{<}{}^{CH_3}_{NH_2}$, HCl,	50,0	70	61—51
	44,5	58	50
	40,0	53	44
Schmp. 236°.	36,0	42	37
p-Toluidin, $C_6H_4{<}{}^{CH_3}_{NH_2}$, Schmp. 45°.	33,3	35	31
c) Salzsaures Kumidin, $C_6H_2(CH_3)_3NH_2$, HCl,	50,0	80	65—63
Schmp. ca. 240°.	44,5	72	58
Kumidin, $C_6H_2(CH_3)_3NH_2$,	40,0	61	49,5.
Schmp. 63°.	36,0	52	41
	33,3	42	35.

Die Verhältnisse liegen also hier ähnlich wie bei den Natronsalzen der Fettsäuren.

5. „Der Schmelzpunkt der Legirung Aluminium-Antimon, AlSb, bildet eine Ausnahme von der allgemeinen Regel, dass die Legirungen stets leichter schmelzbar sind als das weniger schmelzbare Metall der Verbindung; ja zuweilen schmilzt die Legirung sogar leichter als das schmelzbarere der beiden Metalle. Wright hatte nämlich 1892 gefunden, dass die Legirung von Aluminium und Antimon, die der Zusammensetzung AlSb entspricht, unter 1000° nicht flüssig wird, während Aluminium bei 600° und Antimon bei 440° schmilzt. Eine geringe Abweichung von der obigen Regel hatte bereits Roberts-Austen für die Legirung $AuAl_2$ beobachtet, die erst zwischen 1065 und 1070° schmolz, also 25—30° unter dem Schmelzpunkte des Goldes. Die ganz bedeutend grössere Abweichung veranlasste E. van Aubel[1]) den Werth für AlSb nochmals sorgfältig mit dem thermoelektrischen Pyrometer von Le Chatelier zu bestimmen, und er fand denselben zu 1078 bis 1080°.

---

1) E. van Aubel, Journ. de phys. (3) **7**, 223, 1898.

6. Etwas anders liegen die Verhältnisse bei den **Mischungen isomorpher Körper**. Einen derartigen Fall hat F. W. Küster[1]) untersucht. In dem Hexachlor-α-keto-γR-penten, C_5Cl_6O, und dem Pentachlormonobrom-α-keto-pR-penten, C_5Cl_5BrO, fand er zwei Stoffe, welche krystallographisch ausserordentlich ähnlich sind; sie vermögen demgemäss in jedem Verhältnisse zusammen zu krystallisiren. Löst man die eine Verbindung in der anderen nach bestimmten Molekulargewichten, so kann man den Erstarrungspunkt der Lösung nicht nach dem Gesetze der Gefrierpunktserniedrigung berechnen, da sich nicht reines Lösungsmittel ausscheidet. Wenn die Mischung zweier Stoffe zu homogenen isomorphen Krystallen erstarrt, so wird sich der Erstarrungspunkt der Mischung aus demjenigen der Bestandtheile nach der Mischungsregel berechnen lassen.

Löst man z. B. in 100 Molekeln des niedriger schmelzenden Stoffes mit dem Schmelzpunkt t_1 eine Molekel des höher schmelzenden mit dem Schmelzpunkt t_2, so berechnet man den Schmelzpunkt des Gemisches t_x nach der Mischungsregel zu

$$t_x = t_1 + \frac{t_2 - t_1}{100}.$$

Der Schmelzpunkt des Gemisches liegt unter diesen Umständen stets höher als derjenige des niedriger schmelzenden Stoffes und zwar zwischen diesem und dem des höher schmelzenden. Dieses Verhalten trifft bei den genannten isomorphen Stoffen thatsächlich zu, wie folgende Tabelle zeigt:

Molekeln C_5Cl_5BrO in 100 Mol. Lösungsmittel:	Gefrierpunkt		
	beobachtet.		berechnet.
	a	b	
0,00	87,50	87,50	—
5.29	87,97	88,00	88,04
8,65	88,30	88,29	88,38
14,29	88,80	88,80	88,96
17,47	89,10	89,11	89,28
25,32	89,85	89,85	90,09
29,95	90,30	90,29	90,55
42,26	91,60	91,61	91,81
58,91	93,26	93,27	93,51
71,33	94,58	94,59	94,78
82,09	95,74	95,74	95,88
90,45	96,68	96,66	96,74
98,00	97,48	97,49	97,50
100,00	97,71	97,71	—

Die Konstanz der mit dem **Beckmann**'schen Apparate bestimmten Gefrierpunkte während der allmäligen, oft $^1/_2$ Stunde währenden Ausscheidung bewies, dass sich eine homogene Mischung ausschied. Es lässt

---

1) F. W. Küster, Zeitschr. physik. Ch. **5**, 601, 1890; **8**, 577, 1891.

sich also in diesem Falle das Thermometer zur Bestimmung des Gehaltes der Mischung benutzen.

Später untersuchte F. W. Küster noch die Erstarrungspunkte einer ganzen Anzahl isomorpher Gemische. Die Ergebnisse waren den früheren ähnlich. Jedoch giebt es auch Ausnahmen. So scheiden sich nach Eykman[1]) beim Erstarren der Lösungen von Antimon in Zinn und von β-Naphtol in Naphtalin Krystalle aus, welche reicher an dem gelösten Stoffe (Sn bezw. β-Naphtol) sind als die ursprüngliche Lösung. Ebenso zeigten Lösungen von Thiophen in Benzol und m-Kresol in Phenol zu niedrige molekulare Gefrierpunktserniedrigungen.

In einer sehr ausführlichen Arbeit über die Erstarrungspunkte der Mischkrystalle zweier Stoffe giebt H. W. Bakhuis Roozeboom[2]) eine Darstellung über die hier obwaltenden theoretischen Verhältnisse. Als Ausgangspunkt nimmt er die Gibbs'sche Phasenregel und unterscheidet bei den festen Phasen drei Fälle:

A. Die Mischkrystalle bilden eine ununterbrochene Reihe von 0 bis 100 %.

B. Die beiden Stoffe sind nicht in allen Verhältnissen mischbar; die Mischungsreihe zeigt eine Lücke.

C. Die beiden Stoffe erstarren zu verschiedenen Krystallarten.

Unter die Rubrik A, bei der die Schmelzen zu einer kontinuirlichen Reihe Mischkrystalle derselben Art erstarren, gehören als specieller Fall die von Küster untersuchten isomorphen Mischungen. Garelli[3]) hat darauf hingewiesen, dass, wenn man in einer Substanz eine zweite mit ihr isomorphe, aber von sehr niedrigem Schmelzpunkt löst, der Erstarrungspunkt der ersteren nach der Regel Küsters so stark erniedrigt werden sollte, dass dies nach den Gesetzen der verdünnten festen Lösungen unmöglich wäre.

Küster entgeht dieser Schwierigkeit, indem er diese Gesetze nicht giltig erklärt für die isomorphen Gemische, und Bodländer schliesst sich hierin an, indem er sie nicht als feste Lösungen betrachtet haben will.

Bruni[4]) entscheidet sich für die Ausführungen von Garelli, für deren Richtigkeit auch H. W. Bakhuis Roozeboom eintritt.

Auf die weiteren hochinteressanten Mittheilungen dieses Forschers kann hier nur hingewiesen werden.

7. Bei Gemischen von optisch aktiven und racemischen Verbindungen liegen die Verhältnisse nicht gerade einfach. H. W. Bak-

---

[1]) J. F. Eykman, Zeitschr. physik. Ch. **4**, 509, 1884.

[2]) H. W. Bakhuis Roozeboom, Zeitschr. physik. Ch. **30**, 385, 413, 1891; C. van Eyk, ibid. **30**, 430, 1891.

[3]) Garelli, Gazz. chim. ital. 1894, **2**, 263.

[4]) Bruni, Rend. Accad. dei Lincei, 1898, **2**, 138.

h u i s R o o z e b o o m [1]) giebt folgende Schilderung von den bis jetzt erhaltenen Resultaten und denjenigen, die noch zu erwarten sind:

Die genaue Untersuchung der Schmelzpunkte der aktiven und racemischen oder pseudoracemischen Formen vieler krystallisirten Substanzen
hat bisher nicht gestattet, mit Sicherheit zu entscheiden, ob Verbindung,
Mischung oder Konglomerat vorliegt. Wohl allgemein ist man darüber
einig, dass, wenn ein inaktiver Körper einen höheren Schmelzpunkt hat,
als die aktive Form, eine racemische Verbindung vorliegt.

Viele inaktiven Körper haben aber einen niedrigeren Schmelzpunkt
als die aktiven Formen; dann liegt die Möglichkeit vor, dass nicht
eine Verbindung, sondern ein Konglomerat von D und L[2]) vorhanden
ist, das, wie alle Gemenge zweier Substanzen, niedriger schmilzt als die
einzelnen Bestandtheile. Bis jetzt ist es nur mit Hilfe von krystallographischen Dichtemessungen gelungen, für einzelne Substanzen aus dieser
Kategorie zu zeigen, dass sie dennoch wirklich racemische Verbindungen
sind [3]).

Die inaktiven Körper mit gleichem Schmelzpunkt wie die aktiven
Formen hatten wenig Beachtung gefunden, bis durch die Arbeiten von
K i p p i n g und P o p e[4]) diese Rubrik eine grosse Ausdehnung erlangte,
und sie zu der Annahme eines dritten Typus geführt wurden, die p s e u d o -
r a c e m i s c h e n M i s c h k r y s t a l l e.

Ihnen kommt weiter das Verdienst zu, mit grossem Nachdruck auf
den bei aktiven und inaktiven Formen vorkommenden Polymorphismus
hingewiesen zu haben, wodurch die Schmelzpunktserscheinungen bisweilen
keine Bedeutung haben für die richtige Deutung des Zusammenhangs der
Formen, welche bei gewöhnlicher Temperatur auftreten und meistens aus
Lösungsmitteln abgesetzt sind. Auch ihnen ist es aber nicht gelungen,
den Werth der Schmelzpunkte zur Charakterisirung der inaktiven Formen
klarzulegen.

Mit Hilfe der Phasenregel gelangt H. W. B a k h u i s R o o z e b o o m zu
folgenden Resultaten für die einzelnen Typen:

1. Typus. K o n g l o m e r a t e v o n l- und d-Formen.

In umstehender Fig. 16 und allen folgenden sind auf der horizontalen Axe LD die Mischverhältnisse aufgetragen zwischen L- und D-Form,
ausgedrückt in Molekülprocenten. Ein inaktives Gemisch oder eine race-

[1]) H. W. B a k h u i s R o o z e b o o m, Zeitschr. physik. Ch. **28**, 505, 1899; Ber.
32, 539, 1899; vgl. auch K. C e n t n e r s z w e r, Zeitschr. physik. Ch. **29**, 715, 1899.

[2]) E. F i s c h e r, Ber. **27**,. 3235, 1894.

[3]) W a l l a c h, Ber. **24**, 1559, 1891; Liebig's Ann. **272**, 208, **286**, 135; F. W a l -
d e n, Ber. **29**, 1692, 1896.

[4]) K i p p i n g u. P o p e, Journ. Chem. Soc. **71**, 989.

mische Verbindung wird also stets dargestellt durch einen in der Mitte gelegenen Punkt. Die Temperatur wird auf der vertikalen Axe abgelesen.

A und B sind die zwei Schmelzpunkte der L- und D-Form. Weil beide bei der nämlichen Temperatur liegen, und weil weiter die festen Körper sowohl wie ihre flüssigen Moleküle vollkommen gleichwerthig sind in Bezug auf die Gleichgewichte in und mit der Lösung, sind in dieser und folgenden Figuren immer alle Kurven vollkommen symmetrisch.

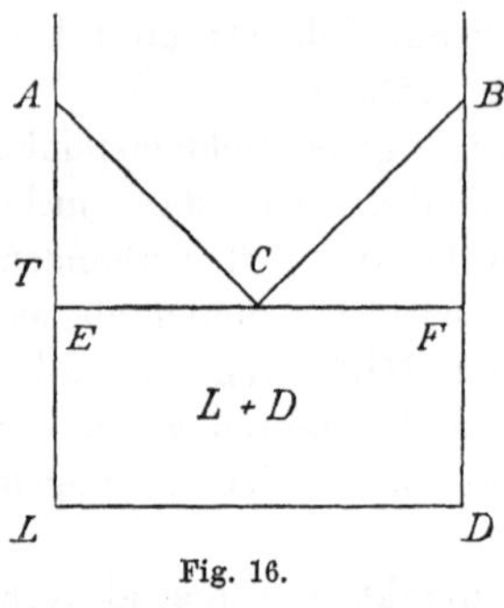
Fig. 16.

Im jetzigen Falle giebt es zwei Schmelzkurven AC und BC; die erste giebt an, bei welchen Temperaturen aus einer Schmelze, die 0—50 % D-Körper enthält, sich der L-Körper anfängt auszuscheiden; die zweite die Temperaturen, bei denen aus Schmelzen mit 50—100 % D-Körper sich dieser anfängt auszuscheiden, wenn Uebersättigung ausgeschlossen ist.

Alle diese Lösungen erstarren nun vollkommen beim Punkte C. Natürlich ist die Menge Flüssigkeit, welche dann noch übrig war, desto grösser, nachdem die ursprüngliche Schmelze näher an 50 % L und D kam. Diese übrig gebliebene Schmelze erstarrt zu einem Konglomerat von 50 % D und 50 % L.

Unterhalb der Linie ECF hat man nur Konglomerate von L und D, jedoch in allerlei Verhältnissen.

Umgekehrt lässt sich aus der Figur ableiten, dass alle Konglomerate von L + D anfangen zu schmelzen bei der Temperatur des eutektischen Punktes C, dass aber alle Konglomerate, die einen Ueberschuss an L und D enthalten, nur allmälig schmelzen, bis derjenige Punkt von AC und CB erreicht ist, welcher korrespondirt mit der Zusammensetzung. Nur das Konglomerat von 50 %, das also im ganzen genommen inaktiv ist, schmilzt konstant bei C, eben als ob es eine einheitliche Substanz wäre. Dies ist der Nachtheil der Symmetrie, denn bei einem Gemenge zweier nicht gleichwerthiger Stoffe liegt der eutektische Punkt im allgemeinen nicht bei gleicher Molekülzahl.

2. Typus: Racemische Verbindung.

Die Schmelzkurven können bei Anwesenheit einer racemischen Verbindung nur die Gestalt haben, wie in den Fig. 17 u. 18 angegeben ist. Hierbei ist angenommen, dass stets nur eine Verbindung möglich ist, nämlich zu gleichen Molekülen, deshalb racemisch.

Es giebt bis jetzt keine Andeutung, welche Lage der Schmelzpunkt einer Verbindung hat gegenüber den Schmelzpunkten der Komponenten. Auch bei den racemischen Verbindungen fehlt diese Einsicht; deshalb kann ihr Schmelzpunkt C, wie in der ersten Figur höher, oder wie in der zweiten niedriger gelegen sein als die Punkte A und B. Als Zwischenform könnte er auch gleich hoch gelegen sein, doch wird eine genaue Uebereinstimmung wohl sehr wenig vorkommen. In den Erstarrungs- und Schmelzpunktserscheinungen giebt es aber keinen principiellen Unterschied.

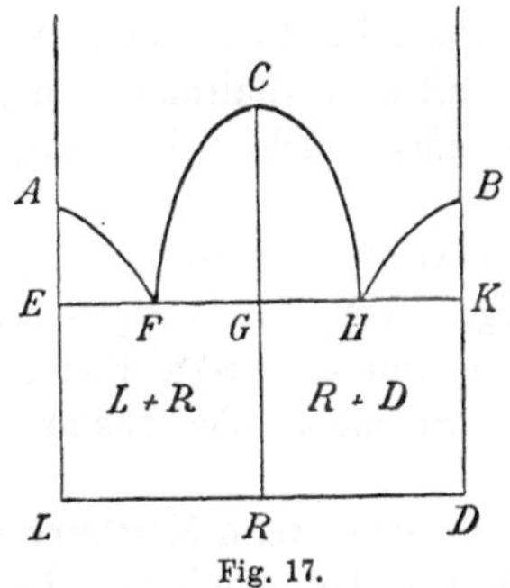

Fig. 17.

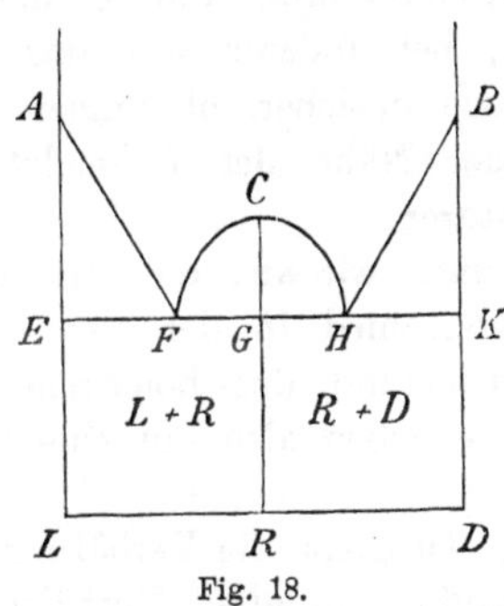

Fig. 18.

AF und BH sind jetzt die Erstarrungskurven für diejenigen Schmelzen, woraus sich resp. L oder D absetzen.

Die Kurve für die racemische Verbindung hat aber zwei Aeste, die in ihrem Schmelzpunkt C zusammenkommen; sie treffen da nicht in einem Knick zusammen, sondern bilden wohl immer eine kontinuirliche Kurve. Der Theil FC giebt die Erstarrungspunkte für Schmelzen, die gebildet sind aus der racemischen Verbindung mit einem Ueberschuss an L, HC mit D. F und H sind zwei eutektische Punkte, wo jede Schmelze schliesslich erstarrt, entweder zu einem Konglomerat von R + L oder von R + D. Die Punkte liegen symmetrisch und bei derselben Temperatur, jedoch brauchen die Stücke EF und FG, GH und HK nicht gleich zu sein.

Umgekehrt lassen sich die Schmelzpunktserscheinungen willkürlicher Gemische von R + L oder R + D unmittelbar aus der Figur ableiten. Der Unterschied mit dem 1. Typus liegt in der Anwesenheit dreier Kurven.

Ist also der inaktive Körper eine racemische Verbindung, so wird sein Schmelzpunkt durch Zusatz von L und D erniedrigt; war es ein inaktives Konglomerat, so hat er selbst den niedrigsten Schmelzpunkt.

Die Lage des Schmelzpunktes der einen racemischen Verbindung thut nichts zur Sache. Auch bei gleicher oder niedriger Lage als die Punkte A und B giebt die Feststellung der Kurvenzahl unmittelbaren Aufschluss, ob der inaktive Körper racemisch ist oder ein Konglomerat.

Bei partiell racemischen Verbindungen werden A und B unterschieden sein, AF und BH, CF und CH werden dann nicht mehr symmetrisch sein, ebensowenig F und H. Sonst bleibt der Typus der nämliche.

3. Typus: Pseudoracemische Mischkrystalle.

Die Existenz dieses Typus steht durch die Untersuchungen Kippings genügend fest. Da aber nur an einzelnen Beispielen gezeigt worden ist, dass Mischkrystalle von L und D in allerlei Verhältnissen existiren konnten, bei anderen nur das Mischungsverhältniss 1 : 1 studirt wurde, bleibt noch unsicher, ob immer Mischung in allen Verhältnissen möglich ist in der Nähe der Schmelztemperaturen oder auch bei niedrigeren Temperaturen.

Nehmen wir an, die Mischung sei eine vollkommene, so liegt der Hauptunterschied in den Schmelzerscheinungen von den vorigen Typen in dem Umstand, dass homogene Mischkrystalle nur eine feste Phase darstellen, sie geben also nur eine kontinuirliche Schmelz- oder Erstarrungskurve.

Fig. 19 giebt die Verhältnisse, welche eintreten, wenn Mischkrystalle von L und D in allen Verhältnissen immer bei der nämlichen Temperatur schmelzen würden, Fig. 20 und 21 die anderen Fälle, welche möglich sind.

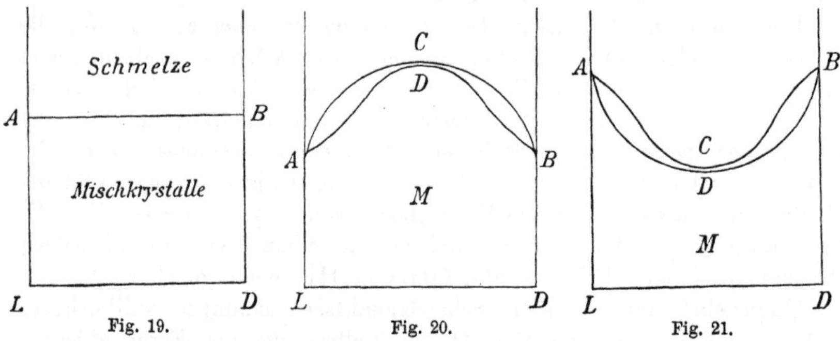

Dabei ist die obere Kurve die der Erstarrungstemperaturen; die untere giebt die Zusammensetzung der Mischkrystalle an, welche sich aus einer Schmelze zuerst absetzen; die zu einander gehörenden Punkte auf beiden Kurven liegen auf einer Horizontallinie. Eine Vertikallinie zwischen beiden giebt das Temperaturintervall an, worin sich die Erstarrung vollzieht, also umgekehrt auch die Schmelzung. Wegen der Symmetrie fällt das Maximum oder Minimum auf 50 % Gehalt; hier berühren die Kurven einander, und deshalb haben Mischkrystalle, die inaktiv sind, wieder einen einheitlichen Schmelzpunkt, auch wenn die übrigen Misch-verhältnisse nicht einen solchen haben.

Wenn wir jetzt die drei Typen übersehen, so folgt, dass ein in-aktiver Körper einen einheitlichen Schmelzpunkt auf-weisen kann, niedriger gelegen als derjenige der aktiven Körper sowohl wenn er Konglomerat, Verbindung als auch Mischkrystall ist; und wenn der Schmelzpunkt gleich hoch oder höher liegt, kann er sowohl Verbindung als Misch-krystall sein. Die Bestimmung des Schmelzpunktes allein giebt also keine Entscheidung über den Typus, den er ver-gegenwärtigt. Dagegen liefert die Bestimmung der Erstarr-ungspunkte an einer so grossen Anzahl Schmelzen, dass daraus die Anzahl Kurven, welche bestehen, hervorgeht, einen völlig sicheren Schluss, ob der inaktive Körper Mischkrystall, Konglomerat oder Verbindung ist, indem im ersten Falle nur eine Schmelzkurve existirt, im zweiten Falle deren zwei, im dritten drei.

Bestätigungen für diese theoretischen Untersuchungen von Bakhuis Roozeboom haben die Arbeiten von Centnerszwer (l. c.) gebracht. Es erübrigt auf dieselben hinzuweisen, da die Hauptresultate die er-warteten sind.

Bakhuis Roozeboom hat dann ferner noch die Uebergänge zwischen den drei Typen behandelt, da es nöthig ist, worauf Kipping zuerst hin-wies, mögliche Umwandlungen der drei Typen zu beachten, weil der Fall ziemlich oft vorzukommen scheint, dass sich aus der Schmelze ein anderer fester Typus bildet als derjenige, welcher bei niedriger Temperatur stabil ist. Hinsichtlich der einzelnen Fälle muss ich auf die Abhandlung verweisen.

Schmelzpunkterhöhung durch Druck.

Bisher wurden folgende Beobachtungen über die Schmelzpunktser-höhung durch Druck gemacht:

Naphtalin giebt nach den Versuchen von Barus[1] eine Schmelz-punktserhöhung $\frac{dt}{dp} = 0,036$, Mack[2] fand $t = 79,8 + 0,0373\,p - 0,0000019\,p^2$, und G. A. Hulett[3] beobachtete

$$\left.\begin{array}{l} Sm\,T_0 = 79,95 \\ Sm\,T_{300} = 91,14 \end{array}\right\} \frac{dt}{dp} = 0,0373 \pm 0,0002.$$

1) Barus, Sill. Journ. (3), **42**, 125.
2) Mack, Compt. rend. **127**, 361, 1898.
3) G. A. Hulett, Zeitschr. physik. Ch. **28**, 663, 1899.

Phenol giebt nach **Hulett** folgende Werthe:

$$\left.\begin{array}{l} Sm\,T_0 \;\;= 40{,}75 \\ Sm\,T_{300} = 45{,}226 \end{array}\right\} \frac{d\,t}{d\,p} = 0{,}0149 \pm 0{,}00015.$$

Thymol,
$$\left.\begin{array}{l} Sm\,T_0 \;\;= 49{,}68 \\ Sm\,T_{300} = 55{,}21 \end{array}\right\} \frac{d\,t}{d\,p} = 0{,}0184 \pm 0{,}0001.$$

Naphtylamin,
$$\left.\begin{array}{l} Sm\,T_0 \;\;= 48{,}86 \\ Sm\,T_{300} = 54{,}86 \end{array}\right\} \frac{d\,t}{d\,p} = 0{,}0200.$$

Benzophenon,
$$\left.\begin{array}{l} Sm\,T_0 \;\;= 48{,}10 \\ Sm\,T_{300} = 56{,}77 \end{array}\right\} \frac{d\,t}{d\,p} = 0{,}0289 \pm 0{,}0001.$$

Stearinsäure,
$$\left.\begin{array}{l} Sm\,T_0 \;\;= 68{,}38 \\ Sm\,T_{300} = 76{,}13 \end{array}\right\} \frac{d\,t}{d\,p} = 0{,}0258 \pm 0{,}0001.$$

Krotonsäure,
$$\left.\begin{array}{l} Sm\,T_0 \;\;= 71{,}4 \\ Sm\,T_{300} = 82{,}6 \end{array}\right\} \frac{d\,t}{d\,p} = 0{,}0373 \pm 0{,}00015.$$

o-Nitrophenol,
$$\left.\begin{array}{l} Sm\,T_0 \;\;= 44{,}90 \\ Sm\,T_{300} = 52{,}10 \end{array}\right\} \frac{d\,t}{d\,p} = 0{,}0240 \pm 0{,}00025.$$

Menthol, a) bei $36{,}5^0$ schmelzende Modifikation
$$\left.\begin{array}{l} Sm\,T_0 \;\;= 36{,}50 \\ Sm\,T_{300} = 73{,}40 \end{array}\right\} \frac{d\,t}{d\,p} = 0{,}0248.$$

b) bei $42{,}5^0$ schmelzende Modifikation
$$\left.\begin{array}{l} Sm\,T_0 \;\;= 42{,}40 \\ Sm\,T_{300} = 49{,}90 \end{array}\right\} \frac{d\,t}{d\,p} = 0{,}0245.$$

Monochloressigsäure,
$$\left.\begin{array}{l} Sm\,T_0 \;\;= 62{,}50 \\ Sm\,T_{100} = 68{,}10 \end{array}\right\} \frac{d\,t}{d\,p} = 0{,}0147 \pm 0{,}0002.$$

Heydweiler[2]) fand folgende Temperaturerhöhungen bei nebenstehendem Druck:

Temperaturerhöhung:		Berechneter Druck:
Menthol	34^0	1420 Atm.
o-Nitrophenol	55^0	2300 „
Stearinsäure	59^0	2290 „

Weitere Versuche sind noch von G. **Tammann**[3]) angestellt worden über die Grenzen des festen Zustandes, worin er Schmelzdruckkurven von verschiedenen Stoffen bis zu Drucken von 3390 Atmosphären untersuchte.

Von A. **Michael**[4]) wurde die Ermittlung des Schmelzpunktes sehr hochschmelzender oder leicht sublimirbarer Körper in beiderseitig zugeschmolzenen Röhrchen ausgeführt. Es ist jedoch sicherlich nothwendig, sich vorher über die Schmelzpunktsveränderungen durch Druck Klarheit

---

4) R. Demerliac, Journ. de Phys. (3), **7**, 591, 1898.

2) A. Heydweiler, Wied. Ann. **54**, 513, **64**, 732.

3) G. Tammann, Ref. in Wied. Ann. 66, 473.

4) A. Michael, Ber. **28**, 1629, 1895.

zu verschaffen, ehe man die Methode als allgemein brauchbar empfehlen kann.

Die von ihm untersuchten Körper waren Fumarsäure, Schmp. 287 bis 288°, Dibrombernsteinsäure, Schmp. 260—261°, Mellithsäure, Schmp. 286—288°, Chloranilsäure, Schmp. 283—284°, Asparagin schmilzt im geschlossenen Röhrchen bei 226—227°, bei 226° eingetaucht erst bei 234—235° u. s. w.

Ueber die Anwendung der Clapeyron'schen Formel auf die Schmelztemperatur des Benzols hat R. Demerliac[3]) eine Untersuchung angestellt. Nach der Rechnung ist die Aenderung der Schmelztemperatur, die einer Druckänderung von 1 Atm. entspricht = 0,02936°, und experimentell zwischen 1 und 10 Atm. gemessen, war sie 0,0294°; die Formel gilt also zwischen diesen Grenzen, dagegen bestätigt sie sich nicht mehr jenseits derselben (bis 450 Atm.), Auch für p-Toluidin und α-Naphtylamin wurden ähnliche Ergebnisse erhalten wie für das Benzol, und auch für diese hat sich die Clapeyron'sche Formel bis zu 10 Atm. als streng giltig erwiesen.

Im allgemeinen ergiebt sich, dass die Aenderung der Schmelztemperatur unter dem Einflusse des Drucks durch eine hyperbolische Kurve dargestellt werden kann, und dass diese Aenderung einem Grenzwerthe zustrebt, wenn der Druck unbeschränkt wächst.

Ausführung der Schmelzpunktsbestimmung.

Die Art der Bestimmung des Schmelz- oder Erstarrungspunktes richtet sich einmal nach der Genauigkeit, welche man mit der betreffenden Methode erzielen will, dann aber auch nach der Natur des betreffenden Körpers. Im allgemeinen wird man lieber den Schmelzpunkt wie den Erstarrungspunkt bestimmen, da bei der Bestimmung des letzteren leicht Unterkühlung eintreten kann, ohne dass es zum Erstarren kommt, wodurch alsdann fehlerhafte Resultate erhalten werden. Man wird also nur in besonderen Fällen die Ermittelung des Erstarrungspunktes vornehmen, z. B. bei Oelen.

Die Bestimmung des Schmelzpunktes kann mit um so grösserer Genauigkeit vorgenommen werden, je mehr Substanz angewendet wird, da durch die vollständige Umhüllung der Quecksilberkugel mit Substanz die Einflüsse von Strahlung und Leitung ziemlich vermieden werden. Selbstverständlich ist dabei die Länge und die Temperatur des herausragenden Fadens in entsprechender, Weise zu berücksichtigen.

Für gewöhnlich genügt die Anwendung geringerer Substanzmengen. Namentlich in den Fällen, wo nur wenig Substanz vorhanden ist, wird

---

[3]) R. Demerliac, Compt. rend. **122**, 1117, 1896; **124**, 75, 1897.

man Kapillarröhrchen verwenden, die an einem Ende zugeschmolzen sind, und die mit etwas Substanz angefüllt werden, deren Menge zur bequemen Beobachtung hinreicht. Alsdann befestigt man das Kapillarröhrchen an einem Thermometer mit Hilfe eines Stückchen Gummischlauches oder eines Platindrahtes oder der Adhäsionskraft der Substanz des Flüssigkeitsbades. Die Befestigung ist der Art, dass Substanz und Thermometerkugel sich in gleicher Höhe befinden.

Hierauf führt man das Thermometer und das Kapillarröhrchen in ein Flüssigkeitsbad, dessen Siedetemperatur aber oberhalb des zu erwartenden Schmelzpunktes der zu untersuchenden Substanz liegt. Man kann als Badflüssigkeit Wasser, koncentrirte Schwefelsäure, Glycerin, Vaselin, Paraffin u. s. w. anwenden. Während der Beobachtung muss mit Hilfe eines Rührers stark gerührt werden, damit Thermometerkugel und Kapillarröhrchen gleichmässig erwärmt werden.

Die Schnelligkeit der Temperatursteigerung richtet sich ganz nach der betreffenden Substanz. Im allgemeinen empfiehlt sich ein nicht zu rasches Ansteigenlassen der Temperatur. In bestimmten Fällen z. B. bei der Ermittelung des Schmelzpunktes der Osazone ist eine rasche Steigerung der Temperatur nothwendig, da hierbei nur unter diesen Umständen übereinstimmende Resultate erhalten werden können. Mitunter muss man, um vergleichbare Werthe zu erzielen, die betreffende Substanz erst kurz vor der Erreichung des Schmelzpunktes in die Heizflüssigkeit eintauchen lassen.

Neben dieser einfachen Methode, die als Heizbad ein Bechergläschen oder ein Kölbchen benutzt, und bei der bei genauen Messungen die Temparatur des herausragenden Fadens berücksichtigt werden muss, existirt noch eine ganze Reihe von Vorschlägen über die Art der Ausführung der Schmelzpunktsbestimmung.

Jedenfalls ist es sehr empfehlenswerth, immer nur korrigirte Beobachtungen wiederzugeben, damit auch endlich bei diesen Bestimmungen nur eindeutige Resultate in die Litteratur übermittelt werden, was vom wissenschaftlichen wie auch vom praktischen Standpunkte sehr zu begrüssen wäre.

H. Landolt[1]) hat Versuche über die verschiedenen Methoden zur Schmelzpunktsbestimmung gemacht, zu dem Zwecke, zu ermitteln, bis zu welcher Genauigkeitsgrenze sich die Schmelz- und Erstarrungstemperaturen organischer Körper bei Anwendung verschiedener Methoden und Vornahme exakter thermometrischen Messungen feststellen lassen.

Es kamen folgende Methoden zur Prüfung:

1. Schmelzen und Erstarrenlassen grösserer Mengen Substanz mit direkt in dieselbe eingetauchtem Thermometer.

---

1) H. Landolt, Beibl. Ann. Phys. Chem. Ztg. **13**, R. 237, 1889.

2. Erhitzen der Substanz in Kapillarröhrchen verschiedener Form.

3. Die elektrische Methode von J. Löwe[1]) mit ihren Abänderungen.

Als Untersuchungsobjekte dienten Anethol, Naphtalin, Mannit und Anthracen. Folgende Resultate wurden erhalten:

1. „Die Methode des Schmelzens oder Erstarrenlassens grösserer Mengen Substanz mit direkt in dieselbe eingetauchtem Thermometer liefert stets sehr übereinstimmende Zahlen, und sie muss als die einzige bezeichnet werden, welche zu sicheren Resultaten führt. Hierfür ist aber stets die Anwendung von mindestens 20 g des Körpers nöthig. Bei Benutzung grösserer Quantitäten lässt sich im allgemeinen die Temperatur der Erstarrung leichter als die der Schmelzung ermitteln.“

2. „Die Schmelzpunktsbestimmungen durch Erhitzen der Substanz in verschiedenartigen Kapillarröhrchen können unter einander erheblich abweichen. Bisweilen fallen dieselben mit dem richtigen Werthe zusammen, meist aber sind die erhaltenen Resultate zu hoch, namentlich bei Anwendung enger Röhrchen.“

3. „Die elektrische Methode (Erwärmen eines mit der Substanz überzogenen Platindrahtes im Quecksilberbade, bis durch Abschmelzen Kontakt der Metalle entsteht und dadurch ein Strom geschlossen wird), giebt ebenfalls wenig übereinstimmende und leicht zu hohe Schmelzpunkte. Sicherlich spielt hier die Zähigkeit der geschmolzenen Masse auch eine gewisse Rolle.“

Weitere ausführliche Beschreibungen der Methoden finden sich bei W. Vaubel: „Die physikalischen und chemischen Methoden der quantitativen Bestimmung organischer Verbindungen“, Berlin 1902.

Volumänderungen beim Erstarren und Erstarrungskurven.

Man kann die bei der Erstarrung eines geschmolzenen Körpers auftretenden Temperaturänderungen bezw. Volumänderungen mit Hilfe des Thermometers bezw. Dilatometers verfolgen. Obwohl die Anwendung eines Thermometers zu fehlerhaften Resultaten führen kann, so ist sie doch bedeutend leichter ausführbar als die dilatometrische Methode, und jedenfalls giebt sie für den betreffenden Körper

---

1) J. Löwe, vgl. Zeitschr. analyt. Ch. **11**, 211, 1872; Muter, The Analyst. **15**, 85, 1891.

gut charakterisirende Resultate. Sie gestattet auch häufig eine Kontrolle der in der Litteratur verschieden angegebenen Schmelzpunkte.

Br. Pawlewski[1]) verfuhr bei den von ihm angestellten Beobachtungen folgendermassen: 5g der untersuchten Substanz wurden in eine Röhre gebracht, welche in einer zweiten derartig angebracht war, dass zwischen den Wänden derselben ein Luftraum entstand. In die in der inneren Probirröhre befindliche Substanz wurde ein genaues Thermometer eingetaucht; die äussere Probirröhre wurde auf einem Drahtnetz mittels eines Bunsenbrenners langsam erwärmt bis zur Schmelzung der Substanz und Erhöhung der Temperatur um 20—40^0 über den Schmelzpunkt; hierauf wurde in Intervallen von je 20 Sekunden die Temperatur in der erhitzten Masse abgelesen.

Die auf diese Weise für einen und denselben Körper erhaltenen Erstarrungskurven decken sich in bestimmten Temperaturgrenzen vollkommen, wenn sich der Körper bei der Schmelztemperatur nicht zersetzt oder eine tiefere Umwandlung erfährt.

Folgende Tabelle giebt ein Bild von der Art der Beobachtungen. Der Koëfficient bei einigen Zahlen der Tabelle zeigt an, dass die betreffende Zahl so viele Male wiederholt werden muss, als der Koëfficient Einheiten enthält, dass sich also die Temperatur bei dieser Zahl $20 \times (n\text{-}1)$ Sekunden hält, da die Beobachtungen in Intervallen von je 20 Sekunden gemacht wurden.

In den folgenden Figuren bedeuten die Abcissen OX die Zeit, die Ordinaten OY die Temperatur; t' bezeichnet die Schmelztemperatur des gegebenen Körpers, die auf gewöhnliche Art in Kapillarröhrchen bestimmt oder direkt aus der chemischen Litteratur entnommen wurde.

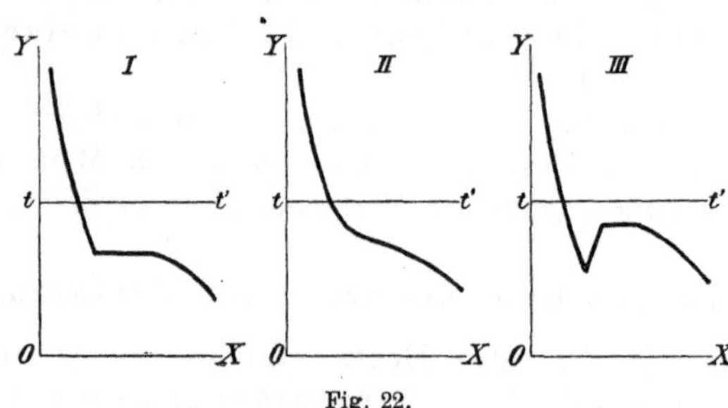

Fig. 22.

Am häufigsten beobachtet man an organischen Körpern die Kurven I und III seltener II. Einige besondere Fälle, die von den Kurven I, II und III abweichen, sind vorläufig übergangen worden.

---

1) Br. Pawlewski, Ber. **33**, 3727, 1900.

Tabelle.

A. p. Chlornitrobenzol.	E. m. Chlornitrobenzol.
B. β Naphtylamin.	F. α Naphtylamin.
C. Kampheroxim.	G. Vanillin.
D. Anissäure	H. Phtalid.

Kurve I.		Kurve II.		Kurve III.						
A.	B.	C.	D.	E.			F.		G.	H.
98,5	126,0	141,2	204,0	50,3	27,8	43,1³	60,0	32,5	101,0	91,6
93,5	121,0	137,3	196,0	48,7	27,5	43,0²	58,2	32,0	97,2	88,0
89,4	116,5	133,4	188,5	47,4	27,1	42,8²	56,4	31,5	93,8	84,5
86,5	113,0	130,0	184,5	46,0	26,8	42,7²	55,0	30.8	90,5	81,1
83,4	110,3	126,7	182,5	44,5	26,5	42,6	53,2	30,3	87,3	78,0
82,5	109,0	124,3	180,6	42,4	26,1	42,5	52,0	30,0	84,3	75,2
82,5	108,0	122,2	180,2	42,0	25,7	42,3	50,5	29,5	81,4	72,3
82,0⁷	107,7	120,5	179,7	41,0	25,5	42,2	49,1	29,1	78,8	70,0
81,8	107,5	119,3	179,2	40,0	25,3	42,0	47,7	28.7	76,0	67,5
81,7	107,2	118,0	178,3	39,0	25,1	41,8	46,5	29,2	73,8	65,2
81,7	107,0⁴	117,1	176,5	38,0	25,0	41,7	45,2	37,0	71,5	63,0
81,6	106,8²	116,2	173,0	37,0	24,7	41,5	44,1	45,0	69,2	61,2
81,4	106,7²	115,3	167,0	36,4	24,5	41,4	43,0	46,5	67,2	59,5²
81,3	106,6²	114,7	158,0	35,5	24,3	41,2	42,0	47,0	66,2	64,6
81,0	106,5	114,0	150,0	34,8	24,1	41,0	40,1	47,2²	63,5²	68,2
80,5	106,0	113,1	141,5	34,0	23,8	40,7	39,3	47,3	67,0	69,8
80,0	105,5	112,2	134,3	33,5	23,5	40,5	38,5	47,4⁷	73.5	70,2
79,2	104,7	111,2	127,5	32,7	23,2	40,2	37,7	47,3²	77,3	70,3
78,3	103,2	110,2	121,0	32,2	23,2	40,0	37,0	47,0	78,5	70,5⁵
76,7	101,2	109,3	115,0	31,6	23,0	39,6	36,1	46,9	79,1	70,4²
74,8	97,5	108,3	110,0	30,5	23,0	39,2	35,5	46,7	69,2	70,3
73,0	92,5	107,4	104,2	30,0	22,8	38,8	35,0	46,5	79,1	70,1
70,6	88,0	106,7	99,7	29,5	43,2	38,5	34,2	46,5	79 0	70,0²
68,4	84,0	106,2	95,2	29,0	43,2	38,0	33,6	46,2	78,8	69,8
65,5	82,0	105,3	90,7	28,7	43,2¹⁹	37,5	33,0	45,9	78,6	69,6

Zum Typus der Kurve I gehören folgende Körper: p-Dichlorbenzol, p-Dibrombenzol, p-Chlornitrobenzol, p-Nitrophenol, p-Toluidin, ω-Dichlorxylol, m-Nitranilin, Triphenylmethan, Diphenyl, Naphtalin, Acenaphten, Stearinsäure, Phenylessigsäure, Brenzkatechin, Benzamid, Methyloxalat, Azobenzol, Formanisidin, Acetanilid, Diphenylamin, β-Napthol, β-Naphtylamin u. s. w.

In den Typus der Kurve II müssen folgende Körper eingereiht werden: Kampheroxim, Benzylanilin, Guajakol, Anissäure.

Zu dem Typus der Kurve III gehören die Körper: Benzyl, Benzoïn, Benzylidenaceton, Monochloressigsäure, m-Nitrochlorbenzol, Chloralhydrat, p-Chloranilin, p-Toluonitril, α-Naphtylamin, Vanillin, Kumarin, Phenol, Phtalid, Formanilid, Resorcin, Nitrophenylamin, Acetyldiphenylamin u. s. w.

Von mir seien noch zugeführt zu Klasse III folgende, deren Verhalten ich bei der Gefrierpunktsmethode beobachtete: Wasser, Anilin, Nitrobenzol.

Die Ueberkältung kann zuweilen beträchtliche Grösse zeigen, so z. B. bei Kumarin 4^0, Phtalid $11,0^0$, Resorcin $12,2^0$, Benzoïn $15,2^0$ Vanillin $15,6^0$, α-Naphtylamin $18,7^0$, Benzyl $34,1^0$, Acetyldiphenylamin $41,5^0$ u. s. w.

Krystallisationskerne in unterkühlten Flüssigkeiten.

Ueber die Abhängigkeit der Zahl der Kerne, welche sich in verschiedenen unterkühlten Flüssigkeiten bilden, von der Temperatur hat G. Tammann[1]) eine Arbeit veröffentlicht. Seine Ausführungen, die ich zum Theil wörtlich wiedergebe, sind folgende:

„Befindet sich eine Flüssigkeit in Berührung mit Krystallen, aus denen dieselbe durch Schmelzen entstanden ist, so werden unterhalb einer bestimmten Temperatur die Krystalle wachsen, oberhalb derselben sich verkleinern. Diejenige Temperatur, bei welcher die Aenderung des Volumens mit der Zeit für beide Phasen Null wird, bezeichnet man als Schmelzpunkt oder Krystallisationspunkt. Bei vollständiger Abwesenheit der krystallisirten Phase kann man ein begrenztes Flüssigkeitsvolumen längere oder kürzere Zeit bei Temperaturen unterhalb ihres Krystallisationspunktes erhalten, ohne dass spontan in derselben sich auch nur ein Krystall bildete. In sehr grossen Flüssigkeitsvolumen wird dagegen im Laufe bedeutender Zeiträume die Krystallisation immer spontan an einem oder mehreren Punkten eintreten. Der Uebergang aus dem flüssigen in den krystallinischen Zustand bei ursprünglicher Abwesenheit von Krystallen beginnt immer nur an einzelnen Punkten, nie verwandeln sich erheblichere Massen der Flüssigkeit momentan in einen Krystall. Mit wachsender Unterkühlung wächst anfänglich die Zahl der Punkte, von denen aus Krystallisation eintritt, erreicht ein Maximum und nimmt ferner bei weiter wachsender Unterkühlung ab.“

„In der Regel scheiden sich aus den Flüssigkeiten mehrere polymorphe Arten von Krystallen ab, und von jeder Art besitzt die Zahl der Kerne ein Maximum. Auch die weitere Entwicklung der spontan entstehenden Kerne ist eine verschiedene: Gewöhnlich bilden sich Kugeln aus vielen feinen koncentrischen Nadeln; manchmal sind einzelne Nadeln gröber, die Kugel erhält dann ein morgensternähnliches Aussehen; in manchen Fällen entstehen statt der Nadeln sternförmige Gebilde aus einzelnen Säulchen oder endlich isolirte regelmässige Krystalle. Die Zahl dieser Kerne bedingt die Geschwindigkeit, mit welcher eine unterkühlte

---

[1]) G. Tammann, Zeitschr. physik. Ch. **25**, 441, 1898.

Flüssigkeit krystallisirt, wenn auch nicht ausschliesslich; die Krystallisationsgeschwindigkeit, d. h. die Geschwindigkeit, mit welcher die Krystallisation an der Grenze der beiden Phasen sich fortpflanzt, ist von nicht minder wesentlicher Bedeutung. Tammann stellte sich die specielle Aufgabe, die Abhängigkeit der Kernzahl von der Temperatur zu ermitteln, um zu entscheiden, ob es möglich ist, jeden beliebigen Stoff soweit zu unterkühlen, dass seine Viskosität, welche mit sinkender Temperatur zunimmt, die Grössenordnung derjenigen von Krystallen annimmt, so dass man die so unterkühlte Flüssigkeit für einen sogenannten amorphen festen Stoff erklären würde. Besitzen die Kernzahlen in Abhängigkeit von der Temperatur ein Maximum, und bilden sich bei Temperaturen unterhalb jenes Maximums, bei denen die Krystallisationsgeschwindigkeit schon gering geworden ist, nur wenige Kerne, so wird man bei genügend schneller Abkühlung jede Flüssigkeit in ein Temperaturgebiet geringer Kernzahl und geringer Krystallisationsgeschwindigkeit bringen und in diesem die Flüssigkeit als Glas kürzere oder längere Zeit erhalten können. Kühlt man das Glas noch tiefer ab, so kann man möglicherweise in ein Zustandsgebiet gelangen, in welchem das Glas stabiler ist als eine oder mehrere der polymorphen Krystallformen."

Die Versuche über die Abhängigkeit der Kernzahl von der Temperatur und die Beeinflussung der Abhängigkeit von einer ganzen Reihe äusserer Momente wie Expositionszeit, Flüssigkeitsvolum, Reihenfolge von Temperaturänderungen, Zusätze von löslichen Stoffen und unlöslichen Pulvern wurden zunächst an Betol und Piperin eingehend ausgeführt. Ausserdem wurden noch einige andere Stoffe etwas genauer auf ihre Kernzahlen untersucht und die Maxima derselben für Allylthioharnstoff, Chinasäure, Chloralurethan, Cinchonidin, Dulcit, Mannit, Narkotin, Rechtskamphersäure, Resorcin, Santonin und Vanillin bestimmt. Hieran schlossen sich Abkühlungsversuche mit ca. 140 Stoffen, welche oberflächlich auf ihre Fähigkeit sich unterkühlen zu lassen, geprüft wurden. Von den im ganzen 153 Stoffen lassen sich 22 oder 14 °/o nicht unterkühlen, während 59 oder über $^1/_3$ aller untersuchten nach schneller Unterkühlung als Gläser, sogen. amorphe Stoffe, erhalten werden konnten. Nimmt man an, dass die angewandte Art der Abkühlung nicht die möglichst schnellste gewesen ist, so wird man wohl die Möglichkeit zugeben müssen, alle Stoffe in Gläser überführen zu können.

Die Hauptergebnisse der Untersuchung sind in folgenden Sätzen wiedergegeben:

1. Die Zahl der Punkte, von denen aus die Krystallisation in einer unterkühlten Flüssigkeit vor sich gehen kann, ist im Vergleich zu der Anzahl der vorhandenen Molekeln ausserordentlich gering. Dieselbe beträgt wohl höchstens 1000 pro Minute im mm^3.

2. Jene Kernzahl wächst immer mit steigender Unterkühlung bis zu einem Maximum an und nimmt dann in ziemlich symmetrischer Weise wieder ab.

3. Die Kernzahl ist ausserordentlich empfindlich gegen fremde Zusätze, sowohl lösliche als auch unlösliche, welche auf die Kernzahl sowohl vergrössernd als auch vermindernd wirken können.

4. Die Temperatur des Maximums der Kernzahl wird durch geringe Quantitäten von Zusätzen nur wenig verändert.

5. Aus erheblich unterkühlten Flüssigkeiten bilden sich in der Regel mehrere polymorphe Kerne. Geringe Zusätze fremder Stoffe können die Kernzahl einer der Modifikationen zum Verschwinden bringen, die einer andern erheblich vermehren. Die Frage, in wie viel Formen ein Stoff im Maximum krystallisiren kann, wird daher nie endgiltig zu entscheiden sein; es sei denn, dass der Stoff in allen möglichen Formen bekannt sei.

6. Die Maxima der Kernzahlen liegen immer in dem Temperaturintervall, innerhalb dessen die Krystallisationsgeschwindigkeit mit fallender Temperatur abnimmt.

7. Häufig erscheinen zwei, auch mehrere verschiedene Modifikationen gleichzeitig bei derselben Temperatur.

8. Häufig liegt das Maximum der stabileren Form bei Temperaturen unterhalb der Temperatur des Maximums der weniger stabilen Form. Doch kommt auch die umgekehrte Lage der Maxima vor.

9. Von 150 Stoffen wurden reichlich 50 nach schneller Abkühlung als Gläser, als unterkühlte Flüssigkeiten hoher Viskosität erhalten. Es ist wahrscheinlich, dass bei genügend schneller Abkühlung alle Stoffe amorph, glasig erhalten werden können. Bei Temperaturen oberhalb des zweiten Schmelzpunktes werden diese Gläser weniger stabil sein als die betreffenden krystallisirten Modifikationen, unterhalb desselben aber werden die Gläser stabiler sein.

10. Die Möglichkeit jeden Stoff als stark unterkühlte Flüssigkeit hoher Viskosität darzustellen, erweitert das der Untersuchung von Flüssigkeitseigenschaften bisher zugängliche Gebiet.

11. Die angeführten Beobachtungen führen zu einem vom Zufall weniger abhängigen Verfahren zur Darstellung verschiedener polymorphen Modifikationen, welches in folgendem besteht: Man unterkältet die Schmelze des betreffenden Stoffes in einer dünnwandigen Kapillare bis zum Auftreten der Kerne der gewünschten Modifikation, zerschneidet dann an der Stelle, bei der sich der Kern befindet, das Röhrchen und impft mit dem freigelegten Kerne die grössere Menge der Schmelze, welche auf einer Temperatur erhalten wird, bei welcher keinerlei Kerne sich bilden, und welche unterhalb des Schmelzpunktes der in Frage kommenden Modifikation liegen muss.

6. Verdampfen und Sieden.

Allgemeines.

Bereits unter gewöhnlichen Umständen, d. h. bei Atmosphärendruck und bei 0^0 C. zeigen flüssige Körper eine mehr oder weniger grosse Dampfspannung. Selbst feste Körper sind hiervon nicht ausgeschlossen, nur ist die Dampfspannung bei diesen häufig eine so minimale, dass sie mit den gewöhnlichen Beobachtungsmitteln kaum oder gar nicht nachgewiesen werden kann. Diese Dampfspannung wird natürlich dadurch bedingt, dass bei der herrschenden Temperatur fortgesetzt grössere oder geringere Mengen aus dem festen oder flüssigen Zustand in den Gaszustand übergehen.

Mit Erhöhung der Temperatur wird die Menge der übergehenden Theilchen, d. h. der verdampfenden Theilchen grösser; der Dampfdruck erhöht sich dementsprechend. Alsdann tritt ein Punkt ein, bei dem sämmtliche zugeführte Wärme nur noch dazu dient, Flüssigkeitstheilchen in den Dampfzustand überzuführen. Die auf die Gewichtseinheit bezogene und speciell nur für die Umwandlung in Dampf verwendete Wärmemenge heisst die Verdampfungswärme. Legt man das Grammmolekül zu Grunde, so erhält man die molekulare Verdampfungswärme. Der Punkt, bei dem die zugeführte Wärme nur zum Verdampfen, nicht mehr aber zur Erhöhung der Temperatur verwandt wird, heisst der Siedepunkt, und der entsprechende Vorgang heisst das Sieden.

Bei der Verdunstung kommen in Frage die Gefässform, das Gefässmaterial, die physikalischen Verhältnisse, die stoffliche Natur der verdampfenden Flüssigkeit, das Gas, in dem die Verdampfung stattfindet.[1] Mitunter werden bestimmte Kondensations- und Verdampfungshöfe beobachtet.[2]

Unter Zugrundelegung eines Carnot'schen Kreisprocesses wurde von Clapeyron im Jahre 1834 für den Verdampfungsprocess folgende Gleichung abgeleitet:

$$\frac{dp}{dT} = \frac{(V \cdot W)}{(V - V_1)\,T}.$$

Hierin bedeuten V W die Verdampfungswärme, p das Gewicht, T die absolute Temperatur, V und V_1 die Volumina eines Grammes des Dampfes bezw. der Flüssigkeit. Durch Multiplikation des Zählers und Nenners mit M dem Molekulargewicht, erhält man:

$$\frac{dp}{dT} = \frac{M\,(V\,W)}{M\,(V - V_1)\,T}.$$

---

[1] Vgl. hierzu C. Schall, Zeitschr. physik. Ch. **8**, 158, 1891; L. Kossakowsky, ibid. **8**, 165, 141, 1891.

[2] Beyerink, ibid. **9**, 264, 1892; O. Lehmann, ibid. **9**, 671, 1892.

Vernachlässigt man das Molekularvolum der Flüssigkeit $M V_1$ gegenüber dem des Dampfes, so erhält man:

$$\frac{d p}{d T} = \frac{M (V W)}{M V T}.$$

Dividirt man beiderseits noch mit p, so ergiebt sich:

$$\frac{d p}{p\,d T} = \frac{M (V W)}{M V p T},$$

und setzt $M V p = p v = R T$, so erhält man:

$$\frac{d \ln p}{d T} = \frac{(M V W)}{R T^2}.$$

Nach G. Hinrichs[1]) kann der Siedepunkt als einfache Funktion des Logarithmus der Atomgewichte angesehen werden.

Indem wir das Gay-Lussac-Mariotte'sche Gesetz als bei der Siedetemperatur geltend ansehen, ergiebt sich folgende Beziehung[2]) zwischen V dem Volum des gesättigten Dampfes, m dem Molekulargewicht, T der absoluten Siedetemperatur, p dem Dampfdruck und $\dfrac{B}{p}$ einer gemeinsamen Konstanten, welche bei passender Wahl auch gleich 1 gemacht werden kann:

$$p V = \frac{B T}{m} ; m V = \frac{B T}{p}.$$

Demgemäss ist der absolute Siedepunkt ein Maass für das Molekularvolum des gesättigten Dampfes beim Druck einer Atmosphäre.

„Allerdings liegen keine genauen Beobachtungen der Volume der gesättigten Dämpfe vor; Regnault aber hat bei verschiedenen Dämpfen die Spannungen bestimmt, und mit Hilfe der Spannungskurve kann man das Volum berechnen, wenn die latente Dampfwärme bekannt ist. In folgender Tabelle sind die von Zeuner in seinen „Grundzügen der mechanischen Wärmetheorie" auf diese Weise berechneten Volume zusammengestellt. Wie man sieht, beträgt die grösste Abweichung der gemeinsamen Konstante von dem Mittelwert nur 2 %.

Substanz	m.	V. pro 1 g.	T.	$\dfrac{1000\,T}{mV.}$
Wasser,	18	1650,4	373,0 ⁰	12,56
Aether,	74	339,8	308,0	12,26
Alkohol,	46	630,3	351,3	12,12
Aceton,	58	471,0	329,3	12,06
Chloroform,	119,4	226,7	333,2	12,31
Chlorkohlenstoff,	153,8	180,7	349,5	12.58
Schwefelkohlenstoff,	76	336,4	319,3	12,44
			Mittel	12,34.

1) G. Hinrichs, Zeitschr. physik. Ch. 8, 229, 340, 680, 1891.
2) C. M. Guldberg, Zeitschr. physik. Ch. 5, 379, 1890.

Verdampfungswärme.

Die Verdampfungswärme kann berechnet werden

a) nach der Formel von Arrhenius bezw. Beckmann,

$$d = 0{,}02 \frac{T^2}{\varrho},$$

worin d die molekulare Siedepunktserniedrigung, T die absolute Temperatur und ϱ die Verdampfungswärme bedeuten.

Dieselbe ist bereits in Bd. I, S. 360, 361 und 414 ausführlich besprochen worden.

b) nach der Formel von Clausius.

Die von Clausius gegebene Gleichung lautet:

$$\varrho = T \frac{dp}{dT} (v_1 - v_2).$$

Hierin bedeuten T den absoluten Siedepunkt, $\dfrac{dp}{dT}$ die Zunahme des Dampfdrucks bei Erhöhung der Siedetemperatur und v_1 und v_2 die specifischen Volumina des Dampfes und der Flüssigkeit beim Siedepunkt. Unter Vernachlässigung[1] des relativ kleinen Werthes v_2, und indem man für v_1 den Werth $= \dfrac{V_1}{M} = \dfrac{RT}{pm}$ einsetzt, erhält man $\varrho = 1{,}98 \dfrac{T^2 dp}{pM \, dT}$.

Hierin bedeuten V_1 das Molekularvolum und M das Molekulargewicht im Gaszustande.

c) Nach der Troutonschen Regel.

Dieselbe wird durch die Formel ausgedrückt:

$$\frac{m\varrho}{T} = 20{,}63.$$

Hierbei ist ϱ die Verdampfungswärme bei der normalen Siedetemperatur T, und m ist das Molekulargewicht im flüssigen Zustande.

„Diese Gleichung erhält man aus derjenigen von Clausius durch einfache Integration, indem man für p den Werth für den normalen Druck einsetzt Bedingung hierbei ist aber die Konstanz des Molekulargewichts beim Uebergang vom gasförmigen zum flüssigen Zustande. Aendert sich das Molekulargewicht, so ist, wie dies früher zuerst von Linebarger und dann von J. Traube[2] gezeigt wurde, $\dfrac{m\varrho}{T} >$ oder $< 20{,}63$, je nach

---

1) Vgl. W. Nernst, Theor. Ch. p. 50, 893; J. Traube, Ber. **31**, 1562, 1898.
2) J. Traube, Ber. **30**, 269, 1897; **31**, 1562, 1898.

dem Grade des Zerfalls, welchen die associirten Molekeln der Flüssigkeit bei dem Uebergang in den Gaszustand erleiden."

„Die Gleichungen von Clausius und Trouton führen hiernach zu übereinstimmenden und annähernd richtigen Werthen der Verdampfungswärme, sofern die Molekulargewichte im gasförmigen und Flüssigkeitszustande dieselben sind; andernfalls führt die Gleichung von Trouton zu stark abweichenden und unrichtigen Werthen, während die Gleichung von Clausius auch dann eine gute Uebereinstimmung ergiebt."

In der folgenden Tabelle giebt J. Traube die nach Clausius Gleichung berechneten Werthe der Verdampfungswärme einiger Elemente zusammengestellt mit einigen direkt beobachteten Werthen, sowie mit den nach Trouton's Regel unter der Annahme berechneten Werthen, dass die Molekeln jener Elemente im flüssigen Zustande dasselbe Molekulargewicht haben wie im Gaszustande. Unter m sind die Molekulargewichte aufgeführt. In der letzten Spalte finden sich die Werthe $\frac{m\varrho}{T}$ der Trouton'schen Gleichung, indem für ϱ die Werthe nach Clausius sowie die direkt beobachteten Werthe eingesetzt wurden.

	ϱ nach Clausius in Cal.	ϱ nach Trouton in Cal.	ϱ direkt gemessen.	m.	$\frac{m\varrho}{T}$.
Brom	46,7	43,3	43,69 (für $t = 61,55°$)	$2 \times 79,8$	22,5; 21,0
Jod	34,9	37,3	—	$2 \times 126,5$	19,4
Zink	390,1	383,1	—	$1 \times 65,1$	21,0
Kadmium . .	209,6	191,9	—	$1 \times 111,6$	22,5
Quecksilber . .	69,0	65,1	62,0 (für $t = 350°$)	$1 \times 199,7$	21,5; 19,6
Wismuth . . .	201,6	190,4	—	$1 \times 208,4$	21,8
Schwefel . . .	339,6	—	362,0 (für $t = 316°$)	$2 \times 32,0$	30,2

„Mit Ausnahme des Schwefels folgen sämmtliche Elemente, wie die letzte Kolumne lehrt, dem Trouton'schen Gesetze. Die Elemente Br, J, Zn, Cd, Hg und Bi haben daher im gasförmigen und flüssigen Zustande dasselbe Molekulargewicht."

Die Verdampfungswärme setzt sich aus drei Faktoren zusammen. Einmal kommt die Arbeit in Betracht (I), welche zur Ueberwindung des Atmosphärendrucks geleistet werden muss, wenn der betreffende Körper in Dampfform übergeht. Der zweite Theil (II) dient zur Uebertragung einer gesteigerten Bewegung, wie sie die Existenz im Dampfzustande gegenüber dem im Flüssigkeitszustande erfordert und der dritte Faktor (III) wird verbraucht zur Zerlegung von etwa vorhandenen Komplexen in Einzelmoleküle. Faktor I und II sind immer in der Verdampfungswärme enthalten, Faktor III nur unter den betreffenden Verhältnissen[1]).

Die für die Ueberwindung des Atmosphärendrucks zu leistende Arbeit (I) lässt sich leicht bestimmen[2]). „Die Arbeit bei der Ausdehnung eines Körpers ist nämlich gegeben durch das Produkt $p \triangle v$, wo p der Druck und $\triangle v$ die Zunahme des Volums ist. Für eine Gasmenge, welche einem Grammmolekülgewicht entspricht, ist der Werth des Produktes für die Volumzunahme von 0^0 auf 1^0 oder die Grösse $\alpha p_0 v_0 = 84688$ Grm.-Cm in Gewichtsmaass oder 2 cal. in Wärmemaass. Da nun in der bekannten Gasgleichung $p v = RT$ die Grösse $R = \alpha p_0 v_0$ ist, so folgt, dass im Wärmemass $p v = 2 T$ cal. zu setzen ist. Das Produkt $p v$ stellt die gesammte äussere Arbeit dar, welche zu verrichten ist, wenn ein Gas aus flüssigen oder festen Stoffen, deren Volum gegen das des Gases verschwindend klein ist, entsteht. Es ist von dem Drucke unabhängig, da nach dem Boyle'schen Gesetz das Produkt $p v$ bei gegebener Temperatur konstant ist, und wächst, wie aus der Formel $p v = 2 T$ ersichtlich, proportional der absoluten Temperatur."

Die Trouton'sche Regel besagt nun $(MVW) = 18,7 T$ für das einatomige Quecksilbermolekül.

Bezeichnen wir mit $(MVW)_1$ den ersten Theil der gesammten molekularen Verdampfungswärme und mit $(MVW)_2$ den zweiten, so ergiebt sich folgende Gleichung für die Körper, bei denen die Molekulargrösse im gasförmigen und flüssigen Zustand die gleiche ist,

$$(MVW) = (MVW)_1 + (MVW)_2 = 18,7 T$$
$$= 2 T + 16,7 T \text{ für einatomige Gase}[3]).$$

Für zweiatomige Gase ergiebt sich im Durchschnitt der Werth 22,5. Wir haben also

$$MVW = 2 T + 16,7 T + \frac{16,7 \cdot 2^2 T}{10} = 25,38 T.$$

Im Durchschnitt wurden gefunden 22,5 T.

Falls diese Regel auch für mehratomige Gase gilt, können wir noch folgendes ableiten.

Für vieratomige Gase (P_4, As_4, Sb_4) ergiebt sich die Gleichung:

$$M V W = 2 T + 16,7 T + \frac{16,7 \cdot 4^2}{10} T = 25,38 T.$$

[1]) Vgl. W. Vaubel, Journ. pr. Ch. **57**, 338, 1898. Bd. I, S. 364 u. f.
[2]) W. Ostwald, Allg. Ch. **1**, 346.
[3]) Vgl. W. Vaubel, Journ. pr. Ch. **57**, 341, 1898.

Für achtatomige Gase (S_8) ergiebt sich die Gleichung:

$$M\,V\,W = 2\,T + 16,7\,T + \frac{16,7 \cdot 8^2}{10}\,T = 126,40\,T.$$

Unter Zugrundelegung von 97672 cal. als Verdampfungswärme für den Schwefel (S_8) ergiebt sich somit:

$$97672 = x\,T = x\,721;\quad x = 135,5 \text{ statt } 126,40.$$

Ein Theil der Verdampfungswärme wird also beim Schwefel zur Zerlegung grösserer Komplexe verwendet oder eventuell zur Ueberwindung der Kohäsion.

Aehnliche Werthe, wie für die Verdampfungswärme von Flüssigkeiten sich aus der Trouton'schen Regel ergeben, konnte Le Chatelier[1]) nachweisen, wenn man die Dissociationswärme von Molekular- und ähnlichen Verbindungen wie von festen Ammoniakverbindungen, von Palladiumwasserstoff, Calciumkarbonat, Iridiumdioxyd, Tricyan oder Calciumhydroxyd durch die Temperatur dividirt, bei der der Dissociationsdruck eine Atmosphäre beträgt. Die Konstante der Le Chatelier'schen Regel ist etwa 30. Dieselbe fällt aber mit der von Trouton zusammen, wenn man berücksichtigt, dass in der Dissociationswärme nicht nur die Verdampfungswärme des gasförmig abgespaltenen Stoffes enthalten ist, sondern auch seine Verflüssigungswärme und die Wärme, die bei der Verbindung der festen Dissociationsprodukte, z. B. Chlorsilber mit Ammoniak frei wird.

Eine Ableitung der Trouton'schen Regel giebt C. M. Guldberg[2]). Aus der allgemeinen Zustandsgleichung leitet man die Gleichung her

$$\frac{m\varrho}{T_1} = \psi\left(\frac{T}{T_1}\right),$$

worin T den Siedepunkt, T_1 die kritische Temperatur, beide in absoluter Zählung, und ψ eine noch unbekannte Funktion bedeuten. Nun hat sich aus dem Vergleich der Werthe für T und T_1 ergeben, dass T_1 durchschnittlich $= {}^2\!/_3$ ist. Bei Vergleichung verschiedener Flüssigkeiten findet man durch graphische Interpolation

$$\psi\,({}^2\!/_3) = 14,$$

und folglich gilt bei dem Siedepunkt angenähert

$$\frac{m\varrho}{T_1} = \psi\,({}^2\!/_3) = 14,$$

und hieraus folgt durch Einsetzen von $\dfrac{T}{T_1} = {}^2\!/_3$

$$\frac{m\varrho}{T} = 21.$$

---

1) Le Chatelier, Compt. rend. **104**, 536, 1887; De Forcrand, ibid. **132**, 879, 1901; Chem. Centralbl. 1901, I, 1032.

2) C. M. Guldberg, Zeitschr. physik. Ch. **5**, 376, 1890.

d) Aus der Arbeitsleistung beim Zusammenpressen des Dampfes.

H. Crompton[1]) berechnet auf Grund der beim Zusammenpressen eines verdünnten Dampfes geleisteten Arbeit, — vom Volum V_0 auf das Volum v_0, welches der Dampf als Flüssigkeit einnehmen würde, falls er während der Kompression dauernd dem Gasgesetze $PV = RT$ gehorcht, — für die latente Verdampfungswärme die Formel:

$$M V W = 2 R T \log \frac{V_0}{v_0}.$$

An den von Cailletet und Mathias mit CO_2, N_2O und SO_2 angestellten Beobachtungen zeigt er, dass diese Formel für weite Veränderungen der Temperatur und des Druckes giltig ist. Die berechneten Werthe sind meist 5—10 % höher als die beobachteten, da ein gesättigter Dampf meist eine etwas höhere Dichte hat, als dem normalen Molekulargewicht entspricht. Bei einigen Verbindungen, besonders Fettalkoholen, sind dagegen infolge der Bildung von Molekulraggregaten bei der Verflüssigung die beobachteten Werthe höher als die berechneten.

Siedepunktsregelmässigkeiten und Konstitution.

Wenngleich sich das von Kopp im Jahre 1842 anfgestellte Gesetz, dass gleichen Unterschieden in der Zusammensetzung bei organischen Verbindungen gleiche Differenzen der Siedepunkte entsprechen, durchaus nicht in vollem Umfange und besonders nicht mit aller Schärfe bestätigt hat, so sind doch genügende Beispiele vorhanden, die bei einer grossen Zahl von Verbindungen gewisse Regelmässigkeiten nicht verkennen lassen.

Kopp hatte das obige Gesetz auf Grund der Beobachtungen aufgestellt, dass bei einer grossen Zahl von homologen Reihen, bei denen sich also immer das folgende von dem vorhergehenden Gliede durch Zufügen einer CH_2-Gruppe ableitet, die Siedepunktsdifferenz 19^0 beträgt. Dies trifft zu für die Alkohole der Methylalkoholreihe, die Säuren der Essigreihe, die Essigsäureester, die Normalbuttersäureester, die Aethylester der Essigsäurereihe, die Nitrile der Methylenamidreihe, die Ketone der Acetonreihe und die sekundären Alkohole, wobei immer die normalen Verbindungen allein in Frage kommen. Ausserdem ist noch zu beachten, dass hierbei die Differenz durchaus nicht genau 19^0 beträgt, sondern Schwankungen bis zu 5 und 6^0 nach oben und unten davon zeigt. Auch geht gewöhnlich die Siedepunktsdifferenz mit wachsendem Molekulargewicht etwas zurück.

---

1) H. Crompton, Proc. Chem. Soc. **17**, 61, 1901; Chem. Centralbl. 1901, I, 1033.

Bezeichnet man die Siedepunktstemperaturen einer homologen Reihe

unter dem Drucke P mit T_1, T_2, T_3, T_4 ...

unter dem Drucke p mit t_1, t_2, t_3, t_4 ...,

wo $P > p$ und $T_1 < T_2 < T_3 < T_4$ sei, so ist nach dem Kopp'schen Gesetz dies allgemein, d. h. für alle Drucke giltig, vorausgesetzt dass

$$\left.\begin{array}{l} T_2 - T_1 = T_3 - T_2 = T_4 - T_3 = A \\ t_2 - t_1 = t_3 - t_2 = t_4 - t_3 = a \end{array}\right\}$$

Von Dalton wurde die als unrichtig erwiesene Beziehung abgeleitet:

$$T_1 - t_1 = T_2 - t_2 = T_3 - t_3 = T_4 - t_4.$$

Winkelmann[1]) stellte folgendes Verhältniss fest:

$$\begin{aligned} T_1 - t_1 &= T_1 - t_1, \\ T_2 - t_2 &= T_1 - t_1 + (A - a), \\ T_3 - t_3 &= T_1 - t_1 + 2(A - a), \\ T_4 - t_4 &= T_1 - t_1 + 3(A - a). \end{aligned}$$

Die von Winkelmann aufgestellten Beziehungen folgen unmittelbar aus dem Kopp'schen Gesetz. Sie sind deshalb richtig, sobald das Kopp'sche Gesetz allgemein zutrifft. Es leitet sich jedoch nicht umgekehrt das Kopp'sche Gesetz aus dem Winkelmann'schen Satze ab, der eine Verbesserung der von Dalton aufgestellten Beziehung bedeutet.

B. Woringer[2]) erhielt gewisse Beziehungen aus der thermodynamischen Interpolationsformel

$$p = a\, e^{\frac{-b}{\vartheta}}\, \vartheta^c.$$

Hierin bedeuten: p die Dampfspannung,

ϑ die absolute Temperatur,

a, b, c drei Konstanten,

e die Basis der natürlichen Logarithmen.

Unter Umständen, wo die Formel nicht genügte, wurde auch eine solche mit vier Konstanten angewendet, die sich dadurch aus der ersteren ableitet, dass man $c + d \log \vartheta$ statt c setzt. Es ergiebt sich dann:

$$p = a\, e^{\frac{-b}{\vartheta}}\, \vartheta^{c + d \log \vartheta}.$$

Hierzu berechtigt die Thatsache, dass c in Wirklichkeit keine Komponente ist, denn sie enthält die specifische Wärme der Flüssigkeit und die des Dampfes bei konstantem Druck, und diese sind nicht von der Temperatur ϑ unabhängig. Zur Bestimmung der Konstanten mussten bei der ersten Formel drei, bei der zweiten vier Datenpaare gewählt werden;

---

1) A. Winkelmann, Wied. Ann. **1**, 430, 1877; Liebig's Ann. **204**, 251, 1880; Zeitschr. physik. Ch. **35**, 480, 1900.

2) B. Woringer, Zeitschr. physik. Ch. **34**, 257, 1900.

dann lässt sich der Dampf bei jeder Temperatur „berechnen". Ausserdem lässt er sich „konstruiren", d. h. aus den Dampfdruckkurven ableiten.

Nachstehende Tabelle giebt einen Vergleich der auf diese Weise erhaltenen Daten:

N a m e.	Differenz 2—1.	1 aus den kon-struirten Kurven.	2 be-obachtet (Landolt u. Jahn).	3 be-rechnet.	Differenz 2—3.
Benzol	+ 0,40	79.60	80	79,43	+ 0,57
Hexylen	+ 1,08	65,92	67	65,92	+ 1,08
Hexan	— 0,10	68,50	68,4	68,53	— 0,13
Toluol	+ 0,14	109,86	110	109,20	+ 0,80
Oktan	— 0,78	124,28	123,5	124,32	— 0,82
Aethylbenzol	+ 0,09	133,91	134	130.75	+ 3,25
p-Xylol	— 0,03	138,03	138	138,07	— 0,07
m-Xylol	± 0,00	138,75	138,75	138,79	— 0,04
o-Xylol	— 0,61	143,61	143	143,66	— 0,66
i-Propylbenzol	— 1,73	154,73	153	154,69	— 1,69
Propylbenzol	+ 0,72	156,28	157	156,00	+ 1,00
Dekan (Diamyl)	— 1,69	159,19	157,5	158,56	— 1,06
i-Butylbenzol	— 0,41	167,41	167,0	168,26	— 1,26
Pseudokumol	+ 0,42	169,33	169,75	169,50	+ 0,25
Cymol	+ 0,02	174,98	175	179,85	— 4,85
Mesitylen	+ 0,06	161,94	162	162,04	— 0,04

Die berechneten Temperaturen, welche Woringer den aus den Kurven abgeleiteten gegenüber bevorzugt, zeigen von den beobachteten nur bei Aethylbenzol, i-Butylbenzol und Cymol geringere Abweichungen von 3,25, 1,26 und 4,85 ^{0}.

In betreff der weiterhin noch entwickelten Beziehungen muss auf die betreffende Abhandlung verwiesen werden.

Verminderungen der Differenzen, die in mehr oder weniger regelmässiger Weise vor sich gehen, zeigen sich z. B. bei den normalen Kohlenwasserstoffen der Methanreihe. Während die Differenz zwischen Butan und Pentan 35,5 ^{0} beträgt, ist sie bei Dekan und Undekan nur noch = 21,5 ^{0} und geht sogar bei Oktdekan und Nondekan auf 13 ^{0} zurück. Aehnliche Erscheinungen zeigen sich bei den entsprechenden normalen Chloriden, Bromiden und Jodiden.

Für die aus normalen Alkoholen gebildeten Aether hat Dobriner gefunden, dass die Differenzen der Siedepunktsunterschiede umso grösser sind, je kleiner die Molekulargrösse der verglichenen Verbindung ist.

	Methyl	Diff.	Aethyl	Diff.	Propyl	Diff.	Butyl	Diff.
Methyl	−23,6°		10,8°		38,9°		70,3°	
		34,4°		23,8°		24,7°		21,1°
Aethyl	+10,8°		34,6°		63,6°		91,4°	
		28,1°		29,0°		27,1°		25,7°
Propyl	+38,9°		63,6°		90,7°		117,1°	
		31,4°		27,8°		26,4°		23,8°
Butyl	+70,3°		91,4°		117,1°		140,9°	
		3.26,5°		3.25,1°		3.23,5°		3.21,6°
Heptyl	+149,8°		166,6°		187,6°		205,7°	

Auch hier zeigt sich die Regel bei den Anfangsgliedern nicht in voller Reinheit ausgeprägt.

Aehnliches gilt nach den Untersuchungen von Gartenmeister[1] für die Ester aus normalen Fettsäuren und Fettalkoholen.

„Weitere allgemeine Regeln, die aber ebenfalls nicht ohne Ausnahme sind, sind die folgenden:

1. Der Siedepunkt liegt umso niedriger, je verzweigter die Kohlenstoffkette ist. Ausnahmen finden sich bei den Kohlenwasserstoffen der aromatischen Reihe.

2. Primäre Alkohole sieden höher als sekundäre und diese wiederum höher als tertiäre. Ausnahmen bilden die Phenole, die doch eventuell als tertiäre Alkohole anzusehen sind.

3. Die Derivate der Acetylenreihe zeigen einen höheren Siedepunkt als die der Aethanreihe, während die der Aethylenreihe nicht allzu sehr von denen der Aethanreihe abweichen."

„Aus dieser Zusammenstellung ergiebt sich, dass, wenn auch die Siedepunktsdifferenzen häufig einen additiven Charakter tragen, doch vielfach konstitutive Einflüsse in überaus reichem Maasse thätig sind. Diese Erscheinung entspricht aber auch durchaus den Erwartungen, welche man nach den gegenwärtig sich durchringenden Anschauungen über die räumliche Anordnung der Moleküle hegen darf."

„Von Interesse ist noch eine Beobachtung von Beketow und von Berthelot[2]), wonach man den Siedepunkt von Estern berechnen kann aus der Summe der Siedepunkte der Bestandtheile, vermindert um ca. 120°. Bei gemischten Aethern trifft dies nicht zu."

Eine ausführlichere Behandlung dieses Stoffes findet sich in Graham-Otto, Lehrb. d. Chemie, Abtheilung III., 1898 von W. Marckwald ausserdem in einzelnen Monographien z. B. in C. Windisch, Inaug.

---

[1] Gartenmeister, Liebig's Ann. **233**, 249. Weitere Litteraturangaben, denen zum Theil diese Sätze entnommen sind, sind im Texte angeführt.

[2] Berthelot, Ann. chim. phys. (3), **48**, 323.

Diss. „Ueber die Beziehungen zwischen dem Siedepunkt und der Zusammensetzung chemischer Verbindungen", Berlin 1889.

Siedetemperatur und Barometerstand.

Als den normalen Siedepunkt sieht man diejenige Temperatur an, bei welcher eine Flüssigkeit bei 760 mm Druck siedet. Mit Veränderung des Barometerstandes erleidet auch die Siedetemperatur eine Veränderung. Wie Crafts[1]) gefunden hat, ergiebt es sich, dass die Siedepunktsänderung innerhalb nicht zu grosser Schwankungen des Luftdrucks direkt proportional der absoluten Siedetemperatur T der betreffenden Substanz angesehen werden kann:

$$\mathit{\Delta} = T \cdot c.$$

Hierbei bedeutet c eine von der Natur der Substanz abhängige Konstante.

Für folgende Substanzen ergeben sich die von verschiedenen Autoren experimentell bestimmten Konstanten, von P. Fuchs[2]) umgerechnet, zu:

	$\mathit{\Delta}$	$\mathit{\Delta}_0$
Aceton, $(CH_3)_2CO$,	$0,0388^0$	2,57 mm [1])
Aethylalkohol, C_2H_5OH,	0,0362	2,76 mm [5])
Anilin, $C_6H_5NH_2$,	0,0518	1,93 mm [3])
Benzol, C_6H_6,	0,0430	2,32 mm [4])
Methylalkohol, CH_3OH,	0,0362	2,76 mm [5])
Monobrombenzol, C_6H_5Br,	0,0526	1,90 mm [3])
Monochlorbenzol, C_6H_5Cl,	0,0496	2,01 mm [3])
Metaxylol, $C_6H_4(CH_3)_2$,	0,0508	1,96 mm [1]).

Hierbei bedeuten $\mathit{\Delta}$ die Siedepunktsänderung für 1 mm Druck und $\mathit{\Delta}_0$ die Spannkraftsänderung des Dampfes der Substanz pro $0,1^0$ Temperaturvariation. Die Giltigkeit dieser Werthe erstreckt sich auf eine Druckdifferenz von ± 50 mm gegenüber dem Normaldruck von 760 mm bei 0^0. Man erhält also bei einem Druck, der vom normalen Barometerstand um n mm abweicht, als korrigirten Werth:

$$\pm (n\,c)\,t,$$

welche Grössen in den folgenden Tabellen abgesehen werden können:

---

1) Crafts, Ber. **20**, 401, 1887.

2) P. Fuchs, Zeitschr. angew. Ch, **1898**, 868.

3) Ramsay u. Young, Zeitschr. physik. Ch. **1**, 247.

4) Regnault, Mémoire de l'acad. **21**, 624, **26**, 339; Compt. rend. **39**, 301, 347, 397.

5) Schmidt, Zeitschr. physik. Ch. **7**, 433, **8**, 628.

Siedepunkts-Reduktionstafel auf Normaldruck von 760 mm für

Barometer-Stand mm	Ganze Millimeter									
	0	1	2	3	4	5	6	7	8	9

Aceton, $(CH_3)_2CO$.

710	55,06	,10	,14	,18	,21	,25	,29	,33	,37	,41
720	55,45	,49	,52	,56	,60	,64	,68	,72	,76	,80
730	55,83	,87	,91	,95	56,00	,03	,07	,11	,15	,18
740	56,22	,26	,30	,34	,38	,42	,46	,49	,53	,57
750	56,61	,65	,69	,73	,77	,80	,84	,88	,92	,96
760	57,00	,04	,08	,12	,15	,19	,23	,27	,31	,35
770	57,39	,43	,46	,50	,54	,58	,62	,66	,70	,74
780	57,78	,81	,85	,89	,93	,97	58,00	,04	,08	,12

Aethylalkohol, C_2H_5OH.

710	76,36	,40	,43	,47	,51	,54	,58	,62	,65	,69
720	76,37	,76	,80	,84	,87	,91	,95	,98	77,02	,06
730	77,10	,13	,17	,21	,24	,28	,32	,35	,39	,43
740	77,46	,50	,54	,57	,61	,64	,68	,72	,76	,79
750	77,83	,87	,90	,94	,98	78,02	,05	,09	,13	,16
760	78,20	,24	,27	,31	,35	,38	,42	,46	,49	,53
770	78,57	,60	,64	,68	,71	,75	,79	,82	,86	,90
780	78,94	,97	79,00	,04	,08	,12	,16	,19	,23	,27

Anilin, $C_6H_5NH_2$.

710	77,85	,89	,51	,56	,62	,67	,72	,77	,82	,88
720	78,28	,32	182,03	,08	,13	,19	,24	,29	,34	,39
730	78,71	,75	,55	,60	,65	,70	,76	,81	,86	,91
740	79,14	,18	,06	,12	,17	,22	,27	,33	,38	,43
750	79,57	,61	,58	,64	,69	,74	,79	,84	,90	,95
760	80,00	,04	,10	,15	,21	,26	,31	,36	,41	,47
770	80,43	,48	,62	,67	,72	,78	,83	,88	,93	,98
780	80,86	,90	,14	,19	,24	,30	,35	,40	,45	,50

Benzol, C_6H_6.

710	77,85	,89	,94	,98	78,02	,06	,11	,15	,19	,24
720	78,28	,32	,36	,40	,45	,49	,54	,58	,62	,67
730	78,71	,75	,79	,84	,88	,92	,97	79,01	,05	,10
740	79,14	,18	,23	,27	,31	,35	,40	,44	,48	,53
750	79,57	,61	,66	,70	,74	,78	,83	,87	,91	,96
760	80,00	,04	,09	,13	,17	,21	,26	,30	,34	,39
770	80,43	,48	,52	,56	,60	,64	,69	,73	,77	,82
780	80,86	,90	,95	,99	81,03	,07	,12	,16	,20	,25

Methylalkohol, CH_3OH.

710	65,06	,10	,13	,17	,21	,24	,28	,32	,35	,39
720	65,43	,46	,50	,54	,57	,61	,65	,68	,72	,76
730	65,80	,83	,87	,91	,94	,98	66,02	,05	,09	,13
740	66,16	,20	,24	,27	,31	,35	,38	,42	,46	,49
750	66,53	,57	,60	,64	,68	,72	,75	,79	,83	,86
760	66,90	,94	,97	67,01	,05	,08	,12	,16	,19	,23
770	67,27	,30	,34	,38	,42	,45	,49	,53	,56	,60
780	67,64	,67	,71	,75	,78	,82	,86	,89	,93	,97

Barometer-Stand mm	Ganze Millimeter									
	0	1	2	3	4	5	6	7	8	9

Monobrombenzol C_6H_5Br.

	0	1	2	3	4	5	6	7	8	9
710	153,37	,42	,47	,53	,58	,63	,68	,74	,79	,84
720	153,90	,95	154,00	,05	,11	,16	,21	,26	,32	,37
730	154,42	,47	,53	,58	,63	,68	,74	,79	,84	,89
740	154,95	155,00	,05	,11	,16	,21	,26	,32	,37	,42
750	155,47	,53	,58	,63	,68	,74	,79	,84	,89	,95
760	156,00	,05	,10	,16	,21	,26	,32	,37	,42	,47
770	156,33	,58	,63	,68	,74	,79	,84	,89	,95	157,00
780	157,05	,10	,16	,21	,26	,31	,37	,42	,47	,53

Monochlorbenzol, C_6H_5Cl.

	0	1	2	3	4	5	6	7	8	9
710	129,52	,57	,62	,67	,72	,77	,82	,87	,92	,97
720	130,02	,07	,12	,16	,21	,26	,31	,36	,41	,46
730	130,51	,56	,61	,66	,71	,76	,81	,86	,91	,96
740	131,00	,06	,11	,16	,21	,26	,31	,36	,40	,45
750	131,50	,55	,60	,65	,70	,75	,80	,85	,90	,95
760	132,00	,05	,10	,15	,20	,25	,30	,35	,40	,45
770	132,50	,55	,60	,64	,69	,74	,79	,84	,89	,94
780	132,99	133,04	,09	,14	,19	,24	,29	,34	,39	,44

Meta-Xylol, $C_6H_4(CH_3)_2$.

	0	1	2	3	4	5	6	7	8	9
710	136,46	,51	,56	,61	,66	,71	,76	,82	,87	,92
720	136,97	137,02	,07	,12	,17	,22	,27	,32	,37	,42
730	137,48	,53	,58	,63	,68	,73	,78	,83	,88	,93
740	137,98	138,03	,09	,14	,19	,24	,29	,34	,39	,44
750	138,49	,54	,59	,64	,69	,75	,80	,85	,90	,95
760	139,00	,05	,10	,15	,20	,25	,30	,36	,41	,46
770	139,51	,56	,61	,66	,71	,76	,81	,86	,91	,97
780	140,02	,07	,12	,17	,22	,27	,32	,37	,42	,47

Durch Versuche mit Handelsbenzolen und ihnen ähnlichen Gemischen von Benzol, Toluol und Xylol gelangte Landers[1]) unter Benutzung des von der Analysenkommission des Vereins zur Wahrung der Interessen der chemischen Industrie empfohlenen Destillationsapparates[2]) zu folgenden, für eine Temperatur von 100^0 geltenden Regeln:

a) Zu den bei 100^0 C. bei einem Barometerstande zwischen 720 und 780 mm erhaltenen Destillationsproducenten sind, um dieselben auf 760 mm zu reduciren, für jeden Millimeter

$$\text{für 50 er Benzol} = 0{,}077\ ^0/_0,$$
$$\text{für 90 er Benzol} = 0{,}033\ ^0/_0$$

zu- bezw. abzuzählen.

---

1) A. Landers, Chem. Ind. **12**, 169, 1889.
2) Chem. Ind. **9**, 328, sowie F. Frank, Chem. Ind. **24**, 1901.

b) Bei einer Destillation zwischen 720 und 780 mm muss man zu 100 ⁰ C. für jeden Millimeter

$$\text{bei } 50 \text{er Benzol} = 0,0461^0 \text{ C.}$$
$$\text{bei } 90 \text{er Benzol} = 0,0453^0 \text{ C.}$$

zu- bezw. abzuzählen, um die richtige Temperatur zu bekommen, die dem normalen Barometerstande von 760 mm entspricht.

Bei Einhaltung der gleichen Destillationsmethode würden also bei 100⁰ C. Kriterien für die Beurtheilung von Handelsbenzolen gegeben sein. Aehnliche Beziehungen für die unter 100 ⁰ C. liegenden Temperaturen lassen sich jedoch nicht aufstellen, da der Gehalt der Handelsbenzole an flüchtigen Kohlenwasserstoffen und an Schwefelkohlenstoff ein zu verschiedener ist.

Die Ermittelung des Siedepunktes bei normalem Atmosphärendruck lässt sich mit Hilfe des von H. Bunte[1]) konstruirten Druckregulators ausführen, bei dem der vorhandene Luftdruck auf einem solchen von 760 mm mit Hilfe einer Wassersäule ergänzt wird. Weiterhin ist von Staedel und Hahn[2]) ein Apparat konstruirt worden, der es ermöglicht, sowohl Ueberdruck wie Unterdruck herzustellen. Weitere ausführliche Beschreibungen verschiedener Verfahren der Bestimmung von Siedepunkt und Dampfdruck sind in dem Werke von W. Vaubel „Die physikalischen und chemischen Methoden der quantitativen Bestimmung organischer Verbindungen" Berlin 1902 zu finden.

Dampfspannung und Temperatur.

Nach dem Dupré-Rankine'schen Dampfspannungsgesetze bestehen folgende Beziehungen zwischen der Dampfspannung P und der absoluten Temperatur T:

$$\log P = A - \frac{B}{P} - C \log T.$$

Hierbei sind A, B und C Konstanten.

Eine grössere Reihe von Arbeiten sind von Rankine, Dupré, Guldberg, Gibbs, Kirchhoff, de Heen, J. J. Thomson, Planck und Bertrand über diesen Gegenstand ausgeführt worden, die alle, wenn auch auf verschiedenen Wegen, zu dieser Formel führten. Eine umfassende Prüfung wurde von P. Juliusburger[3]) vorgenommen. Derselbe giebt für 109 Substanzen die Konstanten A, B und C. Da diese jedoch unter einander sehr verschieden sind und sogar mitunter für verschiedene Temperaturintervalle wechseln, lässt sich eine gesetzmässige Abhängigkeit von der Natur des Stoffes nicht ermitteln.

---

1) H. Bunte, Liebig's Ann. **168**, 139.
2) W. Staedel u. Hahn, Liebig's Ann. **195**, 218.
3) P. Juliusburger, Drude's Ann. (4), **3**, 618, 1900.

Zunächst seien die **Dampfspannungen des Chlors** angeführt. Dieselben sind von R. Knietsch[1]) gemessen worden, um zu konstatiren, welche Verhältnisse für die Aufbewahrung und den Versandt von flüssigem Chlor in Betracht kommen. Die **Dampfspannungen des flüssigen Chlors unterhalb des Siedepunkts — 37⁰** sind folgende:

Temperatur.	Druck. mm Hg.	Temperatur.	Druck. mm Hg.
— 34,4 ⁰	710	— 54,0 ⁰	305,0
— 34,9	720	— 58,0	236,0
— 37,0	628	— 58,5	232,0
— 38,0	632	— 60,0	217,0
— 38,0	610	— 61,0	198,0
— 40,0	544	— 65,0	160,0
— 41,0	545	— 65,0	155,0
— 41,0	528	— 66,0	155,0
— 42,5	498	— 66,5	147,0
— 43,0	490	— 73,0	100,0
— 43,5	475	— 75,0	90,0
— 44,0	470	— 76,0	82,0
— 44,2	459	— 77,0	80,0
— 44,8	461	— 80,0	62,5
— 45,0	442	— 83,0	50,0
— 46,0	424	— 85,0	45,0
— 47,0	402	— 87,0	40,0
— 49,5	365	— 88,0	37,5.

Die Temperaturen bis — 60⁰ wurden durch einfaches Luftdurchleiten erreicht, für niedere Temperaturen wurde feste Kohlensäure zugefügt, wodurch man leicht auf — 88⁰ kommt. Die Temperaturen wurden mit einem Weingeistthermometer gemessen, welches in fester Kohlensäure — 80⁰ anzeigte, während die Quecksilberhöhen an einem in Millimeter getheilten Maassstabe abgelesen wurden.

Die Ausführung dieser Bestimmungen geschah nach mehrfachen Versuchen mit anderen Verfahren nach folgender Methode: In einem durch umgewickelte Tücher vor Erwärmung von aussen möglichst geschützten Bade B (Fig. 23) befindet sich das Kölbchen a, welches durch einen weichen Gummistopfen luftdicht verschliessbar ist und durch das angeschmolzene Glasrohr e und den dickwandigen Gummischlauch f mit dem Manometer g in Verbindung steht. Der Gummischlauch f war so dickwandig gewählt, dass er auch bei höchstem Vakuum nicht zusammen ge-

---

1) R. Knietsch, Liebig's Ann. **259**, 100, 1890.

drückt wurde. Die Manometerröhre g hatte einen lichten Durchmesser von 7 mm, so dass das Quecksilber in derselben eine Depression nicht mehr erlitt und war in seiner untersten Oeffnung so weit verengt, dass bei zugequetschtem Schlauche f und gefüllter Röhre g weder Flüssigkeit mehr austreten noch Luftblasen in die Röhren eintreten konnten."

„Das Bad B wurde nun zunächst mit flüssigem Chlor gefüllt und dieses durch einen mittels Rohr c eingeblasenen Luftstrom unter seinen Siedepunkt auf ca. —37⁰ abgekühlt. Jetzt wurde auch in das Kölbchen a bis zur Hälfte flüssiges Chlor eingegossen, während g in ein Gefäss i mit koncentrirter Schwefelsäure getaucht wurde. Das kochende und bei d austretende Chlor reisst nun sämmtliche Luft aus a mit sich fort; nach einiger Zeit schliesst man mit einem mit dickflüssigem Glycerin einge-

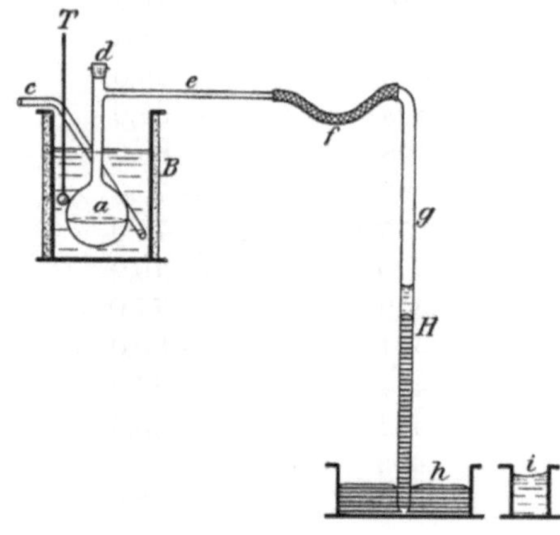

Fig. 23.

schmierten Gummistoffe d, und das gasförmige Chlor verdrängt nun anderseits aus e, f und g jede Spur von Luft, indem es durch die Schwefelsäure in i entweicht. Wenn der Apparat luftfrei ist, taucht man Kölbchen a in das abgekühlte Bad, die Gasentwicklung in i hört auf, und es steigt schliesslich die Schwefelsäure in g in die Höhe. Wenn diese Höhe ca. 3—5 cm erreicht hat, drückt man mit den Fingern den Gummischlauch f fest zusammen, und hebt nun vorsichtig, so dass keine Luftblase nach g dringt, die Röhre g in das Quecksilber des Gefässes h. Die kleine in g verbliebene Schicht Schwefelsäure schützt nun das Quecksilber vor dem Angriff des Chlors auf längere Zeit hin. Natürlich muss die Höhe dieser Schicht gemessen und, auf Quecksilberhöhe reducirt, in Rechnung gezogen werden. Da die Dampfspannung einer Substanz immer der niedrigsten Temperatur entspricht, welche an irgend einer Stelle des Gefässes herrscht, so braucht nur die Temperatur des Bades gemessen zu werden, wobei aber die Versuche mit fallender Temperatur vorgenommen werden müssen, so dass die Temperatur des Bades immer niedriger ist, als diejenige in Kölbchen a."

Für den Druck des flüssigen Chlors von seinem Siedepunkte bis 40° wurden folgende Werthe gefunden:

°Celsius.	mm Hg.	Atm. absoluter Druck.
—33,6	760	1
— 9,5	2024	2,662
± 0	2781	3,660
+ 9,62	3713	4,885
+13,12	4129	5,433
+20,85	5162	6,791
+21,67	5293	6,960
+29,70	6579	8,652
+33,16	7197	9,470
+38,72	8276	10,889

Die Ausführung dieser Untersuchung geschah in umstehendem Apparate (Fig. 24): „Ein Glasrohr A von 17 mm lichter Weite wurde an einer Seite mit einem Trichter B und Kapillare K versehen und an der andern Seite in eine enge 6 mm weite Glasröhre C ausgezogen und diese um 180° gebogen. Diese dünnere Glasröhre wurde nun mittels Druckschlauches und der Glasröhren D, D′, D″ u. s. w. bis auf eine Länge von über 8 m gebracht. Zur Füllung des Apparates wurde zunächst eine Quantität Quecksilber in das zweischenklige Rohr gegossen, dann das Quecksilber im weiteren Schenkel mit ca. 20 ccm koncentrirter Schwefelsäure überschichtet und nun der obere Theil des Rohres A inkl. Schwefelsäure stark abgekühlt und durch den Trichter B mit flüssigem Chlor gefüllt. Die letzte Arbeit, die luftfreie Anfüllung des Rohres A mit flüssigem Chlor und das Zuschmelzen der Glasröhre bei K ist, wie leicht begreiflich, eine etwas schwierigere Operation, in betreff deren Beschreibung auf das Original verwiesen werden muss."

„Die Messungen wurden alle von dem ebenen Brette m aus ausgeführt, in welchem die Latte L befestigt war. Diese Latte diente dem Rohre D, D′ u. s. w. als Befestigung und war in ganze Meter eingetheilt. Die Höhe H des Quecksilbers in D, D′ u. s. w. wurde durch Anlegen eines Massstabes von einem solchen Theilstrich aus bestimmt, während die Höhe L′ im andern Schenkel, sowie die Länge der Schichten der Schwefelsäure h″ und des flüssigen Chlors h‴ mittels Kathetometers bestimmt werden. Unberücksichtigt blieb der Druck der Säule des gasförmigen Chlors, während der Druck der Säule h‴ und der Schwefel-

säure h″, in Rechnung gezogen wurde. Der Druck P ergiebt sich alsdann aus der Formel:

$$P = (H + b - H')_t + [H' - (h' + h'' + h''')]_{t'},$$

in welcher b den jeweiligen Barometerstand bezeichnet und alle Queck-
silberlängen auf 0^0 reducirt gedacht sind, wobei für die Grössen der ersten
Klammer die Lufttemperatur t, für die der zweiten diejenige des Bades t

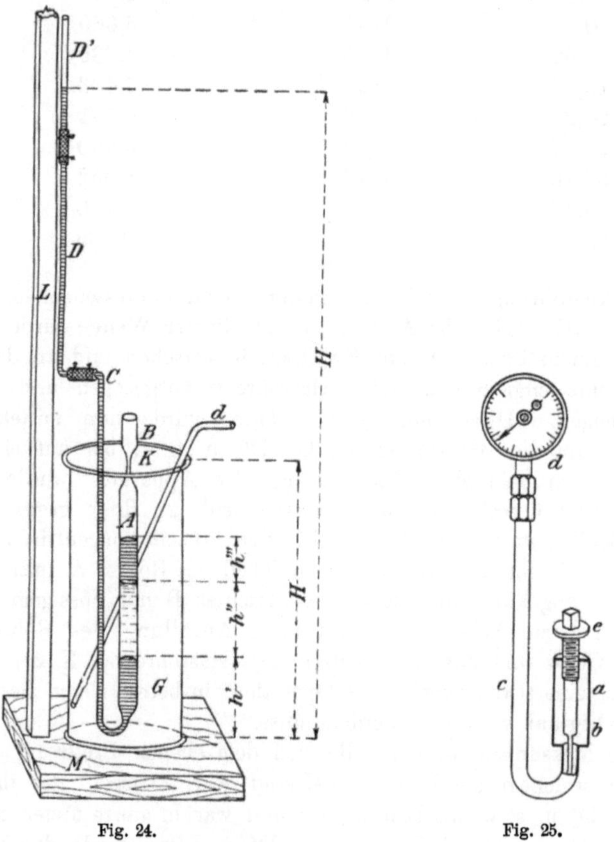

Fig. 24.   Fig. 25.

zu setzen ist. Der Apparat ist für Temperaturschwankungen ausserordentlich empfindlich, weil $1/10^0$ C allein schon die Quecksilberhöhe um ca.
1 cm schwanken lässt.“

Die Bestimmung des Drucks bei höheren Temperaturen bis zur Erreichung des kritischen Drucks ergab folgende Werthe:

^{0}Celsius	Atm. absoluter Druck.
bei 40	11,5
„ 50	14,7
„ 60	18,6
„ 70	23,0
„ 80	28,4
„ 90	34,5
„ 100	41,7
„ 110	50,8
„ 120	60,4
„ 130	71,6
„ 146	93,5

Der Druck bei 146^0 von 93,5 Atm. stellt den Druck beim kritischen Punkte dar und wurde in folgender Weise bestimmt.

Die Apparatur bestand aus einem mit Manometer versehenen Stahlrohr (Fig. 25). Letzteres wurde in seinem oberen Theil mit einer gegen Schwefelsäure unempfindlichen Flüssigkeit (Petroleum oder Toluol) gefüllt, hierauf bei aufgeschraubten Bolzen e der Schenkel c mit Schwefelsäure von 93 ^{0}/o H_2SO_4 gefüllt und das Manometer mit der Vorsicht aufgeschraubt, dass keine Luftblase in den Schenkel c dringen konnte. Dann wurde abgekühlt, e geöffnet, Chlor eingefüllt und e wieder geschlossen. Weitere Einzelheiten sind im Original nachzusehen.

Die Dampfdrucke von Aethylen und Acetylen hat P. V. Villard[1]) gemessen. Er giebt hierfür folgende Daten.

Aethylen.

— 104,0^0	1,0 Atm.	— 30,0^0	18,7 Atm.
— 85,0	2,85	0,0	40,2
— 80,0	3,55	+ 6,0	46,1
— 60,0	7,5	+ 9,5	49,5
— 40,0	14,3	+ 9,9	50,1

Acetylen.

— 90,0^0 (fest)	0,69 Atm.	— 23,8^0	13,2 Atm.
— 85,0	1,0	0,0	26,05
— 81,0 (Schmp.)	1,25	+ 5,8	30,3
— 70,0 (fl.)	2,22	11,5	34,8
— 60,0	3,55	15,0	37,9
— 50,0	5,3	20,2	42,8
— 40,0	7,7		

---

1) P. Villard, Ann. chim. phys. (7), **10**, 387, 1897.

Nachstehend sei noch eine Tabelle über die für die verflüssigten Gase des Handels geltenden Bedingungen für Transport nebst einigen anderen Daten mitgetheilt. Diese Tabelle wurde von Dr. Lange in Nieder-Schöneweide zusammengestellt und im Chemiker Taschenbuch für 1899 publicirt.

Verflüssigte Gase des Handels.

	Specifisches Gewicht			Dampfdruck Atm.			1 kg entspr. bei 0° und 760 mm einem Gasvol. von	Kritische Temperatur.
	0°	15°	30°	0°	15°	30°	Liter	°C.
Stickoxydul . .	0,937	0,870	—	36,1	49,8	68,0	506	35,4
Kohlensäure . .	0,947	0,864	0,732	35,4	52,2	73,8	506	30,9
Schweflige Säure	1,434	1,391	1,349	1,5	2,7	4,5	348	155,4
Chlor	1,469	1,426	1,381	3,7	5,8	8,7	316	146
Ammoniak . .	0,634	0,614	0,592	4,2	7,1	11,4	1313	130

	Kritischer Druck Atm.	Siedepunkt bei 760 mm °C.	Schmelzpunkt der erstarrten Gase °C.	Transportbedingungen für deutsche Eisenbahnen		
				Für 1 kg Füllung erforderlichen Gefässraum Liter	Amtl. Prüfung des Transportcylinders auf einen Druck von Atm.	Wiederholung der Druckprüf. verlangt in Jahren
Stickoxydul . .	75	— 87,9	— 115	1,34	250	3
Kohlensäure . .	77	— 78,2	— 65	1,34	250	3
Schweflige Säure	78,9	— 10,0	— 79	0,8	30	1
Chlor	93,5	— 33,6	— 102	0,9	50	1
Ammoniak . .	115	— 33,7	— 75	1,86	100	3

Es folgt zum Schlusse eine Tabelle über die Tension des Wasserdampfes, welche demselben Taschenbuch entnommen ist.

Tension des Wasserdampfes

ausgedrückt in Millimetern Quecksilberhöhe bei 0°, Dichte des Quecksilbers 13,59593 in 45° geogr. Br. und im Meeresniveau.

t	mm	t	mm	t	mm
— 19°	1,0288	11°	9,7671	41°	67,8700
18	1,1202	12	10,4322	42	61,0167
17	1,2187	13	11,1370	43	64,3104
16	1,3248	14	11,8835	44	67,7568
15	1,4390	15	12,6739	45	71,3619

t	mm	t	mm	t	mm
− 14°	1,5618	16°	13,5103	46°	75,1314
13	6,6939	17	14,3950	47	79,0714
12	1,8357	18	15,3304	48	83,1883
11	1,9880	18	16,3189	49	87,4882
10	2,1514	20	17 3632	50	91,9780
9	2,3266	21	18,4659	60	148,8848
8	2,5143	22	19,6297	70	133,3079
7	2,7153	23	20,8576	80	354,8730
6	2,4065	24	22,1524	90	525,4676
5	3,1605	25	23,5174	100	760,0000
4	3,4065	26	24,9556	110	1075,370
3	3,6693	27	26,4705	120	1491,280
2	3,9499	28	28,0654	130	2030,280
− 1	4,2493	29	29,7449	140	2717,63
0	4,5687	30	31,5096	150	3581,23
+ 1	4,9091	31	33,3664	160	4651,62
2	5,2719	32	35,3181	170	5961,66
3	5,6582	33	37,3689	180	7546,89
4	6,0693	34	39,5228	190	9442,70
5	6,5067	35	41,7842	200	11688,96
6	6,9718	36	44,1577	210	14324,80
7	7,4660	37	46,6477	220	17390,36
8	7,9909	38	49,2590	230	20926,40
9	8,5484	39	51,9965		
10	9,1398	40	54,8651		

Siedepunkt unter Druckverminderung. [1]

Bei Verbindungen, die sich beim Destilliren unter normalem Druck also bei Erhöhung der Temperatur bis zu ihrem eigentlichen Siedepunkt leicht zersetzen, führt man die Operation des Destillirens bei niederem Druck im sog. Vakuum aus.

Ueber die Regelmässigkeiten, welchen die in luftleeren Räumen erzeugten Flüssigkeiten und Dämpfe gehorchen, hat F. Krafft[2]) interessante Beobachtungen gemacht. Dieselben lassen sich durch folgende Sätze wiedergeben:

1. Die Destillation hochmolekularer Substanzen beim Vakuum des Kathodenlichts unterscheidet sich schon bei geringer Steighöhe der Dämpfe nicht merkbar von der Destillation unter gewöhnlichem Druck.

2. Die Siedetemperatur beim Vakuum des Kathodenlichts hängt für hochmolekulare Substanzen in deutlich verfolgbarer Weise von der Höhe der erzeugten Dampfsäule ab.

---

1) Ueber Vakuumdestillation vgl. E. Fischer u. C. Harries, Ber. **35**, 2158, 1902, über welche Arbeit leider nicht mehr ausführlich berichtet werden konnte.

2) F. Krafft, Ber. **32**, 1623, 1899.

3. Das Verbleiben der höheren Normalparaffine im flüssigen Aggregatzustande beim Vakuum des Kathodenlichts hängt von dem Molekulargewicht derselben ab.

Auch hier gilt der für gewöhnliche Umstände bereits erwiesene Satz[1], dass die Temperaturdifferenz zwischen dem Schmelzpunkt und dem Siedepunkt der höheren Normalparaffine mit dem Molekulargewicht wächst. Folgende Tabelle giebt die Beobachtungen wieder:

Normal-Paraffin.	Schmelzpunkt.	Siedepunkt bei 0 mm Dampfsäule ca. 65 mm	Beobachtete Differenz = Flüssigkeisdauer.	Berechnete Dauer des flüssigen Zustandes.
Eicosan, $C_{20}H_{42}$	36,7°	121°	84,3°	$20 \times 4{,}22 = 84{,}4°$
Heneïcosan, $C_{21}H_{44}$. . .	40,4°	129°	88,6°	$21 \times 4{,}22 = 88{,}6°$
Docosan, $C_{22}H_{46}$. . . .	44,4°	136,5°	92,1°	$22 \times 4{,}22 = 92{,}8°$
Tricosan, $C_{23}H_{48}$. . . .	47,7°	142,5°	94,8°	$23 \times 4{,}22 = 97°$
Heptacosan, $C_{27}H_{56}$. . .	59,5°	172°	112,5[6]	$27 \times 4{,}22 = 113{,}9°$
Hentriacontan, $C_{31}H_{64}$. .	68,1°	199°	130,9[9]	$31 \times 4{,}22 = 130{,}8°$
Dotriacontan, $C_{32}H_{66}$ . .	70°	205°	135°	$32 \times 4{,}22 = 135°$

Dampfdruck und Siedetemperatur von Gemischen.

In gleicher Weise wie bei der Ermittelung des Molekulargewichtes mit Hilfe der Gefrierpunktsmethode lässt sich auch die Bestimmung der Siedepunktserhöhung zur Molekulargewichtsbestimmung bei allen den Lösungen verwenden, bei welchen die Dampfspannung des gelösten Körpers bei der Siedetemperatur der lösenden Flüssigkeit gleich Null oder doch nahezu Null ist. Bei diesen Körpern kann man aus dem Molekulargewicht und der angewandten Substanzmenge die Erhöhung des Siedepunktes berechnen, indem hier, wie Arrhenius bezw. Beckmann nachwiesen eine einfache Abhängigkeit zwischen Siedepunkt und Verdampfungswärme des Lösungsmittels vorhanden ist. Vgl. I, S. 414, 415, Bd. II, S. 261.

Zeigt jedoch der gelöste Körper ebenfalls Dampfspannung bei der Siedetemperatur der lösenden Flüssigkeit, so werden die Verhältnisse ungleich komplicirter.

Für verdünnte Lösungen gilt alsdann nach W. Nernst[2] die Gleichung für den Theildruck des Lösungsmittels:

$$P = P_0 \frac{N}{N + n}.$$

---

[1] F. Krafft, Ber. **16**, 1726, 1883.

[2] W. Nernst, Zeitschr. physik. Ch. **8**, 128, 1891; vgl. auch Planck, ibid. **2**, 411, 1888.

Hierbei bedeutet: P_0 den Dampfdruck des reinen Lösungsmittels bei der Siedetemperatur der Lösung unter dem Barometerstande B. N sind die Anzahl der Grammmolekeln des Lösungsmittels, n die des flüchtigen Stoffes.

Setzt man den Theildruck des gelösten Stoffes p, so ist:

$$B = P + p$$

und man erhält:

$$p = B - P_0 \frac{N}{N + n}.$$

Ist die Abweichung von der Siedetemperatur des reinen Lösungsmittels nach Zufügung der n-Grammmolekeln des gelösten Stoffes $= \varDelta$, und bezeichnet man den Temperaturkoëfficienten des Dampfdruckes $\frac{dP_0}{dT}$ mit β, so ist:

$$P_0 = B + \beta \varDelta,$$

und man erhält:

$$p = B \left(\frac{n}{N + n} - \frac{\beta \varDelta}{B} \cdot \frac{N}{N + n} \right).$$

Der für β einzusetzende Werth kann mit Hilfe der Gleichung:

$$\frac{dP}{dT} = \frac{B \varrho}{R T^2}$$

oder experimentell bestimmt werden. In dieser Gleichung bedeutet R die Gaskonstante $= \frac{v_0 p_0}{273} = \frac{22400 \cdot 1033}{273} = 84758$ und ϱ die molekulare Verdampfungswärme. Bei nicht flüchtigen gelösten Stoffen wird p $= 0$, und man erhält:

$$\frac{dP}{dT} = \frac{P \varrho}{R T^2}.$$

Setzt man $\frac{p}{B} = c^1$, d. i. gleich dem Verhältniss der beiden Stoffe im Dampfe und $\frac{n}{N + n} = c$, d. i. gleich dem Verhältniss der Stoffe in der Flüssigkeit, so gilt folgende Gleichung:

$$c - c^1 = \frac{\beta \varDelta}{B} \cdot \frac{N}{N + n} = \frac{\beta \varDelta}{B} \frac{P}{P_0}.$$

Dementsprechend hat $c - c^1$ dasselbe Zeichen wie $\varDelta$ und wird gleichzeitig mit diesem $=$ Null. Man kann somit den Satz aussprechen:

Sinkt der Siedepunkt eines Lösungsmittels durch den Zusatz eines flüchtigen Stoffes, so ist in dem Dampfe mehr von diesem enthalten als in der Lösung, und bleibt der

Siedepunkt unverändert, so hat der Dampf und der Rückstand die gleiche Zusammensetzung.[1])

W. Nernst hat diese Verhältnisse experimentell geprüft, indem er Chloroform und Benzol in ätherischer Lösung untersuchte. Hierbei fand er, dass die Siedepunktserhöhungen der Koncentration proportional und um 20 bezw. 10 % geringer waren, als sich unter Benutzung der Gleichung für nichtflüchtige Stoffe berechnen liess. Allerdings wurde hierbei eine Analyse des Dampfes nicht ausgeführt.

Bei Lösungen von Essigsäure in Benzol und Wasser in Aether lagen die Verhältnisse komplicirter, indem bei Essigsäure, wie auch bei Wasser das Vorhandensein von Doppelmolekeln in Frage kommt.

Während sich schon hier bei den verdünnteren Lösungen unter gewissen Umständen verwickeltere Fälle erwarten lassen, tritt dies in noch höherem Maasse ein bei den höher koncentrirten Lösungen der in allen Verhältnissen mischbaren Flüssigkeiten. Auch hier zeigen die Dämpfe selbst keine erkennbare gegenseitige Wechselwirkung, sondern die Einwirkung der Flüssigkeiten auf einander und auf die entstandenen Dämpfe bedingt diesen Wechsel der Erscheinungen.

Ein besonderes Verdienst um die Untersuchung dieser Verhältnisse hat sich D. Konowalow[2]) erworben. Man erhält eine eingehende Uebersicht, wenn man die betreffenden Werthe in graphischer Darstellung wiedergiebt und die Dampfdrucke bei gleicher Temperatur als Funktion des Mengenverhältnisses in Form einer Kurve darstellt, wobei die Abscissen Procente und die Ordinaten Drucke sind. Folgende Beispiele werden die Verhältnisse am besten erläutern:

Bei einem Gemenge von Wasser und Isobutylalkohol (Fig. 26), die sich also nicht in allen Verhältnissen mischen, steigen die Kurven bis zu einem Maximum und behalten einen konstanten Werth bis zu ca. 90 % Alkohol. Zwischen 10 und 90 % Alkohol erhält man also ein Destillat von konstanter Zusammensetzung, wie bereits von Pierre und Puchot[3]) beobachtet worden ist. Dies dauert so lange, bis der in geringerer Menge vorhandene Bestandtheil verschwunden ist. Hierbei hinterbleibt alsdann die andere Flüssigkeit in mehr oder weniger reinem Zustande.

„Es ergiebt sich somit, dass die Mengenverhältnisse, bei welchen je eine Flüssigkeit mit der andern gesättigt ist, auch diejenigen sind, bei welchen die Dampfspannungskurven aus der geraden in die gekrümmte Linie übergehen." (Ostwald, Allg. Ch. I. 645.)

Von den in allen Verhältnissen mischbaren Flüssigkeiten, die von Konowalow untersucht worden sind, seien erwähnt:

---

1) W. Nernst, Zeitschr. physik. Ch. 8, 129, 1891.
2) D. Konowalow, Wied. Ann. 14, 34, 1881; 14, 219, 1881.
3) J. Pierre u. E. Puchot, Ann. de phys. (4), 26, 145, 1872.

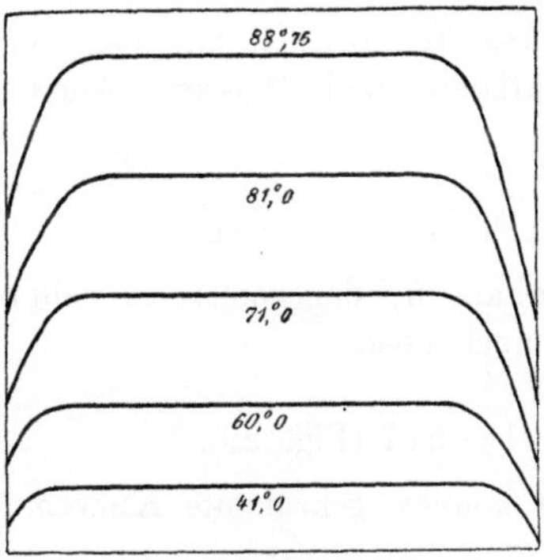

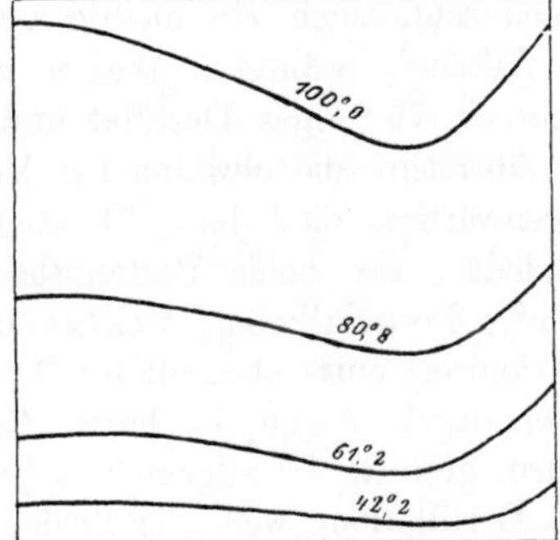

Fig. 26.

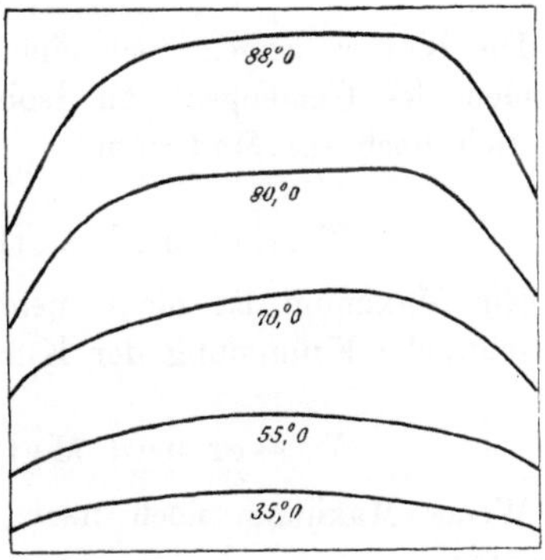

Fig. 27.

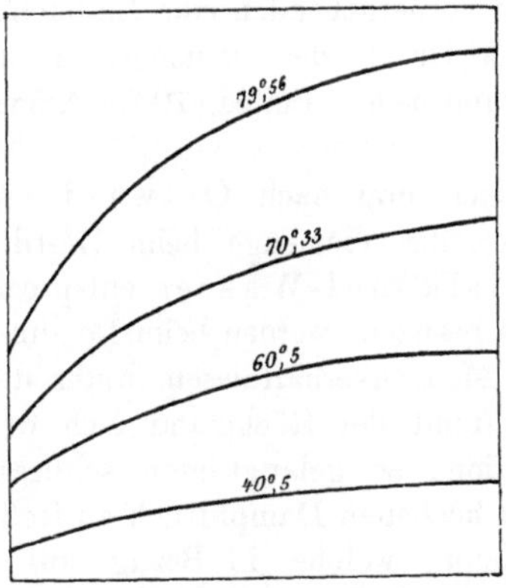

Fig. 28.

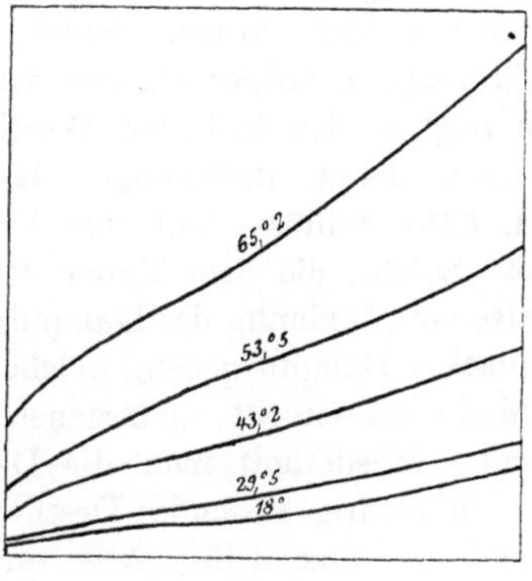

Fig. 29.

Fig. 30.

Wasser und Propylalkohol (Fig. 27).

Die Kurven zeigen noch eine gewisse Aehnlichkeit mit den vorhergehenden des Gemenges von Isobutylalkohol und Wasser. Auch hier zeigt sich noch ein Maximum.

Wasser und Aethylalkohol (Fig. 28).

Ein Maximum ist nicht mehr vorhanden, dagegen zeigt sich noch eine schwache Krümmung der Kurven nach oben.

Wasser und Methylalkohol (Fig. 29).

Weder Maximum noch nach oben konvex gekrümmte Kurven sind vorhanden.

Wasser und Ameisensäure (Fig. 30).

Hier zeigt sich im Gegensatz zu den vorhergehenden eine Einbuchtung der Kurven nach unten. Somit ist der Druck des Gemenges in allen Verhältnissen niedriger als der der Bestandtheile. Bei ca. 70 $^0/_0$ Ameisensäure zeigt er den kleinsten Werth.

„Aus diesen Beziehungen lassen sich nun nach Ostwald (Allg. Ch. I, 648) Schlüsse auf das Verhalten der Gemenge beim Destilliren ziehen. Solche, die dem Typus Propylalkohol-Wasser entsprechen, die also ein Maximum des Dampfdruckes besitzen, werden beim Beginn der Destillation Dämpfe geben, welche den Mengenverhältnissen, unter denen das Maximum eintritt, nahestehen, während der Rückstand sich davon entfernt. Wiederholt man die Destillation, so gelangt man schliesslich dazu, ein niedrig siedendes Destillat mit höchstem Dampfdruck zu isoliren, während diejenige Flüssigkeit zurückbleibt, welche in Bezug auf das Verhältniss mit maximalem Dampfdruck im Ueberschuss vorhanden war. Destillirt man z. B. ein Gemenge von 50 $^0/_0$ Propylalkohol und 50 $^0/_0$ Wasser, so erhält man ein an Propylalkohol reicheres Destillat, und nach wiederholten Operationen schliesslich ein niedrig und konstant siedendes Gemenge mit 75 $^0/_0$ Alkohol, während Wasser zurückbleibt. Propylalkohol von 90 $^0/_0$ giebt ein 75 $^0/_0$iges Destillat und reinen Propylalkohol im Rückstande. Man übersieht die obwaltenden Verhältnisse gleichfalls, wenn man sich vergegenwärtigt, dass jedes Gemenge von Propylalkohol und Wasser leichter siedet, als beide Bestandtheile für sich und am leichtesten das mit 75 $^0/_0$ Propylalkohol, welches den höchsten Dampfdruck hat; durch Fraktioniren muss eben dieses Gemenge isolirt werden.“

„Der Fall, welcher durch Aethyl- bezw. Methylalkohol und Wasser repräsentirt wird, gestattet im allgemeinen eine vollständige Trennung durch fraktionirte Destillation, weil die Siedepunkte aller Gemenge zwischen denen der Bestandtheile liegen. Doch lässt sich übersehen, dass es viel leichter ist, Wasser durch Destilliren von Alkohol zu befreien als umgekehrt, weil, wie die Form der Kurve anzeigt, ein kleiner Gehalt des Wassers an Alkohol einen viel grösseren Einfluss auf den Dampfdruck und daher den Siedepunkt hat, als ein kleiner Wassergehalt im Alkohol."

„Die Ameisensäure stellt schliesslich den Fall stärkster gegenseitiger Beeinflussung der Bestandtheile dar; die Dampfdrucke der Gemenge liegen alle unterhalb, die Siedetemperaturen also oberhalb der den Bestandtheilen eigenen, und naturgemäss existirt daher ein Gemenge von niedrigstem Dampfdruck und höchster Siedetemperatur. Bei der Destillation wird dieses stets den Rückstand zu bilden streben, während je nach dem Mengenverhältniss Wasser mit wenig Ameisensäure (bei verdünnten Lösungen) oder fast reiner Ameisensäure destillirt. Ein Gemenge in dem Verhältniss, welches dem Maximum der Siedetemperatur entspricht, lässt sich ebenso wenig durch Destillation scheiden, wie das beim Propylalkohol auftretende mit normaler Siedetemperatur."

Aehnliche Verhältnisse finden sich bei den wässerigen Säuren, wie Salzsäure, Salpetersäure u. s. w. Auch hier zeigen sich konstante Siedepunkte, wobei Gemenge übergehen, für welche der Dampfdruck ein Minimum und der Siedepunkt ein Maximum ist[1]).

Weitere Versuche in dieser Richtung sind von D. H. Jackson und S. Young[2]) über Gemenge von Benzol und Normal-Hexan, von A. E. Taylor[3]) über Gemenge von Aceton und Wasser u. s. w. ausgeführt worden. Für die Abhängigkeit der Zusammensetzung des Dampfes von der Zusammensetzung der Flüssigkeit hat Duhem bezw. Margules[4]) eine Gleichung aufgestellt,

$$\frac{d\ln p_1}{d\ln x} = \frac{d\ln p_2}{d\ln(1-x)},$$

deren experimentelle Prüfung von J. von Zawidzki[5]) ausgeführt wurde. Derselbe untersuchte folgende Flüssigkeitspaare:

Benzol und Kohlenstofftetrachlorid
„   „   Aethylenchlorid,
Kohlenstofftetrachlorid und Aethylacetat,
„   „   Jodäthyl,
Aethylacetat und Jodäthyl,
Essigsäure und Benzol,
„   „   Toluol,

---

1) Vgl. hierzu G. Ryland, Amer. Chem. Journ. **22**, 384, 1899.

2) D. H. Jackson u. S. Young, Journ. Chem. Soc. **1898**, 922.

3) A. E. Taylor, The Journ. of Physical. Chem. **4**, 290 u. 355, 1900.

4) Margules, Sitzber. Wien. Akad. (2), **104**, 1243, 1891. Vgl. ferner: Lehfeldt, Phil. Mag. (5), **40**, 402, 1895: Dolezalek. Zeitschr. phys. Ch. **26**, 321, 1898; Luther, Ostwald's Allg. Ch. **3**, 6, 39; Gahl, Zeitschr. physikal. Ch. **33**, 178, 1900.

5) J. von Zawidzki, ibid. **35**, 129, 1900; P. Duhem, ibid. **35**, 483, 1900.

Pyridin und Wasser,
Schwefelkohlenstoff und Methylal,
„   „ Aceton,
Chloroform   „   „
Aethylenbromid und Propylenbromid.

Im allgemeinen ergab sich eine gute Bestätigung der Formel von Duhem-Margules und zwar nicht nur bei Flüssigkeiten mit normalen Dampfdichten, sondern auch bei solchen mit abnormen Dampfdichten wie z. B. der Essigsäure. Die Gehaltsbestimmung erfolgte auf refraktometrischem Wege mit Hilfe des Pulfrich'schen Totalrefraktometers.

Eine ausführliche Studie über Dampfspannkraftsmessungen hat G. W. A. Kahlbaum[1]) herausgegeben.

Eine Erweiterung der Konowalow'schen Arbeiten über die Dampfdrucke von Flüssigkeitsgemischen ist durch die Arbeiten von Linebarger[2]), von Lehfeldt[3]) sowie von v. Zawidzki[4]) gegeben worden. Letzterer untersuchte speciell die Dampfdrucke der einzelnen Bestandtheile. Eine weitere Arbeit rührt von Ph. Kohnstamm her[5]).

Uebertreiben im Wasserdampfstrom.

Dies ist eine sehr häufig ausgeführte Operation, welche dazu dient einmal einen Körper von Verunreinigungen zu trennen. Es muss dann speciell dem zu reinigenden Körper die Fähigkeit zukommen von Wasserdampf übergerissen zu werden, und den verunreinigenden Stoffen muss diese betreffende Fähigkeit abgehen. Die Eigenschaft, durch Wasserdampf übergerissen zu werden, kommt also durchaus nicht allen Stoffen zu, wenigstens nicht in einer für die praktische Anwendung brauchbaren Form.

Eine zweite Anwendungsweise ist die, aus wässerigen Lösungen, sog. Waschwassern, die betreffenden Stoffe zur Vermeidung von Verlusten wieder zu gewinnen. Ein Beispiel hierfür ist die Destillation von wässerigen Anilinlösungen. Wasser löst ca. $2 \frac{1}{2} \%$ Anilin. Das gelöste Anilin wird nun in den ersten Antheilen des destillirenden Wassers nahezu vollständig mit übergerissen, und beruht hierauf die Möglichkeit einer Abscheidung.

Die Ausführung, welche diese Operation im Laboratium erfährt, und welche in ganz ähnlicher Weise auch im grossen gehandhabt wird, ist sehr einfach, indem man den Dampf der Flüssigkeit, mit welcher man übertreibt, direkt in das erhitzte Gemisch einleitet.

---

[1]) G. W. A. Kahlbaum, Basel. B. Schwabe 1893; vgl. auch Zeitschr. physik. Ch. **13**, 14, 1896; **26**, 577, 1898.

[2]) Linebarger, Journ. Americ. Chem. Soc. **17**, 615, 690, 1895.

[3]) R. A. Lehfeldt, Phil. Mag. (5), **40**, 397, 1895; (5), **46**, 42, 1898.

[4]) J. von Zawidzki, Zeitschr. physik. Ch. **35**, 129, 1900.

[5]) Ph. Kohnstamm, ibid. **36**, 41, 1901.

Beim Destilliren wässeriger Phenollösungen beobachteten A. Naumann und W. Müller[1], dass der Phenolgehalt von 100 ccm Destillat stets ein Drittel von dem Anfangsphenolgehalt der ständigen 500 ccm Lösung ist.

$$Q = \frac{\text{Phenolgehalt von 100 ccm Destillat}}{\text{Anfangsphenolgehalt von 500 ccm Lösung}} = 0{,}3345.$$

Bei den Versuchen wurde die Flüssigkeitsmenge durch fortwährendes Nachtröpfeln immer auf 500 ccm erhalten.

Es ergiebt sich also, dass das Verhältniss der Phenolkoncentration der Dampfphase zur Phenolkoncentration der Flüssigkeitsphase eine beständige Grösse, eine Konstante ist. Und weiterhin zeigt sich, dass bei 100° und 760 mm Druck die Koncentration des Phenols im Dampfraum stets doppelt so gross als im Flüssigkeitsraum ist.

$$100 : 0{,}3345 = 400 : 1{,}3380 \text{ für Dampfraum,}$$
$$500 : 0{,}6655 \text{ für Flüssigkeitsraum,}$$
$$\text{oder} \qquad 100 : 0{,}3345 \text{ für Dampfraum,}$$
$$400 : 0{,}6655 = 100 : 0{,}1664 \text{ für Flüssigkeitsraum.}$$

Hierbei muss also berücksichtigt werden, dass nicht 500 ccm als zurückbleibend anzusehen sind, sondern nur 400 ccm, da ja nur diese zur ursprünglichen Lösung gehören, also zum Vergleich herangezogen werden können.

Dampftension krystallwasserhaltiger Salze.

Hierüber sind von Horstmann, Pfaundler, Debray, Wiedemann und Pareau Untersuchungen angestellt worden, deren Ergebnisse sich jedoch zum grössten Theil als fehlerhaft erwiesen, da die Resultate insofern nicht stimmten, als durch Berechnung der Bildungswärme der krystallwasserhaltigen Salze keine Uebereinstimmung mit den von Iul. Thomsen direkt ermittelten Daten erzielt werden konnte. Dies ist erst durch die unter der Anregung von van't Hoff durch P. C. F. Frowein[2] ausgeführten Untersuchungen geschehen, wobei sich derselbe folgender Apparatur bediente.

„Der in Anwendung gebrachte Apparat, welcher von G. Bremer[3] zuerst konstruirt wurde, bestand aus den durch die Zeichnung (Fig. 31) dargestellten Kugeln A und B, welche resp. das Salz (feingepulvert und trocken) und Schwefelsäure enthalten; beide sind durch ein mit Olivenöl halbgefülltes U-Rohr getrennt. Nachdem bei a und b abgeschmolzen, wird der Apparat in liegender Stellung in c mit der Luftpumpe verbunden, wobei

<hr>

1) A. Naumann u. W. Müller, Ber. **34**, 224, 1901.
2) P. C. F. Frowein, Zeitschr. physik. Ch. **1**, 1 u. 362, 1887.
3) G. Bremer, Rec. Pays-Bas. **6**, 121, 1887.

das Oel sich in den Kugeln C und D ansammelt; zur Entfernung der letzten Luftspuren wird das ganze mit der Alkoholflamme erwärmt und dann bei c abgeschmolzen. Nachdem nun noch der Apparat in vertikaler Stellung etwa 24 Stunden sich selbst überlassen ist, um die gleichmässige Vertheilung des Krystallwassers im Salze zu fördern, kann die Beobachtung anfangen. Zur Erzielung einer gleichmässigen und konstanten Temperatur wurde Herwig's Erwärmungsbad benutzt. Das darin enthaltene

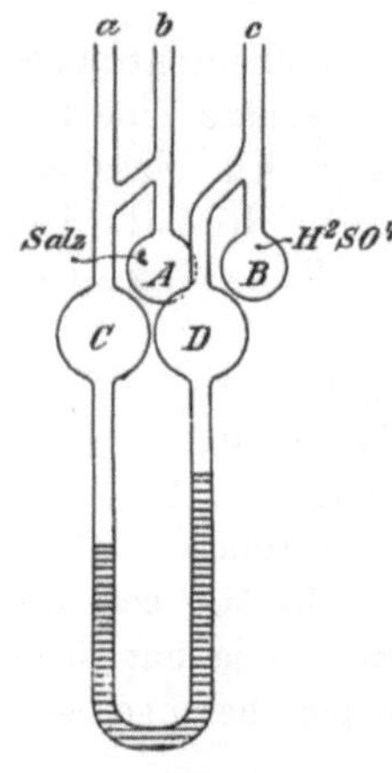

Fig. 31.

Wasser wird fortwährend gerührt und die Glaswandung erlaubt die Beobachtung des Apparates mittels des Kathetometers; dieselbe geschah immer erst, nachdem die Konstanz des Oelniveaus zeigte, dass die Maximaltension eingetreten war. Die so gefundene Niveaudifferenz wird auf Quecksilber zurückgeführt, indem das specifische Gewicht des Oels bei 20⁰ zu 0,917 ermittelt wurde; der Ausdehnungskoëfficient ist nach Kopp 0,000798. Als specifisches Gewicht des Quecksilbers wurde bei 0⁰ 13,596 in Rechnung gebracht. Die Temperaturablesung geschah mittels eines in der Nähe angebrachten Geissler'schen Thermometers, dessen Eintheilung in $^1/_{10}$⁰ die Ablesung auf $^1/_{100}$⁰ erlaubte. Der Nullpunkt wurde auf 0,05⁰ gefunden. Um der Temperaturgleichheit in verschiedenen Theilen des Apparates sicher zu sein, wurde ein zweites Thermometer angebracht und ebenfalls abgelesen. Dann kamen bei jedem Versuche gleichzeitig zwei Apparate in Anwendung, deren Salz enthaltende Kugel immer nach Abschluss der Beobachtung zur Bestimmung des enthaltenen Krystallwassers abgeschmolzen wurde. Für die in Rechnung gebrachten Maximaltensionen des Wasserdampfes, die zur Bestimmung des Verhältnisses F von Krystall- und Wasserdampftension erforderlich sind, wurden Regnault's Angaben benutzt."

Die Berechnung geschah unter Zugrundelegung der thermodynamischen Beziehung [1]):

$$\frac{d.\,lK}{d.\,T} = \frac{q}{2\,T^2}.$$

Hierbei ist $K = \dfrac{C_{//}{}^{n//}}{C_{/}{}^{n/}}$, d. h. es ist eine einfache Funktion der

Koncentrationen $C_{/}$ und $C_{//}$, wobei $n_{/}$ und $n_{//}$ die Zahl der Moleküle ausdrücken, welche bezw. das erste und zweite System bilden. Wählen wir die Reaktion

$$N_2O_4 \; \underset{\leftarrow}{\rightarrow} \; 2\,NO_2$$

als Beispiel, so ist also $n_{/} = 1$ und $n_{//} = 2$.

---

1) Vgl. hierzu van't Hoff, Études de dyn. chim. 1884.

q ist die in Kalorien ausgedrückte Wärme, welche entwickelt wird, falls die Molekularmenge (in Kilogrammen) des zweiten Systems sich ohne äussere Arbeitsleistung in das erste verwandelt, also in obigem Beispiel soll 92 kg NO_2 bei konstantem Volum sich in N_2O_4 verwandeln.

Diese Gleichung lässt sich auch auf den Fall der krystallwasserhaltigen Salze anwenden, also z. B. auf:

$$CuSO_4, \; 5\,H_2O \rightleftarrows CuSO_4, \; 4\,H_2O + H_2O.$$

n'' und n' beziehen sich dann lediglich auf die nichtkondensirten Körper, also in diesem Falle nur auf den Wasserdampf. „Demnach wird n' $= 0$ und n'' $= 1$, K $=$ C'', mit andern Worten: K ist hier die Koncentration des mit den Salzen im Gleichgewicht befindlichen Wasserdampfes, welche demnach als C_s bezeichnet werden kann; q ist in diesem Falle die Wärme, welche bei Vereinigung von 18 kg Wasserdampf mit dem entwässerten Salze zu $CuSO_4$, $5\,H_2O$ frei wird; wird diese Wärmemenge als q_s bezeichnet, dann entsteht also die folgende Beziehung:

$$\frac{d \,.\, 1\, C_s}{d \,.\, T} = \frac{q_s}{2\, T^2}.$$

„Schliesslich handelt es sich noch darum, die erhaltene Beziehung so umzugestalten, dass darin der im Kalorimeter direkt bestimmte Wärmewerth vorkommt, also die Wärme, welche erzeugt wird, falls flüssiges Wasser und nicht Wasserdampf sich mit dem entwässerten Salze verbindet. Dazu sei bemerkt, dass die eben entwickelte Gleichung auch auf das physikalische Gleichgewicht, auf die Verdampfung anwendbar ist, man hat nur C_s, die Koncentration des Krystalldampfes, durch C_w, d. h. diejenige des Wasserdampfes zu ersetzen, und q_s, die Wärme bei Krystallbildung aus 18 kg Wasserdampf, durch q_w, d. h. die bei Wasserbildung daraus entwickelte, zu ersetzen:

$$\frac{d \,.\, 1\, C_w}{d \,.\, T} = \frac{q_w}{2\, T^2}.$$

Nun ist aber der kalorimetrisch bestimmte Werth, der als Q bezeichnet werden soll, offenbar die Differenz zwischen q_s und q_w; man erhält also:

$$\frac{d \,.\, 1\, (C_s : C_w)}{d \,.\, T} = \frac{Q}{2\, T^2}.$$

Der hierin vorkommende Quotient der Koncentrationen von Wasserdampf, wie er sich bezw. mit dem Salz und mit dem Wasser im Gleichgewicht befindet, ist dem Verhältnisse der betreffenden Maximaltensionen gleich, wird demnach durch einen einzigen Buchstaben, F, ausgedrückt werden, wodurch der schliessliche Ausdruck folgendermassen sich gestaltet:

$$\frac{d \,.\, 1\, F}{d \,.\, T} = \frac{Q}{2\, T^2}.$$

Hier ist also T die absolute Temperatur, Q die Wärme, entwickelt bei Aufnahme von 18 kg Wasser durch das entwässerte Salz, F das Verhältniss der Maximaltension von Krystall- und Wasserdampf."

Integrirt man diese Gleichung unter Annahme, dass Q für kleine Temperaturintervalle konstant bleibt, so ergiebt sich:

$$Q = \frac{2\,T_1 \cdot T_2}{T_1 - T_2}\, l\, \frac{F_1}{F_2},$$

die zur Berechnung von Q aus zwei bei verschiedenen Temperaturen T_1 und T_2 gemachten Beobachtungen F_1 und F_2 dienen kann.

Die folgende Zusammenstellung giebt die betreffenden Werthe, wie sie sich aus der Dampftension berechnen, und wie sie von Thomsen direkt bestimmt wurden:

Salz.		Q ber. aus Dampftension,	Q bestimmt.
$CuSO_4$,	$5\,H_2O$,	3340	3410
$BaCl_2$,	$2\,H_2O$,	3815	3830
$SrCl_2$,	$6\,H_2O$,	3910	2336
$MgSO_4$	$7\,H_2O$,	3990	3700
$ZnSO_4$,	$7\,H_2O$,	2280	3417 u. 2178
Na_2HPO_4,	$12\,H_2O$,	2237	2244.

Es zeigt sich also ausser bei $SrCl_2$, $6\,H_2O$ meist eine sehr gute Uebereinstimmung. Die Gründe für das abweichende Verhalten des Strontiumchlorids sind noch nicht bekannt.

Weitere Arbeiten sind von L. Andreae[1]) über die Dampfspannung der Hydrate von Strontiumchlorid, Kupfersulfat und Natriumkarbonat, von van de Bemmelen[2]) beim Gel der Kieselsäure, von Mallard[3]) beim Heulandit, von Klein[4]), Rinne[5]) und Tammann[6]) bei den Zeolithen im allgemeinen ausgeführt worden.

Dampfspannung bei gesättigten Lösungen.

Dieselben sind von H. W. Bakhuis Roozeboom[7]) speciell für den Fall der Hydrate des Chlorcalciums untersucht worden. Ueber die Dampfspannungen verdünnter Lösungen von $CaCl_2$ haben Wüllner, Tammann, v. Emden und Bremer gearbeitet, über die von trocknen

[1]) L. Andreae, Zeitschr. physik. Ch. 7, 241, 1891.

[2]) van de Bemmelen, Zeitschr. anorg. Ch. 13, 233, 1896.

[3]) Mallard, Bull. de la Soc. mineralog. de France 5, 255, 1882.

[4]) W. Klein, Zeitschr. physik. Ch. 9, 38, 1884.

[5]) Rinne, Neues Jahrb. f. Mineral. 2, 17, 1887.

[6]) F. Tammann, Zeitschr. physik. Ch. 27, 323, 1898.

[7]) H. W. Bakhuis-Roozeboom, Zeitsch. physik. Ch. 4, 41, 1889; vgl. hierzu W. Müller-Erzbach, Wied. Ann. 27, 624, 1886; Zeitschr. physik. Ch. 17, 3, 1895; 19, 1, 1890; 21, 545, 1897.

Hydraten haben Müller-Erzbach und Lescoeur einzelne Beobachtungen gemacht. Roozeboom's Bestimmungen erstrecken sich von — 15° bis + 205° und von 0,2 mm bis 2 Atmosphären. Hierzu waren verschiedene Apparate nöthig. Für die niederen Temperaturen und Drucke wurde ein Apparat benutzt, der dem von Frowein [1]) beschriebenen ähnlich war.

„Unter den Kurven der Dampfspannungen bieten die der gesättigten Lösungen ein besonderes Interesse. Die Anwendung einer Formel von van der Waals für das Gleichgewicht eines aus zwei Komponenten bestehenden festen Körpers einer Flüssigkeit und eines Dampfes hatte Bakhuis Roozeboom zu dem Schlusse geführt [2]), dass die Kurve der Gleichgewichtsspannungen zwischen diesen drei Zuständen aus mehreren

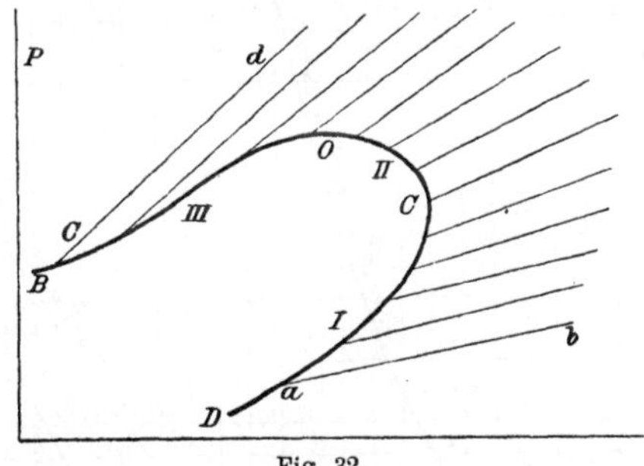

Fig. 32.

Aesten besteht, welche in Fig. 32 als DC, CO und OB erscheinen. C bezeichnet die Spannung beim Schmelzpunkt der festen Phase, O den Punkt grösster Spannung. Ast I und II wurden beim Studium der Gashydrate, Ast III bei den Verbindungen von NH_4Br mit NH_3 aufgefunden.“

„Diese drei Aeste hat Stortenbeker [3]) bei der Untersuchung der Dampfspannung von verschiedenen aus Chlor und Jod gebildeten Systemen aufgefunden. Kein System aber war bisher bekannt, bei welchem alle drei Aeste gleichzeitig auftraten, so dass man die theoretische Forderung eines Tensionsmaximums bei O noch nicht durch den Versuch kannte.“

„Für Systeme aus einem Salzhydrat, dessen wässeriger Lösung und Wasserdampf ist bereits gezeigt worden, dass man gewöhnlich beim Studium ihrer Spannungen auf einen Theil des dritten Astes der allgemeinen Kurve stossen wird. Man hat nur die Gashydrate mit den Salzhydraten zu vergleichen.“

„Für Gashydrate stellen die Kurven a b bis c d in Fig. 32 die Spannungen der Flüssigkeiten mit konstanter Koncentration vor, der Gasgehalt

---

[1]) Frowein, Zeitschr. physik. Ch. **1**, 10, 1887.

[2]) H. W. Bakhuis-Roozeboom, Recueil. **5**, 335, 1886.

[3]) Stortenbeker, Zeitschr. physik. Ch. **3**, 11; Rec. **7**, 184, 1888.

wächst von a b zu c d. In C endigt die Kurve für das geschmolzene Hydrat, die unteren Kurven beziehen sich auf die Lösungen mit geringerem, die oberen auf die mit grösserem Gasgehalt als im Hydrat selbst. Nun ist für Salzhydrate der gasförmige Bestandtheil, dessen Spannung gemessen wird, das Wasser, und wenn ein Gashydrat, z. B. HBr, $2\,H_2O$, mit einem Salzhydrat, z. B. $CaCl_2$, $6\,H_2O$, verglichen werden soll, so entspricht BrH dem Wasser des Chlorcalciums, das Wasser des Bromwasserstoffhydrats aber dem Chlorcalcium. Wenn die allgemeine Gleichgewichtskurve eines Salzhydrates ebenfalls durch D C O B ausgedrückt ist, so entsprechen die

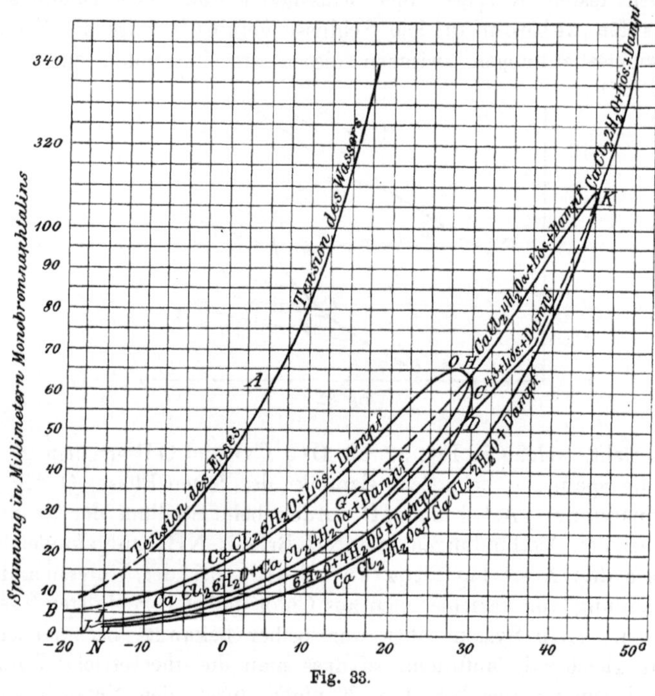

Fig. 33.

Strecken C O und O B gesättigten Salzlösungen, welche mehr Wasser als das Hydrat enthalten, und zwar vermindert sich das Wasser (oder der Salzgehalt wächst) von B nach C."

„Bevor die erhaltenen Kurven für die gesättigten Lösungen betrachtet werden, soll eine kleine Aenderung in der Bezeichnung eingeführt werden, und sollen fortan nur zwei, im Schmelzpunkt zusammentreffende Aeste unterschieden werden, der Ast I für salzreichere, der Ast II für salzärmere Lösungen, beides im Vergleich mit dem Hydrat."

„Vom Schmelzpunkte ausgehend, werden die einzelnen Abschnitte eines jeden Astes mit a b etc. bezeichnet und zwar in Anbetracht mög-

licher neuen Richtungsänderungen in den bisher III und I genannten
Kurven bei sinkender Temperatur. Ast II und III werden also weiterhin als IIa und IIb bezeichnet werden."

„Jetzt zeigt die Kurve BOCD in Fig. 33 für das Hydrat $CaCl_2, 6H_2O$
zum ersten Male eine solche mit drei Aesten. . . . Der Werth für x sinkt
von B nach C kontinuirlich, bis er in C gleich 6 wird. Aber während
die Wassermenge sich andauernd vermindert, steigt die Tension zuerst,
um etwa bei 28,5 ⁰ ein Maximum zu erreichen und dann bis C zu sinken.
BO ist also der Ast IIb, welcher durch

$$\frac{dp}{dt} = + \frac{dx}{dt} = - x > c \ (c = 6),$$

und OC ist der Ast IIa, welcher durch

$$\frac{dp}{dt} = - \frac{dx}{dt} = - x > c$$

ausgedrückt wird.

„CD entspricht dem Ast I der allgemeinen Kurve

$$\frac{dp}{dt} = + \frac{dx}{dt} = + x < c.$$

Die Kurve für das Hydrat mit $6 H_2O$ ist die einzige, welche den
Ast I aufweist. Man kann mit ihr die Kurve AB, welche die Tension
des Eises angiebt, vergleichen, falls man dasselbe als das Hydrat $CaCl_2 \, \alpha H_2O$
betrachtet, welches mit einer Lösung von einem geringeren, von -55^0
bis 0^0 steigenden Wassergehalt besteht." (Bd. I S. 288—292.)

„Für wasserfreie Salze kann Ast I niemals vorkommen. Die Hy-
drate mit $4 H_2O$, sowohl α als β, haben nur den Ast IIb geliefert.
Für das Hydrat mit $2 H_2O$ sieht man eben noch den Gipfel und den
Beginn des Astes IIa, weil der Schmelzpunkt dieses Hydrates sehr nahe
bei der Umwandlungstemperatur liegt. Für $CaCl_2, H_2O$ ist nur ein Theil
von IIb bekannt. Auch für $CaCl_2$ wird die bei 260^0 beginnende Kurve
wohl den Ast IIb vorstellen, da der Schmelzpunkt noch weit abliegt."

Weitere ausführliche Betrachtungen über die Grenzen für die Existenz
der verschiedenen Systeme aus $CaCl_2$ und H_2O, über vielfache Punkte,
sowie über die thermodynamischen Beziehungen für die Dampfspannungen der Systeme aus H_2O und $CaCl_2$ oder anderen Salzen muss im
Original nachgesehen werden.

Die Dissociationserscheinungen verschiedener Hydrate von Gasen,
sind von H. W. Bakhuis Roozeboom[1]) untersucht worden. Derselbe
fand folgende Zusammensetzung für die bekannteren Hydrate:

---

[1]) H. W. Bakhuis-Roozeboom, vgl. Zeitschr. physik. Ch. **1**, 204—207, 365,
366, 1888.

$$SO_2, 7\,H_2O,$$
$$Cl_2, 8\,H_2O,$$
$$Br_2, 10\,H_2O,$$
$$HCl, 2\,H_2O.$$

Bei der Untersuchung des Oxalsäurehydrates hat H. Lescoeur[1]) gefunden, dass kryst. Oxalsäure, $C_2H_2O_4$, $2\,H_2O$, bei 45^0 einen Dissociationsdruck von 1,06 mm besitzt, so lange sie überhaupt noch Wasser enthält, die beiden Wassermoleküle sind also nicht verschieden gebunden. Wahrscheinlich existirt noch ein Hydrat mit $4\,H_2O$.

Ueber Dampfdrucke ternärer Gemische hat F. A. H. Schreinemakers[2]) mehrere Arbeiten publicirt.

7. Kondensation und Verflüssigung.

Allgemeines. Eine Verflüssigung der Gase bezw. Dämpfe tritt nur dann ein, wenn die kritische Temperatur und der kritische Druck erreicht sind. Unter dem kritischen Druck versteht man, wie bereits im ersten Bande ausgeführt, nach Andrews die Druckgrenze, unterhalb welcher bei noch so grosser Temperaturerniedrigung eine Verflüssigung nicht eintritt, und unter kritischer Temperatur diejenige Temperaturgrenze, oberhalb welcher bei noch so grossem Drucke eine Verflüssigung nicht eintritt.

Nach dem Principe von Watt bewegen sich die in einem Raume, z. B. in einem Glasgefässe, eingeschlossenen Dampftheilchen bei Abkühlung des einen Endes nach dem kälteren Ende hin und kondensiren sich dort, sobald die Temperatur unter die kritische herabgeht. Schliesst man z. B· Chlor in eine gebogene Glasröhre ein, erwärmt es auf die Temperatur, bei der alles gasförmig wird, und taucht nun das eine Ende in eine Kältemischung, so wird sich, was uns ja heutzutage selbstverständlich erscheint, das Chlor in dem abgekühlten Theile kondensiren.

Aus dem Principe von Watt folgt, dass bei gegebener Temperatur Dampf und Flüssigkeit einen Gleichgewichtszustand erreichen, der nur von der Höhe der Temperatur und des Druckes abhängig ist.

Verflüssigung der Gase.

Nachstehende Zusammenstellung ist einer Arbeit von Arndt[3]) entnommen, welche speciell die historische Seite und die bei der Verflüssigung angewandten Verfahren behandelt.

---

1) H. Lescoeur, Compt. rend. **104**, 1799, 1887; Ref. Zeitschr. physik. Ch. **1**, 525, 1887.

2) F. A. H. Schreinemakers, Zeitschr. physik. Ch. **36**, 257, 413, 710, 1901; **37**, 129, 1901; **38**, 227, 1901,

3) Arndt, Verh. d. Vereins zur Beförd. des Gewerbefleisses. **1901**, 236—242.

Faraday erzeugte im Jahre 1823 flüssiges gelbes Chlor durch Erwärmen von Chlorhydrat in einer zugeschmolzenen Glasröhre. Ebenso verflüssigte er unter eigenem Drucke in der zugeschmolzenen Glasröhre Schwefeldioxyd, Ammoniak, Schwefelwasserstoff, Kohlensäure, Stickoxyd, Unterchlorsäure und Cyan.

Bussy verflüssigte im Jahre 1824 Schwefeldioxyd durch Abkühlung auf —20⁰ ohne Anwendung von Druck; er vermochte durch Verdampfung der Flüssigkeit unter der Luftpumpe Temperaturen bis zu —65⁰ zu erzeugen, die er alsdann zur Verflüssigung anderer Gase verwendete.

Thilorier stellte nach dem Faraday'schen Verfahren in einem schmiedeeisernen Gefässe Mengen von mehreren Litern flüssiger Kohlensäure dar, die beim raschen Ausströmen zu bei —79⁰ verdampfender Kohlensäure erstarrte.

Unter einem Druck von 58 Atmosphären und bei Erniedrigung der Temperatur durch einen Brei von Aether und fester Kohlensäure auf —110⁰ gelang es Faraday im Jahre 1845 alle bekannten Gase ausser Wasserstoff, Sauerstoff, Stickstoff, Stickoxyd, Kohlenoxyd und Methan zu verflüssigen. Auch bei einem Drucke von 3600 Atmosphären gelang es Natterer nicht diese Gase zu verflüssigen, weshalb sie als permanente bezeichnet wurden.

Die Untersuchungen von Andrews im Jahre 1869 ergaben, dass es für jedes Gas eine bestimmte Temperatur giebt, oberhalb deren es durch keinen noch so hohen Druck verflüssigt werden kann. Diese kritische Temperatur ist für Kohlendioxyd $+31^0$.

Die Verflüssigung von Sauerstoff gelang im Jahre 1877 Cailletet und Pictet. Am 2. December 1877 komprimirte Cailletet mittelst hydraulischer Presse Sauerstoff auf 300 Atmosphären, kühlte durch verdampfende schwefelige Säure ab und hob den Druck plötzlich auf, wobei sich dann ein Theil des Sauerstoffs verflüssigte. Pictet liess flüssiges Schwefeldioxyd im Vakuum verdampfen, verflüssigte es wieder durch Kompression, liess von neuem verdampfen u. s. w. Durch das Schwefeldioxyd wurden mehrere Liter flüssigen Kohlendioxyds gekühlt, welche denselben Kreislauf beschrieben und ihrerseits wieder auf 500 Atmosphären komprimirten Sauerstoff abkühlten. Nach einstündigem Arbeiten der Pumpen verflüssigte sich dieser und entströmte als glänzender weisser Strahl.

Wroblewski und Olszewski benutzten zum Vorkühlen flüssiges Aethylen und verflüssigten Methan, Stickoxyd und, unter Anwendung von flüssigem Sauerstoff als Kühlmittel, auch Wasserstoff[1]), dessen Siedepunkt sie zu —253⁰ beobachteten.

---

1) Vgl. hierzu auch M. W. Travers, Zeitschr. physik. Ch. **37**, 100, 1901.

Für die Aufbewahrung flüssiger Luft konstruirte Dewar doppelwandige Glasgefässe, pumpte die Luft zwischen den beiden Wandungen vollständig aus und überzog dieselben mit einem Silberspiegel, um die Wärmestrahlung so weit als möglich zu vermindern. In derartigen Gefässen lässt sich die flüssige Luft tagelang aufbewahren. Wie Hempel angiebt, eignet sich hierfür noch besser eine Isolirung mit Schafwolle.

Linde verwendete im Jahre 1895 in seinem Luftverflüssigungsapparat in eigenartiger Weise das Gegenstromprincip. Die grösste Lindesche Maschine liefert bei einem Verbrauch von 190 Pferdekräften und 15 000 l Kühlwasser stündlich 100 l flüssiger Luft.

Ramsay hat auch die neu entdeckten Gase Argon, Helium u. s. w. verflüssigt, und aus flüssigem Argon hat er durch fraktionirte Destillation Xenon und Krypton gewonnen. Das angebliche Metargon erwies sich als Verunreinigung.

Moissan verflüssigte das Fluor bei einer Temperatur von —187° zu einer gelben Flüssigkeit.

Die flüssigen Gase finden eine ausgedehnte Anwendung, so die flüssige Kohlensäure beim Bierausschank, bei der Sodawasserfabrikation und zur Herstellung dichter Stahlgüsse; flüssiges Ammoniak und Schwefeldioxyd werden in Eismaschinen und Kühlanlagen benutzt. Die flüssige Luft findet Verwendung als Sprengstoff beim Bergbau und ebenso nach der Anreicherung an Sauerstoff durch Verdunstenlassen des niedriger siedenden Stickstoffs bei Feuerungen, zum Maschinenbetrieb sowie zur Verbesserung und Abkühlung der Luft in Grubenräumen.

Faraday verflüssigte Chlor im Jahre 1823. 60 Jahre später haben Wroblewski und Olszewski flüssige Luft dargestellt, und jetzt nach 15 jährigem Zwischenraum erscheinen die übrigen Gase, Wasserstoff und Helium als statische Flüssigkeiten. Bedenkt man, dass der Schritt von der Verflüssigung der Luft zu der des Wasserstoffs in thermodynamischer Beziehung verhältnissmässig ebenso gross ist, wie der von flüssigem Chlor zur flüssigen Luft, so beweist die Thatsache, dass das erstere Resultat in einem Viertel der Zeit erreicht wurde, die nöthig gewesen, das letztere zu vollenden, das bedeutend beschleunigte Tempo wissenschaftlichen Fortschritts in unserer Zeit[1]).

Kondensation von Dämpfen.

Ueber die Kondensation von Dämpfen hat Mathias Cantor[2]) eine Arbeit publicirt, der ich folgendes entnehme:

Gesättigte Dämpfe gehen in den flüssigen Zustand über, indem entweder die Kondensation im Innern der Dampfmasse auftritt und kleine

---

1) J. Dewar, Nature. 58, 56, 1898.
2) M. Cantor, Wied. Ann. 56, 492, 1895.

Tröpfchen (Nebel) entstehen, oder die Dämpfe an der flüssigen oder festen
Grenze ihrer Ausdehnung als Thau sich niederschlagen. Die Nebelbildung ist vielfach, namentlich durch Helmholtz studirt worden,
und es hat sich als sehr wahrscheinlich herausgestellt, dass eine Nebelbildung ohne Anwesenheit fester Staubtheilchen überhaupt gar nicht stattfindet, so dass man es in allen Fällen, wo Dämpfe sich verflüssigen, mit
einer Kondensation an festen oder flüssigen Theilen zu thun
hat, und der Unterschied der beiden Erscheinungen nur darin besteht, dass
die Nebelbildung an äusserst kleinen Partikeln, die Thaubildung aber
an ausgedehnten, flüssigen oder festen Flächen stattfindet.

Die Versuche wurden zunächst mit der Kondensation eines Dampfes
an einer Fläche, auf welcher sich die kondensirte Flüssigkeit nicht ausbreitet, mit Wasserdampf auf Petroleum, ausgeführt. Ein U-Rohr
war so mit Quecksilber gefüllt, dass die Kuppe über das Ende des einen
Schenkels sich erhob; auf die Kuppe wurde eine dünne Schicht Petroleum
gebracht, die aber dick genug war, dass der Einfluss des Quecksilbers
sich nicht geltend machen konnte. Möglichst nahe unter der Oberfläche
befand sich die Kugel eines durch ein Seitenrohr in das Quecksilber eingeführten Thermometers; ein Mantel umgab den Schenkel der Röhre zur
Aufnahme von Aether, welcher mittelst eines durchgeleiteten Luftstromes
die langsame Abkühlung des Quecksilbers und der Petroleumfläche bewirkte. Oben war der Schenkel der Röhre kugelförmig aufgeblasen, und
durch die Kugel konnte durch sehr langsames Saugen mit Wasserdampf
gesättigte Luft über die Petroleumfläche geleitet werden; die Temperatur
des Wasserdampfes wurde bestimmt. Das Quecksilber wurde nun so
lange abgekühlt, bis Kondensation auf dem Petroleum beobachtet wurde.
Im Mittel ergaben diese Messungen, dass bei Wasserdampf einer Sättigungstemperatur von $21,2^0$ an einer Petroleumfläche die Thautemperatur
von 18^0 entsprach. Aus diesen Zahlen liess sich der Radius der molekularen Wirkungssphäre berechnen, und es wurde ein Werth $6{,}5 \cdot 10^{-6}$ mm
gefunden, der mit den Werthen, die nach anderen Methoden ermittelt
sind, gut übereinstimmt.

Für die Berechnung wurden folgende Voraussetzungen gemacht:

Für Flüssigkeiten, auf denen sich der kondensirte Dampf ausbreitet,
wird der Theorie nach die Thautemperatur höher liegen als die Sättigungstemperatur; mit der fortschreitenden Dicke der kondensirten Schicht sinkt
die Thautemperatur, und wenn die Dicke gleich dem molekularen Wirk-
ungsradius geworden ist, ist die Wirkung der Substanz, an welcher die
Kondensation stattfindet, ganz verdeckt; die Thautemperatur wird der
Sättigungstemperatur gleich, und oberhalb dieser kann die Kondensation
nicht fortschreiten. Dagegen muss in diesem Falle die Spannung der
Oberfläche durch die kondensirte Schicht vermindert werden, was auch
der Versuch bewies.

Kritische Zustände.

Die bei dem Uebergang vom gasförmigen in den flüssigen Zustand eintretenden Verhältnisse sind von Andrews eingehend studirt worden. Er bezeichnet den betreffenden Zustand als kritischen Zustand und unterscheidet kritische Temperatur, kritischen Druck und kritisches Volum als diejenigen Grössen, welche für den Uebergang in den flüssigen Zustand scharf bestimmt sind, indem bei geringerem Druck oder höherer Temperatur oder grösserem Volum (was sich aus den beiden vorhergehenden ergiebt) ein Uebergang aus dem gasförmigen in den flüssigen Zustand nicht stattfindet.

Für den Uebergang des einen Systems in das andere hat van der Waals seine berühmte Zustandsgleichung aufgestellt:

$$\left(p + \frac{a}{v^2} \right) (v - b) = R\,T,$$

in welcher $\frac{a}{v^2}$ eine Korrektionsgrösse für den Druck, b eine solche für das Volum bedeutet. Eine ausführliche Besprechung findet sich in Bd. I.

Die ersten Bestimmungen der kritischen Temperatur und des kritischen Drucks sind von Cagniard de la Tour,[1] Sajontschewsky,[2] Cailletet und Collardeau[3] sowie Nadeshdin[4] ausgeführt worden. Nachstehend werden einige Methoden beschrieben.

Ueber den Zustand der Materie beim kritischen Punkt nehmen Ramsay und Jamin an, dass bei der kritischen Temperatur kein vollkommener Uebergang von Flüssigkeits- in den Gaszustand stattfindet, sondern dass hier nur keine Dichteunterschiede mehr bestehen. Cailletet und Collardeau setzen dazu verschiedene Dichte, dagegen vollständige Mischbarkeit voraus. Eine etwas andere Hypothese äussert A. Battelli.[5]

W. Ramsay[6] nimmt späterhin jedoch an, dass bei dem kritischen Punkt thatsächlich ein einheitlicher Stoff vorliegt. Wesendonck[7] macht auf die hierbei eintretende Nebelbildung aufmerksam. Auch J. P. Knauer[8] kommt zu dem Ergebniss, dass die von verschiedenen Beobachtern be-

[1] Cagniard de la Tour, Ann. chim. phys. **21**, 127, 128, 1822; vgl. Strauss, Journ. russ. phys. chem. Ges. **12**, 207.

[2] Sajontschewsky, Wied. Ann. Beibl. **3**, 741, 1879.

[3] Cailletet, u. Collardeau, Compt. rend. **112**, 563, 1891.

[4] Nadeshdin, Wied. Ann. 8, 721, 1884.

[5] Battelli, Ref. Zeitschr. physik. Ch. **14**, 190, 1894; Ramsay u. Young Phil. Mag. **37**, 215, 1894.

[6] W. Ramsay, Zeitschr. physik. Ch **14**, 486, 1894.

[7] K. Wesendonck, Naturw. Rundsch. **9**, 209, 1894; Zeitschr. physik. Ch. **15**, 263, 1895.

[8] J. P. Knauer, Ref. Zeitschr. physik. Ch. **15**, 515, 1895.

haupteten Anomalien beim kritischen Punkt durch die Gegenwart von Verunreinigungen, insbesondere Luft, verursacht worden sind.

Ueber das Molekularvolum beim absoluten Nullpunkt hat C. M. Guldberg[1]) eine Arbeit veröffentlicht, die einiges Merkwürdige enthält, auf deren Einzelheiten hier jedoch nicht näher eingegangen werden kann.

Zusammenstellung der kritischen Daten.

Eine ausführliche Zusammenstellung der bisher ermittelten Daten für Flüssigkeiten wurde von G. Heilborn[2]) gegeben, welche nachstehend theilweise angeführt ist. Hierin bedeuten ϑ kritische Temperatur, π kritischer Druck, φ kritisches Volum, auf 0^0 und Atmosphärendruck bezogen und δ kritische Dichte, auf Wasser von 4^0 bezogen. Der neben den Zahlen stehende * bedeutet Altschul.

1. Elemente und anorganische Verbindungen.

Name.	Formel.	ϑ	π	φ	δ
Sauerstoff,	O_2	$-118,0$	$50,0$	—	$0,6044$
		-118.8	$50,8$	—	$0,65$
Stickstoff,	N_2	$-146,0$	$33,0$	—	$0,44$
		$-146,5$	$35,0$	—	$0,37$
Chlor,	Cl_2	$+141,0$	$83,9$	—	—
		$+148,0$	—	—	—
Brom,	Br_2	$+302,2$	—	$0,00605$	$1,18$
Kohlenoxyd,	CO	$-141,1$	$35,9$	—	—
		$-139,5$	$35,5$	—	—
Kohlensäure,	CO_2	$+31,1$	$73,0$	—	—
		$+30,92$	$77,0$	—	—
Ammoniak,	NH_3	$+130,0$	$115,0$	—	—
		$+131,0$	$113,0$	—	—
Stickoxydul,	N_2O	$+35,4$	$75,0$	$0,00480$	$0,41$
		$+36,4$	$73,07$	—	—
Stickoxyd,	NO	$-93,5$	$71,2$	—	—
Sticktetroxyd,	N_2O_4	$+171,2$	—	$0,00413$	$0,66$
Cyan,	$(CN)_2$	$+124,0$	$61,7$	—	—
Kohlenoxysulfid,	COS	$+105,0$	—	—	—
Schwefelkohlenstoff,	CS_2	$+275,0$	$77,8$	$0,0096$	—
		$+272,96$	$77,9$	—	—
Chlorwasserstoff,	HCl	$+51,25$	$86,0$	—	$0,61$
		$+51,50$	$96,0$	—	—
		$+52,3$	$86,0$	—	—

1) C. M. Guldberg, Zeitschr. physik. Ch. **16**, 1, 1895; **32**, 116, 1900.
2) G. Heilborn, Zeitschr. physik. **7**, 601, 1891.

Name.	Formel.	ϑ	π	φ	δ
Schwefelwasserstoff,	H_2S	$+$ 100,0	88,7	—	—
		$+$ 100,2	92,0	—	—
Selenwasserstoff,	H_2Se	$+$ 137,0	91,0	—	—
Phosphorwasserstoff,	H_3P	52,8	64,0	—	—
Siliciumwasserstoff,	H_4Si	— 0,5	ca. 100,0	—	—
Schwefeldioxyd,	SO_2	$+$ 155,4	78,9	0,00587	0,49
		157,0	—	0,00516	—
Phosphortrichlorid,	PCl_3	$+$ 285,5	—	—	—
Siliciumtrichlorid,	$SiCl_4$	$+$ 230,0	—	—	—
Zinnchlorid,	$SnCl_4$	$+$ 318,7	36,95	—	—
Germaniumchlorid,	$GeCl_4$	$+$ 276,0	38,0	—	—
Wasser,	H_2O	$+$ 381,1	—	0,001874	0,429
		$+$ 412,0	—	—	—

2. Organische Verbindungen.

Name.	Formel.	ϑ	π	φ	δ
Methan,	CH_4	— 81,8	54,9	—	—
		— 95,5	50,0	—	—
Aethan,	C_2H_6	35,0	45,2	—	—
Pentan,	C_5H_{12}	187,1	33,3	—	—
Isopentan,	C_5H_{12}	194,8	—	—	—
Hexan,	C_6H_{14}	250,3	—	—	—
		234,5*	30,0*	—	—
Oktan,	C_8H_{18}	296,4*	25,2*	—	—
Diisobutyl,	C_8H_{18}	270,8	—	—	—
Dekan,	$C_{10}H_{22}$	330,4*	21,3*	—	—
Aethylen,	C_2H_4	9,2	58,0	0,00569	0,22
		10,1	51,0	—	0,36
		13,0	—	—	—
Propylen,	C_3H_6	90,2	—	—	—
		97,0	—	—	—
Isobutylen,	C_4H_8	150,7	—	—	—
Amylen,	C_5H_{10}	201,0	—	—	—
		208,0*	—	—	—
Isoamylen,	C_5H_{10}	191,6	33,9	—	—
Kaprylen,	C_8H_{16}	298,6	—	—	—
Acetylen,	C_2H_2	37,05	68,0	—	—
Diallyl,	C_6H_{10}	234,4	—	—	—
Benzol,	C_6H_6	280,6	49,5	0,00981	0,355
		291,5	60,5	—	—
		288,5	47,9	—	—

Name.	Formel.	ϑ	π	φ	δ
Toluol,	C_7H_8	290,5*	50,1*	—	—
		320,8	—	—	—
		320,6*	41,6*	—	—
o-Xylol,	C_8H_{10}	358,3*	36,9*	—	—
p-Xylol,	„	344,4*	35,0*	—	—
m-Xylol,	„	345,6*	35,8*	—	—
Propylbenzol,	C_9H_{12}	365,6*	32,3*	—	—
Isopropylbenzol,	„	362,7*	32,2*	—	—
Mesitylen,	„	367,7*	33,2*	—	—
Pseudokumol,	„	381,2*	32,2*	—	—
Isobutylbenzol,	$C_{10}H_{14}$	377,1*	31,1*	—	—
Cymol,	„	378,6*	28,6*	—	—
Chlorbenzol,	C_6H_5Cl	362,2*	—	—	—
Methylalkohol,	CH_4O	239,9—240,0	78,5	—	—
		233,0	69,73	—	—
Aethylalkohol,	C_2H_6O	243,6	62,76	0,00713	0,288
		234,6	65,0	—	—
		235,5	67,07	—	—
		258,8	119,0	—	—
Propylalkohol,	C_3H_8O	263,7	50,16	0,00968	0,278
		254,2—258,0	53,26	—	—
Isopropylalkohol,	C_3H_8O	234,6	53,1	—	—
		238,0	—	—	—
Butylalkohol,	$C_4H_{10}O$	287,1	—	—	—
		270,5	—	—	—
Isobutylalkohol,	$C_4H_{10}O$	265,0	48,27	—	—
Trimethylkarbinol,	$C_4H_{10}O$	234,9	—	—	—
Isoamylalkohol,	$C_5H_{12}O$	306,6	—	—	—
Allylalkohol,	C_3H_6O	271,9	—	—	—
Formal,	$C_3H_8O_2$	223,6	—	—	—
Acetal,	$C_6H_{14}O_2$	254,4	—	—	—
Methyläther,	C_2H_6O	129,6	—	—	—
Methyläthyläther,	C_3H_8O	167,7	—	0,00873	—
		168,4	46,27	—	—
Aethyläther,	$C_4H_{10}O$	200,0	37—38	0,01344	0,246
		188,0	37,5	0,01334	—
		195,5	40,0	0,01240	0,267
Acetaldehyd,	C_2H_4O	181,5	—	—	—
Aceton,	C_3H_6O	232,8	55,2	—	—
		237,5	60,0	—	—
Ameisensäure,	CH_2O_2	338,2	115,1	0,00751	—
Essigsäure,	$C_2H_4O_2$	321,5	—	—	—

Name.	Formel.	ϑ	π	φ	δ
Propionsäure,	$C_3H_6O_2$	339,9	—	—	—
Methylformiat,	$C_2H_4O_2$	212,0	61,65	0,00728	—
		250,5	—	—	—
Aethylformiat,	$C_3H_6O_2$	230,0	48,7	0,00975	—
		233,1	49,16	—	—
		238,6	—	—	—
Propylformiat,	$C_4H_8O_2$	260,8	42,7	0,01203	—
		267,4	—	—	—
		260,5	—	—	—
Methylacetat,	$C_3H_6O_2$	229,8	57,6	0,00960	—
		232,9	47,54	—	—
Aethylacetat,	$C_4H_8O_2$	239,8	42,2	0,01222	—
		249,5	39,65	—	—
Propylacetat,	$C_5H_{10}O_2$	276,3	34,8	0,01464	—
		282,4	—	—	—
Methylchlorid,	CH_3Cl	141,5	73,0	—	—
Methylenchlorid,	CH_2Cl_2	245,1	—	—	—
Chloroform,	$CHCl_3$	260,0	54,9	—	—
Chlorkohlenstoff,	CCl_4	277,9	58,1	—	—
		282,5	57,6	—	—
		283,2	44,97	—	—
Methylamin,	CH_5N	155,0	72,0	—	—
Dimethylamin,	C_2H_7N	163,0	56,0	—	—
Trimethylamin,	C_3H_9N	160,5	41,0	—	—
Aethylamin,	C_2H_7N	177,0	66,0	—	—
Diäthylamin,	$C_4H_{11}N$	216,0	40,0	—	—
		220,0	38,7	—	—
Triäthylamin,	$C_6H_{15}N$	259,0	30,0	—	—
		267,1	—	—	—

Weitere Litteraturangaben sind an der angegebenen Stelle zu finden.

Erwähnt sei noch, dass E. Mathias[1]) gefunden hat, dass die kritischen Dichten und auch der kritische Druck in einer homologen Reihe sich als stetige Funktion der Molekulargewichte darstellen lassen.

Zusammenstellung der Werthe a und b der van der Waals-schen Gleichung:

Eine Zusammenstellung der bisher berechneten und Neuberechnung der Werthe von a und b der van der Waals'schen Gleichung geben

---

1) E. Mathias, Compt. rend. **117**, 1082, 1893.

Ph. A. Guye und **L. Friedrich**[1]). Hierbei werden zwei verschiedene Formen der Gleichung unterschieden: die auf das Volum Eins und die auf ein Mol. bezogene. Letztere, welche die Form $\left(P + \dfrac{a}{v^2} \right)(V - b) = RT$ hat, ist nicht nur die rationellere, sondern auch viel einfacher in der Berechnung. Nimmt man als Einheiten ccm und Atm. an, so wird $R = 22410$, wobei $O = 16$ und $H = 1{,}008$ gesetzt wird. In der nachstehenden Tabelle sind a und b nach den Formeln

$$a = 27\,P_c\,b^2 \quad \text{und} \quad b = \frac{R\,T_c}{8\,P_c}$$

berechnet; es bedeuten M das Molekulargewicht und K_c den kritischen Koëfficienten $\dfrac{T}{P}$. Die betreffenden Werthe beziehen sich auf ein Mol.

	Stoff.	M.	K_c.	Mol. a . 10^{-6}	b.
1.	NH_3,	17,02	3,50	4,01	36,0
2.	NH_3,	17,02	3,58	4,11	36,7
3.	NH_2CH_3,	31,04	5,94	7,40	61,0
4.	$NH(CH_3)_2$,	45,06	7,79	9,65	79,9
5.	$NH_2C_2H_5$,	45,06	6,82	9,44	75,7
6.	$N(CH_3)_3$,	59,08	10,57	13,0	108
7.	$NH_2C_3H_7$,	59,08	9,82	13,7	101
8.	$NH(C_2H_5)_2$,	73,10	12,23	17,0	125
9.	$N(C_2H_5)_3$,	101,10	17,73	26,8	182
10.	$NH(C_3H_7)_2$,	101,10	17,74	27,7	182
11.	$(CH_3)_2O$,	46,05	7,06	8,08	72,5
12.	$CH_3OC_2H_5$,	70,08	9,53	11,96	97,8
13.	$(C_2H_5)_2O$,	74,08	13,13	17,44	34,7
14.	$HCOOCH_3$,	60,04	8,22	11,38	84,34
15.	$HCOOC_2H_5$,	74,05	10,85	15,68	111,4
16.	CH_3COOCH_3,	74,05	10,94	16,10	112,3
17.	$HCOOC_3H_7$,	88,08	13,42	20,52	137,8
18.	$CH_3COOC_2H_5$,	88,08	13,77	20,47	141,3
19.	$C_3H_5COOCH_3$,	88,08	13,41	20,24	137,7
20.	$CH_3COOC_3H_7$,	102,1	16,56	25,86	169,9
21.	$C_2H_5COOC_2H_5$,	102,1	16,46	25,55	168,9
22.	$C_3H_7COOCH_3$,	102,1	16,20	25,52	166,2
23.	$C_3H_7COOCH_3$ (iso),	102,1	15,96	24,52	163,7
24.	C_6H_5Fl,	96,06	12,54	19,95	128,7

[1]) Th. A. **Guye** u. L. **Friedrich**, Arch. sc. phys. nat. **9**, 505, 1900; Ref. Zeitschr. physik. Ch. **37**, 380, 1901; vgl. auch M. **Altschul**, ibid. **11**, 597, 1893.

Stoff.	M.	K_c.	Mol. $a \cdot 10^{-b}$	b.
25. C_6H_5Cl,	112,5	14,18	25,54	145,5
26. C_6H_6	78,7	11,72	18,71	120,3
27. C_6H_6,	78,7	11,25	18,02	115,4
28. $C_6H_5CH_3$,	92,09	14,27	24,08	146,4
29. $C_6H_5C_2H_5$,	106,1	16,26	28,63	166,8
30. o-$C_6H_4(CH_3)_2$,	106,1	17,11	30,00	175,6
31. m-$C_6H_4(CH_3)_2$,	106,1	17,28	30,39	177,3
32. p-$C_6H_4(CH_3)_2$,	106,1	17,64	30,96	181,0
33. $C_6H_5C_3H_7$,	120,1	19,11	35,89	202,9
34. $C_6H_5CH(CH_3)_2$,	120,1	19,74	35,68	202,6
35. $C_6H_3(CH_3)_3$ 1.3.5,	120,1	19,30	34,35	198,0
36. $C_6H_3(CH_3)_3$ 2.3.4,	120,1	19,70	36,65	202.2
37. $C_6H_5C_4H_9$ (iso),	134,2	20,90	38,63	214,5
38. $C_6H_4 . CH_3 . C_3H_7$,	134,2	22,78	42,20	233,8
39. C_5H_{12},	72,11	15,66	20,93	160,7
40. C_5H_{12} (iso),	72,11	13,82	18,07	141,8
41. C_5H_{12} (iso),	72,11	13,99	18,33	143.6
42. C_5H_{10} (Isoamylen),	60,06	13,71	18,10	140,6
43. C_6H_{14},	86,13	17,14	24,75	175,9
44. C_6H_{14},	86,13	16,92	24,41	173,6
45. C_7H_{16},	100,2	20,10	30,85	206,2
46. C_8H_{18},	114,2	22,60	36,58	231,9
47. $C_{10}H_{22}$,	142,2	28,83	48,59	290,7
48. CH_3Cl,	50,47	5,68	6,85	58,27
49. C_2H_5Cl,	64,49	8,44	10,92	86,55
50. C_2H_5Cl,	64,49	8,66	11,22	88,88
51. C_3H_7Cl,	78,50	10,08	14,16	103,4
52. $(CH_2)_6$,	84,11	13,89	21,84	142,5
53. H_2O,	18,02	3,28	5,95	33,60
54. H_2O,	18,02	3,18	5,77	32,65
55. CH_3OH,	32,03	6,535	9,53	67,05
56. C_2H_5OH	46,05	8,231	15,22	84,46
57. C_3H_7OH,	60,07	10,70	16,32	109,8
58. CH_3COOH,	60,04	10,41	17,60	106,9
59. CCl_4,	153,8	12,37	19,20	126,9
60. $SnCl_4$,	260,3	16,01	26,94	164,3
61. H_3P,	34,0	5,09	4,72	52,2
62. H_2S,	34,1	4,14	4,40	42,5
63. HCl,	36,46	3,92	3,62	40,2
64. HCl,	36,46	3,78	3,50	38,8
65. C_4H_4S,	84,09	12,40	20,86	127,3

Stoff.	M.	K_c	Mol. $a \cdot 10^{-b}$	b.
66. CS_2,	76.12	7,49	11,63	76,89
67. $(CN)_2$,	52,02	6,43	7,26	65,0
68. C_2H_2,	26,02	4,56	4,02	46,8
69. CH_4,	16,03	3,48	1,89	35,7
70. C_2H_6,	30,05	6,81	5,94	69,92
71. CO_2,	44,00	4,17	3,612	42,84
72. SO_2,	64,06	5,43	6,61	55,7
73. N_2O,	44,01	4,23	3,72	43,4
74. N_2O,	44,01	4,11	3,62	42,3
75. NO,	30,00	2,52	1,29	25,9
76. O_2,	32,00	3,10	1,37	31,8
77. O_2,	32,00	3,04	1,33	31,2
78. Ar,	40	3,00	1,30	30,82
79. CO,	28,00	3,67	1,38	37,7
80. CO,	28,00	3,76	1,43	38,6
81. N_2,	28,01	3,61	1,30	37,1
82. N_2,	28,01	3,85	1,39	39,5
83. H_2,	2,02	1,93	0,211	19,75

Weitere Arbeiten, die sich auf die van der Waals'sche Gleichung bezw. die kritischen Zustände beziehen, sind ausgeführt worden von L. Natanson[1]), Carl Barus[2]), S. Young[3]), E. Mathias[4]), W. Ramsay und S. Young[5]), J. J. van Laar[6]), J. P. Kuenen[7]), A. Guye[8]), E. H. Amagat[9]), C. Raveau[10]), G. Bakker[11]), J. D. van der Waals[12]), J. Verschaffelt[13]), L. Boltzmann und H. Mache[14]),

[1]) L. Natanson, Zeitschr. physik. Ch. **9**, 26, 1892.

[2]) C. Barus, Am. Journ. of Sc. **42**, 125, 1891.

[3]) S. Young, Phil. Mag. (5), **33**, 153, 1892.

[4]) E. Mathias, Journ. de Phys. (3), **1**, 53, 1892; (3), **2**, 5, 1893; Compt. rend. **115**, 35, 1892; Ann. de la Fac. de Toulouse **10**, 52, 1896; **128**, 1389, 1899.

[5]) W. Ramsay u. L. Young, Trans. Chem. Soc. 1886, 390, 1887, 750; Ref. über die Arbeit 1892 in Zeitschr. physik. Ch. **10**, 142, 1892.

[6]) J. J. van Laar, Zeitschr. physik. Ch. **11**, 433, 1893; **30**, 158, 1899.

[7]) J. P. Kuenen, Zeitschr. physik. Ch. Ref. **11**, 38, 1892; **15**, 510, 1895; **24**, 667, 1897, und W. G. Robson, Phil. Mag. (6) **3**, 622, 1902.

[8]) A. Guye, Arch. phys. nat. **31**, 463, 1894.

[9]) E. H. Amagat, Compt. rend. **123**, 30, 1896; Journ. de Phys. (3), **8**, 353, 1899.

[10]) C. Raveau, Compt. rend. **123**, 100, 1896; Journ. de physique (3), **6**, 432, 1897.

[11]) G. Bakker, Journ. de Phys. (3), **6**, 131, 1897; Zeitschr. physik. Ch.1897.

[12]) J. D. van der Waals, Ref. Zeitschr. physik. Ch. **30**, 157, 158, 159, 160, 1899; Ref. **35**, 504, 1900; das. **36**, 461, 1901.

[13]) J. Verschaffelt, Ref. ibid. **30**, 160, 1899; **31**, 97, 1899.

[14]) L. Boltzmann u. Mache, Wied. Ann. **68**, 350, 1899.

K. Meyer-Bjerrum[1], C. Dieterici[2], L. Boltzmann[3], J. Traube[4].

Eine Abhandlung von J. D. van der Waals[5] betreffend die Zustandsgleichung und die Theorie der cyklischen Bewegung ist noch von besonderem Interesse; doch muss an dieser Stelle auf das Studium derselben verwiesen werden.

Beziehungen der kritischen Grössen.

M. Altschul (l. c.) giebt hierfür folgende Zusammenstellung:

„Die allgemeine Zustandsgleichung von van der Waals in Bezug auf das Volumen v entwickelt, lautet:

$$v^3 - \left(b + \frac{R\,T}{p}\right) v^2 + \frac{a}{p}\,v - \frac{a\,b}{p} = 0.$$

R hat den Werth $\alpha \left(p_0 + \dfrac{a}{v_0{}^2}\right)(v_0 - b)$,

p_0 und v_0 Druck und Volum des Gases bei 0^0,

p und v Druck und Volum des Gases bei T^0 (in absol. Zählung),

α bedeutet den wahren Ausdehnungskoëfficienten,

b das Vierfache des Molekularvolums, welches von der ponderabelen Masse eingenommen wird.

Der kritische Zustand charakterisirt sich nach van der Waals dadurch, dass die drei Wurzeln der Gleichung unter einander gleich werden, während sie unterhalb des kritischen Zustandes drei verschiedene reelle Werthe, über demselben nur einen reellen besitzen. Bezeichnet man in der obigen Gleichung die kritischen Werthe von p, v und T mit π, φ und ϑ, so ergiebt sich:

$$1. \quad \varphi = 3^b,$$

$$2. \quad \pi = \frac{a}{27\,b^2},$$

$$3. \quad \vartheta = \frac{a}{27\,(1 + a)\,(1 - b)\,ab}.$$

Durch diese Gleichungen lassen sich die Werthe b und a wie auch das kritische Volum φ in den beobachteten Konstanten des kritischen Zustandes ausdrücken. Aus den Gleichungen (2) und (3) ergiebt sich:

$$b^3 - b^2 + \frac{2184\,\pi + \vartheta}{27\,\pi\,\vartheta}\,b - \frac{1}{27\,\pi} = 0.$$

---

[1] K. Meyer-Bjerrum, Zeitschr. physik. Ch. **32**, 1, 1900.

[2] C. Dieterici, Wied. Ann. **69**, 685, 1899.

[3] L. Boltzmann, Versl. K. A. v. W. Amsterdam **7**, 477, 1899.

[4] J. Traube, Drude's Ann. **8**, 267, 1902.

[5] J. D. van der Waals, Zeitschr. physik. Ch. **38**, 257, 1901.

Auf Grund dieser Formeln hat Altschul die kritischen Molekularvolumina, d. h. diejenigen Werthe von b, welche aus der van der Waals'schen Gleichung für den kritischen Punkt sich ergeben, berechnet und folgende Werthe erhalten:

$$b \times 100\,000.$$

		Differenz.
Pentan,	653	163
Hexan,	816	$292 = 2 \times 146$
Oktan,	1108	$313 = 2 \times 157$
Dekan,	1421	Mittel $= 155,3.$

Einer gleichen Zusammensetzungsdifferenz CH_2 entspricht angenähert dieselbe Zunahme der Grösse b. Bei den Benzolderivaten gelten diese Beziehungen nicht.

$$b \times 100\,000$$

		Differenz.
Benzol,	532	152
Toluol,	684	101
Aethylbenzol,	785	186
Propylbenzol,	971	

„Beim Uebergang des Benzols in Toluol ist die Differenz angenähert derjenigen gleich, welche für die Kohlenwasserstoffe der Fettreihe gefunden worden sind; die Substitution eines Wasserstoffatoms in der Seitenkette bedingt dagegen Differenzen, welche verschieden von denselben sind. Im allgemeinen wird das Molekularvolum in hohem Grade von der Konstitution beeinflusst."

„Berechnet man die Konstante b der stellungsisomeren Verbindungen, so erhält man:

$b \times 100\,000$		$b \times 100\,000$		$b \times 100\,000$	
o-Xylol	829	m-Xylol	839	p-Xylol	857
Toluol	684	Toluol	684	Toluol	684
	145		155		173

„Es ergiebt sich also, dass der Einfluss einer im Benzolkern substituirten Gruppe ein je nach der Stellung verschiedener ist, und dass die Abweichungen mit der Konstitution in bestimmter Beziehung stehen, und zwar stimmt dieses Ergebniss mit den Resultaten der Untersuchungen von Neubeck[1]) und Feitler[2]) über Molekularvolumina bei verschiedenen Temperaturen, soweit sich diese Untersuchungen auf isomere Verbindungen beziehen, überein."

„Landolt und Jahn[3]) haben gezeigt, dass Substitutionen bei gleicher relativen Stellung der Substituenten im Benzolring immer dieselbe

---

1) Neubeck, Zeitschr. physik. Ch. 1, 649, 1887.

2) Feitler, ibid. 4, 66, 1889.

3) Landolt u. Jahn, ibid. 10, 289, 1892.

Zunahme der Molekularrefraktionen bedingen. Dieselbe Regelmässigkeit zeigt sich auch bei dem Molekularvolumen, nur mit dem Unterschiede, dass bei dem letzteren die Differenzen mit zunehmendem Kohlenstoffgehalt sich verkleinern. Ersetzt man z. B. ein Wasserstoffatom in Propylbenzol durch eine Methylgruppe in Parastellung, so ergiebt sich eine Differenz für das Molekularvolumen, welche kleiner als zwischen den Molekularvolumina von p-Xylol und Toluol ist.

$$b \times 100\,000$$

Cymol,	1133
Propylbenzol,	971
	162.

Ganz dasselbe ergiebt sich bei dem Vergleich des Mesitylens und des ps-Kumol mit Toluol. Tritt eine Aenderung der Konstitution in der Seitenkette ein, so bleibt das Molekularvolum unverändert.

$$b \times 100\,000$$

Propylbenzol,	971
Isopropylbenzol,	968.

Berechnung der kritischen Daten.

„Ebenso wie man die Konstanten a und b der van der Waals-schen Zustandsgleichung berechnen kann, so lassen sich umgekehrt die letzteren aus den Abweichungen von den Gasgesetzen berechnen. Vergleicht man die von Altschul direkt beobachteten kritischen Daten mit den theoretischen, nach der Regel von van der Waals durch G. Heilborn[1]) berechneten, so ergiebt sich:

	Kritische Temperatur.		Kritischer Druck.	
	beob.	ber.	beob.	ber.
o-Xylol,	631,3	630,7	36,93	37,0
p-Xylol,	617,4	616,6	34,96	35,9
m-Xylol,	618,6	617,8	35,75	36,0
Cymol,	651,6	654,4	28,61	29,1
Isopropylbenzol,	635,7	620,2	32,21	31,8
Toluol,	—	—	41,57	40,1

Die Uebereinstimmung ist eine überaus befriedigende."

Durch die Verbindung der van der Waals'schen Formel mit der Ausdehnungsformel von Mendelejew haben Thorpe und Rücker[2]) folgende Beziehung aufgestellt:

$$\vartheta = \frac{T\,V_t - 273}{2\,(V_t - 1)},$$

---

1) G. Heilborn, Zeitschr. physik. Ch. **7**, 601, 1890.

2) Thorpe u. Rücker, Journ. Chem. Soc. 1884, 135.

wo V_t das Volum bei t^0 in absoluter Zählung, ϑ die kritische Temperatur und T die Temperatur t in absoluter Zählung ist. Die auf diese Weise durch Bartoli und Stracciati (vergl. Heilborn l. c.) berechneten kritischen Temperaturen stimmen mit den wirklich beobachteten nur in grober Annäherung überein:

beob.	ber.	Differenz in %.
460,1	456,1	0,9
507,5	522,3	2,9
569,4	586,3	2,9
603,4	633,5	5,0

„Dieses Resultat bestätigt die Einwendungen, welche Avenarius[1]) gegen diese Gleichung erhoben hat; er machte aber darauf aufmerksam, dass die der Ableitung zu Grunde liegende Formel von Mendelejew nur für begrenzte Temperaturgebiete ausreicht."

Vergleichung der kritischen Temperaturen und Drucke.

„Stellt man die kritischen Temperaturen und Drucke der Paraffine zusammen, so erhält man:

	Krit. Temp.	Differenz.	Krit. Druck.	Differenz.
Pentan,	187,1		33,31	
		$+ 47,4$		$- 3,3$
Hexan,	234,5		29,99	
		$+ 2 \times 31,0$		$- 2 \times 2,4$
Oktan,	296,4		25,20	
		$+ 2 \times 17,0$		$- 2 \times 1,9$
Dekan,	330,4		21,31	

Es entsprechen also gleiche Unterschiede in der chemischen Zusammensetzung bestimmten Unterschieden in den kritischen Daten; die kritischen Temperaturen nehmen mit einer Zunahme von CH_2 zu, die Drucke ab. Diese Differenzen sind nicht konstant, sondern sie nehmen mit zunehmendem Kohlenstoffgehalt ab."

„Vergleicht man ferner die kritischen Daten der Benzolderivate, so erhält man:

	Krit. Temp.	Differenz.	Krit. Druck.	Differenz.
Benzol,	290,5		50,07	
		$+ 30,1$		$- 8,5$
Toluol,	320,6		41,57	
		$+ 25,8$		$- 3,4$
Aethylbenzol,	346,4		38,13	
		$+ 19,2$		$- 5,9$
Propylbenzol,	365,6		32,28	

---

[1]) Avenarius, Journ. russ. chem. Ges. **16**; vgl. Ostwald, Allg. Ch. I 2. Aufl. S. 242.

Auch hier zeigt sich also dieselbe Beziehung. Eine Ausnahme bildet der kritische Druck des Aethylbenzols; die Differenz zwischen Aethyl- uud Propylbenzol ist grösser als die zwischen Aethylbenzol und Toluol."

„Substituirt man ein weiteres Wasserstoffatom im Benzolkern durch einen Alkoholrest, so ist der Einfluss des letzteren ein verschiedener, je nach der Stellung. die er zu einem schon vorhandenen einnimmt:

	Krit. Temp.	Krit. Druck.		Krit. Temp.	Krit. Druck.
o-Xylol,	358,6 °	36,93	m-Xylol,	345,6 °	35,75
Toluol,	320,6	41,57	Toluol	320,6	41,57
	+ 38,0 °	— 4,60		+ 25,0 °	— 5,80

	Krit. Temp.	Krit. Druck.
p-Xylol,	344,4 °	34,95
Toluol,	320,6	41,57
	+ 23,8 °	— 6,60

„Diese Unterschiede verschwinden mit zunehmendem Kohlenstoffgehalt; so sind die kritischen Daten des Mesitylens annähernd gleich denen des ps-Kumols; ganz dasselbe ergiebt sich beim Vergleich des Propylbenzols und Isopropylbenzols. Hier lässt sich ein Vergleich ziehen mit den Verhältnissen, welche zwischen der Zusammensetzung der Ionen und ihrer Wanderung bestehen.[1]) Auch dort sind die Unterschiede für die Gruppe CH_2 nicht konstant, sondern verschwinden um so schneller, je zusammengesetzter die Ionen sind."

Kritischer Koëfficient und Molekularrefraktion.

„Guye[2]) hat mit dem Namen „kritischer Koëfficient" das Verhältniss von der kritischen Temperatur in absoluter Zählung und kritischem Druck bezeichnet und gezeigt, dass dieser Koëfficient der Molekularrefraktion proportional ist.

Ist Θ = kritische Temperatur,

π = kritischer Druck,

$$MR^2 = \frac{M}{d} \cdot \frac{n^2-1}{n^2+2}$$ für Strahlen von unendlich langer Wellenlänge,

und $$k = \frac{\Theta + 273}{\pi},$$ so ist

$k\,f = MR^2$, wo f ein konstanter Faktor ist.

„Guye hat diese Beziehungen an den vorhandenen experimentellen Bestimmungen geprüft, wobei er das dispersionsfreie Brechungsvermögen

---

1) Vgl. W. Ostwald, Zeitschr. physik. Ch. **2**, 849, 1888.

2) Ph. Guye, Archives phys. nat. (3), **23**, 197, 1890; Thèses présentées à la faculté de sciences de Paris 1891; Ostwald, Allg. Chem. I, 2. Aufl. 458.

mit Hilfe der Cauchy'schen Formel berechnet hat, es ergaben sich für
f Werthe, welche als konstant zu betrachten sind, sie betragen im Mittel 1,8."

Aus diesen Betrachtungen folgt, dass diejenigen Gesetzmässigkeiten,
die für die Molekularrefraktion aufgefunden worden sind, auch für den
„kritischen Koëfficienten" zutreffen müssen.

In der folgenden Tabelle sind die Werthe unter MR^2 die von
Landolt und Jahn angegebenen Molekularrefraktionen, unter k die
kritischen Koëfficienten, aus Altschul's Versuchen berechnet, und unter
f der Faktor der untersuchten Substanzen, welcher nach Guye konstant
bleiben müsste:

	MR^2	k	f
Hexan,	28,62	16,92	1,69
Oktan,	38,19	22,56	1,69
Dekan,	47,46	28,32	1,68
Benzol,	25,16	11,25	2,24
Toluol,	33,20	14,28	1,32
Aethylbenzol,	38,86	16,24	2,39
o-Xylol,	41,52	17,09	2,43
p-Xylol,	35,65	17,66	2,02
m-Xylol,	37,82	17,30	2,19
Propylbenzol,	43,03	19,78	2,18
Isopropylbenzol,	43,57	19,74	2,21
Mesitylen,	41,89	19,30	2,50
Pseudokumol	43,28	19,68	2,20
Isobutylbenzol,	47,55	20,92	2,27
Cymol,	45,33	22,76	1,99

„Wie man sieht, ist der Faktor f bei den Paraffinen konstant, und
zwar beträgt er im Mittel 1,686. Der Werth von f aber bei den aromatischen Verbindungen differirt beträchtlich von dem der Paraffine und
schwankt zwischen 1,99 und 2,5. Der kritische Koëfficient k ist bei den
Paraffinen von rein additivem Charakter, wie man aus der folgenden
Zusammenstellung ersieht:

	k	Differenz.
Hexan,	16,92	
		$5,68 = 2 \times 2,84$
Oktan,	22,60	
		$5,72 = 2 \times 2,86$
Dekan,	28,32	
		Mittel $= 2,85$

„Bei den aromatischen Verbindungen zeigt sich der kritische Koëfficient
konstitutiv; die regelmässigen Beziehungen aber, welche nach Landolt
und Jahn für die Molekularrefraktion der Benzolderivate sich ergeben
haben, kommen den kritischen Koëfficienten nicht zu."

Beziehungen zwischen Siedetemperatur, kritischer Temperatur, Dampfdruck und kritischem Druck.

Für das Verhältniss der Siedetemperatur in absoluter Zählung T und der kritischen Temperatur T_1 konnte C. M. Guldberg[1] zeigen, dass derselbe annähernd konstant ist und zwar gleich ca. $^2/_3$. Folgende Tabelle wird dies erweisen:

Substanz.	Formel.	T.	T_1.	$\dfrac{T}{T_1}$.
Methylalkohol,	CH_4O	$334{,}5^0$	$505{,}9^0$	0,661
Aethylalkohol,	C_2H_6O	351,3	507,8	0,692
Propylalkohol,	C_3H_8O	370,2	531	0,697
Isopropylalkohol,	C_3H_8O	355,1	507,6	0,700
Butylalkohol,	$C_4H_{10}O$	389	560,1	0,694
Isobutylalkohol,	$C_4H_{10}O$	381	538	0,708
Amylalkohol,	$C_5H_{12}O$	410	621	·0,660
Allylalkohol,	C_3H_6O	370	544,9	0,679
Aether,	$C_4H_{10}O$	308	463	0,665
Essigsäure,	$C_2H_4O_2$	391	594,5	0,658
Propionsäure,	$C_3H_6O_2$	410	612,9	0,669
Buttersäure,	$C_4H_8O_2$	429	611	0,702
Aethylformiat,	$C_3H_6O_2$	327,3	504,5	0,649
Propylformiat,	$C_4H_8O_2$	355	533,8	0,665
Isobutylformiat,	$C_5H_{10}O_2$	370,9	551,2	0,673
Methylacetat,	$C_3H_6O_2$	329	504,3	0,652
Aethylacetat,	$C_4H_8O_2$	348,7	517,6	0,674
Propylacetat,	$C_5H_{10}O_2$	373	549,3	0,679
Isobutylacetat,	$C_6H_{12}O_2$	389,4	561,3	0,694
Methylpropionat,	$C_4H_8O_2$	352,9	328,7	0,667
Aethylpropionat,	$C_5H_{10}O_2$	371,6	545	0,681
Methylbutyrat,	$C_5H_{10}O_2$	375	551	0,680
Aethylbutyrat,	$C_6H_{12}O_2$	393	565,8	0,695
Aethylisobutyrat,	$C_6H_{12}O_2$	386	553,4	0,698
Methylvalerat,	$C_6H_{12}O_2$	390	566,7	0,688
Aceton,	C_3H_6O	329,3	505,8	0,651
Acetaldehyd,	C_2H_4O	294	441	0,667
Methan,	CH_4	109	191,2	0,570
Aethylen,	C_2H_4	163	282	0,578
Amylen,	C_5H_{10}	307	474	0,648
Benzol,	C_6H_6	353	553,6	0,638
Diallyl,	C_6H_{10}	332	507,4	0,654

[1] C. M. Guldberg, Zeitschr. physik. Ch. **5**, 374, 1890.

Substanz.	Formel.	T.	T_1.	$\dfrac{T}{T_1}$.
Toluol,	C_7H_8	383^0	$593,8^0$	0,645
Terpentinöl,	$C_{10}H_{16}$	432	649	0,666
Ammoniak,	NH_3	234,5	404	0,580
Methylamin,	NH_2CH_3	271	428	0,633
Dimethylamin,	$NH(CH_3)_2$	281	436	0,645
Trimethylamin,	$N(CH_3)_3$	282,3	433,5	0,651
Aethylamin,	$NH_2(C_2H_5)$	291,5	450	0,648
Diäthylamin,	$NH(C_2H_5)_2$	330	489	0,675
Triäthylamin,	$N(C_2H_5)_3$	362	532	0,680
Propylamin,	$NH_2(C_3H_7)$	322	491	0,656
Dipropylamin,	$NH(C_3H_7)_2$	370,4	550	0,673
Chlorwasserstoff,	HCl	238	324,5	0,733
Methylchlorid,	CH_3Cl	249,3	414,5	0,602
Methylenchlorid,	CH_2Cl_2	315	518	0,608
Chloroform,	$CHCl_3$	333,2	533	0,625
Tetrachlorid,	CCl_4	349,5	555	0,630
Aethylchlorid,	C_2H_5Cl	284	455,6	0,624
Propylchlorid,	C_3H_7Cl	319,2	494	0,646
Aethylbromid,	C_2H_5Br	312,1	499	0,626
Methyljodid,	CH_3J	316,8	528	0,600
Aethyljodid,	C_2H_5J	345	554	0,628
Stickoxydul,	N_2O	183	309,4	0,591
Stickoxyd,	NO	119,4	179,5	0,665
Untersalpetersäure,	N_2O_4	295,5	444,2	0,665
Kohlenoxyd,	CO	83	133,5	0,622
Kohlensäure,	CO_2	194	304	0,638
Schweflige Säure,	SO_2	263	428,4	0,614
Schwefelwasserstoff,	SH_2	211,2	373,2	0,566
Schwefelkohlenstoff,	S_2C	319,3	545,4	0,586
Cyan,	$(CN)_2$	252	397	0,635
Sauerstoff,	O_2	91,6	154,2	0,594
Stickstoff,	N_2	78,6	127	0,619

Wie Guldberg weiter ausführt, liegt das wahre Gesetz der Siedepunkte einfach in der Normalgleichung für die Dampfspannungen und
diese lautet:

$$\frac{T}{T_1} = F\left(\frac{p}{p_1}\right) \tag{1}$$

„Kennt man die kritische Temperatur und den kritischen Druck von
einer Flüssigkeit, so findet man für einen beliebigen Druck p die zuge-

hörige Siedetemperatur T. Die genaue Form der Gleichung ist noch unbekannt und die Näherungsformel

$$\frac{T}{T_1} = 1 + {}^{1}/_{3} \log \left(\frac{p_1}{p} \right) \tag{2}$$

ist nicht genau genug, um die Siedetemperaturen berechnen zu können. Es ist auch schwierig, eine Tafel oder graphische Darstellung der Spannungskurve zu berechnen, weil die kritischen Werthe von Druck und Temperatur der Flüssigkeiten noch nicht genau beobachtet sind. Wir können darum keine direkten Anwendungen der Gleichung (1) durchführen."

„Vergleichen wir zwei Siedepunkte T und T¹ bei dem Drucke p und dem Drucke np, so hat man folglich

$$\frac{T}{T^1} = \frac{F \left(\dfrac{p}{p_1} \right)}{F \left(\dfrac{np}{p_1} \right)}$$

Das Verhältniss $\frac{T}{T^1}$ ist abhängig von dem kritischen Druck der Flüssigkeit; indessen ändert $\frac{T}{T^1}$ sich nur langsam mit dem Werthe von p_1, wie aus den folgenden Beispielen, die aus Gleichung (2) berechnet sind, hervorgeht."

p_1	$=$	30 Atm.	40 Atm.	50 Atm.	100 Atm.
			$n = \dfrac{200}{760}$		
$\dfrac{T}{T^1}$	$=$	1,130	1,126	1,124	1,116
			$n = \dfrac{30}{760}$		
$\dfrac{T}{T^1}$	$=$	1,314	1,305	1,299	1,280.

„Es folgt hieraus, dass man bei Flüssigkeiten, deren kritische Drucke nicht sehr verschieden sind, das Verhältniss $\frac{T}{T^1}$ als konstant betrachten kann. Als Beispiel dienen die folgenden Tabellen, deren Siedetemperatur von Landolt bezw. Schumann bestimmt sind."

Substanz	760 mm T	60 mm T_1	$\dfrac{T}{T_1}$	30 mm T_1	$\dfrac{T}{T_1}$
Ameisensäure,	372,9°	306,1°	1,218	292,1°	1,276
Essigsäure,	391,8	321,6	1,218	303,7	1,290
Propionsäure,	412,2	341,8	1,205	324,1	1,272
Buttersäure,	433,8	355,3	1,221	334,4	1,292
Valeriansäure,	446,7	364,1	1,227	341,9	1,306

	760 mm T	200 mm T_1	$\dfrac{T}{T_1}$
Methylformiat,	305,3	273,7	1,115
Methylacetat,	330,5	296,5	1,115
Methylpropionat,	352,9	316,7	1,114
Methylbutyrat,	375,3	336,9	1,114
Methylvalerat,	389,7	350,2	1,113
Aethylformiat,	327,4	293,1	1,117
Aethylacetat,	350,1	314,4	1,114
Aethylpropionat,	371,3	333,7	1,113
Aethybutyrat,	392,9	352,2	1,116
Aethylvalerat,	407,3	365,3	1,115
Propylformiat,	354,0	318,0	1,113
Propylacetat,	373,8	336,1	1,112
Propylpropionat,	395,2	355,0	1,113
Propylbutyrat,	415,7	374,2	1,111
Propylvalerat,	428,9	385,6	1,112

Die Beziehungen treten trotz Anwendung der Annäherungsformel hier zu Tage. Doch findet der Satz nicht durchaus Bestätigung, wie z. B. die Untersuchungen von L. Ferretto[1] über die kritischen Temperaturen einiger organischen Schwefelverbindungen erweisen.

Von Pawlewski wurde der Satz aufgestellt, dass die kritischen Temperaturen homologer Verbindungen sich von ihren Siedetemperaturen um eine konstante Differenz unterscheiden. Dies gilt jedoch, wie die Untersuchungen von M. Altschul[2] ergeben haben, nur in erster Annäherung. Dagegen fand L. Ferretto (l. c.) bei den vorerwähnten Untersuchungen über organische Schwefelverbindungen eine ziemlich gute Bestätigung des Pawlewski'schen Satzes.

Gesetz des geradlinigen Durchmessers der Dichtekurven.

Ueber die Bestimmung des kritischen Volums durch das sog. „Gesetz der geraden Linie" berichtet J. J. van Laar[3]. Diese Gesetzmässigkeit lautet:

---

1) L. Ferretto, Gazz. chim. ital. **30**, I, 296, 1900.
2) M. Altschul, Zeitschr. physik. Ch. **11**, 596, 1893.
3) J. J. van Laar, Zeitschr. physik. Ch. **11**, 661, 1893.

„Sowohl bei niederen Temperaturen als bei den kritischen Temperaturen ist der Ort der mittleren Dichte eine der T-Axe nahezu parallele Gerade."

Dies wurde von Mathias und Cailletet[1]) zuerst beobachtet. und später von Young und Thomas[2]) bestätigt. Dagegen macht Ph. Guye[3]) auf einige Ausnahmen aufmerksam. D. Berthelot[4]) berechnete mit Hilfe dieser Gesetzmässigkeit das Minimalvolum v_0 der Flüssigkeiten beim absoluten Nullpunkt. Er erhielt folgende Zahlen für die Molekularvolumina in ccm:

	N_2	O_2	Cl_2	Br_2	CO_2	SO_2	C_2H_4	CCl_4	$SnCl_4$	Aether
v_0	25,0	20,8	34,1	38,9	25,5	30,0	34,3	72,2	87,8	71,7

	C_6H_6	C_6H_5F	C_6H_5Cl	C_6H_5Br	C_6H_5J.	Pentan.	Isopentan.	Hexan.	Heptan.
v_0	66,3	70,6	78,5	82,2	89,2	80,5	81,3	93,5	106,1.

Entsprechend dem Gesetz müsste also $D_t = D_0 + \alpha\, t$ sein, wo α konstant ist. Das van der Waals'sche Gesetz wird ferner fordern, dass α multiplicirt mit der absoluten kritischen Temperatur T_c und dividirt durch die kritische Dichte D_c eine universelle Konstante ergäbe: $\dfrac{\alpha\, T_c}{D_c} = k$. Die Resultate waren, wie S. Young[5]) an einem sehr reichhaltigen Material beobachtete, durchaus befriedigend.

Auch das Verhältniss der thatsächlich, sowie der unter der Voraussetzung des Boyle-Gay-Lussac'schen Gesetzes berechneten „theoretisch" kritischen Dichte erweist sich nahezu konstant: $D_c/D_c' = 3,77$.

Mitunter muss man statt der Formel $D_t = D_0 + \alpha\, t$ eine erweiterte $D_t = D_0 + \alpha\, t + \beta\, t_2$ anwenden, indem sich auch zuweilen deutliche Krümmungen zeigen.

Bestimmung der kritischen Temperatur.

M. Altschul[6]) verfuhr bei seinen im Ostwald'schen Laboratorium ausgeführten Untersuchungen folgendermaassen: Die zu untersuchende Substanz wurde in 3—4 cm lange Röhrchen gebracht, deren Durchmesser 5 mm und lichte Weite 3 mm betrug (Fig. 34). Sie wurden an einem Ende zu dickwandigen Kapillaren ausgezogen, diese zu Haken gebogen, vermittelst welcher die Röhrchen aufgehängt wurden. Um die Luft ganz aus den

[1]) Matthias u. Cailletet, Journ. de phys. 1886 u. 1887.

[2]) Young u. Thomas, Phil. Mag. (5), **34**, 503 u. 507; Ref. Zeitschr. physik. Ch. **11**, 285, 1891.

[3]) Ph. Guye, Arch. sc. physic. nat. (3), **31**, 38, 1894; vgl. auch E. Matthias, Journ. de Phys. (3), **8**, 407, 1899.

[4]) D. Berthelot, Compt. rend. **130**, 713, 1900.

[5]) S. Young, Phil. Mag. (5), **50**, 291, 1900.

[6]) M. Altschul, Zeitschr. physik. Ch. **11**, 577, 1893.

Versuchsröhrchen zu verdrängen, geschah die Füllung der letzteren in folgender Weise. In das Kölbchen b, das die zu untersuchende Flüssigkeit enthielt und mit einem Chlorcalciumrohre verbunden war, wurde das in einem Kork befestigte Röhrchen a eingebracht. Ein Theil der Luft wurde daraus durch Erwärmen vertrieben, beim Abkühlen trat eine kleine Menge Flüssigkeit in dasselbe. Durch Verdampfung der letzteren wurde die noch vorhandene Luft verdrängt, wonach das Röhrchen bei weiterer Abkühlung sich mit Flüssigkeit anfüllte, so dass bloss noch eine kleine Luftblase übrig blieb, die nach drei oder viermaliger Wiederholung der Erwärmung verschwand. Die Flüssigkeit im Kölbchen wurde während dieser Zeit im Sieden erhalten, so dass die Luft aus derselben ganz verdrängt war. Alsdann wurde die Flüssigkeit im Röhrchen bis auf ein

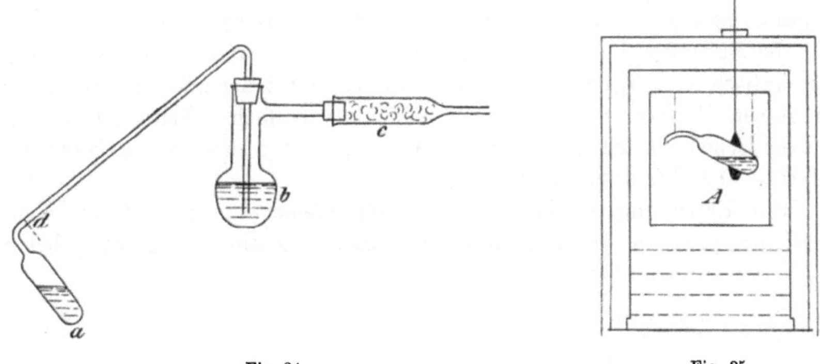

Fig. 34.

Fig. 35.

bestimmtes Volum eingedampft, wonach bei d zugeschmolzen werden konnte. Auf diese Weise wurden mehrere Röhrchen mit verschiedenen Flüssigkeiten bis ungefähr zur Hälfte gefüllt. Dieselben wurden alsdann bis zur kritischen Temperatur erwärmt, und diejenigen, die dabei alle Uebergangsphasen des kritischen Zustandes zeigten, konnten als ungefähr das normale kritische Volum enthaltend angesehen und zur näheren Beobachtung genommen werden.

Zur Erwärmung diente meist ein Luftbad (Fig. 35), das aus Eisenblech bestand und mit Glasfenstern versehen war, eine Form, wie sie schon von Avenarius verwendet worden war. Altschul verbesserte diesen Apparat in entsprechender Weise. Die Beobachtung geschah durch ein Glimmerfenster. Als Thermometer wurde ein von der physikalischtechnischen Reichsanstalt korrigirtes Instrument benutzt.

Von etwa 100° an unter der kritischen Temperatur wurde sehr langsam erhitzt, bei 3—4° unter dem kritischen Punkte wurde die Temperatur möglichst konstant gehalten, nachher allmälig erwärmt, der Punkt, bei dem der Uebergang vom flüssigen in den gasförmigen Zustand stattfindet, notirt, 3—4 ⁰ höher erwärmt und nachher durch Regulirung der Flamme langsam abgekühlt. Alsdann wurde beim Erscheinen des Nebels die Temperatur notirt. Das Mittel von mehreren Beobachtungen, die übrigens wenig differirten, wurde als kritische Temperatur angesehen. Als Kriterium für den kritischen Zustand wurde der Punkt angenommen, bei welchem der an Stelle der glänzenden Fläche sich bildende Nebel verschwindet.

Bestimmung des kritischen Drucks.

Dieselbe geschah nach Altschul in der Weise, dass die zu untersuchende Flüssigkeit, welche in einem langen Rohre unter einem geringeren Druck als dem kritischen sich befindet, nur auf einer Seite etwas über die kritische Temperatur erwärmt wird und alsdann der Druck von aussen langsam gesteigert wird. Beim Eintritt des kritischen Drucks befindet sich die Substanz im kritischen Zustande, somit kann sie nicht in zwei physikalisch verschiedenen Theilen existiren, und daher muss der Meniskus bei diesem Punkte verschwinden. Auf diese einfache Weise kann man den kritischen Druck nach einiger Uebung mit grosser Genauigkeit bis auf 0,1—0,2 Atmosphären bestimmen.

Zur Erzeugung des Drucks wurde ein kleiner Andrews'scher Kompressionsapparat A benutzt; auf einer Seite desselben (Fig. 36), bei a

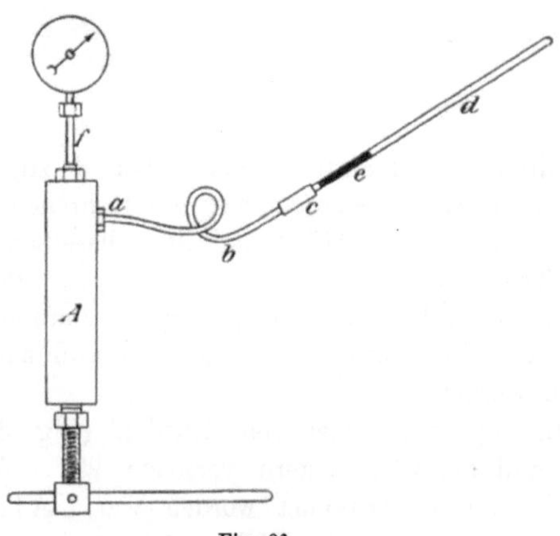

Fig. 36.

war eine Schraube eingeschnitten, welche mit einer Kupferkapillare verbunden ist. An der Stelle, wo in dem Andrews'schen Apparat die Versuchsröhre mit Kohlensäure angebracht ist, wurde eine Messingkapsel angelöthet, die mit dem Manometer verbunden wird. Die Glasröhre d, welche die zu untersuchende Flüssigkeit enthält, wird mit rothem Siegellack in der Kapsel c an der Kupferpapillare eingefügt. Zur gleichmässigen Erwärmung wurde die Glasröhre von zwei weiteren, von einem Stativ gehaltenen Glasröhren umgeben. Das Manometer war von der Firma Dreyer, Rosenkranz und Droop in Hannover geliefert und in entsprechender Weise nachgeaicht worden.

Bestimmung der kritischen Temperatur als Kriterium der chemischen Reinheit.

Die Bestimmung der kritischen Temperatur als Kriterium der chemischen Reinheit ist zuerst von R. Knietsch[1]), später auch von R. Pictet und M. Altschul[2]) empfohlen worden. „Ganz ungefährlich lässt sich die kritische Temperatur aller Flüssigkeiten, soweit sie nicht über 460°, das ist die höchste Angabe des mit Stickstoff gefüllten Quecksilberthermometers, liegt, bestimmen, wenn man sich in derselben Weise wie bei der Bestimmung des Schmelzpunktes kapillarer Röhrchen bedient. Diese bindet man mit Platindraht an ein Thermometer und erwärmt sie in einer geeigneten Flüssigkeit, deren Temperatur man zweckmässig durch einen Luftstrom gleichmässig erhält. Für solche Bestimmungen, welche in kleineren Flüssigkeitsbädern vorgenommen werden können, genügt schon ein mit dem Munde erzeugter Luftstrom, welchen man ebenso wie beim Arbeiten mit dem Löthrohr erzeugt und konstant erhält. Man zieht zu diesem Zwecke das die Luft zuführende Glasrohr zu einer feinen Spitze aus und verbindet es mit einem langen Kautschukschlauche, so dass man die Arbeit des Rührens und Beobachtens leicht neben einander ausführen kann."

„Ein wie genaues Kriterium die kritische Temperatur einer Flüssigkeit für deren Reinheit ist, geht unter anderm daraus hervor, dass auf technischem Wege verflüssigtes Chlor, welches ca. 0,1 % eines von den Maschinentheilen herrührenden Fettes beigemischt enthält, keine scharf begrenzte kritische Temperatur mehr zu erkennen giebt, sondern sich vielmehr bis auf 150° unter fortwährender Verminderung seines Volums und mit verschwommener Flüssigkeitsbegrenzung erwärmen liess, wobei es allerdings schliesslich vollständig verdampft war, aber unter Zurücklassung der nun sofort auch für das Auge erkennbaren Verunreinigung. Es wird also offenbar ganz analog dem Schmelzpunkte der krystallisirten Körper die kritische Temperatur durch Verunreinigungen verändert, und je nach der Natur derselben erhöht oder erniedrigt. Da man nun zur Bestimmung der kritischen Temperatur im Kapillarröhrchen einer nur sehr geringen Substanzmenge bedarf, da man ferner von den Schwankungen des Luftdrucks unabhängig ist, so erscheint die Bestimmung des absoluten

---

1) R. Knietsch, Liebig's Ann. **259**, 116, 1890; Zeitschr. physik. Ch. **16**, 731, 1895.
2) R. Pictet u. M. Altschul, Zeitschr. physik. Ch. **16**, 26, 1895.

Siedepunkts als ein viel geeigneteres Mittel die Identität und Reinheit von vergasbaren Substanzen festzustellen, als dies die Bestimmung des Siedepunkts bietet."

„Ja es drängt sich sofort die interessante Frage auf, ob nicht die Veränderung der kritischen Temperatur irgend eines Lösungsmittels durch eine andere Substanz ebenso einer Gesetzmässigkeit unterliegt und ein Mittel zur Bestimmung der Molekulargrösse einer Substanz an die Hand giebt, wie dies in so fruchtbarer Weise von Raoult für den Schmelzpunkt der Essigsäure u. s. w. nachgewiesen worden ist."

Pictet und Altschul bestimmten die kritische Temperatur von

$$
\begin{aligned}
\text{Chloroform} \quad &\text{zu} \quad 258{,}8\,^0, \\
\text{Chloräthyl} \quad &\text{zu} \quad 181{,}8\,^0, \\
\text{Pental} \quad &\text{zu} \quad 201{,}0\,^0,
\end{aligned}
$$

und stellten fest, dass die kleinste Zugabe von Alkohol oder Aether auf die kritische Temperatur einen sehr grossen Einfluss hat. So sank die Temperatur von Chloroform bei einer Zugabe von einigen Tropfen Alkohol bis zu 255 ^{0}, ein Unterschied von 3,8^0, während der Siedepunkt nur eine Aenderung von 0,1 bis 0,2 ^{0} zeigte. Bei Chloräthyl waren die betreffenden Differenzen 6^0 für die kritische Temperatur und 1^0 für den Siedepunkt. Aehnliche intensive Wirkungen wurden bei Stickoxydul beobachtet.

Kritische Temperatur des flüssigen Chlors.[1]

„Für die genaue Bestimmung des absoluten Siedepunkts des flüssigen Chlors ist die Einhaltung einer überall gleichmässigen Temperatur erstes Erforderniss. Die Beobachtungen wurden in einer ca. 8 mm im Lichten messenden, mit destillirtem, trockenen, flüssigen Chlor bis zu ungefähr ein Drittel gefüllten Röhre a aus schwer schmelzbarem Glase in folgender Weise vorgenommen (Fig. 37). Die Röhre a wurde an ein Thermometer befestigt, so dass das Thermometergefäss neben das flüssige Chlor zu liegen kam, während der abzulesende Temperaturgrad des Thermometers, dessen Theilung erst bei 140 ^{0} begann, sehr nahe an dem zu beobachteten Meniskus im Innern der Röhre sich befand, wodurch die Ablesungen sehr erleichtert und eine Korrektur für den herausragenden Quecksilberfaden überflüssig wurde. Das Bad A bestand in einem ca. 300 ccm wasserhelles, geschmolzenes Vaselin enthaltenden Becherglase, in welchem ersteres durch einen kräftigen Luftstrom derart in eine heftige Bewegung gesetzt wurde,

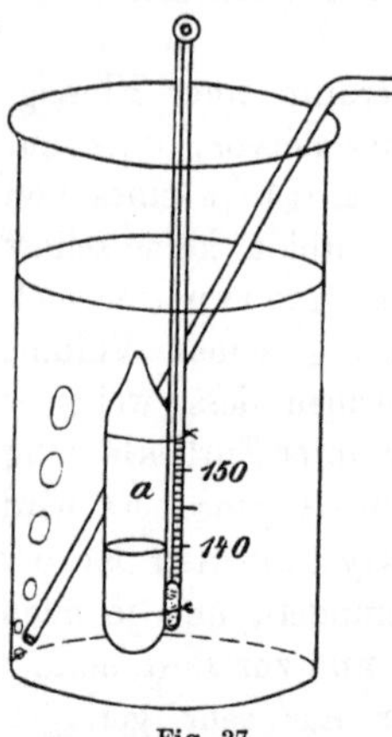

Fig. 37.

----

1) R. Knietsch, l. c.

dass bei der Beobachtungstemperatur an keiner Stelle des Bades mit dem zur Mischung dienenden Thermometer ein Temperaturunterschied gefunden werden konnte. Die Erwärmung geschah auf einem kupfernen Drahtnetz mit kleiner, etwas russenden, durch Schirme geschützten Flamme, so dass die Temperatur sehr allmälig gesteigert oder auch.konstant gehalten werden konnte. Die Beobachtung wurde theils mit blossem Auge in nächster Nähe (eine Glasscheibe und Brille schützte bei etwaiger Zersprengung des Apparates), theils mit Hilfe eines Fernrohrs ausgeführt, doch ist die Beobachtung mit blossem Auge vorzuziehen, weil man durch Veränderung der Gesichtslinie die Lichtbrechungserscheinungen und Strömungen in der schliesslich durch keine Begrenzung mehr sichtbaren Flüssigkeit besser beobachten kann."

„Die interessante Erscheinung ist ungefähr folgende:

Bei 140 ^{0} entwickeln sich aus der ganzen Flüssigkeit äusserst feine Bläschen.

Bei 142 ^{0} ist der Meniskus zu einer geraden, scharf begrenzten Linie geworden.

Bei 144 ^{0} beginnt diese Begrenzungslinie zu verwischen.

Bei 145 ^{0} ist das Vorhandensein einer Flüssigkeit nur noch an der intensiveren Farbe, der stärkeren Lichtbrechung und an Strömungen zu erkennen, wobei diese Flüssigkeit immer noch ungefähr denselben Raum, wie bei 140 ^{0} einnimmt und

bei 146 ^{0} ist der Inhalt der Röhre vollständig homogen, d. h. der kritische Punkt ist erreicht."

„Lässt man nun langsam abkühlen, so tritt die Kondensation immer unterhalb der kritischen Temperatur ein, und zwar zeigt sich oft eine intermittirende Nebelbildung an der wieder sichtbar gewordenen Flüssigkeitsgrenze, die manchmal von einem regenartigen Niederfalle von kleinen Flüssigkeitskügelchen aus dem ganzen oberen Theil der Röhre begleitet ist. Oft erscheint aber die Flüssigkeitsgrenze wieder, ohne dass man irgend eine Kondensationserscheinung vorher beobachten konnte.[1]"

Kritische Temperaturen der Metalle.

Ueber die kritischen Temperaturen der Metalle hat C. M. Guldberg[2] eine Arbeit veröffentlicht. Indem er für die absolute kritische Temperatur des Quecksilbers in runder Zahl T_1 zu 1000^0 findet, ergeben sich auf dieser Grundlage folgende Werthe:

---

1) Vgl. hierzu auch Ladenburg, Ber. **11**, 818, 1878.
2) C. M. Guldberg. Zeitschr. physik. Ch. **1**, 231, 1887.

Met.	Atomgew.(m).	E. Elastic.-Modul.	$T_1=$absol. Schmelzt.	$T_2=$absol. krit. Temp.	$T_1:T_2$	Verd.-Wärme ϱ	$\dfrac{m\,\varrho}{T_2}$
Cu	63,18	12000	1325 ⁰	3900 ⁰	0,34	—	—
Ag	107,66	7800	1230	3600	0,34	21,1	0,63
Au	196,2	8600	1340	4300	0,31	—	—
Zn	64,88	9600	690	2600	0,27	28,1	0,70
Cd	111,7	6000	593	2500	0,24	13,7	0,61
Hg	199,8	—	233	1000	0,23	2,82	0,56
Al	27,04	7170	1000	3000	0,33	—	—
Sn	117,35	5000	505	3000	0,17	13,3	0,52
Pb	206,4	2300	606	2000	0,30	5,6	0,58
Sb	119,6	—	710	5800	0,12	—	—
Bi	207,5	—	540	4600	0,12	12,6	0,57
Fe	55,9	20000	1900	5200	0,36	—	—
Pd	106,2	12000	1800	5700	0,32	36,3	0,68
Pt	194,3	17000	2050	7000	0,30	27,2	0,75.

Bei den Werthen für die Quotienten $T_1:T_2$ sind sämmtliche Werthe mit Ausnahme der für Sn, Sb und Bi nur wenig von dem Mittelwerthe 0,30 abweichend. „Dieser Umstand erklärt die Bedeutung von Pictet's Gesetz für den Schmelzpunkt der Metalle. Bezeichnet V das Atomvolum, so lautet Pictet's Formel:

$$\alpha\,T_1\,\sqrt[3]{v} = \text{Konst.}; \quad \alpha = \text{Ausdehnungskoëfficient.}$$

Die Werthe von $\sqrt[3]{v}$ spielen nur eine untergeordnete Rolle, weil sie für die meisten Metalle in der Nähe von dem Zahlenwert 2 liegen. Die Formel kann folglich angenähert geschrieben werden:

$$\alpha\,T_1 = \text{Konst.},$$

und es ist jetzt erklärlich, dass Pictet's Formel für Sn, Sb und Bi nicht stimmen kann.

8. Das Verhältniss chemischer Umsetzungen zur Wärme.

Allgemeines. Das Verhältniss der chemischen Umsetzungen zur Wärme offenbart sich bei den Erscheinungen, die man als thermochemische bezeichnet, und deren Zusammenfassung als Thermochemie mehrfach den Gegenstand besonderer Bearbeitung gebildet haben. Es sind das also die Wärmeerscheinungen, die mit chemischen Reaktionen verbunden sind wie die Bildungswärme, die Verbrennungswärme, die Lösungswärme, die Neutralisationswärme u. s. w. Mit der Lösungswärme haben wir wieder eine derjenigen Grössen, von der wir entsprechend der Schwierigkeit des Einordnens der Operation des Lösens unter die physikalischen und chemischen Grössen nicht recht wissen, ob wir dieselbe durchaus zu den Erscheinungen der chemischen Reaktionen rechnen sollen. Ich glaube dies jedoch aus dem Grunde bejahen zu müssen, weil eine Temperaturveränderung allein schon genügen dürfte, um die Operation des Lösens als eine physikalische und chemische zugleich anzusehen.

Ausser den Wärmeerscheinungen selbst, also den thermochemischen Verhältnissen, soll in diesem Kapitel aber auch die Abhängigkeit der chemischen Umsetzungen von Temperaturverhältnissen eine eingehende Besprechung finden.

Im allgemeinen wirken sehr hohe Temperaturen eher dissociirend auf den Zusammenhalt eines Moleküls, als dass sie gerade Veranlassung zu neuen Verbindungen geben würden. Jedoch ist die Erzeugung einer höheren Temperatur doch vielfach Vorbedingung zur Einleitung einer Reaktion.

Es giebt z. B. Körper, die sich wie Phosphor, Natrium, Kalium u. s. w. bei gewöhnlicher Temperatur entzünden, d. h. unter Licht und Wärmeerscheinungen oxydiren. Bei andern Körpern, wie bei Kohlenstoff, Wasserstoff, Magnesium, Aluminium, ist die Entzündungstemperatur eine viel höhere, und wir müssen erst bis zu dieser den zu verbrennenden Körper erhitzen, ehe die Oxydation eintritt.

Bei andern Reaktionen wiederum ist die Einhaltung einer bestimmten Temperaturgrenze erforderlich. Ein Beispiel hiefür ist die Bildung von SO_3 aus SO_2 und O, welche (für Pt) nur innerhalb der Temperaturen $380-430^0$ mehr oder weniger quantitativ verläuft[1]). Eine solche Temperaturgrenze ist jedoch wohl für die meisten Reaktionen vorhanden, nur dass vielfach die Weite des Gebiets, innerhalb welcher die Reaktion eintritt, die grössten Schwankungen zeigt.

Wir wissen, dass sehr viele Reaktionen, die bei gewöhnlicher Temperatur mit sehr grosser Energie eintreten, bei niederen Temperaturen gänzlich aufhören.

E. Dorn und B. Völlmer[2]) haben bei ihrer Untersuchung über die Einwirkung von Salzsäure auf metallisches Natrium die Beobachtungen von Altschul bestätigen können. Sie stellten jedoch fest, dass man nicht von einem Aufhören, sondern nur von einer starken Verlangsamung der chemischen Reaktion bei -80^0 sprechen könne, welche durch die verringerte Leitfähigkeit und die grosse Zähigkeit der Salzsäure begreiflich wird.

Umwandlungstemperatur.

In gleicher Weise wie für den Uebergang von fest in flüssig meist das Einhalten einer bestimmten Temperatur nothwendig ist, um diesen Uebergang zu bewirken, so ist dies auch häufig bei den Umwandlungen

---

1) R. Knietsch, Ber. **34**, 4094, 1901; vgl. auch G. Lunge u. G. F. Pollitt, Zeitschr. angew. Ch. **15**, 1105, 1902.

2) E. Dorn u. B. Völlmer, Wied. Ann. **60**, 468, 1897.

von enantiomorphen Formen in einander erforderlich. Bei dem Uebergang von fest in flüssig haben wir den sogen. Schmelzpunkt und umgekehrt von flüssig in fest den sogen. Erstarrungspunkt. Beide Punkte
sind identisch und lassen sich durch direkte Beobachtung ermitteln. Für
die Umwandlung verschiedener festen Formen in einander ist ebenfalls
häufiger ein bestimmter Temperaturgrad festzustellen, den wir als Umwandlungspunkt oder Umwandlungstemperatur bezeichnen.

Welcher Art diese Umwandlung zweier solchen festen Formen ist,
ob dieselbe nur in der Veränderung der Lagerung der Atome oder in
einem Wechsel der Molekulargrösse zu suchen ist, ist vielfach noch nicht
festgestellt. Bei andern Körpern wiederum kennt man genau die bei der
Umwandlung stattfindenden Vorgänge. Man hat zur Bestimmung des Um-
.wandlungpunktes verschiedene Methoden zur Verfügung, die sich eventuell
als Differenzmethoden oder Identitätsmethoden unterscheiden
lassen. Doch ist diese Scheidung keine derartig scharfe, dass wir dieselbe
als Grundlage wählen möchten.

Methoden zur Bestimmung der Umwandlungstemperaturen.

Von diesen sei als erste die dilatometrische genannt. Man kann
dieselbe in der Weise anwenden, dass man den Ausdehnungkoëfficienten eines
Stabes des zu untersuchenden Körpers bei steigender Temperatur bestimmt;
da wo die betreffende Kurve einen Knick zeigt, ist die Umwandlungstemperatur. Eine zweite Methode beruht darauf, dass man in eine Thermometerkugel den zu untersuchenden Körper bringt, über ihn eine Flüssigkeit schichtet, welche nicht chemisch auf ihn einwirkt und dann gleichzeitig mit einem Thermometer das Ansteigen bei Erhöhung der Temperatur
beobachtet.

Hieran schliesst sich die thermische Methode, welche auf der
Erscheinung beruht, dass die beiden enantiomorphen Formen eine gewisse
Energiedifferenz besitzen, und man schon aus der Beobachtung des Thermometers allein auf die Umwandlungstemperatur schliessen kann, indem
in gleicher Weise wie bei dem Erstarrungspunkt der Lösungen die Temperatur eine Weile konstant bleibt.

Auch die direkte Beobachtung der Umwandlungswärme ist ausgeführt
worden; doch führt dieselbe ja nicht zur Feststellung der Umwandlungstemperatur.

Als optische Methode kann man diejenige bezeichnen, welche
sich einmal auf mit dem blossen Auge erkennbare Farbenveränderungen
bezieht, wie die Umwandlung von rothem Quecksilbersulfid in gelbes, von
weissem Zinkoxyd in gelbes, von blassgelbem Silberjodid in goldgelbes.
Dann aber gehören hierher auch die Aenderungen der Farbenzerstreuungen,

die unter dem Mikroskop beobachtbar sind, sowie die z. B. beim Quarz eintretende Aenderung der Grösse der optischen Aktivität u. s. w.

Die elektrische Methode beruht einmal in der Beobachtung der Zu- oder Abnahme der Leitfähigkeit. So wird bei Cu_2S von Hittorf[1]) bei 105^0 eine Abnahme, bei Ag_2S bei 175^0 eine plötzliche Zunahme konstatirt u. s. w.

Dann aber findet die elektrische Methode eine Anwendung durch Bestimmung der elektromotorischen Kraft, die sich bei den Untersuchungen von Metallen oder Metalloxyden zeigt, welche alsdann als eine Komponente eines galvanischen Elementes gewählt werden. Auf diese Weise wurde von E. Cohen[2]) durch Herstellung eines Umwandlungselementes aus grauem Zinn als einer Elektrode, weissem Zinn als der anderen und Zinntetrachlorid als Elektrolyt der Umwandlungspunkt graues Zinn $\leftrightarrows$ weisses Zinn zu 20^0 ermittelt.

Ebenso lassen sich Koncentrationselemente in entsprechender Weise verwenden, so bei dem Uebergang des Zinksulfathydrats $ZnSO_4, 7\,H_2O$ in $ZnSO_4, 6\,H_2O + H_2O$ [3]) oder Natriumsulfat in entsprechender Weise.

Als weitere Methoden, die zum Theil von W. Meyerhoffer[4]) zuerst empfohlen wurden, seien noch erwähnt die Dampfspannungsmethode, die Löslichkeitsmethode (Lösungstension), dann in Lösungen die Bestimmungen des specifischen Volums, des Refraktions-Aequivalents, der Zähigkeit, des Leitvermögens.

Einzelne dieser Methoden werden noch bei der Besprechung der betreffenden Fälle eingehender abgehandelt werden.

Bei chemischen Reaktionen giebt es, wie schon erwähnt, ganz bestimmte Temperaturgrenzen, innerhalb deren eine Reaktion vor sich geht. Verlässt man dieses Temperaturintervall, dessen Grösse ganz von den Umständen abhängt, und dessen Grenzen mehr oder weniger scharf sein können, so tritt keine Umsetzung ein, ja dieselbe kann sogar in entgegengesetzter Richtung verlaufen, und wir erhalten dann einen sog. Umkehrungspunkt, der dem Umwandlungspunkt der Bildung von Molekularverbindungen entspricht.

Einen solchen Umwandlungspunkt hat K. Knüpffer[6]) durch Bestimmung der elektromotorischen Kraft einer entsprechenden Kette für die Reaktion

---

1) W. Hittorf, Pogg. Ann. **84**, 1, 1851.

2) E. Cohen, Zeitschr. physik. Ch. **14**, 53, 1894; **25**, 300, 1898; E. Cohen u. G. Bredig, **14**, 535, 1894.

3) Vgl. hierzu Ostwald's, Allg. Ch. II, 824; Nernst, Zeitschr. physik. Ch. **4**, 117, 157.

4) W. Meyerhoffer, Zeitschr. physik. Ch. **5**, 105.

5) J. Verschaffelt, ibid. **15**, 437, 1895.

6) K. Knüpffer, ibid. **26**, 255, 1898.

$$TlCl + KSCN\,aq \rightleftarrows TlSCN + KCl\,aq$$
$$\text{fest} \qquad\qquad\qquad \text{fest}$$

bei 32^0 festgestellt.

A. Klein[1]) machte die Beobachtung, dass die Reaktion

$$Pb\,J_2 + K_2SO_4 \rightleftarrows PbSO_4 + 2K\,J$$
$$\text{fest} \qquad \text{gelöst} \qquad \text{fest} \qquad \text{gelöst}$$

unter 8^0 unter Wärmeabsorption, über 8^0 unter Freiwerden von Wärme verläuft.

Der Umwandlungspunkt der Reaktion

$$\text{Aragonit} \rightarrow \text{Calcit (Kalkspath)}$$

liegt nach den Untersuchungen von H. W. Foote[2]) über den untersuchten Temperaturen. Bei schwacher Rothglut bildet sich Calcit aus Aragonit. Die Umwandlungswärme bestimmten Favre und Silbermann zu 2,36 Kal., Le Chatelier zu 0,3 Kal., und Foote berechnete dieselbe aus den Löslichkeitskurven zu 0,39 Kal.

Umwandlungstemperatur krystallwasserhaltiger Salze.

Wird bei krystallwasserhaltigen Salzen eine Umwandlung beobachtet, so handelt es sich um die Abspaltung oder Anlagerung von einem oder mehreren Molekülen Wasser. Wir haben es hierbei mit einer festen, einer gasförmigen und zwei flüssigen Phasen oder einer gasförmigen, einer flüssigen und zwei festen Phasen zu thun.

Als Beispiele seien zunächst erwähnt die von H. W. Bakhuis Roozeboom[3]) untersuchten Gashydrate: SO_2, $7\,H_2O$; Cl_2, $8\,H_2O$; Br_2, $10\,H_2O$; HBr, H_2O; HCl, H_2O.

Für SO_2, $7\,H_2O$ wurden folgende Werthe beobachtet:

t	p			t	p		
$0,15^0$	30	ccm	Hg	$10,00^0$	117,7	ccm	Hg
2,80	43,2	„	„	11,30	150,3	„	„
4,45	51,9	„	„	11,75	166,6	„	„
6,00	66,6	„	„	12,05	175,7	„	„
8,40	92,9	„	„	12,1	177,3	„	„

Bei $12,1^0$ verschwinden die Krystalle und verwandeln sich in zwei Schichten, von denen die eine aus einer Lösung von Schwefeldioxyd in Wasser, die andere aus einer solchen von Wasser in Schwefeldioxyd besteht. Bei dieser Temperatur können Hydrat und beide Lösungen neben einander bestehen, und alle drei haben den gleichen Druck von 177,3 cm.

---

1) A. Klein, Zeitschr. physik. Ch. **36**, 360, 1901.

2) H. W. Foote, Zeitschr. physik. Ch. **34**, 740, 1900.

3) Bakhuis-Roozeboom, Zeitschr. physik. Ch. Ref. **1**, 214, 1887; **2**, 449, 9, 1888.

Ausserdem ist ein zweiter Unstetigkeitspunkt vorhanden. Derselbe liegt bei $-2{,}6^0$; bei ihm können Eis, gesättigte Lösung von Schwefeldioxyd und das Hydrat SO_2, $7\,H_2O$ neben einander bestehen.

Die Figur 38 giebt die Gleichgewichtsdrucke für die nachfolgenden Systeme von drei Phasen an.

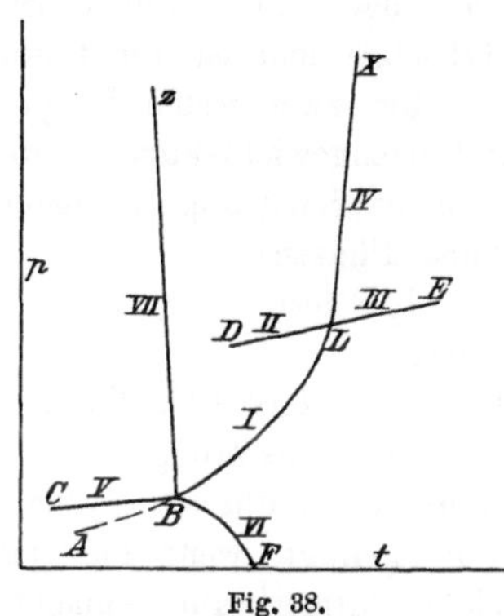

Fig. 38.

1. Kurve BL = Gleichgewicht zwischen SO_2, $7\,H_2O$ fest, $H_2O \rightleftharpoons xSO_2$ flüssig und $SO_2 + zH_2O$ gasförmig. Dieses System kann bestehen zwischen B ($t = -2{,}6^0$, p = 211 ccm) und L ($t = 12{,}1^0$, p = 177 ccm). Im Punkte L tritt das flüssige SO_2 oder vielmehr $SO_2 \rightleftharpoons yH_2O$, worin y sehr klein ist, als neue Phase auf.

2. Kurve DL = Gleichgewicht zwischen SO_2, $7\,H_2O$, $SO_2 \rightleftharpoons yH_2O$, $SO_2 + zH_2O$ gasförmig. y und z sind nicht bekannt, p und t liegen zwischen 0^0 und $12{,}1^0$.

3. Kurve LE = Gleichgewicht zwischen $H_2O \rightleftharpoons xSO_2$, $SO_2 \rightleftharpoons yH_2O$, $SO_2 + zH_2O$.

4. Kurve LX = Gleichgewicht zwischen SO_2, $7\,H_2O$, $H_2O \rightleftharpoons xSO_2$, $SO_2 \rightleftharpoons yH_2O$. Diese Kurve gleicht einer gewöhnlichen Schmelzkurve und wurde bestimmt bis zu dem Punkte, wo p = 225 Atm., $t = 17{,}1^0$ ist. z und y sind bis jetzt nicht bekannt. Im Punkte L können koëxistiren die vier Phasen:

SO_2, $7\,H_2O$ fest,

$H_2O \rightleftharpoons 0{,}17\,SO_2$, flüssig,

$SO_2 \rightleftharpoons yH_2O$ flüssig,

$SO_2 + zH_2O$ gasförmig,

y und z sind hier bestimmte, aber nicht bekannte Zahlen.

5. Kurve CB = Gleichgewicht zwischen SO_2, $7\,H_2O$ fest, H_2O fest, $SO_2 + zH_2O$ gasförmig. Die Werthe von p und t liegen zwischen $-0{,}5^0$

und — 2,6 °. Der Gehalt an Wasserdampf in der gasförmigen Phase ist nicht bestimmt.

6. K u r v e BF = Gleichgewicht zwischen H_2O fest, $H_2O \approx xSO_2$ und $SO_2 + zH_2O$ gasförmig. Die Kurve giebt die Tensionen über einer Lösung von SO_2, worin Eis schwebt. Sie reicht von $0°$ (F) bis — 2,6 °. Der Gehalt an SO_2 steigt von F bis B regelmässig an.

7. K u r v e BZ = Gleichgewicht zwischen SO_2, $7 H_2O$, H_2O fest, $H_2O \approx xSO_2$, dieses Gleichgewicht ist nicht studirt. Die Umsetzung geschieht in der Art, dass die zwei festen Körper zu einer Flüssigkeit zusammenschmelzen. Die Gleichgewichtskurve wird rückläufig sein, weil die Schmelzung von Volumenvermehrung begleitet ist. Im Punkte B koëxistiren die nachfolgenden Phasen:

$$SO_2, \ 7 H_2O \ \text{fest,}$$
$$H_2O \ \text{fest,}$$
$$H_2O \approx 0,09 SO_2 \ \text{flüssig,}$$
$$SO_2 + zH_2O \ \text{gasförmig.}$$

In ähnlicher Weise werden die übrigen Systeme der oben erwähnten Gashydrate abgehandelt. Es genügt, wenn hier auf das V o r h a n d e n - s e i n v i e r f a c h e r P u n k t e aufmerksam gemacht wird. Im Punkte L haben wir ein System von einer festen, einer gasförmigen und zwei flüssigen Phasen, im Punkte B ein solches von einer gasförmigen, einer flüssigen und zwei festen Phasen.

„Die B e d e u t u n g d e r v i e r f a c h e n P u n k t e lässt sich in folgen- den Sätzen resumiren (vgl. auch Bd. II, S. 10):

a) Ein vierfacher Punkt giebt die einzigen Werthe von t und p an, bei denen vier heterogene Phasen, aus zwei Körpern zusammengesetzt, im Gleichgewicht bestehen können. In diesem Punkte treten vier Kurven für die vier Systeme von drei Phasen, welche möglich sind, zusammen. Sie theilen die Ebene in sechs Felder, die einander theilweise über- decken, für die sechs Gruppen von zwei Phasen, welche man zusammen- stellen kann.

b) Bei Wärmezufuhr oder -abfuhr hat man im vierfachen Punkte eine Umsetzung, an welcher die vier Phasen betheiligt sind. Sobald eine der Phasen aufgezehrt ist, geht man aus dem Punkte auf eine der Kurven über. Hier sind zwei Fälle möglich. Die Umsetzungsgleichung kann zwei oder eine und drei Phasen zu jeder Seite enthalten. Im ersten Falle kann verschwinden: eine von zwei Phasen in jeder Richtung, im letzten Falle in der einen Richtung eine bestimmte Phase, in der andern eine von drei. In den Fällen, wo zwei oder drei Phasen verschwinden können, hängt es von ihrer Quantität ab, welche verschwinden.

c) Wenn sich zwei Kurven beiderseits vom vierfachen Punkte be- finden, stellt dieser eine Maximumtemperatur für ein System von zwei Phasen, und eine Minimumtemperatur für das System der zwei andern dar. Wenn sich eine Kurve zur einen und drei zur andern Seite des Punktes befinden, ist er in der Richtung der einen Kurve eine Grenze für drei Systeme von zwei Phasen und für die eine Phase, welche sie gemein haben.

d) Der vierfache Punkt ist ein Endpunkt für vier Kurven. Die Mannigfaltigkeit der Phasenkombinationen, welche bei Systemen aus zwei Körpern möglich ist, lässt die Möglichkeit voraussehen, dass mehrere Gleichgewichtskurven für drei Phasen zwischen zwei vierfachen Punkten begrenzt seien. Die Existenz von drei solchen Punkten ermöglicht ein vollkommen begrenztes Feld für ein System von zwei Phasen."

Für Natriumkarbonat beobachtet H. Lescoeur[1]), dass das Salz Na_2CO_3, $10\,H_2O$, leicht 9 Mol. H_2O verliert und in Na_2CO_3, H_2O übergeht.

Calciumsulfat bildet die Hydrate, $CaSO_4$, $2\,H_2O$ und $2\,CaSO_4$, H_2O. Zinksulfat, $ZnSO_4$, $7\,H_2O$ und $ZnSO_4$, H_2O, Kupfersulfat, $CuSO_4$, $5\,H_2O$, $CuSO_4$, $3\,H_2O$, $CuSO_4$, H_2O.

Nach J. L. Andreae[2]) ergeben sich bei konstanter Temperatur für festes wasserhaltiges Kupfersulfat bloss drei Dissociationsspannungen, die erste und grösste für einen Wassergehalt von 3—$5\,H_2O$, die zweite und kleinere für einen Wassergehalt zwischen 1—$3\,H_2O$, die letzte und kleinste für das Salz mit weniger als $1\,H_2O$. Im übrigen ist die Dissociationsspannung unabhängig von dem Wassergehalte, d. i. von dem Zersetzungsgrade.

Umwandlungstemperatur bei wasserhaltigen Doppelsalzen.

Bei wasserhaltigen Doppelsalzen haben wir es mit fünf Phasen zu thun, von denen drei fest, eine flüssig und eine gasförmig ist. Hierbei wird, wie H. W. Bakhuis Roozeboom[3]) ausführte, ein fünffacher Punkt existiren, welcher die einzigen Werthe von p und t angiebt, bei welchen fünf heterogene Phasen aus drei Körpern zusammengesetzt im Gleichgewicht existiren. Folgende Beispiele werden dies erläutern:

Astrakanit $= MgNa_2(SO_4)_2$, $4\,H_2O$. Das Gleichgewicht, um welches es sich handelt, wird durch folgende Formel wiedergegeben:

$$Na_2SO_4,\ 10\,H_2O + MgSO_4,\ 7\,H_2O \rightleftarrows MgNa_2(SO_4)_2,\ 4\,H_2O + 13\,H_2O.$$

Wie J. H. van't Hoff und Ch. M. van Deventer[4]) fanden, liegt die Umwandlungstemperatur bei $21{,}5^0$, was aus folgenden Betrachtungen sich ergiebt:

---

[1]) H. Lescoeur, Ann. chim. phys. (6), **21**, 511, 1890; (7), **2**, 78, 1894.

[2]) J. L. Andreae, Zeitschr. physik. Ch. **7**, 241, 1891.

[3]) H. W. Bakhuis-Roozeboom, Zeitschr. physik. Ch. **2**, 849 u. 513, 1888. In betreff der räumlichen Wiedergabe solcher Verhältnisse vgl. J. D. van der Waals, ibid. **5**, 153, 1890.

[4]) J. H. van't Hoff u. Ch. M. van Deventer, ibid. **8**, 170, 1887.

a) Mischt man unterhalb 21,5° feingepulverten Astrakanit mit Wasser im obigen Verhältniss, so erstarrt der anfangs dünne Brei in kurzer Frist zu einem vollkommen trockenen, festen Gemenge der beiden Sulfate. Dasselbe findet oberhalb 21,5° nicht statt.

b) Das fein gepulverte Gemenge von Natrium- und Magnesiumsulfat in molekularem Verhältniss bleibt unterhalb 21,5° vollkommen unverändert (im verschlossenen Gefäss, um Wasserverlust zu vermeiden). Beim Erwärmen über 21,5° tritt jedoch nach kürzerer oder längerer Zeit Astrakanitbildung ein, während das freigewordene Wasser scheinbar ein theilweises Schmelzen veranlasst. Hierbei ist eine Schmelzerscheinung zu berücksichtigen, die das Gemenge von Magnesium- und Natriumsulfat bei 26° zeigt unter Bildung des Salzes Na_2SO_4, H_2O. Dieser Erscheinung folgt regelmässig die eigentliche Astrakanitbildung.

c) Aeusserst scharf lässt sich die Umwandlung mit Hilfe des Dilatometers verfolgen. Diese Volumzunahme lässt sich aus den bestimmten specifischen Gewichten in folgender Weise ermitteln:

α) **Volum der beiden Sulfate:**

$Na_2SO_4, 10\,H_2O$ = 322 g (spec. Gew. 1,48) = 217,6 ccm
$MgSO_4,\ \ 7\,H_2O$ = 246 g (spec. Gew. 1,69) = 145,6 ccm

Summe = 363,2 ccm.

β) **Volum Astrakanit und Wasser:**

$MgNa_2(SO_4)_2, 4\,H_2O$ = 334 g (spec. Gew. 2,25) = 148,4 ccm
$13\,H_2O$ = 234 g (spec. Gew. 1,00) = 234,0 ccm

Summe = 382,4 ccm.

Die Ausdehnung ist sogar noch etwas grösser zu erwarten bei Berücksichtigung der theilweisen Lösung von entstandenem Doppelsulfat.

Bestimmt man von Grad zu Grad den schliesslich eintretenden Stand des Oelniveaus, so erhält man folgende Werthe:

Temperatur.	Sulfatgemisch.		Sulfat u. Astrakanitgemisch.	
	Oelniveau.	Steigerung pro 1°.	Oelniveau.	Steigerung pro 1°.
		7		15
19,6°	161		187	
		7		13
20,6	168		200	
		7,3		174
21,6	241		374	
		2		11
22,6	243		385	
		8		14
23,6	251		399	
		8		14
24,6	259		413	

Es zeigt sich also die die Astrakanitbildung begleitende Ausdehnung sehr scharf zwischen 20,6 ^{0} und 21,6 ^{0}.

Natriumammoniumracemat, $(C_4O_6H_4NaNH_4)_2$, $2\,H_2O$.

Die Umwandlung der weinsauren Salze in das Racemat erfolgt bei 27 ^{0} und nach folgender Gleichung:

$$2 \cdot (C_4O_6H_4NaNH_4, \, 4\,H_2O) \rightleftarrows (C_4O_6H_4NaNH_4)_2, \, 2\,H_2O + 2\,H_2O.$$

a) Mischt man unterhalb 27 ^{0} feingepulvertes Natriumammoniumracemat mit Wasser in obigem Verhältniss, so erstarrt der anfangs dünne Brei in einiger Zeit zu einem vollkommen trocknen, festen Gemenge der beiden weinsauren Salze. Oberhalb 27 ^{0} findet diese Umwandlung nicht statt.

b) Das feingepulverte Gemisch der beiden Tartrate in gleichen Mengen bleibt unterhalb 27 ^{0} im geschlossenen Gefässe vollkommen unverändert. Beim Erwärmen oberhalb 27 ^{0} tritt jedoch nach kürzerer oder längerer Zeit Racematbildung ein, während das frei werdende Wasser eine theilweise Verflüssigung veranlasst.

3. Aeusserst scharf lässt sich die in Rede stehende Erscheinung wieder durch das Dilatometer verfolgen, indem auch hier die Doppelsalzbildung von einer Volumzunahme begleitet ist. Dieselbe lässt sich wieder aus den bekannten spec. Gewichten in folgender Weise ermitteln:

a) Volum der beiden Tartrate:

$C_4H_4O_6NaNH_4$, $4\,H_2O$ = 261 g (spec. Gew. 1,58) = 165,2 ccm.

b) Volum von Racemat und Wasser:

$$
\begin{aligned}
C_4H_4O_6NaNH_4, \quad H_2O &= 207 \text{ g (spec. Gew. 1,74)} = 118,9 \text{ ccm}\\
3\,H_2O &= 54 \text{ g (spec. Gew. 1,00)} = \underline{54,0 \text{ ccm}}\\
\text{Summe} &= 172,9 \text{ ccm.}
\end{aligned}
$$

Bakhuis Roozeboom behandelt den Fall des Astrakanits bezw. Natriumammoniumracemats in folgender Weise (Fig. 39):

In O bestehen bei t = 22 ^{0}:

$$Na_2SO_4, \; 10\,H_2O = N,$$
$$MgSO_4, \; 7\,H_2O = M,$$
$$\text{Astrakanit, } Na_2MgSO_4, \; 4\,H_2O = A,$$
$$\text{eine Lösung } 100\,H_2O \; \frac{4,6 \; MgSO_4}{2,9 \; Na_2SO_4} = L,$$

und   Wasserdampf vom Druck p = G,

also im ganzen fünf Phasen der drei Körper H_2O, Na_2SO_4 und $MgSO_4$. Die Umsetzungsgleichung für diese ist folgende:

$$N + M + G \rightleftarrows A + L.$$

„Für die Berechnung der Quantitäten dieser Phasen müsste man noch die Dichtigkeit von G und L kennen. Die Umsetzung bei Wärmezufuhr kommt zu Ende, wenn N oder M oder G verschwunden ist, wodurch man auf Kurve III oder II oder V kommt. Umgekehrt vollendet sich bei der Abkühlung die Umsetzung durch das Verschwinden von A oder L, wodurch man aus O auf I oder IV übergeht. O ist also hier nicht Uebergangstemperatur für eine einzige Phase, sondern in der einen Richtung für ein System von zwei Phasen, in der andern für ein System von drei Phasen."

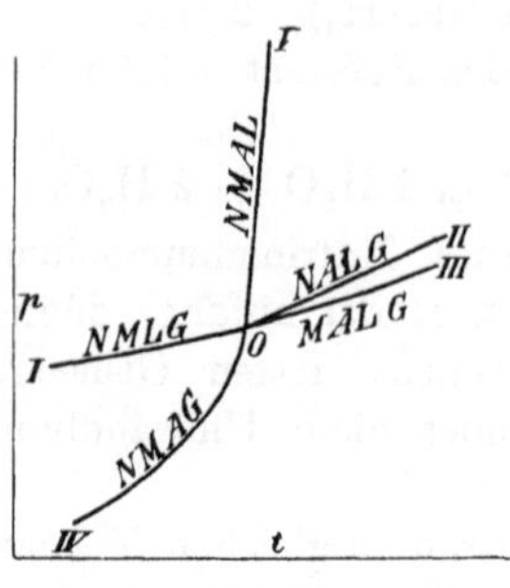

Fig. 39.

Zwischen I und IV oder zwischen V und III können nur folgende Systeme bestehen:
$$M + N + G \text{ und } A + L + G,$$
$$A + L + M, \ A + L + N.$$
O ist für das erste System eine Maximumtemperatur, für die drei andern oder für $A + L$ ist es eine Minimumtemperatur. Aber der fünffache Punkt ist keine Minimumtemperatur für den Astrakanit, da dieser noch mit seinen Komponenten und Dampf unterhalb O bestehen kann. Aehnliches gilt für das Natriumracemat.

Die reversible Umwandlung des Kupribikaliumchlorids, $CuCl_2$, $2\,KCl$, $2\,H_2O$ hat W. Meyerhoffer[1]) untersucht, nachdem bereits O. Lehmann auf die Umwandlungsfähigkeit desselben aufmerksam gemacht hatte. Der Vorgang ist folgender:
$$CuCl_2, \ 2\,KCl, \ 2\,H_2O \rightleftarrows CuCl_2, \ KCl + KCl + 2\,H_2O.$$
Der Umwandlungspunkt, welcher mit Hilfe des Dilatometers bestimmt wurde, liegt zwischen 91,8 bis 92,8°.

Eine zweite Umwandlung findet beim Vorhandensein von Kuprichlorid bei 55° in folgender Richtung statt:
$$CuCl_2, \ 2\,KCl. \ 2\,H_2O + CuCl_2, \ 2\,H_2O \rightleftarrows 2\,CuCl_2, \ KCl + 4\,H_2O.$$
Das Doppelsalz PbJ_2, KJ, $2\,H_2O$ wurde von F. A. H. Schreinemakers[2]) untersucht und dabei gefunden, dass es weder einen Schmelzpunkt noch eine reine Löslichkeit besitzt. Die einzigen möglichen Lösungen, mit denen es bestehen kann, sind solche, die ein grösseres Verhältniss $\frac{KJ}{PbJ_2}$ besitzen, als im Doppelsalz vorhanden ist. Bei höheren Temperaturen wird das Doppelsalz neben Lösung zerlegt in ein anderes Doppelsalz, das $^1/_2$ Mol. H_2O enthält, aber dessen Verhältniss der Jodide unbekannt ist. Es besteht höchstwahrscheinlich für keines dieser beiden Doppelsalze eine Temperatur der Umwandlung in die beiden Komponenten.

Weitere Untersuchungen von L. Th. Reicher[3]) betreffen die Um-

---

[1]) W. Meyerhoffer, Zeitschr. physik. Ch. **3**, 336, 1889; **5**, 97, 1890; vgl. ferner G. C. Vriens, ibid. **7**, 194, 1891.

[2]) F. A. H. Schreinemakers, Zeitschr. physik. Ch. **9**, 57, 1892; **13**, 467, 1892; **11**, 75, 109, 1893; vgl. ferner W. Meyerhoffer, ibid. **9**, 643, 1892.

[3]) L. Th. Reicher, Zeitschr. physik. Ch. **7**, 221, 1887.

wandlungstemperatur des Kupfercalciumacetats, dessen Umwandlungstemperatur zwischen $78\,^0$ und $76{,}2\,^0$ liegen muss. Der Vorgang ist dabei folgender:

$$CaCu(Ac)_4,\ 8\,H_2O \rightleftarrows Ca(Ac)_2 H_2O + Cu(Ac)_2,\ H_2O + 6\,H_2O.$$

Auch dieser Vorgang ist von Bakhuis Roozeboom (l. c.) auf die Existenz von fünf Phasen, die aus drei Körpern bestehen, zurückgeführt worden, wobei sich ebenfalls ein fünffacher Punkt ergiebt.

Erwähnt sei noch die Arbeit von F. A. H. Schreinemakers[1] über die graphischen Ableitungen aus den Lösungs-Isothermen eines Doppelsalzes und seiner Komponenten, sowie die möglichen Formen der Umwandlungskurve. Es werden hierin folgende Fälle behandelt:

a) Temperatur-Erhöhung und Erniedrigung einer Lösung mit nur einer festen Phase.

b) Koncentrirung oder Verdünnung einer Lösung bei konstanter Temperatur.

c) Doppelsalz und Wasser bei konstanter Temperatur.

d) Hinzufügung einer der Komponenten bei konstanter Temperatur.

e) Umwandlung eines Doppelsalzes in ein anderes.

Die Bildung und Umwandlung von Mischkrystallen des Systems $TlNO_3 - KNO_3$ wurde von van Eijk[2], die des Systems $HgBr_2 - HgJ_2$ von W. Reinders[3] untersucht. D. J. Hissink[4] bearbeitete die Systeme $NaNO_3 - KNO_3$ und $NaNO_3 - AgNO_3$.

Die Gleichgewichtslehre und die Bildung der oceanischen Salzablagerungen und insbesondere des Stassfurter Salzlagers.

Nachstehend seien die hauptsächlichsten Theile eines Vortrages wiedergegeben, den J. H. van 't Hoff[5] im Bezirksverein Sachsen-Anhalt des Vereins deutscher Chemiker am 17. März 1902 in Stassfurt über dieses Thema gehalten hat. Er unterscheidet dabei zwei Abschnitte:

1. „Der Krystallisationsvorgang bei konstanter Temperatur. Das specielle Problem der Salzlagerbildung lässt sich in dessen Detail übersehen, nachdem ganz allgemein die Gesetze des Auskrystallisirens komplexer Lösungen festgestellt sind. Wesentlich ist dabei, dass nicht einfach die Löslichkeit die Reihenfolge der Ausscheidung beherrscht, und dass z. B. eine Lösung, welche die Sulfate von Calcium und Mag-

---

1) F. A. H. Schreinemakers, Zeitschr. physik. Ch. **11**, 75, 1894.

2) van Eijk, Zeitschr. physik. Ch. **30**, 430, 1890.

3) W. Reinders, ibid. **32**, 494, 1900.

4) D. J. Hissink, ibid. **32**, 537, 1900.

5) J. H. van 't Hoff u. W. Meyerhoffer, Zeitschr. physik. Ch. **27**, 83, 1898; **30**, 64, 1899; **39**, 27, 1901; Zeitschr. angew. Ch. **14**, 531, 1901.

nesium enthält, nicht immer anfangs den weniger löslichen Gyps beim Einengen zur Ausscheidung bringen wird; offenbar lässt sich ja die vorhandene Calciumsulfatmenge beliebig herabsetzen und also auch soweit, dass zuerst Magnesiumsulfat beim Einengen auskrystallisirt. Die Mengenverhältnisse üben demnach auf den Krystallisationsgang einen nicht weniger wesentlichen Einfluss aus als die Löslichkeit, wobei dann noch zu berücksichtigen ist, dass letztere durch die mitvorhandenen Lösungsgenossen bedeutend verändert werden kann. Einfach gestaltet sich dennoch die Sachlage, falls man von Fall zu Fall unter steigender Zahl der gelösten Körper an Hand einer graphischen Darstellung dieselbe verfolgt."

„Unberücksichtigt kann dann der Fall eines einzigen gelösten Körpers bleiben; letzterer scheidet sich aus bei Eintreten der Sättigung, und bei konstanter Zusammensetzung der Lösung trocknet dieselbe allmälig ein. Nur eine verschiedene Hydratform ist im ausgeschiedenen Körper möglich, was beim Ausschliessen von Uebersättigung eine reine Temperaturfrage ist, so dass Glaubersalz z. B. unterhalb 32^0 sich als Dekahydrat

$$NaSO_4, 10\,H_2O$$

ausscheidet, oberhalb dieser Temperatur als Anhydrid Na_2SO_4."

„Nehmen wir nunmehr den Fall zweier gelösten Körper, die auf einander in keiner Weise einwirken, wie z. B. Natrium- und Kaliumchlorid. Bei genügendem Ueberschuss des ersteren wird sich dasselbe zunächst ausscheiden, bis auch das Chlorkalium nachfolgt, und von jetzt an behält die Lösung ihr konstante Zusammensetzung bei und trocknet allmälig ein. Liegen die Verhältnisse umgekehrt, und scheidet sich dementsprechend zuerst Chlorkalium aus, so wird schliesslich die Chlornatriumbildung bei derselben Zusammensetzung der Lösung anfangen und der weitere Gang schliesst sich damit dem vorigen Fall an."

„Der Ueberblick über verwickeltere Verhältnisse erleichtert sich, falls schon jetzt die graphische Darstellung eingeführt wird an der Hand der drei sich auf konstante Temperatur (25^0) beziehenden Daten. 1000 Moleküle Wasser enthalten in Molekülen:

	NaCl	KCl
A. bei Sättigung von NaCl allein	111	0
B. „ „ „ KCl „	0	88
C. „ „ „ NaCl + KCl	89	39

Tragen wir in Fig. 40 die Chlornatriummenge vertikal, das Chlorkalium nach rechts ein, so entsprechen den obigen Daten die Punkte A, B, C. Verbinden wir diese durch zwei Linien AC und BC, so stellt erstere Sättigung an Chlornatrium, bei zunehmendem Gehalt an Chlorkalium, letztere Sättigung an Chlornatrium bei zunehmendem Gehalt an Chlornatrium dar. Irgend eine Lösung beider Salze, deren Zusammensetzung dem Punkte c entspricht, ist also ungesättigt; beim Einengen bleibt das Mengenverhältniss dasselbe, es steigt aber die Konzentration an, was eine geradlinige Entfernung von O entlang c d bedeutet; dem Eintreffen von AC auf d entspricht Ausscheidung von Chlorkalium, und nunmehr erfolgt Bewegung entlang BC und zwar in der Richtung nach C, weil unter Ausscheidung von Chlorkalium die Zusammensetzung sich immer mehr von derjenigen der reinen Chlorkaliumlösung B entfernt. Die Pfeilrichtungen in der Figur (in AC auf C zugewendet) entsprechen also dem Krystallisationsgang. Daraus lässt sich nun aber schon das Gesetz entnehmen, das auch in den verwickeltsten Fällen den Krystallisationsgang beherrscht.

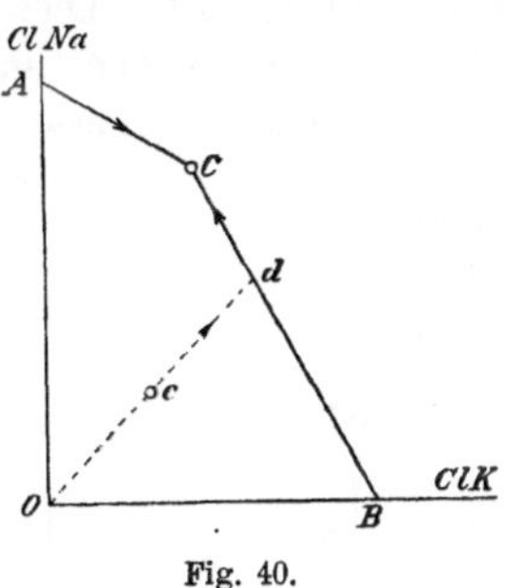

Fig. 40.

„Die Zusammensetzung der Lösung ändert sich derart, dass sie sich entfernt von derjenigen der Lösung, bei welcher Sättigung am ausgeschiedenen oder an den ausgeschiedenen Körpern vorhanden war."

„Die Bewegung in der Richtung c d, die beiderseitige Bewegung auf C zu, das Stillstehen in C sind in diesem Satz mit einbegriffen."

„Wenden wir uns nunmehr dem etwas komplicirteren Falle von zwei Salzen zu, welche auf einander einwirken können. Haben dieselben die Säure oder das Metall gemeinsam, so ist der doppelte Umtausch ausgeschlossen, aber die Möglichkeit der Doppelsalzbildung gegeben, wie z. B. bei Magnesium- und Kaliumsulfat, die sich zum Schönit $(SO_4)_2 MgK_2$ $6 H_2O$, vereinigen. Ausgehend von einer genügenden Menge von Magnesiumsulfat (neben Kaliumsulfat) in Lösung, wird dasselbe sich zuerst ausscheiden, dann aber nicht Kaliumsulfat, sondern Schönit nachfolgen; anderseits folgt auf Kaliumsulfat, bei Anwesenheit von Magnesiumsulfat, nicht dieses, sondern ebenfalls Schönit, und so sind hier die vier nachstehenden Lösungen von konstanter Zusammensetzung zu berücksichtigen, wobei wie nachher immer die Temperatur von 25^0 gewählt ist. 1000 Moleküle Wasser enthalten in Molekülen:

			$MgSO_4.$	$K_2SO_4.$
A. Sättigung an	$MgSO_4$, $7 H_2O$ allein		58	0
B. „	„	K_2SO_4 allein	0	12
C. „	„	$MgSO_4$, $7 H_2O$ und Schönit	38	14
D. „	„	K_2SO_4 und Schönit	22	16

„Die Fig. 41 entspricht jetzt der Sachlage, und zum Ueberblicke des Krystallisationsganges sind nur die Pfeilrichtungen einzutragen, welche auf AC und BD bei Sättigung am resp. Magnesium- und Kaliumsulfat sich von A und B nach dem Früheren entfernen werden. Erörterung bedarf nur der Vorgang auf C D unter Ausscheidung von Schönit. Dazu ist der Grundsatz anzuwenden, dass die Lösung sich bei dieser Ausscheidung der Zusammensetzung nach von derjenigen entfernt, welche an Schönit allein gesättigt ist. Dieselbe liegt offenbar auf der den Winkel A O B halbirenden Linie O a, und zwar, wo dieselbe C D schneidet, in a. Unabhängig hiervon, dass diese Lösung übergesättigt ist an Kaliumsulfat,

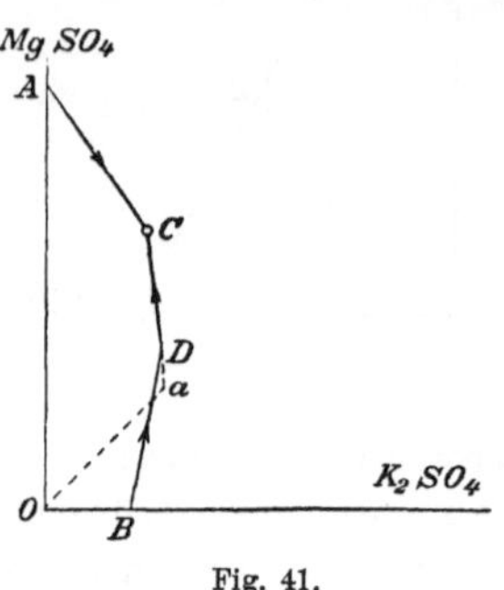

Fig. 41.

lässt sich die Lage von a zur Feststellung der Pfeilrichtung nach C auf C D benutzen. Sämmtliche Lösungen trocknen also schliesslich bei C unter Ausscheidung von Magnesiumsulfat und Schönit ein (falls das sich Ausscheidende nach Bildung entfernt wird), und wir wollen deshalb C einen Krystallisationsendpunkt nennen. Zu betonen ist dabei, dass das Ergebniss der Krystallisation ein anderes sein kann, je nachdem man die Ausscheidungen entfernt oder nicht. Dasselbe ist der Fall bei Lösungen, die zunächst Kaliumsulfat zur Ausscheidung bringen, auf B D also: Nachdem bei D Schönit sich bildet, wird das Kaliumsulfat aufgezehrt, und die Lösung ändert ihre Zusammensetzung erst, nachdem dieser Process sich vollzogen hat. Wird dagegen das Kaliumsulfat weggenommen, so entspricht der Zusammensetzungsänderung der Lösung und der Ausscheidung die Bewegung im Sinne der Pfeilrichtung in Fig. 41. Wir wollen im nachherigen immer annehmen, dass die Salzausscheidungen entfernt werden, was wohl im wesentlichen den Salzlagerbildungen entspricht, indem krustige Ueberschichtung die weitere Einwirkung von Lösung auf Ausgeschiedenes verhindert.“

Sättigung an einem Salze.

	K_2Cl_2	K_2SO_4	$MgSO_4$	$MgCl_2$
A) ClK,	44,0	—	—	—
B) SO_4K_2,	—	12,0	—	—
C) $MgSO_4$, 7 H_2O,	—	—	58,0	—
D) $MgCl_2$, 6 H_2O,	—	—	—	108,0

Sättigung an zwei Salzen.

	K_2Cl_2	K_2SO_4	$MgSO_4$	$MgCl_2$
E) ClK, SO_4K_2,	42,0	1,5	—	—
F) K_2SO_4, $(SO_4)_2K_2Mg$, 6 H_2O,	—	16,0	22,0	—
G) $(SO_4)_2K_2Mg$, 6 H_2O, SO_4Mg, 7 H_2O,	—	14,0	38,0	—
H) SO_4Mg, 6 H_2O, $MgCl_2$, 6 H_2O,	—	—	15,0	73,0
J) SO_4Mg, 7 H_2O, $MgCl_2$, 6 H_2O,	—	—	14,0	104,0
K) $MgCl_2$, 6 H_2O, $KMgCl_3$, 6 H_2O,	1,0	—	—	105,0
L) $MgKCl_3$, 6 H_2O, KCl,	5,5	—	—	72,5

Sättigung an drei Salzen.

	K_2Cl_2	K_2SO_4	$MgSO_4$	$MgCl_2$
M) ClK, SO_4K_2, $(SO_4)_2K_2Mg$, 6 H_2O,	25,0	—	11,0	21,0
N) ClK, $(SO_4)_2K_2Mg$, 6 H_2O, SO_4Mg, 7 H_2O,	9,0	—	16,0	55,0
P) ClK, SO_4Mg, 7 H_2O, SO_4Mg, 6 H_2O,	8,0	—	15,0	62,0
Q) ClK, SO_4Mg, 6 H_2O; KCl_3Mg, 6 H_2O,	4,5	—	13,5	70,0
R) SO_4Mg, 6 H_2O; KCl_3Mg, 6 H_2O; $MgCl_2$, 6 H_2O,	2,0	—	12,0	99,0

„Ein dritter Fall sei nunmehr in Betracht gezogen und zwar der, wo es sich um Salze, wie Chlorkalium und Magnesiumsulfat handelt, welche der doppelten Zersetzung unter Bildung von Chlormagnesium und Kaliumsulfat fähig sind. Der völlige Ueberblick erfordert jetzt auch die Berücksichtigung der beiden letzteren Salze. In erster Linie kommen dann die vier an einem der genannten Salze gesättigten Lösungen in Betracht, dann die vier zwischenliegenden Gruppen der beiden Sulfate, der beiden Chloride, der beiden Kalium- und der beiden Magnesiumsalze; sie entsprechen dem vorigen Falle und enthalten Lösungen, die an zwei Salzen gesättigt sind. Dann aber kommen als neu die sämmtliche Körper enthaltenden Lösungen hinzu, die sich jedoch leicht überblicken lassen an der Hand derjenigen, welche an je drei Salzen gesättigt sind. Wir bringen nebenstehend die bei 25 ° erhaltenen Daten, mit der Bemerkung, dass die auf 1000 Moleküle Wasser vorhandene Salzmenge willkürlich auf die Sulfate und Chloride von Magnesium und Kalium umgerechnet sind, und dass mit Rücksicht auf die graphische Darstellung Kaliumchlorid als Doppelmolekül K_2Cl_2 in Rechnung gezogen ist.“

„Die grosse Aufgabe ist nunmehr, das vorliegende Material so zu bewältigen, dass sich der Krystallisationsgang überblicken lässt. Graphisch handelt es sich jetzt um das Eintragen von drei Daten; zwar liegen vier Salze vor, jedoch ist die Zusammensetzung der betreffenden Lösung durch drei Bestimmungen gegeben, etwa von Chlor, Schwefelsäure und Kalium. Zu einem zur Darstellung geeigneten Modell haben wir die vier in einer Ecke zusammentretenden Kanten eines Oktaëders erwählt. Werden zwei einander gegenüber stehende für das Abmessen von Magnesiumchlorid und Kaliumsulfat gewählt, eine dritte für das Magnesiumsulfat, so entspricht die vierte ohne weiteres dem Kaliumchlorid, falls dasselbe in Doppelmolekülen genommen wird, entsprechend der Gleichung:

$$K_2Cl_2 = K_2SO_4 + MgCl_2 - MgSO_4.$$

Die Projektion auf einer senkrecht zur Oktaëderaxe liegenden Ebene bietet die Fig. 42, worin die oben angegebenen Lösungen mit den angeführten Buchstaben angedeutet sind, so dass A z. B. Sättigung an Kaliumchlorid, E an diesem und Kaliumsulfat, M an beiden und Schönit bedeutet. Wir finden also hier die auf Magnesiumsulfat und Kaliumsulfat

sich beziehende Fig. 41 in C O F B wieder mit den schon dort angeführten
Pfeilrichtungen. Sehr übersichtlich gestaltet sich die Sachlage in Fig. 42
dadurch, dass die Punkte, welche den Bestimmungen entsprechen, geeignet
verbunden sind, und zwar am Rande der Figur wie früher in Fig. 41 und
innerhalb des umrandeten Feldes so, dass immer die auf zwei gemein-
schaftliche Salze sich beziehenden Punkte verbunden sind, so z. B. M
mit E, indem beide Sättigung an Kaliumsulfat und Kaliumchlorid ent-

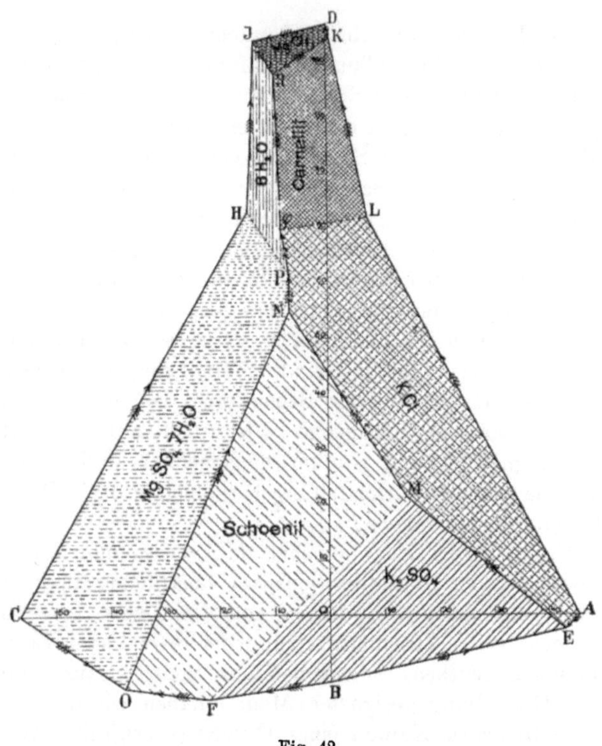

Fig. 42.

sprechen. Das ganze Sättigungsgebiet wird dadurch in sieben Felder getheilt, welche sich auf Sättigung an je einem Salz beziehen, wie z. B.
E M F B auf Kaliumsulfat. Die im Innern befindlichen Linien entsprechen der Sättigung an den zwei begrenzten Salzen, die sich aus der
Figur herauslesen lassen, die Punkte an drei, die man ebenfalls erblickt.“
  „Der Krystallisationsgang ist nunmehr aber auch auf Grund des
früheren Princips gegeben, am Rand ohne weiteres, im inneren Gebiet an
Hand der folgenden Ueberlegung: Die Zusammensetzung irgend einer ungesättigten Lösung, die eingeengt werden soll, lässt sich durch irgend

einen Punkt im Modell darstellen und die Einengung durch eine Linie, die sich vom Axenursprung entfernt, bis irgend ein der Sättigung entsprechendes Feld getroffen wird, welches, zeigt wiederum das Modell. Sagen wir, es sei das Feld für Kaliumsulfat; letzteres Salz scheidet sich dann aus und nunmehr entspricht die Zusammensetzungsänderung der Lösung der Bewegung einer Linie entlang, die sich von B entfernt; das Anstossen im EM z. B. bedeutet dann anfangende Chlorkaliumausscheidung, und indem sich dadurch die Zusammensetzung gleichfalls von A entfernt, geht die Bewegung nunmehr EM, unter gleichzeitiger Bildung von Kaliumsulfat und -chlorid, entlang und in M erfolgt Schönitausscheidung, wonach der Weg weiter MN entlang verfolgt wird. Die Grenzlinie EMN ist demnach als Krystallisationsbahn zu bezeichnen, einmal dort angelangt, verfolgen sämmtliche Lösungen denselben Weg, dort spielen sich also die Hauptkrystallisationserscheinungen ab. Andere Grenzlinien, z. B. FM, verhalten sich nicht so; die Bewegung, welche der Zusammensetzungsänderung entspricht, geht über diese Linie hinweg, was schon aus der früheren Betrachtung des Vorgangs in F sich zeigte. Diese Linien sind deshalb in der Fig. 42 punktirt angegeben, und nun ergiebt sich in einfachem Zusammenhang mit dem früheren, dass von jedem Endpunkt, also O zwischen BC, E zwischen AB, K zwischen AD und J zwischen CD, eine Krystallisationsbahn ausgeht; dieselben fallen im gemeinsamen Krystallisationsendpunkt R zusammen, wo sämmtliche Lösungen unter Bildung von Magnesiumsulfathexahydrat, Karnallit und Chlormagnesium schliesslich eintrocknen."

„Ein weiterer Schritt, um den Verhältnissen näher zu treten, ist die nunmehrige Mitberücksichtigung des Chlornatriums. Allgemein genommen würde hiermit ein vierter Faktor eintreten und die Darstellung im Modell durch Abwesenheit einer vierten Dimension abgeschlossen sein. Bsschränkt man sich jedoch auf Sättigung an Chlornatrium, was den in der Natur obwaltenden Verhältnissen durchweg entspricht, so ist diese Schwierigkeit zu heben und der Einblick sogar einfacher als im vorliegenden Fall. Schematisch lassen sich dieselben in folgender Weise überblicken:

„Die drei Lösungen, welche bei Sättigung an Chlornatrium nur an je einem Salz gesättigt sind, enthalten resp. Magnesiumchlorid, Kaliumchlorid und Natriumsulfat. Die drei dazwischen liegenden Gruppen von Lösungen enthalten je drei Salze, und in jeder Gruppe befindet sich ein Krystallisationsendpunkt, von wo nunmehr drei Krystallisationsbahnen ausgehen, welche sich im gemeinsamen Krystallisationspunkt treffen. Die frühere Vierzahl hat sich also jetzt zur Dreizahl vereinfacht. Es fügt sich hinzu, dass von den drei Krystallisationsbahnen die zwei oberen sehr klein sind, so dass alles wesentlich auf eine einzige Krystallisationsbahn ankommt."

„Die Fig. 43 enthält die Bestimmungen, soweit sie bis jetzt vorliegen. Dieselbe ist wiederum die Projektion eines Modells, welchem die Kanten des Oktaëders zu Grunde gelegt sind, wobei jedoch das Natrium in der Lösung, soweit es sich als Chlornatrium betrachten liess, fortgelassen ist. Das Modell bietet dann vollkommen die Vortheile des früheren, und das in einigen Lösungen nicht durch Chlor deckbare Natrium lässt sich auf Sulfat berechnen und eintragen auf Grund der Beziehung:

$$Na_2SO_4 = Na_2Cl_2 + MgSO_4 - MgCl_2.$$

Unter Fortlassung des Natriumchlorids liegt dann das Natriumsulfat in einer zur Oktaëderaxe senkrechten Linie, welche in der Figur O mit C verbinden würde.“

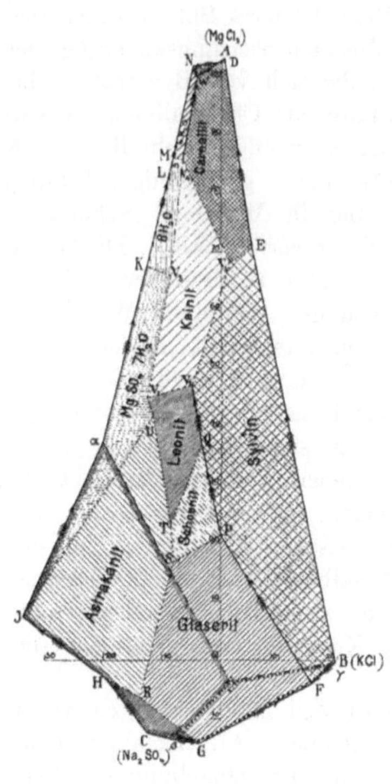

Fig. 43.

„Die Felder entsprechen wiederum Sättigung an den jetzt etwas zahlreicher auftretenden Körpern: Magnesium-chlorid, Chlorkalium, Natriumsulfat, Magnesiumsulfat mit 7, 6, 5 und 4 Wassermolekülen, Schönit und dessen wasserärmere Formen, Leonit $(SO_4)_2$ MgK_2, 4 H_2O, Astrakanit $(SO_4)_2MgNa_2$, 4 H_2O, Glaserit $(SO_4)_2K_3Na$, Kainit SO_4MgKCl, 3 H_2O und Karnallit.“

„Die drei Lösungen, die neben Chlornatrium je nur ein Salz enthalten, resp. Magnesiumchlorid, Chlorkalium und Natriumsulfat, entsprechen den Punkten A, B und C. Die grosse Krystallisationsbahn schliesslich geht vom Endpunkt F, zwischen B und C, aus und schliesst bei W im gemeinsamen Krystallisationsendpunkt ab, wird aber vom Kainitfeld unterbrochen.“

Die der Fig. 43 zu Grunde liegenden Daten sind folgende:

Sättigung an Chlornatrium und:	Auf 1000 Mol. H_2O in Mol.				
	$Na_2Cl_2.$	$K_2Cl_2.$	$MgCl_2.$	$MgSO_4.$	$NaSO_4.$
A) $MgCl_2$, 6 H_2O,	2,5	—	103,0	—	—
B) KCl,	44,5	19,5	—	—	—
C) Na_2SO_4,	51,0	—	—	—	12,5

Sättigung an Chlornatrium und:	Auf 1000 Mol. H_2O in Mol.				
	Na_2Cl_2.	K_2Cl_2.	$MgCl_2$.	$MgSO_4$.	$NaSO_4$.
D) $MgCl$, 6 H_2O, Karnallit,	1,0	0,5	103,5	—	—
E) KCl, Karnallit,	2,0	5,5	70,5	—	—
F) KCl, Glaserit,	44,0	20,0	—	—	4,5
G) Na_2SO_4, Glaserit,	44,5	10,5	—	—	14,5
H) Na_2SO_4, Astrakanit,	46,0	—	—	16,5	3,0
I) $MgSO_4$, 7 H_2O, Astrakanit,	26,0	—	7,0	34,0	—
K) $MgSO_4$, 7 H_2O, $MgSO_4$ 6 H_2O,	4,0	—	67,5	12,0	—
N) $MgCl_2$, 6 H_2O, Magnesiumsulfat,	1,0	—	102,0	5,0	—
P) KCl, Glaserit, Schönit,	23,0	14,0	21,5	14,0	—
Q) KCl, Schönit, Leonit,	14,0	11,0	37,0	14,5	—
R) Na_2SO_4, Glaserit, Astrakanit,	40,0	8,0	2,0	14,0	8,0
S) Glaserit, Astrakanit, Schönit,	27,5	10,5	16,5	18,5	—
T) Astrakanit, Schönit, Leonit,	22,0	10,5	23,0	19,0	—
U) $MgSO_4$, 7 H_2O, Astrakanit, Leonit,	10,5	7,5	42,0	19,0	—
V_1)Kainit, $MgSO_4$, 7 H_2O, Leonit	9,0	7,5	45,0	19,5	—
V_2) — ClK, Leonit,	9,5	9,5	47,0	14,5	—
V_3) — ClK, Karnallit,	2,5	6,0	68,0	5,0	—
V_4) — Karnallit, Magn.-Sulfat,	0,5	1,0	85,5	8,0	—
V_5) — $MgSO_4$, 7 H_2O, $MgSO_4$, 6 H_2O,	3,5	4,0	65,5	13,0	—
W)Karnallit, $MgCl_2$, 6 H_2O, Magn.-sulfat,	0,0	0,5	100,5	5,0	—

Es erübrigt nur noch die Kalksalze mit zu berücksichtigen, die in verschiedenen Formen auftreten, wovon bei 25° die folgenden vorhanden sind :

1. Gips $CaSO_4$, 2 H_2O,
2. Anhydrit $CaSO_4$,
3. Glauberit $CaNa_2$ $(SO_4)_2$,
4. Syngenit CaK_2 $(SO_4)_2$, H_2O,
5. Tachhydrit Mg_2CaCl_6, 12 H_2O.

„Der geringen Löslichkeit von Kalksalzen in den obigen meistens sulfathaltigen Lösungen entsprechend, hat das Mitvorhandensein derselben auf die beschriebenen Löslichkeitsverhältnisse keinen wesentlichen Einfluss, und die Frage ist nur, in welcher Form das Calcium aus den betreffenden Lösungen zur Ausscheidung gelangt. Die mikroskopische Beobachtung zeigt alsbald, welche der erwähnten Kalksalze in Berührung mit einer gegebenen Lösung sich stabil zeigt, und welche sich verwandeln; die genaue Feststellung der Grenze wird dann durch eine verhältnissmässig geringe Zahl von Löslichkeitsbestimmungen ermöglicht. Die so erhaltenen Resultate sind in Fig. 43 eingetragen.“

„Wesentlich ist dann, dass das Gebiet des Glauberits, des Doppelsalzes mit Natriumsulfat sich in der Umgebung des Feldes für Natriumsulfat und dessen Doppelsalz mit Magnesiumsulfat, dem Astrakanit, entwickelt, am Rande der Figur von α nach β. Der Syngenit, Doppelsalz mit Kaliumsulfat, breitet sich wesentlich über das Feld von Kaliumchlorid und den Doppelsalzen von Kaliumsulfat, Glaserit, Schönit, Leonit und Kainit aus, am Rande der Figur von β nach γ. In verhältnissmässig natrium- und kaliumarmen Lösungen bildet sich Gips im freien Zustand, jedoch unter Einfluss des sich anhäufenden Magnesiumchlorids am oberen Theil der Figur entwässert als Anhydrit. Die ganze Umgrenzung der Kalksalzgebiete ist in Fig. 43 nicht angegeben, weil dieselbe noch nicht genügend festgestellt ist; nur enthält die Figur noch den Punkt D, welcher der Zusammensetzung einer Lösung entspricht, die an Chlornatrium, Gips, Glauberit und Syngenit gesättigt ist.“

„Die sich auf die Kalksalze beziehenden in Fig. 43 aufgenommenen Daten sind folgende:

Sättigung an Chlornatrium und	Auf 1000 Mol. H_2O in Mol.				
	Na_2Cl_2.	K_2Cl_2.	$MgCl_2$.	$MgSO_4$.	Na_2SO_4.
α) $MgSO_4$, 7 H_2O, Gips, Glauberit,	14,5	—	37,0	20,0	—
β) Na_2SO_4, Glauberit, Syngenit,	47,0	5,5	—	—	14,0
γ) KCl, Syngenit, Gips,	46,0	19,5	—	—	—
δ) Gips, Glauberit, Syngenit,	50,0	6,0	—	—	4,0

2. „Anwendungen. Wir wollen nunmehr eine Anwendung machen, wie sie thatsächlich durchgeführt wurde, um die qualitativen und quantitativen Voraussetzungen des obigen Schemas zu prüfen.“

„Eine Lösung von molekularen Mengen K_2SO_4 (174,3 g) und $MgCl_2 . 6\,H_2O$ (203,4 g) wurde bei 25° langsam eingeengt. Die Fig. 42 zeigt ohne weiteres, dass dann oberhalb des Axenursprungs das Sättigungsfeld erreicht wird, und also zunächst Kaliumsulfat auftritt, was sich bestätigt; dann erfolgt über das Kaliumsulfatfeld eine Bewegung, die sich von B entfernt, also BD entlang, und alsbald ist die Grenze FM des Schönitfeldes erreicht, was sich auch durch Schönitausscheidung zeigte. Wird nun das Kaliumsulfat nicht weggenommen, so wird dasselbe unter Schönitbildung theilweise aufgezehrt, und man gelangt nach M. Die Ausscheidung betrug dort, also beim ersten sichtbaren Auftreten von Chlorkalium:

$$25\text{ g}.\ K_2SO_4\ \text{u}.\ 120\text{ g}.\ \text{Schönit } K_2Mg(SO_4)_2 . 6\,H_2O.$$

Unter Benutzung der bekannten Zusammensetzung der Lösung in M haben wir nunmehr zur Berechnung folgende Gleichung:

$$K_2SO_4 + MgCl_2 + a\,H_2O =$$
$$x K_2SO_4 + y K_2Mg(SO_4)_2 . 6\,H_2O +$$
$$\omega\,(1000\,H_2O . 25\,Cl_2K_2 . 11\,SO_4Mg . 21\,Cl_2Mg)$$

$$\text{also für } Cl_2 \quad 1 = 46\,\omega \qquad\qquad \text{oder } \omega = \frac{1}{46},$$

$$\text{„ „ } Mg \quad 1 = y + 32\,\omega, \qquad \text{also } y = \frac{7}{23},$$

$$\text{„ „ } K_2 \quad 1 = x + y + 25\,\omega, \text{ also } x = \frac{7}{46},$$

demnach

$$\text{berechnet } K_2SO_4 \; 174{,}3 \, . \, x = 26{,}5 \; (25 \text{ gef.}),$$
$$\text{„ Schönit } 402{,}8 \, . \, y = 120{,}6 \; (120 \text{ gef.}).$$

Die weitere Durchführung der Versuche ergab entsprechend befriedigenden Anschluss an die Thatsachen."

„Diese Uebereinstimmung des aus den Löslichkeitsdaten berechneten Krystallisationsganges mit den thatsächlich sich bildenden Ausscheidungen sowohl nach der qualitativen wie nach der quantitativen Seite berechtigt zur Anwendung desselben Princips in komplicirteren, den natürlichen Verhältnissen entsprechenden Fällen. Die direkte Bestimmung der sich ausscheidenden Menge ist dann durch deren komplexe Natur erschwert, ja öfters unmöglich durch die Verzögerungserscheinungen, wodurch z. B. Leonit, Kainit und die niederen Hydrate des Magnesiumsulfates bei gewöhnlicher sogar ziemlich langsamer Krystallisation nicht einmal zur Ausscheidung kommen. Das oben entwickelte rechnerische Verfahren ist dadurch jedoch nicht im Geringsten eingeschränkt und dann allein anwendbar."

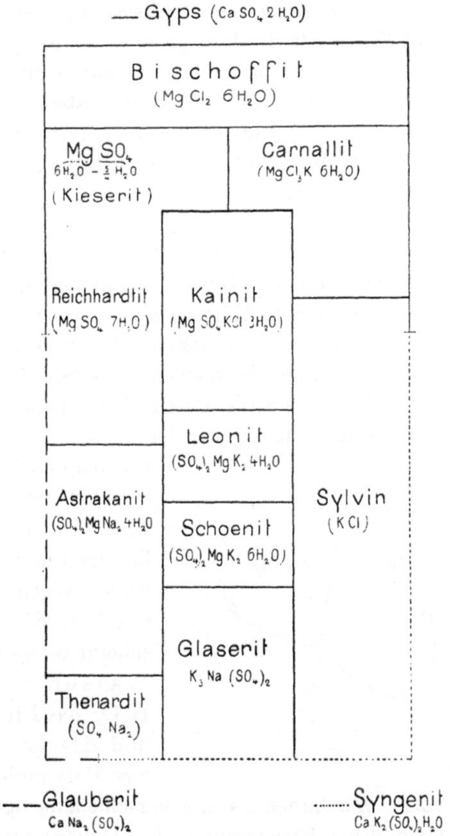

„Eine zweite Anwendung bezieht sich auf das Nebeneinandervorkommen der Mineralien, falls deren Bildung bei $25\,^0$ erfolgt. In Fig. 43 lässt sich dasselbe übersehen, aber viel leichter in Fig. 44, welche

Fig. 44.

unter Beibehalt der gegenseitigen Berührung der verschiedenen Salzfelder, die Form der letzteren willkürlich vereinfacht und rechtwinkelig wiedergiebt. Nicht weniger als 41 diesbezügliche Thatsachen sind dann in diesem Schema enthalten und zwar:

1. Das Auftreten von Chlornatrium und der 14 in der Figur enthaltenen Mineralien neben einander.

2. Jede Grenzlinie zwischen zwei Salzfeldern weist auf die Möglichkeit des Vorkommens neben einander hin, so z. B. Karnallit mit Sylvin, nicht mit Glaserit. Die Figur enthält 17 derartige Kombinationen.

3. Ueber die Kalksalze, deren Untersuchung noch nicht abgeschlossen ist, enthält die Figur überdies 10 Andeutungen, so z. B. dass Syngenit neben Sylvin, Glauberit neben Astrakanit u. s. w. auftreten kann.

„Hinzugefügt sei schliesslich, dass Kieserit wahrscheinlich ebenfalls bei 25 ^{0} auftritt, dass jedoch dieses Auftreten sowie das Existenzgebiet durch die hier in hohem Grade sich geltend machenden Verzögerungserscheinungen noch nicht festgestellt sind. Thatsächlich wurden bei L und M in der Fig. 43 zwei niedere Magnesiumsulfhydrate mit resp. fünf und vier Molekülen Wasser gebildet, und ging die Wasserentziehung bei 25 ^{0} noch weiter."

Umwandlungstemperatur bei isomeren Körpern.

Als isomere Körper verstehen wir hierbei sowohl physikalisch wie chemisch isomere Körper, also einfach solche, die bei gleicher elementaren Zusammensetzung gleiches oder verschiedenes Molekulargewicht besitzen, und die sich in einander umwandeln lassen.

Wie Bakhuis Roozeboom ausführt, ist ein Zusammentreten von einer festen, flüssigen oder festen Phase in einen dreifachen Punkt nur bei den Verflüssigungs-, Verdampfungs- und Schmelzkurven eines Stoffes bekannt, dagegen aber nicht ein Zusammentreten von einer festen flüssigen und gasförmigen Phase eines Körpers, wobei wegen Isomerie oder Polymerie von chemischem Gleichgewicht die Rede sein kann. Mir scheint dieser Gegensatz nicht zu existiren. Beim Wasser z. B. haben wir die Dampfform zu H_2O, das Flüssigkeitsmolekül zu $(H_2O)x$ $(x = 6)$ und das Eismolekül zu $(H_2O)x_1$. Hier liegen also Polymerie und wahrscheinlich Stereoisomerie

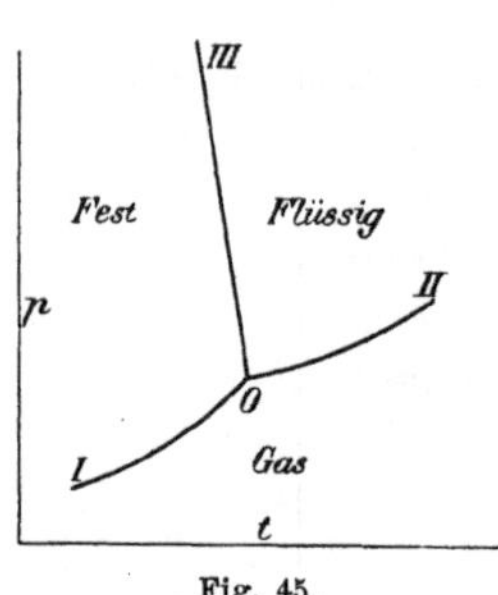

Fig. 45.

vor. Wir haben es mit verschiedenartigen Körpern zu thun und können auch diese Erscheinung des Uebergangs der drei Phasen in einander als chemische auffassen.

Nach Bakhuis Roozeboom kann das Verhalten des Schwefels durch obige Fig. 45 wiedergegeben werden, wenn man statt fest rhombischen Schwefel S_r, statt flüssigen monoklinen Schwefel S_m und als dritte Phase Schwefeldampf S_g nimmt. Es ergiebt sich, dass O $(95,4^0)$ eine Minimumtemperatur für monoklinen Schwefel ist, dass aber S_r nach beiden Seiten hin bestehen kann entweder neben Dampf I oder neben S_m (III).

Aehnliches gilt für die Isomeren der Cyansäure u. s. w.

Boracit geht, wie Mallard beobachtet hat, bei 261^0 plötzlich vom rhombischen in den regulären Zustand über. Diese Umwandlung lässt sich mit dem Polarisationsmikroskop sehr scharf nachweisen und ist von einer entschiedenen Wärmeabsorption zwischen den Temperaturen 249^0 und 273^0 begleitet. W. Meyerhoffer[1]) hat diese Erscheinung mit dem Dilatometer untersucht und gefunden, dass bei steigender Temperatur zwischen 256^0 und 267^0 eine, wenn auch nicht ganz regelmässige Ausdehnung eintrat, dagegen zwischen 265^0 und 267^0 eine auffallende Kontraktion, welcher in einer Versuchsreihe mit fallender Temperatur an genau derselben Stelle eine ebenso auffallende Ausdehnung in der sonst stetigen Zusammenziehung entsprach.

Eisen und Stahl.

Die neuere Entwicklung unserer theoretischen Anschauungen über die Bildung des Stahls datirt von dem Erscheinen der hervorragenden Arbeit von Le Chatelier[2]). „L'état actuel des théories de la trempe de l'acier.“ Der Grundgedanke der Ausführungen von Le Chatelier ist der, dass sich in dem Stahl u. s. w. Legirungen von Eisen und Kohle befinden, und dass diese Legirungen zum Theil als feste Lösungen betrachtet werden müssen. In ähnlicher Weise behandelte Roberts-Austen[3]) in seiner fast zur gleichen Zeit erschienenen Abhandlung, sowie in späteren Arbeiten diesen Stoff. An der Hand einer graphischen Darstellung arbeitete er diese Verhältnisse ausführlicher aus. Seine letzte Arbeit bildet eine umfassende und genaue Untersuchung der Stahlfrage.

Weitere Untersuchungen lieferten dann v. Jüptner[4]) in seiner Arbeit „Beiträge zur Lösungstheorie von Eisen und Stahl“, sowie Bakhuis Roozeboom[5]) in der Abhandlung „Eisen und Stahl vom Standpunkte der Phasenlehre.“

---

1) W. Meyerhoffer, Zeitschr. physik. Ch. **29**, 661, 1899.

2) Le Chatelier, Revue générale des Sciences S. 11, 1897.

3) Roberts-Austen, Proc. Instit. of Mechanical Engineers 1870, 70 u. 90, 1899, 9. Febr. Stahl u. Eisen Nr. 22.

4) H. v. Jüptner, Stahl u. Eisen **1898**, Nr. 11, 12, 13, 24.

5) Bakhuis-Roozeboom, Zeitschr. physik. Ch. **34**, 437, 1900; vgl. hierzu P. Duhem, ibid. **34**, 312, 1900; H. v. Jüptner, Eisen u. Stahl **1900**, Nr. 23.

Unter Zugrundelegung der insbesondere von Roberts-Austen gegebenen Daten behandelte Roozeboom das betreffende Thema in ausführlicher Weise. Nachstehend sollen die von ihm gemachten Ausführungen soweit als möglich zur Grundlage dienen. Zunächst seien dementsprechend die von Roberts-Austen sowie von Bakhuis Rooze-

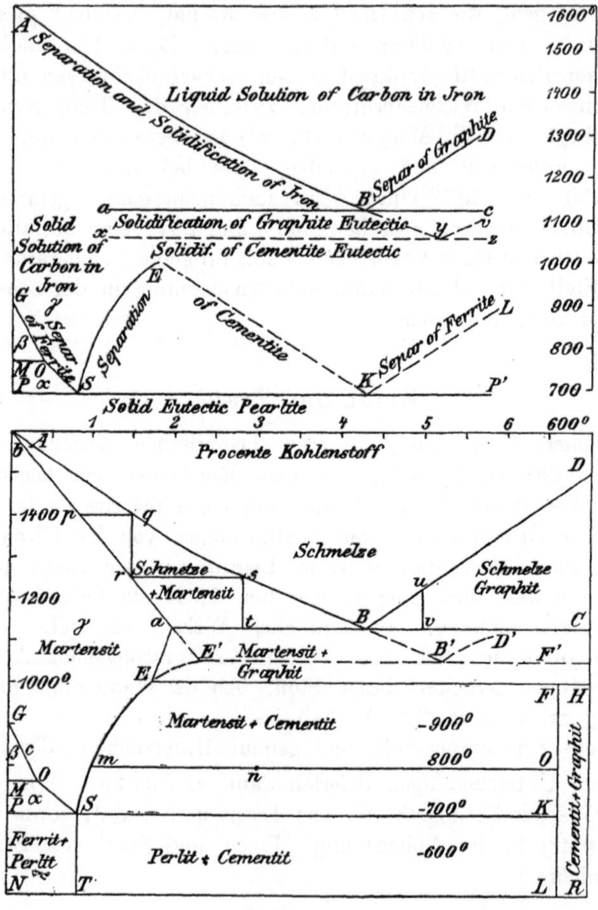

Fig. 46.

boom gegebenen Kurven wiedergegeben, um von diesen ausgehend, das ganze System überblicken zu können (Fig. 46).

1. „Die Schmelzen mit 0 bis 2 % Kohle erstarren zu homogenen Mischkrystallen derjenigen Eisenmodifikation, welche oberhalb 890° stabil ist: γ Eisen; sie bilden den sogenannten Martensit. Schmelzen mit

2 bis 4,3 % Kohlenstoff erstarren zu einem Gerüst von Mischkrystallen mit zwischenliegender eutektischer Legirung, die aus Mischkrystallen und Graphit zusammengesetzt ist, welche zusammen 4,3 % Kohlenstoff enthalten.

Schmelzen mit mehr als 4,3 % Kohlenstoff erstarren zu einem Gerüst von Graphitkrystallen mit zwischenliegender eutektischen Legirung.

2. Die Legirungen mit über 2 % Kohlenstoff scheiden zwischen 1130 und 1000° etwas Kohle ab. Bei 1000° findet dann eine Umwandlung statt, wobei aus Martensit und Graphit Eisenkarbid, Fe_3C, oder Cementit $= \beta$-Eisen entsteht. Solange der Totalkohlegehalt unter 6,6 % bleibt, resultirt also ein Konglomerat von Martensit $+$ Cementit. Diese Umwandlung ist das erste Beispiel einer solchen, wobei aus einer festen Lösung (Martensit) und einem seiner Bestandtheile (Graphit) sich eine chemische Verbindung (Fe_3C) bildet, und sie findet statt bei einer Temperatur, die völlig analog ist der Umwandlungstemperatur, die bei der Bildung einer Verbindung aus flüssiger Lösung und einem seiner Bestandtheile auftritt.

3. Die Cementitbildung schreitet allmälig zwischen 1000 und 690° weiter fort, indem die Martensitkrystalle im Konglomerat kohlenärmer werden, bis zu 0,85 %. Sie verschwinden bei 690°, indem sie sich in α-Eisen $=$ Ferrit (stabil unterhalb 770°) und Cementit zerlegen.

4. Die Abweichungen von diesem normalen Verhalten, welche auftreten können, werden alle verursacht durch die ungleiche Geschwindigkeit, womit die Abkühlung stattfindet. Da aber bis jetzt die drei Abkühlungsperioden 1130—1000°, 1000—690° und 690—15° in dieser Hinsicht nicht gesondert untersucht sind, herrscht über die Resultate viel Unsicherheit. Nur steht fest, dass bei schneller Abkühlung der Schmelzen sofort Cementit auftritt, und dass bei der Cementitbildung aus Martensit $+$ Graphit immer ein Theil des letzteren sich der Umwandlung entzieht.

5. Die Legirungen mit 2,0 bis 0,85 % Kohlenstoff können bei Temperaturen zwischen 1000 und 690° Cementit ausscheiden und bei 690° sich zerlegen in Cementit und Ferrit; beide Umwandlungen können aber bei schneller Abkühlung ausbleiben, und es können die Mischkrystalle als Martensit bestehen bleiben.

6. Die Legirungen mit 0 bis 0,35 % Kohlenstoff erleiden eine graduelle Ausscheidung von β-Eisen zwischen 890 und 770°, darauf bei 770° eine vollständige Umwandlung des β-Eisens in α-Eisen und nachher eine graduelle Abscheidung von α-Eisen aus den bei 770° übrig gebliebenen Mischkrystallen. Die Legirungen von 0,35 bis 0,85 % Kohlenstoff erleiden nur von 777 bis 360° eine Ausscheidung von α-Eisen. In allen Legirungen von 0 bis 0,85 % Kohlenstoff tritt bei 690° die Umwandlung der übriggebliebenen Martensitmischkrystalle in Ferrit und Cementit ein. Das Konglomerat dieser beiden von 0,85 % Kohlengehalt ist der Perlit.

Die Umwandlungen der Mischkrystalle mit 0 bis 0,85 % C können ebenso wie die der Legirungen mit 0,85 bis 2,0 % C ausbleiben, wenn sie von Temperaturen oberhalb der Umwandlungspunkte schnell ganz abgekühlt werden. (Härtung.)

7. Es wurde eine abweichende Darstellung der Umwandlung in den Mischkrystallen mit 0 bis 0,85 % C gegeben, welche von der Voraussetzung ausging, dass Kohlenstoff auch in β- und α-Eisen in geringerer Menge gelöst vorkommen kann. Diese Auffassung ist durch die bekannten Versuche nicht ausgeschlossen."

Neben diesen Kohlenstoff-Eisen-Verbindungen und -Mischungen sind noch in der Litteratur bekannt: Austenit mit ca. 1,5 % C, dann Sorbit und Troostit. Doch weiss man allzuwenig über diese Körper, als dass sich mit Erfolg hinreichende Beziehungen ableiten liessen. Roozeboom hat dies für den Austenit versucht.

9. Dissociation der Moleküle.

Allgemeines.

Die Moleküle der gas- und dampfförmigen Verbindungen sind häufig von denjenigen der Flüssigkeiten und der festen Körper durch die Grösse unterschieden. Es kommt deshalb der Aggregatzustand bei der Frage nach der Molekulargrösse sehr in Betracht. Indem der Uebergang in den gasförmigen Zustand aus dem flüssigen oder festen häufig mit einer Dissociation grösserer Molekularkomplexe vereinigt ist, dürfen wir doch nicht annehmen, dass die bei dem Siedepunkte der betreffenden Verbindung erhaltenen Dampfmoleküle nur die kleinste der möglichen Molekulargrössen besitze. Vielmehr zeigen sich da die allergrössten Unterschiede. Es giebt Verbindungen, die sich mit weiterer Erhöhung der Temperatur auch noch weiter zerlegen, wie das Molekül S_8 in $4\,S_2$, das Molekül $(CH_3COOH)_2$ in $2\,CH_3COOH$. Wir haben es bei diesen kleinen Molekülen mit den gleichen Bestandtheilen wie in den grossen zu thun. Jedoch giebt es auch Dissociationen, bei denen zwei differente Bestandtheile auftreten, wie bei PCl_5, welches in PCl_3 und Cl_2 zerfällt, oder bei NH_4Cl, aus dem sich NH_3 und HCl bilden.

Während bei den sich in gleichartige Theile zerlegenden Verbindungen hauptsächlich nur die Gravitoaffinität in Frage kommen dürfte, sind es bei den in ungleichartige Bestandtheile zerfallenden Gravito- und Thermo- bezw. Elektroaffinität gemeinschaftlich, die den Zusammenhalt bedingen, und deren Wirkung bei der Dissociation überwunden werden muss. Bei den zu lösenden Affinitäten sind sowohl Haupt- wie Nebenvalenzen je nach der Natur der Verbindung vorhanden.

Dissociationswärme.

Die Dissociationswärme ist eine verschiedene je nach den Umständen, unter welchen sie eintritt. Vom Salmiak z. B. wissen wir, dass derselbe beim Verdampfen nach der Gleichung:

$$NH_4Cl = NH_3 + HCl$$

zerfällt. Umgekehrt werden bei der Bildung des Salmiaks durch Zusammenbringen von NH_3 und HCl 44500 cal. frei. Wir müssten also diese Wärmemenge als die Dissociationswärme des Salmiaks für den Gaszustand ansehen.

Dagegen wird bei dem Lösen des Salmiaks in Wasser, bei dem eine theilweise elektrolytische Dissociation nach der Gleichung:

$$NH_4Cl = \underbrace{NH\cdot_4 +' Cl}$$

eintritt, eine entsprechende Wärmemenge verbraucht. Wir müssen also die Dissociationswärme als je nach den Umständen veränderliche Grösse ansehen.

Berechnung der Dissociationswärme der Elektrolyte.

Nach Arrhenius[1]) lässt sich mit Hilfe der von van't Hoff gegebenen Gleichung:

$$2,30 \frac{d \log_{10} k}{d t} = \frac{AW}{RT^2}$$

die Dissociationswärme W für den Zerfall in Ionen berechnen. Hierbei ist T die absolute Temperatur, R die Gaskonstante $= 845,05$ Grammeter, A die mechanische Arbeit, welche 1 Grammkalorie entspricht, nach Dieterici gleich $\dfrac{424,4}{0,981}$ Grammeter, W die Dissociationswärme in Grammkalorien, und k ergiebt sich aus der Gleichgewichtsgleichung zwischen den Koncentrationen C_I und C_{I_1} der beiden Ionen und C_{II_1}, der Koncentration des nichtdissociirten Antheils, welche lautet:

$$C_I C_{I_1} = k C_{II_1}.$$

Arrhenius erhielt folgende Werthe:

a) Dissociationswärme W_{35} von schwachen Säuren bei 35^0.

CH_3COOH	— 386 cal.	$CHCl_2COOH$	— 2893 cal.
C_2H_5COOH	— 557 „	H_3PO_4	— 2458 „
C_3H_7COOH	— 935 „	$HOPOH_2$	— 4301 „
$C_2H_4(COOH)_2$	+ 445 „	HF	— 3549 „ (bei 33^0).

---

1) Sv. Arrhenius, Zeitschr. physik. Ch. **4**, 349, 1889; **9**, 339, 1892; vgl. auch van der Waals, ibid. **8**, 219, 1891.

b) **Dissociationswärme von schwachen Säuren bei 21,5°.**

CH_3COOH	$+$ 28 cal.		$CHCl_2COOH$	$-$ 2924 cal.
C_2H_5COOH	$-$ 183 „		H_3PO_4	$-$ 2103 „
C_3H_7COOH	$-$ 427 „		$HOPOH_2$	$-$ 3745 „
$C_2H_4(COOH)_2$	$+$ 1115 „			

c) **Dissociationswärme W_{35} von stark dissociirten Körpern bei 35° (aus den Beob. für 0,1 norm. Lösungen).**

KBr	$-$ 425 cal.		NaCl	$-$ 454 cal.
KJ	$-$ 916 „		LiCl	$-$ 399 „
KCl	$-$ 362 „		$BaCl_2$	$-$ 307 „
KNO_3	$-$ 136 „		$MgCl_2$	$-$ 651 „
$CuSO_4$	$-$ 1566 „		$NaCHCl_2CO_2$	$-$ 817 „
NaF	$-$ 84 „		$NaOPOH_2$	$-$ 196 „
	(bei 29°)			
NaOH	$-$ 1292 „		NaH_3PO_4	$-$ 386 „
$NaCH_3CO_2$	$-$ 391 „		HCl	$-$ 1080 „
$NaC_2H_5CO_2$	$+$ 94 „		HNO_3	$-$ 1362 „
$NaC_3H_7CO_2$	$+$ 547 „		HBr	$-$ 1617 „
$NaHC_2H_4(COO)_2$	$+$ 522 „			

d) **Die zur Vervollständigung der Dissociation nöthige Wärme (1—d) W. (d = Dissociationsgrad).**

KBr	$-$ 58 cal. (35°)		$NaHC_2H_4(CO_2)_2$	$+$ 136 cal. (35°)
KJ	$-$ 132 „		$NaOPOH_2$	$-$ 46 „
KCl	$-$ 56 „		NaH_2PO_4	$-$ 115 „
KNO_3	$-$ 29 „		H_3PO_4	$-$ 2023 „
NaCl	$-$ 81 „		HCH_3CO_2	$-$ 383 „
LiCl	$-$ 85 „		$HC_2H_5CO_2$	$-$ 554 „
$BaCl_2$	$-$ 81 „		$HC_3H_7CO_2$	$-$ 928 „
$MgCl_2$	$-$ 187 „		$H_2C_2H_4(CO_2)_2$	$+$ 437 „
$CuSO_4$	$-$ 1021 „		$HCHCl_2CO_2$	$-$ 1874 „
NaF	$-$ 18 „		$HOPOH_2$	$-$ 2593 „
NaOH	$-$ 180 „		HF	$-$ 3304 „ (32°)
HCl	$-$ 136 „		H_3PO_4	$-$ 1682 „ (21,5°)
HBr	$-$ 191 „		HCH_3CO_2	$+$ 28 „
HNO_3	$-$ 187 „		$HC_2H_5CO_2$	$-$ 182 „
$NaCH_3CO_2$	$-$ 101 „		$HC_3H_7CO_2$	$-$ 424 „
$NaC_2H_5CO_2$	$+$ 24 „		$H_2C_2H_4(CO_2)_2$	$+$ 1099 „
$NaC_3H_7CO_2$	$+$ 140 „		$HCHCl_2(CO_2)$	$-$ 1743 „
$NaCHCl_2CO_2$	$-$ 205 „		$HOPOH_2$	$-$ 2063 „

e) Neutralisationswärme einiger Säuren mit NaOH oder KOH.

	bei 35°	bei 21,5°		Differenz.
	ber.	beob.	ber.	
HCl,	12867	13447	13740	$+ 293$
HBr,	12945	13525	13750	$+ 225$
HNO_3,	12970	13550	13680	$+ 130$
HCH_3CO_2,	13094	13263	13400	$+ 137$
$HC_2H_5CO_2$,	13390	13598	13480	$- 118$
$HC_3H_7CO_2$,	13880	13957	13800	$- 157$
$H_2C_2H_4(CO_2)_2$,	12511	12430	12400	$- 30$
$HCHCl_2CO_2$,	14491	14930	14830	$- 100$
H_3PO_4,	14720	14959	14830	$- 123$
$HOPOH_2$,	15359	15409	15160	$- 249$
HF,	16184	16320	16270	$- 50$

Der bei der Berechnung benutzte Werth der Dissociationswärme des Wassers ist gleich dem Mittel aus allen den berechneten gesetzt worden. Derselbe beträgt bei 21,5° 13212 cal., und da nach Thomsen die Neutralisationswärme des Chlorwasserstoffs pro Grad um 43 cal. abnimmt, und diese Abnahme auf die gleich grosse Abnahme der Dissociationswärme des Wassers zurückzuführen ist, wird er bei 35° gleich 12632 cal.

Die Thatsache, dass mehrere schwache Säuren wie HF, $HOPOH_2$, H_3PO_4 eine grössere Neutralisationswärme als die starken Säuren besitzen, was bisher vielen so unerklärlich schien, hat ihre vollständige Erklärung aus der negativen Dissociationswärme dieser Säuren gefunden.

Eine Arbeit von E. Petersen[1]) beschäftigt sich gleichfalls mit dem letzteren Gegenstand und behandelt speciell die Verdünnung von wässerigen Lösungen der Säuren sowie die Einwirkung der Säuren auf ihre normalen oder einbasisch sauren Natriumsalze.

Dissociation der Elementarmoleküle.

Die sogen. permanenten Gase, Wasserstoff, Stickstoff und Sauerstoff, besitzen zweiatomige Gasmoleküle, und werden dieselben selbst bei den höchsten Temperaturen, bei welchen derartige Untersuchungen noch ausgeführt werden können, nicht in Einzelatome dissociirt[2]).

Von den Edelgasen, Helium, Argon, Xenon, Neon, weiss man, dass sie wahrscheinlich einatomig sind.

Die Halogene Chlor, Brom[3]) und Jod zeigen insofern ein etwas verschiedenes Verhalten, als es möglich ist, die Brom- und Jodmoleküle

---

1) E. Petersen, Zeitschr. physik. Ch. **11**, 174, 1893.
2) Vgl. hierzu V. Meyer u. C. Meyer, Ber. **12**, 1482, 1879; V. Meyer, u C. Langer, Pyrochem. Unters. Braunschweig 1885.
3) C. Langer u. V. Meyer, Pyrochem. Unters.

bei sehr hohen Temperaturen zur beginnenden Dissociation in die Atome zu zwingen.

Für Brom zeigen Perman und Atkinson[1]), dass die Dampfdichte derselben bis etwa 750 normal ist. Bei 1050^0 beträgt die Dichte 75,25.

Das Schwefelmolekül ist bei niederer Temperatur und auch in Lösung $= S_8$. Bei höherer Temperatur zerfällt es in S_2-Moleküle. Nach den neuesten Untersuchungen von H. Biltz und G. Preuner[2]) ist nachgewiesen, dass die Dissociation des Schwefels stetig verläuft. Bevorzugt wird zunächst die Annahme, dass etwa S_4 als Zwischenstadium auftritt, so dass die Zersetzungen:

$$S_8 \rightleftarrows 2\, S_4 \quad \text{und} \quad S_4 \rightleftarrows 2\, S_2$$

neben einander zu berücksichtigen wären.

Schon beim Siedepunkt des Schwefels (448^0) ist das Schwefelgas bereits zum geringen Theil zerfallen, so dass die Dichte der Formel $S_{7,23}$ entspricht. Ueber 800^0 ist der Zerfall vollständig.

Von Selen und Tellur, von denen Selen bei niederen Temperaturen ebenfalls wie Schwefel wahrscheinlich grössere Komplexe enthält, weiss man, dass dieselben bei sehr hohen Temperaturen nur aus Molekülen Se_2 und Te_2 bestehen.

Phosphor besitzt in Lösung und auch bei niederen Temperaturen in Dampfform die Molekulargrösse P_4. Bei höheren Temperaturen findet ein Zerfall statt.

Arsen enthält entsprechend wie Phosphor bei niederen Temperaturen das Molekül As_4, welches bei höheren Temperaturen (1700^0) fast vollständig zerfallen ist in 2 Moleküle As_2.

Bei Antimon ist noch nicht sicher, ob wir es hier mit Molekülen Sb_3 oder $Sb_4 + Sb_2$ zu thun haben[3]).

Bei den Metallen haben wir es bei einigen unzweifelhaft mit einatomigen Gasen zu thun. Es sind dies Kalium, Natrium[4]) Quecksilber[5]), Kadmium[6]), Zink[7]). Wahrscheinlich einatomig bei höheren

<hr>

[1]) C. P. Perman u. G. A. S. Atkinson, Zeitschr. physik. Ch. **33**, 215, 577, 1900.

[2]) H. Biltz u. G. Preuner, Zeitschr. physik. Ch. **39**, 323, 1901.

[3]) Vgl. J. Mensching u. V. Meyer, Liebig's Ann. **240**, 317, 1887.

[4]) A. Scott u. J. Dewar, Proc. Roy. Soc. London **29**, 490, 1879; A. Scott, Proc. Roy. Soc. Edinb. 1887, 410.

[5]) A. Dumas, Ann. chim. phys. (2), **33**, 337, 1826; E. Mitscherlich, Pogg. Ann. **29**, 493, 1833; H. E. Roscoe, Ber. **11**, 1196, 1878; L. Troost, Compt. rend. **95**, 135, 1882; A. Scott, Proc. Roy. Soc. Edinb. **1887**, 410; V. Meyer u. C. Meyer, Ber. **11**, 2258, 1878; **12**, 1428, 1879; V. Meyer u. M. Züblin, Ber. **12**, 2204, 1879; H. Biltz u. V. Meyer, Ber. **22**, 725, 1881; Zeitschr. physik. Ch. **4**, 265, 1889; V. Meyer, Ber. **13**, 1010, 1103, 1880; C. Schall, Ber. **23**, 1701, 1890; G. Lunge u. O. Neuberg, Ber. **24**, 729, 1891.

[6]) H. Deville u. L. Troost, Compt. rend. **46**, 239, 1858; Liebig's Ann. **113**, 42, 1860.

[7]) J. Mensching u. V. Meyer, Ber. **19**, 3295, 1886.

Temperaturen sind Wismuth[1]) und vielleicht auch Thallium. Die übrigen Metalle konnten mit den jetzt anwendbaren Hilfsmitteln noch nicht untersucht werden.

Für die Einatomigkeit des Quecksilberdampfes sprachen die Verhältnisszahlen der specifischen Wärmen bei konstantem Druck und konstantem Volum.

Speciell die Ergebnisse der Untersuchungen von Dumas über die Molekulargrösse des Quecksilberdampfes hatten, da sie die Einatomigkeit desselben ergaben, die allgemeine Anerkennung der Avogadro-Ampère'schen Hypothese um Jahrzehnte verzögert, da man sich die Existenzmöglichkeit einatomiger Moleküle nicht vorstellen konnte.

Dissociation chemischer Verbindungen.

Während wir vorher den Zerfall der Molekülkomplexe in gleichartige Bestandtheile betrachtet haben, kommt in diesem Kapitel der Zerfall chemischer Verbindungen in zwei ungleiche Theile in Frage. Es sind das Reaktionen, die wiederholt und in intensiver Weise das Interesse der Forscher wachgerufen haben, zunächst aus dem Grunde, weil diese Dissociationserscheinungen Abnormitäten bei der Bestimmung der Gasdichten zeigten, dann aber, nachdem man den Grund in einem Zerfall des Moleküls in ungleichartige Bestandtheile kennen gelernt hatte, auch deshalb weil eben eine Ueberwindung der chemischen Affinität sich hier zeigte, die in vielen andern Fällen bisher nicht beobachtet worden war. Man hat dabei noch zu unterscheiden zwischen solchen Verbindungen, deren Bestandtheile nach dem Uebergang in den flüssigen oder festen Zustand sich wieder zu der früheren Verbindung vereinigen, wie z. B. bei Chlorammonium, von solchen, welche sich nachher nicht mehr vereinigen, wie bei Quecksilberoxyd oder den Zersetzungsprodukten der Salpetersäure.

Von den hier zu berücksichtigenden Dissociationen seien folgende erwähnt, wobei ich speciell die in dem von K. Windisch verfassten Werke „Die Bestimmung des Molekulargewichts" gemachten Angaben benutze.

Vierfacher Chlorschwefel,[2]) SCl_4, zerfällt bei 10° in SCl_2 und Cl_2; SCl_2 dissociirt bei noch höherer Temperatur in S_2Cl_2 und Cl_2.

Sulfurylchlorid,[3]) SO_2Cl_2, zerfällt in $SO_2 + Cl_2$.

Chlorsulfonsäure,[4]) SO_2ClOH, dissociirt in $SO_3 + HCl$.

1) J. Mensching u. V. Meyer, Nachr. Götting. Königl. Ges.; H. Biltz u. V. Meyer, Zeitschr. physik. Ch. 4, 257, 1889.

2) A. Michaelis u. O. Schifferdecker, Ber. 6, 993, 1873; Liebig's Ann. 170, 1, 1873.

3) K. Heumann u. P. Koechlin, Ber. 16, 602, 1883.

4) K. Heumann u. P. Koechlin, Ber. 16, 603, 1883.

Pyrosulfurylchlorid,[1]) $S_2O_5Cl_2$; der Zerfall desselben ist nach den vorliegenden Untersuchungen zweifelhaft.

Schwefelsäure,[2]) H_2SO_4, dissociirt sich bei Temperaturen über 300^0 in $SO_3 + H_2O$. Bei 344^0 ist die Zersetzung vollständig.

Jodwasserstoff,[3]) HJ, beginnt schon bei 290^0 sich zu zersetzen in H und J.

Schwefelwasserstoff,[4]) H_2S, wird bei sehr hohen Temperaturen (1200 ^{0}) vollständig zersetzt.

Selenwasserstoff,[5]) H_2Se, verhält sich ähnlich wie Schwefelwasserstoff.

Selentetrachlorid, [6]) $SeCl_4$. zerfällt in $SeCl_2$ und Cl_2.

Tellurwasserstoff,[7]) H_2Te, verhält sich wie Schwefelwasserstoff und Selenwasserstoff.

Tellurtetrachlorid,[8]) $TeCl_4$, zeigt bei Temperaturen bis 518^0 nur schwache Dissociation.

Phosphorpentachlorid,[9]) PCl_5, zerfällt in Phosphortrichlorid und Chlor.

Es dissociiren nicht: Phosphortrijodid, PJ_3, Phosphoroxychlorid, $POCl_3$, Phosphorsulfochlorid, $PSCl_3$, Phosphorpentasulfid, P_2S_5.

Arsenpentoxyd zersetzt sich schon bei schwacher Rothgluth in As_4O_6 und $2\,O_2$.

Unter den **Arsensulfiden** zerfällt das Pentasulfid bei ca. 500^0 in As_2S_3 und S_2; das Trisulfid destillirt bei 700^0 noch unzersetzt, ist jedoch bei 1000^0 bereits dissociirt; As_2S_2 [10]) enthält unter 600^0 komplexe Mole-

---

1) H. Rose, Liebig's Ann. **44**, 291, 1838; A. Rosenstiel, Compt. rend. **53**, 658, 1861; H. E. Armstrong, Proc. Roy. Soc. **18**, 502, 1870; P. Schützenberger, Compt. rend. **69**, 352, 1869; A. Michaelis, Jenaische Zeitschr. f. Med. u. Naturw. **6**, 235 u. 292, 1870; J. Ogier, Compt. rend. **94**, 217, 1882; **96**, 848, 1883; D. Konowalow, ibid. **95**, 1284, 1882.

2) E. Mitscherlich, Pogg. Ann. **29**, 493, 1883; A. Bineau, Liebig's Ann. **60**, 157, 1846; A. Naumann, ibid. Supplem. Bd., **5**, 349: H. Saint Claire Deville u. L. Troost, Compt. rend. **56**, 897, 1863; Liebig's Ann. **127**, 279, 1867.

3) M. Bodenstein, Zeitschr. physik. Ch. **13**, 56, 1894; **22**, 1 u. 23, 1897.

4) N. Beketoff u. Czernay, Ber. **4**, 933, 1871; A. Eltekoff, Ber. **8**, 1844, 1875; C. Langer u. V. Meyer, Pyrochem. Unters. Braunschweig 1885.

5) N. Beketoff u. Czernay, Ber. **4**, 933, 1871; A. Ditte, Ann. École normale **20**, 1780, 1887; M. H. Pélabon, Zeitschr. physik. Ch. **26**, 659, 1898.

6) Clausnitzer, Ber. **20**, 1780, 1887; C. Chabrié, Bull. soc. chim. (3), **2**. 803, 1889; **4**, 178, 1890; W. Ramsay, ibid. **3**, 784, 1889.

7) A. Ditte, Ann. École norm. (2), **1**, 293, 1871.

8) A. Michaelis, Ber. **20**, 1780, 1887.

9) E. Mitscherlich, Pogg. Ann. **29**, 493, 1833; Liebig's Ann. **12**, 137, 1834; A. Naumann, Liebig's Ann. Suppl. **5**, 349, 1867; Lehr- u. Handbuch d. Thermochemie 1882, 125; A. Cahours, Liebig's Ann. **141**, 42, 1867; L. Troost u. P. Hautefeuille, Compt. rend. **83**, 975, 1876.

10) E. Szarvasy u. C. Messinger, Ber. **13**, 1343, 1897.

küle, von 900 bis 1100⁰ ist es der Formel As_2S_2 entsprechend zusammengesetzt und wird oberhalb dieser Temperatur zersetzt.

Kohlendioxyd, CO_2. H. St. Claire Deville zeigte, dass unter Atmosphärendruck der Dissociationskoëfficient des Kohlendioxyds bei 1300⁰ etwa 0,002 und bei der Verbrennungstemperatur des Kohlenoxyd-knallgases (ca. 3000⁰) etwa 0,4 beträgt. Crafts hat späterhin für 1500⁰ den Werth 0,01 gefunden. Mallard und Le Chatelier wiesen nach, dass die Dissociation der Kohlensäure erst oberhalb 2000⁰ anfängt bemerklich zu werden. Le Chatelier[1]) giebt folgende Tabelle für die verschiedenen Drucke, wobei die Werthe von x ber. nach einer besonderen Formel berechnet sind.

Temp.	Druck.	x	
		ber.	beob.
1300⁰	1 Atm.	0,003	> 0,002
1500	1 Atm.	0,008	< 0,01
2000	6 Atm.	0,035	< 0,05
3000	1 Atm.	0,400	0,40
3300	10 Atm.	0,270	0,34

Die Untersuchungen von V. Meyer und C. Langer[2]) ergaben, dass das **Schwefeldioxyd, SO_2,** bei 1700⁰ noch gar nicht und das **Kohlendioxyd, CO_2,** nur wenig dissociirt war, während alle übrigen Gase stark dissociirt waren.

Antimonpentachlorid,[3]) $SbCl_5$, zersetzt sich anscheinend nicht in gleicher Weise wie das Phosphorpentachlorid, da R. Anschütz und N. P. Evans bei vermindertem Druck nahezu die normale Dichte fanden.

Quecksilberchlorür,[4]) HgCl, hat zu einer grossen Zahl von Untersuchungen mit widerstreitenden Ergebnissen Veranlassung gegeben. Nach der Beobachtung von M. Fileti ist das Dampfmolekül = HgCl und dissociirt nicht.

Quecksilberbromür,[5]) HgBr, verhält sich wahrscheinlich entsprechend dem Quecksilberchlorür.

---

1) Le Chatelier, Zeitschr. physik. Ch. **2**, 785, 1888.

2) V. Meyer u. C. Langer, Pyroch. Unters. Braunschweig 1885.

3) E. Mitscherlich, Pogg. Ann. **29**, 493, 1833; Liebig's Ann. **12**, 137, 1884; R. Anschütz u. N. P. Evans, Liebig's Ann. **253**, 95, 1889.

4) E. Mitscherlich, Pogg. Ann. **29**, 493, 1833; Liebig's Ann. **12**, 137, 1834; H. Deville u. L. Troost, Compt. rend. **45**, 821, 1857; Liebig's Ann. **105**, 213, 1858; Odling, Journ. chem. Soc. **17**, 211, 1864; E. Erlenmeyer, Liebig's Ann. **131**, 124, 1864; H. Debray, Compt. rend. **83**, 330, 1867; M. Fileti, Gazz. chim. ital. **11**, 341, 1881.

5) E. Mitscherlich, Pogg. Ann. **29**, 493, 1833; Liebig's Ann. **12**, 137, 1834.

Quecksilberjodid,[1] HgJ_2, dissociirt bei höheren Temperaturen unter Abspaltung von Jod.

Quecksilberoxyd, HgO, dissociirt bekanntlich beim Uebergang in den Gaszustand vollständig in Quecksilber und Sauerstoff.

Quecksilbersulfid,[2] HgS, verhält sich wie das Oxyd.

Cyan,[3] $(CN)_2$, ist bei 800° noch unzersetzt, bei 1200° aber dissociirt.

Jodcyan,[4] CNJ, zerfällt bei höheren Temperaturen in Cyan und Jod, welches sich nicht durch Volumveränderung, wohl aber durch das Auftreten violetter Joddämpfe zu erkennen giebt.

In ausserordentlich hohem Maasse zeigen die Ammoniumverbindungen die Fähigkeit des Dissociirens, und zwar sind es speciell die Ammoniumverbindungen, welche sich aus den Verbindungen des Ammoniaktypus durch Addition von einem Molekül Säure bilden. Es tritt dann immer ein Zerfall in Ammoniakrest und Säure ein. Ein ganz entsprechendes Verhalten zeigen die Phosphoniumverbindungen, die in Phosphorwasserstoff und den Säurerest zerfallen.

Untersucht wurden: Chlorammonium[5], Bromammonium[6], Jodammonium[6], Cyanammonium[7], Ammoniumsulfhydrat[8], Ammoniumsulfid[8], Aethylammoniumsulfhydrat und Diaäthylammoniumsulfhydrat[9], Ammoniumtellurhydrat[10], karbaminsaures Ammon[11], essigsaures und benzoësaures Am-

---

1) E. Mitscherlich, wie vorher. H. Deville, Compt. rend. **62**, 1157, 1866; Liebig's Ann. **140**, 166, 1866; L. Troost, Compt. rend. **95**, 135, 1882.

2) E. Mitscherlich, Pogg. Ann. **29**, 493, 1833; Liebig's Ann. **12**, 137, 1834; V. Meyer, Ber. **12**, 1118, 1879.

3) V. Meyer u. H. Goldschmidt, Ber. **15**, 1161, 1882.

4) K. Seubert u. W. Pollard, Ber. **23**, 1062, 1890.

5) E. Mitscherlich, Pogg. Ann. **29**, 493, 1833; Liebig's Ann. **12**, 137, 1834; A. Bineau, Ann. chim. phys. (2), **68**, 440, 1838; D. Deville u. L. Troost, Compt. rend. **46**, 239, 1858; **56**, 891, 1863; L. Troost, Compt. rend. **91**, 54, 1880; **95**, 30, 1882; V. Meyer u. C. Meyer, Ber. **12**, 1426, 1876; W. H. Deering, Chem. News. **40**, 87, 1879; F. Pullinger u. A. Gardner, Chem. **63**, 80, 1891; O. Neuberg, Ber. **24**, 2543, 1891.

6) H. Deville u. L. Troost, Compt. rend. **58**, 891, 1863; Liebig's Ann. **127**, 274, 1863.

7) A. Bineau, Ann. Chim. phys. (2), **70**, 264, 1839; L. Pebach, Liebig's Ann. **123**, 199, 1862; H. Deville u. L. Troost, Compt. rend. **56**, 891, 1863; Isambert, ibid. **94**, 958, 1882.

8) H. Deville u. L. Troost, Compt. rend. **56**, 891, 1863; Liebig's Ann. **127**, 279, 1863; A. Bineau, Ann. chim. phys. (2), **68**, 435, **70**, 382, 1838; A. Moitessier u. R. Engel, Compt. rend. **88**, 1201 u. 1358, 1879; **89**, 96 u. 237, 1879.

9) Isambert, Compt. rend. **96**, 708, 1893.

10) A. Bineau, Ann. chim. phys. (2), **68**, 428, 1838.

11) H. Rose, Pogg. Ann. (2), **68**, 438, 1838; A. Bineau, Ann. chim. phys. (2), **67**, 240, 1838; A. Naumann, Liebig's Ann. **159**, 334, 1871; **160**, 5, 1871; Ber. **4**, 646, 780, 815, 1871; **18**, 1157, 1885; Isambert, Compt. rend. **93**, 731, 1881; **96**, 340, 1883; **97**, 1212, 1883.

monium[1]), salzsaures Aethylamin und salzsaures Anilin[2]), weiterhin Chlorphosphonium, Bromphosphonium und Jodphosphonium[3]).

F. Ullmann[4]) machte die Beobachtung, dass die salzsauren Salze von Anilin, o- und p-Toluidin, Xylidin u. s. w. ganz bestimmte Siedpunkte zeigen, so z. B. salzsaures Anilin bei 245°, salzsaures o-Toluidin bei 242,2°, salzsaures p-Toluidin bei 249,8° u. s. w. Trotzdem sind diese Salze beim Siedepunkte vollständig dissociirt, wie die Bestimmung der Dampfdichte zeigte. (Vgl. jedoch auch Bd. II, S. 240).

Von besonderem Interesse sind noch verschiedene Verbindungen, bei denen ebenfalls eine Dissociation stattfindet. Zunächst seien erwähnt Chloralhydrat[5]), Chloralalkoholate[6]), Butylchloralhydrat[7]).

Dies sind Verbindungen, welche sich aus Chloral unter Einwirkung von je ein Mol. Wasser oder Alkohol gebildet haben. Für Chloralhydrat bezw. Aethylalkoholat gilt folgende Gleichung:

$$CCl_3 - C\!\!\underset{O}{\overset{H}{\diagdown}} + H_2O \rightleftarrows CCl_3 - C\!\!\underset{OH}{\overset{H}{\diagdown}}OH$$

Chloral.   Chloralhydrat.

$$CCl_3 - C\!\!\underset{O}{\overset{H}{\diagdown}} + C_2H_5OH \rightleftarrows CCl_3 - C\!\!\underset{OC_2H_5}{\overset{H}{\diagdown}}OH$$

Chloral.   Chloraläthylat.

Diese Verbindungen zerfallen also beim Destilliren bezw. beim Erhitzen in ihre Bestandtheile, aus denen sie sich gebildet haben.

Perchlormethyläther[8]) CCl_3OCCl_3, zerfällt nach den Untersuchungen von Gerhardt und Regnault in CCl_4 und $COCl_2$ (Phosgen).

Chlorwasserstoff-Amylen[9])$C_5H_{10}HCl$, und Bromwasserstoff-

1) W. G. Mixter, Amer. Chem. Journ. **2**, 153, 1881.

2) H. Deville u. L. Troost, Compt. rend. **56**, 891, 1863; Liebig's Ann. **127**, 274, 1863.

3) A. Bineau, Ann. chim. phys. (2), **68**, 438, 1838.

4) F. Ullmann, Ber. **31**, 1698, 1898.

5) A. Naumann, Ber. **9**, 822, 1876; A. Moitessier, u. R. Engel, Compt. rend. **88**, 861, 1879.

6) L. Troost, Compt. rend. **85**, 144, 1877; A. Wurtz, Compt. rend. **85**, 49, 1887.

7) A. Moitessier u. R. Engel, Compt. rend. **90**, 1075, 1880.

8) Gerhardt, Compt. rend. des travaux par Laurent et Gerhardt. **1851**, 112; E. Regnault, Ann. chim. phys. (2), **71**, 403, 1839.

9) A. Cahours, Compt. rend. **56**, 900, 1863; Liebig's Ann. **128**, 68, 1863; A. Wurtz, Liebig's Ann. **129**, 368, 1864; **140**, 171, 1866; Compt. rend. **62**, 1182, 1866.

Amylen[1]), $C_5H_{10}HBr$, beginnen bei Temperaturen, die 100 bezw. 40 bis 60° über dem Siedepunkte liegen, zu zerfallen in Amylen und HCl bezw. HBr. Jodwasserstoff-Amylen[2]) C_5H_{10}, HJ, ist überhaupt nicht unzersetzt flüchtig.

Ester der tertiären Alkohole neigen, wie von Menschutkin[3]) zuerst beobachtet wurde, leicht zum Zerfall in freie Säure und ungesättigten Kohlenwasserstoff. So bildet sich aus Trimethylkarbinol $(CH_3)_3$ C(OH) in merklichen Mengen das Isobutylen, $(CH_3)_2 C = CH_2$, und aus dem tertiären Amylalkohol solche von Amylen (Trimethyläthylen $(CH_3)_2 C = CHCH_3$). Eine weitere ausführliche Untersuchung erfuhr diese Erscheinung durch Konowalow[4]) sowie W. Nernst und C. Hohmann[5]).

Dissociation von Molekularkomplexen.

Wie schon vorher und bereits im ersten Bande erwähnt wurde, setzt sich die Verdampfungswärme aus zwei Faktoren zusammen. Der eine dient zur Ueberwindung des Atmosphärendrucks und berechnet sich nach der bekannten Gasgleichung:

$$p\,v = \alpha\,p_0\,v_0\,T = 84688\,T\ \text{Grammcentim.} = 2\,T\ \text{cal.}$$

Der andere Theil dient zur Zerlegung der Molekularassociationen in einzelne Dampfmoleküle.

Für das Wassermolekül berechnet sich für den flüssigen Zustand die Formel $(H_2O)_6$[6]), neben welchem noch in geringerer Menge Dampfmoleküle H_2O vorhanden sind. Dieser Molekularkomplex $(H_2O)_6$ zerfällt beim Uebergang in die Dampfform nahezu vollständig in einzelne Dampfmoleküle. Die dazu nöthige Wärmemenge berechnet sich nach den für die Gravitoaffinität gegebenen Daten, da es sich um Anziehungskräfte handelt, die lediglich durch die Grösse der Masse bezw. des Gewichts bestimmt werden; und wie bei Berechnung der Molekulargewichte gezeigt wurde, lässt sich aus der Verdampfungswärme nach Abzug der zur Ueberwindung des Atmosphärendrucks nöthigen Wärmemenge durch Division des Restes der Verdampfungswärme mit 1,12 die Grösse der Molekularassociation bestimmen. Hierbei werden Werthe gefunden, die mit den auf andere Weise ermittelten Zahlen meist recht gut übereinstimmen.

---

1) A. Wurtz, Compt. **60**, 728, 1865; Liebig's Ann. **135**, 314, 1865; A. Naumann, Thermochemie 1882 S. 122; G. Lemoine, Compt. rend. **112**, 855, 1891.

2) A. Wurtz, Compt. rend. **52**, 1182, 1864; **60**, 317, 1865; Ann. chim. phys. **3**, 131, 1864; Liebig's Ann. **140**, 171, 1866; **135**, 314, 1865.

3) Menschutkin, Ann. chim. phys. (5), **20**, 229, 1880.

4) Konowalow, Zeitschr. physik. Ch. **1**, 63, 1887; **2**, (6), 380, 1888.

5) W. Nernst u. C. Hohmann, ibid. **11**, 352, 1893.

6) Vgl. W. Vaubel, Journ. pr. Ch. **57**. 337—356, 1898; Zeitschr. angew. Ch. **15**, 395, 1902, Bd. I, S. 108, 375, 376.

Bleiben wir beim Beispiele des Wassers, so ergiebt sich aus den Untersuchungen von A. Horstmann[1]), dass die Dissociation beim Siedepunkt des Wassers noch keine absolut vollständige ist. Vielmehr sind noch geringe Reste der Molekularassociation vorhanden, die erst, wie nachstehende Tabelle ergiebt, bei über 200^0 eine durchaus vollständige ist.

Temperatur.	Druck.	Gasvolumgewicht (ber. 0,622).
$108,8^0$	752,7 mm	0,653
129,1	740,3	0,633
175,4	764,1	0,625
200,2	755,9	0,626

Die Flusssäure[2]) besitzt bei niederen Temperaturen die Formel H_2F_2, bei höheren die Formel HF.

Stickstofftetroxyd, N_2O_4, zerfällt leicht in zwei Moleküle NO_2.

Unterchlorsäure, ClO_2, Stickstoffoxyd, NO, besitzen im Gegensatz zu Stickstoffdioxyd auch bei niederer Temperatur nur das einfache Molekulargewicht.

Arsenige Säure[3]) besitzt von $150—571^0$ die Molekulargrösse As_4O_6,

Antimonige Säure[4]) verhält sich wie die arsenige Säure und entspricht bei 1560^0 noch der Molekulargrösse Sb_4O_6.

Aluminiumchlorid[5]) ist sehr oft untersucht worden. Es hat sich ergeben, dass bei niederer Temperatur das Molekül Al_2Cl_6, bei höheren das Molekül $AlCl_3$ anzunehmen ist.

Auch bei den Aluminiumalkylen[6]), $Al_2(CH_3)_6$ und $Al_2(C_2H_5)_6$ sind entsprechende Verhältnisse konstatirt worden.

Eisenchlorid[7]) verhält sich wie Aluminiumchlorid. Bei niederer Temperatur haben wir das Molekül Fe_2Cl_6, bei höherer $FeCl_3$.

Aehnlich wie die beiden vorhergehenden verhalten sich Galliumchlorid, Ga_2Cl_6 und $GaCl_3$, Indiumchlorid, In_2Cl_6 und $InCl_3$;

---

1) A. Horstmann, Liebig's Ann. Supplem. 6, 63.

2) J. W. Mallet. Amer. Chem. Journ. 3, 189, 1881; Chem. News. 44, 164, 1881; T. E. Thorpe u. F. J. Hambly, Journ. Chem. Soc. 1888, 765; 1889, 163.

3) E. Mitscherlich, Pogg. Ann. 29, 493, 1833; V. Meyer u. C. Meyer, Ber. 12, 1112, 1879.

4) V. Meyer u. C. Meyer, Ber. 12, 1282, 1879.

5) H. Deville u. L. Troost, Compt. rend. 45, 821, 1857; L. F. Nilson u. O. Petterson, Zeitschr. physik. Ch. 1, 459, 1887; 4, 206, 1888; C. Friedel u. J. M. Crafts, Compt. rend. 106, 1764, 1888.

6) Buckton u. Odling, Liebig's Ann. 4, 109, 1865; E. Louïse u. L. Roux, Compt. rend. 106, 73, 1888; F. Quincke, Zeitschr. physik. Ch. 3, 164, 1889.

7) H. Deville u. L. Troost, Compt. rend. 45, 821, 1857; Liebig's Ann. 105, 213, 1858; V. Meyer, Ber. 12, 1195, 1879; W. Grünewald u. V. Meyer, Ber. 21, 687, 1888; C. Friedel u. J. M. Crafts, Compt. rend. 107, 301, 1888; A. Scott, Zeitschr. physik. Ch. 2, 760, 1888; H. Biltz, Ber. 21, 2766, 1888.

Chromchlorid, $CrCl_3$ bei höheren Temperaturen; Zinnchlorür, Sn_2Cl_4 und $SnCl_2$, Eisenchlorür, Fe_2Cl_4 und $FeCl_2$.

Ein der gewöhnlich angenommenen Formel entsprechendes Verhalten zeigen [1]:

Kaliumjodid, KJ,	Quecksilberchlorid, $HgCl_2$,
Rubidiumchlorid, RbCl,	Quecksilberbromid, $HgBr_2$,
Rubidiumjodid, RbJ,	Berylliumchlorid, $BeCl_2$,
Cäsiumchlorid, CsCl,	Berylliumbromid, $BeBr_2$,
Cäsiumjodid, CsJ,	Indiumdichlorid, $JnCl_2$,
Chlorsilber, AgCl,	Galliumdichlorid, $GaCl_2$,
Thaliumchlorid, TlCl,	Germaniummonosulfid, GeS,
Indiummonochlorid, InCl,	Kupferchlorür, Cu_2Cl_2,
Bleichlorid, $PbCl_2$,	Zirkoniumchlorid, $ZrCl_4$,
Manganchlorür, $MnCl_2$,	Germaniumtetrachlorid, $GeCl_4$,
Kadmiumbromid, $CdBr_2$,	Germaniumtetrajodid, GeJ_4,
Zinkchlorid, $ZnCl_2$,	Urantetrachlorid, UCl_4,
Platinchlorür, $PtCl_2$,	Urantetrabromid, UBr_4.

Die für das Silberjodid [2] erhaltenen Werthe entsprechen aber der Formel Ag_2J_2.

Bei den organischen Verbindungen haben wir im flüssigen Zustande grössere Molekularkomplexe bei den Alkoholen der Methylalkoholreihe, sowie den Säuren der Essigsäurereihe. Die Molekülassociationen der Methylalkoholreihe zerlegen sich bei dem Uebergang in den dampfförmigen Zustand, während dies bei den Säuren der Essigsäurereihe nur zum Theil eintritt.

Bei der Essigsäure findet die Zerlegung erst bei verhältnissmässig höherer Temperatur statt. Für dieselbe berechnet sich das Gasvolumgewicht zu 2,066, während die Untersuchungen von Horstmann [3] folgende Werthe ergaben, bei Atmosphärendruck unter Anwendung des von Bunsen modificirten Dumas'schen Verfahrens.

Temp.	Gasvolumgew.	Temp.	Gasvolumgew.
128,6°	3,079	165,0°	2,647
131,3	3,070	181,7	2,419
134,3	3,108	233,5	2,195
160,3	2,649	254,6	2,135

---

[1] Die in der Tabelle aufgeführten Verbindungen sind einer Zusammenstellung von K. Windisch entnommen, die in seinem Buche „die Bestimmung des Molekulargewichts" sich befindet und auch das ausführliche Zahlenmaterial enthält.

[2] J. Dewar u. A. Scott, Pogg. Ann. (2), Beibl. **7**, 149, 1883.

[3] A. Horstmann, Liebig's Ann. Suppl. **6**, 51; vgl. ferner A. Cahours, Compt. rend. **20**, 51, 1845; Pogg. Ann. **65**, 422, 1845; Liebig's Ann. **56**, 176, 1845.

Die von A. Naumann[1]) bei verschiedenen Drucken und Temperaturen ausgeführten Untersuchungen ergaben neben denen von Bineau[2]) und Troost[3]), dass, je niederer der Druck ist, die Essigsäure umso eher das normale Molekulargewicht annimmt; wie Horstmann fand, ist bei 20 mm Druck und bei gewöhnlicher Temperatur die Essigsäure schon monomolekular.

A. Cahours[4]) beobachtete, dass bei Derivaten der Essigsäure, so bei Estern, bei Essigsäureanhydrid, Thiacetsäure, CH_3COSH, die Molekulargrösse im Dampfzustande in der Nähe des Siedepunktes bereits die normale ist.

Für die bei 188[0] siedende Monochloressigsäure, deren theoretische Gasdichte 2,628 ist, erhielt er folgende Werthe:

Temperatur.	Gasdichte
203	3,810
208	2,762
223	3,559
240	3,445
261	3,366
270	3,283

Dieselbe zeigt also noch entsprechende Anomalien, während sie sich z. B. in wässeriger Lösung dadurch von der Essigsäure unterscheidet[5]), dass sie kein solches Dichtemaximum hat, wie die Essigsäure, dagegen in diesem Falle verhält sie sich wie Essigsäure und Trichloressigsäure. Es kann deshalb wohl sein, dass beide Erscheinungen, Molekularassociation und Dichtemaximum, nicht auf derselben Ursache beruhen. Jedoch müsste dann zunächst darüber Klarheit verschafft werden, wie weit die Association der Essigsäure bezw. Monochloressigsäure noch in wässeriger Lösung vorhanden ist.

Bei der Ameisensäure haben wir ein ähnliches Verhalten wie bei der Essigsäure; nur sind die Einflüsse der Druckverminderung nicht so hervorragende wie bei jener. Dies ergiebt sich aus folgender Tabelle von A. Bineau[6]). Die auf die atmosphärische Luft bezogene Dampfdichte für die Formel HCOOH ist = 1,589.

---

1) A. Naumann, Liebig's Ann. **155**, 325, 1870.
2) A. Bineau, Liebig's Ann. **60**, 157, 1846.
3) L. Troost, Compt. rend. **86**, 331, 1394, 1878.
4) A. Cahours, Compt. rend. **56**, 900, 1863; Liebig's Ann. **128**, 68, 1863.
5) W. Vaubel, Journ. pr. Ch. **59**, 34, 1898, Bd. I, S. 301.
6) A. Bineau, Liebig's Ann. **60**, 157, 1846.

Temperatur.	Druck.	Gasvolumgewicht.
11,0	7,26	3,02
15,0	7,60	2,93
20,0	7,99	2,80
30,5	8,83	2,69
—	—	—
99,5	6,90	2,52
99,5	6,22	2,44
99,5	5,57	2,34
184,0	7,50	1,68
216,0	6,90	1,61

Während die Essigsäure bei 20 mm Druck und gewöhnlicher Temperatur vollständig dissociirt ist, ist dies bei der Ameisensäure durchaus nicht der Fall. Die angeführten Bestimmungen wurden nach dem Gay-Lussac'schen bezw. die beiden letzteren nach dem Dumas'schen Verfahren ausgeführt.

Auch bei Buttersäure und Baldriansäure zeigen sich in der Nähe des Siedepunktes noch abnorme Dampfdichten, d. h. es sind noch Molekularassociationen vorhanden [1]).

Von organischen Körpern, die noch mehr oder weniger stark vorhandene Association und dementsprechend mit Zunahme der Temperatur Dissociation zeigen, seien noch erwähnt: Anethol[2]), Fenchelöl[2]), Aethyläther[2]).

Bei den Fettsäureestern finden sich nach den Untersuchungen von P. Schoop[3]) mitunter noch kleinere Werthe für die Gasdichte als dem einfachen Molekulargewicht entspricht, so dass vielleicht hier der Beginn einer weiter gehenden Zersetzung vorhanden ist.

Einwirkung indifferenter Körper auf die Dissociation.

Auffallender Weise ist das Verhalten chemisch nicht einwirkender Körper gegenüber dem Dissociationsgrad kein indifferentes, wie man es hätte erwarten können. Deshalb wird man bei allen den Gasdichtebestimmungsmethoden eine geringere Association, also eine grössere Dissociation erwarten können, bei denen noch andere Gase vorhanden sind, gegenüber den Verfahren, bei denen der ganze dargebotene Raum vollständig von dem zu untersuchenden Dampfe erfüllt ist. Also insbesondere bei dem Gasverdrängungsverfahren von V. Meyer wird man grössere

---

1) A. Cahours, Compt. rend. **20**, 51, 1845; Pogg. Ann. **65**, 422, 1845; Liebig's Ann. **56**, 176, 1845.

2) A. Horstmann, Liebig's Ann. **6**, 63, 1868.

3) P. Schoop, Pogg. Ann. (2), **12**, 550, 1881.

Dissociation zu erwarten haben, wie bei den Methoden von Dumas oder A. W. Hofmann.

Das Beispiel der Essigsäure wird dies näher erläutern. Horstmann[1]) fand nach dem von Bunsen etwas veränderten Dumas'schen Verfahren folgende Werthe für das Gasvolumgewicht der Essigsäure beim Atmosphärendruck, wobei noch bemerkt sei, dass das auf das einfache Dampfmolekül berechnete Gasvolumgewicht $= 2{,}066$ ist.

Temp.	Gasvolumgew.	Temp.	Gasvolumgew.
128,6°	3,079	165,0°	2,647
131,3	3,070	181,7	2,419
134,3	3,108	233,5	2,195
160,3	2,649	254,6	2,135

Bei den Untersuchungen von L. Playfair und J. A. Wanklyn[2]) wurde Wasserstoff beigemischt. In der folgenden Tabelle ist das Verhältniss von Wasserstoff zur Essigsäure durch H : E angegeben. Bei einem Versuche, der mit * versehen ist, wurde Luft an Stelle von Wasserstoff gewählt.

Temp.	Gas-volumgew.	H : E	Temp.	Gas-volumgew.	H : E
116,5°	2,371		182,0°	2,108	
132,0	2,292	2 : 1	194,0	2,055	$1^{1}/_{3}$: 1
163,0	2,017		212,0	2,060	
186,0	1,936		*95,5	2,594	5 : 1
119,0	2,623		86,5	3,172	2,5 : 1
130,5	2,426	$1^{1}/_{2}$: 1	79,9	3,340	8 : 1
166,5	2,350		62,5	3,950	16 : 1

A. Krause und V. Meyer dagegen erhielten nach dem Verfahren von V. Meyer folgende Werthe:

Temperatur.	Gasvolumgewicht.		
100°	2,67	und	2,60
125	2,51	„	2,42
140	2,28	„	2,26
160	2,12	„	2,18
190	2,14	„	2,07

Es ergiebt sich also aus diesen Daten, dass der Einfluss beigemengter indifferenten Gase verstärkend auf die Dissociation wirkt. Wir haben

---

1) A. Horstmann, Liebig's Ann. Suppl. 6, 51, 1868.
2) L. Playfair u. J. A. Wanklyn, Transact Roy. Soc. 22, 441, 1861; Liebig's Ann. 122, 245, 1862.

hier dieselbe Erscheinung, welche wir bei der elektrolytischen Dissociation in wässeriger Lösung kennen gelernt haben, indem mit Zunahme der Verdünnung auch die Dissociation entsprechend vergrössert wird. Es ist auch dasselbe Ergebniss, welches wir bei der Druckverminderung erhalten haben. Indem wir sie verdünnen, vermindern wir entsprechend den Druck der Dissociationsprodukte und erleichtern so die Dissociation selbst.

Einwirkung der Dissociationsbestandtheile auf die Grösse der Dissociation.

Wie wir von den Lösungen wissen, wird die Löslichkeit eines dissociirenden Körpers, sagen wir eines Elektrolyten herabgedrückt, wenn wir einen andern Elektrolyten zu der Lösung geben, der dasselbe Ion enthält, z. B. $NaCl$ wird aus einer koncentrirten Lösung verdrängt durch HCl, weil beide das Ion Cl besitzen. Dieselbe Erscheinung haben wir nun auch bei den dissociirten Gasen und Dämpfen. So wird z. B. die Dissociation von PCl_5 in PCl_3 und Cl_2 herabgedrückt durch Zusatz von Cl_2, der von NH_4Cl in HCl und NH_3 durch Zuführung von NH_3 u. s. w. Diese Erscheinung bildet einen Gegensatz zu dem Verhalten indifferenter Körper, durch die ja meist die Dissociation vergrössert wird.

10. Lösungswärme.

Unter Lösungswärme versteht man diejenige Wärmetönung, welche beim Lösen eines Stoffes auftritt, und muss die Verdünnung hierbei so weit gehen, bis bei weiterem Verdünnen keine weitere Wärmetönung mehr sich zeigt. Die Lösungswärme setzt sich meist aus sehr verschiedenen Faktoren zusammen, über deren einzelne Grössen man nur in den wenigsten Fällen orientirt sein dürfte. Sie kann positiv oder negativ sein, d. h. der Lösungsvorgang kann eine exothermische oder endothermische Reaktion sein.

Positiv ist die Wärmetönung z. B. bei dem Lösen in Wasser von konc. Schwefelsäure, konc. Salpetersäure, festem Aetznatron, bei manchen Salzen wie $CuCl_2$, $2\,H_2O$.[1]

Negativ ist sie bei vielen Salzen, z. B. Salpeter.

Von besonderem Interesse ist der Vorgang der elektrolytischen Dissociation. Nach den in Bezug auf die in Bd. I vorgetragenen Anschauungen über die elektrolytische Dissociation kommt hierbei nur eine Trennung in Bezug auf Gravitoaffinität zu stande. Dies ist in der That der Fall bei vielen Salzen. Bei andern Verbindungen dagegen wird

---

[1] Vgl. hierzu L. Th. Reicher u. Ch. M. van Deventer, Zeitschr. physik. Ch. 5, 559, 1890.

diese Wärmeabsorption durch bei dem Lösen gleichzeitig stattfindende Reaktionen verdeckt, z. B. bei den starken anorganischen Säuren sowie den Basen, die alle eine stark positive Lösungswärme besitzen.

Jul. Thomsen fand, dass anhydrische Salze, die unter Wärmeentbindung sich lösen, Hydrate bilden, Salze aber, welche keine Hydrate bilden, lösen sich unter Wärmeentbindung. Diese Regeln genügen, wie H. W. Bakhuis Roozeboom[1]) nachweist, nicht für gesättigte Lösungen, denn jede Lösungswärme eines wasserfreien Salzes oder Hydrates muss nothwendiger Weise negativ werden, wenn die Lösung in hinreichend kleiner Wassermenge erfolgt, weil sie gleich der Schmelzwärme wird, wenn die Wassermenge auf Null herabsinkt.

Roozeboom unterscheidet dann folgende Klassen bei der Betrachtung der Lösungswärmen bis zur Sättigung:

1. Hydratbildende Salze.

„Als allgemeines Resultat der Untersuchungen kann man die Zunahme der Verdünnungswärmen für Lösungen dieser Art bezeichnen. Könnte man vom flüssigen Anhydrid ausgehen, so wäre wahrscheinlich die Wärmeentwicklung eine stetige Funktion der wachsenden Wassermengen, und die Verdünnungskurve, welche die Wärmemengen als Funktion der Wassermoleküle darstellt, würde eine Gestalt wie in nebenstehender Fig. 47 haben. Die Verdünnungswärme von irgend einer Lösung aus findet man in dieser Figur, indem man eine neue Abscissenaxe durch den dieser Koncentration entsprechenden Punkt legt. Aus der Figur sieht man, dass die Kurve stets über diesen Axen bleibt, dass also die Verdünnungswärme stets positiv ist.“

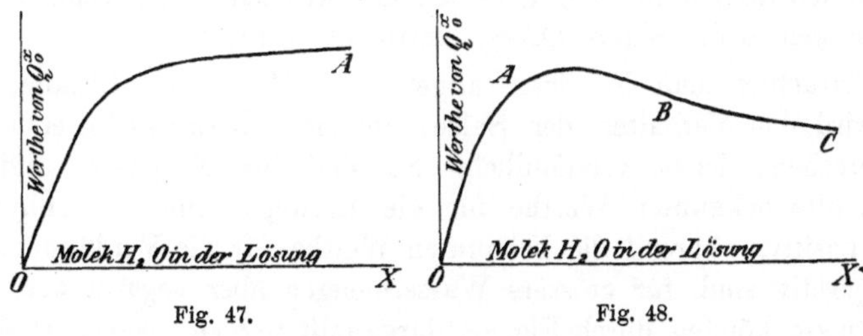

Fig. 47.   Fig. 48.

„Einige Salze dieser Klasse — besonders Nitrate wie $Zn(NO_3)_2$, $Cu(NO_3)_2$ — haben allerdings negative Verdünnungswärme ihrer Lösungen, sobald eine bestimmte untere Koncentration erreicht ist. Dann entspricht die vom wasserfreien Salz ausgehende Kurve der in Fig. 48. Es erscheint wahrscheinlich, dass dies die allgemeine Form der Kurve ist,

1) H. W. Bakhuis Roozeboom, Zeitschr. physik. Ch. 4, 53, 1889.

dass aber meistens der absteigende Ast ABC erst bei so grossen Verdünnungen beginnt, dass eine genaue Bestimmung der in Frage kommenden Wärmemengen nicht möglich ist.“

„Will man durch Fig. 47 und 48 die Lösungswärme des wasserfreien Salzes oder eines Hydrates angeben, so muss man für jeden dieser Körper eine neue Abscissenaxe so hoch ziehen, dass für wasserfreies Salz die Entfernung der Schmelzwärme entspricht. Für ein jedes Hydrat muss seine Schmelzwärme der Entfernung der neuen Axe bis zu dem Punkte OABC entsprechen, welcher die Zahl der Wassermoleküle in diesem Hydrate angiebt. Im allgemeinen liegen die neuen Axen um so höher, je wasserhaltiger das Hydrat ist; von ihrer Lage wird es abhängen, welche Theile der Kurve über und welche unter ihr befindlich sind.“

„Sowohl für wasserfreies Salz als für jedes Hydrat muss nothwendiger Weise ein Theil der Kurve unter der Axe liegen, und muss also die Lösungswärme in genügend kleiner Wassermenge negativ sein; im übrigen können verschiedene Fälle vorkommen.“

„Es können die Lösungswärmen selbst für die höchsten Verdünnungen negativ bleiben, wenn die ganze Kurve über der Axe liegt, sie können positiv werden, wenn das für Lösung dienende Wasser vermehrt wird, und es kann auch vorkommen, wenn die Kurve, Fig. 48, die Verdünnungswärmen angiebt, dass die Werthe bei noch weiter vermehrter Wassermenge wieder negativ werden.“

„Gleiche Verschiedenheiten wird man für die Lösungswärmen bis zur Sättigung finden. Wan braucht nur den Werth von Q_c^x, d. h. der Lösungswärme für x Mol. Wasser und c Mol. Salz, für die bei irgend einer Temperatur in der gesättigten Lösung vorhandene Molekülzahl zu suchen und die Korrektion für den Unterschied zwischen dieser Temperatur und der, für welche die Kurve OABC bestimmt wurde.“

„Betrachtet man in dieser allgemeinen Weise die Lösungswärmen, dann wird das Verhalten der Salze, welche Thomsen’s erster Regel widersprechen, leicht verständlich. So sind für Kupfer- und Zinknitrat alle bekannten Werthe für die Lösungswärme des anhydrischen Salzes positiv, während die bekannten Werthe für die Verdünnungswärme zuerst positiv sind, für grössere Wassermengen aber negativ werden. Die Verhältnisse können durch Fig. 48 dargestellt werden, jedoch ist der erste Theil der Kurve OA noch nicht bekannt, und die Axe für die Lösungswärme des wasserfreien Salzes liegt so, dass der obere Theil von OA sowie ABC oberhalb dieser Axe sich befinden.“

„Weiter sind für K_2CO_3, Na_2CO_3, NaJ, Na_2SO_4 alle bekannten Verdünnungswärmen negativ, alle Lösungswärmen positiv. Für sie ist OA ganz unbekannt und ABC liegt über der Axe für wasserfreies Salz. Für $Sr(NO_3)_2$ endlich ist auch die Lösungswärme für wasserfreies Salz negativ.

Der bekannte Theil von AB liegt also unter der Axe. Für das Hydrat mit 4 H_2O werden die Werthe ebenfalls negativ, aber grösser sein."

2. Die Salze der zweiten Klasse bilden keine Hydrate und folgen, soweit dies geprüft ist, der Regel, dass sowohl alle Verdünnungswärmen als alle Lösungswärmen negativ sind; doch ist es sehr zweifelhaft, ob diese Regel noch für sehr koncentrirte Lösungen Giltigkeit hat."

„Das Beispiel des Natriumnitrates wird dies zeigen. Unter den von Thomsen untersuchten Salzen ist es das einzige, dessen Schmelzwärme man kennt; für ein Molekül ist sie gleich 5355 Calorien. Die Lösungswärme schwankt nach Thomsen für 6 bis 200 Moleküle Wasser von —2934 bis —5030 Calorien. Unter Berücksichtigung der Schmelzwärme folgt daraus, dass die Verdünnungswärme des flüssigen Salzes mit je 6 bis 200 Mol. H_2O positiv sein und von 2420 auf 325 Calorien sinken würde. Dagegen musste nothwendiger Weise die Verdünnungswärme von 0 bis 6 Mol. H_2O von 0 auf 2420 Calorien steigen, und daher wird die Kurve der Verdünnungswärmen für dieses Salz dieselbe Form wie OABC in Fig. 48 haben. Die Koncentration, von der man ausgeht, sowie die zugefügte Wassermenge wird darüber entscheiden, ob die Verdünnungswärme positiv oder negativ ist."

„Verfrüht wäre es, dieses Ergebniss für alle wasserfreien Salze verallgemeinern zu wollen; vielleicht giebt es deren, für welche der Kurventheil AO nicht existirt, weil die Verdünnungswärme von Anfang an negativ ist. Jedoch sieht man an dem Verhalten des Natriumnitrats, dass es Salze der zweiten Klasse giebt, deren Kurve gleiche Form mit der der Salze aus der ersten Gruppe hat. In diesem Falle lässt sich weiter erwarten, dass Salze vorkommen, deren Lösungswärme auch nicht für alle Koncentrationen negativ ist."

„Für Natriumnitrat scheint dieser Werth selbst für hohe Koncentrationen noch negativ zu sein, aber für andere Salze kann die Axe der Lösungswärmen die Kurve OAB unterhalb des Wendepunktes A schneiden, und in diesem Falle ist die Lösungswärme positiv für alle Wassermengen, welche grösser sind als die beim Schnittpunkte."

„Wir kommen also zu dem Schlusse, dass es keine scharfe Grenze zwischen hydratbildenden und nicht hydratbildenden Salzen giebt. Es scheint nur, dass die Kurve für die Verdünnungswärme beim Ausgang von flüssigem wasserfreien Salz einen Höhepunkt erreicht, der bei anhydrischen Salzen einer kleineren Wassermenge entspricht, als bei hydratbildenden, so dass man beinahe stets ausschliesslich positive Verdünnungswärmen bei Klasse 1 und negative bei Klasse 2 findet, wenn man nicht sehr stark koncentrirte Lösungen untersucht."

„Weiter schneidet die Axe für die Lösungswärmen, selbst für die des wasserfreien Salzes, die eben genannte Kurve unterhalb des Scheitels bei Salzen aus Klasse 1, so dass also die Lösungswärmen für kleine Wassermengen negativ, für grössere aber positiv sind. Bei sehr hohen Verdünnungen kann der Werth zuweilen nochmals negativ werden."

„Für die Hydrate eines derartigen Salzes liegt die Axe umso höher, je wasserreicher dasselbe ist. Die Lösungswärme bleibt also umso mehr negativ für die meisten Lösungen, und bei sehr wasserreichen Hydraten liegt die ganze Kurve unter der Axe, es werden daher alle Werthe negativ."

„Für keine Hydrate bildenden Salze ist die Lösungswärme zwar gewöhnlich für alle Koncentrationen negativ, man darf aber nach den vorstehenden Untersuchungen bei einigen dieser Salze ein abweichendes Verhalten erwarten. . . ."

„Der normale Verlauf der Kurve kann bei wasserfreien Salzen mit hohem Schmelzpunkt durch folgende Umstände gestört werden: 1. beim Durchgang durch die kritische Temperatur des Wassers, 2. durch den Beginn merkbarer Verdampfung des Salzes, 3. durch dessen anfangende Zersetzung, 4. durch Entmischung der Lösung."

Den Einfluss der Temperatur auf die Lösungswärme der Salze hat Sp. U. Pickering[1]) untersucht.

Nach van't Hoff[2]) und Le Chatelier[3]) wird die Löslichkeit der Salze durch das Vorzeichen der Lösungswärme bestimmt, und zwar derart, dass die Löslichkeit mit der Temperatur zunimmt, falls die Lösungswärme negativ ist, und umgekehrt.

11. Reaktionswärme.

Man unterscheidet endothermische und exothermische Reaktionen. Eine exothermische Reaktion ist eine solche, bei der Wärme frei wird, die also eine positive Wärmetönung besitzt. Bei einer endothermischen Reaktion muss dagegen zum Zustandekommen derselben Wärme zugeführt werden.

Endothermische Reaktionen sind z. B.

$$2\,N + O = N_2O - 174\,K$$
$$N + O = NO - 216\,K,$$
$$3\,N + H + Aq = H_3N,\,Aq - 621\,K,$$
$$C + 2\,S = CS_2 - 287\,K.$$

Diese Reaktionen gehen also nur unter Wärmezufuhr vor sich, die direkt oder indirekt zugeleitet wird. Die entstehenden Verbindungen N_2O, NO, NH_3, CS_2 sind exothermisch, weil bei ihrer Zerlegung Wärme frei wird. Lassen wir also die in obigen Gleichungen gegebenen Reak-

---

[1]) Sp. U. Pickering, Journ. Chem. Soc. 52, 290, 1887.

[2]) J. H. van't Hoff, Archives Néerlandaises 20, Extrait S. 53.

[3]) Le Chatelier, Compt. rend. 85, 440; vgl. ferner Ch. M. van Deventer u. H. J. van de Stadt, Zeitschr. physik. Ch. 9, 43, 1892.

tionen im umgekehrten Sinne verlaufen, so haben wir exothermische Reaktionen.

Exothermische Reaktionen sind folgende:

$$H_2 + O = H_2O + 684 \text{ K,}$$
$$C + O = CO + 263 \text{ K,}$$
$$C + O_2 = CO_2 + 943 \text{ K.}$$

Diese Reaktionen gehen also unter starker Wärmeentbindung vor sich. Die entstehenden Verbindungen sind endodermische, weil bei ihrer Zerlegung Wärme zugeführt werden muss.

Endothermische Reaktionen führen zur Bildung von Verbindungen, deren Bildungswärme negativ, deren Zersetzungswärme' daher positiv ist. Ihre Zersetzung ist somit als eine exothermische Reaktion anzusehen, weil hierbei Wärme frei wird. Bei exothermischen Reaktionen ist es umgekehrt.

Unter Reaktionswärme versteht man natürlich diejenige Wärmemenge, welche auftritt, wenn nach der Reaktion dieselbe Temperatur erreicht ist, welche wir auch vor der Reaktion hatten. Die Reaktionswärme setzt sich aus den einzelnen Wärmetönungen zusammen, die bei der Reaktion in Frage kommen.

Bei der Bildung des Kohlenoxyds aus Kohlenstoff und Sauerstoff ist der Vorgang folgender:

$$C + O = CO + 680 \text{ K.}$$

Die eigentliche Bildungswärme bei der Vereinigung von C und O ist aber eine viel grössere als die Wärmetönung angiebt; denn ehe die Reaktion zu stande kommen kann, muss erst das einzelne Kohlenstoffatom aus dem grossen Molekülkomplex, der wahrscheinlich C_{24} ist, gelöst werden. Es kommt hinzu die Aufwendung von Energie für die Verflüssigung bezw. Verdampfung als Schmelzwärme und Verdampfungswärme in bestimmtem Betrage. Weiterhin ist aber auch die Sauerstoffmolekel O_2 erst zu zerlegen in 2 O, ehe dieselben zur Wirksamkeit kommen können. Ehe nicht alle diese Daten bekannt sind, lässt sich eine eigentliche Bildungswärme nicht berechnen.

Für das Zustandekommen vieler Reaktionen gilt das von Berthelot aufgestellte Princip der grössten Arbeit, nach welchem immer diejenige Reaktion eintritt, bei welcher die grösste Wärmetönung sich zeigt, d. h. die grösste Arbeit geleistet werden kann. Es giebt jedoch viele Reaktionen, welche demselben nicht entsprechen, z. B. die bei den Kältemischungen eintretenden Temperaturerniedrigungen, die Bildung von SO_2 an Stelle von SO_3, trotzdem die Bildungswärme von SO_3 grösser ist, als die von SO_2.

In Wirklichkeit bildet sich jedoch SO_3 nur innerhalb der mehrfach erwähnten Temperaturgrenzen. (Vgl. Bd. II, S. 321.)

Wie Le Chatelier ausführt, wird das von Berthelot benutzte Princip der grössten Arbeit durch die Formel

$$L > 0$$

wiedergegeben, während die Thermodynamik die Formel

$$L - ST > 0$$

verlangt, worin S die Entropie bedeutet.

Neutralisationswärme.

Die Neutralisationswärme ist diejenige Wärmemenge, welche auftritt, wenn man äquivalente Mengen der Säuren mit äquivalenten Mengen der Basen zusammenbringt. Es hat sich ergeben, dass die Neutralisationswärme für die am meisten elektrolytisch dissociirten Basen und Säuren, die sogen. starken Basen und starken Säuren, eine gleich grosse ist. Die betreffenden Werthe sind folgende:

$$Na + OH + H + Cl = H_2O + Na + Cl + 137,4 \text{ K.}$$
$$Na + OH + H + Br = H_2O + Na + Br + 137,5 \text{ K.}$$
$$Na + OH + H + J = H_2O + Na + J + 136,8 \text{ K.}$$
$$K + OH + H + NO_3 = H_2O + K + NO_3 + 136,8 \text{ K.}$$
$$K + OH + H + ClO_3 = H_2O + K + ClO_3 + 137,6 \text{ K.}$$

Das von J. Thomsen entdeckte Gesetz der Konstanz der Neutralisationswärmen beruht darauf, dass bei der Neutralisation der starken Basen mit starken Säuren weiter kein Vorgang stattfindet, als nur eine Vereinigung des Hydroxylions mit dem Wasserstoffion. Da hierbei die elektrischen Ladungen unbeeinflusst bleiben, so wird bei dieser Reaktion nur die Gravitoaffinität in Anspruch genommen. Vgl. hierzu Bd. I.

Auf demselben Princip beruht das ebenfalls von J. Thomsen entdeckte Gesetz der Thermoneutralität, welches auf der Erscheinung fusst, dass bei Zusatz einer neuen Säure zu einem Salze der starken Basen und Säuren keine Wärmetönung eintritt, z. B. bei:

$$n(Na + Cl) + m(H + CH_3COO) = a(Na + Cl) + b(H + Cl)$$
$$+ c(Na + CH_3COO) + d(H + CH_3COO).$$

Hierbei werden ja die entsprechenden elektrischen Ladungen der Ionen nicht verändert, sondern es tritt ein dem Massenwirkungsgesetz entsprechender Gleichgewichtszustand ein, bei dem jedoch anscheinend keine eigentliche Reaktion stattfindet, indem die einzelnen Theile in Bezug auf ihren Energieinhalt meist unverändert bleiben.

Neutralisationswärmen in verdünnter Lösung nach Thomsen und Berthelot[1]) (in Cal.).

	HCl, HBr. oder HJ.	HNO$_3$.	C$_2$H$_4$O$_2$.	CH$_2$O$_2$.	$^1/_2$ (COOH)$_2$.
NaOH	13,7	13,7 (0,0)	13,3 (— 0,4)	13,4 (— 0,3)	14,3 (+ 0,6)
KOH	13,7	13,8 (+ 0,1)	13,3 (— 0,4)	13,4 (— 0,3)	14,3 (+ 0,6)
NH$_3$	12,4	12,5 (+ 0,1)	12,0 (— 0,4)	11,9 (— 0,5)	12,7 (+ 0,3)
$^1/_2$ Ca(OH)$_2$	14,0	13,9 (— 0,1)	13,4 (— 0,6)	13,5 (— 0,5)	—
$^1/_2$ Ba(OH)$_2$	13,8	13,9 (+ 0,1)	13,4 (— 0,4)	13,5 (— 0,3)	—
$^1/_2$ Sr(OH)$_2$	14,1	13,9 (— 0,2)	13,3 (— 0,8)	13,5 (— 0,6)	—

	$^1/_2$ H$_2$SO$_4$	$^1/_2$ H$_2$S	HCN	$^1/_2$ H$_2$CO$_3$)
NaOH	15,8 (+ 2,1)	3,8 (— 9,9)	2,9 (— 10,8)	10,2 (— 3,5)
KOH	15,7 (+ 2,0)	3,8 (— 9,9)	3,0 (— 10,7)	10,1 (— 3,6)
NH$_3$	14,5 (+ 2,0)	3,1 (— 9,3)	1,3 (— 11,1)	5,3 (— 7,1)
$^1/_2$ Ca(OH)$_2$	—	3,9 (— 10,1)	—	—

Die eingeklammerten Werthe geben die Differenz zwischen der betreffenden Wärmetönung und der des Chlorids.

Die Differenz der Neutralisationswärmen zweier Säuren, welche den Wärmewerth der vollständigen Verdrängung einer Säure durch die andere darstellt, ist nach Horstmann[2]) positiv, wenn die Verdrängung Volumverminderung bewirkt, wie an den Beispielen der Chlorwasserstoffsäure und Salpetersäure, verglichen mit der Schwefelsäure, ersehen werden kann. Auch beobachtet man bei der Einwirkung einer Säure auf das Neutralsalz einer andern, wobei partielle Verdrängung stattfindet, stets zugleich Wärmeentwicklung und Kontraktion, z. B. bei der Einwirkung von Schwefelsäure auf Natriumnitrat oder Chlornatrium, oder umgekehrt Wärmebindung und Ausdehnung bei der Einwirkung von Chlorwasserstoff oder Salpetersäure auf Natriumsulfat. Bringt man Salpetersäure zu einem Alkalinitrat oder Chlorwasserstoff zu einem Chlorid, so findet keine Wärmeentwicklung und Volumveränderung statt, wohl aber bei der Einwirkung von Schwefelsäure auf Natriumsulfat.

Nachstehende Tabelle giebt die entsprechenden Zahlen nach Horstmann:

Vorgang.	Volumänderung.	Wärmewerth. Cal.
(2 NaOH, 2 HNO$_3$) — (2 NaOH, H$_2$SO$_4$)	+ 16,44	— 4,14
(2 NaOH, 2 HCl) — (2 NaOH, H$_2$SO$_4$)	+ 15,38	— 3,90
(Na$_2$SO$_4$, 2 HNO$_3$)	+ 13,77	— 3,50
(2 NaNO$_3$, H$_2$SO$_4$)	— 2,72	+ 0,57

---

1) Vgl. Sv. Arrhenius, Zeitschr. physik. Ch. **1**, 643, 1887.

2) A. Horstmann, Graham-Otto's Lehrb. der Chemie I, 3, 464, 1898.

Vorgang.	Volum-änderung.	Wärmewerth. Cal.
$(Na_2SO_4,\ 2\ HCl)$	$+\,13{,}00$	$-\,3{,}36$
$(Na_2SO_4,\ ^1/_2\ H_2SO_4)$	$+\ \ 4{,}17$	$-\,1{,}26$
$(2\ NaCl,\ H_2SO_4)$	$-\ \ 2{,}51$	$+\,0{,}49$
$(Na_2SO_4,\ 1\ H_2SO_4)$	$+\ \ 6{,}32$	$-\,1{,}87$
$(Na_2SO_4,\ 2\ H_2SO_4)$	$+\ \ 8{,}33$	$-\,2{,}35$
$(Na_2SO_4,\ 4\ H_2SO_4)$	$+\ \ 8{,}99$	$-\,2{,}68$
$(Na_2SO_4,\ 8\ H_2SO_4)$	$+\ \ 9{,}06$	$-\,2{,}89.$

Die volumetrischen Beobachtungen beziehen sich auf etwa halb so grosse Verdünnung als die kalorimetrischen Messungen. Ein Pluszeichen bedeutet in der Spalte der Wärmewerthe Entwicklung von Wärme, in der Spalte der Volumänderungen Ausdehnung; ein Minuszeichen beide Male das Gegentheil.

Neutralisationswärme der Phenole und Benzolkarbonsäuren.

Die Neutralisationswärme des Phenols ist nach de Forcrand[1]) mit Natron 80 K., mit Kali 82 K., die des Brenzkatechins ist gleich 60 K. für 1 Aequivalent, die des Resorcins gleich 82 K., die des Hydrochinons gleich 75 K. (K. $=$ 100 cal.)

	Phenol.	1.2-Dioxy-benzol.	1.3-Dioxy-benzol.	1.4-Dioxy-benzol.	Pyro-gallol.
1 Aequiv.	80	60	82	75	63,97
2 Aequiv.	—	15	71	62	63,86
3 Aequiv.	—	—	—	—	10,21

Von Neutralisationswärmen von Phenolen und Karbonsäuren seien noch folgende erwähnt:

Nitrophenole, [2])	o $+$	92,54 K. ($=$ 100 cal.)
	p $+$	87,11 K.
	m $+$	83,90 K.
Benzoësäure,	o $+$	135,00 K.
Nitrobenzoësäure,	o $+$	151,70 K.
	p $+$	133,50 K.
	m $+$	127,80 K.
Amidobenzoësäuren,	o $+$	104,80 K.
	p $+$	121,30 K.
	m $+$	92,70 K.

[1]) de Forcrand, Compt. rend. **114**, 1010, 1892; **114**, 1195, 1370, 1437, 1892.
[2]) P. Alexejew u. E. Wanner, Ref. Zeitschr. physik. Ch. **5**, 92, 1890.

Neutralisatiouswärme von Stickstoffbasen.

Die Neutralisatiouswärme von Hydrazin beobachteten R. Bach[1]
bezw. Berthelot und Matignon[2].

	HCl.	HNO$_3$.	H$_2$SO$_4$.
1 Aequiv.	96,5	97	112
1 Aequiv.	96 (104)	97	113 (111)

Hydrazin ist also in der Lösung eine einsäurige Base.

Für Aethylendiamin geben A. Colson und G. Darzens[3]
folgende Werthe:

	1 HCl.	2 HCl.	2 HNO$_3$.-
Aethylendiamin	125	110	23,2

Für Diäthylendiamin (Piperazin) fand M. Berthelot[4] folgende Neutralisationswärmen:

	1 HCl.	2 HCl.
Diäthylendiamin	+ 103,6	70,5

L. Vignon[5] giebt folgende Werthe über die Neutralisationswärmen
aromatischer Amine.

		Salzsäure.	Schwefel-säure.	Essigsäure.	Oxalsäure.
Anilin,	+ 1 Aequ.	73,8	87,5	38,5	
	+ 2 „	9,2	7,1	21,4	
Monomethylanilin	+ 1 „	69,1	80,6	—	
	+ 2 „	13,2	9,2	—	
Dimethylanilin	+ 1 „	68,1	76,0	—	
	+ 2 „	10,2	7,1	—	
p-Phenylendiamin	+ 1 „	88,0	96,0	72,0	88
	+ 2 „	147,0	192,0	84,0	222
		(Das Salz kryst.)			
m-Phenylendiamin,	+ 1 „	70,0	83,0	44,0	66
	+ 2 „	117,0	142,0	60,0	86
o-Phenylendiamin,	+ 1 „	67,0	—	—	—
	+ 2 „	101,0	—	—	—
Nikotin[6]	+ 1 „	80,5	95,4	—	—
	+ 2 „	34,7	34,6	(2 H$_2$SO$_4$)	—
	+ 3 „	5,4	—	—	—

1) R. Bach, Zeitschr. physik. Ch. **9**, 241, 1892.

2) Berthelot u Matignon, Compt. rend. **113**, 672, 1891.

3) A. Colson u. G. Darzens, Compt. rend. **118**, 250, 1894; M. François,
Compt. rend. **129**, 320, 1899.

4) M. Berthelot, Compt. rend. **129**, 687, 1899.

5) L. Vignon, Compt. rend. **106**. 1677, 1922 1888; **109**, 977, 1889.

6) A. Colson, ibid. **109**, 743, 1889.

Salzbildung in alkoholischer Lösung.

Ueber Salzbildung in alkoholischer Lösung haben Ch. M. van Deventer und L. Th. Reicher[1]) Untersuchungen angestellt. Die Resultate waren folgende:

$$Na\text{-Aethylat (Alk.)} + C_2H_4O_2 \text{ (Alk.)} = Na\text{-Acetat} + C_2H_6O + 7{,}3 \text{ Cal.}$$

Na-Aethylat (Alk.)	+ $C_2H_4O_2$ (Alk.)	= Na-Acetat	+ C_2H_6O	+	7,3 Cal.
K- „	+ „	= K- „	+ „	+	7,5 „
K- „	+ 2 „	= K Biacetat	+ „	+	7,8 „
Na- „	+ C_6H_5 COOH	= Na-Benzoat	+ „	+	6,45 „
Na- „	+ HCl „	= NaCl (Präz)	+ „	+	11,2 „
Na- „	+ HBr „	= NaBr „	+ „	+	12,4 „
Na- „	+ HJ „	= NaJ „	+ „	+	11,2 „

Für die Neutralisation in wässerigem Alkohol erhielten Deventer und Cohen folgende Werthe mit Natronlauge:

1. Chlorwasserstoffsäure.

100 % Alkohol	11,2	Cal.
94,6 „	9,6 „
88 „	9,05 „
75 „	10,24 „
60 „	11,6 „
30 „	13,74 „

2. Bromwasserstoffsäure.

100 % Alkohol	12,4	Cal.
95 „	8,86 „
90 „	8,33 „
80 „	9,33 „
60 „	11,36 „
30 „	13,7 „

3. Essigsäure.

100 % Alkohol	7,3	Cal.
94 „	8,77 „
88 „	8,96 „
80 „	9,63 „
60 „	11,4 „
30 „	13,36 „

Es findet also erst eine Abnahme und nachher wieder eine Zunahme der Neutralisationswärme mit der Verdünnung des Alkohols statt. In den Werthen für die Neutralisationswärmen ist noch die Lösungswärme der bei der Salzbildung entstandenen Molekel Wasser inbegriffen. Nach den Untersuchungen von S. Tanatar[2]) beträgt dieselbe für ein Molekül H_2O in zwei Litern 44 % Alkohols 0,280 Cal. bei 18,5°.

Nach den Untersuchungen von Tanatar und Pissarjewski[3]) beträgt die Neutralisationswärme der Salzsäure mit Ammoniak in alkoholi-

---

1) Ch. W. van Deventer u. L. Th. Reicher, Zeitschr. physik. Ch. **8**, 536, 1891; Deventer u. E. Cohen, **14**, 124, 1894.

2) S. Tanatar, ibid. **15**, 121, 1895.

3) S. Tanatar u. Pissarjewski, Journ. russ. chem. Ges. **1897**, 185.

scher $N/_{10}$-Lösung im Mittel 17,854 Cal., während die Neutralisationswärme derselben Säure mit NaOH 12,593 Cal. ergab. Bei der Neutralisation mit NH_3 findet keine Wasserbildung statt, und trotzdem ergab
sich der höhere Werth.

Weiterhin fanden Tanatar und Klimenko[1]) noch folgende Neutralisationswärmen in alkoholischer Lösung für Benzoësäure und Milchsäure:

				Temp.
Benzoësäure	$+$ KOH	6,847 Cal.		$15,8-15,6^0$
	$+$ NH_3	12,643	„	$15,6-17,5^0$
Milchsäure	$+$ KOH	7,180	„	$15,1-15,2^0$
	$+$ NH_3	14,031	„	$20,7-20,9^0$
Propionsäure	$+$ KOH	8,174	„	$16,5-19,5^0$
	$+$ NH_3	11,763	„	$16,5-19,5^0$
Kaprylsäure	$+$ KOH	8,937	„	$16,5-19,5^0$
	$+$ NH_3	11,580	„	$16,5-19,5^0$
Hippursäure	$+$ KOH	8,134	„	$16,5-19,5^0$
	$+$ NH_3	11,641	„	$16,5-19,5^0$
Essigsäure	$+$ KOH	7,412	„	$16,5-19,5^0$
	$+$ NH_3	12,526	„	$16,5-19,5^0$
Chloressigsäure	$+$ KOH	7,971	„	$16,5-19,5^0$
	$+$ NH_3	14,427	„	$16,5-19,5^0$

Verbrennungswärme.

Die Bestimmung der Verbrennungswärme ist speciell für die organischen Verbindungen von grosser Bedeutung, einmal zur Berechnung der
relativen Bildungswärme, dann aus theoretischen Gründen zwecks Vergleichung isomerer Verbindungen, ausserdem für die Kalorienbewerthung
der Nahrungsmittel sowie zur Untersuchung der Brennstoffe. Dank der
langjährigen Untersuchungen mehrerer Forscher, unter denen besonders
Berthelot, Favre und Silbermann, Stohmann und Jul. Thomsen
zu erwähnen sind, ist die Methode der Bestimmung der Verbrennungswärme derart ausgebildet, dass sie mit Recht als eine der genauesten anzusehen ist[2]). Die Fehlergrenzen sind bei exakten Arbeiten nicht grösser,
als dass Einzelbeobachtungen mit höchstens zwei pro Mille vom Mittel
abweichen.

Allgemein bedient man sich jetzt der Berthelot'schen Bombe in
mehr oder weniger grossen Abweichungen vom ursprünglichen Modell,

---

1) S. Tanatar u. R. Klimenko, Zeitschr. physik. Ch. **27**, 172, 1898; **35**,
94, 1900.

2) F. Stohmann, Zeitschr. physik. Ch. **10**, 410, 1892.

bei der die Verbrennung in komprimirtem Sauerstoff vorgenommen wird. Eine ausführliche Beschreibung seiner Methode hat F. Stohmann im Journ. für praktische Chemie (N. F.) **19**, 115, 1879 und (2) **39**, 503, 1889 gegeben, sowie eine Zusammenstellung der entsprechenden Daten in der Zeitschr. für physikalische Chemie **6**, 334, 1890 und **10**, 410, 1892. Von beiden ist in W. Vaubel's Werk „Die physikalischen und chemischen Methoden der quantitativen Bestimmung organischer Verbindungen", Berlin 1902, eine eingehende Schilderung nebst Mittheilung der vollständigen Daten gegeben und sei an dieser Stelle darauf verwiesen.

Andere häufig benützte Apparate sind die von Mahler bezw. auch von Hempel, welche der Berthelot'schen Bombe nachgebildet sind. Dieselben sind neuerdings in einer Arbeit von H. Langbein[1]), in welcher derselbe alle Methoden zur Bestimmung des Brennwerths der Kohlen bespricht, be-beschrieben werden. Die Mahler'sche Bombe, welche in Fig. 49 abgebildet ist, hat als Ersatz des bei der Berthelot'schen Bombe vorhandenen theueren Platinfutters (im ganzen 1300 g Platin) einem Ueberzug von Emaille, der von dem Säuren nicht angegriffen wird.

Für die Ermittlung des Kalorienwerthes der Brennstoffe ist von Dulong vorgeschlagen worden, die Berechnung aus der Elementaranalyse so zu gestalten, dass man annimmt, sämmtlicher vorhandene Sauerstoff sei an Wasserstoff gebunden, und alsdann für den Rest an Wasserstoff und Kohlenstoff die entsprechende Verbrennungswärme einsetzt.

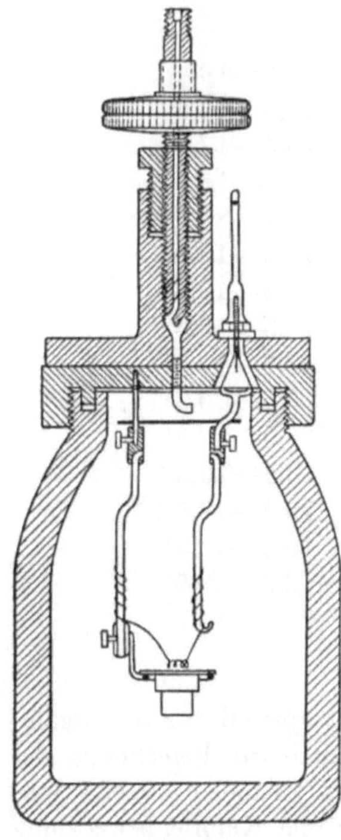

Fig. 49.

Dulong's Formel für die Verbrennungswärme verschiedener festen und flüssigen Brennstoffe in ihrer Abhängigkeit von der Zusammensetzung ist folgende:

$$S = 81\,c + 345 \left(h - \frac{0}{8} \right);$$

hierbei bedeuten c, h und 0 den Procentgehalt des Kohlenstoffs, Wasserstoffs und Sauerstoffs im Brennmaterial.

---

1) H. Langbein, Zeitschr. angew. Ch. **1900**, 1227 u. 1259.

Nach den Untersuchungen von Mendelejeff ist an Stelle des Faktors 345 der Werth 300 zu setzen, wenn man, wie gewöhnlich, annimmt, dass das bei der Verbrennung erhaltene Wasser im flüssigen Zustande sich befindet. Als beste Formel findet er den Ausdruck

$$S = 81\,c + 300\,h - 26\,(0 - 3),$$

welche Formel mit einer Genauigkeit zwischen 1 und 2 Procent die Verbrennungswärme darstellt für reine Holzkohle, Kohle, Steinkohle, Braunkohle, Holz, Cellulose und Naphta; sie passt aber nur für solche Bestimmungen, wo der Fehler weniger als 1—2 $^0/_0$ beträgt.

In Deutschland ist ausserdem noch die sog. Verbandsformel in Gebrauch, welche folgendermassen lautet:

$$\text{Heizwerth} = 81\,C + 290\left(H + \frac{1}{8}\,O\right) + 25\,S + 6\,W,$$

wobei C, H, O und S, sowie W den gefundenen Procentgehalt an Kohlenstoff, Wasserstoff, Sauerstoff, Schwefel und Wasser bedeuten.

Häufiger benutzte Verbrennungswärmen sind speciell die einiger Kohlenwasserstoffe. Nachstehend seien diese sowie die einiger Elemente gegeben. In der Tabelle bedeuten: B. = Berthelot, B. u. P. = Berthelot u. Petit, Th. = Thomsen, F. u. S. = Favre u. Silbermann, L. = Longuinine, F. u. Og. = Favre u. Ogier, St., K., La. = Stohmann, Kleber, Langbein. Dieselbe ist ein Theil der von Stohmann gegebenen Zusammenstellung:

| N a m e. | Formel. | Mol. Gew. | Verbrennungswärme. | | | Bildungs-Wärme. | Be-obachter. | Litteratur-Nachweis. |
| | | | pro Gramm cal. | pro Grammmolekül. | | | | |
				Vol. konst. Cal.	Druck konst. Cal.			
A. Elemente.								
Wasserstoff	H_2	2	34177	—	68,4	—	Th.	Unt. **2**, 52.
„	„	„	34462	—	68,9	—	F. u. S.	A. Ch. (3), **34**, 399.
„	„	„	34600	—	69,2	—	B.	A. Ch. (5), **23**, 177.
Kohlenstoff, Diamant . .	$\overset{?}{C}$	12	7770	—	93,24	—	F. u. S.	A. Ch. (3). **34**, 425.
„ „ . .	„	„	7859	—	94,31	—	B. u. P.	A. Ch. (6), **18**, 99.
„ „ Bort .	„	„	7860	—	94,34	—	B. u. P.	A. Ch. (6), **18**, 104.
„ „ „ . .	„	„	7878,7	—	94,54	—	F. u. S.	A. Ch. (3), **34**, 425.
„ Graphit . . .	„	„	7779,45	—	93,5	—	F. u. S.	A. Ch. (3), **34**, 424.
„ „ . . .	„	„	7901,2	—	94,81	—	B. u. P.	A Ch. (6). **18**, 93.
„ amorph.. . .	„	„	8033	—	96,4	—	Gottlieb	J. pr. Ch. **28**, 420.
„ „ . . .	„	„	8080	—	96,99	—	F. u. S.	A. Ch. (3), **34**, 414.
„ „ . . .	„	„	8137,4	—	97,65	—	B. u. P.	A. Ch. (6), **18**, 81.
Schwefel	S	32	2165,6	—	69,3	—	B.	A. Ch. (5), **22**, 428.
„	„	„	2220,5	—	71,1	—	F. u. S.	A. Ch. (3), **34**, 447.
„	„	„	2221,2	—	71,1	—	Th.	Unt. **2**, 247.
„ monoklin . . .	„	„	2241,2	—	71,7	—	Th.	Unt. **2**, 247.
B. Kohlenwasserstoffe der Fettreihe.								
Methan	CH_4	16	13063	—	209,0	23,0	F. u. S.	A. Ch. (3), **34**, 423.
„	„	„	13243,7	—	211,9	20,1	Th.	Unt. **4**, 49.
„	„	„	13275	212,4	213,5	18,5	B.	A. Ch. (5), **23**, 178.
Acetylen	C_2H_2	26	11923,1	—	310,0	—53,0	Th.	Unt. **4**, 74.
„	„	„	12112	314,9	315,7	—58,7	B.	A. Ch. (5), **23**, 180.
„	„	„	12211,6	—	317,5	—60,5	B.	A. Ch. (5), **13**, 14.
Aethylen	C_2H_4	28	11858	—	322,0	—6,0	F. u. S.	A. Ch. (3), **134**, 428.
„	„	„	11883,6	—	333,3	—7,3	Th.	Unt. **4**, 65.
„	„	„	11946,4	—	334,5	—8,5	B.	A. Ch. (5), **13**, 14.

Aethylen	C_2H_4	28	12154	340,3	341,4	—15,4	B.	A. Ch. (5), 23, 180.
Aethan	C_2H_6	30	12346,7	ˈ—	370,4	24,6	Th.	Unt. 4, 51.
„	„	„	12913	387,4	388,8	5,7	B.	A. Ch. (5), 23, 179.
„	„	„	—	—	389,7	5,25	B.	A. Ch. (5), 23, 229.
Allylen	C_3H_4	40	11635	465,4	466,5	—46,5	B.	A. Ch. (5), 23, 184.
„	„	„	11690	—	467,6	—47,6	Th.	Unt. 4, 75.
Propylen	C_3H_6	42	11730,9	—	492,7	—3,7	Th.	Unt. 4, 66.
„	„	„	12045	505,9	507,3	—18,3	B.	A. Ch. (5), 23, 184.
Trimethylen	C_3H_6	42	11890,5	—	499,4	—10,4	Th.	Unt. 4, 69.
Propan	C_3H_8	44	12027,3	—	529,2	28,8	Th.	Unt. 4, 52.
„	„	„	12543	551,9	553,5	4,5	B.	A. Ch. (5), 23, 182.
Isobutylen	C_4H_8	56	11617,9	—	650,6	1,4	Th.	Unt 4, 70.
Trimethylmethan	C_4H_{10}	58	11848,2	—	687,2	33,8	Th.	Unt. 4, 53.
Amylen	C_5H_{10}	70	11491	—	804,2	10,6	F. u. S.	A. Ch. (3), 34, 429.
Trimethyläthylen	C_5H_{10}	70	11537,1	—	807,6	7,4	Th.	Unt. 4, 71.
Tetramethylmethan	C_5H_{12}	72	11765,3	—	847,1	36,9	Th.	Unt. 4, 54.
Dimethyl-Diacetylen	C_6H_6	78	10863,9	847,4	848,3	—77,3	L.	C. r. 106, 1472.
Dipropargyl, Dampf	C_6H_6	78	10944	853,6	854,5	—83,5	B.	A. Ch. (5), 23, 194.
„	„	„	11319,2	—	882,9	—111,9	Th.	Unt. 4, 76.
Diallyl, Dampf „	C_6H_{10}	82	11004	902,3	904,3	4,7	F. u. Og.	A. Ch. (5), 23, 197.
„ „	„	„	11375,6	—	932,8	—23,8	Th.	Unt. 4, 72.
Hexan, Dampf	C_6H_{14}	86	11618,6	—	999,2	47,8	Th.	Unt. 4, 58.
Hexan, normal	„	„	11501,2	989,15	991,2	55,8	St. u. K.	J. pr. Ch. 43, 7.
Heptan, Sdp. 99°	C_7H_{16}	100	11374	—	1137,4	72,6	L.	C. r. 93, 275.
Isodibutylen	C_8H_{16}	112	11183,0	—	1252,5	51,5	Malbot	A. Ch. (6), 18, 405.
Nononaphten	C_9H_{18}	126	10958,3	1380,7	1383,2	83,8	O.	Phys. Chem. 2, 647.
Isononaphten	C_9H_{18}	126	10966,0	1381,7	1384,2	82,8	O.	Phys. Ch. 2, 648.
Paramylen	$C_{10}H_{20}$	140	11303	—	1582,4	47,6	F. u. S.	A. Ch. (3), 34, 430.
Isotributylen	$C_{12}H_{24}$	168	11064,9	—	1858,9	97,1	Malbot	A. Ch. (6), 18, 405.
Ceten	$C_{16}H_{32}$	224	11078	—	2481,5	126,5	F. u. S.	A. Ch. (3), 34, 430.
Metamylen	$C_{20}H_{40}$	280	10928	—	3059,8	200,2	F. u. S.	A. Ch. (3), 34, 430.

C. Kohlenwasserstoffe der aromatischen Reihe.

Benzol	C_6H_6	78	9949	—	776,0	—5,0	B.	A. Ch. (5), 13, 15.
„	„	„	9977,5	778,25	779,2	—8,2	St. K. La.	J. pr. Ch. 40, 81.
„	„	„	9997	—	779,8	—8,5	St. Ro. H.	J. pr. Ch. 33, 256.
„ Dampf	„	„	10041	783,2	784,1	—13,1	B.	A. Ch. (5), 23, 193.

N a m e.	Formel.	Mol. Gew.	Verbrennungswärme.			Bildungs-Wärme.	Be-obachter.	Litteratur-Nachweis.
			pro Gramm cal.	pro Grammmolekül.				
				Vol. konst. Cal.	Druck konst. Cal.			
Benzol, Dampf	C_6H_6	78	10096	—	787,5	—16,5	St. Ro. H.	J. pr. Ch. 33, 257.
„ „	„	„	10101,3	—	787,9	—16,9	Th.	Ber. 15, 328.
„ „			10247,4	—	799,3	—28,3	Th.	Unt. 4, 61.
Toluol	C_7H_8	92	10150	—	933,8	0,2	St. Ro. H.	J. pr. Ch. 35, 41.
„ Dampf	„	„	10388,0	—	955,7	—21,7	Th.	Unt. 4, 62.
Hexahydrotoluol	C_7H_{14}	98	11173	—	1095,0	46,0	L.	C. r. 93, 275.
Styrol, flüssig	C_8H_8	104	10044,7	1044,6	1045,5	—17.5	St. K. La.	
m-Xylol	C_8H_{10}	106	10228	—	1084,2	12,8	St. Ro. H.	J. pr. Ch. 35, 41.
o-Xylol	C_8H_{10}	106	10229	—	1084,3	12,7	„	„
p-Xylol	C_8H_{10}	106	10229	—	1084,3	12,7	„	„
Mesitylen	C_9H_{12}	120	10424	—	1251,6	8,4	„	„
„ Dampf	„	„	10685,8	—	1282,3	—22,3	Th.	Unt. 4, 63.
Pseudokumol, Dampf	C_9H_{12}	120	10679,2	—	1281,5	—21,5	Th.	Unt. 4, 64.
Naphtalin	$C_{10}H_8$	128	9618,7	—	1231,2	—15,2	St. K. La.	J. pr. Ch. 40, 88.
„	„	„	9628,3	1232,4	1233,6	—17,6	„	90.
„	„	„	9664,0	1237,0	1238,2	—22,2	B. u. R.	A. Ch. (6), 13, 302.
„	„	„	9688,0	1240,1	1241,2	—25,2	„	„
„	„	„	9710,8	1243,0	1244,2	—28,2	B. u. L.	„ 322.
„	„	„	9681,3	1239,2	1240,4	—24,4	„	
„	„	„	9773	—	1250,9	—34,9	Ru.	Biol. 21, 267.
Tetramethylbenzol, Durol.	$C_{10}H_{14}$	134	10387,1	1391,9	1393,9	29,6	St. K. La.	J. pr. Ch. 40, 82.
Cymol	$C_{10}H_{14}$	134	10460	—	1401,6	21,4	St. Ro. H.	J. pr. Ch. 35, 41.
„	„	„	10526,0	1410,5	1412,5	10,5	St. K.	
Tereben	$C_{10}H_{16}$	136	10662	—	1450,0	46,0	F. u. S.	A. Ch. (3), 34, 443.
Kamphen, kryst. inaktiv	$C_{10}H_{16}$	136	10786,1	1466,9	1469,2	22,8	B. u. V.	A. Ch. (6), 10, 454.
Terekamphen	$C_{10}H_{16}$	136	10768,0	1464,4	1466,7	25,2	St. u. K.	
Borneokamphen	$C_{10}H_{16}$	136	10793,8	1468,0	1470,3	21,6	St. u. K.	
Terpentinöl	$C_{10}H_{16}$	136	10852	—	1475,9	16,1	F. u. S.	A. Ch. (3), 34, 443.
Terebenten	$C_{10}H_{16}$	136	10869,9	1478 3	1480,6	11,3	St. u. K.	
Terebenten	$C_{10}H_{16}$	136	10945,7	1488,6	1490,8	1,2	B. u. M.	A. Ch. (6), 23, 541.

Citronenöl	$C_{10}H_{16}$	136	10959	—	1490,4	1,6	F. u. S.	A. Ch. (3), **34**, 443.
Citren	$C_{10}H_{16}$	136	10817,3	1471,1	1473,3	18,7	B. u. **M.**	A. Ch. (6), **23**, 541.
Menthen	$C_{10}H_{18}$	138	11018,4	1520,5	1523,1	37,9	St. u. K.	
Pentamethylbenzol . . .	$C_{11}H_{16}$	148	10485,4	1551,8	1554,1	31,9	St. K. La.	J. pr. Ch. **40**, 83.
Acenaphten	$C_{12}H_{10}$	154	9678,9	1490,2	1491,7	—18,7	St. K. La.	
			9868,8	1519,8	1521,2	—48,1	B. u. V.	A. Ch. (6), **40**, 441.
Diphenyl	$C_{12}H_{10}$	154	9693,9	1492,8	1494,3	—19,8	St. K. La	J. pr. Ch. **40**, 86.
			9723,4	1497,4	1498,9	—25,9	B. u. V.	A. Ch. (6), **10**, 448.
„ altes Präp. . . .	„	„	9796,8	1508,7	1510,1	—37,1	B. u. V.	
„ neues „								J. pr. Ch. **40**, 84.
Hexamethylbenzol . . .	$C_{12}H_{18}$	162	10552,9	1709,6	1712,2	36,8	St. K. La.	
Diphenylmethan	$C_{13}H_{12}$	168	9844,6	1653,9	1655,7	—19,7	St. K. La.	
Phenanthren	$C_{14}H_{10}$	178	9505,6	1692,0	1693,5	—32,5	„	J. pr. Ch. **40**, 94.
			9544,7	1699,0	1700,4	—39,4	B. u. V.	A. Ch. (6), **10**, 446.
Anthracen	$C_{14}H_{10}$	178	9510,1	1692,8	1694,3	—33,3	St. K. La.	J. pr. Ch. **40**, 92.
			9585,6	1706,2	1707,6	—46,6	B. u. V.	A. Ch (6), **10**, 444.
Tolan	$C_{14}H_{10}$	178	9766,5	1738,4	1739,9	—78,9	St. K. La.	
			9756,7	1736,7	1738,2	—77,2	St. K.	
Stilben	$C_{14}H_{12}$	180	9787,4	1761,5	1763,2	—33,2	St. K. La.	
„	„	„	9842,8	1771,7	1773,3	—43,3	O.	Phys. Chem. **2**, 646.
„	„	„	9864,4	1775,6	1777,3	—47,3	B. u. V.	A. Ch. (6), **10**, 450.
„	„	„	9800,2	1764,0	1765,7	—35,7	St. u. K.	

D. Einige andere Verbindungen.

Methylalkohol	CH_4O	32	5321,5	170,3	170,6	61,3	St. K. La.	J. pr. Ch. (3) **34**, 434.
Aethylalkohol	C_2H_6O	46	7068,0	325,1	325,7	69,3	B. u. M.	C. r. **114**, 1146.
Ameisensäure	CH_2O_2	46	1365,8	62,8	62,5	100,5	B. u. M.	C. r. **114**, 1147.
Essigsäure	$C_2H_4O_2$	60	3491,1	204,9	204,9	116,6	B. u. M.	C. r. **114**, 1148.

Bildungswärme.

Unter Bildungswärme versteht man diejenige Wärmemenge, welche nach Abzug aller sonstigen bei der Bildung der betreffenden Verbindung vor sich gehenden Umsetzungen übrig bleibt, z. B. bei **Bromwasserstoff-säure:**

$$KBr \cdot Aq + Cl = KClAq + BrAq + 115 \ K.,$$

da für HCl und HBr die Neutralisationswärme gleich ist, können wir auch schreiben:

$$HBrAq + Cl = HClAq + BrAq + 115 \ K.$$

Die Bildungswärme des HCl ist gleich 393 (direkt beobachtet). Es ergiebt sich also:

$$H + BrAq = HBrAq + (393 - 115 =) 278 \ K.$$

Die Lösungswärme des Br ist 5 K., somit ergiebt sich:

$$H + Br + Aq = HBrAq + (278 + 5 =) 183 \ K.$$

Beispiele für die **Berechnung der Bildungswärme organischer Verbindungen aus der Verbrennungswärme** sind nachstehend gegeben bei Besprechung der Kohlenstoffverbindungen mit negativen Bildungswärmen.

Vielfach begnügt man sich bei der Ermittlung der Bildungswärme mit einem Kompromiss, z. B.:

$$C\,(\text{Diamant}) \ \ + O_2 = CO_2 + 943 \ K.$$
$$C\,(\text{Holzkohle}) + O_2 = CO_2 + 976 \ K.$$

Diese beiden Gleichungen geben die Verbrennungswärme des Kohlenstoffs. Je nach der Natur des angewendeten Kohlenstoffs zeigen sich schon Verschiedenheiten. Dann aber wissen wir verhältnissmässig wenig über die Dissociationswärme des Kohlenstoffs, seine Verflüssigungs- bezw. Verdampfungswärme sowie die Dissociationswärme des Sauerstoffs. Die eigentliche Bildungswärme des Kohlendioxyds ist also vorerst nicht mit Sicherheit zu bestimmen, und dementsprechend sind die Bildungswärmen der organischen Verbindungswärmen nur Verhältnisszahlen.

Wir können den betreffenden Werthen wohl näher kommen, wenn wir die für die Gravitoaffinität ermittelten Werthe zur Hilfe nehmen. Eine absolute Sicherheit gewähren dieselben jedoch vorerst noch nicht, da das Material, welches sich bietet, noch nicht reichhaltig genug ist.

Angaben über die Bildungswärmen der verschiedenen Stoffe finden sich in den Tabellen von Landolt und Börnstein sowie in der Beilage zum Chemikerkalender.

Für die Bildungswärme der Elementarmoleküle und der Komplexe gleichartiger Moleküle kommt lediglich die Gravitoaffinität in Betracht, wie in Bd. I nachgewiesen wurde. Man erhält die betreffenden Bildungswärmen durch Multiplikation mit 1,122 bezw. 1.

Eine Uebereinstimmung zwischen Rechnung und sonstigen Beobachtungen wurde gefunden für die Moleküle J_2, Cu_2, Hg_2, N_2O_4, $(CH_3COOH)_2$, $(C_2H_5OH)_2$, $(H_2O)_6$ u. s. w. Demgemäss konnte diese Erscheinung mit Recht als Stütze für weitere entsprechende Rechnungen benutzt werden, so z. B. für die Molekulargrösse des Moleküls von Diamant, Graphit und amorpher Kohle, die sich als isomere Formen des Moleküls C_{24} ergaben.

Vermeintliche negative Bildungswärme bei Kohlenstoffverbindungen. [1)

Nach diesen Ausführungen über die Molekulargrösse des „flüssigen Kohlenstoffs" in der Nähe seines Siedepunkts und den zur Zerlegung dieses Moleküls nothwendigen Energieverbrauch ist es eine nothwendige Folge, die Bildungswärme aller der Verbindungen neu zu berechnen, bei denen die Verbrennungswärme des Kohlenstoffs als Grundlage der Berechnung dient. Allerdings wird dadurch der thatsächliche Effekt nicht verändert, indem das Verhältniss nur insofern wechselt, als auf jeder Seite ein bestimmter Summand dazu addirt wird. Aber trotzdem hat diese Umrechnung nicht ein lediglich theoretisches Interesse. Wird doch dadurch einer ganzen Reihe von Verbindungen das Odium genommen, eine sogen. negative Bildungswärme zu besitzen.

Gehen wir vom Mol. C_{24} mit der Dissociationswärme 323 K. aus, so ergiebt sich die Verbrennungswärme der Kohle zu 1266 K. Dazu kommt noch die Berücksichtigung der Zerlegungswärme von O_2 zu 37 und H zu 2,2 K.

Acetylen, C_2H_2, hatte nach den bisherigen Annahmen eine Bildungswärme von — 532 K. Die Verbrennungswärme war folgende:

$$C_2H_2 + 5\,O = 3\,CO_2 + H_2O + 3101 \text{ K.}$$

Die wirkliche Verbrennungswärme der Kohle ist gleich 1266 K.

$$2\,C + 2\,O_2 = 2\,CO_2 + 2\,.\,1266 + 2\,.\,37 = 2606 \text{ K.}$$
$$H_2 + O = H_2O + 683 + 2{,}2 + 18 = 703 \text{ K.}$$
$$\overline{\phantom{H_2 + O = H_2O + 683 + 2{,}2 + 18 = {}} 3309 \text{ K.}}$$
$$- 3101 \text{ K.}$$

Wirkliche Bildungswärme des Acetylens $= +$ 208 K.

Die Bildungswärme des Acetylens ist also in Wirklichkeit positiv. Ein Zerfall desselben in seine Elemente kann somit nur unter Zufuhr äusserer Energie stattfinden, welche dann die Möglichkeit giebt, dass ein weiterer Zerfall hervorgebracht wird; denn, indem dann einige, d. h. 24 Kohlenstoffatome sich zu einem Molekül vereinigen, wobei 323 K. frei werden für jedes Kohlenstoffatom, liefert hierbei jedes einzelne Kohlen-

---

1) W. Vaubel, Zeitschr. angew.. Ch. **13**, 61, 1900.

stoffatom schon mehr Wärme (323 — 208) als zur Zerlegung eines weiteren Moleküls C_2H_2 nothwendig ist. Demnach einmal eingeleitet, wird die Zersetzung des Acetylens weiter vor sich gehen, wobei genügend Wärme frei wird, um den Wasserstoff sowie etwaiges unzersetztes Acetylen auf eine sehr hohe Temperatur zu erwärmen und diesen dadurch in ganz kurzer Zeit einen Ueberdruck zu ertheilen, der zur Explosion führen kann.

Also nicht durch die negative Bildungswärme kann leicht eine Zersetzung des Acetylens herbeigeführt werden, sondern durch die bei dem Uebergang in festen Kohlenstoff hervorgebrachte Wärmetönung.

Allylen, C_3H_4.

Vermeintliche Bildungswärme	$= -$	481 K.
Verbrennungswärme	$=$	4654 K.
$C_3 + 3\,O_2 = 3\,CO_2 + 3\,.\,1266 + 3\,.\,37$	$=$	3909 K.
$2\,H_2 + O_2 = 2\,H_2O + 2\,.\,683 + 37 + 2\,.\,2{,}2$	$=$	1407 K.
		5316 K.
		$-$ 4654 K.
Bildungswärme des Allylens	$= +$	662 K.
statt	$-$	481 K.

Aethylen, C_2H_4.

Vermeintliche Bildungswärme	$= -$	122 K.
Verbrennungswärme	$=$	3414 K.
$C_2 + 2\,O_2 = 2\,CO_2 + 2\,.\,1266 + 2\,.\,37$	$=$	2606 K.
$2\,H_2 + O_2 = 2\,H_2O_2 + 2\,.\,683 + 2\,.\,2{,}2 + 37$	$=$	1407 K.
		4013 K.
		$-$ 3414 K.
Bildungswärme des Aethylens	$= +$	599 K.
statt	$-$	122 K.

Propylen, C_3H_6.

Vermeintliche Bildungswärme	$= -$	49 K.
Verbrennungswärme	$=$	4927 K.
$3\,C + 3\,O_2 = 3\,CO_2 + 3\,.\,1266 + 3\,.\,37$	$=$	3909 K.
$3\,H_2 + 3\,O = 3\,H_2O + 3\,.\,683 + 3\,.\,18 + 3\,.\,2{,}2$	$=$	2110 K.
		6019 K.
		$-$ 4927 K.
Bildungswärme des Propylens	$=$	1092 K.
statt	$-$	49 K.

$$\text{Trimethylen, } C_3H_6.$$

Vermeintliche Bildungswärme $\quad = - \; 116$ K.
Verbrennungswärme $\quad\quad\quad\quad = \quad 4994$ K.
$$6019 - 4994 = 1025 = \text{Bildungswärme.}$$

$$\text{Schwefelkohlenstoff, } CS_2.$$

Vermeintliche Bildungswärme $\quad = - \; 287$ K.
Verbrennungswärme $\quad\quad\quad\quad = \quad 2651$ K.
$C + O_2 = CO_2 + 1266 + 37 \quad\quad\quad\quad = \quad 1303$ K.
$S_2 + 2\,O_2 = 2\,SO_2 + 2.710 + 2.387 \quad = \quad 2068$ K.

$$\quad\quad\quad\quad\quad\quad\quad\quad\quad\quad\quad\quad\quad\quad\quad 3371 \text{ K.}$$
$$\quad\quad\quad\quad\quad\quad\quad\quad\quad\quad\quad\quad\quad\quad - 2651 \text{ K.}$$

Bildungswärme des Schwefelkohlenstoffs $= + \quad 720$ K.
$$\text{statt} \quad - \quad 287 \text{ K.}$$

Hierbei ist $\dfrac{S_8}{8} = \dfrac{8\,S}{8} = - 287$ K. gesetzt worden.

$$\text{Cyan, } (CN)_2.$$

Vermeintliche Bildungswärme $\quad = - \; 710$ K.
Verbrennungswärme $\quad\quad\quad\quad = \quad 2625$ K.
$C_2 + 2\,O_2 = 2\,CO_2 \quad\quad\quad\quad\quad\quad\quad + 2606$ K.
$2\,N = N_2 \quad\quad\quad\quad\quad\quad\quad\quad\quad\quad\quad + \quad 31$ K.

$$\quad\quad\quad\quad\quad\quad\quad\quad\quad\quad\quad\quad\quad\quad\quad 2637 \text{ K.}$$
$$\quad\quad\quad\quad\quad\quad\quad\quad\quad\quad\quad\quad\quad\quad - 2625 \text{ K.}$$

Bildungswärme des Cyans $= + \quad 12$ K.
$$\text{statt} \quad - \quad 710 \text{ K.}$$

$$\text{Benzol, } C_6H_6.$$

Vermeintliche Bildungswärme für Dampf $\quad = - \; 171$ K.
„ \quad\quad\quad „ \quad\quad\quad „ flüssig $\quad = - \quad 91$ K.
Verbrennungswärme nach Stohmann $\quad = \quad 7878$ K.
Bildungswärme $= 9928 - 7838 \quad = + 2050$ K.
$$\text{statt} \quad - \quad 91 \text{ K.}$$

$$\text{Dipropargyl, } C_6H_6 = HC \vdots CCH_2 . CH_2 . C \vdots CH.$$

Vermeintliche Bildungswärme nach Thomsen $= - 1122$ K.
Verbrennungswärme $\quad\quad\quad\quad\quad\quad\quad = \quad 8829$ K.
Bildungswärme nach den Zahlen von Thomsen
$$= 9928 - 8829 = 1099 \text{ statt} \quad - 1122 \text{ K.}$$
Bildungswärme nach den Zahlen von Berthelot
$$= 9928 - 8536 = 1392 \text{ statt} \quad - 729 \text{ K.}$$

Fester Kohlenwasserstoff, $C_6H_6 = HC : C - CH_2 . CH_2 . C : CH.$

Vermeintliche Bildungswärme	$= - $ 667 K.
Verbrennungswärme nach Luginin	$=$ 8474 K.
Bildungswärme $= 9928 - 8474$	$=$ 1454 K.

Damit wäre für die Kohlenstoffverbindungen nachgewiesen, dass es hierbei anscheinend keine Verbindungen mit sogen. negativen Bildungswärmen giebt.

In entsprechender Weise müssen auch eigentlich die Bildungswärmen sämmtlicher Kohlenstoffverbindungen umgerechnet werden.

Damit sei jedoch nicht behauptet, dass es überhaupt keine Verbindungen mit negativen Bildungswärmen geben wird. Nein, es sind thatsächlich solche Verbindungen vorhanden. Dieselben scheinen sich jedoch in ganz charakteristischer Weise hinsichtlich der infolge der Konfiguration bedingten Atom- und Molekularbewegungen auszuzeichnen. Vgl. hierzu Bd. I, S. 140 und die Beispiele H_2O_2 S. 540, N_3H S. 542.

Entflammungs- und Entzündungstemperatur.

Die Kenntniss der niedrigsten Temperatur, bei welcher eine organische Substanz entflammbare Dämpfe aussendet, ist nicht ohne Interesse, sowohl von theoretischer wie von praktischer Seite. Die Entflammbarkeit organischer Verbindungen ist abhängig von der Siedetemperatur, Dampfspannung u. s. w., kurz von dem ganzen chemischen Aufbau der Verbindung. Der Entflammungspunkt kann sogar, wie die Versuche von P. N. Raikow[1]) ergeben haben, unter den Schmelzpunkt herabsinken, wie z. B. beim Benzol, dessen Schmelzpunkt bei $+ 4,5^0$ und dessen Entflammungspunkt bei $- 8^0$ liegt.

Die Kenntniss des Entflammungspunktes ist also vielfach nicht weniger wichtig, wie die des Schmelz- oder Siedepunktes, da der Entflammungspunkt unter denselben Umständen stets bei derselben Temperatur liegt.

Durch Beimengung anderer Stoffe kann der Entflammungspunkt erhöht oder erniedrigt werden. So liegt z. B., wie Raikow beobachtet hat, der Entflammungspunkt des absoluten Alkohols bei 12^0, während der Entflammungspunkt eines Gemisches von $99,5\,\%$ Alkohol und $0,5\,\%$ Aethyläther bei 9^0 liegt, und das Gemisch von $98\,\%$ Alkohol und $2\,\%$ Aether sich bei $2,5^0$ entflammt. Setzt man aber dem Alkohol Wasser zu, so erhöht sich der Entflammungspunkt des Alkohols mehr oder weniger je nach der Menge des zugesetzten Wassers, wie folgende Tabelle zeigt.

---

[1]) P. N. Raikow, Chem. Ztg. **23**, 145, 1899.

Entflammungstemperaturen des wässerigen Aethylalkohols bei 710—713 mm Barometerstand.

Volum %.	Entflammungspunkt 0° C.	Differenz für je 5 % Alkohol.	Volum %.	Entflammungspunkt 0° C.	Differenz für je 5 % Alkohol.
100	12		35	27,75	1,75
98	13,25	2,5	30	29,5	3,75
96	14		25	33,25	3,5
94	15		20	36,75	5
92	15,75	2	15	41,75	
90	16,5	1,25	14	43	
85	17,75	1,25	13	44,25	
80	19	0,75	12	45,75	7,25
75	19,75	1,25	11	47	
70	21	0,25	10	49	
65	21,25	1	9	50,25	
60	22,25	0,75	8	52,5	
55	23		7	55	
51,9	23,75	1	6	58,25	13
50	24		5	62	
45	24,75	0,75	4	68	
40	26,25	1,5			

Die Grenze der Entflammbarkeit des wässerigen Aethylalkohols liegt bei 3 % Alkohol.

Mit Hilfe der Bestimmung des Entflammungspunktes kann man mitunter quantitative Bestimmungen ausführen. So lässt sich z. B. die Anwesenheit von 0,1 % Aether in Aethylalkohol ganz genau erkennen und quantitativ bestimmen. Ein Zusatz von 1 % Benzol zu Monochlorbenzol erniedrigt den Entflammungspunkt von 27,5 auf 24°. Man kann also durch Bestimmung des Entflammungspunktes des Chlorbenzols dessen Gehalt an freiem Benzol bis auf 0,1 % genau bestimmen, was auf andere Weise und auf so einfachem Wege wohl kaum so leicht möglich ist.

Raikow hat zu seinen Versuchen den Apparat von Abel benutzt. Mit dem gleichen Apparat hat auch F. Ganther[1] die Entzündungstemperaturen verschiedener organischen Flüssigkeiten beobachtet, speciell um dieselben nach ihrer Gefährlichkeit eintheilen zu können. Setzt man den Entflammungspunkt des Aethyläthers, der bei 20° C. liegt, = 100 und die Differenz von dieser Temperatur von je 5° C. = 1 Grad „Gefährlichkeit", so ergeben sich folgende Werthe:

---

[1] F. Ganther, Chem. Ztg. Rep. **11**, 65, 1887.

Aethyläther	100	Terpentinöl	89
(Handelswaare)		Kumol (roh)	88,2
Schwefelkohlenstoff	100	Eisessig	87,2
Petroläther	100	Amylalkohol	86,8
(spec. Gew. 0,70)		Solaröl	84
Benzol (90 %)	99	Theeröl (Mittelfraktion)	83,4
Benzol (50 %)	97	Anilin (rein)	80,8
Methylalkohol	96	Dimethylanilin	80,8
Toluol (rein)	94,5	Anilin für Roth	79,0
Aethylalkohol (95 %)	93,4	Toluidin (käuflich)	79
Aethylalkohol (60 %)	92,8	Nitrobenzol	78
Aethylalkohol (45 %)	92	Xylidin (technisch)	76,6
Petroleum (Test)	91	Paraffinöl	74,6
Xylol	90	Mineralöl (Naphta)	56

Es ergiebt sich hieraus, dass mit dem Fallen des Siedepunktes nicht immer die Gefährlichkeit steigt. Petroläther siedet z. B. bei $90-100^0$ und hat den Entflammungspunkt bei -20^0, Aethylalkohol dagegen siedet bei 80^0 und entflammt bei $+14^0$.

12. Explosibele Verbindungen und Gemische.

Allgemeines. Explosibele Verbindungen und Gemische sind solche, die sich durch Entzündung, Druck oder Stoss mit grosser Lebhaftigkeit zersetzen unter starker Temperaturerhöhung, und infolge reichlicher Gasbildung einen grossen Druck auszuüben im stande sind. Dieselben werden entweder als Sprengmittel oder zu ballistischen Zwecken oder zu Explosionsmotoren u. s. w. verwendet.

Als Sprengmittel[1]) kommen in Anwendung das Sprengpulver, bestehend aus Salpeter (ca. 70 Thle.), Schwefel (ca. 15 Thle.) und Kohle (ca. 15 Thle.), dann die Nitrokörper wie Nitromannit, Nitroglycerin (Dynamit), Pikrinsäure, Schiessbaumwolle u. s. w. Einige dieser vermögen auch für ballistische Zwecke in besonderen Mischungen Verwendung zu finden. Erwähnt sei auch die gegenwärtig vielfach empfohlene Sprengung mit flüssiger Luft, bei der also die in derselben aufgespeicherte Energie mit zur Verwendung kommt.

Bei den Explosionsmotoren kommen Mischungen von Benzin oder Petroleum mit Luft zur Verwendung, die entzündet werden. Auch werden neuerdings explosibele Gasgemische für stehende Motoren benutzt.

---

[1]) Vgl. hierzu Sprengstoffe u. Zündwaaren von C. Häussermann, Stuttgart 1894; Handbuch der Sprengarbeiten von O. Guttmann, Leipzig 1892.

Umsetzungswärmen.

Sarrau und Vieille[1]) geben folgende Umsetzungswärmen explosiver Verbindungen an:

Substanz.	Umsetzung.	Um-setzungs-wärme.
Nitroglycerin	$C_3H_5(NO_2)_3O_3 = 3\,CO_2 + {}^5/_2\,H_2O + 3\,N + {}^1/_2\,O$	$+\ 3605$ K.
Nitromannit	$C_6H_8(NO_2)_6O_6 = 6\,CO_2 + 4\,H_2O + 3\,N + 2\,O$	$+\ 6785$ K.
Schiessbaumwolle	$C_{24}H_{29}N_{11}O_{42} = 15\,CO + 9\,CO_2 + 11\,H + 11\,N + 9\,H_2O$	$+\ 12038$ K.
Kaliumpikrat	$C_6H_2K(NO_2)_3O + {}^{13}/_2\,O = 5\,CO_2 + KOH + CO_2 + {}^1/_2\,H_2O \\ + 3\,N$	$+\ 6197$ K.

Temperaturberechnung.

In betreff folgender Explosivstoffe: I. Schiessbaumwolle von Troisdorf, II. englischer Rifleite, III. englisches Cordit, IV. deutsches Ballistit, V. italienisches und spanisches Ballistit, VI. englische, nicht gelatinirte Schiessbaumwolle mit einem Stickstoffgehalt von 13,3 %, VII. 50 % Schiessbaumwolle (12,24 % N) und 50 % Nitroglycerin, VIII 50 % Schiessbaumwolle (13,3 % N) und 50 % Nitroglycerin, IX. 80 % Schiessbaumwolle (12,2 % N) und 20 % Nitroglycerin, X. 80 % Schiessbaumwolle 13,3 % N und 20 % Nitroglycerin, XI. 35 % Schiessbaumwolle (13,3 % N) 60 % Nitroglycerin und 5 % Vaselin haben Macnab und Ristori[2]) Angaben veröffentlicht über die entstehenden Gasprodukte:

No.	Wärmeentwicklung per g u. g-cal.	CO_2.	CO.	CH_4.	H_2.	N_2.	H_2O.
I.	943	18,7	47,9	0,8	17,4	15,2	28,0
II.	864	14,2	50,1	0,3	20,5	14,9	21,0
III.	1253	24,9	40,3	0,7	19,4	13,6	36,0
IV.	1291	33,1	35,4	0,5	10,1	20,9	39,0
V.	1317	35,9	32,6	0,3	9,0	22,2	42,0
VI.	1061	22,3	45,4	0,5	14,9	16,9	30,0
VII.	1349	36,5	32,5	0,2	8,4	22,4	44,0
VIII.	1410	41,8	27,5	0,0	6,0	24,7	45,0
IX.	1062	21,7	45,4	0,1	15,7	17,1	33,5
X.	1159	26,6	40,8	0,1	12,0	20,5	35,5
XI.	1280	26,7	39,8	0,5	12,8	20,2	37,5.

Die Überschrift der Tabelle lautet: Wärmeentwicklung   Zusammensetzung der Gasmischung in Volumina.

---

[1]) Sarrau u. Vieille, Compt. rend. **93**, 269, 1881; Naumann, Thermochemie 419, 1882.

[2]) Macnab u. Ristori, Proc. Roy. Soc. **56**, 8, 1894; vgl. hierzu C. Hoitsema, Zeitschr. physik. Ch. **25**, 686, 1898.

Unter Zugrundelegung der von Mallard und Le Chatelier gegebenen Berechnungsart lässt sich die Temperatur als eine Wurzel einer quadratischen Gleichung $Q = At + Bt^2$ geben. Hier ist Q die für das kg entwickelte Wärmemenge, d. i. die in der obigen Tabelle genannten Werthe vermindert um die durch die Kondensation des gebildeten Wasserdampfes entwickelte Wärme. $A = \Sigma na$, $B = \Sigma nb$; die n geben die Zahlen der per kg Explosivstoff gebildeten g-Molekel der verschiedenen Gase. Für die Konstanten a und b erhält man die Werthe aus denen der mittleren specifischen Wärme zwischen 0 und t^0, welche nach Berthelot und Vieille[1]) die Formel $a + bt$ haben. Für diese Konstanten sind von Mallard und Le Chatelier[2]) folgende Werthe aus den Druckbestimmungen von Sarrau und Vieille an flüssigen und festen Explosivstoffen abgeleitet worden:

für permanente Gase   4,76 + 0,00122 t
für Kohlensäure   6,50 + 0,00387 t
für Wasserdampf   5,78 + 0,00286 t.

In der folgenden Tabelle sind zunächst die Nummern der Stoffe, dann die aus Tabelle I berechnete Gleichgewichtskonstante K der Reaktion $n_1\,CO + n_2\,H_2O \rightleftharpoons n_3\,CO_2 + n_4\,H_2$. Diese ist gleich dem Verhältniss der Geschwindigkeitskonstante der Reaktion $\leftarrow$ zu derjenigen der Reaktion $\rightarrow$ und also auch gleich dem Verhältniss $n_1\,n_2 : n_3\,n_4$; die n verhalten sich wie die relativen Volumina der Gase. Kol. III giebt die berechneten Temperaturen (Hoitsema).

No.	Gleichgewichtskonstante.	Temperatur.
I.	4,13	2280 [0]
II.	3,62	2115
III.	4,11	2490
IV.	4,14	2680
V.	4,24	2740
VI.	4,10	2415
VII.	4,67	2730
VIII.	4,94	2880
IX.	4,47	2350
X.	4,54	2535
XI.	4,56	2650

Mit Ausnahme von III, IV, V ergiebt sich eine Zunahme der Gleichgewichtskonstante mit der Temperatur.

---

1) Berthelot u. Vieille, Compt. rend. **98**, 770, 852, 1884.
2) Mallard u. Le Chatelier, Wied. Ann. Ber. **14**, 364, 1890.

Aehnliche Resultate erhielt Hoitsema aus den Horstmann'schen Untersuchungen[1]).

Explosionsgeschwindigkeit.

Für die Berechnung der Explosionsgeschwindigkeit hatte Dixon eine Formel gegeben. L. D. Chapman[2]) vereinfacht dieselbe und giebt folgende Berechnungsweise für die Explosionsgeschwindigkeit V, die sich an die Behandlung akustischer Vorgänge anlehnt.

$$V^2 = \frac{2\,R}{\mu C_v^2}\left\{ [(m-n)C_p + mC_v]C_p t_0 + (C_p + C_v)h \right\}$$

Hierin bedeuten

R die Gaskonstante,

μ die Molekulargewichtssumme des Gemisches,

n und m die Molekülzahlen vor und nach der Explosion,

t_0 die ursprüngliche Temperatur in absoluter Zählung,

h die Verbrennungswärme bei konstantem Druck,

C_p und C_v die Mittelwerthe der Molekularwärme des Gemisches zwischen Anfangs- und Maximaltemperatur.

Da letztere nicht direkt bekannt ist, so benutzt Chapman die von Dixon beobachteten Explosionsgeschwindigkeiten, um daraus die Molekularwärme für die zweiatomigen Gase und den Wasserdampf als Funktionen der Temperatur zu berechnen. Mit den so gefundenen Zahlen werden dann für die übrigen von Dixon u. s. w. angestellten Versuche die Explosionsgeschwindigkeiten berechnet. Die Uebereinstimmung ist gut.

Die Abhängigkeit der Explosionsgeschwindigkeit in Gasen vom Druck hat H. B Dixon[3]) bearbeitet. Er erhielt für Knallgas folgende Resultate:

Druck.	Geschwindigkeit.
20 cm	2627 m
30 „	2705 „
50 „	2775 „
70 „	2821 „
110 „	2854 „
150 „	2872 „

Aehnlich waren die Werthe für $H_2 + N_2O$, $CH_4 + 2\,O_2$, $2\,CH_4 + 3\,O_2$, $C_2N_2 + O_2$.

---

[1]) A. Horstmann, Verh. naturhist. med. Verein z. Heidelberg **1876**, 177, **1877**, 33, **1879**, 177.

[2]) L. D. Chapman, Phil. Mag. (5), **47**, 90, 1899; Ref. Zeitschr. physik. Ch. **30**, 147, 1899.

[3]) H. B. Dixon, Phil. Trans. 184 A. 97, 1893.

Der Einfluss der Temperatur machte sich in der Weise bemerkbar, dass Knallgas 2821 m bei 10°, 2790 bei 100° gab.

Die von Berthelot gegebene Formel zur Berechnung der Geschwindigkeit

$$\Theta = 29{,}354 \sqrt{\frac{T}{d}},$$

wo d die Dichte der Verbrennungsprodukte für Luft gleich 1 ist, liefert nur eine rohe Annäherung. Durch Einführung der Laplace'schen Korrektion, wobei Dixon adiabatische Kompression ansetzt, wird eine bessere Uebereinstimmung erzielt.

Für die Geschwindigkeit der Explosion in Gasen sind von Berthelot folgende Werthe gegeben worden, die dann von H. Dixon[1]) bestätigt wurden.

$$
\begin{array}{lll}
2\,H_2 + O_2 & 2821 & \text{m pro Sek.} \\
H_2 + N_2O & 2305 & \text{„ „ „} \\
CH_4 + 2\,O_2 & 2322 & \text{„ „ „} \\
C_2H_4 + 3\,O_2 & 2364 & \text{„ „ „} \\
2\,C_2H_2 + 5\,O_2 & 2391 & \text{„ „ „} \\
C_2H_2 + O_2 & 2920 & \text{„ „ „} \\
C_2N_2 + 2\,O_2 & 2321 & \text{„ „ „}
\end{array}
$$

Bei Knallgas wirkt die Anwesenheit von Wasserstoff beschleunigend, die von Sauerstoff verlangsamend, auch für Aethylen, Cyan und Methan. Wie Sauerstoff wirkt auch Stickstoff.

Maximaldruck.

Für die Berechnung desselben giebt L. D. Chapman (l. c.) die Formel

$$p = \frac{\mu V_2}{v_0} \cdot \frac{C_v}{C_p + C_v} + p_0$$

Hierin haben μ, V, C_v und C_p die bei der Berechnung der Explosionsgeschwindigkeit gegebene Bedeutung; p_0 ist der Anfangsdruck, v_0 das entsprechende Molekularvolum des Gemisches.

Ueber die Schnelligkeit der Verbrennung in flüssiger Luft und über die volumetrische Wirkung derselben hat K. Linde[2]) Versuche angestellt. Dieselben wurden in einem sog. Brisanzmesser ausgeführt, indem in einem Hohlkörper aus Stahl Sprengpatronen verschiedener Art durch Knallquecksilberkapseln zur Detonation gebracht und die hierbei entstehende Druckerhöhung durch einen Indikator auf einer mit Papier

<hr>

1) H. Dixon, Chem. News. **64**, 70, 1891; vgl. auch H. Le Chatelier, Compt. rend. **130**, 1755, 1900.

2) K. Linde, Sitzber. Münchener Akad. Wiss. **1899**, 65.

bespannten Trommel aufgezeichnet wurde, welche mit einer Geschwindigkeit von ungefähr 330 cm in der Sekunde rotirte. Hierdurch waren wenigstens die relativen Werthe der Verbrennungsdauer sehr sicher.

Bisher war Sprenggelatine der wirksamste der Explosionskörper. Bei Anwendung von Gemischen aus Petroleum mit sauerstoffreicher flüssiger Luft, wurden jedoch Druckkurven erzielt, welche hinsichtlich der Verbrennungsdauer und der volumetrischen Wirkung die Sprenggelatine noch übertrafen. „Es scheint hiernach, dass die Verbrennung eines solchen Gemisches trotz seiner Temperatur von weniger als — 180 ^{0} schneller erfolgt, als irgend eine bisher bekannte Verbrennung von festen oder flüssigen Substanzen.“

Endothermische Verbindungen.

Zu den endothermischen Verbindungen, bei denen also bei der Bildung Wärme verbraucht wird, und bei deren Zersetzung deshalb Wärme frei wird, gehören eine grosse Reihe von Stoffen.

Wie W. A. Bone und J. C. Cain[1]) gefunden haben, liefert die Verbrennung des Acetylens mit ungenügenden Mengen Sauerstoff, Kohlenoxyd und Wasserstoff, während Kohle ausgeschieden wird. Dabei bildet sich kein Methan wie bei der Verbrennung des Aethylens, dagegen etwas Kohlendioxyd und Wasserdampf.

Für die Explosibilität mit Sauerstoff genügen bereits 0,2 bis 0,25 Vol., während für Aethylen mindestens 0,65 nöthig sind.

Nach Berthelot und Vieille[2]) pflanzt sich die Explosion im Acetylen unter Atmosphärendruck nicht fort, wohl aber unter einem Druck von über zwei (drei) Atmosphären, wo es sich wie eine gewöhnliche explosive Mischung verhält. Auch in Acetonlösung ist es explosiv, aber erst von einem Druck über 10 Atmosphären an. Bei —80 ^{0} kann eine flüssige Acetylen-Acetonmischung durch einen rothglühenden Platindraht nicht zur Explosion gebracht werden[3]). Die Explosionsgeschwindigkeit schwankt bei Drucken von 5 bis 30 Atm. zwischen 1000 bis 1600 m[4]), nach Le Chatelier erreicht sein Maximum 2920 m für $C_2H_2 + O_2$.

Durch Beimengung von Leuchtgas wird die Explosion gemildert, weil dessen Zersetzung einen Theil der von Acetylen gelieferten Wärme verbraucht. Die dadurch bewirkte Temperaturerniedrigung vermindert auch die Leuchtkraft in entsprechender Weise[2]).

1) W. A. Bone u. J. C. Cain, Journ. Chem. Soc. **1897**, 26.

2) Berthelot u. Vieille, Compt. rend. **124**, 988, 996, 1000, 1897; **128**, 777, 1899; vgl. auch G. Mixter, Amer. Journ. of Sc. **37**, 323, 1899.

3) G. Claudi, Compt. rend. **128**, 303, 1899.

4) Berthelot u. Le Chatelier, Compt. rend. **129**, 427, 1899.

Cyangas, Stickoxydul und Stickoxyd verhalten sich nicht wie Acetylen, welches schon bei einem Drucke von 2 bis 3 Atmosphären beim Durchschlagen starker Funken explodirt. Trotzdem sie ebenfalls endotherme Verbindungen sind, explodiren sie nicht unter Drucken von fünf Atmosphären bei Cyan und 20 Atmosphären für N_2O und NO[1]).

Wie Berthelot gefunden hat, lassen sich Gase, die sich unter Wärmeentwicklung zersetzen, wie Acetylen, Cyan, Stickoxyd, Stickstoffdioxyd, Chlorhyperoxyd durch Abfeuern einer Knallquecksilberpatrone zu explosiver Zersetzung bringen.

Explosibele Gasgemische.

Dieselben sind für die theoretische Chemie aus vielerlei Gründen von besonderer Bedeutung. Hierbei handelt es sich speciell um Luft oder Sauerstoff — Mischungen, wie z. B. beim Wasserstoffknallgas, das aus 2 Vol. Wasserstoff und 1 Vol. Sauerstoff besteht. Der Name Knallgas ist dann auf alle explosiblen Gasgemische übertragen worden. Nachstehend sind einzelne derselben ausführlicher abgehandelt.

Schon vor längerer Zeit hatten van't Hoff (1883) und nachher V. Meyer in Gemeinschaft mit Krause und Askenasy Versuche ausgeführt über die allmälige Vereinigung von Wasserstoff und Sauerstoff zu Wasser unterhalb der Explosionstemperatur. V. Meyer und seine Schüler fanden, dass die Reaktion in regelloser Weise durch die Glaswände beeinflusst wird, so dass von zwei ganz gleich behandelten Gefässen in einem oft totale Vereinigung, im andern kaum der Anfang einer solchen zu bemerken war. Auch die Versuche van't Hoff's zeigten keine Regelmässigkeiten.

Hélier und Gautier untersuchten die Verhältnisse, wie sie beim Durchleiten von Knallgas durch erhitzte Porcellanröhren statthaben. Hierbei zeigte sich, dass die Vereinigung bei Temperaturen von 480^0 bis etwa 600 oder 700^0 in durchaus regelmässiger Weise bis zum Aufbrauch der Elemente verläuft. Auch ergab sich, dass die Reaktion hauptsächlich an der Gefässwand und nur unmerklich wenig in der Gasmasse selbst vor sich geht.

Bei 638^0 und 689^0 konnte auch Reaktion in der Gasmasse selbst wahrgenommen werden. Wenige Grade höher fand dann Explosion statt.

M. Bodenstein[2]) schliesst hieraus und aus einigen andern Reaktionsverhältnissen, dass sog. falsche Gleichgewichte nicht existiren.

Nach M. Berthelot[3]) wirken BaO und Pt beschleunigend auf die

---

1) W. G. Mixter, Amer. Journ. of. Soc. (4), **7**, 323, 1899.

2) M. Bodenstein, Zeitschr. physik. Ch. **29**, 147, 295, 315, 429, 665; **30**, 113, 1899.

3) M. Berthelot, Compt. rend. **125**, 271, 675, 1897.

Umsetzung, andere Verbindungen verlangsamend. Wasserentziehende Mittel sind ohne Einfluss.

Die Vorgänge bei der Knallgasexplosion haben A. von Oettingen und A. von Gernet[1]) durch photographische Aufnahme mit Hilfe eines rotirenden Spiegels und durch Auskleidung des Eudiometers innen mit Kupferchlorür, welches erglüht und eine photographische Aufnahme ermöglicht, festgehalten. Es zeigten sich zickzackförmige Linien, die in Haupt- und Nebenwellen zerfallen. Die daraus berechenbare Geschwindigkeit der Fortpflanzung stimmt mit der von Berthelot zu 2800 m in der Sekunde gemessenen überein und kann mit zunehmender Abkühlung bis 600 m verfolgt werden.

Die beistehende Fig. 50, welche der Abhandlung von H. Bunte[2]) über seinen vor der Deutschen chemischen Gesellschaft gehaltenen Vortrag beigegeben ist, giebt die Explosionsverhältnisse von Luftmischungen mit Acetylen, Wasserstoff, Methan und Leuchtgas wieder.

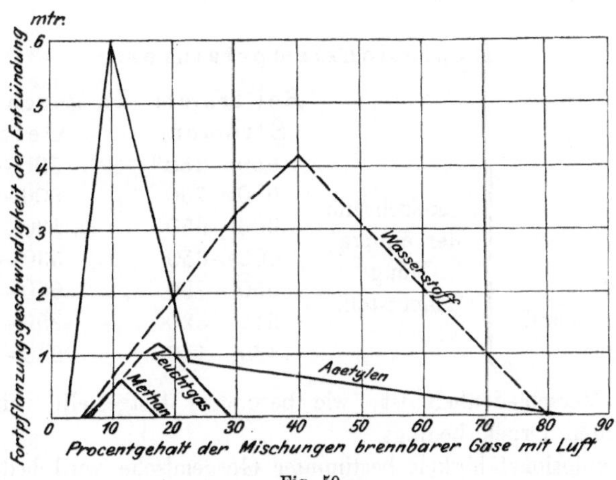

Fig. 50.

„Sie zeigt, dass die Verhältnisse bei diesen Gasen wesentlich verschieden liegen. Während beim Leuchtgas nur ganz bestimmte Luftmischungen, die sich zwischen 7 % und 30 % Leuchtgas bewegen, zur Explosion gebracht werden können, erstreckt sich das Bereich der Explosionsgefahr bei Acetylen und Luft fast auf alle Mischungsverhältnisse, und nur die Extreme mit weniger als 5 % Acetylen und weniger als 29 % Luft sind nicht explosionsfähig; nimmt man hinzu, dass wegen des hohen specifischen Gewichtes und der langsamen Diffusion des Ace-

1) A. v. Oettingen u. A. v. Gernet, Wied. Ann. 33, 586, 1888.
2) H. Bunte, Ber. 31, 19, 1898.

tylens auf eine gleichförmige Vermischung bezw. unschädliche Verdünnung weit weniger gerechnet werden kann, als beim Leuchtgas, und berücksichtigt die niedere Entzündungstemperatur, so ergiebt sich, dass die Explosionsgefahr beim Acetylen viel grösser ist als beim Leuchtgas; dazu kommt noch beim Acetylengas die viel grössere Fortpflanzungsgeschwindigkeit der Verbrennung, welche eine ganz erheblich stärkere Explosionsgefahr bedingt."

Knallgas explodirt nach Mallard und Le Chatelier zwischen 500 und 600^0 in geschlossenen Gefässen; doch kann ein langsamer Knallgasstrom, wie F. Freyer und V. Meyer[1]) gefunden haben, auf 606^0 und noch etwas höher erhitzt werden, ohne dass sich erhebliche Wassermengen bilden. Ein Silberüberzug setzt die Verbindungstemperatur erheblich herab; auf diese Weise trat bei 183^0 reichliche Wasserbildung ein, und konnte diese noch bei 155^0 beobachtet werden.

Folgendes sind die Resultate weiterer Untersuchungen von F. Freyer und V. Meyer:

Explosionstemperaturen.

		Bei freiem Strömen.	In geschlossenen Gefässen.
Wasserstoff		650—730^0	530—606^0
Methan		650—730	606—650
Aethan	gemischt mit der äquival.	606—650	530—606
Aethylen	Menge	606—650	530—606
Kohlenoxyd	Sauerstoff.	650—730	650—730
Schwefelwasserstoff		315—320	250—270
Chlorknallgas		430—440	240—270.

Diese Verschiedenheit ist, wie besonders festgestellt wurde, nicht durch erhöhten Druck bedingt.

Die Explosionsfähigkeit bestimmter Gasgemische wird bedingt durch die Temperatur, durch die Verdünnung mit indifferenten an der Verbrennung nicht theilnehmenden Gasen sowie auch durch die Art des Gefässes, in welchem die Explosion stattfindet. Untersuchungen von J. Roszkowski,[2]) welche in einer starkwandigen Glaskugel von ca. 40 mm Durchmesser und 35 ccm Inhalt, in das zwei knieförmig gebogene kapillare Glasröhren mündeten, ausgeführt wurden, ergaben folgende Resultate, wobei noch zu bemerken ist, dass die Verbrennung nahe an der Explo-

---

[1]) F. Freyer u. V. Meyer, Ber. **25**, 622, 1892; Zeitschr. physik. Ch. II, 28, 1893; vgl. auch P. Askenasy u. V. Meyer, Liebig's Ann. **269**, 49, 1882: Krause u. V. Meyer, ibid. **264**, 85, 1890; V. Meyer u. M. v. Recklinghausen, Ber. **29**, 2549, 1896.

[2]) J. Roszkowski, Zeitschr. physik. Ch. **7**, 485, 1891.

sionsgrenze eine stufenweise ist, so dass daselbst die Verpuffung von sehr geringen Wirkungen begleitet ist.

1. Versuche mit Wasserstoff.

Die betreffenden Daten sind in der nachstehenden Tabelle gegeben.

a) Beim Ueberschuss von Sauerstoff (untere Explosionsgrenze) ergiebt sich, dass der Wasserstoff bei gewöhnlicher Temperatur einen 18,5 mal grösseren Zusatz desselben verträgt, als zur vollständigen Verbrennung nöthig ist, ohne die Explosionsfähigkeit einzubüssen. Die Wirkung der gesteigerten Temperatur ist, wenn nicht gerade gleich Null, so doch sehr gering, und zwar beträgt der Unterschied der Explosionsgrenzen bei 15° und 100° 0,4%, eine weitere Steigerung der Anfangstemperatur auf 200° bis 300° bleibt wirkungslos. — Bei der oberen Explosionsgrenze (Ueberschuss von Wasserstoff) beträgt die Erweiterung der Steigerung der Temperatur bis 300° 3,1%, und zwar bis 100° 21%, von da bis 200° 0,4% und von 200 bis 300° 0,6%. Die obere Explosionsgrenze lag für 15° zwischen 2,62 bis 2,90 Vol. Wasserstoff auf 1 Vol. Knallgas.

Tabelle über die Explosionsgrenzen bei 15°.

Auf 1 Thl. Knallgas kommen:

in Sauerstoff.		in atmosph. Luft.			Kohlensäure-Sauerstoffgemisch.			
O_2	6,09	O_2	0,98	N_2 5,26	O_2	0,67	CO_2 4,02	keine Explosion.
	5,73		0,93	5,08		0,64	3,91	Explosion.
H_2	2,62	H_2	2,34	N_2 1,33	H_2	2,87	CO_2 1,33	Explosion.
	2,70		2,42	1,23		2,93	1,33	keine Explosion.

b) bei einem Gemische von Wasserstoff und Luft ist die Wirkung der Temperatursteigerung auf die untere Grenze nicht zu bemerken, dagegen steigt bei der oberen die Grenze bei 100° um 3,5%, bei 200° um 4% und bei 300° um 7,2%, so dass die Explosionsgrenze insgesammt um 14,7% erweitert wird.

c) Beim Kohlensäure-Sauerstoffgemisch ($CO_2 : O_2 = 79 : 21$) zeigt sich, dass die Explosionsgrenzen bis 100° sich erweiterten, dabei die obere stärker als die untere, wie dies auch bei der Luft der Fall ist, von 100° ab dagegen mit steigender Temperatur sich verengten, so dass eine Mischung, welche bei 15° bezw. 100° explodirte, bei 200° nicht mehr entzündlich war, und weiter konnte eine Mischung, welche bei 200° explodirte, bei 300° nicht mehr zur Zündung gebracht werden. Es ergab sich, dass die Kohlensäure als Verdünnungsmittel die Explosionsgrenzen weit stärker herabdrückt als Stickstoff, wie schon mehrfach konstatirt wurde.

Bunsen[1]) fand, dass ein Gemisch von 25,79 %Knallgas mit 74,21 %/o CO_2 unentzündlich ist, ebenso verhält sich das Gemisch 8,72 %/o Knallgas $+$ 91,28 %/o Sauerstoff. W. Hempel[2]) giebt an, es verbrennt noch, wenn ein Gas enthält in 100 Vol. eine Mischung mit Luft: 5—13 %/o CH_4, 4—22 %/o C_2H_4, 5—28 %/o Leuchtgas, während bei anderen Gasen (C_2H_2, H_2, CO) die obere Grenze bei dem Gehalte von ungefähr 75 %/o liegt.

S. Tanatar[3]) beobachtete, dass das Vorhandensein von 11—12%/o Propylen genügte, um die Entzündlichkeit des Knallgases aufzuheben. Ebenso wirkt Trimethylen. Von Methan ist dazu das doppelte Volum (22—24 %/o) nöthig; von Acetylen sind 50%/o noch nicht hinreichend. Nach der Verpuffung eines Gemisches von 5 ccm Propylen mit 45 ccm Knallgas ergab sich, dass in der Hauptsache das Propylen zu Kohlenoxyd und Wasser verbrennt, der Wasserstoff aber ziemlich unverändert bleibt.

2. Versuche mit Kohlenoxyd.

Nachstehende Tabelle giebt die Explosionsgrenzen bei 15 °.

Auf 1 Th. Knallgas ($CO + O_2$) kommen:

in Sauerstoff. in atmosph. Luft. Kohlensäure-Sauerstoffgemisch.

O_2	3,33	O_2	0,47	N_2	3,25	O_2	0,08	CO_2	1,67	keine Explosion.
	3,27		0,46		3,13		0,07		1,62	Explosion.
CO	4,37	CO	4,23	N_2	1,33	CO	3,72	CO_2	1,33	Explosion.
	4,65		4,28		1,33		3,86		1,33	keine Explosion.

a) Die steigende Temperatur bis einschliesslich 200 ° bewirkt Erweiterung der Explosionsgrenzen einer Sauerstoff-Kohlenoxydmischung[4]); die Differenz bei 100 ° ist 0,9 %/o, von 100 bis 200° 0,4 %/o. Bei 300 ° sinken die Explosionsgrenzen, vermuthlich durch stattgefundene langsame Vereinigung der Gase. Die Grenzwerthe sind 0,086 Vol. und 3,140 Vol. O_2 auf 1 Vol. CO, in Procenten 21,4 und 92,5 Vol. %/o.

b) Die an der Grenze liegenden explosiven Gemische von Kohlenoxyd und Luft zeigen, dass die Einwirkung des Stickstoffs als Verdünnungsmittel von der des Sauerstoffs nicht wesentlich verschieden ist. Die Explosionsgrenzen erweitern sich bis 200°, bei 300 ° findet ein starker Abfall statt. Die äussere erweitert sich beim Ueberschuss von atmosphärischer Luft bei 100 ° um 1,1 %/o, von da bis 200 ° wieder um 1,1 %/o und fällt dann bei 300 ° um 6,7 %/o. Die obere Grenze zeigt beim Ueberschuss von brennbarem Gas folgende Verschiebung: bei 100° 2,6%/o höher, bei 200° um weitere 3,2 %/o und fällt von da bei 300 ° um 17,2 %/o.

1) Bunsen, Gasom. Meth.
2) W. Hempel, Gasanalyt. Methoden 3. Aufl. 113, 1900.
3) S. Tanatar, Zeitschr. physik. Ch. **85**, 340, 1900.
4) Vgl. hierzu H. Le Chatelier u. Boudouard, Compt. rend. **126**, 1344, 1898.

c) Bei der Kohlensäure-Sauerstoffmischung sind die Grenzen bedeutend engere als bei den Versuchen mit atmosphärischer Luft. Es zeigte sich wieder der schädliche Einfluss des Kohlendioxyds. Die Explosionsgrenzen erweiterten sich bis 100^0 bei der oberen Grenze um 1,7 $^0/_0$, bei der unteren um 2,3 $^0/_0$, um bei weiterer Temperatursteigerung rasch zu sinken, und zwar bei 200^0 um 4,1 $^0/_0$ bezw. 2,5 $^0/_0$, von da ab bis 300^0 um 16,1 $^0/_0$ bezw. 9,6 Vol.-Procente. Der Grund dieser Erscheinung ist in allmäliger Vereinigung von O_2 und CO zu suchen. Gemische von 25,3, 26,6, 27,1 und 71,7 $^0/_0$ CO, welche alle bei gewöhnlicher Temperatur explodiren, explodirten nach vorhergehender Erhitzung auf 300^0 nicht mehr. Auch ergab die Analyse, dass sich der Gehalt an CO vermindert, der von CO_2 aber zugenommen hatte.

3. Versuche mit Methan.

Folgende Tabelle giebt die Explosionsgrenzen bei 15^0.

Auf 1 Thl. Knallgas ($CH_4 + 2\,O_2$) kommen:

in Sauerstoff.   in atmosph. Luft.   Kohlensäure-Sauerstoffgemisch.

O_2	4,55	O_2	0,43	N_2	4,40	O_2	0,03	CO_2 2,79 keine Explosion.
	4,29		0,37		4,17		0,07	2,69 Explosion.
CH_4	1,46	CH_4	0,16	N_2	2,66	CH_4	0,10	CO_2 2,66 Explosion.
	1,48		0,17		2,66		0,11	2,66 keine Explosion.

a) Wie man aus der Tabelle ersehen kann, bedarf Sumpfgas, um mit Sauerstoff eine explosive Mischung zu bilden, etwa ein Drittel des zur Verbrennung nöthigen Sauerstoffs, und verträgt einen ca. 7,3 mal grösseren Ueberschuss als nach der Gleichung

$$CH_4 + 2\,O_2 = CO_2 + 2\,H_2O$$

erforderlich ist. An der unteren Grenze bewirken je 100^0 Temperaturerhöhung eine Erweiterung um 0,4 $^0/_0$, an der oberen Grenze ist dieselbe verhältnissmässig sehr klein.

b) Die Explosionsgrenzen mit Luft ergaben bei gewöhnlicher Temperatur, dass der in dem Luftquantum vorhandene Sauerstoff fast doppelt so gross sein muss (1,3230 Vol.), als bei Anwendung von reinem Sauerstoff erforderlich ist (0,7515). Das Maximum der atmosphärischen Luft, bei welchem das Grubengas noch explosive Mischung bilden kann, beträgt auf 1 Vol. CH_4 3,29 Vol. O_2 bezw. 15,65 Vol. atmosphärische Luft; es darf demnach das Luftvolum fast gleich gross genommen sein, wie dasjenige des reinen Sauerstoffs. Gesteigerte Temperatur ist auf die Explosionsgrenzen von Methan-Luftgemischen von unbedeutendem Einfluss.

c) Die Explosionsgrenzen liegen bei dem Kohlensäure-Sauerstoffgemisch bei gewöhnlicher Temperatur zwischen sehr engen Grenzen, nämlich zwischen 9,0 und 11,4 Vol.-Procenten CH_4, also nahe an der theoretischen Verbrennungsmischung. Gesteigerte Temperatur ist auch hier ohne merklichen Einfluss.

4. Versuche mit Leuchtgas.

Das zur Verwendung kommende Leuchtgas enthielt:

Wasserstoff,	49,4	Vol.-Procente
Grubengas,	34,5	„ „
Kohlenoxyd,	6,4	„ „
Schwere Kohlenwasserstoffe (Aethylen, Benzol etc.)	5,3	„ „
Kohlendioxyd,	2,0	„ „
Stickstoff,	2,4	„ „
	100,0	Vol.-Procente.

Folgende Tabelle giebt die betreffenden Daten:

Auf 1 Theil Knallgas kommen bei 15⁰:

in Sauerstoff.	in atmosph. Luft.	in Kohlensäure-Luftgemisch.		
O_2 5,84	O_2 0,89	N_2 5,56	O_2 0,76	CO_2 5,07 keine Explosion.
5,66	0,82	5,31	0,67	4,66 Explosion.
Lg. 0,60	Lg. 0,22	N_2 2,00	Lg. 0,34	2,00 Explosion.
0,61	0,24	2,00	0,36	2,00 keine Explosion.

a) Hiernach bedarf 1 Vol. Leuchtgas, um bei Zimmertemperatur eine explosive Wirkung zu bilden, 0,4358 Vol. Sauerstoff (zur Verbr. war nothwendig nahe an 1 Vol. O) und verträgt, ohne an Explosionsfähigkeit zu verlieren, 12,250 Vol. Sauerstoff. Gesteigerte Temperatur bis 300⁰ erweitert in gleichmässiger Weise die untere Grenze um 0,3, die obere um 2,3 Vol.-Procent.

b) Stickstoff als indifferente Gasart vermindert an der oberen Grenze die Explosionsfähigkeit des Leuchtgases, das explosive Gemisch enthält die 1,5 fache Menge des Sauerstoffs, der in der entsprechenden Leuchtgassauerstoffmischung enthalten ist. Die untere Grenze liegt beim 13 fachen Luftvolum = 28 Vol. Sauerstoff. Hier zeigt sich der Stickstoff als Verdünnungsmittel gleichwerthig mit Sauerstoff. Die Wirkung der erhöhten Temperatur zeigte sich an der oberen Grenze durch eine Erweiterung von je 2,0 ⁰/o für je 100⁰, an der unteren zeigte sich keine merkliche Erweiterung (0,5 ⁰/o bei 300⁰).

c) Bei dem Kohlensäure-Sauerstoffgemisch zeigt die untere Grenze wenig Unterschied gegen die Versuche mit atmosphärischer Luft, dagegen die obere eine Erweiterung bis 20,1 Vol.-Procente oder 0,627 Vol. Sauerstoff auf 1 Vol. Leuchtgas. Die gesteigerte Temperatur verengert die Explosionsgrenzen in steigendem Maasse, bei der unteren Grenze bis 300⁰ um 1,5, bei der oberen um 7,1 Vol.-Procente; nur bei 100⁰ hatte sich

die letztere um 1,4 Vol.-Procente erweitert. So liegen die Explosionsgrenzen bei 300^0 zwischen 9,3 und 18,2 Vol.-Procente.

Die Explosion des Cyanknallgases wurde von H. B. Dixon
G. H. Strange und G. Graham[1]) untersucht. Sie fanden, dass die
Geschwindigkeit der Explosionswelle bedeutend grösser ist, wenn die
Mischung derart ist, dass sich Kohlenoxyd bildet, wie bei der Mischung,
bei welcher genügend Sauerstoff zur Kohlendioxydbildung vorhanden ist.
Es wurden folgende Werthe erhalten:

$$C_2N_2 + O_2 \qquad C_2N_2 + 2\,O_2 \qquad C_2N_2 + O_2 + N_2$$
$$2728\ m \qquad\quad 2321\ m \qquad\qquad 2398\ m.$$

Aehnliches zeigt sich bei Anwendung von Stickoxyd statt Sauerstoff
und Methan statt Cyan. Bei dem Gemische mit solcher Sauerstoffmenge,
wie sie für Kohlenoxydbildung genügt, giebt photographische Reproduk-
tion der aus einer Röhre heraustretenden Flamme eine kurze und schwache
Flamme, die bei dem Gemische für Kohlendioxydbildung ist dagegen lang
und hell. Im letzteren Falle erfolgt also eine länger dauernde Reaktion.
Dagegen ist das Licht in der Explosionsröhre selbst (Bleiröhre mit Glas-
fenster), bei Kohlenoxyd bedeutend stärker, entsprechend der höheren
Temperatur der ersteren Reaktion.

Aus diesen Versuchen ergiebt sich, dass Cyan brennt und explodirt
mit Sauerstoff ohne Feuchtigkeit, dass es bei der Explosion Kohlenoxyd
mit grosser und Dioxyd mit geringerer Geschwindigkeit liefert, dass auch
beim Brennen in der Luft die Oxydation in zwei Stufen erfolgt und die
Gegenwart von Feuchtigkeit die Reaktion nicht beeinflusst.

Explosionsversuche mit getrockneten Gasen.

J. Roszkowski hat auch Explosionsversuche mit getrockneten Gasen,
mit atmosphärischer Luft angestellt und gefunden, dass sich für Wasserstoff keine Differenzen gegen feuchtes Gas zeigten, ebenso bei Methan bei
gewöhnlicher Temperatur; dagegen ergaben die Versuche bei Methan bei
höherer Temperatur eine Veränderung der oberen Explosionsgrenze um
4,8 Vol-Procente bei 100^0. Kohlenoxyd explodirte in keinem
Falle, wie auch die Versuche Dixon's[2]) und Clark's[3]) früher ergeben
hatten. Ebenso war ein Gemisch von 1 Theil Wasserstoff, 30 Theilen
Kohlenoxyd und 62 Theilen Luft nicht explodirbar, welches die theoretische Mischung darstellt.

---

[1]) H. B. Dixon, E. H. Strange u. E. Graham, Journ. Chem. Soc. **1896**,
759; Ref. Zeitschr. physik. Ch. **21**, 326, 1896.

[2]) Dixon, London Soc. Proc. **37**, 56.

[3]) Clark, On the theorie of the gasengine. London 1882.

Ueber die Bildungsweise des Kohlendioxyds beim Verbrennen von Kohlenstoffverbindungen machte H. B. Dixon [1]) folgende Beobachtungen:

a) In trockenem Kohlenoxydknallgas wird durch einen elektrischen Funken keine Explosion bei gewöhnlicher Temperatur und normalem Druck hervorgerufen.

b) Grenzt feuchtes Kohlenoxydknallgas an trockenes, so löscht die Explosion im ersteren an der Grenze aus. Eine Flamme trockenen Kohlenoxyds verlöscht in trockener Luft.

c) Feuchtigkeit beschleunigt die Geschwindigkeit der Entzündung sowohl in der gewöhnlichen Flamme, wie in der Explosionswelle.

d) Kohlenoxyd und Sauerstoff verhalten sich bei der unvollständigen Verbrennung von Wasserstoff und Kohlenoxyd so gegen einander, als wären sie unfähig zu schneller Vereinigung.

e) Trockene Kohle in trockenem Sauerstoff erhitzt, glüht nicht, geht aber in Kohlenoxyd über; bei Gegenwart von Platinschwarz wird Dioxyd gebildet.

f) Trockenes Kohlenoxydgas verbindet sich auf dem Wege des elektrischen Funkens, bis das chemische Gleichgewicht erreicht ist.

g) Trockenes Kohlenoxydknallgas verbindet sich vollständig ohne Flamme in Berührung mit heissem Platindraht.

h) Trockenes Kohlenoxyd, das aus halbverbranntem Cyan entstanden ist, verbrennt in trockener Luft, wenn die Flammen im Flammentheiler nahe genug sind.

i) Trockenes Kohlenoxydknallgas verbrennt, wenn etwas trockenes Cyanknallgas zugemischt ist.

k) Cyan verbrennt in einem Ueberschuss von Sauerstoff vollständig zu Kohlendioxyd, jedoch in zwei Stufen, von denen die zweite langsamer ist.

l) Die Feuchtigkeit ist bei der Oxydation und Verbindung vieler anderen Stoffe wesentlich.

---

1) H. B. Dixon, Journ. Chem. Soc. 1896, 774; Ref. Zeitschr. physik. Ch. **21** 327, 1896.

V.

Das Licht in seinem Verhältniss zu Zustandsänderungen und Reaktionen.

Allgemeines.

Indem es gelang, die Energieart der Elektricität und des Magnetismus auf Schwingungen des Aethers in gleicher Weise wie die des Lichtes zu beziehen, war dadurch die Brücke zwischen diesen verschiedenen Energiearten geschlagen. Während sich die Wärmeenergie speciell auch auf die Bewegungen der Atome und Moleküle zurückführen lässt, sind es hier die Bewegungen, welche die an diesen materiellen Theilchen haftenden Aethertheilchen ausführen. Sind dieselben für langsamere Schwingungen zugänglich, so haben wir es mit elektrischen bezw. in einem Specialfall mit magnetischen Erscheinungen zu thun; und sind dieselben für schnellere Schwingungen zugänglich, so haben wir es mit Lichterscheinungen zu thun.

1. Durchsichtigkeit und Brechung des Lichtes.

Die Materie in den Elementaratomen kann, falls unsere Annahme einer stetigen Raumerfüllung richtig ist, für Lichtstrahlen nicht durchlässig sein. Es sind also die Räume, die sich zwischen den einzelnen Molekülen bezw. Atomen befinden, welche für die Aetherwellen gangbar sind, d. h. auch mit dem zur Fortpflanzung der Lichtwelle nöthigen Aether erfüllt sind. Die Grösse und Art der Zwischenräume bedingt die Durchsichtigkeit. Wie sehr die Durchsichtigkeit von der Art der Zwischenräume bezw. der Lagerung der Moleküle abhängt, zeigt das Beispiel von Diamant und Graphit, welche trotz nicht allzu grosser Verschiedenheit der specifischen Gewichte (Diamant = 3,53, Graphit = 2,2), ja trotzdem Diamant das höhere specifische Gewicht besitzt, so verschiedenes Verhalten in Bezug auf Durchlässigkeit der Lichtwellen zeigen.

Bei Platin, dessen Atomgewicht = 197,2 und dessen specifisches Gewicht = 21,7 ist, nimmt das Grammatom einen Raum von

$$\frac{197,2}{21,7} = 9,1 \text{ ccm}$$

ein. Bei gleicher Dichte für die Materie der übrigen Elemente, also auch des Kohlenstoffs, liessen sich in die 9,1 ccm 18,6 Grammatome Kohlenstoff einpressen, falls nicht die verschiedenartige molekulare Anordnung wäre. In Wirklichkeit sind aber bei dem Diamant nur 2,68 und von Graphit nur 1,67 Grammatome vorhanden.

Der Aufbau der Graphitmoleküle hat also so zu geschehen, dass die Kohlenstoffatome durch ihre Bewegung dem Lichtstrahl jeden Durchgang versperren, d. h. dass sie jede Art Aetherwelle aufzufangen und für die Molekularbewegung zu verwenden vermögen. Dieser Forderung sowie der hexagonalen Krystallformen u. s. w. entsprechend, lagern sich die Atome des Graphitmoleküls wie dies die Fig. 42 auf S. 387 in Bd. I. wiedergiebt. Durch die symmetrische Lagerung der Einzelmoleküle, die abwechselnd die Zwischenräume decken, ist dem Lichte der Durchgang völlig versperrt. Die Frage, warum alsdann das Benzol durchsichtig ist, welches doch dieselbe Konfiguration besitzt, ist mit dem Hinweis auf die äusserst beweglichen Wasserstoffatome und die dadurch bedingte Spielraumvermehrung für die einzelnen Moleküle erledigt. In der That ist ja auch das specifische Gewicht des Benzols 0,899 nur ca. $^1/_4$ von dem des Graphits. Die Wasserstoffatome beanspruchen also den Raum von fast drei Graphitmolekülen.

Im Diamantmolekül muss dagegen seiner Durchsichtigkeit und seiner Krystallform entsprechend der Aufbau ein ganz anderer sein. Es sei hier auf die Fig. 44 in Bd. I. hingewiesen, um zu zeigen, wie derselbe etwa gedacht werden könnte.

In ähnlicher Weise wie beim Kohlenstoff lässt sich auch das verschiedene Verhalten der Modifikationen des Phosphors erklären, von denen der weisse Phosphor sehr stark lichtbrechend und durchscheinend ist, der rothe dagegen den Lichtstrahlen. infolge totaler Reflexion den Durchgang verwehrt. Dass gewisse undurchsichtige feste Körper für den Lichtäther entweder gar nicht oder nur in sehr geringem Maasse durchlässig sind, hat Zehnder[1]) vor einiger Zeit experimentell nachgewiesen. Man unterscheidet also, je nachdem das Licht mehr oder weniger leicht bezw. vollständig durchgelassen wird: Durchsichtige, durchscheinende und undurchsichtige Körper. Es hat sich die allgemein giltige Regel ergeben, dass durchsichtige Körper für das Licht aber nicht für den elektrischen Strom Leiter sind, und umgekehrt leiten die undurchsichtigen Körper den elektrischen Strom.

---

1) Zehnder, Wied. Ann. **55**, 65, 81.

Da die Lücken zwischen den einzelnen Molekülen und Atomen nicht immer geradlinig verlaufen, einmal infolge der Anordnung, dann aber auch theilweise infolge der Bewegung der Moleküle bezw. Atome, so werden die durch das Licht erregten Aetherwellen entsprechend beeinflusst, sie werden abgelenkt. Die hierdurch bewirkte Brechung des Lichtes ist, wie leicht erklärlich, von der Dichte der betreffenden brechenden Substanz abhängig, d. h. je dichter das Medium, um so grösser die Ablenkung.

Bestimmung der Brechungsexponenten.

Der Brechungsexponent n eines isotropen Mediums ist nach dem Snellius- des Cartes'schen Gesetze $= \dfrac{\sin i}{\sin r} =$ konstant $=$ n, wobei i der Einfalls- und r der Brechungswinkel und n der Brechungsexponent, Brechungsindex oder Brechungskoëfficient ist. Aus der Huyghensschen Wellenlehre ergiebt sich $n = \dfrac{v_1}{v_2}$, wobei v_1 und v_2 die Lichtgeschwindigkeiten in den beiden Medien darstellen. Setzt man v_1, die Lichtgeschwindigkeit im Vakuum oder in Luft $= 1$, so geht die Gleichung über in $n = \dfrac{1}{v_2}$. In der Bestimmung des Brechungsexponenten haben wir also das Maass für die relative Geschwindigkeit des Lichtes in dem zu untersuchenden Medium.

Die für den Chemiker wichtigen Bestimmungsmethoden des Brechungsexponenten zergliedern sich in zwei Gruppen:

1. die der prismatischen Ablenkung,
2. die der totalen Reflexion.

Die bekannte Firma C. Zeiss[1]) in Jena bringt eine ganze Reihe von Instrumenten in den Handel, die alle dem Zwecke dienen sollen, die Bestimmung des Brechungsexponenten flüssiger und fester Körper möglichst rasch und genau auszuführen. Die in Frage kommenden Refraktometer sind verschiedener Konstruktion.

Das Refraktometer nach Pulfrich ist das am meisten benutzte und beruht auf der Messung des Brechungsindex durch Beobachtung des Grenzwinkels der Totalreflexion in einem Körper von bekannter höheren Lichtbrechung, mit dem der zu untersuchende Körper in ebener Fläche zur Berührung gebracht wird. Aus dem mittels Fernrohr und Theilkreis gemessenen Winkel (i), unter dem der Grenzstrahl die Vertikalfläche des Prismas verlässt und dem bekannten Index (N) des Prismas erhält man den Brechungsindex (n) der Substanz mit Hilfe einer Tabelle zu

$$n = \sqrt{N^2 - \sin^2 i}.$$

---

1) Vgl. den Specialkatalog der Firma für Spectrometer u. Refractometer, welchem auch die nachstehend gegebene Abbildung entnommen sind.

Die ältere Konstruktion des Pulfrich'schen Apparates ist von M. Wolz in Bonn zu beziehen, die neuere mit bedeutenden Verbesserungen versehene Konstruktion wird von C. Zeiss in Jena hergestellt

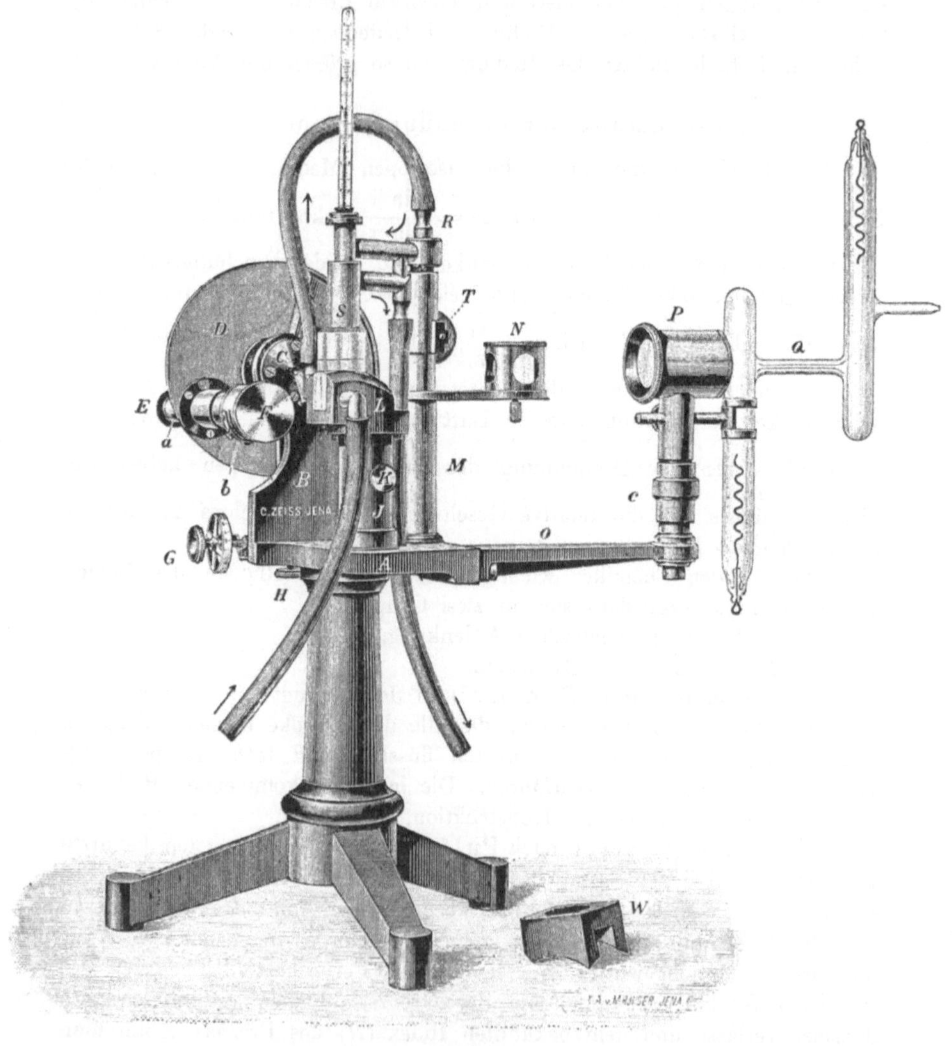

Fig. 51.

und kann für fast alle refraktometrischen und spektrometrischen Untersuchungen verwendet werden, nämlich:

α) Zur Bestimmung der **Brechung** (nD.) und **Dispersion** (Differenz der Indices für die **Fraunhofer**'schen Linien C, D, F und G') durchsichtiger, flüssiger und fester (einfach und doppelt brechender) Körper;

β) zur Untersuchung von Flüssigkeiten bei **höheren Temperaturen** bezw. von solchen Körpern, die erst bei höherer Temperatur flüssig werden;

γ) zur Bestimmung der Brechungs- und Dispersions**unterschiede** von solchen festen bezw. flüssigen Körpern, die sich in ihrem optischen Verhalten nur wenig von einander unterscheiden (Verwendung des Apparates als **Differenzrefraktometer**).

Die Genauigkeit der Messung geht bis auf eine Einheit der vierten Decimale für den Brechungsindex und bis auf 1—2 Einheiten der fünften Decimale für die Dispersion und bis auf ebensoviel für alle übrigen Differenzmessungen.

Nebenstehende Fig. 51 giebt den Apparat wieder.

Die **Neueinrichtungen** bestehen:

α) In einer **Beleuchtungsvorrichtung**, durch welche die Anwendung des Natriumlichtes und des Lichtes **Geissler**'scher (H) Röhren, sowie ein schneller Wechsel der beiden Lichtarten ermöglicht wird, und in einer den Zwecken einer rationellen Dispersionsbestimmung Rechnung tragenden **Mikrometervorrichtung**;

β) in einer eigenartigen **Heizeinrichtung**, welche bei grösstmöglicher Einfachheit der Handhabung eine vollkommen sichere Untersuchung von Flüssigkeiten bis zu 100° und darüber gewährleistet;

γ) in einem auf Vorschlag des Herrn Prof. **Ostwald** konstruirten **Flüssigkeitsgefäss**, durch welches die gleichzeitige Untersuchung von zwei Flüssigkeiten und die direkte Bestimmung der Brechungs- und Dispersionsunterschiede möglich gemacht wird;

δ) in einer dauernd mit dem Okular des Fernrohrs verbundenen **Hilfsvorrichtung**, durch welches ein schnelles und bequemes Auffinden der Nullpunktslage des Fernrohrs (Prüfung der Stellung des Nonius zum Theilkreise) möglich gemacht ist.

ε) in einer vor dem Objektiv des Fernrohrs angebrachten **Blendvorrichtung**.

In der Figur sind:

N = Reflexionsprisma, drehbar um

M = Drehungsaxe,

Q = **Geissler**'sche Röhre,

P = Kondensor,

H = Axialklemme der Mikrometereinrichtung,

G = Messschraube der Mikrometereinrichtung,

L = Hohlkörperfassung für die Erwärmung,

S = Silbernes Gefäss zum Erwärmen der Flüssigkeit,

T = Zahn und Trieb zum Heben von S,

W = Holzstück zum Schutze der Flüssigkeit gegen Temperaturänderung,

K = Schraube zur Justirung der Prismen auf

I = Hohldreikant auf A angebracht,

F = Vorrichtung zur Einstellung der Blendvorrichtung mit Hilfe
der Felder (c),

a = Fensterchen zur Beleuchtung der Skala.

Abhängigkeit des Brechungsexponenten von Druck und Temperatur.

Obgleich im allgemeinen der ein höheres specifisches Gewicht auf-
weisende Körper auch als optisch dichtere Substanz angesehen werden
muss, also den grösseren Brechungsexponenten besitzt, finden sich doch
auch Ausnahmen. Dagegen ändert sich bei demselben Körper mit Ab-
und Zunahme der Dichte durch Veränderungen des Druckes oder der
Temperatur auch in entsprechender Weise der Brechungsexponent. Es
ist also nothwendig, solche Gleichungen zu finden, die uns den Brechungsexponenten unabhängig von der Dichteänderung durch Druck und Temperatur wiedergeben. Zu dem Zwecke sind verschiedene Formeln aufgestellt worden, die es gestatten, die Refraktionskonstante, d. i.
den von dem Einflusse der zufälligen und wechselnden Dichte des Körpers
unabhängigen Brechungskomponenten wiederzugeben.

Berechnung der Molekularrefraktion.

Da neben der Brechung auch eine mehr oder weniger weitgehende
Dispersion des Lichtes bei dem Durchgang durch ein Medium stattfindet,
so würde es eigentlich sich von selbst verstehen, auch die Dispersion mit
in Rechnung zu ziehen und demgemäss eine alles umfassende Formel
aufzustellen. Selbst wenn man die Dispersion unberücksichtigt lässt und
die Molekularrefraktion, d. h. das auf das Molekulargewicht bezogene
Brechungsverhältniss, für nur eine bestimmte Lichtart, die rothe Linie
des Wasserstoffs oder das Natronlicht, bestimmt, so kommen doch Fälle
vor, bei denen sich die Dispersion von einiger Bedeutung zeigt, wenn
man in ihrer Konstitution nahestehende Verbindungen mit einander
vergleicht.

Eine für alle Fälle giltige Formel, welche Refraktion und Dispersion
zugleich umfasst, giebt es nun nicht. Es sind wohl eine ganze Reihe
von Formeln hiefür aufgestellt worden, so von Cauchy, Wüllner-
Helmholtz, Ketteler, Christoffel, Briot, Christiansen u. a. m.;
sie alle haben sich jedoch nicht bei einer eingehenderen Betrachtung be-

währt. Man hat sich deshalb im allgemeinen darauf beschränkt, nur die Refraktion in Rücksicht zu ziehen und zwar speciell nur die für die rothe Wasserstofflinie oder das Natriumlicht geltende. Nur in einigen wenigen Fällen ist auch die Dispersion innerhalb der durch diese beiden Linien gezogenen Grenzen mitherangezogen worden zur Aufklärung gewisser konstitutiver Einflüsse.

Für die Berechnung der Refraktionskonstante sind nun drei verschiedene Formeln aufgestellt worden.

1. Die von Laplace:

$$\frac{n^2-1}{d} = \frac{4k}{v^2},$$

n = Brechungsexponent.

v = Geschwindigkeit des Lichtes im Vakuum.

k = Konstante.

d = Dichte.

P = Molekulargewicht.

2. Die von Dale und Gladstone:

$$P \frac{n_\alpha - 1}{d} = M_\alpha = \text{Molekularrefraktion.}$$

(M_α zum Unterschied von der folgenden in lateinischer Schrift).

3. Die von H. A. Lorentz (Holland) und L. Lorenz (Dänemark):

$$P \frac{n^2 - 1}{n^2 + 2} \cdot \frac{1}{d} = \mathfrak{M}_\alpha = \text{Molekularrefraktion.}$$

(zum Unterschied von der vorhergehenden in deutscher Schrift).

Von diesen drei Formeln entprechen ihrem Zweck, eine von Temperatur und Druck unabhängige Konstante zu liefern, nur die beiden letzteren, indem die Laplace'sche Formel beim Uebergang vom Flüssigkeits- in den Gaszustand, sowie auch bei Dichteänderungen von Flüssigkeiten nicht zutrifft.

Bei der Prüfung der beiden anderen Formel dagegen hat sich Folgendes[1]) ergeben:

a) „Bei Temperaturerhöhung ohne Wechsel des Aggregatzustandes ergeben beide Formeln leidliche Konstanz; die Abweichungen sind bei beiden ziemlich gleicher Ordnung; fast stets zeigt die n-Formel mit steigender Temperatur fallende, die n^2-Formel mit steigender Temperatur steigende Werthe."

b) „Geht ein flüssiger Körper in den Gaszustand über, so zeigen die Refraktionskonstanten für beide Zustände, berechnet nach der n^2-Formel, übereinstimmende Werthe meist bis in die dritte Decimale; berechnet hingegen nach

---

1) Vgl. Graham-Otto, Lehrbuch d. Ch. Abth. III E. Rimbach, Ueber die Beziehungen zwischen Lichtbrechung und chemischer Zusammensetzung der Körper, welcher Arbeit nachstehende Sätze entnommen sind.

der n-Formel, für Intervalle von 20—100⁰, Abweichungen bis in die zweite Decimale. Die n-Formel ergiebt auch hier stets abnehmende Werthe bei steigender Temperatur, das Vorzeichen der nach der n²-Formel erhaltenen Differenzen wechselt unter Umständen."

c) „Beim Uebergang eines festen Körpers in den flüssigen Zustand scheint die Gladstone'sche Formel bessere Resultate zu liefern."

d) „Bei Gemengen liefert die Gladstone'sche Formel bei weitem übereinstimmendere Resultate als die Lorenz'sche."

c) „Werden die Aenderungen der Dichte durch Druck bewerkstelligt, so zeigt die Gladstone'sche Formel sich der Lorenz'schen überlegen."

Beide Formeln werden zur Berechnung der Molekularrefraktion hauptsächlich angewendet.

„Die Messung des Brechungsexponenten kann bis auf eine Einheit der vierten Decimale genau erfolgen, das gleiche gilt von der Dichte. Demgemäss setzt Landolt[1]) nach seinen Erfahrungen, indem er die grössten Differenzen zu Grunde legt, welche bei Untersuchung der gleichen Substanz von verschiedenen Darstellern und Beobachtern gefunden wurden, den maximalen Fehler von

$$\frac{n_\alpha - 1}{d} \text{ auf } \pm 0{,}004, \text{ von } \frac{n^2_\alpha - 1}{n^2_\alpha + 2} \cdot \frac{1}{d} \text{ auf } \pm 0{,}0027.$$

Der Werth der Molekularrefraktion, der proportional P steigt, würde danach mit einer Unsicherheit behaftet sein bei dem Molekulargewicht

von	100	200	300
für Mα	0,40	0,80	1,02
für $\mathfrak{M}\alpha$	0,27	0,54	0,81."

Für feste Körper gelten nur bei den isotropen Körpern die obigen Formeln, bei den anisotropen dagegen muss man dieselben in entsprechender Weise abändern. Die optisch einaxigen Krystalle zeigen zwei Brechungsexponenten, o und e, für den ordinären und den extraordinären Strahl, die optisch zweiaxigen dagegen besitzen drei Hauptbrechungsindices (α, β, γ). Gewöhnlich benutzt man zur Berechnung des mittleren Brechungsexponenten n_M das geometrische Mittel, und zwar ist dies nach Dufet

$$(1) \quad n_M = \sqrt[3]{o^2 e} \qquad (2) \quad n_M = \sqrt[3]{\alpha \beta \gamma} \text{ oder vereinfacht}$$

$$(1a) \quad n_M = \frac{1}{3}(2o + e) \qquad (2a) \quad n_M = \frac{1}{3}(\alpha + \beta + \gamma).$$

---

[1]) E. Landolt, Pogg. Ann. **123**, 601, 1864; Liebig's Ann. **213**, 96, 1882.

Die Gladstone'sche Formel nimmt alsdann folgende Gleichung an:

$$\frac{n-1}{d} \qquad (2\,o + e - 3)\frac{1}{3\,d} \qquad (\alpha + \beta + \gamma - 3)\frac{1}{3\,d}$$

für reguläre,   für optisch einaxige,   für optisch zweiaxige Krystalle.

Weitere Formeln sind infolge der doch öfter zu Tage tretenden Unzulänglichkeit der beiden vorhergehenden noch von Ketteler und von v. Obermayer aufgestellt worden.

Die Formel von Ketteler[1])

$$R = \frac{n^2 - 1}{n^2 + x} \cdot \frac{1}{d}$$

ist von Schütt[2]) an Kochsalzlösungen geprüft worden und eignet sich nach diesem Forscher am besten zur Darstellung der specifischen Refraktion des Chlornatriums und seiner Lösungen.

E. Matthiesen[3]) fand, dass sich noch besser wie die Ketteler'sche Formel diejenige von v. Obermayer

$$\frac{n_p - n_1}{p\,d} = \text{konst.}$$

den Beobachtungen anpasst, wobei n_p den mittleren Index einer p-procentigen Lösung und n_1 den Index des destillirten Wassers bedeutet.

M. Rudolphi[4]) hat diese Formeln in Wasser, Alkohol, sowohl hinsichtlich der Molekularrefraktion als auch der Moleculardispersion geprüft und gefunden, dass keine der Formeln der andern an Tauglichkeit überlegen sei.

Auch bestätigt sich, was schon Brühl bemerkt hat, dass nicht ausnahmslos dasjenige Medium das geeignetste zur Ermittelung der wahren Molekularrefraktion und -dispersion eines Körpers sei, welches dem gelösten Körper optisch am nächsten stehe.

Von den Lösungsmitteln des Chloralhydrats steht das Toluol demselben optisch am nächsten; trotzdem ergeben sich bei diesen Lösungen die abweichendsten Molekularrefraktionen für das feste Chloralhydrat. Dieser Einfluss des Lösungsmittels kann also sehr gross sein.

Man kann nicht behaupten, eine für ein und dasselbe Lösungsmittel allgemein und durchaus giltige Formel gefunden zu haben und demgemäss noch mit viel weniger Recht diese Behauptung auf alle Lösungsmittel ausdehnen. Ob dies überhaupt erreichbar ist, kann vorerst als fraglich angesehen werden, da sich eben verschiedene Einflüsse nicht durch eine allgemein giltige Formel ausdrücken lassen, indem ihre Grösse eine allzu wechselnde ist.

---

[1]) F. Ketteler, Theor. Optik. Braunschweig 1885.
[2]) Schütt, Zeitschr. physik. Ch. **5,** 349, 1890.
[3]) E. Matthiesen, Inaug. Dissert. Rostock, 1892.
[4]) M. Rudolphi, Die Molekularrefraktion fester Körper in Lösungen u. s. w. Habilitationsschrift, Darmstadt 1900.

Refraktionskonstante und Konstitution.

Während die Dispersion eine von der Konstitution in hohem Maasse abhängige Grösse ist, zeigt die Refraktionskonstante sich in viel weitgehenderem Maasse von der Molekulargrösse abhängig, sie besitzt also einen viel ausgesprochenen additiven Charakter, obgleich sich auch hier konstitutive Einflüsse recht oft geltend machen.

Auf diese Weise ist es möglich geworden, für eine grosse Zahl von Verbindungen den für die einzelnen Gruppen bezw. Atome zu berücksichtigenden Antheil der Refraktionskonstante zu bestimmen. Indem man die Refraktionskonstante nicht auf die Gewichtseinheit, bezieht, sondern auf das Molekulargewicht, erhält man die Molekularrefraktion. Aus dieser wiederum lässt sich, indem man analog konstituirte Verbindungen mit einander vergleicht, der auf das einzelne Atom kommende Antheil, die Atomrefraktion berechnen, entsprechend dem von Landolt eingeführten Modus, wobei man annimmt, dass die Refraktionskonstante eine streng additive Grösse ist.

Man kann auch dem Beispiele Eykmann's folgen, der die Refraktionskonstante in die den einzelnen Gruppen zukommenden Antheile zerlegt oder demjenigen von Schröder, welcher speciell bei den Fettkörpern die Molekularrefraktion in eine Anzahl unter sich gleicher Theilrefraktionen zerlegt. Hierbei kommt jedem Atom eine solche Theilrefraktion, Refraktionsstere genannt, zu. Hiervon ausgenommen ist der Karbonylsauerstoff, welchem zwei Refraktionssteren zuertheilt werden. Diese Eintheilung beruht auf der Beobachtung, dass die Gruppe $C = O$ dieselbe molekulare brechende Kraft besitzt wie CH_2, denn die gesättigten Alkohole haben die gleiche Refraktion wie die entsprechenden Säuren.

Folgen wir der von Landolt angewandten Berechnungsweise, so ergeben sich folgende allgemein giltige Resultate, die durch die Untersuchungen von Landolt, Gladstone, Brühl, Kanonnikoff, Schrauf, Le Blanc, Nasini, Eykmann u. a. m. festgestellt worden sind.[1]

1. „Die Brechungsindices der Glieder homologer Reihen nehmen bei den Fettkörpern mit steigender Anzahl der Kohlenstoff- und Wasserstoffatome zu." (Landolt).

2. „Die Molekularrefraktion nimmt für die Zusammensetzungsdifferenz CH_2 um eine ziemlich konstante Grösse zu. Für CH_2 kann im Mittel das Inkrement von $M\alpha = 7{,}60$, von $\mathfrak{M}\alpha = 5{,}56$ gesetzt werden." (Landolt).

„Die Differenz für das Inkrement CH_2 bleibt nicht gleich; sie wird umso kleiner, je mehr die Zahl der C- und H-Atome in den Gliedern wächst." (Landolt).

---

[1] Ich folge auch hier im wesentlichen der Arbeit von E. Rimbach (l. c).

3. „Bei den Olefinen und Benzolderivaten zeigt das specifische Brechungsvermögen mit steigendem Molekulargewicht nicht immer ständige Zunahme, sondern unter Umständen auch Abnahme." (Landolt und Gladstone).

„Das Molekularbrechungsvermögen weist bei diesen Körpern im allgemeinen ein etwas höheres Inkrement für einen Zuwachs von CH_2 auf (Gladstone)."

4. „Die Atomrefraktion des Sauerstoffs ist variabel, je nachdem Hydroxyl- oder Karbonylsauerstoff vorliegt (J. W. Brühl) oder wenn er mit zwei verschiedenen Kohlenstoffatomen verknüpft ist (Conrady)."

$$O'' : r_\alpha = 3,4 \qquad w_\alpha = 2,33$$
$$O' \ : r_\alpha = 2,75 \qquad w_\alpha = 1,51$$
$$O < \ - \qquad\qquad w_\alpha = 1,655$$

5. „Die Kohlenstoffdoppelbindung übt einen hervorragenden Einfluss aus. Man muss bei Berechnung der Molekularrefraktion aus den Atomrefraktionen, falls der Körper n Doppelbindungen enthält, dem gefundenen Werthe die Konstante n = 1,84 hinzufügen (Brühl)."

6. „Der Zuwachs für die dreifache Bindung liegt etwas höher als für die Doppelbindung (Brühl)."

7. Kettenförmige oder ringförmige Bindung bedingen keinen Unterschied der Molekularrefraktion, wohl aber Kernbildung (Brühl)."

8. „Aromatische Verbindungen zeigen häufig Abweichungen von diesen Regeln, die nach Brühl in erster Linie einer ungewöhnlichen Dispersion, welcher die abnorme Refraktionssteigerung zuzuschreiben ist, zeigen."

9. „Das Inkrement für eine Doppelbindung in der Seitenkette bei aromatischen Verbindungen zeigt eine leidliche Konstanz und beträgt mit ziemlicher Annäherung = 1,84, wenn

a) die Dispersion der Substanz diejenige des Zimmtalkohols nicht überschreitet,

b) die Anzahl der Doppelbindungen nicht zu gross ist (Brühl)."

10. „Die Atomrefraktion für die Halogene hat sich ergeben aus $\mathfrak{M}a$, ein Mittel für Cl zu 6,014, für Brom zu 8,863, für Jod zu 13,808 (Brühl)."

11. „Sättigungsisomere Stickstoffverbindungen besitzen, ganz analog den bei Kohlenstoffkörpern gemachten Erfahrungen niemals auch nur annähernd gleiches Refraktions- und Dispersionsvermögen."

12. „Stellungsisomere Körper haben bei Kohlenstoffverbindungen durchschnittlich gleiche oder fast gleiche Refraktion, bei Stickstoffverbindungen trifft dies nicht zu.“

13. „Isospektrisch, d. h. von gleichem Brechungs- und Dispersionsvermögen, sind Ketoxime, Aldoxime und Aldoximsauerstoffäther, ferner die zweigisomeren Amine. (Butyl- und Isobutylamin, Diäthylamin und Methylpropylamin, Toluidine und Xylidine).“

14. „Heterospektrisch sind kernisomere Amine und Nitrile, bei denen der Stickstoff in einem Falle mittelbar, im anderen Falle unmittelbar mit dem aromatischen Kern verbunden ist. (Benzylamin und Toluidine, Chinolin und Isochinolin). Derjenige Körper, bei welchem die Amin- oder Cyangruppe direkt dem Benzolkern anhängt, zeigt immer den höheren Werth.“

„Ebenso sind heterospektrisch stammisomere Amine, d. h. solche, in denen die Anzahl der bei dem Stickstoff verbliebenen Stammwasserstoffatome eine verschiedene ist. $(C_3H_7NH_2$ und $CH_3, C_2H_5NH, (CH_3)_3N)$.“

15. „Für die Atomrefraktion des Stickstoffs in einfacher Bindung schwankt der Werth

für w_α von 2,3—4,1, für w_{Na} von 2,4—4,9,

bei doppelt gebundenem Stickstoff:

für w_α von 3,7—4,1, für w_{Na} von 3,86—4,10,

bei dreifach gebundenem Stickstoff:

für w_α von 2,31—3,92, für w_{Na} von 2,45—3,94.

16. „Für Schwefel zeigt sich die Atomrefraktion bei aliphatischen Verbindungen konstant, bei den aromatischen Körpern zeigt sich die bekannte Abweichung. Thiophen und Chlorschwefel verhalten sich abweichend. Schwefeldoppelbindung bewirkt ebenfalls eine Steigerung, ebenso eine Verknüpfung der Schwefelatome unter sich.“

17. „Selen und Phosphor verhalten sich vielfach ähnlich wie Schwefel.“

18. Die Metalle und auch die Metalloide wie Sb weisen in organischen Verbindungen einen viel höheren Werth der Atomrefraktion auf als in den Halogeniden oder Salzen.“

Zum Schlusse sei noch darauf hingewiesen, dass J. W. Brühl auch bei einer Anzahl von Verbindungen die Dispersion eines kleinen Theils des Spektrums von w_α—w_{Na} mit in Rechnung gezogen hat und dadurch eine etwas intensivere Behandlung des Gesammtverhaltens ermöglicht hat. Demgemäss konnte z. B. die Eintheilung der Stickstoffverbindungen in isospektrische, d. h. solche von gleichem Brechungs- und Dispersionsvermögen, und in heterospektrische erfolgen.

Während Gladstone als Maass der Dispersion die Differenz zwischen den für zwei möglichst auseinander liegende Sonnenlinien (A und H) bestimmten, nach seiner Formel berechneten Refraktionskonstanten, also den Ausdruck

$$\frac{n_H - 1}{d} - \frac{n_A - 1}{d} = \frac{n_H - n_A}{d}$$

benutzt, verwendet Brühl unter Zugrundelegung der Lorenz'schen Formel den analogen Ausdruck

$$\frac{n^2_\gamma - 1}{n^2_\gamma + 2} \cdot \frac{1}{d} - \frac{n^2_\alpha - 1}{n^2_\alpha + 2} \frac{1}{d}.$$

Das kleinere Intervall der beiden Wasserstofflinien H_γ—H_α ist der leichteren Bestimmung halber gewählt.

Ich gebe noch folgende Zusammenstellung der für die Atomrefraktion von den verschiedenen Forschern für die einzelnen Atome gefundenen Werthe:

		Gladstone's Formel			Lorenz-Lorentz's Formel				Dispersion. Brühl-Lorenz's-Formel
		$r\alpha$	r_A	r_D	$w\alpha$	$w\alpha$	w_A	w_D	$w\gamma$-$w\alpha$
		Landolt		Zecchini	Landolt	Brühl	Landolt	Conrady	Brühl
Kohlenstoff einfach gebunden	C'	5,00	4,86	4,71	2,48	2,365	2,43	2,501	0,039
Wasserstoff	H	1,30	1,29	1,47	1,04	1,103	1,02	1,051	0,036
Hydroxylsauerstoff	O'	}2,80	2,71	2,65	1,58	1,506	1,56	1,521	0,019
Aethersauerstoff	O<					1,655		1,683	0,012
Karbonylsauerstoff . . . ,	O''	3,40	3,29	3,33	2,34	2,328	2,29	2,287	0,086
Chlor	Cl	9,79	9,53	10,05	6,02	6,014	5,89	5,998	0,176
Brom	Br	15,34	14,75} Haagen	15,34	—	8,863	—	8,927	0,348
Jod	J	24,87	23,55}	25,01	—	13,808	—	14,12	0,774
Aethylenbindung	⸗	2,4	2,0	2,64	1,78	1,836	1,59	1,71	(0,23)
Acetylenbindung	≡	—	—	—	—	2,22	—	—	(0,19)

Vermittelst dieser Atomrefraktionen kann, falls die empirische Formel eines Körpers bekannt ist, für eine grosse Zahl von Verbindungen die Molekularrefraktion derselben durch einfache Summirung berechnet werden.

Einzelne Gruppen.

Für die Stickstoffverbindungen hat J. W. Brühl[1] folgende Zusammenstellung der spektrischen Konstanten der charakteristischsten Atomgruppen gegeben:

[1] J. W. Brühl, Ber. **26**, 806, 2508, 1893; **28**, 2388, 2393, 2399, 1895; **30**, 158, 162, 816, 1897; **31**, 1350, 1898.

Verbindung.	Atom oder Gruppe.	w_α.	$w_{N\alpha}$.	$w_\gamma - w_\alpha$.
Molekularer Stickstoff,	Stickstoffatom	—	2,21	—
Ammoniakgas,	„	2,32	2,50	0,07
Hydroxylamin,	„	2,35	2,51	0,07
Hydrazine,	Stickstoffatom in der Gruppe NH_2	2,32	2,47	0,09
Primäre aliphatische Amine	Stickstoffatom	2,31	2,45	0,07
Sekundäre aliphatische Amine	„	2,60	2,65	0,14
Sekundäre aliphatische Amide,	Stickstoffatom $HN{<}^{C}_{CO}$	2,24	2,27	0,09
Tertiäre aliphatische Amine,	Stickstoffatom	2,92	3,00	0,19
Tertiäre aliphatische Amide,	Stickstoffatom $(-C-)_2 N - CO$	2,64	2,71	0,20
Dialkylnitrosamine,	Gruppe N_2O	7,93	8,06	0,59
Stickoxydulgas,	N_2O	—	7,58	—
Dialkylnitrosamine,	Gruppe NO	5,33	5,37	0,47
Alkylnitrite,	Nitrosogruppe NO	5,86	5,91	0,34
Stickoxydgas,	NO	—	4,47	—
Inkrement der Alkylnitrite gegenüber den Nitroalkylen: $RO - N = O - R$, $-N{<}^{O}_{O}{>}(N.O)-(N.O.)$		0,77	0,77	0,08
Inkrement der Diazoverbindung, im Diazoessigester ΔN und Diazobenzolimid,		3,38	3,13	0,70
Alkylnitramine, Dialkylnitroamine u. Alkylnitrourethane,	Gruppe N_2O_2	9,81	9,94	0,63
Alkylnitramine, Dialkylnitroamine u. Alkylnitrourethane,	Gruppe NO_2	7,47	7,51	0,52
Nitroalphyle,	Gruppe NO_2	7,16	7,30	0,94
Nitroparaffiine,	Gruppe NO_2	6,65	6,72	0,25
Alkylnitrite,	Gruppe NO_2	7,37	7,44	0,33
Alkylnitrate,	Gruppe NO_2	7,55	7,59	0,31
Salpetersäure,	Gruppe NO_2	7,36	7,35	0,29
Alkylnitrate,	Gruppe NO_3	9,02	9,10	0,31
Salpetersäure,	Gruppe NO_3	8,84	8,95	0,30

Aus diesen Ergebnissen lassen sich nach Brühl folgende Konstitutionsbeweise ableiten:

1. Dem Stickstoff im Ammoniak, Hydroxylamin, in den primären Alkylaminen und in der Amidogruppe der substituirten Hydrazine kommen die nämlichen spektrischen Atomkonstanten zu, wie dem Stickstoff des Hydrazins.

2. Die spektrischen Konstanten des Stickstoffs sekundärer und tertiärer Amide sind etwas kleiner als diese Konstanten sekundärer und tertiärer Amine; hinsichtlich primärer Amine fehlt noch das Beobachtungsmaterial. Da die tertiären Amine grössere Stickstoffkonstanten aufweisen, als sekundäre und diese grössere als primäre, so ergiebt sich, dass die Oxydation eines mit Stickstoff direkt vereinigten Restes CH_2 zu CO (Uebergang von Amin in Amid) einen ähnlichen optischen Effekt ausübt, wie die Verminderung der Anzahl mit dem Stickstoff unmittelbar vereinigter Kohlenstoffatome.

3. Das Stickoxyd zeigt ein geringeres Refraktionsvermögen als die Nitrosogruppe NO in den Dialkylnitrosaminen und Alkylnitriten, was aller Wahrscheinlichkeit nach mit der unvollständigen Bethätigung der Valenz des Stickstoffs im Stickoxyd zusammenhängt.

4. In der Nitrosogruppe $N = O$ der Alkylnitrite ergeben sich für die sog. Doppelbindung zwischen Stickstoff und Sauerstoff optische Inkremente, welche derjenigen der Karbonylbindung $C = O$ sehr nahe kommen. Ungefähr denselben Refraktionszuwachs hat der Uebergang vom dreiwerthigen Amin- in fünfwerthigen Ammonium-Stickstoff zur Folge. In Bezug auf Dispersion liegen noch keine Beobachtungen bei Ammoniumverbindungen vor.

5. Der Diazoverbindung im Diazoessigester und Diazobenzolimid, welche als sogenannte Doppelbindung zwischen den Stickstoffatomen gilt, kommen spektrische Inkremente zu, welche diejenigen der Aethylenbindung $C = C$ noch weit überschreiten.

6. Das Azoxybenzol hat sich als zu den Diazoverbindungen gehörig erwiesen, und man darf ihm die Konstitution

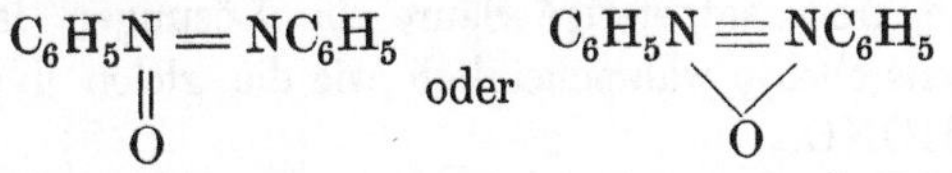

$$C_6H_5N = NC_6H_5 \quad \text{oder} \quad C_6H_5N = NC_6H_5 \quad \text{zuschreiben.}$$

7. Auch die sog. Nitrosacylamine verhalten sich als Diazoverbindungen, denen am wahrscheinlichsten die Struktur

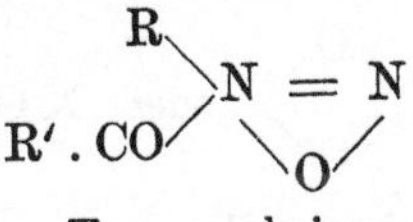

$$\begin{matrix} R \\ \\ R' . CO \end{matrix} \Big\rangle N = N \Big\langle \begin{matrix} \\ \\ O \end{matrix}$$

zukommen dürfte. Demselben Typus scheinen auch die normalen Diazoalphyle

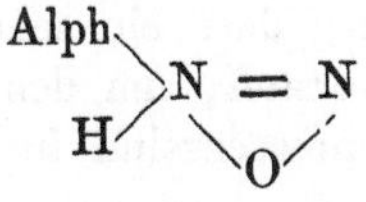

$$\begin{matrix} Alph \\ \\ H \end{matrix} \Big\rangle N = N \Big\langle \begin{matrix} \\ \\ O \end{matrix} \quad \text{und Diazotate} \quad \begin{matrix} Alph \\ \\ Mt \end{matrix} \Big\rangle N - N \Big\langle \begin{matrix} \\ \\ O \end{matrix}$$

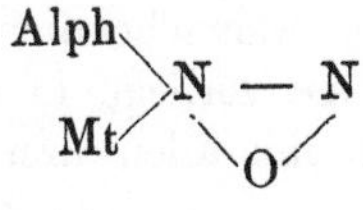

anzugehören, deren Uebergang in die stabilen Isoverbindungen auf der Bildung der Hydroxylformen Alph. $N = N = OMt$ und Alph. $N = N - OH$ beruhen könnte.

8. Die Alkylnitramine, Dialkylnitramine und Alkylnitrourethane zeigen, sowohl in bezug auf die Gruppe N_2O_2 wie NO_2 annähernd gleiche Konstanten. Die wahrscheinlichste Konstitution für alle diese Körper ist ausgesprochen durch eine Kombination von fünfwerthigem und dreiwerthigem Stickstoff mit ausschliesslich einfach gebundenem Sauerstoff, wie solche durch das Strukturschema

$$\begin{matrix} & & O & \\ x & & & \\ & N & = & N \\ y & & & \\ & & O & \end{matrix}$$

dargestellt wird, in welchem x und y Alkyle, Acyle oder Wasserstoff sein können.

9. Durch den Vergleich der Nitrokohlenwasserstoffe mit den Alkylnitriten, für welche die Konstitution $R - O - N = O$ angenommen wurde, hat sich die Struktur der erstgenannten Körper zu $R - N \diamondsuit$ feststellen lassen und zwar sowohl für die aliphatischen wie auch für die aromatischen Nitrokohlenwasserstoffe.

Die Metallnitrite dürfen als mit den Alkylnitriten gleich konstituirt werden. Für die Synthese der Nitroalkyle und Alkylnitrite mittels der Metallnitrite und für den quantitativen Verlauf dieses Vorganges hat sich eine einfache Erklärung ergeben. Ebenso konnte gezeigt werden, weshalb die aromatischen Kohlenwasserstoffe mit konc. Salpetersäure in der Kälte, dagegen die Paraffine nur mit ganz verdünnter Salpetersäure in der Hitze Nitroverbindungen liefern.

10. Für die freie salpeterige Säure in Lösungen ist die Formel $(HO)_3N$ mindestens ebenso wahrscheinlich wie die gleich hypothetische Zusammensetzung $HONO$.

11. Für die Salpetersäure, ihre Ester und Salze ist keine der bisher gebräuchlichen Strukturformeln

$$X O - N \diamondsuit \quad \text{oder} \quad X O - N \diamondsuit$$

zulässig. Die den Thatsachen allein entsprechende Konstitution wird durch die Formel $X O - O - N = O$ ausgedrückt. Für die Säure selbst dürfte es als wahrscheinlich anzunehmen sein, dass ein sehr lockeres Molekulargefüge vorliegt, in welchem der Wasserstoff, um den Komplex NO_3 rotirend, mit allen drei Sauerstoffatomen abwechselnd in Beziehung tritt, wie sich durch obige Strukturformel als Rotationsphase gedacht, ausdrücken lässt.

12. Das Stickoxydul und der molekulare Stickstoff haben überhaupt keine Strukturformel.

Das Refraktions- und Dispersionsvermögen des Siliciums in seinen Verbindungen hat G. Abati[1]) behandelt.

Für das Brechungsvermögen einiger Kohlenwasserstoffe mit kondensirten Benzolkernen fand A. Chilesotti[2]) in der Benzollösung für $H\alpha$-Licht folgende Molekularbrechungsvermögen:

	$(n-1)\,M\,v$		$\dfrac{n^2-1}{n^2+2}\,M\,v$	
	beob.	ber.	beob.	ber.
Dibenzyl,	103,83	102,60	59,59	59,06
Stilben,	115,43	102,40	65,44	59,66
Tolan,	111,70	99,64	62,07	58,02
Anthracen,	109,34	97,40	61,15	55,80
Phenanthren,	110,70	99,80	61,59	57,58
Reten,	145,12	130,20	80,64	75,82
Fluoren,	98,30	92,40	55,28	53,32.

Als Atomrefraktionen wurden bei den betreffenden Werthen zu Grunde gelegt:

	C	H	Doppelbindung.
n-Formel,	5,00	1,30	2,40
n^2-Formel,	2,48	1,04	1,78.

Bei der Berechnung sind die Doppelbindungen zu Grunde gelegt; die betreffenden Werthe zeigen wenig Uebereinstimmung mit den beobachteten. Nimmt man dagegen an, dass statt der Doppelbindungen Centralbindungen vorhanden sind und setzt für jede derselben den Werth 1,46 in die n-Formel resp. 0,895 in die n^2-Formel, so stimmen die berechneten Werthe mit den beobachteten weit besser überein.

Für den Oxymethylenkampher stellte J. W. Brühl[3]) mit Hilfe der Bestimmung der Refraktion fest, dass demselben, entsprechend der Annahme Claisen's, die Enolform zukomme, während eine Umwandlung in die Aldoform des Formylkampher in keiner Weise gelingt:

$$C_8H_{14}\!\!\begin{array}{c}\diagup C = CHOH \\ \mid \\ \diagdown CO\end{array} \qquad \text{und} \qquad C_8H_{14}\!\!\begin{array}{c}\diagup CH \cdot CH : O \\ \mid \\ \diagdown CO\end{array}$$

Oxymethylenkampher.   Formylkampher.

---

[1]) G. Abati, Zeitschr. physik. Ch. **25**, 353, 1898.

[2]) A. Chilesotti, Gazz. chim ital. **30**, I, 149, 1900; Ref. Zeitschr. physik. Ch. **35**, 113, 1900.

[3]) J. W. Brühl, Zeitschr. physik. Ch. **34**, 31, 1900.

Anders liegt die Sache indes bei einem Bromprodukt, dem nach Aschan und Brühl die Aldoform zukommt:

$$C_8H_{14} \Big\langle \begin{array}{l} CBr - CH : O \\ \;\;\,\big| \\ CO \end{array}$$

Diese Formel entspricht dem chemischen und dem optischen Verhalten.

Weitere Betrachtungen betreffen die Umwandelbarkeit der beiden Formen des von W. Wislicenus entdeckten **Formylphenylessigesters**:

$$C_6H_5 . C . COOC_2H_5 \qquad\qquad C_6H_5 . CH . COOC_2H_5$$
$$\|\qquad\qquad\qquad\qquad\quad\;\; |$$
$$CHOH \qquad\qquad\qquad\qquad CH : O$$

Enolform.   und   Aldoform.

Die Enolform besteht in Chloroform, Methylal, Benzol u. s. w., die Aldoform in alkoholischer Lösung.

Lichtbrechungsvermögen und Aggregatzustände bezw. Lösung.[1]

Bezeichnet man mit r die specifische Refraktion einer Substanz in gasförmigem Zustand, mit r_1 die im flüssigen, so ergiebt sich die Beziehung $\dfrac{r}{r_1} =$ konst. Der Werth der Konstante iat gleich dem Zahlenwerthe für das spec. Gewicht desjenigen Stoffes, welcher als Einheit zur Bestimmung der Gasdichte gewählt worden ist. Ist Wasser die Einheit, so erhält die Konstante den Werth 1. Es lässt sich also die specifische Refraktion eines Körpers im gasförmigen Zustande aus der im flüssigen und umgekehrt berechnen. Schreibt man nun die obige Formel in ihrer ausführlichen Gestalt, so lautet sie:

$$\frac{n^2 - 1}{n^2 + 2} : \frac{n_1{}^2 - 1}{n_1{}^2 + 2} = d : d_1.$$

Nach der elektromagnetischen Lichttheorie ist nun $\dfrac{n^2 - 1}{n^2 + 2}$ gleich dem Bruchtheil v des Gesammtvolums, welcher von der ponderabelen Materie eingenommen wird. Es folgt hieraus:

$$\frac{v}{v_1} = \frac{d}{d_1},$$

d. h. das Verhältniss der wahren Volumina im gasförmigen oder flüssigen Zustande ist dem Verhältnisse der Dichte gleich.

____

[1] S. Kanonnikoff, Journ. Russ. Phys. Chem. Ges. (8), **30**, 965, 1898; Ref. Zeitschr. physik. Ch. **129**, 752, 1899.

Nach den Untersuchungen von W. J. Pope[1] sind die Molekular-refraktionen fester Salze in der Hauptsache die Summen bestimmter sog. Atom- oder Aequivalentreflexionen. Die von Pope von 115 Salzen berechnete Molekularrefraktion stimmt mit den Beobachtungen meist sehr gut überein, nur in zwei Fällen beträgt die Differenz 3 $^0/_0$.

Ueber die Brechungsexponenten verdünnter Lösungen hat W. Hallwachs[2] gearbeitet. Hierbei zeigt sich ein unzweifelhafter Parallelismus zwischen der Aenderung der molekularen Brechung und der der elektrischen Leitfähigkeit.

Ueber die Molekularrefraktion und Dispersion äusserst verdünnter Salzlösungen hat D. Dijken[3] Untersuchungen angestellt.

Refraktionskonstante und Dissociation.

Die Untersuchungen von Le Blanc[4] über die Beziehungen zwischen Refraktionskonstante und Dissociation ergaben, dass die Stärke der Brechung mit höherem Dissociationsgrade zunimmt und mit steigender Koncentration bei einer und derselben Säure infolgedessen geringer wird. Für Salze konnte ein derartiger Nachweis bis jetzt nicht erbracht werden. Die Ansicht, dass den Wasserstoffionen ein grösseres Brechungsvermögen als dem in der nichtdissociirten Molekel vorhandenen Atom zugeschrieben werden muss, konnte durch neue Messungen[5] bestätigt werden. Für die OH-Gruppe konnte ein gleicher Unterschied nicht nachgewiesen werden. Der Werth für das Brechungsvermögen eines einzelnen Ions konnte auf zwei unabhängigen Wegen in befriedigender Uebereinstimmung berechnet werden.

Ueber die Aenderung der Brechungskoëfficienten bei der Neutralisation, der Bildung und Verdünnung von Lösungen haben ferner gearbeitet G. Tammann[6], W. Ostwald[7], W. Hallwachs[8], Quincke[9], Röntgen[10], Röntgen und Zehnder[11].

Anomale Dispersion.

Unter anomaler Dispersion versteht man die Erscheinung, dass beim Durchgang von weissem Lichte durch die betreffenden Körper, welche

---

1) W. J. Pope, Zeitschr. physik. Ch. **28**, 113, 1897.
2) W. Hallwachs, Wied. Ann. **47**, 380, 1892.
3) D. Dijken, Zeitschr. physik. Ch. **24**, 81, 1897.
4) M. Le Blanc, Zeitschr. physik. Ch. **4**, 553, 1889.
5) M. Le Blanc u. P. Rohland, ibid. 19, 261, 1895.
6) G. Tammann, Zeitschr. physik. Ch. **21**, 537, 1897.
7) W. Ostwald, Journ. pr. Ch. (2), **18**, 328, 1878.
8) W. Hallwachs, Wied. Ann. **53**, 1, 1894; **47**, 1, 1892.
9) F. Quincke, ibid. **19**, 431, 1883.
10) Röntgen, ibid, **44**, 49, 1891.
11) Röntgen u. Zehnder, ibid. **34**, 91, 1888.

diese Anomalie zeigen, die Reihenfolge der Farben im Spektrum nicht mehr die gewöhnliche ist, sondern dass je nach den Verhältnissen die eine oder andere Farbe stärker gebrochen erscheint.

Die anomale Dispersion spielt eine grosse Rolle bei den Untersuchungen über die Bestimmung des Brechungsexponenten, indem man z. B. verschiedene Verhältnisswerthe erhält, wenn man gelbes Natriumlicht oder ein anderes Licht zu Grunde legt.

Anomale Dispersion von Farbstoffen [1]).

„Die in einem Hohlprisma eingeschlossene, koncentrirte Lösung des Fuchsins bietet, wie zuerst Christiansen gezeigt hat, die auffallende Erscheinung, dass in dem Spektrum des durch die Lösung gebrochenen Lichtes die Reihenfolge der Farben eine ganz andere ist, als wir bei gewöhnlichen durchsichtigen Substanzen beobachten. Statt der bekannten Skala: roth, orange, gelb, grün, blau, indigo, violett beobachtet man die folgende: zuerst blau, dann indigo, violett und ein Theil des Grün durcheinander gemischt, darauf grün, roth, orange, gelb. Diese Erscheinung zeigt, dass der Brechungsindex nicht, wie etwa bei dem Glase, mit abnehmender Wellenlänge wächst, sondern dass die sog. Dispersionskurve eine von der gewöhnlichen sehr abweichende Form haben muss. Die Untersuchungen von Kundt haben weiter gezeigt, dass viele Substanzen, welche einzelne Strahlengattungen stark absorbiren, ein gleiches Verhalten zeigen. Insbesondere sind dies dem Fuchsin ähnliche, organische Farbstoffe, die metallischen Glanz und eine sog. Oberflächenfarbe aufweisen. Die Oberflächenfarbe entsteht dadurch, dass diese Farbstoffe einzelne Strahlengattungen stärker reflektiren als die anderen. Für dieselben Spektralfarben haben ferner diese Farbstoffe ein Absorptionsvermögen, welches an Stärke dem der Metalle nahezu gleich kommt; d. h. sie sind für diese Farben schon in sehr dünnen Schichten vollständig undurchsichtig. So kommt es, dass das Fuchsin im durchgehenden Lichte roth, im reflektirten goldgelb aussieht."

„Kundt, der sämmtliche Substanzen nur in Form von Lösungen untersuchte, hat folgendes Gesetz dieser anomalen Dispersion aufgestellt:

Zeigt ein Körper im durchgehenden Lichte starke Absorptionsstreifen, so nimmt der Brechungsindex stark zu, wenn man vom rothen Ende des Spektrums her einem Streifen sich nähert. Bei Annäherung vom violetten Ende her nimmt der Brechungsindex stark ab. Dabei werden die Strahlen grösserer Wellenlänge, die vom rothen Ende aus vor dem Absorptionsstreifen liegen, stärker abgelenkt als die Strahlen kürzerer Wellenlänge hinter dem Streifen."

---

[1]) Vgl. A. Pflüger. Wied. Ann. **56**, 417, 1895; Naturw. Rundsch. **11**, 56, 1896.

„Dies Gesetz ergiebt sich als nothwendige Folge sowohl aus der älteren elastischen Theorie, die von Sellmeier und Helmholtz zur Erklärung der anomalen Dispersion aufgestellt worden ist, als auch aus der von Helmholtz 1893 veröffentlichten elektromagnetischen Dispersionstheorie. Beide Theorien gründen sich auf die Annahme, dass die Brechung und Dispersion wesentlich bedingt sei durch das Mitschwingen der Körpermoleküle. Dabei ist die Absorption als ein Energieverlust aufzufassen, der durch einen der Reibung ähnlichen Vorgang entsteht."

„Unzweifelhaft ist die Methode, den Brechungsindex aus der prismatischen Ablenkung zu bestimmen, die einfachste und sicherste. Um diese Methode für feste, stark absorbierende Substanzen anwenden zu können, ist es nöthig, Prismen derselben von so geringer Dicke herzustellen, dass sie für alle Spektralseiten hinreichend durchsichtig sind. Kundt gebührt das Verdienst, zuerst die Gangbarkeit dieses Weges erkannt zu haben. Es gelang ihm aus den Metallen Gold, Silber, Eisen, Kobalt und andere derartige Prismen auf elektrolytischem Wege zu verfertigen und mittels einer einwandfreien Methode die vielumstrittene Frage nach den Brechungsindices der Metalle endgiltig zu lösen. A. Pflüger ist ihm auf diesem Wege gefolgt und hat nach einer von der Kundt'schen freilich wesentlich abweichenden Methode ebensolche Prismen aus Farbstoffen hergestellt. Die Methode besteht darin, dass unter Beobachtung geeigneter Vorsichtsmassregeln ein cylindrisch gekrümmtes Glasstück, etwa ein Abschnitt einer Glasröhre, auf eine Spiegelglasplatte gelegt wird, und in den Zwischenraum zwischen beiden einige Tropfen der alkoholischen Lösung des Farbstoffs gebracht werden. Durch kapillare Anziehung nimmt die Flüssigkeit eine geeignete Gestalt an, aus der bei dem Verdunsten des Alkohols der Farbstoff in Form zweier Keile sich ausscheidet. Diese Keile sind die gesuchten Prismen. Ob ein solches Prisma wirklich zu Messungen brauchbar ist, hängt völlig vom Zufall ab. Pflüger erhielt für die verschiedenen Farbstoffe unter etwa 30—80 angefertigten Prismen ein brauchbares. Der brechende Winkel derselben beträgt 40—130 Sekunden, die grösste Dicke ist geringer als $^{1}/_{1000}$ mm. Trotz dieser mikroskopischen Dimensionen waren die Prismen für Strahlen im Absorptionsstreifen noch so undurchsichtig, dass eine Zirkonlampe mit Sauerstoff-Leuchtgas-Gebläse nicht ausreichte; deshalb wurde eine starke Bogenlampe benutzt, deren Intensität durch zweckmässige Aufstellung nach Möglichkeit ausgenutzt wurde."

„Die Glasplatte α mit dem übertrieben gross gezeichneten Prisma β, wurde in Verbindung mit einer geeigneten Abblendevorrichtung auf dem Tischchen T des Spektrometers befestigt. Von der Lichtquelle L ward durch ein Prisma P ein sehr lichtstarkes Spektrum auf die Verschlussplatte S des Kollimatorrohres C projicirt. Das hierzu nöthige Linsensystem ist in der Fig. 52 nicht gezeichnet. Eine vorgenommene Aichung erlaubte, beliebige Spektralfarben in den Spalt O des Kollimators eintreten zu lassen. Beobachtet wurde dies nur bei senkrechter Incidenz, und der Brechungswinkel nach der für sehr kleine Winkel hinreichend genauen, abgekürzten Formel $n = \dfrac{\varphi + \delta}{\delta}$ bestimmt, wo φ die Ablenkung, δ den brechenden Winkel des Prismas bedeutet. Letzterer wird durch Reflexionsbeobachtungen mittels des Gauss'schen Okulars bestimmt. Da die Ablenkungen sehr gering sind, häufig nur wenige Sekunden betragen, war die Anwendung des Kundt'schen Kollimationsverfahrens, das überhaupt den Schwerpunkt der Methode bildet, unumgänglich geboten. Dies Verfahren gestattet, das Bild des Fadenkreuzes oder des Spaltes sehr genau in die Brennebene des Fernrohrokulars zu bringen. Die sonst übliche Methode, den Spalt „scharf" einzustellen, ist völlig unzureichend; die Beobachtungsfehler würden grösser sein als die zu messenden Grössen."

„Die interessantesten Resultate erhielt Pflüger beim Fuchsin. Die Brechungsindices n desselben sind:

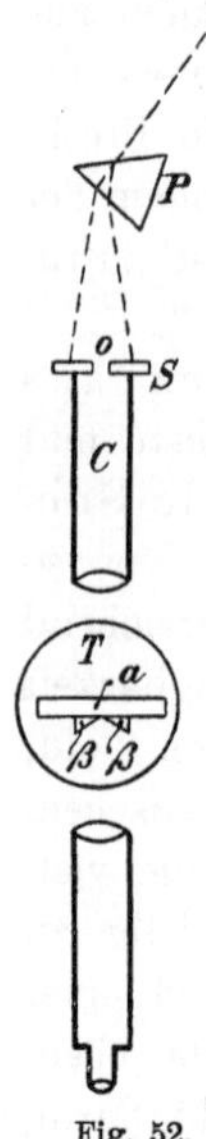

Fig. 52.

$\lambda = 703\,\mu\mu$	Liα.	D.	Tl.	F.	Sr.	G.	L.	$405\,\mu\mu$.
n = 2,30	2,34	2,64	1,95	1,05	0,83	1,04	1,17	1,38

In der untenstehenden graphischen Darstellung (Fig. 53) sind die Wellenlängen λ als Abscissen, die Brechungsindices n als Ordinaten aufgetragen.

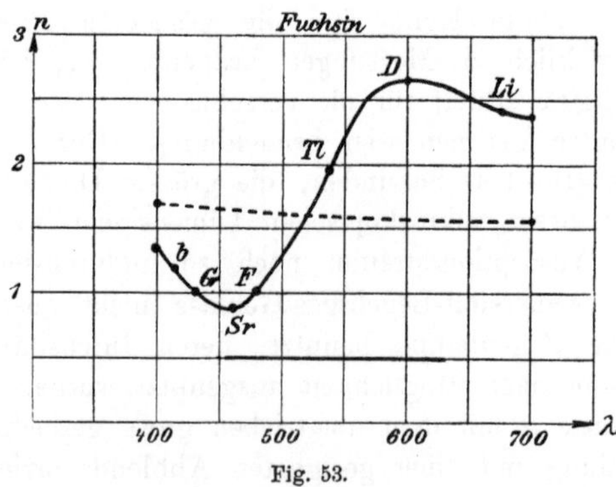

Fig. 53.

Die punktirte Linie bedeutet die Dispersionskurve einer gewöhnlichen, stark dispergirenden durchsichtigen Substanz des schweren Flintglases. Die ausgezogene Linie stellt die Kurve des Fuchsins, das dicke Strichparallel der Abscissenaxe die Ausdehnung des Absorptionsstreifens dar, dessen Grenzen Pflüger genau bestimmt hatte. Man sieht, dass die Werthe des Brechungsindex, vor dem Streifen vom Roth aus zu nehmen, im Streifen sehr stark abfallen. Das interessanteste Resultat ist dabei die Thatsache, dass am Ende des Absorptiousstreifens der Brechungsindex Werthe annimmt, die kleiner als 1 sind, dass also für diese Strahlen die Lichtgeschwindigkeit grösser wird als im Aether. Damit ist eine Folgerung, die Helmholtz aus der elektromagnetischen Dispersionstheorie gezogen hat, die aber auch aus der elastischen Theorie sich ergiebt, völlig bestätigt. Ebenso können die innigen Beziehungen, die zwischen der Dispersion und Absorption bestehen, nicht schlagender bewiesen werden, als durch die völlige Uebereinstimmung des absteigenden Astes der Kurve mit der durch die Länge des Striches bezeichneten Breite des Absorptionsstreifens. Ferner ergiebt sich aus der Vergleichung mit der Kurve des Flintglases, wie ausserordentlich gross der Variationsbereich des Brechungsindex beim Fuchsin ist."

„Ganz ähnliche Resultate hat Pflüger bei den übrigen fünf untersuchten Farbstoffen erhalten."

„Von besonderem Interesse ist die Kurve des Malachitgrüns (Fig. 54). Dieser Körper zeigt zwei starke Absorptionsstreifen, und genau dementsprechend besitzt die Kurve zwei absteigende Aeste. Ebenso interessant

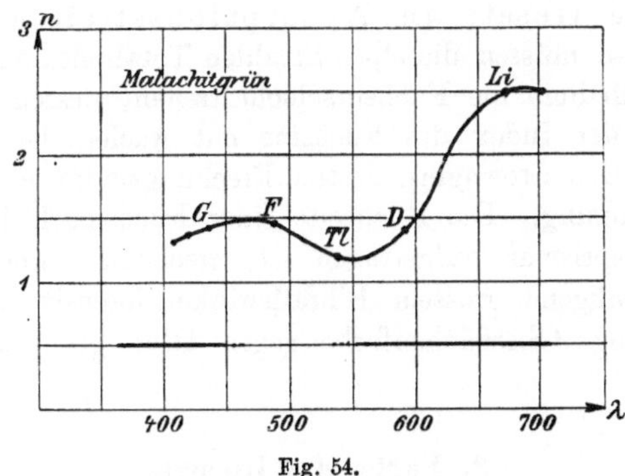

Fig. 54.

ist das Verhalten einer Mischung von Fuchsin und Malachitgrün (Fig. 55). Dieselbe absorbirte alle Strahlen des Spektrums bis auf das äusserste Roth und einen sehr schmalen Streifen in Blau. Dementsprechend fällt die Kurve vom Roth bis zum Blau sehr stark, bildet hier an der Stelle des nichtabsorbirten Lichtes eine kleine Erhöhung und fällt dann wieder ab. Einen Brechungsindex, kleiner als 1, hat Pflüger noch beim Hofmann'schen Violett gefunden."

„Von Interesse sind auch einige andere, hierher gehörige Versuche. Aus der Theorie ergiebt sich, dass der Brechungsindex absorbirender Substanzen, entgegen dem Snellius'schen Gesetz, nicht eine für alle Einfallswinkel konstante, wohl bestimmte Grösse ist, sondern mit wachsendem Einfallswinkel sich vergrössert. Wäre dies nicht der Fall, so müssten die Strahlen, für die das Fuchsin optisch dünner als die Luft ist, unter einem bestimmten Winkel Totalreflexion erleiden. Der Versuch zeigt, dass die Theorie Recht hat; das Fuchsin ist bei den grössten Einfallswinkeln für das blaue Strontiumlicht noch durchsichtig. Also ist das

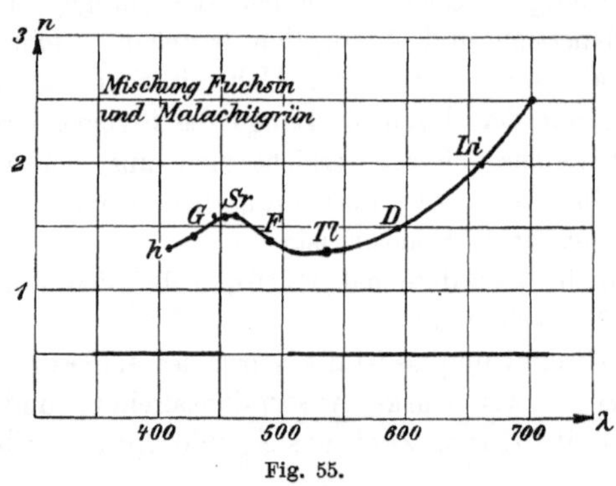

Fig. 55.

Snellius'sche Gesetz in Absorptionsstreifen nicht mehr giltig. Dagegen müssen dieselben Strahlen Totalreflexion erleiden, wenn sie aus einem Medium die Fuchsinschicht treffen, dessen Brechungsindex grösser ist als der Index des Fuchsins mit wachsendem Einfallswinkel werden kann. Das Crownglas, dessen Brechungsindex etwa 1,25 ist, erfüllt diese Bedingung. Die Rückseite einer Fuchsinschicht, die auf eine Seite eines Glasprismas aufgetragen ist, erscheint durch das Glas betrachtet, bei genügend grossem Einfallswinkel intensiv hellblau gefärbt, während ihre sog. Oberflächenfarbe gegen Glas graugrün, gegen Luft goldgelb ist."

2. Farbe der Körper.

Nach den neueren Ansichten der Physik beruht die Erscheinung der Farbe auf der auswählenden Absorption bestimmter Lichtwellen durch die Wirkung des auf den Atomen kondensirten Aethers, also der Elektronen. Den Definitionen entsprechend, welche in Band I für die Valenzen gegeben worden sind, nehmen wir an, dass der betreffende Aether an den Orten der einzelnen Valenzen, also an den zur Aufnahme und diesbezüglichen Einwirkung auf den Aether geeigneten Ecken der Atomformen kondensirt bezw. angelagert sei. Um diese kleinen Aethermengen der Valenzen erregen zu können, ist es nöthig, dass die betreffenden Valenzen nicht gebunden sind, d. h. es sind entweder freie Nebenvalenzen vorhanden, oder aber die Bindung ist in den Hauptvalenzen, die in Frage kommen, eine infolge der Atombewegungen abwechselnd freie und dann wiederum von neuem einsetzende, so dass die zur Farberscheinung nothwendigen Absorptionen der Aetherschwingungen durch die Valenzladungen möglich wird.

Diese auswählende Absorption, die also in einer stärkeren Erregung der Valenzladungen besteht, wird dann von diesen auf die Atom- und Molekularbewegungen selbst übertragen und in Wärme verwandelt. Mitunter tritt auch eine allmälige Zerstörung des gefärbten Körpers unter dem Einflusse des Lichtes ein.

Je nach der Art der Farbe unterscheidet man schwarze, bunte und farblose Körper. Absolut schwarze Körper absorbiren alle Lichtstrahlen, bunte nur einen Theil und farblose gar keine. Die Farbe der bunten Körper entspricht der Zusammensetzung der Strahlen, welche nicht zur Absorption kommen. Der Ausdruck farblose Körper dürfte wohl nur für die allerwenigsten der gewöhnlich als solche bezeichneten zutreffend sein, da derartige Körper häufig eine Absorption der ultravioletten bezw. auch ultrarothen Strahlen theilweise bewirken und wohl dem blossen Auge, nicht aber bei photochemischer Untersuchung farblos erscheinen.

Anorganische Körper.

Je weniger von einem Stoffe vorhanden ist, um so geringer wird sein Einfluss in Bezug auf die Absorption der Lichtwellen sein. Wir finden also, dass Körper häufig im gasförmigen Zustande weniger tief gefärbt erscheinen wie im flüssigen oder festen Zustande. Als anscheinend ungefärbte Körper erscheinen von den Gasen die sog. permanenten Gase: Wasserstoff, Stickstoff, Sauerstoff; dann die Edelgase: Helium, Argon, Xenon, Neon; weiterhin die Verbindungen: Kohlenoxyd, Kohlendioxyd, Stickoxydul, Stickoxyd, Cyan, Wasserdampf, Ammoniak, Salzsäure, Cyanwasserstoffsäure; dagegen zeigen sich als farbig die Halogene, von denen Chlordampf grün, Bromdampf gelb, Joddampf violett ist, weiterhin die Verbindungen Stickstoffdioxyd, Stickstofftrioxyd (wenn wir einmal dessen Existenz annehmen wollen).

Von flüssigen anorganischen Körpern kommen als gefärbte nicht allzuviele in Frage. Es sind dies die Halogene Chlor und Brom im flüssigen Zustande, sowie das Quecksilber.

Dagegen zeigen sich in Lösungen, und speciell in wässerigen Lösungen, bei den Elektrolyten vielfach die Farben der Ionen. So sind die Kupfersalze im allgemeinen blau. Dies zeigt sich auch im krystallisirten Zustande beim Vorhandensein von Krystallwasser, indem z. B. krystallisirtes Kupfersulfat, $CuSO_4$, $5\,H_2O$, blau gefärbt ist, das wasserfreie Salz dagegen weiss gefärbt ist. Von den Elektrolyten mit Ionenfarben seien noch erwähnt, die grünen oder violetten Chromsalze, die grünen Nickelsalze. Besonders auffallend ist das bekannte Verhalten des Kobaltchlorürs, welches in lufttrockenem Zustande auf Papier farblos erscheint, dagegen beim Erwärmen, also vollständigem Austrocknen, gefärbt.

Die vorerwähnten Salze sind in wässeriger Lösung alle hydrolytisch gespalten. Wie weit nun da bei den Farbenerscheinungen Ionen oder vielmehr basische Salze eine Rolle spielen, muss erst noch dahingestellt bleiben.

Ueber die Farbe der Ionen hat W. Ostwald[1]) eine grössere Untersuchung angestellt. Er stellte darin fest, dass die Spektra der verdünnten Lösungen verschiedener Salze mit gleichem farbigem Ion identisch sind.

Es wurden die Absorptionsstreifen der Uebermangansäure und 13 ihrer Salze geprüft und zeigte sich, dass dieselben vollkommen gleich sind. Folgende Tabelle beweist dies. Die Spalten I. bis IV. entsprechen den Streifen von Gelb nach Blau gerechnet.

Permanganate: Verdünnung 500 Cc, Schichtdicke 0,308 cm.

	I.	II.	III.	IV.
1. Wasserstoff,	$2601 \pm 0,5$	$2698 \pm 0,8$	$2804 \pm 0,7$	$2813 \pm 1,7$
2. Kalium,	$2600 \pm 1,3$	$2697 \pm 0,1$	$2803 \pm 0,9$	$2913 \pm 1,1$
3. Natrium,	$2602 \pm 1,2$	$2698 \pm 0,8$	$2803 \pm 0,7$	$2913 \pm 0,8$
4. Ammonium,	$2601 \pm 1,3$	$2698 \pm 1,4$	$2802 \pm 0,1$	$2913 \pm 0,1$
5. Lithium,	$2602 \pm 0,2$	$2700 \pm 0,2$	$2804 \pm 0,8$	$2914 \pm 1,7$
6. Baryum,	$2600 \pm 0,9$	$2699 \pm 0,8$	$2804 \pm 0,6$	$2914 \pm 1,3$
7. Magnesium,	$2602 \pm 0,8$	$2700 \pm 0,6$	$2802 \pm 0,7$	$2912 \pm 1,8$
8. Aluminium,	$2603 \pm 0,4$	$2699 \pm 0,9$	$2804 \pm 0,9$	$2914 \pm 0,7$
9. Zink,	$2602 \pm 0,5$	$2699 \pm 0,7$	$2802 \pm 1,2$	$2912 \pm 1,1$
10. Kobalt,	$2601 \pm 0,2$	$2698 \pm 0,1$	$2803 \pm 0,9$	$2912 \pm 1,7$
11. Nickel,	$2603 \pm 0,5$	$2700 \pm 0,7$	$2805 \pm 0,7$	$2913 \pm 1,8$
12. Kadmium,	$2600 \pm 0,0$	$2700 \pm 0,2$	$2803 \pm 0,8$	$2913 \pm 1,4$
13. Kupfer,	$2602 \pm 1,2$	$2699 \pm 0,1$	$2803 \pm 0,9$	$2913 \pm 0,8$.

Weiterhin untersuchte Ostwald mit demselben Erfolge das Fluorescein und seine Abkömmlinge.

Von den Farben der festen anorganischen Elemente und Verbindungen ist wenig allgemein Giltiges zu sagen. Es sei auf die Erscheinung hingewiesen, dass die Halogene gefärbt, ihre Alkalisalze dagegen ungefärbt erscheinen, während wiederum die Brom- und Jodver-

---

1) W. Ostwald, Zeitschr. physik. Ch. **9**, 579, 1892; vgl. auch G. Magnanini, ibid. **12**, 56, 1893; R. **19**, 190, 1895; J. Wagner, **12**, 314, 1893; F. G. Donnan, ibid. **19**, 465, 1895.

bindungen von Quecksilber, Silber, Blei, Wismuth u. s. w. gefärbt erscheinen. Die Schwefel- und auch Sauerstoffverbindungen zeigen neben weiss die verschiedenartigsten Farben. Bei sonstigen Salzen haben wir es zum Theil, wie schon vorher erwähnt wurde, mit den Farben der Ionen, zum Theil auch wohl mit sonstigen Chromophoren, basischen Komplexen u. s. w. zu thun.

Ueber den Zusammenhang der Farbenverhältnisse der Atome, Ionen und Moleküle stellt M. Carey Lea[1] folgende Regeln auf:

1. Wenn stark gefärbte, unorganische Substanzen aus farblosen Ionen zusammengesetzt sind, dann verschwindet ihre Farbe vollkommen, wenn diese Substanzen als Elektrolyte gelöst werden. Eine grosse Anzahl von Beispielen konnte hierfür angeführt werden, ohne dass eine Ausnahme angetroffen wurde. Hieraus ergiebt sich, dass die Ionen durch die Lösung so weit von einander getrennt worden sind, dass sie ihre Schwingungsperioden gegenseitig nicht mehr beeinflussen. So ist z. B. das Fünffachschwefelantimon eine intensiv farbige Substanz; es löst sich leicht in Lösungen von Schwefelalkalien und bildet dann absolut farblose Lösungen, weil die Antimon- und Schwefelionen farblos sind und sich bei der Lösung hinreichend weit von einander trennen, um ihre Schwingungsperioden nicht mehr zu beeinflussen, ohne jedoch aus ihrer gegenseitigen Einwirkungssphäre herauszutreten. Die hier gegebene Theorie der Trennung der Elemente mit farbigen Ionen von denen mit farblosen im natürlichen System der Elemente ist die einzige, welche dieses Verschwinden der Farbe erklären kann.

2. Die Vereinigung farbiger mit farblosen Ionen erzeugt die überraschendsten Farbenänderungen. Zwei ähnlich gefärbte Ionen können sich zu einem farblosen Körper vereinigen, anderseits können sich zwei ähnliche, farblose Ionen zu einem stark gefärbten Körper vereinigen. Schwarze Ionen sind nicht bekannt. Es besteht absolut keine nachweisbare Beziehung zwischen der Farbe eines Ions und der des Körpers, den es bilden hilft u. s. w.

Die Frage nun, warum gewisse anorganische Körper, Elemente oder Verbindungen, gefärbt, andere ungefärbt erscheinen, ist eine ungelöste. Wir haben ungefärbte mit freien Hauptvalenzen, wie z. B. Kohlenoxyd, Stickoxyd u. s. w. und haben auch gefärbte mit freien Haupt- oder Nebenvalenzen wie Stickstoffdioxyd $ON = O$.

$$\| \|$$

Auch mit dem periodischen System lässt sich die Erscheinung der Farbe nicht in Beziehung bringen, indem man wohl in den höheren Gruppen hauptsächlich die Elemente aufgehäuft findet, welche gefärbte

[1] M. Carey Lea, Amer. Journ. of. Sc. (4), 1, 405, 1896.

Verbindungen bilden, so in der sechsten Gruppe das Chrom, in der siebenten das Mangan, in der achten neben Eisen, Kobalt, Nickel, die Metalle der Platinfamilie; aber von eigentlichen Gesetzmässigkeiten kann man nicht sprechen. Auch in der ersten Gruppe findet man zwei hervorragend chromogene Metalle, das Kupfer und Gold, zwischen welchen aber das Silber steht, dessen Ionen keine charakteristische Färbung besitzen [1]).

Unter Berücksichtigung aller dieser Verhältnisse lässt sich also das Auftreten von gefärbten anorganischen Verbindungen folgendermassen definiren:

Auch bei den anorganischen Verbindungen sowie den Elementen hängt das Auftreten einer Farbe, d. h. also die Absorption bestimmter Lichtwellen, ab von den vorhandenen chromophoren Gruppirungen. Dieselben sind im wesentlichen bestimmt durch die leichte Erregbarkeit von vorhandenen freien oder abwechselnd freien Valenzladungen sowie den betreffenden Atom- und Molekularbewegungen, die je nach Umständen eine Absorption von Lichtwellen ermöglichen oder nicht.

Organische Verbindungen.

Bekanntlich hat O. N. Witt [2]) in der Absicht, die Natur der organischen Farbstoffe festzustellen, untersucht, welche Bedingungen erfüllt werden müssen, damit ein gefärbter Körper entsteht. Er fand, dass gewisse Atomgruppirungen unter besonderen Umständen die Entstehung eines Farbstoffes bewirken, und nannte diese Gruppen Chromophore. Andere Gruppen, die in entsprechender Weise verstärkend auf die Farbe wirken, werden Chromogene genannt. Auf diese Weise ist es möglich geworden, die organischen Farbstoffe in gewisse Gruppen zu zerlegen, die ihren Chromophoren entsprechend ein ganz entsprechendes Verhalten zeigen.

Es sind von organischen Körpern unter Umständen gefärbt:

a) Solche mit doppelt gebundenem Stickstoff, z. B. bei Azobenzol, Azofarbstoffen, nicht aber bei Diazoverbindungen.

b) Solche mit doppelt gebundenem Kohlenstoff,

z. B. bei Dibi-p-phenylenäthen,
$$\begin{matrix} C_6H_4 & & & C_6H_4 \\ | & \diagdown\!C:C\!\diagup & | & , \text{ roth,} \\ C_6H_4 & & & C_6H_4 \end{matrix}$$

---

[1]) Vgl. R. Meyer, Naturw. Rundsch. **13**, 479, 495, 505, 1898.

[2]) O. N. Witt, Ber. **9**, 522, 1876; vgl. auch R. Nietzki, Chemie der organischen Farbstoffe. 4. Aufl. 1901.

weniger bei Diphenylendiphenyläthen,
$$\begin{matrix} C_6H_5 & & & C_6H_4 \\ & \diagdown & & \diagup & | \\ & & C : C & & , \text{ gelbe Lösung,} \\ & \diagup & & \diagdown & \\ C_6H_5 & & & C_6H_4 \end{matrix}$$

nicht bei Tetraphenyläthen,
$$\begin{matrix} C_6H_5 & & & C_6H_5 \\ & \diagdown & & \diagup \\ & & C : C & & , \text{ farblos.} \\ & \diagup & & \diagdown \\ C_6H_5 & & & C_6H_5 \end{matrix}$$

c) Bei Nitroverbindungen z. B. nicht bei Nitrobenzol, wohl aber bei Pikrinsäure.

d) bei Chinonderivaten.

Diese Eintheilungen gelten für die Körper, welche durch die Lebhaftigkeit ihrer Färbung ausgezeichnet, als technisch verwerthbare Farbstoffe Verwendung finden, die also ausser der Farbe noch andere ganz bestimmte Eigenschaften wie Verwandtschaft zur Faser, Haltbarkeit u. s. w. besitzen. Nun giebt es aber auch eine grosse Anzahl von gefärbten organischen Körpern, die wir nicht zu den Farbstoffen rechnen, die aber für die Theorie der Entstehung der Farbe von ebenfalls grösster Bedeutung sind. Mit der Untersuchung dieser Körper hat sich Armstrong eingehend beschäftigt. Da dieser Forscher jedoch alle Farbenerscheinungen aromatischer Körper in höchst einseitiger Weise auf eine chinonartige Struktur ohne Rücksicht auf die Absorptionsspektren der betreffenden Körper zurückzuführen sucht, so verlieren seine Untersuchungen, wie auch schon Martley[1]) nachgewiesen hat, sehr an Werth.

Von grösserem Interesse sind die Beobachtungen, dass gewisse **Kohlenwasserstoffe von besonderer Molekularstruktur** gefärbt erscheinen, während sonst diese Körperklasse gewöhnlich ungefärbt ist. Die betreffenden Verbindungen leiten sich von dem Aethylen ab und verhalten sich nach Untersuchungen von de la Harpe und van Dorp, C. Graebe und von Nantz[2]), V. Kaufmann[3]), C. Graebe und N. Stindt[4]) folgendermassen:

Dibiphenylenäthen,
$$\begin{matrix} C_6H_4 & & & C_6H_4 \\ | & \diagdown & & \diagup & | \\ & & C : C & & , \text{ roth gefärbt,} \\ | & \diagup & & \diagdown & | \\ C_6H_4 & & & C_6H_4 \end{matrix}$$

Diphenylendiphenyläthen,
$$\begin{matrix} C_6H_4 & & & C_6H_5 \\ | & \diagdown & & \diagup \\ & & C : C & & , \text{ farblos, gelbe Lös-} \\ | & \diagup & & \diagdown & \\ C_6H_4 & & & C_6H_5 \quad \text{ung,} \end{matrix}$$

Dibiphenylenäthenoxyd,
$$\begin{matrix} & & O & & \\ C_6H_4 & \diagdown & \diagup\diagdown & \diagup & C_6H_4 \\ | & & C \, . \, C & & | \\ C_6H_4 & \diagup & & \diagdown & C_6H_4 \end{matrix} \text{ , farblos,}$$

1) Martley, Chem. News. **66**, 298, 1891.
2) C. Graebe u. von Nantz, Liebig's Ann. **290**, 244.
3) V. Kaufmann, Ber. **29**, 734, 1896.
4) C. Graebe u. M. Stindt, Liebig's Ann. **291**, 1.
5) H. Klinger u. C. Lonnes, Ber. **29**, 2157, **1896**.

Dibiphenylenäthan, $\mathrm{C_6H_4{>}CH\,.\,CH{<}C_6H_4}$, farblos.

Die Lösungen und der Schmelzfluss des im festen Zustande fast farblosen Diphenylendiphenyläthens sind nach H. Klinger und C. Lonnes intensiv citronengelb gefärbt. Von diesen Kohlenwasserstoffen ist also nur derjenige der Aethenklasse gefärbt, bei welchem die je zwei Wasserstoffatome vertretenden Gruppen unter sich gebunden sind, also nur je eine Gruppe bilden. Damit schliessen sie sich aber vollkommen den Azoverbindungen an, bei welchen das Gleiche gilt, und bei denen die Stickstoffatome genau dieselben Schwingungen auszuführen vermögen wie die beiden Aethenkohlenstoffatome. Das Dibiphenylenäthenoxyd ist farblos, das Azoxybenzol dagegen gefärbt. Beifolgende Fig. 56 zeigt den Unterschied in der Konfiguration.

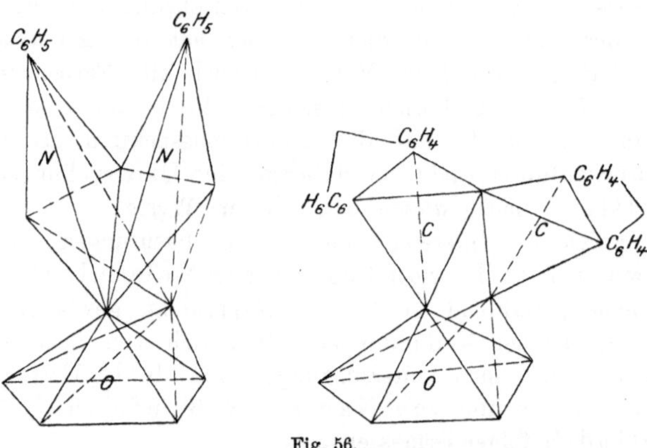

Fig. 56.

Das Azoxybenzol unterscheidet sich in seiner Strukturformel nicht wesentlich vom Azobenzol, das Aethenoxyd dagegen sehr vom Aether. Durch Wasserstoffaddition geht dagegen das Azobenzol ebenfalls in ein ungefärbtes Derivat über, da dadurch auch hier die Doppelbindung aufgelöst wird.

Einwirkung bestimmter Gruppen.

Unter Halochromie versteht man nach A. v. Baeyer und V. Villiger[1]) die Erscheinung, dass Verbindungen, die vorher ungefärbt waren, durch Salzbildung eine Färbung zeigen. Diese Erscheinung ist

---

1) A. v. Baeyer u. V. Villiger, Ber. **35**, 1189, 1902; vgl. auch H. Kehrmann, Ber. **34**, 3815, 1901.

weit verbreitet. Wie bereits Claisen beobachtet hatte, wird Dibenzal-
aceton bei Zusatz von Säuren in gefärbte Salze übergeführt. Das salzsaure Salz ist gelb, das jodwasserstoffsaure schwarz gefärbt. Wie
v. Baeyer und Villiger aus dem Beispiele des Dianisalacetons
nachweisen, bildet sich bei der Entstehung der Salze keine chinoide Um-
lagernng, so dass also thatsächlich die Anlagerung der Säure an diese
Komplexe als solche geschieht. Bei dem Dianisalaceton hätte im Falle
einer chinoiden Umlagerung eine Abspaltung von Methylalkohol stattfinden müssen.

$$O = C \Big\langle {}^{CH_2CH_2C_6H_5}_{CH_2CH_2C_6H_5} \qquad\qquad O = C \Big\langle {}^{CH_2 \,.\, CH_2C_6H_4OCH_3}_{CH_2 \,.\, CH_2C_6H_4OCH_3}$$

$$\text{Dibenzalaceton.} \qquad\qquad\qquad \text{Dianisalaceton.}$$

Weiterhin weisen v. Baeyer und Villiger hierbei auf den chromophoren Charakter des Phenyls hin, indem z. B. das an sich farblose
Triphenylmethan in conc. Schwefelsäure eine gelbe Färbung zeigt,
die auf Halochromie beruht. Noch stärker tritt dies zu Tage bei dem
Trianisylmethan. Der Kohlenstoff zeigt also, worauf schon Kehrmann aufmerksam machte, basische Eigenschaften, die speciell bei ungesättigten Kohlenstoffresten, wozu hiernach auch der Benzolrest zu zählen
ist, sowie insbesondere bei dem Triphenylmethyl Gomberg's zu Tage
treten und infolge der häufiger eintretenden Halochromie dem Auge direkt
sichtbar werden (vgl. auch Bd. I).

Im übrigen kann man den Begriff der Halochromie auch auf weitere
Verbindungen ausdehnen, z. B. den der Bildung eines gefärbten Salzes
aus Phenolphtalein und Alkali, aus Acetylkumarin und Alkali u. s. w.,
bei denen sich durch Umlagerung vielfach eine Pseudosäure bildet[1]).
Ausserdem gehören hierher alle die Untersuchungen von Hantzsch und
seinen Schülern über Ionisationsisomerie bei Pseudosäuren, Pseudobasen und Pseudosalzen (vgl. Bd. I Seite 563—569).

Die Veränderungen, welche die Farben der speciell Farbstoffe genannten, organischen Körper und damit auch die Atombewegungen der
Chromophore in den betreffenden Molekülen durch Eintritt verschiedener
Radikale erleiden, sind von mehreren Forschern spektralanalytisch untersucht worden. Landauer[2]) bearbeitete die alkoholischen bezw. wässerigen
Lösungen einer Reihe von Farbstoffen aus der Gruppe der Chryso-
idine; doch zeigten die betreffenden Lösungen zu verwaschene Streifen,
als dass werthvolle Ergebnisse hätten erhalten werden können.

H. W. Vogel fasst in seinem Buche die von ihm erhaltenen Resultate der Untersuchung der Azofarbstoffe von Diazobenzol, o-m-p-Diazo-

---

1) Vgl. hierzu O. Widmann, Ber. **35**, 1153, 1902.
2) Landauer, Ber. **14**, 391, 1881.

toluol, kombinirt mit β-Naphtolsulfosäure B, S und R, die in alkoholischer und in Schwefelsäure-Lösung ausgeführt wurden, in folgenden Sätzen zusammen.

1. Durch Eintritt einer Methylgruppe in das Diazobenzol wird der Absorptionsstreifen nach Roth verschoben und zwar stärker beim Eintritt in die p-Stellung als in die o-Stellung.

2. Diese Streifenverschiebung entspricht für den Streifen β einem Wellenverlängerungszuwachs von 10 $\mu\mu$ bei Eintritt in die o-Stellung und von 14 $\mu\mu$ bei Eintritt in die p-Stellung.

3. Der Eintritt von β-Naphtolsulfosäure S oder R an Stelle von B hat ebenfalls eine Streifenverschiebung und dementsprechend einen Wellenlängenzuwachs zur Folge, der bei S 4 $\mu\mu$, bei R 6 $\mu\mu$ beträgt.

4. Bei Eintritt von CH_3 wird der Zwischenraum kleiner, und die Streifen nähern sich mehr der Gleichheit, sowohl in der Intensität als auch in der Breite. In der p-Stellung tritt diese besser hervor als in der o-Stellung.

M. Schütze[1]), der eine grosse Anzahl von Farbstoffen in konc. Schwefelsäurelösung untersuchte, giebt die Ergebnisse in folgenden Sätzen wieder:

1. Einer Verrückung der Absorption von Violett nach Roth entspricht im allgemeinen die Farbenänderung Grüngelb, Gelb, Orange, Roth, Rothviolett, Violett, Blauviolett, Blau, Blaugrün etc. (Vertiefung des Farbentons), einer Verrückung von Roth nach Violett die umgekehrte (Erhöhung).

2. Die Atome bewirken beim Eintritt in die Molekel eine für die Verbindungen desselben Chromophors und dasselbe Lösungsmittel charakteristische Vertiefung (bathochrome Gruppen) oder Erhöhung (hypsochrome Gruppen) des Farbentones.

3. Die Kohlenwasserstoffradikale wirken stets bathochrom; in homologen Reihen nimmt daher die Nuance mit dem Molekulargewichte an Tiefe zu.

4. Ebenso wächst die farbenändernde Wirkung der Elemente derselben Mendelejeff'schen Gruppe mit zunehmendem Atomgewicht.

5. Wasserstoffaddition ist stets mit einer Erhöhung der Farbe verbunden.

6. Die Erhöhung bezw. Vertiefung des Farbentones (Verrückung der Absorption nach Violett bezw. Roth) durch Substitution von hypso- bezw. bathochromen Gruppen oder durch Anlagerung bezw. Abspaltung von Wasserstoff ist um so bedeutender, je näher dem Chromophor die chemische Umsetzung stattfindet. Die durch die Strukturformeln gegebenen Entfernungen der Atome entsprechen im allgemeinen ihren wirklichen

---

1) M. Schütze, Zeitschr. physik. Ch. **9**, 109, 1892.

Abständen. Bisweilen scheinen jedoch in den Biderivaten des Benzols die Substituenten in p-Stellung einander näher zu stehen als in m-Stellung.

7. Diese Regeln gelten nur für monochromophore Verbindungen und für solche dichromophore, deren beide Farbengruppen gleich sind und auch von den Nachbaratomen in gleicher Weise beeinflusst werden. Die Farbe einer unsymmetrischen Diazoverbindung vom Schema $Y-A-X-A-Z$ ist annähernd gleich derjenigen einer Mischung der beiden zugehörigen symmetrischen $Y-A-X-A-Y$ und $Z-A-X-A-Z$.

Diese von Schütze aufgestellten Sätze haben ebenso wie die durch die früheren Untersuchungen von G. Krüss und S. Oekonomides[1]), H. W. Vogel[2]), G. Krüss[3]), E. Koch[4]) und M. Althausse und G. Krüss[5]) gefundenen Resultate, dass die meisten Atomgruppen durch ihren Eintritt in die Molekel eine Verrückung der Absorption nach dem weniger brechbaren Ende des Spektrums bewirken, nur eine allgemeine Bedeutung. Die Farbe der betreffenden Verbindungen ist eine in so hohem Grade konstitutive Eigenschaft, dass wir zu allgemein giltigen Gesetzen nur durch eingehende Betrachtung der Konfiguration gelangen können. Ich will nur ein Beispiel unter vielen hervorheben. Aus den Untersuchungen von E. u. O. Fischer, Nölting und Rosenstiehl über Triphenylmethanfarbstoffe geht hervor, dass die Einführung einer Aminogruppe in die m-Stellung zum Methankohlenstoff nur die Intensität erhöht, den Farbstoffcharakter aber nicht verändert; die besonders wirksamen, den Farbenton ändernden Amidogruppen müssen dagegen die p-Stellung einnehmen. Befinden sich dagegen andere Gruppen in dieser Stellung, so wird die Farbe der betreffenden Verbindung dadurch nicht wesentlich verändert.

Für die Azofarbstoffe fand C. Grebe[5]), der ein sehr reichhaltiges Material untersuchte, folgende Resultate:

1. Die Absorptionsstreifen der Schwefelsäurelösungen der Azofarben wandern bei zunehmendem Kohlenstoffgehalte derselben aus Violett nach Roth.

2a. OH und NH_2 bewirken bei ihrem Eintritt Verschiebung in demselben Sinne.

2b. Die Stellung dieser Substituenten bethätigt einen durchaus regelmässigen Einfluss auf die Lage der Streifen.

3a. Die Sulfogruppe bewirkt bei ihrem Eintritt in den Naphtalinrest eine Verschiebung in umgekehrtem Sinne. Die Grösse dieser Ver-

---

1) G. Krüss u. S. Oekonomides, Ber. 16, 2051, 1883.

2) H. W. Vogel, Berl. Akad. d. Ber. 1887, 1715.

3) G. Krüss, Ber. 18, 1426, 1885; Zeitschr. physik. Ch. 2, 312.

4) E. Koch, Wied. Ann. 32, 167.

5) M. Althausse u. G. Krüss, Ber. 22, 2065, 1889.

6) C. Grebe, Zeitschr. physik. Ch. 10, 673.

schiebung ist in allen Fällen nahezu gleich und beträgt an 40 $\mu\mu$. Ausserdem tritt die Zweistreifung deutlich und klar hervor.

3 b. Die Stellung der Sulfogruppen bethätigt ebenfalls einen durchaus regelmässigen Einfluss.

Wie also auch die Untersuchungen von Grebe bestätigen, übt die Stellung der Substituenten eine hervorragende Wirkung aus. Dem Verfasser dieses Buches ist es gelungen[1]), die bei den Triphenylmethanfarbstoffen obwaltenden Gesetzmässigkeiten in Beziehung zu anderen Reaktionen zu setzen und zu zeigen, dass beide in gleicher Weise von der Grösse der eintretenden Gruppen bezw. deren Einfluss auf die Schwingungen der chromophoren Amidogruppen abhängig sind.

Die Amidogruppen bewirken bekanntlich die Substitution von Brom in o- und p-Stellung im Benzolkern. Sind dieselben nun einfach alkylirt, so ist die Wirkung noch dieselbe; dagegen bei einer tertiären Amidogruppe ist der Eintritt von Brom beschränkt auf zwei Atome, und bei der Tetraalkylamidogruppe ist er ganz aufgehoben. In gleicher Weise ruft der Eintritt der Acetgruppe eine Verminderung der zu substituirenden Bromatome auf eins hervor. Aus diesen Beobachtungen lässt sich nun die auf der Schwingungstheorie basirende Regel aufstellen:

Orange und Orangeroth sind diejenigen Amidotriphenylmethanfarbstoffe, bei welchen der Wirkungswerth der Basicität durch Aufnahme von drei Atomen Brom wiederzugeben ist; bei Grün beträgt diese Zahl vier, bei Blau sechs, bei Blauviolett ebenfalls sechs, Violett und Violettroth sechs bis acht.

In betreff der Auramine war A. Stock[2]) zu dem gleichen Ergebnisse gekommen, nämlich, dass die Farbe der alkylirten Auramine von der Basicität des eingetretenen Amidorestes abhängt, indem dieselbe bei stark basischen gelb ist und mit der Abnahme der Basicität durch Gelbroth in Roth übergeht.

Eine weitere Förderung der Erkenntniss der bei den organischen Farbstoffen obwaltenden Verhältnisse lässt sich, wie schon erwähnt, nur durch eingehende Betrachtung der Konfigurationen sowie der Atom- und Molekularbewegungen erreichen.

Auch die Untersuchungen von F. Kehrmann[3]) über die Beziehungen zwischen der Konstitution und der Farbe der isomeren Rosinduline ergeben, dass die Einführung der Amidogruppe die Absorption immer vergrössert; hierbei wurden die Absorptionsspektra in verdünnter alkoholischer Lösung untersucht. Die ursprünglich gelbrothe Farbe der

---

[1]) W. Vaubel, Journ. pr. Ch. **50**, 350.

[2]) A. Stock, Journ. pr. Ch. **47**, 401.

[3]) F. Kehrmann, Arch. sc. phys. nat. **10**, 97, 1900; Ref. Zeitschr. physik. Ch. **37**, 382, 1001.

Ausgangsstoffe geht in Roth bis Blau über. Die rothen Verbindungen enthalten den Substituenten in der Parastellung zum tertiären Stickstoff, während er bei den blauen in Parastellung zum quaternären Stickstoff sich befindet; die letztere Beziehung zeigt also einen grösseren Einfluss.

Die stark chromophore Natur des Schwefels zeigt sich in gewissen Atomverkettungen[1]). Fluoran und Diphenylphtalid sind farblos, ihre im Laktonringe geschwefelten Dithioverbindungen besitzen hochrothe Farbe. Auch aus dem Fluorescëin lässt sich durch Schmelzen mit Phosphorsulfid eine gefärbte Schwefelverbindung erhalten. Folgende Zusammenstellung giebt einen Ueberblick über die Verhältnisse bei der **Xanthongruppe**:

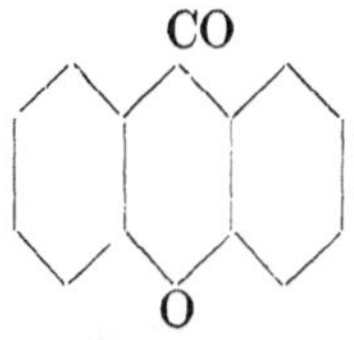

Xanthon, farblos.

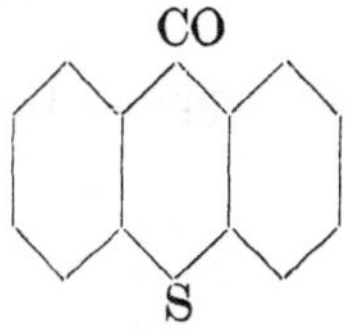

Thioxanthon, hellgelb.

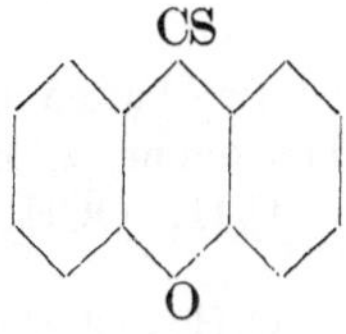

Xanthion, granatroth.

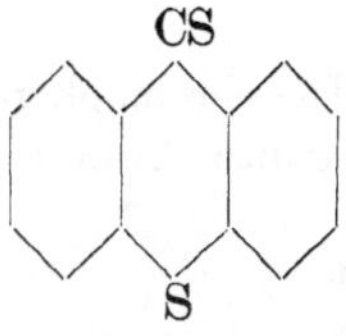

Dithioxanthon, dunkelgelb.

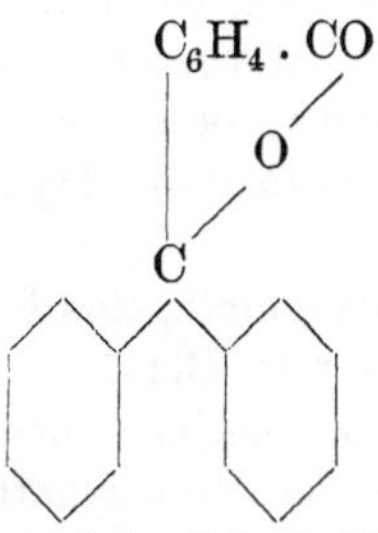

Diphenylphtalid, farblos.

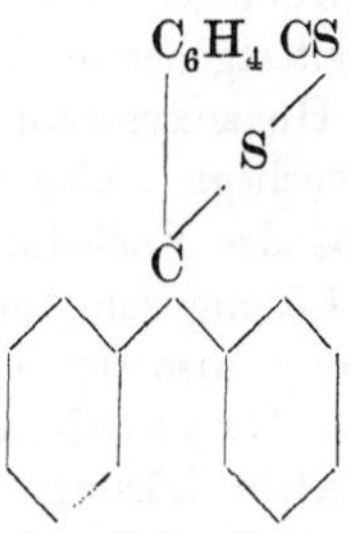

Dithiophenylphtalid, ziegelroth.

---

1) Vgl. R. Meyer, Naturw. Rundsch. **15**, 467, 1900.

$$C_6H_4 \cdot CO$$

Fluoran, farblos.

$$C_6H_4 \, CS$$

Dithiofluoran, purpurroth.

$$C_6H_4 \, CO$$

Fluorescëinchlorid, farblos.

$$C_6H_4 \cdot CS$$

Dithiofluorescëinchlorid, hellroth.

Die chromophoren Eigenschaften haften also an der Gruppe $= C = S$. Eine ganze Anzahl farbiger Thioketone, z. B.

$$CS \diagup{\!\!\!}^{C_6H_4 \cdot OCH_3}_{C_6H_4 \cdot OCH_3},$$

ist von Gattermann dargestellt worden.

C. Liebermann[1]) erwähnt folgende Regelmässigkeiten:

Bekanntlich bringt die Einführung von Methyl für die Amid-wasserstoffe des Rosanilins einen Uebergang von Roth in Violett und bei weitestgehender Methylirung in Blauviolett hervor; für das ent-methylirte Hexaoxyrosanilin konnte gezeigt werden, dass hier ein blauer Farbstoff vorliegt. Also verändern sechs hinzugekommene Hydroxyle die rothe Farbe des Fuchsins in Blau.

Eine Lösung von Aurin in Alkalien ist morgenroth, eine Eupitton-natriumlösung, also des Hexamethoxyaurins, ist rein Blau.

Bei den Oxyanthrachinonen steigt im allgemeinen auch die Farbe der alkalischen Lösung von Gelb bis Orange der Monoxyanthrachinone und der gleichwerthigen Dioxyanthrachinone mit je einem Hydroxyl in jedem Kern durch Roth und Violett der Alizarine und Purpurine zu dem

---

1) C. Liebermann, Ber. 34, 1040, 1901.

Blau der alkalischen Lösungen der Penta- und Hexaanthrachinone (Cyanine). Hierbei spielen allerdings die Stellungen eine sehr grosse Rolle, so dass sogar die alkalischen Lösungen des Alizarins, Hystazarins und Chinizarins blauer als die des Purpurins werden, während die Hydroxylstellung der Anthragallole die Farbenveränderung nicht nach Blau, sondern nach Grün hin veranlasst.

„In der Färberei der Oxyanthrachinone gehen die Farbtöne der Thonerdebeize vom Roth der Alizarine und Purpurine durch Bordeaux des Chinalizarins zum Blau der Cyanine (Penta- und Hexaoxyanthrachinone) einerseits, anderseits infolge der Hydroxylstellung zum Braun der Anthragallole und der Rufigallussäure über."

„Auch bei den Aurinoxykarbonsäuren scheint eine ähnliche Farbenfolge von Roth zu Braun mit steigender Hydroxylzahl stattzuhaben[1]), falls die dort beschriebenen Substanzen reine Verbindungen waren."

„Die Reihenfolge der Farben:

Gelb, Orange, Roth, Violett (Ponceau), Blau, Schwarz;
und   Gelb, Roth, Braun, Schwarz,

welche in dem Vorbesprochenen die gehäuften Hydroxyle hervorbringen, kennt man bereits, in der gleichen Richtung verlaufend, lange bei den Azofarbstoffen. Bedingt wird der Uebergang von links nach rechts in der obigen Reihenfolge bei den Azofarbstoffen gleichfalls durch Häufung von Atomgruppen; z. B. beobachtet man ein Stück davon, wenn man vom Benzolderivat zum anolog gebauten Derivat des Naphtalin- und Anthracenringes[2]) fortschreitet. Bei den Azofarbstoffen wirkt aber auch namentlich die Häufung der Azogruppen in demselben Sinne, je nachdem letztere ein-, zwei- oder mehrmals im Molekül vorkommen. Auch die Amidhäufung, für die Hydroxylhäufung liegen weniger Beispiele vor, spielt bei den Azofarbstoffen eine ähnliche Rolle wie oben die der Hydroxyle. Die Abänderung des Farbentons durch Häufung der angeführten Gruppen scheint im wesentlichen immer die oben bezeichnete Richtung zu nehmen, nicht die entgegengesetzte. Sonderbar ist die fast völlige Unwirksamkeit gewisser Gruppen, wie der Sulfurylgruppen, auf den Farbenton. Brom scheint dagegen wieder nach der Richtung des vertieften Farbentons zu wirken."

„Selbstverständlich sind die Farben gefärbter Stoffe und Lösungen keine Spektralfarben, und ihre spektralanalytische Kenntniss ist noch sehr gering. Immerhin dürfte es auffallen, dass die erwähnten Häufungen von Atomgruppen hauptsächlich nur Strahlen kürzerer Wellenlängen den Durchgang gestatten."

---

1) N. Caro, Ber. **25**, 949, 1892.
2) C. Liebermann, Ber. **15**, 510, 1882; D.R.P. 21178.

Prüfung der von den Nitro- und Chlor-Toluidinen deriviren-den Farbstoffe.

Dieselbe ist von F. Reverdin und P. Crépieux[1]) ausgeführt worden. Zur Untersuchung kamen folgende Derivate des o- und p-Toluidins:

Nitrotoluidine.

$$1. \quad \begin{array}{c} CH_3 \\ NH_2 \\ NO_2 \end{array} \qquad 2. \quad \begin{array}{c} CH_3 \\ NH_2 \\ NO_2 \end{array} \qquad 3. \quad \begin{array}{c} CH_3 \\ NH_2 \\ O_2N \end{array} \qquad 4. \quad \begin{array}{c} CH_3 \\ O_2N \quad NH_2 \end{array}$$

Chlortoluidine.

$$5. \quad \begin{array}{c} CH_3 \\ NH_2 \\ Cl \end{array} \qquad 6. \quad \begin{array}{c} CH_3 \\ NH_2 \\ Cl \end{array} \qquad 7. \quad \begin{array}{c} CH_3 \\ Cl \quad NH_2 \end{array} \qquad 8. \quad \begin{array}{c} CH_3 \\ Cl \\ NH_2 \end{array}$$

$$9. \quad \begin{array}{c} CH_3 \\ NH_2 \\ Cl \end{array} \qquad 10. \quad \begin{array}{c} CH_3 \\ Cl \\ NH_2 \end{array} \qquad 11. \quad \begin{array}{c} CH_3 \\ Cl \\ NH_2 \end{array} \qquad 12. \quad \begin{array}{c} CH_3 \\ Cl \\ NH_2 \end{array}$$

Diese Körper wurden diazotirt und mit der 1.4 Naphtolsulfosäure gekuppelt. Die Ausfärbungen dieser Farbstoffe wurden auf gewöhnlicher Wolle in schwefelsaurem Bade unter Zusatz von Glaubersalz ausgeführt.

a) Farbstoffe aus den Nitrotoluidinen.

Diese Farbstoffe geben orangerothe bis rothe Ausfärbungen. Die Nuancen der aus Base 1, 2 und 4 erhaltenen Farbstoffe sind fast identisch, während der von der Base 3 sich ableitende Farbstoff bedeutend röther ist. Farbstoff 1 ist sehr wenig lichtecht, 2 zeigt eine bedeutend grössere Lichtechtheit. Auf Farbstoff 1 folgt 4, dann 3 und hierauf 2, der Farbstoff, bei dem sich also die Nitrogruppe in unmittelbarer Nähe der Gruppe N : N befindet. Etwas mehr lichtecht ist der Farbstoff aus dem Nitrotoluidin $(CH_3)(NH_2)(NO_2) = 1 . 2 . 3$.

---

1) F. Reverdin u. P. Crépieux, Ber. **33**, 2497, 1900.

Der Farbstoff der Base 1 ist sehr leicht, derjenige der Base 3 sehr wenig löslich. Auch unterscheidet 3 sich noch dadurch, dass er in Wasser suspendirt, auf Zusatz von Soda oder Natronlauge (bei Zusatz von Soda erst beim Erhitzen) mit tiefviolettrother Farbe in Lösung geht.

b) Farbstoffe aus den Chlortoluidinen.

Die Farbstoffe aus den Chlor-o-Toluidinen geben eine viel röthere Nuance als die der entsprechenden Nitro-o-Toluidine, welche gelblicher gefärbt sind. Alle diese Farbstoffe besitzen eine Nuance zwischen roth und orange, mehr oder weniger stark nach Roth neigend. Diejenigen der Basen 6 und 5 sind bedeutend röther als die anderen; diejenigen der Basen 9, 10, 12, 8 und 11 sind unter sich fast gleich, aber von gelblicherer Nuance als 6 und 5; die Base 7 endlich giebt den gelblichsten Farbstoff von allen.

„Die Derivate des o-Toluidins, mit Ausnahme desjenigen, in welchem das Chlor sich in o-Stellung gegenüber der Methylgruppe befindet, unterscheiden sich sehr deutlich durch eine röthere Nuance; diejenigen des m-Toluidins und des p-Toluidins sind alle gelblicher. Der Farbstoff der Base 8 ist gegenüber dem Lichte der am wenigsten echte; hierauf folgen diejenigen der Basen 9 und 12, welche ebenfalls nicht sehr lichtecht sind und schliesslich derjenige der Base 7; diejenigen der andern Basen dagegen zeigen eine sehr gute Lichtechtheit. Die Lichtunechtheit scheint also von der direkten Nachbarschaft des Chlors mit der Amidogruppe herzurühren und ist noch besonders ausgesprochen, wenn alle drei Gruppen, (CH_3), (Cl), (NH_2) in o-Stellung stehen und zugleich Chlor mit Amido direkt benachbart ist wie bei Base 8.“

Die Farbstoffe der Basen 5, 10, 11 sind am löslichsten; die andern sind weniger leicht löslich, und besonders wenig löslich in der Kälte sind diejenigen der Basen 8 und 9. Das Derivat der Base 6 verhält sich, was die Löslichkeit anbelangt, wie sein korrespondirendes Nitroderivat.

Anscheinend ungefärbte Verbindungen.

Sog. optisch leere Lösungen, die durch Entfernung aller suspendirten Theilchen mit Hilfe von Ausfällungen durch gelatinöse Massen erzeugt werden, zeigen keine Diffusion der Lichtstrahlen mehr an. Man kann nach E. Spring[1]) die in Wasser löslichen Stoffe nach ihrer Eigenschaft, derartig optisch leere Lösungen zu bilden oder nicht, in zwei Klassen theilen.

Optisch leere Lösungen, wie das destillirte Wasser bilden die Alkali- und Erdalkalisalze und ein Theil der zweiten Gruppe von Salzen.

---

1) E. Spring, Bull. de l'Acad. roy. belgique. **1899**, 500; Naturw. Rundsch. **14**, 516, 1899.

Zu den unvollkommen durchsichtigen gehören solche Salze, deren Metalle ein in Wasser unlösliches Oxyd bildet; bei bestimmten Verhältnissen wird durch hydrolytische Dissociation ein Theil der Base als Hydrat ausgeschieden und giebt hierdurch Veranlassung zu einer seitlichen Diffusion des Lichtes. Giebt man Säure zu, so wird meist die durch die Verdünnung trüb gewordene Flüssigkeit wieder optisch leer. Ausserdem gehören hierzu die kolloidalen Lösungen, die sich in allen Koncentrationen wie trübe Medien verhalten, was bereits von Picton und Linder für einzelne Lösungen gezeigt worden ist.

Ein optisch leeres Wasser zeigt auch die blaue Eigenfarbe[1] in dicken Schichten, so dass die Farbe nicht durch Reflexion an suspendirten Theilchen entstanden sein kann, wie Abegg vermuthete. Grünes Seewasser dagegen enthält suspendirte Theilchen (Ferrioxydhydrat) und in einem See mit farblosem Wasser (Wetternsee) konnte Spring nachweisen, dass diese Farblosigkeit durch Vorhandensein von suspendirten orangerothen Haematittheilchen (Ferrioxyd) bewirkt wird, welche die blaue Farbe vernichtet bezw. zu weissem Licht verwandelt. Auch der atmosphärischen Luft kommt nach Spring diese blaue Farbe zu, indem sie vier Bestandtheile mit blauer Eigenfarbe enthält, nämlich Wasserdampf, Sauerstoff, Ozon und Wasserstoffsuperoxyd. Allerdings müsste dann, worauf W. H. Pernter[2] aufmerksam macht, die blaue Farbe mit abnehmender Höhe der Luftschicht auch abnehmen, während es umgekehrt ist und auch in höheren Schichten die Zahl der blauen Strahlen zunimmt.

Die Versuche von W. Spring[3] haben ergeben, dass Lösungen von $LiCl$, $NaCl$, KCl, KBr, $NaNO_3$, KNO_3, $MgCl_2$, $CaCl_2$, $SrCl_2$ und $BaCl_2$ absolut farblos sind. Die reine blaue Farbe des Wassers verändert sich infolge der Auflösung dieser Salze durchaus nicht. Dagegen hing die Durchsichtigkeit sowohl von der Natur des Salzes wie von dem Gehalte der Lösungen ab. Sie wuchs mit abnehmender Koncentration, aber nicht proportional dieser Abnahme. Nach den vorliegenden Beobachtungen sind die Elektrolyte umso weniger durchsichtig, je grösser ihre Leitfähigkeit ist; sie würden in dieser Beziehung sich den Leitern erster Klasse nähern. Nimmt man an, dass die Durchsichtigkeit einer Lösung in demselben Verhältniss die der Metalle übertrifft, und da die Leitungsfähigkeit der Metalle im ganzen 10 bis 100 Millionen mal grösser ist, als die der Elektrolyte, so müsste eine Metallschicht von 26 Zehn- oder Hunderttausendstel Millimeter Dicke durchsichtig sein. Versuche von Quincke und van Aubel haben dies in der That ergeben.

------

[1] E. Spring, Bull. **1899**, 72; Bull. **1898**, 266 u. 504.

[2] W. H. Pernter, Wiener Akad. Anz. **1899**, 193.

[3] W. Spring, Arch. des sciences physiques et naturelles. (4), **2**, 5, 1896; Naturw. Rundsch. **11**, 576, 1896.

Glycerin[1]) ist in einer Schicht von 26 m absolut undurchsichtig, erst in einer Schicht von 8 m liess es dunkelblaues Licht durch, in einer Dicke von 5 m war das Licht himmelblau, aber viel weniger hell. Spring erklärt die Undurchsichtigkeit dicker Schichten von Glycerin durch die grosse Zähigkeit der Substanz, welche die durch Temperaturunterschiede veranlassten Dichtigkeitsunterschiede nicht zum Ausgleich kommen lässt.

Aceton zeigt in einer Dicke von 26 m eine glänzend goldgelbe Farbe, welche vollkommen der Farbe der gesättigten Kohlenwasserstoffe gleich war; die Ketongruppe scheint daher die Farbe der Verbindung nicht zu beeinflussen und farblos zu sein. Die Spektralanalyse des durch eine Schicht von 5 m Aceton hindurchgegangenen Lichtes ergab Fehlen des Violett und fast des ganzen Blau, Anwesenheit fast allen Roths und einen Absorptionsstreifen im Orange.

Aethyläther zeigte wie das Aceton in 26 m Dicke eine goldgelbe Farbe, er war aber heller und leuchtender. Das Spektrum des durch 5 m hindurch gegangenen Lichtes hatte dieselbe Ausdehnung wie das des Acetons; der Absorptionsstreifen im Orange war aber mehr nach dem Roth verschoben und war schmäler.

Ameisensäure und Essigsäure gaben schon in einer Dicke von 5 m eine bläulich-grüne Farbe, in 25 m waren sie grünlich-gelb. Isobuttersäure hatte eine rein goldgelbe Farbe. Hier zeigt sich also wieder der Einfluss der Hydroxylgruppe wie bei den Alkoholen, er tritt jedoch zurück, wenn die Kohlenwasserstoffkette länger wird. Das Spektrum der drei Säuren begann an derselben Stelle im Roth; es reichte umso weiter ins Blau, je höher die Stellung der Säure in der Reihe war. Die Buttersäure zeigte ferner einen schmalen Absorptionsstreifen im Anfange des Orange, der in den beiden anderen Säuren nicht hat deutlich erkannt werden können.

Aethyl- und Amylacetat sind sehr durchsichtig und schon in 5 m grünlich-gelb. Im Spektrum fehlte nur Violett, der Absorptionsstreifen im Orange war ebenfalls vorhanden.

Die Hydroxylgruppe strebt also die Körper blau zu färben, die Kohlenwasserstoffketten bedingen eine gelbe Färbung und die einwerthigen Kohlenwasserstoffradikale veranlassen eine Absorption im Orange.

Eine wässerige Phenollösung erscheint uns farblos, sie zeigt jedoch wie W. N. Hartley[2]) nachgewiesen hat, noch bei einer Verdünnung von 1 : 12000 deutliche Absorption im Ultraviolett.

---

[1]) W. Spring, Archives des sciences physiques et naturelles (4), **2**, 105, 1896; Naturw. Rundsch. **11**, 656, 1896.

[2]) W. N. Hartley, Journ. chem. soc. **51**, 152, 1887; Naturw. Rundsch. **11**, 79, 1887.

Beispiele für die Thatsache, dass zwischen isomeren, ähnlich gebauten Verbindungen sich manchmal ein grosser Unterschied der Fähigkeit, in dünnen, farblos erscheinenden Schichten Lichtstrahlen von bestimmter Wellenlänge zurückzuhalten, bemerkbar macht, sind von O. Wallach[1]) gegeben worden. So waren z. B. Pulegon und Eukarvon Lichtfilter für violette Strahlen, welche von dem mit ihnen isomeren Bihydrokarvon und Karvoin in gleich dicker Schicht durchgelassen werden. Infolge Untersuchung weiterer Verbindungen wie des Mesityloxyds, des Acetophenons, des Mono- und Bibenzyliden-Acetons u. s. w. ergab sich, dass, **wenn in einer Substanz eine Aethylenbindung benachbart zum Karbonyl tritt, wie im Pulegon, das Absorptionsvermögen für die nach Violett gelegenen Lichtstrahlen merklich erhöht ist gegen das der Muttersubstanz.**

Dieses Absorptionsvermögen steigt noch erheblich, wenn noch eine **zweite** Aethylenbindung benachbart an die andere Seite des Karbonyls tritt. So verhält sich das Mesityloxyd, $(CH_3)_2C : CH CO CH_2 H$, optisch sehr ähnlich wie das Pulegon,

$$(CH_3)_2C : C . CO . CH_2 \quad ; \quad \text{es absorbirte}$$
$$\qquad\qquad\qquad | \qquad |$$
$$\qquad\qquad CH_2CH_2\ CHCH_3$$

in gleich dicker Schicht viel mehr violette Strahlen als das Aceton, CH_3COCH_3, wurde aber in dieser Eigenschaft noch übertroffen von Acetophoron, $(CH_3)_2C : CHCOCH . C(CH_3)_2$. Dasselbe Verhältniss zeigte sich zwischen Aceton, Mono- und Dibenzyliden-Aceton u. s. w.

Auch ohne Spektralanalyse kann man dieses Resultat verallgemeinern. Eine Substanz, welche den violetten Theil des Spektrums stark absorbirt, muss **gelb** erscheinen. Es müssten also alle Verbindungen, welche die Gruppirung $C . CO . C$ enthalten, gelbstichig sein, und diejenigen, welche die Gruppirung: $C . CO . C$ einschliessen, müssten diese Eigenschaft in stärkerem Grade zeigen. Dies trifft nun auch für eine grosse Zahl von Verbindungen zu.

Für das Vorliegen einer stärkeren Absorption der violetten Strahlen wird nicht immer die durch das Auge wahrnehmbare Gelbfärbung maassgebend sein können, sondern nur die spektrophotographische Untersuchung, welche oft eine Violettabsorption nachweisen wird, wo das Auge eine Färbung nicht nachzuweisen vermag.

Beziehungen zwischen Lösungsmittel und Farbe des gelösten Körpers.

Es giebt eine grosse Reihe von Fällen, aus denen sich ersehen lässt, dass die Art des Lösungsmittels einen mitunter starken Einfluss auf die

<hr>

1) O. Wallach, Nachr. Götting. Ges. d. Wiss, **1896**, 304; Naturw. Rundsch. **12**, 331, 1897.

Farbe des gelösten Körpers ausübt. Hier seien einige besonders drastische Beispiele erwähnt.

Eine derartige Erscheinung zeigt sich hinsichtlich der Farbe der Jodlösungen[1]).

Im allgemeinen unterscheidet man unter den das Jod auflösenden Flüssigkeiten zwei verschiedene Reihen, nämlich einmal solche Verbindungen, bei denen die Jodlösung eine violette, und dann solche, bei denen die Jodlösung eine gelbe bis braune Farbe besitzt. Man hat verschiedene Erklärungsversuche gemacht, die Farbe der Jodlösung in Abhängigkeit von der Grösse der Jodmoleküle zu bringen. Es hat sich jedoch gezeigt, dass dies nicht die Ursache der verschiedenen Farbe der Jodlösungen sein kann, da die Molekulargewichtsbestimmungen nach der Gefrierpunktsmethode Werthe ergaben, welche dem doppelten Atomgewicht, also der Molekularformel J_2 entsprechen[2]). Dagegen zeigt eine Jod-Jodkaliumlösung keine Gefrierpunktserniedrigung, weil das Jod anscheinend mit dem Jodkalium eine chemische Verbindung eingeht[3]).

Zunächst galt es festzustellen. welche Verbindungen eine violette und welche eine gelbe bezw. rothe Jodlösung liefern, da eine ausführlichere Untersuchung bisher darüber noch nicht vorhanden ist. Da jedoch das Auge allein in vielen Fällen nicht hinreicht, eine Entscheidung zwischen Roth und Violett zu treffen, wurde das Spektroskop zu Hilfe genommen.

Das Jod selbst lässt in dampfförmigem Zustande nur rothes und blaues Licht durch, so dass die Farbe des Joddampfes in Wirklichkeit als blauroth oder rothblau angesehen werden muss. Je nach der Temperatur des Joddampfes zeigt sich die Entfernung zwischen dem rothen und blauen Streifen verschieden, und zwar vergrössert sich dieselbe mit zunehmender Temperatur.

Die Lösungen des Jodes verhalten sich in der Art verschieden, dass violette Lösungen sich in gleicher Weise wie der Joddampf verhalten, also rothes und blaues Licht hindurchlassen. Dagegen zeigt sich bei den gelblichen bis braunen Lösungen der blaue Streifen nicht mehr, sondern es tritt nur Roth, Gelb und Grün auf. Mit zunehmender Koncentration verschwindet auch Gelb und Grün, und zwar das Grün zuerst, und es bleibt nur das Roth. Auch giebt es einige Flüssigkeiten, die selbst in verdünnter Lösung nur den rothen Farbenstreifen zeigen. Die hierher gehörigen Verbindungen schwächen allerdings schon für sich allein das violette Ende des Spektrums mehr oder weniger stark.

---

1) W. Vaubel, Journ. pr. Ch. **63**, 381, 1901.

2) Vgl. E. Beckmann. Zeitschr. physik. **5**, 76, 1890; J. Hertz, das. **6**, 358, 1890.

3) Vgl. M. Le Blanc u. A. A. Noyes, das. **6**, 401, 1890; E. Paternò u. A. Peratoner, Rendic. dell' Acad. dei Lincei (4), **6**, 303, 1890.

Eine violette Lösung bezw. den rothen und blauen Streifen im Spektralapparat zeigen nun folgende Verbindungen:

Schwefelkohlenstoff, CS_2,
Chloroform, $CHCl_3$,
Tetrachlorkohlenstoff, CCl_4,
Aethylbromid, C_2H_5Br,
Benzylchlorid, $C_6H_5CH_2Cl$,
Benzalchlorid, $C_6H_5CHCl_2$,
Benzotrichlorid, $C_6H_5CCl_3$,
Chlorbenzol, C_6H_5Cl,
Chloral, CCl_3CHO,
Monochloressigsäure, $CH_2ClCOOH$.

Trichloressigsäure, CCl_3COOH,
Benzoylchlorid, C_6H_5COCl,
Petroläther $(C_nH_{2n+2})x$,
Paraffin. liquid.   „
Benzol, C_6H_6,
Toluol, $C_6H_5CH_3$,
Xylol, $C_6H_4(CH_3)_2$,
Kumol, $C_6H_5 . CH:(CH_3)_2$,
Cymol, $C_6H_4(CH_3)C_3H_7$,
Terpentinöl, $C_{10}H_{16}$,

In verdünnter Lösung einen rothen, gelben und grünen Streifen, der mit Zunahme der Koncentration bis auf Roth zurückgeht, zeigen folgende Verbindungen:

Methylalkohol, CH_3OH,
Aethylalkohol, CH_3CH_2OH,
Propylalkohol, $C_2H_5CH_2OH$,
Butylalkohol, $C_3H_7CH_2OH$,
Amylalkohol, $C_4H_9CH_2OH$,
Glykol, $CH_2OH.CH_2OH$,
Glycerin, $C_3H_5(OH)_3$,
Ameisensäure, $HCOOH$,
Essigsäure, CH_3COOH,
Essigsäureanhydrid, $(CH_3CO)_2O$,
Buttersäure, C_3H_7COOH,
Milchsäure, $C_2H_4(OH)COOH$,
Oelsäure, $C_{17}H_{33}COOH$,
Essigsaures Methyl, CH_3COOCH_3,
Ameisensaures Amyl, $HCOOC_5H_{11}$,

Baldrians. Amyl, $C_4H_9COOC_5H_{11}$,
Aethyläther, $(C_2H_5)_2O$,
Butyläther, $(C_4H_9)_2O$,
Aceton, $(CH_3)_2CO$,
Acetal, $CH_3 . CH(OC_2H_5)_2$,
Formaldehyd, $HCHO$,
Benzaldehyd, C_6H_5CHO,
Nitrobenzol, $C_6H_5NO_2$,
Anilin, $C_6H_5NH_2$,
o-Toluidin, $C_6H_4(NH_2)CH_3$,
Monomethylanilin, $C_6H_5NHCH_3$,
Benzylanilin, $C_6H_5NHC_6H_5CH_2$,
Pyridin, C_5H_5N,
Jod-Jodkaliumlösung.

Auch in verdünnter Lösung nur einen rothen Streifen zeigen:

Propylbromid, C_3H_7Br,
Propylenbromid, $C_3H_6Br_2$.

Aus diesen Beobachtungen ergeben sich also folgende allgemeine Regeln:

1. In den sog. violetten bezw. den blaurothen Lösungen vermag den Absorptionsstreifen entsprechend das Jodmolekül dieselben Schwingungen auszuüben, wie im dampfförmigen Zustande. Hierzu gehören ausser der Lösung in

Schwefelkohlenstoff besonders diejenigen in Kohlenwasserstoffen, sowie fast durchweg in halogenhaltigen Verbindungen. Einige Ausnahmen unter den halogenhaltigen Verbindungen finden sich in der dritten Gruppe. Dagegen ist
besonders beachtenswerth, dass der Eintritt von Halogen
bei Mono- und Trichloressigsäure sowie dem Chloral den
Uebertritt in die erste Gruppe bedingt, indem der Einfluss
des Halogens den des anderen Restes, welcher im entgegengesetzten Sinne wirkt, überwiegt.

2. Zu den Verbindungen der zweiten Gruppe gehören
also hauptsächlich sauerstoff- und stickstoffhaltige Verbindungen, deren Gehalt an diesen Elementen anscheinend
dem Jodmolekül derartige Schwingungen aufnöthigt, dass
auch der blaue Streifen absorbirt wird. Man kann diese
Erscheinung nicht auf die etwa vorhandene Association der
Flüssigkeitsmoleküle unter sich zurückführen, da dieselbe
wohl bei den sauerstoffhaltigen Verbindungen als vorhanden
angesehen werden muss, nicht aber bei den stickstoffhalti-
gen[1]). Dagegen sind Stickstoff- und Sauerstoff Elemente,
die verschiedenartige Werthigkeiten besitzen und demgemäss Anlagerungsprodukte bilden können in gleicher
Weise, wie dies bei der Jod-Jodkaliumlösung der Fall ist.

Erwähnenswerth ist noch das Verhalten der Lösungen des Jodes in
koncentrirter Schwefelsäure. In ganz koncentrirter Säure (von
ca. 83 % an) ist die Farbe der Lösung violett, geht beim Verdünnen in
Gelb über, etwa bei einer Koncentration von ca. 66 % H_2SO_4, und wird
mehr bräunlich bei ca. 42 % H_2SO_4.

In Salpetersäure ist die Lösung des Jods gelblich, ebenso be-
kauntlich in Wasser. Um so auffallender ist das Verhalten der koncentrirten Schwefelsäure. Das Absorptionsspektrum zeigt allerdings nicht den blauen Streifen mehr, sondern nur noch Roth, Gelb und
Grün, während bei der gelben Lösung das Grün noch mehr geschwächt
ist. Die Umwandlung der Farbe der Jodlösung mit der Verdünnung
entspricht auch dem sonstigen Verhalten der koncentrirten Schwefelsäure,
auf welches ich bereits in einer früheren Mittheilung hingewiesen habe[2]).

Nach den Untersuchungen von E. Wiedemann[3]) werden die
violetten Schwefelkohlenstofflösungen bei starkem Abkühlen mit Aether
und Kohlensäure gelbbraun. Ob sich dabei ein nur in der Kälte exi-
stirendes Additionsprodukt bildet, muss vorerst noch dahingestellt bleiben.

---

1) Vgl. W. Vaubel, dies. Journ. [2], **57**, 337, 1898.

2) W. Vaubel, das **62**, 141, 1900.

3) E. Wiedemann, Wied. Ann. **41**, 299, 1890; vgl. hierzu Arctowsky,
Zeitschr. anorg. Ch. **6**, 403, 1893; G. Krüss, ibid. **7**, 70, 1894.

Wie E. Beckmann und A. Stock[1]) angeben, zeigt Jod in verschiedenen Lösungsmitteln, welche fast denselben Siedepunkt aufweisen, nicht immer den gleichen Partialdruck. Es berechnen sich aus der Koncentration der betreffenden Destillate folgende Druckwerthe als vorläufige Versuchsdaten:

Lösungsmittel.	Siedepunkt.	Koncentration.	Partialdruck.
1. Tetrachlorkohlenstoff,	77,0 ⁰	1 Mol. : 100 Mol.	2,81 mm
Aethylalkohol,	78,0	1 Mol. : 100 Mol.	2,28 mm
Benzol,	80,4	1 Mol. : 100 Mol.	2,20 mm
2. Chloroform,	61,0	1 Mol. : 100 Mol.	2,05 mm
Methylalkohol,	66,0	1 Mol. : 100 Mol.	1,90 mm.

„Obwohl es auffallend erscheint, dass die tief blaue Tetrachlorkohlenstofflösung einen höheren Partialdruck aufweist als die braune Lösung in Aethylalkohol, und auch Chloroform etwas leichter Jod zu entlassen scheint als der höher siedende Methylalkohol, so wäre es verfrüht, daraus auf Beziehungen zwischen Färbung und anziehenden Kräften des Lösungsmittels zu schliessen. Sehen wir doch, dass Benzollösungen trotz rother Färbung fast denselben Partialdruck ergeben haben wie die einige Grade tiefer siedende braune Lösung in Aethylalkohol."

Von E. Thiele[2]) sind spektroskopische Untersuchungen der verschiedenartigen Jodlösungen ausgeführt worden. Dieselben ergaben im allgemeinen, dass die Lage der Dunkelheitsmaxima in der koncentrirten und verdünnten Lösung identisch ist, dass also keine Verschiebung der Bande stattfindet; jedoch ist die Identität der Absorption verschieden und zwar derart, dass die Absorption des Lichtes durch gleiche Gewichtsmengen Jod in den verdünnten Lösungen geringer ist als in den koncentrirten. Es werden also von einem bestimmten Molekularkomplex, dessen Grösse vom Lösungsmittel abhängt, in verdünnter und koncentrirter Lösung lediglich Schwingungen verschiedener Amplitude ausgeführt werden, und von dieser ist die Intensität der Absorption abhängig.

Hiermit stimmt auch eine Beobachtung von E. Wiedemann[3]) überein, wonach die violette Farbe von Jod in Schwefelkohlenstofflösung in einem Gemische von Aether und fester Kohlensäure braun wird, sowie eine Beobachtung von O. Liebreich, nach welcher die braunen Lösungen von Jod in Stearinsäure- und Oxalsäureäthylester beim Erwärmen auf 180 ⁰ violett werden.

---

4) E. Beckmann u. A. Stock, **17**, 107, 1895.

²) E. Thiele, Zeitschr. physik. Ch. **16**, 155, 1895; G. Krüss u. E. Thiele, Zeitschr. anorg. Ch. **7**, 52.

3) E. Wiedemann, Wied. Ann. **41**, 298, 1890.

Von besonderem Interesse ist auch das **Verhalten der Schwefelsäure als Lösungsmittel für andere Stoffe**[1]).

Einige von mir angestellten Versuche haben ergeben, dass bestimmte **Reaktionen organischer Farbstoffe** mit Schwefelsäure höherer Koncentration vorerst nur durch Annahme von eigenartigen Kombinationen, die durch den grösseren oder geringeren Wassergehalt bedingt sind, erklärt werden können. Ich gebe zunächst folgende Beispiele, die natürlich noch sehr vermehrt werden können:

1. **Rosindulin.** Wie in den D.R.P. 45370 und 50822 sowie in in der sonst noch vorhandenen Litteratur über die Rosindulinfarbstoffe angeführt ist, geben dieselben eine charakteristische grüne Färbung mit koncentrirter Schwefelsäure. Bereits vor mehreren Jahren wurde mir Gelegenheit, diese Reaktion näher zu untersuchen, und ich fand, dass z. B. Phenylrosindulin erst dann Grünfärbung giebt, wenn der Gehalt der Schwefelsäure nicht mehr als 95,2 % H_2SO_4 beträgt. Ist derselbe höher, so tritt Braunfärbung auf, die auf Zusatz von Wasser in Grün umschlägt, sobald obige Verdünnung erreicht ist. Der Uebergangspunkt ist sehr scharf zu erkennen. Eine Schwefelsäure von 95,2 % H_2SO_4 entspricht ungefähr dem Verhältniss:

$$28\,H_2SO_4 : 5\,H_2O.$$

Die Leitfähigkeit beginnt hier in etwas rascherem Tempo abzunehmen als zuvor.

2. **Safranin.** Bekanntlich haben die Safraninfarbstoffe die Eigenschaft, je nach der Menge der vorhandenen Säure die Farbe der Lösung zu verändern. Hierüber berichtete bereits R. **Nietzki**[2]) in betreff des Phenosafranins: „Starke Schwefelsäure färbt es grün, etwas verdünntere Schwefelsäure oder koncentrirte Schwefelsäure dagegen blau. Bei weiterer Verdünnung erhält man die rothe bezw. rothviolette Farbe der Safraninlösungen. Offenbar beruht dieser Farbenwechsel auf der Existenz von ebensoviel verschiedenen Salzen, welche mit Ausnahme der einsäurigen rothen unbeständig sind. Das eine Säuremolekül dagegen wird sehr energisch festgehalten, und die einsäurigen Salze werden selbst durch kaustische Alkalien nicht zersetzt."

Ich habe mich nun bemüht, die sehr schwierige Frage zu entscheiden, bei welcher Koncentration ein Farbenumschlag eintritt. Zum besseren Vergleich habe ich auch noch die Versuche auf **Salzsäure** ausgedehnt und gebe weiterhin in der folgenden Tabelle noch die elektrischen Leitfähigkeiten der verschieden koncentrirten Säuren, wie sie sich aus den Untersuchungen von **Kohlrausch** durch Interpolation berechnen. Der Säuregehalt ist in Procenten angegeben, und ist in der letzten Spalte

---

1) W. **Vaubel**, Journ. pr. Ch. **62**, 142, 1900.
2) R. **Nietzki**, Ber. **16**, 468, 1883.

noch das Verhältniss der Grammäquivalente Schwefelsäure zu denen der Salzsäure mitgetheilt. Bei der Schwierigkeit der Materie sind, da die Beobachtung der feineren Farbenunterschiede nicht absolut genau zu erreichen ist, die Resultate selbstverständlich nur angenäherte.

Farbe.	H_2SO_4		HCl		Verhältniss-zahlen der Grammäqui-valente.
	%	Leitfähig-keit.	%	Leitfähig-keit.	
Reinblau	53,51	4550^{10-8}	—	—	$^{1}/_2\,H_2SO_4 : 1\,HCl$
Blauviolett.	41,82	6100^{10-8}	25,41	6650^{10-8}	0,854 : 0 699
Blaurothviolett . . .	37,76	6500^{10-8}	21,89	6950^{10-8}	0,700 : 0,600
Rothviolett	24,75	6710^{10-8}	16,5	6680^{10-8}	0,505 : 0,452
Neutrallackmusfarben .	18,46	5900^{10-8}	14,52	6444^{10-8}	0,377 : 0,398

Die Tabelle zeigt, dass mit Abnahme der Koncentration auch die Anzahl der zum Farbenwechsel nöthigen Grammäquivalente an Schwefelsäure sich derjenigen der Salzsäure nähern, bis sie zum Schlusse nahezu übereinstimmen. Jedenfalls beweisen aber die Resultate, dass die elektrische Leitfähigkeit der Säurelösung bei der Verwandlung der mehrfachen sauren Salze des Phenosafranins von geringer Bedeutung zu sein scheint, was angesichts der Thatsache, dass die Leitfähigkeit neben der Koncentration auch von der Reibung der Ionen an ihren Nachbarn und am Lösungsmittel, dem elektrolytischen Reibungswiderstand, abhängig ist, nicht wunderbar erscheint, denn dieser letztere scheint wir wiederum neben der einen oder andern Ursache von dem möglichen Vorhandensein dieses oder jenes Hydrates bedingt zu sein. **Lösungen mit gleicher Leitfähigkeit zeigen demgemäss nicht die gleiche Wirkung selbst bei derselben Säure.**

4. Ueber Indikatoren.

Allgemeines. Indikatoren sind solche Körper, die dazu dienen, den Endpunkt einer Reaktion durch einen bestimmten Farbenwechsel zu erkennen. Speciell in der Alkalimetrie und Acidimetrie, dann aber auch bei der Oxydationsmethode mit Kaliumpermanganat, mit Fehling'scher Lösung, mit Kaliumdichromat, bei den Reduktionsmethoden mit Zinnchlorür, bei den Bromirungen, den Jodirungen, den Kombinationen von Diazolösungen mit Phenolen oder Aminen zu Azofarbstoff u. s. w. spielen Indikatoren eine grosse Rolle. Bei allen diesen zeigt sich der Endpunkt durch Entstehen einer Farbe oder den Umschlag einer vorhandenen Farbe an. Bei dem Kaliumpermanganat speciell ist es meist das Auftreten der nicht mehr verschwindenden rothen Farbe des Kaliumpermanganats selbst, welches den Endpunkt anzeigt.

Hier sollen speciell die bei der Alkalimetrie und Acidimetrie verwendeten Indikatoren ausführlicher besprochen werden, weil bei ihnen noch das Vorhandensein von elektrolytischer Dissociation sowie die eventuelle Bildung von Pseudoisomeren ein besonders eigenartiges Verhalten bewirkt, dadurch, dass wir es vielfach mit Ionenreaktionen, aber nicht immer mit Farben der Ionen zu thun haben.

Entstehung der Indikatoren.

Nach F. Glaser[1]) lassen sich die Indikatoren auf Grund ihrer chemischen Eigenschaften in drei Gruppen eintheilen:

I. **Gruppe.** (Gegen Alkali empfindlich).
   a) Tropäoiin 00,
   b) Methyl-Aethylorange, Dimethylamidoazobenzol,
   c) Kongoroth, Benzopurpurin, Jodeosin, Kochenille,
   d) Lackmoid.

II. **Gruppe.**
   a) Fluoresceïn, Phenacetolin,
   b) Alizarin, Orseille, Hämatoxylin, Galleïn,
   c) Lackmus,
   d) p-Nitrophenol, Guajaktinktur,
   e) Rosolsäure.

III. **Gruppe.** (Gegen Säure empfindlich).
   a) Tropäolin 000,
   b) Phenolphtaleïn, Kurkuma, Kurkumin W, Flavescin,
   c) α-Naphtolbenzeïn,
   d) **Poirrier's** Blau C_4B.

Die aufgeführten Indikatoren sind, soweit ihre Konstitution bekannt ist, Säuren, wozu auch die Phenole und phenolartigen Verbindungen gezählt werden — oder Salze, welche bei den Titrationen an der Reaktion theilnehmen und deshalb in hohem Maasse abhängig sind von der Natur der zu titrirenden Lösungen. Eine scheinbare Ausnahme macht die freie Base des Methylorange, das Dimethylamidoazobenzol; dieselbe ist aber an und für sich kein Indikator, sondern wird erst ein solcher durch Zutritt eines Säuremoleküls, also durch Salzbildung.

I. Gruppe.

a) **Tropäolin 00** = **Orange IV** ist das Natriumsalz des Sulfanilsäure-azodiphenylamins: $NaO_3SC_6H_4N:NC_6H_4NHC_6H_5$.

---

1) F. Glaser, Zeitschr. f. Unters. der Nahrungs- u. Genussmittel 1899, 61; Zeitschr. analyt. Ch. **38**, 273 u. 302, 1899; vgl. hierbei auch R. T. Thomson, Zeitschr. analyt. Ch. Ref. **24**, 222, 1885, **27**, 48, 1888.

Die orangegelbe Lösung wird durch Säuren violettroth gefärbt. Man verwendet kalt gesättigte alkoholische Lösungen.

Tropäolin giebt keinen scharfen Farbenumschlag bei $^N/_{10}$ oder $^N/_{20}$ Säure, dagegen zeigt sich derselbe schärfer bei Gegenwart von viel Chlorammonium.

a) **Methyl- oder Aethylorange = Orange III = Dimethyl-** oder Diäthylanilinazobenzolsulfosäure, $HO_3SC_6H_4N : NC_6H_5N(CH_3)_2$ oder $HO_3SC_6H_4N : NC_6H_5N(C_2H_5)_2$, wird durch Alkalien gelb, durch Säuren purpurroth gefärbt. Man verwendet als Indikator eine wässerige Lösung 1 : 1000. Kohlensäure wirkt nicht auf diesen, nur für kalte Lösungen verwendbaren Indikator.

Dimethylamidoazobenzol, $(CH_3)_2NC_6H_4N : NC_6H_5$. Die Anwendung dieses Indikators an Stelle des Methylorange (der Sulfosäure des Dimethylamidoazobenzols) wurde von B. Fischer und O. Philipp[1] empfohlen, da dasselbe statt des Farbenübergangs von Orange in Nelkenroth den Uebergang von Citronengelb in Nelkenroth zeige, welcher leichter zu beobachten sei.

G. Lunge[2] und R. T. Thomson[3] konstatiren demgegenüber, dass bei gleicher Koncentration Methylorange fast die gleichen Farbennuancen giebt wie Dimethylamidoazobenzol, dass dagegen letzteres nicht ganz so empfindlich ist wie ersteres. Die ungünstige Beurtheilung, die Methylorange hie und da erfährt, ist darauf zurückzuführen, dass man die Färbung zu intensiv macht, bezw. dass statt des eigentlichen Methylorange eines der Witt'schen Tropäoline angewendet worden ist, die als Indikator weniger tauglich sind.

Kongoroth,

$$C_6H_4 . N : NC_{10}H_5 \Big\langle \begin{matrix} NH_2 \\ SO_3Na \end{matrix}$$
$$C_6H_4 . N : NC_{10}H_5 \Big\langle \begin{matrix} NH_2 \\ SO_3Na \end{matrix},$$

bildet eine rothe Lösung mit etwas Gelbstich, die durch Säure blau gefärbt, in alkalischer Lösung aber wieder roth wird.

---

[1] B. Fischer u. O. Philipp, Archiv d. Pharm. (3 R.) **23**, 434.

[2] G. Lunge, Ber. **18**, 3290, 1885.

[3] R. T. Thomson. Journ. soc. Chem. Ind. **6**, 175.

Benzopurpurin B,

$$C_6H_3 \big\langle {}^{CH_3}_{N:N.C_{10}H_5 \langle {}^{NH_2}_{SO_3Na}}}$$

verhält sich wie Kongo und soll diesem noch vorzuziehen sein.

Jodeosin-Erythrosin = Alkalisalz des Tetrajodfluoresceïns,

$$C_{20}H_6O_5J_4K_2 = C \big\langle \cdots$$

ist in Wasser mit kirschrother Farbe löslich und wird durch Säuren braungelb gefärbt. Am besten verwendet man es zum Titriren von Alkaloïden in ätherischer Lösung.

Kochenille, der Farbstoff der Kochenillenschildlaus, wird violett durch Alkalien und gelbroth durch Säuren.

d) Lackmoïd, Resorcinblau,

$$C_{12}H_9NO_4 = N \big\langle {}^{C_6H_3(OH)_2}_{C_6H_3} \rangle$$

entsteht bei der Einwirkung von 5 Theilen Natriumnitrit auf 100 Theile Resorcin und 5 Theilen destillirten Wassers unter Erhitzen bis zum Eintritt einer blauen Farbe. Die rothe Färbung einer alkoholischen Lösung wird durch Alkali gebläut; jedoch ist der Farbstoff in seinem sonstigen Verhalten nicht übereinstimmend mit Lackmus.

II. Gruppe.

a) Fluorescëin, Uranin = Natrium- oder Kaliumsalz des Tetraoxyphtalophenonanhydrids,

$$C_{20}H_{10}O_3 . Na_2 = C \big\langle \cdots$$

ist in wässeriger Lösung gelb mit dunkelgrüner Fluorescenz; durch Säuren wird die Lösung schwach gelb gefärbt, und die Fluorescenz verschwindet.

Phenacetolin oder Phenaceteïn, $C_{16}H_{12}O_2$, aus Phenol, Schwefelsäure- und Essigsäureanhydrid erhalten, wird durch Säuren und Alkalien nur gelb, durch Alkalikarbonate nur roth gefärbt.

b) Alizarin-S = α-β-Dioxyanthrachinonsulfosaures Natron,

$$C_6H_4 \diagdown \begin{matrix} CO \\ CO \end{matrix} \diagup C_6H \diagdown \begin{matrix} OH \\ OH \\ SO_3Na \end{matrix},$$

wird durch Säure gelb gefärbt; Alkalien wandeln diese Farbe wieder in roth um.

Orseille, ein auf bestimmte Weise zu erhaltender Farbstoff der Flechten der Familien Roccella und Lecanora, welche auch zur Lackmusgewinnung dienen, enthält als Hauptbestandtheil Orceïn, $C_7H_7NO_3$, das sich in wässerigem Ammoniak mit violetter, in Aetzalkalien mit purpurrother Farbe löst und durch Säuren wieder als rothbraunes Pulver abgeschieden wird.

Hämatoxylin, $C_{16}H_{14}O_6 + 3\,H_2O$, der Farbstoff des Blau- oder Kampecheholzes, wird von wässerigem Ammoniak sowie von ätzenden und kohlensauren Alkalien bei Luftzutritt mit purpurrother Farbe gelöst.

Galleïn, Pyrogalleïn, $C_{20}H_{10}O_7$, löst sich in Alkohol mit dunkelrother Farbe und wird durch Alkali blau gefärbt.

c) Lackmus wird aus denselben Flechtenarten wie Orseille, nur in etwas abgeänderter Bereitungsweise dargestellt. Die Lösung erscheint mit reinem Wasser violett, mit Alkali blau, mit Säure roth. Die Lösung in Wasser hält sich nur bei Luftzutritt.

d) p-Nitrophenol, $C_6H_4 \diagdown \begin{matrix} (1)\,OH \\ (4)\,NO_2 \end{matrix}$, wird durch Alkali gelb, durch Säure farblos.

Guajaktinktur enthält den aus dem Guajakharz extrahirten Farbstoff, der durch Säure farblos und durch Alkalien gelb gefärbt wird.

e) Rosolsäure, Aurin, $C \diagdown \begin{matrix} C_6H_4 = O \\ C_6H_4OH \\ C_6H_4OH \end{matrix}$, ist in alkoholischer Lösung goldgelb und wird durch Alkalien kirschroth gefärbt.

III. Gruppe.

a) Tropäolin 000, Orange I = Natriumsalz des Sulfanilsäure-azo-α-naphtols,

$$C_6H_4 \diagdown \begin{matrix} SO_3Na \\ N:N\,.\,C_{10}H_6(\alpha)OH \end{matrix},$$

wird durch Wasser mit orangerother Farbe gelöst, die in Alkalien mehr kirchroth, durch Säuren aber rothbraun wird.

b) **Phenolphtaleïn, Di-p-oxydiphenylphtalid,**

$$C_{20}H_{14}O_4 == C\underset{\underline{\qquad\qquad}}{\overset{(C_6H_4OH)_2}{\diagdown C_6H_4COO}},$$

ist in seiner alkoholischen Lösung farblos und wird durch eine Spur von Alkali roth gefärbt.

Kurkuma oder **Kurkumin**, der Farbstoff aus den Wurzeln von Curcuma longa und viridiflora, giebt eine gelbe Lösung, die durch Alkalien und Borsäure rothbraun gefärbt, durch letztere jedoch erst nach dem Trocknen des Kurkumapapiers.

Luteol oder **Chloroxydiphenylchinoxalin,**

$$HO\diagup\overset{Cl}{\diagdown}\underset{N}{\overset{N}{\diagdown}}\diagup\overset{C_6H_5}{\underset{C_6H_5}{}},$$

wird durch Alkali gelb, durch Säuren farblos.

d) **Poirrier's Blau, C_4B,** wird durch freie Alkalien roth, durch freie Säuren nicht geändert.

Reaktionsfähigkeit der Indikatoren.

Ueber die **Reaktionsfähigkeit der Indikatoren** erhalten wir am besten Aufklärung, wenn wir die Stärke des Säuremoleküls an sich ins Auge fassen. Wir finden dann, dass die Natur des Säuremoleküls in der **ersten Gruppe** stark ausgeprägt ist, wir haben demnach eine grosse Reaktionsfähigkeit gegenüber Basen, Beständigkeit der Salze und Unempfindlichkeit gegenüber schwachen Säuren. (**Glaser.**)

Umgekehrt ist in der **dritten Gruppe** das Säuremolekül als solches wenig charakterisirt. Die Indikatoren dieser Gruppe sind daher wenig empfindlich gegen Basen; ihre Salze sind sehr wenig beständig und gegen Säuren sehr empfindlich.

Die in der **zweiten Gruppe** aufgeführten Indikatoren stehen in allen ihren Eigenschaften zwischen den alkali- und säureempfindlichen. Da, wo die Konstitution der Indikatoren nicht bekannt ist, lässt sich umgekehrt aus ihrer Stellung in den Gruppen auf einen mehr oder weniger ausgesprochenen Säurecharakter des Säuremoleküls schliessen. Die Anordnung ist von **Glaser** derartig getroffen, dass von dem ersten Gliede der ersten Gruppe anfangend, die Alkaliempfindlichkeit ab-, dagegen die Säureempfindlichkeit zunimmt. Die gleichwerthigen Glieder sind jeweils unter denselben Buchstaben zusammengefasst.

Die Kenntniss der Stellung der Indikatoren ist von besonderer Wichtigkeit, wenn es sich um Titration von Körpern handelt, deren Basicität bezw. Acidität nicht stark ausgeprägt ist. Es gilt dies ebenso wohl für schwache Basen bezw. Säuren, als auch für Salze, deren Base schwächer ist, als die mit ihr verbundene Säure, oder umgekehrt für Salze, bei welchen eine starke Base mit einer schwachen Säure verbunden ist.

Obige Anordnung ist auch wohl geeignet, um Anhaltspunkte über die Natur und Stärke einer Säure oder Base zu geben, falls wir zu deren Titration mehrere Indikatoren anwenden. Finden wir z. B., dass zwei Säuren sich scharf mit Hilfe von Lackmustinktur, nicht aber mit Hilfe von Lackmoid titriren lassen, so darf man aus dieser Thatsache auf annähernd gleiche Stärke der fraglichen Säuren schliessen. Lässt sich in einem andern Falle eine Säure scharf sowohl mit Lackmoïd als auch mit Lackmustinktur titriren, eine andere nicht mit Lackmoïd, wohl aber mit Lackmustinktur, so muss man verschiedene Stärke beider Säuren annehmen. Selbstverständlich gilt dies nur für Indikatoren, welche in der Skalenreihe etwas weiter aus einander stehen, da für eine Säure, die z. B. mit Hämatoxylin scharf titrirt werden kann, ebenso wohl auch Lackmus anwendbar ist.

Die Thatsache, dass homologe organischen Säuren bei gleicher Anzahl von Karboxylgruppen umso stärker sind, je geringer ihr Molekulargewicht, findet hier einen greifbaren Ausdruck. Ameisensäure lässt sich mit Hilfe von Lackmoïd ziemlich scharf, mit Hilfe von Lackmustinktur sehr scharf titriren; bei Essigsäure wendet man bekanntermassen am vortheilhaftesten einen Indikator der dritten Gruppe an, da Lackmus einen Reaktionsumschlag nicht scharf anzeigt. Es zeigt sich also hierin deutlich die höhere Acidität der Ameisensäure gegenüber der Essigsäure, wie dies ja auch durch das verschiedenartige Leitungsvermögen beider Säuren nachgewiesen wurde.

Bei höher molekularen einbasischen Säuren vom Typus $C_nH_{2n}O_2$ benutzt man überhaupt nur die Indikatoren der dritten Gruppe entsprechend der geringen Acidität dieser Säuren.

Aehnliche Regeln gelten für die mehrbasischen Säuren (Oxalsäure, Bernsteinsäure). Ebenso lässt sich mit Hilfe der Indikatoren die Thatsache bestätigen, dass bei ungefähr gleichem Molekulargewicht und gleicher Anzahl Karboxylgruppen eine Säure umso stärker ist, je mehr Hydroxylgruppen sie enthält (Propionsäure—Milchsäure; Bernsteinsäure—Aepfelsäure—Weinsäure). Diese Gesetzmässigkeiten, welche bei bekannten Säuren auftreten, lassen sich ohne Zweifel auch auf solche Säuren mit Erfolg ausdehnen, deren Konstitution noch nicht bekannt ist.

Die Titrationsfähigkeit der Basen ist eine sehr beschränkte. Mit Schärfe lassen sich, wenn wir von dem Einflusse des Wassers bei grösseren Verdünnungen absehen, sämmtliche Indikatoren nur bei der

Titrirung starker fixen Basen anwenden. Es macht sich hier das allgemeine Gesetz besonders geltend, dass ein Indikator nur dann den Reaktionsumschlag mit Schärfe anzeigt, wenn das gebildete Reaktionsprodukt gegen den Indikator neutral reagirt. Die mineralsauren Salze schwächerer Basen reagiren eben auch auf säureempfindliche Indikatoren mehr oder weniger sauer. Mineralsaure Ammonsalze reagiren auf sämmtliche Indikatoren sauer, auf diejenigen der Gruppe I allerdings so schwach, dass nur bei Gegenwart grösserer Mengen der Salze die saure Reaktion zur Erscheinung kommt.

Mitunter werden die allmälig auftretenden hydrolytischen Erscheinungen dem Einfluss der Kohlensäure der Luft zugeschrieben. Jedoch ist z. B. das Erblassen einer schwach alkalischen, durch Phenolphtaleïn roth gefärbten Lösung lediglich auf den hydrolysirenden Einfluss des Wassers zurückzuführen, wie dies von F. Glaser nachgewiesen wurde. Das Gleiche gilt für sämmtliche Indikatoren der dritten Gruppe. Das Wasser wirkt auf dieselbe wie eine Säure, in geringen Verdünnungen allerdings fast unmerklich, in stärkeren Verdünnungen aber derartig, dass eine absolut scharfe Titrirung unmöglich wird, und dass immerhin eine quantitativ wohl zu berücksichtigende Menge Lauge nothwendig ist, um die hydrolisirende Wirkung des Wassers zu überwinden.

Umgekehrt sind die Erscheinungen bei den Indikatoren der ersten Gruppe. Versetzt man eine grosse Menge Wasser — etwa $1/2$ l — mit einer neutralen Lackmoïdlösung, so wird die Flüssigkeit entschieden blau gefärbt. Man braucht etwa 0,3 ccm $N/10$ Schwefelsäure, um die Flüssigkeit auf die neutrale Uebergangsfarbe zu stellen. Ebenso viel Säure braucht man, um einer mit Methylorange gelb oder mit Kongo roth gefärbten Wassermenge von $1/2$ l die orangefarbene bezw. violette Uebergangsfarbe zu geben. Diese Thatsache erklärt sich nur durch die, wenn auch äusserst geringe Dissociation des Wassers in seine Ionen H und OH. Da die Indikatoren der ersten Gruppe gegen schwache Säuren unempfindlich sind, so kommt hier nur der basische Bestandtheil des Wassers, das H-atom, zur Wirkung. Wir finden deshalb bei Gegenwart von viel Wasser in der ersten Gruppe alkalische Reaktion.

Der Alkohol wirkt erheblich dissociationshindernd und veranlasst so z. B., dass eine Essigsäurelösung, die Methylorange roth färbt, durch Alkoholzusatz wieder gelb wird und erst durch Wasserzusatz wieder saure Reaktion annimmt. In umgekehrtem Sinne beeinträchtigt Alkohol bei den Indikatoren der dritten Gruppe z. B. beim Phenolphtaleïn, die Empfindlichkeit namentlich schwacher Basen. Bei der dritten Gruppe, dem Lackmus und ähnlichen Indikatoren, ist der Einfluss des Alkohols ein geringer.

Glaser kommt nun noch zu folgenden praktischen Schlussfolgerungen:

I. Die Thatsache, dass die Titrirungen mit verschiedenen Indikatoren umso weniger übereinstimmen, je stärker die Verdünnung der zu titrirenden Lösung ist, zwingt uns, bei alkalimetrischen Titerstellungen, bei welchen es auf grösste Genauigkeit ankommt, möglichst wenig Wasser zur Lösung der Titersubstanz zu nehmen. Abgesehen davon, dass bei stärkeren Verdünnungen der Titer einer Lauge oder Säure jeweils nur für den Indikator stimmt, mit welchem gerade eingestellt wurde, wird eine genaue Bestimmung des Titers schon dadurch erschwert, dass der Umschlag der Indikatoren umso weniger scharf wird, je stärker die Verdünnung ist.

II. In allen Fällen, wo wir in stärkeren Verdünnungen mit einem Indikator der dritten Gruppe, z. B. mit Phenolphtaleïn, titriren, müssen wir uns vergegenwärtigen, dass ein Uebergang in alkalisch erst dann stattfindet, wenn der Neutralpunkt schon relativ weit überschritten ist. Es gilt dies z. B. für die Bestimmung der flüchtigen Säuren im Wein und Bier, wo wir die auf 200, bezw. 150 ccm, vertheilte flüchtige Säure mit $N/_{10}$-Lauge titriren und den Gehalt an derselben um $5-10\,^0/_0$ zu hoch finden, wenn wir für gerade diese Verdünnung nicht den Titer besonders festgestellt haben. Ebenso finden wir auch bei Butteranalysen die Reichert-Meïssl'sche Zahl etwas zu hoch.

Wenn auch bei Wein und Bier bei dem an sich geringen Gehalt an flüchtigen Säuren dieser Fehler nicht sehr ins Gewicht fällt, so dürfte er doch, wo man die Fehlergrenzen ziemlich genau bestimmen kann, in Rücksicht zu ziehen sein. Es ist deshalb wohl der Vorschlag angebracht, bei der Titrirung der flüchtigen Säuren unter Anwendung von Phenolphtaleïn nicht bis zur schwachen vorübergehenden Röthung, sondern bis zur ausgesprochen scharfen und länger anhaltenden Rothfärbung zu titriren und von der nunmehr zugegebenen $N/_{10}$-Lauge 0,33 ccm in Abzug zu bringen. Für die Reichert-Meissl'sche Zahl dürfte sich ein Abzug von 0,2 ccm empfehlen, eventuell ein Stellen der Laugen auf Säuren derselben Art wie die zu titrirende, wie es von Juckenack und W. Fresenius empfohlen wurde.

III. Die Kohlensäure der Luft und auch ein geringer Gehalt einer N-Lauge an kohlensauren Salzen ist bei Titrationen mit Phenophtaleïn, Rosolsäure oder Kurkuma, überhaupt den kohlensäureempfindlichen Indikatoren, nicht störend. Auch ist es nicht nothwendig, wie dies bei Bestimmung der Reichert-Meissl'schen Zahl vorgeschrieben ist, so ängstlich die Kohlensäure der Luft abzuhalten.

IV. Je nach der Wahl der Indikatoren entstehen bei der Titration schwacher Säuren namentlich in Gegenwart saurer Phosphate ganz bedeutende Differenzen. So findet sich in den neuesten Entwürfen der „Vereinbarungen zur einheitlichen Untersuchung und Beurtheilung von Nahrungs- und Genussmitteln, sowie Gebrauchsgegenständen für das Deutsche Reich" die Angabe, dass man die Gesammtacidität des Bieres mit Hilfe von sog. neutralem Lackmuspapier oder von einer rothen Phenolphtaleïnlösung titriren soll. Infolge der Gegenwart der sauren Phosphate, welche auf Lackmus und Phenolphtaleïn quantitativ ganz verschieden reagiren, erhält man ausserordentliche Differenzen, je nachdem man mit Lackmus oder dem rothen Phenolphtaleïn tüpfelt. Glaser hat bei einigen Bierproben die Bestimmung der Gesammtacidität ausgeführt und dabei folgende Zahlen erhalten:

Auf 100 ccm Bier $N/_{10}$ Natronlauge:

	I. Lackmuspapier.	II. Rothes Phenolphthaleïn.
Probe a)	10,8 ccm.	16,3
b)	11,0 „	24,0
c)	11,0 „	19,4
d)	10,8 „	25,4
e)	9,6 „	20,0

Wie man sieht, betragen die Differenzen zum Theil 100 %. In diesem Punkte müsste unbedingt eine Vereinbarung getroffen werden, nach welcher man entweder nur mit Lackmuspapier oder nur mit Phenolphtaleïn die Gesammtcacidität bestimmen dürfte.

Weitere Untersuchungen speciell über die Verwendung von Phenolphtaleïn, Methylorange und Dimethylamidoazobenzol sind von F. W. Küster[1]) sowie von G. Lunge und E. Narmier[2]) angestellt worden.

Abnorme Neutralisationsphänomene.

Nach den Untersuchungen von A. Hantzsch[3]) kann eine intramolekulare Umlagerung bei labilen Atomgruppen durch blosse Titration mittelst eines Indikators nachgewiesen werden. So reagirt Isodinitroäthannatrium neutral, freies echtes Dinitroäthan ebenfalls, wenn auch nicht gegen alle Indikatoren. Also ergiebt die neutrale Lösung des Isonitrosalzes mit 1 Mol. Salzsäure wieder eine neutrale Lösung, indem dabei das Azodinitroäthan in das echte Dinitroäthan übergeht. Die Salzsäure wird somit nicht durch eine Base, sondern, wenigstens scheinbar, durch ein Neutralsalz neutralisirt. Oder umgekehrt: Freies Natron lässt sich mit einer neutralen, wässerigen Lösung von Dinitroäthan wie durch eine Säure neutralisiren. Diese Ausführungen rechtfertigen es, derartige Vorgänge als abnorme Neutralisationsphänomene zu bezeichnen. Demgemäss gilt folgender Satz:

Abnorme Neutralisationsphänomene sind das Kennzeichen intramolekularer Atomverschiebungen; sie finden

---

1) F. W. Küster, Zeitschr. anorg. Ch. **8**, 127, **13**, 136.
2) G. Lunge n. E. Narmier, Zeitschr. angew. Ch. 1897, 3.
3) A. Hantzsch, Ber. **32**, 580, 1899; vgl. Bd. I.

nur statt zwischen Pseudosäuren und den Salzen der ihnen isomeren, echten Säuren.

Hierbei möge noch darauf hingewiesen werden, dass sich abnorme Neutralisationsphänomene durch Titration zwar einfacher als durch Leitfähigkeit nachweisen lassen, dass dieser erstere Nachweis aber doch an Schärfe hinter dem letzteren zurücktritt. Wenigstens sind durch die quantitativen Messungen der Leitfähigkeit Irrthümer ausgeschlossen, die bei der qualitativen Indikatorenreaktion auftreten können: so reagirt z. B. die äusserst schwache Aethylnitrolsäure, $CH_3C(NO_2):N.OH$, so entschieden auf Lackmus, dass sie, zumal mit Rücksicht auf ihre minimale Affinitätskonstante (K : 0,0000014) geradezu durch den Farbstoff selbst in die stärker saure Form umgestellt zu werden scheint, welche in ihren Salzen mit Sicherheit nachgewiesen worden ist[1]).

Auch lassen sich anderseits manche Alkalisalze, z. B. von Diazotaten, so schwer völlig frei von Alkalikarbonaten erhalten, dass sie bisweilen auf Lackmus deutlich alkalisch reagiren, während durch Leitfähigkeit erkannt wird, dass nur eine minimale Verunreinigung vorliegt, und dass die Antidiazotate dennoch das Verhalten von kaum hydrolytischen Neutralsalzen aufweisen. In zweifelhaften Fällen soll man sich also stets durch Leitfähigkeitsbestimmungen vom Vorhandensein abnormer Neutralisationsphänomene überzeugen.

Besonders beachtenswerth ist das Verhalten der mehratomigen Alkohole wie Glykole, Glycerin, Erythrit, Glukose und ihren Isomeren, Galaktose, welche sämmtlich die Eigenschaft zeigen, dass der Zusatz einer Lösung eines mehratomigen Alkohols zu einer Boraxlösung, die alkalische Reaktion des letzteren in eine saure verwandelt wird, vorausgesetzt, dass die Menge des Borax im Verhältniss zum Alkohol nicht zu gross ist. Je grösser die Anzahl der Hydroxylgruppen des Alkohols ist, umso weniger desselben ist nöthig.

Hierauf haben ganz unabhängig von einander D. Klein[2]) und C. Jehn[3]) aufmerksam gemacht; letzterer wurde dazu veranlasst durch eine Notiz von R. Sulzer[4]) über das Verhalten von Honig zu Borax.

Rohrzucker, Dextrin und Quercit zeigen die Reaktion nicht.

Auch die ganz schwache saure Reaktion des parawolframsauren Natrons wird in eine stark saure verwandelt durch Zusatz der oben erwähnten Stoffe.

Diese Beobachtung hat dazu geführt, eine sehr wichtige Titrations-

---

[1]) Hantzsch u. Graul, Ber. **31**, 2854, 1898.
[2]) D. Klein, Compt. rend. **86**, 826; **99**, 144.
[3]) C. Jehn, Archiv d. Pharm. (3 R.) **25**, 250.
[4]) R. Sulzer, Deutsch-amerik. Apoth. Ztg. 1886, 596.

methode zur Bestimmung des Borax unter Benutzung des Glycerins aus-
zuarbeiten, auf die ich hier nur verweisen kann [1]).

5. Emissionsspektrum [2]).

Spektralanalyse.

Die Begründer der Spektralanalyse sind Kirchhoff und Bunsen
gewesen. Sie haben gezeigt, dass man mit Hilfe der durch eine Flamme
erhitzten Stoffe bestimmte Elemente dadurch nachweisen kann, dass man
das von ihnen ausgesandte Licht durch ein Prisma hindurchgehen lässt
und dadurch zerlegt. Es zeigte sich alsdann, dass den verschiedenen
Elementen meist ganz bestimmte Lichtwellen zukommen, die durch das
Erwärmen auf höhere Temperaturen von ihnen ausgesendet werden. Diese
für die einzelnen Elemente charakteristischen Aetherwellen ergeben bestimmter Linien, die je nach der Stellung, an der sie sich im Spektrum
des weissen Lichtes befinden, entsprechend gefärbt sind.

Die Linien bilden das Emissionsspektrum der Elemente und
sind für jedes einzelne verschieden. Sie lassen sich zum analytischen
Nachweis eines Elementes verwenden und haben öfter die Entdeckung
neuer Elemente veranlasst, wie z. B. bei Rubidium, Cäsium durch Kirchhoff und Bunsen, bei Thallium durch Crookes und Lamy, Indium
von Reich und Richter, Gallium durch Lecoq de Boisbaudran,
Argon durch Lord Raleigh und Ramsay, Helium, Neon, Krypton und
Xenon durch Ramsay.

Der zur Untersuchung des Emissionsspektrums dienende Apparat,
der sog. Spektralapparat besteht aus einem Glasprisma, welches zur
Zerlegung des Lichtes dient. Auf dasselbe werden die Lichtstrahlen durch
ein sog. Kollimatorrohr, d. h. ein mit einem verstellbaren Spalte versehenes Rohr geleitet. Vor dem Spalte befindet sich die Flamme, in
welcher der zu untersuchende Körper an einem absolut reinen Platindraht
erhitzt wird. Das betreffende Spektrum wird durch ein mit einer Skala
versehenes Fernrohr beobachtet.

Emissionsspektren der Elemente.

Wie schon erwähnt, sind die Emissionsspektren für die Elemente derart charakteristisch, dass man sie zum analytischen Nachweise benutzen
kann. Lässt man weisses Licht durch den Dampf irgend eines Elementes
hindurchgehen, so werden umgekehrt die Strahlen der für das betreffende
Element charakteristischen Strahlen absorbirt, es entsteht an den betreffenden Stellen eine oder mehrere schwarze Linien, die sog. (Wollaston-)

---

[1]) Vgl. G. Jörgensen, Zeitschr. angew. Ch. **1897**, 5.
[2]) R. Kayser, Handbuch der Spektroskopie Hirzel, Leipzig 1900.

Fraunhofer'schen Linien. Das betreffende Spektrum heisst das Absorptionsspektrum des Elementes.

In nebenstehender Tafel sind die Emissionsspektren verschiedener Elemente nach den von Prof. H. Erdmann[1]) ermittelten Daten wiedergegeben. Bei der Aufstellung dieser Tafeln wurde eine möglichst genaue Wiedergabe des im Spektroskop erblickten Bildes nach Lage, Farbe und Helligkeit der Linien angestrebt. Die Farbenvertheilung geschah nach folgendem Schema:

Roth	0,820	bis	0,608	μ
Orange	0,608	„	0,592	„
Gelb	0,592	„	0,585	„
Gelbgrün	0,585	„	0,575	„
Grün	0,575	„	0,515	„
Blaugrün	0,515	„	0,495	„
Blau	0,495	„	0,468	„
Blauviolett	0,468	„	0,457	„
Violett	0,457	„	0,390	„

„In den nach der Natur gezeichneten Spektren der Hauptgase und Edelgase sowie der alkalischen Erden sind nur die deutlichen und charakteristischen Linien wiedergegeben. Die Eintheilung des Spektrums ist nach Wellenlängen erfolgt, da die sonst vielfach übliche Skala von Bunsen und Kirchhoff eine ganz willkürliche ist, und mit jedem andern Prisma eine andere Streuung der Farben erzielt wird. Eins aber haben alle Spektralapparate gemeinsam: sie streuen im Blau und Violett viel stärker als in dem weniger brechbaren Roth. Deswegen würde das Bild eines beobachteten Spektrums ganz verzerrt werden, wenn man es auf eine nach Wellenlängen eingetheilte Millimeterskala eintragen wollte. Bei den in den Tafeln wiedergegebenen Spektren ist nun, ähnlich wie bei den Tafeln von Engelmann[2]) eine (nicht mit gezeichnete) Millimetereintheilung entsprechend der Skala von Bunsen und Kirchhoff zu Grunde gelegt, und dies ist die Ursache, weshalb die Abstände der beigeschriebenen Zahlen, welche Wellenlängen bedeuten, keine konstanten sind, sondern von Roth nach Violett sich ständig vergrössern. Diese Zahlen bedeuten Hundertstel μ, also die Zahl 50 z. B., die etwa in der Mitte der Spektra liegt, entspricht einer Wellenlänge von 0,500 μ. Diejenigen Linien, welche besonders hell und charakteristisch sind, sind etwas nach rechts verbreitert gezeichnet, damit sie genügend hervortreten, und das Bild für den Beschauer dem natürlichen Eindruck möglichst entspricht. Die Ablesung hat also an der

---

1) H. Erdmann, Naturwiss. Rundschau, **13**, 465, 1898. Auch an dieser Stelle spreche ich Herrn Prof. Erdmann, sowie der Verlagsbuchhandlung von Friedr. Vieweg & Sohn in Braunschweig meinen verbindlichsten Dank aus für die zur Benützung der Tafeln ertheilte Erlaubniss.

2) Th. W. Engelmann, Tafeln und Tabellen u. s. w. Leipzig 1897.

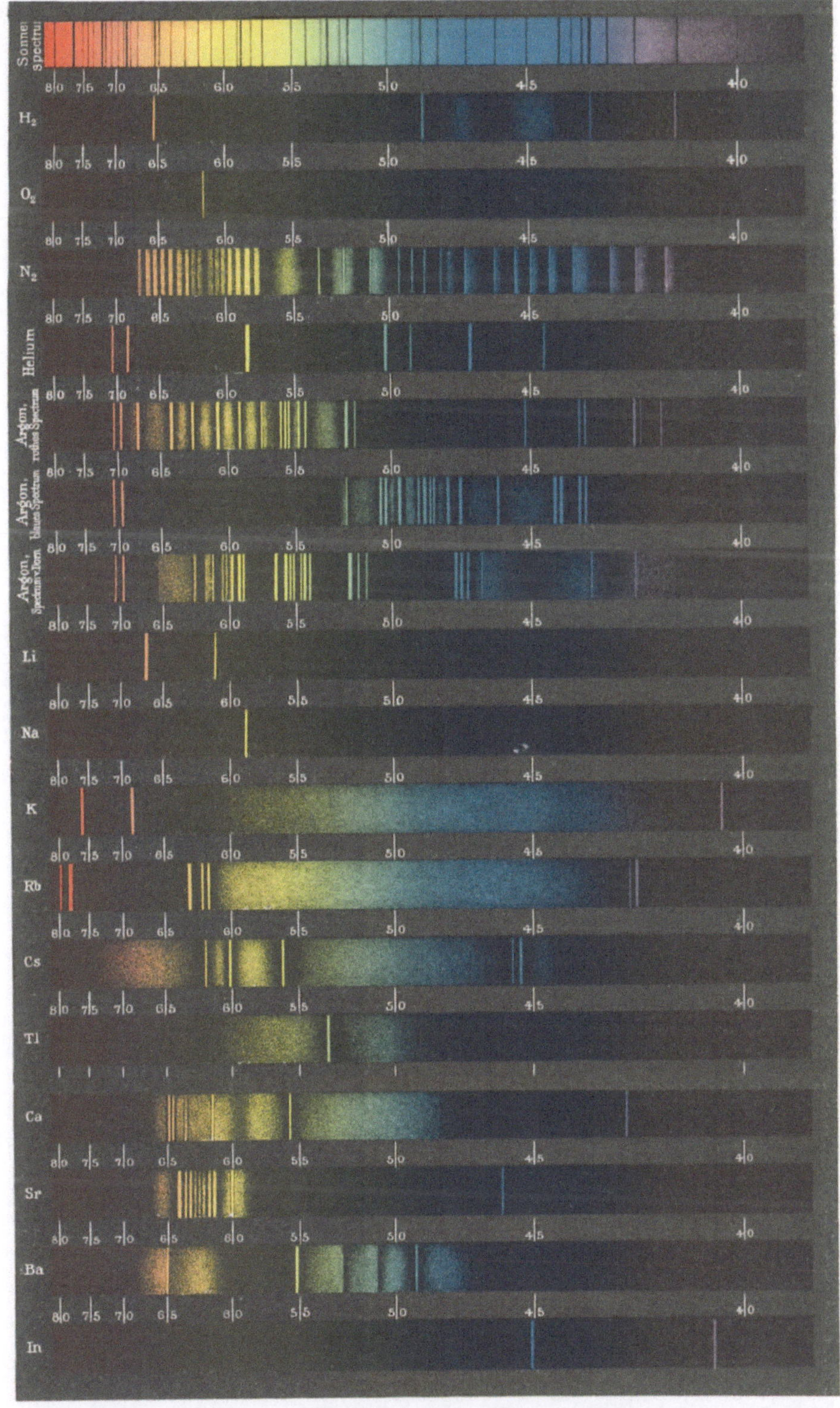

Emissionsspektren der Elemente nach Prof. H. Erdmann

linken Kante der Spektrallinien zu geschehen. Auf übergrosse Feinheit wurde übrigens absichtlich verzichtet, um die Deutlichkeit des Bildes nicht zu gefährden. Im folgenden werden die genauen Wellenlängen aller verzeichneten Linien noch tabellarisch zusammengestellt."

A. Sonnenspektrum.

„Im Sonnenspektrum bedeuten die starken schwarzen Linien Fraunhofer'sche Linien, die schwachen dagegen Theilstriche, welche Differenzen in der Wellenlänge von je 10 μ entsprechen.

Die Fraunhofer'schen Linien im Sonnenspektrum.

Benennung.	Wellenlänge.	Chemischer Ursprung.
A	0,760	Sauerstoff,
a	0,722	Atmosphäre (H_2O),
B	0,687	Sauerstoff,
C	0,656	Wasserstoff,
D	0,5896	Natrium,
E	0,527	Calcium,
b	0,517	Magnesium,
F	0,486	Wasserstoff,
—	0,437	Eisen,
—	0,435	Eisen,
G	0,434	Wasserstoff,
—	0,426	Eisen,
h	0,410	Wasserstoff,
H_1	0,397	Calcium,
H_2	0,393	Calcium.

B. Hauptgase und Edelgase.

„Die Spektra der permanenten Gase sind mit einem Ruhmkorff'schen Induktor mit Platinunterbrecher von der Schlagweite 14 cm (20 Funken in drei Sekunden) in Plückerröhren zu erhalten, welche unter vermindertem Druck mit den zu untersuchenden Gasen gefüllt werden. Als Stromquelle dienen drei hinter einander verbundene Akkumulatoren; für das blaue Argonspektrum schaltet man neben dem Induktor eine Leydener Flasche von mässiger Grösse ein.

1. Linien des Wasserstoffs:

$$\left.\begin{array}{l} 0,656\ \mu \\ 0,486\ \text{''} \end{array}\right\} \text{Hauptlinien,} \qquad \left.\begin{array}{l} 0,410\ \mu \\ 0,434\ \text{''} \end{array}\right\} \text{Nebenlinien.}$$

2. Einzige stets deutlich sichtbare Sauerstofflinie:
$$0,617\ \mu \text{ scharfe Linie.}$$

3. Linien und Banden des Stickstoffs:

0,670 bis 0,574 μ Streifen,	0,497 μ
0,534 μ Linie,	0,491 „ } Linien.
0,519 „ verbreiterte Linie,	0,486 „
0,508 „ linke Kante einer Bande.	

0,478 μ 0,442 μ
0,476 „   0,437 „
0,462 „   0,427 „   } Banden, die sich nach rechts meist sehr erheblich erweitern.
0,457 „   0,420 „
0,450 „   0,414 „

4. Spektrum des Heliums: nur ganz scharfe Linien.

0,707 μ schwach   0,495 μ
0,688 „ mittelstark,   0,470 „ } stark.
0,587 „ blendend hell,   0,466 „
0,502 „ sehr stark.

5. Spektra des Argons:

a) Rothes Spektrum (Druck 3 mm)

0,707 μ schwach,   0,696 μ halbstark.

0,674 μ 0,561 μ 0,450 μ
0,640 „   0,556 „   0,435 „
0,629 „   0,550 „   0,433 „ } starke Linien.
0,602 „   0,545 „   0,420 „
0,591 „   0,519 „   0,419 „
0,574 „   0,517 „   0,416 „

b) Blaues Spektrum (Druck unter 1 mm, hohe Spannung):

0,707 μ 0,500 μ 0,480 μ 0,443 μ
0,695 „   0,496 „   0,473 „   0,440 „
0,514 „   0,492 „   0,461 „   0,438 „
0,505 „   0,487 „   0,448 „   0,435 „.

c) Grünes Spektrum (Spektrum von Dorn, Druck 100 bis 200 mm).

0,707 μ 0,559 μ 0,510 μ
0,696 „   0,555 „   0,474 „
0,656 bis 0,626 μ helle Bande, 0,551 „   0,472 „
0,619 „ 0,612 „ Bande,   0,547 „   0,470 „
0,605 „ 0,600 „ Bande,   0,545 „   0,468 „
0,596 μ 0,544 „   0,432 „
0,592 „   0,517 „ sehr hell   0,421 „
0,564 „ sehr hell,   0,513 „ „   „

„Von den zahlreichen Sauerstofflinien, welche man hie und da, meist aber nur unter ganz besonderen Bedingungen beobachtet, ist die von Erdmann wiedergegebene Linie $\lambda = 0{,}617\ \mu$ thatsächlich die einzige, welche stets deutlich sichtbar ist. Für den Gasanalytiker kommt daher diese Sauerstofflinie allein in Betracht; mit ihrer Hilfe gelingt es bei einiger Uebung leicht, den Sauerstoff selbst neben viel Stickstoff aufzufinden. Denn eine Vergleichung der neben einander gestellten Spektra des Sauerstoffs und Stickstoffs lehrt sofort, dass die Sauerstofflinie in sehr charakteristischer Weise eine Lücke in dem gitterförmigen rothen Theile des Stickstoffspektrums ausfüllt."

„Das Heliumspektrum, wohl das schönste und farbenprächtigste von allen Gasspektren, giebt in der Klarheit und Schärfe seiner Linien den besten Beweis für die Einheitlichkeit dieses leichten Edelgases. Die hellste seiner Linien, die bereits im Jahre 1868 von Lockyer in der Sonnenatmosphäre und den Sonnenprotuberanzen aufgefundene Linie $\lambda = 0{,}587\ \mu$ fällt selbst bei einem Spektroskop von nur mässiger Farbenzerstreuung mit der gelben Natriumlinie $\lambda = 0{,}5896\ \mu$ nicht zusammen, sondern erscheint, wenn man nur den Spalt nicht gar zu breit einstellt, als gesonderte Linie rechts von der Natriumlinie. Dabei ist aber zu beachten, dass die Leuchtkraft des Heliumatoms derjenigen des Natriumatoms ganz ausserordentlich überlegen ist. Es ist nicht ganz leicht, ein so starkes Natriumlicht herzustellen, dass die Natriumlinie neben der das Auge blendenden Heliumlinie überhaupt sichtbar wird. Liefert ein Gasgemisch bei der spektroskopischen Untersuchung die gelbe Linie $\lambda = 0{,}587\ \mu$ nur schwach, so ist Helium in dem Gemische nur in Spuren vorhanden."

„Im Gegensatze zu dem so überaus klaren und einheitlichen Heliumspektrum liefert das Argon je nach den Bedingungen, unter denen man es zur Lichtemission bringt, wesentlich verschiedene Bilder. Wir können ein rothes, ein blaues und ein grünes Argonspektrum unterscheiden. Auf der Tafel ist das grüne Argonspektrum als Spektrum von Dorn bezeichnet. Das rothe Spektrum tritt bei mässigem Gasdruck auf, das blaue bei geringem Gasdruck und hoher Spannung, das grüne bei hohem Gasdruck. Dieses verschiedenartige Verhalten des Argons beweist, dass der als Argon bezeichnete Luftrückstand aus einem Gemische mehrerer Edelgase besteht. Die Kenntnisse, welche man von den durch fraktionirte Krystallisation und fraktionirte Destillation aus dem Argon abzuscheidenden Gemengtheilen besitzt, sind gegenwärtig (1898) noch so gering, dass es wohl nicht am Platze ist, hier auf diesen Gegenstand näher einzugehen. Vorderhand dürften dem Gasanalytiker in der Praxis wohl keine andern Edelgasspektra begegnen als die hier abgebildeten. Das „weisse Argonspektrum" von Eder und Valenta ist im wesentlichen nur durch Helligkeitsdifferenzen von dem rothen, blauen und grünen verschieden und das Berthelot'sche „Fluorescenzspektrum des Argons" ist, wie **Erdmann** und **Dorn**[1]) nachgewiesen haben, eiufach das Quecksilberspektrum und hat mit Edelgasen gar nichts zu thun."

C. Alkalien.

„Auf die charakteristische Lage der rothen Kaliumlinie $\lambda = 0,770\ \mu$ und der rothen Rhubidiumlinien $\lambda = 0,781\ \mu$ und $\lambda = 0,795\ \mu$ sei besonders hingewiesen, da über diese, namentlich in der chemischen Litteratur, häufig irrthümliche Anschauungen zu Tage getreten sind, welche auf der Anwendung unreiner Rubidiumsalze beruhten, und weil selbst **Kayser** und **Runge** in ihrer sonst so sorgfältigen Abhandlung über die Linienspektren der Alkalien[2]) den analytisch sehr wichtigen Umstand nicht genügend hervorheben, dass die Rubidiumlinie $\lambda = 0,781\ \mu$ erheblich heller strahlt als die Linie $\lambda = 0,795\ \mu$. Auf der Tafel von **Erdmann** (u. **Koethner**) ist dies dadurch zum Ausdruck gebracht worden, dass die Linie $\lambda = 0,781\ \mu$ in der oben erläuterten Weise nach rechts verbreitert gezeichnet ist.

Wellenlängen der Spektrallinien der Alkalimetalle:

Natrium: 0,5896

Kalium: 0,770 ⎫
 0,694 ⎬ helle, scharfe Linien,
 0,404 ⎭

In Gelb, Grün und Blau heller Lichtschein.

Lithium: 0,671 ⎫ helle scharfe
 0,610 ⎭ Linien

Rubidium: 0,795 feine, scharfe Linie

 0,781 glänzende, scharfe Linie,

 0,630 ⎫
 0,621 ⎬ scharfe Linien,
 0,617 ⎭

 0,422 ⎫ glänzende, helle
 0,420 ⎭ Linien.

Im Gelb, Grün und Blau sehr heller Lichtschein.

Caesium: 0,621 ⎫
 0,601 ⎪ scharfe Linien;
 0,599 ⎬ die Zwischen
 0,459 ⎪ räume zwischen
 0,456 ⎭ den Linien hell.

Thallium: 0,535 scharfe, strahlend glänzende Linie.

D. Alkalische Erden.

Zu den Spektren der alkalischen Erden ist noch das vom Indium zugefügt. „Auch die Wiedergabe der Spektren des Calciums, Strontiums und Baryums war bisher meist eine recht mangelhafte, namentlich wirkte

---

1) H. **Erdmann** u. E. **Dorn**, Liebig's Ann. **287**, 230, 1895.
2) **Kayser** u. **Runge**, Ueber die Spektren der Elemente, Berlin 1888.

die ungenaue Wiedergabe der Farben störend, durch welche diesen drei Erdalkalien Linien in Gelb zugeschrieben zu werden pflegten, welche allen dreien durchaus nicht zukommen.

Wellenlängen der Spektrallinien der Erdalkalimetalle.

Calcium: 0,650 } Linien.
0,646 }
0,646—0,616 Bande,
0,616 sehr helle, glänzende Linie,
0,616—0,559 heller Lichtschein,
0,559 sehr helle, glänzende Linie,
0,423 scharfe Linie.

Strontium: 0,655 grösste Helligkeit einer nach beiden Seiten abnehmenden Bande,
0,641 } Linien,
0,639 }
0,639—0,613 fünf Banden,
0,604—0,600 glänzende Helligkeit eines nach beiden Seiten abfallenden Lichtscheins.
0,461 scharfe Linie.

Baryum: 0,650 nach links allmälig abnehmende Bande,
0,620 grösste Helligkeit einer Bande,
0,654 sehr helle, scharfe, glänzende Linie,
0,554—0,493 drei nach rechts an Helligkeit stark zunehmende Banden,
0,493 scharfe Linie.

Indium: 0,451 } scharfe Linien.
0,410 }

Bei einer grossen Zahl von Elementen wie den Alkalimetallen und den alkalischen Erdmetallen genügt es, wenn man ihre Salze in eine Flamme einführt. Man erhält dann ein Flammenspektrum. Bei anderen Metallen sowie den Metalloïden muss man den elektrischen Funken zu Hilfe nehmen, um entweder in Geissler'scher Röhre oder durch Ueberspringen eines Funkens von einem Platindraht auf einen mit der Salzlösung getränkten Kohlenstift oder bei festen Substanzen, durch Verwendung derselben als Elektroden oder auf andere Weise ein Funkenspektrum zu erhalten.

Die Ergebnisse der Beobachtungen der Emissionsspektren der Elemente sind von verschiedener Seite dazu benutzt worden, die Verwandtschaft der Elemente auch in diesen wieder aufzufinden. Wenn die Elemente einer Mendelejeff'schen Gruppe sich in Bezug auf Atomform und demgemäss die durch das Atomgewicht in ihrer Schnelligkeit beeinflussten Bewegungen ähnlich sind, so muss sich dieses auch in Bezug auf die durch die Schwingungen hervorgerufenen Spektren offenbaren. Mitscherlich und Lecoq de Boisbaudran waren die ersten, welche diese Folgerungen zogen. Letzterer machte auf die Thatsache aufmerksam, dass in den Spektren der Alkalien sich Analogien finden, und dass deren Spektra im ganzen desto mehr nach dem rothen Ende, der Seite der kleineren Schwingungszahlen, hinrücken, je grösser die Atomgewichte der betreffenden Elemente sind.

Aber diese Annahme entsprach nicht ganz den Thatsachen, da das von jenen benutzte Beobachtungsmaterial nicht genügte. Erst durch die Untersuchungen von Kayser und Runge[1]), die äusserst genaue Versuche anstellten, war das betreffende Material in ausgiebiger Weise zusammengeführt worden. „Diese Forscher fanden das schon früher vermuthete Gesetz bestätigt, dass sich die verschiedenen Spektrallinien der einzelnen Elemente in gleicher Weise anordnen wie die akustischen Schwingungen, so dass sich mittels der Formel

$$\frac{1}{\lambda} = A - \frac{B}{n} + \frac{C}{n^2} - \frac{D}{n^3} \cdots$$

die einzelnen Linien einer Serie berechnen lassen. In dieser Formel bedeutet λ die Wellenlänge der einzelnen Linien, also $\frac{1}{\lambda}$ eine ihrer Schwingungszahl proportionale Grösse, n die Ordnungszahl und A, B, C, D .. sind Konstanten. Für $n = \alpha$ gilt die Gleichung $\frac{1}{\lambda} = A$; dies ist also die letzte mögliche Linie. Bestimmt man in diesen Gleichungen die Konstanten aus einigen Linien, so kann man durch Einsetzen von $n = 1, 2, 3, 4 \ldots$ alle vorhandenen Linien berechnen.“

„Solche Serien sind nun in fast allen bisher untersuchten Elementen gefunden worden, und zwar sind dies die Elemente der beiden ersten Mendelejeff'schen Gruppen. Bei denen der ersten Gruppe zeigen sich nicht einzelne Linien, sondern Linienpaare, in der zweiten Gruppe dagegen Serien von je drei Linien.

Es findet sich auch hier die erste Nebenserie mit starken, unscharfen Triplets und die zweite Nebenserie mit schwächeren, schärferen Triplets; die beiden Schwingungsdifferenzen zwischen den drei Linien jedes Triplets sind für jedes Element in beiden Serien konstant. Wenn man die Formeln für die verschiedenen Serien berechnet, so zeigen sich gesetzmässige Aenderungen der Konstanten von einem Element zum andern; dieselben

---

1) Vgl. Kayser u. Runge, Chem. Ztg. 1892, 533.

treten aber nur dann deutlich hervor, wenn man in jeder Mendelejeff-
schen Gruppe zwei Abtheilungen bildet, nämlich die Alkalien und Cu, Ag,
Au trennt, ebenso Mg, Ca, Sr einerseits, Zn, Cd, Hg, anderseits zusammen-

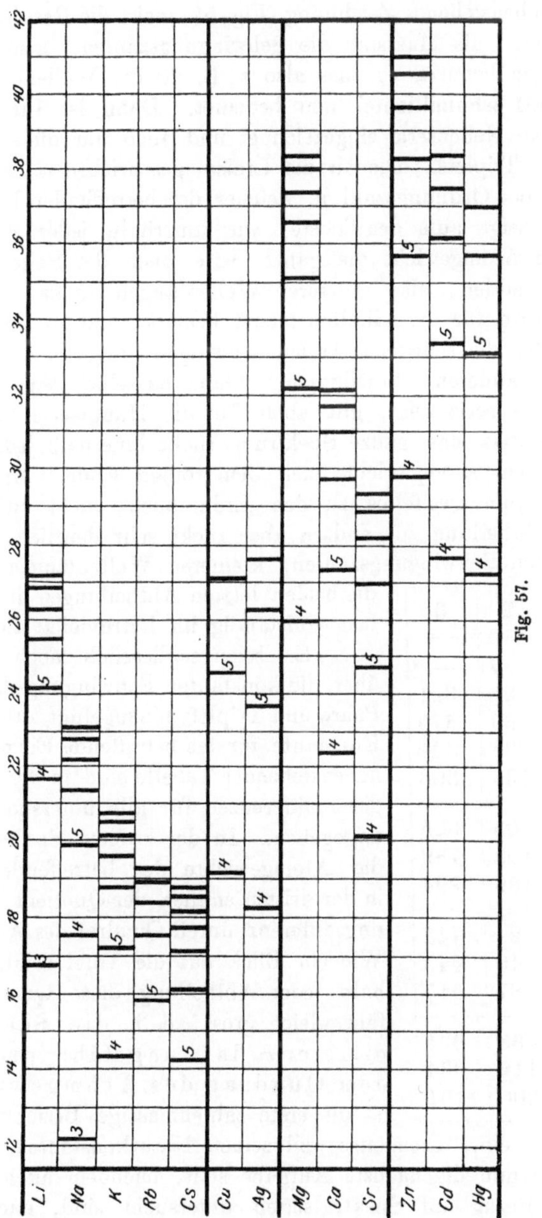

Fig. 57.

fasst. Ba wird hier fortgelassen, weil in seinem Spektrum keine Serien gefunden werden konnten; es wird zweifellos zu den alkalischen Erden gehören."

„Die obenstehende Zeichnung (Fig. 57) giebt die Resultate wieder. In derselben sind als Massstab die Schwingungszahlen, also die reciproken Wellenlängen benutzt, so dass also z. B. 20 die Wellenlänge $1/20$, d. h. 5 oder 5000 zehnmilliontel mm bedeutet. Dann ist für jedes Element nur die erste Nebenserie eingezeichnet und auch nur die erste Linie jedes Paares oder Triplets. Die an die Linien geschriebenen Zahlen bedeuten den Werth der Ordnungszahl n, welcher der betreffenden Linie entspricht. Die Figur zeigt aufs deutlichste, wie innerhalb jeder Abtheilung mit wachsendem Atomgewicht die ganze Serie nach der Seite der kleineren Schwingungszahlen, also grösserer Wellenlängen rückt. Dieses Gesetz, welches Lecoq für die Alkalien zuerst bemerkt und so interpretirt hatte, dass er sagte, die schweren Atome schwingen langsamer, gilt also auch für die drei anderen Abtheilungen. Ganz dasselbe, was die Figur für die erste Nebenserie zeigt, gilt auch für die Hauptserie und die zweite Nebenserie, also das ganze Spektrum rückt innerhalb jeder Abtheilung mit wachsendem Atomgewicht nach dem rothen Ende. Mg gehört nach seinem Spektrum zweifellos zu den Erdalkalien, nicht zu Zn, Cd, Hg. Von einer Abtheilung zur andern aber rückt sehr deutlich das Spektrum nach grösseren Schwingungszahlen, kleineren Wellenlängen, so dass für die beiden letzten Abtheilungen die Serien schon fast vollständig im Ultraviolett liegen."

	1	2	3
Li	0	7	—
Na	17	23	321
K	57	39	375
Rb	234	85	324
Cs	545	133	308
Cu	248	63	625
Ag	921	108	789
Au	3817	196	994
Mg	41	24	717
Ca	104	40	645
Sr	394	87	517
Zn	388	65	921
Cd	1165	112	934
Hg	4633	200	1161

„Es seien schliesslich noch einige Worte über die konstanten Schwingungsdifferenzen der Paare und Triplets hinzugefügt, die eine wichtige Konstante für das betreffende Element sind. In nebenstehender Tabelle sind in der ersten Spalte diese Differenzen für alle untersuchten Spektren angegeben. In der zweiten Spalte finden sich die Atomgewichte der betreffenden Elemente, in der dritten endlich der Quotient aus Schwingungsdifferenz durch Quadrat des Atomgewichtes. Wie ein Blick auf die Tafel zeigt, sind innerhalb jeder Abtheilung diese Quotienten ungefähr gleich gross, d. h. die Schwingungsdifferenz ist ungefähr proportional dem Quadrat des Atomgewichts. Dies ist die erste zahlenmässige Beziehung zwischen dem Spektrum eines Elementes und seinen Naturkonstanten."

„Es wird nun die nächste Aufgabe sein, nachdem auch die übrigen Elemente in Bezug auf Spektralserien untersucht sind, nachzuforschen,

wie weit man im stande ist, aus den gefundenen experimentellen Daten
die Bewegungen der Atome und damit den Aufbau und die Kräfte der
Molekeln zu ergründen. Hier wird nun also die Theorie einzusetzen haben,
nachdem das Experiment seine Schuldigkeit gethan hat. Wir wollen
hoffen, dass die Ausführung dieser Theorie gelingt, dann wird die chemische Wissenschaft dank der Spektralanalyse einen ungeheuren Schritt
vorwärts gethan haben."

Aus den Untersuchungen von C. R u n g e und F. P a s c h e n[1]) ergiebt sich, dass die S p e k t r a d e s S a u e r s t o f f s , S c h w e f e l s und
S e l e n s ebenfalls einen gesetzmässigen Bau zeigen; die Linien vereinigen
sich zu Serien, welche den Gesetzen folgen, die von R y d b e r g und von
K a y s e r und R u n g e aufgestellt worden sind. Mit wachsendem Atomgewicht rückt das Spektrum, im ganzen genommen, nach grösseren Wellenlängen, ähnlich wie es bei den Serienspektren der folgenden Elemente
gefunden wurde. Bei Sauerstoff wurde S c h u s t e r's Compound-Linienspektrum untersucht, welches bei Verwendung eines Induktionsapparates
neben einem Bandenspektrum auftritt und das bereits von P a a l z o w und
H. W. V o g e l (1882), von P i a z z i - S m i t h (1884) untersucht worden
ist. Um das dem Compound-Linienspektrum des Sauerstoffs analoge
Spektrum des Schwefels bezw. des Selens zu erhalten, musste in der
G e i s s l e r'schen Röhre Schwefelsäure- bezw. Selensäuredampf erzeugt und
durch denselben ein Strom von Sauerstoff geleitet werden. Für die
Spektra selbst schlagen R u n g e und P a s c h e n den Namen S e r i e n -
s p e k t r a vor.

Nach der von J. R. R y d b e r g[2]) mitgetheilten Beobachtung liessen
sich die Q u e c k s i l b e r l i n i e n nach den Angaben von K a y s e r und
R u n g e nicht in derselben Weise anordnen, wie die entsprechenden Linien
der andern Elemente, wobei man es in den zusammengesetzten Triplets
nicht mit den drei einzelnen Linien zu thun hat; sondern jede dieser Linien
ist von schwächeren begleitet, deren Abstände gewisse Gesetze befolgen,
die von R y d b e r g aufgefunden wurden.

C. R u n g e und F. P a s c h e n[3]) nahmen die Untersuchung des Quecksilbers von neuem auf und konnten die Annahme von R y d b e r g bestätigen. Sie fanden folgende Werthe:

Schwingungs-zahlen.	Differenz.	Schwingungs-zahlen.	Differenz.	Schwingungs-zahlen.
27296,60	4632,39	31928,99	1767,82	33696,81
Diff. 3,05		Diff. 2,96		Diff. 3,06

1) C. R u n g e u. F. P a s c h e n, Wied. Ann. **61**, 641, 1897.
2) J. R. R y d b e r g, Wied. Ann. **50**, 625, 1893; Oefersigt af Königl. Vetens-
kaps Akademiens Förhandlinger Nr. 8, Stockholm 1893.
3) C. R u n g e u. F. P a s c h e n, Wied. Phys. (4), **57**, 25, 1901.

Schwingungs-zahlen.	Differenz.	Schwingungs-zahlen.	Differenz.	Schwingungs-zahlen.
27299,65	4632,30	31931,95	1767,92	33699,87
Diff. 60,13		Diff. 60,06		
27359,78	4632,23	31992,01		
Diff. 35,15				
27394,93				
33028,81	4631,86	37660,67	1769,64	39430,31
Diff. 20,41		Diff. 20,29		Diff. 19,14
33049,22	4631,74	37680,96	1768,92	39449,45
Diff. 23,50		Diff. 23,31		
33072,72	4631,55	37704,27		
Diff. 21,45				
33094,17				

Die Differenz zwischen der ersten und der zweiten Kolumne der Schwingungszahlen und die zwischen der zweiten und dritten Kolumne stimmen, soweit die Genauigkeit der Messung reicht, mit den Differenzen zwischen den entsprechenden Schwingungszahlen in den Triplets der zweiten Nebenserie überein. Das so vervollständigte Schema ist denen der zusammengesetzten Triplets in den Spektren von Calcium, Strontium, Zink, Kadmium ganz analog, nur dass hier in jeder Kolumne jedes Triplets eine Schwingungszahl mehr steht.

Ueber den Beginn der Lichtemission glühender Metalle giebt R. Emden[1]) folgende Werthe, die er mit Hilfe von Thermoelementen bestimmte:

Temperatur der ersten Lichtentwicklung.

Neusilber	403°
Platin	404
Eisen	405
Messing	405
Palladium	408
Platin	408
Silber	415
Kupfer	415
Gold	423.

Das Sonnenspektrum umfasst eine kontinuirliche Ausbreitung über 8 Oktaven. Für unser Auge sind davon $2^1/_2$ sichtbar. Mit dem Bolometer lassen sich Strahlen erkennen, die zwischen 0,4 und 2,7 μ liegen. Langley wies das Vorhandensein von Strahlen bis zu 30 μ

---

1) R. Emden, Wied. Ann. **36**, 214, 1889.

Wellenlänge nach, und Schumann konnte anderseits im Vakuum mit besonderen Platten ultraviolette Strahlen bis 0,1 μ photographiren.

Empfindlichkeit spektralanalytischer Reaktionen.

W. Schuler[1]) erhielt bei der Untersuchung über die Empfindlichkeit spektralanalytischer Reaktionen folgende Ergebnisse, von denen einzelne natürlich zur vollen Bestätigung noch späteren Forschungen überlassen bleiben müssen, und die theilweise mit denen von Kayser und Runge früher erhaltenen übereinstimmen.

1. In den zwei ersten Gruppen des Mendelejeff'schen Systems nehmen die Metalle jeder Untergruppe mit wachsendem Atomgewicht an Empfindlichkeit auf spektralanalytischem Gebiete ab.

2. In den Halogensalzen dieser Metalle nimmt die Empfindlichkeit für ein und dasselbe Metall mit wachsendem Atomgewicht des Halogens ab, ebenso in den Sauerstoffverbindungen mit Vermehrung der Sauerstoffatome.

3. Bei Gegenwart von mehreren Metallen beeinflussen sie gegenseitig ihre Empfindlichkeit und zwar in der Weise, dass beim Uebergang von den Leicht- zu den Schwermetallen die Empfindlichkeit der Leichtmetalle immer mehr abnimmt, die Schwermetalle dagegen in demselben Grade immer weniger beeinflusst werden.

4. Wird Salzsäuregas oder Chloroformdampf dem Leuchtgas beigemengt, so nimmt die Empfindlichkeit der Metalle im Flammenspektrum bedeutend ab und zwar für Chloroformdampf mehr wie für Salzsäuregas.

Nach H. Kayser's Angaben (l. c.) sind in der Flamme des Bunsenbrenners noch erkennbar von

Li	$^1/_{60000}$	mg nach Kirchhoff und Bunsen[2]).
Na	$^1/_{14000000}$	„ „ „ „ „
K	$^1/_{3000}$	„ „ „ „ „
Rb	$^1/_{7000}$	„ „ „ „ „
Cs	$^1/_{25000}$	„ „ „ „ „
Ca	$^1/_{50000}$	„ „ „ „ „
Sr	$^1/_{30000}$	„ „ „ „ ;;
Ba	$^1/_{2000}$	„ „ „ „ „
In	$^1/_{2000}$	„ nach Cappel[3])
In	$^1/_{3000}$	„ nach Wleügel[4]).

1) W. Schuler, Drude's Phys. **4**, 942, 1901.
2) G. Kirchhoff u. R. Bunsen, Pogg. Ann. **110**, 161, 1860; **113**, 337, 1861.
3) E. Cappel, Pogg. Ann. **139**, 628, 1870.
4) S. Wleügel, Zeitschr. analyt. Ch. **20**, 115, 1881.

Wirkung des Drucks auf die Emissionsspektren.

Die durch Druck hervorgebrachten Aenderungen der Schwingungszahl der Linien in den Emissionsspektren der Elemente sind von W. J. Humphreys[1]) untersucht worden und erhielt derselbe folgende Ergebnisse:

1. Zunahme des Drucks veranlasst alle isolirten Linien sich nach dem rothen Ende des Spektrums zu verschieben. Diese Verschiebung ist vollkommen unabhängig davon, wie die Linie sich infolge des Druckes verbreitert; sie ist genau dieselbe, wenn die Linie umgekehrt, wie wenn sie fein und scharf ist. Selbst Linien, wie das Paar λ 3302 und λ 3303 des Natriums, welche nach der Seite der kürzeren Wellenlängen schattirt sind, geben Umkehrungen, welche sich nach roth verschieben

2. Diese Verschiebung ist direkt proportional der Druckzunahme.

3. Sie hängt nicht ab vom Theildrucke des Gases oder Dampfes, der die Linien erzeugt, sondern vom Gesammtdrucke. Dieser Satz stützt sich auf eine grosse Zahl von Versuchen, aber besonders auf die, welche zeigten, dass die Verschiebung einer bestimmten Linie konstant ist bei jedem Drucke, gleichgiltig, welche Stoffmenge im Bogen benutzt wurde. Die sehr geringe Eisenmenge z. B., welche als Verunreinigung der Kohlenpole auftritt, gab Linien, die sich weder mehr noch weniger verschoben, als dieselben Linien thaten, wenn ein Pol aus einem soliden Eisenstab bestand.

4. Die Verschiebung der Linien scheint nahezu oder ganz unabhängig zu sein von der Temperatur (?). Auf jeden Fall ist sie unabhängig von der Stärke des elektrischen Stromes (zwischen 2 und 180 Ampère), der zur Erzeugung des Bogens benutzt wurde; die Untersuchung von Moissan über Titan zeigte, dass die Temperatur des Bogens wahrscheinlich wächst mit Zunahme des Stroms.

5. Die Linien der „Cyan"-Banden werden nicht merklich verschoben. Dies scheint für alle Linien der verschiedenen sog. „Cyan"-Banden zu gelten.

6. Die Verschiebungen der ähnlichen Linien eines bestimmten Elementes sind proportional den Wellenlängen der Linien.

7. Verschiedene Linienserien eines bestimmten Elementes, wie sie von Kayser und Runge beschrieben wurden, werden in verschiedenem Grade verschoben. Auf dieselbe Wellenlänge reducirt verhalten sich diese Verschiebungen zu einander ungefähr wie bezw. 1 : 2 : 4 für die Hauptserie, die erste und die zweite Nebenserie.

---

1) W. J. Humphreys u. J. S. Ames, John. Hopkins Univ. Circulars 16, 41, 1897; W. J. Humphreys, ibid 16, 43, 1897; Naturw. Rundsch. 12, 447 u. 469, 1897.

8. Aehnliche Linien eines Elementes, auch wenn sie nicht zu einer erkannten Serie gehören, werden (auf dieselbe Wellenlänge bezogen) in gleicher Weise verschoben, aber in einem verschiedenen Grade wie die ihnen unähnlichen.

9. Die Verschiebungen ähnlicher Linien verschiedener Substanzen verhalten sich zu einander meist umgekehrt wie die absoluten Temperaturen der Schmelzpunkte der sie erzeugenden Elemente.

10. Die Verschiebungen ähnlicher Linien verschiedener Elemente verhalten sich zu einander annähernd wie die Produkte aus den Koëfficienten der linearen Ausdehnung und den Kubikwurzeln der Atomvolume der festen Elemente, zu denen sie gehören.

11. Analoge oder ähnliche Linien von Elementen, die zur selben Hälfte einer Mendelejeff'schen Gruppe gehören, verschieben sich proportional den Kubikwurzeln ihrer bezüglichen Atomgewichte. Damit diese Beziehung gelte, ist es nothwendig, Natrium mit Kalium, Lithium, Rubidium und Caesium zu klassificieren, denen es spektroskopisch ähnlich ist, und nicht, wie einige Tabellen es angeben, mit Kupfer, Silber und Gold, welchen es spektroskopisch nicht ähnlich ist. Aus ähnlichen Gründen ist es richtiger, Magnesium mit Baryum, Strontium und Calcium zu klassificiren als mit Zink, Kadmium und Quecksilber.

12. Die Wellenlängen solcher Stoffe, die im festen Zustande die grössten Koëfficienten der linearen Ausdehnung haben, zeigen die grössten Verschiebungen und umgekehrt.

Die Verschiebung ähnlicher Linien ist eine periodische Funktion des Atomgewichtes und kann daher verglichen werden mit jeder anderen Eigenschaft der Elemente, welche auch eine periodische Funktion ihrer Atomgewichte ist.

Die Verschiebungen der Spektrallinien wurden beobachtet bei Einwirkung von Druck auf den elektrischen Bogen, der in einem geschlossenen, mit einem Quarzfenster versehenen Cylinder erzeugt wurde; der Druck wurde durch Einpumpen von Luft in den Cylinder bis zu dem gewünschten Grade hergestellt, gewöhnlich bis das Manometer 6 bis 12 Atm. zeigte. Die Spektren wurden photographirt.

Zeemann's Effekt.

Die von P. Zeemann[1] gemachte wichtige Entdeckung, dass die Lichtemission von einem Magnetfelde derart beeinflusst wird, dass die Spektrallinien verbreitert erscheinen, steht in Uebereinstimmung mit der von Lorentz aufgestellten Theorie von der Konstitution und den Be-

1) P. Zeeman, Communications from the Laborat. of Physics at the University of Leiden Nr. 33, 1897; Philosoph. Magaz. (5), **44**, 55, 1897; Natur. Rundsch. **12**, 174 u. 535, 1897; vgl. auch Bd. I, S. 13, 14 u. 20.

wegungen der Ionen. Auch eine weitere Forderung der Theorie, dass die Ränder der durch das Magnetfeld verbreiterten Linien in bestimmter Weise polarisirt sein müssen, bestätigte sich. Zeemann fand ferner, dass die elementare Behandlung der Lorentz'schen Theorie des Phänomens darauf hinweist, dass die verbreiterten Linien in einigen Fällen in Triplets zerfallen müssen, und zwar zeigte die eingehendere Untersuchung, dass bei einem sehr starken Magnetfelde eine magnetisch verbreiterte Linie in Dublets oder Triplets zerfalle, je nachdem das Licht bezw. parallel oder senkrecht zu den Kraftlinien ausgestrahlt werde.

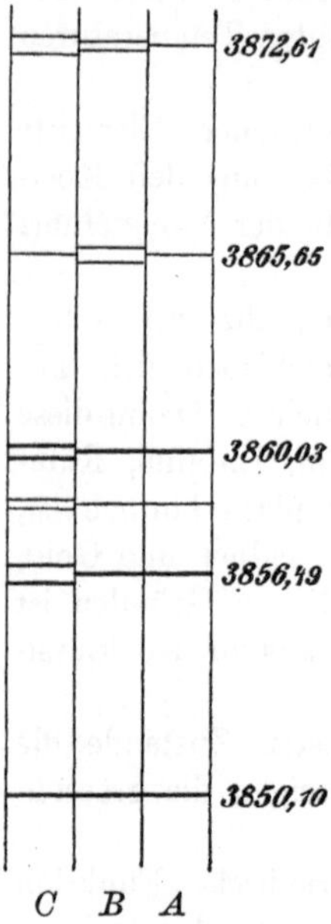

H. Becquerel und H. Deslandres[1]) geben folgende Fig. 58 über das Aussehen, das ein besonderer Abschnitt des Eisenspektrums infolge des Zeemann-Effektes annimmt.

A zeigt die Linien ausserhalb des Magnetfeldes, B und C die im Magnetfelde und zwar B die senkrecht zum Felde polarisirten und C die parallel zum Felde polarisirten.

Die Linie ($\lambda = 3850,10$) wird nicht gespalten, ($\lambda = 3872,61$) zeigt ein Quadruplet, während ($\lambda = 3865,65$) ein Triplet zeigt, aber umgekehrt wie die andern Linien erfährt sie eine bedeutende Trennung in dem senkrecht zum Felde polarisirten Spektrum und ist kaum verbreitert in dem parallel zum Felde polarisirten Spektrum.

3872,61
3865,65
3860,03
3856,49
3850,10

C B A

Fig. 58.

Erwähnt sei, dass das Zeemann'sche Phänomen sich nicht zeigt bei den Kohlenstofflinien und bei denen des Jodes. Kaum merkliche Spaltungen finden sich im allgemeinen in der ultravioletten Gegend, die grössten in dem rothen Ende des Spektrums, wie bereits Michelson beobachtete.

Entstehen verschiedenartiger Spektren.

Die Untersuchungen vieler Gase unter verschiedenen elektrischen Zuständen ergaben, dass je nach den Umständen verschiedene Spektra erhalten werden können, indem mit Erhöhung der Temperatur immer kürzere Wellenlängen zur Erscheinung kommen. Auch für Argon ist dies von J. Trowbridge und Th. W. Richards[2]) beobachtet worden.

---

1) H. Becquerel u. H. Deslandres, Compt. rend. **126**, 997, 1898.

2) J. Trowbridge u. Th. W. Richards, Philosoph. Mag. (5), **43**, 77, 135, 1897; Naturw. Rundsch. **12**, 327, 1897.

Für **Wasserstoff** liegen beispielsweise die Verhältnisse derartig, dass man ausser dem gewöhnlich aus den vier Linien C, F, G und H bestehenden Spektrum, auch andere Spektren beobachtet hat. So ergab die kontinuirliche Entladung eines hochgespannten Akkumulators durch Wasserstoff unter dem Druck von 0,05 bis 3 mm und mehr ein schönes weisses Leuchten in der Kapillare der Geissler-Röhre, während die Schichten des positiven und negativen Lichtes abwechselnd blassrosa und blassblau waren. „Im Spektroskop mit breitem Spalt schien das Licht aus Banden, ähnlich denen des Stickstoffs, und aus hellen Linien zu bestehen; bei schmalem Spalt löste sich jede Bande in eine Menge scharfer Linien von verschiedener Intensität auf, unter denen die vier gewöhnlichen Wasserstofflinien zwar vorhanden, aber nicht besonders hervortretend waren. Eine grosse Kapacität war nöthig, um dieses Spektrum in das gewöhnliche 4-Linien-Spektrum zu verwandeln, das dem blauen Argonspektrum vergleichbar ist. Diese Aenderung markirte sich durch eine schroffe Umwandlung des Lichtes von weiss in tiefroth. Hierbei wurden die blaugrüne Linie F und die beiden violetten Linien G und H bei unveränderter Stellung an den Rändern verschwommen, während die rothe C-Linie scharf und klar blieb. Am auffallendsten war das vollständige Verschwinden aller anderen, das ganze Spektrum einnehmenden Linien. Der Gegensatz zwischen den Spektren der oscillatorischen und nichtoscillatorischen Entladung war ebenso überraschend wie beim Stickstoff, wenn auch im Wesen verschieden. Das tiefrothe Licht mit den vier Linien erschien bei einer Gasspannung von etwa 1 mm; wurde die Gasspannung viel höher oder niedriger, so war der Widerstand vermehrt, die Schwingungen wurden gedämpft und andere Linien begannen aufzutreten. Aber die Dämpfung der oscillatorischen Entladung liess zunächst nicht alle Linien wieder auftreten, die durch Einführung des Kondensators ausgelöscht waren, sondern erst zeigte sich nur eine scharfe Linie in Gelb und eine in Grün, und erst allmälig traten die anderen hinzu, wenn die Impedenz wuchs. Werden diese Ergebnisse in Beziehung gebracht zu den verschiedenen Wasserstoffspektren, die man in den Sternen beobachtet hat, so gelangt man zu interessanten Spekulationen über die elektrischen und Wärmeverhältnisse der Photosphären dieser Himmelskörper."

„Jedes **Halogen** giebt zwei Spektra, eines mit, das andere ohne Kondensator. Beim Jod änderte sich, wenn etwas festes Jod in der Röhre vorhanden war, die Damfspannung so schnell durch die Entladungswärme, dass die oscillatorische gedämpft wurde und nur für wenige Momente zu erhalten war. Eine **Heliumröhre** gab helles, gelbes Licht bei kontinuirlicher Entladung und ein glänzend blaues bei Kondensatorentladung; da aber die hellen Heliumlinien in beiden Fällen bestehen blieben, und jede andere bedeutende Linie eine Argonlinie war, ist es klar, dass die

Oscillationen keine beträchtliche Wirkung am Helium hervorbringen. Auch kann die Existenz zweier charakteristischen Spektra des Argons nicht die geringste Präsumption zu Gunsten der Hypothese bieten, dass dieses Gas ein Gemisch sei."

Eder und Valenta haben sogar ein drittes Argonspektrum beobachtet, wenn sie sehr starke Kondensatoren im Kreise des Entladungsstromes verwendeten. Trotzdem ergaben die Untersuchungen von G. B. Rizzo[1]) keinen Anhalt dafür, dass Argon ein zusammengesetztes Gas sei. Vgl. jedoch auch Erdmann und Dorn (l. c.).

Luminiscenz-Spektren.

Die Oxyde und Salze einiger der seltenen Erden besitzen, wie zuerst Crookes beobachtet hat, die Eigenschaft unter dem Einfluss der Kathodenstrahlen intensiv zu leuchten. Hierbei senden dieselben ein Phosphorescenzlicht aus, welches bei der Zerlegung ein schönes, aus zahlreichen mehr oder minder scharf begrenzten Banden und Linien bestehendes Spektrum liefert. Wie W. Muthmann und Baur[2]) beobachtet haben, bietet die Untersuchung des Spektrums

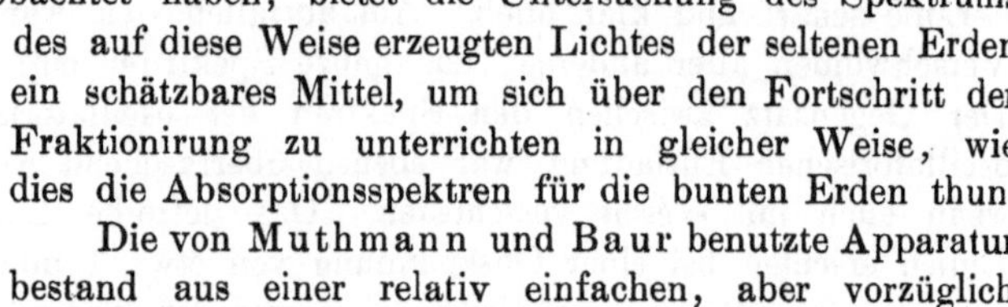

Fig. 59.

des auf diese Weise erzeugten Lichtes der seltenen Erden ein schätzbares Mittel, um sich über den Fortschritt der Fraktionirung zu unterrichten in gleicher Weise, wie dies die Absorptionsspektren für die bunten Erden thun.

Die von Muthmann und Baur benutzte Apparatur bestand aus einer relativ einfachen, aber vorzüglich wirkenden Quecksilberluftpumpe, wie sie von Bender und Hobein in München geliefert wird, dann aus einer Vakuumröhre, wie sie durch nachstehende Zeichnung wiedergegeben ist (Fig. 59).

„Dieselbe besteht aus zwei auf einander geschliffenen Theilen, von denen der obere A die Aluminiumelektroden a trägt; in dem unteren, mit der Luftpumpe verbundenen Theile B passt ein gläsernes mit einer Handhabe b und einem konkaven Tischchen c versehenes Stativ hinein. Dieses Tischchen ist unter einem Winkel von ca. 35° gegen die Horizontale geneigt und dient zur Aufnahme der zu untersuchenden Substanz; um Störungen durch das unter Einwirkung der Kathodenstrahlen schwach phosphorescirende Gas nach Möglichkeit zu vermeiden, wurde bei feineren Messungen das Tischchen mit einem dünnen Platinblech

[1]) G. B. Rizzo, Naturw. Rundsch. **12**, 574, 1897.
[2]) W. Muthmann u. E. Baur, Ber. **33**, 1748, 1900; vgl. auch Crookes, 1889; Journ. Chem. Soc. **55**, 272, 1889; Phil. Trans. Vol. f. 174, **176**, 914, 1885; Proc. Royal. Soc. **40**, 236, 1886; Bettendorff, Liebig's Ann. **263**, 173, **270**, 382.

bedeckt. An dem unteren Rohr ist unterhalb der Schliffstelle noch mit Hilfe eines Gummiringes eine Quecksilberdichtung d angebracht. Das zur Luftpumpe führende Rohr muss mehrfach Vförmig gebogen sein, damit es gut federt; seine Verbindung mit der Pumpe erfolgt ebenfalls durch einen Schliff mit Quecksilberdichtung."

„Diese Vorrichtung bietet den Vortheil, dass man mit derselben Röhre eine beliebige Anzahl von Beobachtungen ausführen kann, ohne dieselben jedes Mal wieder zerschneiden, reinigen und zuschmelzen zu müssen. Es bedeutet dies einen grossen Zeitgewinn und mit dieser Vorrichtung können an einem Tage oft 10 und mehr Substanzen untersucht werden."

„Muthmann und Baur stellten das Fadenkreuz ihres sorgfältig geaichten Apparates nicht auf die Mitte der Spektralbanden, sondern auf deren rechte und linke Grenze ein; da bei der Verbreiterung eines Spektralbandes dessen Ränder sich im allgemeinen nicht gleichmässig nach beiden Seiten hin verschieben, so empfiehlt es sich nicht, die Mitte eines beobachteten Bandes als seinen eigenthümlichen Werth anzumerken."

„Bei schwach leuchtenden Substanzen wurde eine Lampe von passender Helligkeit hinter die Röhre gestellt, um durch ein kontinuirliches Spektrum das Gesichtsfeld soweit aufzuhellen, dass die scharfe Einstellung des Fadenkreuzes ermöglicht wurde. Das Prisma des Apparates war ein dreifaches Rutherford-Prisma; das Ablesen geschah an einer am Fernrohr angebrachten Trommel. Die Angaben wurden in Milliontel Millimeter gemacht, da bei den meist etwas verwaschenen Banden die Zehnmilliontel entschieden unter die Grenze der Beobachtungsfehler fallen."

Folgende Tafel (Fig. 60) giebt die Messungen von Muthmann und Baur wieder, welche dieselben an Lanthanoxyd; Yttriumoxyd, Yttriumsulfat, Monazit-Endfraktion (Oxyd), Thornitrat-Endfraktion (Oxyd und Sulfat) sowie Thoroxyd und Thorsulfat (Handelswaare) ausgeführt haben.

Der Werth der Luminiscenzbeobachtungen als analytisches Mittel wird dadurch beeinträchtigt, dass z. B. bei der Yttria ein Zusatz von Kalk oder ähnlichen an und für sich kontinuirlich leuchtenden Substanzen nöthig ist, um die Luminiscenz der Yttria kräftig zu entwickeln. Das Uebersehen dieses nothwendigen Zusatzes hat Lecoq de Boisbaudran[1] dazu verleitet, anzunehmen, die betreffende Luminiscenz rühre überhaupt nicht von der Yttria her, da seine Yttria immer schwächer leuchtete, je reiner sie wurde. „Trotzdem bleibt die Luminiscenz doch ein unschätzbares Orientirungsmittel für die farblosen seltenen Erden, wie uns ein Besseres bis jetzt nicht zur Verfügung steht."

„Präparate, die nachweislich kein Lanthan, Yttrium oder Gadolinium enthalten, liefern auch kein Luminiscenzspektrum, welches in einzelne Linien aufgelöst werden kann, woraus doch unmittelbar zu schliessen ist,

---

1) Lecoq de Boisbaudran, Compt. rend. **101**, 591, **102**, 899.

dass jene Spektren von den erwähnten Erden hervorgerufen werden. Allerdings sind diese Spektren, je nach der Natur der Verbindung oft völlig verschieden; die Oxyde zeigen andere Erscheinungen als die Sulfate, diese wieder andere als die Phosphate u. s. f. Es erinnert dies an die Absorptionsspektren von den Salzen der bunten Erde, welche ja auch, je nach der Natur der Säure, völlig von einander verschieden sein können[1]). Ueberhaupt besteht zwischen beiden Erscheinungen ein grösserer Zusammenhang insofern, als sie sich gegenseitig auszuschliessen scheinen. Ein Teil

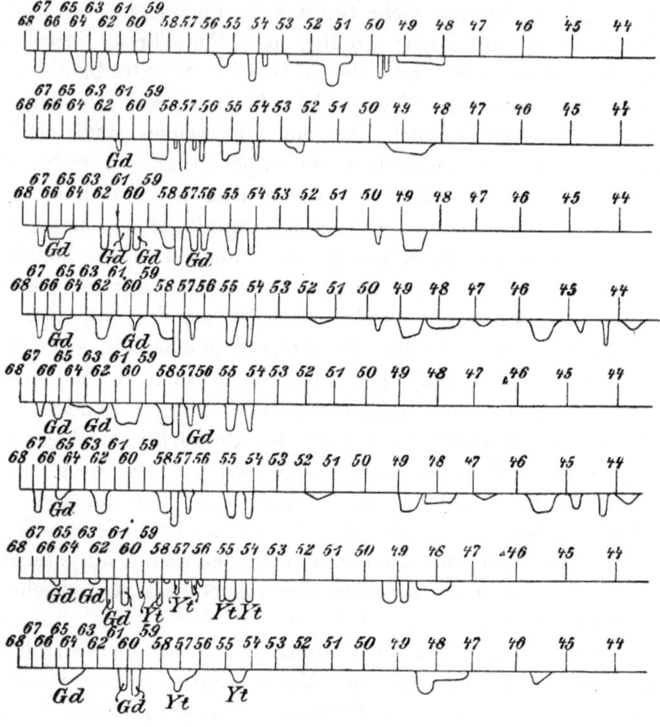

Fig. 60.

der sog. seltenen Erdmetalle liefert Salze, die ein Absorptionsspektrum zeigen, und Oxyde, welche die merkwürdige, bei keinem anderen festen Körper beobachtete Eigenschaft haben, in weissglühendem Zustande ein Licht auszusenden, dessen Spektrum nicht kontinuirlich ist, sondern aus Linien und Banden besteht. Alle diese Oxyde von Neodym, Präseodym, Samarium, Erbium, Holmium u. s. w. reagiren nicht auf Kathoden-

1) Vgl. Muthmann u. Stützel, Ber. **32**, 2659, 1899; G. Wiedemann u. G. C. Schmidt, Zeitschr. physik. Ch. **18**, 529.

strahlen; sie beeinträchtigen oder vermindern vielmehr die Luminiscenz der farblosen Erden, wenn sie denselben in hinreichender Menge beigemischt sind. Umgekehrt liefern diejenigen Oxyde, die ein Absorptions- und Emissionsspektrum unter den oben bezeichneten Bedingungen nicht geben, schöne Kathodoluminiscenzspektren."

Bemerkt sei noch, dass Crookes in dem, was man als Yttrium oder Gadolinium bezeichnet, elf Komponenten erkennen will, die er mit $G\alpha$ bis G und $S\delta$ benennt. Die von ihm abgebildeten Linien und Banden A—S der Figur 28 seiner Tafel stimmen mit den von Muthmann und Baur gefundenen überein, zeigen aber eine mehrfache Unabhängigkeit von einander, während diese Forscher nur eine einfache Unabhängigkeit konstatiren können.

6. Absorptionsspektrum.

Linien- und Bandenspektrum.

Die ein bestimmtes Linienspektrum aussendenden Dämpfe von Natrium, Kalium, Lithium, Wasserstoff u. s. w. haben auch die Eigenschaft bei starker Erwärmung dieselben Lichtstrahlen zu absorbiren, die sie auszusenden vermögen. Lässt man also weisses Licht durch Natriumdampf hindurchgehen, so zeigt sich infolge der Absorption durch den Natriumdampf an der Stelle der gelben Natriumlinie ein schwarze Linie. Das Gleiche tritt ein bei allen den Stoffen, welche derartige Linienspektren zu liefern im stande sind. Beim Durchgange von weissem Lichte zeigen sich die entsprechenden Stellen der charakteristischen Linien schwarz.

Da nun die Sonne sowie auch viele Fixsterne eine Atmosphäre aus glühenden Dämpfen besitzen, so zeigen sich in den Spektren derselben bestimmte Linien, die zuerst von Mellvill bezw. Wollaston und von Fraunhofer beobachteten und nach letzerem benannten schwarzen Linien. Durch die von Kirchhoff und Bunsen begonnenen und späterhin von vielen Forschern fortgesetzten Untersuchungen ist es gelungen, durch Vergleich den Nachweis zu führen, dass eine grosse Zahl der auf der Sonne und gewissen Fixsternen vorhandenen Stoffe auch auf der Erde vorhanden sind. Ja man kannte z. B. bereits längere Zeit die für das Helium charakteristische Linie, bis es erst vor kurzer Zeit gelang, dieses Element auch auf der Erde nachzuweisen.

Bei farbigen und auch bei scheinbar ungefärbten Verbindungen haben wir dagegen ein anderes Bild, wenn wir das weisse Licht durch eine Lösung oder durch sie selbst in flüssigem Zustande hindurch gehen lassen. An der Stelle der einzelnen Linien treten hier charakteristische Banden auf, d. h. es entsteht ein sog. Bandenspektrum.

Solche Bandenspektra finden sich bei allen gefärbten Lösungen und zeigen vielfach charakteristische Unterschiede, die es ermöglichen aus der

Art des Bandenspektrums auf die Anwesenheit dieses oder jenes Stoffes zu schliessen. Die Art und Intensität ist auch noch von dem Koncentrationsgrade sowie dem Lösungsmittel u. s. w. abhängig. Vielfach lassen sich ungefärbte Verbindungen durch die Bildung von Molekularverbindungen, die sie mit gefärbten Verbindungen eingehen, charakterisiren. So gelingt es z. B. die meisten Metallsalze dadurch nachzuweisen, dass man die Veränderungen untersucht, welche das Absorptionsspektrum einer Alkannatinktur durch Zusatz eines Metallsalzes neben etwas Ammoniak erleidet.[1])

Es zeigt sich hierbei, dass die betreffenden Absorptionsstreifen entsprechend bei Emissionsspektren der Elemente gemachten Beobachtungen mit wachsendem Atomgewicht mehr nach dem rothen Ende des Spektrums wandern, so dass z. B. für die Alkalimetalle folgende Werthe gelten:

Reihenfolge für die Emissionsspektren.	Reihenfolge für Absorptionsspektrum von Alkannin mit:	Wellenlänge des Hauptstreifens.	Wellenlänge der Nebenstreifens.	
Cs	CsCl	641,0	592,2	—
Rb	RbCl	639,7	591,4	—
K	KCl	638,7	591,0	—
Na	NaCl	633,7	585,7	—
Li	LiCl	621,0	579,5	534,0

Für die alkalischen Erdmetalle gilt dasselbe:

Ba	$BaCl_2$	628,1	580,5	539,5
Sr	$SrCl_2$	622,3	575,7	534,8
Ca	$CaCl_2$	614,7	568,2	527,6
Mg	$MgCl_2$	606,4	561,4	521,6.

Anschliessend hieran sei die Eintheilung der Farbenfelder nach Listing[2]) hinsichtlich der Wellenlänge, welche sie umfassen, gegeben:

Roth,	723 — 647	Grün,	575 — 492
Orange,	647 — 585	Blau,	492 — 455
Gelb,	585 — 575	Indigo,	455 — 424
	Violett,	424 — 397.	

„Ein Gas oder ein Dampf absorbirt bei nicht zu grosser Dichte von dem hindurchgehenden Lichte einzelne bestimmte Arten. Im Spektrum

---

1) Vgl. hierzu J. Formanek, Analyt. Spektralanalyse anorganischer Körper. Leipzig. 1900.

2) Listing, Pogg. Ann. **131**, 564.

äussert sich dies durch das Auftreten dunkler Linien. Jeder Linie entspricht dabei eine absorbirte Lichtart bestimmter Schwingungszahl. Den Inbegriff der dunklen Linien nennt man das Absorptionsspektrum des betreffenden Gases. — Wir können uns die auswählende Absorption nur durch die Annahme erklären, dass in den Gasen schwingungsfähige Gebilde enthalten sind, die unter der Einwirkung der Lichtwellen mitschwingen und dabei dem hindurchgehenden Lichte Energie entziehen. Die Anwesenheit solcher schwingungsfähigem Gebilde lässt sich leicht auch auf direkterem Wege nachweisen. Wir brauchen nur das Gas durch irgend welche chemischen oder physikalischen Mittel so kräftig anzuregen, dass es selbstleuchtend wird, dann strahlt es einzelne, bestimmte Lichtarten aus, so dass das Emissionsspektrum, d. h. das Spektrum seines Eigenlichtes, aus hellen Linien besteht. Offenbar sind jetzt die schwingungsfähigen Gebilde in Schwingungen gerathen und strahlen Licht aus, ganz ähnlich wie ein elastischer Körper — eine Glocke z. B. —, den wir in Schwingungen versetzen, Schall aussendet. Man kann die Dichte eines Gases oder Dampfes in sehr weiten Grenzen verkleinern oder vergrössern, ohne dass dabei das Spektrum ein wesentlich anderes Aussehen gewinnt. Wir müssen schliessen, dass die schwingungsfähigen Gebilde bei der Verdünnung oder Verdichtung auseinander- oder zusammenrücken, ohne ihre Beschaffenheit wesentlich zu verändern, denn dieses müsste ja die Schwingungen beeinflussen. Ein frappantes Beispiel liefert Sauerstoff, dessen Absorptionsspektrum selbst für den flüssigen Zustand noch die Linien erkennen lässt, die wir bei der atmosphärischen Luft beobachten, obgleich die Dichte dann mehr als tausendmal grösser ist. Freilich sind die Linien beim flüssigen Sauerstoff sehr verwaschen, was ein Zeichen dafür ist, dass die schwingungsfähigen Gebilde sich dann doch schon in ihren Schwingungen merklich gegenseitig beeinflussen, wenn sie so nahe zusammengedrängt werden."

In dieser Weise beschreibt E. Wiechert[1]) in seinem Aufsatze über das Wesen der Elektricität die Wirkung der betreffenden schwingungsfähigen Gebilde in den Molekülen auf den Lichtäther.

Es sei hier noch darauf hingewiesen, dass die Emissionsspektren der Metalle nur von diesen herrühren, dass also bei Verwendung von Salzen diese durch die Flamme dissociirt werden. Verhindert man die Dissociation, so treten die Linien nicht auf. Eine solche Erscheinung kann man, wie bereits Mitscherlich berichtet hat, beobachten, wenn man z. B. Baryumchlorid in Salzsäuredampf untersucht. Hier findet keine Dissociation des $BaCl_2$ statt, und das Spektrum des Baryums tritt nicht auf.

Ausführliche Untersuchungen über die Absorption im Ultraroth hat L. Puccianti[2]) für Wasser, Benzol, Toluol, o-, m- und p-

---

1) E. Wiechert, Naturw. Rundsch. **12**, 237, 1897.
2) L. Puccianti, Nuov. Chim. (4), **11**, 241, 1900.

Xylol, Aethylbenzol, Jodmethyl, Jodäthyl, Aethyläther, Methyl-, Aethyl-
und Allylalkohol, Kohlenstofftetrachlorid und Schwefelkohlenstoff angestellt.
Alle C und H gleichzeitig enthaltenden Stoffe zeigen eine starke und scharfe
Absorptionsbande bei 1,71 μ, die nur bei H_2O, CCl_4 und CS_2 fehlt. Die
drei Alkohole zeigen ausserdem einander auch im übrigen sehr ähnliche
Kurven, die eine Verbreiterung der 1,71 μ Absorption nach den kürzeren
Wellen (1,6 bis 1,5 μ) gemeinsam haben; diese Absorption ist um so
intensiver, je niedriger der Kohlenstoffgehalt, und ist auffällig stark beim
Wasser, so dass man die Bande ca. 1,55 μ dem OH zuschreiben wird,
während die Absorption 1,71 μ der Kombination CH zuzugehören scheint.
Ein zweites Absorptionsmaximum, von dem das Gleiche gilt, zeigen die
Alkohole und Wasser bei ca. 2,05 μ. Weitere grosse Analogien zeigen
sämmtliche Verbindungen ringförmiger Konstitution, und andere Konsti-
tutionsähnlichkeiten bedingen ebenfalls Absorptionsübereinstimmungen, wie
die beigegebenen Diagramme leicht erkennen lassen. Dieselben sind auch
in Ref. Zeitschr. physik. Ch. 39. 370. 1902 enthalten.

Kirchhoff'sches Gesetz.

Das Kirchhoff'sche Gesetz besagt:

Das Verhältniss E/A zwischen dem Emissionsvermögen
E und dem Absorptionsvermögen A ist für alle Körper bei
derselben Temperatur dasselbe und zwar gleich dem Emissionsvermögen e des absolut schwarzen Körpers bei derselben Temperatur.

Kirchhoff hat diesen Satz für jede Wellenlänge mathematisch bewiesen. „Wie O. Lummer[1]) näher ausführt, müssen dem Kirchhoff-
schen Gesetze zufolge alle Körper von nahe gleichem Absorptionsvermögen,
wenn ihre Temperatur allmälig erhöht wird, bei derselben Temperatur
auch Strahlen von derselben Wellenlänge auszusenden beginnen. Alle
fangen also bei derselben Temperatur an, roth zu glühen, bei einer höheren,
allen gemeinsamen Temperatur kommen gelbe Strahlen, sodann blaue u. s. w.
hinzu. Dabei ist die Strahlungsintensität der verschiedenen Körper für
ein und dieselbe Wellenlänge bei derselben Temperatur proportional dem
Absorptionsvermögen der Körper für Strahlen dieser Wellenlänge. Bei
gleicher Temperatur glüht demnach Gas weniger als Glas, dieses weniger
als undurchsichtiges Metall und dieses weniger als der absolut schwarze
Körper.“

„Nach Darlegung dieser Folgerungen geht Kirchhoff auf die Absorption leuchtender Dämpfe, wie Natrium- und Lithiumdampf u. s. w.
ein, leitet die Umkehrung der Spektra für diese ab und giebt so die Er-

---

[1]) O. Lummer, Naturw. Rundsch. 11, 65, 81, 93, 1896.

klärung für die Fraunhofer'schen Linien im Sonnenspektrum, Aufschluss über die Konstitution der Sonne und den Nachweis für die Existenz der verschiedensten irdischen Stoffe auf ihr."

„Weiter verfolgt Kirchhoff seine mathematischen Entwicklungen nicht, insbesondere lässt er die Beziehung offen, welche zwischen der Strahlungsintensität der Temperatur und der Wellenlänge besteht, welche wir in drei Strahlungsgesetze getheilt haben. Deutlich aber spricht Kirchhoff es aus, dass jene Gesetze nur für einen vollkommen schwarzen Körper eine einfache Form annehmen und ihre Kenntniss nur für diesen Körper von generellem Werthe ist. Es ist eben nach dem Kirchhoff'schen Gesetze nicht das Emissionsvermögen E, auch nicht das Absorptionsvermögen A, sondern allein ihr Verhältniss $\dfrac{E}{A} = e$ eine für alle Körper gleicher Temperatur identische Grösse, worauf kürzlich auch L. Graetz[1]) ganz besonders hingewiesen hat. Hieraus folgt also ohne Zweifel, dass man das generelle „Temperaturgesetz der Gesammtstrahlung" nur mit vollkommen schwarzen Körpern als Strahlungsquellen experimentell aufzufinden im stande sein wird."

„Die von Kirchhoff gelassene Lücke ist inzwischen wenigstens theilweise ausgefüllt worden. So hat L. Boltzmann[2]) 1884 das Temperaturgesetz der Gesammtstrahlung für einen vollkommen schwarzen Körper theoretisch hergeleitet, welches sich übrigens deckt mit dem von Stefan[3]) schon 1879 auf Grund des bis dahin vorhandenen experimentellen Materials ausgesprochenen, gewöhnlich nach ihm benannten Strahlungsgesetze. Dasselbe lautet:

„Die Gesammtstrahlung eines Körpers ist proportional der vierten Potenz seiner absoluten Temperatur."

„Und neuerdings hat nach dem Vorgange von Boltzmann W. Wien[4]) das Temperaturgesetz der Theilstrahlung für einen vollkommen schwarzen Körper abgeleitet, welches lautet:

„Im normalen Emissionsspektrum eines schwarzen Körpers verschiebt sich mit veränderter Temperatur jede Wellenlänge so, dass das Produkt aus Temperatur und Wellenlänge konstant bleibt, oder in Verbindung mit dem Stefan-Boltzmann'schen Gesetze aussagt, dass die Energie einer Theilstrahlung proportional ist der fünften Potenz der absoluten Temperatur."

---

1) Handbuch d. Physik von A. Winkelmann 1895, 26. Lfg. 255; Wärmestrahlung von L. Graetz.

2) L. Boltzmann, Wied. Ann. **22**, 291, 1884.

3) Stefan, Wien. Ber. **79**, (2), 391, 1884.

4) W. Wien, Eine neue Beziehung der Strahlung schwarzer Körper zum zweiten Hauptsatze der Wärmetheorie. Sitzber. Berl. Akad. 1893.

Spektrokolorimetrische Untersuchung.

Bei Beobachtung einer Fuchsinlösung, die von einer Lichtquelle mit kontinuirlichem Spektrum beleuchtet wird, mittels des Spektroskops zeigt sich ein schwarzer Streifen im Gelbgrün, weil das grüngelbe Licht gewisser Brechbarkeit durch Fuchsin absorbirt wird. Alle übrigen Farben lässt die Fuchsinlösung durch, wobei manche, z. B. Roth, ungeschwächt bleiben, andere wenig geschwächt werden, wie z. B. Gelb. Erhöht man die Koncentration der Lösung, so wird die Absorption stärker und der schwarze Streifen wird dunkler, er verbreitert sich nach Blau hin und bringt schliesslich Blau und Violett ganz zum Verschwinden, so dass nur noch Orange und Roth übrig bleibt. Es ergiebt sich also der Satz:

„Die Intensität der Absorption ist abhängig von der Koncentration der Lösung.“

Macht man die Beobachtungen mit einer verdünnten Fuchsinlösung, aber das eine Mal mit einer kürzeren, vollständig gefüllten Röhre, das andere Mal in einer längeren, so zeigt es sich, dass mit der Zunahme der durchstrahlten Schicht auch der Absorptionsstreifen bedeutend breiter und dunkler wird. Wir können demgemäss den Satz aufstellen:

„Die Intensität der Absorption ist auch abhängig von der Dicke der Schicht.“

Es gelten also hier dieselben Sätze für die absorbirten Lichtstrahlen und für die Intensität der Farbe der betreffenden Körper, wie bei der Kolorimetrie.

Man kann die lichtabsorbirenden Körper hinsichtlich ihrer Absorptionsspektra in vier Klassen eintheilen[1]):

1. „Solche, bei denen die Absorption von dem einen Punkt des sichtbaren Spektrums nach dem einen oder anderen Ende mit Zunahme der Koncentration oder der Dicke der Schicht ansteigt. Die meisten der hierher gehörigen Körper absorbiren die blaue Seite des Spektrums. Mit der Zunahme der Koncentration nimmt die Absorption nach der anderen Seite des Spektrums hin zu.“

2. „Solche, bei denen die Absorption mit Zunahme der Koncentration mehr oder weniger rasch nach beiden Seiten hin zunimmt. Dies sind die zweiseitig absorbirenden Körper.“

3. „Solche, bei denen die Absorption sehr allmälig ansteigt, um darauf innerhalb des sichtbaren Spektrums wieder abzunehmen. Alsdann entstehen breite, verwaschene, dunkle Felder oder Streifen, die die Bezeichnung Schatten führen. Dieselben treten nicht selten mit einseitiger oder zweiseitiger Absorption auf.“

---

1) Vgl. H. W. Vogel, Praktische Spektralanalyse. Nördlingen, 1877.

4. „Solche, bei denen die Absorption an gewissen Stellen plötzlich ansteigt, um darauf wieder rasch abzunehmen. Hierbei entstehen die Absorptionsstreifen, von denen einige Körper theils nur einen, theils aber mehrere von verschiedener Intensität und Schattirung besitzen."

Dabei treten auch mitunter noch verschiedene Uebergänge zu Tage.

Die Lage der Absorptionsstreifen kann wechseln infolge der Anwendung verschiedener Lösungsmittel, durch Einwirkung eines anderen mitgelösten Körpers, sei es durch Salzbildung oder andere Umstände. Weiterhin ist der Einfluss der Temperatur mitunter sehr bemerkbar [1]).

Während die qualitative Spektralanalyse die verschiedenartige Lage der Bänder und Streifen berücksichtigt, lässt die quantitative Spektralanalyse durch die Intensität der Absorption einen Schluss zu auf die Koncentration der Lösung bezw. die Dicke der durchstrahlten Schicht.

Als die ersten, welche quantitative Messungen der Absorptionsspektra ausführten, sind wohl zu nennen: Preyer, Sorby, Hennig, v. Vierordt etc.

Je nach der Art des zu untersuchenden Körpers hat man auch verschiedene Methoden angewendet, um die Koncentration der Lösung bezw. die Dicke der durchstrahlten Schicht zu ermitteln. Es sind dies folgende:

1. Verdünnen bis zum Auftreten einer vorher verdeckten Farbe.

Beispiele: Bestimmung der Koncentration der Blutfarbstoffe (Preyer).

2. Messen der Intensität der Absorption

A. durch Vergleich mit der Helligkeit eines Spaltes,

B. durch Vergleich mit einer Flüssigkeit von bekanntem Gehalt.

Hierbei ist es nöthig, sich zunächst über das Absorptionsgesetz und Absorptionsverhältniss zu orientiren. Die Vortheile der optischen Bestimmungsmethode liegen in der raschen Ausführbarkeit, die diejenige der Titrirmethode noch übertrifft, sowie in der Anwendbarkeit auf Substanzen, wo andere Methoden uns im Stiche lassen.

Absorptionsgesetz und Absorptionsverhältniss.

Wenn eine Substanz in einer Schichtendicke $= 1$ durch sie hindurchfallendes Licht von der Intensität J durch Absorption auf $1/n\, J$ schwächt, also den Schwächungsfaktor $1/n$ für die Schichtendicke 1 hat, dann wird die Intensität J^1 des durch eine Schicht von der Dicke m hindurchgehenden Lichtes sein:

$$(1) \qquad J^1 = \frac{1}{n^m}.$$

---

[1]) Vgl. hierzu z. B. Sorby, Proc. Roy. Soc. **15**, 433.

Dies gilt für monochromatisches Licht mit nur einem Schwächungs-faktor.

Setzt man die ursprüngliche Lichtstärke $= 1$, so erhält man die Gleichung

$$(2) \qquad J^1 = \frac{1}{n^m}, \text{ also } \log n = -\frac{\log J^1}{m}.$$

Bezeichnet man mit e den **Extinktionskoëfficienten** der betreffenden Substanz, d. h. den reciproken Werth der Schichtendicke, die nöthig ist, um das durch dieselbe hindurchgehende Licht auf $1/10$ seiner ursprünglichen Intensität abzuschwächen, so wird für den Fall, dass $m = \dfrac{1}{e}$ ist, $J^1 = -\dfrac{1}{10}$. Hieraus ergiebt sich dann $\log n = e$ oder auch

$$(3) \qquad e = -\frac{\log J^1}{m}.$$

Arbeitet man mit der Schicht $m = 1$, so ergiebt sich

$$(4) \qquad e = -\log J^1;$$

es ist also der Extinktionskoëfficient gleich dem negativen Logarithmus der übrig bleibenden Helligkeit, und derselbe kann, wenn man für die Schicht $= 1$ diese übrig bleibende Helligkeit bestimmt hat, aus den betreffenden Tabellen direkt entnommen werden.

G. und H. Krüss[1]) machen mit Recht darauf aufmerksam, dass das Verständniss des Verfahrens vielen dadurch erschwert wird, dass man nicht die Schichtendicke misst, bei welcher die Helligkeit auf $1/10$ herabgemindert wird, sondern statt dessen die von einer stets gleich bleibenden Schichtendicke bewirkte, für die einzelnen Körper verschieden grosse Helligkeitsverminderung.

Um aus der ermittelten Grösse des Extinktionskoëfficienten einer Lösung auf ihre Koncentration einen Schluss ziehen zu können, hat man zu berücksichtigen, dass die Helligkeitsverminderung nur von der Menge der in einer bestimmten Schichtendicke vorhandenen absorbirenden Substanz abhängt, so dass eine grössere Koncentration bei gleich bleibender Schichtendicke der Lösung denselben Effekt haben muss wie die Einschaltung einer entsprechend dickeren Schicht einer Lösung von gleich bleibender Koncentration. Hieraus ergiebt sich, dass das Verhältniss der Koncentration c zu dem Extinktionskoëfficienten e für jede absorbirende Substanz eine konstante Grösse ist, die aber von der Art der Substanz abhängig sein muss; man bezeichnet sie als das Absorptionsverhältniss

$$(5) \qquad A = \frac{c}{e},$$

---

1) G. u. H. Krüss, Zeitschr. anorg. Ch. **10**, 31.

woraus sich bei bekanntem A aus der Messung von e die Koncentration als

(6) $$c = Ae$$ ergiebt.

G. und H. Krüss haben die Methode, um die oben erwähnte Schwierigkeit im Verständniss zu beseitigen, so abgeändert, dass die Dicke der Schicht m, welche eine gewisse Helligkeitsverminderung bewirkt, wirklich gemessen wird.

Wird durch eine Schicht von der Dicke m einer Lösung von der Koncentration c die Intensität J des Lichtes auf J' vermindert, während eine Schicht von der Dicke 1 einer Lösung der gleichen Substanz von der Koncentration 1 eine Lichtschwächung auf 1/n bewirkt, so hat man

(7) $$J' = \frac{J}{n^{\,m\,c}}.$$

Setzt man $J' = \dfrac{J}{x}$, so ergiebt sich $x = n^{m\,c}$ oder $\log x = m\,c\,\log n$,

(8) $$c = \frac{\log x}{m \log n}.$$

Setzt man x = 10, d. h. wählt man die Versuchsbedingungen bezw. die Schichten so, dass die Helligkeit gerade auf $^{1}/_{10}$ der ursprünglichen Stärke reducirt wird, so wird, da $\log 10 = 1$ ist,

$$c = \frac{1}{m \log n}.$$

n, das specifische Lichtabsorptionsvermögen, ist nun für jede Substanz eine Konstante, demnach auch log n bezw. sein reciproker Werth; nennen wir ihn k, so ist

(9) $$c = \frac{k}{m}.$$

Diese Grösse k ist aber nun nichts anderes wie das oben abgeleitete Absorptionsverhältniss A; denn wir hatten oben $c = Ae$, und wir haben ferner, wenn m so gewählt wird, dass $x = 10$ ist, $e = \dfrac{1}{m}$. Hieraus ergiebt

sich $c = \dfrac{A}{m}$. Es lassen sich somit die für viele Körper bereits bestimmten Absorptionsverhältnisse benutzen, um bei Bestimmung der Schicht m die Koncentration direkt zu erhalten.

Beispiel für die Bestimmung des Absorptionsverhältnisses:

Chromalaunlösung, die in 1 ccm 0,07176 g Substanz enthält, zeigt bei 1 cm Dicke die Lichtschwächung 0,050.

Nach Gleichung (4) ist $e = -\log J'$, $\log 0{,}050 = 0{,}69897 - 2$; dies negativ genommen, giebt $e = 2 - 0{,}69897 = 1{,}30103$. Demgemäss ist [nach Gleichung (5)]

$$A = \frac{c}{e} = \frac{0{,}07176}{1{,}30103} = 0{,}05515.$$

Hat man also das Absorptionsverhältniss A mit Hilfe des Extinktionskoëfficienten e einmal bestimmt, so ist es leicht, aus dem beobachteten Extinktionskoëfficienten einer anderen Lösung mit Hilfe der Gleichung $A = \dfrac{c}{e}$, die Koncentration c zu berechnen.

Ist e' der Extinktionskoëfficient der Lösung mit unbekanntem Gehalt und x die Koncentration derselben, so ist

$$\frac{x}{e'} = \frac{c}{e} = A.$$

Hat man also e' bestimmt, so lässt sich x berechnen aus der Gleichung:

$$x = \frac{e'\, c}{e} = e'\, A.$$

Das ist die Grundlage für die quantitative Bestimmung Licht absorbirender Stoffe nach der Methode von K. von Vierordt.

Nun wäre es jedoch ein Irrthum, anzunehmen, dass weisses Licht zur Bestimmung der Absorption hinreichend sei. Obgleich die auswählende Absorption, also die Bildung von Streifen, sich wohl nur auf bestimmte Gebiete des Spektrums erstreckt, werden doch auch die anderen Theile desselben mehr oder weniger geschwächt, und die Schwächung, welche das Gesammtlicht erfährt, richtet sich nach der Schwächung jeder Einzelfarbe. Nimmt man an, eine Farbe würde beim Durchgang durch die Schichteneinheit eines Mediums auf $1/n$, die andere auf $1/n'$, geschwächt, so ist die Lichtstärke nach dem Durchgange $\dfrac{1}{n} + \dfrac{1}{n'}$. Setzt man diesen Werth $= \dfrac{1}{q}$ und vergleicht hiermit die Schwächung nach dem Durchgang durch eine zweite Schicht $\dfrac{1}{n^2} + \dfrac{1}{n'^2}$, so ergiebt sich, dass dieses letztere keineswegs $= \dfrac{1}{q^2}$ ist, denn $\left(\dfrac{1}{n} + \dfrac{1}{n'}\right)^2 = \dfrac{1}{n^2} + \dfrac{2}{n'\,n} + \dfrac{1}{n'^2}$.

Das Gesetz gilt somit nur für homogenes Licht.

Zur Erzeugung desselben bedient man sich eines kontinuirlichen Spektrums, von dem man einen bestimmten schmalen Streifen auswählt, dessen Absorption durch den zu prüfenden Körper besonders hervorragend ist.

Vierordt[1]) hat gefunden, dass das Gesetz der Proportionalität zwischen Extinktionskoëfficient und Koncentration nicht für alle Stellen des Spektrums gilt. Für gewisse lichtschwache Spektralregionen, wie das Violett der Lampenflamme besteht der Extinktionskoëfficient innerhalb einer sehr grossen Breite der Koncentrationen aus einem konstanten und einem der Koncentration proportionalen Theil. Als Beispiel führt er den Chromalaun an, der in der Region seines Absorptionsstreifens $C_{65}\,D$ bis $D_{72}\,E$ dem Gesetze sich fügt, nicht aber im Violett. Für die Stelle kräftiger Absorption in hellen Spektralbezirken ist aber die Richtigkeit des Gesetzes durch Vierordt's Untersuchungen zweifellos erwiesen.

Absorptionsspektren anscheinend ungefärbter Verbindungen.

Wie schon bei der Besprechung der Farbe mitgetheilt wurde, besitzen anscheinend ungefärbte Verbindungen, wenn man sie in grösserer Schichte betrachtet, doch eine deutlich erkennbare Farbe. Speciell von Spring sind derartige Untersuchungen für Wasser, Alkohole u. s. w. ausgeführt worden. Sie hatten das Ergebniss, dass es absolut ungefärbte Verbindungen überhaupt wohl nicht giebt.

Auch das Spektrum dieser Verbindungen wurde von W. Spring (l. c.) untersucht. In dem des Wassers ist das Roth wenig ausgesprochen, das Gelb dunkel, das Grün sehr hell, das Blau unverändert, und das Violett fehlt vollständig. Das Wasser absorbirt also die Enden des Sonnenspektrums und schwächt das Gelb.

Ueber das Absorptionsspektrum der Gase hat P. Baccei[2]) eine ausfürliche Untersuchung angestellt. „Soviel auch die Absorption, welche Gase im sichtbaren Spektrum hervorbringen, untersucht worden ist, sind die Resultate dieser Arbeiten sehr spärliche, weil wegen des geringen Absorptionsvermögens der Gase sehr dicke Schichten und hohe Drucke angewendet werden müssen, was die Versuche bedeutend erschwert. Am bekanntesten sind noch die mannigfachen Experimente über die Absorption des Sauerstoffs in Schichten bis zu 60 m und unter Drucken bis zu 100 Atmosphären, die auch im Ganzen übereinstimmend positive Ergebnisse herbeigeführt haben."

Die Untersuchung von P. Baccei über Kohlensäure, Kohlenoxyd und Stickstoff ergaben ein negatives Resultat, indem sish keine Spur von Absorption selbst bei Schichten von 70 m zeigte.

Das Acetylen zeigte beim Druck von 16 Atmosphären und 25 m bei einmaligem Durchgang durch das Gas im Roth einen breiten Streifen

---

1) K. v. Vierordt, Ber. **5**, 34, 1872.
2) P. Baccei, Il nuovo Cimento (4), **9**, 177 u. 241, 1899; Naturw. Rundsch. **14**, 380, 1899.

von 0,6842 μ bis 0,6815 μ, im Orange eine feine Linie bei $\lambda = 0,6421 \mu$, eine zweite feine Linie bei $\lambda = 0,6417 \mu$ und eine starke Linie bei $\lambda = 0,6395 \mu$, im Gelb eine Linie bei $\lambda = 0,5707 \mu$; im Grün eine deutlichere Linie bei $\lambda = 0,5419 \mu$ und eine zweite kaum sichtbare bei $\lambda = 0,5435 \mu$. Verringerte man den Druck auf 10 Atm., so verschwand die Linie im Grün, bei 9 Atm. eine orange und die grüne Linie, bei 8 Atm. der rothe Streifen und die zweite grüne Linie, bei 5 Atm. die zweite orange Linie und bei 3,5 Atm. die dritte orange Linie $\lambda = 0,6395 \mu$. Ebenso treten gewisse Veränderungen auf bei Vergrösserung der durchstrahlten Schicht.

Der **Sauerstoff** gab bei 14 Atm. und 25 m durchstrahlter Schicht zwei Absorptionsstreifen, der eine entsprach der **Fraunhofer**'schen Linie A, der zweite der Linie B. Bei 8 Atm. verschwand A und bei 4 Atm. B. Bei 70 m und unter 14 Atm. Druck waren ausser A und B sichtbar der Streifen im Gelb bei der Linie D und die sehr schwache Linie im Blau, welche schon früher beobachtet worden war. Die letztgenannte Linie verschwand bei 12 Atm., bei 8 Atm. waren nur A und B sichtbar, erst bei 4 Atm. verschwand A und bei 2,5 Atm. auch B.

Da **Schwefelwasserstoff** bei 14 Atm. flüssig wird, konnte hier nur ein Druck von 12 Atm. angewendet werden. In einer Schicht von 12 m zeigte sich keine Absorption, bei 70 m erhielt man einen rothen Absorptionsstreifen von $\lambda = 0,6735$ bis $\lambda = 0,6781 \mu$. Bei 8,5 Atm. war er noch gut sichtbar, bei 7 Atm. war er kaum zu sehen und verschwand vollständig bei noch geringeren Drucken.

Die **Untersuchung von Gasgemischen** ergab, dass die Absorption einer Gasschicht dieselbe ist, wenn das Gas allein zugegen ist oder mit andern gemischt ist, vorausgesetzt, dass seine Dichte und sein Druck unverändert bleiben.

Als **allgemeine Resultate** hat W. Spring[1]) bei seinen Untersuchungen über die Absorptionsspektren **farbloser organischer Verbindungen** folgendes erhalten:

„Die für farblos geltenden organischen Körper geben keine Spektra mit Absorptionsstreifen, wenn ihr Molekül aus Kohlenstoffketten gebildet wird, um welche heterologe Atome oder Gruppen in ziemlich gleicher oder symmetrischer Weise vertheilt sind. Wenn hingegen diese Atome oder Gruppen an einem Ende der Kohlenstoffkette koncentrirt sind, geben die Körper Bandenspektra. Die Zahl der Banden scheint in direkter Beziehung zu stehen zur Zahl der Kohlenwasserstoffgruppen, die man im Molekül unterscheiden muss; so wird z. B. ein zusammengesetzter Aether zwei Streifen geben, von denen der eine dem Säureradikal entsprechen

---

1) W. **Spring**, Bull. de l'Acad. roy. belg. (3), **33**, 165, 1897; Naturw. Rundsch. **12**, 400, 1897.

wird, der andere dem Alkoholradikal, wenn die Säure und der Alkohol allein nur eine einzige Bande geben. Die Lage dieser Streifen scheint jeder Gruppe eigenthümlich zu sein, und sie bleibt meist beständig für jede von ihnen, welches auch die chemische Stufe der Gruppe sei, mit der sie verknüpft ist. Sie ist also charakteristisch, wenigstens für die Substanzen, in denen die Verbindung einen bestimmten Grad von Komplicirtheit nicht übersteigt."

„Wenn zwei Gruppen so innig mit einander verbunden sind, dass der Einfluss der einen sich an der andern geltend macht, werden die jeder Gruppe allein eigenthümlichen Bandenkörper verschoben; sie suchen sogar zu einer resultirenden Bande zusammen zu fliessen. Die komplicirten Körper, die aus einer grossen Zahl innig mit einander verbundener Gruppen bestehen, werden also einfachere Spektra geben können; sie nähern sich in dieser Beziehung den Körpern, deren Bau homogen ist."

„Man beobachtet ferner eine Verschiebung der Absorptionsstreifen in den heterologen Reihen je nach den Aenderungen der Affinität der Kohlenwasserstoffgruppen zu den heterologen Gruppen, selbst wenn diese nicht die Eigenschaft haben, eine Absorption der Lichtwellen bestimmter Länge hervorzubringen. Kurz diese Beobachtungen stützen die chemische Theorie der organischen Körper, wie sie sich entwickelt hat auf Grund der von Kekulé in die Wissenschaft eingeführten Vorstellungen: ein organischer Körper ist nicht ein homogenes Ganzes, sondern er ist vergleichbar einem Organismus, der aus verschiedenen Theilen gebildet ist, die zusammen wirken, der Gesammtheit den Charakter der Individualität zu verleihen. Die Spektralanalyse ermöglicht es, diese Theile zu entdecken, aber nur in den Stoffen, deren Konstitution den Bedingungen der statischen und dynamischen Einfachheit entspricht, wie sie meist von den sog. farblosen Körpern realisirt sind."

In dem Spektrum des Wassers ist das Roth wenig ausgesprochen, das Gelb dunkel, das Grün sehr hell, das Blau unverändert und das Violett fehlt vollständig. Das Wasser absorbirt also die Enden des Sonnenspektrums und schwächt das Gelb.

Die Absorption ultravioletter Strahlen durch Dämpfe oder Flüssigkeiten ist von J. Pauer[1]) untersucht worden. Die Absorptionsspektra der Dämpfe bestehen aus einzelnen Linien oder Liniengruppen, welche beim Uebergang der Körper in den flüssigen Zustand in eine oder mehrere breite Banden zusammenfliessen. Besonders charakteristische Dampfspektra lieferten Benzol, Anilin und Schwefelkohlenstoff; den regelmässigsten Bau zeigte das Benzolspektrum. Durchgreifende Regelmässigkeiten für den Einfluss der Konstitution auf die Absorptionsstreifen der Benzolderivate im Dampfzustande haben sich bis jetzt noch

---

1) J. Pauer, Wied. Ann. **61**, 363, 1897.

nicht nachweisen lassen. Einzelne Banden verschwinden und neue treten auf. Mit der Substitution einzelner Wasserstoffatome ändert sich der Charakter der Absorption vollständig; vor allem rückt die Absorption mit zunehmendem Kohlenstoffgehalt und Molekulargewicht gegen das sichtbare Ende des Spektrums. Einige Substanzen, wie Jodbenzol und Nitrobenzol lassen im Dampfzustande überhaupt keine deutlichen Linien und Banden erkennen. Isomere Körper haben verschiedene Absorptionsspektra.

Im allgemeinen bestätigen sich auch bei Dämpfen die von Hartley bei Flüssigkeiten erhaltenen Resultate. Bei Eintritt der Amido- oder Nitrogruppe in den Benzolkern findet im Gegensatz zu den von Krüss im sichtbaren Spektrum gemachten Beobachtungen im ultravioletten Theil eine starke Verschiebung nach Roth auf.

Die Absorption im Benzol und dessen Derivaten ist ganz ausserordentlich gross und entspricht in der Grössenordnung der Metallabsorption. Schon eine Verunreinigung der Luft mit Spuren von Benzoldämpfen machte sich in den Spektrumphotogrammen durch das Auftreten der vier Hauptlinien bemerkbar.

Die Untersuchung der Absorptionsspektren von reinem NH_3, Methylamin, Hydroxylamin, Aldoxim und Acetoxim wurde von W. N. Hartley und J. J. Dobbie[1]) ausgeführt. Von diesen löschen nur Acetaldoxim und Acetoxim das ultraviolette Ende des Spektrums aus.

Von denselben Verfassern wurden weiterhin untersucht Dimethylpyrazin, Hexamethylen und Tetrahydrobenzol. Es zeigte sich, dass das 2.5-Dimethylpyrazin, in dem zwei Kohlenstoffatome durch Stickstoff ersetzt sind, eine kräftige ultraviolette Absorptionsbande hervorbringt. Entsprechend der Regel, dass nur den Abkömmlingen mit unverändertem Benzolkern eine auswählende Absorption zukommt, zeigte sich bei den beiden andern Stoffen keine auswählende Absorption.

6. Fluorescenz.

Allgemeines.

Unter Fluorenscenz versteht man die Erscheinung, dass Körper im durchfallenden Lichte eine andere Farbe zeigen als im auffallenden. Es ist das eine ausserordentlich weit verbreitete Eigenschaft, die mitunter nur in geringem Maasse, häufig aber auch sehr stark auftritt, und welche sich bei den verschiedenartigsten Verbindungen zeigt.

Von anorganischen fluorescirenden Verbindungen seien folgende erwähnt, Flussspath, Uranglas, Doppelcyanide der Platinmetalle u. s. w.

---

1) W. N. Hartley u. J. J. Dobbie, Journ. Chem. Soc. **1900**, 318, 846; Ref. Zeitschr. physik. Ch. **37**, 510, 1901.

Organische fluorescirenden Verbindungen sind: Erdöl, Fluoresceïn, Eosin.

Ueber eine Verschiedenheit in der Absorption von Fluorescenzlicht durch fluorescenzfähige Körper, je nachdem diese fluoresciren oder nicht, hat J. Burke[1]) berichtet. Die Versuche wurden an Uranglas angestellt. Wenn dasselbe fluorescirte, liess es in einer Dicke von 1 cm im Durchschnitt von 80 Bestimmungen 0,47 des auffallenden Lichtes hindurch, während, wenn es nicht fluorescirte, im Mittel aus 80 Messungen 0,79 durchgelassen wurde.

Nach der Stokes'schen Regel[2]) besitzt das Fluorescenzlicht stets eine geringere Brechbarkeit als das Licht, durch welches die Fluorescenz angeregt wurde. Lommel bestritt die Richtigkeit der Regel, und Stenger konnte den Nachweis führen, dass sie zwar für viele aber doch nicht für alle fluorescirenden Körper gilt. Ausnahmen bilden besonders die stark gefärbten Körper, die also eine ausgesprochene auswählende Absorption für die sichtbaren Lichtwellen besitzen. Dieselben zeigen auch meist anomale Dispersion.

Von Versuchen, die Fluorescenz auf die chemische Zusammensetzung der Körper zurückzuführen, sei zuerst der von C. Liebermann erwähnt, welcher nachwies, dass in der Anthracenreihe Färbung und Fluorescenz sich ausschliessen, z. B. Anthracen fluorescirt, das gelbe Anthrachinon fluorescirt nicht.

E. Buckingham wies nach, dass auch den Ionen die Fluorescenzwirkung zukommen kann, ein Resultat, das sich erwarten liess, wenn man berücksichtigt, dass die Schärfe der Fluorescenz mit zunehmender Verdünnung meist ebenfalls wächst.

W. Spring zeigte, dass die Fluorescenz anscheinend nicht wie die Farbe eine allgemeine Eigenschaft der Körper ist. Seine Untersuchungen über Kohlenwasserstoffe und Terpene ergaben, dass die schwache Fluorescenz eine Eigenthümlichkeit des Benzols ist, dass dieselbe bei den homologen Kohlenwasserstoffen abnimmt, um bei komplicirteren Körpern wieder zu erscheinen.

Von sehr grossem Einflusse auf die Fluorescenz ist das Lösungsmittel. G. C. Schmidt[3]) fand, dass alle festen Körper zu fluosciren vermögen, sobald man sie nur in das geeignete Lösungsmittel einbettet. „Da die festen Körper, falls sie fluoresciren, auch fast stets längere Zeit nachleuchten, so hat Schmidt seine Beobachtungen mit dem Phosphoroskop angestellt. Es ist aber doch wohl zweifelhaft, ob diese Erscheinungen mit der gewöhnlichen Fluorescenz ohne weiteres in Parallele gestellt werden

---

1) J. Burke, Proc. Roy. Soc. 61, 485, 1897.
2) Vgl. R. Meyer, Naturw. Rundsch. 13, 1, 17, 29, 41, 1898.
3) G. C. Schmidt, Wied. Ann. 58, 103, 1896.

können; sind ja E. Wiedemann und G. C. Schmidt durch ihre früher angestellten Untersuchungeu über Luminiscenz zu dem Schlusse gelangt, dass Fluorescenz und Phosphorescenz ihrem Wesen nach nahe verwandte, aber nicht identische Vorgänge sind."

Konstitution und Fluorescenz.

„Eine allgemeine, auf die chemische Zusammensetzung gegründete Theorie der Fluorescenzerscheinung geben zu wollen, ist noch nicht möglich. Flussspath, Uranglas, Doppelcyanide der Platinmetalle, Chininsalze, Fluresceïn sind doch zu heterogener Natur, um sie unmittelbar zu vergleichen. Die von R. Meyer in seiner ausführlichen Abhandlung gegebenen Erörterungen erstrecken sich vielmehr nur auf wenige Gruppen organischer Verbindungen, welche einerseits schon eine gewisse Familienähnlichkeit aufweisen, und deren einzelne Glieder anderseits genügend nahe stehen, um den Einfluss der Zusammensetzung auf die Fluorescenz erkennen zu lassen."

„Auch wurde nur die Fluorescenz in flüssiger Lösung erörtert, besonders in Rücksicht auf den Umstand, dass das Fluorescenzlicht krystallisirter Körper — im Gegensatz zu demjenigen der Flüssigkeiten — im allgemeinen polarisirt ist, woraus hervorgeht, dass der Process hier ein wesentlich anderer ist, als bei den flüssigen Lösungen."

Die von R. Meyer angestellten Betrachtungen umfassen die Gruppe des Fluresceïns,

$$C_6H_4 \,.\, CO$$

des Xanthons,   , des Anthracens,   ,

des Xanthens,   , wozu die unter dem Namen Pyronine

bekannten Farbstoffe gehören, des **Phenazins**, [Struktur], welches

die Muttersubstanz der Eurhodine, Safranine, Mauveïne und Induline

ist, des **Phenoxazins**, [Struktur], wozu Neublau und Nilblau ge-

hören, und des **Thiodiphenylamins**, [Struktur], zu welcher

Gruppe Thionin (**Lauth**'sches Violett) und Methylenblau zu rechnen sind.

Die Ergebnisse dieser Untersuchung können in folgende Sätze zusammengefasst werden:

1. Die Fluorescenz organischer Verbindungen ist durch die Anwesenheit ganz bestimmter Atomgruppen in ihrem Moleküle veranlasst, welche als **Fluorophore** bezeichnet werden können. Solche Gruppen sind besonders gewisse sechsgliederige, meist heterocyklische Ringe, wie der Pyron-, der Azin-, Oxazin-, Thiazinring, sowie die im Anthracen und Akridin enthaltenen Atomringe.

2. Das Vorhandensein der fluorophoren Gruppe allein ruft die Fluorescenz noch nicht hervor, es ist vielmehr erforderlich, dass diese Gruppen zwischen andere, dichtere Atomgruppen, z. B. zwischen Benzolkerne gelagert sind.

3. Die Fluorescenz eines Körpers wird durch **Substitution** verändert; meist erfährt sie durch den Eintritt schwerer Atome oder Atomkomplexe an Stelle von Wasserstoff in die Benzolkerne des Moleküls eine mehr oder weniger weitgehende Schwächung, event. wird sie dadurch vollkommen vernichtet. Der Grad dieser Minderung hängt von der Natur und Stellung der Substitution ab.

4. Besonders charakteristisch ist der Einfluss der **Isomerie**. Nur bei ganz bestimmter Stellung der substituirenden Gruppen kommt die Fluorescenz der Muttersubstanzen zur Geltung, während sie durch den Eintritt der Substituenten in andere Stellungen bedeutend geschwächt oder vollständig aufgehoben werden kann.

5. Von Einfluss ist ferner das Lösungsmittel; ein und dieselbe Substanz fluorescirt in gewissen Lösungsmitteln, in anderen nicht. In manchen Fällen von Fluorescenz flüssiger Lösungen kann die Ionisirung mitspielen; in anderen ist sie bestimmt ausgeschlossen.

J. Th. Hewitt[1]) kommt im allgemeinen zu denselben Resultaten, doch weist er darauf hin, dass es auch einige Ausnahmen giebt. Dieselben können in zwei Klassen getheilt werden:

1. Substanzen von der nöthigen Konstitution, welche keine Fluorescenz zeigen.

2. Fluorescirende Substanzen, welchen eine doppeltsymmetrische Struktur nicht zukommt.

„Im ersten Falle ist es sehr wohl möglich, dass nicht selten Energie von solcher Wellenlänge emittirt wird, die nicht im sichtbaren Spektrum liegt. Zweitens kann eine sekundäre Tautomerie ins Spiel kommen und die Tautomerie, welche Fluorescenz verursacht, decken. Vielleicht liegt ein solcher Fall bei dem Tetranitrofluoresceïn vor. Dasselbe löst sich in Alkalien ohne Fluorescenz auf, in solchen Lösungen ist mit Hinsicht auf die neueren Arbeiten über die Nitrokörper wahrscheinlich ein Uebergang der Nitro- in eine Isonitrogruppe anzunehmen.

Die Möglichkeit einer Tautomerie, wie sie von Fluoresceïn gezeigt wird, ist dadurch ausgeschlossen, und damit wird die Fluorescenz aufgehoben.“

„Auf der andern Seite hat man die fluorescirenden Oxazinderivate, wo die Möglichkeit der Tautomerie anscheinend ganz ausgeschlossen ist, man hat auch die Rosinduline, welche, obwohl sie stark fluoresciren, keine symmetrische Struktur besitzen. Vielleicht kann die Fluorescenz der letzteren Verbindungen in einer hohen Reaktionsgeschwindigkeit zwischen den zwei Formen eine Erklärung finden. Dasselbe gilt für die Fluorescenz des 3-Amidochinoxalins und des Umbelliferons[2]), welche beiden auch in den tautomeren Formen:

---

1) J. Th. Hewitt, Zeitschr. physik. Ch. **34**, 1, 1900.
2) Vgl. H. Kunz-Krause, Ber. **31**, 1189, 1898; W. Herz, Sammlung chem. u. chem. techn. Vortr III, 248, 1899.

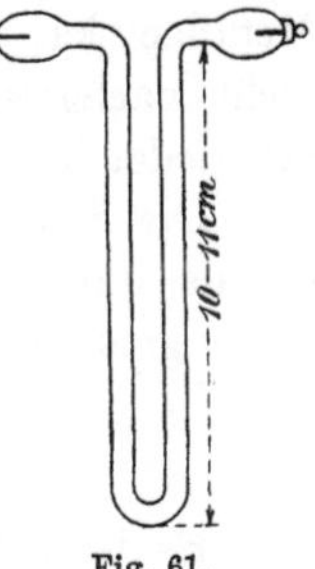

geschrieben werden können. Die Muttersubstanzen dieser beiden Körper, d. h. das Chinoxalin und das Kumarin, fluoresciren nicht und können auch nicht als tautomer geschrieben werden."

Nachstehend sei noch die von Meyer benutzte Apparatur wiedergegeben (Fig. 61). Dieselbe besteht in kleinen, U-förmigen Geissler'schen Röhren, welche zur Durchleuchtung der fluorescirenden Flüssigkeit nur in diese eingehängt zu werden brauchen. Ihre Füllung ist Stickstoff von etwa 3 mm Quecksilberdruck.

Hängt man eine solche Röhre beispielsweise in eine alkalische Lösung von 3 . 6 Dioxyxanthon, so ist die innen röthlich leuchtende Röhre von einem scharfen und intensiv leuchtenden violetten Saum umgeben; eine Lösung von Fluorescein in koncentrirter Schwefelsäure erzeugt einen grünen Saum, während die alkalische Fluoresceïnlösung bis in entferntere Schichten hinein ein helles grünes Fluorescenzlicht erstrahlen lässt.

Fig. 61.

Fluorescenz von Dämpfen.

Versuche von E. Wiedemann und G. C. Schmidt[1]) ergaben, dass Natrium- und Kaliumdampf hell fluoresciren, und zwar ersterer grün, letzterer intensiv roth.

Das Spektrum des von Natriumdampf ausgestrahlten Fluorescenzlichtes besteht aus einem hellen rothen Bande von λ 675 bis 602,5, einem dunkeln Streifen von λ 602,5 bis 540 und einem grünen kannelirten Streifen von λ 540 bis 496; weiter im Blau ist nichts zu sehen, aber in dem erwähnten dunkeln Streifen tritt hell die gelbe Natriumlinie auf. Dieselbe rührte nicht etwa von der erwärmenden Flamme her, denn sie blieb auch hell sichtbar, wenn letztere entfernt wurde; sie rührte auch nicht von chemischen Processen her, denn sie verschwand in dem Momente, in welchem das erregende Licht abgeblendet wurde. Vielmehr bildet die gelbe Natriumlinie einen Bestandtheil des Fluorescenzlichtes, das ausser ihr noch den rothen nicht kannelirten und den grünen, cannelirten Streifen enthält. Während also bei den festen und flüssigen fluorescirenden Körpern die Fluorescenzspektra aus breiten, verwaschenen,

---

1) E. Wiedemann u. G. C. Schmidt, Wied. Ann. Sitzber. physik. med. Societ. zu Erlangen 1895; Naturw. Rundsch. 11, 150, 1896.

kontinuirlichen Streifen bestehen, begegnen wir hier auch kannelirten Banden, wie sie andere Gase unter dem Einfluss der elektrischen Entladungen zeigen, und einzelnen Linien.

Das . Fluorescenzspektrum des Kaliums zeigt bei λ 695 bis 615 ein intensiv rothes Band. An das Band schliesst sich Dunkelheit an, in der das Grün etwas heller auftritt, vielleicht infolge der Gegenwart von etwas Natriumdampf. Die hellen Kaliumlinien konnten nicht nachgewiesen werden, indes mag ihr Fehlen von mangelnder Intensität des Lichtes herrühren.

Lithium konnte nicht untersucht werden, da es beim Erhitzen das Glas unter Lichterscheinung angreift. An Dämpfen von schweren flüchtigen Metallen hat bisher eine Fluorescenz mit vollkommener Sicherheit noch nicht nachgewiesen werden können. Kadmium scheint unmittelbar an der siedenden Metalloberfläche eine grüne Fluorescenzschicht zu zeigen.

Die Stokes'sche Regel, dass das erregte Licht weniger brechbar ist als das erregende, scheint insofern hierbei zu gelten, als wenigstens keine grossen Abweichungen vorhanden sind.

Fluorescenz und Lösungsmittel.

Es ist bekannt, dass viele Körper erst dann fluoresciren, wenn sie in das geeignete Lösungsmittel gebracht werden. So zeigt das Fluoresceïn erst in alkalischer Lösung die Fluorescenz, das Gleiche gilt von Eosin, sowie von den vielen Naphtolsulfosäuren, welchen diese Eigenschaft zukommt.

Somit muss die Konstitution, sei es durch erfolgte elektrolytische Dissociation, sei es durch sonstige Umlagerungen, entsprechend geändert sein, wenn die Fluorescenzerscheinung auftreten soll. Bestimmte Regeln dürften sich vorerst hier nicht aufstellen lassen, so lange man über die Natur der Fluorescenz selbst noch nichts Sicheres weiss.

Beachtenswerth ist, dass auch die Anthranilsäure[1]) in Wasser blau fluorescirt, noch stärker bei Zusatz von Formaldehyd, ebenso in Oenanthol, Oleïnsäure und Glycerin, dagegen nicht in Schwefelkohlenstoff, Kohlenstofftetrachlorid, Chlorpikrin, Ameisensäure, Anilin und Phenylsenföl.

In allen anderen Fällen kann die Fluorescenz durch Hinzugabe von Natrium oder Kaliumhydroxyd aufgehoben werden.

Fluorescenz und Aktinoelektricität.

In einer Arbeit über die Beziehung zwischen Fluorescenz und Aktinoelektricität kommt G. C. Schmidt[2]) zu folgenden Ergebnissen:

---

1) Kolbe-Meyer, org. Ch. II, 663, 1884; Br. Pawlewski, Ber. 31, 1693, 1898.
2) G. C. Schmidt, Wied. Ann. 64, 708, 1898.

1. Aus den an flüssigen Lösungen angestellten Messungen geht hervor, dass Ionisation und Fluorescenz nicht in einem unmittelbaren Zusammenhange mit der lichtelektrischen Empfindlichkeit stehen.

2. Auch bei einheitlichen festen Körpern und festen Lösungen gehen Fluorescenz und aktinoelektrische Empfindlichkeit nicht parallel.

3. Mit Ausnahme von Uran und Thorium und deren Verbindungen sind alle Körper, soweit sie das ultraviolette Licht absorbiren, bei hohen Potentialen lichtelektrisch empfindlich.

4. Uran und Thorium zerstreuen die positive Elektricität ebenso gut wie die negative.

5. Die festen Lösungen lichtelektrischer empfindlichen Körper sind ebenfalls lichtelektrisch empfindlich.

6. Feste Körper, welche lichtelektrisch empfindlich sind, behalten diese Eigenschaft auch in fester Lösung bei.

7. Die festen Lösungen, welche Uransalze enthalten, sind lichtelektrisch unempfindlich; sie zerstreuen aber schon in der Dunkelheit die positive und negative Elektricität gleich gut.

8. An denjenigen Körpern, welche nach der Bestrahlung mit Kathodenstrahlen beim nachherigen Erwärmen am intensivsten thermoluminesciren, wird die negative Elektricität unter dem Einfluss des Lichtes am stärksten zerstreut.

7. Luminiscenz- und Phosphorescenzerscheinungen.

Allgemeines.

Hierunter versteht man nach E. Wiedemann und G. C. Schmidt[1]) Lichterscheinungen, die intensiver sind, als der Temperatur des Körpers entspricht. Um die Untersuchung dieser Erscheinungen haben sich namentlich G. Stokes, Ed. Becquerel, Ed. Hagenbach, E. von Lommel, Lecoq de Boisbaudran und andere verdient gemacht; doch sind bisher ausser der vielumstrittenen Stokes'schen Regel nur wenig Gesetzmässigkeiten aufgefunden worden.

Nach E. Wiedemann und G. Schmidt lässt sich nach folgenden Principien darüber entscheiden, wenn das Leuchten von physikalischen und wenn es von chemischen Processen herrührt.

a) „Das zunächst liegende dieser Unterscheidungsmerkmale dürfte die Art des Abklingens nach der Erregung sein. Ein sehr langes Nachleuchten lässt eine Chemiluminiscenz als höchst wahrscheinlich erscheinen."

b) „Ist ferner bei einer Reihe von Versuchen mit derselben Substanz die Intensität des ausgesandten Lichtes nach dem Aufhören der

---

1) E. Wiedemann u. G. C. Schmidt, Wied. Ann 54, 604, 1895; 56, 202, 1895; Zeitschr. physik. Ch. 18, 529, 1895.

erregenden Strahlen zu einer bestimmten Zeit gleich, sind aber ihre Aenderungen mit der Zeit von der Zeitdauer und andern Umständen abhängig, so weist dies auf Umänderungen des untersuchten Körpers durch die Belichtung hin, die dann während der Rückbildung zum Leuchten Veranlassung geben.“

Weiterhin werden Thermoluminiscenz, Lyoluminiscenz, Farbenänderungen bei Bestrahlen, Triboluminiscenz(!) sowie die Beziehungen zwischen der Intensität des erregenden und des erregten Lichtes, letzternfalls sie proportional sind, als Chemiluminiscenzen gedeutet.

Triboluminiscenz.

Als Triboluminiscenz[1]) bezeichnet man dem Vorschlage Wiedemann's folgend, die merkwürdige Eigenschaft einiger krystallinischen Substanzen, beim Zerreiben, Zerstossen u. s. w. ein eigenthümliches Phosphorescenzlicht zu erzeugen.

A. Tschugaeff giebt folgende Zusammenstellung, wobei als Vergleichssubstanzen folgende, leicht zugängliche und gut definirte Körper vorgeschlagen werden:

Urannitrat, entsprechend der Triboluminiscenz des 1. Grades,
Weinsäure, entsprechend der Triboluminiscenz des 2. Grades,
Oxalsaures Ammon, entsprechend der Triboluminiscenz des 3. Grades.
Als wirksame Substanzen sind gefunden worden:

A. Anorganische Verbindungen.

Urannitrat $UO_2(NO_3)_2$,[2])	Baryumnitrat,
Kaliumsulfat,[3])	Ammoniumfluorid,
Quecksilbercyanid,	Baryumplatincyanür.

Hierzu kommen Bergkrystall, Feldspath, Flussspath und einige andere Mineralien.[3])

B. Organische Verbindungen.

1. Verbindungen der Fettreihe:

d-Weinsäure,	Isocyanursaures Kalium,
l-Aepfelsäure,	Kandiszucker,
Asparagin,	Laktose,
Ammoniumoxalat,	Rhamnose,
Ammoniumformiat,	Galaktose,
Saures Kalium-d-tartrat,	Sorbit, schwach.
Uranacetat,	

---

[1]) L. Tchugaeff, Ber. **34**, 1820, 1901.
[2]) Becquerel, La Lumière II, 38.
[3]) Placidus Heinrich (D. Hahn) Phosphorescenz der Mineralien, Halle 1874.

2. Verbindungen der aromatischen und hydroaromatischen Reihe:

Acenaphten,
Triphenylmethan,
Dibenzyl,
β-Naphtol,
Resorcin,
Hydrochinon,
Vanillin,
Hippursäure, [1]
Sulfanilsäure,
Anthranilsäure,
Salicylsäure,
m-Oxybenzoësäure,
p-Oxybenzoësäure (sehr schwach),
Naphtonitril,
Kumarin,
Alantolakton,
Anilinchlorhydrat,
Pentadecylparatolylketon, [2]
Pentadecylphenylketon, [2]
l-Mandelsäurechloralid,
α- und β-Benzoïnoxim,
Benzoyl-β-Naphtol,
Tyrosin,
Triphenylphosphin,
Quecksilberdiphenyl,
Sulfobenzid,
m-Dinitrobenzol,
Phtalsäureanhydrid,
β-Naphtylamin,
Benzoyl-α-Naphtylamin,
Benzoylanisidin,
Phtalimid,
Brompropylphtalimid.
Metacetin ($CH_3OC_6H_4NHCOCH_3$)
(1)   (4)
Neun Verbindungen der Santoningruppe, [5]

Acetanilid,
Benzanilid,
Lophin,
Amarin (schwach),
α-Methylindol,
Akridin,
Phenylakridin,
Sulfokarbanilid,
Dinaphtyläther,
Saccharin, [3]
α-N-Aethylchinolin, [4]
Anthrachinon,
Menthyl,
Amyrin,
Cholesterin,
Terpinhydrat,
Quercit,
Chinasäure,
Fenchon,
d-Monobromkampher,
d-n-l-Kampheroxim,
l-Menthonoxim,
Thujonoxim,
Succinilobernsteinsaures Aethyl.
Menthylkarbonat,
Bernsteinsäurementhylester,
Stearinsäurementhylester,
β-Naphtoësäurementhylester,
Phenylpropionsäurementhylester,
Methylsalicylsäurementhylester,
Zimmtsäurebornylester,
Benzoylmenthylamin,
d-Benzoylbornylamin,
α-Naphtylmenthylamin,
d- und l-H_2S-Karvon.

[1] Arnold, Ueber Luminiscenz 1896.
[2] Krafft, Ber. **21**, 2265, 1888.
[3] Pope, Zeitschr. f. Krystallographie **25**, 567.
[4] H. Decker, Ber. **33**, 2277, 1900.
[5] Andreocci, Gazz. chim. Italiana **29**, 1899.

Folgende Alkaloïde bezw. ihre Salze:

Kokaïn,	Cinchonin,
Kokaïn-Nitrat,	Cinchonin-Chlorhydrat,
„ -Salicylat,	„ -Sulfat,
„ -Jodhydrat,	Cinchonidin,
„ -Tartrat,	Cinchonidin-Bijodhydrat,
„ -Citrat,	„ -Chlorhydrat,
Chinin-Chlorhydrat,	„ -Sulfat,
„ -Bichlorhydrat,	Cinchonamin,
„ -Bromhydrat,	Cinchonamin-Nitrat,
„ -Jodhydrat,	„ -Chlorhydrat,
„ -Fluorhydrat,	Tropin,
„ -Chlorat,	Ekgonin,
„ -Bromat,	Hyoscyamin (sehr schwach),
„ -Nitrat,	Kupreïnsulfat,
„ -Sulfat,	Thebaïnchlorhydrat,
„ -Jodat,	Kodeïn,
„ -Hypophosphit,	Atropin,
„ -Oxalat,	Atropinsulfat,
„ -Tartrat,	Papaverin,
„ stearinsaures,	Narkotin,
„ bernsteinsaures,	Strychnin,
„ benzoësaures,	Strychninsulfat,
„ zimmtsaures,	Brucin,
„ valeriansaures,	Pilokarpin.

Von 510 zur Untersuchung gelangten Substanzen erwiesen sich 127 als triboluminiscenzfähig (also ca. 25 %), und zwar von 400 organischen Verbindungen 121 (also 30 %) und von 110 anorganischen nur 6 (ca. $5^{1}/_{2}$ %).

Als luminophore Gruppen kann man das Hydroxyl, Karbonyl und namentlich den tertiär und sekundär gebundenen Stickstoff ansehen. Die meisten Substanzen zeigen Triboluminiscenz des 2. und 3. Grades. Nur wenige leuchten so schwach, dass sie erst in der 4. Gruppe ihren Platz finden. Es gehören hierher z. B. Sorbit, p-Oxybenzoësäure, Hyoscyamin. Triboluminiscenz 1. Grades zeigen Urannitrat, valeriansaures Chinin, salicylsaures Kokaïn, Cinchonamin, Kumarin und salzsaures Anilin.

Die Farbe des Triboluminiscenslichtes ist eine verschiedene, weiss bei Kumarin, grün bei Urannitrat und -acetat (Chlorid und Sulfat leuchten nicht), violett bei Anilinchlorhydrat. Mitunter dauert das Leuchten noch länger als die mechanische Kraft ihre Wirkung ausübt.

Hinsichtlich der optisch isomeren Körper hat Andreocci bereits darauf hingewiesen, dass die entgegengesetzten optisch aktiven Isomeren ein absolut gleiches Verhalten gegenüber der Triboluminiscenz aufweisen, stereoisomere Verbindungen dagegen in der Regel ein ganz verschiedenartiges. Diese Regelmässigkeit, welche unsern sonstigen Ansichten über die Isomerie vollkommen entspricht, ist an zahlreichen Thatsachen in der Santoninreihe verfolgt und bestätigt worden.

Dagegen fand Andreocci, und dies scheint auch weiterhin sich so zu bewahrheiten, dass racemische Verbindungen sich als unwirksam erweisen. In der nachstehenden Tabelle bedeutet das Zeichen $+$ Vorhandensein, das Zeichen $-$ Fehlen der Triboluminiscenz.

Substanz.	Rechts.	Links.	Racemisch.
Kampheroxin, $C_{10}H_{16}NO$,	$+$	$+$	$-$
Schwefelwasserstoff, Karvon, $C_{10}H_{14}$, H_2S	$+$	$+$	$-$
Weinsäure $(CHOH\,COOH)_2$,	$+$		$-$
Saures weinsaures Kalium, $C_4H_5KO_6$,	$+$		$-$
Aepfelsäure, $\begin{array}{c} CHOH\,COOH \\ | \\ CH_2\,COOH, \end{array}$		$+$	$-$
Mandelsäurechloralid, $C_6H_5CH\!\!<\!\!\begin{array}{c} O-CO \\ | \\ O-CH\,CCl_3, \end{array}$		$+$	$-$

Diese merkwürdigen Verhältnisse scheinen auf eine gegenseitige Zerstörung des von den beiden optischen Antipoden herrührenden Lichtes zu deuten.

Nach den Untersuchungen von E. Bandrowski[1]) giebt es sieben leuchtend krystallisirende Körper: Natrium- und Kaliumchlorid sowie Kaliumbromid leuchten nur während der Krystallisation aus sauren Lösungen; Kaliumnatriumsulfat und Strontiumnitrat leuchten nur während der langsamen Krystallisation aus koncentrirten wässerigen Lösungen beim Erkalten, Natriumfluorid dagegen während der langsamen Krystallisation infolge langsamen Abdampfens. Alle leuchtenden Körper bis auf das Kaliumnatriumsulfat, dessen Krystallsystem noch unbekannt ist, krystallisiren im ersten System. Eine Erklärung für das Leuchten ist noch nicht gefunden, doch gehören sie wahrscheinlich ebenfalls in das Gebiet der Triboluminiscenz.

Leuchterscheinungen bei Modifikationsänderung.

M. Roloff[2]) theilt dieselben in zwei Klassen.

a) Die Vorgänge verlaufen schon im Dunkeln von selbst, ein beschleunigender Einfluss des Lichtes ist aber hier zu beobachten.

---

1) E. Bandrowski, Anz. Akad. Krakau 1896, 199; Naturw. Rundsch. 11, 555, 1896.

2) M. Roloff, Zeitschr. physik. Ch. 26, 350, 1898.

Beispiele: Arsentrioxyd existirt in zwei Modifikationen: A glasig, amorph, ist etwa dreimal so löslich wie B[1]) und geht in B unter Verlust von 1336 cal. pro Aequivalent über (Favre[2]) und zwar vorzugsweise an der dem Lichte zugekehrten Seite. Die specifische Wärme beträgt 0,1320.

B undurchsichtig, krystallisirend. Beim Erhitzen in wässeriger Lösung wird B in A zurückverwandelt. Specifische Wärme 0,1309.

B ist also die polymere Form. A geht unter Funkensprühen in B über (Rose[3]).

Gadolinit wandelt sich nach Rose[3]) unter Wärmeabgabe und starkem Erglühen um. Die specifische Wärme beträgt A. 0,142, B. 0,132. Das Gleiche, wenn auch in geringerem Maasse gilt von Samarskit. Spec. Wärme A. 0,107, B. 0,102.

b) Die Umwandlung geht nur vor sich, wenn das Polymere in der lebhaften Wärmebewegung unbeständig wird, oder wenn mechanische Erschütterungen dasselbe zerreissen. Dies ist der Fall der sog. Triboluminiscenz.

Phosphorescenzerscheinungen wurden von M. Otto[4]) auch beim Ozon beobachtet. Er glaubt durch seine Versuche annehmen zu dürfen, dass das Leuchten, welches bei der Berührung von Ozon mit Wasser entsteht, von der Anwesenheit organischer Stoffe thierischen oder pflanzlichen Ursprungs im Wasser herrührt, und dass die Mehrzahl der organischen Stoffe, wie Benzol (schwach), Thiophen (stärker), Milch und besonders Wein im stande ist, mit Ozon Phosphorescenzerscheinungen zu geben.

Zu den phosphorescirenden Körpern gehört das Phosphorpentoxyd, bei dem diese Eigenschaft von H. Ebert und B. Hoffmann[5]) beobachtet wurde. Das Licht ist grünlich und wird in hervorragender Weise durch ultraviolette Strahlen bewirkt; aber auch sichtbare Strahlen, bis ins Blau hinein, erwiesen sich wirksam. Das Spektrum des erregten Lichtes war ein kontinuirliches ohne helle Linien oder Banden, das Maximum lag im Grün bei der Wellenlänge $\lambda = 530 \, \mu\mu$. Somit folgt das P_2O_5 der Stokes'schen Regel der Phosphorescenzerregung, wonach das ausgestrahlte Licht langwelliger ist als das erregende. In flüssiger Luft auf -180^0 abgekühlt, gab das Pentoxyd eine an Dauer und Intensität gesteigerte Phosphorescenz. Kathodenstrahlen, Röntgenstrahlen sowie die Strahlen radioaktiver Stoffe waren nicht im stande die Phosphorescenz zu erregen.

---

1) Bussy, Compt. rend. 24, 774.
2) C. Favre, Journ. f. Pharm. (3), 24, 324.
3) Rose, Pogg. Ann. 35, 481, 100, 311.
4) M. Otto, Compt. rend. 125, 1005, 1896.
5) H. Ebert u. B. Hoffmann, Zeitschr. physik. Ch. 34, 80, 1900.

Hinsichtlich der Phosphorescenzen des Kupfers, Wismuths und Mangans in den Erdalkalisulfiden stellen V. Klatt und Ph. Lenard[1]) fest, dass dieselben durch die Beimenguugen geringer Antheile von Schwermetallen herrühren. Anfangs wächst die Intensität der Fluorescenz mit der Menge derselben, sie erreicht aber bald die Grenze. Dieselbe liegt für Kupfer bei 0,0003.

Die Untersuchungen von R. Pictet 'und M. Altschul[2]) ergaben, dass die Phosphorescenzerscheinungen durch Abkühlung verringert werden. Dieselbe kann bis zum vollständigen Erlöschen vor sich gehen.

Leuchten des Phosphors.

Der katalytische Einfluss verschiedener Gase und Dämpfe auf die Oxydation des Phosphors wurde zuerst von J. Joubert[3]) systematisch untersucht. Er stellte folgende Beziehungen fest:

1. Der Leuchtdruck des Sauerstoffs ist eine lineare Funktion der Temperatur und lässt sich ausdrücken durch eine Gleichung: $P = P_0 + qt$. Hiervon bedeuten:

P den Leuchtdruck des Sauerstoffs bei t^0,

P_0 bezeichnet den Druck, bei welchem der Phosphor bei 0^0 anfängt zu leuchten,

q ist die Druckerhöhung pro 1 Grad Temperaturerhöhung.

Letztere beiden haben folgende Werthe:

	P_0.	q.
I.	320	23,19
II.	270	19,57.

P wird gleich 0, wenn $P_0 = - qt_0$ oder $t_0 = - \dfrac{P_0}{q}$; bei der Temperatur t_0 leuchtet der Phosphor bei keinem Druck mehr. t_0 hat in zwei von einander ziemlich abweichenden Versuchsreihen den vollkommen übereinstimmenden Werth $- 13,8^0$.

2. Der Leuchtdruck des Sauerstoffs ist eine lineare Funktion der volumprocentischen Koncentration des zugemischten Gases und lässt sich darstellen durch die Gleichung: $p_x = p_0 - A_x$; p_x ist der Leuchtdruck des Sauerstoffs, d. h. sein aus dem Gesammtdruck zu berechnender Partialdruck, bei welchem das Leuchten eintritt. x ist der Procentgehalt des zugemischten Gases; p_0 und A sind Konstanten, von denen p_0 den Leucht-

---

[1]) V. Klatt u. Ph. Lenard, Wied. Ann. **38**, 90, 1889.

[2]) R. Pictet u. M. Altschul, Zeitschr. physik. Ch. **15**, 386, 1895.

[3]) J. Joubert, Thèses sur la phosphorence du phosphor. Paris 1894; vgl. M. Centnerszwer, Zeitschr. physik. Ch. **26**, 1, 1898, dessen Arbeit ich hier folge; Ikeda, Journ. Coll. Science Imp. Univ. Japan **6**, 43, 1893; Evan, Zeitschr. physik. Ch. **16**, 315; van der Stadt, **12**, 322; Jorissen, **20**, 304.

druck des reinen Sauerstoffs bezeichnet, A die Leuchtdruckserniedrigung für $1\,^0/_0$ eines fremden Gases. p_0 ist also nur eine Funktion der Temperatur, A dagegen kann mit der Natur des zugesetzten Gases wechseln. Wäre $A = 0$, so wäre der Leuchtdruck unabhängig von zugemischtem Gase, letzteres verhielte sich also vollkommen indifferent gegen den Phosphor. Dies ist jedoch niemals der Fall.

M. Centnerszwer (l. c.) findet das Gesetz von Joubert bei den schwachen Katalysatoren gut bestätigt, dagegen weicht bei starken Katalysatoren, deren Kurven steil verlaufen, die Gestalt derselben mehr oder weniger von der geradlinigen ab. Die Kurven sind konvex zur Abscissenaxe gekrümmt, und wir müssen, um den Erscheinungen gerecht zu werden, zur obigen Formel noch ein Korrektionsglied hinzufügen, so dass die allgemeine Formel die Gestalt annimmt:

$$p_x = p_0 - Ax + Bx^2$$

Diese Formel passt sich ziemlich gut den Beobachtungen an. B ist hierbei ein Maass für die Krümmung der Kurve; sie hat meist kleine Werthe und ist positiv, da sich alle Kurven konkav nach oben legen. Centnerszwer giebt folgende Daten.

Anorganische Stoffe.

	A.	B.
N_2	$\begin{cases}3,60\\3,41\end{cases}$	0
CO_2	4,60	0
CO	3,50	0
H_2	6,20	0
N_2O	4,25	0

Fettkörper.

C_5H_{12} n.	25,5	0,5
C_6H_{14} n.	62,4	2,4
C_8H_{18} n.	613	250
$C_{10}H_{22}$ n.	671	1020
C_2H_4	109	4,5
$CHCl_3$	10,4	0,0
$C_2H_4Cl_2$	16,3	0,2
$C_5H_{11}Cl$ n.	1230	671
$C_5H_{11}Cl$ tertiär	1110	665
C_2H_5Br	8,00	0
$(CH_2Br)_2$	10,0	0
CH_3J	2630	3900
C_2H_5J	3600	5630

C_3H_5J	9170	40000
$(C_2H_5)_2O$	107	2
$HCOOC_2H_5$	25,0	0,4
CH_3COOCH_3	41,5	0
$CH_3COOC_2H_5$	26,1	0,4
CS_2	35,1 (?)	0,6

Aromatische Körper.

C_6H_6	65,5	5,08
$C_6H_5CH_3$	167	52
$C_6H_5C_2H_5$	298	204
$C_6H_4(CH_3)_2(o)$	428 (?)	425
$C_6H_4(CH_3)_2$ (m.)	628	610
$C_6H_4(CH_3)_2$ (p)	394 (?)	317
$C_6H_3(CH_3)_3$ (Mesitylen)	29400	818000
C_6H_5OH	1890 (?)	8980
C_6H_5Cl	184	113
C_6H_5J	1090	27000 (?)
$C_6H_5COOCH_3$	785	3620

Auffallend ist demgegenüber das Verhalten des Ozons, durch dessen Beimengung von reinem Sauerstoff der Leuchtdruck erhöht wird. Es genügen schon äusserst geringe Quantitäten, um das Leuchten des Phosphors bei Atmosphärendruck hervorzubringen.

8. Farbenänderungen.

Farbenänderungen durch Erwärmen.

Wie schon bei der Besprechung des Einflusses der Wärme auf Zustandsänderungen erwähnt wurde, giebt Temperaturänderung häufiger auch zu Farbenänderungen Veranlassung, über deren Natur wir noch nicht allzu viel wissen. Von derartigen Beispielen seien folgende erwähnt.

Eine durch Eisenchlorid schwach gelblich gefärbte Salzsäure wird beim Erhitzen dunkel gelb gefärbt.

Zinkoxyd ist in der Hitze gelb, in der Kälte weiss.

Gelbes Quecksilberjodid geht durch Erhitzen in die rothe Modifikation über.

Wie die Beobachtungen von J. H. Kastle[1] ergeben haben, bekommen die Substanzen: Brom, Schwefel, rother Phosphor, Jodblei, Phosphorpenta- und Heptabromid, Quecksilberbromojodid, Jodoform, Dibrombenzolsulfamid, Tribromphenolbromid, Merkurijodid beim Abkühlen auf

---

1) J. H. Kastle, Amer. Chem. Journ. 23, 505, 1900.

eine Temperatur von — 190° eine viel hellere Farbe. Auch bei Lösungen von Jod in Alkohol und Schwefelkohlenstoff wurde dies beobachtet.

Eine Untersuchung der **Farbe des Schwefeldampfes** durch J. L. Howe und S. G. Hammer[1]) ergab, dass die Farbe des Dampfes mit wechselnder Temperatur sich verändert. Sie ist orangefarben ein wenig oberhalb des Siedepunktes; alsdann vertieft sie sich zum Roth, das bei 500° am stärksten ist, und wird dann mit steigender Temperatur schnell heller. Die Farbe beim Siedepunkt ist die einer normalen Kaliumbichromatlösung, die tiefrothe ist die einer verdünnten Lösung von Ferrosulfocyanat.

Von weiteren hierher gehörigen Erscheinungen seien noch erwähnt, dass nach Pearseal[2]) beim Erwärmen besonders die gefärbten **Flussspathstücke** leuchten, dass dieselben ihre Farbe dabei verlieren und beim Belichten zugleich mit der Luminiscenzfähigkeit wieder gewinnen.

Eingehend sind die Phosphorescenzerscheinungen bei den Salzen der Alkalien, Erdalkalien, des Aluminiums, der Elemente der Zinkgruppe sowie bei einigen Verbindungen von Blei, Silber und Quecksilber studirt.

Von Lösungen, die durch Erwärmen ihre Farbe ändern, seien erwähnt, **Kobaltchlorür, Eisenchlorid, schwefelsaures Chromoxyd, Kupferchlorid.**

Ueber den **Krystallwassergehalt gelöster Kobaltsalze** hat J. Kallir[3]) Beobachtungen angestellt. Eine wässerige Lösung von Kobaltchlorür ändert beim Erhitzen die Farbe von roth in blau; Kochsalzzusatz macht die Erscheinung noch intensiver. Die Ergebnisse der mittels des Photometers bestimmten Absorption verschiedener Lösungen bei verschiedenen Temperaturen waren folgende:

a) „Die Art und Weise des Verlaufes der Entwässerung, welche vor sich geht, wenn man eine mit Chlornatrium versetzte Kobaltchloridlösung erhitzt, ist für alle derartigen Lösungen und für jeden Kochsalzgehalt wesentlich dieselbe.“

b) „Das Variiren des Chlornatriumgehaltes bewirkt ein Verschieben des Temperaturintervalls, innerhalb dessen die Entwässerung vor sich geht. Der Process verläuft bei um so niedrigerer Temperatur, je mehr Chlornatrium in der Lösung vorhanden ist.“

Brom- und Chlornatrium wirken etwas schwächer; abweichend verhalten sich die Kalisalze.

---

1) J. L. Howe u. S. G. Hammer, Journ. Amer. Chem. Soc. **20**, Nr. 10, 1899; Naturw. Rundsch. **14**, 15, 1899.

2) Parseal, Ann. chim. phys. (2), **49**, 337.

3) J. Kallir, Wied. Ann. **31**, 1015, 1887; vgl. auch A. Étard, Compt. rend. **113**, 699, 1891.

Sprung[1]) zeigte, dass die grüne Lösung des schwefelsauren Chromoxyds eine grössere Zähigkeit besitzt als die violette und dass der Uebergang der einen in die andere Modifikation bei 70^0 erfolgt.

E. Wiedemann[2]) untersuchte die Leitfähigkeit einer Lösung von 15 Theilen Kupferchlorid, $CuCl_2 + 2\,H_2O$, auf 100 Wasser bei Temperaturen von 5 bis 90^0. Es zeigte sich dabei die Leitfähigkeit von 5—60^0 als lineare Funktion der Temperatur. In der Nähe von 60^0 aber tritt eine plötzliche Krümmungsänderung der Kurve ein, die von diesem Punkte ab konkav wird zur Temperaturaxe. Diese Beobachtungen konnten jedoch nicht bestätigt werden durch die Untersuchungen von D. Isaachsen[3]), der auch bei der Untersuchung von $CoBr_2$ keine ähnliche Erscheinung bemerken konnte. Auch die Beobachtungen der Gefrierpunktserniedrigung bezw. Siedepunktserhöhung ergaben keinen hervorragenden Unterschied in der Molekulargrösse, so dass die Aenderung der Farbe nicht auf Aenderung der Molekulargrösse, sondern auf verschiedenartige räumliche Lagerung zurückzuführen ist.

Für Kupferchlorid wurde nach der Gefriermethode im Mittel 61,7, nach der Siedemethode 80,1, für Kobaltbromid entsprechend 80,1 und 84,2 gefunden.

Den Einfluss der Temperatur auf die Farbe von Schwefel, Molybdänsäure, Bleioxyd, Quecksilberjodid, Mennige, Zinnober, Quecksilberoxyd, Eisenoxyd, Chromoxyd u. s. w. untersuchten E. L. Nichols und B. W. Snow[4]). Sie fanden, dass kein Farbstoff ein reines Weiss reflektirt. Das von der Oberflächenreflexion bedingte Licht ist 2 bis 10 %/o von dem gesammten reflektirten Licht. Die Intensität desselben nimmt mit der Temperatur ab und besonders für die Strahlen der grösseren Brechbarkeit, wodurch die Verfärbung nach Roth bedingt wird.

Durch Licht- oder Kathodenstrahlen bewirkte Farbenänderungen.

Die durch Licht bewirkten Farbenänderungen sind eine häufig auftretende Erscheinung. Sie hängen wohl meist mit chemischen Umsetzungen zusammen und sollen demgemäss später ausführlich besprochen werden.

---

1) Sprung, Pogg. Ann. **159**, 1, vgl. auch R. F. d'Arcy, Phil. Mag. (5), **28**, 221, 1889.

2) E. Wiedemann, Report of the British Assoc. 1887, 346; vgl. ferner H. Ley, Zeitschr. physik. Ch. **22**, 77, 1897.

3) D. Isaachsen, Zeitschr. physik. Ch. **8**, 445, 1891.

4) E. L. Nichol u. B. W. Snow, Phil. Mag. (5), **32**, 401, 1891; Ref. Zeitschr. physik. Ch. **9**, 380, 1892.

Die von Goldstein zuerst beschriebene Färbung der Haloidsalze der Alkalien unter der Einwirkung von Kathodenstrahlen ist verschieden gedeutet worden und zwar als allotrope Modifikation, als Subhaloid[1] und als Wirkung des frei werdenden Alkalimetalls. J. Frank bezw. F. Giesel[2] konnten derartige Färbungen erzeugen durch Erhitzen von Alkalisalzen in Natrium und Kalium bis zur beginnenden Rothgluth. So färbte sich Bromkalium cyanblau, Chlorkalium dunkelheliotrop, Chlornatrium gelb bis braun. Auch die chemisch gefärbten Salze verloren, wie die durch Kathodenstrahlen gefärbten und das natürliche blaue Steinsalz, bei genügend hoher Temperatur ihre Farbe. Die künstlich gelb oder braun gefärbten Steinsalzkrystalle zeigten beim Erhitzen, bevor sie farblos wurden, eine Reihe von Farbenänderungen (rosa, blauviolett, cyanblau), die man durch Erkalten der Krystalle aus diesem Stadium fixiren konnte. Aehnliche Farbwandlungen beim Erhitzen zeigten die durch Kathodenstrahlen gefärbten Salze und natürliches blaues Steinsalz. Giesel schliesst aus diesem gleichen Verhalten auf die Indentität der durch Einwirkung von Kalium- und Natriumdampf gefärbten Haloidsalze mit den durch Kathodenstrahlen erzeugten, und hält auch die Identität der natürlich und künstlich gefärbten Steinsalze für wahrscheinlich.

R. Abegg[3] hält die durch die Kathodenstrahlen bedingten Farbänderungen nur für eine physikalische Wirkung, wenn die verwandelten Salze ganz rein sind. Eine Vergleichung der Wirkung von Lichtstrahlen und von Kathodenstrahlen ergiebt, dass beide Strahlen verändern: Chlorsilber, Bromsilber und Kalomel; Kathodenstrahlen verändern und Licht nicht: die Alkalihaloide; Licht verändert, Kathodenstrahlen nicht: Kuprochlorid; beide sind unwirksam: Kuprichlorid, Kaliumsulfat.

Färbungen des Flussspaths durch elektrische Wellen beobachtete Becquerel[4]; ebenso werden dieselben durch Sonnenlicht gefärbt; bei andern Salzen sind erst die Kathodenstrahlen wirksam.

Phototropie.

Farbenänderungen, die bestimmte Stoffe durch Lichtwirkung erleiden, die aber durch Erhitzen oder durch Aufbewahrung im Dunkeln wieder verschwinden, bezeichnet W. Marckwald[5] mit dem Namen Phototropie. Er hat diese auch sonst weit verbreitete Eigenschaft beobachtet bei dem Chlorid des Chinochinolins,

[1] E. Wiedemann u. G. C. Schmidt, Wied. Ann. l. c.

[2] F. Giesel, Ber. **30**, 156. 1897; F. Kreutz, Ber. **30**, 403, 1897.

[3] R. Abegg, Zeitschr. f. Elektroch. **4**, 118, 1897.

[4] Becquerel, Compt. rend. **101**, 209.

[5] W. Marckwald, Zeitschr. physik. Ch. **30**, 140, 1899.

oder

Entwässert man dasselbe, so erhält man ein gelbes Krystallpulver, das sich im Lichte intensiv grün färbt. Im Dunkeln verschwindet dieselbe wieder nach Verlauf eines Tages bei gewöhnlicher Temperatur, bei 90° momentan.

Das β-Tetrachlor-α-ketonaphtalin Zincke's[1] von einer der Formel I oder II entsprechenden Zusammensetzung

I.

II.

verhält sich ähnlich. Es nimmt im Lichte eine Amethystfarbe an, die im Dunkeln wieder verschwindet. Die Färbung verschwindet im Dunkeln nach einem Tage, beim Erwärmen auf 80° direkt.

Eine allotrope Form hiervon zeigt diese Erscheinung nicht.

Im Anschlusse hieran weist H. Biltz[2] darauf hin, dass E. Fischer beim Benzaldehydphenylhydrazon, dann H. Biltz beim Kuminilosazon, bei den beiden Anisilosazonen und den beiden Piperilosazonen ähnliche Erscheinungen beobachtet hat. Sämmtliche genannten Körper sind gelb oder grauweisslich gelblich und werden beim Belichten roth resp. orangeroth. Erhöhung der Temperatur auf 90° zerstört diese Farbenerscheinung wieder. Bei den Benzylosazonen, den Salicylosazonen und den Vanillilosazonen zeigt sich diese Erscheinung nicht.

9. Optische Aktivität.

Allgemeines.

Polarisirtes Licht, d. h. Licht, dessen Schwingungsrichtung der einzelnen Aetherwellen sich alle in einer Ebene befinden, wird beim Durch-

[1] Th. Zincke, Ber. 21, 1041, 1888.
[2] H. Biltz, ibid. 527, 1899.

gange durch verschiedene Körper abgelenkt, d. h. die Schwingungsebene ist nach dem Durchgange durch den dieselbe drehenden Körper eine andere geworden und bildet mit der ersten einen Winkel, den sog. Drehungswinkel.

Eine Drehung der Polarisationsebene wird von festen und flüssigen Körpern, die einen besonderen Aufbau, eine eigenartige Konfiguration besitzen, bewirkt. Es sind dies einmal die Krystalle, welche in enantiomorphen Formen zu krystallisiren vermögen, als feste Körper, dann aber auch sämmtliche organischen Verbindungen, die ein asymmetrisches Kohlenstoffatom, d. h. ein Kohlenstoffatom mit vier verschiedenen Substituenten besitzen, als flüssige Körper oder in Lösung. An letztere schliessen sich dann noch entsprechende Stickstoff-, Zinn- und Schwefelverbindungen. (Vgl. Bd. I S. 29.)

Optisch aktive Krystalle.

Optische Aktivität findet man speciell bei den Krystallen, welche in enantiomorphen Formen vorkommen. Enantiomorphe Formen zeigen asymmetrisch konstruirte Krystalle, welche gewisse Flächen an entgegengesetzten Theilen haben, derart, dass die eine Form das Spiegelbild der andern ist. Derartige Krystallformen haben wir z. B. beim Quarz. Es ergiebt sich, dass die eine Krystallform die Polarisationsebene des Lichtes immer nach rechts dreht, die andere nach links.

Auch bei den Krystallen der ein asymmetrisches Kohlenstoffatom enthaltenden organischen Verbindungen kommen die enantiomorphen Formen vor.

Pasteur hatte die Annahme gemacht, dass alle optisch aktiven Körper in enantiomorphen Formen krystallisirten. P. Walden[1]) glaubt jedoch, dass dies nicht richtig ist. Zwar ist die Möglichkeit nicht ausgeschlossen, dass sich bei genauer Untersuchung die Enantiomorphie an einzelnen Körpern dieser Klasse nachweisen lässt, bei denen dies bisher nicht beobachtet wurde; indessen haben die eingehendsten Bearbeitungen von Strüver, Hintze, Beyer, Pope, Haushofer u. a. für gewisse aktive Körper zweifellos die Abwesenheit der sich nicht deckenden Hemiëdrie erwiesen. Demgegenüber hebt H. Traube[2]) hervor, dass in allen den Fällen, in welchen eine vollständige Bestimmung der krystallographischen Symmetrie ausgeführt werden konnte, der Pasteur'sche Satz über die Krystallform optisch aktiver Substanzen durchaus bestätigt worden ist. Bei den von Walden hingegen angeführten Fällen, wo dies, wie z. B. beim Patchoulikampher vorkommt, liess sich der Symmetriecharakter gar nicht bestimmen.

1) P. Walden, Ber. 29, 1692, 1896; 30, 98, 1897.
2) H. Traube, Ber. 29, 2446, 1896; 30, 288, 1897.

Weiterhin ist aber auch nachgewiesen, dass Körper, welche im festen Zustande eine Drehung der Polarisationsebene bewirken, dies durchaus nicht im flüssigen oder gelösten Zustande zu thun brauchen. So haben die Versuche von H. Landolt[1]) ergeben, dass die Körnchen von Natriumchlorat bei einem Durchmesser von 0,004 mm bis 0,012 mm in einer Flüssigkeit von gleicher Brechbarkeit suspendirt, noch vollständig diejenige Polarisation zeigen, wie auch in gröberem Zustande. In Lösung ist das Natriumchlorat vollständig inaktiv, ebenso auch wenn es durch Alkohol aus wässeriger Lösung in Würfelform gefällt wird. Werden hingegen den gesättigten Lösungen allmälig kleine Portionen Alkohol zugesetzt, so bildeten sich aktive Niederschläge, die sowohl Links — wie Rechts — Salz enthalten konnten.

Somit beruht also die optische Aktivität der enantiomorphen Krystalle und der Verbindungen mit asymmetrischem Kohlenstoffatom auf zwei ganz verschiedenen Ursachen. Bei den Krystallen ist es die verschiedenartige Anordnung der einzelnen Theilchen in dem Krystall, welche dies verursacht.

Reusch[2]) vermochte durch schraubenförmiges Uebereinanderlagern von nicht cirkular-polarisirenden Glimmerplättchen ein optisch aktives System darzustellen. In ähnlicher Weise kann man sich auch die Cirkularpolarisation der Moleküle entstanden denken.

Asymmetrisches Kohlenstoffatom und optische Aktivität.

Die optische Aktivität tritt bei einer sehr grossen Zahl fast ausschliesslich zu den Kohlenstoffverbindungen gehöriger Körper auf, wenn dieselben im flüssigen oder gelösten Zustande sich befinden. Diese Art der optischen Aktivität ist bedingt durch den Aufbau der einzelnen Moleküle. Man bezeichnet sie daher auch als molekulare Drehung.

Nur solche Körper besitzen die Eigenschaft, die Polarisationsebene des Lichtes zu drehen, welche ein asymmetrisches Kohlenstoff-, Stickstoff-, Zinn- oder Schwefelatom enthalten, d. h. ein solches derartiges Atom dieser Elemente, an dem vier verschiedenartige Substituenten vorhanden sind (vgl. Bd. I, S. 29, 38, 41).

Hierbei hat man es je nach Umständen mit einer die Polarisationsebene des Lichtes rechtsdrehenden = d-Form (von dexterogyr) oder einer dieselbe nach der entgegengesetzten Richtung drehenden Links = l-Form (von laevogyr) zu thun.

Hat man ein aus gleichen Theilen der d- und l-Form bestehendes Gemisch, so wird die Polarisationsebene des Lichtes nicht mehr gedreht,

---

1) H. Landolt, Sitzber. Berl. Akad. Wiss. 1896, 785.
2) Reusch, Pogg. Ann. 138, 628.

indem sich die Wirkung der beiden aktiven Formen aufhebt. Man hat auf diese Weise eine inaktive, sogenannte racemische Form erhalten, wie sie z. B. in der Traubensäure vorliegt, welche aus gleichen Theilen d- und l-Weinsäure besteht. Aus einer derartigen racemischen Verbindung kann durch bestimmte Mittel, sei es durch Krystallauslese der enantiomorphen Formen, sei es durch die auswählende Wirkung der Enzyme oder durch Krystallisation von Salzen, die aus optisch aktiver Base und Säure bestehen, wieder die eine oder andere Form erhalten werden.

Ausserdem ist aber noch bei Verbindungen mit zwei oder einem vielfachen von zwei asymmetrischen Kohlenstoffatomen die Möglichkeit gegeben, dass bei gleichen Substituenten die des einen asymmetrischen Kohlenstoffatoms in entgegengesetzter Reihenfolge angeordnet sind, wie beim andern. Derartige Verbindungen sind aus gleichem Grunde wie die racemischen Körper optisch inaktiv und im Gegensatze zu der racemischen Form nicht in optisch aktive Formen zerlegbar. Ein Beispiel hierfür bildet die Mesoweinsäure.

Zu den Verbindungen mit asymmetrischem Kohlenstoffatom, also den optisch aktiven Körpern gehören nun hauptsächlich folgende, [1]) wobei $[\alpha]_D$ die specifische Drehung für die Länge einer durchstrahlten Schicht von 1 dm bedeutet, unter Verwendung von Natriumlicht (Linie D), während α_D die direkt beobachtete Drehung ist. Die asymmetrischen Kohlenstoffatome sind durch schrägen Druck ausgezeichnet. c bedeutet die mitunter angegebene Koncentration. (b. J.) vor dem Namen bedeutet, dass beide Isomeren bekannt sind.

A. Verbindungen mit einem asymmetrischen Kohlenstoffatom.

Von den Kohlenwasserstoffen mit asymmetrischem Kohlenstoffatom seien erwähnt: Aethylamyl, Propylamyl, Isobutylamyl, Diamyl, Phenylamyl.

Von Alkoholen sowie den entsprechenden Halogenderivaten sind folgende optisch aktiv:

Butylalkohol, $CH_3\mathit{C}HOHC_2H_5$, $[\alpha]_D = -$,
(b. J.) Amylalkohol, $CH_3(C_2H_5)\mathit{C}HCH_2OH$, $[\alpha]_D = -5^0$,
Amylalkohol, $CH_3\mathit{C}HOHC_3H_7$, $\alpha_D = -8{,}7^0$ für 22 cm,
Amyljodid, $CH_3\mathit{C}HJC_3H_7$, $\alpha_D = +1{,}8^0$ für 22 cm,
Amylchlorid, $CH_3\mathit{C}HClC_3H_7$, $\alpha_D = -0{,}5^0$ für 20 cm,
Hexylalkohol, $C_2H_5CH_3\mathit{C}HCH_2CH_2OH$, $[\alpha]_D = 8^0$,
Hexylalkohol, $CH_3\mathit{C}HOHC_4H_9$, linksdrehend,

---

[1]) Vgl. C. A. Bischoff, Stereochemie, Frankfurt 1894, sowie J. H. van't Hoff, Lagerung der Atome im Raum, S. 10 etc., 2. Aufl. 1894, Braunschweig; H. Landolt, Das optische Drehungsvermögen org. Substanzen, Braunschweig 1898.

Hexylalkohol, $C_2H_5CHOHC_3H_7$, linksdrehend,

Hexylchlorid, $C_2H_5CHClC_3H_7$, linksdrehend,

Hexyljodid, $C_2H_5CHJC_3H_7$, rechtsdrehend,

Propylenglykol, $CH_3CHOHCH_2OH$, $\alpha_D = -5^0$ für 22 cm,

Propylenoxyd, $CH_3CH - CH_2$, $\alpha_D = +1^0$ für 22 cm.

$$CH_3CH \underset{O}{\diagdown \diagup} CH_2$$

Von den **Säuren** und den entsprechenden **Laktiden** und **Amidoverbindungen** sind folgende optisch aktiv:

(b. J.) Aethylidenmilchsäure, $CH_3CHOHCO_2H$, $[\alpha]_D = +3^0$ (c = 7,38),

Laktid, $CH_3CH - CH$, $[\alpha]_D = -86^0$,

Cysteïn, $CH_3CSHNH_2CO_2H$, $[\alpha]_D = -8^0$,

(b. J.) Glycerinsäure, $CH_2OHCHOHCO_2H$, stark wechselnd mit Zeit und Koncentration,

Oxybuttersäure, $CH_3CHOHCH_2CO_2H$, $[\alpha_D] = -21^0$,

(b. J.) Aepfelsäure, $CO_2HCHOHCH_2CO_2H$, stark wechselnd mit der Koncentration $[\alpha]_D = -2,3^0$ (c = 8,4),

$[\alpha]_D = +3.34^0$ (c = 70),

(b. J.) Brombernsteinsäure, $CO_2HCHBrCH_2CO_2H$, $[\alpha]^{21}_D = +20^0$ (c = 3,2 bis 16),

(b. J.) Methoxybernsteinsäure, $CO_2HCH(OCH_3)CH_2CO_2H$, $[\alpha]^{18}_D = 33^0$ (c = 5,5 bis 10,8),

Aethoxybernsteinsäure, $CO_2HCH(OC_2H_5)CH_2CO_2H$, $[\alpha]^{18}_D = 33^0$ (c = 5,6 bis 11,2),

(b. J.) Asparaginsäure, $CO_2HCHNH_2CH_2CO_2H$, $[\alpha]_D = -4^0$ bis -5^0 (Wasser gel.),

Malamid, $CONH_2CHOHCH_2CONH_2$, —

(b. J.) Asparagin, $CO_2HCHNH_2CH_2CONH_2$, $[\alpha]_D = -8^0$ bis -5^0,

(b. J.) Uramidosuccinamid, $CO_2HCHNH(CONH_2)CH_2CONH_2$, —

(b. J.) Valeriansäure, $CH_3(C_2H_5)CHCO_2H$, $[\alpha]_D = +14^0$,

Oxyglutarsäure, $CO_2HCHOHC_2H_4CO_2H$, $[\alpha]_D = -2^0$ (Wasser gel.),

(b. J.) Glutaminsäure, $CO_2HCHNH_2C_2H_4CO_2H$, $[\alpha]_D = +35^0$ (verd. HNO_3),

Hexylsäure, $C_2H_5(CH_3)CHCH_2CO_2H$, $[\alpha]_D = +9^0$,

(b. J.) Leucin, $(CH_3)_2CHCH_2CHNH_2CO_2H$, $[\alpha]_D = +18^0$ (HCl-Lösung),

(b. J.) Mandelsäure, $C_6H_5CHOHCO_2H$, $[\alpha]_D = \pm 156^0$,

(b. J.) Tropasäure, $C_6H_5CH(CH_2OH)CO_2H$, $[\alpha]_D = 71^0$ (Wasser gel.),

Phenylcystin, $CH_3C(SC_6H_5)NH_2CO_2H$, $[\alpha]_D = -4^0$,

Bromphenylcystin, $CH_3C(SC_6H_4Br)NH_2CO_2H$, —

Phenylbrommerkaptursäure, $CH_3C(SC_6H_4Br)NH(COCH_3)CO_2H$, $[\alpha]_D = -7^0$,

Phenylamidopropionsäure, $C_6H_5CH_2\,CHNH_2CO_2H$,   —

Tyrosin, $C_6H_4OHCH_2\,CHNH_2,CO_2H$, $[\alpha]_D = -8^0$,

(b. J.) Isopropylphenylglykolsäure, $C_3H_7C_6H_4\,CHOHCO_2H$, $[\alpha]_D = 135^0$,

Leucinphtaloylsäure, $C_6H_4(CO_2H)CONH\,CHC_4H_9CO_2H$,   —

Phtalylamidokapronsäure, $C_6H_4(C_2O_2)N\,CHC_4H_9CO_2H$,   —

Von optisch aktiven Basen bezw. Alkaloiden, die zum Theil auch mehr als ein asymmetrisches Kohlenstoffatom besitzen, seien folgende erwähnt:

(b. J.) Tetrahydronaphtylendiamin, $[\alpha]_D = -7^0$ und $+8^0$,

b. J.) α-Pipekolin $= \alpha$-Methylpiperidin, $[\alpha]_D = 35^0$,

b. J.) α-Aethylpiperidin, $[\alpha]_D = 7^0$,

(b. J.) Koniin $= \alpha$-Propylpiperidin, $[\alpha]_D = 14^0$,

Nikotin, $\alpha]_D = -161^0$,

Akonitin, $C_{33}H_{45}NO_{12}$, $[\alpha]^{23}_D = +11{,}01^0$ (p = 3,726),

Akonin, $C_{26}H_{41}NO_{11}$, $]\alpha]^{15}_D = +23^0$ (p = 3,534),

Argininchlorhydrat, $C_6H_{14}N_4O_2$, HCl, $[\alpha]^{19}_D = 33{,}1^0$ (c = 8),

Atropin, $C_{17}H_{23}NO_3$, $[\alpha]^{15}_D = -0{,}4^0$ (abs. Alkohol),

Skopolamin, $C_{17}H_{21}NO_4 + H_2O$, $]\alpha]^{15}_D = -13{,}7^0$ (abs. Alkohol),

Hyoscyamin, $C_{17}H_{23}NO_3$, $[\alpha]^{20}_D = -21{,}60^0$ (abs. Alkohol),

Hydrastin, $C_{21}H_{21}NO_6$, $[\alpha]^{17}_D = -67{,}8^0$ (c = 2,552) (Chloroform),

Kupreïn, $C_{19}H_{22}N_2O_2 + 2\,H_2O$, $[\alpha]^{17}_D = -175{,}4$ (abs. Alkohol),

Chinin, $C_{19}H_{21}N_2OOCH_3 + 3\,H_2O$, $[\alpha]^{15}_D = -145{,}2 + 0{,}657\,c$ (97 Vol. $^0/_0$ Alkohol),

Apochinin, $C_{19}H_{22}N_2O_2 + 2\,H_2O$, $[\alpha]^{15}_D = -178{,}1$ (97 Vol. $^0/_0$ Alkohol),

Konchinin, (Chinidin), $C_{20}H_{24}N_2O_2$, $[\alpha]^{17}_D = +255{,}4$ (absol. Alkohol),

Cinchonin, $C_{19}H_{22}N_2O$, $[\alpha]^{17}_D = +223{,}3^0$ (abs. Alkohol),

d-Ekgonin, (Chlorhydrat), $C_9H_{15}NO_3$, HCl, $[\alpha]_D = +18,2^0$ (Wasser),
l-Ekgonin, (Chlorhydrat), $C_9H_{15}NO_3$, HCl, $[\alpha]_D = -57^0$ (Wasser),
Kodeïn, $C_{17}H_{17}(OCH_3)(OH)NO$, $[\alpha]^{20}_D = -134,3^0$ (abs. Alkohol),
Morphin, $C_{17}H_{17}(OH)_2NO$, $[\alpha]^{20}_D = -140,5^0$ (abs. Alkohol),
Strychnin, $C_{21}H_{12}N_2O_2$, $[\alpha]^{20}_D = -114,7^0$ (c $= 0,25$) (Alkohol,
  d $= 0,8543$),
Brucin, $C_{23}H_{26}N_2O_4$, $]\alpha]^{20}_D = -80,1$ (c $= 2,129$) (abs. Alkohol).

Von den optisch aktiven **Terpenen** und **Kampher** führe ich
folgende an:

(b. J.) Limonen,   [Strukturformel], $[\alpha]_D = \pm\,105^0$,

(b. J.) Karvol,   [Strukturformel], $[\alpha]_D = \pm\,62^0$,

(b. J.) Kampher,   [Strukturformel], $[\alpha]_D = \pm\,55,4^0$,

d-Kampher [1]), $C_{10}H_{16}O$,
  für Essigsäurelösung, $[\alpha]^{20^0}_D = 55,49 - 0,3172$ q,
  für Essigäther, $[\alpha]^{20^0}_D = 55,15 - 0,04383$ q,
  für Benzol, $[\alpha]^{20^0}_D = 55,21 - 0,1630$ q,
  für Methylalkohol, $[\alpha]^{20^0}_D = 56,15 - 0,1749$ q $+ 0,0006617$ q²,
  für Aethylalkohol, $[\alpha]^{20^0}_D = 54,38 - 0,1614$ q $+ 0,000369$ q²,

d-Pinen,   [Strukturformel], $[\alpha]_D = +45,04^0$,

l-Pinen,   „   „ $[\alpha]_D = -44,95^0$.

---

1) H. Landolt, Liebig's Ann. **189**, 333.

B. Weitere Verbindungen mit mehreren asymmetrischen Kohlenstoffatomen[1]).

Sehr komplicirt liegen die Verhältnisse bei der Weinsäure, bei welcher Temperatur und Zusatz von andern Körpern einen sehr grossen Einfluss auf die Grösse der Drehung ausüben, wozu auch noch das Auftreten der Multirotation kommt.

(b. J.) Arabinose, $COH(CHOH)_3CH_2OH$, $[\alpha]^{20}{}_D = \pm\,104{,}55^{\,0\,(1)}$ (in 1 %
        Ammoniaklösung),

Rhamnose, (Isodulcit), $CH_3(CHOH)_4CHO + H_2O$, $[\alpha]^{17}{}_D = 8{,}48$
        bis 8,65 ⁰ (in 1 %/o Ammoniaklösung),

Xylose,
$$HOH_2C - \underset{\underset{\textstyle OH}{|}}{\overset{\overset{\textstyle H}{|}}{C}} - \underset{\underset{\textstyle H}{|}}{\overset{\overset{\textstyle OH}{|}}{C}} - \underset{\underset{\textstyle OH}{|}}{\overset{\overset{\textstyle H}{|}}{C}} \rightharpoonup COH,$$
$[\alpha]^{15-20^0}{}_D = 19{,}22^{\,0}$ (in 1 %/o Ammoniaklösung),

Quercit,
$$CH_2\Big\langle{CHOH - CHOH \atop CHOH - CHOH}\Big\rangle CHOH,$$
$[\alpha]^{16}{}_D = +\,24{,}16^{\,0}$ $(+\,33{,}5^{\,0})$,

l-Chinasäure,
$$\frac{HO}{H}{>}C\Big\langle{C - C \atop C - C}\Big\rangle C{<}\!\!{COOH \atop OH},$$
$[\alpha]^{15}{}_D = -\,44{,}5^{\,0}$,

d-Glukose = Dextrose,
$$HOH_2C - \underset{\underset{\textstyle OH}{|}}{\overset{\overset{\textstyle H}{|}}{C}} - \underset{\underset{\textstyle OH}{|}}{\overset{\overset{\textstyle H}{|}}{C}} - \underset{\underset{\textstyle H}{|}}{\overset{\overset{\textstyle OH}{|}}{C}} - \underset{\underset{\textstyle OH}{|}}{\overset{\overset{\textstyle H}{|}}{C}} - CHO,$$

$[\alpha]_D{}^{(0-100^0\,2)} = 52{,}50^{\,0} + 0{,}018796\ p + 0{,}00051683\ p^2$ (p = Zuckergehalt),

l-Glukose,
$$HOH_2C - \underset{\underset{\textstyle H}{|}}{\overset{\overset{\textstyle OH}{|}}{C}} - \underset{\underset{\textstyle H}{|}}{\overset{\overset{\textstyle OH}{|}}{C}} - \underset{\underset{\textstyle OH}{|}}{\overset{\overset{\textstyle H}{|}}{C}} - \underset{\underset{\textstyle H}{|}}{\overset{\overset{\textstyle OH}{|}}{C}} - CHO,$$
$[\alpha]_D = 51{,}4^{\,0}$, (beob.)

Glukuronsäure, $COOH(CHOH)_4COH$, $]\alpha]^{13-20^0}{}_D = +\,19{,}1^{\,0}$,

---

1) Die mit (1) bezeichneten Verbindungen zeigen Multirotation; jedoch ist nach Schulze u. Tollens (Liebig's Ann. **271**, 51, 1892) der Endwerth in 0,1 %/o Ammoniaklösung in wenigen Minuten erreicht.

2) B. Tollens, Ber. **9**, 1531, 1876; **17**, 2234, 1884; E. v. Lippmann, Ber. **13**, 1815, 1880.

d-Mannit, $HOH_2C(CHOH)_4CH_2OH$, in wässeriger Lösung inaktiv oder sehr schwach linksdrehend,

$$\text{d-Mannose, } HOH_2C - \overset{\overset{\displaystyle H}{|}}{C} - \overset{\overset{\displaystyle H}{|}}{C} - \overset{\overset{\displaystyle OH}{|}}{C} - \overset{\overset{\displaystyle OH}{|}}{C} - CHO, \quad [\alpha]^{20}_D = + 3{,}1^0,$$

(OH, OH, H, H)

$$\text{l-Mannose, } HOH_2C - \overset{\overset{\displaystyle OH}{|}}{C} - \overset{\overset{\displaystyle OH}{|}}{C} - \overset{\overset{\displaystyle H}{|}}{C} - \overset{\overset{\displaystyle H}{|}}{C} - CHO, \quad \text{linksdrehend,}$$

(H, H, OH, OH)

d-Galaktose, $HOH_2C(CHOH)_4CHO$, $\quad [\alpha]^{20}_D = + 78{,}5^0$
$$(0{,}1\ ^0/_0\ NH_3),$$

l-Galaktose, „ „ „ $[\alpha]_D = - 74{,}7$
$$\text{bis } - 73{,}6^0,$$

$$\begin{matrix} \text{d-Fruktose,} \\ = \text{Lävulose,} \end{matrix} \Bigr\} \quad HOH_2C - \overset{\overset{\displaystyle H}{|}}{C} - \overset{\overset{\displaystyle H}{|}}{C} - \overset{\overset{\displaystyle OH}{|}}{C} - CO - CH_2OH,$$

(OH, OH, H)

$$[\alpha]^{20}_D = - 90{,}65\ (0{,}1\ ^0/_0\ NH_3) = - (91{,}90 + 0{,}111\ p)^1)$$

$$\begin{matrix} \text{l-Fruktose} \\ \text{l-Lävulose,} \end{matrix} \Bigr\} \quad HOH_2C - \overset{\overset{\displaystyle OH}{|}}{C} - \overset{\overset{\displaystyle OH}{|}}{C} - \overset{\overset{\displaystyle H}{|}}{C} - COCH_2OH,$$

(H, H, OH)

starke Rechtsdrehung,

Sorbose[2]), $HOH_2C(CHOH)_3COCH_2OH$, $\quad [\alpha]^{20}_D = - (42{,}65 + 0{,}0047\ p + 0{,}00007\ p^2)^0$,

d-Sorbit, $HOH_2C(CHOH)_4CH_2OH$, $\quad [\alpha]_D = - 1{,}73^0$,

l-Sorbit, „ „ „ „ „

$$\text{d-Zuckersäure, } HOOC - \overset{\overset{\displaystyle H}{|}}{C} - \overset{\overset{\displaystyle H}{|}}{C} - \overset{\overset{\displaystyle OH}{|}}{C} - \overset{\overset{\displaystyle H}{|}}{C} - COOH,$$

(OH, OH, H, OH)

geht in wässeriger Lösung allmälig (2 Monate) ins Lakton $C_6H_8O_7$ über, $\quad [\alpha]_D = + 22{,}5^0$,

---

1) H. Ost, Ber. **24**, 1636, 1891; A. Wohl, Ber. **23**, 2090, 1890.
2) B. Tollens, Ber. **10**, 1410, 1877; Ber. **17**, 1757, 1884.

Dulcit, $HOH_2CC(OH)_2 . CH_2(CHOH)_2CH_2OH$, inaktiv,

$$\text{d-Inosit, } HOHC \underset{\underset{HOH\quad HOH}{\diagdown C - C \diagup}}{\overset{\overset{HOH\quad HOH}{\diagup C - C \diagdown}}{}} CHOH, \quad [\alpha]_D = + 65^0,$$

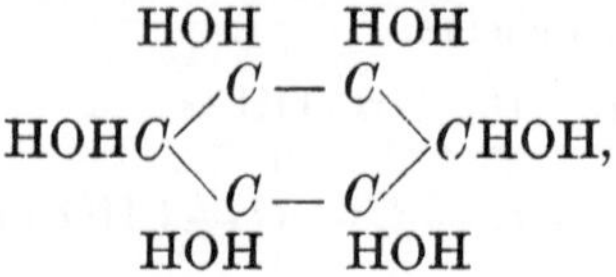

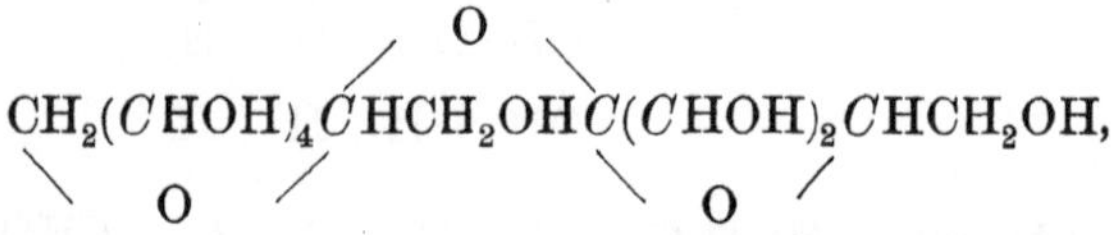

Rohrzucker, $CH_2(CHOH)_4 \overset{\diagup O \diagdown}{C} HCH_2OH \overset{\diagdown O \diagup}{C}(CHOH)_2CHCH_2OH$,

$[\alpha]^{20^\circ}{}_D = 66,3860 + 0,015035 \, p - 0,0003986 \, p^2 \, (p = {}^0/_0 \text{ Zucker } [1])$

„ $= 63,9035 + 0,0646859 \, q - 0,0003986 \, q^2 \, (q = {}^0/_0 \text{ Wasser})$

„ $= 66,386.$

Invertzucker [2] $= 1$ Thl. Glukose $+ 1$ Thl. Fruktose

$[\alpha]_D = 27,190 - 0,004995 \, p + 0,003291 \, p^2$

„ $= 50,602 - 0,483385 \, q + 0,002391 \, q^2$

„ $= 50,602.$

Maltose, $C_{12}H_{22}O_{11} + H_2O$ (für Hydrat), $[\alpha]^{20}{}_D = + 130^0$,

Raffinose, $C_{18}H_{32}O_{16} + 5\,H_2O$, $[\alpha]^{20}{}_D = + 104,5^0$,

Glykogen, $6\,(C_6H_{10}O_5) + H_2O$, $[\alpha]^{20}{}_D = + 196,33^0$ $(200,2^0)$,

Milchzucker,

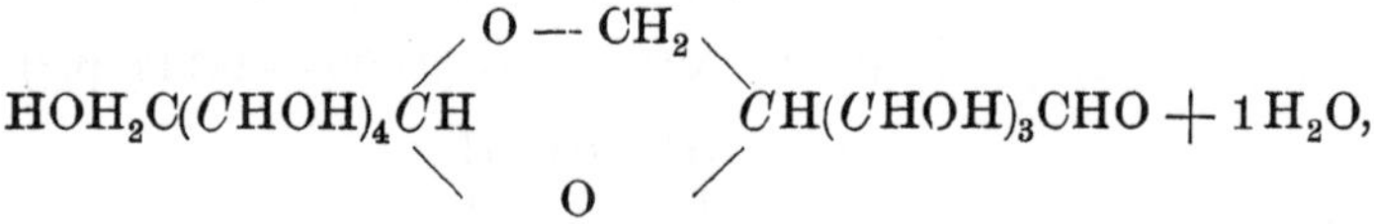

$$HOH_2C(CHOH)_4\overset{\overset{\overset{O - CH_2}{\diagup \qquad \diagdown}}{}}{C} H \qquad CH(CHOH)_3CHO + 1\,H_2O,$$

$[\alpha]_D = + 52,53^0.$

In den vorstehenden Angaben bedeutet

p Procente an gelöster Substanz,

q Procente an Lösungsmittel.

Wie schon erwähnt wurde, erhält man durch Mischen von gleichen Theilen der rechtsdrehenden und der linksdrehenden Form, eine der Traubensäure entsprechende inaktive Form, die sog. racemische Form [3]).

Dieselbe lässt sich wieder in ihre Einzelbestandtheile zerlegen bezw. einer der Bestandtheile lässt sich aus der racemischen Form wiedergewinnen. Die hierzu verwendbaren Methoden sind:

a) Spaltung durch Vereinigung mit aktiven Verbindungen, wie die Bildung der Salze — der Traubensäure mit dem aktiven Cinchonin, der Milchsäure mit Strychnin, oder des Koniïns, α-Pipekolins u. s. w. mit der d-Weinsäure.

[1]) R. H. Smith u. B. Tollens, Ber. **33**, 1285, 1900.

[2]) Burkhard, Chem. Ztg. **9**, 661, 1885.

[3]) H. Landolt, Liebig's Ann. **189**, 333.

b) Spaltung durch Organismen, welche vielfach eine auswählende Kraft besitzen. So verzehrt Penicillium gl. d-Weinsäure, l-Amylalkohol und von der isomeren Form den d-Amylalkohol, die d-Milchsäure, d-Leucin etc.

c) Spaltung durch Erniedrigung der Temperatur bis auf den Umwandlungspunkt, bei welchem das Racemat in seine Komponenten zerlegt wird. Es entstehen bei gewöhnlicher Temperatur hauptsächlich beide Tartrate bei Natrium-Ammoniumsalzen, während bei höherer Temperatur das Racemat sich bildet. Bei der Bildung des Racemats findet eine Ausdehnung statt, wodurch der Eintritt des Phänomens genau festgestellt werden kann. Man wendet also die der Bildung der Tartrate günstige Temperatur an und trennt die Krystalle durch Auslesen der enantiomorphen Formen. Verwendbar für Traubensäure, Milchsäure, Asparagin und das Lakton der Gulonsäure.

Der der inaktiven Mesoweinsäure entsprechende Typus der nichtspaltbaren Form tritt ausserdem noch auf bei

$$\text{Dulcit, } CH_2OH.C(OH)_2.CH_2.(CHOH)_2, CH_2OH,$$
$$\text{Erythrit, } CH_2OH(CHOH)_2CH_2OH,$$
$$\text{Schleimsäure, } COOH(CHOH)_2COOH.$$

Besonders bemerkenswerth ist das Verhalten der Trioxyglutarsäure[1]), $COOH(CHOH)_3COOH$, bei der das mittlere Kohlenstoffatom nicht mehr als asymmetrisch angesehen werden kann. Ueben die beiden andern infolge der Anordnung der Substituenten den entgegengesetzten Einfluss aus, so hebt sich dies auf, und die betreffende Verbindung ist optisch inaktiv, wie dies in der That bei der Trioxyglutarsäure der Fall ist, sowie den entsprechenden Alkoholen, z. B. Aldonit,

$$CH_2OH - \overset{\overset{\displaystyle H}{|}}{\underset{\underset{\displaystyle OH}{|}}{C}} - \overset{\overset{\displaystyle H}{|}}{\underset{\underset{\displaystyle OH}{|}}{C}} - \overset{\overset{\displaystyle H}{|}}{\underset{\underset{\displaystyle OH}{|}}{C}} - CH_2OH.$$

Nach P. Walden[2]) lassen sich die Hydroxylirungsmittel je nach ihrer Wirkung auf l-Chlor- und l-Brombernsteinsäure als normale oder anormale unterscheiden, je nachdem sie l-Aepfelsäure oder d-Aepfelsäure entstehen lassen.

Zu den normal wirkenden Hydroxylirungsmitteln gehören die basischen Oxyde und Hydroxyde des Lithiums, Natriums, Kaliums, Rubidiums, Ammoniums, Baryums, Kupfers, Kadmiums, Bleis, Zinns.

Zu den anormal wirkenden Hydroxylirungsmitteln gehören Wasser, Silberoxyd, Quecksilberoxyd und -oxydul, Thallium und Palladiumoxydulhydrat.

---

1) E. Fischer, Ber. 24. 1839, 1891.
2) P. Walden, Ber. 26, 213, 1893; 28, 2189, 1895; 29, 133, 1896; 30, 3147, 1897; 32, 1833, 1899, 1855.

Derartige verschiedene Wirkungsart zeigen auch die Cyanide, Nitrite, Cyanate, Sulfite des Kaliums gegenüber denen des Silbers; dann wirkt auch Silberoxyd in stereochemischer Hinsicht anders als Kalium- und Baryumhydroxyd[1]).

Walden hat dann auch zeigen können, dass die Wirkung derjenigen Basen, deren typischer Repräsentant das Kalihydrat ist, als Ionenreaktion anzusehen ist, also einfach verläuft, die der andern Gruppe dagegen als Resultat von Additions- und Umgruppirungsprocessen erscheint.

Gegenseitige Umwandlung optischer Antipoden.

Ueber die gegenseitige Umwandlung optischer Antipoden hat P. Walden[2]) verschiedene Arbeiten veröffentlicht. Es gelang ihm, aus ein und demselben aktiven Halogenderivat, durch den gleichen Substitutionsvorgang, nämlich direkten Ersatz des Halogens durch die Hydroxylgruppe, und durch ganz analog gebaute Agentien, nämlich Silberoxyd und -Karbonat sowie Kalihydrat, ohne die Bildung von Zwischenprodukten, sowohl das rechts- als auch das linksdrehende Hydroxylderivat zu gewinnen.

Während nun in chemischer Hinsicht die Wirkung des Silberoxyds (Silberkarbonats) identisch mit der des Kalihydrats ist, indem in beiden Fällen ein Ersatz des Halogens durch Hydroxyl stattfindet, ist diese Wirkung dagegen gerade entgegengesetzt in Bezug auf das nachherige polarimetrische Verhalten der resultirenden Aepfelsäure, indem bei der Einwirkung von Silberoxyd die Drehungsrichtung der Halogensäure durch Ersatz des Halogens durch Hydroxyl nicht geändert wird, dagegen aber durch Alkali.

Nachstehendes Schema giebt die betreffenden Umwandlungen wieder:

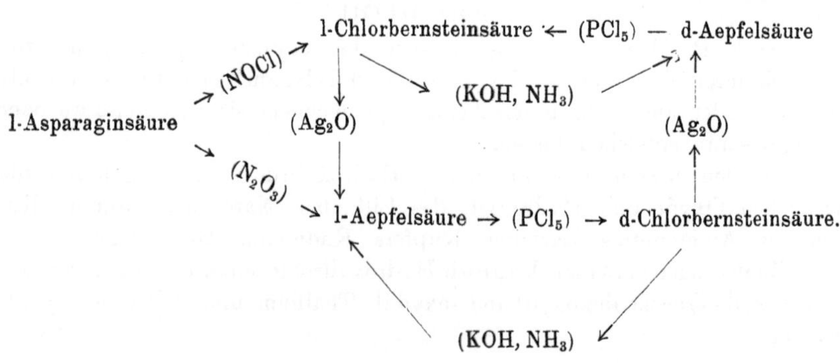

---

1) Albitzky, Journ. d. russ. physik. chem. Ges. **31**, 99.
2) P. Walden, Ber. **29**, 133, 1896; **30**, 2795 u. 3146, 1897.

Optisches Drehungsvermögen und chemische Zusammen-
setzung.

Ph. Guye[1]) suchte quantitative Beziehungen zwischen dem optischen
Drehungsvermögen organischer Verbindungen und der Zusammensetzung
der betreffenden asymmetrischen Moleküle aufzufinden. Er drückte den
Asymmetriegrad des Moleküls durch eine besondere Massenfunktion aus,
das sog. Asymmetrieprodukt und zeigte, dass das ihm zu der betreffenden
Zeit zu Gebote stehende Beobachtungsmaterial eine ziemlich vollständige
Uebereinstimmung zwischen Theorie und Beobachtungsmaterial ergab.
Sogar die zuerst von Frankland und Mac Gregor[2]) gemachte Be-
obachtung in betreff des Auftretens eines Maximums und des nachträg-
lichen Sinkens des Drehungsvernrögens in homologen Reihen konnte
Guye erklären.

Auch Crum-Brown[3]) hat zu gleicher Zeit wie Guye auf derartige Beziehungen aufmerksam gemacht.

Durch die Untersuchungen von Frankland und Mac Gregor,
Purdie und Walker, Walden, Binz, Goldschmidt[4]) u. s. w. wurde
nachgewiesen, dass die Guye'sche Theorie nicht aufrecht erhalten werden
kann, so dass ihr Begründer selbst zugiebt, seine Theorie sei nur für
streng homologe Reihen als giltig zu betrachten.

Neuerdings machte L. Tschúgaeff[5]) darauf aufmerksam, dass es
viel mehr angebracht sein würde, anstatt Vergleiche mit dem specifischen
Drehungsvermögen anzustellen, die Molekularrotation als Vergleichs-
objekt anzusehen. Seine Untersuchungen erstreckten sich auf Menthol-
und Borneolester. Auch konnte er das von Guye und Chavanne[6])
gebrachte Beobachtungsmaterial über die Ester des optisch aktiven Amylalkohols benutzen, sowie über die von Binz studirten Derivate des l-Menthyl-
esters, die Ester der optisch aktiven Valeriansäure von Guye und Chavanne, die Ester der Weinsäure nach Pictet[7]) und Freundler, die
der Glycerinsäure nach Frankland und die gemischten Aether des optisch
aktiven Amylalkohols nach Guye und Chavanne.

---

1) Ph. Guye, Arch. Sc. Phys. Akad. (3), **26**, 1891; Bull. Soc. Ch. (3), **15**.

2) Frankland u. Mac Gregor, Journ. Chem. Soc. **1893**, 511, 1410, 1419,
1894, 750.

3) Crum-Brown, Proc. Roy. Soc. Edinburgh **1890**, 181.

4) Purdie u. Walker, Journ. d. Soc. 957, 1895; Walden, Zeitschr. physik.
Ch. **15**, 638, **17**, 245, 705; Binz, Inaug. Dissert. Göttingen 1893; Goldschmidt
u. Freundt, Zeitschr. physik. Ch. **14**, 394; Frankland u. Wharton, Journ.
Chem. Soc. 1309, 1896; Ph. Guye u. Guerghorine, Compt. rend. 1897; Freund·
ler, Thèse, Paris 1894.

5) L. Tschúgaeff, Ber. **31**, 360, 1775, 2451, 1898.

6) Guye u. Chavanne, **116**, 1454, 1893; **119**, 906, 1894; **120**, 452, 1895.

7) A. Pictet, Diss. Genève 1881.

Aus diesen Untersuchungen ergiebt sich, dass die Molekular-rotation je nach der Natur des optisch aktiven Radikals in gewissen Punkten der homologen Reihen einen Grenz-werth erreicht. Derselbe liegt für die Ester des Amylalkohols und des Menthols im Anfang der Molekularrotationskurven; für die Ester der Weinsäure und Glycerinsäure fällt er dagegen mit einem der letzten Glieder der entsprechenden Reihen zusammen. Bei andern liegt er ausserhalb des durchforschten Gebietes.

Es scheint diese Gesetzmässigkeit wenigstens annähernde Giltigkeit beanspruchen zu können. Nachstehend seien einige Beispiele gegeben:

I. Menthylester.

Substanz.	$[\alpha]_D$	$[M]_D$	$d\,{}^{20}/_4$	Sdp.15 mm (i. D).
Menthol,	— 50,0 °	— 78,0	—	—
Ameisensäureester,	— 79,52	— 146,3	0,9359	98 °
Essigsäureester,	— 79,42	— 157,3	0,9158	108
Propionsäureester,	— 75,51	— 160,2	0,9184	118
n-Buttersäureester,	— 69,52	— 156,9	0,9114	129
n-Valeriansäureester,	— 65,55	— 157,3	0,9074	141
n-Kapronsäureester,	— 62,07	— 157,7	0,9033	153
n-Heptylsäureester,	— 58,85	— 157,7	0,9006	165
n-Kaprilsäureester,	— 55,25	— 155,8	0,8977	175
		— 157,8		

II. Ester des l-Amylalkohols. [1])

	$[\alpha]_D$	$[M]_D$
l-Amylalkohol,	— 4,5 °	— 3,96
Ameisensäureester,	— 2,01	— 2,33
Essigsäureester,	— 2,53	— 3,29
Propionsäureester,	— 2,77	— 3,99
Buttersäureester,	— 2,69	— 4,25
Valeriansäureester,	— 2,52	— 4,33
Kapronsäureester,	— 2,40	— 4,46
Heptylsäureester,	— 2,21	— 4,42
Kaprylsäureester,	— 2,10	— 4,49
Nonylsäureester,	— 1,95	— 4,45
Laurinsäureester,	— 1,56	— 4,21
Palmitinsäureester,	— 1,28	— 4,17
Stearinsäureester,	— 1,27	— 4,49
		— 4,33.

---

[1]) Der Arbeit von Guye u. Chavanne, Compt. rend. **119**, 906, 1894 ent-nommenen.

Von weiteren Beispielen seien noch folgende erwähnt:

Ester der optisch aktiven Valeriansäure.

	$[\alpha]_D$	$[M]_D$
Valeriansäure,	$+$ 13,64^0	13,9
Methylester,	$+$ 16,83	19,5
Aethylester,	$+$ 13,44	17,8
Propylester,	$+$ 11,68	16,8
n-Butylester,	$+$ 10,60	16,7

Gemischte Aether des aktiven Amylalkohols.

	$[\alpha]_D$	$[M]_D$
Amylalkhohol,	$-$ 4,5^0	$-$ 3,96
Methyläther,	$+$ 0,39	$-$
Isobutyläther,	$+$ 0,96	$+$ 1,380
Isoamyläther,	$+$ 0,96	$+$ 1,106
Cetyläther	$+$ 0,31	$+$ 0.967

Derivate des l-Menthylamins.

	$[\alpha]_D$	$[M]_D$
Formylamin,	$-$ 83,37^0	$-$ 152,27
Acetylamin,	$-$ 81,81	$-$ 160,84
Propionylamin	$-$ 76,53	$-$ 161,15
n-Butyrylamin	$-$ 72,10	$-$ 161,90

Ester der Diacetylglycerinsäure.

	$[\alpha]_D$	$[M]_D$
Methylester,	$-$ 12,04^0	$-$ 24,56
Aethylester,	$-$ 16,31	$-$ 35,56
n-Propylester,	$-$ 19,47	$-$ 45,17
iso-Butylester,	$-$ 20,48	$-$ 50,38
n-Heptylester	$-$ 16,63	$-$ 47,89
n-Oktylester	$-$ 16,63	$-$ 47,92

Ester der Glycerinsäure.

	$[\alpha]_D$	$[M]_D$
Methylester,	$-$ 4,80^0	$-$ 5,77
Aethylester,	$-$ 9,18	$-$ 12,30
n-Propylester,	$-$ 12,94	$-$ 19,15
n-Butylester,	$-$ 13,19	$-$ 21,37
m-Heptylester,	$-$ 11,30	$-$ 23,05
n-Oktylester,	$-$ 10,22	$-$ 22,28

Ester der Weinsäure.

	$[\alpha]_D$	$[M]_D$
Methylester,	$+$ 2,1^0	$+$ 3,8
Aethylester,	$+$ 7,6	$+$ 15,7
n-Propylester,	$+$ 12,4	$+$ 29,0
n-Butylester,	$+$ 10,3	$+$ 27,0

Ester des l-Borneols.

l-Borneol,	— 39,0 ⁰	— 60,0	—	—
Ameisensäureester,	— 40,46	— 73,6	1,0058	97 ⁰
Essigsäureester,	— 44,40	— 87,0	0,9855	107
Propionsäureester,	— 42,06	— 88,2	0,9717	118
n-Buttersäureester,	— 39,15	— 87,8	0,9611	128
n-Valeriansäureester,	— 37,08	— 88,2	0,9533	139
n-Kaprylsäureester,	— 31,45	— 88,1	0,9343	175

Mittel — 87,9

Zu ähnlichen Ergebnissen gelangte auch H. Crompton [1]).

Aus diesen Untersuchungen, sowie aus den von Binz [2]) gemachten Angaben über die Derivate des l-Menthylamins, den von Guye und Chavanne [3]) über die Ester der optisch aktiven Valeriansäure, den von Pictet [4]) und Freundler [5]) über die Ester der Weinsäure, den von Frankland [6]) über die Ester der Glycerinsäure, sowie den von Guye und Chavanne [7]) über die gemischten Aether des optisch aktiven Amylalkohols geht nun folgender Satz hervor:

Die Molekularrotation in einer homologen Reihe wird von einem bestimmten Gliede jeder Reihe an konstant und verändert sich dann kaum mehr innerhalb weiter Grenzen.

In Bezug auf die Phenylgruppe ergab sich, dass das Maass der steigernden Wirkung, welche der Eintritt der Phenylgruppe auf das Drehungsvermögen einer aktiven Verbindung ausübt, durch die Entfernung dieser Gruppe von dem aktiven Komplex in hohem Maasse bedingt wird. Ist der Benzolkern zu weit von dem aktiven Komplex entfernt, so kann er auch inaktiv werden. Es ergiebt sich aus diesem und dem Verhalten anderer Gruppen weiterhin folgender Satz:

„Je näher ein inaktiver Substituent zu einem asymmetrischen Komplexe sich befindet, desto bedeutender ist seine optische Wirkung. Mit allmäliger Entfernung wird dieselbe stufenweise abgeschwächt, um schliesslich ganz zu verschwinden."

Diese beiden Sätze ergeben mit voller Uebereinstimmung hinsichtlich vieler anderen Verhältnisse auch hier den ausserordentlichen grossen Einfluss der räumlichen Lagerung.

---

1) H. Crompton, Journ. chem. soc. 71, 9⁷6, 1898.

2) Binz, Inaug. Dissert. Göttingen 1883.

3) Guye u. Chavanne, Compt. rend. 116, 1454, 1893.

4) A. Pictet, Dissert. Genf. 1881.

5) Freundler, Thèse Paris 1894.

6) P. Frankland u. Wharton bezw. Mac Gregor, Journ. chem. Soc. 1893, 511, 1410, 1419, 1894, 750, 1896, 1309.

7) Guye u. Chavanne, Compt. rend. 120, 452, 1895.

Crum Brown[1]) wollte für jede an asymmetrischen Kohlenstoffatomen gebundene Gruppe eine Konstante K bestimmen, die in gewisser Abhängigkeit von der Temperatur sein würde. Hierbei wird jedoch die gegenseitige Beeinflussung der Gruppen ganz ausser Acht gelassen.

Guye[2]) ging von der Anschauung aus, dass sich der Asymmetriegrad durch folgende Gleichung wiedergeben liesse

$$P = d_1 d_2 d_3 d_4 d_5 d_6.$$

Die Werthe d_1, d_2 u. s. w. liessen sich ersetzen durch folgende:

$$P = (g_1 - g_2)(g_1 - g_3)(g_1 - g_4)(g_2 - g_3)(g_2 - g_4)(g_3 - g_4),$$

worin also die wechselseitigen Beeinflussungen durch die Differenzen $(g_1 - g_2)(g_1 - g_3)$ u. s. w. wiedergegeben sind.

Nimmt man $g_4 > g_3 > g_2 > g_1$, so müssten bei dem allmäligen Ersatz von g_4 durch immer kleinere Gruppen gewisse Veränderungen eintreten. Dieselben liessen sich bei dem aktiven Amylalkohol durch Ersatz verschiedener Gruppen zahlenmässig verfolgen.

Von Oudemans und Landolt wurde beobachtet, dass die Molekularrotation für Salze aktiver Säuren oder aktiver Basen unabhängig von dem zweiten, nicht aktiven Bestandtheil des Salzes ist. Folgende Beobachtungen beweisen dies:

	mit Li.	Na.	K.	NH_4.	Mg.
Weinsäure,	$+ 38,6^0$	$39,9^0$	$43,0^0$	$42,0^0$	$41,2^0$
Aepfelsäure,	$- 13,9$	$13,1$	$11,5$	$11,2$	—
Glycerinsäure,	$- 22,0$	$19,0$	$22,0$	$21,0$	$22,0$

	mit HCl.	HNO_3.	$C_2H_4O_2$.	H_2SO_4.	$C_2H_2O_4$.	H_3PO_4.
Chinin,	$- 279,0^0$	$284,0^0$	$279,0^0$	$279,0^0$	$272,0^0$	$280,0^0$
Strychnin,	$- 34,7$	$34,4$	$34,0$	$35,0$	$34,4$	$34,4$
Morphin,	$- 128,0$	$128,0$	$129,0$	$128,0$	$128,0$	$128,0$

Stellungsisomerie und Ringbildung[3]) beeinflussen die optische Aktivität stark. So hat die Arabonsäure ein Drehungsvermögen von $- 8,5^0$, während ihr Lakton ein solches von $- 73,9^0$ zeigt.

Konstanz des Drehungsvermögens.

Biot[4]) hatte 1835 auf Grund seiner Versuche über das Drehungsvermögen der wässerigen Lösungen von Rohrzucker sowie ätherischer Lösungen von Terpentinöl folgenden Satz aufgestellt:

„Der Drehungswinkel einer Lösung eines aktiven Körpers in einer inaktiven Flüssigkeit, die keine chemische

---

1) Crum-Brown, Proc. Roy. Soc. Edinb. **17**, 181.
2) Ph. Guye, Thèses Paris. 1891.
3) Vgl. Goldschmidt u. Freund, Zeitschr. physik. Ch. **14**, 394.
4) Biot, Mém. de l'Acad. **13**, 39, 1835.

Wirkung auf ihn ausübt, ist proportional der Gewichtsmenge an aktiver Substanz in der Volumeinheit Lösung.
Somit ist die specifische Drehung eine konstante Grösse.“

Das Biot'sche Gesetz ist jedoch, wie die Untersuchung ergeben
hat, nur von beschränkter Giltigkeit. Vielfach nimmt die specifische
Drehung mit zunehmender Verdünnung zu, so bei Rohrzucker,
der Maltose und der Weinsäure in Wasser. Bei andern zeigen
sich gewisse kleine Schwankungen, die wohl auf Versuchsfehler zurückzuführen sind, so dass hier thatsächlich Konstanz vorhanden ist, wie z. B.
bei krystallwasserhaltigem Milchzucker in Wasser, Rhamnose ebenso,
Parasantonid in Chloroform, Kokaïn in Chloroform. Dagegen giebt
es auch Körper, bei denen die specifische Drehung mit zunehmender Verdünnung abnimmt. Dies gilt z. B. für die
Kamphersäure, die Dextrose, die Laevulose, die Xylose und
die Rhamnose in Wasser, für das Koniin in Alkohol und Benzol etc.

Man hat die Ursache der Aenderung der specifischen Drehung bei
wechselnder Koncentration auf verschiedene Umstände zu beziehen versucht, so bei Elektrolyten auf die Zunahme der elektrolytischen Dissociation, bei andern auf die der hydrolytischen Dissociation, auf Bildung
von Molekülassociationen, auf Hydratbildung u. s. w. Jedenfalls sind
für verschiedene aktive Substanzen auch verschiedene Umstände verantwortlich zu machen, ohne dass es möglich ist, dieselben auf eine einzige
Ursache zurückzuführen.

Vielfach lässt sich die Zu- oder Abnahme der specifischen Drehung,
also die wahre specifische Rotation, mit wechselnder Koncentration
durch eine gerade Linie wiedergeben. Alsdann kann man [α] durch die
Gleichung:

$$\text{I.} \quad [\alpha] = A + Bq$$

ausdrücken, deren Konstanten aus den Versuchen zu berechnen sind, und
wobei q die Procentmengen an inaktivem Lösungsmittel bedeutet. Bei
andern wiederum lässt sich die Abhängigkeit der specifischen Deckung
von q durch eine Kurve wiedergeben, die ein Stück einer Parabel oder
Hyperbel bilden. Man kann alsdann die Gleichungen

$$\text{II.} \quad [\alpha] = A + Bq + Cq^2 \quad \text{oder} \quad [\alpha] = A + \frac{Bq}{C+q}$$

oder eine andere Gleichung mit mehreren Konstanten verwenden.

Hierbei ist A die specifische Rotation der reinen Substanz und die
Werthe für B (Formel I) oder B und C (Formel II) stellen die Zu- oder
Abnahme dar, welche A durch die Einwirkung von 1 $^0/_0$ inaktiven Lösungsmittels erleidet. Ist q = 0, so hat man die specifische Drehung der reinen Substanz.

Die Konstanz der specifischen Drehung wird auch häufig in grösserem
oder geringerem Grade durch Zusatz von sonst auf die Drehung der Ebene

des polarisirten Lichtes nicht wirkenden Stoffen beeinflusst. So wird das Drehungsvermögen des Weinsteins erhöht durch Zusatz von neutralen Kalium- und Ammoniumsalzen, dagegen vermindert durch Natrrumsalze. Eine weitere kurze Besprechung dieser Erscheinung findet später statt.

Ausserdem ist noch eine Erscheinung von ausserordentlicher Wichtigkeit für die Bestimmung der optischen Aktivität und dementsprechend der Gehaltsbestimmung einer Lösung; es ist dies das Auftreten der Birotation oder besser Multirotation, da sich nur bei Traubenzucker die anfängliche Drehung als doppelt so gross erweist wie nachher nach dem Eintreten der Enddrehung. Die Multirotation beruht also darauf, dass bei gewissen Substanzen der Drehungswinkel frisch hergestellter Lösungen sich allmälig vermindert oder auch vermehrt und schliesslich einen konstant bleibenden Werth annimmt. Die Dauer der Zeit, bis zu welcher eine konstante Enddrehung erreicht ist, ist verschieden; meist sind es bei gewöhnlicher Temperatur mehrere Stunden. Die Umwandlung kann durch Temperaturerhöhung, sowie häufig auch durch Zusatz von etwas Ammoniak, wie Urech[1]) und nachher Tollens[2]) und seine Schüler beobachtet haben, beschleunigt werden. Ersteres ist der Fall bei verschiedenen Zuckerarten, sowie gewissen Oxysäuren und deren Laktonen.

Von den Zuckerarten ist für die d-Glukose, d-Galaktose, Rhamnose und Milchzucker nachgewiesen worden, dass die Erscheinung der Multirotation durch das Vorhandensein einer oder mehrerer labilen Modifikationen (α, β, γ) bedingt ist, die allmälig in die stabile Form β übergehen. Bei anderen existirt nur die α- und β-Form wie bei Arabinose, Xylose, Fruktose u. s. w.

Die umstehende Tabelle[3]), welche ich der Zusammenstellung von E. Landolt in Graham-Otto's Lehrbuch der Chemie, Abtheilg. III entnehme, enthält die für eine Anzahl von Zuckern beobachteten specifischen Drehungen der verschiedenen Modifikationen und zwar bezogen auf die krystallwasserfreien Verbindungen. Unter C ist die Koncentration in 100 ccm der angewandten Lösungen verzeichnet.

„Die Drehungsgrösse der labilen Modifikationen α und γ lässt sich nicht mit Sicherheit bestimmen, da vom Momente des Auflösens der Substanz bis zur Prüfung im Polarisationsapparate immer einige Zeit verstreicht, in welcher die Umwandlung schon zum Theil vorangeschritten ist. Es müssen daher die Werthe für die mehr drehenden α-Formen zu klein und die für die weniger drehenden γ-Formen zu gross erhalten werden. Nur bei den stabilen β-Modifikationen ist eine genaue Feststellung möglich."

---

[1]) Urech, Ber. **15**, 2132, 1882; **17**, 1545, 1884.
[2]) Tollens u. Schulze, Liebig's Ann. **271**, 49.
[3]) Tanret, Compt. rend. **120**, 1060.

Zuckerart.	C.	Modifikation		
		$\alpha \rightarrow$: Anfangs-drehung $[\alpha]_D^{20}$	β Enddrehung $[\alpha]_D^{20}$	$\leftarrow \gamma$ Anfangs-drehung $[\alpha]_D^{20}$
$C_5H_{10}O_5$ { l-Arabinose	9,7	$+ 157^0$	$+ 104,6^0$	—
$\quad$ l-Xylose	10	$+ 86^0$	$+ 19,0^0$	—
$C_6H_{12}O_6$ { d-Glukose	9	$+ 105^0$	$+ 52,5^0$	$+ 22,5^0$
$\quad$ l- „	4,2	$- 95^0$	$- 51,4^0$	—
$\quad$ d-Galactose	10	$+ 135^0$	$+ 81,6^0$	$+ 52^0$
$\quad$ d-Fructose	10	$- 104^0$	$- 92,3^0$	—
$C_6H_{12}O_5$ { Fukose	6,9	$- 112^0$	$- 77^0$	—
$\quad$ Rhamnose	10	$- 5^0$	$+ 9,2^0$	$+ 23^0$
$C_7H_{14}O_6$; Rhamnose	10	$- 83^0$	$- 61,4^0$	—
$C_7H_{14}O_7$ { α-Glukoheptose . . .	10	$- 25^0$	$- 19,7^0$	—
$\quad$ d-Mannoheptose. . .	10	$+ 85^0$	$- 68,6^0$	—
$C_8H_{16}O_8$; α-Glukooktose	6,6	$- 62^0$	$- 43,9^0$	—
$C_{12}H_{22}O_{11}$ { Milchzucker. . . .	7	$+ 88^0$	$+ 55,3^0$	$+ 36^0$
$\quad$ Maltose	10	—	$+ 137,0^0$	$+ 124^0$

„Bezüglich der Gewinnung der drei bezw. zwei Modifikationen der obigen Zuckerarten sei noch bemerkt, dass die gewöhnlichen, aus Wasser krystallisirten Präparate die α-Formen bilden. Die β-Modifikationen lassen sich im allgemeinen erhalten, indem man Lösungen der α- oder γ-Körper auf dem Wasserbade zur Trockniss eindampft oder die koncentrirten Lösungen mit Alkohol versetzt, wobei krystallinische Abscheidungen erfolgen. Die γ-Modifikationen von Glukose, Rhamnose und Milchzucker sind durch rasches Eindampfen der gelösten α-Körper und Erhitzen des Rückstandes auf 90—110^0 erhalten worden. β- und γ-Modifikationen geben beim Umkrystallisiren aus Wasser wieder die α-Formen."

Die Umwandlung der labilen Modifikationen α und γ in die stabile erfolgt, wie Urech[1]) gefunden hat, nach der von Wilhelmy für die Reaktionen ersten Grades gegebenen Formel. Salze beschleunigen dieselbe; durch Zusatz von Ammoniak wird bei Glukose und Milchzucker die Umsetzung in wenigen Minuten beendet.

H. Frey[2]) glaubt die Frage, ob die Bi- bezw. Multirotation des Traubenzuckers durch Hydratbildung veranlasst werde, bestimmt und zwar im negativen Sinne beantworten zu können. Hierfür spricht der Umstand, dass gesteigerter Zusatz von Wasser zur alkoholischen Lösung eine Be-

1) Urech, Ber. **16**, 2270, 1883; **17**, 1547, 1884; **18**, 3059, 1885.
2) H. Frey, Zeitschr. physik. Ch. **18**, 193, 1895.

schleunigung des Vorganges herbeiführt, dass die Lösungen in absolutem Methyl- und Aethylalkohol gleichfalls Multirotation zeigen, dass die Drehungsverminderung sowie deren Geschwindigkeit sowohl vom Lösungsmittel, als auch von der Gegenwart anderer Substanzen beeinflusst wird, und endlich, dass das Hydrat der Glukose in wässerigen und alkoholischen Lösungen sich ganz so verhält wie das Anhydrid. Beiden kommt die Eigenschaft der Multirotation zu, die also nicht auf einem Uebergang des Anhydrids in das Hydrat beruhen kann. Es scheint vielmehr die Multirotation durch eine innerhalb der Molekeln sich vollziehende Konfigurationsänderung bedingt zu sein.

Ueber die Birotation der d-Glukose hat Y. $\overline{O}$saka[1]) eine ausführliche Arbeit veröffentlicht und kommt zu dem Schlusse, dass man d-Glukose als eine schwache Säure ansehen muss. Die Geschwindigkeit des Rückganges des Drehungsvermögens der d-Glukose ist der Koncentration der Hydroxylionen annähernd proportional. Sie ist auch der Quadratwurzel der Koncentration der Wasserstoffionen annähernd proportional. Die katalytische Wirkung der Wasserstoffionen ist viel kleiner als die der Hydroxylionen. Bei der Wirkung der letzteren scheinen Neutralsalze einen beschleunigenden Einfluss auszuüben, bei den Wasserstoffionen ist ein solcher Einfluss, wenn überhaupt vorhanden, sehr gering.

Die Multirotation einiger **O x y s ä u r e n** und deren **L a k t o n e** ist zuerst von **W i s l i c e n u s** bei der Milchsäure, $C_2H_4OH \cdot COOH$, und später von **T o l l e n s**

bei Zuckersäure, $C_6H_{10}O_8$,	Glukonsäure, $C_6H_{12}O_7$,
Galaktonsäure, $C_6H_{12}O_7$,	Arabonsäure, $C_5H_{10}O_6$,
Xylonsäure, $C_5H_{10}O_6$,	Rhamnonsäure, $C_6H_{12}O_6$,

u. a. beobachtet worden. Die Ursache liegt wohl darin, dass Säure und Lakton in wässeriger Lösung wahrscheinlich eine gegenseitige Umwandlung erleiden, bis ein Gleichgewichtszustand eingetreten ist.

Ueber den **E i n f l u s s d e r T e m p e r a t u r a u f d a s s p e c i f i s c h e D r e h u n g s v e r m ö g e n** einer grösseren Anzahl optisch aktiver Körper haben **P. A. G u y e** und **E. A s t o n**[1]) eingehende Versuche angestellt. Bei sämmtlichen Versuchen konnte eine Abnahme des specifischen Drehungsvermögens $[\alpha]_D$ mit steigender Temperatur beobachtet werden.

Ueber den **Z u s a m m e n h a n g z w i s c h e n V o l u m ä n d e r u n g u n d d e m s p e c i f i s c h e n D r e h u n g s v e r m ö g e n** optisch aktiver Verbindungen haben **R. P r i b r a m** und **C. G l ü c k s m a n n**[2]) Versuche angestellt und diese zunächst auf Nikotinlösungen und Rubidiumtartratlösungen aus-

1) Y. $\overline{O}$saka, Zeitschr. physik. Ch. **35**, 661, 1900; vgl. auch G. Cohen, ibid. **17**, 69, 1901.

2) P. A. Guye u. E. Aston, Compt. rend. **124**, 194.

3) P. Pribram u. C. Glücksmann, Monatsh. f. Ch. **18**, 303 u. 510.

gedehnt. Sie haben konstatirt, dass zwischen Volumänderung und polarimetrischem Verhalten ein gewisser Parallelismus besteht, und dass eine Aenderung der Lage der Polarisationskurve mit dem Maximum der Kontraktion zusammenfällt. Diese Knicke der Drehungslinie lassen die Bildung anderer chemischen Individuen vermuthen, wenn man diese verdünnt etc. Beim Nikotin in Wasser könnte es sich z. B. um Molekülaggregate oder Hydrate handeln.

Eine Drehungssteigerung bei hydroxylhaltigen Verbindungen, wie Aepfelsäure, Weinsäure, Chinasäure, Mandelsäure verursachendes Mittel ist nach P. Walden[1]) das Uranylnitrat und kann dasselbe zur Diagnose von kleinen Mengen derartiger Verbindungen dienen. Andere Körper, die keine Hydroxylgruppe enthalten, wie die Chlorbernsteinsäure, l-Brombernsteinsäure und d-Amylessigsäure zeigen dieses Verhalten nicht.

Untersuchungen über das Drehvermögen einiger Amylderivate im flüssigen und dampfförmigen Zustande sind von Ph. A. Guye und A. P. do Armal[2]) angeführt worden. Mit Ausnahme des Valeraldehyds, der wahrscheinlich durch die Erhitzung eine Zustandsänderung erfährt, zeigen alle Stoffe wesentlich gleiche specifische Drehung in beiden Zuständen. Kein erheblicher Unterschied zeigt sich zwischen associirendem und nicht associirendem Stoff, ausser dass beim associirenden Amylalkohol die Drehung des Dampfes grösser ist, als die der Flüssigkeit. Es werden also hier im allgemeinen die Beobachtungen von Gerney (1861) bestätigt.

Optische Superposition.

Bei Verbindungen mit mehreren asymmetrischen Kohlenstoffatomen wird der optische Effekt jeder einzelnen, wie schon van't Hoff[3]) vorausgesetzt hatte, nicht geändert. Vielmehr addiren oder subtrahiren sich die Wirkungen der einzelnen Glieder je nach ihrem Vorzeichen. Versuche von Guye[4]) sowie von Walden[5]) haben den Beweis für diese Annahme geliefert. Sie stellten isomere flüssige Amylester theils aus aktiven, theils aus inaktiven Materialien in drei Kombinationen her; die erste aus aktiver Säure und inaktivem Alkohol, die zweite aus inaktiver Säure und aktivem Alkohol und die dritte aus aktiver Säure und aktivem Alkohol.

Die Untersuchungen derartiger Systeme zeigten, dass sich bei der dritten Kombination aus beiderseitig aktivem

1) P. Walden, Ber. **30**, 2889, 1897.
2) Ph. A. Guye u. A. P. do Armal, Arch. sc. phys. nat. **33**, 409, 513, 1895.
3) J. H. van't Hoff, Lagerung der Atome im Raum. II. Aufl. S. 120.
4) Guye u. Gondet, Compt. rend. **122**, 932, 1896; **110**, 714, 1890.
5) F. Walden, Zeitschr. physik. Ch. **15**, 638, 1894.

Material die Wirkung der beiden optisch aktiven Bestandtheile summirt, sei es mit positivem oder negativem Vorzeichen.

Etwas anders liegen die Verhältnisse, wenn keine Bindung sondern nur eine Mischung vorliegt. Hier können sehr wohl störende Einflüsse auftreten, wie weiter unten näher erläutert wird.

Abhängigkeit des Drehungsvermögens und Berechnung.

Die grundlegenden Versuche von Biot haben ergeben, dass die Grösse des Drehungswinkels, den eine aktive Substanz im Polarisationsapparat zeigt, von verschiedenen Umständen bedingt ist.

a) **Von der Länge der durchstrahlten Schicht, welcher die Grösse des Drehungswinkels genau proportional ist. Als Einheit der Länge wird 1 dm genommen.**

b) **Von der Wellenlänge des angewandten Lichtstrahls, welche bewirkt, dass die Drehung des polarisirten Strahles mit abnehmender Wellenlänge zunimmt. Für die Bestimmung nimmt man meist die gelbe Natriumlinie.**

c) **Von der Temperatur, indem mit steigender Temperatur der Drehungswinkel meist abnimmt.**

Hierbei muss selbstverständlich auf die Längenzunahme der Röhre, sowie die Abnahme der Dichte mit Erhöhung der Temperatur Rücksicht genommen werden, wodurch die Anzahl aktiver Theilchen in der durchstrahlten Schicht geringer wird. Alsdann müssten jedoch, falls sonst keine Veränderung stattfindet, die Quotienten aus Drehungswinkel und specifischem Gewicht, beide bei der betreffenden Temperatur gemessen, gleich bleiben. Dies ist jedoch bei keiner Substanz vollständig der Fall; es finden sich vielmehr Abweichungen nach beiden Seiten.

Von besonderem Interesse ist noch, dass die Drehung durch Temperaturerhöhung in die umgekehrte Richtung umschlagen kann. Eine Invertzuckerlösung mit 17,21 g in 100 cc, die bei gewöhnlicher Temperatur linksdrehend ist, wird bei 87° inaktiv und darüber hinaus rechtsdrehend.

Man giebt bei der specifischen Temperatur noch die Lichtart und die Temperatur an. So besagt z. B.

$$\text{Nikotin } [\alpha]_D^{20} = -162{,}8,$$

dass die Beobachtung der optischen Aktivitätskonstante des Nikotins bei 20° und für die D-Linie ausgeführt worden ist.

Weiterhin ist natürlich auch die Art des Lösungsmittels von Bedeutung und muss dieselbe da, wo verschiedene Flüssigkeiten in Frage kommen können, angeführt werden.

Häufig und besonders für theoretische Betrachtungen bezieht man die Rotation auf das Molekulargewicht. Um nicht zu grosse Zahlen zu erhalten, wird der hunderste Theil der betreffenden Werthe eingesetzt. Die **Molekularrotation** [M] ist demgemäss $= \dfrac{M[\alpha]}{100}$. Hierbei ist also [M] gleich dem Drehungswinkel gesetzt, der auftreten müsste, wenn in 1 cc 1 g Mol. der aktiven Substanz enthalten ist und die Dicke der durchstrahlten Schicht 1 mm beträgt.

Landolt[1]) macht darauf aufmerksam, dass man eigentlich von bestimmter Drehung beliebiger Lösungen aktiver Körper nicht mehr sprechen kann, dass man vielmehr auf die wasserfreie Substanz zurückgreifen muss, indem man die Kurven oder die Formeln ermittelt, welche sich aus verschiedenen Beobachtungen ergeben, und indem man dann $[\alpha]_D$ für P = 100 oder die trockene Substanz berechnet. Landolt hebt weiterhin hervor, dass bei nicht sehr leicht löslichen Körpern dies seine Schwierigkeit hat, indem der Extrapolation jenseits der gemachten Beobachtungen dann zu grosser Spielraum gegeben wird.

Demgegenüber macht B. Tollens[2]) geltend, dass beim Zucker, von welchem 2 Theile in 1 Theil Wasser löslich sind, eine solche Berechnung zulässig sein mag, bei vielen andern Stoffen aber, welche höchstens in 10—15 %ige Lösung gebracht werden können, ist dies jedoch unzulässig, und es wäre gut, um das zur Charakterisirung und Identificirung von so manchen Stoffen so wichtige, ja unentbehrliche Kennzeichen der spec. Drehung nicht. zu verlieren, wenn sich die Chemiker in der Annahme einer gewissermassen **konventionellen specifischen Drehung** d. h. in 10 procentiger Lösung einigten und diese etwa mit $[\alpha]\,10^D$ bezeichneten, denn eine 10 procentige Lösung lässt sich von sehr vielen optisch aktiven Körpern herstellen, und wenn dies einmal nicht möglich ist, so operirt man mit 5- oder 2 procentiger Lösung und den Symbolen $[\alpha]\,5^D$ oder $[\alpha]\,2^D$.

Die **Berechnung** der specifischen Drehung $[\alpha]$ und umgekehrt der Koncentration der Lösung einer optisch aktiven Substanz geschieht nach folgender, auf den vorher angegebenen Gesetzmässigkeiten beruhenden Formel:

$$[\alpha] = \frac{\alpha}{l\,c}\;;\;\; c = \frac{\alpha}{C\,[\alpha]}.$$

Hierin ist: α der beobachtete Drehungswinkel,
  l die Länge der Schicht,
  c die Anzahl Gramme aktiver Substanz in 1 ccm Flüssigkeit.

1) H. Landolt, Ber. **9**, 903, 1876.
2) B. Tollens, Ber. **10**, 1412, 1877.

Für 100 cc ergiebt sich also

$$c = \frac{100\,\alpha}{1\,[\alpha]}$$

Beispiele:

a) Traubenzucker: $[\alpha]_D^{20} = 52,8^{\,0}$

Ist $1 = 2$ dm so ergiebt sich

$$c = \frac{100\,\alpha}{2 \cdot 52,8} = 0,947\,\alpha.$$

Verwendet man hierbei Röhren von 189,4 bezw. 94,7 mm Länge, wie bei den meisten der für die Bestimmung von Harnzucker eingerichteten Apparate, so ergiebt sich

$$c = \alpha \text{ oder } c = 2\,\alpha.$$

b) Rohrzucker. $[\alpha]_D^{20} = 66,5,$

$$c = \frac{100\,\alpha}{66,5\,1} = 1,504\,\frac{\alpha}{1}$$

Für $1 = 2$ dm ist dann

$$c = 0,752\,\alpha.$$

Hat man p Gramme Rohrzucker zu 100 ccm gelöst, so ergiebt sich der Procentgehalt nach folgender Berechnung:

$$p : c = 100 : x.$$

$$x = \frac{100\,c}{p} = \frac{100 \cdot 0,752\,\alpha}{p} = \frac{75,2\,\alpha}{p}.$$

Es sei noch darauf hingewiesen, dass bei den eigentlichen Saccharimetern sich bei der Lösung von 26,048 g (in Luft mit Messinggewichten abgewogen) zu 100 Mohr'schen ccm aufgefüllt der Procentgehalt der Lösung direkt aus der Ablesung ergiebt, indem bei Anwendung einer direkt aus 100 procentigem Zucker hergestellten Lösung der betreffende Werth der Drehung $= 100$ gesetzt ist.

Apparatur.

Nachstehend abgebildeter (Fig. 62), von H. Landolt konstruirter Polarisationsapparat ist von der bekannten Firma Schmidt und Haensch zu beziehen. Er besitzt den grossen Vorzug, dass nicht nur Beobachtungsröhren, sondern auch beliebig gestaltete Beobachtungsgefässe eingeschaltet werden können.

„Eine horizontale starke eiserne Schiene B trägt an einem Ende den dreitheiligen Lippich'schen Polarisator P. An dem andren Ende der Schiene ist die drehbare Analysatorvorrichtung befestigt, welche im wesentlichen aus dem Theilkreise R und dem Fernrohre F besteht. Der ganze Apparat kann an der Säule eines starken Stativs verschoben und fest-

geklemmt werden. Die Führungshülse ist am unteren Ende mit Gewinde
und mit einer Schraubenmutter q versehen; letztere dient dazu, eine
horizontale Schiene, an welcher die beiden prismatischen Träger c c sitzen,
zu heben und zu senken; zwei dünne Sangen, welche durch den
hinteren Theil der Hauptschiene B gehen, vermitteln die genaue Vertikal-
führung. Auf die beiden Träger c c kann 1. die zum Einlegen von Flüssig-
keitsröhren dienende Rinne D gesetzt und horizontal verschoben werden,

Fig. 62.

bis die Röhre in der optischen Axe liegt; die nöthige Vertikaleinstellung
bewirkt man mit der Schraube q, 2. lässt sich eine ebene, unten mit
Führungsleisten versehene Messingplatte T auflegen, die als Unterlage für
Glasströge dient. Um auch Substanzen in stärker erhitztem bezw. geschmolzenem Zustande untersuchen zu können, lässt sich 3. die Vorrichtung G einschalten, ein mit Asbest bekleideter Kasten aus Messing-
blech, durch welchen eine inwendig vergoldete Messingröhre geht, deren
herausragende Enden sich durch gläserne Deckplatten verschliessen lassen.
Ein an die Röhre angelöthetes senkrechtes Röhrchen, welches durch den
abnehmbaren Deckel des Kastens hindurchgeht, erlaubt die Ausdehnung
oder Zusammenziehung der eingefüllten aktiven Substanz. Ausserdem
besitzt der Deckel zwei Oeffnungen für Thermometer und Röhren. Füllt

man den Kasten mit einer als Bad geeigneten Flüssigkeit und erhitzt mittels untergestellter Lampe, so lässt sich das Drehungsvermögen der Substanz bis zu ziemlich hohen Temperaturen untersuchen. Werden behufs Beobachtung bei niederen Temperaturen Kältemischungen in den Kasten gebracht, so müssen, um den Wasserbeschlag auf der Aussenseite der Deckgläser zu verhindern, Glascylinder angesteckt werden, welche am Ende mit Platten verschlossen und mit etwas Chlorcalcium gefüllt sind."

10. Chemische Reaktionen mit Lichterscheinung.

Es giebt eine grosse Reihe von chemischen Reaktionen, die unter Lichterscheinung vor sich gehen. Eine der bekanntesten ist die Verbrennung des Phosphors; geht sie langsam vor sich, so giebt sie Anlass zu den sog. Phosphorescenzerscheinungen. Bei lebhafter Oxydation dagegen ist auch die Lichterscheinung eine äusserst glänzende.

Magnesium und Aluminium verbrennen ebenfalls unter starker Lichtentwicklung. Dasselbe gilt von der Kohle. Bei der Bestimmung des Brennwerths einer Kohle in der kalorischen Bombe können, da dieselbe ja undurchsichtig ist, keine Aetherwellen nach aussen gelangen. Anders liegt der Fall beim Verbrennen der Kohle da, wo sie als Heizquelle dient. Da geht immer ein gewisser, wenn auch wohl kleiner Theil des Energieinhaltes verloren dadurch, dass Licht nach aussen gelangen kann.

Von chemischen Reaktionen mit besonders auffälligen Lichterscheinungen seien noch folgende erwähnt:

Leuchten und Lichterzeugung.

Das Leuchten rührt daher, dass geeignete Theilchen infolge der Erwärmung oder sonstiger Einflüsse in Schwingungen gerathen, die es ihnen ermöglichen, Licht auszusenden. Haben wir es nur mit einzelnen gasförmigen Atomen zu thun, die diese Erscheinung zeigen, so erhalten wir die sog. Emissionsspektren, die, wie schon erwähnt, in dem Auftreten bestimmter Linien bestehen. Dagegen strahlen feste Partikelchen meist weisses Licht aus.

Ueber die Art der Lichterzeugung durch die glühenden festen Partikelchen sind die verschiedensten Theorien aufgestellt worden, von denen nachstehend einige besprochen werden.

Man hat zur praktisch verwendbaren Lichterzeugung die verschiedensten Methoden. Es sind das die durch Verbrennung erzeugten Flammen des Petroleum- u. s. w. Lichtes, des gewönlichen Gaslichtes, des Auerlichtes, dann die durch den elektrischen Strom ins Gühen versetzten Kohlefäden des elektrischen Glühlichtes, die durch den elektrischen Strom ins

Glühen versetzten Oxyde der alkalischen Erdmetalle bei der Nernstlampe, sowie das elektrische Bogenlicht.

Hier sei noch eine Tabelle beigefügt über die Entwicklung der Flammenbeleuchtung und die betreffenden Kosten, wie dieselbe von H. Bunte[1]) gegeben wurde. In einigen Daten hinsichtlich des elektrischen Lichtes ist dieselbe noch ergänzt worden.

Art der Beleuchtung.	Leuchtkraft in H. K. pro 1 cbm Stundenverbrauch	Verbrauch pro H. K. Stunden.	20 H. K. kosten pro Stunde.	Preis der Leuchtstoffe.
Leuchtgas:				
Schnitt- und Argandbrenner .	133	7,5 L.	2,4 Pf.	
Siemens'-Regenerativlampe.	227	4,4 L.	1,4 „	
Gasglühlicht, alte Strumpfform	500	2,0 L.	0,64 „	1 cbm = 16 Pf.
„ neue „	600	1,67 L.	0,53 „	
Pressgas	1000	1,0 L.	0,32 „	
Acetylen	1543	0,65 L.	1,63 „	1 cbm = 16 Pf.
Petroleum	333 pro 1 kg Stundenverbrauch	3,0 G.	1,5 „	1 kg 125 Pf.
Spiritusglühlicht	333 pro 1 kg Stundenverbrauch	3,0 G.	1,8 „	1 kg 30 Pf.
Elektrische Glühlampe . . .	—	4 Watt	4,56 „	1 kg Wattst. = ca. 57 Pf.
Auer'sche Osmium Glühlampe	—	—	3,00 „	do.
Nernstlampe[2])	—	1,2 Watt	1,37 „	do.
Glühlampe ohne Glocke . .	—	1 Watt	1,14 „	do.
„ mit Glocke . . .	—	1,7 Watt	1,94 „	do.

Versuche von F. J. Rogers[3]) haben ergeben, dass von der Energie des verbrennenden Magnesiums 13,5 °/o als Licht entwickelt werden, während im Gaslicht nur 1,3—2,4 °/o erscheinen. Die Temperatur der Magnesiumflamme ist etwa 1340°, der Charakter des Spektrums entspricht einer Temperatur von etwa 5000° des gewöhnlichen Glühens.

Eigenartige Lichterscheinungen sind von D. Tommasi[4]) bei der Einwirkung einiger Ammoniaksalze auf geschmolzenes Kaliumnitrit beobachtet worden. Ein Salmiakkrystall dreht sich beim Auflegen auf geschmolzenes Nitrit zunächst als klare glänzende Kugel, die glühend wird, sich entzündet und mit einer schwachen Detonation

<hr>

1) H. Bunte, Ber. **31**, 23, 1898.

2) W. Nernst u. W. Wild, Zeitsch. f. Elektroch. **7**, 373, 1900; W. Nernst, ibid. **6**, 41, 1899.

3) F. J. Rogers Amer. Journ. of Sc. **43**, 301, 1892; Ref. Zeitschr. physik. Ch **9**, 762, 1892.

4) D. Tommasi, Compt. rend. **128**, 1107, 1899.

verpufft. Ammoniumnitrat erzeugt als Pulver eine Reihe phosphorescirender Punkte, als Krystall angewendet bildet sich eine glühende Kugel, die von einem sich sehr schnell drehenden phosphorescirenden Ring umgeben ist, der nach einigen Sekunden unter Erzeugung einer violetten Flamme platzt.

Leuchten von Kohlenstoff enthaltenden Flammen.

Von Wichtigkeit für die Theorie des Leuchtens dürften noch die Versuche von Lewes[1] sein. „Früher nahm man allgemein an, dass in unseren Flammen das Aethylen in Grubengas unter Ausscheidung fein vertheilter Kohle zerlegt würde ($C_2H_4 = CH_4 + C$), dass der ausgeschiedene Kohlenstoff in der Flamme zur Weissgluth erhitzt würde und so das Leuchten bedingt. Lewes hat angenommen, dass die strahlende Wärme das Aethylen in Acetylen und Grubengas verwandelt: $3C_2H_4 = 2\,C_2H_2 + 2\,CH_4$; und er zeigt dann ferner, dass alle schweren Kohlenwasserstoffe sich zwischen den heissen Flammenwänden bis zu 80 % zu Acetylen umsetzen. Aus dieser Thatsache schloss Lewes, dass dem Acetylen eine Hauptrolle beim Leuchten zukomme. Die Beschränkung der negativen Bildungswärme auf den ausgeschiedenen Kohlenstoff erklärt auch die verhältnissmässig niedrige Temperatur der Acetylenflamme. Lewes hat mit Hilfe des Thermoelementes und des Elektrometers die Temperatur verschiedener Flammen gemessen:

Flammenzone.	Acetylen.	Aethylen.	Leuchtgas.
Nicht leuchtende Zone,	459^0	952^0	1023^0
Anfang der leuchtenden Zone,	1411	1340	1658
Fast am Ende der leuchtenden Zone,	1517	1865	2116.

„Die Acetylenflamme ist somit die kälteste, weil in ihr ein grosser Theil der Wärme unmittelbar in Licht verwandelt wird. Die Flamme mit den höchsten Temperaturen strahlt hier am wenigsten Licht aus, während die verhältnissmässig kalte Acetylenflamme die höchste Leuchtkraft besitzt.“

„Wie Lewes ferner fand, zersetzt sich unter Ausscheidung von leuchtendem Kohlenstoff reines Acetylen bei 780^0, eine Mischung von 90 % C_2H_2 und 10 % H bei 896^0, eine Mischung von 80 % C_2H_2 und 20 % H bei 1000^0. Aus diesen Versuchen folgt, dass für je 10 % zugesetzten Wasserstoff die Zersetzungstemperatur um rund 100^0 steigt; hiermit im Zusammenhange steht die Abnahme der Leuchtkraft des Acetylens, wenn es durch andere Gase verdünnt wird. Die Messungen ergaben folgendes Resultat:

---

[1] A. Polès, Zeitschr. f. Ingen. **1895,** 1337; vgl. auch Fischer, Jahresbericht **1895**, 58.

Mischung.	im 00-Bray-Brenner.
9,5 % C_2H_2 90,5 % H.	0,0 Kerzen.
18,5 „ „ 81,5 „ „	1,8 „
34,5 „ „ 65,5 „ „	14,0 „
56,5 „ „ 43,5 „ „	87,0 „

„Wenn es richtig ist, dass die negative Bildungswärme des Acetylens die Hauptrolle bei dem Leuchten spielt, so ist es doch sehr auffallend, dass ein ebenfalls brennbares Gas mit noch grösserem Energievorrath mit nicht leuchtender Flamme verbrennt. Dieses Gas ist das Cyan mit einer Bildungswärme von — 65,7 cal. Im Mittelpunkte der inneren Zone der Cyanflamme fand Lewes eine Temperatur von 1377^0, an der Spitze dieser Zone 2085^0 und nahe am Ende der äusseren Zone 1645^0. Diese Zahlen beweisen, dass die Cyanflamme bedeutend heisser als die Acetylen- und die Aethylenflamme ist, und doch leuchtet sie nicht, weil man die Temperatur für die Spaltung des Cyans in Kohlenstoff und Stickstoff nicht erreicht, ehe das Gas als solches verbrennt."

Aus den Untersuchungen von Lewes folgte also, dass es die Bewegungen zweier dreifach gebundenen Kohlenstoffatome, wie sie im Acetylen vorliegen, sind, die das Leuchten hervorrufen. Die wahrscheinlichsten Bewegungen derselben sind nun die um eine Kante, so dass wir es also mit hin- und hergehenden Pendelschwingungen der Tetraёderspitzen zu thun haben. Wie etwa ein Stab, den wir im Wasser hin und her führen nach verschiedenen Seiten Wellenbewegungen hervorruft, so vermögen das Gleiche auch die Tetraёderspitzen der Kohlenstoffatome im Aethermeer. Die betreffende Bewegung ist eine ungleichmässig beschleunigte, denn beim Beginn, bei der Trennung der Tetraёderspitzen, ist die Geschwindigkeit gering, sie wird aber um so schneller, je mehr sich die nun zur Berührung kommenden Tetraёderspitzen einander nähern. Bei der rückläufigen Bewegung findet wieder das Umgekehrte statt. Hierdurch werden aber im Aether Wellen der verschiedensten Schwingungsdauer erzeugt; wir erhalten ein weisses Licht.

Beim Cyan sind derartige Pendelbewegungen nicht möglich. Wie schon früher erwähnt wurde, vermag das Kohlenstoffatom zwischen den beiden Spitzen des Stickstoffatoms hindurchzuschwingen; es führt also gleichmässige Rotationsbewegungen aus, wodurch aber nur Wellenbewegungen von wenig verschiedener Schwingungsdauer hervorgerufen werden können.

Gegen die Lewes'sche Theorie über die Natur der leuchtenden Kohlenwasserstoffflammen sind von A. Smittells[1] Einwände erhoben worden, die sich auf die von Lewes ausgeführten Temperaturmessungen

---

[1] A. Smittels, Journ. Chem. Soc. **67**, 1049, 1895.

der leuchtenden Flamme beziehen, die aber schliesslich auch nicht als beweiskräftig anzusehen sind.

Ueber den Einfluss der Luftveränderung auf die Leuchtkraft der Flammen berichtet H. Bunte[1]). Hierbei zeigte sich, dass Wasserdampf nicht merklich wirkt, wohl aber Kohlendioxyd. So giebt 1 % Kohlendioxyd schon mehr als 6 % Lichtverlust. Ebenso bewirkt eine Verminderung des Sauerstoffs gleichfalls eine deutliche Abnahme. 0,4 % vom Gesammtvolum der Luft, also 2 % des Sauerstoffgehaltes gaben 5 % Lichtverlust. Die Verdünnung durch Kohlensäure zeigt sich schädlicher als die durch Stickstoff.

Die Verbrennungserscheinungen in verdünnter Luft sind bereits von verschiedenen Forschern untersucht worden. Davy behauptete in seiner klassischen Untersuchung über die Flamme, dass in verdünnter Luft zwar die Wärme der Flamme nicht verändert werde, dagegen aber die Leuchtkraft sich mit der Verdünnung vermindere. Triger fand, dass in komprimirter Luft Kerzen schneller verbrennen, dass aber die Verbrennung eine unvollständige sei. Von Frankland und Tyndall wurde beobachtet, dass in Chamounix die Kerzen stündlich nur unbedeutend mehr Stearin beim Verbrennen verzehrten als auf dem Montblanc, und dass dieser Unterschied durch die Temperaturverschiedenheit veranlasst sei. A. Benedicenti[2]) fand, dass auf Bergen von 6000 m Höhe die Intensität der Verbrennungsprocesse vermindert ist, aber die Verbrennung ist dort noch eine vollständige; wenn die Menge der gebildeten Kohlensäure eine geringere ist, so liegt dies daran, dass die Menge des verbrauchten Verbrennungsmittels kleiner ist.

Leuchten der Auer-Glühkörper.

H. Bunte[3]) kommt auf Grund von Versuchen von Eitner zu dem Resultate, dass das Lichtemissionsvermögen der gewöhnlich verwendeten Körper nicht wesentlich höher sei als das anderer Körper, z. B. Kohle, Magnesium u. s. w. Eitner führte seine Versuche in der Weise aus, dass er die Helligkeit der verschiedenen Materialien verglich, indem er sie im elektrischen Kurzschlussofen einer Temperatur von weit über 2000° aussetzte.

Chas. E. St. John[4]) verglich nun das Lichtemissionsvermögen der Erden des Zirkons, Lanthans, Magnesiums, Erbiums (Eisen und Zink) mit dem des metallischen Platins; Thor und Cer untersuchte er nicht. Bei

[1]) H. Bunte, Journ. f. Gasbel. u. Wasservers. 1891, 11.

[2]) A. Benedicenti, Atti della Reale Accademia dei Lincei (5), **5**, 404, 1896; Naturw. Rundsch. **11**, 421, 1896.

[3]) H. Bunte, Ber. **31**, **10**, 1898.

[4]) Chas. E. St. John, Wied. Ann. **56**, 431, 1895.

den Versuchen ergab sich, dass eine sichtbare Differenz in der Helligkeit der leuchtenden Flächen nicht wahrgenommen werden konnte, sobald durch die Versuchsanordnung die Möglichkeit gegeben war, dass mit dem von den Untersuchungskörpern emittirten Lichte das von den glühenden Wandungen ausgesandte, an der Leuchtfläche reflektirte Licht in das Auge gelangte. John bezieht sich hierbei auf den Satz von Kirchhoff, dass das Platinblech um so viel mehr Licht reflektirt, als es weniger aussendet im Vergleich zu der leuchtenden Fläche der betreffenden Erde. Als die Möglichkeit einer Reflexion durch Einschieben eines nicht glühenden Rohres herabgesetzt wurde, konnte eine wesentliche Helligkeitsdifferenz beobachtet werden. Für $\lambda = 0{,}515$ wurde alsdann das Emissionsvermögen der angewandten Erden 2,3—4 mal so gross als das des Platins gefunden. Jedoch bleibt die Höhe der angewandten Temperatur (1000^0) so sehr hinter der Temperatur der Bunsen-Flamme zurück, dass man für das Leuchten der Auer-Glühkörper kaum Schlüsse hieraus ziehen kann.

H. Thiele[1]) benutzte den Wehnelt-Unterbrecher und fand, dass die hierbei auftretenden Erscheinungen denen des Davy-Bogens nicht unähnlich sind. Dieser Lichtbogen lässt sich längere Zeit zwischen Platindrähten halten, wenn auch die Kathode leicht der Abschmelzung unterliegt. Der Auer-Glühkörper leuchtet im Wehnelt-Bogen in demselben charakteristischen Lichte, das er in einer Bunsen-Flamme ausstrahlt. Ein Vergleich mit einem Magnesiastrumpf zeigte, dass im Wehnelt-Bogen ein Unterschied nicht bemerkbar ist, wohl aber in der Bunsen-Flamme, bei der die von der Magnesia entwickelte Leuchtkraft wesentlich geringer ist als die des Cer-Thor-Strumpfes. Weiterhin untersuchte dann Thiele verschiedene Gemische und fand, dass die in der Bunsen-Flamme die grösste Leuchtkraft entwickelnde Mischung von 1—2 % Ceroxyd mit 99—98 % Thoroxyd sich in dem Wehnelt-Bogen nicht wesentlich unterscheidet. Brachte man dagegen die Michung in die über dem eigentlichen Bogen befindliche Flamme, so zeigten die Cer-Thor-Mischungen in der That ein Maximum der Leuchtkraft bei etwa demselben Cer-Gehalte, der auch für die Gebrauchsglühkörper als der günstigste erachtet wird.

C. Killing[2]) kommt zu folgenden aus seinen Versuchen sich ergebenden Resultaten. Das Lichtemissionsvermögen der reinen Thorerde oder irgend einer andern Edelerde ist danach so gering, dass dieselben sehr wahrscheinlich für sich wie in Mischung — vorausgesetzt, dass nicht Cer absichtlich oder unabsichtlich dabei betheiligt ist — überhaupt kein anderes als das der herrschenden Temperatur entsprechende Leucht-

---

1) H. Thiele, Ber. **33**, 183, 1900.
2) C. Killing, Schilling's Journ. f. Gasbel. **39**, 697, 1898; vgl. auch F. Westphal, ibid. **38**, 363, 1897.

vermögen haben. Ihre starke Lichtwirkung kommt allein durch die als Zusätze angewandten Stoffe, insbesondere durch Cer zu stande, welche die chemischen Reaktionen auf katalytischem Wege auslösen und beschleunigen und auch auf die Umwandlung der Wärme- in Lichtstrahlen eine bestimmte Wirkung ausüben. Die Bedeutung des Thors aber beruht wesentlich auf zwei Eigenschaften, welche es besonders befähigen, als Träger jener Stoffe zu dienen. Es ist dies einmal die enorme Oberflächenentwicklung, welche die äusserst poröse, schaumartige Asche der mit Thorsalzen imprägnirten Baumwollstrümpfe aufweist. Dazu kommt zweitens seine geringe specifische Wärme, welche es als das Element mit fast dem höchsten Atomgewicht nach dem Gesetz von Dulong und Petit haben muss.

Alle Körper, welche eine Erhöhung der Leuchtkraft des Thoroxyds erzeugen, haben die gemeinsame Eigenschaft, in mehr als einer Oxydationsstufe aufzutreten. Diese Fähigkeit macht sie aber dazu tauglich, als Katalyten, d. h. als Sauerstoffüberträger zu dienen. Auch die Wirkung der Platinmetalle dürfte auf dem gleichen Vorgange beruhen. Damit ist auch die Bedeutung des Cers erklärt, da dieses zum Unterschiede von den andern Edelerden ebenfalls die Fähigkeit besitzt, mehrere Oxydationsstufen zu bilden, welche sich durch grosse Feuerbeständigkeit auszeichnen.

Den Nachweis, dass beim Gasglühlicht ein Theil der Wärme in Licht übergeführt wird, führte Killing durch Erwärmen von Wasser. Die Erwärmung des Wassers betrug unter genau gleichen Bedingungen mit der gewöhnlichen Gasflamme $21,9^0$, mit einem Thorkörper $19,7^0$, mit einem Thor-Cerkörper $16,2^0$. Die Oxydation ist in allen drei Fällen eine vollständige. Es wird also ein Theil der erzeugten Wärme beim Aufsetzen des Glühkörpers in Licht umgewandelt.

Leuchten des elektrischen Glühlichts und der Nernstlampe.

Das Leuchten der elektrischen Glühlampe beruht auf dem Erhitzen eines Kohlenfadens in einem nahezu luftleeren Raum bis zum Glühen und unterscheidet sich dadurch principiell von dem Nernstlicht, dass bei letzterem infolge der Anwendung von Metalloxyden eine elektrolytische Leitung stattfindet. An der Kathode scheidet sich das betreffende Metallgemisch ab, wird aber durch Luftsauerstoff immer wieder rasch oxydirt. Bei dem gewöhnlichen elektrischen Glühlicht haben wir es also mit einem Leiter erster Klasse, bei der Nernstlampe mit einem Leiter zweiter Klasse zu thun. Bei dem ersteren nimmt die Leitfähigkeit mit Erhöhung der Temperatur ab, bei letzterem entsprechend dem Verhalten dieser Art Leiter zweiter Klasse ist die Leitfähigkeit bei gewöhnlicher Temperatur sehr gering und wird erst grösser mit Zunahme der Temperatur. In der Praxis muss demgemäss bei der Nernstlampe immer erst ein Anwärmen des leitenden Oxyds stattfinden, ehe ein zur Lichtentwickelung genügender elektrischer Strom hindurchgeht.

11. Photochemische Reaktionen.

Allgemeines. Der schöne Schmuck, den gefärbte Körper unserem Auge darbieten durch das Vorhandensein der Farbe, ist mitunter ein Danaërgeschenk. Zugleich mit der Erzeugung der Farbe wirkt das Licht auf sehr viele Farbstoffe langsam, aber sicher zerstörend. Der Fortgang dieser Umgestaltung ist je nach der Natur des Farbstoffes ein sehr verschiedenartiger, doch, wie selbstverständlich ist, ist der Grad der Lichtechtheit für die Brauchbarkeit eines Farbstoffs sehr oft entscheidend.

In gleicher Weise wie auf die Farbstoffe wirken aber auch die Aetherwellen des Lichts häufig umsetzend oder bewirken den Beginn einer Reaktion. Wir wissen z. B., dass die Lichtwirkung auf die **Haloidsalze des Silbers** eine gewisse Veränderung hervorruft, die es uns erlaubt, das Bild der Einwirkung festzuhalten. Weiterhin sei erinnert an das Beispiel des **Chlorknallgases**, eines Gemisches von Chlor- und Wasserstoffgas, das unter dem Einflusse des Lichtes in mehr oder weniger lebhafter Weise sich zu Chlorwasserstoffsäure vereinigt.

M. **Roloff**[1]) glaubt bei den photochemischen Processen zwei Hauptgattungen unterscheiden zu können:

1. **Reaktionen, bei denen ein Metall aus einer höherwerthigen in eine niedere Verbindungssufe übergeht.**

Hierher gehören die zahlreichen sogenannten **Reduktionserscheinungen**, deren wohl beinahe vollständige Aufzählung man bei **Eder** (Handbuch der Photographie) findet, und die theilweise bei den **Lichtpausverfahren** benützt werden, wie z. B.:

Eisenoxydsalze, besonders Ferrinitrat, Ferrioxalat, Ferritartrat, Ferricyankalium, auch Ferrichlorid in alkoholischer und ätherischer Lösung gehen bei Belichtung in die entsprechenden Oxydulverbindungen über.

Quecksilberoxydsalze (Merkurichlorid, -oxalat, -nitrat, -benzoat, -tartrat etc.), desgleichen in die Oxydulverbindungen.

Kupferchlorid in alkoholischer und ätherischer Lösung zu Kupferchlorür, auch **Fehling**'sche Lösung wird zersetzt.

Silbersalze (-chlorid, -oxyd, -karbonat, -oxalat, -tartrat, -nitrat, -citrat, -benzoat etc.) bilden Subchloride, Suboxyde etc.

Goldchlorid, Goldacetat etc. werden reducirt.

Chromate werden zu Chromoxydsalzen reducirt.

Molybdänsäure wird blau unter Bildung niederer Oxyde.

Uransalze (-oxalat, -sulfat, -tartrat, -chlorid) werden reducirt, **Wismuthsalze** desgleichen.

---

1) M. Roloff, Zeitschr. physik. Ch. **13**, 327, 1894.

Hierher gehört auch die Zersetzung des **Jodwasserstoffs** durch Lichtwirkung [1]).

2. **Reaktionen, bei denen ein Metalloid (besonders Sauerstoff, Halogene) aus dem molekularen (elektrisch neutralen) Zustand in den eines elektrisch geladenen Ions übergeht (das entweder frei bleiben oder sich mit einem positiven Ion zu einem neutralen Molekül zusammensetzen kann.)**

Chlor und Wasserstoff vereinigen sich zu Salzsäure.

Halogene wirken zersetzend auf Wasser und viele organische Substanzen (Methan, Aethylen, Essigsäure, Alkohol, Oxalsäure, Benzol, Naphtalin etc.).

Die Vereinigung des **atmosphärischen Sauerstoffs** mit Kohlenstoff und Wasserstoff der organischen Verbindungen wird befördert (z. B. des Benzols, der Aether, Aldehyde, Oele etc.).

Besonders zu erwähnen sind auch noch die Untersuchungen von **Chastaing**[2]) über Oxydation von Eisenhydroxyd, Manganhydroxyd, Arsentrioxyd, Schwefeldioxyd, Schwefelwasserstoff bei Gegenwart von atmosphärischem Sauerstoff.

Von **Eder**[3]) wurde das **Quecksilberchlorid-Ammonoxalat**gemisch zu **photometrischen Zwecken** benutzt, indem er unter Benutzung einer Korrektionstabelle die Lichtwirkung dem ausgeschiedenen Kalomel proportional setzte. Die sog. **Eder**'sche Lösung besteht aus 80 g $(NH_4)_2 C_2O_4 + 50$ g $HgCl_2$, die in drei Liter Wasser gelöst sind. Nach M. **Roloff** wäre die Reaktion hierbei aufzufassen als die Reduktion des Merkuri-Oxalates in dissociirtem Zustande:

$$1\ \overset{++}{Hg} + \overset{-\ -}{C_2O_4} = 2\ \overset{+}{Hg} + 2\ CO_2$$

Das gebildete $\overset{+}{Hg}$-ion fällt dann aus unter Vereinigung mit einem Cl-ion zu unlöslichen $\overset{++}{Hg}Cl$. Also werden von zwei Hg-ionen je ein Quantum $+$ Elektricität zu einem C_2O_4-Ion transportirt und geben dort zwei neutrale CO_2-Moleküle, und dieser Elektricitätsaustausch wird durch Belichtung befördert.

Auch die weiteren Untersuchungen **Roloffs** sprechen dafür, dass die lichtempfindliche Reaktion in einem Uebergange der elektrischen Ionenladung besteht, und dass die Wirkung des Lichtes eine Förderung derselben bewirkt. Dabei ist noch zu bemerken, dass, wie schon **Chastaing** beobachtet hat, verschiedene Lichtgattungen verschieden starke Effekte hervorbringen können.

---

1) **Lemoine**, Ann. chim. phys. (5), **12**, 145, 1877; M. **Bodenstein**, Zeitschr. physik. Ch. **13**, 56, 1894; **22**, 23, 1897.

2) **Chastaing**, Ann. chim. phys. **1877**, 145.

3) **Eder**, Wien. Akad. Ber. (2), 1879.

Als physikalische Erscheinungen der Lichtwirkung bezeichnet M. Roloff[1]):

a) Umlagerungen der Atome im Molekül.

Hierzu gehören folgende Vorgänge:

Allozimmtsäure[1]) (Schmp. 68^0) geht in Zimmtsäure (Schmp. 133^0) über unter Abgabe von 35,4 cal.

Allofurfurakrylsäure[2]) (Schmp. 103^0) geht in Furfurakrylsäure (Schmp. 141^0) über unter Abgabe von 4,3 cal.

Allocinnamylidenessigsäure[2]) (Schm. 138^0) geht über in eine Säure vom Schmp. 165^0.

Maleïnsäure[3]) (Schmp. 130^0) geht in Fumarsäure über (bei 200^0 sublimirend) unter Abgabe von 70,2 cal.[4]).

Angelikasäure[3]) (Schmp. 45^0, Siedp. 185^0) geht in Tiglinsäure über (Schmp. 64^0, Siedp. 198^0) unter Abgabe von 84,3 cal.

Hieraus können folgende Regelmässigkeiten abgeleitet werden:

a) Die Umwandlung im Lichte ist stets ein Uebergang aus einer maleïnoiden in die entsprechende fumaroïde Form, indem die zwei durch eine Doppelbindung verknüpften Hälften der Moleküle sich gegeneinander um 180^0 drehen.

b) Die ursprüngliche Form ist — soweit Messungen darüber vorliegen — stets die leichter lösliche, niedriger schmelzende und siedende. Der Uebergang geschieht unter Freiwerden von Wärme; man darf also mit einiger Berechtigung von der Bildung stabilerer Formen reden.

b) Photopolymerisationen.

Die polymeren Verbindungen haben durchweg eine geringere Dampfspannung als die Monomeren. Deshalb wird der Siedepunkt sowohl wie der Schmelzpunkt der polymeren Modifikation höher liegen, und ihre Löslichkeit wird unter sonst gleichen Umständen geringer sein. Dies bestätigt sich für Cyan, Chlorcyan, Cyanursäure, Persulfocyansäure, Styrol, Paraldehyd, Formaldehyd u. s. w. Der Polymerisationsvorgang verläuft ebenfalls exothermisch. Von speciellen Fällen seien von den Angaben Roloffs folgende erwähnt.

Phosphor: Die gelbe A-Modifikation hat den Schmelzpunkt $44,4^0$ und die specifische Wärme 0,1887. Sie ist in CS_2 u. s. w. löslich und geht bei Belichtung unter Freiwerden von 273 cal. (Favre und Silber-

---

1) M. Roloff, Zeitschr. physik. Ch. **26**, 337, 1898.
2) C. Liebermann, Ber. **28**, 1443, 1896.
3) Wislicenus, Sächs. Ber. **1895**, 489.
4) Luginin, Ann. chim. phys. (6), **33**, 179.

mann) in die rothe Form über. Diese letztere schmilzt nicht bei Rothgluth, hat die specifische Wärme 0,1698 und ist in CS_2 u. s. w. unlöslich. Nach einer Angabe von Pedler[1]) soll sie nicht wirklich amorph
sein, sondern aus roth durchscheinenden mikroskopischen Platten bestehen
und auf polarisirtes Licht einwirken.

Schwefel. Der monokline Schwefel (Form A) schmilzt bei 120^0
und ist in CS_2 löslich. Er geht beim Belichten unter Freiwerden von
23 cal. in die amorphe B-form über. Diese ist unlöslich, unschmelzbar
und wird beim Erhitzen in die A-form zurückverwandelt.

Selen. Die amorphe rothe Form A schmilzt bei 125—130^0, hat
die specifische Wärme 0,0953 und geht beim Belichten unter Freiwerden
von 53 cal. (C. Fabre[2]) oder nach Petersen[3]) von 14 cal.) in die
krystallinische Form B über. Aus Lösungen wird rothes Selen gefällt,
was andeutet, dass in der Lösung die Form A und nicht B vorhanden
ist. Die Form B schmilzt bei 217^0 und hat die specifische Wärme 0,0840.
Beim Erhitzen geht sie in die Form A zurück.

Quecksilberjodid. Die gelbe A-Form wird bei Druck und Belichtung roth unter Wärmeabgabe[4]). Die rothe B-form wird beim Erhitzen wieder gelb. Aus Lösungen wird die gelbe Modifikation gefällt.
Die specifischen Wärmen sind nach W. Schwarz[5]): A 0,0422, B 0,0413.

Quecksilbersulfid. Das rothe Sulfid wird im Lichte schwarz,
doch ist es durch Erwärmen nicht zurückzuverwandeln, im Gegentheil
wird die Schwärzung dadurch befördert. Es spricht dies dafür, dass hier
nicht, wie Berzelius annimmt, eine Polymerisation vorliegt, sondern
chemische Zersetzung. Als weiteres, sehr erhebliches Moment hierfür ist
anzuführen, dass die Umwandlung von einer Spur Feuchtigkeit abhängt,
und dass dieselbe unter Säuregas nicht, unter Alkalien aber schneller erfolgt als unter Wasser[6]).

Von organischen, durch das Licht polymerisirbaren Körpern seien
erwähnt Rohrzucker, Aldehyde, Alkohole, ungesättigte (nicht aber gesättigte) Kohlenwasserstoffe, einige Oele wie Terpentinöl, Leinöl.

Aus diesen Erscheinungen schliesst Roloff, dass die Wirkung des
Lichtes eine andere sein muss als eine rein mechanische Erschütterung;
denn die Wirkung der Erwärmung, die in einer solchen besteht, macht ja
die physikalischen Lichtreaktionen grösstentheils wieder rückgängig; vielmehr muss ein Theil des Moleküls eine gewisse elektrische Polarität be-

---

1) Pedler, Chem. Soc. Journ. 1890, 599.
2) Fabre, Ann. chim. phys. (6), 10, 472.
3) Petersen, Zeitschr. physik. Ch. 8, 612.
4) Weber, Pogg. Ann. 10, 127.
5) W. Schwarz, Preisarbeit Göttingen 1892.
6) Heumann, Ber. 7, 750, 1874.

sitzen, eine Vorstellung, die im wesentlichen der von Helmholtz[1]) geäusserten analog ist. Sind die Moleküle elektrisch polar, so müsste eine Erschütterung derselben zu elektrisch-magnetischen Wellen, also eventuell zu Lichtwellen Anlass geben. Diese Annahme ist schon mehrfach gemacht worden, um die Leuchterscheinungen zu erklären[2]). Richarz[3]) berechnete aus dieser Vorstellung für die Wasserstoffmoleküle die Entsendung ultravioletter Wellen, und Wiedemann fand bei der Berechnung der Strahlung von glühendem Natrium und Platin, dass die Emission nicht in reinen Aetherschwingungen besteht, sondern an die Periode der schwingenden Materie geknüpft ist.

Photographisch verwendbare chemische Reaktionen.

Für die Photographie kommen alle die Reaktionen in Frage, bei denen Stoffe so durch Licht verändert werden, dass sie infolge der Lichtwirkung ein Bild zu erzeugen vermögen. Dasselbe kann wie z. B. bei Chlorsilber-Eiweiss oder -Celloid direkt entstehen, oder muss z. B. bei den Bromsilber-Gelatine-Emulsionen erst entwickelt werden, d. h. es wird um das gebildete Subchlorid etc. unter Umwandlung desselben in Silber durch die Einwirkung des Entwicklers noch weiteres Silber ausgeschieden. Das Bild wird dadurch dem blossen Auge sichtbar, und zwar zeigt sich an den Stellen der stärksten Belichtung grössere Einwirkung und umgekehrt. Als Entwickler werden meist leicht oxydirbare organische Körper verwendet wie Pyrogallol, Brenzkatechin, Hydrochinon, Amidophenole u. a. m.

Ueber den bei der Belichtung der Halogensilberverbindungen stattfindenden Vorgang ist man noch nicht vollständig im Klaren.

Nach A. Richardson[4]) entwickelt Chlorsilber unter Wasser ozonhaltigen Sauerstoff neben Chlor, und zwar umsomehr Chlor, je weniger Wasser vorhanden war. Durch Chlorwasserstoff wird das Chlorsilber beständiger. Das von Licht geschwärzte Chlorsilber enthielt nach dem Trocknen keinen Sauerstoff, es ist also ein Subchlorid. H. B. Baker's[5]) Versuche ergaben indes das Gegentheil, nämlich dass ein Oxychlorid vorliegt.

Ueber Veränderungen des Jodsilbers im Licht hat H. Scholl[6]) bei der Untersuchung des Daguerre'schen Processes, bei welchem belichtetes Jodsilber durch Quecksilberdämpfe, die sich auf ihm anlegen, entwickelt wird, Beobachtungen angestellt. Reines Jodsilber erfährt im Lichte

---

1) Helmholtz, Wied. Ann. **48**, 389.
2) Wiedemann u. Schmidt, Wied. Ann. **56**, 201, 1895.
3) F. Richarz, Münchener Akad. Ber. **25**, 1, 1894.
4) A. Richardson, Chem. News. **63**, 244, 1891.
5) H. B. Baker, Journ. Chem. Soc. 728, 1892.
6) H. Scholl, Wied. Ann. **68**, 145, 1899.

eine Trübung. Dieselbe wird begünstigt durch die Anwesenheit des Luftsauerstoffs. Es konnte aber nachgewiesen werden, dass kein Sauerstoff bei der Trübung gebunden wird, sondern dieser anscheinend nur als Kontaktsubstanz wirkt, indem er abwechselnd Zersetzung und Neubildung des Jodsilbers hervorruft. Auch kann der Sauerstoff mit gleichem Erfolge durch Joddampf ersetzt werden. Befindet sich nun das Jodsilber auf einer Silberschicht, so geht der Process in der Weise vor sich, dass das Jod zu dem darunter liegenden Silber wandert und obenauf eine Silberschicht entsteht. Es kann also der Process aufgefasst werden als ein Wandern des Jods in der Fortpflanzungsrichtung des Lichtes.

Hierdurch sind auch die Wiener'schen Streifen erklärt, indem die Bäuche der stehenden Lichtwellen da sehr kräftig wirken, wo sie mit der Oberfläche der Jodsilberschicht zusammenfallen. „So erklärt sich, dass in der Tiefe der Jodsilberschicht keine Schwärzung eintritt. Im Innern der Schicht ist die Entwicklungsfähigkeit bedingt nicht durch die lokalen Werthe der Lichtintensität, sondern durch an der Oberfläche vorhandene."

Im Gegensatze zu Scholl's Beobachtungen stehen die von Neuhauss[1]), nach dessen Versuchen die stehenden Lichtwellen in einem Eiweisskollodiumhäutchen sich thatsächlich durch Schwärzung in der Tiefe der Schicht bemerkbar machen.

In betreff der Theorien über die Lichtwirkung auf die photographische Platte seien folgende Arbeiten erwähnt:

J. Precht: Neuere Untersuchungen über die Giltigkeit des Bunsen-Roscoeschen Gesetzes bei Bromsilbergelatine. Arch. wiss. Phot. 1, 11, 57, 189, 1899.

B. Abegg: Die Silberkeimtheorie des latenten Bildes. Ibid. 1, 15, 1899. Eine Theorie der photographischen Entwickelung, 1, 109, 1899.

A. und L. Lumière u. A. Seyewitz: Ueber die Additionsprodukte, welche die Gruppen mit entwickelnden Eigenschaften mit Aminen und Phenolen bilden. Ibid. 1, 64. 1899.

R. Schaum: Ueber die Silberkeimwirkung beim Entwickelungsvorgang. Ibid. 1, 64, 1899.

V. Schumann: Zur Theorie des latenten Bildes. Ibid. 1, 153, 1899.

E. Englisch: Ueber die Wirkung intermittirender Beleuchtungen auf Bromsilbergelatine. Ibid. 1, 117, 1899.

Unter Berücksichtigung der von Becquerel bereits 1839 nachgewiesenen elektrischen Ströme, die beim Belichten von Silberhalogenen auftreten, spricht sich H. Luggin[2]) für die chemische Theorie des photographischen Processes aus.

Bei der Siedetemperatur der Luft bedürfen nach L. Lumière[3]) Bromsilbergelatineplatten eine 350 bis 400 mal längere Belichtung als bei

1) Vgl. Neuhauss, Naturw. Rundsch. 14, 495, 1899.
2) H. Luggin, Zeitschr. physik. Ch. 23, 577, 1897.
3) L. Lumière, Compt. rend. 128, 359, 549, 1899.

gewöhnlicher Temperatur. Die zu den Positivprocessen verwendeten Reaktionen des Lichtes auf Silbercitrat, Chromatgelatine und Ferrisalz bleiben bei der tieferen Temperatur in messbarer Zeit durch Licht aus. Die Erdalkalisulfide phosphoresciren bei tiefer Temperatur nicht. Dagegen werden sie durch Licht bei der tiefen Temperatur doch so erregt, dass sie beim späteren Erwärmen im Dunkeln leuchten.

Ueber die Lichtempfindlichkeit von Diazoverbindungen, besonders von Diazokarbozol haben O. Ruff und V. Stein [1] gearbeitet.

Das Diazokarbazol aus 3-Amidokarbazol liefert mit Phenolen und Aminen gekuppelt, substantive, zum Theil sehr lichtechte Farbstoffe, die sich ihrer gedrückten, meist braunen oder violetten Nuancen halber zwar wenig zur praktischen Verwerthung in der Farbstofftechnik eignen, die aber besonders bei der Verwendung von Naphtolen, Kopien photographischer Bilder mit sehr hübschen Tönen geben. Setzt man nämlich Papier, welches mit einer Lösung von Diazokarbazol oberflächlich getränkt wurde, unter einem Diapositiv der Wirkung des Lichtes aus, so wurde das Diazokarbazol an den lichtdurchlässigen Stellen so zersetzt. dass es nicht mehr im stande ist, mit Phenolen oder Aminen zu kuppeln. An den von Licht nicht oder weniger berührten Punkten behält es aber diese Fähigkeit, und das Bild kann, nachdem es hinreichend kopirt ist, durch Einlegen in alkalische Naphtollösung in der gewünschten Nuance entwickelt und fixirt werden.

Der Gedanke, Diazoverbindungen zur Herstellung photographischer Papiere zu verwenden, kommt bereits in der Patentlitteratur im Jahre 1889 vor. Nach einer Beobachtung von A. Feer D.R.P. 53455 (1889) reagiren nämlich diazosulfonsaure Salze ($RN : NSO_3Na$) mit Phenolalkali oder freien aromatischen Aminen unter dem Einfluss von Sonnen- oder elektrischem Licht ganz allgemein so, dass der betreffende Azofarbstoff gebildet wird. Zur Erzeugung photographischer Bilder wird also das Papier mit einer gemischten Lösung aus diazosulfosaurem Salz und Phenolalkali resp. einem Amin imprägnirt, im Dunkeln getrocknet und dann vom Negativ bedeckt, dem Lichte ausgesetzt; dadurch wird an den vom Lichte getroffenen Stellen ein unlöslicher Azofarbstoff gebildet; die löslichen Antheile können mit Wasser oder verdünnter Salzsäure ausgewaschen werden, wodurch das Bild dann fixirt wird. Dies Verfahren liefert im Gegensatz zu den vorher erwähnten negative Bilder.

Green, Cross und Bevan [2] haben sich im Jahre 1890 ein Verfahren patentiren lassen, welches darauf beruht, dass die Diazoverbind-

---

[1] O. Ruff u. V. Stein, Ber. **34**, 1658, 1901.
[1] Green, Cross u. Bevan, Chem. News. **62**, 280, 1890.

ungen des Primulins resp. der Thioamidbasen, durch Licht derart zersetzt werden, dass sie nicht mehr zu kuppeln vermögen.

Andresen (Photograph. Korrespondenz 1895) hat für den gleichen Zweck die beiden Naphtylamine empfohlen, und zugleich gelang ihm der Nachweis, dass die Wirkung des Lichtes auf Diazoverbindungen in ihrem chemischen Effekt derjenigen der Wärme entspricht und sich also durch die folgende Gleichung ausdrücken lässt

$$RN : NCl + H_2O = R . OH + N_2 + HCl.$$

Die Versuche von Ruff und Stein ergaben, dass der Einfluss von Substituenten auf die Lichtempfindlichkeit des Diazobenzolchlorids durch negative Substituenten erhöht wird. Das Chlor verhält sich hierbei wie ein positiver Substituent — eine Beobachtung, die bei aromatischen Derivaten häufig gemacht wird[1]). Die negative Nitrogruppe wirkt von der o-Stellung aus am meisten die Empfindlichkeit verstärkend, weniger in der p-Stellung und weitaus am geringsten in der m-Stellung. Die positive Methylgruppe wirkt entsprechend schwächend am meisten in o- und p-Stellung, während die m-Verbindung am raschesten zersetzt wird. Weiterhin wächst die Lichtempfindlichkeit mit der Zahl der in den Kernen enthaltenen Atome.

Die Untersuchungen von E. Vogel[2]) ergaben, dass die Lichtempfindlichkeit der Farbstoffe im allgemeinen mit der Zahl der eingetretenen Halogenatome zunimmt und zwar im Verhältniss der Reihenfolge Cl, Br, J. Bezüglich der sensibilirenden Wirkung der Farbstoffe ergab sich, indem dieselben mit überschüssiger ammoniakalischer Silberlösung zum Baden empfindlicher Platten benutzt wurden, dass die Farbstoffe besser sensibiliren, welche weniger fluoresciren; auch wirken die lichtempfindlichen besser als die beständigen. Die Jodderivate wirken am besten. Die Arbeiten Vogel's haben zur Einführung von sog. orthochromatischen Platten geführt, d. h. solcher, die durch Zusatz von Farbstoffen, wie z. B. Eosin, Erythrosin auch für gelbe und grüne Strahlen und durch Zusatz von Cyanin und Chinolinroth auch für rothe Strahlen empfindlich gemacht werden.

Wie A. Garbasso[3]) gefunden hat, zeigt das Nachtblau der Bad. Anilin- und Sodafabrik in merklichem Grade die Eigenschaften des Wiener'schen farbenempfindlichen Stoffes bei Belichtung unter verschiedenfarbigen Gläsern die Nuance des Glases wiederzugeben, eine Erscheinung, die sich auch bei belichteten Chlorsilber theilweise zeigt, wie schon von Seebeck festgestellt wurde.

---

1) F. Kehrmann, Ber. **33**, 3066, 1900.
2) E. Vogel, Wied. Ann. **43**, 449, 1871.
3) A. Garbasso, Nuov. Cim. (4), **8**, 263, 1898.

Erwähnt sei noch, dass die **Empfindlichkeit der Halogen-silberplatten** früher mit Hilfe des **Warnerke-Sensitometers** jetzt aber mit **Scheiner's Sensitometer** bestimmt wird. Bei letzterem wird die Platte unter einer rotirenden Scheibe mit 20 verschieden grossen Ausschnitten belichtet. Der kleinste Ausschnitt, von dem noch ein entwickelungsfähiges Bild entsteht, giebt den Grad **Scheiner** an.

Andere chemische Umsetzungen.

Es ist bereits das **Chlorknallgas**[1]) erwähnt worden, dessen Umsetzung durch die Einwirkung des Lichtes nach folgender Gleichung verläuft:

$$Cl_2 + H_2 = 2\,HCl.$$

Ueber die Wirkung des Lichtes auf die Verbindung des Wasserstoffs mit Brom bei hohen Temperaturen haben H. G. **Kastle** und W. A. **Beathy**[2]) Versuche angestellt und gefunden, dass bei 196° das Licht die Reaktion veranlasse, und dass die Grösse der Aenderung der Zeit der Lichtwirkung proportional ist.

Nach den Untersuchungen von **Duclaux** hatte sich bezüglich der Einwirkung der Sonnenstrahlen auf **Oxalsäurelösungen** ergeben, dass die Wärme hierbei eine zu vernachlässigende Rolle spielt; die zersetzende Wirkung ist hauptsächlich dem Einfluss der Lichtstrahlen zuzuschreiben. Ein von ihm konstruirtes **Aktinometer**, in dem die aus der Oxalsäure entwickelte Kohlensäuremenge gemessen wurde, diente zu diesen Untersuchungen, die ausserdem noch das Ergebniss zeigten, dass die aktinische Zerlegung nach einer Latenzzeit beim Beginn der Exposition nicht der Zeit proportional ist, sondern beschleunigt stattfindet.

Weitere Versuche sind von J. und **Gabrielle Vallot**[3]) angestellt worden hinsichtlich des Einflusses verschiedener Temperaturen. Es zeigte sich hierbei noch, dass die Wärme, welche allein nur eine geringe zerlegende Wirkung besitzt, im Licht eine sehr bedeutende Kraft erlangt. So wurden in einer einfach der Sonne ausgesetzten Lösung nur 10 % Oxalsäure zerlegt, während eine gleichzeitig exponirte Lösung, die aber künstlich auf einer 12° höheren Temperatur erhalten wurde, eine Zerlegung von 50 % ergab.

Ueber die chemische Wirkung des Lichtes bei der gegenseitigen **Zersetzung der Oxalsäure und des Eisenchlorids** hat G. **Lemoine**[4]) Untersuchungen angestellt. Eine Mischung dieser beiden zersetzt

---

1) Vgl. hierzu: J. W. **Meller** u. E. J. **Russel**, Journ. Chem. Soc. London, **81**, 1272—1301, 1902.

2) H. G. **Kastle** u. W. A. **Beatty**, Amer. Chem. Soc. **20**, 159, 1898.

3) J. u. **Gabrielle Vallot**, Compt. rend. **125**, 857, 1897.

4) G. **Lemoine**, Ann. Chim. Phys. (7), **6**, 433, 1895.

sich sowohl im Lichte wie in der Wärme vollständig nach der Gleichung:
$$C_2O_4H_2 + Fe_2Cl_6 = 2\,FeCl_2 + 2\,HCl + 2\,CO_2.$$
In einer engen Glasröhre, dem Sonnenlicht exponirt, giebt das Gemisch eine lebhafte Gasentwicklung. Im elektrischen Lichte wird die Reaktion bedeutend langsamer, so dass quantitative Messungen fast ausgeschlossen sind, und man für diese sich stets des Sonnenlichtes bedienen musste. Dass es sich hierbei nur um Lichtwirkungen und nicht um Wirkungen der Wärme handelt, wurde durch die Temperatur der reagirenden Gemische nachgewiesen. Dieselben wurden niemals über 51^0 warm, aber bei 51^0 wird im Dunkeln bei derselben Zeit Gas entwickelt. Die Zersetzung der Oxalsäure durch Eisenchlorid geht mit einer Wärmeentwicklung einher, die aber die Temperatur des Gemisches nur wenig steigert.

Folgende Beobachtungen wurden von G. Ciamician und P. Silber[1]) gemacht:

Aus Chinon und Alkohol bildet sich durch Einwirkung des Lichtes und nur des Lichtes allein, Hydrochinon und Aldehyd.

Mehrwerthige Alkohole lieferten zuckerartige Körper.

Die Lösungen wurden in Röhren oder zugeschmolzenen Flaschen der Lichtwirkung ausgesetzt. Vergleiche zwischen den Wirkungen verschiedener Lichtquellen und Strahlen wurden noch nicht ausgeführt.

Glukose giebt mit Chinon Glykosan, $CH_2OH(CHOH)_3COCHO$.

Thymochinon und Alkohol geben Hydrothymochinon und Aldehyd.

Phenanthrenchinon und Mannit wirken nur äusserst langsam auf einander ein.

Ketone und Aldehyde geben mit gewöhnlichem Alkohol Aldehyd- und Pinakonverbindungen, so bei:

Benzophenon:

$$2\;{}^{C_6H_5}_{C_6H_5}\!CO + C_2H_6O = HO\overset{C_6H_5}{\underset{C_6H_5}{C}} - \overset{C_6H_5}{\underset{C_6H_5}{C}}OH + C_2H_4O.$$

Acetophenon:

$$2\;{}^{CH_3}_{C_6H_5}\!CO + C_2H_6O = HO\overset{CH_3}{\underset{C_6H_5}{C}} - \overset{CH_3}{\underset{C_6H_5}{C}}OH + C_2H_4O.$$

Benzaldehyd:

$$2\,C_6H_5CHO + C_2H_6O = C_6H_5CHOHCHOHC_6H_5 + C_2H_4O$$
Benzaldehyd.   Hydrobenzoïn u. Isohydrobenzoïn. Aldehyd.

---

1) G. Ciamician u. P. Silber, Ber. **34**, 1530, 1901; **34**, 2040, 1901.

Benzoïn giebt ebenfalls Hydrobenzoïn und Aldehyd, neben sehr viel Harz.

Benzil giebt Benzil-Benzoïn:

$$2\,C_6H_5COCOC_6H_5 \,.\, C_6H_5COCHOHC_6H_5,$$

was schon von **Klinger**[1]) beobachtet wurde.

Weiterhin untersuchten **Ciamician** und **Silber**[2]) das Verhalten von **alkoholischen Lösungen** von Chinon, Benzophenon, Benzil, Vanillin und Nitrobenzaldehyd gegen mehr oder minder einfarbiges Licht, sowie das von o-Nitrosobenzoësäure in Paraldehyd.

E. P. Kohler[3]) arbeitete über die Einwirkung des Lichtes auf die Cinnamylidenmalonsäure.

Erwähnt sei noch die Arbeit von **O. Gros**[4]) über die Lichtempfindlichkeit des Fluoresceïns, seiner substituirten Derivate u. s. w., worin der Nachweis geführt wird, dass das Licht eine Beschleunigung bei der Oxydation der Leukobasen sowie bei der zersetzenden Oxydation der Farbstoffe selbst ausübt.

Einwirkung des Lichtes auf elektrisches Verhalten.

Die **Wirkung des Lichtes** beruht häufig in einer Umwandlung einer Modifikation in eine solche von grösserer **elektrischen Leitfähigkeit**[5]). Bekanntlich zeigt **Selen** bei Belichtung eine grössere elektrische Leitfähigkeit als in nicht belichtetem Zustande. Aehnlich verhält sich gewöhnlicher krystallinischer **Schwefel**, wenn auch in viel geringerem Maasse. Dann weiterhin machen die ultravioletten und auch die **Röntgenstrahlen**, sowie die **Becquerelstrahlen** die Luft leitfähig.

Neben diesen vorübergehenden Umwandlungen giebt es aber auch dauernde. So verwandelt sich der gelbe **Phosphor** unter dem Einflusse des Lichtes in die rothe Modifikation, welche eine deutlich grössere Leitfähigkeit besitzt. Ebenso wird hierdurch das rothe amorphe, nicht leitende **Selen** krystallinisch und leitfähig, und das rothe, krystallinische, nicht leitende **Quecksilbersulfid** wird, schwarz amorph, aber auch dabei leitfähig.

Weiter weist **Gibson** auf das von **Arrhenius** erfundene **Aktinometer** hin, bei dem die elektrische Leitfähigkeit einer Silberhaloïdschicht unter dem Einflusse des Lichtes erhöht wird. Goldoxyd und Silberoxyd entwickeln, dem Licht ausgesetzt, Sauerstoff, und es hinterbleiben die im

---

1) **Klinger**, Ber. **19**, 1864, 1886.

2) G. **Ciamician** u. P. **Silber**, Atti R. Accad. dei Lincei Roma (5), **11**, II, 145, 1902.

3) E. P. **Kohler**, Amer. Chem. Soc. **28**, 233, 1902.

4) O. **Gros**, Zeitschr. physik. Ch. **37**, 157, 1900.

5) Vgl. hierzu J. **Gibson**, Zeitschr. physik. Ch. **23**, 349, 1897.

hohen Grade leitfähigen Metalle. Ebenso geht Hg_2O durch die Einwirkung des Lichts in Hg und HgO über, $HgCl_2$ in Hg und $HgCl_2$.

PbO absorbirt unter dem Einflusse des Lichts Sauerstoff und bildet Mennige und Bleisuperoxyd, die die Elektricität verhältnissmässig gut leiten. Ebenso ist MnO_2 ein Leiter der Elektricität.

Chlorwasser, ein schlechter Leiter der Elektricität, wird unter der Einwirkung von Salzen zu Salzsäure, einem in wässeriger Lösung sehr gut leitenden Körper. Schweflige Säure giebt in wässeriger Lösung ohne Luftsauerstoff durch Lichtwirkung Schwefelsäure und freien Schwefel.

Wohl nicht ganz so beweisend sind die Erscheinungen, dass Jodwasserstoffgas vollständig unverändert bleibt, so lange man es im Dunkeln aufbewahrt, aber im Sonnenlichte nach und nach vollständig zersetzt wird. Bei Ausschliessung von freiem Sauerstoff werden wässerige Lösungen von Jodwasserstoffsäure durch Sonnenlicht nicht zersetzt. Trockenes Jodkalium ist licht- und luftbeständig, feuchtes dagegen wird an der Luft und unter dem Einfluss des Lichts oxydirt:

$$4\,KJ + 2\,H_2O + O_2 = 4\,KOH + 2\,J_2.$$

Ebenso ist die Zersetzung der Salpetersäure kein überzeugendes Beispiel.

Von weiteren Reaktionen seien folgende Gleichungen gegeben:

$$2\,FeCl_3 + C_2H_6O \quad = 2\,FeCl_2 + C_2H_4O + 2\,HCl,$$
$$2\,FeCl_3 + C_2H_2O_4 \quad = 2\,FeCl_2 + 2\,CO_2 \quad + 2\,HCl,$$
$$4\,HgCl_2 + 2\,H_2O \quad = 4\,HgCl + O_2 \qquad + 4\,HCl,$$
$$2\,HgCl_2 + (NH_4)_2C_2O_4 = 2\,HgCl + 2\,CO_2 \quad + 2\,NH_4Cl.$$

Im allgemeinen kann man also abgesehen von einigen zweifelhaften Fällen mit Gibson übereinstimmen, dass die Wirkung des Lichtes dahin geht, möglichst gute Leiter für elektrische Ströme zu bilden.

Unter Benutzung der von H. Höfker[1]) ausgeführten Untersuchung über die Wärmeleitung der Dämpfe von Aminbasen stellte G. Bredig[2]) gewisse Beziehungen zwischen der Wärmeleitung und der Ionenbewegung fest. Setzt man

$k = $ Wärmeleitungskonstante (Luft $= 100$)   } nach Höfker,
$L = $ mittlere Weglänge (Luft $= 100$)   }

$a = $ Kationenbeweglichkeit (Quecksilbereinheiten) nach Bredig,

so ergeben sich folgende Werthe:

	a.	L.	k.
Aethylamin,	46,8	46,9	58,4
Dimethylamin,	50,1	49,4	61,6
Propylamin,	40,1	36,8	52,6

1) H. Höfker, Diss. Jena 1892.
2) G. Bredig, Zeitschr. physik. Ch. **19**, 228, 1895; **23**, 545, 1897.

	a.	L.	k.
Trimethylamin,	47,0	40,0	57,1
Butylamin,	36,4	32,8	52,5
Diäthylamin,	36,1	33,1	52,6
Dipropylamin,	30,4	24,0	44,8
Triäthylamin,	32,6	25,0	46,8

Es lässt sich dabei folgende Gleichung aufstellen:

$$k = 23{,}4 + 0{,}747\,a.$$

Weiterhin dehnt Bredig seine Untersuchungen auf die Wärmeleitung von Salzlösungen unter Benutzung der von G. Jäger[1]) gegebenen Daten aus.

Ist k′ das Wärmeleitungsvermögen des Wassers,
k das Wärmeleitungsvermögen der Lösung,
p der Procentgehalt der Lösung an Salz,
a eine für das Salz specifische Konstante,
so ergiebt sich nach Jäger

$$k = k' \,(1 - ap).$$

Setzt man k′ = 100 und p = 100, so wird

$$k_{100} = 100 - a\,.\,10^4.$$

Ist m das Aequivalentgewicht des Salzes, so sei die „äquivalente Leitfähigkeit" ν des gelösten Salzes definirt durch den Ausdruck:

$$\nu = mk_{100} = (100 - a10^4)\cdot m.$$

Aus den Jäger'schen Daten ergiebt sich nun folgende Tabelle:

	$a\,10^5$.	k_{100}.	m.	$\nu\,10^{-2}$.
KCl,	400	60,0	74,5	44,7
KNO_3,	347	65,3	101	66,0
NaCl,	248	75,2	58,5	44,0
$NaNO_3$,	235	76,5	85	65,0
$^1/_2\,SrCl_2$,	216	78,4	79,3	62,2
$^1/_2\,Sr(NO_3)_2$,	214	78,6	105,8	83,1
$^1/_2\,MgCl_2$,	488	51,2	47,5	24,3
$^1/_2\,MgSO_4$,	144	85,6	60,0	51,4
$^1/_2\,ZnCl_2$,	473	52,7	68,0	35,9
$^1/_2\,ZnSO_4$,	275	72,5	80,5	58,4
$^1/_2\,CuSO_4$,	272	72,8	79,8	58,0
$(^1/_2\,H_2O$,	—	100,0	9,0	9,0)

Ordnet man die Werthe von ν nach Anionen und Kationen, so ergiebt sich für die untersuchten Salze der an sich schon wahrscheinliche Satz:

„Die äquivalente Wärmeleitung ν ist eine additive Eigenschaft, wie die äquivalente elektrische Leitfähigkeit."[2])

---

1) G. Jäger, Ber. Wien. Akad. **99**, 1890.
2) F. Kohlrausch, Wied. Ann. **55**, 287.

Dieser Satz ergiebt sich aus folgender Tabelle:

	ν für Chlorid.	ν für Chlorid.	Differenz $NO_3 - Cl.$
des Kaliums,	44,7	66,0	21,3
„ Natriums,	44,0	65,0	21,0
„ Strontiums,	62,2	83,1	20,9
	Chlorid.	Sulfat.	$^1/_2 SO_4 - 1Cl$
des Magnesiums,	24,3	51,4	27,1
„ Zinks,	35,9	58,4	22,5.

Die letzte Kolumne zeigt genügende Uebereinstimmung.

Auffallend ist ferner, dass die Salze $CuSO_4$ und $ZnSO_4$ mit annähernd gleichen Aequivalentgewichten, elektrischen Ueberführungszahlen n und inneren Reibungskonstanten A_{II}[1]) auch gleiche Wärmeleitung zeigen:

	ν.	n.	A_{II}.
$ZnSO_4$,	58,4	0,76	1,349
$CuSO_4$,	58,0	0,73	1,355

Zum Schlusse weist B r e d i g noch auf die Analogie, welche zwischen den Ueberführungserscheinungen bei elektrischen Potentialgefällen und dem S o r e t'schen Princip der Koncentrationsverschiebung bei Temperaturgefällen besteht.

Mit dem Namen Z e i t- oder L i c h t h y d r o l y s e bezeichnet F. K o h l r a u s c h[2]) die bei den Verbindungen H_2PtCl_4O, H_2PtCl_6, H_2AuCl_3O, $HAuCl_4$, sowie bei wässerigen Lösungen von $SnCl_4$ auftretende Erscheinung, dass deren Leitfähigkeit durch Belichtung entsprechend zunimmt, also die elektrolytische Dissociation eine grössere wird. So wuchs die Leitfähigkeit einer $^n/_{1000}$ H_2PtCl_4O-Lösung in folgenden Werthen $\varDelta k$

Lichtart	$10^7 \varkappa$	$10^7 \varDelta \varkappa$
	1616	
weiss,		$+ 159$
	1775	
weiss,		$+ 120$
	1897	
gelb,		$+ 30$
	1927	
blau,		$+ 66$
	1993	
gelb,		$+ 24$
	2017	

---

1) J. W a g n e r, Zeitschr. physik. Ch. **5**, 31, 1890.

2) F. K o h l r a u s c h, Zeitschr. physik. Ch. **33**, 257, 1900; vgl. auch J. W a g n e r, Zeitschr. physik. Ch. **28**, 66, 1899.

Lichtart	$10^7\varkappa$	$10^7\varDelta\varkappa$
roth,		$+\ 16$
	2033	
blau,		$+\ 57$
	2090	
roth,		$+\ 13$
	2103	
gelb,		$+\ 16$
	2119	
weiss,		$+\ 90$
	2209	
ohne Glas,		$+\ 103$
	2312	

Die Versuche wurden mit einer offenen elektrischen Bogenlampe in einem Abstande von etwa 30 cm ausgeführt. Die Belichtung dauerte eine Minute unter Einschiebung einer weissen, gelben, rothen Kupferoxydul- oder blauen Kobaltglasplatte. Der durch diese Platten nicht absorbirte Theil des Spektrums umfasste etwa die Wellenlänge: rothes Glas 600 bis 670, gelbes Glas 500 bis 650, blaues Glas $410\text{—}570 \cdot 10^{-6}$ mm; dabei war letzteres Spektrum in bekannter Weise von minder hellen Theilen durchsetzt.

Die Lichthydrolyse nimmt also in der Reihenfolge weiss, blau, gelb, roth ab. Unter Berücksichtigung der durch die Wirkung des Tageslichts nothwendigen Korrekturen kommt von einer Belichtung durchschnittlich ein Zuwachs $\varDelta\varkappa$ des Leitvermögens:

	weiss	blau	gelb	roth
$10^7\varDelta\varkappa =$	$+\ 100$	$+\ 56$	$+\ 18$	$+\ 11$

Die Farbe der Lösung geht mit dem Steigen des Leitvermögens aus dem ursprünglichen hellen, eher ins Grünliche spiegelnden Gelb allmälig in ein lebhaftes Orange über. Ausserdem zeigten sich Fluorescenzerscheinungen oder vielmehr wolkenartige Bildungen entsprechend dem von Tyndall beschriebenen Auftreten in Gasgemischen.

Erwähnt sei, dass sich auch häufiger ein die Hydrolyse steigernder Einfluss der Elektroden zeigte. Auch sei darauf hingewiesen, dass der Temperaturkoëfficient speciell von H_2PtCl_4O nicht, wie es sonst bei den Säuren gegenüber den Salzen der Fall ist, verzögernd ansteigt, sondern sich entgegengesetzt also wie bei den Säuren verhält.

H. Buisson[1] beobachtete durch Licht hervorgerufene Veränderungen der Oberflächen von Metallen. Eine Platte aus Zink oder aus Aluminium oder aus amalgamirtem Zink, die frisch gereinigt

---

2) H. Buisson, Compt. rend. **80**, 1298, 1900; Naturw. Rundsch. **15**, 427, 1900.

war, verliert vom Sonnenlicht beschienen ihre negative Elektricität und zwar unmittelbar nach dem Abreiben sehr schnell, dann immer langsamer, bis die Wirkung ganz aufhört. Die Schnelligkeit der Abnahme hängt vom Gehalt des Lichts an ultravioletten Strahlen ab. Diese Aenderung der Lichtempfindlichkeit ist nicht die Wirkung einer Oxydation der Metalloberfläche, sondern eine Lichtwirkung, denn wenn man das gereinigte Metall mehrere Stunden in der Dunkelheit aufbewahrt, verhält es sich im Licht wie eine frische Platte. Anderseits verschwindet die durch das Licht hervorgerufene Vernichtung der Empfindlichkeit beim Aufenthalt in der Dunkelheit, nach welchem die Platte sich so verhält, als wäre sie niemals belichtet worden.

Auch die Potentialdifferenz zwischen zwei Metallen wird durch das Licht geändert. Verweilt eine Metallplatte eine längere Zeit im Dunkeln, so giebt sie mit einer andern Platte eine bestimmte Potentialdifferenz; belichtet man die Platte, so giebt sie eine andere Potentialdifferenz mit der andern Platte. Dieser neue Werth ändert sich anfangs schnell, dann langsam und geht schliesslich in den Werth vor der Belichtung über. Die meisten Metalle Al, Zn, Cu, Sn, Pb, Sb, Bi, Messing, amalgamirtes Zink sind nach der Belichtung elektronegativer, Platin hingegen wird positiver, bei Gold, Silber und Eisen lässt sich die Wirkung nur schlecht bestimmen.

Verschiedenheiten treten auf bei Bogenlicht gegenüber dem Sonnenlicht und hinsichtlich der nichtultravioletten Strahlen.

---

1) J. H. van't Hoff, ibid. **1**, 487, 1887; Sv. Arrhenius, konikl. Vetensk. Akadem. Vörhandl. **1894**, 61.

$$\text{VI.}$$

Die Elektricität in ihrem Verhältniss zu Zustands-änderungen und Reaktionen.

Allgemeines.

Wenn wir die Fortpflanzung des elektrischen Stromes in den Leitern erster Klasse als eine Fortbewegung der Elektronen anzusehen haben, so ist es schwer, diese Erscheinung des Wanderns der Elektronen als blosse Zustandsänderung anzusehen. Die Elektronen gehören zum Bestande der betreffenden Atome oder Moleküle, und eine Lostrennung ist wohl in demselben Sinne als eine chemische Reaktion anzusehen, wie etwa die Zerlegung von PCl_5 in PCl_3 und Cl_2, oder von NH_4Cl in NH_3 und HCl.

Beim Aufhören der wirkenden Ursache kehren alle diese Reaktionen wieder zum Anfangszustande zurück, aber es ist nicht gerade derselbe Rest Cl_2 mit dem vorher mit ihm verbundenen PCl_3 in Reaktion getreten, sondern wahrscheinlich mit einem andern. Das Gleiche gilt für das Verhältniss zwischen Elektronen und Metallatomen, und dieselbe Erscheinung zeigt sich wohl bei allen Zustandsänderungen.

Wir sehen also auch bei diesem Vorgange wieder, wie schwer eigentlich eine Trennung von Zustandsänderungen und chemischen Reaktionen ist, dass es thatsächlichlich eine scharfe Grenze nicht giebt.

Diese Ausführungen zeigen, dass man den Stoff nicht eigentlich in Zustandsänderungen und chemische Reaktionen zergliedern kann und demgemäss ist auch vorher und nachstehend verfahren worden.

1. Unitarische und dualistische Hypothese über das Wesen der Elektricität.

Dualistische Hypothese.

Nach der zuerst von Symmer im Jahre 1750 aufgestellten dualistischen Hypothese sind in jedem Körper im unelektrischen Zustande die positive und die negative Elektricität in gleicher Menge und in gleicher Vertheilung vorhanden und zwar zur „Nullelektricität" vereinigt. Durch besondere Einwirkungen, wie durch Reibung zweier Körper wird dann eine Trennung der beiden Elektricitäten bewirkt, derart, dass der eine Körper die positive, der andere die negative Elektricität aufnimmt.

Bei den leitenden Körpern würden sich die frei gewordenen Elektricitäten über die ganze Oberfläche vertheilen, bei den Nichtleitern dagegen an einzelnen Theilen haften und erst allmälig zu den andern Molekülen, die vorher nicht elektrisirt worden waren, übergehen.

In den geschlossenen Leitern der Elektricität fliesst dann ein positiver und ein negativer Strom in entgegengesetzter Richtung, die sich bei ihrem Zusammentreffen neutralisiren und Wärme liefern oder sonstige Arbeit verrichten können.

Unitarische Hypothese.

Diesen den Erfahrungen angepassten Anschauungen der dualistischen Hypothese gegenüber hat die zuerst von Franklin im Jahre 1747 vertretene unitarische Hypothese keinen leichten Stand; trotzdem scheint sie mir die einzig richtige zu sein, wenn auch nicht ganz in der Form, wie sie ursprünglich vertreten wurde.

Nach den bisher vertretenen Anschauungen dachte man sich jedes Körpermolekül als mit einer gewissen Menge Elektricität versehen, die zu seinem natürlichen Bestand gehörte. Wurde dieselbe vermehrt, so war der betreffende Körper positiv geladen, und wurde dieselbe vermindert, so war er negativ geladen.

Es würde zu weit führen, alle die Ansichten hier vorzuführen, welche im Laufe der Zeit geäussert worden sind. Ich muss in dieser Hinsicht auf das Schlusskapitel des vierten Bandes der „Lehre von der Elektricität" von E. Wiedemann verweisen, wo alle diesbezüglichen Arbeiten ausführlich erörtert sind bis zum Jahre 1898 sowie auf die neueste Litteratur.

Meiner Ansicht nach besteht folgender Satz zu Recht:

Die Fortpflanzung des elektrischen Stromes besteht in dem Wandern von Elektronen von der Kathode nach der Anode.

Beweise hierfür sind folgende Thatsachen:

a) Nach den bisherigen Beobachtungen werden Elektronen nur von der Kathode aus fortgeschleudert, nicht aber von der Anode, entgegen der Annahme von W. Weber, dass der Strom von der Anode zur Kathode fliesst[1]).

---

1) Vgl. hierzu Bd. I, S. 14 u. f.

b) **Bei entsprechender Anordnung der Versuche gelangt Wasser zuerst an der negativen Elektrode zum Sieden und dann erst in der positiven.**

Nach einem Versuche von Bartoli[1]) kann man einen starken Platindraht als Anode und einen bis fast ans Ende mit Glas umgebenen dünnen Platindraht in eine fast zum Sieden erhitzte Schwefelsäure tauchen und beobachtet dann an dem dünnen Draht den Eintritt des Siedens. Am positiven Pol zeigt sich das Sieden erst bei stärkeren Strömen. Ein Strom, der an beiden Platinelektroden schon das Sieden hervorbringt, erzeugt dasselbe bei Austausch durch Eisenelektroden nur an der negativen.

Dies beweist also wiederum, dass die Wirkung an der Kathode eine zeitlich vorausgehende gegenüber der an der Anode ist. Da ein Theil der Bewegungsenergie der Elektronen bereits an der Kathode verbraucht wird, ist die Intensität der Bewegungsenergie der an der Anode eintretenden geringer und demgemäss ihre Wirkung schwächer.

c) **Als ein weiterer Beweis kann die an die Erscheinungen der elektrischen Ueberführung der Flüssigkeiten sich anschliessende Bewegung von Theilchen gelten, welche in der Flüssigkeit vertheilt sind.**

Derartige Beobachtungen sind speciell von Reuss, Faraday, Du Bois Reymond, Jürgensen und besonders auch von Quincke gemacht worden[2]). Letzterer fand eine doppelte Bewegung der suspendirten Theilchen. In die Flüssigkeit eines horizontal liegenden Glasrohrs wurden einige Stärkekörnchen gebracht und dieselben durch Durchblasen von Luft durch das Glasrohr von etwa 0,4 mm Durchmesser aufgerührt. „Nachdem die Flüssigkeit das Rohr ganz erfüllt hatte, wurde es an seinem Ende durch Wachs geschlossen und durch Verbindung der eingeschmolzenen Platindrähte mit Konduktor und Reibzeug einer Elektrisirmaschine ein Strom durch das Wasser hindurch geleitet. Durch ein Mikroskop mit 30facher Vergrösserung wurde bei langsamem Drehen der Scheibe der Maschine eine Bewegung der Stärkekörnchen an der Röhrenwand im Sinne des positiven, in der Mitte der Röhre im Sinne des negativen elektrischen Stromes beobachtet. Bei schnellerem Drehen, also stärkerer Intensität des elektrischen Stromes, bewegten sich die mittleren Theile schneller in letzterem Sinne, und mit ihnen bewegten sich im gleichen Sinne auch die grösseren Theilchen an der Wand, während die kleineren noch in der Richtung des positiven Stromes fortschritten. Endlich bei noch schnellerem Drehen wanderten alle Stärketheilchen im Sinne

---

1) Bartoli, Wied. Ann. Beibl. **1**, 423, 1877; E. Wiedemann, Lehre von der Electricität. Bd. **2**, 678, 1885.

2) Vgl. hierzu E. Wiedemann, Die Lehre von der Electricität. Bd. I, 1007 u. f. 1893.

des negativen elektrischen Stromes fort. Analog wirken auch einseitig gerichtete Induktionsströme und konstante galvanischen Ströme. Beim Durchleiten der Batterientladung durch die Röhre schreiten die Stärketheilchen erst ein wenig im Sinne des positiven Stromes fort, kehren dann plötzlich um und fliessen schnell in der entgegengesetzten Richtung weiter."

„Bei weiteren Röhren sind stärkere Stromintensitäten erforderlich, um alle Theilchen in demselben Sinne fortzutreiben; bei engeren Röhren tritt dies schon bei sehr schwachen Strömen ein."

Es ergiebt sich also, dass in wässerigen Lösungen bei stärkeren Strömen die Wirkung der nach der positiven Elektrode wandernden Elektronen die des nach der negativen Elektrode fliessenden Wassers überwiegt.

Die entgegengesetzt gerichtete Bewegung des Wassers findet später ihre Erklärung. Dagegen muss erwähnt werden, dass im Terpentinöl Schwefel wie im Wasser im Sinne des negativen Stromes wandert, alle andern untersuchten Stoffe, die sich im Wasser in der gleichen Richtung bewegen, wandern dagegen im Terpentinöl in der entgegengesetzten. Diesen Ausnahmen stehen dagegen wieder folgende Erscheinungen gegenüber: Terpentinöltröpfchen, Gasbläschen u. s. f. in gewöhnlichem Alkohol bewegen sich im Sinne des negativen Stromes, während wiederum bei Schwefelkohlenstoff Quarztheilchen oder Luftbläschen im Sinne des positiven Stromes in der Mitte und an der Wand in einer Glasröhre fortgeführt werden, in welcher sich der Schwefelkohlenstoff selbst in derselben Richtung fortbewegt.

d) Die Erscheinung der elektrischen Endosmose oder kataphorischen Wirkung des Stromes, nach welcher die durch eine poröse Wand getrennte Flüssigkeit nach der Kathode zu ansteigt, spricht ebenfalls für diese Ansicht.

Diese Verhältnisse wurden zuerst von Reuss in Moskau im Jahre 1807 entdeckt und später von Porret[1]) bestätigt. Die Erscheinungen waren folgende: „Giesst man in ein U-förmiges Rohr, dessen Biegung mit Thon, Watte, feinem Sand erfüllt ist, Wasser und senkt in beide Schenkel Elektroden von Platinblech, die mit den Polen einer starken Säule verbunden sind, so zersetzt sich das Wasser. Zugleich steigt es in dem Schenkel, welcher die negative Elektrode enthält, und sinkt in dem Schenkel, welcher die positive Elektrode enthält. Statt des Urohres kann man ein in zwei Hälften zerschnittenes Glas anwenden, welches nach Zwischenlegen einer Blase wieder zusammengekittet ist. — Mit besser leitenden Flüssigkeiten als Wasser, wie z. B. verdünnter Schwefelsäure, zeigt sich das Phänomen sehr viel schwächer, so dass man es früher nicht beobachten konnte."

---

1) Vgl. G. Wiedemann, Die Lehre von der Electricität Bd. I, 993 f. 1893.

Enthält die poröse Wand lockere Theile, z. B. Thontheilchen, so werden sie mit dem Wasser in der Richtung des positiven Stromes fortgeführt. Diese Fortführung des Stromes ist zuerst von Becquerel beobachtet worden. Er senkte in ein Gefäss voll Wasser zwei Glasröhren, welche unten durch Korke mit feinen Oeffnungen geschlossen waren. In beide Röhren wurde fein vertheilter und befeuchteter Thon gethan und die Röhren mit Wasser gefüllt. Wurde vermittelst Platinelektroden der Strom durch die Röhren und das Gefäss geleitet, so sank der Thon von der die positive Elektrode enthaltenden Röhre in das Gefäss nieder. Wurde das Wasser besser leitend gemacht, z. B. durch Zusatz von Säure, so trat die Erscheinung nicht ein.

Diese Erscheinungen wurden noch ausführlicher von G. Wiedemann[1]), von H. Hittorf[2]), von Freund[3]), H. Munck[4]), Gore[5]) Quincke[6]), Engelmann[7]) u. s. w. untersucht, indem genauere Beobachtungen über Stromintensität und Masse des bewegten Wassers angestellt wurden. Auch wurden von Quincke an Stelle der porösen Masse Kapillaren angewendet.

Aus den betreffenden Versuchen ergiebt sich:

α) „Die Menge der in gleichen Zeiten durch die Thonwand übergeführten Flüssigkeit ist der Intensität des Stromes direkt proportional und unter sonst gleichen Bedingungen von der Oberfläche und Dicke der Thonwand unabhängig.“

β) „Im Vergleiche mit der durch den Strom gleichzeitig zersetzten Wassermenge ist die durch denselben Strom durch eine Wand von porösem Thon fortgeführte Menge Wasser sehr bedeutend. Letztere beträgt wohl das 500 bis 600fache der ersteren.“

γ) „Für Flüssigkeiten von verschiedener Leitfähigkeit ergiebt sich kein so einfaches Gesetz, indes ist nach den Versuchen von G. Wiedemann bei verschieden koncentrirten Lösungen von schwefelsaurem Kupferoxyd die Menge der übergeführten Flüssigkeit wenigstens nahe dem Salzgehalte umgekehrt proportional bezw. ihren specifischen Widerständen direkt proportional.“

1) G. Wiedemann, Pogg. Ann. 87, 321, 1852.
2) H. Hittorf, Pogg. Ann. 98, 8, 1856.
3) Freund, Wied. Ann. 7, 59, 1879.
4) H. Munck, Du Bois u. Reicherts Archiv 1873, Heft 3 u. 4; ibid. 1866, 369.
5) Gore, Proc. Roy. Soc. 31, 253, 1880; Beibl. 5, 455.
6) F. Quincke, Pogg. Ann. 113, 513, 1861.
7) Th. W. Engelmann, Arch. Nécol. 9, 332, 1874.

δ) „Die Druckhöhen, bis zu welchen die Flüssigkeiten durch den galvanischen Strom ansteigen, sind der Intensität des Stromes direkt, der freien Oberfläche des Thoncylinders umgekehrt proportional."

ε) „Die Druckhöhe ist der Dicke der Thonwände direkt proportional."

Die drei letzten Sätze entsprechen den für die Kapillarität giltigen „Da man eine poröse Wand als ein System von Kapillarröhren betrachten kann, so muss, um gleiche Flüssigkeitsmengen hindurchzuführen, der hydrostatische Druck ihrer Oberfläche d. h. der Anzahl der Kapillarröhren umgekehrt, ihrer Dicke d. h. der Länge der Kapillarröhren direkt proportional sein." Endlich ist der zur Fortführung gleicher Flüssigkeitsmengen durch eine poröse Wand erforderliche hydrostatische Druck ihrer Zähigkeitskonstante proportional. Soll also der Druck der Kraft der elektrischen Ueberführung das Gleichgewicht halten, welche dem specifischen Widerstand der Lösungen nahezu entspricht, so müsste der letztere der Zähigkeit der Lösungen ebenfalls annähernd proportional sein. Da dieser Widerstand innerhalb enger Grenzen dem Salzgehalte der Lösungen umgekehrt proportional ist, ebenso wie die Zähigkeit der Lösungen, so ist also die Menge der elektrisch übergeführten Flüssigkeitsmengen bei Kupfervitriollösungen innerhalb enger Grenzen dem Salzgehalte umgekehrt proportional."

Aus den bereits vorher ausführlicher berücksichtigten Untersuchungen von F. Quincke ergiebt sich also folgendes:

„Es scheint hiernach das Wasser an der Röhrenwand in der Richtung der positiven Elektricität fortgeführt zu werden und sodann durch die Mitte der Röhre zurückzuströmen; die in demselben suspendirten Theilchen (Stärke) scheinen aber überall einen Antrieb in der Richtung des negativen Stromes der Elektricität zu erhalten. Bei schwachen Strömen reisst das Wasser die im entgegengesetzten Sinne angetriebenen Theilchen an den Wänden des Rohres mit sich fort; in der Mitte desselben ist die Bewegung des Wassers der der Theilchen gleichgerichtet und beide addiren sich. So zeigt sich ein Doppelstrom der Theilchen. Bei stärkeren Strömen wächst infolge der Reibung an den Wänden die Geschwindigkeit des Wassers nicht verhältnissmässig, wohl aber die der suspendirten Theilchen, so dass sie sich daselbst schneller im Sinne des negativen Stromes bewegen, als das Wasser im entgegengesetzten Sinne. Die Bewegungsrichtung der Theilchen ist deshalb an allen Stellen der Röhre die gleiche, im Sinne des negativen Stromes nur ist sie an den Wänden langsamer. Da grössere Theilchen im Verhältniss zu ihrer Masse eine kleinere Reibung am Wasser besitzen als kleinere, so schreiten bei gewissen Stromintensitäten erstere schon gegen die Richtung des Wasserstromes vor, während letztere noch von demselben mitgerissen werden. Bei Anwendung von verschiedenen fein vertheilten Substanzen in Terpentinöl ist alles ungeändert bis auf die Bewegungsrichtungen."

Es sei noch erwähnt, dass H. v. Helmholtz[1]) über die elektrische Endosmose Betrachtungen angestellt hat, die sich aber auf andere Voraussetzungen beziehen. Hierbei wird die positive Ladung zu Grunde gelegt, welche die Wandschicht der Flüssigkeit durch Kontakt mit der Wand erfährt. Als Endergebniss erhielt er die Gleichungen für Röhren, die dem Poiseuille'schen Gesetze folgen.

$$U = \frac{wJ(\varphi i - \varphi a)}{4\,\pi k^2}, \quad V = \frac{wP(\varphi i - \varphi a)}{4\,\pi k^2}$$

und hieraus

$$\frac{U}{J} = \frac{V}{P}$$

Hierin bedeuten:

U die durch ein cylindrisches Kapillarrohr von einem Strome J fortgeführte Menge einer imkompressibelen Flüssigkeit.

V die Potentialdifferenz, die beim Durchgiessen der Flüssigkeit durch die Röhre durch einen Druck P erzeugt wird.

$\varphi i - \varphi a$ ist als das elektrische Moment der Doppelschicht anzusehen.

w ist der specifische Widerstand der Flüssigkeit.

Die Richtigkeit der obigen Gleichung ist durch die Versuche von Saxén[2]) bestätigt worden, die er mit Lösungen von Zinksulfat-, Kupfer- und Kadmiumsulfat angestellt hat. Doch muss bemerkt werden, dass dies keinen Beweis für die Voraussetzungen bildet, unter denen dieselbe abgeleitet ist; vielmehr wird man unter andern Voraussetzungen zu derselben Abhängigkeit der betreffenden Grössen gelangen.

e) Die Beobachtung von Volta bezw. Ritter, dass das in einer U-Röhre befindliche Quecksilber, über welches man auf beiden Seiten eine leitende Flüssigkeit schichtet, und in die man Elektroden eintaucht, beim Stromschluss nach der Seite der Kathode stark ansteigt.

Diese Beobachtung, welche auch bei Dewar's Kapillarelektrometer eine Verwendung gefunden hat, lässt sich dadurch erklären, dass an der der Kathode zugewandten Quecksilberoberfläche eine Anode entsteht, die sich mit Quecksilberoxyd bedeckt. Die von der Kathode ausgehenden Elektronen gehen entsprechend der nachher bei der Besprechung der Leitung in Elektrolyten zu entwickelnden Anschauung nach dem Quecksilber, vereinigen sich dort mit den ihrer Elektronen beraubten Quecksilberatomen, bezw. verdrängen noch vorhandene infolge ihrer lebendigen Kraft. Die Elektronen bewegen sich nun im Quecksilber rascher fort als

1) H. v. Helmholtz, Wied. Ann. 7, 351, 1879.
2) Saxén, Wied. Ann. 47, 46, 1892.

in den Elektrolyten. Es werden also immer einzelne da sein, welche frei von Elektronen sind, und auf diese üben die neu ankommenden Elektronen eine Anziehung aus, daher bewegt sich das Quecksilber nach der Kathode zu, d. h. es sucht seine durch die Ausscheidung von Quecksilberoxyd verkleinerte Oberfläche zu vergrössern und damit den Elektronen noch eine Gelegenheit zu geben, an die freien Quecksilberatome heranzukommen, eine Erscheinung, die wir auch beim Kapillarelektrometer beobachten.

Dass thatsächlich von Elektronen befreite Hg-Atome vorhanden sind, beweist ihre Oxydation; denn dieselbe würde nicht stattfinden, so lange das Quecksilberatom mit den Elektronen verbunden ist. Erst nach Abstossung desselben auf das nächste Quecksilberatom wird die Vereinigung mit Sauerstoff möglich.

Der Unterschied zwischen dem vom Strom durchflossenen und dem vom Strom nicht durchflossenen Quecksilber ist der, dass ersteres geladen ist, wenn auch nur vorübergehend, letzteres aber nicht, d. h. bei dem vom Strom durchflossenen wandern die in den Valenzecken angehäuften Aethertheilchen, die Elektronen, in dem andern dagegen sind dieselben überhaupt nicht in Erregung oder nur in gewissem Grade. Bei elektrisch erregten Quecksilberatomen findet ein fortwährender Bindungswechsel, Anlagerung und Trennung, statt. In der That müssen wir ja für den flüssigen Zustand des Quecksilbers eine theilweise vorhandene Doppelatomigkeit des Moleküls annehmen.

f) Wie die Erfahrung lehrt, werden bei dem elektrischen Lichtbogen Kohlentheilchen von dem negativen Pole weggerissen und theilweise nach dem positiven Pole übergeführt.

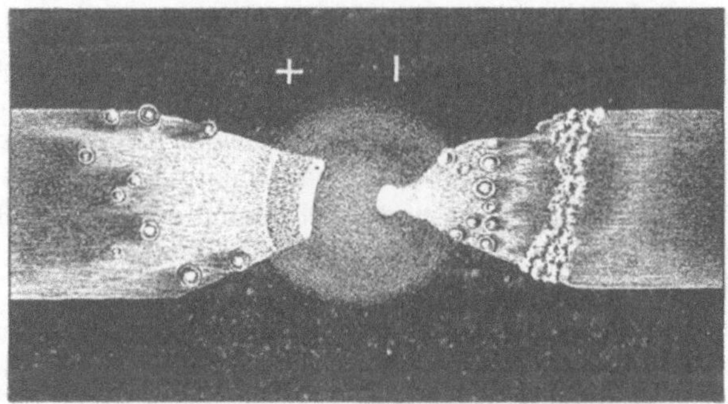

Fig. 63.

Vorstehende Fig. 63 giebt diese Erscheinung wieder. Dieselbe ist mit Erlaubniss der Verlagsfirma aus „Elementare Vorlesungen über Elektricität und Magnetismus" von S. P. Thompson, übersetzt von B. Himstedt, Laupp'sche Buchhandlung, Tübingen, 1887, entnommen. Auch diese Erscheinung scheint für das Bestreben der Anodentheilchen zu sprechen, dem negativen Strom, d. h. also den ankommenden Elektronen eine möglichst grosse Oberfläche darzubieten.

Bei der Betrachtung der von O. Lehmann in seinem Buche über Elektricität und Licht mitgetheilten Lichterscheinungen, die an verschieden gestalteten Elektroden beobachtet wurden, könnte man ebenfalls versucht sein, ein solches Bestreben für die Anodenoberfläche anzunehmen.

g) Weiterhin sprechen für die Ansicht der unitarischen negativen Stromleitung die an der Kathode stattfindenden Metallzerstäubungen, bezw. die an vom Strom durchflossenen Drähten vorkommenden. Das Gleiche gilt für die Beobachtung von Lecoq de Boisbaudran[1]), wonach bei Funkenbildung in Lösungen ebenso wie von festen Substanzen diese die negative Elektrode bilden müssen. Eine noch unerklärliche Ausnahme machen die Aluminiumsalze.

Meines Erachtens stehen diese Beobachtungen nicht den an den Kohleelektroden gemachten entgegen. Auch hier handelt es sich um möglichste Oberflächenvergrösserung. Es ist dasselbe Bild wie bei der später folgenden Abbildung bei Besprechung des Kapillarelektrometers. Die rasch von der Kathode fortgeschleuderten Elektronen suchen einen gangbaren Weg.

Erwähnt sei, dass folgende von A. Foeppl[2]) angestellten und von E. L. Nichols und W. S. Franklin[3]) wiederholten Versuche gegen die unitarische Leitung des elektrischen Stromes sprechen sollen. Es wurde der Versuch gemacht, ob ein galvanischer Strom, der durch eine Spule geht, auf eine Magnetnadel verschieden wirkt, je nachdem die Spule ruht oder um ihre Axe gedreht wird. Hierbei müsste sich ein Einfluss der Drehung bemerkbar machen, wenn der elektrische Strom eine einseitige Bewegung von unendlicher Geschwindigkeit sei. Obwohl die Drehungen auf 380 in der Sekunde gesteigert wurden, konnte ein Einfluss nicht beobachtet werden. Ist also der elektrische Strom eine einseitige Bewegung, so muss er eine Geschwindigkeit besitzen, die grösser ist als 90×10^9 cm.

Weiterhin ist noch nach der unitarischen Theorie der Galvanotropismus nicht ganz erklärt.

Unter Galvanotropismus versteht man eine zuerst von Verworn beschriebene Erscheinung, die auf der Ueberführung von Infusorien

1) Lecoq de Boisbaudran, Compt. rend. **76**, 1163, 1873; H. Kayser, \
Handbuch der Spektroskopie. Bd. I, 220, 1900, Leipzig Hirzel.

2) A. Foeppl, Wied. Ann. **27**, 410, 1887.

3) E. L. Nichols u. W. S. Franklin, Amer. Journ. of Sc. (3), **37**, 103, 1889.

nach der Kathode beruht, wenn man einen schwachen elektrischen Strom durch die Flüssigkeit hindurchschickt. Diese Erscheinung konnte entweder durch eine direkte Wirkung des Stromes oder eine durch die Zersetzungsprodukte chemotaktische sein. Durch eine besondere Versuchsanordnung entschied H. Mouton[1] die Frage dahin, dass eine direkte Stromwirkung vorliegt. Er stellte sich einen 30 cm langen und 3 mm breiten Trog aus zusammengekitteten Glasstreifen her, umgab einen Theil desselben mit Stanniolpapier, welches die eine Elektrode a B a (Fig. 64) bildete, während die andere A gleichfalls aus Stanniol bestand.

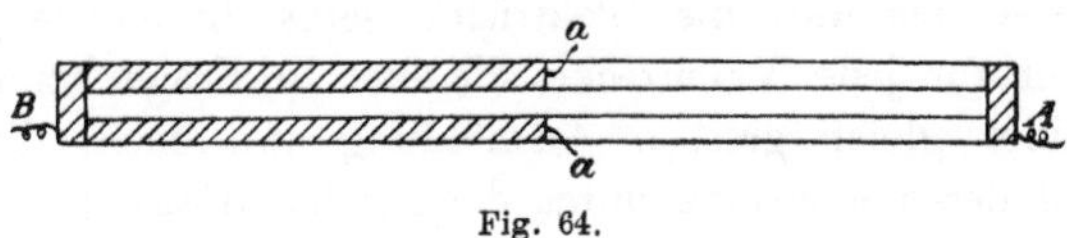

Fig. 64.

„In den Trog wurde paramecienhaltiges Wasser gebracht und zunächst dadurch, dass man A als Kathode nahm, alle Infusorien hier angesammelt. Wurde dann der Strom umgekehrt, so stürzten sich die Paramecien nach B; sowie sie aber die Punkte a überschritten hatten und in den durch den Metallstreifen geschützten Raum kamen, hörte die gerichtete Bewegung auf, und sie wanderten nach allen Richtungen. Aus der Mündung bei a konnten sie nicht heraus, da sie sofort wieder in den geschützten Raum schwammen, dort sich ansammelten und gleichmässig vertheilten. Bei Umkehrung des Stromes wurden die innerhalb des Metallstreifens befindlichen Infusorien nicht beeinflusst, aber die in der Nähe von a wurden gerichtet und schwammen nach A."

Erwähnt sei hier noch die Beobachtung, dass ein Fisch nach Durchgang des Stromes durch Wasser sich mit dem Kopfe nach dem negativen Pol richtet, so dass also der Strom am Kopfe eintreten kann und am Schwanze austritt.

2. Elektronen.

Die Elektronen können als die in den Aushöhlungen der Valenzecken vorhandenen, kondensirten oder nicht kondensirten Aethertheilchen angesehen werden, die für jede in Frage kommende Valenz die gleiche Grösse besitzen. Sie sind vielleicht nur an den freien Hauptvalenzen der bei der Elektrolyse an der Kathode auszuscheidenden Kationen, nicht aber bei den Anionen als vorhanden anzusehen.

---

1) H. Mouton, Naturw. Rundsch. **14**, 427, 1809.

Beweise hierfür sind folgende Thatsachen:

a) **Nach dem Faraday'schen Gesetze werden durch gleich grosse Elektricitätsmengen gleiche Aequivalente der verschiedenen Stoffe ausgeschieden.**

Wie schon H. v. Helmholtz[1]) ausführte, ergiebt sich hieraus, „dass jede Valenzstelle jedes Elementes immer mit einem ganzen Aequivalent, sei es positiver, sei es negativer Elektricität geladen sei, und dass die Grösse dieser elektrischen Aequivalente ebenso unabhängig von dem Stoffe ist, mit dem sie sich verbinden, wie die Atomgewichte der einzelnen chemischen Elemente unabhängig sind von den Verbindungen, die sie eingehen, gerade so, als wäre die Elektricität selbst in Atome getheilt."

Indem wir für jede Valenzecke, die hier in Frage kommt, das Vorhandensein einer gleich grossen Aushöhlung annehmen, die mit Aether erfüllt ist und deren Konstanz durch die gleiche Grösse des zugestandenen Raumes bedingt ist, haben wir schon von vornherein dieser aus dem Faraday'schen Gesetze abgeleiteten Forderung genügt.

b) **Ein indirekter Beweis dafür, dass nur die freien Hauptvalenzen der Kationen hinsichtlich des Vorhandenseins von Elektronen in Frage kommen, nicht aber die der Anionen ergiebt sich daraus, dass zunächst sonst kein unterscheidendes Merkmal für Anion und Kation vorhanden sein würde, zweitens daraus, dass nur von der Kathode aus die Elektronen wandern, nicht aber von der Anode.**

Die elektrolytische Dissociation besteht also, wie schon früher ausgeführt wurde, in einer Trennung der Ionen in Bezug auf ihre Gravitoaffinität, nicht aber hinsichtlich ihrer Elektroaffinität. Es ist mithin eine kleine räumliche Trennung vorhanden, die durch die Bewegungseinflüsse des Lösungsmittels bewirkt wird. Dagegen sind Kation, Elektron und Anion in einem Spannungsverhältnisse, das den Zusammenhalt bedingt[2]).

In wie weit der Elektronenäther als kondensirt oder in seiner Form nur durch die Form der Valenzaushöhlung des Kations bezw. auch die Abrundung der Valenzecke des Anions bedingt ist, muss vorerst dahingestellt bleiben. Weitere Fortschritte in der Erkenntniss durch Ableitung aus den Ergebnissen der Experimente müssen und dürfen jedoch von der Zukunft erhofft werden.

Ich für meinen Theil möchte, obgleich das Verständniss durch diese Hypothese erschwert wird, vorerst von einer Annahme kondensirten Aethers für die Elektronen absehen; die Idee der Kondensation widerstreitet meines Erachtens den Vorstellungen, die wir uns vom Aether machen müssen. Es ist vielleicht vorzuziehen, die Elektronen als bestimmte

---

1) H. v. Helmholtz, Wissenschaftliche Abhandlungen Bd. 3, S. 97, 1895.
2) Vgl. Bd. I, S. 125—127.

Aethermengen anzusehen, die in inniger Beziehung zu den Valenzen stehen infolge der diesbezüglichen Formen der Valenzen sowie infolge der entsprechenden Atom- und Molekularbewegungen.

Mit dieser Theorie habe ich mich nicht allzuweit von der Anschauung Faraday's entfernt, der ebenfalls annahm, dass die elektrischen Zustände durch besonders geartete Veränderungen der Moleküle oder durch solche des sie umgebenden Aethers veranlasst sind. Die von mir gegebenen Ausführungen sind nur den heutigen Anschauungen entsprechend modificirt und präcisirt. In den folgenden Kapiteln soll der Versuch gemacht werden, sie auf möglichst viele elektrische Erscheinungen zu übertragen, und wird dies der Prüfstein sein, ob die Theorie den Erwartungen gerecht wird.

3. Stromstärke, Widerstand und elektromotorische Kraft.

Ohm'sches Gesetz.

Das Ohm'sche Gesetz besagt, dass die Stromstärke J gleich ist dem Quotienten aus der Potentialdifferenz E durch den Widerstand R.

$$J = \frac{E}{R}; \quad \text{Ampère} = \frac{\text{Volt}}{\text{Ohm}}.$$

Dieses Verhältniss der drei Grössen Stromstärke, Potentialdifferenz oder elektromotorische Kraft und Widerstand bildet die Grundlage der gesammten Elektricitätslehre. Trotz der einfachen Beziehungen, die in der obigen Gleichung ihren Ausdruck finden, ist das Ohm'sche Gesetz durchaus nicht so leicht begreifbar, als es auf den ersten Anblick erscheinen möchte. Eine ausführliche Betrachtung hierüber ist von J. Stark[1]) angestellt worden, welche nachstehend wiedergegeben werden soll, um zu zeigen, dass es zum richtigen Verständniss des Gesetzes erst einer eingehenden Betrachtung bedarf. Die Untersuchungen Stark's fussen auf der dualistischen Theorie, doch ist dies für die Gesammtauffassung von keiner wesentlichen Bedeutung.

Grundgedanke des Gesetzes.

„Aus dem Ohm'schen Gesetz in seiner gewöhnlichen Form ist ein Grundgedanke nicht ohne weiteres ersichtlich. Das Gesetz lässt sich indes ohne Schwierigkeit aus dem Gedanken herleiten, dass die Geschwindigkeit der Ionen im elektrischen Strome proportional der sie treibenden Kraft sei. Umgekehrt lässt sich dieser Gedanke aus dem Gesetze in seiner gewöhnlichen Form durch mathematische Umformung gewinnen. Wir sind darum berechtigt, folgenden Satz als Grundgedanken

---

1) J. Stark, Drude's Ann. (4), 5, 89, 793, 1901; Naturw. Rundsch. 16, 497, 1901.

des Ohm'schen Gesetzes zu bezeichnen: **Die Wanderungsgeschwindigkeiten der Ionen im elektrischen Strome sind proportional der örtlichen Kraft.** Die Geschwindigkeit der Ionen in einem Punkte ist lediglich bestimmt durch die an diesem Punkte herrschende Kraft, nicht durch die Kraft an vorausgehenden Punkten oder durch den bereits zurückgelegten Weg, wie bei der in der Luft fallenden Kugel. Aus der Proportionalität zwischen Ionengeschwindigkeit und Kraft ist zu schliessen, dass die Ionen auf ihrer Bewegung in festen und flüssigen Leitern grosse Reibung oder grossen Widerstand erfahren."

Ableitung der verschiedenen Formen des Gesetzes.

„Es sei V_p bezw. V_n die Geschwindigkeit der positiven bezw. negativen Ionen, X sei die sie treibende Kraft. Nach dem Grundgedanken des Ohm'schen Gesetzes gilt dann:
$$V_p = v_p \cdot X \text{ und } V_n = v_n \cdot X.$$
v_p und v_n sind Proportionalitätskonstanten, es sind die Geschwindigkeiten unter der Kraft Eins; sie sollen darum specifische Ionengeschwindigkeiten (Beweglichkeiten) heissen. Ihr Werth bestimmt sich nach der Art des Ions und des Mediums, in dem sich dieses bewegt."

„Es sei I_p die Stromstärke der positiven, I_n der negativen Ionen, $I_g = I_p + I_n$ die Gesammtstromstärke in einem linearen Leiter von der Richtung x und dem Querschnitt Eins; n_p sei die positive Ionisation, die Zahl der positiven Ionen in der Volumeinheit, n_n die negative Ionisation, E die Ladung des Ions. Es gilt dann:
$$I_p = n_p E \cdot V_p = n_p E v_p X,$$
$$I_n = n_n E \cdot V_n = n_n E v_n X,$$
$$I_g = E (n_p \cdot v_p + n_n v_n) X.$$

„Die Kraft X, welche die positiven und die negativen Ionen in entgegengesetzter Richtung in Bewegung setzt, heisse elektrische Triebkraft, unterschieden von der weiter unten definirten elektromotorischen Kraft. Sie wurde zerlegt in zwei Theile, einen Theil, der herrührt von der Vertheilung elektrischer Spannung (V), und einen Theil, der in dem betrachteten Leiterquerschnitt auf Grund besonderer Verhältnisse unabhängig von einer ausser ihm liegenden Stromquelle sitzt, wie z. B. in der Grenzfläche eines Metalles und eines Elektrolyten. Der erste Theil ist gleich $- \dfrac{dV}{dx}$, der zweite sei mit e_i bezeichnet; beide stellen eine Kraft dar auf die Einheit der elektrischen Ladung. $- \dfrac{dV}{dx}$ ist für die positiven Ionen ebenso gross wie für die negativen; das Gleiche wurde für e_i angenommen. Bei Einführung dieser Bezeichnungen nimmt das Ohm'sche Gesetz folgende Form an:

$$I_g = - E (n_p v_p + n_n v_n) \left[\frac{dV}{dx} - e_i \right].$$

Diese heisse das **Ohm'sche Differentialgesetz**. Es gilt für den einzelnen Querschnitt des durchströmten Leiters. Aus ihm lässt sich für ein Leiterstück und für den ganzen Stromkreis das Ohm'sche Gesetz in seiner gewöhnlichen Form ableiten. Wir setzen $\lambda = E (n_p v_p + n_n v_n)$, nennen λ die specifische Leitfähigkeit, multipliciren beide Seiten des Ohm'schen Differentialgesetzes mit dx und integriren über das Leiterstück zwischen den Querschnitten x_1 und x_2. Wir erhalten dann:

$$I_g \int_{x_1}^{x_2} \frac{dx}{\lambda} = (V_1 - V_2) - \int_{x_1}^{x_2} e_i \, dx.$$

„Wir setzen $\displaystyle\int_{x_2}^{x_1} \frac{dx}{\lambda} = r$, wo r den Widerstand zwischen x_1 und x_2

bedeutet, setzen das Integral $\displaystyle\int_{x_1}^{x_2} e_i \, dx = E_i$ und nennen diese Grösse innere elektromotorische Kraft. Wir erhalten dann:

$$I_g = \frac{(V_1 - V_2) - E_i}{r}.$$

Diese Form heisse das **Ohm'sche Integralgesetz**. Dies ist die gewöhnliche Form des Ohm'schen Gesetzes. Enthält das Leiterstück (x_1, x_2) keine innere elektromotorische Kraft, so ist noch einfacher

$$I_g = \frac{V_1 - V_2}{r}.$$

Durch Integration über den ganzen Stromkreis erhält man das Ohm'sche Integralgesetz für diesen in folgender Form:

$$I_g = \frac{\Sigma E_i}{\Sigma r}.$$

Hierin bedeutet ΣE_i die Summe aller inneren elektromotorischen Kräfte, Σr die Summe aller Widerstände des Stromkreises."

Widerstand und elektromotorische Kraft.

„Die Stromstärke stellt die Summe aus der positiven und negativen Elektricitätsmenge dar, welche in der Zeiteinheit durch einen Querschnitt des Stromkreises fliesst. Diese Definition ist verständlich und allgemein bekannt."

„Der elektrische Widerstand wird gewöhnlich als etwas leicht Begreifliches angesehen. In Wirklichkeit ist er eine verwickelte Grösse und entbehrt der Anschaulichkeit. Es wurde oben gesetzt $r = \int\limits_{x_1}^{x_2} \dfrac{dx}{\lambda}$; ist der Querschnitt nicht Eins, wie angenommen wurde, sondern q, so gilt $r = \int\limits_{x_1}^{x_2} \dfrac{dx}{\lambda\,q}$. Sind q und λ räumlich konstant, so gilt $r = \dfrac{(x_2 - x_1)}{\lambda\,q}$, oder, wenn die Länge des Leiterstückes $(x_2 - x_1) = 1$ gesetzt wird,

$$r = \frac{1}{\lambda\,q}.$$

„Anschaulicher als der Widerstand ist die specifische Leitfähigkeit λ. Es wurde gesetzt $\lambda = \varepsilon\,(n_p v_p + n_n v_n)$; sind in dem betrachteten Leiterelement gleich viele positive und negative Ionen vorhanden ($n_p = n_n = n$), was in der Regel zutrifft, so gilt:

$$\lambda = n\,\varepsilon\,(v_p + v_n)$$

„Demgemäss ist die specifische Leitfähigkeit proportional der Ionisation, der Ionenladung und der Summe der specifischen Ionengeschwindigkeiten."

„Die meiste Unklarheit herrscht in der Regel über den Begriff der elektromotorischen Kraft. Verführt durch den unglücklich gewählten Namen hält man sie häufig für eine Kraft, welche Elektricität in Bewegung setzt. In Wirklichkeit aber ist sie gar keine Kraft, sondern eine Energiedifferenz.

„Die Grösse e_i wurde immer elektrische Triebkraft genannt. Sie stellt in der That eine Kraft dar und zwar eine Kraft auf die Einheit der elektrischen Ladung. Das Produkt $e_i \cdot dx$ ist darum eine Arbeit oder Energie und ebenso das Integral $\int e_i dx$. Die elektromotorische Kraft E_i wurde gleich dem bestimmten Integral gesetzt; sie ist dann eine Energie, eine Arbeit zu leisten an der Einheit der elektrischen Ladung. Sie ist enthalten in dem betrachteten Leiterstück; sie ist nicht gerechnet von einem absoluten Nullpunkt, sondern sie ist eine Differenz zweier absoluten Werthe."

„Die inneren elektromotorischen Kräfte drücken wir sachgemäss durch Spannungsdifferenzen aus; diese stellen ja ebenfalls Energiedifferenzen, bezogen auf die Ladungseinheit, dar. Durch Kompensation mit einer Spannungsdifferenz können wir die Grösse einer inneren elektromotorischen Kraft ermitteln. Unbekannt bleiben aber dabei die Werthe der entsprechenden inneren Triebkraft; diese entzieht sich in den meisten Fällen der Messung und Berechnung."

Giltigkeitsgrenze des Gesetzes.

„Das Ohm'sche Gesetz ist experimentell gefunden und experimentell erwiesen worden. Es gilt nur so weit, als es bereits experimentell bestätigt wurde, und das geschah für feste und flüssige Leiter. Für eine neue Art von Stromleitern, so für ionisirte Gase, muss es neu geprüft werden."

Man hat das Ohm'sche Gesetz für feste und flüssige Leiter zumeist in der Form

$$I_g = \frac{V_1 - V_2}{r}$$

geprüft und bestätigt gefunden; man hat das Gleiche auch für Gase gethan und hat Abweichungen von dieser Formel gefunden. Doch eignet sich für Gase diese Formel nicht als Grundlage zur Prüfung des Ohm'schen Gesetzes. Es verändert nämlich ein elektrischer Strom das von ihm durchflossene Gas in der Regel beträchtlich, er verändert den Widerstand und entwickelt unter Umständen innere elekromotorische Kräfte. Man müsste dann in der allgemeinen Formel $I_g = \dfrac{(V_1 - V_2) - E_i}{r}$ sowohl E_i wie r als Funktion von I_g ansehen. Dann aber gestaltet sich die Prüfung des Gesetzes sehr schwierig."

„Man geht für den angestrebten Zweck besser auf die Differentialform, auf den Grundgedanken des Ohm'schen Gesetzes zurück. Die Frage nach dessen Giltigkeit fällt dann zusammen mit der Frage: Sind die Geschwindigkeiten der Ionen durchweg proportional der örtlichen Kraft?

„Nehmen wir an, die Ionen erfahren in einem durchströmenden Leiter nur einen geringen Widerstand; sie sollen eine beträchliche Wegstrecke zurücklegen können, ohne mit andern Theilchen zusammenzustossen. Ferner soll in der Bewegungsrichtung der Ionen, z. B. der negativen, die elektrische Triebkraft auf kurze Strecken von hohen auf niedrige Werthe fallen. Ueberlegen wir, was unter diesen Voraussetzungen eintritt."

„An den Stellen grosser Kraft erlangen die negativen Ionen eine grosse Geschwindigkeit. Diese behalten sie auf eine längere Wegstrecke ohne Zusammenstoss unvermindert bei und schiessen mit ihr in die folgenden Stellen kleiner Kraft. An diesen treten darum unter den angenommenen Umständen Ionengeschwindigkeiten auf, die grösser sind, als der örtlichen Kraft entspricht. An dem Orte der starken räumlichen Variation der Triebkraft gilt also hier das Ohm'sche Gesetz nicht mehr."

„Zwei Voraussetzungen müssen demnach erfüllt sein, damit Abweichungen vom Ohm'schen Gesetz auftreten: erstens kleiner Widerstand des Mediums oder mit andern Worten eine grosse, freie mittlere Weglänge, zweitens starke räumliche Variation der elektrischen Triebkraft. Damit das Ohm'sche Gesetz noch gelte, muss die mittlere

Weglänge 1 klein sein gegen die Wegstrecke ΔX, auf welcher die elektrische Triebkraft um einen merklichen Betrag ΔX abnimmt. Es muss also sein:

$$ 1\frac{\Delta X}{\Delta x} < - k, $$

wo k einen kleinen echten Bruch bedeutet.

„Bei Einführung genäherter Annahmen lässt sich 1 durch die specifische Ionengeschwindigkeit, die Masse und die Ladung des Ions ausdrücken; man kann die Grösse von $\frac{\Delta X}{\Delta x}$ berechnen, die gerade noch zulässig ist, wenn die Abweichung vom Ohm'schen Gesetz weniger als 1 % betragen soll. Für Metalle lässt sich diese Berechnung nicht ausführen, da für diese Leiter die specifischen Ionengeschwindigkeiten noch unbekannt sind. Für Flüssigkeiten ergiebt die Rechnung, dass wir selbst unter den günstigsten, uns möglichen Voraussetzungen eine Abweichung vom Ohm'schen Gesetz nicht verwirklichen können."

„Anders ist es für Gase[1]). Von vornherein darf man bei ihnen auf Abweichungen vom Ohm'schen Gesetz gefasst sein, da ja in ihnen, besonders wenn sie stark verdünnt sind, die Ionen bei ihrer Bewegung einen geringen Widerstand finden und relativ grosse mittlere Weglängen besitzen. In der That ergiebt die Rechnung, dass in ihnen an Stelle grösserer räumlichen Variation der Triebkraft schon bei Atmosphärendruck Abweichungen vom Ohm'schen Gesetz eintreten. Noch mehr ist hierzu die Möglichkeit in verdünnten Gasen gegeben."

„Man beachte wohl, das Ohm'sche Gesetz kann für einen Theil eines durchströmenden Leiters nicht mehr gelten, während es für die übrigen Theile noch gilt. Dies ist sogar in der Regel der Fall. Auch kann es für eine Ionenart noch zutreffen, während es für die andere nicht gilt. Dieser Fall tritt bei den Gasen ausgeprägt ein. Nach allem, was wir wissen, besitzen nämlich in diesen die negativen Ionen grössere mittlere Weglänge und grössere Geschwindigkeit als die negativen. Jene folgen darum dem Ohm'schen Gesetze früher nicht mehr und weit weniger als diese."

„Ein schlagendes Beispiel der Abweichung bilden die Kathodenstrahlen. Diese sind ja negative Ionen, die an der Kathode oder überhaupt einer Stelle grosser Kraft eine grosse Geschwindigkeit annehmen und sie auf weite Wegstrecken beibehalten. Man kann diese negativen Ionen mit riesigen Geschwindigkeiten an Orten finden, so im negativen Glimmlicht, wo die elektrische Triebkraft, bezw. das Spannungsgefälle von Null wenig verschieden ist. Die Schichtung der positiven Lichtsäule ist

---

1) Vgl. hierzu A. Smithells, H. M. Dawson u. H. A. Wilson, Zeitschr. physik. Ch. **32**, 303, 1900; E. Marx, Nachr. K. Ges. der Wiss. zu Göttingen. **1900**, 34.

eine andere Erscheinung, die erst dann dem Verständniss näher gerückt wird, wenn man den Standpunkt des Ohm'schen Gesetzes verlässt. Für die Bewegung in Gasen lässt sich nicht ein einziges und nur ein einziges Gesetz angeben."

4. Reibungselektricität.

Die Reibungselektricität ist eine der am längsten bekannten Erscheinungen. Durch das Reiben von gewissen Körpern gegen einander wird Wärme in Elektricität umgewandelt, und zwar erhält dem gewöhnlichen Sprachgebrauch entsprechend der eine Körper negative, der andere positive Elektricität.

Zu den die Erscheinung der Reibungselektricität besonders gut zeigenden Körpern gehören: Pelz, Wolle, Elfenbein, Glas, Seide, Metalle, Schwefel, Kautschuk, Guttapercha, Kollodium.

Die Reihenfolge dieser Stoffe ist eine solche, dass, wenn zwei derselben zusammen gerieben werden, immer der voranstehende positiv, der nachfolgende negativ elektrisch geladen wird. Jedoch finden hier auch Anomalien statt, die durch den Feuchtigkeitsgehalt der Stoffe u. s. w. bedingt sein mögen.

Beziehen wir dies auf das Verhältniss zwischen Elektronen und der Materie der Elemente, so besagt diese Anordnung, dass z. B. beim Reiben von Wolle und Schwefel die Molekularbewegungen in der Wolle derart werden, dass von frei gewordenen Valenzen Elektronen abgegeben werden und auf gelöste Valenzen des Schwefels übergehen können. So lange der elektrische Zustand, d. h. die besondere Art der Molekularbewegung, dauert, werden einzelne Atome sowie Valenzen in dem Molekül der Wolle ohne Anwesenheit von Elektronen, bei dem Schwefel solche mit Anwesenheit von Elektronen vorkommen. Dabei ist immer das Bestreben vorhanden, in den früheren Zustand des Gleichgewichts zurückzukehren und dies bedingt die entsprechende Potentialdifferenz.

Nach den Versuchen Lord Kelvin's bezw. J. Erskine-Murray[1]) werden Kupfer, Zink und Silber beim temporären Eintauchen in ein Gas vorübergehend positiv, während Zinn infolge dieser Behandlung negativ wird.

Im Princip kann man eigentlich sämmtliche übrigen Arten der Elektricitätserregung auf die Reibungselektricität zurückführen. Die Berührungselektricität entsteht dadurch, dass zwei Platten verschiedener Metalle in Berührung mit einander gebracht werden. Einmal kommt hierbei die Arbeitsleistung in Betracht, welche durch das Zusammenbringen selbst verbraucht wird; dann aber wird wohl auch einem Theil der Wärmebewegung der Moleküle und Atome durch die Berührung die Möglichkeit

---

1) J. Erskine Murray, Phil. Mag. (5), **45**, 398, 1898.

gegeben, den durch jene veranlassten Elektronenerregungen Folge zu geben; es entsteht hierdurch eine Ladung der betreffenden Metalle. Ausserdem kommt noch, wie nachher angeführt werden wird, das magnetische Potential der Erde in Betracht, das aber auf dieselbe Erscheinung wie bei der elektromagnetischen Elektricitätserzeugung und somit wieder auf die Reibung zurückführt.

Die Thermoelektricität, welche durch Erwärmen an den Löthstellen zweier verschiedenen Metalle erzeugt wird, beruht in gleicher Weise wie die Berührungselektricität auf einer durch die Wärme erzeugten Elektronenbewegung, indem die Metalltheilchen ihre Energie theilweise auf die Elektronen infolge direkten Anstosses, d. h. durch Reibung übertragen.

Bei der galvanischen Elektricität haben wir es mit dem Lösungsdrucke der Metallionen im Verhältniss zum osmotischen Drucke zu thun. Es sind also hier ebenfalls zwei verschiedene Bewegungsarten, durch deren entgegengesetzt gerichtete Bewegungen eine Reibung und dadurch eine Erregung der Elektronen bewirkt wird.

Hinsichtlich der elektromagnetischen Elektricitätserzeugung haben wir es ebenfalls mit der Reibung zu thun. Nur sind es hier die Kraftstrahlen, d. h. die Aetherwellen des magnetischen Feldes, welche durch ihre Reibung die Elektronen zur Erregung bringen und dadurch einen elektrischen Strom veranlassen.

5. Berührungselektricität.

Allgemeines. Wie schon vorher erwähnt wurde, lässt sich die Berührungselektricität im Princip auf die Reibungselektricität zurückführen. Je nach der Art der zur Berührung gebrachten Körper unterscheidet man[1]):

1. Elektricitätserzeugung durch Zusammenbringen einer verdünnten und einer koncentrirten Lösung desselben Elektrolyten.

„Berühren sich zwei derartige Lösungen, so haben die gelösten Moleküle das Bestreben, von Orten höherer Koncentration zu Orten niederer Koncentration zu wandern (osmotischer Druck). Die Salzmenge, welche in der Zeiteinheit durch einen gegebenen Querschnitt diffundirt, ist proportional dem Gefälle des osmotischen Druckes und umgekehrt proportional der Reibung, d. h. proportional der Wanderungsgeschwindigkeit. Wenden wir dies auf die dissociirten Ionen an, so würde infolge der verschiedenen Ionengeschwindigkeit eine Trennung der positiven und negativen Ionen stattfinden. Diese Trennung ist aber unmöglich wegen der dann auftretenden elektrostatischen Ladungen, d. h. die Mengen posi-

---

[1]) Vgl. hierzu W. Nernst, Wied. Ann. Beil. Heft 8, 1896; Naturw. Rundsch. **11**, 609, 1896.

tiver und negativer Ionen, welche in der Zeiteinheit durch den Querschnitt wandern, müssen einander gleich sein. Es muss also eine Kraft hinzutreten, welche die Ionen mit schnellerer Wanderungsgeschwindigkeit zurückzuhalten sucht, die Bewegung der andern aber beschleunigt. Diese Kraft ist die an der Berührungsfläche auftretende Potentialdifferenz. Da wir die Menge der langsamer wandernden Ionen, welche durch die vereinte Wirkung des osmotischen Druckes und der Potentialdifferenz getrieben werden, gleich setzen müssen der Menge der schneller wandernden Ionen, die durch den osmotischen Druck minus Potentialdifferenz getrieben werden, so können wir nach dieser Gleichung die Potentialdifferenz aus dem osmotischen Druck (aus den Gasgesetzen berechenbar) und den relativen Wanderungsgeschwindigkeiten (aus Hittorf's Ueberführungszahlen berechenbar) bestimmen."

„Die Verallgemeinerung der so aufgestellten Gleichungen liefert die Theorie der Potentialdifferenz zwischen beliebigen verdünnten Lösungen (Planck). Bei koncentrirteren Lösungen werden sekundäre Erscheinungen (unvollständige Dissociation u. s. w.) zu berücksichtigen sein. Die experimentellen Untersuchungen scheinen ausnahmslos diese Theorie zu bestätigen; der Mechanismus der galvanischen Stromerzeugung in Flüssigkeiten scheint dadurch ziemlich vollkommen klargestellt."

2. Potentialdifferenz zwischen Stellen verschiedener Temperatur einer Lösung. Soret fand, dass in einer Lösung die gelösten Moleküle das Bestreben haben, mit dem Temperaturgefälle von wärmeren zu kälteren Stellen zu wandern, d. h. sich zu vermischen. Dieses Phänomen, auf die Ionen angewandt, ergiebt, dass zu den unter 1. genannten treibenden Kräften eine dritte hinzutritt. Dieselbe wird proportional dem Temperaturabfall und einer den verschiedenen Ionen eigenthümlichen Konstante sein.

3. Potentialdifferenzen zwischen zwei verdünnten Lösungen in nicht mischbaren Lösungsmitteln. Zwischen Wasser und Benzol z. B. vertheilt sich jeder in beiden lösliche Stoff in bestimmtem Koncentrationsverhältniss (Vertheilungssatz). Dasselbe wird für die Ionen der Fall sein, doch wird das Vertheilungsverhältniss bei denselben verschieden sein. Da dieses eine Trennung der Ionen, also wiederum Elektricitätsscheidung hervorrufen würde, muss eine Potentialdifferenz regulirend auftreten. Experimentelle Belege hierfür fehlen.

4. Potentialdifferenz zwischen Metall und verdünnter Lösung. Analog der Tendenz eines Salzes, sich in seinem Lösungsmittel zu lösen, wird auch ein in einer Flüssigkeit befindliches Metall das Bestreben haben, in die Lösung zu gehen (Lösungstension); bei den Metallen sind aber im Gegensatze zu andern Substanzen die Produkte der Auflösung in gleichem Sinne elektrisch geladen (positive Ionen). Da sich hierdurch das Metall negativ, die Flüssigkeit positiv laden muss, wird diese

Lösung nur in unwägbaren Mengen stattfinden können. Bei wasserzersetzenden Metallen, z. B. Natrium, vermittelt der Wasserstoff den Ausgleich der Ladungen. Sind anderseits in der Lösung Ionen des betreffenden Metalls vorhanden, so wird der auf diese Ionen wirkende osmotische Druck dieselben auf dem Metall niederzuschlagen suchen, und zwar wird das Bestreben desto grösser sein, je koncentrirter die Lösung ist. Die Differenz dieser beiden Kräfte entspricht der Potentialdifferenz. Nehmen wir auch hier mit van'tHoff und Arrhenius an, dass die Ionen den Gasgesetzen gehorchen, so können wir die Potentialdifferenz berechnen, und zwar ergiebt sie sich proportional dem natürlichen Logarithmus des Verhältnisses von Lösungstension zu osmotischem Druck, oder, was für die experimentelle Bestimmung bequemer und aus obigem Verhältniss leicht abzuleiten ist, des Verhältnisses der Koncentration, bei welcher keine Potentialdifferenz auftreten würde, zu der vorhandenen Koncentration, und der absoluten Temperatur, und umgekehrt proportional der Werthigkeit der Ionen. Vorausgesetzt ist, dass die Ionen dem Faraday'schen Gesetze gehorchen, d. h. nach dem elektrochemischen Aequivalent ausfallen. Im andern Falle, z. B. bei Platinelektroden und Platinionen, ist die Formel nicht anwendbar. Hier erfolgt der Uebertritt durch Absorption resp. Abgabe der in der Elektrode occludirten Gase, auf welche sich genau die gleiche Betrachtung anwenden lässt. Die experimentellen, sehr zahlreichen Messungen bestätigen ausnahmlos die Theorie.

Die Theorie der galvanischen Elemente wird nachher noch in einem besonderen Kapitel ausführlich behandelt werden.

Koncentrationselemente.

Infolge des Unterschiedes in der Koncentration können, wie erwähnt wurde; elektromotorische Kräfte auftreten. Diese Erscheinungen, die also die sog. Koncentrationsströme betreffen, sind speciell von Helmholtz[1] eingehenden theoretischen Betrachtungen unterzogen worden. Er leitete für $E = P_k - P_a$, d. h. die elektromotorische Kraft als Potentialdifferenz der in die beiden Lösungen gesenkten Elektroden die Gleichung ab:

$$\cdot\ E = P_k - P_a = b\, v_0\, (1 - n) \log \left(\frac{q_a}{q_k} \right)$$

An Stelle der Drucke q_a und q_k können bei verdünnten Lösungen auch die Koncentrationen c_a und c_k gesetzt werden. Weiterhin bedeuten b eine für jedes Salz eigenthümliche Konstante, $(1 - n)$ die Aequivalente des Salzes, die von der Kathode zur Anode durch jeden Querschnitt der Lösungen geführt werden.

---

1) H. v. Helmholtz, Abhandl. I, 840, II, 981.

Nach Moser[1]) bezw. Nernst[2]) lässt sich diese Formel noch etwas umformen. Es wird dann erhalten:

$$E = \frac{p_0 - p}{p_0} \; \frac{m\,S}{18} \; 0,867\,T \; \frac{v}{u+v} \; \log \frac{c_k}{c_a} \; 10^{-4} \; \text{Volt.}$$

Hierin bedeuten: c_a und c_p die entsprechenden Koncentrationen,
   u und v die entsprechenden Wanderungsgeschwindigkeiten,
   T die absolute Temperatur,
   m das Aequivalentgewicht,
   $0,867\,T = 0,000933$.

Eine andere Formel ist die von W. Nernst[3]) aus den unter Zugrundelegung der Wanderungsgeschwindigkeiten u des Anions, v des Kations sowie der osmotischen Drucke der verschieden verdünnten Lösungen p_1 und p_2 und der Lösungstension P berechneten Werthe abgeleitete.

Für E_I und E_{II}, Ketten mit beweglichem Anion und Kation, ergeben sich nach Nernst folgende Gleichungen:

1. $\quad E_I = p_0 \left(\log \frac{P}{p_1} + \frac{u-v}{u+v} \log \frac{p_1}{p_2} - \log \frac{P}{p_2} \right) = p_0 \frac{2\,v}{u+v} \log \frac{p_2}{p_1},$

2. $\quad E_{II} = p_0 \left(\log \frac{p_1}{P_1} + \frac{u-v}{u+v} \log \frac{p_1}{p_2} - \log \frac{p_2}{P_1} \right) = p_0 \frac{2\,u}{u+v} \log \frac{p_1}{p_2}.$

Setzt man die diesbezüglichen Zahlenwerthe ein, so ergeben sich:

1. $\quad E_I = 0,860\,T \; \frac{2\,v}{u+v} \; \log \frac{p_2}{p_1} \; 10^{-4} = 0,0002\,T \; \frac{2\,v}{u+v} \times$
$$\log . \,\text{br}\,.\, \frac{p_2}{p_1} \; \text{Volt.}$$

2. $\quad E_{II} = 0,860\,T \; \frac{2\,u}{u+v} \; \log \frac{p_1}{p_2} \; 10^{-4} = 0,0002\,T \; \frac{2\,u}{u+v} \times$
$$\log . \,\text{br}\,.\, \frac{p_1}{p_2} \; \text{Volt.}$$

Berechnet man nach diesen Gleichungen die entsprechenden elektromotorischen Kräfte, so zeigt sich bei sehr vielen eine gute Uebereinstimmung. Vorausgesetzt wird hierbei, dass P, die Lösungstension der Elektroden, als solche von der Koncentration unabhängig ist und deshalb in der Gleichung nicht berücksichtigt zu werden braucht, d. h. ohne einen Fehler zu begehen, herausfallen kann.

1) Moser, Wied. Ann. 14, 78, 1881.
2) W. Nernst, Zeitschr. physik. Ch. 4, 162, 1889.
3) W. Nernst, Zeitschr. physik. Ch. 2, 613; 4, 129, 1889, Habilitationsschrift; vgl. auch Nernst u. Paul, Wied. Ann. 45, 357, 1892; sowie die Einwäude von Paschen, ibid. 46, 185, 1890.

In der folgenden Tabelle sind einige der von N e r n s t beobachteten und berechneten Werthe zusammengestellt. Dieselben zeigen eine gute Uebereinstimmung. Hierbei sind solche Elemente mit Vortheil zu untersuchen, bei denen die Polarisation beseitigt ist wie bei den Elektroden von Silber in Silbernitrat als Kathode oder mit Kalomel überschütteten Quecksilberelektroden als Anoden, die also sog. umkehrbare Elektroden enthalten:

Elektrolyt.	Depolarisator.	c_1	c_2	E beob.	E ber.
HCl	Hg_2Cl_2	0,105	0,0180	0,0710	0,0736
HCl	Hg_2Cl_2	0,1	0,01	0,0926	0,0962
HBr	Hg_2Br_2	0,126	0,0132	0,0932	0,0940
KCl	Hg_2Cl_2	0,125	0,0125	0,0532	0,0565
NaCl	Hg_2Cl_2	0,125	0,0125	0,0402	0,0429
LiCl	Hg_2Cl_2	0,1	0,01	0,0354	0,0355
NH_4Cl	Hg_2Cl_2	0,1	0,01	0,0546	0,0554
NaBr	Hg_2Br_2	0,125	0,0125	0,0417	0,0425
NaOH	HgO	0,235	0,0300	0,0178	0,0188.

Hierbei bedeuten c_1 und c_2 die betreffenden Koncentrationen. Weitere Versuche sind von L u s s a n a [1]) angestellt worden.

Elektricitätsentwicklung bei der Berührung zweier heterogenen Metalle.

Zur Erklärung der Elektricitätsentwicklung bei der Berührung zweier heterogenen Metalle, die seit dem V o l t a ' schen Fundamentalversuche viele Bearbeiter aber noch keine hinreichende Erklärung gefunden hat, sind von Q u i r i n o   M a j o r a n a [2]) verschiedene interessante Versuche ausgeführt worden.

„Denken wir uns zwei Scheiben, eine aus Kupfer, die andere aus Zink, die man mit der Erde in Verbindung setzt und dann wieder isolirt, so nehmen dieselben eine bestimmte Potentialdifferenz an, welche je nach der Beschaffenheit der Oberfläche der beiden Metalle zwischen 0,7 und 1,02 Volt liegt, wobei das Kupfer negativ zum Zink sich verhält. Sind die beiden Scheiben in solcher Entfernung von einander, dass sie keine merkliche Einwirkung auf einander ausüben, und nähert man sie einander bedeutend in paralleler koaxialer Stellung, so beginnt die gegenseitige Induktion, die elektrische Dichte der beiden sich zugekehrten Flächen nimmt zu, und auf den äusseren Schichten bilden sich zwei Schichten freier Elektricität, positive auf dem Kupfer, negative auf dem Zink. Stellt man

---

1) L u s s a n a, Wied. Ann. Beitr. **17**, 218, 1892.

2) Qu. M a j o r a n a, Rendic. Reale Acad. dei Lincei (5), **8**, 188, 255 u. 302, 1899; Naturw. Rundsch. **14**, 313, 1899.

wieder die Verbindung der beiden Scheiben mit der Erde her, dann verschwinden die äusseren Elektricitätsschichten durch den angelegten Leiter. Bringt man die beiden Scheiben wieder in ihre ursprüngliche Stellung zurück, so wird die Dichte der oberflächlichen Elektricität an den inneren Flächen abnehmen, und eine Menge Elektricität wird durch den Leiter in die Erde entweichen. Diese Elektricitätsmenge ist genau gleich, aber von entgegengesetztem Vorzeichen, wie die, welche beim Annähern frei geworden. Wenn man nach Annäherung der beiden Scheiben sie nicht nach der Erde entladet, sondern metallisch mit einander verbindet, so erhält man dasselbe Resultat."

„Diese einfachen Konsequenzen der Theorie der Kontaktelektricität lassen sich in Form folgender Gesetze fassen:

a) Heterogene (nicht elektrolytische) Leiter, die mit der Erde verbunden sind, nehmen verschiedene von der Natur der Leiter abhängige Potentiale an.

b) Jedesmal, wenn zwei heterogene Leiter, nachdem sie zur Erde entladen worden, einander genähert werden, ohne sich zu berühren, nehmen sie freie Elektricitätsladungen an, welche ihnen entnommen werden können durch einen mit der Erde verbundenen, oder einen isolirten Leiter von grosser Kapacität. Diese Ladungen beim Annähern sind von entgegengesetztem Vorzeichen, wie die im gewöhnlichen Volta'schen Versuch erhaltenen, d. h. das Zink, das sich dem Kupfer nähert, wird negativ geladen, das Kupfer, das dem Zink nahe gebracht wird, positiv.

c) Allemal, wenn zwei heterogene (einander nahe) Leiter nach ihrer Entladung zur Erde von einander entfernt werden, werden sie geladen, und die Ladungen beim Entfernen sind die des gewöhnlichen Volta'schen Versuches; sie sind gleich und von entgegengesetztem Vorzeichen wie die beim Annähern der Platten."

„Um die betreffenden Erscheinungen besser studiren zu können, wendet Majorana folgende Anordnung an: Die Scheibe L (Fig. 65) und der versilberte Quarzdraht Q sind mit den Punkten M und C eines Neusilberdrahtes MN verbunden, der von dem Strome eines Akkumulators von grosser Kapacität und älterer Ladung durchflossen wird. Wenn der Draht MN genügenden Widerstand hat, entladet sich der Akkumulator

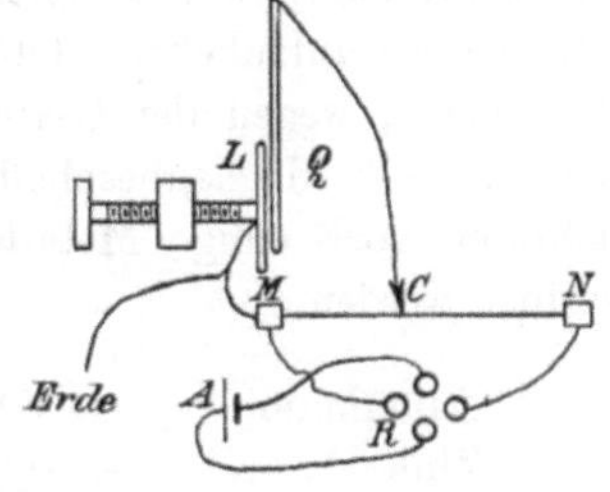

Fig. 65.

nicht merklich während des Versuches und die beiden Punkte M und N behalten die Potentialdifferenz von 2 Volt, was von Zeit zu Zeit mit einem Elektrometer verificirt wird. Der Kontakt C ist auf MN verschiebbar, so dass man die Potentialdifferenz zwischen L und Q beliebig variiren kann. Der Kommutator R wird so eingeschaltet, dass der Strom von N nach M geht. Hierbei erhält der Quarzdraht Q eine positive Ladung, während die Zinkscheibe nicht geladen wird, da M mit der Erde verbunden ist. Regulirt man passend die Stellung des Kontakts C, so kann man zu einem solchen Werthe des Potentials des versilberten Drahtes kommen, dass er keine Anziehung mehr vom Zink erfährt. Bei gut polirtem, spiegelnden Zink entspricht dies einer Potentialdifferenz von etwa 0,9 Volt zwischen M und C. Kehrt man die Richtung des Stromes mittels des Kommutators R um, so kann man leicht beobachten, dass die Anziehung viel lebhafter wird, als wenn man den Akkumulator ausschaltet. Der Quarzdraht beginnt sich merklich zur Zinkscheibe zu biegen, auch bei einem Abstande von 0,5 mm.‘‘

„Hierdurch wird es klar, dass die Anziehung von der Differenz des elektrischen Zustandes der Metalle herrührt. Macht man die Potentiale des Silbers und des Zinks gleich durch eine Säule, welche dieselbe elektromotorische Kraft besitzt, wie die des Kontakts, so verschwindet die Anziehung. Giebt man z. B. C eine solche Stellung, dass die Potentialdifferenz zwischen M und C 0,9 Volt beträgt, hat der Strom die Richtung von N nach M, und nähert man die Scheibe dem Faden bis etwa 0,1 mm, so tritt keine Anziehung ein; wenn man aber den Strom unterbricht, so beobachtet man eine plötzliche Bewegung des Drahtes zur Scheibe. Lässt man den Strom unterbrochen und entfernt den Draht von der Scheibe, bis der Abstand 0,5 mm beträgt, so tritt Anziehung ein, nicht, wenn man überhaupt den Strom durchsendet, sondern nur, wenn er von M nach N geht.‘‘

„Aus diesen Versuchen ergiebt sich eine einfache und schnelle Methode, die elektromotorische Kraft des Kontakts zweier Metalle, oder richtiger eines beliebigen Metalls mit Silber zu messen; man braucht nur zu beobachten, welche elektromotorische Kraft nothwendig ist, um die Anziehung aufzuheben. Obwohl die Methode keine allzu grosse Genauigkeit bietet, wegen der Geringfügigkeit der Erscheinung und der Unsicherheit der Oberflächenbeschaffenheit des den Draht bedeckenden Silbers, so konnten doch einige Metalle nach ihrer Wirkung in folgende Reihe geordnet werden:

Aluminium	$+ 1,1$	Volt,	Kupfer	$+ 0,40$ Volt,
Zink	$+ 0,9$	Volt,	Silber	$+ 0,0$ Volt,
Eisen	$+ 0,5$	Volt,	Gold	$+ 0,2$ Volt.
Messing	$+ 0,45$	Volt,		

6. Potentialdifferenzen.

Ermittlung von Potentialdifferenzen.

Unter Potentialdifferenzen versteht man die anziehende Wirkung, welche die in einem Pole angehäufte positive Elektricität auf die in einem anderen Pole angehäufte negative Elektricität ausübt. Die Anordnung der geladenen Theilchen, d. h. der Elektronen $+$ Atome, muss entsprechend der anziehenden Wirkung der entgegengesetzten Pole, bezw. der abstossenden Wirkung gleicher Pole ausgeführt sein.

Am negativen Pol ist eine Erregung zwischen Elektronen und Atomen vorhanden. Von hier gehen Wellenbewegungen zum positiven Pol, bei dem ein Manko an Elektronen besteht, entsprechend dem Plus am negativen Pol.

Haben wir zwei negative oder positive Pole gegenüber, so bewirken die von beiden ausgehenden gleichartigen aber entgegengesetzten Wellenbewegungen des Aethers eine Abstossung.

Experimentelle Methoden zur Ermittlung von Potentialdifferenzen[1]).

1. Volta's Experimentalversuch, der die Berührungselektricität zwischen Metallen dadurch nachzuweisen sucht, dass er zwei sich berührende Metallplatten trennte und die Elektricitäten auf den Platten durch das Elektroskop nachwies. Bei diesem Versuch kommen aber, wie wohl gegenwärtig allgemein angenommen wird, sekundäre, durch Luftfeuchtigkeit, Potentialdifferenz der Platten gegen Luft und dergleichen bedingte Erscheinungen so sehr in Betracht, dass er keine Beweiskraft besitzt.

2. Hypothese von Edlund, wonach die Peltier-Wärme der Potentialdifferenz zwischen den Metallen äquivalent ist. Nach dieser Hypothese müsste aber, wie sich thermodynamisch nachweisen lässt, der Peltier-Effekt proportional der absoluten Temperatur sein, was keineswegs der Fall ist, so dass nach Nernst's Meinung die Hypothese sicherlich nicht richtig sein kann.

3. Theorie der Elektrokapillarität von Helmholtz. Wenn man Quecksilber polarisirt, so beeinflusst dies seine Oberflächenspannung, und die Standhöhe des Quecksilbers, z. B. in einer Kapillare, wird dadurch verändert (Kapillarelektrometer). Helmholtz nimmt an, dass diese Aenderung bedingt wird durch die Aenderungen der elektrischen Ladungen, welche an der Grenzfläche zwischen Quecksilber und Elektrolyt sich befinden, und die ja an allen Berührungsstellen zweier Substanzen

---

1) Vgl. W. Nernst, Zeitschr. physik. Ch. 4, 129, 1889.

vorhanden sein müssen, die ein verschiedenes elektrisches Potential besitzen. Nun werden diese Ladungen vermöge ihrer elektrostatischen Abstossung so wirken, dass sie die Kapillarspannung des Quecksilbers zu verkleinern suchen. Wenn man also Quecksilber derart polarisirt, dass jene Ladungen verschwinden, so wird seine Oberflächenspannung ein Maximum werden. Ein derartiges Maximum ist schon von Lippmann beobachtet worden, und es zeigt sich, dass dasselbe bei verschiedenen, das Quecksilber berührenden wässerigen Lösungen, bei verschiedenen polarisirenden Kräften liegt.

„Umgekehrt muss die polarisirende Kraft, welche das Maximum der Kapillarität zu erzeugen vermag, die natürliche Potentialdifferenz gerade zum Verschwinden bringen, also ihr gleich sein. Zur Messung kombinirt man eine kleine Quecksilberoberfläche mit einer grossen, beschickt diese Zelle mit dem Elektrolyten, dessen Berührungspotential mit Quecksilber gemessen werden soll, und polarisirt so stark, dass die Kapillarspannung der kleinen Oberfläche das Maximum erreicht. Die Polarisation der grossen Oberfläche ist so gering, dass sie zu vernachlässigen ist. Rothmund[1]) und H. Meyer fanden die Potentialdifferenz zwischen Quecksiber und verschiedenen Lösungen auf diesem Wege in guter Uebereinstimmung.

Um die Potentialdifferenz zwischen zwei Elektrolyten zu bestimmen, misst man die elektromotorische Kraft einer galvanischen Zelle

Hg / Elektrolyt I / Elektrolyt II / Hg;

der Unterschied der elektromotorischen Kraft mit den nach obiger Methode bestimmten Potentialdifferenzen Elektrolyt I / Hg und Elektrolyt II / Hg kann nichts anders als die Potentialdifferenz an der Berührungsschicht der beiden Flüssigkeiten sein.“

Theoretische Berechnung von Kontaktpotentialen.

Derartige Rechnungen sind von Nernst 1889 nach folgenden Ueberlegungen angestellt worden. Wir kennen in vielen Fällen die Gesetze der Bewegung von in Lösung befindlichen Molekülen. Wenden wir diese Gesetze auf die freien Ionen an, deren Theorie bekanntlich Arrhenius 1882 gegeben hat, so ergiebt sich in sehr vielen Fällen, dass die positiven und negativen Ionen sich von einander trennen müssen. In wägbarer Form kann diese Trennung aber nicht erfolgen, weil diese eine Anhäufung ganz enormer Mengen freie Elektricität bedeuten würde. Vielmehr setzen die durch spurenweise Trennung der Ionen bewirkten, schon sehr bedeutenden elektrischen Ladungen der weiteren Scheidung

---

1) V. Rothmund, Zeitschr. physik. Ch. **14**, 1, 1895.

der positiven und negativen Ionen ein Ende. Die Grösse dieser Ladung giebt die Potentialdifferenz. In allen den vorher unter 5. erwähnten Fällen liessen sich bisher solche Ueberlegungen durchführen.

Die experimentellen Befunde lassen sich mit den theoretischen Berechnungen vergleichen.

Zu dem Zwecke wenden wir vorerst die osmotische Theorie auf die Kapillarerscheinungen des polarisirten Quecksilbers an, denn die einzige, nicht von vornherein anzufechtende Messungsmethode beruht auf der Elektrokapillarität. So lange eine bestimmte Art von Ionen ausfällt bezw. in Lösung geht, können wir die Polarisationen im Quecksilbervoltameter an der Anode und Kathode berechnen. Durch den Strom wird nämlich das gelöste Quecksilber an der Kathode niedergeschlagen, während an der Anode ebensoviel in Lösung geht, und die hierdurch bedingten Koncentrationsänderungen erzeugen die Gegenkraft der Polarisation. Hiernach wäre also die Polarisation nicht durch einen „Ladungsstrom", wie Helmholtz es auffasste, sondern durch einen Leitungsstrom bedingt (Warburg), d. h. die Polarisationskapacität der Elektroden ist nicht durch den molekularen Abstand zwischen Metall und Elektrolyt, sondern in erster Linie durch die Menge solcher Ionen gegeben, die die Elektrode liefert, und durch die Menge der gelösten Ionen bezw. Moleküle, die solche Ionen zu liefern vermögen. Kupfer in Kupfersulfat wird eine ungeheuer grosse Polarisationskapacität haben und somit so gut wie gar nicht polarisirbar sein, weil die Menge der die Kupferelektrode umgebenden Kupferionen zu gross ist, während Quecksilber in Schwefelsäure sich stark polarisiren wird, weil wegen der Schwerlöslichkeit des Quecksilbersulfats nur wenig Quecksilberionen in der Lösung vorhanden sind. — Da nun nach Helmholtz die Kapillarspannung des Quecksilbers von der Potentialdifferenz der Berührungsstellen Hg/Elektrolyt abhängt, diese ihrerseits von der Menge der in Lösung befindlichen Quecksilberionen, so ist von der Menge der letzteren auch die Kapillarspannung abhängig.

Die Theorie des Lippmann'schen Kapillarelektrometers ist hiernach also folgende: Der polarisirende Strom fällt spurenweise gelöste Quecksilberionen aus oder bringt sie in Lösung, je nach seiner Richtung. Dadurch ändert sich die Potentialdifferenz Hg/Elektrolyt und somit nach Helmholtz die Kapillarspannung.

Diese Betrachtungen ermöglichen unter anderm eine zwanglose Erklärung der von Paschen[1]) gemachten Beobachtung, wonach die Kapillarkonstante des Quecksilbers wächst, wenn man es der Reihe nach mit nachfolgenden Elektrolyten in Berührung bringt: Lösungen von Merkuronitrat, Schwefelsäure, Salzsäure, Kalilauge, Cyankalium bis zu einer ge-

---

1) F. Paschen, Wied. Ann. **43**, 516, 1891.

wissen Koncentration; bei grösseren Koncentrationen von Cyankalium nimmt sie jedoch wieder ab. Nach unseren Kenntnissen der Löslichkeitsverhältnisse der Quecksilbersalze nimmt die Menge der freien Ionen in derselben Reihenfolge ab, wie sich auch das Quecksilber in Berührung mit diesen Lösungen in seiner elektromotorischen Stellung immer mehr dem Zink nähert. Leider ist jedoch die Uebereinstimmung nicht durchgehends.

Die Berechtigung der Anwendung der osmotischen Theorie zur Berechnung der Kontaktpotentiale hat insofern Bestätigung erfahren, als sich die elektromotorischen Kräfte der verschiedensten galvanischen Kombinationen (Koncentrationsketten, gewöhnliche galvanische Elemente, elektrolytische Thermoketten) in guter Uebereinstimmung mit dem experimentellen Befunde haben berechnen lassen. Was aber die nach Helmholtzscher Methode gefundenen Werthe betrifft, so stimmen die Potentialdifferenzen zwischen Elektrolyten, wenn man sie berechnet, nicht mit den von der osmotischen Theorie verlangten Werthen. Die Differenzen liegen weit ausserhalb der Grenzen der Beobachtungsfehler. Da die von der osmotischen Theorie geforderten Werthe durch die Erfahrung gut bestätigt sind, so liegt es wohl am nächsten, die erwähnte Diskrepanz darauf zurückzuführen, dass noch andre als rein elektrolytische Wirkungen, etwa solche chemischer Natur, die Oberflächenspannung des Quecksilbers beeinflussen. Eine exakte Theorie der Kapillarität würde demnach noch Sache der Zukunft sein[1]. —

Ueber die Potentialdifferenzen an der Berührungsstelle verschiedener Metalle, dem Mechanismus der Stromerzeugung in metallischer Thermokette, sowie in thermomagnetischen Platten herrscht noch völliges Dunkel, welches wohl kaum geklärt werden wird, bevor wir nicht die Natur der metallischen Elektricitätsleitung näher kennen gelernt haben.

In einer Arbeit betitelt „Ein Versuch zur Theorie der Tropfelektrode giebt J. Bernstein[2] die folgenden beiden interessanten Photographien, welche den Vorgang im Augenblicke des Abreissens des Tropfen darstellen. In Fig. 66a ist der Meniskus des Kapillarelektrometers Anode des entstehenden Stromes, in Fig. 66b Kathode.

„Hierin bedeutet die obere Linie ab, von rechts nach links zu lesen, den Schatten der Tropfelektrode und des daraus hervortretenden Hg-Tropfens. Diese Linie neigt sich allmälig nach unten, bis im Punkt c der Tropfen herabfällt und die Fallkurve cd zeichnet. Die unterste Linie pq ist das Schattenbild der unteren Hg-Schicht im Glasgefäss, auf welcher

---

[1] Vgl. hierzu S. W. J. Smitt, Zeitschr. physik. Ch. **32**, 433, 1900; W. Palmaer, ibid. **25**, 265, 1898; **28**, 257, 1899; **36**, 664, 1901; G. Meyer, Wied. Ann. **67**, 433, 1899.

[2] J. Bernstein, Zeitschr. physik. Ch. **38**, 200, 1900.

nach dem Auffallen des Tropfens einige Wellen entstehen. Die Linie el ist die Elektrometerkurve, das optische Bild des Meniskus. Man sieht, dass dieselbe nach einem nahezu horizontalen Verlaufe in dem Momente, in welchem der Tropfen beim Punkte c abreisst, steil in die Höhe steigt. Sie hat ihr Maximum schon überschritten, bevor der Tropfen einen kleinen Theil des Weges zurückgelegt hat. Der Abfall der Kurve geschieht lang-

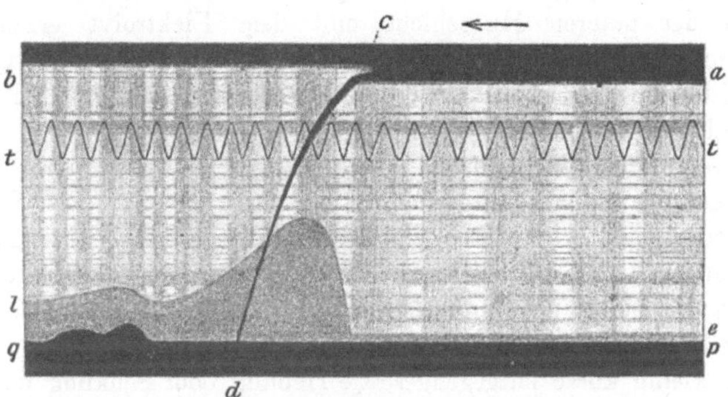

Fig. 66 a.

samer als der Aufstieg. Es folgen dann noch einige kleinere Schwankungen des Meniskus, welche offenbar mit den Wellen der unteren Hg-Schicht isochrom sind und davon herrühren. In beiden Figuren sind noch

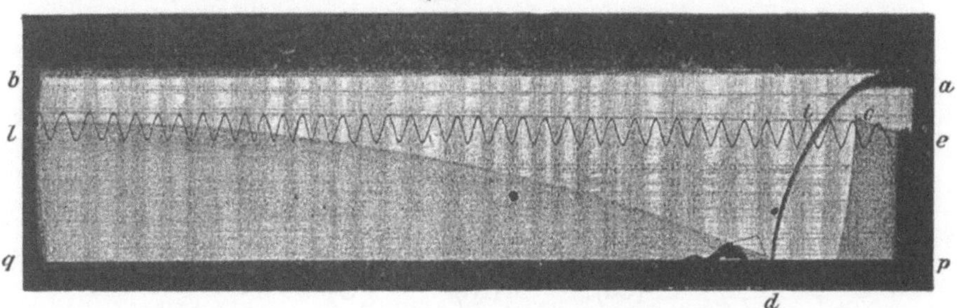

Fig. 66 b.

in tt die Zeiten durch eine vor dem Spalt schwingende Feder verzeichnet. Jede Schwingung ist etwa $^1/_{58}''$. Der Anstieg der Kurve dauert daher etwa 0,034''.

„In Uebereinstimmung mit der Theorie der Tropfelektrode nach den Versuchen von Ostwald[1]) und Paschen[2]) ist der Vorgang in diesem

---

1) W. Ostwald, Zeitschr. physik. Ch. 1, 589, 1897.
2) F. Paschen, Wied. Ann. 51, 49, 1890.

Falle folgendermassen zu deuten. Der aus der Kapillare austretende Tropfen bildet sich so langsam, dass die Potentialdifferenz zwischen seiner Oberfläche und dem Elektrolyt Zeit hat sich auszubilden, und eine nahezu konstant bleibende Grösse annimmt. In dem Moment aber, in welchem der Hg-Tropfen abreisst, kommt plötzlich eine frische, unveränderte Oberfläche an der Kapillarspitze mit dem Elektrolyt in Berührung, deren Potentialdifferenz gegen den Elektrolyt Null ist. Die Potentialdifferenz zwischen der unteren Hg-Schicht und dem Elektrolyt erzeugt daher eine schnelle Stromschwankung, welche nur so lange dauert, bis die Potentialdifferenz zwischen der Tropfelektrode und dem Elektrolyt wieder ihren früheren konstanten Werth angenommen hat."

„Dieser konstant bleibende Werth an der Tropfelektrode ist merklich kleiner als die Potentialdifferenz an der ruhenden Hg-Schicht, und dieser Unterschied wird durch die Bildung des Tropfens erzeugt. Daher sieht man bei der Einstellung der Tropfelektrode ein Vorrücken des Meniskus im Sinne der Stromschwankung. Dieser Ausschlag, der konstant bleibt, kommt in der Kurve daher nicht zum Vorschein."

Die kleine kurze entgegengesetzte Hebung oder Senkung der Elektrometerkurve ist durch einen Strom in der der Tropfelektrode entgegengesetzten Richtung bedingt.

Die Verwendung des Lippmann'schen Kapillarelektrometers zur elektrometrischen Analyse beschreibt R. Behrend[1]), der die betreffenden Versuche im Ostwald'schen Laboratorium ausführte.

7. Potentialdifferenz zwischen Metallen.

Aus den von Volta, Ritter, Seebeck, Péchet, Munk und Pfaff gegebenen Reihen leitet sich folgende Spannungsreihe der Metalle ab:

(Mg)	W	Pt
(Al)	Fe	Au
(Mn)	Bi	Hg
Zn	Co	Ag
(Cd)	(Ni)	C
(Tl)	As	Pd
Pb	Cu	--
Su	Sb	—

In derselben wird, wie schon Volta für einige beobachtete, jedes vorhergehende mit jedem folgenden berührt, positiv elektrisch, das nachfolgende negativ elektrisch, und zwar ist die Summe der Potentialdifferenzen verschiedener Glieder gleich der Potentialdifferenz der beiden äussersten.

---

1) R. Behrend, Zeitschr. physik. Ch. **11**, 466, 1893.

Die Reihenfolge der Metalle erleidet mitunter eine Abänderung, die durch vorhandene Verunreinigungen oder besondere Oberflächenbeschaffenheit bedingt wird. Nach B. Neumann[1]) ordnen sich die Metalle zusammen mit Wasserstoff in folgender Reihe hinsichtlich der Zersetzungsspannungen für das Metallion:

Mg, Al, Mn, Zn, Cd, Tl, Fe, Co, Ni, Pb, H, Bi, As, Sb, Sn, Cu, Hg,
Ag, Pd, Pt, Au

und zwar scheidet Wasserstoff aus Metallsalzlösungen alle nachstehenden aber keines der vorgehenden Metalle aus mit Ausnahme von Zinn, welches aus diesem Grunde auch eine der oben angegebenen Spannungsreihe entsprechende Stelle einnehmen musste.

Wasser wird von Kupfer schwächer positiv erregt als das Zink, deshalb lässt sich Wasser nicht in die Spannungsreihe einordnen. Die Leiter zweiter Klasse folgen also dem Gesetze der Spannung gegenüber den Metallen nicht.

Elektroden-Potentiale.

„Die elektromotorische Kraft der meisten galvanischen Ketten ist nach Nernst durch die Gleichung

$$E = \frac{RT}{n_1} \ln \frac{P_1}{p_1} + \varphi - \frac{RT}{n_2} \ln \frac{P_2}{p_2}$$

gegeben, in welcher P_1 und P_2 die Lösungstensionen der ionenliefernden Elektroden, p_1 und p_2 die Koncentration der entsprechenden Ionen in den Lösungen, in welchen die Elektroden eintauchen, n_1 und n_2 die Werthigkeiten derselben, T die absolute Temperatur, R die Gaskonstante und φ die etwaige Berührungsspannung zwischen den beiden Lösungen bedeuten.“

„Alle galvanischen Ketten lassen sich in zwei Haupttypen vertheilen — des Kalomel (Helmholtz'schen) oder einflüssigen und des Daniell'schen oder zweiflüssigen Elements. Dem ersten Typus sind auch die Gasketten zuzuschreiben, während Kombinationen, welche die sogenannte Ostwald'sche Normalkalomelelektrode enthalten, z. B. diejenigen, die in der Abhandlung von B. Neumann[2]) beschrieben sind, sich an den zweiten anschliessen. In Ketten nach dem Kalomeltypus kommt die Grösse φ, da sich nur eine Lösung zwischen den Elektroden vorfindet, nicht vor; und in den meisten Daniell'schen Elementen, wo bloss neutrale, und insbesondere, wo auch ähnlich zusammengesetzte Salze vorhanden sind, ist sie sehr klein und braucht nicht in Rechnung gezogen zu werden. In andern Fällen aber, wo Elektrolyte, deren Ionen sehr verschiedene Beweglichkeit besitzen (Säuren und Basen), zugegen sind, muss φ nach der Nernst-

---

1) B. Neumann, Zeitschr. physik. Ch. **14**, 229, 1894.
2) B. Neumann, Zeitschr. physik. Ch. **14**, 193, 1894.

Planck'schen Formel[1]) berechnet, oder durch den Kunstgriff von Nernst, indem man beide Elektroden mit demselben indifferenten Elektrolyten im Ueberschuss beschickt, beseitigt werden. Die Gleichung für die Spannung der Kette wird nun, wenn die von den Elektroden kommenden Ionen entweder alle positiv oder alle negativ sind, einfach:

$$E = \frac{RT}{n_1} \ln \frac{P_1}{p_1} - \frac{RT}{n_2} \ln \frac{P_2}{p_2} = \varepsilon_1 - \varepsilon_2.$$

Wenn aber die eine Elektrode positive und die andere negative Ionen liefert, so bekommen wir:

$$E = \varepsilon_1 + \varepsilon_2 = \frac{RT}{n_1} \ln \frac{P_1}{p_1} + \frac{RT}{n_2} \ln \frac{P_2}{p_2}.$$

Die gesammte E . K der Kette ist die Summe oder Differenz der beiden an den zwei Elektroden entwickelten elektromotorischen Kräfte. Für jede Elektrode ist die Spannung:

$$\varepsilon = \frac{RT}{n} \ln \frac{P}{p}$$

oder

$$\frac{RT}{n} \ln P = \varepsilon + \frac{RT}{n} \ln p.$$

„Es ist nun die ganze Grösse $\frac{RT}{n} \ln P$, mit welcher es wir hier besonders zu thun haben: für unsere Zwecke ist es ganz einerlei, ob P einem wirklichen Drucke entspricht oder bloss eine Integrationskonstante ist. Diese für jedes Element höchst charakteristische Grösse wollen wir im folgenden als „elektrolytisches Potential" bezeichnen $= \varepsilon$. P.

„Aus der Formel sehen wir, dass wir die Druckeinheit beliebig wählen dürfen, und der Bequemlichkeit halber wollen wir daher denjenigen Druck nehmen, welcher sich auf eine Normalkoncentration (eine Grammmolekel, resp. Grammion pro Liter) bezieht, nämlich 23,90 Atmosphären bei 18⁰. Offenbar bei dieser Ionenkoncentration ist dann:

$$\frac{RT}{n} \ln P = \varepsilon.$$

Wenn wir die Resultate in Volts haben wollen, so beträgt R 0,861 $\times 10^{-4}$, T bei Zimmertemperatur 291, und, damit wir mit dekadischen Logarithmen rechnen können, müssen wir mit 2,302 multipliciren. So erhalten wir:

$$\frac{0,0577}{n} \log^{10} P = \varepsilon$$

für das εT irgend einer Elektrode gegen eine Normallösung ihres Ions.

---

1) Wied. Ann. **40**. 561, 1890.

„Könnten wir die Spannung ε für irgend eine einzelne Elektrode messen, so wäre es ganz leicht, die elektrolytischen Potentiale aller andern Elektroden zu bekommen. Wir hätten bloss Elemente aufzubauen, in denen wir die erste mit allen andern der Reihe nach kombinirten; und von den elektromotorischen Kräften dieser Elemente, nöthigenfalls auf Normalionenkoncentration umgerechnet, müssten wir dann nur das ε. P. der ersten Elektrode abziehen, um alle andern absolut zu erhalten. Leider sind wir, ausser der ziemlich bedenklichen Berechnung der Spannung zwischen Quecksilber und seinen Salzen aus der Lippmann'schen Kapillaritätserscheinung, bis jetzt in keinem Fall im stande dies zu thun. In allen galvanischen Ketten sind mindestens zwei Elektroden vorhanden. Deshalb hat Nernst[1]) vorgeschlagen, das ε. P. des Wasserstoffs bei atmosphärischem Druck zum Nullpunkt anzunehmen und alle andern darauf zu beziehen. Da nun die E.K der Kalomel- und anderer Hg-Elektroden in Bezug auf Wasserstoff mit einer gewissen Genauigkeit bestimmt sind, kann man mit dieser fast alle Metalle in „neutraler" Lösung ihrer Salze direkt vergleichen. Nach Coggeshall[2]) ist die Kalomelelektrode, wenn man besondere Massregeln trifft, auf $< 0{,}001$ Volt konstant, und die Zuverlässigkeit der Elektrode Quecksilber-Merkurosulfat ist durch die Clark- und Westonzahlen bewiesen. Ferner zur Kontrolle können die Metalle paarweise gegen einander gemessen werden."

Dieser Einleitung, welche mit theilweiser Kürzung der Arbeit von N. T. M. Wilsmore[3]) entnommen ist, folgt die Beschreibung der Untersuchungsmethode.

„Sechs Platinelektroden mit je im ganzen 18 bis 20 qcm Oberfläche wurden nach den Vorschriften von Neumann (l. c.) und von Smale (l. c.) hergestellt. Jedes Stück Blech wurde an einem Platindraht angeschweisst und letzterer an einen längeren Kupferdraht angeschmolzen. Ein etwa 20 cm langes Glasrohr wurde dann über den Draht gezogen und mit dem Platin durch Schmelzglas verbunden. Das häufig gebrauchte Verbinden des Kupfers mit dem Platin durch Quecksilber ist nicht zu empfehlen, da ein kleiner Sprung im Schmelzglas Verunreinigung des Elektrolyten leicht verursachen kann. Das Platinblech wurde spiralförmig umgebogen, damit es leicht in das Elektrodengefäss hineinpasste. Die Elektroden wurden im Gebläse ausgeglüht und in Kalilauge, Salpetersäure, koncentrirter Schwefelsäure und Wasser der Reihe nach ausgekocht. Vier davon wurden nach dem Verfahren von Lummer und Kurlbaum, die andern zwei mit „reiner Platinchloridlösung", die ein paar Tropfen Salzsäure enthielt, platinirt. (Dauer 1—2 St. mit etwa

---

[1]) W. Nernst, Ber. **30**, 1557, 1890.

[2]) Coggeshall, Zeitschr. physik. Ch. **17**, 62 1895.

[3]) N. T. M. Wilsmore, Zeitschr. physik. Ch. **35**, 291, 1900; **36**, 91, 1901; vgl. hierzu W. Ostwald, **35**, 333, 1900; **36**, 97, 1901.

0,15 Ampère.) Danach wurden alle mit Wasser ausgekocht, als Kathoden zum Elektrolysiren von verdünnter Schwefelsäure eine Stunde lang gebraucht, um Chlor zu reduciren, und wieder mit Wasser mehrere Stunden ausgekocht. Die ersten vier Elektroden wurden auch in verdünnter Salpetersäure gekocht, um etwaige Spuren von Blei zu entfernen. Solche Elektroden in etwa norm. Schwefelsäure und mit Wasserstoff beladen, zeigen gegen einander eine Spannung von höchstens ein paar Zehntausendstel Volt und oft nur ein paar Hunderttausendstel."

„Alle Messungen fanden in einem Ostwald'schen Thermostasten statt. Das Elektrodengefäss A war etwa 20 cm hoch und 1,5 cm breit und war, wie die Fig. 67 wiedergiebt, mit drei Ansatzröhren versehen.

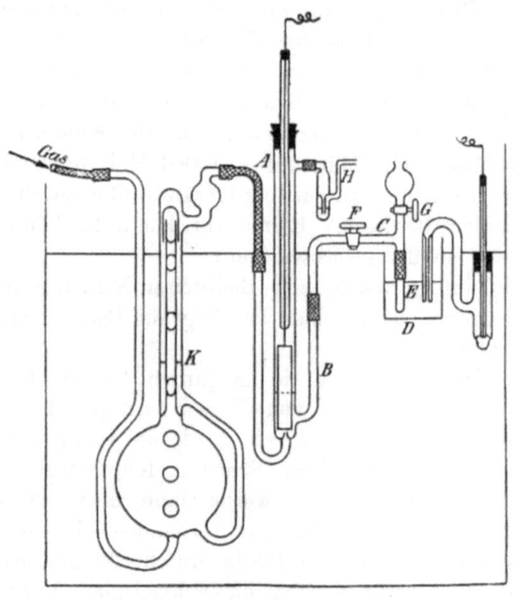

Fig. 67

Durch das Rohr B und den Heber C konnte es mit dem kleinen Gefässe D und dadurch mit irgend einer andern Elektrode verbunden werden. Das Röhrchen E wurde mit fest gepresstem, mit dem betreffenden Elektrolyten getränktem Löschpapier verstopft. Nach jeder Reihe von Versuchen wurde es abgenommen, ausgespült und mit frischem Löschpapier wieder gefüllt. Nur ungefähr die Hälfte des Platinblechs tauchte in den Elektrolyten ein."

„Um Verdampfung des Elektrolyten in A durch den Gasstrom zu vermeiden, wurde ein Richardson'scher Gaswaschapparat K, welcher mit derselben Lösung gefüllt und bei gleicher Temperatur gehalten wurde, vorgeschaltet. Das kleine Fläschchen H diente als Luftverschluss. Mittels der Hähne F und G konnte man den Heber bequem füllen resp. ausspülen, ohne den Elektrolyten in A zu stören oder Luft einzulassen. Solch eine Elektrodenvorrichtung konnte vorher lange in Gang bleiben.“

„Für Hg und andere metallische Elektroden ist Wilsmore nach vielen Versuchen schliesslich auf die nebenstehende Form gekommen (Fig. 68). Dabei ist zu beachten, dass die Lösung in C schwerer ist als der Elektrolyt in der Zelle; sonst entstehen Konvektionsströme im Kapillarrohr, welche die Reinheit des Elektrolyten beeinträchtigen können.“

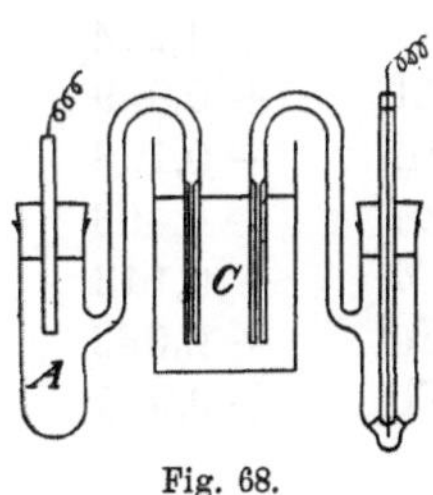

Fig. 68.

„Alle Messungen wurden nach der Poggendorff'schen Kompensationsmethode ausgeführt. Als Stromzeiger diente ein d'Arsonvalscher Spiegelgalvanometer mit einer Empfindlichkeit bei 1 m Skalenabstand von 10^{-9} Amp. und als Normalelemente zwei Westons, die mit einem von der Reichsanstalt geaichten Clarkelement verglichen, den Normalwerth von 1,0186 Volt bei 15^0 zeigten (Clark = 1,433 Volt). Wegen Verdunstung des Wassers im Thermostaten war der Arbeitsraum immer mehr oder minder feucht, und um gute Isolation zu erzielen, wurden Thermostaten, Arbeitstisch und andere Apparate auf Oelisolatoren gestellt. Diese Messungen fanden theilweise bei Zimmertemperatur, aber meistens bei 25^0 statt.“

Bei der Berechnung, bei der absolute Potentiale am zweckmässigsten sind und nicht die auf die Wasserstoffeinheit bezogenen, wurde die Differenz der Normalkalomelelektrode, gegen welche die einzelnen Messungen ausgeführt wurden, gegen die Wasserstoffelekrode zu 0,277 Volt zu Grunde gelegt. Es ergab sich nämlich, dass die Kalomelelektrode als Ausgangspunkt in der Bestimmung von Elektrodenpotentialen viel besser geeignet ist, als die Wasserstoffelektrode selbst.

In den nachstehenden Tabellen sind die Arbeiten von Baille und Féry, Behrend, Braun, Chrustschoff und Sidnikoff, Czapski, Helmholtz, Jaeger und Wachsmuth, Jahn, Kahle, Küster und Crotogino, Neumann, Ogg, Smale, Streintz und Wright und Thompson berücksichtigt und durch entsprechende Buchstaben gekennzeichnet.

Absolute elektrolytische Potentiale.

| K | (+ 2,92) | Co | — 0,045 | Fl | (— 2,24) |
| Na | (+ 2,54) | Ni | — 0,049 | Cl | — 1,694 |

Ba	$(+\,2{,}54)$		Sn	$< -\,0{,}085$		Br	$-\,1{,}270$
Sr	$(+\,2{,}49)$		Pb	$-\,0{,}129$		J	$-\,0{,}797$
Ca	$+\,2{,}28$		H	$-\,0{,}277$		O	$-\,1{,}396$?
Mg	$+\,2{,}26$		Cu	$-\,0{,}606$			
	$+\,1{,}214$?		As	$< -\,0{,}570$			
Al	$+\,0{,}999$?		Bi	$< -\,0{,}668$			
Mn	$+\,0{,}798$		Sb	$< -\,0{,}743$			
Zn	$+\,0{,}493$		Hg	$-\,1{,}027$			
Cd	$+\,0{,}143$		Ag	$-\,1{,}048$			
Fe	$+\,0{,}063$		Pd	$< -\,1{,}066$			
Tl	$+\,0{,}045$		Pt	$< -\,1{,}140$			
			Au	$< -\,1{,}356$			

Absolute Potentiale einzelner Elektroden.

Elektrode.	Elektrolyt.	Aequivalent-Koncentration.	Massgebende Ionen.	Ionen-Koncentration.	Absolutes Potential. gef.	Absolutes Potential. ber.	Beob.
Zn.	$ZnSO_4$	6,22 (ges.)	Zn	0,22	(0,508?)	0,512 ?	C.E.
		4,0	,,	0,204	(0,523)	0,513	W.T.
		3,0	,,	0,20	(0,529)	0,513	,,
		1,0	,,	0,114	(0,524)	0,520	N.
		0,11	,,	0,022	(0.537)	0,541	W.T.
	$ZnCl_2$	26,7	,,	0,53 ?	(0,495?)	0,501 ?	H.
		1,18	,,	0,27	(0,510)	0,509	C.S.
		1,18	.,	0,27	(0,522)	0,509	C.
		1,1	,,	0,26	(0,506)	0,510	W.T.
		1,0	,,	0,24	(0,502)	0,511	N.
		0,28	,,	0,089	0,508	0,523	W.T.
	$H_2SO_4\,{}^1/_1 + ZnSO_4\,n/_1$	0,0 (= n)	,,	?	0,498		W.
		0,001 ,,	,,	?	0,508		,,
		0,01 ,,	,,	?	0,504		,,
		0,1 ,,	,,	?	0,501		,.
	$H_2SO_4\,{}^2/_1 + ZnSO_4\,n/_1$	0,0 ,,	,,	?	0,541		.,
		0,001 ,,	,,	?	0,503		,,
		0,01 ,,	,,	?	0,532		,,
		0,1 ,,	,,	?	0,526		,,
	$KOH\,{}^1/_1 + ZnO_2K_2\,n/_1$	0,0 ,,	,,	?	0,959		,,
		0,01 ,,	,,	?	0,966		,,
Cd.	$CdSO_4$	5,3 (ges.)	Cd.	0,19 ?	(0,093?)	0,163 ?	W.E.
		1,0	,,	0,108	(0,162)	0,171	N.
	$CdCl_2$	1,0	,,	0,108	(0,174)	0,171	,,
		0,28	,,	0,052	(0,189)	0,180	W.T.
	$H_2SO_4\,{}^1/_1 + CdSO_4\,n/_1$	0,0 (= n)	,,	?	0,180		W.
		0,001 ,,	,,	?	0,189		,,
		0,01 ,,	,,	?	0,168		,,
		0,1 ,,	,,	?	0,148		,,
	$H_2SO_4\,{}^2/_1 + CdSO_4\,n/_1$	0,0 ,,	,,	?	0,198		,,
		0,001 ,,	,,	?	0,207		,,
		0,01 ,,	,,	?	0,206		,,
		0,1 ,,	,,	?	0,162		,,
	KOH	1,0 ,,	,,	?	0,437		,,

Elektrode.	Elektrolyt.	Aequivalent-Koncentration.	Massgebende Ionen.	Ionen-Koncentration.	Absolutes Potential. gef.	ber.	Beob.
Tl.	Tl₂SO₄	gesättigt	Tl.	0,115 ?	0,114	0,099 ?	N.
		0,1	„	0,065	0,115	0,114	„
	TlCl	gesättigt	.,	0,0146	0,151	0,151	„
	TlNO₃	0,1	.,	0,082	0,111	0,108	„
Pb.	PbSO₄ SG 1,033	1,04 (H_2SO_4)	H.	0,53	0,007		D.
	+H_2SO_4 „ 1,064	2,05	„	0,96	0,006		„
	„ 1,141	4,6	„	1,68	0,028?		.,
	„ 1,102	6,4	„	1,90	0,017?		„
	PbCl₂	gesättigt	Pb..	0,020	—0,095	—0,077?	N.
Cu.	CuSO₄	2,6 (ges.)	Cu.	0,19		—0,585?	—
		1,0	„	0,11	—0,585	—0,578	N.
	CuN₂O₆	1,0	„	0,24	—0,615	—0.588	W.
Hg.	Hg₂SO₄ + K₂SO₄n/₁	1,21 (ges.)= n	SO₄″	0,32		- 0,918	—
		1,0 (= n)	„	0,27		—0,921	—
		0,1 „	„	0,036		—0,946	—
		0,01 „	„	0,0043	—0,972	—0,972	B.
	Hg₂SO₄ + H₂SO₄n/₁	2,0 „	„		—0,951	—	W.
	25°	1,0 „			—0,956	—	„
	Hg₂Cl₂ + KCl n/₁	4,0 (ges.) = n	Cl'	2,56		—0,529	—
		2,0 (= n)	„	1,42		—0,544	S.N.
		1,0 „	„	0,75	—0,560	— 0,560	W.
		0,5 „	„	0,39	—0 576	—0,577	—
		0,1 „	„	0,085		—0,614	—
	Hg₂Cl₂ + HCl n/₁	2,0 „	„	1,32		—0,546	S.
		1,0 „	„	0,78	—0,560	—0,559	—
		0,5 „	„	0,43		—0,574	—
		0,1 „	„	0,091		—0,613	S.
	HgO₂H₂ + KOH	1,0	—	—	—0,409		W.
	„ + NaOH	1,0			—0,415		„
					bis 0.393		„
	Hg₂O₂H₂ + KOH	1,0			-0,367bis		„
					—0,386		„
Ag.	Ag₂SO₄	0,037 (ges.)	Ag.	0,029 ?	—0,974	—0,959?	N.
	AgCl + KCl n/₁	4,0 (= n)	„	$5{,}3 \times 10^{-11}$		—0,455	--
		2,0 „	„	$9{,}6 \times 10^{-11}$		—0.468	—
		1,0 „	„	$1{,}8 \times 10^{-10}$		—0,486	—
		0,5 ,.	„	$3{,}5 \times 10^{-10}$		—0,502	—
		0,1 „	,,	$1{,}6 \times 10^{-9}$		—0,540	—
	AgNO₃	1,0 „	„	0,58	—1,055	—1,034	N.
Pt. +	H₂SO₄	2,0	„	0,94	—1,335		W.
Luft.		1,0	„	0,51	—1,319		„
		0,1	„	0,058	—1,213		S.
	KOH	1,0	.,		—1,486		W.
PbO₂	H₂SO₄ SG 1,033	1,04	„		—1,872		D.
	„ 1,064	2,05			—1,893		„
	„ 1,141	4,6			—1,943?		„
	„ 1,192	6,4			—1,974?		„
Pt.-	H₂SO₄ ¹/₁	Polarisirende	EK.	1,200	—0,242		W.
Spitze				1,220	—0,239		„
				1,240	—0,237		„
				1,260	—0,234		„
				1,280	—0.231		„
				1,300	—0,227		„

Fällung von Metallen aus ihren Salzlösungen durch andere Metalle.

Der Spannungsreihe der Metalle entsprechend kann man die einzelnen Metalle aus ihren Salzen durch das entsprechende elektronegativere fällen, wobei sich eine entsprechende Menge des elektropositiveren Metalles löst. Beispiele hierfür sind:

Die Fällung von Kupfer aus Kupfersulfat durch Eisen, die des Bleis durch Zink (Bleibaum), des Silbers durch Zink (Dianenbaum).

Hierbei ist noch zu beachten, dass auch der elektronegative Bestandtheil, also das Anion insofern eine Rolle spielt, als es auf die Stellung des Metalls in der Spannungsreihe von Einfluss ist. So wird z. B. Quecksilber nicht gefällt von Kupfer aus seiner schwefelsauren oder salpetersauren Salzlösung, wohl aber aus der des Chlorids. Gold wird durch Silber aus der Lösung als Chlorgold gefällt, sehr schlecht aber aus einer Lösung von Gold in Cyankalium.

Stellt man die Metalle in der von Volta, Ritter, Seebeck, Péclet, Munk und Pfaff gegebenen Reihe zusammen und vergleicht hier die Zersetzungsspannungen der einzelnen Metallsalze, wie sie von M. Le Blanc[1]) für die Salze, bezw. B. Neumann[2]) für die Metallionen bestimmt worden sind, so ergeben sich bestimmte Beziehungen:

(Siehe Tabelle S. 599.)

B. Neumann hat folgende Reihenfolge; Mg, Al, Mn, Zn, Cd, Th, Fe, Co, Ni, Pb, H, Bi, As, Sb, Sn, Cu, Hg, Ag, Pd, Pt, Au und giebt hierzu folgende Erklärung: Wasserstoff scheidet aus Metallsalzlösungen von Kupfer, Silber, Quecksilber, Gold, Palladium, Arsen, Antimon, Wismuth die Metalle aus, während Lösungen der Salze von Zink, Zinn, Kadmium, Eisen, Nickel, Kobalt, Mangan, Thallium, Blei, Magnesium, Aluminium unzersetzt bleiben.

Wenngleich einigen der von Neumann bestimmten Werthe nach den Ausführungen von Le Blanc nur eine bedingte Zuverlässigkeit zukommt, so besitzen doch die meisten, die in äquivalent normalen bezw. koncentrirten Lösungen bestimmt wurden, eine hinreichende Sicherheit. Im allgemeinen zeigt sich hier deutlich dieselbe Reihenfolge wie in der Spannungsreihe. Bemerkt sei, dass Mg, Al, Mn vorangesetzt wurden, ohne dass dieselben früher in der Volta'schen bezw. Ritter'schen Spannungsreihe aufgeführt wurden.

Zum Schlusse sind die betreffenden Werthe für den Wasserstoff zum Vergleiche beigefügt, der also nach Neumann zwischen Pb und Bi einzuschalten wäre.

---

1) M. Le Blanc, Zeitschr. physik. Ch. 299, 189.
2) B. Neumann, Zeitschr. physik. Ch. **14**, 229, 1894; vgl. hierzu Cl. Immerwahr, Zeitschr. anorg. Ch. **24**, 269, 1900; **25**, 112, 1900.

| Spannungsreihe | Zersetzungsspannung der | | | | | | des Metallions nach Nernst. |
| | Chloride | | Nitrate | | Sulfate | | |
	Salz	Metall	Salz	Metall	Salz	Metall	
Mg	—	+ 1,231	—	+ 1,060	—	+ 1,239	—
Al	—	+ 1,015	—	+ 0,775	—	+ 1,040	—
Zn	2,77	+ 0,824	—	+ 0,560	2,60	+ 0,815	—
Zn	2,35	+ 0,503	—	+ 0,473	2,35	+ 0,524	+ 0,74
Cd	1,88	+ 0,174	1,98	+ 0,122	2,03	+ 0,162	+ 0,38
Tl	—	+ 0,151	—	+ 0,112	—	+ 0,114	—
Pb	—	— 0,095	1,52	— 0,115	—	—	+ 0,17
Sn	1,76 $SnCl_2$ 1,70 $SnCl_4$	— 0,085	—	—	—	—	—
W	—	—	—	—	—	—	—
Fe	2,16	+ 0,087	—	—	2,02 ($FeSO_4$) 1,62 $Fe_2(SO_4)_{/3}$	—	—
Bi	—	— 0,315	—	— 0,500	—	— 0,490	—
Co	1,78	— 0,015	—	— 0,078	1,92	—	—
Ni	1,85	— 0,020	—	— 0,060	2,09	—	—
As	—	— 0,550	—	—	—	—	—
Cu	1,36	—	—	— 0,615	1.24	— 0,515	— 0,34
Sb	—	— 0,376	—	—	—	—	—
Pt	—	— 1,140	—	—	—	—	—
Au	0,39	— 1,356	—	—	—	—	—
Hg	1,30	—	1,04	— 1,028	—	— 0,980	—
Ag	—	— 0,974	0,70	— 1,055	—	—	— 0,78
C	—	—	—	—	—	—	—
Pd	—	— 1,066	—	—	—	—	—
H,	1,31	— 0,249	1,69	—	1,67	— 0,238	0,00

Auch die wenigen Zahlen, welche Nernst giebt, zeigen dieselbe Reihenfolge.

8. Wechselwirkung zwischen Wärme und Elektricität.

Das Joule'sche Gesetz.

Das Verhältniss, in dem die Elektricität und Wärme zu einander stehen, wird durch das Joule'sche Gesetz[1]) bestimmt. Dasselbe lautet:

„Die in den Leitungsdrähten in gleichen Zeiten durch galvanische Ströme entwickelten Wärmemengen sind dem Quadrate der Intensität der Ströme und dem Leitungswiderstande der Drähte direkt proportional."

Die betreffende Formel ist folgende:

$$W = \text{konst. } I^2 R = \text{konst. } I^2 l\, r/d.$$

1) Joule, Phil. Mag. **19**, 260, 1841.

Hierin bedeuten: W = Wärmemenge,
 I = Stromintensität,
 R = Gesammtwiderstand,
 l = Länge des Drahtes,
 d = Querschnitt des Drahtes,
 r = specifischer Widerstand desselben.

Aus den Versuchen hatte sich ergeben, dass durch einen Strom, welcher in einer gegebenen Zeit ein Kubikcentimeter Knallgas entwickelt, in derselben Zeit in einem Platindrahte von 1 m Länge und 1 mm Durchmesser eine Wärmemenge erzeugt wird, welche 0,019692 g Wasser um 1^0 C. zu erwärmen vermag. Hieraus berechnet sich die Konstante zu 0,24. 1 Joule = 0,24 cal. (Vgl. Bd. I, S. 83 u. 84.)

Auch für die Elektrolyte gilt das Joule'sche Gesetz, indem die erzeugte Wärmemenge dem Widerstande der Elektrolyte und dem Quadrate der Stromintensität direkt proportional ist. Joule bewies dies durch Anwendung zweier Kupferelektroden in einem Kupfervitriolbad. Es löste sich hierbei an der positiven Elektrode ebenso viel Kupfer auf, als sich an der negativen abschied. Die dadurch bedingten Wärmetönungen hoben sich also auf.

Thermoströme und Thermoelemente.

Erwärmt man die Kontaktstellen zweier Metalle, so entsteht ein Strom. Die ersten Untersuchungen über diese Erscheinung sind von Seebeck ausgeführt worden, und nannte er hierbei das Metall thermoelektrisch positiv, zu dem durch die erwärmte Kontaktstelle der Strom hinfliesst.

Die Metalle lassen sich in gleicher Weise wie bei der Erscheinung der Berührungselektricität in einer Reihe anordnen, bei der immer das vorhergehende mit einem der folgenden in Kontakt gebracht und an der Kontaktstelle erwärmt negativ, das folgende positiv geladen wird. Die thermoelektrische Spannungsreihe ist nach Hankel folgende:

—	Quecksilber,	Kupferdraht,
Natrium,	Platin,	Zink,
Kalium,	Gold,	Silber,
Wismuth,	Messing,	Kadmium,
Neusilber,	Kupfer,	Eisen,
Nickel,	Zinn,	Antimon.
Kobalt,	Aluminium,	
Palladium,	Blei,	

Doch sind hierbei Struktur und Beimengungen mitunter von starkem Einfluss.

Als weiterer Satz für die thermoelektrischen Ströme hat sich folgender ergeben:

Es ist gleichgiltig, ob man zwischen zwei Glieder der Reihe noch mehrere dazwischenliegende einschaltet oder nicht. Immer entsteht ein Strom von derselben Intensität, wie wenn man nur die beiden Metalle allein anwendet.

Bei Anwendung desselben Metallpaares ist die elektromotorische Kraft der Temperatur proportional. Dies gilt wenigstens für gewisse Grenzen. Im allgemeinen beträgt die elektromotorische Kraft ein Tausendstel derjenigen eines Daniell-Elementes; bei Anwendung vom Halbschwefelkupfer erhält man etwas höhere Werthe.

Besonders auffallende Verhältnisse zeigen sich bei Legirungen, bei Schwefel-, Arsen- und Sauerstoffmetallen.

Leitende Krystalle zeigen das Vorhandensein thermoelektrischer Axen, wie z. B. Wismuth, Fahlerz.

Erwähnt sei noch, dass bei Erhöhungen der Temperaturen mitunter Umkehrungen der Stromesrichtung eintreten können.

Thermoströme treten auch auf bei Metallen und Elektrolyten und vielleicht auch bei Elektrolyten selbst bei Temperaturverschiedenheit; doch ist letzteres nicht sicher, da hierbei auch sonstige Verschiedenheiten die Entstehung eines elektrischen Stromes bewirken können.

Zur Erklärung der durch die Wärme verursachten elektrischen Erregungen nimmt Clausius[1]) an, „dass die Wärme selbst bei der Bildung und Erhaltung der Potentialdifferenz an der Berührungsstelle der heterogenen Leiter wirksam ist, indem die Molekularbewegung, welche wir Wärme nennen, die Elektricität von dem einen Stoffe zum andern zu treiben strebt und nur durch die entgegenwirkende Kraft der beiden dadurch gebildeten elektrischen Schichten, wenn diese eine gewisse Dichtigkeit erreicht haben, daran verhindert werden kann."

F. Kohlrausch[2]) nimmt an, 1. dass mit einem Wärmestrome in bestimmtem, von der Natur des Leiters abhängigem Maasse ein elektrischer Strom verbunden ist und 2. umgekehrt durch einen elektrischen Strom die Wärme bewegt wird, 3. soll infolge der Proportionalität zwischen Wärme und Elektricitätsleitung die wärmebewegende Kraft des Stromes Eins in irgend einem Körper proportional der elektromotorischen Kraft des Wärmestromes in demselben Körper sein.

Die weiteren Betrachtungen von Duhem, Budde, Lorentz und Planck haben, „wie es scheint, mit Sicherheit ergeben, dass man neben der elektrostatischen Potentialdifferenz zwischen heterogenen Leitern noch eine je nach ihrer Beschaffenheit verschiedene elektromolekulare Energie ihrer Theilchen annehmen muss. Worin dieselbe aber besteht, da man die sehr komplicirte Annahme von W. Weber wohl kaum als

---

1) Clausius, Abhandlungen **2**, 172, 1880.
2) Kohlrausch, Pogg. Ann. **156**, 601, 1875.

definitiv ansehen kann, ist durchaus unklar und somit auch das eigentliche Wesen der Thermoelektricität." (G. Wiedemann, Lehre von der Elektricität Bd. II. 388. 1895.)

Auch hier dürfte die Annahme von mit Elektronen geladenen Valenzen wohl den Thatsachen gerecht werden. Durch die Atom- und Molekularbewegungen, welche durch Wärmezufuhr zu grösserer Lebhaftigkeit angefacht werden, kommen auch theilweise die Elektronen zum Strömen, und zwar werden sie von dem positiv sich ladenden Metall zu dem negativ sich ladenden wandern. Hier haben wir ein Plus an Elektronen, dort ein Minus, daher entsteht die Potentialdifferenz.

Ueber die Thermoelektricität bei festen Elektrolyten sowie von Lösungen hat S. Lussana[1]) grössere Arbeiten ausgeführt.

Anwendung der Thermosäulen zu Temperaturmessungen.

Umgekehrt werden die durch Temperaturänderung erzeugten Thermoströme unter Anwendung geeigneten Materials znr Temperaturmessung benutzt, indem man für den mit dem Temperaturwechsel eintretenden Intensitätswechsel eine bestimmte Skala aufstellt. So sind von Le Chatelier[2]) Elemente aus reinem, durch Schmelzung erhaltenen Platin und einer Legirung von Platin mit $10\,^0/_0$ Rhodium hergestellt worden, die ziemlich brauchbar waren. Barus[3]) verwendete eine Legierung von Platin mit $20\,^0/_0$ Iridium.

Neuerdings werden besonders leistungsfähige Apparate von der Firma Hartmann und Braun in Bockenheim bei Frankfurt hergestellt, bei denen ebenfalls eine Platin-Iridiumlegirung zur Verwendung kommt.

P. Cardani[4]), der über die Wärmeentwicklung in den Leitern bei der Entladung von Kondensatoren arbeitete, findet in den Ergebnissen seiner Wärmemessungen eine sehr einfache Methode zur Messung der elektrischen Leitfähigkeit der Elektrolyte durch Temperaturmessung.

Die allgemeine Formel, die hier giltig ist, lautet:

$$N \cdot \left(L + \alpha\,\frac{S}{K}\right) = N_0\,\alpha\,\frac{S}{K}.$$

N = Verschiebung des Meniskus durch 20 Funken, N_0 = Verschiebung bei der Länge c in einem Petroleumkalorimeter.

---

[1]) S. Lussana, Ref. Zeitschr. physik. Ch. **13**, 570, 571, 1894.

[2]) Le Chatelier, Journ. de Phys. (2), **6**, 23, 1882; Beibl. Wied. Ann. **11**, 351.

[3]) Barus, Die physikalische Behandlung und Messung hoher Temperatur. Barth. Leipzig 1892.

[4]) P. Cardani, Il nuovo Cimento (4), **7**, 23, 1898; Naturw. Rundsch. **13**, 403, 1898.

Hieraus ergiebt sich die Gleichung

$$N_0 - N = \frac{N}{\alpha}\left(K\,\frac{L}{S}\right).$$

L = Länge, S = Querschnitt, K = specifischer Widerstand.

$a = \dfrac{\alpha}{K} = 44$ in den angeführten Versuchen mit Ausnahme der konc. Schwefelsäure.

Die im Elektrolyten entwickelte Wärme ergiebt sich, wenn die Menge der sich entladenden Elektricität und ihr Anfangspotential konstant bleiben, proportional $K\,\dfrac{L}{S}$, d. h. dem Widerstande, den der Elektrolyt den gewöhnlichen Strömen entgegensetzt. Somit ist bewiesen, dass die theoretisch von Stefan abgeleitete Relation bezüglich der Widerstände, welche die Elektrolyte den Entladungen entgegensetzen, vom Versuche vollständig bestätigt wird.

Die elektrische Leitfähigkeit eines Elektrolyten wird bestimmt, indem man N_0 und N von einer Lösung mit bekanntem Gehalte misst, alsdann kann man aus α und N_0 den elektrischen Widerstand einer Lösung x finden, wenn man die Wärme $N\alpha$ gemessen hat. Die nach dieser Methode ausgeführten Messungen haben befriedigende Resultate ergeben.

Peltier-Effekt.

Mit dem Namen Peltier-Effekt bezeichnet man die Erwärmung bezw. Abkühlung einer Löthstelle durch den Strom, und zwar zeigt sich die Löthstelle kälter als jedes der zwei zusammengelötheten Metalle, wenn der positive Strom von dem thermoelektrisch negativen zu dem thermoelektrisch positiven fliesst. Im umgekehrten Falle erwärmt sich die Löthstelle.

Die Abkühlung einer Löthstelle von Wismuth und Antimon kann soweit gehen, dass sogar Wasser gefriert und sich bis auf $-4,5\,^0$ abkühlt. Wie zu erwarten war, sind die Erwärmungen und Erkältungen der Löthstellen den Intensitäten der durch die Thermosäule geleiteten Ströme direkt proportional, und zwar liefern diejenigen Metalle die stärksten Erscheinungen in Bezug auf den Peltier-Effekt, bei deren Erhitzen oder Abkühlen der Löthstelle die stärksten Ströme auftreten.

Das Peltier'sche Phänomen zeigt sich nach den Untersuchungen von Bouty[1], Jahn[2] Gill[3] und Gockel[4] auch bei dem Uebergang des Stroms von Metall auf den Elektrolyten.

---

1) Bouty, Compt. rend. **89**, 146, 1879; **90**, 987, 1880; Wied. Ann. Beibl. **3**, 807, **4**, 681.
2) Jahn, Wied. Ann. **34**, 769, 1888.
3) Gill, Wied. Ann. **40**, 115, 1890.
4) Gockel, Wied. Ann. **24**, 618, 1885.

Zwischen Elektrolyten selbst dürfte diese Erscheinung schwer nachzuweisen sein.

Entsprechend dem Auftreten der Peltier-Wärme bei verschiedenen Metallen nehmen Lorenz[1]) und später Ostwald[2]) sowie Liebenow[3]) an, dass auch bei der Leitung in demselben Metall an den Grenzflächen der gleich dicken Platten, aus denen der Leiter zusammengesetzt gedacht wird, Erwärmungen und Abkühlungen infolge der periodisch statthabenden Potentialdifferenzen eintreten, die dem Widerstand proportional sind bezw. denselben bedingen.

Pyroelektricität.

Bei Krystallen treten durch Temperaturänderung elektrische Erscheinungen auf, die man mit dem Namen Pyroelektricität belegt. Dieselbe wurde zuerst am Turmalin beobachtet. Derselbe zeigt beim Erwärmen und wieder folgenden Abkühlen an seinen Enden entgegengesetzte Pole, und zwar ist der beim Erwärmen positive Pol beim Abkühlen negativ elektrisch und umgekehrt, eine Erscheinung, die bereits von Canton im Jahre 1759 beobachtet wurde.

Hauy fand, dass sich an den acht Würfelecken des Boracits acht elektrische Pole bildeten, die abwechselnd positive und negative Elektricität zeigten.

Weitere Untersuchungen wurden besonders von Kundt, Hankel, S. P. Thompson und Lodge, Friedel und Curie, Röntgen Riecke[4]) und Voigt ausgeführt. Letztere beiden stellten auch besondere Theorien über die Pyro- und die nahe verwandte Piezoelektricität auf. Riecke folgerte aus seinen Versuchen, dass der Turmalin eine permanente elektrische Polarisation in der Richtung seiner Hauptaxe besitzt, die eine Funktion der Temperatur ist.

Die pyroelektrischen Erscheinungen sind noch untersucht worden beim Rhodicit, Helvin, Struvit, Kieselzinkerz, Bergkrystall, Zucker und Weinsäure, Flussspath, Idocras, Apophyllit, Mellit, Kalkspath, Beryll, Apatit, Pyromorphit und Mimetesit, Pennin, Phenakit, Dioptas, Brucit, Topas, Schwerspath, Cölestin, Aragonit, Strontianit, Witherit, Cerussit, Prehnit, Natrolith, Skolezit, Datolith, Dioprid, Gyps, Euklas, Orthoklas, Titanit, Albit, Periklin, Axinit.

---

[1]) Lorenz, Wied. Ann. **13**, 382, 1850.

[2]) W. Ostwald, Zeitschr. physik. Ch. **11**, 515, 1893.

[3]) Liebenow, Der elektrische Widerstand der Metalle. Halle, W. Knapp 1898.

[4]) E. Riecke, Zwei Fundamentalversuche zur Lehre von der Pyroelectricität. Wied. Ann. **31**, 799, 1887; E. Riecke u. W. Voigt, Wied. Ann. **45**, 523, 1892.

9. Polarisation.

Allgemeines.

Beim Durchgange eines Stromes durch einen Elektrolyten können die Elektroden in mehrfacher Hinsicht eine Veränderung erfahren. Einmal können die an den Elektroden ausgeschiedenen Stoffe selbst elektromotorisch wirken, wie z. B. in dem Falle, dass Sauerstoff an der Anode und Wasserstoff an der Kathode abgeschieden wird. Die beiden Ionen werden bei Anwendung von Platinelektroden dort absorbirt und geben Veranlassung zu einem Strom, der dem sie erzeugenden Strom gerade entgegengesetzt gerichtet ist. Dieser Polarisationsstrom schwächt den primären Strom. Es ist derselbe, der nach dem Aufhören des primären Stromes in der Grove'schen Gaskette auftritt, wobei sich jedoch das Gas noch in statu nascendi auf den Elektroden befindet, denn das Verhalten eines durch die Elektrolyse mit Sauerstoff beladenen Platindrahtes ist ein anderes, als das eines in reinen Sauerstoff eingetauchten, welcher sich gegen einen gleichzeitig mit ihm in reines Wasser getauchten Draht fast indifferent verhält.

Dann können aber auch die Elektroden durch die an ihnen ausgeschiedenen Ionen sekundär so verändert werden, dass sie anders elektromotorisch wirken als vorher.

Ein Beispiel hierfür ist von Sinsteden[1]) gegeben durch das Auftreten von Superoxyd bei in verdünnter Schwefelsäure befindlichen Blei- oder Silber- oder Nickelelektroden an der Anode, während an der Kathode Wasserstoff absorbirt wird. Schliesst man nach Aufhören des Stromes die beiden Elektroden direkt aneinander, so tritt ein starker Polarisationsstrom auf. Giebt man etwas Kalilauge zur Säure, so bildet sich kein Superoxyd, sondern es entweicht Ozon, und ein Polarisationsstrom tritt nicht auf.

Die Polarisation wächst bei gleichbleibender Stromintensität mit der Verkleinerung der Elektroden bis zu einem Maximum. Weiterhin ist die Grösse der Polarisation einer jeden Elektrode unabhängig von der Natur der anderen. Die Gesammt-Polarisation stellt also die Summe der aus beiden Elektroden vorhandenen dar. Als Beispiel möge folgende von G. Wiedemann (l. c.) aufgestellte Tabelle über die Resultate der Untersuchungen des Polarisationsmaximums blanker Platinplatten in verdünnter Schwefelsäure angeführt sein. Die Werthe sind = Daniells, d. h. die elektromotorische Kraft des Daniell'schen Elementes ist = 1 gesetzt (= 1,12 Volt).

---

1) Sinsteden, Pogg. Ann. **92**, 17, 1854; G. Wiedemann, l. c.

	Gesammt-Polarisation.	Polarisation durch Sauerstoff allein.	Polarisation durch Wasserstoff allein.
Nach Wheatstone,	2,33	—	—
„ Bufff,	2,56	—	—
„ ′ Svanberg,	2,31	1,15	1,16
„ Poggendorf,	2,33	1,16	1,16
„ Beetz,	—	1,15	—
„ Gaugain,	1,97	1,08	0,88
„ Raoult,	2,09	0,95	1,15

„Eine vollständige Umrechnung der Resultate auf Volts ist wegen des Mangels der genaueren Angaben über die gebrauchten Elemente nicht wohl möglich. Setzen wir etwa 1 D = 1,18 Volt, so ist im Mittel die Gesammtpolarisation 2,33 D = 2,8 Volts, die einer jeden der Elektroden 1,16 D = 1,4 Volts.“

Das Polarisationsmaximum von platinirten Platinplatten zeigt sich erheblich geringer als das der blanken Platinplatten: 1,83 — 1,85 D statt 2,12 — 2,33 D.

Als besondere Art der Polarisation ist die von E. du Bois Reymond[1]) an der Grenzfläche von Flüssigkeiten gefundene sog. innere Polarisation zu betrachten, die aber meist nur von geringerer Bedeutung ist. Ausführlich ist dieselbe in G. Wiedemann's Lehre von der Elektricität Bd. 2, 800, u. f. zu finden.

Bestimmung der galvanischen Polarisation.

Für einen geschlossenen Stromkreis, der neben einer galvanischen Kette noch ein Wasservoltameter enthält, gilt gemäss dem Ohm'schen Gesetze die Gleichung:

$$E - p = I(R + w).$$

Hierbei ist E die elektromotorische Kraft der Kette, I die Stromstärke, p die an den Elektroden des Voltameters auftretende Gegenkraft, die Polarisation, R + w ist der gesammte Widerstand, an dem das Voltameter mit w, die gesammte übrige Leitung mit R betheiligt ist.

Die Messung der Polarisation geschieht nach Ohm dadurch, dass man rasch nach einander zwei Messungen mit verschiedenen Drahtwiderständen R, damit also auch mit verschiedener Stromstärke I vornimmt. Man erhält zwei Gleichungen, aus denen sich w und p berechnen lassen, vorausgesetzt, dass sich die beiden Grössen mit der Stromstärke nicht ändern, was jedoch nicht der Fall ist.

Nach der Methode von Fuchs verwendet man ausserhalb der Stromlinien des mit der Kette dauernd verbundenen Voltameters, aber in elek-

---

1) E. du Bois Reymond, Monatschr. Berl. Akad. 1856 Unters. 1, 446.

trolytischer Verbindung mit ihm, eine Standard-Elektrode, gewöhnlich ein Metall in der Lösung seines Salzes, die durch einen Leitungsdraht in elektrometrischer Beziehung mit einer der Elektroden des Voltameters steht. Man kann die Veränderungen, welche an jeder einzelnen Elektrode während des Stromdurchgangs vor sich gehen, durch passende Schaltung studiren. Die Ursache, dass auch diese Methode zu keiner befriedigenden Lösung geführt hat, liegt darin, dass das nach dem Ohm'schen Gesetz hervorgerufene Potentialgefälle im Voltameter wegen der Entwicklung nichtleitender Gase an der zwischen Metall und Flüssigkeit und nicht zugänglich gelegenen Schicht bereits bedeutend ist. Demgemäss zeigt das Elektrometer Potentiale an, die aus der Polarisation plus dem veränderlichen Gefälle dieser Schicht bestehen.

F. Streintz[1] hat zu beweisen versucht, dass der Widerstand w von der Stromdichte abhängig sei und zu diesem Zwecke eine Methode ausgebildet, welche gestattet, den jeweiligen scheinbaren Widerstand des Voltameters im ursprünglichen Stromkreis messend zu verfolgen. Die Methode besteht im wesentlichen darin, dass man Induktionsströme durch das in der Ladung befindliche Voltameter leitet. Aus der an einem empfindlichen Spiegelgalvanometer gemessenen Intensität dieser Stösse lässt sich der Widerstand der Zelle berechnen. Nun wird aber das Galvanometer durch den polarisirenden Strom, der denselben Weg geht, wie der Induktionsstrom, abgelenkt. Man macht deshalb die Wirkung dieses Stromes auf die Nadel dadurch unschädlich, dass man in einer zweiten Rolle des Instrumentes einen Strom fliessen liess, der die Nadel wieder auf die Nulllage zurückführt.

Das Ergebniss der Untersuchung war: „Der Widerstand der Zelle zeigte sich abhängig von der jeweiligen Stromstärke; er ist somit nicht als Widerstand im Ohm'schen Sinne aufzufassen und lässt sich von der andern Veränderlichen, der Polarisition, auch nicht lostrennen. Aus diesem Grunde scheint jeder Versuch einer Bestimmung der Polarisation im ursprünglichen Kreise aussichtslos."

Nach der Poggendorff'schen Methode unterbricht man den polarisirenden Strom und beobachtet den Betrag der Polarisation in bestimmten Zeitmomenten, meist kurz nach der Unterbrechung. Der Stromabfall ist jedoch gerade in der ersten Zeit der Untersuchung sehr stark, und da sowohl das Elektrometer wie das Galvanometer Zeit zur Einstellung gebrauchen, so werden derartige Beobachtungen fehlerhaft[2].

H. Jahn[1] hat nachgewiesen, dass man für Säuren, Alkalisalze und Alkalien von einer Polarisation schlechtweg nicht reden könne, sondern

---

1) F. Streintz, Naturw. Rundsch. 11, 105, 1896.

2) Vgl. hierzu Beetz, Wied. Ann. 10, 348, 1883; Witkowski, 11, 759, 1880; Fromm, ibid. 12, 399, 1881; Hallock, 14, 56, 1882; Streintz, 33, 465, 1888.

3) H. Jahn, Zeitschr. physik. Ch. 26, 385, 1898; 29, 77, 1899.

dass die Polarisation eine Funktion der Stromintensität bezw. der Potentialdifferenz zwischen den Elektroden der Zersetzungszelle ist. In Uebereinstimmung mit den aus thermodynamischen Betrachtungen gezogenen
Schlüssen ergab sich für das die Abhängigkeit der Polarisation p von
der Stromintensität I normirende Gesetz der Ausdruck:

$$p = \varphi + \gamma \log_{10} I,$$

wo φ eine von der Stromintensität unabhängige Grösse, γ eine Proportio-
nalitätskonstante bedeutet. Nachstehende Tabelle giebt eine Bestätigung
der Formel:

Elektrolyt.	Temperatur.	Stromintensität Ampère.	Polarisation aus dem Wärmeverlust.	Polarisation nach der logarithmischen Formel.
Na$_2$SO$_4$	0^0	0,011847	2,55 Volt	2,52 Volt
	40	0,012543	2,42	2,42
Li$_2$SO$_4$	0	0,012454	2,65	2,61
	40	0,012896	2,45	2,47
(NH$_4$)$_2$SO$_4$	0	0,013963	2,39	2,35
	40	0,013814	2,23	2,24

Die kathodische Polarisation wurde nach der Fuchs'schen
Methode von Jan Roszkowski[1]) untersucht. Derselbe erhielt folgende
Resultate:

1. Die Wasserstoffpolarisation ist nahezu eine lineare Funktion der
polarisirenden Kräfte; sie steigt regelmässig mit steigender elektromotorischen Kraft des primären Stromes.

2. Ein Polarisationsmaximum, ein konstant bleibender Werth der
Wasserstoffpolarisation wurde in keinem Falle, auch bei verhältnissmässig
hohen polarisirenden Kräften beobachtet.

3. Der Einfluss der Oberflächenbeschaffenheit auf die Grösse und den
Verlauf der Wasserstoffpolarisation kommt nur unter gewissen Umständen
bei festen Kathoden zur Geltung.

4. Flüssige Elektroden haben, bei höheren Werthen unabhängig von
ihrer Natur nahe dieselbe Polarisation.

Bei seiner Untersuchung über die kathodische Polarisation
unter Bildung von Legirungen kommt A. Coehn[2]) zu folgenden
Resultaten: „Das Entladungspotential metallischer Ionen kann dadurch
herabgedrückt werden, dass das sich entladende Metall mit demjenigen der
Kathode eine Legirung bildet. Das Phänomen ist mit Sicherheit nachweisbar, auch wenn es sich bei Kathode und Kation um feste Metalle

---

1) J. Roszkowski, Zeitschr. physik. Ch. 15, 267, 1895.
2) A. Coehn, Zeitschr. physik. Ch. 38, 609, 1901; Zeitschr. anorg. Ch. 25,
430, 1900; vgl. Caspari, Zeitschr. f. Elektroch. 6, 37, 1899; Zeitschr. physik. Ch.
30, 89, 1899.

handelt. Bei Quecksilberkathoden, deren flüssiger Zustand die Diffusion von der Oberfläche in das Innere erleichtert, tritt die Erscheinung besonders deutlich zu Tage. Die Tendenz der verschiedenen Metalle zur Amalgambildung entspricht der Erniedrigung, welche ihr Entladungspotential an einer Quecksilberkathode erfährt. Es ergab sich dafür die Reihe: Zink, Kadmium, Silber, Kupfer, Eisen."

„Wurde Wasserstoff als Kation verwendet und auf seine Fähigkeit untersucht, Legirungen mit den Kathodenmetallen zu bilden, so ergab sich, dass das Entladungspotential nur am Palladium unter den Punkt der reversibelen Abscheidung herabrückt, so dass sich nur mit diesem Metall die Bildung einer Legirung ankündigt. An den andern Kathoden fordert der Wasserstoff zur Entladung im Gegentheil eine für jedes Metall bestimmte Ueberspannung. Deren Grössen waren der Reihenfolge nach übereinstimmend, den Zahlenwerthen nach aber kleiner gefunden, als die von Caspari ermittelten Werthe für die Bildung gasförmigen Wasserstoffs."

„Aus der Untersuchung der Zersetzungskurven von Kalilauge an verschiedenen Kathoden, insbesondere an einer Quecksilberelektrode, wurde geschlossen, dass der zweite kathodische Zersetzungspunkt einem Kaliumwasserstoffion angehört, dem wahrscheinlich die Formel KH_2 zuzuschreiben ist."

Weiterhin wurde die metallische Natur des Ions NH_4 bewiesen, das im stande ist, bei 0^0 Cu, Cd und Zn aus seinen Lösungen zu reduciren.

Nichtpolarisirbare Elektroden.

Die betreffenden Verhältnisse sind zuerst von E. du Bois Reymond untersucht worden. Er stellte fest, dass die Anwendung von Elektroden von amalgamirtem Zink in Lösung von Zinkvitriol oder Chlorzink von keiner merklichen Polarisation begleitet ist.

Die Kombinationen von Platinelektroden in rauchender Salpetersäure und von Kupfer in Kupfervitriollösung zeigen noch eine geringe Polarisation.

Man unterscheidet unpolarisirbare Elektroden erster Art, welche sich in ungesättigten Lösungen ihrer Salze befinden, von unpolarisirbaren Elektroden zweiter Art, bei denen die Metalle sich in koncentrirten Lösungen ihrer Salze befinden, und wobei festes Salz in Lösung vorhanden ist, um immer vollständige Koncentration zu bewirken.

Polarisation des Quecksilbers.

Quecksilber wird besonders durch Wasserstoff polarisirt, durch Sauerstoff weniger, da es dadurch oxydirt wird. Die Wasserstoffpolarisation wird durch eine Spur von schwefelsaurem Quecksilber oder einen Krystall von saurem chromsauren Kali sofort depolarisirt[1]).

Durch die Polarisation wird die Kapillaritätskonstante des Quecksilbers geändert, und beruht hierauf die Anwendung der Kapillar-elektrometer. Es existiren derartige Konstruktionen von Lippmann und von Ostwald.

Eine Tropfelektrode nennt man die Anordnung, bei der Quecksilber durch eine feine Röhre in die Lösung eines Elektrolyten ausströmt. Bei positiver Ladung des Quecksilbers wird beim Ausfliessen die Berührungsstelle vergrössert und die Ladung wird kleiner. Zunächst haben Helmholtz und Ostwald Versuche mit diesen Elektroden angestellt. Sehr gute Resultate erhielt Paschen, als er den Punkt, an welchem der Quecksilberstrahl in Tropfen zerfällt, an die Oberfläche der Flüssigkeit verlegte.

Unipolare Leiter.

Der Uebergangswiderstand, welcher dem Strom sich darbietet, wenn er von einem Leiter auf den andern übergehen will, wird häufig durch Polarisation soweit vergrössert, dass der Strom in der einen Richtung nicht mehr wandern kann, indem sich durch chemische Reaktionen bestimmte Stoffe abscheiden, welche dies verhindern. Man spricht dann von unipolarer Leitung. Eine solche zeigt sich z. B. bei der Seife, was bereits Erman[2]) beobachtete:

„Verbindet man die Pole einer isolirten Säule mit zwei Elektroskopen und berührt den einen oder andern derselben mit einem Stück gut getrockneter Seife, welches durch einen hineingesteckten Draht mit dem Erdboden verbunden ist, so wird die Elektricität des Poles vollständig abgeleitet. Werden aber beide Poldrähte in ein isolirtes Seifenstück eingesteckt, so bewahren die Elektroskope an den Polen die Divergenz ihrer Goldblättchen. Leitet man nun die Seife durch Berühren mit einem Draht zum Erdboden ab, so wird nur das mit dem negativen Pol verbundene Elektroskop entladen, während die Goldplättchen des mit dem positiven Pol verbundenen so weit divergiren, wie wenn der negative Pol der Säule direkt abgeleitet wäre. Entsprechend erhält man einen Schlag, wenn man den positiven Leitungsdraht und die Seife mit den befeuchteten Fingern berührt, nicht aber, wenn man den negativen Draht und die Seife berührt. Aus diesen Versuchen würde folgen, dass nur die Elektricität des negativen Pols der Säule in die Seife übergegangen, die Elektricität des positiven Pols aber an demselben zurückgehalten worden ist. Aus diesem Grunde bezeichnete Erman die Seife als einen negativ-unipolaren Leiter."

---

[1]) Hokin u. Taylor, Wied. Ann. Beibl. **3**, 754, 1879.

[2]) Erman, Gilberts. Ann. **22**, 14, 1806; G. Wiedemann, Bd. **2**, 633, 1895

Die Erscheinung ist von Ohm[1]) aufgeklärt worden und beruht darauf, dass sich am positiven Pol allmälig eine schlecht leitende Schicht von Fettsäure bildet, die schliesslich dem Strom den Durchgang verwehrt.

Ohm hat gezeigt, dass sich ähnliche Erscheinungen zeigen bei der Elektrolyse koncentrirter Schwefelsäure zwischen Zink-, Kupfer-, Silber- oder Messingelektroden, wobei sich ein in der koncentrirten Säure unlöslicher Niederschlag des betreffenden Sulfats bildet und infolge seiner schlechten Leitfähigkeit dem Strom den Durchgang verwehrt.

Besonders auffallende Erscheinungen wurden auch an der Aluminiumanode gefunden. Dieselben veranlassten Pollak und später Grätz die Aluminiumelektroden zur elektrochemischen Umformung von Wechselstrom in Gleichstrom vorzuschlagen. K. Norden[2]) hat eine ausführliche Untersuchung über diese Verhältnisse angestellt und zerlegt die Vorgänge bei der Elektrolyse in Schwefelsäure in abwechselnde Bildung von basischem Sulfat und Rückbildung von Sulfat durch Säure. In den Lösungen der Chloride entsteht nicht Oxyd, sondern das Chlorid, welches seinerseits unter Entwicklung von Wasserstoff Aluminium aufzulösen vermag. In Neutralsalzlösungen findet demgemäss eine stärkere Beeinflussung der Stromrichtung statt als in sauren, indem in letzteren das Hinderniss rascher beseitigt zu werden vermag.

Passiver Zustand bei Metallen.

Der passive Zustand von Metallen besteht darin, dass sie nicht mehr in der gewöhnlichen Weise wirksam zu sein vermögen. Ein bekanntes Beispiel ist das Eisen, welches durch Eintauchen in konc. Salpetersäure passiv wird. Man erklärte sich diesen Zustand durch die Bildung einer äusserst dünnen, vom Auge nicht wahrnehmbaren Oxydhaut, wie dies Faraday zuerst angenommen hatte.

W. Hittorf[3]) wies jedoch nach, dass diese Annahme für das Chrom, Eisen, Nickel und Kobalt nicht richtig sein könne. „In der Passivität oder Inaktivität, welche diese vier Metalle annehmen können, liegt offenbar ein Zwangszustand in ihren Molekeln vor, der unter bestimmten Bedingungen entsteht und mit dem Aufhören derselben schneller oder langsamer, aber stetig sich verliert. Die Theilchen kehren von selbst in den normalen aktiven Zustand zurück, bei welchem sie ihre niedrigste Verbindungsstufe bilden.“

„Das gemeinsame Verfahren, wodurch die Passivität bei allen genannten Metallen hervorgerufen wird, besteht in ihrer Verwendung als Anoden eines elektrischen Stromes von geeigneter Stärke oder Dichte,

---

1) Ohm, Schweigg. Journ. **49**, 385; **50**, 32, 1830.
2) K. Norden, Zeitschr. f. Elektroch. **6**, 159, 188, 1899.
3) W. Hittorf, Zeitschr. physik. Ch. **30**, 481, 1899; **34**, 385, 1900.

welcher durch die wässerige Lösung bei nicht zu hoher Temperatur geleitet wird. Den Elektrolyten, welcher zu benutzen ist, bestimmt die Natur seines Anions, die Beschaffenheit seines Kations kommt nicht in Betracht. Chrom erniedrigt als Anode in allen Elektrolyten seine E. K., die Grösse der Erniedrigung ist aber verschieden. In den Chlor-, Brom- und Sauerstoffsalzen beträgt sie viel mehr als in den Salzen des Jods, Schwefelcyans, Stickstoffs. Die drei andern Metalle werden nur passiv in Sauerstoffsalzen, nicht in denen der Haloïde, mit Ausnahme des Cyans für Eisen."

„Die Zeit, welche die Theilchen brauchen, den Zwangszustand der Passivität aufzugeben, ist etwas abhängig von der Dauer, während welcher er bestanden hat. Mit der Zunahme dieser Dauer wird die Rückkehr verlangsamt. Chrom hält den Zustand am festesten, Kobalt am schlechtesten."

„Ueber das Wesen des Vorganges befinden wir uns zunächst in völliger Unwissenheit. Jedenfalls ist die Berührung des Metalls mit dem austretenden Anion nothwendig. Denn solange ein Strom nicht zu stande kommt, behält das mit dem positiven Pol verbundene Metall die E. K., welche seinem normalen Zustande entspricht. Auch hat die Stärke des Stromes, mit welcher die in der Zeiteinheit austretende Menge des Anions proportional geht, grossen Einfluss."

„Bei Chrom, dessen Inaktivität am beständigsten ist, finden wir, dass viele Anionen in freiem Zustande und in Wasser gelöst, bereits ohne dass ein Strom besteht, durch blosse Berührung die E. K. desselben beträchtlich erniedrigen. Am stärksten wirken so die Lösungen von Chlor und Brom, schwacher Salpetersäure, Chromsäure, Jod."

„Auf Eisen äussert einen solchen Einfluss nur starke Salpetersäure. Eine Nachdauer des passiven Zustandes ist aber, wenn die Berührung mit der Säure aufgehoben ist, hier nicht erkennbar. Die Berührung mit Anionen, welche in freiem Zustande gasförmig sind, scheint ungünstig zu sein. Sonst müsste der Sauerstoff der Luft grösseren Einfluss haben. Ob verdichteter, flüssiger Sauerstoff einen solchen besitzt, hat Hittorf nicht untersucht."

Die Rückkehr in den normalen aktiven Zustand wird fast momentan, wenn die Metalle zu Kathoden eines Stromes von genügender Dichte gemacht werden.

Nach den Untersuchungen von A. Finkelstein[1]) ist passives Eisen von keiner schlecht leitenden Schicht bedeckt und verhält sich wie eine Sauerstoffelektrode mit veränderlicher Sauerstoffkoncentration. Weiterhin

---

1) A. Finkelstein, Zeitschr. physik. Ch. **39**, 91, 1901; vgl. auch H. L. Heathcote, ibid. **37**, 368, 1901.

ist die elektromotorische Kraft einer Eisenelektrode gegen eine Lösung von konstantem Eisengehalt eine Funktion des Mischungsverhältnisses der Ferri- zu den Ferroionen. Extrapolirt man auf hohe Werthe diesen Quotienten, so gelangt man zur Passivität. Zusatz von Cyankalium erniedrigt die elektromotorische Kraft. Die kathodische Zersetzungskurve von Ferrisalzen deutet darauf hin, dass sich Eisen vorübergehend in edler Form abscheidet. Die anodische Polarisationskurve von Eisen lässt den Eintritt der Passivität scharf erkennen. Das zugehörige Potential ist unabhängig vom Säuregehalt und sinkt mit dem Eisengehalt der Lösung. Die Existenz einer Oxydschicht kann als widerlegt angesehen werden. Zum Schlusse wird eine Hypothese diskutirt, wonach passives Eisen dreiwerthiges Eisen in metallischem Zustande ist.

Akkumulatoren[1]).

Wie bereits vorher erwähnt wurde, bilden sich bei der Elektrolyse in Schwefelsäure an der Anode durch die Einwirkung des Sauerstoffs bei gewissen Metallen Superoxyde, die dann mit dem an der Kathode abgeschiedenen bezw. kondensirten Wasserstoff Veranlassung zu Polarisationsströmen geben. Diese Polarisationsströme sind nun von ausserordentlich praktischer Bedeutung geworden, indem sie die Veranlassung zur Herstellung der sog. Akkumulatoren gegeben haben.

Man verwendet hierbei das Blei als Elektrodenmaterial, indem man es in besonders konstruirte Bleirahmen anbringt, d. h. man bringt auf den Anodenrahmen einen Brei von Mennige und auf den Kathodenrahmen einen Brei von Bleioxyd. Nach dem Formiren wird der Akkumulator aufgebaut, so dass gewöhnlich eine Anode von je zwei Kathoden umgeben ist, und also bei einer Reihe von Elektroden an den Enden sich immer Kathoden befinden, wobei die Elektroden durch Glasstäbe u. s. w. getrennt bleiben; sodann wird geladen.

Zu vermeiden sind Verunreinigungen der Schwefelsäure, deren spec. Gewicht $= 1,20$ sein soll, zu lange andauernde Ladung, zu weit gehendes Entladen (unter 1,85 Volt) sowie jeglicher Kontakt zwischen Anode und Kathode durch herabgefallene Masse. Die elektromotorische Kraft eines solchen nach Plante bezw. Faure hergestellten Akkumulators beträgt 1,95 Volt.

Der bei der Ladung vor sich gehende Process kann durch folgende Gleichungen wiedergegeben werden:

$$\text{A n o d e:} \quad PbSO_4 + SO_4 + 2\,H_2O = PbO_2 + 2\,H_2SO_4,$$
$$\text{K a t h o d e:} \quad PbSO_4 + H_2 \qquad\quad = Pb + H_2SO_4.$$

---

[1]) Vgl. hierzu W. Hoppe, Die Akkumulatoren für Electricität Berlin 1892; K. Elbs, Die Akkumulatoren. Leipzig 1899.

Bei der **Entladung** hätten wir dann folgenden Vorgang:

$$\text{Anode:} \quad PbO_2 + H_2 + H_2SO_4 = PbSO_4 + 2\,H_2O,$$
$$\text{Kathode:} \quad Pb + SO_4 \qquad\qquad = PbSO_4.$$

Diese von W. **Kohlrausch**[1]) gegebene Erklärung ist von K. **Elbs**[2]) in der Weise abgeändert worden, dass er annimmt, bei dem am Akkumulator vor sich gehenden Process spiele das **Bleidisulfat**, welches sich also vom vierwerthigen Blei ableitet, eine Rolle. Es gelang **Elbs** dieses Salz zu isoliren und sein Verhalten zu untersuchen. Das farblose Salz zersetzt sich mit Wasser sofort in Bleisuperoxyd und Schwefelsäure. Somit kann die Bildung desselben nur als intermediäre anzusehen sein. Die von **Liebenow** angenommene Existenz der Ionen PbO_2 ist nach **Elbs** ganz unmöglich. Allerdings setzt die intermediäre Bildung des Disulfats nach der Ansicht von **Elbs** die Irreversibilität voraus, während nach **Dolezalek**[3]) der Akkumulator vollkommen reversibel ist.

10. Leiter erster Klasse.

Allgemeines.

Als Leiter erster Klasse sind vornehmlich die Metalle anzusehen. In der nachstehenden Tabelle, die den von **Matthiesen**[4]) im Vereine mit **von Bose** und andern ausgeführten Untersuchungen entnommen ist, bedeutet λ_{Ag} die auf Silber $= 100$ bezogene Leitfähigkeit, λ_{Hg} die auf Quecksilber $= 1$ bezogene Leitfähigkeit. $10^7\alpha$ und $10^9\beta$ sind die für die Temperaturformel $\lambda_t = 1 - \alpha t + \beta t^2$ bestimmten Werthe.

	λ_{Ag}	λ_{Hg}	$10^7\alpha$	$10^9\beta$
Silber hart,	100,00	60,35	38287	9848
Silber weich,	108,74	65,94		
Kupfer hart,	99,95	60,36	36701	9009
Kupfer weich,	102,21	61,70		
Gold hart,	77,96	47,07	36745	8443
Gold weich,	79,33	47,92		
Zink,	29,02	17,52	37074	8274
Kadmium,	23,72	14,32	36871	7575
Zinn,	12,36	7,56	36029	6136
Blei,	8,32	5,02	38756	9146
Arsen,	4,76	2,87	38996	8879
Antimon,	4,62	2,79	39826	10364

1) W. **Kohlrausch**, Electrotechn. Zeitschr. **1889**, 337.

2) K. **Elbs**, Zeitschr. f. Electroch. **6**, 46, 1899.

3) F. **Dolezalek**, ibid. **5**, 533, 1898; vgl. auch E. **Abel**, ibid. **7**, 731, 1901.

4) **Matthiesen**, Pogg. Ann. **115**, 353, 1862; vgl. hierzu G. **Wiedemann**, „Die Lehre von der Electricität." Bd I, 468 u. f. 1893.

	λ_{Ag}	λ_{Hg}	$10^7\alpha$	$10^9\beta$
Wismuth,	1,25	0,75	35216	5728
Thallium,	9,16	0,55	40264	8844
Natrium fest,	40,52	24,45	37007	387450
Kalium fest,	22,62	13,66	40670	1116300
Indium	18,61	11,23	52560	—
Quecksilber fl.,	1,61	1,00	7443	826,3

Die **graphitischen Kohlen** sind Leiter der Elektricität, dagegen die übrigen festen Kohlenstoffverbindungen wie Diamant, Holzkohle und Steinkohle sind Nichtleiter. Aus der Leuchtgas- und Glühlampenfabrikation weiss man, dass alle verkohlten Substanzen leitend werden, wenn sie unter Luftabschluss einer sehr hohen Temperatur ausgesetzt werden.

Von G. Brion[1]) sind Untersuchungen über den Uebergang der Kohle aus dem nichtleitenden in den leitenden Zustand ausgeführt worden und ergaben, dass der Uebergang ausserordentlich schnell vor sich geht. Mit dem Erkalten wird aber ein Rückbildungsprocess eingeleitet, der zuerst schnell, dann immer langsamer fortschreitet und Tage und Wochen dauern kann. Der Widerstand der Kohle wird kleiner mit wachsender höchsten Temperatur, der sie ausgesetzt war, mit abnehmender Zeit, die seit dem Erhitzen verflossen ist, und mit steigender Temperatur, bei der sich die Faser befindet.

L. Cellier[2]) wies nach, dass eine solche Beziehung, wie sie für die Metalle zwischen Wärmeleitungsvermögen zu dem elektrischen Leitvermögen existirt, nicht für die verschiedenen Kohlensorten gilt, sondern dass das Wärmeleitungsvermögen 15 bis 20 mal grösser ist als dasjenige, welches man aus der für die Metalle giltigen Regel berechnet.

Ueber die elektrische Leitfähigkeit einiger Metalloxyde und -sulfide hat F. Streintz[3]) eine Untersuchung angestellt. Im Anschlusse an früher ausgeführte Versuche, die sich auf das Leitvermögen pulverförmiger Elemente und zwar von Platinmohr und Kohlenstoff in seinen beiden leitenden Modifikationen erstreckten, gelang es ihm, Platinmohr so dicht zu pressen, dass er sich vom Draht in Bezug auf den Temperaturkoëfficienten nicht mehr unterschied. Für die Versuche wurde das zu untersuchende Material in Leiter und Nichtleiter getheilt.

Es zeigte sich, dass zu **Nichtleitern** alle hellen (weissen, gelben, grauen, rothen) Pulver bei normaler Temperatur gehören, womit einer Forderung der elektromagnetischen Lichttheorie entsprochen ist. Jedoch finden sich auch unter den dunkelfarbigen (schwarzen, braunen, dunkelgrauen) Pulvern ziemlich viele, die unter gewöhnlichen Verhältnissen zu

---

1) G. Brion, Wied. Ann. **59**, 715, 1896.
2) L. Callier, ibid. **61**, 511, 1897.
3) F. Streintz, Chem. Ztg. **25**, 685, 1901.

den Nichtleitern zu zählen sind, nämlich: CuO, Ni_2O_3, Mo_2O_3, Co_2O_3, Fe_3O_4, U_3O_8, CoS, MnS und Sb_2S_3. Hierdurch wird die Zahl der Leiter unter den Oxyden und Sulfiden beschränkt.

Zu den Leitern gehören PbO_2, MnO, CdO, CuS, Cu_2S, MoS_2, PbS, Ag_2S, $NiS(?)$, HgS (schwarz). Von diesen besitzt das PbO_2 das beste Leitvermögen, eine Eigenschaft, die dafür spricht, dass das Blei das geeignete Akkumulatorenmaterial ist. Der Temperaturkoëfficient des PbO_2 ist positiv, aber kleiner als der der reinen Metalle. MnO_2 ist ein bedeutend schlechterer Leiter. Alle niedrigeren Oxydationsstufen von Blei und Mangan sind Nichtleiter. Die beiden Schwefelkupfer leiten gut und besitzen einen sehr kleinen Temperaturkoëfficienten, CuS leitet 10 mal besser als Cu_2S. Sowohl das amorphe Silbersulfid als auch der krystallinische Silberglanz (Ag_2S) zeigen Leitvermögen.

Um Aufschluss über den Temperaturkoëfficienten zu erhalten, mussten die Pulver bei Temperaturen untersucht werden, welche die Zimmertemperatur wesentlich überschritten. Zu diesem Zwecke wurden in besonders konstruirten Formen von Stahl und bei einem Drucke von Tausenden von Atmosphären cylindrische Stifte aus den Substanzen hergestellt. Dabei ergab sich die merkwürdige Regel, dass nur die Pulver von Leitern gut zusammenhängende Cylinder von metallischem Glanz und metallischer Härte bildeten, während die Pulver von Nichtleitern weder Glanz erhielten noch in Stiftform zu pressen waren.

Erwähnt sei noch, dass Streintz aus dem Verhalten eines Ag_2S-Stiftes gegen eine entsprechende elektrische Spannung bei höherer Temperatur und aus den hierbei auftretenden Merkmalen schliesst, dass Ag_2S kein Leiter zweiter Ordnung ist. Auch scheint nach den bei dem Bleiglanz angestellten Versuchen ein Minimum des Leitvermögens zu bestehen.

Nach den Untersuchungen von F. Beijerinck[1]) sind folgende Mineralien als Leiter der Elektricität anzusehen: Die meisten Sulfide, Selenide, Telluride, Bismutide, Arsenide und Stibide, sowie einige Oxyde wie Zinnstein, Kuprit, Zinkit, Eisenglanz, Magnetit.

Zu den Nichtleitern gehören einzelne Sulfide wie Realgar, Antimonit, Zinkblende, Manganblende, Troïlit, Zinnober, die meisten Oxyde, Haloïde, alle Sulfo- und Oxysalze.

Beim Wismuthglanz wurde die Leitfähigkeit in der Richtung der Hauptaxe etwa viermal geringer gefunden als senkrecht dazu; ebenso verhalten sich Zinkstein und Zinkit, während Eisenglanz, wie schon Bäckström fand, parallel der Hauptachse etwa zweimal besser leitet.

In der Reihe der Oxyde, Sulfide, Selenide, Telluride eines und desselben Metalls wächst die Leitfähigkeit mit dem Atomgewicht des elektro-

---

1) F. Beijerinck, Wied. Ann. Beibl. **22**, 328, 1898.

negativen Bestandtheils, während es sich in der Reihe der Fluoride, Chloride, Bromide, Jodide umgekehrt verhält. Bei letzteren Verbindungen steigt auch die Leitfähigkeit mit dem Atomgewicht des Metalls. Bei allen daraufhin untersuchten binären Verbindungen nimmt der Widerstand mit steigender Temperatur ab, oft in sehr starkem Maasse. Als obere Grenze ist für die noch als Leiter zu bezeichnenden Körper der specifische auf 1 cm^3 bezogene Widerstand von 2,5 Meg-Ohm angesehen worden.

Vorgang der Leitung in den Metallen[1]).

Nehmen wir an, an dem zu betrachtenden Metall seien nur Doppelmoleküle vorhanden, also z. B. Cu = Cu oder Hg = Hg. Die erste Einwirkung einer Anzahl fortbewegter Elektronen wird die sein, dass sie eine Zerlegung bewirken. Die frei gewordenen Valenzen nehmen die betreffenden Elektronen auf. Ein zweites Quantum von Elektronen treibt infolge ihrer lebendigen Kraft die ersten, in die freien Valenzen eingetretenen heraus, überträgt auf diese ihre lebendige Kraft, und das Spiel der Zerlegung von Doppelmolekülen beginnt von neuem, bis genügend freie Valenzen des betreffenden metallischen Stromleiters vorhanden sind, um die Fortpflanzung der elektrischen Erregung zu bewerkstelligen. Es ergiebt sich eigentlich hieraus von selbst, dass dieser Vorgang an der Oberfläche des betreffenden Leiters am leichtesten vor sich geht, da ja hier der sich entgegensetzende Widerstand der umgebenden Theilchen infolge ihrer geringeren Masse am geringsten ist.

Sind nun bereits einatomige Moleküle vorhanden, so ist auch der Vorgang entsprechend einfacher, indem eben nur die Abtrennung der Valenzladung und nicht auch eine Zerlegung der Moleküle nothwendig ist. Wahrscheinlich werden auch bei den doppelt- u. s. w. atomigen Molekülen immer einige einatomige vorhanden sein, bezw. derartige Molekularbewegungen stattfinden, dass solche als Zwischenzustand auftreten können.

Elektrischer Widerstand der Metalle.

Der elektrische Widerstand wird gemessen durch Vergleich mit dem Widerstand einer Quecksilbersäule von 1 qmm Querschnitt und 106 cm Länge. Derselbe wird das Ohm genannt. 1 Siemens : 1 Ohm = 100 : 106,3.

Nach unserer Theorie setzt sich der elektrische Widerstand der Leiter erster Klasse zusammen aus der Arbeit, welche geleistet werden muss, um die Elektronen von den Valenzen zu trennen, sowie aus der Ueberwindung der molekularen Anziehungskräfte, die eine Wiedervereinigung der freien Valenzen herbeizuführen streben. Auch mögen wohl die sonstigen Molekular- und Atombewegungen den Strom der Elektronen aufhalten

---

1) Vgl. hierzu F. Giese, Wied. Ann. **37**, 576, 1889.

bezw. grössere Arbeitsleistung verlangen. Dies ergiebt sich aus dem beträchtlich grösseren Widerstand, den das flüssige Quecksilber gegenüber den festen Metallen besitzt. Es leitet sich ferner von der mit der Temperaturerhöhung durchgängig geringer werdenden Leitfähigkeit ab. Dadurch, dass die Temperaturerhöhung auch eine grössere Lebhaftigkeit der Atom- und Molekularbewegung zur Folge hat, wirkt sie in entsprechender Weise hemmend auf den Fortgang des Elektronenstroms. Dementsprechend wirkt Temperaturerniedrigung in entgegengesetztem Sinne.

Die Untersuchungen von J. Dewar und J. A. Fleming[1]) über den elektrischen Widerstand des reinen Quecksilbers ergaben interessante Beobachtungen, welche einen weiteren Beweis dafür liefern, dass bei einem Metall von bekannter Reinheit die Aenderung der Widerstandsfähigkeit bei kontinuirlichem Abkühlen eine derartige ist, dass der Widerstand bei der Temperatur des absoluten Nullpunkts als verschwindend angesehen werden kann. Das Quecksilber geht beim Abkühlen in den festen Zustand über unter Bedingungen, welche der vollkommenen Verhinderung von Spannungen im Innern des Metalls infolge der Abkühlung günstig sind. Diese Beobachtungen bestätigen also ebenfalls das aus experimentellen Beobachtungen abgeleitete Gesetz, dass der elektrische Widerstand eines reinen Metalls beim absoluten Nullpunkt verschwindet.

Bei Wismuth dagegen wurde eine Abnahme des elektrischen Widerstands bei — 80° beobachtet; bei weiterem Abkühlen aber nahm derselbe wieder zu. Dies gilt jedoch nur für unreines Wismuth, während reines sich normal verhält.

Die Wärme erzeugende Wirkung bei dem Durchgang eines elektrischen Stromes mag wohl einestheils auf die Wiedervereinigungen von Elektronen und Valenzen, anderntheils auf solche von freien Valenzen unter einander zurückzuführen sein, dann aber vor allem auf die Vermehrung der lebendigen Kraft, welche den Atomen bezw. Molekülen durch die Stromwirkung zuertheilt wird, um dadurch das Losreissen der Elektronen zu erleichtern.

Metallzerstäubungen.

Von Metallzerstäubungen, die durch den elektrischen Strom bewirkt werden können, sind folgende bekannt geworden[2]):

1. Kathodenzerstäubung mit dem Lichtbogen[3]).

---

1) J. Dewar u. J. A. Fleming, Proc. Roy. Soc. **60**, 72, 76, 1896.

2) Vgl. G. Bredig u. F. Haber, Ber. **31**, 2741, 1898, deren Arbeiten auch nachfolgende Litteraturangaben entnommen sind. G. Bredig, Zeitschr. f. Electroch. **4**, 514, 547, 1898; Zeitschr. angew. Ch. **1898**, 951, F. Haber, Zeitschr. angew. Ch. **16**, 438.

3) Tischomiroff u. Lidow, Wied. Beibl. **8**, 232, 1884; Bredig, l. c.; siehe auch Faraday, Phil. Trans. 1857, 145. In loserem Zusammenhange siehe Lenard u. Wolff, Wied. Ann. **37**, 443, s. a. Töpler (Anm. 3).

2. Kathodenzerstäubung in Geissler'schen Röhren[1]).

3. Zerstäubung glühender, stromdurchflossenen Drähte[2]).

4. Auflockerung und Lösung von Elektroden, die bei Gleichstromelektrolyse intakt bleiben durch Wechselstrom[3]).

Unter die erste Gruppe könnte man die von Bredig bezw. Hittorf und Faraday gemachten Beobachtungen über die Darstellung kolloidaler Goldlösungen mit Hilfe des elektrischen Lichtbogens rechnen.

Ausserdem haben aber Bredig und Haber auch noch Zerstäubungserscheinungen bei andern Metallen beobachtet, die ohne jede sichtbare Licht- und Funkenbildung verlaufen, und haben diese Untersuchungen folgende Ergebnisse gehabt:

a) Bleikathoden zerstäuben bei hohen Stromdichten in stark verdünnten Mineralsäuren. Ein kleiner Zusatz von Bichromat hebt die Zerstäubung auf.

b) Bleikathoden zerstäuben besonders leicht in alkalischen Lösungen wechselnder Koncentration. Der entstehende Bleistaub ist so fein vertheilt, dass er leicht chemisch verändert wird. In Kaliumkarbonat wird bei Zuführung von Luft und Kohlensäure direkt Bleiweiss als Zerstäubungsprodukt erhalten. Chromat und Chromoxydnatron heben die Zerstäubung auf.

c) Die Zerstäubung bei der Elektrolyse in alkalischen Lösungen zeigen auch Kathoden aus Quecksilber, Zinn, Rose'schem Metall, Wismuth, Thallium, Arsen, Antimon. Sie bleibt aus bei den leicht schmelzbaren Metallen Kadmium und Zink und bei allen untersuchten, schwer schmelzbaren Metallen (Kupfer, Silber, Aluminium, Platin, Palladium).

d) Die Zerstäubungen bei der Elektrolyse in ganz verdünnten Säuren zeigen ausser Bleikathoden solche aus Wismuth und aus Rose'schem Metall.

e) Bei der Zerstäubung in alkalischen Lösungen dürfen Bildung einer Legirung zwischen Alkalimetall und Kathodenmetall und nachfolgende Zersetzung dieser Legirung durch Wasser als Zwischenphasen des Vorgangs betrachtet werden.

f) Die Zerstäubungen in verdünnten Säuren sind zu unterscheiden von den anscheinend durch Wasserstoffanlagerung bewirkten Auflockerungserscheinungen, welche Platin-, Palladium- und Bleikathoden zeigen können, und bleiben vorläufig unerklärt.

---

1) Plücker, Pogg. Ann. **105**, 70; Kundt, Wied. Ann. **27**, 59; Dessau, Wied. Ann. **29**, 353.

2) Nahrwold, Diss. Berlin 1876, Wied. Ann. **5**, 460 u. **31**, 448 u. **35**, 107 u. **37**, 322; Elster u. Geitel, Wied. Ann. **31**, 448; Stewart, Wied. Ann. **66**, 88; Töpler, Wied. Ann. **65**, 876; Berliner, Wied. Ann. **33**, 289.

3) De la Rive, Pogg. Ann. **41**, 152; **45**, 163, 416; Drechsel, Journ. pr. Ch. **29**, 299; **38**. 75; Margules, Wied. Ann. **65**, 629; Maneuvrier u. Chappuis, Compt. rend. **106**, 1719; vgl. auch Braun, Wied. Ann. **65**, 361.

Ueber die Zerstäubung elektrisch geglühter Palladium- und Platindrähte machte W. Stewart[1]) folgende Betrachtungen: In Wasserstoff zerstäubt Platin nicht, auch nicht bei heller Weissgluth, Palladium jedenfalls viel weniger als in Luft. Auch in Stickstoff zeigen Platin- und Palladiumdrähte keine oder nur sehr schwache Zerstäubung. In reinem Sauerstoff hat Kaufmann die Zerstäubung sechsmal so gross gefunden, als in atmosphärischer Luft. Inwiefern das Zerstäuben entsprechend der von Nahrwold geäusserten Ansicht durch den Sauerstoff bedingt ist, bedarf weitere Untersuchung.

Vergleich der Leitfähigkeiten der Metalle für Wärme und Elektricität.

Hinsichtlich des Vergleiches der Leitfähigkeit der Metalle für Wärme und Elektricität hat sich, nachdem mehrmals andere Resultate erhalten worden waren, als sicher herausgestellt, dass dieselben mit Ausnahme des Eisens, bei dem die Magnetisirung störend wirkt, proportional sind. Nachstehende Tabelle giebt die Werthe der von A. Berget[2]) erhaltenen Resultate. In derselben bedeutet k_e die Leitfähigkeit für die Elektricität, k_w die für die Wärme, während $10^3 k_w/k_e$ die entsprechende Verhältnisszahl wiedergiebt.

	Cu.	Zn.	Messing.	Fe.	Sn.	Pb.	Sb.	Hg.
k_e	1,0405	0,303	0,2625	0,1587	0,151	0,081	0,042	0,0201
$10^5 k_w$	65,13	18,00	15,47	9,41	8,23	5,06	2,47	1,06
$10^3 k_w/k_e$	1,6	1,7	1,7	1,7	1,8	1,6	1,7	1,8

Hier ist die betreffende Verhältnisszahl für Eisen $= 1,7$, während sie z. B. bei den Untersuchungen von Kirchhoff und Hansemann[3]) im Mittel $= 2,18$ ist.

Erwähnt sei noch, dass Kundt[4]) aus Versuchen über die Brechungsindices von Metallprismen für die Lichtgeschwindigkeit v für rothes Licht folgende Werthe gefunden hat (Ag $= 100$).

	Ag.	Au.	Cu.	Pt.	Fe.	Ni.	Bi.
v $=$	100	71,0	60,0	15,3	14,9	12,4	10,3
k_e $=$	100	58,5	79,3	10,3	13,0	14,47	1,9

Auch hier zeigt sich eine gewisse Proportionalität zwischen galvanischer Leitfähigkeit und der Fortpflanzungsgeschwindigkeit des Lichtes.

---

1) W. Stewart, Wied. Ann. **66**, 88, 1898.
2) A. Berget, Compt. rend. **110**, 76, 1890; Wied. Ann. Beibl. **14**, 290.
3) Kirchhoff u. Hansemann, Wied. Ann. **13**, 417, 1881.
4) A. Kundt, Wied. Ann. **34**, 469, 1888; vgl. auch G. Wiedemann, „Die Lehre von der Electricität. Bd. I, 523, 1893.

In seiner Elektronentheorie der Metalle hat Drude gezeigt, dass man das Verhältniss zwischen der thermischen (k) und elektrischen (σ) Leitfähigkeit der Metalle berechnen könne aus der Loschmidt'schen absoluten Anzahl der Gasmoleküle im Gramm und dem Thomson'schen Werth des elektrischen Elementarquantums. Die Uebereinstimmung der Erfahrung beschränkt sich auf eine solche in der Grössenordnung, da beide Zahlen nur unsicher bekannt sind. Reinganum[1] weist darauf hin, dass man sich von ihrer Benutzung frei machen und das genannte Verhältniss ausdrücken könne durch gut bekannte Grössen, nämlich durch die Geschwindigkeit μ_H eines Wasserstoffmoleküls und das elektrochemische Aequivalat $\frac{m_H}{2c}$ derart, dass

$$\frac{k}{\sigma} = \frac{1}{3\,T} \left(\frac{m_H\,\mu_H{}^2}{c} \right)$$

Danach berechnet sich für 18^0 $\frac{k}{\sigma} = 0{,}7099 \cdot 10^{-10}$ (im elektrostatischen cgs-System) in glänzendster Uebereinstimmung mit den neuesten Messungen für eine Reihe von Metallen.

Die wesentlichen Annahmen dabei sind, dass die kinetische Energie eines im Metall beweglichen Elektrons gleich der eines Wasserstoffmoleküls von gleicher Temperatur und ferner seine Ladung gleich der eines einwerthigen elektrolytischen Ions ist, während die speciellen Vorstellungen über die Beweglichkeit der Elektronen eine Nebenrolle spielen.

11. Dielektrika.

Allgemeines.

Mit dem Namen Dielektrika bezeichnet man die Nichtleiter der Elektricität, die jedoch im stande sind, beim Nähern an einen geladenen Konduktor bei nicht zu langer Influenz sich zu laden. Alsdann verschwindet mit dem Entfernen ebenso wie bei einem Leiter der Elektricität die Ladung wieder.

Bringt man Metallplatten oder schlecht leitende dielektrische Platten zwischen die Kollektorplatten eines Kondensators, von denen die eine positiv geladen ist, so zeigt ein mit der ungeladenen Kollektorplatte in Verbindung gebrachtes Elektroskop das Vorhandensein positiver Elektricität an und zwar stärker, wenn die betreffende metallische oder Nichtleiterplatte zwischen beiden vorhanden ist, als wenn sie nicht vorhanden ist.

---

1) W. Reinganum, Drude's Ann. **2**, 398, 1900; Ref. Zeitschr. physik. Ch. **35**, 485, 1900; vgl. hierzu E. Riecke, ibid. **2**, 835, 1900; C. Grüneisen, ibid. **3**, 43, 1900.

Durch die Einfügung einer Metallplatte oder eine Platte eines Dielektrikums, hat sich also die Kapacität des Kondensators vergrössert. Es ist nur der Unterschied zwischen Metall und Dielektrikum, dass bei den Metallen die Goldplättchen des Elektroskops sofort ihre Maximaldivergenz erhalten, bei den Dielektrika aber erst allmälig.

„Die Kapacität C eines aus zwei sehr grossen planparallelen, in der Luft befindlichen Platten bestehenden Kondensators, deren Abstand e, deren Oberfläche S ist, wird durch folgende Formel wiedergegeben:

$$C = \frac{S}{4\,\pi\,e}.$$

Ist bei Ersatz der Luft durch ein anderes Dielektrikum zur Ladung der Vorderfläche des Kondensators auf das Potentialniveau Eins bei Ableitung der Hinterfläche die Elektricitätsmenge

$$C_D = \frac{DS}{4\,\pi\,e}$$

erforderlich, so bezeichnen wir den Werth D als **Dielektricitätskonstante** oder **specifisches Induktionsvermögen** oder als **specifische induktive Kapacität**.“

Bestimmungsmethoden.

„Die Dielektricitätskonstanten fester Körper sind wesentlich nach zwei verschiedenen Methoden bestimmt worden. Einmal wird die Kapacität von Kondensatoren gemessen, deren Belegungen durch die zu untersuchenden Körper getrennt sind, so von Cavendish, Faraday, Belli, Snow Harris, Werner Siemens, Boltzmann, Burkley und Gibson, Gordon, Hopkinson, Elsas, auch indirekt von Felici und Lefèvre. Sodann wird die Anziehung eines dielektrischen Körpers durch eine geladene Metallkugel bestimmt, sei es durch Schwingungen sei es direkt, so von Matteucci, Boltzmann. Von diesen Bestimmungen dürften die ersteren wohl die sichersten sein [1].“

Die von Silow[2]) vorgeschlagene **elektrometrische Methode**, welche auch von Landolt und Jahn[3]) benutzt wurde, ist nach den Untersuchungen von Heerwagen[4]) nicht ganz fehlerfrei. Entsprechende Verbesserungen wurden ausserdem von Nernst[5]) und Smale[6]) vorgeschlagen. Auch das Verfahren aus der Kapacitätsänderung eines Konden-

<hr>

[1]) Vgl. G. Wiedemann, Die Lehre von der Electricität Bd. II, **21**, 1895.

[2]) Silow, Pogg. Ann. **156**, 389.

[3]) Landolt u. Jahn, Zeitschr. physik. Ch. **10**, 289.

[4]) Heerwagen, Wied. Ann. **48**, 35; vgl. hierzu A. Heydweiller, **57**, 649, 1895.

[5]) W. Nernst u. M. Wien; Wied. Ann. **58**, 37, 1896; **57**, 209, 1895.

[6]) J. F. Smale, Wied. Ann. **57**, 215, 1895.

sators die Elektricitätskonstante zu bestimmen, ist nach Werner[1]) principiell unrichtig.

Die telephonische Methode von Nernst[2]) gestattet nach Heydweiller Genauigkeit von 1 %, wenn die Leitfähigkeit des Dielektrikums
$1,1 \times 10^{-9}$ Quecksilbereinheiten nicht übersteigt, d. h. es muss die Beschaffenheit eines
mässig gut destillirten Wassers haben. Die
Nernst'sche Methode (Fig. 69) beruht auf der
Anwendung der Wheatstone'schen Brücken-
kombination. Es werden bei derselben neben
zwei mit demselben Pol der Stromquelle eines
Induktoriums verbundenen Widerständen Kondensatoren eingeschaltet. In der Figur sind r_1,
r_2, r_3, r_4 die Widerstände der Brückenanordnung,
I ist das Induktorium, T das Telephon, c_1 und
c_2 sind die Kapacitäten der Kondensatoren.
Das Telephon schweigt, wenn

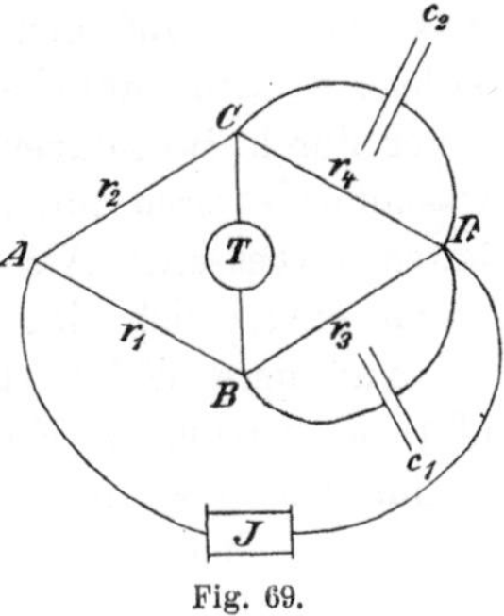

Fig. 69.

$$\frac{r_1}{r_2} = \frac{r_3}{r_4} = \frac{c_1}{c_2}.$$

r_1, r_2, r_3, r_4 sind Flüssigkeitswiderstände. Die beiden ganz gleich
gebauten Messkondensatoren bestehen aus je zwei rechteckigen Messingplatten, zwischen welche zur stetigen Vergrösserung der Kapacität Glasplatten geschoben werden können. Die Kapacität ändert sich annähernd
proportional der Verschiebung, welche mittels Nonius an einem Glasstabe
abgelesen wird. Ein dritter Kondensator, zur Aufnahme der Flüssigkeit
bestimmt, wird einmal neben dem einen, dann neben dem andern Messkondensator geschaltet und jedesmal an einem und demselben der letzteren
auf Tonminimum eingestellt. Die Differenz der beiden Einstellungen
giebt die doppelte Kapacität des Flüssigkeitskondensators, ausgedrückt in
Skalentheilen des Messkondensators, an welchen die Glasplatte verschoben
wurde. Enthält der dritte Kondensator eine leitende Flüssigkeit, so wird
r_3 oder r_4 so verändert, dass in beiden Zweigen der Widerstand gleich
ist, dass also wiederum Tonminimum eintritt.

„Zur Bestimmung einer DC muss dreimal die Kapacität des Kondensators gemessen werden, nämlich während er gefüllt ist: 1. mit Luft,
2. mit einer Flüssigkeit von bekannter DC, 3. mit der zu untersuchenden Flüssigkeit. Sind S_0, S_1 und S_2 die bezüglichen Verschiebungen am
Messkondensator, so erhält man die gesuchte DC nach der Formel:

$$K = 1 + (K_1 - 1)\frac{S_2 - S_0}{S_1 - S_0}.$$

---

1) Werner, Wied. Ann. 47, 613; 57, 209, 1895.
2) W. Nernst, Zeitschr. physik. Ch. 14, 622, 1894.

Als Vergleichsflüssigkeit dient käuflicher, mit Natrium getrockneter Aethyläther, dessen DC bei 16° 4,396 und bei 20° 4,22 ist."

Verbesserungen an dem Nernst'schen Apparate sind von B. B. Turner[1]) dadurch angebracht worden, dass er den Hartgummideckel, der sich leicht wirft, durch einen einwandsfreien Glasdeckel ersetzt. Auch muss sorgsam auf den Temperaturkoëfficienten des Apparates geachtet werden; es wird darauf aufmerksam gemacht, dass die Möglichkeit gröberer Fehler durch Beschlagen der Glasplatten vorliegt. Weiterhin wurden die Messkondensatoren durch Verdopplung der Glasplatten und äussere Messingplatten verbessert. Als praktisches Mittel zur Konstanthaltung der Temperatur erwies sich eine Eisenhülse.

Auf diese Weise ist es möglich geworden, geeignete Kapacitäten bis auf 1 pro 10 000 (w. F.) zu messen, d. h. also fünf- bis zehnmal genauer als mit dem gewöhnlichen Apparate. Folgende Substanzen, die als Aichflüssigkeiten dienen, wurden bestimmt (Luft $= 1$). (w. F. $=$ wahrsch. Fehler.)

Benzol,	2,288 bei 18° w. F.		$\pm$ $^1/_2$ $^0/_{00}$,
o-Nitrotoluol,	27,7	„ „ „	$\pm$ 2,
Wasser,	81,1	„ „ „	$\pm$ 2$^1/_2$.

Weniger als Aichflüssigkeit geeignet sind:

Aether,	4,368 bei 18° w. F.	etwa	1 $^0/_{00}$,
Anilin,	7,31	„ „ „	$^1/_4$ bis $^1/_2$ $^0/_0$,
m-Xylol,	2,376	„ „ „	1 $^0/_{00}$,
Nitrobenzol,	36,45	„ „ „	2 $^0/_{00}$.

Zwei weitere Methoden zur Messung der Dielektricitätskonstante sind von P. Drude[2]) gegeben worden. H. Starke[3]) verwendete die Nernstsche Methode durch Einschaltung des festen Körpers in ein Lösungsmittel auch zur Bestimmung der Dielektricitätskonstante fester Körper.

Resultate.

Nachstehend seien die von Boltzmann[4]) erhaltenen Resultate für die Dielektricitätskonstante isotroper festen Körper zusammengestellt.

a) Nach der Methode I.

	Luft.	Paraffin.	Kolophonium.	Hartgummi.	Schwefel.
D $= 1$		2,32	2,55	3,15	3,84
$\sqrt{D} = 1$		1,523	1,597	—	1,960
n $=$		1,536—1,516	1,543	—	2,040

---

[1]) B. B. Turner, Zeitschr. physik. Ch. **35**, 385, 1900.
[2]) P. Drude, Zeitschr. physik. Ch. **23**, 267, 1897.
[3]) H. Starke, Wied. Ann. **60**, 629, 1897.
[4]) F. Boltzmann, Wien. Ber. (2), **66**, 1, 1872; **67**, 17, 1873; **68**, 81, 1873; **70**, 307, 342, 1874; Pogg. Ann. **151**, 482, 531, 1874.

b) Nach der Methode II.

D

Methode I	$^1/_{360}-^1/_{64}$	0,9	1,8	22,5	45	90 Sek.
Schwefel,	3,84	3,90	—	3,66	—	3,70	—
Hartgummi,	3,15	3,48	—	3,82	—	3,74	—
Paraffin,	2,32	2,32	2,51	2,56	—	8,12	—
Kolophonium,	2,55	2,48	3,63	4,23	5,11	5,28	5,61

Es ergiebt sich aus diesen Beobachtungen zunächst, dass der Brechungsexponent n auffallende Uebereinstimmung mit der $\sqrt{D}$ hat und also dem Maxwell'schem Gesetze entspricht.

Weiterhin erweist Tabelle b, dass die Ladung der dielektrischen Kugeln durch Influenz mit der Zeit zunimmt.

Hinsichtlich der Dielektricitätskonstante anisotroper Körper hat sich ergeben, dass sich im allgemeinen die Elektricität auf den Krystallen in der Richtung am stärksten ausbreitet, in welcher die optische Elasticität am grössten ist und sich das Licht am stärksten fortpflanzt.

Die Messung der Dielektricitätskonstanten der Flüssigkeiten erfolgt nach denselben Methoden wie bei den festen Körpern, indem man einmal die Kapacität von Kondensatoren vergleicht, deren Zwischenmedium Luft oder eine dielektrische Flüssigkeit ist, oder man misst die Anziehung zweier elektrisirten, in der dielektrischen Flüssigkeit befindlichen Körper und vergleicht dieselbe mit der Anziehung in der Luft unter gleichen Verhältnissen. Auch bei den Flüssigkeiten können bei etwas längerer Ladezeit die Resultate durch dann eintretende Leitung beeinflusst werden.

In der nachstehenden Tabelle, welche G. Wiedemann's Lehre von der Elektricität, Bd. II, Seite 73 entnommen ist, bedeuten: H (Hopkinson), Si (Silow), P (Palaz), Ne (Negreano), Sa (Salvioni), D (Donle), W (Winkelmann), L (Lefèvre), T (Tschegläjew), R (Rosa), Hr (Heerwaagen), B (Bouty), C (Cohn), A (Ahrens), Q (Quincke).

Schwefelkohlenstoff: 2,67 (H), 2,62—2,74 (Q), 2,61 (P), 1,7 (L), 2,715 (B);

Aether: 4,75 (H), 4,33—4,66 (Q), 3,4 (D);

Benzol: 2,38 (H), 2,198 (Si), 2,359 (Q), 2,336 (P), 2,32 (Ne), 2,17 (T), 2,43 (W), 2,45 (R), 2,22 (B);

Toluol: 1,948 (D), 2,42 (H), 2,305 (P), 2,32 (Ne);

Xylol: 2,39 (H);

Cymol: 2,25 (H), 2,47 (Ne);

Terpentinöl: 2,23 (H), 2,153 (Si), 2,261 (Ne), 2,22 (W), 2,25 (T), 1,5 (L), 2,314 (B);

Olivenöl: 3,16 (H), 2,99 (Sa);
Ricinusöl: 4,78 (H), 4,43 (C u. A), 4,61 (P), 4,62 (Sa);
Erdnussöl: 3,17 (H), 3,03 (Sa);
Alkohol: 27,4 (W), 24,3 (D), 25,7 (R);
Wasser: 75,7 (R), 79,6 (Hr), 76 (C u. A), 82 (C).

Hieran sei noch eine von Tereschin[1]), sowie die von Tomaszewski[2]) gegebene Tabelle über einige organische Verbindungen angeschlossen:

	Methyl.	Aethyl.	Propyl.	Isobutyl.	Amyl.
Alkohole,	32,7	—	22,8	—	15,9
Formiate,	10,0	9,1	—	8,4	7,7
Acetate,	7,7	6,5	6,3	5,8	5,2
Benzoate,	7,2	6,5	—	6,0	5,2

Aethyl-propionat.	Aethyl-butyrat.	Aethyl-valerat.	Anilin.	CCl_4.	Xylol.	Wasser.
6,0	5,3	4,9	7,5	2,2	2,38	83,8.

	D	$\sqrt{D}$	n = Brechungs-exponent
Terpentinöl (Pinus sylvestris) . . .	2,271	1,5070	1,4689
Terpentinöl (Pinus maritima) . . .	2,258	1,5026	1,4061
Terpentinöl (Pinus australis) . . .	2,264	1,5046	1,4685
Citronenöl	2,247	1,4990	1,4706
Benzol, C_6H_6	2,218	1,4892	1,4757
Toluol, C_7H_8	2,303	1,5175	1,4713
p-Xylol, C_8H_{10}	2,383	1,5436	—
Kumol, C_9H_{12}	2,442	1,5627	1,4838.

Es ergiebt sich also hieraus Folgendes:

„Die Dielektricitätskonstanten nehmen in jeder homologen Reihe mit wachsendem Molekulargewicht ab, während sie in der aromatischen Reihe schwach zunehmen. Die Konstanten metamerer Verbindungen, Aethylformiat und Methylacetat ü. s. w. sind verschieden. Die Differenzen zwischen den Dielektricitätskonstanten der entsprechenden Glieder der Formiate und Acetate, bezw. der Formiate und Benzoate der verschiedenen Alkoholradikale sind dabei verschieden.“

Hinsichtlich der Einflüsse der Temperatur sei noch erwähnt, dass die Dielektricitätskonstante mit höherer Temperatur abnimmt.

---

1) Tereschin, Wied. Ann. **36**, 792, 1889.
2) Tomaszewski, Wied. Ann. **33**, 33, 1888.

Bei der Untersuchung der Dielektricitätskonstante von Gasen und Dämpfen hat sich ergeben, dass dieselbe nicht allzu verschieden von der der Luft ist. Auch zeigt sich hier die vorher schon beobachtete und von der Maxwell'schen Ableitung geforderte Gleichheit von $\sqrt{D}$ und n($=$ Brechungsexponent) in annähernder Weise. Nachstehend seien einige der Werthe für D angegeben:

	D	Temperatur.
Luft,	1,000590	gew.
Kohlensäure,	1,000946	„
Wasserstoff,	1,000264	„
Kohlenoxyd,	1,000690	„
Stickoxydul,	1,000994	„
Aethylen,	1,001312	„
Methan,	1,000944	„
Benzol,	1,002700	100^0
Toluol,	1,004300	126^0
Aethyläther,	1,004500	100^0
Methylalkohol,	1,005700	100^0
Aethylalkohol,	1,006500	100^0.

Beim Siedepunkt des Sauerstoffs und Stickoxyduls beobachtete F. Hasenoehrl[1] folgende Werthe:

$$D_{N_2O} = 1{,}933 \pm 0{,}010,$$
$$D_{O_2} = 1{,}465 \pm 0{,}010.$$

Die Abhängigkeit der Dielektricitätskonstanten einiger Gase von der Temperatur ist von K. Bädeker[2] bearbeitet worden.

Bestimmungen der Dielektricitätskonstanten von Flüssigkeitsgemischen sind mehrfach ausgeführt worden, so von Bouty[3], der Alkohol und Benzol untersuchte, von Thwing[4], welcher die Dielektricitätskonstanten einer Anzahl von Mischungen des Wassers mit Methylalkohol, Aethylalkohol, Propylalkohol, Glycerin und Essigsäure sowie von Gemengen aus Methylalkohol und Aethylalkohol ermittelte. E. Cohen und L. Arons[5] bestimmten die Dielektricitätskonstante eines Gemisches von Anilin und Benzol, Anilin und Xylol, Kanadabalsam und Benzol, Benzol und Aethylalkohol. C. E. Linebarger[6] untersuchte Gemische von

[1] Hasenoehrl, Versl. konnink. Akad. v. Wet. Amsterdam **1899**, 211.

[2] K. Bädeker, Zeitschr. physik. Ch. **36**, 305, 1901.

[3] Bouty, Compt. rend. **114**, 1421, 1892.

[4] Thwing, Zeitschr. physik. Ch. **14**, 286, 1894.

[5] E. Cohen u. L Arons, Wied. Ann. **28**, 465, 1886; **33**, 23, 1888.

[6] C. E. Linebarger, Zeitschr. physik. Ch. **20**, 131, 1895; vgl. auch J. C. Philipp, ibid. **24**, 18, 1897.

Benzol und Aethyläther, Benzol und Aethylacetat, Benzol und Kohlenstofftetrachlorid, Toluol und Aethylbenzoat, Toluol und Terpentin, Toluol und Schwefelkohlenstoff, Chloroform und Kohlenstofftetrachlorid, Schwefelkohlenstoff und Kohlenstofftetrachlorid, Schwefelkohlenstoff und Chloroform, Schwefelkohlenstoff und Aethyläther.

Im allgemeinen erwiesen sich die Dielektricitätskonstanten dieser Mischungen niedriger, als sie sich aus den Konstanten der Komponenten berechnen. Nur bei Mischungen mit Aethyläther wurde das entgegengesetzte Verhalten beobachtet.

Nach A. Coehn[1]) ladet sich bei der Berührung zweier Dielektrika der Stoff mit höherer Dielektricitätskonstante positiv gegen den Stoff mit niederer Konstante. Dies gilt jedoch nicht für Metalle, worauf auch A. Heydweiller[2]) hinweist.

, Für reines Wasserstoffsuperoxyd berechnet sich aus den Beobachtungen an wässeriger Lösung mit Hilfe der Mischungsregel die Dielektricitätskonstante zu 92,8, also wesentlich grösser als für Wasser (81)[3]). Sowohl dieser hohe Werth als das Fehlen anomaler Absorption stützt die Annahme Brühl's über die Konstitution des H_2O_2, wonach dasselbe keine Hydroxylgruppe, aber noch disponible Valenz enthält.

Messungen der Dielektricitätskonstante (D) von Stoffen in festem und flüssigem Zustand ergaben, dass zwischen den beiden Aggregatzuständen ein sehr erheblicher Sprung vorhanden ist, und zwar ist die D der festen Form die geringere. Unter Zugrundelegung dieser allgemeinen Erscheinung haben R. Abegg und W. Seitz[4]) die drei Zustände der krystallinischen Flüssigkeiten untersucht, nämlich den festen, den trübflüssigen und den klarflüssigen. Die Versuche wurden mit p-Azoxyanisol angestellt und zeigten, dass der Uebergang (bei $+ 134^0$) von der homogenen zur krystallinischen Flüssigkeit keine Diskontinuität im Gange der D bewirkt. Vielmehr nimmt dieselbe, analog dem negativen Temperaturkoëfficienten aller Flüssigkeiten, mit sinkender Temperatur stetig zu. Im Moment des beginnenden Erstarrens (bei $+ 95^0$) der krystallinischen Flüssigkeit wird jedoch die Substanz plötzlich dielektrisch unhomogen; nach vollendetem Erstarren ist das Telephon-Minimum wieder scharf, und die D hat einen erheblich geringeren Werth, sprungweise fallend, angenommen.

Dieses Verhalten kann man als weiteren Beweis für die Annahme eines krystallinisch-flüssigen Zustandes ansehen.

----

[1]) A. Coehn, Wied. Ann. **64**, 217, 1898; **66**, 1191, 1898; Zeitschr. physik. Ch. **25**, 651; 1898; **26**, 744, 1898.

[2]) A. Heydweiller, Wied. Ann. **66**, 535, 1898.

[3]) H. Calvert, Drude's Ann. (4), **1**, 483, 1900.

[4]) R. Abegg u. W. Seitz, Zeitschr. physik. Ch. **29**, 491, 1899.

Ueber die Messung von Dielektricitätskonstanten bei niederen Temperaturen sind von R. Abegg[1]) sowie von J. Dewar und J. A. Fleming[2]) Versuche angestellt worden. Im allgemeinen hat sich ergeben, dass die Dielektricitätskonstanten einen negativen Temperaturkoëfficienten besitzen, also mit sinkender Temperatur wachsen. Es ergab sich folgende Beziehung zwischen Temperatur T und Dielektricitätskonstante D:

$$-\frac{dD}{dT} = \frac{1}{190}$$

oder integrirt

$$D = c\,e^{-\frac{T}{190}},$$

worin c eine Konstante, nämlich D für T = o bedeutet. Die Messungen ergaben bei Methylalkohol, bei Amylalkohol sowie bei Nitrobenzol eine hinreichende Uebereinstimmung mit den nach dieser Formel berechneten Werthen[3]).

Für die festen Alkohole ergab sich eine ganz kleine Konstante, in welche die grossen Konstanten der flüssigen Alkohole übergehen, analog wie beim Wasser. Hierbei zeigte sich, dass der glasig feste Zustand der Alkohole bezüglich der dielektrischen Eigenschaften keine Fortsetzung des flüssigen Zustands bedeutet.

Die Versuche von P. Drude[4]) über anomale elektrische Dispersion von Flüssigkeiten ergaben folgende Resultate.

Eine elektrische Spektralanalyse ist mit verhältnissmässig langen Wellen möglich.

1. Glycerin, Aethylalkohol, Amylalkohol, Essigsäure besitzen für schnelle elektrische Schwingungen anormale Dispersion, d. h. Abnahme des elektrischen Brechungsexponenten mit wachsender Schwingungszahl, und mit Einschluss von Anilin anomale Absorption, d. h. eine solche, welche viel grösser ist, als sie ihrer Leitfähigkeit für konstante Ströme entsprechen würde.

2. Die Dielektricitätskonstante, welche diese Flüssigkeiten für langsame Wechselzahlen besitzen, ist grösser als das Quadrat ihres elektrischen Brechungsexponenten für sehr schnelle Wechselzahlen.

3. Für Wasser, Methylalkohol, Benzol gelten diese Anomalien innerhalb der benutzten Schwingungszahlen nicht, für Aether nur insofern, als er vielleicht etwas anomale Absorption besitzt.

Erwähnt seien die Betrachtungen von P. Drude und W. Nernst[5])

---

1) R. Abegg, Wied. Ann. **60**, 54, 1897; **62**, 249, 1897.

2) J. Dewar u. J. H. Fleming, Proc. Roy. Soc. **60**, 358, 368, 380, 1897.

3) Vgl. hierzu R. Abegg, Wied. Ann. **60**, 54, 1897; R. Abegg u. W. Seitz, Zeitschr. physik. Ch. **29**, 242, 1899.

4) P. Drude, Wied. Ann. **58**, 1, 1896.

5) P. Drude u. W. Nernst, Zeitschr. physik. Ch. **15**, 79, 1895.

über die **Elektrostriktion** durch freie Ionen. In einer Lösung, die freie Ionen, also gleichsam punktförmig vertheilte positive und negative Elektricitätsquanta enthält, müssen die Summen der positiven und negativen Elektricitätsmengen einander gleich sein. Demgemäss wird das Lösungsmittel, welches sich zwischen diesen Elektricitätsmengen befindet, von Kraftlinien durchzogen, d. h. es befindet sich in einem elektrostatischen Felde, wie ein Dielektrikum zwischen den geladenen Platten eines Kondensators. Jedes elektrisch polarisirte Dielektrikum kontrollirt sich nun [1]), wenn seine Dielektricitätskonstante durch Kompression zunimmt. Nach der mindestens qualitativ zutreffenden **Clausius-Morsotti**'schen Formel

$$\frac{k-1}{k+2}\cdot\frac{1}{d} = \text{konst.}$$

nimmt nun aber die Dielektricitätskonstante mit der Dichte zu. Hieraus ist zu schliessen, dass auch das betreffende Lösungsmittel infolge der Elektrisirung sich kontrahirte. Verfasser glauben eine Verificirung dieser Hypothese, für die noch die experimentellen Unterlagen fehlen, in der Dichte der Salzlösungen entdecken zu können.

Eine Untersuchung über die Elektrostriktion der Ionen in organischen Lösungsmitteln haben G. **Carrara** und M. G. **Levi**[2]) veröffentlicht, deren Resultate mit den obigen Darlegungen vorerst in Einklang stehen.

Clausius-Morsotti'sche Theorie.

Nach der **Clausius-Morsotti**'schen Theorie gilt folgende Beziehung zwischen der Dielektricitätskonstante k und der Dichte d.

$$\frac{k-1}{k+2}\frac{1}{d} = \text{konst.}$$

Lebedew[3]) konnte diese Theorie auf Grund seiner an Dämpfen angestellten Messungen bestätigen. **Heerwagen**[4]) bezweifelte jedoch später diese Uebereinstimmungen, als er seine Beobachtungen auf ein grösseres Temperaturintervall ausdehnte.

Fl. **Ratz**[5]), der auf Veranlassung **Nernst**'s und unter Anwendung von dessen Methode grössere Versuchsreihen anstellte, kommt zu dem Schluss, dass die **Clausius-Morsotti**'sche Konstante eine ausgesprochene Funktion der Temperatur ist, und im allgemeinen um so mehr von der Temperatur abhängig ist, je grösser die Dielektricitätskonstante des Körpers

---

[1]) P. **Drude**, Physik des Aethers 1894, S. 301.

[2]) G. **Carrara** u. M. G. **Levi**, Gazz. chim. ital. **30**, II, 197, 1900.

[3]) **Lebedew**, Wied. Ann. **44**, 304, 1891.

[4]) **Heerwagen**, Wied. Ann. **48**, 35, 1893; vgl. auch **Franke**, **50**, 170, 1893.

[5]) Fl. **Ratz**, Zeitschr. physik. Ch. **19**. 94. 1895; vgl. ferner F. **Linde**, Wied. Ann. **56**, 546, 1895.

ist. Auch ist sie vom Druck abhängig. Durch Zunahme des Drucks wird auch eine Zunahme der Dielektricitätskonstante bewirkt. Der betreffende Temperaturkoëfficient ist für alle untersuchten Flüssigkeiten negativ. Jedenfalls gilt aber die Clausius-Morsotti'sche Formel in roher Annäherung.

Die Untersuchungen von K. Bädeker[1] führten zu dem Resultat, dass die Giltigkeit der Clausius-Morsotti'schen Formel für Temperaturunterschiede mit der des Maxwell'schen Gesetzes für Gase Hand in Hand geht, und dass beide Gesetze keineswegs für die Mehrzahl der Gase gelten. Für die Gase, bei denen die Maxwell'sche Gleichung nicht gilt, ist die Abweichung von der Clausiüs-Morsotti'schen Formel derart, dass bei höherer Temperatur eine Annäherung der Dielektricitätskonstante an das Quadrat des Brechungsindex stattfindet.

Weitere Beziehungen zwischen Dielektricitätskonstante und anderen Grössen.

Hinsichtlich des Verhältnisses zwischen Dielektricitätskonstante und Dissociationskraft eines Lösungsmittels stellte Nernst[2] fest, dass dieselben häufig proportional sind. Eine weitere ausführliche Arbeit desselben Forschers behandelt speciell die Methode zur Bestimmung von Dielektricitätskonstanten.

Ueber die Beziehungen der latenten Verdampfungswärme zur Dielektricitätskonstante haben E. Obach[3] und H. Jahn[4] Berechnungen ausgeführt.

Nach Clausius besteht zwischen dem Kovolum b und der Dielektricitätskonstante k folgende Beziehung:

$$k = \frac{1 + 2b}{1 - b}, \quad b = \frac{k - 1}{k + 2}.$$

Anderseits ist nach Maxwell $k = n^2$, wo n der Brechungskoëfficient für unendlich lange Wellen ist. Es ergiebt sich alsdann

$$b = \frac{n^2 - 1}{n^2 + 2} \quad \text{und} \quad \frac{b}{d} = \frac{1}{d} \frac{n^2 - 1}{n^2 + 2} = R,$$

R ist das specifische Refraktionsvermögen, und für MR, das molekulare Refraktionsvermögen, berechnet sich dann:

$$\frac{b}{d} M = MR,$$

1) K. Bädeker, Zeitschr. physik. Ch. **36**, 335, 1901.
2) W. Nernst, Zeitschr. physik. Ch. **13**, 531, 1894; **14**, 622, 1894. Bd. I, S. 244.
3) E. Obach. Phil. Mag. **32**, 113, 1891.
4) H. Jahn, Zeitschr. physik. Ch. **11**, 787, 1893.

b, das wahre Volum der Molekeln, ist also nach dieser Ausführung von Ph. Guye[1]) proportional R.

Weitere Studien dieses Forschers beziehen sich auf den sogenannten kritischen Koëfficienten $k = \dfrac{\vartheta}{\pi}$, worin ϑ die kritische Temperatur und π den kritischen Druck bedeuten. Nach van der Waals ist $k = \dfrac{3}{8}\dfrac{\varphi}{\alpha}$, wo φ das kritische Volum ist. Dasselbe ist auch gleich 3b, so dass also b und k proportional sind. Setzen wir V als konstanten Faktor, so ergiebt sich

$$k = V\,\frac{n^2-1}{n^2+2}\,\frac{M}{d} = VMR.$$

Der Faktor $\dfrac{1}{V} = f$ zeigt Werthe, die sich zwischen 1,6 und 2 bewegen, im Mittel $= 1,8$

$$k = \frac{MR}{1,8}.$$

Doch finden sich auch Ausnahmen.

Beziehungen, wenn auch entfernter Art, stellte V. Rothmund[2]) fest für die Löslichkeit in Wasser und die Dielektricitätskonstante. Wenn man die Haupttypen der Flüssigkeiten nach ihrer Löslichkeit ordnet, erhält man folgende Reihe:

Wasser,	Phenole,
Niedere Fettsäuren,	Aromatische Aldehyde,
Niedere Alkohole,	Aether,
Niedere Ketone,	Halogenderivate der Kohlenwasserst.,
Niedere Aldehyde,	Schwefelkohlenstoff,
Nitrile,	Kohlenwasserstoffe.

Die Reihenfolge nach der Grösse der Dielektricitätskonstante für einzelne Gruppen ist folgende nach Drude[3]).

Wasser	81,7	Acetylaceton	26
Ameisensäure	57,0	Acetaldehyd	21,1
Essigsäure	6,46	Propylaldehyd	18,5
Isobuttersäure	2,60	Phenol	9
Methylalkohol	32,5	Anilin	7,15
Aethylalkohol	21,7	Furfurol	39,4
Isobutylalkohol	6,1	Aether	4,36
Aceton	20,7	Chloroform	4,95
Methyläthylketon	17,8	Schwefelkohlenstoff	2,64
Diäthylketon	17,0	Benzol	2,26.

---

1) Ph. Guye, Arch. Sc. phys. nat. **23**, 197, 1890; 204, 1890; Ref. Zeitschr. physik. Ch. **6**, 771, 1890; 372, 1890.

2) V. Rothmund, Zeitschr. physik. Ch. **26**, 489, 1898.

3) P. Drude, ibid. **23**, 267, 1897.

Bedenkliche Ausnahmen bilden Milchsäure mit 19,2 und Furfurol mit 39,4. Von einem durchaus gleichartig verlaufenden Parallelismus kann nicht die Rede sein.

12. Leitung in Gasen und Durchlässigkeit für Röntgenstrahlen.

Im allgemeinen gehören die Gase zu den Nichtleitern der Elektricität, oder vielmehr sie leiten die Elektricität nur schlecht. Doch sind es gewisse Umstände, die ihre Leitfähigkeit erhöhen. Einer derselben ist die Erhöhung der Temperatur. Hieraus kann man schliessen, dass die Leitfähigkeit der Gase theilweise eine solche ist, wie wir sie bei den Elektrolyten kennen gelernt haben, d. h. eine Leitung durch Ionen, denn bei den Leitern zweiter Klasse nimmt die Leitfähigkeit mit Erhöhung der Temperatur zu, bei den Leitern erster Klasse nimmt sie dagegen ab. Es sind also die gleichen Gründe, die für eine Leitung der Gase durch Ionen sprechen, wie wir sie auch bei den Metalloxyden der Nernstlampe haben, wozu auch hier wie dort einige direktere Beweise kommen.

Wie J. J. Thomson[1] fand, leiten Luft, Stickstoff, Kohlendioxyd, Ammoniak, Wasserdampf, Schwefelsäure, Salpetersäure, Schwefel, Schwefelwasserstoff und Quecksilberdampf äusserst wenig. Relativ gut leiten Chlorwasserstoff, Jodwasserstoff, Jod, Brom, Jodkalium, Salmiak, Chlornatrium und Chlorkalium. Erwähnt sei noch, dass Salpetersäure in flüssigem, wasserfreien Zustande ein Leiter der Elektricität ist, die andern dagegen nur sehr wenig.

Trockene Gase verhalten sich bei gewöhnlicher Temperatur wie vollkommene Nichtleiter; sie werden indes bei höherer Temperatur leitend.

Eine elektrolytische Leitung von Gasen glaubt J. J. Thomson[2] konstatirt zu haben dadurch, dass beim Durchgang elektrischer Entladungen durch ein Gemisch von Chlor und Wasserstoff ersteres sich an der Anode anhäuft und dort im Spektroskop sich durch die hellen Chlorlinien verräth, die an der Kathode fehlen. M. Aircy[3] wandte dagegen ein, dass nur die grosse Temperaturdifferenz zwischen Anode und Kathode das Erscheinen der Chlorlinien an der einen Elektrode veranlasst. Thomson hebt demgegenüber hervor, dass wohl Chlor infolge von Diffusion in der ganzen Röhre vorhanden sein könne, dass es aber an der Anode sich in grösserer Quantität befinde, und dass bei Umkehrung des Stromes die Chlorlinien anfangs stark an der neuen Kathode und schwach an der jetzigen Anode sind, ein Verhältniss, welches sich allmälig wieder umkehrt.

---

1) J. J. Thomson, Phil. Mag. **29**, 358, 1890.
2) J. J. Thomson, Phil. Mag. **49**, (5), 404, 1900.
3) M. Aircy, ibid. **49**, 210, 1900.

Wie A. de Hemptinne[1]) findet, genügt die Gegenwart von Ionen nicht, um einen Durchgang von Elektricität zuzulassen. Bei vorhandener Leitfähigkeit ist Dissociation vorhanden; doch trifft das umgekehrte nicht zu. Der Durchgang von Elektricität findet nur statt, wenn die Elektroden eine hohe Temperatur besitzen. Bei der Explosion, die als eine Flamme von zu kurzer Dauer, als dass sie die Erwärmung der Elektroden bewirken könnte, angesehen werden muss, wird keine Leitfähigkeit beobachtet bei solchen Gasgemischen, die kein Wasser bilden. Ist solches der Fall, dann findet Leitung durch das kondensirte Wasser unter Bildung von Ionen statt, was der elektrolytischen Dissociation der wässerigen Lösungen vergleichbar ist.

Versuche über die elektrische Leitfähigkeit von Gasen, die von Kathodenstrahlen durchsetzt sind, wurden von J. C. Mc. Lennan[2]) angestellt. Es ergiebt sich, dass dieselbe der durch Röntgen- und Uranstrahlen erzeugten ähnlich ist. Bei Strahlen von konstanter Intensität ist die Ionisation in einem bestimmten Gase proportional dem Druck des Gases und in verschiedenen Gasen proportional der Dichte.

Gase sind im stande die Elektricität zu leiten, wenn sie den Röntgen-, den Becquerel- und den Kathodenstrahlen[3]) ausgesetzt werden. Die Leitfähigkeit wird dadurch bewirkt, dass in ihnen positive und negative Ionen entstehen, deren Bewegungen unter der Einwirkung einer elektrischen Kraft die Leitung zur Folge haben.

Die Ionisirung durch die Kathodenstrahlen erwies sich bei direkter Vergleichung 300 mal so gross als die durch die Röntgenstrahlen veranlassten. Nachdem der Strom bei der durch Kathodenstrahlen veranlassten Leitung einen bestimmten Werth erreicht hat, wird er fast konstant und nimmt nur wenig zu, wenn das elektrische Feld sehr bedeutend wächst. Bei Röntgen- oder Uranstrahlen reichten Felder von 400 oder 500 V pro cm hin, um Sättigung herbeizuführen, bei den Kathodenstrahlen sind jedoch 1000 V pro cm nöthig, um das Strommaximum zu erreichen.

Es zeigt sich, dass bei Anwendung von Luft, Wasserstoff, Kohlensäure, Sauerstoff, Stickstoff und Stickoxydul stets bei gleicher Dichte der Gase eine gleiche Ionisirung durch Strahlen von gleichbleibender Stärke hervorgerufen werden. Die Anzahl der Ionen, welche beim Durchgang der Kathodenstrahlen pro Sekunde in 1 ccm erzeugt werden, hängt also nur von der Dichte des Gases, nicht von seiner chemischen Zusammensetzung ab. Man kann somit auch sagen, dass, wenn die relativen Ionisirungen in zwei Gasen ermittelt werden sollen, es genügt, das Absorptions-

---

1) A. de Hemptinne, Zeitschr. physik. Ch. 12, 244, 1893; 39, 345, 1901; vgl. hierzu F. Braun, ibid. 13, 155, 1894; O. Lehmann, ibid. 18, 97, 1896; W. Kaufmann, K. Ges. Wiss. Göttingen math. phys. Classe. Heft 3, 1899.

2) J. C. Mc. Lennan, Zeitschr. phys. Ch. 37, 513, 1901.

3) J. C. Mc. Lennan, Proceed. of the Royal Soc. 66, 375, 1900.

vermögen der beiden Gase für diese Strahlen zu bestimmen. Somit sind die Ionisirungskoëfficienten bestimmt, wenn die Absorptionskoëfficienten bezw. die relative Dichte der einzelnen Gase bekannt sind.

Ein elektrisch geladener Körper verliert seine Ladung, wenn ihm eine Flamme nahegebracht wird, auch wenn er nicht mit der Flamme, sondern nur mit den aufsteigenden Gasen in Berührung kommt. „Wie J. A. Mc. Clelland[1]) nachgewiesen hat, beruht die Leitung der Gase auf ihrer Ionisirung, so dass man eine Anzahl positiv und negativ geladener Ionen in dem an der Elektrode vorbeistreichendem Gase anzunehmen hat, von denen z. B. bei positiver Elektrode die negativ geladenen Träger angezogen werden und ihre Ladung abgeben, wodurch die Ladung abnimmt. Sodann wurde die Wiedervereinigung der Ionen in dem Maasse, als die Gase sich von der Flamme entfernen, durch die Abnahme der Leitfähigkeit dargethan; ferner wurde die Geschwindigkeit der Träger unter Einwirkung einer elektromotorischen Kraft gemessen und $= 0{,}2$ cm in der Sekunde unter einem Potentialgradienten von 1 V per cm gefunden; ein Unterschied von etwa 15 % zeigte sich zwischen den positiven und negativen Trägern der elektrischen Ladung zu Gunsten der letzteren, und einige bekanntere Erscheinungen bei der Leitung der Flammengase konnten durch die grössere Geschwindigkeit der negativen Ionen im Vergleich mit den positiven erklärt werden. Mit dem Abstande von der Flamme nimmt die Geschwindigkeit der Träger ab, zuerst ändert sie sich nur wenig (bis etwa 10 cm von der Flamme), dann aber schnell; diese Geschwindigkeitsabnahme scheint vorzugsweise von der Abkühlung bedingt zu sein.“

Die unipolare Leitung der Flammen erklärt sich nach den Untersuchungen von H. A. Wilson[2]) in sehr einfacher Weise dadurch dass die Ionisirung bei Salzdämpfen nur an der Oberfläche der glühenden Elektroden stattfindet, und dass die Geschwindigkeit der negativen Ionen in der Flamme viel grösser ist als die entsprechende Geschwindigkeit der positiven Ionen.

Die Versuche von E. Simon[3]) über den Einfluss der Strahlen grosser Brechbarkeit auf das elektrische Leitvermögen verdünnter Gase haben ergeben, dass verdünnten belichteten Gasen ein Leitungsvermögen in dem allgemeinen Sinne von Arrhenius nicht zukommt, dass aber verdünnte Gase, angeregt durch Strahlen grosser Brechbarkeit, bereits in verhältnissmässig weniger starken elektrischen Feldern Eigenschaften erlangen, die sie sonst ohne Belichten erst bei weit höheren Spannungen zeigen.

---

1) J. A. Mc. Clelland, Phil. Mag. (5), **46**, 29, 1898; Naturw. Rundsch. **13** 647, 1898.

2) H. A. Wilson, Proc. Roy. Soc. **65**, 120, 1899.

3) E. Simon, Sitzber. Wiener Akad. **104**, II a, 565, 1895.

Durchlässigkeit für Röntgenstrahlen.

Bekanntlich hat die verschiedenartige Grösse des Widerstandes, den Röntgenstrahlen bei den einzelnen Verbindungen und Stoffen erfahren, erst die Möglichkeit der Entdeckung derselben gewährt. Wir wissen, dass im allgemeinen mit Zunahme der Dichte auch die Durchlässigkeit für Röntgenstrahlen abnimmt, so dass also z. B. Metalle weniger leicht oder nahezu gar nicht durchlässig sind, während Flüssigkeiten leichter durchlässig sind. Diese Erscheinung ermöglichte auch allein die bildliche Darstellung der Art des Durchgangs der Röntgenstrahlen durch die einzelnen Stoffe, z. B. den menschlichen Körper, indem eben die Stellen schwächer auf der photographischen Platte zur Wirkung kommen, durch welche am wenigsten Röntgenstrahlen hindurchgehen, wie z. B. die Knochen, während die Stellen stärkster Erregung der photographischen Platte den am leichtesten durchgänglichen Stoffen zukommen.

Besonders sind es also die Metalle, welche sich durch geringe Durchlässigkeit auszeichnen. Man hat dieselben in eine Reihe angeordnet, die in gewisser Beziehung zu den Atomgewichten steht. (Bd. I, S. 25.)

W. J. Humphreys[1] hat die Absorptionsfähigkeit verschiedener Verbindungen und deren konstituirender Elemente untersucht gegenüber den Röntgenstrahlen. Er fand, dass die Absorption dieser Strahlen hauptsächlich, wenn nicht vollständig, ein Atomphänomen ist, und somit unterscheidet sich die Absorption der Röntgenstrahlen nur wenig, wenn überhaupt, von der Summe der Absorption der Bestandtheile.

J. H. Gladstone und W. Hibbert[2] fanden, dass bei den Alkalimetallen die Reihenfolge der Absorption der X-Strahlen folgende ist: Lithium, Natrium, Kalium, während sie nach ihrer Dichte Lithium, Kalium, Natrium rangiren. Die Reihenfolge der Absorption der X-Strahlen durch die unverbundenen Metalle und durch ihre Salze ist die der Atomgewichte, aber die Grösse der Absorption wächst schneller als die der Atomgewichte. Die Absorption eines trockenen Salzes ist eine additive Eigenschaft, sie gleicht der Summe der Absorptionen seiner beiden Komponenten; auch ist die Absorption einer Lösung scheinbar die des Salzes plus der des Lösungsmittels.

Das Verhalten von Mineralien zu den Röntgen-Strahlen ist von C. Doelter[3] untersucht worden und hat zu folgenden Ergebnissen geführt:

1. Die Durchlässigkeit eines Minerals hängt mit seiner Dichte nicht zusammen; nur sehr schwere Mineralien, deren Dichte über 5 ist, sind

---

[1] W. J. Humphreys, Philosoph. Magaz. (5), **44**, 401, 1897.

[2] J. H. Gladstone u. W. Hibbert, Chem. News. **74**, 235, 1897.

[3] C. Doelter, Mtthl. naturw. Verein Steiermark 1895; Naturw. Rundsch. **11**, 220, 1896.

zumeist undurchlässig; unter den andern finden sich aber leichtere, wie Steinsalz, Schwefel, Kali-Salpeter, Realgar, welche undurchlässig sind, und schwerere, wie Kryolith, Korund, Diamant, welche ganz durchlässig sind.

2. Die Durchlässigkeit hängt von der chemischen Zusammensetzung insofern ab, als der Eintritt mancher Elemente in Verbindungen diese undurchlässiger macht, z. B. der Ersatz von Mg, Al durch Fe in Silikaten. Arsenverbindungen sind sehr undurchlässig, ebenso die Phosphate, während Aluminium- und Borverbindungen mehr durchlässig sind. Eine allgemeine Abhängigkeit der Durchlässigkeit von der chemischen Zusammensetzung lässt sich ebenso wenig konstatiren, als vom Molekulargewichte und der Dichte.

3. Dimorphe Mineralien zeigen meist ganz unmerkliche Unterschiede der Durchlässigkeit, nur bei Rutil-Brookit, Pyrit-Markasit, Kalkspath-Aragonit sind sie merklicher.

4. In verschiedenen Richtungen durchleuchtet, ergeben sich bei vielen Krystallen nur ganz unmerkliche Unterschiede oder auch gar keine; bei Andalusit, Aragonit und Quarz scheinen aber Differenzen vorhanden zu sein.

5. Zu den durchlässigen Mineralien zählen insbesondere ausser Diamant, Borsäure, Bernstein, Korund, Meerschaum, Kaolin, Asbest, Kryolith; zu den undurchlässigen: Epidot, Cerussit, Baryt, Pyrit, Arsenit, Rutil, Sb_2O_3, Almadin.

Es lassen sich hinsichtlich der Durchlässigkeit ungefähr acht Gruppen unterscheiden, deren Glieder nur geringe Unterschiede zeigen, welche aber gegen einander sich stark unterscheiden. Als Typen dieser acht Gruppen wurden aufgestellt:

1. Diamant,	5. Steinsalz,
2. Korund,	6. Kalkspath,
3. Talk,	7. Cerussit,
4. Quarz,	8. Realgar.

13. Elektrolyte oder Leiter zweiter Klasse.

Mit diesem Namen werden Verbindungen bezeichnet, welche im Gegensatze zu den Leitern erster Klasse beim Durchgange des elektrischen Stromes nicht nur eine Abtrennung der Elektronen, sondern auch eine Zerlegung der leitenden Moleküle erfahren. Der Vorgang der elektrolytischen Zerlegung dieser Körperklasse kann stattfinden in wässeriger oder sonstiger Lösung oder im geschmolzenen Zustande. In jedem Falle scheiden sich bestimmte Theile der zerlegten Moleküle an der Kathode und andere an der Anode aus.

Zu den Elektrolyten gehören die Säuren, die Basen und die Salze. Bei der Elektrolyse scheiden sich an der Kathode aus die Wasserstoffatome der Säuren, die Metallatome der Basen und Salze. Dies sind die Kationen.

An der Anode dagegen werden frei die Säurereste der Säuren und Salze und das Hydroxyl der Basen. Dies sind die Anionen.

Elektrolytische Dissociation.

Nachdem längere Zeit die Grotthus'sche Erklärung der Anordnung der Moleküle der in der Lösung befindlichen Elektrolyte in Bezug auf ihre Zerlegung durch den elektrischen Strom als hinreichend angesehen worden war, kamen zuerst Clausius und nach ihm Arrhenius auf den Gedanken, dass die Elektrolyte in der wässerigen Lösung theilweise oder ganz in ihre Ionen gespalten seien. In Uebereinstimmung mit den Bestimmungen des Molekulargewichtes stellte Arrhenius[1]) den Satz auf:

Die Elektrolyte, d. h. die in Lösung befindlichen, die Elektricität leitenden Substanzen, sind zum grösseren oder geringeren Theile entsprechend den aus der Molekulargewichtsbestimmung ermittelten Grössen in ihre Ionen zerlegt, d. h. in die Theile des Moleküls, welche bei dem Durchgang des elektrischen Stromes durch die Lösung sich an der Leitung des Stromes betheiligen.

Nimmt man an, dass die chemische Affinität mindestens aus zwei Komponenten besteht, der Gravitoaffinität und der Elektroaffinität, so ergeben sich aus mit andern Beziehungen in Uebereinstimmung befindlichen Rechnungen des Verfassers[2]), dass die Ionen, wie auch schon die Unmöglichkeit der Trennung durch Osmose ergiebt, nur in Bezug auf die Gravitoaffinität, nicht aber hinsichtlich der Elektroaffinität von einander getrennt sind.

Von der Grösse der elektrolytischen Dissociation der Elektrolyte hängt deren Leitfähigkeit ab. Mit zunehmender Verdünnung schreitet die elektrolytische Dissociation weiter fort und wird bei sehr grosser Verdünnung nahezu oder ganz vollständig, d. h. es befinden sich in einer solchen Lösung nicht mehr undissociirte Moleküle neben dissociirten, sondern sie sind sämmtlich dissociirt. Die sog. starken Säuren und Basen sowie deren Salze sind schon bei geringerer Koncentration nahezu oder vollständig dissociirt. Für die übrigen Elektrolyte gilt das Ostwald'sche Verdünnungsgesetz:

$$\frac{\alpha^2}{(1-\alpha)\,v} = k.$$

---

1) Svante Arrhenius, Zeitschr. physik. Ch. 1, 631, 1887.
2) W. Vaubel, Chem. Ztg. 24, 35, 1900.

Hierbei ist α der **Aktivitäts-** oder **Dissociationskoëfficient**, d. h. der Bruchtheil der dissociirten Moleküle, wenn die Gesammtzahl der ursprünglichen Moleküle zur Einheit genommen wird; v ist die Verdünnung, d. h. das Volum, in welchem ein Grammmolekül des Elektrolyts enthalten ist, und k ist eine Konstante, die von der Natur des Elektrolyten, des Lösungsmittels und von der Temperatur abhängig ist, und die man als **Affinitätskonstante** bezeichnet; $\alpha = \dfrac{\mu_v}{\mu_\alpha}$, d. h. der Dissociationskoëfficient, ist gleich dem Verhältniss der molekularen Leitfähigkeit bei der Verdünnung v zum Grenzwerth desselben bei unendlicher Verdünnung bestimmt.

Ostwald's Verdünnungsgesetz stimmt nicht für die Lösungen der sog. starken Säuren und Basen sowie deren Salze. Da, wie **Kohlrausch** gefunden hat, **die Leitfähigkeit eines Elektrolyten von den Wanderungsgeschwindigkeiten seiner Ionen abhängt und sich aus diesen zusammensetzt**, so glaubt **Jahn**[1]) annehmen zu dürfen, dass die Wanderungsgeschwindigkeit der Ionen der oben erwähnten Ausnahmen mit Wachsen der Koncentration steige und es hierauf zurückzuführen sei, dass Ostwald's Formel keine allgemeinere Giltigkeit besitze. Anderweitige Versuche durch Abänderung der Formel eine bessere Giltigkeit erreichen, seien nachstehend erwähnt.

Auf rein empirischem Wege leitete **Rudolphi** die Formel

$$k = \frac{\left(\dfrac{\lambda_v}{\lambda_\alpha}\right)^2}{\left(1 - \dfrac{\lambda_v}{\lambda_\alpha}\right)\sqrt{v}}$$

ab. Dieselbe wurde von **van't Hoff** ersetzt durch

$$k = \frac{\left(\dfrac{\lambda_v}{\lambda_\alpha}\right)^3}{\left(1 - \dfrac{\lambda_v}{\lambda_\alpha}\right)^2 v},$$

welche Gleichung mit den Thatsachen noch bessere Uebereinstimmung zeigte.

Nehmen wir an, das Wasser betheilige sich in der Form des Komplexes $(H_2O)_6 = W$ an der Reaktion[2]), so erhalten wir folgende Gleichgewichtsgleichungen, wenn A = Anion, K = Kation und AK der Elektrolyt ist.

$$\frac{\lambda_v}{\lambda_\alpha}A + \frac{\lambda_v}{\lambda_\alpha}K + \frac{\lambda_v}{\lambda_\alpha}W \underset{\leftarrow}{\rightarrow} \left(1 - \frac{\lambda_v}{\lambda_\alpha}\right)AK + \left(1 - \frac{\lambda_v}{\lambda_\alpha}\right)W.$$

1) H. **Jahn**, Zeitschr. physik. Ch. **33**, 545, 1900; **35**, 1, 1900; vgl. auch **Sv. Arrhenius**, Zeitschr. physik. Ch. 1901.

2) W. **Vaubel**, Zeitschr. angew. Ch. **15**, 1902.

Setzen wir für A, K, W den Werth 1 und dementsprechend auch für AK, so erhalten wir aus dem Massenwirkungsgesetz

$$\frac{\lambda_\mathrm{v}}{\lambda_\alpha} \cdot \frac{\lambda_\mathrm{v}}{\lambda_\alpha} \cdot \frac{\lambda_\mathrm{v}}{\lambda_\alpha} = \left(1 - \frac{\lambda_\mathrm{v}}{\lambda_\alpha}\right)\left(1 - \frac{\lambda_\mathrm{v}}{\lambda_\alpha}\right) k.$$

$$k = \frac{\left(\dfrac{\lambda_\mathrm{v}}{\lambda_\alpha}\right)^3}{\left(1 - \dfrac{\lambda_\mathrm{v}}{\lambda_\alpha}\right)^2} \quad \text{für 1 Liter}$$

und

$$k = \frac{\left(\dfrac{\lambda_\mathrm{v}}{\lambda_\alpha}\right)^3}{\left(1 - \dfrac{\lambda_\mathrm{v}}{\lambda_\alpha}\right)^2 \mathrm{v}} \quad \text{für v-Liter.}$$

Wir sind also auf diesem Wege zu demselben Ergebniss gekommen, welches van't Hoff auf empirischem Wege ableitete.

Vorgang bei der elektrolytischen Dissociation.

Wie sich aus dem vorhergehenden ergiebt, müssen die Elektrolyte bei der elektrolytischen Dissociation in wässeriger Lösung in bestimmte Beziehung zu dem Wassermolekülkomplex $(H_2O)_6$ treten. Bereits im Bd. I habe ich die Ansicht vertreten, dass dieselbe in der Art stattfindet, dass das Anion sich mit dem Rest $(H_2O)_5$ verbindet, also ein H_2O aus dem Komplex $(H_2O)_6$ verdrängt.

Anion und Kation sind in Bezug auf die Gravitoaffinität getrennt; sie bilden, wie aus der Gefrierpunktserniedrigung und Siedepunktserhöhung hervorgeht, gesonderte Moleküle. Dagegen besteht noch ein Zusammenhalt hinsichtlich der Elektroaffinität.

Das Bild der elektrolytischen Dissociation ist also bei den einzelnen Verbindungen das folgende:

a) Säuren $+ (H_2O)_6 =$ Srerest′, $(H_2O)_5 + H\cdot + H_2O$,
b) Salze $+ (H_2O)_6 =$ Srerest′ $(H_2O)_5 +$ Metall· $+ H_2O$,
c) Basen $+ (H_2O)_6 =$ OH′, $(H_2O)_5 +$ Metall· $+ H_2O$.

Bei der Neutralisation zwischen Base und Säure findet also folgender Vorgang statt:

$$\text{Srerest } \underbrace{(H_2O)_5 + H} + \underbrace{OH, (H_2O)_5 + Me} =$$
$$\underbrace{\text{Srerest } (H_2O)_5 + Me} + (H_2O)_6.$$

Wie die auf Seite 119 u. 120, Bd. I, mitgetheilten Resultate beweisen, sind die hierbei auftretenden Wärmetönungen vollständig in Uebereinstimmung mit der Konstanz der Neutralisationswärme bei starken Basen und starken Säuren.

Da die betreffenden Wärmetönungen sich wohl meist mit Hilfe der Gravitoaffinitätskonstante berechnen lassen, ist es auch möglich die einzelnen Wärmetönungen, welche bei der elektrolytischen Dissociation auftreten, zu berechnen, sobald eben nicht Hydratbildung in anderer Weise vorliegt.

Reaktionsfähigkeit und elektrolytische Dissociation.

Als hauptsächlichstes Lösungsmittel der Elektrolyte kommt das Wasser in Betracht. Es hat sich gezeigt, dass je grösser die elektrolytische Dissociation ist, um so grösser ist auch die Leitfähigkeit und die Reaktionsfähigkeit des betreffenden Stoffes. So sind die am stärksten wirksamen Säuren HCl, HBr, HJ, HNO_3, H_2SO_4 sowie die Basen $NaOH$, KOH auch die am meisten elektrolytisch gespaltenen, d. h. sie sind selbst in koncentrirten Lösungen nahezu vollständig gespalten.

In entsprechender Weise sind auch die Molekulardepressionen hinsichtlich des Gefrierpunkts und des Dampfdrucks vorhanden. Ebenso lässt sich aus der Verseifungsgeschwindigkeit, der Geschwindigkeit der Inversion durch Zusatz von Elektrolyten leicht die Grösse der elektrolytischen Dissociation bestimmen. Dies alles ist bereits früher in ausführlicher Weise besprochen worden. Nachstehend seien noch folgende bei organischen Säuren erhaltene Resultate erwähnt:

Ueber die relative Verseifungsgeschwindigkeit der Ester der normalen Säuren der Oxalsäurereihe zu ihrer Dissociationskonstante bezw. der ihrer sauren Salze giebt Ed. v. Hjelt[1]) folgende Zusammenstellung:

	Verseifungsgeschwindig-keitskoëfficient.	k.	s 10^6.
Malonsäure,	0,224	0,15800	1,0
Bernsteinsäure,	0,088	0,00665	2,3
Glutarsäure,	0,073	0,00473	2,7
Pimelinsäure,	0,058	0,00323	2,6
Suberinsäure,	0,042	0,00299	2,5
Azelaïnsäure,	0,037	0,00253	2,7
Sebacinsäure,	0,037	0,00238	2,6.

s bedeutet hierbei den Dissociationsgrad des zweiten Wasserstoffatoms, k die Dissociationskonstante, bezw. Stärke der Säuren, und zwar sind die betreffenden Werthe der Arbeit von W. A. Smith[2]) entnommen.

---

1) Ed. v. Hjelt, Ber. **29**, 1864, 1896; **31**, 1844, 1898.
2) W. A. Smith, Zeitschr. physik. Ch. **25**, 230, 1895.

Die Verseifung der Ester der mehrbasischen Säuren ist eine Reaktion höherer Ordnung, und die angewandte Formel, $\dfrac{x}{A - x} \cdot \dfrac{1}{\sqrt{t}}$, ist somit nicht streng theoretisch begründet. [1])

Wie aus den Resultaten ersichtlich ist, nimmt die Verseifungsgeschwindigkeit mit zunehmendem Kohlenstoffgehalt resp. Entfernung der Karboxyle von einander stetig ab, gerade wie es auch mit der Stärke der Säuren (k) der Fall ist, während der Dissociationsgrad des zweiten Wasserstoffatoms (s), wenn auch nicht gleich regelmässig, zunimmt.

Von Vollmar sind Untersuchungen ausgeführt worden; derselbe hat gefunden, dass das Verhältniss der Leitungsfähigkeit verschiedener Salze in Wasser, Methylalkohol und Aethylalkohol den Zahlen 100 : 73 : 34 entspricht. Nimmt man an, dass die Reibungswiderstände der drei Lösungsmittel gegen die wandernden Ionen im Verhältniss ihrer Viskosität stehen, so kann man die relativen Werthe des Ionisirungsvermögens berechnen unter der Annahme, dass sie variiren, wie die Dielektricitätskonstanten und wie die Beweglichkeit der Ionen. Man erhält alsdann das Verhältniss 100 : 63 : 26. Diese Werthe stimmen ungefähr mit der Beobachtung.

W. C. D. Whetham[2]) untersuchte das Verhalten von Ameisensäure, Essigsäure und Trichloressigsäure, deren Dielektricitätskonstanten = 62, 10, 3 und für Trichloressigsäure kleiner als 10, 3 sind. Bei Gemischen mit Wasser lässt sich jedoch kein Lösungsmittel erhalten, dessen Dielektricitätskonstante grösser als die des Wassers ist.

Ueber den Einfluss der Borsäure auf die elektrische Dissociation von wässerigen Lösungen organischer Säuren stellte G. Magnanini[1]) folgendes fest:

1. Zusatz von Borsäure bewirkt bei Säuren, welche keine Hydroxylgruppe enthalten, keine Vermehrung der Leitfähigkeit.

2. Zusatz von Borsäure zu wässerigen Lösungen von Oxysäuren, welche wenigstens ein Alkoholhydroxyl in der α-Stellung zur Karboxylgruppe enthalten, oder von aromatischen Oxysäuren, welche wenigstens ein Phenolhydroxyl in der o-Stellung haben, bewirkt stets eine Steigerung der Leitfähigkeit.

3. Zusatz von Borsäure zu wässerigen Lösungen von Oxysäuren, welche kein Hydroxyl in der α- oder in der o-Stellung zum Karboxyl enthalten, verursacht im allgemeinen keine Vermehrung der Leitfähigkeit; bei den untersuchten aromatischen Säuren jedoch mit vielen Hydroxylgruppen, wovon wenigstens zwei zu einander, jedoch keine zum Karboxyl

1) Knoblauch, Zeitchr. physik. Ch. **25**, 96, 1895.
2) W. C. Whetham, Philosoph. Mag. (5), **44**, 1, 1897.
3) G. Magnanini, Zeitschr. physik. Ch. **9**, 230, 1892.

in der o-Stellung sich befinden, war eine Erhöhung der Leitfähigkeit zu bemerken, die aber im Vergleich zu der in Gruppe 2 als sehr gering sich erwies.

14. Leitfähigkeit der Elektrolyte.

Allgemeines. Seitdem Kohlrausch seine klassischen Arbeiten über die Bestimmung der elektrischen Leitfähigkeit veröffentlichte, hat diese Methode eine ausgedehnte Anwendung zur Lösung wissenschaftlicher wie auch technischer Fragen gefunden. Infolge der eingehenden Untersuchungen Kohlrausch's, dem sich alsdann besonders Ostwald und einige seiner Schüler sowie auch Berthelot anschlossen, ist man jetzt im stande, einen Ueberblick über das Ganze mit all seinen Abstufungen zu gewinnen. Speciell auf dem Gebiete der organischen Chemie ist ausser den genannten Forschern auch Hantzsch bezw. auch Holleman in hervorragender Weise an der Untersuchung von Stoffen mit labilen Atomgruppen thätig gewesen mit einem überraschenden Erfolge, indem durch ihre Arbeiten eine grosse Reihe von schon seit längerer Zeit schwebenden Fragen gelöst wurden oder doch als nahezu gelöst zu betrachten sind.

Apparatur zur Bestimmung der elektrischen Leitfähigkeit der Elektrolyte.

Zur Bestimmung der elektrischen Leitfähigkeit der Elektrolyte sind folgende Stücke nothwendig.[1]

a) Der Induktionsapparat dient zur Erzeugung der Wechselströme, mit welchen die Untersuchung der Leitfähigkeit zum Zwecke der Vermeidung von Polarisation und der sich daraus ergebenden Störungen vorgenommen wird. Man verwendet einen möglichst kleinen Apparat, der durch irgend eine Stromquelle in Thätigkeit versetzt wird.

b) Die Messbrücke kann eine Kohlrausch'sche Brückenwalze oder ein einfacher Rheochord sein.

c) Als Vergleichswiderstand kann ein vollständiger Widerstandskasten von zusammen 2000 Ohm benutzt werden.

d) Das Widerstandsgefäss kann die übliche von Kohlrausch empfohlene U-Form (Fig. 70) oder eine von Arrhenius angegebene Form (Fig. 71) besitzen.

In dem Arrhenius'schen Apparat sind die beiden aus etwas stärkerem Platinblech kreisförmig geschnittenen Elektroden von 3—4 cm Durchmesser mittels Silberlot und Borax an starke Kupferdrähte gelötet. Ueber dieselben schiebt man Glasröhren, welche sie möglichst eng um-

---

[1] Vgl. W. Ostwald, Zeitschr. physik. Ch. **2**, 561, 1888.

schliessen und kittet diese mit Hilfe dickflüssigen Asphaltlacks an den Drähten fest. Die Entfernung der Elektroden ist meist 1—2 cm.

Arrhenius' Apparat soll für Flüssigkeiten von grossem Widerstande, der von Kohlrausch angegebene für besser leitende Flüssigkeiten verwendet werden.

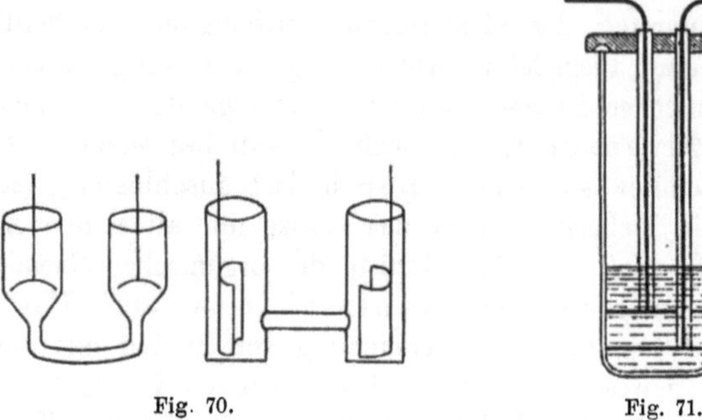

Fig. 70.   Fig. 71.

Die Elektroden müssen platinirt sein, was mit Hilfe einer Lösung von Platinchlorid geschieht, aus der man das Platin als sammtschwarzen Niederschlag durch Umkehrung der Stromrichtung auf beiden Elektroden niederschlägt.

e) Zur Einstellung auf den Nullpunkt, d. h. den Punkt, wo die zu untersuchende Flüssigkeit dem eingeschalteten Widerstand gleich ist, dient das Bell'sche Telephon. Um nicht durch das Geräusch des Induktionsapparats gehindert zu sein, verstopft man am besten das unbeschäftigte Ohr.

f) Mitunter ist auch die Anwendung eines Thermostaten nothwendig.

Weitere ausführliche Mittheilungen über diesen Gegenstand finden sich in dem Werke von Kohlrausch und Holborn „Das Leitvermögen der Elektrolyte, insbesondere der Lösungen" u. s. w., sowie bei W. Ostwald (l. c.) und in seinem Buche über physikalisch-chemische Messungen.

Ausführung der Bestimmung der elektrischen Leitfähigkeit.

Die Anordnung der Apparatur geschieht am besten in nachstehender Weise. In der Fig. 72, die ich R. Lüpke's vorzüglichem Grundriss der Elektrochemie entnehme, ist G eine Akkumulatorzelle, welche den Induktionsapparat J treibt. ABCD ist das Parallelogramm der Stromverzweigung; a, b und c sind Rheostaten. Die Widerstände in a und b bleiben unverändert. Z ist die mit dem zu prüfenden Elektrolyten gefüllte Zersetzungszelle. Verändert man nun den Widerstand c so lange, bis das in der Brücke CD befindliche Telephon T schweigt, so ist der Widerstand in Z, wenn sich $a:b = 1:100$ verhält, das Hundertfache von dem in c.

Bei Anwendung einer Kohlrausch'schen Messbrücke wählt man die untenstehend (Fig. 73) abgebildete Anordnung[1]), wobei 1, 2, 3 und 4 die vier Zweige der Wheatstone'schen Brücke bedeuten. Nach Einschaltung

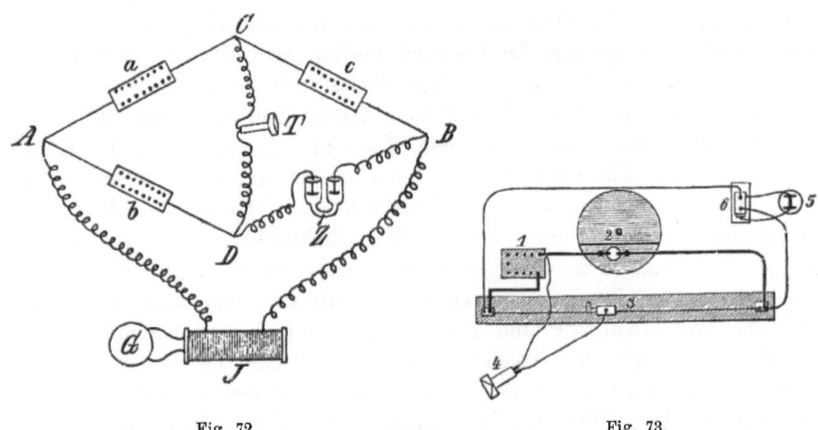

Fig. 72.   Fig. 73.

eines entsprechenden Widerstandes verschiebt man den Kontakt so lange auf der Messbrücke, bis man das Minimum des Telephongeräusches erreicht hat. Dieses ist gewöhnlich kein sehr scharfes, sondern liegt zwischen einer Differenz von 0,5 bis 2 mm, bei welchen Punkten der Ton gleich deutlich anzusteigen beginnt. Die Mitte zwischen diesen Punkten ist der gesuchte Ort der Einstellung.

Zur Berechnung der beobachteten Leitfähigkeit benutzt man die Formel

$$\mu = k\frac{v \cdot a}{w \cdot b}, \text{ worin}$$

μ = molekulare Leitfähigkeit,
v = Volum der Lösung, welches ein Gramm-Molekulargewicht des Elektrolyts enthält, in Litern,
w = eingeschalteter Vergleichswiderstand,
a = linke,
b = rechte Drahtlänge der Messbrücke bis zur Kontaktschneide,
k = Widerstandskapacität des Messgefässes bedeutet.

---

1) W. Ostwald, Zeitschr. physik. Ch. **2**, 361, 1888.

Zur Bestimmung von k kann man irgend eine Lösung benutzen, deren Leitfähigkeit man kennt. Ostwald verwendet eine N/50 Chlorkaliumlösung, welche nach Kohlrausch die molekulare Leitfähigkeit 112,2 bei 18⁰ und 129,7 bei 25⁰ besitzt. k ergiebt sich also aus der obigen Gleichung zu

$$k = \mu \frac{wb}{va} = 112,2 \frac{wb}{va}.$$

Da bekanntlich selbst absolut reines Wasser nach den Messungen von Kohlrausch, Ostwald, Arrhenius und Heydweiller eine, wenn auch sehr geringe Leitfähigkeit besitzt, was aber in noch höherem Grade für das gewöhnliche destillirte Wasser gilt, so ist bei sehr genauen Messungen der betreffende Werth zu ermitteln und in Abzug zu bringen.

Zur Erzeugung eines besseren Tonminimums empfiehlt F. Kohlrausch[1] das Platiniren mit der Lummer-Kurlbaum'schen Flüssigkeit. Dieselbe besteht aus 30 Theilen Wasser, 1 Theil Platinchlorid und 0,008 Theilen Bleiacetat. Mit solchen Elektroden kann man bis auf 0,5 cm² Oberfläche heruntergehen, ohne dass die Einstellung wesentlich erschwert wird. Bereits nach einer 1¹/₂ Minuten dauernden Platinirung mit der von Lummer und Kurlbaum empfohlenen Stromdichte von 0,03 Am/cm² genügten solche Flächen, um Flüssigkeitswiderstände von 100 Ohm zwischen ihnen mit einem noch brauchbaren Tonminimum zu bestimmen. Die Güte des Minimums wuchs aber weiter, als man die Schicht von Platinschwarz durch fortgesetzte Elektrolyse verstärkte. Hierbei wurde die Stromstärke nicht besonders gemessen, sondern der Strom von zwei Akkumulatoren wurde mit einem Rheostaten so regulirt, dass an der Kathode eine ziemlich kräftige, an der Anode eine schwache Gasentwicklung stattfand. Die beiden Elektroden dienten abwechselnd als Kathode und Anode, wobei die Kathode zuweilen in eine andre Lage gebracht wurde, um eine streifige Oberfläche zu vermeiden. Nach einer Viertelstunde bildete das Platinschwarz eine Schicht von merklicher Dicke. Nach dieser Behandlung kann man zwischen den ¹/₂ cm² grossen Elektroden Widerstände bis zu etwa 20 Ohm abwärts mit einem brauchbaren Minimum der Tonstärke, d. h. mit einer Sicherheit der Einstellung auf etwa ein bis zwei Tausendstel bestimmen. Somit ist die Anwendung grösserer Elektroden nicht mehr der Polarisation wegen, sondern nur noch für schlechte Leiter erforderlich.

Messung mit Gleichstrom.

M. Wildermann[2] hatte vorgeschlagen, grosse elektrolytische Widerstände in der Weise zu bestimmen, dass er in einem Stromkreise, der

---

[1] F. Kohlrausch, Wied. Ann. **60**, 315, 1897; R. Schaller, Zeitschr. physik. Ch. **25**, 497, 1898.

[2] M. Wildermann, Zeitschr. physik. Ch. **14**, 247, 1894.

eine Batterie, den zu messenden Widerstand und ein Galvanometer in sich schliesst, den zu messenden Widerstand durch Anwendung von dünnen Kapillaren so gross macht, dass die übrigen Widerstände des Stromkreises dagegen verschwinden. Gegenüber der grossen elektromotorischen Kraft der angewandten Batterie kann die Polarisation vernachlässigt werden. Alsdann sind die Leitfähigkeiten einfach den Tangenten der Galvanometerausschläge proportional.

F. Kohlrausch[1]) wies darauf hin, dass die andern Methoden doch den Vorzug verdienen, und R. Malmström[2]), der dieses Verfahren auf Nernst's Anregung untersuchte, erhielt folgende Resultate:

„Bei Anwendung von platinirten Elektroden von ca. 11 cm^2 Oberfläche lassen sich Widerstände über 1000 Ohm ohne Schwierigkeit und auf einige Zehntelprocent richtig messen, falls man den jedesmal kommutirten Strom nur kurze Zeit schliesst. Widerstände von einigen Hunderttausend Ohm ab lassen sich schon wie Drahtwiderstände behandeln, auch ohne dass die Elektroden platinirt sind."

Weitere Methoden.

Ueber die Bestimmung der elektrolytischen Dissociation von Salzen mittels Löslichkeitsversuchen hat A. A. Noyes[3]) eine Arbeit publicirt.

Die Messung kleiner Dissociationsgrade ist J. E. Trevor[4]) gelungen durch Erhöhung der Temperatur bei der Inversion.

Grundlage für das Leitvermögen der Elektrolyte.

Im Anschlusse an die Arbeiten von Kohlrausch und Grotrian (1874) wurden früher die Werthe der Leitvermögen von Elektrolyten immer auf Quecksilber von 0^0 als Einheit bezogen. Als neue Grundlage unter Beziehung auf das absolute Maass geben F. Kohlrausch, L. Holborn und H. Diesselhorst[5]) folgende:

Das Leitvermögen Eins soll der Körper haben, dessen Centimeterwürfel den Widerstand 1 Ohm besitzt. Demnach hat ein prismatischer Körper von 1 cm Länge, q cm^2 Querschnitt und w Ohm Widerstand also das Leitvermögen:

$$\varkappa = \frac{1}{q}\frac{1}{w}.$$

Quecksilber von 0^0 hat also $\varkappa = 10630$; die bestleitenden Lösungen

---

1) F. Kohlrausch, ibid. **15**, 126, 1894.

2) Malmström, ibid. **22**, 331, 1897.

3) A. A. Noyes, Zeitschr. physik. Ch. **12**, 162, 1893.

4) J. E. Trevor, Zeitschr. physik. Ch. **10**, 321, 1892.

5) F. Kohlrausch, L. Holborn u. H. Diesselhorst, Wied. Ann. **64**, 417, 1898.

einbasischer Säuren stellen bei 38—40 ^{0} die Einheit dar. Bei Zimmertemperatur hat die Akkumulatorschwefelsäure etwa 0,7, gesättigte Kupfersulfatlösung gegen $^1/_{20}$, gesättigte Kochsalzlösung etwa $^1/_5$, gutes destillirtes Wasse etwa 10^{-6} der Einheit.

Als Normalflüssigkeiten werden einige Lösungen empfohlen, deren Leitfähigkeitsmaxima folgende sind. Als bestleitende Schwefelsäure ergab sich eine, die bei 18^0 das specifische Gewicht $s = 1,223$ und das Leitvermögen $\varkappa = 0,7398$ hat (7,5 g Aequ./Ltr.); MgSO$_4$-Lösung hat bei 18^0 das Maximum $\varkappa = 0,04922$, für $s = 1,190$ (3,44 g Aequ./Ltr). Ausserdem dienten als Normalflüssigkeiten noch gesättigte Lösungen von NaCl, sowie n, n/10, n/50, n/100 Lösungen von KCl. Die Temperaturänderungen von $\varkappa$ wurden durch Beobachtungen bei 0^0, 9^0, 18^0, 27^0, 36^0 bestimmt und hiernach die Leitfähigkeit dieser sieben Normalflüssigkeiten von Grad zu Grad berechnet. **Nachstehende Tabelle ist also jetzt die Grundlage von Leitfähigkeitsbestimmungen nach absolutem Maasse.**

t.	H$_2$SO$_4$ (bei 18^0 max.) $\varkappa$		MgSO$_4$ (bei 18^0 max.) $\varkappa$		NaCl (bei t^0 gesättigt. $\varkappa$	
0^0	0,5184		0,02877		0,1345	
		120		102		41,0
1	0,5304		0,02979		0,1386	
		121		104		41,0
2	0,5425		0,03083		0,1427	
		122		105		42,0
3	0,5547		0,03188		0,1469	
		122		106		43,0
4	0,5669		0,03294		0,1512	
		123		108		43,0
5	0,5792		0,03402		0,1555	
		123		110		44,0
6	0,5915		0,03512		0,1599	
		123		111		44,0
7	0,6038		0,03623		0,1643	
		123		112		45,0
8	0,6161		0,03735		0,1688	
		124		114		46,0
9	0,6285		0,03849		0,1734	
		123		114		45,0
10	0,6408		0,03963		0,1779	
		124		116		47,0
11	0,6532		0,04079		0,1826	
		124		118		46,0

t.	H_2SO_4 (bei 18^0 max.) $\varkappa$		$MgSO_4$ (bei 18^0 max.) $\varkappa$		NaCl (bei t^0 gesättigt. $\varkappa$	
12	0,6656		0,04197		0,1872	
		124		118		47,0
13	0,6780		0,04315		0,1919	
		124		119		47,7
14	0,6904		0,04434		$0,1966_7$	
		124		121		47,9
15	0,7028		0,04555		$0,2014_6$	
		123		121		48,3
16	0,7151		0,04676		$0,2062_9$	
		124		123		48,6
17	0,7275		0,04799		$0,2111_5$	
		123		123		49,0
18	0,7398		0,04922		$0,2160_5$	
		124		124		49,4
19	0,7522		0,05046		$0,2209_9$	
		123		125		49,7
20	0,7645		0,05171		$0,2259_6$	
		123		126		50,0
21	0,7768		0,05297		$0,2309_6$	
		122		127		50,4
22	0,7890		0,05424		$0,2360_0$	
		123		127		51,0
23	0,8013		0,05551		0,2411	
		122		127		51,0
24	0,8135		0,05679		0,2462	
		122		129		51,0
25	0,8257		0,05808		0,2513	
		121		129		52,0
26	0,8378		0,05937		0,2565	
		121		130		51,0
27	0,8499		0,06067		0,2616	
		121		130		53,0
28	0,8620		0,06197		0,2721	
		120		131		52,0
29	0,8740		0,06328		0,2774	
		120		131		53,0
30	0,8860		0,06459		0,2827	
		120		132		53,0
31	0,8980		0,06591		0,2880	
		119		132		53,0

t.	H_2SO_4 (bei 18° max.) $\varkappa$		$MgSO_4$ (bei 18° max.) $\varkappa$		NaCl (bei t° gessättigt. $\varkappa$	
32	0,9099		0,06723		0,2933	
		118		132		54,0
33	0,9217		0,06855		0,2987	
		118		133		54,0
34	0,9335		0,06988		0,3041	
		118		133		54,0
35	0,9453		0,07121		0,3095	
		117		133		
36	0,9570		0,07254			

t.	KCl normal $\varkappa$		KCl $^1/_{10}$ normal $\varkappa$		KCl $^1/_{50}$ normal. $\varkappa$		KCl $^1/_{100}$ normal. $\varkappa$	
0°	0,06541		0,00715		0,001521		0,000776	
		172		21		45		24
1	0,06713		0,00736		0,001566		0,000800	
		173		21		46		24
2	0,06886		0,00757		0,001612		0,000824	
		175		22		47		24
3	0,07061		0,00779		0,001659		0,000848	
		176		21		46		24
4	0,07237		0,00800		0,001705		0,000872	
		177		22		47		24
5	0,07414		0,00822		0,001752		0,000896	
		179		22		48		25
6	0,07593		0,00844		0,001800		0,000921	
		180		22		48		24
7	0,07773		0,00866		0,001848		0,000945	
		181		22		48		25
8	0,07954		0,00888		0,001896		0,000970	
		182		23		49		25
9	0,08136		0,00911		0,001945		0,000995	
		183		22		49		25
10	0,08319		0,00933		0,001994		0,001020	
		185		23		49		25
11	0,08504		0,00956		0,002043		0,001045	
		185		23		50		25
12	0,08689		0,00979		0,002093		0,001070	
		187		23		49		25
13	0,08876		0,01002		0,002142		0,001095	
		187		23		51		26

t.	KCl. normal $\varkappa$		KCl $^1/_{10}$ normal $\varkappa$		KCl $^1/_{50}$ normal. $\varkappa$		KCl $^1/_{100}$ normal. $\varkappa$	
14	0,09063		0,01025		0,002193		0,001121	
		189		23		50		26
15	0,09252		0,01048		0,002243		0,001147	
		189		24		51		26
16	0,09441		0,01072		0,002294		0,001173	
		190		23		51		26
17	0,09631		0,01095		0,002345		0,001199	
		191		24		52		26
18	0,09822		0,01119		0,002397		0,001225	
		192		24		52		26
19	0,10014		0,01143		0,002449		0,001251	
		193		24		52		27
20	0,10207		0,01167		0,002501		0,001278	
		193		23		52		27
21	0,10400		0,01191		0,002553		0,001305	
		194		24		53		27
22	0,10594		0,01215		0,002606		0,001332	
		195		24		53		27
23	0,10789		0,01239		0,002659		0,001359	
		195		25		53		27
24	0,10984		0,01264		0,002712		0,001386	
		196		24		53		27
25	0,11180		0,01288		0,002765		0,001413	
		197		25		54		28
26	0,11377		0,01313		0,002819		0,001441	
		197		24		54		27
27	0,11574		0,01337		0,002873		0,001468	
				25		54		28
28	—		0,01362		0,002927		0,001496	
		—		25		54		28
29	—		0,01387		0,002981		0,001524	
		—		25		55		28
30	—		0,01412		0,003036		0,001552	
		—		25		55		29
31	—		0,01437		0,003091		0,001581	
		—		25		55		28
32	—		0,01462		0,003146		0,001609	
		—		26		55		29
33	—		0,01488		0,003201		0,001638	
		—		25		55		29

t.	KCl normal $\varkappa$	KCl $^1\!/_{10}$ normal $\varkappa$	KCl $^1\!/_{50}$ normal. $\varkappa$	KCl $^1\!/_{100}$ normal. $\varkappa$
34	—	0,01513	0,003256	0,001667
		—	26	56
35	—	0,01539	0,003312	
		—	25	56
36	—	0,01564	0,003368	

Zur Umrechnung der alten Werthe auf die neuen ist der Werth 10690 im Mittel anzunehmen, da sich die Zahl 10630 wegen einiger Korrekturen noch etwas vergrössert. Es wird weiterhin empfohlen, die Berechnung des „molekularen" Leitvermögens nicht auf g Mol im Liter, sondern im Kubikcentimeter zu beziehen.

In einer weiteren ausführlichen Arbeit geben F. Kohlrausch und M. E. Maltby[1]) ausserordentlich genaue Messungen der Leitfähigkeit der Alkalichloride und Alkalinitrate sowie F. Kohlrausch[2]) solche der Alkalijodate.

Maxima der Leitfähigkeit.

Die Elektrolyte zeigen in der wässerigen Lösung hinsichtlich ihrer Leitfähigkeit häufig ein Maximum, d. h. mit Zunahme der Verdünnung steigt die Leitfähigkeit bis zu einem gewissen Grade und nimmt dann wieder ab. Solche Maxima befinden sich z. B. bei

Salpetersäure	bei etwa	31 %	HNO_3,
Salzsäure	„	„ 20 %	HCl,
Phosphorsäure	„	„ 45 %	H_3PO_4,
Essigsäure	„	„ 15 %	$C_2H_4O_2$,
Weinsäure	„	„ 25 %	$C_4H_6O_6$,
Lithiumchlorid	„	„ 20 %	$LiCl$,
Calciumchlorid	„	„ 25 %	$CaCl_2$,
Magnesiumchlorid	„	„ 20 %	$MgCl_2$,
Calciumnitrat	„	„ 25 %	CaN_2O_6,
Kaliumacetat	„	„ 30 %	$KC_2H_3O_2$,
Natriumacetat	„	„ 20 %	$NaC_2H_3O_2$,
Magnesiumsulfat	„	„ 15 %	$MgSO_4$,
Zinksulfat	„	„ 25 %	$ZnSO_4$,
Kaliumkarbonat	„	„ 30 %	K_2CO_3,
Kaliumhydrat	„	„ 29,4 %	KOH,
Natriumhydrat	„	„ 15 %	$NaOH$.

---

[1]) F. Kohlrausch u. u. M. E. Maltby, Wiss. Abh. d. physik. techn. Reichsanst. 3, 157, 1900.

[2]) F. Kohlrausch, Sitzber. Berl. Akad. 44, 1002, 1900.

Bei allen übrigen bekannteren Säuren, Salzen und Basen findet die Zunahme der Leitfähigkeit mit der Zunahme der Koncentration zugleich statt.

Von besonderem Interesse ist noch das Verhalten der Schwefelsäure. Für dieselbe hat F. Kohlrausch[1]) folgende Werthe gefunden.

Proc. H_2SO_4.	Specif. Gewicht.	$10^8 k_{18}$	$\dfrac{\Delta k}{k_{18}}$
1	—	429	0,0112
10	1,0673	3665	0,0128
20	1,1414	6108	0,0145
30	1,2207	6912	0,0162
40	1,3056	6361	0,0178
50	1,3984	5055	0,0193
60	1,5019	3487	0,0213
70	1,6146	2016	0,0256
80	1,7320	1032	0,0349
85	1,7827	916	0,0365
90	1,8167	1005	0,0320
91	—	1022	0,0308
92	—	1030	0,0295
93	—	1024	0,0285
94	—	1001	0,0280
95	1,8368	958	0,0279
96	—	885	0,0280
97	1,8390	750	0,0286
99,4	1,8354	80	0,0400

Der Werth $\dfrac{\Delta k}{k_{18}}$ berechnet sich nach der Gleichung

$$k_t = k_0 (1 + \alpha t + \beta t^2),$$

woraus sich die relative Aenderung der Leitfähigkeit bei der Temperatur t ergiebt zu:

$$\frac{\Delta k_t}{k_t} = \frac{\alpha + 2\beta t}{1 + \alpha t + \beta t^2}.$$

Es zeigt sich also, dass die Schwefelsäure ein Maximum besitzt bei 30,4 % und aber auch ein solches bei 92 %. Das Minimum der Leitfähigkeit fällt nicht ganz auf das Hydrat H_2SO_4. Nach Bouty[2]) sollen die Maxima der Leitfähigkeit den Säuren $SO_3 + 1,5\,H_2O$ und $SO_3 + 16\,H_2O$, das Minimum $SO_3 + 2\,H_2O$ entsprechen.

F. Kohlrausch[3]) giebt folgende Tabelle über das Maximum der Leitfähigkeit der wässerigen Lösungen hauptsächlich anorganischer Ver-

---

1) F. Kohlrausch, Pogg. Ann. **159**, 257, 1877.
2) Bouty, Compt. rend. **108**, 393, 1889; Wied. Ann. Beibl. **13**, 524, 1889.
3) F. Kohlrausch, Pogg. Ann. **159**, 247, 260, 1876; Wied. Ann. **6**, 30, 1879.

bindungen, wobei die Bezeichnung m in der vierten Reihe das Vorhandensein eines Maximums bei der betreffenden Koncentration bedeutet und die kleinen Ziffern die Unsicherheit in der Bestimmung bedeuten.

Elektrolyt.	Procente.	Mol.-Zahl.	Spec. Gewicht.	$10^8 k_{18}$.
HNO_3,	29,7	5,6	1,185	7330 m
HCl,	18,3	5,5	1,092	7174 m
HBr,	36,0	5,8	1,31	7170 m
H_2SO_4,	30,4	7,6	1,224	6914 m
HF,	—	—	—	61_{0C} m
KOH,	28,1	6,4	1,274	5095 m
NH_4J,	>50,0	—	—	>4000
KJ,	58,5	6,0	1,70	41_{00}
NH_4Cl,	27,0	5,4	1,078	3980
KBr,	38,5	4,4	1,347	348_0
$KHSO_4$,	31,0	2,8	1,24	344_0
NH_4NO_3,	5,5	8,7	1,25	433_0 m?
$NaOH$,	15,2	4,5	1,172	3276 m
KCl,	25,8	4,1	1,175	321_0
$LiOH$,	11,0	5,0	1,12	30_{00} m
NaJ,	64,0	8,5	2,0	27_{00}
KF,	33,7	7,6	1,308	2427 m
$(NH_4)_2SO_4$,	43,0	8,0	1,25	2350 m?
K_2CO_3,	34,3	6,7	1,350	2117 m
$AgNO_3$,	68,0	8,7	2,18	210_0
$NaCl$,	26,4	5,4	1,201	2016
H_3PO_4,	46,8	18,7	1,307	1962 m
$SrCl_2$,	34,4	6,0	1,38	177_0
$K_2C_2O_4$,	22,8	3,2	1,17	170_0
$CaCl_2$,	24,0	5,3	1,220	1669 m
$NaNO_3$,	40,0	6,2	1,32	160_0 m
KNO_3,	22,5	2,6	1,151	1550
$LiCl$,	21,2	5,6	1,122	1533
LiJ,	62,0	8,5	1,83	15_{00} m?
$BaCl_2$,	26,1	3,2	1,284	149_0
$MgCl_2$,	19,4	4,8	1,170	1312 m
$KC_2H_3O_2$,	35,6	4,3	1,178	1203 m
MgN_2O_6,	28,0	4,7	1,25	120_0 m
CuN_2O_6,	—	—	—	11_{00} m
$KHCO_3$,	20,8	2,4	1,15	11_{00}
CaN_2O_6,	26,7	4,0	1,238	983 m
$CuCl_2$,	—	—	—	9_{00}
Na_2SO_4,	16,8	2,7	1,162	88_0

Elektrolyt.	Procente.	Mol.-Zahl.	Spec. Gewicht.	$10^8 k_{18}$
Na_2CO_3,	17,5	3,9	1,187	812
K_2SO_4,	10,0	1,25	1,081	806
$H_2C_2O_4$,	7,0	1,6	1,033	734
Li_2SO_4,	16,0	3,3	1,15	64_0 m
$NaC_2H_3O_2$,	21,8	3,0	1,114	610 m
$Ba(OH)_2$,	3,1	0,37	1,032	540
$MgSO_4$,	17,3	3,4	1,187	456 m
$ZnSO_4$,	23,7	3,8	1,285	452 m
$CuSO_4$,	18,1	2,7	1,208	440
$KClO_3$,	6,3	0,53	1,040	432
BaN_2O_6,	8,4	0,69	1,071	330
KAl_2SO_4,	6,4	0,26	1,061	300
Li_2CO_3,	0,77	0,21	1,063	194
$C_4H_6O_6$,	22,4	3,3	1,107	94 m
$C_2H_4O_2$,	16,6	2,8	1,022	15,2 m
NH_3,	5,3	3,0	0,977	10,4 m

Krystallwassergehalt und Uebersättigung.

Wie F. Kohlrausch[1]) gefunden hat, ist die Leitfähigkeit von Lösungen von Glaubersalz von 25,37 bezw. 24,67°/o Gehalt zwischen 15,95 und 80,1 bezw. 25,64 und 83° durch folgende Formeln wiederzugeben:

$$15,37°/o: \quad k = 452 \ (1 + 0,0460\,t + 0,000080\,t^2),$$
$$24,67\ „\ : \quad k = 454 \ (1 + 0,0628\,t + 0,000100\,t^2).$$

Es ist also ein Einfluss des Wendepunkts bei 33 bis 34°, bei welchem das wasserhaltige Salz in der Lösung in wasserfreies übergeht, nicht zu bemerken. Dasselbe gilt für Magnesiumsulfat, Zinksulfat, Kupfersulfat, Natriumsulfat, Lithiumsulfat, Baryumchlorid, Zinkchlorid und wahrscheinlich auch Lithiumchlorid. Hier hat also das Krystallwasser scheinbar keinen Einfluss.

Einen solchen glaubt jedoch Trötsch[2]) beobachtet zu haben und zwar bei Magnesiumsulfat, Kupfersulfat, Zinksulfat, Ferrosulfat, bei welchen die Differenzen der Leitfähigkeiten bis zu 30 oder 40° wachsen und dann stetig abnehmen. Ausserdem zeigt sich bei Lösungen von Salzen, die wasserfrei in Lösung sind, eine Zunahme der Temperaturkoëfficienten mit der Temperatur, von einer bestimmten Temperatur bleiben sie konstant. Bei Hydratlösungen beobachtet man anfänglich ebenfalls ein schnelleres

Wachsen der Leitfähigkeit bis zum Umwandlungspunkt; alsdann sinken die Temperaturkoëfficienten, und die Kurve der Leitfähigkeit zeigt einen Wendepunkt.

Uebersättigte Lösungen sind von F. Kohlrausch[1]), Beetz[2]) und Heim[3]) bei Zinkvitriol, Salmiak, essigsaurem Natron, Natriumsulfat, Natriumkarbonat und Calciumchlorid untersucht worden. Die Widerstandskurven zeigten im allgemeinen keinen Sprung. Ein solcher findet auch beim Umkrystallisiren nicht statt.

Einfluss von Druck und Temperatur.

Für den Temperaturkoëfficient der Leitfähigkeit anorganischer Verbindungen, der sich durch den Quotienten $\Delta k / k_{18}$ für $1\,^0$ C darstellt, sind keine allgemein giltigen Regeln aufzustellen. Sie steigen oder fallen mit der Koncentration und schwanken für $m = 0,01$ pro Liter von $0,0240$ bis $0,0216$ bei neutralen Salzen[4]). Der Temperaturkoëfficient der Alkalien ist kleiner als der der Salze, was auch für die einbasischen Mineralsäuren gilt.

Die elektrische Leitfähigkeit der Elektrolyte wurde bei höheren Temperaturen (bis $99\,^0$) von R. Schaller[5]) untersucht. Derselbe fand, dass die von Arrhenius aufgestellten Gesetzmässigkeiten auch für höhere Temperaturen gelten. Alle vollkommen dissociirten Elektrolyte steigern ihre Leitfähigkeit mit wachsender Temperatur nahezu linear. Die Temperaturkoëfficienten der Natriumsalze mit Anionen von hoher Atomzahl sind gleich. Die Leitfähigkeit der nicht vollkommen dissociirten Säuren nimmt mit steigender Temperatur verzögert zu und kann schliesslich abnehmen. Ihr Dissociationsgrad und ihre Dissociationswärme nehmen mit steigender Temperatur ab.

Ueber den Einfluss des Druckes auf die Leitfähigkeit der Elektrolyte hat J. Fanjung[6]) eine grössere Arbeit ausgeführt. Weitere Untersuchungen von A. Bogojawlensky und G. Tammann[7]) schlossen sich hier an.

Vergleich zwischen Leitfähigkeit und Gefrierpunktserniedrigung.

Einen Vergleich der Grösse der elektrischen Dissociation der Salze nach den Methoden der Bestimmung der elektrischen Leitfähigkeit und

---

[1]) F. Kohlrausch, Wied. Ann. **6**, 28, 1879.

[2]) Beetz, ibid. **7**, 66, 1879.

[3]) Heim, ibid. **27**, 643, 1886.

[4]) F. Kohlrausch, Wied. Ann. **6**, 194.

[5]) R. Schaller, Zeitschr. physik. Ch. **25**, 497, 1898.

[6]) J. Fanjung, Zeitschr. physik. Ch. **14**, 673, 1894.

[7]) A. Bogojawlensky u. G. Tammann, ibid. **17**, 725, 1895; **27**, 457, 1898; Wied. Ann. **69**, 767, 1899.

des Gefrierpunkts hat H. C. Jones[1]) durchgeführt im Ostwald'schen Laboratorium. Er erhielt dabei folgende Resultate:

I.

	NaCl		NH_4Cl		Chlorkalium	
n.	Kohlrausch.	Jones.	Kohlrausch.	Jones.	Kohlrausch.	Jones.
0,001	98,0%	98,4%	97,9%	101,0%	98,0%	101,0%
0,01	93,5 „	70,7 „	94,0 „	91,0 „	94,2 „	90,7 „
0,1	84,1 „	83,5 „	85,2 „	83,6 „	86,0 „	83,4 „

II.

Substanz.	Grammäquival.	Kohlrausch.	Jones.
K_2SO_4,	0,002	92,2%	94,1%
K_2SO_4,	0,006	88,3 „	90,8 „
K_2SO_4,	0,01	85,8 „	88,2 „
K_2SO_4,	0,03	78,7 „	82,0 „
K_2SO_4,	0,05	74,9 „	79,1 „
K_2SO_4,	0,1	70,1 „	72,0 „
$BaCl_2$,	0,002	93,9	94,1
$BaCl_2$,	0,006	90,1	91,8
$BaCl_2$,	0,01	87,9	88,4
$BaCl_2$,	0,03	82,1	83,7
$BaCl_2$,	0,05	79,0	81,8
$BaCl_2$,	0,1	75,3	76,8
$MgSO_4$,	0,002	83,4	80,0
$MgSO_4$,	0,006	73,2	74,9
$MgSO_4$,	0,01	67,7	70,0
$MgSO_4$,	0,03	55,6	60,0
$MgSO_4$,	0,05	50,4	54,8
$MgSO_4$,	0,1	44,9	38,9.

Die Dissociation wurde aus Kohlrausch's Resultaten nach der Formel $x = \dfrac{\mu}{\mu_\infty}$ berechnet, worin x der Dissociationsgrad, μ die Leitfähigkeit der gegebenen Verdünnung und μ_∞ die Leitfähigkeit bei unendlicher Verdünnung ist. Die Uebereinstimmung ist sehr befriedigend.

Leitfähigkeit und Diffusionsvermögen.

Zwischen dem Leitvermögen und der Diffusionsfähigkeit der wässerigen Lösungen scheinen nahe Beziehungen vorhanden zu sein, indem im allge-

---

1) H. C. Jones, Zeitschr. physik. Ch. **11**, 116, 529, 1893.

meinen diejenigen S a l z e am raschesten in wässeriger Lösung diffundiren,
die auch das grösste Leitvermögen zeigen. Folgende Tabelle von L o n g[1])
giebt die betreffenden Vergleichswerthe. Die in der Tabelle mitgetheilten
Werthe für die diffundirten Moleküle sind mit 10^6 zu dividiren und die
Leitvermögen beziehen sich auf Lösungen, die 1 bezw. $^1/_2$ Molekül des
Salzes enthalten:

Formel.	Diffundirte Moleküle.	Leitvermögen (für $^1/_2$ Mol.).	Formel.	Diffundirte Moleküle.	Leitvermög. (f. $^1/_2$ Mol.).
KCl	803	97	BaN_2O_6	656	69
NH_4Cl	689	95	SrN_2O_6	552	—
NaCl	600	81	$BaCl_2$	450	79
LiCl	541	70	$SrCl_2$	432	77
KBr	811	104	$CaCl_2$	429	75
NH_4Br	629	103	$MgCl_2$	492	72
NaBr	509	81	$CoCl_2$	306	—
KJ	823	103	$NiCl_2$	304	—
NaJ	672	84	$(NH_4)_2SO_4$	724	76
KCN	767	101	Na_2SO_4	678	63
NH_4NO_3	680	93	$MgSO_4$	348	37
KNO_3	607	92	$ZnSO_4$	332	34
$NaNO_3$	524	86	$CuSO_4$	316	33
$LiNO_3$	512	—	$MnSO_4$	298	—

Von G r a h a m sind diesbezügliche Werthe für einige a n o r g a n i s c h e
S ä u r e n festgestellt worden (G. W i e d e m a n n l. c.):

Formel.	Diffund. Mol.	Leitvermögen.
HCl	939	323
HBr	965	311
HJ	994	328
HNO_3	977	334.

„Bei Vergleichung der Leitfähigkeiten L verschiedener alkoholischer
Lösungen vom alkoholischen Gehalt v mit der Diffusionsgeschwindigkeit α
des Salzes ergiebt sich nach R. L e n z[2]):

v	$^1/_2 K_2J_2$ d	L	$^1/_4 K_2J_2$ d	L	$^1/_8 K_2J_2$ d	L	$^1/_{16} K_2J_2$ d	L	$^1/_{32} K_2J_2$ d	L
—	24,1	—	12,2	1150	6,24	605	3,27	313	1,56	162
27,9	—	—	6,09	578	3,06	293	—	—	—	—
51,0	—	—	4,62	395	2,36	201	1,30	102	—	—
74,7	—	—	3,50	292	1,78	152	0,94	81,5	—	—

[1]) L o n g, Wied. Ann. **9**, 632, 1880; G. W i e d e m a n n, Lehre von der Elektricität Bd. II, 921, 1894.

[2]) R. L e n z, Mém. de St. Pétersb. (7), **30**, 1882; Wied. Ann. Beibl. **7**, 403, 1882.

v	$4\,Na_2J_2$		$^1/_2\,K_2CrO_4$		$^1/_2\,CdJ_2$		$^1/_4\,Cd_2J_2$	
	d	L	d	L	d	L	d	L
—	10,06	921	—	1713	10,28	333	5,32	204
27,9	4,60	466	7,84	713	4,91	158	2,35	87
51,0	—	—	—	—	4,50	98	2,08	52
74,7	3,27	261	—	—	4,76	78	2,03	40.

Setzt man für $^1/_4\,K_2J_2$ d und L, für $v = 0$ gleich 100, so folgt:

v	$^1/_2\,K_2J_2$		$^1/_4\,K_2J_2$		$^1/_8\,K_2J_2$		$^1/_{16}\,K_2J_2$		$^1/_{32}\,K_2J_2$	
	d	L	d	L	d	L	d	L	d	L
—	195	—	100	100	51	52	27	27	13	14
27,9	—	—	50	50	25	25	—	—	—	—
51,0	—	—	28	35	19	18	11	9	—	—
74,7	—	—	39	26	15	13	8	8	—	—

v	$^1/_4\,Na_2J_2$		$^1/_2\,K_2CrO_4$		$^1/_2\,CdJ_2$		$^1/_4\,CdJ_2$	
	d	L	d	L	d	L	d	L
—	82	80	—	164	84	30	44	18
27,9	38	40	64	63	40	14	19	7,5
51,0	—	—	—	—	37	9	17	4,5
74,7	27	23	—	—	39	6	17	3,5.

„Hiernach sind für die verschieden koncentrirten Lösungen des Jodkaliums, Jodnatriums und chromsauren Kalis die Leitfähigkeiten den Diffusionsgeschwindigkeiten proportional. Bei Jodkadmium zeigt sich eine solche Proportionalität nicht. Mit wachsendem Alkoholgehalt nimmt die Diffusionsgeschwindigkeit langsam ab, und die Abweichung von der Proportionalität wächst mit zunehmender Koncentration, was nach Lenz vielleicht auf Bildung von komplexen Molekülen des Jodkadmiums zurückgeführt werden könnte“, (wofür bekanntlich auch die Grösse der Ueberführungszahlen des Jods bei koncentrirten Lösungen spricht).

„Eine Lösung von $^1/_4$ Mol. K_2J_2 in 8 Liter 73 $^0/_0$igen Alkohols mit 15 ccm Petroleumnaphta hatte bei 18 ^{0} die Leitfähigkeit 286, eine äquivalente wässerige Lösung 1178; die Diffusionsgeschwindigkeiten waren 3,1 und 12,2. Sind die Werthe d und L für die wässerige Lösung gleich 100, so sind sie für die alkoholische 25,4 und 24,4, also wieder ungleich.“

„Demnach wäre das Leitvermögen proportional den Diffusionsgeschwindigkeiten derselben Lösung, unabhängig von der Natur des Salzes, der Stärke der Lösung, dem Lösungsmittel und auch nach früheren Erfahrungen von der Temperatur.“

„Da die Schnelligkeit der Diffusion einmal von der Differenz der Anziehungen der koncentrirten und der verdünnten Lösung gegen das gelöste Salzmolekül, dann von der Reibung desselben an der Lösung abhängt, die galvanische Wanderung der Ionen aber der ersten Bedingung nicht unterworfen ist, sondern nur von der Reibung der getrennten Ionen und der Salzmoleküle an der Lösung und untereinander abhängt, so können beide Erscheinungen nicht ganz übereinstimmen; selbst wenn man annehmen will, dass schon im Salz selbst die Ionen dissociirt hin und her schwingen und sich so bei der Diffusion für sich an der Lösung reiben." (G. Wiedemann.)

Von weiteren Arbeiten auf diesem Gebiete sei zunächst die von Nernst[1]) erwähnt, dem es gelang, die Diffusionsgeschwindigkeit in ihrer absoluten Grösse als den Quotienten von osmotischem Druck und Summe der galvanischen Reibungen für äusserste Verdünnung zu berechnen. Unter der Zugrundelegung der folgenden Zahlen für die Beweglichkeit der Ionen:

$$K = 60, \ NH_4 = 58, \ Na = 37, \ Li = 28, \ Ag = 49, \ H = 315,$$
$$Cl = 63, \ Br = 64, \ J = 64, \ NO_3 = 56, \ ClO_3 = 49, \ C_2H_3O = 30, \ OH = 166,$$

erhielt er nach der Formel:

$$k = \frac{u\,v}{u + v} \cdot 0{,}04768 \times 10^7,$$

folgende Werthe für k_{18} aus den Beobachtungen von Scheffer, Schumeister, de Heen und Wroblewski:

k_{18}	HCl	HNO_3	KOH	NaOH	NaCl	NaBr	NaI	$NaNO_3$	Natriumacetat
beob.	2,30	2,22	1,85	1,40	1,08	1,10	1,05	1,03	0,78
ber.	2,49	2,27	2,10	1,45	1,12	1,13	1,12	1,06	0,79

	Na-formiat	Benzolsulf.Na	KCl	KBr	KI	KNO_3	NH_4Cl	LiCl	LiBr	LiI
beob.	0,78	0,74	1,29	1,40	1,34	1,22	1,30	0,97	1,05	0,94
ber.	0,79	0,74	1,47	1,48	1,48	1,38	1,44	0,92	0,93	0,93

Die Uebereinstimmung ist eine sehr gute zu nennen. Die mittlere Abweichung liegt vollständig innerhalb der Ungenauigkeiten, welche den zur Berechnung dienenden Grössen noch anhaften.

Ferner haben Untersuchungen auf diesem Gebiete ausgeführt: de Heen[1]), Weber[2]), Wroblewski[3]), Schuhmeister[4]), Wiedeburg[5]), Voigtländer[6]), Scheffer[7]), Arrhenius[8]).

1) W. Nernst, Zeitschr. physik. Ch. 2, 612, 1888.
1) de Heen, Bull. de l'Acad. de Belgique (3), 8, 219.
2) H. F. Weber, Wied. Ann. 7, 536, 1896.
3) Wroblewski, Wied. Ann. 13, 608, 1881.
4) Schuhmeister, Wien. Sitzber. 1879, 2. Abthl. 79, 623.
5) O. Wiedeburg, Wied. Ann. 41, 675, 1890; Zeitschr. physik. Ch. 10, 509, 1892; 9, 143, 1892; vgl. auch E. Planck, ibid. 9, 347, 1892.
6) Voigtländer, Zeitschr. physik. Ch. 3, 316, 1889.
7) Scheffer, ibid. 2, 390, 1888.
8) Sv. Arrhenius, ibid. 10, 51, 1892.

Wiedeburg kommt dabei zu dem Schlusse, dass der von Nernst gegebene Ausdruck für die Diffusionskonstante noch mit einem von jenen Grössen abhängigen Faktor multiplicirt werden muss. Derselbe wird nur dann gleich 1, wenn man die van der Waals'schen Konstanten a und b gleich o setzt, also das Vorhandensein von Kräften zwischen Lösungsmittel und gelöstem Stoffe sowie zwischen den Bestandtheilen des letzteren leugnet, auch für beliebig hohe Koncentrationen. Gegen letztere Auffassung hatte sich aber auch bereits Wroblewski gewendet.

Weitere Beobachtungen.

Reines Eis leitet 15000 mal schlechter als Wasser. Die Leitfähigkeit des Wassers ist bereits ausführlich besprochen worden. Bd. I, S. 204.

Zum Vergleiche sei noch erwähnt, dass absoluter Alkohol bei 0^0 die Leitfähigkeit 0,1876 ($Hg = 10^{10}$) und den negativen Temperaturkoëfficienten — 0,00704 bei 18^0 besitzt. Giebt man Wasser zu, so erhöht sich die Leitfähigkeit über die jedes der Bestandtheile.

Aether hat nur die Leitfähigkeit 0,003 ($Hg = 10^{10}$).

Bei den Alaunen sprechen die Ergebnisse der Leitfähigkeitsbestimmungen, nach denen in koncentrirteren Lösungen die Leitfähigkeit geringer ist als die Summe der Bestandtheile, dafür, dass noch Bildung von Doppelmolekülen bei diesen Lösungen stattfindet [1]).

Die Untersuchung folgender halbkomplexen Salze wie Kaliumkupfersulfat, Kaliumsilberjodid, Kaliumquecksilberjodid, Kaliumquecksilbercyanid, Kaliumzinkcyanid, Kaliumkadmiumcyanid, Kaliumferrooxalat und Kaliumferrioxalat durch E. Rieger [2]) hat ergeben, dass das edlere Metall zur Anode wandert. Somit ist es in allen diesen Salzen ein Bestandtheil eines anionischen Komplexes. Die Verminderung der Leitfähigkeit lässt gleichfalls auf Komplexbildung schliessen, denn das Leitvermögen von Salzgemischen, da Komponenten unverändert neben einander bestehen, setzt sich nahezu additiv aus den Leitfähigkeiten der einzelnen Salze zusammen.

Die Bestimmung der Löslichkeit schwerlöslicher Salze kann mit Hilfe der elektrischen Leitfähigkeit der Lösungen ausgeführt werden [3]).

Ueber die Vertheilung des Stromes auf mehrere Ionen in einer Lösung hat bereits Hittorf [4]) hingewiesen. In neueren Arbeiten beschäftigte

1) H. C. Jones u. E. Mackay, Amer. Chem. Journ. **19**, 83, 1897.
2) E. Rieger, Zeitschr. f. Elektroch. **7**, 876, 1901. Vgl. auch Bd. I, S. 682.
3) Vgl. hierzu A. F. Holleman, Zeitschr. physik. Ch. **12**, 125, 1893; F. Kohlrausch u. F. Rose, ibid. **12**, 234, 1893.
4) W. Hittorf, Pogg. Ann. **98**, 16, **103**, 46.

sich A. Schrader[1]) und E. v. Stackelburg[2]) mit dieser Materie, weiterhin K. Hopfgartner[3]), H. Hoffmeister[4]).

Ueber den Einfluss von Nichtelektrolyten auf das Leitvermögen von Elektrolyten hat auch A. Hantzsch[5]) eine Arbeit publicirt. Erwähnt sei die grosse Abnahme der Leitfähigkeit von Silbernitrat durch Zusatz von Thioharnstoff und Pyridin.

Bei der Untersuchung des elektrischen Widerstandes bewegter Salzlösungen hat J. Bosi[6]) folgende Resultate erhalten:

„Bei den Salzlösungen, in welchen durch die Elektrolyse eine grössere Koncentration am positiven Pole eintritt, nimmt der Widerstand zu, wenn die Flüssigkeit sich in entgegengesetzter Richtung bewegt wie der elektrische Strom, und nimmt ab, wenn die Flüssigkeit sich in demselben Sinne bewegt wie der Strom; aber die Zunahme ist grösser als die Abnahme.

Bei den Salzlösungen hingegen, in denen durch die Elektrolyse eine grössere Koncentration am negativen Pole entsteht, nimmt der Widerstand ab, wenn die Flüssigkeit sich in entgegengesetzter Richtung bewegt wie der elektrische Strom, und wächst, wenn die Flüssigkeit sich im selben Sinne bewegt. Auch hier ist die Zunahme grösser als die Abnahme.

In den Lösungen endlich, in denen durch die Elektrolyse sich kein Koncentrationsunterschied an den beiden Elektroden einstellt, erleidet der Widerstand keine merkliche Aenderung.“

Ueberschwefelsäure[7]). Die Bildung der Ueberschwefelsäure, $H_2S_2O_8$, welche beim Durchleiten eines elektrischen Stromes durch Schwefelsäure entsteht, hängt ab von dem Grade, in welchem neben SO_4-Anionen auch HSO_4-Anionen vorhanden sind. Vermutblich wächst der Antheil an HSO_4-Ionen mit der Gesammtzahl der Anionen von niedrigen zu mittleren Koncentrationen, von Null anfangend. Dementsprechend nimmt die Bildung der Ueberschwefelsäure zu. In koncentrirter Lösung nimmt sie wieder ab, was durch den wieder erfolgenden sofortigen Zerfall der gebildeten Ueberschwefelsäure erklärt werden kann.

---

1) A. Schrader, Zeitschr. f. Elektroch. **3**, 498, 1897.

2) E. v. Stackelburg, Zeitschr. physik. Ch. **23**, 493, 1897.

3) K. Hopfgartner, ibid. **25**, 115, 1898.

4) H. Hoffmeister, ibid. **27**, 345, 1898; vgl. hierzu H. Jahn, ibid. **27**, 356, 1898.

5) A. Hantzsch, Zeitschr. anorg. Ch. **25**, 332, 1900.

6) J. Bosi, Il nuovo Cimento (4), **5**, 249, 1897; Naturw. Rundsch. **12**, 435, 1897.

7) D. Berthelot, Ann. chim. phys. (5), **14**, 345, 1878; F. Richarz, Ber. **24**, 184, 1885; Ber. **31**, 1673, 1888; Zeitschr. physik. Ch. **4**, 29, 1889; R. Löwenherz, Chem. Ztg. **1892**, 838; G. Bredig, Zeitschr. physik. Ch. **12**, 230, 1893; Möller, ibid. **12**, 555, 1893; W. Starck, ibid. **29**, 385, 1899.

Platin- und Goldchlorid-Wasserverbindungen.

Hierüber haben W. Hittorf und H. Salkowski[1]) eine ausführliche Untersuchung veröffentlicht. Die Resultate sind folgende:

Platinchlorid und Goldchlorid verhalten sich in wässeriger Lösung ganz anders wie Quecksilberchlorid. Sie treten mit einem Molekül H_2O in engeren Zusammenhang und veranlassen die leichte Spaltbarkeit desselben ganz wie die Anhydride der Sauerstoffsäuren. Die Verbindung des Goldchlorids mit Wasser, $AuCl_3, H_2O$ bildet wahrscheinlich die Ionen $AuCl_3OH$ und H; die des Platinchlorids $PtCl_4OH_2$ die Ionen $PtCl_4OH$ und H. Das Kalisalz der Säure $PtCl_4OK_2$ geht allmälig über in K_2PtCl_6. Das Silbersalz $PtCl_4OAg_2 + H_2O$ wurde bereits von Jörgensen[2]) dargestellt.

Die Existenz dieser Verbindung, $PtCl_4OH_2$, erklärt auch die merkwürdigen Erscheinungen, welche F. Kohlrausch[3]) bei der Elektrolyse des Platinchlorids erhielt. Derselbe fand, dass bei grösserer Koncentration der Lösung und geringerer Stromdichte an der Kathode kein Platin abgeschieden wird; es bildet sich hier Platinchlorür, welches gelöst bleibt und die Flüssigkeit dunkler färbt. Erst in verdünnteren Lösungen erscheint Platin, dessen Menge mit Abnahme der Koncentration zunimmt, dem sich aber dann Wasserstoff zugesellt. An der Anode wird reiner Sauerstoff ohne Chlor abgeschieden.

15. Die Leitfähigkeit organischer Verbindungen.

Organische Säuren und ihre Natronsalze.

Die Leitfähigkeit der organischen Säuren und ihrer Natronsalze ist von W. Ostwald[4]) gemessen worden. Ich gebe zunächst die Tabelle, bei welcher die Leitfähigkeit des Grammmoleküls Salzsäure in

$$1 \text{ Liter Lösung} = 100,$$
$$10 \quad \text{,,} \qquad \text{,,} \quad = 118,$$
$$100 \quad \text{,,} \qquad \text{.,} \quad = 123,8$$
$$1000 \quad \text{,,} \qquad \text{,,} \quad = 112,2$$

gesetzt ist.

---

1) W. Hittorf u. H. Salkowski, Zeitschr. physik. Ch. **28**, 546, 1899. Vgl. auch Bd. I, S. 672.

2) Jörgensen, Journ. pr. Ch. (2), **2**, 345, 1877.

3) F. Kohlrausch, Wied. Ann. **63**, 423, 1897.

4) W. Ostwald, Journ. pr. Ch. **30**, 225, 1884, **31**, 433, 1885; **32**, 300, 1885.

1 Grammmolekül	Verdünnung in Ltr.:			
	1	10	100	1000
1. Salzsäure, HCl	100,0	118·0	123,8	112,2
2. Bromwasserstoffsäure, HBr	101,4	119.8	125,9	112,5
3. Salpetersäure, HNO_3	99,4	116,7	122,5	107,4
4. Aethylsulfonsäure, $HOSO_2C_2H_5$	80,3	106,8	113,5	101,8
5. Aethylschwefelsäure, $HO_4SO_2OC_2H_5$ . . .	88,6	108,5	116,6	111,6
6. Isäthionsäure, $HOSO_2C_2H_4OH$	75,3	103,8	110,2	101,7
7. Phenylsulfonsäure, $HOSO_2C_6H_5$	73,6	104,8	111,3	97,2
8. Ameisensäure, $HCOOH$	1,718	5,31	15,75	42,7
9. Essigsäure, CH_3COOH	0,436	1,557	4,96	14,48
10. Buttersäure, C_3H_7COOH	0,333	1,404	4,45	12,90
11. Isobuttersäure, „	0,329	1,403	4,41	12,65
12. Monochloressigsäure, $CH_2ClCOOH$ . . .	5,06	15,26	38,9	78,2
13. Dichloressigsäure, $CHCl_2COOH$	24,75	64,2	99,6	103,0
14. Trichloressigsäure, CCl_3COOH	61,1	100,3	110,2	104,4
15. Glykolsäure, $CH_2OHCOOH$	1,390	4,65	13,90	37,1
16. Methylglykolsäure, $CH_2OCH_3 . COOH$ . .	1,787	6,61	19,19	47,7
17. Aethylglykolsäure, $CH_2OC_2H_5COOH$ . .	—	5,46	16,49	43,9
18. Milchsäure, $CH_3CHOH . COOH$ . . .	1,085	4.25	13,07	35,4
19. β-Oxypropionsäure, CH_2OHCH_2COOH . .	0,650	2,310	6,79	19,52
20. Glycerinsäure, $CH_2OHCHOHCOOH$ . . .	1,556	5,50	16,27	42,6
21. Brenztraubensäure, $CH_3COCOOH$ . . .	6,01	19,26	46,1	76,4
22. Oxyisobuttersäure, $(CH_3)_2COHCOOH$ . .	1,316	4,21	11,80	32,5
23. Schwefelsäure, H_2SO_4	65,0	77,2	102,7	113,4
24. Oxalsäure, $(COOH)_2$	19,50	38,7	53,0	52,8
25. Malonsäure, $COOHCH_2COOH$	3,16	9,52	24,35	43,9
26. Bernsteinsäure, $COOH(CH_2)_2COOH$ . . .	0,695	2,061	6,16	16,91
27. Aepfelsäure, $COOHCHOHCH_2COOH$ . .	1,401	4,79	13,88	33,2
28. Weinsäure, $COOH(CHOH)_2COOH$ . . .	2,370	6·89	20,90	45,5
29. Diglykolsäure, $(COOHCH_2)_2O$	2,621	7,95	21,16	46,8
30. Pyroweinsäure, $(COOH)_3C_2H_6$	1,109	3,31	8,26	20,22
31. Citronensäure, $(COOH)_3C_3H_4OH$	1,728	5,49	14,32	28,32

Die schwachen Säuren Nr. 8 bis 22 zeigen sämmtlich ein sehr rasches Anwachsen des Leitungsvermögens mit steigender Verdünnung, und zwar konvergiren alle einbasischen Säuren gegen denselben Grenzwerth von etwas über 100, welchen die starken Säuren zeigen. Dabei ergiebt es sich, dass die Verdünnungen, bei welchen die molekularen Leitfähigkeiten der einbasischen Säuren gleiche Werthe haben, stets in konstanten Verhältnissen stehen, eine Thatsache, welche zur Aufstellung von Ostwalds Verdünnungsgesetz führte, und dass nachfolgend noch eine Erläuterung und Anwendung findet. Dasselbe gilt, wie erwähnt, für schwache Säuren und entsprechende Salze, nicht aber für die elektrolytisch nahezu vollständig dissociirten Elektrolyte.

Nachstehend seien zur näheren Erläuterung noch etwas ausführlicher die Messungen einiger Säuren gegeben.

Ameisensäure, HCOOH.

v	m_1	m_2	m
2	1,759	1,757	1,758
4	2,468	2,462	2,465
8	3,430	3,432	3,431
16	4,800	4,792	4,796
32	6,646	6,622	6,634
64	9,180	9,180	9,180
128	12,59	12,58	12,59
256	16,95	17,00	16,98
512	22,32	22,54	22,43
1024	29,00	29,04	29,02
2048	35,65	36,00	35,83

Essigsäure, CH_3COOH.

v	m_1	m_2	m
2	0,5196	0,5196	0,5796
4	0,7546	0,7556	0,7550
8	1,069	1,088	1,078
16	1,512	1,516	1,514
32	2,120	2 126	2,123
64	2,936	2,950	2,943
128	4,076	4,092	4,084
256	5,622	5,662	5,642
512	7,736	7,770	7,753
1024	10,46	10,48	10,47
2048	14,40	14,48	14,44
4096	19,33	19,37	19,35
8192	29,00	29,04	29,02
16384	35,65	36,35	36,00

Propionsäure, C_2H_5COOH.

v	m_1	m_2	m
2	0,4012	0,4046	0,4029
4	0,5996	0,6024	0,6010
8	0,8698	0,8738	0,8718
16	1,243	1,251	1,247
32	1,762	1,772	1,767
64	2,485	2,498	2,492
128	3,494	3 504	3,499
256	4,900	4,940	4,920
512	6,862	6,892	6,877
1024	9,576	9,550	9,563
2048	13,17	13,20	13,19
4096	18,17	18,22	18,20

Affinitätskonstanten schwacher organischer Säuren.

Die **Affinitätskonstanten der Phenole** sind nach den Versuchen von **Bader**[1]) nicht nur sehr gering, sondern sollen vielfach gar nicht bestimmbar sein. A. **Hantzsch**[2]) hat die von **Bader** angegebenen Schwierigkeiten nicht beobachtet.

---

1) **Bader**, Zeitschr. phys. Ch. **6**, 289.
2) A. **Hantzsch**, Ber. **32**, 3067, 1899.

Phenol. Käuflich reinstes Phenol gab stets etwas schwankende und mit der Verdünnung wachsende Werthe; so wurde z. B. beobachtet: bei 25^0 aus den Messungen bei v_{32}: $K = 0,00000094$, bei v_{64}: $K = 0,000001220$, während **Bader** fand: bei v_{25}: $K = 0,00000056$, bei v_{100}: $K = 0,00000120$. Zwei sehr reine Präparate dagegen zeigten fast dieselben recht konstanten Werthe bei 25^0 ($\mu_\infty = 357$).

<table>
<tr><td colspan="3">Phenol aus Salicylsäure.</td><td colspan="2">Phenol aus Anilin.</td></tr>
<tr><td>v</td><td>μ</td><td>k</td><td>μ</td><td>k</td></tr>
<tr><td>32</td><td>0,14</td><td>$4,8 \times 10^{-7}$</td><td>0,14</td><td>4.8×10^{-7}</td></tr>
<tr><td>64</td><td>0,20</td><td>$4,9 \times 10^{-7}$</td><td>0,19</td><td>$4,4 \times 10^{-7}$</td></tr>
<tr><td>128</td><td>0.26</td><td>4.2×10^{-7}</td><td>0,32</td><td>$6,2 \times 10^{-7}$</td></tr>
<tr><td>256</td><td>0,43</td><td>$5,7 \times 10^{-7}$</td><td></td><td></td></tr>
</table>

Im Mittel $k = 5,0 \times 10^{-7}$

Resorcin soll nach **Bader** besonders stark wachsende Affinitätskonstanten besitzen. A. **Hantzsch** fand nur eine innerhalb der Versuchsfehler schwankende Affinitätskonstante und zwar nicht nur bei 25^0, sondern auch bei 0^0 und bei 40^0. Die Grenzwerthe für 0^0 wurden aus den Messungen am Nitrophenolnatrium berechnet, die für höhere Temperaturen den Bestimmungen **Schallers**[1]) entnommen.

<table>
<tr><td colspan="3">Bei 0^0; $\mu_\infty = 221$.</td><td colspan="2">Bei 25^0; $\mu_\infty = 356$.</td><td colspan="2">Bei 40^0; $\mu_\infty = 422$</td></tr>
<tr><td>v</td><td>μ</td><td>k</td><td>μ</td><td>k</td><td>μ</td><td>k</td></tr>
<tr><td>8</td><td>0,03</td><td>$3,0 \times 10^{-7}$</td><td>0,09</td><td>$7,7 \times 10^{-7}$</td><td>—</td><td>42×10^{-7}</td></tr>
<tr><td>16</td><td>0,05</td><td>$3,2 \times 10^{-7}$</td><td>0,11</td><td>$6,3 \times 10^{-7}$</td><td>—</td><td>32×10^{-7}</td></tr>
<tr><td>32</td><td>0,07</td><td>$3,2 \times 10^{-7}$</td><td>0,14</td><td>$4,9 \times 10^{-7}$</td><td>0,49</td><td>37×10^{-7}</td></tr>
<tr><td>64</td><td>—</td><td>—</td><td>—</td><td>—</td><td>0,61</td><td></td></tr>
<tr><td>128</td><td>—</td><td>—</td><td>—</td><td>—</td><td>0,91</td><td></td></tr>
</table>

k im Mittel $3,1 \times 10^{-7}$ | Mittel $6,4 \times 10^{-7}$ | Mittel 37×10^{-7}

Resorcin ist also bei 25^0 nur äusserst wenig stärker als Phenol; auffallend ist die starke Zunahme der Affinitätskonstante mit der Temperatur. Sie wächst von 0^0 bis 25^0 etwa um das Doppelte, von 25^0 bis 40^0 aber fast um das Sechsfache. Da ein derartig abnorm starkes Wachsthum z. B. bei der Violursäure auf intramolekulare Aenderungen hindeutet, so könnte man auch hier ähnliches vermuthen, nämlich dass das Resorcin nicht nur als Dioxybenzol, sondern auch als Ketodihydrophenol in Lösung vorhanden ist.

2.4 Dichlorphenol; bei 25^9; $\mu_\infty = 356$.

<table>
<tr><td>v</td><td>μ</td><td>k</td><td></td></tr>
<tr><td>64</td><td>0,47</td><td>27×10^{-7}</td><td rowspan="3">} Mittel 31×10^{-7}</td></tr>
<tr><td>128</td><td>0,67</td><td>28 „</td></tr>
<tr><td>256</td><td>1,10</td><td>37 „</td></tr>
</table>

Dichlorphenol ist also etwa 6mal stärker als Phenol.

1) **Schaller**, Zeitschr. phys. Ch. **25**, 497, 1898.

2.4.6 Trichlorphenol; bei 25^0; $\mu_\infty = 356$.

v	μ	k	
256	3,4	0,0009	
512	8,1	0,0012	Mittel 100×10^{-6}
1024	12,3	0,0012	

Trichlorphenol ist unvergleichlich stärker, nämlich etwa 200 mal stärker als Phenol und mehr als 30 mal so stark als Dichlorphenol.

p-Cyanphenol.

	Bei 0^0; $\mu_\infty = 221$.		Bei 25^0; $\mu_\infty = 356$.		Bei 35^0; $\mu_\infty = 100$.	
v	μ	k	μ	k	μ	k
32	0,25	40×10^{-7}	0,52	67×10^{-7}	0,70	95×10^{-7}
64	0,31	31 „	0,74	68 „	0,91	81 „
128	0,40	27 „	0,95	56 „	1,32	86 „
256	0,52	22 „	1,28	51 „	2,05	102 „
Mittel:		$k = 30 \times 10^{-7}$		$k = 61 \times 10^{-7}$		$k = 81 \times 10^{-7}$

Auch hier tritt zu Tage, dass Cyan viel stärker negativ wirkt als Chlor; denn das Monocyanphenol ist etwa noch einmal so stark wie Dichlorphenol. Seine Konstante wächst ebenfalls nicht unerheblich mit der Temperatur.

p-Nitrophenol.

	Bei 0^0; $\mu_\infty = 221$.		Bei 25^0; $\mu_\infty = 355$.		Bei 35^0; $\mu_\infty = 400$.	
v	μ	k	μ	k	μ	k
32	0,32	66×10^{-7}	—	—	0,99	188×10^{-7}
64	0,40	51 „	0,89	98×10^{-7}	1,25	161 „
128	0,53	45 „	1,28	102 „	1,65	133 „
256	0,71	41 „	1,79	99 „	2,28	128 „
512	1,14	47 „	2,53	100 „	—	— „
Im Mittel:		$k = 51 \times 10^{-7}$		$k = 96 \times 10^{-7}$		$k = 152 \times 10^{-7}$

o-Nitrophenol.

	Bei 0^0; $\mu_\infty = 221$.		Bei 25^0; $\mu_\infty = 355$.		Bei 35^0; $\mu_\infty = 400$.	
v	μ	k	μ	k	μ	k
128	0,62	62×10^{-7}	1,13	79×10^{-7}	1,29	82×10^{-7}
256	0,88	62 „	1,52	72 „	1,80	80 „
512	1,20	58 „	2,17	74 „	2,67	87 „
1024	1,73	60 „	3,14	79 „	—	— „
Im Mittel:		$k = 60 \times 10^{-7}$		$k = 75 \times 10^{-7}$		$k = 83 \times 10^{-7}$

o- und p-Nitrophenol verhalten sich also nach diesen Messungen sehr ähnlich, sowohl hinsichtlich ihrer Stärke als auch hinsichtlich des Einflusses der Temperatur. Durch den Eintritt der Nitrogruppe wird das Phenol 15 bezw. 20 mal stärker, durch den der Cyangruppe etwa 10 mal stärker.

Durch diese Messungen ist nachgewiesen, dass auch sehr schwache Phenole doch annähernd bestimmbare Affinitätskonstanten besitzen. Obgleich sie sehr schwache Säuren sind, mit Ausnahme der negativ substituirten, so röthen sie doch sämmtlich Lackmus (ausgenommen Thymol) im Gegensatz zu gewissen neutral reagirenden Pseudosäuren, wie Nitroäthan.

Die Affinitätskonstanten echter Oxime[1]), bei denen intramolekulare Anlagerung ausgeschlossen ist, sind wegen der minimal sauren Natur von Aldoximen und Ketoximen so gering, dass sie — im Gegensatz zu denen der Phenole — meist kaum aus ihren sehr kleinen Leitfähigkeitswerthen zu berechnen sind. Damit steht in Uebereinstimmung, dass die meisten Oxime, wieder im Gegensatz zu den Phenolen, selbst empfindliches Lackmus nicht mehr röthen. Ja diese Indifferenz macht es sogar sehr wahrscheinlich, dass die etwas grössere Leitfähigkeit mancher Oxime, z. B. des Methylphenylketoxims, nicht von einer Dissociation in Form von Säuren, sondern in Form von Salzen herrührt, indem $2 >C:NOH$

übergehen könnte in $>C:N.O.N=C$. Denn wenn die aus den μ-Werthen berechneten Affinitätskonstanten (k für Methylphenylketoxim $= 4 \times 10^{-7}$) bisweilen die der Phenole erreichen, so sollte auch saure Indikatorreaktion eintreten.

Selbst die Aethylnitrolsäure, das Nitroaldoxim, $CH_3CNO_2:NOH$, besitzt trotz der Nachbarschaft der Nitrogruppe nach den Messungen von A. Hantzsch[2]) nur die Affinitätskonstante $1,4 \times 10^{-7}$, ist also noch etwa 4 mal schwächer als Phenol. Man kann schon aus dieser Thatsache schliessen, dass, wenn sogar ein Nitrooxim noch erheblich schwächer als ein Phenol ist, solche Oxime, welche wie die Violursäure sich zu ausgesprochenen Säuren ionisiren, Pseudosäuren sind, welche konstitutiv verschiedene Salze bilden.

Die Affinitätskonstanten einiger Stickstoffsäuren wurden von E. Baur[3]) bestimmt. Die Leitfähigkeiten von Nitrourethan, Nitroharnstoff und Amidotetrazol wurden in wässeriger Lösung bei verschiedenen Temperaturen gemessen, die des Benzolsulfonitramins bei 0°. Letztere Verbindung ist so stark dissociirt, dass sich für sie keine Konstante k berechnen lässt. Auch für die Natriumsalze der vier Verbindungen wurden die Leitfähigkeiten bestimmt.

---

1) A. Hantzsch, Ber. **32**, 3072, 1899.
2) A. Hantzsch, Ber. **31**, 2584, 1898.
3) E. Baur, Zeitschr. phys. Ch. **23**, 409, 1897.

Die für **Nitroharnstoff, Nitromethan** und **Amidotetrazol** gefundenen Werthe sind folgende:

	k für 0^0	10^0	20^0	30^0	46^0
Nitroharnstoff	388×10^{-7}	555×10^{-7}	700×10^{-7}	—	—
Nitromethan	3030 „	3850 „	4830 „	5710×10^{-7}	6440×10^{-7}
Amidotetrazol	3,12 „	4,16 „	5,73 „	7,44 „	9,14 „

Hieran schliesst sich **Methylnitramin**, $CH_3N_2O_2H$, dessen Affinitätskonstante von A. Hantzsch[1]) bestimmt wurde.

	0^0	25^0	40^0
Methylnitramin	3×10^{-5}	$7,2 \times 10^{-5}$	$8,6 \times 10^{-5}$.

Die Affinitätsgrössen der organischen Basen.

Ueber die Bestimmung der Affinitätsgrössen der organischen Basen hat G. Bredig[2]) eine grössere Arbeit publicirt, hinsichtlich deren Resultate ich auf das Original verweise.

Die Methoden, welche zur Bestimmung der Affinitätsgrössen der Basen überhaupt gedient haben, kann man eintheilen in dynamische, statische und elektrische. Die **dynamische** Methode, d. h. die Messung der relativen Reaktionsgeschwindigkeit wurde zuerst von Warder[3]) angewandt, der die Giltigkeit des Guldberg-Waage'schen Massengesetzes bei der Verseifung von Essigester durch Natron zeigte. Weitere Arbeiten über diesen Gegenstand wurden von Reicher[4]) für Alkalien und alkalische Erden, von Ostwald[5]) über organische Basen, von G. Bredig und W. Will[6]) über die Bestimmung der Reaktionsgeschwindigkeit bei der Katalyse von Hyoscyamin zu Atropin ausgeführt.

Die statische Methode wurde von Berthelot[7]) und Menschutkin[8]) hinsichtlich des Theilungsverhältnisses einer Säure zwischen zwei um diese konkurrirenden Basen, sowie von Walker[9]) bei der Hydrolyse der Salze schwacher Basen angewendet, wobei er eine spektrometrische Bestimmung anwandte. Auch die Arbeiten von Lellmann[10]) und seinen Schülern beruhen auf der statischen Methode.

---

[1]) A. Hantzsch, Ber. **32**, 3073, 1899.

[2]) G. Bredig, Zeitschr. physik. Ch. **13**, 290, 1894.

[3]) Warder, Amer. chem. Journ. **3**, 5.

[4]) Reicher, Liebig's Ann. **228**, 257.

[5]) W. Ostwald, Journ. pr. Ch. (2), **35**, 112.

[6]) W. Will u. G. Bredig, Ber. **21**, 2777, 1888.

[7]) Berthelot, Ann. chim. phys. **6**, 442.

[8]) Menschutkin, Compt. rend. **96**, 256, 348, 381.

[9]) Walker, Zeitschr. physik. Ch. **4**, 319, 1889.

[10]) E. Lellmann und Gross, Liebig's Ann. **260**, 262; E. Lellmann und Görtz, ibid. **274**, 121, E. Lellmann, ibid. **263**, 286.

Konstititionsbestimmung von Körpern mit labilen Atomgruppen[1].

Die Konstitution sogenannter tautomeren Verbindungen kann bekanntlich direkt nur dann sicher bestimmt werden, wenn die verschiedenen möglichen Atomgruppirungen entsprechenden Formen auch wirklich isolirbar und vergleichbar sind. Dieser direkte Isomeriebeweis ist aber bisher nur in den wenigen Ausnahmefällen anwendbar, in denen die Tautomerie zur „Desmotropie" oder zur wirklichen Isomerie wird, wie z. B. bei einigen Körpern von der Form CH_2CO (Enolen und Ketonen) und von der Form CH_2NO_2 (Nitro- und Isonitrokörper). Durch eine Kombination verschiedener Methoden ist es aber möglich, die Konstitution vieler tautomeren Verbindungen (gerade auch bei fehlender Isomerie) eindeutig zu bestimmen; nämlich dann, wenn von den beiden möglichen Formen die eine ein Elektrolyt (Säure oder Base), die andere ein Nichtelektrolyt sein müsste. Durch diese letzterwähnte Bedingung wird zwar die allgemeine Anwendbarkeit dieser Methoden beschränkt; allein dafür gehören, wie sich ergeben wird, vielleicht mit Ausnahme einiger Fälle innerhalb der Enol- und Keton-Tautomerie, beinahe alle wichtigeren Tautomerien in diese Kategorie.

Nachstehend sind diejenigen Fälle, bei welchen die Bestimmung der elektrischen Leitfähigkeit zur Ermittlung der Isomerieverhältnisse gedient hat, eingehend beschrieben.

Pseudosäuren.

Für die Erkennung der Pseudosäuren[2] gelten folgende Merkmale:

1. Wenn bei einer Wasserstoffverbindung langsame oder zeitliche Neutralisationsphänomene beobachtet werden, so ist dieselbe eine Pseudosäure.

2. Wenn eine nicht oder kaum leitende Wasserstoffverbindung ein nicht oder kaum hydrolysirtes neutrales Alkalisalz erzeugt, so hat dieses Salz eine andere Konstitution als die ursprüngliche Wasserstoffverbindung, d. h. letztere ist eine Pseudosäure.

3. Wenn eine farblose, namentlich auch farblos in Wasser lösliche Wasserstoffverbindung farbige Ionen und farbige feste Alkalisalze erzeugt, so wird dieselbe eine Pseudosäure sein, die bei der Salzbildung und·Ionisation in die echte Säure übergeht. Diese Auffassung wird natürlich auch auf

---

[1] Der Arbeit von A. Hantzsch, Ber. **32**, 575, 1899 entnommen.
[2] A. Hantzsch, l. c.

die meisten **Indikatoren** zu übertragen sein, wozu an dieser Stelle als einziges Beispiel das p-Nitrophenol angeführt sei, dessen farbige Salze und Ionen auch zufolge anderer Beobachtungen höchst wahrscheinlich andere Konstitution besitzen als die farblose Muttersubstanz.

4. **Abnorm grosse und mit wachsender Temperatur wachsende Temperaturkoëfficienten der Leitfähigkeit sowie abnorm stark mit der Temperatur veränderliche Dissociationsgrade und Dissociationskonstanten bei tautomeren Stoffen weisen auf das Vorhandensein von Ionisationsisomerie hin.**

5. **Die Pseudosäuren lassen sich von ihren Isomeren häufig unterscheiden durch ihr Verhalten gegen Phenyl-isocyanat**[1])**, gegen Säurechloride, wie Phosphorchloride, Acetylchlorid, sowie gegen Ammoniak. Dieselben wirken nur auf die Hydroxylgruppen, also die Pseudosäuren.**

5a. **Wenn eine Wasserstoffverbindung mit Ammoniak nicht direkt additiv ein Salz bildet, wohl aber indirekt, d. i. unter Mitwirkung von Wasser, so ist diese Wasserstoffverbindung eine Pseudosäure.**

Beispiele hierfür sind:

1. Echte Antidiazohydrate: $\frac{R_1N}{\ddot{N}.OH}$; Elektrolyte; also echte Säuren, reaktionsfähig gegen Phosphorchloride und Acetylchlorid, sowie gegen Ammoniak.

2. Echte primäre Nitrosamine: $\frac{R_2.NH}{\dot{N}O}$; nicht Elektrolyte, also Pseudosäuren, reaktionslos gegen Phosphorchloride und Acetylchlorid, sowie gegen Ammoniak (Pseudodiazohydrate).

Die Umkehrung des Satzes 5a ist jedoch nicht zulässig: dass direkte additive Bildung von Ammoniaksalzen bei Wasserausschluss ein ausschliessliches Kennzeichen echter Säuren sei. Denn da bekanntlich auch Ammoniak gleich dem Wasser ionisirend wirken kann, wie die Leitfähigkeit von Salzen in flüssigem Ammoniak[2]) beweist, so ist es danach begreiflich, dass es auch auf gewisse Pseudosäuren ionisirend bezw. umlagernd wirkt und zwar gerade auf solche mit grosser Tendenz zur Ionisation und damit zur Isomerisation, aus denen also sehr leicht starke echte Säuren gebildet werden. Dies gilt z. B. für Nitroform, $HC(NO_2)_3$, das auch durch trocknes Ammoniak als Isonitroformammonium aus wasserfreien Lösungen gefällt wird.

---

1) H. **Goldschmidt**, Ber. **23**, 253, 1890.

2) E. C. **Franklin** u. Ch. A. **Kraus**, Americ. chem. Journ. **21**, 8, 1899; **23**, 277, 1899.

6. **Für gewisse Tautomeriefälle ist das Auftreten von „abnormen Hydraten" charakteristisch.** Hierbei versteht man unter „abnormen Hydraten" solche, die sich aus den wasserfreien Verbindungen nicht direkt durch Wasseraufnahme, sondern nur dann bilden können, wenn die betreffenden Substanzen vorher chemisch verändert worden sind, also wenn sie z. B. aus gewissen einfachen Derivaten (Salzen u. s. w.) abgeschieden werden. Hierher gehören verschiedene von Hantzsch erhaltene **Hydrate aus der Gruppe des Succinylobernsteinesters,** z. B. ein Hydrat des **Dioxyterephtalesters** (Chinonhydrodikarbonesters)[1]), die **Hydrate der Dichlor- und Dibrom-Dioxyterephtalsäure**[2]) (Dichlor-Dibrom-Chinonhydrodikarbonsäure) u. a. m. Im weiteren Sinne können aber überhaupt alle solchen Hydrate als abnorm bezeichnet werden, die, wenn sie sich auch durch direkte Hydratisirung aus den Anhydriden regeneriren können, doch durch ihre blosse Existenz insofern abnorm sind, als sie einer Körperklasse zugehören, deren zahlreiche Vertreter bei Abwesenheit von Tautomerie sich nicht hydratisiren, bezw. nicht Hydrate bilden. Als Beispiele hierfür dienen die von Hewitt und Pope[3]) zuerst dargestellten **Hydrate von Benzolazophenolen,** weil weder die zugehörigen einfachen Azokörper, noch die zugehörigen einfachen Phenole als Hydrate bekannt sind; ferner vielleicht auch die bei **Chinonoximen** und die kürzlich von Kehrmann[4]) bei sogenannten **Azoniumbasen** beobachteten Hydrate."

„Diese Verhältnisse lassen sich am besten bei den sog. **Oxyazokörpern** und ihren Salzen illustriren. Wahrscheinlich ist nicht nur das o-Oxyazobenzol, was schon von Goldschmidt, Auwers[5]) u. a. wahrscheinlich gemacht wurde, sondern auch das gewöhnliche freie p-Oxyazobenzol kein Phenol, also keine echte Säure, sondern vielmehr eine Pseudosäure, nämlich Chinonhydrazon, $C_6H_5 . NH . N : C_6H_4O$."

Dagegen bleiben die **Oxyazobenzolsalze** echte Oxyazoderivate vom Typus $C_6H_5N : NC_6H_4OMe$. Der Uebergang zwischen diesen „Ionisationsisomeren" in wässeriger bezw. alkalischer Lösung lässt sich nun am einfachsten durch Vermittlung einer zwischen beiden stehenden Hydroform, $C_6H_5 . NH . N : C_6H_4(OH)_2$ darstellen; und in der That werden viele Oxyazokörper als Hydrate aus ihren Salzen gefällt. Dass gerade für das einfache Oxyazobenzol kein Hydrat bekannt ist, ist unwesentlich, da zahlreiche substituirte Oxyazobenzole solche Hydrate bilden.

---

1) A. Hantzsch, Ber. **20**, 2800, 1887.
2) A. Hantzsch, Ber. **20**, 2397, 1887; **21**, 1758, 1888.
3) Hewitt u. Pope, Ber. **31**, 2114, u. a. O. 1897.
4) F. Kehrmann, Ber. **31**, 2427, 1897.
5) Vgl. z. B. K. Auwers, Ber. **25**, 1332, 1892; Zeitschr. phys. Ch. **21**, 355.

„Diese Beziehungen lassen sich etwa folgendermassen veranschaulichen:

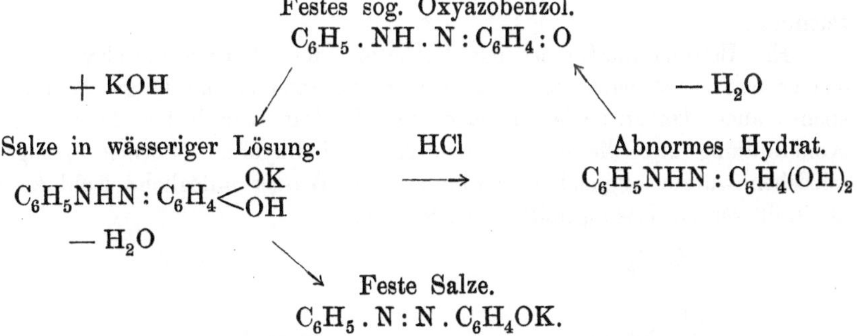

Man kann also schliessen:

Die Existenz abnormer Hydrate bei tautomeren Stoffen ist ein Hinweis darauf, dass die betreffenden wasserfreien Substanzen Pseudosäuren sind, die nur indirekt, unter vorheriger Erzeugung eines Additionsproduktes vom Hydrattypus, Salze bilden.

Hierzu gehört auch die Bildung abnormer Alkoholate, wie sie z. B. Hantzsch und Rinckenberger[1]) für das Dinitroäthan, $CH_3 \cdot CH(NO_2)_2$ beschreiben, das nach seiner Struktur,

$$CH_3{\diagdown}{\diagup}OC_2H_5$$
$$CHN{-}OH$$
$$NO_2{\diagup}{\diagdown}O$$

einem beim Uebergang von echten Nitrokörpern in Isonitrokörpern anzunehmenden hydratischen Verbindungsgliede entspricht.

Pseudoammoniumbasen.

Wie es Pseudosäuren giebt, so existiren auch Pseudobasen, wobei unter Basen natürlich nicht Ammoniak und Amine, sondern Ammoniumhydrate verstanden sind. Es bestehen also Verbindungen, die den eigentlichen Ammoniumhydroxylbasen isomer sind, sich aber im Gegensatz zu diesen stark alkalischen Elektrolyten als indifferente Nichtelektrolyte erweisen, die also an sich durch Einwirkung von Säuren, wie es die Pseudosäuren umgekehrt durch Einwirkung von Basen thun, intramolekular verändert werden und Salze von einer anderen Konstitution erzeugen. Diese Pseudobasen besitzen somit nicht ein ionisirbares Ammoniumhydroxyl, sondern ein nicht ionisirbares, meist alkoholisches Hydroxyl. Sie sind ungemein verbreitet, aber bisher meist für echte Ammoniumhydrate gehalten worden; wenn ihre Eigenschaften mit dieser Auffassung in auf-

---

[1]) A. Hantzsch u. Rinkenberger, Ber. **32**, 628, 1889.

fallendem Widerspruch standen, so wurde dies dadurch verschleiert, dass man sie als „abnorme" oder gar als „unechte" Ammoniumhydrate bezeichnete.

Ein Beispiel hierfür ist das Verhalten des Phenylmethylakridiniums: Seine Salze, z. B. das Chlorid (Formel 1) sind längst bekannt, ebenso auch das anscheinend zugehörige Hydrat, dem bisher die analoge Konstitution, also die eines echten Ammoniumhydrats (Formel 2) zugeschrieben wurde, obgleich es indifferent, in Wasser unlöslich, wohl aber in indifferenten Lösungsmitteln löslich ist:

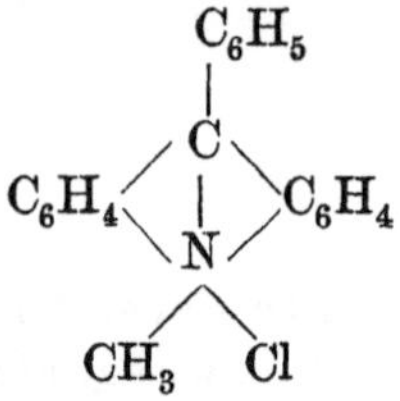

$$
\begin{array}{cc}
\underset{\text{Formel 1.}}{\overset{\displaystyle C_6H_5}{\underset{\displaystyle CH_3 \quad Cl}{C_6H_4 \diagup\!\!\!\underset{\displaystyle N}{C}\!\!\!\diagdown C_6H_4}}}
&
\underset{\text{Formel 2.}}{\overset{\displaystyle C_6H_5}{\underset{\displaystyle CH_3 \quad OH}{C_6H_4 \diagup\!\!\!\underset{\displaystyle N}{C}\!\!\!\diagdown C_6H_4}}}
\end{array}
$$

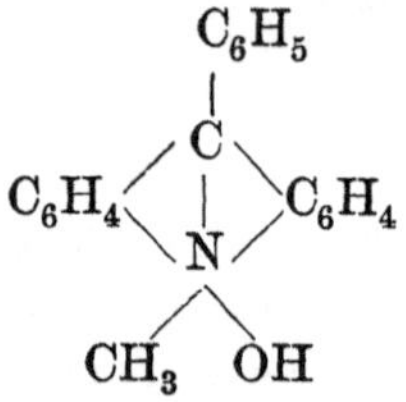

Allein wie sich mit der grössten Schärfe nachweisen lässt, entsteht aus den echten Akridiniumsalzen (1) primär in wässeriger Lösung eine äusserst starke, völlig dissociirte Base vom Dissociationsgrade des Kalis. Diese Lösung muss das wirkliche, völlig ionisirte Phenylmethylakridinium-hydrat enthalten. Ihr Leitvermögen geht jedoch, ganz ähnlich wie bei den meisten Isonitrokörpern, unter Trübung zurück und sinkt schliesslich auf Null, während sich alsdann dieselbe indifferente Substanz gebildet hat, die bisher für das echte Ammoniumhydrat gehalten wurde. Letzteres ist also die aus der echten Base unter dem Einfluss ihrer eigenen Hydroxyl-ionen autokatalytisch erzeugte, isomere Pseudobase. Ihre Konstitution ist eindeutig: das vom Ammoniumstickstoff abdissociirte Hydroxyl setzt sich an dem gegenüberliegenden Kohlenstoffatom fest, indem aus dem Akridin-derivat ein Hydroakridinderivat wird; die Pseudobase ist ein Karbinol, und zwar das dem ionisirten Phenylmethylakridiniumhydrat (3) isomere Phenylmethylakridol (3):

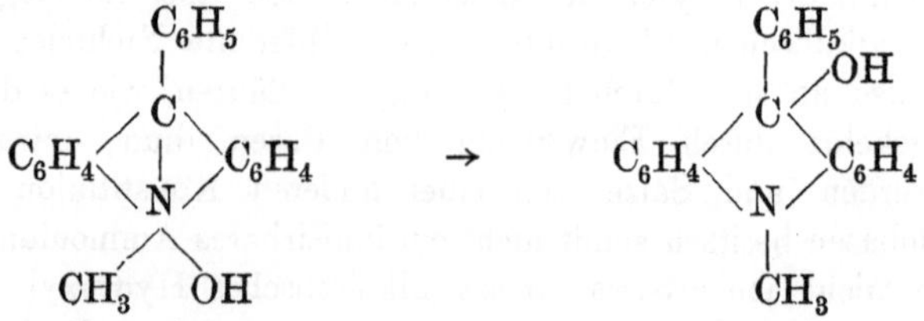

$$
\begin{array}{ccc}
\underset{\text{Formel 3.}}{\overset{\displaystyle C_6H_5}{\underset{\displaystyle CH_3 \quad OH}{C_6H_4 \diagup\!\!\!\underset{\displaystyle N}{C}\!\!\!\diagdown C_6H_4}}}
& \rightarrow &
\underset{\text{Formel 4.}}{\overset{\displaystyle C_6H_5}{\underset{\displaystyle CH_3}{C_6H_4 \diagup\!\!\!\underset{\displaystyle N}{\overset{C}{\diagdown OH}}\!\!\!\diagdown C_6H_4}}}
\end{array}
$$

Wie man sieht, liegt auch hier ein Beispiel von Ionisationsisomerie vor: die dissociirte Verbindung hat eine andere Konstitution als die nicht dissociirte. Aber auch die für die Pseudosäuren entwickelten Sätze 1 und 2 bestätigen sich in diesem Falle. Eine „langsame Neutralisation" findet in der allmälig neutral werdenden, alkalischen Lösung statt; „abnorm" ist die Neutralisation insofern, als ein neutrales, nicht hydrolytisch gespaltenes, quaternäres Ammoniumsalz durch Natron als stabilen, in anderen Fällen äusserst rasch erreichten Endzustand ein wiederum neutrales System erzeugt.

A. Hantzsch und N. Kalb[1]) geben folgende Eintheilung der Ammoniumhydrate je nach dem Grade ihrer Beständigkeit und nach dem Grade ihres Zerfalls.

1. Stabile Ammoniumhydrate, auch im undissociirten, festen Zustand beständig, also nicht freiwillig zerfallend; in Lösung völlige Analoge der Kaliumhydrate: Tetraalkylammoniumhydrate.

2. Labile Ammoniumhydrate mit Tendenz zum Uebergang in Anhydride vom Ammoniaktypus. Ammoniumhydrate mit ein bis vier Wasserstoffatomen, Tri-, Di-, Mono-Alkylammoniumhydrate, einschliesslich des Ammoniumhydrats selbst. Bekanntlich schwache Basen, aber weniger deshalb schwach, weil sie geringe Ionisationstendenz haben (also in undissociirtem Zustande) existiren, sondern vielmehr deshalb, weil sie sich selbst in wässeriger Lösung anhydrisiren, so dass sie auch in wässeriger Lösung nur untergeordnet als undissociirte Hydrate, z. B. als NH_4OH oder $(CH_3)_3HNOH$, sondern ganz vorwiegend als Anhydride H_3N, $(CH_3)_3N$ u. s. w. existiren[2]).

3. Labile Ammoniumhydrate mit der Tendenz zur Bildung von Pseudoammoniumhydraten. Nur in völlig dissociirtem Zustande als labile Phase aus den echten Ammoniumsalzen primär entstehend, aber selbst in wässeriger Lösung mehr oder minder rasch in die in fester Form stabilen isomeren Pseudobasen übergehend. Pseudoammoniumhydrate sind die meisten (wenn nicht alle) festen Basen, die aus den Jodalkylaten pyridinähnlicher Basen, namentlich der Chinolin- und Akridinreihe, aber auch die, welche aus vielen Farbstoffsalzen von chinoider Natur entstehen. Diese Umwandlung der echten, primär gebildeten Ammoniumhydrate in die Pseudoammoniumhydrate lässt sich allgemein etwa folgendermassen darstellen:

$$\overset{IV}{R} \overset{V}{:} NOH \rightarrow HO\overset{IV}{R} : N,$$

und erfolgt also dadurch, dass sich das ursprünglich am Ammoniumstickstoff befindliche, abdissociirte, basische Hydroxyl an einem Kohlenstoffatom des mehrwerthigen Radikals festsetzt. Man kann sagen, dass sich hierbei ein zusammengesetztes organisches Alkali in ein indifferentes

---

[1]) A. Hantzsch u. N. Kalb, Ber. **32**, 3109, 1899.

[2]) Vgl. A. Hantzsch u. Sebaldt, Zeitschr. phys. Ch. **30**, 258, 1899.

organisches Hydrat verwandelt, oder mit andren Worten: die · Pseudo-ammoniumbasen sind (meistens) Karbinole.

Der direkte Beweis für diese Entwicklungen liegt in folgendem:

In einigen, wenn auch seltenen Fällen lässt sich die Existenz der echten Ammoniumbase, welche der festen Pseudobase isomer ist, mit aller Schärfe als primäre, direkt aus den Ammoniumsalzen gebildete Form nachweisen; allerdings nur in wässeriger Lösung, aber in derselben quantitativ und von allen wesentlichen Eigenschaften des Kalihydrats. Dieses äusserst starke, zusammengesetzte Alkalihydrat isomerisirt sich als labile Form mehr oder minder schnell zu der stabilen, indifferenten Pseudobase.

Ausser der Bestimmung der Leitfähigkeit können auch die abnormen Neutralisationsphänomene sowie rein chemische Reaktionen zur Diagnose von Pseudobasen dienen. Die Bezeichnung „abnorme Neutralisationsphänomene" rechtfertigt sich am deutlichsten dadurch, dass man die Bildung von Pseudobasen wie die von Pseudosäuren einfach durch Titration nachweisen kann; versetzt man z. B. ein Neutralsalz, dessen echte Ammoniumbase sich äusserst rasch in die Pseudoammonium-base isomerisirt, mit Natron, so bleibt die ursprünglich neutrale wässrige Lösung trotz Zufügung des Alkalis so lange neutral, bis alles Ammonium-salz zersetzt, d. i. in Alkalichlorid und indifferente Pseudobase verwandelt ist. Es wird also das Alkali, die stärkste Base, nicht durch eine saure Flüssigkeit, sondern, wenigstens ·scheinbar, durch ein Neutralsalz neutra-lisirt. Oder umgekehrt: wenn die stärksten Säuren nicht durch basische, sondern durch indifferente Stoffe unter Bildung von Neutralsalzen neu-tralisirt werden, so sind die betreffenden indifferenten Stoffe keine echten Basen, sondern Pseudobasen.

Dem Verhalten der Hydrate entspricht das Verhalten der Cyanide. Aus solchen Ammoniumsalzen, welche durch Alkalien in Pseudoammonium-basen übergehen, bilden sich durch Alkalicyanide häufig zuerst die ioni-sirten echten Ammoniumcyanide $R \vdots N \cdot CN$, die dem $K \cdot CN$ ganz analog sind; aber wie sich das echte Ammoniumhydrat zum nicht disso-ciirten Pseudoammoniumhydrat isomerisirt, so geht auch das echte Ammonium-cyanid allmälig in das nicht dissociirte Pseudoammoniumcyanid über, welches sich durch seine Säurestabilität, Unlöslichkeit in Wasser, Löslich-keit in indifferenten Flüssigkeiten, ebenso als echte organische Verbindung von dem ihm isomeren ionisirten Salze unterscheidet, wie die Pseudobase von der echten Base. Die beiden Atomverschiebungen: Umlagerung eines organischen Alkalis und eines organischen Salzes (Cyanids) in indifferente organische Verbindungen, Pseudobase und „Pseudosalz":

$$\begin{array}{cccc}
\text{org. Base} & \text{Pseudobase} & \text{org. Salz} & \text{Pseudosalz} \\
R \vdots N . OH & \rightarrow \quad HOR \vdots N & ; \quad R \vdots N . CN & \rightarrow \quad CNR \vdots N \\
\text{dissociirt} & \text{undissociirt} & \text{dissociirt} & \text{undissociirt.}
\end{array}$$

sind einander auch darin analog, dass sie autokatalytisch durch Hydroxylionen vor sich gehen, die nicht nur in der Lösung der echten Base vorhanden sind, sondern auch in der ihres Cyanids wie beim Kaliumcyanid durch Hydrolyse erzeugt werden. Damit stimmt es überein, dass sich die echten Ammoniumcyanide viel langsamer in die Pseudoammoniumcyanide verwandeln, als die echten Ammoniumhydrate in die Pseudoammoniumhydrate; denn die wässerigen Lösungen der Cyanide enthalten natürlich bei ihrer geringen Hydrolyse viel weniger Hydroxylionen als die der echten Ammoniumhydrate.

Derartige Umwandlungserscheinungen sind möglich bei

$$\text{Methylpyridiniumhydrat,} \quad C_5H_5 \vdots N {\displaystyle \diagup \atop \diagdown} {CH_3 \atop OH},$$

$$\text{Methylchinoliniumhydrat,} \quad C_9H_7 \vdots N {\displaystyle \diagup \atop \diagdown} {CH_3 \atop OH},$$

$$\text{Methylphenylakridiniumhydrat,} \quad C_6H_5 . C_{13}H_8 \vdots N {\displaystyle \diagup \atop \diagdown} {CH_3 \atop OH}.$$

Sie sind nicht beobachtet worden beim Methylpyridiniumhydrat; dagegen findet bei Methylchinoliniumhydrat und ebenso bei Methylphenylakridiniumhydrat erst die Bildung der Ammoniumbase beim Versetzen des Jodids mit Silberoxyd statt. Das Methylchinoliniumhydrat wandelt sich in die Pseudoammoniumbasen (1) und diese in die entsprechenden Anhydride (2) um.

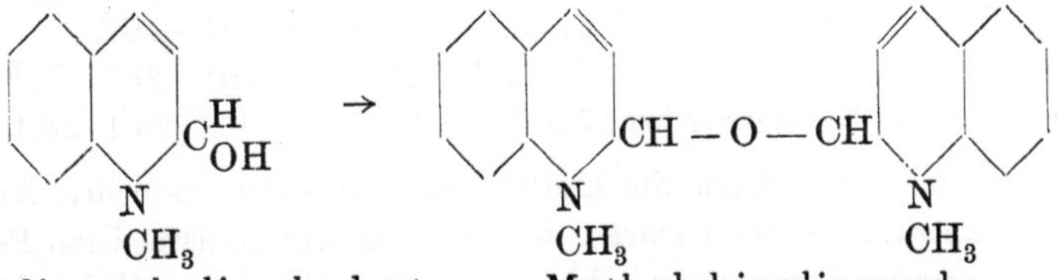

Chinolinmethyliumhydrat. Methylchinolinoxyd.

Das Methylphenylakridiniumhydrat dagegen bildet Methylenphenylakridol.

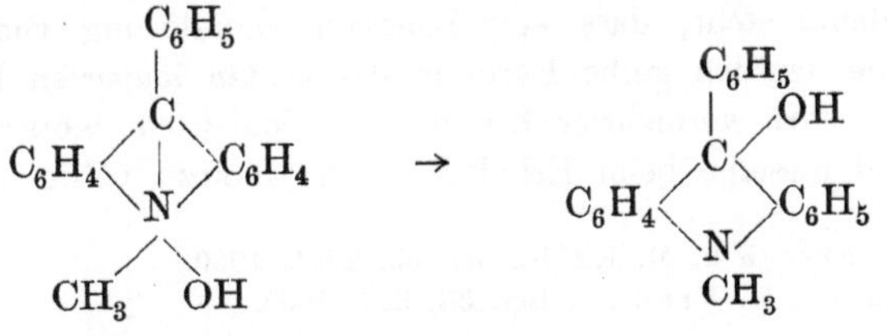

Pseudosalze.

Als Pseudosalze sehen A. Hantzsch und M. Kalb[1]) solche organische Verbindungen an, die in den dissociirend wirkenden Lösungsmitteln vom Wassertypus, hauptsächlich aber in Wasser selbst sich isomerisiren, aber nur unter gleichzeitiger Ionisation mehr oder minder vollständig sich zu den strukturverschiedenen Ionen der im festen Zustande nicht beständigen, echten Salze umwandeln. Der aus der Leitfähigkeit zu ermittelnde Dissociationsgrad giebt somit in verdünnten wässerigen Lösungen gleichzeitig auch den Ionisationsgrad an.

Beispiele für die Pseudosalze sind: Quecksilbernitroform, von Ley untersucht,

$$hgC(NO_2)_3 \quad \xrightarrow{H_2O} \quad \left(C{<}{\overset{(NO_2)_2}{NOO'}} + hg\right)$$

Anisol-Syndiazocyanid:

$$CH_3OC_6H_4N \atop CN\ddot{N} \quad \xrightarrow{H_2O} \quad (CH_3OC_6H_4N + CN) \atop \ddot{N}$$

Kotarnincyanid[2]):

$$\xrightarrow{H_2O}$$

Die Messungen der Leitfähigkeit des Kotarnincyanids bei verschiedenen Temperaturen ergaben folgendes Resultat:

Kotarnincyanid bei v_{1024} zwischen 0—40°.

t	0°	5°	10°	15°	20°	25°	35°	40°
μ (nach Abzug des Wasserwerthes)	7,0	9,5	12,2	15,2	20,4	26,1	38,1	48,4

Wie man sieht, wächst die Leitfähigkeit, also der dissociirte Antheil, mit der Temperatur äusserst stark; es wird aus dem undissociirten Pseudosalz bei steigender Temperatur sehr viel mehr echtes, dissociirtes Salz erzeugt, ganz entsprechend dem Verhalten der Violursäure, die mit steigender Temperatur ebenfalls abnorm stark steigende Leitfähigkeiten aufweist. Im Einklange damit steht, dass eine Kotarnincyanidlösung von v_{1024} beim Erwärmen die deutlich gelbe Färbung der echten ionisirten Kotarniniumsalze infolge stark vermehrter Bildung von ionisirtem Kotarniniumcyanid annimmt und dieselbe beim Erkalten wieder nahezu völlig verliert. Wie

---

1) A. Hantzsch u. M. Kalb, Ber. **33**, 2201, 1900.
2) Vgl. hierzu M. Freund, Ber. **33**, 380, 1900.

bei der Violursäure erhält man deshalb auch hier abnorm hohe und mit der Temperatur stark steigende Temperatukoëfficienten (β), wenn man dieselben nach der Eormel

$$\beta = \frac{\mu_{t^0} - \mu_{0^0}}{\mu_{0^0} t} \quad \text{berechnet.}$$

Es ergiebt sich

	0—5°	0—10°	0—15°	0—20°	0—25°	0—35°	0—40°
$\beta =$	0,0714	0,0743	0,0781	0,0957	0,1091	0,1269	0,1465.

Echte Salze besitzen bekanntlich zwischen 0 und 40° den sehr viel kleineren Temperaturkoëfficienten von 0,02. Hier jedoch zeigt sich das vorerwähnte abnorme Verhalten bei dem Kotarnincyanid.

16. Leitfähigkeit geschmolzener Salze.

Die Salze leiten gewöhnlich im festen Zustande nicht; erst wenn sie geschmolzen sind, ist die Ionenbildung möglich. Eine Ausnahme macht nach den Untersuchungen von W. Kohlrausch[1]) in gewisser Beziehung das Jodsilber, dessen Leitungswiderstand vom Erkalten bis zum Schmelzpunkt langsam zunimmt und dann unterhalb desselben noch; bei 150° dagegen ist die Zunahme auffallend stark, so dass beim Schmelzpunkt sich in der Kurve kein Sprung zeigt. Auch Chlorsilber und Bromsilber leiten noch etwas im festen Zustande; doch nimmt beim Uebergang aus dem geschmolzenen in den festen Zustand der Widerstand ausserordentlich rasch zu.

In geschmolzenem Zustand sind sehr gute bezw. gute Leiter:

LiCl	CsCl	$CdCl_2$	$BiCl_3$
LiBr	CsBr	$CdBr_2$	$BiCl_2$
LiJ	CsJ	CdJ_2	$BiBr_3$
NaCl	$BeCl_2$	La_2Cl_6	$BiBr_2$
NaBr	$MgCl_2$	$GaCl_2$	UCl_4
NaJ	$CaCl_2$	$GaCl_3$ (schlechter wie das vorige).	UO_2Cl_3
KCl	$CaBr_2$	$SnCl_2$ sehr gut.	$MnCl_2$
KBr	$SrCl_2$	$PbCl_2$	$FeCl_2$
KJ	$BaCl_2$	$PbBr_2$ leiten auch als Pulver.	$CoCl_2$
RbCl	$ZnCl_2$	PbJ_2	$NiCl_2$
RbBr	$ZnBr_2$	Di_2Cl_6 sehr gut.	
RbJ	ZnJ_2		

---

[1]) W. Kohlrausch, Wied. Ann. **17**, 642, 1882.

Wenig oder gar nicht leiten im geschmolzenen Zustand:

$HgCl_2$ sehr schlecht,	CCl_4 nicht,
$AlCl_3$ nicht,	$SiCl_4$ nicht,
$AlBr_3$ nicht,	$TiCl_4$ nicht,
Y_2Cl_6 nicht,	$TiBr_4$ nicht,
$JnCl_3$ schwach,	$ZnCl_4$ nicht,
$TlCl$ schwach,	$SnCl_4$ nicht,
Ce_2Cl_6 schwach,	VCl_4 nicht,
$ThCl_2$ sehr schwach,	$VOCl_3$ nicht,
$NbCl_5$ nicht,	PCl_3 nicht,
$SbCl_5$ schwach,	PCl_5 nicht,
$SbCl_3$ nicht,	$POCl_3$ nicht,
SbJ_5 nicht,	PBr_3 nicht,
$SbBr_3$ schwach,	PJ_3 nicht,
SbJ_3 schwach,	PJ_2 nicht,
Cr_2Cl_6 nicht,	$AsCl_3$ nicht,
Fe_2Cl_6 nicht,	WCl_6 nicht,
$MoCl_5$ nicht,	WCl_5 nicht,
$MoCl_2$ nicht,	WCl_4 nicht,
$MoCl_4$ nicht,	$WOCl_4$ nicht,
$OsCl_4$ nicht,	SCl_2 nicht,
$GeCl_4$ nicht,	S_2Cl_2 nicht,
BCl_3 nicht,	Se_2Cl_2 schwach.

Einige dieser leiten in Alkohol oder Aether gelöst etwas, während sie in geschmolzenem Zustande nicht leiten.

Quantitative Bestimmungen sind von F. Braun [1]), G. Foussereau [2]), Bouty und L. Poincaré [3]), L. Poincaré [4]), W. Kohlrausch (l. c.) und L. Grätz [5]) ausgeführt worden. Die Haloidsalze der Alkalien, der Erdalkalien leiten in geschmolzenem Zustande weit besser als die kalten Salzlösungen. Sehr erschwerend wirken hierbei die Polarisationserscheinungen.

Untersuchungen über die Giltigkeit des Faraday'schen Gesetzes bei der Zersetzung geschmolzener Leiter sind von F. Quincke [6]),

---

[1]) F. Braun, Pogg. Ann. **154**, 161, 1875.

[2]) G. Foussereau, Compt. rend. **98**, 1326, 1884; Wied. Ann. Beibl. **8**, 828, 1884.

[3]) Bouty u. L. Poincaré, Compt. rend. **107**, 88, 332, 1888; Beibl. **12**, 802, 803, 1888.

[4]) L. Poincaré, Compt. rend. **108**, 138, 1889; **109**, 174, 1889; Beibl. **13**, 523, 897, 1889.

[5]) L. Grätz, Wied. Ann. **40**, 18, 1890.

[6]) F. Quincke, Wied. Ann. **36**, 270, 1890; Zeitschr. anorg. Ch. **24**, 1900, 221.

R. Lorenz[1]), A. Helfenstein[2]), Ch. C. Garrard[3]) und A. Gockel[4]) ausgeführt worden. Dieselben hatten das Ergebniss, dass die vorhandenen Differenzen auf Polarisationsströme und Diffusion zurückzuführen seien. Hierzu kommen noch die Substanzverluste durch die starken Depolarisationserscheinungen an Kathode und Anode. Nach Lorenz gewinnt es den Anschein, als wenn die geschmolzenen Elektrolyte bei jeder beliebigen Spannung elektrolytisch werden könnten.

Wie bereits erwähnt wurde, leiten die in der Nernstlampe verwendeten Metalloxyde (Magnesiumoxyd, Zirkonoxyd u. s. w.) als Leiter zweiter Klasse.

17. Elektrolyse.

Allgemeines.

Während die Bestimmung der Leitfähigkeit hauptsächlich mit Wechselstrom von hoher Frequenz geschieht und es demgemäss zu einer Abscheidung der Ionen nicht kommt, werden bei Anwendung von Gleichstrom an der Anode die Anionen und an der Kathode die Kationen ausgeschieden, sowohl bei der Elektrolyse der in Wasser gelösten Elektrolyten wie auch bei den geschmolzenen Elektrolyten.

Der Vorgang bei der Elektrolyse der in wässerigen Lösungen befindlichen Elektrolyte gestaltet sich also derart, wenn wir von der unitarischen Hypothese ausgehen, dass wie bei der Grotthus'schen Anordnung von einem Kation, das der Kathode am nächsten ist, ein Elektron weggenommen wird und zu dem nächsten Kation wandert, dessen Elektron wieder einen Impuls erhält. Mit dem Elektron wandert zugleich infolge der anziehenden Wechselwirkung zwischen Anion, Elektron und Kation das Anion an das nächste Kation. Das erste Kation, des Elektrons und des Anions beraubt, scheidet sich aus.

An der Anode alsdann wandert das Elektron von dem dort befindlichen System Anion, Elektron, Kation weg. Das erste Anion wird durch ein neues ersetzt, welches wieder nebst dem Elektron das Kation in Beschlag nimmt. Das Anion, mit dem zugleich der Rest $(H_2O)_5$ gewandert ist, wird ausgeschieden und reagirt als solches unter Bildung von Sauerstoffmolekül, Chlormolekül, Ueberschwefelsäure u. s. w.

Die von dem elektrischen Strom auszuübende Wirkung beruht also in einer Trennung des Systems:

$$\text{Anion, } (H_2O)_5, \text{ Elektron, Kation.}$$

---

1) R. Lorenz, Zeitschr. anorg. Ch. **23**, 97, 1900; **24**, 222, 1900; **24**, 436, 1900.

2) A. Helfenstein, ibid. **23**, 255, 1900.

3) Ch. C. Garrard, Zeitschr. f. Elektroch. **6**, 214, 1900; Zeitschr. anorg. Ch. **25**, 273, 1900.

4) A. Gockel, Zeitschr. physik. Ch. **34**, 529, 1900.

Vorher waren bereits hinsichtlich der Gravitoaffinität Anion und Kation getrennt. Wenn es heisst, hinsichtlich der Gravitoaffinität getrennt, so bedeutet das, sie berühren sich nicht mehr direkt. Das betreffende Wechselspiel könnte man durch nebenstehende Fig. 74 wiedergeben. (Bd. I, S. 127.)

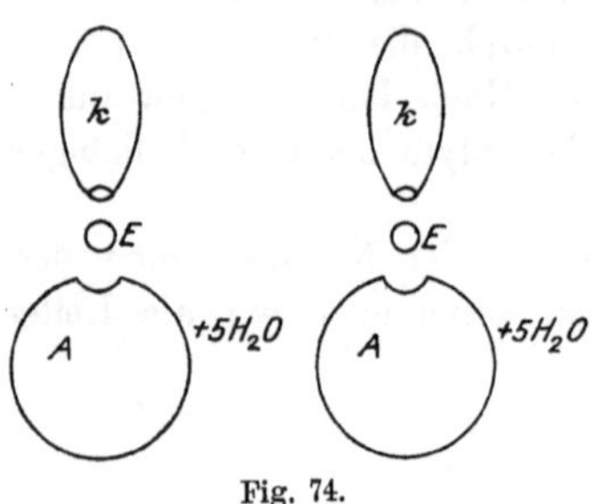

Fig. 74.

In der Figur bedeuten

A. Anion $+$ $(H_2O)_5$,

E. Elektron,

K. Kation.

Bei den geschmolzenen Salzen ist die Wirkung des elektrischen Stromes in gleicher Weise zu deuten. Nur fällt hier die Beziehung Anion, $5\,H_2O$ weg.

Nach den Annahmen von O. Lehmann[1]) lagern sich die Moleküle der sich bei der Elektrolyse ausscheidenden Metalle nicht direkt an die Elektroden an, sondern bleiben in der Flüssigkeit gelöst, und die Ausscheidung des Metalls, wenigstens wenn sie im krystallinischen Zustande stattfindet, ist eine Ausscheidung aus übersättigter Lösung.

Das Faraday'sche Gesetz.

Für die Abscheidung jedes Gramm-Aequivalents eines Moleküls ist die gleiche Elektricitätsmenge erforderlich. Diese von Faraday gemachte Beobachtung hat er in folgendem Satze zusammengefasst:

Gleiche Elektricitätsmengen scheiden aus verschiedenen Körpern eine gleich grosse Zahl von Aequivalenten der verschiedenen Körper ab.

Nehmen wir an, wir hätten folgenden Zerlegungen vorgenommen:

$$HCl \;= \overset{-}{H} + \overset{+}{Cl},$$
$$NaCl \;= Na + Cl,$$
$$NaOH = Na + OH,$$
$$ZnCl_2 \;= Zn + 2\,Cl,$$

so sind Cl und OH die Anionen, H, Na und Zn die Kationen.

Zur Abspaltung jedes Grammäquivalents sind 96540 Coulomb nöthig, d. h. wir müssen diese Elektricitätsmenge aufwenden, um 1 g Wasserstoff von 35,5 g Chlor, 23 g Natrium von 35,5 g Chlor oder 17 g Hydroxyl oder $\dfrac{65}{2}$ g Zink von $\dfrac{71}{2} = 35,5$ g Chlor zu trennen.

Die Gleichheit dieser Elektricitätsmengen ist bedingt durch die gleich grosse Valenzladung, welche allen Hauptvalenzen der Elektrolyte zukommt.

<hr>

1) O. Lehmann, Zeitschr. physik. Ch. 4, 527, 1889.

Kleinere Abweichungen vom Faraday'schen Gesetze zeigten sich bei der Elektrolyse von Silbernitrat in Pyridin, Anilin, Benzonitril, Chinolin, Aceton, ebenso bei Blei- und Antimonlösung. Sicherlich sind es sekundäre Reaktionen, die das Plus (häufig ca. $1\,^0/_0$) verursachen[1].

Elektrochemische Aequivalente.

Ein Coulomb vermag 1,118 mg Silber oder 0,3284 mg Kupfer oder 0,0104 mg Wasserstoff auszuscheiden. Diese Zahlen sind elektrochemisch äquivalent. Rechnet man dies nun auf Grammäquivalentsgewichte, so ergiebt sich, dass durch 96540 Coulomb neben den betreffenden Anionen folgende Aequivalentgewichte ausgeschieden werden:

$$\text{Al} = \frac{27,1}{3} = 9,03 \qquad \text{Cu}'' = \frac{63,6}{2} = 31,8$$

$$\text{Ba} = \frac{137,4}{2} = 68,7 \qquad \text{Cu}' = 63,6 = 63,6$$

$$\text{Pb} = \frac{206,9}{2} = 103,45 \qquad \text{Li} = 7,03 = 7,03$$

$$\text{Br} = 79,96 = 79,96 \qquad \text{Mg} = \frac{24,36}{2} = 12,18$$

$$\text{Cd} = \frac{112}{2} = 56 \qquad \text{Mn}'' = \frac{55}{2} = 27,5$$

$$\text{Ca} = \frac{40}{2} = 20 \qquad \text{Na} = 23,05 = 23,05$$

$$\text{Cl} = 35,45 = 35,45 \qquad \text{Ni} = \frac{58,7}{2} = 29,35$$

$$\text{Cr} = \frac{52,1}{2} = 26,05 \qquad \text{Hg}' = 200,3 = 200,3$$

$$\text{Fe}'' = \frac{56,0}{2} = 28,0 \qquad \text{Hg}'' = \frac{200,3}{2} = 100,15$$

$$\text{Fe}''' = \frac{56,0}{3} = 18,7 \qquad \text{O} = \frac{16}{2} = 8$$

$$\text{Fl} = 19,0 = 19,0 \qquad \text{Ag} = 107,93 = 107,93$$

$$\text{Au} = \frac{197,2}{3} = 65,73 \qquad \text{Sr} = \frac{87,6}{2} = 43,8$$

$$\text{J} = 126,85 = 126,85 \qquad \text{H} = 1,008 = 1,008$$

$$\text{K} = 39,15 = 39,15 \qquad \text{Zn} = \frac{65,4}{2} = 32,7$$

---

[1] L. Kahlenberg, Journ. Phys. Chem. **4**, 349, 1900.

Bei den Atomen, welche in mehrfacher Bindung mit Hauptvalenzen auftreten können, wie Fe, Cu, Hg, unterscheidet man dementsprechend verschiedene Aequivalente.

Das elektrochemische Aequivalent des Kohlenstoffs ist von H. C. P e a s e [1]) sowie früher bereits von C o e h n [2]) zu 3,32 bezw. 3,0 bestimmt worden, wodurch nachgewiesen wird, dass die Kohlenanode fast quantitativ zu Kohlendioxyd oxydirt wird. P e a s e stellte seine Versuche in geschmolzenem Kalihydrat, C o e h n in Schwefelsäure an. Die Bestimmung geschah durch Ermittlung des Gewichtsverlusts.

S. S k i n n e r [3]) beobachtete in einer Kaliumpermanganatlösung, dass sich an der Anode wesentlich Kohlendioxyd entwickelt, dessen Volum dem des durch den gleichen Strom entwickelten Sauerstoffs nahezu gleich ist; dabei bildet sich auch Kohlenoxyd. Seine Menge betrug 14—23 % und nimmt mit steigender Stromdichte zu. Es wird angenommen, dass sich intermediär $C(MnO_4)_4$ bildet, das dann sofort in CO und Uebermangansäure zerfällt.

Die Zersetzungsspannung.

Der Eintritt der Entladung, d. h. die Abspaltung der Elektronen ist aber nicht nur von der Elektricitätsmenge abhängig, sondern auch von der Spannung derselben. Die abzuscheidenden Elektronen sind gleich gross, daher auch die dazu nothwendige Elektricitätsmenge, aber die zusammenhaltende Kraft ist verschieden. Demgemäss ist auch die Arbeitsleistung verschieden.

Die Arbeit eines elektrischen Stromes wird häufig in Watts ausgedrückt

$$1 \text{ Watt} = 1 \text{ Volt} \times 1 \text{ Ampère.}$$

Die Anzahl Ampère ist nach dem F a r a d a y'schen Gesetze für die Abscheidung jedes Grammäquivalent des Anions von jedem Grammäquivalent des Kations gleich gross (= 96540 Coulomb); aber die Anzahl Volts ist verschieden. W. N e r n s t [4]) giebt in seinem Vortrage „Die elektrolytische Zersetzung wässeriger Lösungen" folgende Zusammenstellung der wichtigeren Zersetzungsspannungen für normale Koncentrationen:

E_1 für Kationen.		E_2 für Anionen.	
$\overset{+}{\text{Ag}}$,	— 0,78	$\overset{-}{\text{J}}$,	0,52
$\overset{++}{\text{Cu}}$,	— 0,34	$\overset{-}{\text{Br}}$,	0,94

[1]) H. C. P e a s e, Journ. Phys. Ch. **4**, 38, 1900.
[2]) C o e h n, Zeitschr. f. Elektroch. **3**, 424, 1897.
[3]) S. S k i n n e r, Proc. Cambridge Phil. Soc. **10**, 261, 1900.
[4]) W. N e r n s t, Ber. **30**, 1557, 1897.

E_1 für Kationen.		E_2 für Anionen,	
$\overset{+}{H},$	0,00	$\overset{--}{O},$	1,08
$\overset{++}{Pb},$	$+\,0,17$	$\overset{-}{OH},$	1,68
$\overset{++}{Cd},$	$+\,0,38$	$\overset{-}{Cl},$	1,31
$\overset{++}{Zn},$	$+\,0,74$	$\overset{-}{SO_4},$	1,9
		$\overset{-}{HSO_4},$	2,6

„Diese Zahlen beziehen sich auf Normalkoncentration der Ionen; eine Verminderung der Koncentrationen um eine Zehnerpotenz erhöht die Werthe um $\dfrac{0,058}{n}$ Volt, wo n $=$ chemisches Aequivalent ist, also für Ag $=$ 1, Cu $=$ 2 u. s. w. Die Lösungstension des Wasserstoffs ist Null gesetzt; da wir ja immer Anode und Kathode haben, so kann zu allen obigen Zahlen ein beliebiges, aber gleiches additives Glied hinzugefügt werden, d. h. über einen Werth dürfen wir willkürlich verfügen. Die Werthe für $\overset{--}{O}$ und $\overset{-}{OH}$ beziehen sich auf eine Lösung von normaler Koncentration der Wasserstoffionen. Um $\overset{-}{O}$, wie auch um $\overset{-}{OH}$ aus normaler OH-Koncentration abzuscheiden, gebrauchen wir 0,8 Volt weniger, um H aus der gleichen Lösung in Freiheit zu setzen, 0,8 Volt mehr als in saurer Lösung, wie es sich aus der in diesen Fällen bekannten Koncentration der Ionen des Wassers berechnen lässt."

„Aus den obigen Zahlen lassen sich eine Reihe wichtiger Schlüsse ziehen. So können wir zunächst die Zersetzungsspannungen aller Ionenkombinationen sofort angeben. Zinkbromid z. B. bedarf zur Zersetzung $0,94 + 0,74 = 1,68$ Volt, wenn sich die Ionen daselbst in Normalkoncentration befinden. Die Zersetzung der Salzsäure erfordert $1,31 + 0 = 1,31$ Volt u. s. w. Wir ersehen, dass es leicht möglich ist, Silber von Kupfer elektrolytisch zu trennen, weil die Differenz ihrer Lösungstensionen fast 0,5 Volt beträgt; aber auch die elektrolytische Trennung des Jodes vom Brom, und des Broms vom Chlor scheint principiell ausführbar. Die elektrolytische Zersetzung von Jodsilber in normaler Lösung würde nach obigen Zahlen nicht nur keine Kraft erfordern, sondern wir würden im Gegentheil bei der Zersetzung 0,26 Volt gewinnen $(0,52 - 0,78 = - 0,26)$. Jodsilber ist ja aber wegen seiner ungeheuer geringen Löslichkeit in Wasser in solchen Koncentrationen nicht zu erhalten; ja wir können aus obigen Zahlen schliessen, dass das bei gewöhnlicher Temperatur stabile Jodsilber äusserst schwer löslich sein muss, eine Schlussweise, die natürlich leicht zu verallgemeinern ist."

Hier seien auch die von M. Le Blanc[1]) beobachteten Werthe wieder-

---

1) M. Le Blanc, Zeitschr. physik. Ch. 8, 299, 1896.

gegeben. Dieselben wurden in der Weise beobachtet, dass von dem Stromkreise von zwei oder drei Leclanchéelementen je um 0,2 bis 0,3 und nachher um 0,02 bis 0,03 Volt wachsende elektromotorische Kräfte zu einem ein Galvanometer und ein U-förmiges Rohr mit Platindrähten und einem Elektrolyte enthaltenden Stromzweige abgeleitet werden, bis plötzlich die Nadel des Galvanometers kräftig und dauernd ausschlägt. Durch Umschaltung der Verbindung mittels einer Wippe wird die dazu erforderliche elektromotorische Kraft mit der eines Normalclarkelementes verglichen und ergiebt sich dabei in ihrem absoluten Werthe bis auf 0,05 Volt genau. Dies sind die Zersetzungspunkte, welche hier folgen:

1. Säuren.

Schwefelsäure,	1,67 Volt.	Brenztraubensäure,	1,57 Volt.
Salpetersäure,	1,69 „	Trichloressigsäure,	1,51 „
Phosphorsäure,	1,70 „	Chlorwasserstoffsäure,	1,31 „
Monochloressigsäure,	1,72 „	Stickstoffwasserstoffsäure,	1,79 „
Dichloressigsäure,	1,66 „	Oxalsäure,	0,95 „
Malonsäure,	1,61 „	Bromwasserstoffsäure,	0,95 „
Ueberchlorsäure,	1,65 „	Jodwasserstoffsäure,	0,52 „
Weinsäure,	1,62 „		

2. Salze.

	Volt.	Differenz.		Volt.	Differenz.
Na_2CO_3	1,71		K_2CO_3	1,74	
		0,44			0,43
$NaNO_3$	2,15		KNO_3	2,17	
		0,06			0,03
Na_2SO_4	2,21		K_2SO_4	2,20	
		0,23			0,24
$NaCl$	1,98		KCl	1,98	
		0,40			0,35
$NaBr$	1,58		KBr	1,61	
		0,46			0,47
NaJ	1,12		KJ	1,14	
		—			—
$LiCl$	1,86		$CaCl_2$	1,98	
		0,25			0,22
$LiNO_3$	2,11		$Ca(NO_3)_2$	2,11	
		—			—
$SrCl_2$	2,01		$BaCl_2$	1,99	
		0,27			0,26
$Sr(NO_3)_2$	2,28		$Ba(NO_3)_2$	2,25	

	Volt.	Differenz.			Volt.	Differenz.
$(NH_4)NO_3$	2,08			$Pb(NO_3)_2$	1,52	
		0,03				—
$(NH_4)_2SO_4$	2,11			$AgNO_3$	0,70	
		0,41				—
NH_4Cl	1,70			$Cd(NO_3)_2$	1,98	
		0,30				0,05
NH_4Br	1,40			$CdSO_4$	2,03	
		0,52				0,15
NH_4J	0,88			$CdCl_2$	1,88	
		—				—
$ZnSO_4$	2,35			$CoSO_4$	1,92	
		0,54				0,14
$ZnBr_2$	1,80			$CoCl_2$	1,78	
		—				
$NiSO_4$	2,09					
		0,24				
$NiCl_2$	1,85					

Auf die Bedeutung der elektromotorischen Kraft für elektrolytische Metalltrennungen hat H. Freudenberg[1]) in einer ausführlichen Arbeit hingewiesen.

Weiterhin sind hier zu erwähnen die Arbeiten von B. Neumann[2]) und Wilsmore[3]). (Vgl. hierzu Bd. II, S. 593—599.)

Zerlegung des Wassers.

Bei einer grossen Reihe von Basen, Säuren und Salzen entstehen bei der Zerlegung durch den elektrischen Strom an der Anode Sauerstoff, an der Kathode Wasserstoff. Es findet also in Wirklichkeit hierbei eine Zerlegung des Wassers statt.

Nach den Untersuchungen von Le Blanc[4]) zeigen die meisten Basen und Säuren einen Zersetzungspunkt, der bei ca. 1,67 bis 1,68 Volt liegt, und der von keinem derartigen Stoffe überschritten wird. Nur von den Säuren giebt es mehrere, die einen niederen und untereinander verschiedenen Zersetzungspunkt zeigen. Die Salze der Alkalien und Erdalkalien dagegen, die von stark dissociirten Säuren mit dem maximalen Zersetzungspunkt stammen, wie die Sulfate und Nitrate, zeigen wiederum annähernd denselben Zersetzungspunkt, rund 2,20 Volt. Die Chloride, Bromide, Jodide haben niedrigere Zersetzungspunkte, die aber unabhängig von der

---

1) H. Freudenberg, Zeitschr. physik. Ch. **12**, 97, 1893; vgl. auch M. Le Blanc, ibid. **12**, 333, 1893.
2) B. Neumann, Zeitschr. physik. Ch. **14**, 229, 1894.
3) N. T. M. Wilsmore, Zeitschr. physik. Ch. **35**, 291, 1900, **36**, 91, 1901.
4) M. Le Blanc, Zeitschr. physik. Ch. **8**, 299, 1891.

Natur des Alkalimetalls sind. Betrachten wir hier zunächst die Säuren, Basen und Salze, die bei der Elektrolyse eine Wasserzerlegung herbeiführen ohne Ausscheidung anderer Produkte, so finden wir folgende Differenz zwischen den Zersetzungspunkten der Salze gegenüber den Säuren und Basen 2,20 — 1,67 = 0,53 Volt.

Nun ist L. Glaser[1]) zu folgenden Resultaten bezüglich der Zersetzung des Wassers gekommen: Für den Zersetzungspunkt von angesäuertem Wasser ist bisher übereinstimmend ungefähr 1,67 Volt gefunden worden. Glaser zeigt jedoch, dass ein bei 1,08 Volt liegender Zersetzungspunkt (= der Werth der Gaskette) bisher übersehen worden ist, weil er weniger scharf zu Tage tritt. Diese Erkenntniss ist das Resultat einer genauen Durchforschung der Vorgänge bei der Wasserelektrolyse von 0 bis 1,67 Volt. Neben dem Punkte 1,08 wurde noch eine Erhöhung bei ca. 0,5 Volt beobachtet. Genaue Messungen ergaben diesen Punkt zu 0,59 Volt. Dieser Zersetzungspunkt tritt nun bei den Versuchen, bei welchen die Versuchselektrode Anode ist, sowohl bei Säuren, als mit besonders hervorragender Deutlichkeit bei Basen auf. Diese Werthe geben addirt den längst beobachteten für Säuren und Basen gemeinsamen Werth von 1,67 Volt.

Die betreffenden Werthe 0,53 und 0,59 Volt, ersterer als Zunahme der Ladung der Salze gegenüber den Säuren und Basen, letzterer als erster Zersetzungspunkt bei der Wasserelektrolyse, zeigen eine gute Uebereinstimmung. Um jedoch ihre Bedeutung ganz zu verstehen, müssen wir auf den Vorgang bei der Elektrolyse und damit das Faraday'sche Gesetz näher eingehen und zwar hier speciell nur für die Sauerstoff und Wasserstoff als Endprodukte lieferden Elektrolyte. Nach dem Faraday'schen Gesetze bedarf jedes elektrochemische Aequivalent in Grammen zu seiner Abscheidung neben der des entsprechenden Anions oder Kations 96540 Coulombs. Dies ergiebt für die Wasserzerlegung bei 1,67 Volt, also Ausscheidung von 1 g H und 8 g O, eine Wärmemenge von 96540.1,67. 0,24104 g cal. = 388,6 K. Bei dem Zersetzungspunkt von 0,59 Volt ergiebt sich eine Wärmemenge von 96540.0,59.0,24104 g cal. = 137,3 K. und bei dem Zersetzungspunkt von 1,08 Volt berechnet sich eine Wärmemenge von 96540.1,08.0,24104 g cal. = 251,3 K.

Zunächst will ich den ersten Zersetzungspunkt von (0,53 bis) 0,59 Volt näher betrachten. Die Grösse von 137,3 K. lässt sich nach meiner Theorie folgendermassen erklären: Für die Bildung eines Grammmoleküls Wasser werden 683 K. frei. Von diesen kommen auf die eigentliche Bildung von Wasser aus den Ionen O und H_2 nur 683 — 121 — 21 = 541 K. Die 21 K. ergeben sich aus meiner Hypothese, dass in den Molekülen eine zusammenhaltende Kraft wirkt, die direkt dem betreffenden

---

[1]) L. Glaser, Zeitschr. physik. Ch, 4, 371, 402, 1898.

Gewichte proportional ist; man erhält diese Grösse durch Multiplikation des betreffenden Gewichtes mit 1,122. 121 K. werden, wie schon vorher erwähnt, durch Bildung des flüssigen Wassermolekülkomplexes $(H_2O)_6$ frei. Die Grösse 541 K. ist also der Werth, der auf die elektrische Ladung der Bestandtheile des H_2O-Moleküls entfällt. Die Hälfte ist annähernd gleich dem doppelten oben für 0,59 Volt erhaltenen Werthe, 271,5 K. anstatt 274,59 K. Auch entspricht der Werth $\dfrac{271,5}{2} = 137,8$ auffallend dem negativen Werth der für die Neutralisationswärme beobachteten Zahl von 137—138 K. Es dürfte jedoch schwierig sein, schon jetzt hierfür eine plausibele Theorie zu finden.

Bei dem **Zersetzungspunkt von 1,08 Volt** berechnet sich die Wärmetönung von $96540 . 1,08 . 0,241 = 251$ K., bei dem Zersetzungspunkt von 1,67 Volt ergiebt sich ein Wärmeverbrauch von $96540 . 1,67 . 0,24 = 388,6$ K.

Der Zersetzungspunkt mit 1,08 Volt entspricht ungefähr der Zerlegung des Systems

$$H + OH,\ \text{für welches zur Dissociation}$$
$$^1/_2 (683 — 121 — 21) = 270,5 \text{ statt } 251,3 \text{ K. nothwendig sind.}$$

Der **dritte Zersetzungspunkt** von 1,67 Volt entspricht dagegen der Zerlegung des Systems $OH(H_2O)_5 + H$. Hierbei sind nothwendig zur Trennung von

$$\begin{aligned}
OH \text{ von } (H_2O)_5 &= 120 \text{ K.}\\
H \text{ von } OH\quad &= \underline{271 \text{ K.}}\\
&\ 391 \text{ K.}
\end{aligned}$$

Die Summe beträgt also 391 statt der berechneten 388,6 K.

Wir hätten also folgende Tabelle:

System.	Zersetzungspunkt.	Wärmetönung.
?	0,59 V.	$137,3 = {}^1/_2\,274,6$ K.,
H . . . OH	1,08 V. (ber. 1,12 V.)	251,3 statt 271 K.,
$OH(H_2O)_5$, H	1,67 V.	388,6 statt 391 K.,

Die Uebereinstimmung ist also im allgemeinen durchaus befriedigend.

Arrhenius[1]) spricht sich für die sekundäre Wasserzersetzung aus, **Le Blanc**[2]) für die primäre. Nach der Annahme der sekundären Wasserzersetzung wird das primär ausgeschieden, was durch Stromleitung an die Elektrode geführt wird, und dann wirken die ausgeschiedenen Bestandtheile sekundär auf das Wasser oder andere Stoffe. Nach der andern Auffassung stehen Stromleitung und Ausscheidung an der Elektrode nicht

---

[1]) Sv. **Arrhenius**, Zeitschr. physik. Ch. **11**, 805, 1893.

[2]) M. **Le Blanc**, **8**, 314, 1899; **13**, 163, 1894; vgl. auch **Noyes**, ibid. **9** 614, 1892.

in dem engen Zusammenhang; an der Stromleitung betheiligen sich sämmtliche vorhandene Ionen, an der Elektrode werden jedoch stets die Ionen zuerst ausgeschieden, zu deren Ausscheidung die geringste Arbeitsleistung erforderlich ist. Auf diese Weise könnte es kommen, dass z. B. Wasser, welches an der Stromleitung kaum einen messbaren Antheil hat, bei der Zersetzung an den Elektroden eine Hauptrolle spielt, wie Le Blanc annimmt.

Nach den oben gemachten Annahmen kann die Wasserzerlegung eine primäre oder sekundäre sein, insofern als die erregende Wirkung des elektrischen Stromes unter dem Einflusse des vorhandenen Elektrolyten eine Neubildung der Systeme H, OH sowie H, $OH(H_2O)_5$ bewirkt, so dass diese zur Zerlegung kommen und nicht der eigentliche Elektrolyt. Man kann sich dies so denken, dass der Säurerest solchen Einfluss auf das Molekül H_2O eines Komplexes $(H_2O)_6$ ausübt, dass dieses sein H an den Säurerest abgiebt und nun als OH zur Ausscheidung kommt. Das Gleiche gilt für das Kation, welches direkt nach der Wegnahme des Elektrons ein H freimacht, d. h. sich mit dem Elektron desselben vereinigt. Das H-Ion scheidet sich dann an der Kathode in Vereinigung mit einem andern ab als Molekül H_2.

Verhalten des Chroms.

Chrom[1]) als Anode kann je nach der Temperatur und dem Lösungsmittel bei demselben Elektrolyten jede seiner drei Verbindungsstufen bilden; seine Oberfläche befindet sich dabei in verschiedenen Zuständen, welche nach der Trennung eine gewisse Zeit hindurch sich erhalten. Am stabilsten erscheint bei gewöhnlicher Temperatur der elektromotorisch inaktive Zustand, der vom Eisen schon lange bekannt ist, und als passiver bezeichnet wird; aber während die Passivität des Eisens durch eine dünne Oxydhaut bedingt ist, kann ein ähnlicher Ueberzug beim Chrom nicht angenommen werden, unter andern Gründen auch deshalb, weil Chrom im inaktiven Zustande als Anode in wässeriger Salzsäure Chromsäure bildet.

In den drei Zuständen zeigt das Metall so verschiedene Eigenschaften, wie sie sonst nur verschiedene Metalle besitzen. In inaktivem Zustande ist es ein edles Metall, reducirt kein anderes Metall aus der Lösung seiner Salze und steht am Ende der Spannungsreihe beim elektronegativen Platin. Befindet es sich dagegen in dem Zustande, welchen es bei der Bildung seiner elektrolytischen, niedrigsten Verbindungsstufe hat, so nimmt es unmittelbar hinter dem Zink in der Spannungsreihe Stellung und verdrängt die Metalle, welche elektronegativer sind, aus ihren Salzen; als Anode

---

1) W. Hittorf, Sitzber. Berl. Akad. d. Wiss. 1898, 193; Zeitschr. physik. Ch.

bindet es bei gleichem Gewicht eine dreimal so grosse Menge des Anions als es im inaktiven Zustande aufnimmt. Hat es endlich den Zustand, bei welchem es die mittlere Verbindungsstufe giebt, so liegen seine Eigenschaften zwischen den angegebenen.

Der aktive Zustand, welchen Chrom bei der Bildung der niedrigsten Verbindungsstufe hat, scheint der ursprüngliche zu sein, da eine frisch hergestellte Bruchfläche ihn besitzt. Er ändert sich aber an der Luft bei gewöhnlicher Temperatur langsam und geht in den inaktiven über. Dieser Wechsel erfolgt schneller, wenn das Metall als Anode eines elektrischen Stromes mit den austretenden Anionen in Berührung kommt, und zwar umso rascher, je stärker der Strom, je grösser also die ausgeschiedene Menge der Anionen ist. Der inaktive Zustand ist nach den vorliegenden Erfahrungen in niederer Temperatur an der Luft wie in Salzlösungen beständig; hingegen bringt Temperatursteigerung in letzteren den aktiven Zustand in vielen Fällen wieder zurück. Dies erfolgt schon bei der geringsten Temperaturerhöhung, bei der Berührung mit Halogenwasserstoffen. Die Chlorsalze der Alkalien und alkalischen Erdmetalle bewirken die Zustandsänderung erst bei 100^0, bei noch höherer Temperatur die Chlorverbindungen der Metalle der Magnesiumgruppe und zuletzt die der leicht reducirbaren Metalle.

Der so wiedergewonnene aktive Zustand bleibt nach der Trennung von der Lösung und Erkaltung eine Zeit lang bestehen und scheint um so haltbarer zu sein, je höher die Temperatur des Wechsels war.

Kataphorese.

Unter Kataphorese versteht man eine Erscheinung, welche beim Durchgange eines konstanten elektrischen Stromes durch einen Elektrolyten beobachtet wird, und die zur Einführung von Lösungen in den unversehrten lebenden Organismus dient. Sie besteht darin, dass man Kathode und Anode auf der Oberfläche der zu behandelnden Stelle des Organismus anlegt und zwischen diese Elektroden und den Körper die einzuführende Lösung.

P. Meissner[1] fasst seine Beobachtungen über Kataphorese und ihre Bedeutung für die Therapie in folgenden Sätzen zusammen:

1. Kataphorese kommt nur vom positiven Pol aus zu stande.

2. Die Elektrodenflüssigkeit muss besser leiten als die Körperflüssigkeit (Munck 1873).

3. Der Strom muss alle 5 Minuten gewendet werden.

4. Beide Elektroden müssen möglicht nahe bei einander auf der zu behandelnden Stelle liegen und mit der einzuführenden Flüssigkeit armirt sein.

---

[1] P. Meissner, Arch. Anat. Physiol. Abtheil. 1899 11.

Elektrolyse geschmolzener Elektrolyte.

Den Untersuchungen der Elektrolyse geschmolzener Elektrolyte entstehen dadurch Schwierigkeiten, dass die Beobachtungen infolge sekundärer Erscheinungen, wie der Oxydation durch den Sauerstoff der Luft, durch Einwirkung der sich an den Elektroden ausscheidenden Ionen auf diese oder auf das Gefäss, in welchem die Elektrolyse ausgeführt wird u. s. w. sich nicht so exakt ausführen lassen wie in Lösungen. Im allgemeinen hat sich jedoch auch hier das Faraday'sche Gesetz bestätigt.

Elektrokapillarität.

Hierunter versteht man einmal die Erscheinungeu, welche bei dem Quecksilber im Kapillarelektrometer auftreten, und die zur quantitativen Messung Verwendung finden können. Ausserdem wird hierzu eine besondere Art von Erscheinungen gerechnet, die bei dem Durchgang des Stromes durch einen Elektrolyten auftreten, bei dem die Anodenflüssigkeit mit der Kathodenflüssigkeit nur durch einen engen Spalt in Verbindung steht, oder durch eine semipermeabele Wand, eine thierische Blase u. s. w. getrennt sind.

Hat man z. B. an der Anodenseite Kupfersulfat, an der Kathode Kalilauge, so scheidet sich an der Anode Sauerstoff, an der Kathode Wasserstoff ab; an der die Lösungen trennenden Blase scheidet sich Kupfer, Kupferoxyd, Kupferoxydhydrat neben wenig Gas ab.

Hat man schwefelsaures Palladium an der Anode, Kalilauge an der Kathode, so scheidet sich an der Blase Palladium ab, desgleichen Magnesium an der Anode, Quecksilbertröpfchen bei Anwendung von salpetersaurem Quecksilberoxydul an der Anode.

Verbindet man einfach Schwefelnatriumlösung mit Kupfernitrat nur durch einen Sprung im Glasrohr und nimmt Kupfernitrat als Anodenflüssigkeit, so scheidet sich an dem Sprung Kupfer in krystallinisch-metallischem Zustande ab, welches zuletzt die Röhre sprengt. Aehnlich verhalten sich Silber, Gold, Nickel, Kobalt, Blei, Wismuth, Eisen u. s. w., wobei auch Superoxyd und Schwefelverbindungen neben den Metallen auftreten können.

Auch hatte bereits Faraday beobachtet, dass an der Grenzfläche von Magnesiumsulfatlösung und Wasser beim Stromdurchgang eine Ausscheidung von Magnesia eintritt. G. Kümmell[1]) deutet diese Erscheinung dahin, dass es sich um die Fortführung suspendirter Theilchen im Sinne des negativen Stromes handelte. Dieselben stammen von der Elektrode und sammeln sich, da die Fortführung in gut leitenden Lösungen nicht stattfindet, an der Grenze zwischen gut- und schlechtleitender Lösung. Mehrfach abgeänderte Versuche bestätigen diese Annahme.

---

1) F. Kümmell, Wied. Ann. **46**, 105, 1892.

Ostwald[1]) hatte auf Grund seiner Versuche mit halbdurchlässigen Häuten aus Kupfereisencyanür dieselben als Siebe der Ionen angesprochen und ihnen eine metallische Leitfähigkeit beigelegt, da es ihm möglich war, einen elektrolytischen Kupferniederschlag auf solcher Haut zu erzeugen.

J. Mijers[2]), der die Versuche Ostwald's wiederholte, konnte auf der Kupfereisencyanürhaut während der ersten halben Stunde des Stromdurchgangs überhaupt keinen Niederschlag erhalten, erst nach zwei Stunden war der Niederschlag vorhanden. Quantitative Messungen zeigten, dass eine bestimmbare Menge Kupfer durch die Membran hindurchgegangen war. Das Natrium verliert also seine Ladung nicht, wenn es durch die halbdurchlässige Wand geht oder sie berührt, da es sich nicht in ein Metallpartikel verwandelt. Ebenso leiten die Niederschläge, welche die halbdurchlässigen Membranen bilden, den Strom nicht durch Transport ihrer eigenen Ionen. Auch erhielt Mijers einen galvanischen Strom, wenn er eine Kupfereisencyanürmembran mit einer solchen aus Zinksulfid, die beide in eine Lösung von Kaliumnitrat tauchten, in geeignete Verbindung brachte. Beide Membranen bilden somit, in die gleiche Flüssigkeit gebracht, eine galvanische Kette.

Die halbdurchlässigen Membranen dürfen also nicht als Ionensiebe angesehen werden und leiten den Strom anders als die Metalle und die Elektrolyte.

Ueber einen elektrokapillaren Versuch mit Quecksilber berichtet A. Chassy[3]). „Ein offenes Gefäss enthält unten Quecksilber, welches die negative Elektrode bildet, und darüber angesäuertes Wasser, in das eine Platinplatte oder ein Platindraht als positive Elektrode tauchte. In einiger Entfernung von der positiven Elektrode taucht man eine Glasröhre so ins Wasser, dass ihr unteres Ende sich leicht in das Quecksilber senkt. Lässt man nun einen elektrischen Strom durchgehen, so beobachtet man ein Aufsteigen des Wassers in der Röhre, das je nach den Umständen verschieden ist und selbst 15 cm erreichen kann. Da nämlich Quecksilber das Glas nicht netzt, so besteht zwischen dem unteren Theil der Glasröhre und der Quecksilberoberfläche ein ultrakapillarer Zwischenraum, durch den die Flüssigkeit aus dem Gefässe in die Röhre filtrirt, bis ein bestimmter Druck in der Röhre erzeugt ist, der aber nicht etwa die Kraft der elektrischen Filtration misst, sondern nur dem Versuche ein Ende macht, weil er das Niveau des Quecksilbers aus der

---

1) W. Ostwald, Zeitschr. physik. Ch. **6**, 71, 1890.

2) J. Mijers, Rec. trav. chim. des Pays-Bas **17**, 177, 1898; Naturw. Rundsch. **13**, 535, 1898; vgl. auch F. Tammann, Götting. Nachr. 1891, 112; Wied. Ann. Beibl. **16**, 770.

3) A. Chassy, Journ. de Physique (3), **6**, 14, 1897; Naturw. Rundsch. **12**, 265, 1897.

Röhre drängt. Man kann aber den Versuch unbeschränkt andauern lassen, wenn man durch einen passend angebrachten Heber dafür Sorge trägt, dass die Flüssigkeit in der Röhre nicht in die Höhe steigt und das Hg drückt. Durch den Heber fliesst die Flüssigkeit, welche die elektrische Filtration in die Röhre hineinführt, wieder nach aussen ab."

Die Ursache dieser Erscheinung ist in der von Lippmann nachgewiesenen Tangentialkraft zu suchen, die sich entwickelt, wenn die Oberflächenspannung des Quecksilbers sich von einem Ort zum andern ändert, wie dies hier der Fall ist, wo die vom Strom durchflossene Quecksilberoberfläche eine andere Spannung hat als die Oberfläche in der Röhre, in welcher kein Strom existirt.

Wanderungsgeschwindigkeit und Ueberführungszahlen.

Betrachtet man die Erscheinungen, welche bei der Elektrolyse mit Kupfersulfat mit Kupferelektroden auftreten, so zeigt sich nach einiger Zeit die Lösung an der Kathode verdünnter, an der Anode koncentrirter, wie man an der Farbenänderung wahrnehmen kann. Solche Untersuchungen sind nun von Hittorf[1]) in ausserordentlich weitgehendem Maasse nebst den zugehörigen Koncentrationsbestimmungen ausgeführt worden und haben zur Ableitung der von ihm Ueberführungszahlen genannten Werthe geführt, welche angeben, wie viel von dem betreffenden Ion als Theil des Aequivalents nach der Elektrolyse überführt worden war.

Nachstehend seien einige der betreffenden Werthe wiedergegeben. S bedeutet die Menge Wasser auf 1 Theil Salz, n den Ueberschuss an positivem (+) oder negativem (—) Ion an den betreffenden Elektroden in Theilen des Aequivalents nach der Elektrolyse.

	S.	n.
Schwefelsaures Silber,	123	+ 0,4457 Ag,
Essigsaures Silber,	126,7	+ 0,6266 Ag,
Chlorkalium,	4,845—6,610	+ 0,516 Cl,
Bromkalium,	2,359—116,5	+ 0,493—0,546 Br,
Jodkalium,	2,7227—170,3	+ 0,492—0,512 J,
Kaliumsulfat,	11,873—12,032	+ 0,500 ($^1/_2$ SO_4),
Kaliumnitrat,	4,6216—94,09	+ 0,479—0,497 (NO_3),
Chlorammonium,	5,275—175,28	+ 0,513 Cl,
Chlornatrium,	3,472—5,542	+ 0,648 Cl,
Jodnatrium,	22,053	+ 0,626 J.

Nach dem Faraday'schen Gesetze werden durch gleiche Elektricitätsmengen die Elektrolyte ihrer chemischen

---

1) Hittorf, Pogg. Ann. **89**, 177; **98**, 1; **103**, 1; **106**, 337, 513, 1853—1859.

Aequivalenz entsprechend ausgeschieden. Je ein Gramm-Aequivalent irgend eines Elektrolyten wird durch eine Elektricitätsmenge von 96540 Coulomb vollständig in seine Ionen gespalten.

Das Kohlrausch'sche Gesetz.

Wie Kohlrausch[1]) ausführt, wird, je mehr die Anzahl der Wassertheilchen diejenige des Elektrolyten überwiegt, desto mehr die molekulare Reibung der Ionen an den Wassertheilchen, nicht aber ihre Reibung an einander, in Betracht kommen. Dann wird es, um ein Beispiel zu wählen, für das Chloratom gleichgiltig sein, ob dasselbe aus KCl, $NaCl$, HCl u. s. w. elektrolysirt wird. Es ist ja in allen Fällen dasselbe Chlor, nach Faraday verbunden mit denselben mitgeführten Elektricitätsmengen, welches von der elektrischen Scheidungskraft durch das Wasser getrieben wird. Hiernach muss also jedem elektrochemischen Elemente — z. B. dem H, K, Ag, NH_4, Cl, J, NO_3, $C_2H_3O_2$ — in verdünnter wässeriger Lösung ein ganz bestimmter Widerstand zukommen, gleichgiltig aus welchen Elektrolyten dieser Bestandteil abgeschieden wird. Aus diesen Widerständen, welche für jedes Element ein für allemal bestimmbar sein müssen, wird sich das Leitungsvermögen jeder verdünnten Lösung berechnen lassen.

Nennt man das specifische Leitungsvermögen eines gelösten Körpers μ und u und v die Beweglichkeit der beiden Ionen desselben, so ist

$$u + v = \mu.$$

Wie vorher erwähnt wurde, hatte Hittorf beobachtet, dass die Koncentrationen an der Anode und der Kathode bei der Durchleitung des Stromes sich verschieden ändern, abgesehen von den an den beiden Elektroden ausgeschiedenen chemisch äquivalenten Mengen des Anions und des Kations. Setzt man diese gleich 1 Gramm-Aequivalent und den Bruchtheil des Kations, der von der Anode nach der Kathode übergeführt wird = n, so ist 1 — n der Bruchtheil von einem Gramm-Aequivalent des Anions, der von der Kathode zur Anode übergeführt wird. Es gilt alsdann die Gleichung

$$\frac{n}{1-n} = \frac{u}{v}.$$

Die Wanderungsgeschwindigkeiten u und v verhalten sich wie die entsprechenden Ueberführungszahlen μ und n — 1.

Sind z. B. durch den Strom aus Kupfersulfatlösung 0,2955 g Cu ausgeschieden worden und enthielt die Lösung vor der Elektrolyse an der Kathode soviel Kupfersulfat als 2,8543 g Kupferoxÿd entsprechen

---

1) F. Kohlrausch, Wied. Ann. 6, 167, 1879.

und nach der Elektrolyse bezw. 2,5897 g Kupferoxyd, so ist die Differenz 0,2646 g Kupferoxyd $=$ 0,2112 g Cu. Das Verhältniss $\dfrac{0,2112}{0,2955} = 0,715$ stellt also die relative Wanderungsgeschwindigkeit des SO_4-Ions und $1 - 0,715 = 0,285$ die des Cu-Ions dar (u_1 und v_1).

Auf diese Weise kann also das Verhältniss der Wanderungsgeschwindigkeiten bestimmt werden. Die wirkliche Summe ist aber durch den Maximalwert der Leitfähigkeit (λ) gegeben. Es gelten die Gleichungen:

$$u_1 : 1 = u : \mu \quad \text{und} \quad v_1 : 1 = v : \mu.$$

Hieraus ergiebt sich

$$u = u_1 \mu \quad \text{und} \quad v = v_1 \mu.$$

Die wirklichen Wanderungsgeschwindigkeiten u und v ergeben sich also aus den relativen, aus den Hittorf'schen Ueberführungszahlen berechneten, durch Multiplikation von letzteren mit dem Maximalwerth der Leitfähigkeit.

Kohlrausch[1]) giebt folgende Zusammenstellung der betreffenden wirklichen Wanderungsgeschwindigkeiten:

H	$=$	290	OH	$=$	165
K	$=$	60	Cl	$=$	62
Na	$=$	40	J	$=$	63
Li	$=$	33	NO_3	$=$	58
			ClO_3	$=$	52
NH_4	$=$	60	ClO_4	$=$	54
Ag	$=$	52	$C_2H_3O_2$	$=$	31.

Andere Verhältnisszahlen waren folgende:

$K = 48$, $NH_4 = 47$, $Na = 31$, $Li = 21$, $Ag = 40$, $H = 278$, $Cl = 49$, $Br = 53$, $J = 53$, $CN = 50$, $OH = 141$, $F = 30$, $NO_3 = 46$, $ClO_3 = 40$, $C_2H_3O_2 = 23$, $^1/_2\,Ba = 29$, $^1/_2\,Sr = 28$, $^1/_2\,Ca = 26$, $^1/_2\,Mg = 23$, $^1/_2\,Zn = 20$, $^1/_2\,Cu = 29$.

Diese Werthe sind jedoch nur giltig für die meist dissociirten Körper, die Salze der einbasischen Säuren und die starken Säuren und Basen. Für die etwas weniger dissociirten Sulfate und Karbonate erhielt er viel kleinere Werthe[2]).

Elektrolyte mit mehrwerthigen Bestandtheilen, besonders die Schwefelsäure und Sulfate liefern für die Beweglichkeiten der einwerthigen Metalle und des Wasserstoffs bedeutend kleinere Werthe, als sie sich aus Elektrolyten mit nur einwerthigen Ionen ergeben. Nach

---

1) F. Kohlrausch, Wied. Ann. **6**, 167, 1879; **26**, 215, 1885; Wied. Elektricität **1**, 610, **2**, 955.

2) Vgl. hierzu W. Ostwald, Zeitschr. physik. Ch. **1**, 74 u. 97, 1887; Sv. Arrhenius, ibid. **1**, 646, 1887.

Helmholtz sollte dies darauf beruhen, dass die Ionen der Schwefelsäure nicht nur H und SO_4, sondern auch H und HSO_4 sein können. Diese Art der Spaltung wird nun aber begünstigt durch die Zunahme der Koncentration und durch die Abnahme der Temperatur. Man kann sie aus der Bildung der Ueberschwefelsäure folgern, die nach der Annahme von Richarz[1]) ausschliesslich durch Vereinigung zweier Anionen HSO_4 entsteht.

Diese Erscheinungen bei der Schwefelsäure haben zu verschiedenen Untersuchungen Anlass gegeben, wie z. B. von G. Wiedemann und Bein sowie W. Stark[2]). Letztere ergaben den Erwartungen gemäss, dass die Ueberführungszahl des Kations, unter der bisherigen Annahme des Zerfalls in H, H und SO_4 berechnet, von kleinen Säurengraden anfangend bis zu den höchsten Koncentrationen in auffallender Weise abnimmt, sowie ebenfalls aber auch unerwarteter Weise mit Zunahme der Temperatur.

Für organische Anionen hat W. Ostwald[3]) folgende Werthe gefunden:

Anion.		μ	$\varDelta$
Ameisensäure	CHO_2	51,2	10,3
Essigsäure	$C_2H_3O_2$	38,4	9,5
Propionsäure	$C_3H_5O_2$	34,3	10,2
Buttersäure	$C_4H_7O_2$	30,7	10,0
Isobuttersäure	$C_4H_7O_2$	30,9	10,5
Valeriansäure	$C_5H_9O_2$	28,8	9,8
Kapronsäure	$C_6H_{11}O_2$	27,4	9,6
Akrylsäure	$C_3H_3O_2$	34,8	10,7
α-Krotonsäure	$C_4H_5O_2$	32,0	9,8
β-Krotonsäure	$C_4H_5O_2$	32,2	9,6
Angelikasäure	$C_5H_7O_2$	39,4	9,7
Tiglinsäure	$C_5H_7O_2$	39,6	9,4
Hydrosorbinsäure . . .	$C_6H_9O_2$	28,8	10,3
Tetrolsäure	$C_4H_3O_2$	35,7	10,0
Monochloressigsäure . .	$C_2H_2ClO_2$	37,3	11,2
Dichloressigsäure . . .	$C_2HCl_2O_2$	35,4	9,9
Trichloressigsäure . . .	$C_2Cl_3O_2$	32,8	9,6
α-Chlorisokrotonsäure .	$C_4H_4ClO_2$	31,9	10,8
β-Chlorkrotonsäure . .	$C_4H_4ClO_2$	31,9	10,6
β-Chlorisokrotonsäure .	$C_4H_4ClO_2$	31,7	10,5
Glykolsäure	$C_2H_3O_3$	37,6	10,7

1) F. Richarz, Ber. **21**, 1673, 1888.
2) W. Stark, Inaug. diss. Greifswald 1899.
3) W. Ostwald, Zeitschr. physik. Ch. **2**, 840, 1888.

Milchsäure	$C_3H_5O_3$	32,9	10,2
Trichlormilchsäure . .	$C_3H_2Cl_3O_3$	28,4	9,2
Brenzschleimsäure . .	$C_5H_3O_3$	33,5	10,8
Benzoësäure	$C_7H_5O_2$	31,0	9,3
o-Toluylsäure	$C_8H_7O_2$	29,9	10,0
m- „	$C_8H_7O_2$	30,0	10,0
p- „	$C_8H_7O_2$	29,6	10,4
α- „	$C_8H_7O_2$	29,8	9,9
o-Chlorbenzoësäure . .	$C_7H_4ClO_2$	30,8	10,5
m-Brombenzoësäure . .	$C_7H_4BrO_2$	30,7	10,0
o-Amidobenzoësäure . .	$C_7H_6NO_2$	31,0	10,3
m- „ . .	$C_7H_6NO_2$	29,9	9,6
o-Nitrobenzoësäure . .	$C_7H_4NO_4$	29,8	9,7
p- „ . .	$C_7H_4NO_4$	30,1	9,0
Anissäure	$C_8H_7O_3$	38,6	9,4
Zimmtsäure	$C_9H_7O_2$	27,3	9,5
Tropasäure	$C_9H_7O_2$	29,1	9,6
Phenylpropiolsäure . .	$C_9H_5O_2$	27,5	9,6
Mandelsäure	$C_8H_7O_3$	28,3	10,4
Phenylglykolsäure . .	$C_8H_7O_3$	28,0	10,1
Succinursäure	$C_5H_7N_2O_4$	26,6	9,9
Phtalursäure	$C_9H_7N_2O_4$	24,6	10,2
Phtalanilsäure	$C_{14}H_{10}NO_3$	24,3	10,3

Es ergiebt sich hieraus, dass isomere Ionen gleich schnell wandern, sowie dass mit zunehmender Anzahl der im Ion enthaltenen Atome die Wanderungsgeschwindigkeit abnimmt. Weiterhin hat die Natur der zusammensetzenden Elemente einen Einfluss auf die Wanderungsgeschwindigkeit, der indessen nur bei den einfacher zusammengesetzten Ionen deutlich ist. Sobald die Zahl der Atome im Anion mehr als 12 beträgt, hängt die Wanderungsgeschwindigkeit fast nur noch von dieser Zahl ab.

Bezüglich der Wanderungsgeschwindigkeit der organischen Kationen sei auf die Arbeit von G. Bredig über die Leitfähigkeit der Chlorhydrate organischer Basen verwiesen.

Eine bildliche Darstellung der Entstehung der verschiedenartigen Ueberführungszahlen ist von Hittorf gegeben worden.

Nehmen wir an, die Sachlage sei bei Beginn des Versuches derart, wie sie durch a in Fig. 75 wiedergegeben ist. Nach einiger Zeit wird sich der Zustand b ergeben. Es sind dann die Kationen um den vierfachen Betrag nach rechts gewandert. Vorher waren in der Kathode sechs Kationen, jetzt sind vorhanden zehn. Es sind also übergeführt worden vier ausgeschieden sind fünf; wir haben also als Ueberführungszahl den Werth $^4/_5 = 0,8$.

An der Anode befinden sich jetzt sieben Anionen gegen sechs vorher. Ausgeschieden wurden fünf, wir haben also das Verhältniss $^1/_5 = 0,2$ als Ueberführungszahl des Anions.

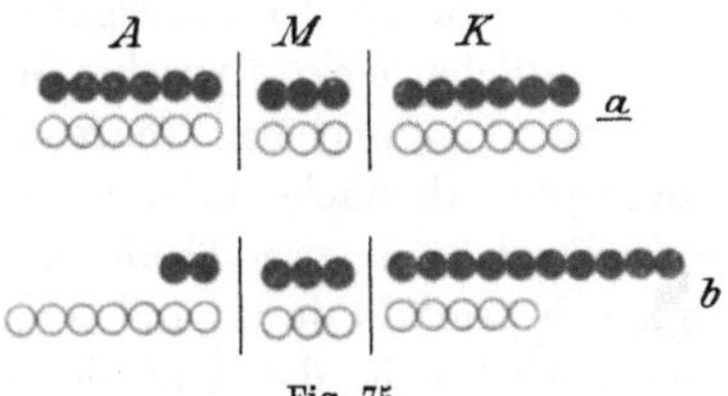

Fig. 75.

Die beiden Werthe von Kation und Anion stehen im Verhältniss 4 : 1 und zwar in demselben Verhältniss wie die Geschwindigkeiten der beiden Ionen.

Bestimmungen der Ueberführungszahlen sind von Hittorf[1] ausgeführt worden, dann von G. Wiedemann, Weiske, Kirmis, Kuschel, Lenz, Löb und Nernst.

Modelle zur Darstellung von Ionenbewegung sind von E. Müller und F. Kohlrausch[2] sowie von W. Lash Miller[3] und Frank B. Kenrick angegeben worden. Weitere Vorlesungsversuche zur Veranschaulichung der elektrolytischen Dissociation u. s. w. sind von A. A. Noyes und A. A. Blanchard[4] sowie F. W. Küster[5] mitgetheilt worden.

Abnorme Ueberführungszahlen wurden von Hittorf bei Kadmiumjodid beobachtet, indem in 4,8 %iger Lösung im Alkohol die Ueberführungszahl des Jodes zu 2;1, in einer 3 %igen zu 1,3 gefunden wurde. Bei sehr grosser Verdünnung scheint der betreffende Werth seine Abnormität zu verlieren, d. h. unter 1 zu sinken, denn die Ueberführungszahlen müssen im normalen Zustande zwischen 0 und 1 liegen, andernfalls müssten die positiven oder negativen Ionen in entgegengesetzter Richtung wandern, als ihnen die Stromrichtung vorschreibt.

Die Abnormität bei Kadmiumjodid erklärt sich durch die Annahme komplexer Moleküle.

1) Hittorf, Pogg. Ann. 89, 177, 1853; 98, 1, 1856; 103, 1, 1858; 106, 337, 513, 1859.

2) E. Müller u. F. Kohlrausch, Zeitschr. physik. Ch. 4, 34, 559, 1900.

3) W. Lash Müller u. F. B. Kenrick, ibid. 35, 440, 1900.

4) A. A. Noyes u. A. A. Blanchard, ibid. 36, 1, 1901.

5) F. W. Küster, Zeitschr. f. Elektroch. 4, 105.

Ueber die Ursache der Koncentrationsänderung bei der Elektrolyse von Salzen sind zwei Hypothesen aufgestellt worden. Hittorf nimmt an, dass die beiden Ionen des Elektrolyten sich durch die Flüssigkeit mit verschiedenen Geschwindigkeiten, die den Ueberführungszahlen proportional sind, bewegen; in derselben Zeit gelangen daher die Ionen in verschiedener Zahl zu den Elektroden und bewirken hierdurch eine verschiedene Koncentration der Flüssigkeit. Nach Arrhenius unterscheidet sich das eigentliche elektrolytische Molekül vom gewöhnlichen dadurch, dass in einer hinreichend koncentrirten Lösung ausser den einfachen auch doppelte, dreifache u. s. w. Moleküle vorkommen, welche sich durch die Elektrolyse in zwei Theile spalten wie die andern; aber ein Doppelmolekül $a_2 b_2$ zerfällt in a und $a b_2$ oder in b und $b a_2$, und so erscheint an einer Elektrode das einfache Ion, während in der entgegengesetzten zu dem andern Ion noch das einfache Molekül hinzutritt, wodurch eine Koncentrationsänderung herbeigeführt wird.

Jedenfalls ist das zu beachten, dass die Ueberführung, wie die Versuche von Hittorf[1]) und von G. Wiedemann[2]) ergaben, nichts mit der elektrolytischen Endosmose zu thun· hat. Beide sind vollständig unabhängig von einander.

Einige Versuche über die Abhängigkeit der Ueberführung von Salzen von der Beschaffenheit der Membranen, welche die Elektroden-Lösung von einander trennen, sind von W. Bein[3]) bearbeitet worden.

Eine Abänderung der gewöhnlichen Methode zur Bestimmung der Ueberführungszahlen und Untersuchung des Einflusses der Koncentration auf diese letzteren im Falle einiger dreiionigen Salze ist von A. A. Noyes[4]) ausgeführt worden.

Elektrolytische Reibung in mechanischem Maasse in Dynen.

„Ein Strom von 1 Amp. scheidet aus einem Elektrolyten in der Sekunde 0,0000036 Gramm-Aequivalente jedes Ions desselben an der Elektrode aus. Jedes Gramm-Aequivalent desselben führt also eine solche positive oder negative Elektricitätsmenge mit sich, wie sie von einem Strom von 1/0,00001036 = 96535 Amp. in der Sekunde durch jeden Querschnitt des Elektrolyten befördert wird, also gleich 96535 Coulomb ist. Eine absolute elektromagnetische Einheit der Stromstärke ist aber gleich 10 Amp. Demnach wandert mit 1 Gramm-Aequivalent eines Ions in absolutem elektromagnetischen Maasse die Elektricitätsmenge 9653

---

[1]) W. Hittorf, Pogg. Ann. **98**, 9, 1856.

[2]) G. Wiedemann, ibid. **99**, 177, 1856.

[3]) W. Bein, Zeitschr. physik. Ch. **27**, 32, 1898; **28**, 439, 1899; Wied. Ann. **460**, 54, 1892.

[4]) A. A. Noyes, Zeitschr. physik. Ch. **36**, 63, 1901.

(CGS). Da ferner die absolute Einheit der elektromotorischen Kraft (CGS) gleich 10^{-8} Volts ist, so kann das durch letztere pro Centimeter erzeugte Gefälle Eins dem Anion nur die Geschwindigkeit 10^{-8} ertheilen. Soll die Geschwindigkeit 1 cm/sec. sein, so muss demnach das Gefälle 10^8 h wirken."

„Die auf 1 Gramm-Aequivalent wirkende Kraft beträgt also, wenn das Ion sich mit der Geschwindigkeit von 1 cm bewegen soll, für 1 Aequ. des Anions:

$$P_t = 9653 \cdot 108 \, \frac{1}{U} \; \text{Dyn} \quad \text{oder} \quad \frac{9653}{980600} \, \frac{1}{U} = 984000 \, \frac{1}{U} \; \text{kg},$$

und auf jedes Gramm des Ions muss, wenn A sein Aequivalent ist, die Kraft wirken:

$$P_1 = 9653 \cdot 10^8 \, \frac{1}{A\,U} \; \text{Dyn} = 984000 \, \frac{1}{A\,U} \; \text{kg}.$$

„Diese Werthe sind in der folgenden, von F. Kohlrausch[1]) gegebenen Tabelle enthalten, wo u_0 die auf Quecksilber bezogene Beweglichkeit, U_0 die absolute Geschwindigkeit für das Gefälle Volt/cm sind."

Beweglichkeit und elektrolytischer Reibungskoëfficient einiger Ionen in unendlicher Verdünnung.

Ionen.	Hg $= 1$	cm/sec.	Kg. Gewichte.	
K	$u_0 = 60.10^{-7}$	$U_0 = 66.10^{-5}$	$P_A = 15.10^8$	$P_1 = 38.10^6$
Na	41	45	22	95
Li	33	36	27	390
NH_4	60	66	15	83
Ag	52	57	17	16
H,	290	320	3,1	310
Cl,	$v_0 = 63.10^{-7}$	$V_0 = 69.10^{-5}$	14	40
J,	63	69	14	11
NO_3,	58	64	15	25
ClO_3,	52	57	17	21
ClO_4,	54	60	16	16
$C_9H_{11}SO_3$,	21	23	43	21
CHO_2,	44	49	20	44
$C_2H_3O_2$,	33	36	27	46
$C_3H_5O_2$,	30	33	30	41
$C_6H_{11}O_2$,	24	26	38	33
OH	165	182	5,4	32

---

1) F. Kohlrausch, Pogg. Ann. **159**, 274, 1876; Originalmith. an G. Wiedemann, Lehre von der Elektricität Bd. II, 973, 1894.

18. Galvanische Elemente.

In den galvanischen Elementen findet die Erzeugung der Elektricität unter gleichzeitig vor sich gehenden chemischen Reaktionen statt. Es wird also hierbei chemische Energie in elektrische umgewandelt. Besonders gut geeignet sind die Metalle, die durch ihre Berührung mit Wasser, wie nachher noch näher ausgeführt werden wird, eine Potentialdifferenz erzeugen.

Man unterscheidet galvanische Elemente mit einem Elektrolyten, in dem sich zwei verschiedene Metalle befinden. Solche sind z. B. die Pulvermacher'sche Kette, in der Kupfer und Zink, getrennt durch einen Thoncylinder, in verdünnte Schwefelsäure, Kochsalzlösung u. dgl. tauchen, dann die Kalorimotoren und Deflagratoren von Offershaus und Hare, bei denen zwei parallele Platten von Messing und Zink oder besser von Kupfer und Zink, getrennt durch einen zwischen beide Bleche gelegten Tuchstreifen um einen Holzcylinder aufgewickelt werden und in verdünnte Säure tauchen. In der Smee-schen Kette ist das Kupfer durch Platten von platinirtem Platin oder billiger von platinirtem Silber oder Blei vertauscht. Nach Poggendorff bezw. Bunsen verwendet man als Lösungsmittel doppelchromsaures Kali und Gaskohle und Zink als Anode und Kathode. Es sind dies die bekannten Chromsäureelemente.

Bei dem Elemente von Leclanché wird ein Gemisch von Kohlenpulver und Braunstein als Anode sowie Zink als Kathode verwendet. Als Lösungsmittel dient Salmiaklösung.

Von den Elementen mit zwei Elektrolyten sind die bekannteren nachstehend nebst der entsprechenden elektromotorischen Kraft angegeben.

Name.	Anode.	Kathode.	Elektr. Kraft.	Widerstand.
Daniell-Element,	$Cu + CuSO_4$ (konc. Lösung)	Zn (amalg.) $+$ H_2SO_4 $1:10$	1,06 Volt	0,70 Ohm
Grove-Element,	Pt in HNO_3 (1,33)	„	1,90 Volt	0,70 Ohm
Bunsen-Element,	Kohle in HNO_3	„	1,80 Volt	0,24 Ohm
Bunsen-Chromsäure-element,	Kohle in Chrom-säure (12 Thl, $K_2Cr_2O_7$, 25 Thl. H_2SO_4 konc. $+$ 100 H_2O)	Zink in Chrom-säure	1,8 — 2,0 V.	—
Leclanché-Element,	Kohle in einem Gemenge von $MnO_2 +$ Retort. Graphit	Zink in Sal-miaklösung	1,48 Volt	0,25 Ohm
Meidinger-Element,	Cu in $CuSO_4$ (konc. Lösung)	Zn in $MgSO_4$-Lösung.	1,00 Volt	0,90 Ohm.

Ein besonders konstantes Element ist das von Latimer Clark[1]), in welchem Quecksilber in einem Brei von schwefelsaurem Quecksilberoxydul einem Zinkstabe in koncentrirter Zinkvitriollösung gegenüber steht. Dasselbe gilt als sog. Normalelement.

Theorie der Elektricitätserregung beim galvanischen Element.

Die Elektricitätserregung bei galvanischen Elementen hat im Laufe der Zeit verchiedene Deutung erfahren. Hier sei speciell die Ansicht von W. Nernst[2]) wieder gegeben, der dieselbe auf die Lösungstension der Metalle zurückführt, bezw. auf die wechselseitigen Beziehungen zwischen Lösungstension und osmotischem Druck. Dadurch, dass die Metalle bei ihrer Lösung in Wasser nicht als elektrisch neutrale Moleküle wie die andern Substanzen sich in der Flüssigkeit zerstreuen, sondern in Gestalt ihrer positiv geladenen Ionen, entsteht eine elektromotorische Kraft. „Der Umstand, dass hierin die Metalle durchaus eigenartig sich verhalten, scheint damit eng zusammenzuhängen, dass die Metalle auch in chemischer Beziehung durchaus eine Sonderstellung einnehmen. Wir erkennen gleichzeitig, dass die Auflösung unmöglich ist, wenn die positive Elektricitätsmenge irgend woher geliefert wird oder aber, was auf dasselbe herauskommt, irgendwo gleichzeitig die negative Elektricitätsmenge auftritt.“

„Dieser Umstand liefert uns nun sofort den Schlüssel zur Erkenntniss, warum gerade die Auflösung von Metallen ein in so hohem Maasse elektromotorisch wirksamer Vorgang ist, und da die Lösungstension der Metalle wesentlich von der der andern Substanzen verschieden ist, so können wir sie passend als „elektrolytische Lösungstension“ bezeichnen.“

„Bringen wir ein Metall mit reinem Wasser in Berührung, so werden seine Ionen in Lösung gehen; hierdurch aber erhält das Wasser einen Ueberschuss von positiver Elektricität, das Metall einen solchen von negativer Elektricität, und wir erkennen, wie es im Momente der Berührung zu einer Potentialdifferenz kommen kann. Angezogen von der freien negativen Elektricität des Metalles werden die in Lösung gegangenen positiven Ionen sich in nächster Nähe jenes, d. h. unmittelbar der Grenzfläche zwischen Metall und Flüssigkeit anlagern, und wir erkennen, dass es zur Ausbildung einer elektrischen Doppelschicht kommen muss. Diese elektrostatischen Ladungen wirken nun offenbar einer weiteren Auflösung des Metalls entgegen, weil einerseits die freie negative Elektricität des Metalls die positiv geladenen Ionen zurückzuhalten sucht, anderseits die schon in Lösung befindlichen freien positiven Ionen die weiter hinzukommenden abstossen.“

---

1) Latimer Clark, Wied. Ann. Beibl. **2**, 562, 1878.
2) W. Nernst, Zeitschr. physik. Ch. **4**, 129, 1889; Zeitschr. f. Elektroch. 1894, 243; Ber. **30**, 1547, 1897.

„Es tritt Gleichgewicht ein, wenn osmotische $+$ elektrische Kraft $=$ Lösungskraft geworden ist. Führen wir dem Metall positive Elektricität zu, so wird das Gleichgewicht gestört, das Metall geht in Lösung; bei umgekehrter Stromrichtung fällt es aus. Für die Potentialdifferenz ε zwischem Metall und Lösung ergiebt sich, wenn wir diese Erscheinung rechnerisch verfolgen:

$$\varepsilon = \frac{R \cdot T}{n} \ln \frac{P}{p}. \tag{1}$$

Hierin sind $R =$ Gaskonstante, $T =$ absolute Temperatur, $n =$ chemisches Aequivalent des betreffenden Metalls, $P =$ Lösungstension des Metalls, $p =$ osmotischer Druck.“

„Schreiben wir (1) in der Form:

$$\frac{R\,T}{n} \ln p + \varepsilon = \frac{R\,T}{n} \ln P,$$

so erkennen wir, dass in obiger Gleichung in der That osmotische Kraft $+$ elektrische Kraft $=$ Lösungskraft gesetzt ist.“

„Wenn ε in Volt ausgedrückt werden soll, so beträgt R $0{,}860 \cdot 10^{-4}$; setzen wir $T = 291$ ($= 283 + 18$) und führen Brigg'sche Logarithmen ein, so wird für Zimmertemperatur:

$$\varepsilon = \frac{0{,}0576}{n} \overset{10}{\log} \frac{P}{p}.$$

„Wenn $P > p$, so ladet sich die Lösung positiv, das Metall negativ, und ε sucht in einem geschlossenen Kreise einen Strom zu erzeugen, der vom Metall zur Lösung, d. h. im Sinne der stärksten Kraft, der Lösungstension fliesst. Je kleiner wir p machen, um so grösser wird ε, und zwar wächst ε in arithmetrischer Progression, wenn p in geometrischer abnimmt. Verringern wir p, oder was dasselbe bedeutet, die Ionenkoncentration auf den zehnten Theil, so nimmt ε um $\dfrac{0{,}0576}{n}$ Volt zu; bei Silber z. B. wo $n = 1$, um $0{,}0576$, bei Kupfer, wo $n = 2$, um $0{,}0288$ Volt u. s. w. Man sieht also, dass ε gegen nicht allzu grosse procentische Aenderungen der Ionenkoncentration ziemlich unempfindlich ist, und für Ueberschlagsrechnungen kommt es meistens wenig darauf an, ob z. B. die Koncentration der Ionen des Elektrodenmaterials normal oder zehntelnormal ist. Wenn $P < p$, so gilt das in diesem Absatz Gesagte natürlich mit entgegengesetztem Vorzeichen.“

„Haben wir ferner eine Elektrode, die bei ihrer elektrolytischen Auflösung Anionen liefert, wie eine mit Chlor beladene Platinelektrode, so tritt ebenfalls, während alle andern Betrachtungen umgeändert bleiben, ein Zeichenwechsel ein; die Potentialdifferenz dieser Elektrode beträgt also:

$$\varepsilon = - \frac{R\,T}{n} \ln \frac{P}{p},$$

worin P den elektrolytiscben Lösungsdruck des betreffenden Metalloids
z. B. des Chlors, p den osmotischen Druck der Ionen in der Lösung,
z. B. der Chlorionen, und n wieder den chemischen Werth bedeutet."

„Man bezeichnet passend Elektroden, die Kationen bezw. Anionen
bei ihrer elektrolytischen Auflösung entsenden, als solche erster bezw.
zweiter Art; wegen des Wechsels des Vorzeichens ist es wichtig, hier streng
zu unterscheiden."

„Kombiniren wir zwei verschiedene Elektroden, so erhalten wir ein
galvanisches Element. Betrachten wir als Beispiel ein Daniell-
Element, das wir etwa aus Kaliumnitrat als Elektrolyt kombiniren, dem
wir dort, wo es das Zink bespült, ein Zinksalz, dort, wo es das Kupfer
bespült, ein Kupfersalz zusetzen, so finden wir für seine elektromotorische
Kraft die Gleichung:

$$E = \frac{RT}{2}\left(\ln\frac{P_1}{p_1} - \ln\frac{P_2}{p_2}\right), \qquad (2)$$

und man sieht, dass E abgesehen von den Lösungstensionen durch den
osmotischen Druck der Kupferionen p_2 und Zinkionen p_1 bedingt wird;
jedoch ist, wie schon oben bemerkt, für nicht zu grosse Aenderungen der
Ionenkoncentrationen die Aenderung von E ziemlich klein. Anders aber,
wenn wir durch chemische Mittel jene Grössen ganz ungeheuer, d. h. um
viele Zehnerpotenzen ändern."

„Die Kraft des Daniellelements muss nach obiger Formel steigen,
wenn wir p_1 sehr klein machen; wenn es gelingt, $\frac{p_1}{p_2}$ grösser als $\frac{P_1}{P_2}$ zu
machen, so wechselt E sein Zeichen, und der Strom muss im Daniell-
Element anstatt vom Zink zum Kupfer vom Kupfer zum Zink fliessen.
Nun können wir in der That mit Hilfe chemischer Reagentien Ionenkoncentrationen äusserst klein machen, und zwar entweder, indem wir die
Ionen in Gestalt eines schwerlöslichen Salzes ausfällen, oder aber, indem
wir sie mit andern Ionen zu neuen komplexen Ionen zusammentreten lassen.
Auf beide Methoden hat ja bekanntlich Ostwald[1]) hingewiesen. So
können wir die Kupferionen sehr weitgehend aus der die Kupferelektrode
bespülenden Elektrode entfernen, indem wir Cyankalium zufügen, und es
gelingt in der That, auf diesem Wege p_2 so klein zu machen, dass die
Pole des Elements ihr Zeichen wechseln; man sieht, dass nach Hinzufügen einer starken Cyankaliumlösung zum Kupferpol der Galvanometer-
ausschlag sein Zeichen wechselt."

Lösungstensionen der Metalle für andere Flüssigkeiten
als Wasser sind von L. Kahlenberg[2]), sowie H. C. Jones und

---

1) W. Ostwald, Allg. Ch. II Aufl. II, 878, 1893; vgl. auch Hittorf, Zeitschr.
physik. Ch. 10, 593, 1892.

2) L. Kahlenberg, Journ. Phys. Chem. 3, 379, 1899.

A. W. Smitt[1]) bestimmt worden. Wie zu erwarten, ergab sich keine Uebereinstimmung mit dem für Wasser erhaltenen Werth.

Beobachtungen von W. Ostwald[2]), F. Paschen, G. Magnanini.

In einer Arbeit „Studien zur Kontaktelektricität" untersuchte Ostwald die Potentialunterschiede einer Anzahl von Metallen gegen verschiedene Säuren. Die hierfür ermittelten Werthe gestatten eine grosse Anzahl von Schlüssen, von denen einige der wichtigsten hier wiedergegeben seien:

„Die Natur des Metalls hat auf die fraglichen Werthe offenbar den grössten Einfluss. Zink und Kadmium werden in allen untersuchten Säuren negativ, Kupfer, Antimon, Wismuth, Silber und Quecksilber in allen positiv; Zinn, Blei und Eisen zeigen positive und negative Werthe von 0,1 bis 0,2 Volt. Im Mittel erhält Zink das Potential $-0,7$ V., Kadmium $-0,3$, Zinn, Eisen, Blei ± 0, Kupfer $+0,3$ bis 0,4, Wismuth $+0,4$, Antimon $+0,3$, Silber $+0,5$ und Quecksilber $+0,8$ Volt. Das ist ein Ausdruck der „Spannungsreihe" der Metalle in wässerigen Lösungen, welche im grossen und ganzen von der Natur der letzteren nur in sekundärer Weise beeinflusst wird, wenigstens so lange einigermassen analoge Stoffe, d. h. solche, welche ähnliche Reaktionen auf die Metalle ausüben, in Betracht kommen."

„Die Natur der gelösten Säure hat indessen innerhalb dieser engeren Grenzen eine sehr ausgeprägte Bedeutung. Insbesondere unterscheiden sich die Halogenwasserstoffsäuren auf das deutlichste von den Sauerstoffsäuren, welche eine gesonderrte Gruppe für sich bilden. Ein Ueberblick über die Sauerstoffsäuren zeigt zunächst, dass bei den meisten Metallen die beobachteten Werthe innerhalb der Grenzen von etwas mehr als einem Zehntelvolt, unabhängig von der Natur der Säuren, belegen sind. Namentlich bei verdünnteren Lösungen tritt diese Beziehung ein, die nur in einzelnen Fällen durch Ausnahmen durchbrochen wird."

„Die Halogenwasserstoffsäuren weisen besondere Verhältnisse auf, indem sie unter einander und von den Sauerstoffsäuren viel mehr verschieden sind, als die letzteren unter sich. Beim Zink bedingt von den dreien die Chlorwasserstoffsäure die stärksten negativen, beim Quecksilber und Silber die stärksten positiven Potentiale; ebenso giebt Jodwasserstoffsäure mit Zink einerseits, und mit Quecksilber und Silber anderseits die kleinsten Unterschiede. Während also eine Kette Zink-Quecksilber in den meisten Sauerstoffsäuren eine ziemlich beständige elektromotorische Kraft von annähernd 1,4 V. zeigt, fällt dieser Werth bei Chlorwasserstoff

1) H. C. Jones u. A. W. Smitt, Amer. Chem. Journ. **23**, 397, 1900.
2) W. Ostwald, Zeitschr. physik. Ch. **1**, 583, 1887.

auf etwa 1,2, bei Bromwasserstoff auf 1,0 und bei Jodwassersto auf 0,8 V. Das in der Mitte zwischen beiden Metallen stehende Kupfer zeigt gegen die drei Säuren annähernd gleiche Potentialunterschiede."

„Auch für den Einfluss der Verdünnung lassen sich einige allgemeine Gesetzmässigkeiten aufstellen. In bei weitem den meisten Fällen rücken die Zahlen mit steigender Verdünnung nach der negativen Seite; negative Potentiale werden numerisch grösser, positive kleiner. Gleichzeitig nähern sich die mit verschiedenen Säuren erhaltenen Werthe einander mit zunehmender Verdünnung, so dass vorhandene Unterschiede sich ausgleichen, und die oben erwähnten Gesetzmässigkeiten bei grosser Verdünnung genauer zutreffen als bei geringer."

„Ob der Einfluss der Verdünnung gross oder klein ist, hängt sowohl von der Natur des Metalls wie von der Säure ab. Zink, Eisen, Wismuth sind Metalle, bei welchen die Verdünnung der Säuren grosse Veränderungen in dem erwähnten Sinne mit sich bringt; bei Kadmium, Blei, Kupfer, Wismuth, Silber und Quecksilber sind die Werthe viel weniger veränderlich. Insbesondere sind die Zahlen dann meist unabhängig von der Verdünnung, wenn das Salz, welches durch die Einwirkung der Säure auf das Metall entsteht oder entstehen könnte, unlöslich ist. Ein zweiter Fall, wo die Verdünnung mit Ausnahme der Propionsäure, keinen grossen Einfluss hat, findet sich bei den Fettsäuren fast allen Metallen gegenüber."

Unter Verwendung der Beziehung

$$E = 0,004302\ K.,\ \text{wo}\ 1\ K. = 100\ cal.,$$

berechnen sich folgende elektromotorischen Kräfte aus den thermochemischen Daten, für eine Verdünnung der Grammäquivalente der Säuren auf 10 l, also 2 HCl in 10 l u. s. w., wobei dieselben wie auch die thatsächlich beobachteten in Millivolt angegeben sind.

Chlorwasserstoffsäure.

	e_1 beob.	e_2 ber.	Diff. e_2-e_1		e_1 beob.	e_2 ber.	Diff. e_2-e_1
Zn	− 652	− 735	+ 83	Cu	+ 367	+ 277	− 90
Cd	− 282	− 378	+ 96	Bi	+ 367	+ 279	− 88
Sn	− 50	− 54	+ 4	Sb	+ 417	+ 378	− 39
Pb	− 33	+ 6	+ 39	Ag	+ 536	+ 426	− 110
Fe	+ 10	− 458	+ 468	Hg	+ 525	− 86	− 611

Bromwasserstoffsäure,

	e_1 beob.	e_2 ber.	Diff. e_2-e_1		e_1 beob.	e_2 ber.	Diff. e_2-e_1
Zn	− 583	− 738	+ 155	Cu	+ 394	+ 412	+ 18
Cd	− 244	− 409	+ 165	Ag	+ 457	+ 241	− 216
Pb	+ 25	+ 2	− 23	Hg	+ 470	− 252	− 722
Fe	+ 90	− 464	− 545				

Jodwasserstoffsäure.

	e_1 beob.	e_2 ber.	Diff. e_1-e_2		e_1 beob.	e_2 ber.	Diff. e_1-e_2
Zn	-448	-727	$+279$	Cu	$+320$	$+127$	-193
Cd	-120	-458	$+338$	Ag	$+385$	-22	-363
Pb	$+136$	0	$+136$	Hg	$+394$	-468	-862
Fe	$+140$	-426	-566				

Schwefelsäure.

Zn	-708	-809	$+101$	Fe	-66	-542	$+476$
Cd	-303	-452	$+149$	Cu	$+369$	$+269$	-100
Pb	-111	-114	$+3$	Ag	$+657$	$+1034$	$+377$

Salpetersäure.

Zn	-595	-733	$+138$	Cu	$+394$	$+342$	-52
Cd	-179	-385	$+206$	Ag	$+460$	$+1109$	$+649$
Pb	$+4$	$+6$	$+2$	Hg	$+828$	$+439$	-389

Die beobachteten elektromotorischen Kräfte stimmen in den seltensten Fällen mit den aus den Wärmetönungen berechneten überein, doch ist ein Parallelgehen in den meisten Fällen unzweideutig vorhanden.

F. Paschen[1]) beobachtete nach einer etwas verbesserten Methode folgende Werthe:

Pt,	H_2SO_4 (1,03 spec. Gew.),	0,738	V.
Zn,	H_2SO_4 (1,03 „ „	$-0,568$	„
Pt,	HCl (1,014),	0,514	„
Zn,	HCl (1,014),	$-0,536$	„
Pt,	KCN (1,163),	0,636	„
Zn,	KCN (1,163),	$-0,781$	„
C,	HNO_3 (1,06),	1,245	„
Pt,	HNO_3 (1,06),	0,879	„
Zn,	HNO_3 (1,06),	$-0,432$	„
Zn,	Chromatlösung,	$-1,326$	„
C,	„	0,473	„

Weitere Untersuchungen führten G. Magnanini[2]), H. M. Goodwin[3]) aus. Letzterer ging von dem von Ostwald begründeten Satze aus:

„Der Potentialunterschied zwischen einem Metalle und einer Flüssigkeit bestimmt sich, abgesehen von einer Kon-

1) F. Paschen, Wied. Ann. **41**, 42, 1890.

2) G. Magnanini, Rend. Acc. Lincei. **6**, 182, 1890; Zeitschr. physik. Ch. Ref. **6**, 371, 1890.

3) H. M. Goodwin, ibid. **13**, 577, 1894.

stante, die sich stets berechnen lässt, durch eine für das Metall charakteristische Konstante (seinen elektrolytischen Lösungsdruck nach Nernst), und die Kationkoncentration der Lösung, in der das Metall sich befindet."

Chemische Energie und Spannung der galvanischen Elemente.

Nach den Untersuchungen von Joule ist, wie vorher mitgetheilt wurde, 1 Watt = 0,240 cal. Wir wissen nun aus den Berechnungen von Clausius[3]), dass

$$W = \frac{1}{\mathfrak{A}} I . E = \frac{1}{\mathfrak{A}} \frac{E^2}{R}$$

ist, wobei W die im Stromkreise erzeugte Wärme, $\mathfrak{A}$ das mechanische Wärme-Aequivalent, I die Stromintensität, E die elektromotorische Kraft, R der Widerstand ist. Die zweite Gleichung ergiebt sich unter Benutzung des Ohm'schen Gesetzes, nach welchem ja

$$E = \frac{I}{R} \text{ ist.}$$

Aus der Gleichung $W = \frac{1}{\mathfrak{A}} I . E$ berechnet sich $IE = W\mathfrak{A}$.

Hierbei ist I E die betreffende Arbeitsleistung in Watt (1 Watt = 1 Volt $\times$ 1 Ampère). Setzen wir $\mathfrak{A}$ = 1/0, 240 = 4,167 und I = 1 Amp., so ergiebt sich für die Berechnung von E folgende Gleichung

$$E = 4{,}167 \, W,$$

wobei für W die für 1 Sek. Ampère zú verbrauchende Energie in cal. einzusetzen ist.

Nehmen wir als Beispiel zunächst das von Favre[4]) geprüfte, welches die Wärmetönung betrifft, die bei der Bildung von Zinksulfat am Zink auftritt. Dieser Forscher bildete sich ein Element aus einer Platinplatte und einer Zinkplatte in 5 °/o Schwefelsäure. Der chemische Vorgang war die Auflösung von Zink zu Zinksulfat. Hierbei gilt folgende Gleichung:

$$^{1}/_{2} \, Zn + ^{1}/_{2} \, H_2SO_4 = ^{1}/_{2} \, Zn \, SO_4 + ^{1}/_{2} \, H_2 + 18682 \text{ cal.}$$

Favre beobachtete in dem Stromkreise eine Wärmeerzeugung von 18124 bis 18137 Wärmeeinheiten.

Es würden sich bei diesem Vorgange berechnen:

Für 33 g Zink werden frei 18444 cal.,

„ 1 g „ „ „ $\frac{18444}{33}$ „

---

1) Clausius, Pogg. Ann. **87**, 415, 1852; Abh. 2, Aufl. 2, S. 138.

2) Favre, Ann. de Chim et de Phys. (3), **40**, 293, 1854; Compt. rend. **47**, 599, 1858.

Von 1 Ampère werden in 1 Sekunde geliefert $\dfrac{1{,}213}{60 \times 60}$, und es er-gaben sich für diese Menge $\dfrac{18444 \cdot 1{,}213}{33 \cdot 60 \times 60} = 0{,}192$ cal.

Wir haben nun nach der Gleichung
$$E\,I = 4{,}167\,W,$$
den für 1 Ampère entsprechenden Werth für $\dfrac{W}{I}$ in cal. einzusetzen, näm-lich 0,192 cal. und erhalten alsdann:
$$E = 4{,}167 \times 0{,}192\ V = 0{,}8\ V$$
für das Smee-Element.

In dem Daniell-Element, bei dem eine Auflösung von Zink in Schwefelsäure und eine Abscheidung von Kupfer aus Kupfersulfat statt-findet, gehen folgende Umsetzungen vor sich:

Positiv sind:
$$Zn + H_2SO_4\ aq = ZnSO_4\ aq + H_2 + 37364\ \text{cal.}$$
$$H_2 + O = H_2O \qquad\qquad + 68400\ \text{cal.}$$
$$\overline{\qquad\qquad\qquad\qquad\qquad\qquad\qquad 105764\ \text{cal.}}$$

Negativ sind:
$$CuSO_4\ aq = CuO + H_2SO_4\ aq - 18800\ \text{cal.}$$
$$CuO = Cu + O \qquad\qquad - 37200\ \text{cal.}$$
$$\overline{\qquad\qquad\qquad\qquad\qquad\qquad\qquad 56000\ \text{cal.}}$$

Die Differenz ist also $105764 - 56000 = 49764$ cal.

Dies gilt für zwei Gramm-Aequivalente, für eins haben wir
$$\frac{49764}{2} = 24882\ \text{cal.}$$

Nun wissen wir, dass 96540 cal. nothwendig sind zur Ausscheidung jedes Gramm-Aequivalents, dass
$$96540\,E = 24882 \cdot 4{,}167$$
$$E = \frac{24882 \cdot 4{,}167}{96540} = 1{,}05\ \text{Volt,}$$
während in Wirklichkeit erhalten werden für das Daniell-Element 1,06 Volt.

Nachstehend sei noch eine Tabelle von J. Thomsen[1]) gegeben, der folgende Vergleichswerthe fand: (E in Daniells). Die beobachteten Werthe sind nach den Untersuchungen von J. Braun korrigirt.

Vorgang.	Gramm-Kalorien.	Elektromotorische Kraft, berechn.	beob.
Zn, H_2SO_4 + 100 aq, $CuSO_4$, Aq konc. Cu	$1060900 - 55960 = 50130$	1,00	1,000
Zn, H_2SO_4, $CdSO_4$ aq konc. Cd	$1060900 - 89500 = 16590$	0,33	0,328

1) J. Thomsen, Wied. Ann. **11**, 246, 1890.

Vorgang.	Gramm-Kalorien.	Elektromotorische Kraft,	
		berechn.	beob.
Zn, HCl aq, AgCl aq	$112840 - 58760 = 54080$	1,08	1,06
Zn, H_2SO_4 + 100 aq, HNO_3, Kohle	$106090 - 10010 = 96080$	1,92	1,86
Zn, H_2SO_4 + 100 aq. + 100 aq, CrO_3 + SO_3 aq, Kohle	$106090 - 6300 = 99790$	1,99	1,85
Cu, H_2SO_4 + 100 aq, HNO_3, Kohle	$55960 - 10010 = 45950$	0,92	0,88
Cu, H_2SO_4 + 100 aq, HNO_3, + 7 aq, Kohle	$55960 - 23280 = 32680$	0,65	0,73
Fe, $FeCl_2$ aq, Fe_2Cl_6 aq, Kohle	$99950 - 55520 = 44430$	0,89	0,90.

Weitere Untersuchungen sind von Raoult[1], Fr. Exner[2], F. Braun[3], A. Wright[4] mit C. Thompson[5], von W. Ostwald und W. Hittorf[6] angestellt worden. Dieselben sind ausführlich in G. Wiedemann's Lehre von der Elektricität, Bd. II. 1026—1043 wiedergegeben. Als allgemeineres Resultat hat sich ergeben, dass häufiger die wirklich beobachtete elektromotorische Kraft hinter der aus den Wärmetönungen der chemischen Processe abgeleiteten zurückbleibt. Doch ist sie umgekehrt in gewissen Fällen grösser wie bei den Ketten $PbAc_2$ | $CuAc_2$; $ZnSO_4$ | $FeSO_4$; $PbAc_2$ | $CuSO_4$; $CdCl_2$ | $CuCl_2$; $ZnBr_2$ | $CuBr_2$; $AgNO_3$ | $AuCl_3$; $ZnCl_2$ | $PtCl_4$; $CdCl_2$ | $PtCl_4$; $PbAc_2$ | $PtCl_4$; $AgNO_3$ | $PtCl_4$ beobachtet worden.

Es finden also noch gewisse sekundäre Processe statt, über die wir wohl Vermuthungen anstellen können, deren zahlenmässige Wiedergabe und dementsprechendes Einsetzen in die Berechnung jedoch vorerst meist nicht möglich ist.

Eine besondere Beziehung ist jedoch durch die Untersuchungen von Helmholtz[7], Gibbs[8] und Duhem[9] aus theoretischen Betrachtungen abgeleitet worden, nachdem sich bereits vorher Hirn[10] und Braun (l. c.) mit denselben beschäftig hatten. Es ergiebt sich hieraus, dass

1) M. Raoult, Ann. de Chim. et Phys. (4), **2**, 354, 1864; (7), **4**, 392, 1865.
2) Fr. Exner, Wied. Ann. **6**, 348, 1879.
3) F. Braun, ibid. **5**, 182, 1878; **16**, 561, 1882; **17**, 593, 1882.
4) A. Wright, Phil. Mag. (5), **14**, 188, 1882; Wied. Ann. Beibl. **6**, 949, 1882.
5) A. Wright u. C. Thompson, Phil. Mag. (5), **19**, 1, 209, 1885; Wied. Ann. Beibl. **9**, 452, 1885.
6) W. Hittorf, Zeitschr. physik. Ch. **10**, 593, 1892.
7) H. v. Helmholtz, Berl. Monatsber. **1882**, 825.
8) W. Gibbs, (1873) Thermodynamik deutsch von Ostwald, 1892, 387.
9) Duhem, Électricité et Magnetisme 2. éd. **1**, 542.
10) Hirn, Exposition analytique expérimentale de la théorie mécanique de la chaleur 3. ed. **2**, 348, 1876.

$$W_c = W_e + W_s,$$

W_c = chemische Wärmetönung,

W_e = für elektromotorische Kraft verbrauchte Wärme,

W_s = für sekundäre Processe verbrauchte Wärme.

Helmholtz hat nun für W_s folgende Beziehungen abgeleitet unter Zugrundelegung des Temperaturkoëfficienten dE/dT

$$W_s = - T \frac{dE}{dT}$$

oder in Calorien gemessen als W_σ

$$W_\sigma = - \frac{1}{R} T \frac{dE}{dT}.$$

„Hierdurch ist eine Beziehung der sekundären Wärme zur Aenderung der elektromotorischen Kraft mit der Temperatur und auch der Aenderung der elektromotorischen Kraft bei Veränderung des Druckes zur Volumänderung gegeben."

„Aus diesen Beziehungen folgt:

1. Ist die sekundäre Wärme W_σ positiv, also die chemische Wärme grösser als die Joule'sche, so vermindert sich die elektromotoriche Kraft der Kette durch Steigerung der Temperatur. Sie wächst, wenn W_σ negativ, die chemische Wärme kleiner als die Joule'sche ist.

Sind beide Wärmen gleich, so ist die elektromotorische Kraft unabhängig von der Temperatur, Nur wenn $\frac{T\,dE}{dT} = o$ ist, geht alle chemische Energie in Joule'sche Energie über; ausserdem ist die sekundäre Wärme Null.

2. Bedingen die Reaktionen in der Kette eine Volumvermehrung, so sinkt die elektromotorische Kraft bei gesteigertem Druck, bedingen sie eine Verminderung, so steigt sie. Ist keine Volumänderung vorhanden, so hat auch der Druck keinen Einfluss auf die elektromotorische Kraft."

An Stelle der Gleichung von W_σ findet man auch häufiger dieselbe in folgender Form:

$$E_e = E_c + \varepsilon T \frac{d\pi}{dT},$$

worin E_e die elektrische Energie, E_c die chemische Energie, π das Potential und ε die in dem Element bewegte Elektricitätsmenge bedeutet.

Diese theoretisch abgeleiteten Beziehungen zwischen sekundärer Wärme und Temperaturkoëfficient sind durch die Untersuchungen von Czapski[1]) und besonders von H. Jahn[2]) sowie von Crustschoff und Sidni-

---

[1]) Czapski, Wied. Ann. **21**, 209, 1884.
[2]) H. Jahn, Wied. Ann. **28**, 21, 491, 1886; **31**, 925, 1887; **37**, 403, 1889; **50**, 189, 1893.

koff[1]) bestätigt worden; von der Versuchen Jahn's seien noch nachstehend die Resultate wiedergegeben:

Elemente.	Elektromotorische Kraft E. 0° C. Volt.	Stromwärme. Kalorien.	Chem. Wärme Kalorien.	Temperatur-Koëfficient Volt.	Sekund. Wärme. Kalorien.	
					gefund.	berech.
1. Cu, $CuSO_4 + 100H_2O$ | $ZnSO_4 + 100H_2O$, Zn	1,0962	50,526	50,110	$+ 0,000034$(G)	$- 0,416$	$- 0,428$
2. Cu, $Cu(C_2H_3O_2(_2aq$ | $Pb(C_2H_3O_2)_2 + 100H_2O$,Pb	0,4764	21,960 (21,684(J))	16,523	$+ 0,000385$(G)	$- 5,437$	$- 4,844$
3. Ag, AgCl | $ZnCl_2 + 100H_2O$, Zn	1,0306	47,506 46,907(J)	52,170	$- 0,000409$(J)	$+ 4,66$	$+ 5,148$
4. Ag, AgCl | $ZnCl_2 + 50H_2O$, Zn	1,0171	46,896 46,293(J)	49,082	$- 0,00021$(J)	$+ 2,186$	$+ 2,644$
5. Ag, AgCl | $ZnCl_2 + 25H_2O$, Zn	0,9740	44,908 44,332(J)	47,147	$- 0,000202$(J)	$+ 2,239$	$+ 2,540$
6. Ag, AgBr | $ZnBr_2 + 25H_2O$, Zn	0,8409	38,772 38,276(J)	39,936	$- 0,000106$(J)	$+ 1,164$	$+ 1,334$
7. Ag_2, $Ag_2(NO_3)_2$ | $Pb(NO_3)_2$, Pb . . .	0,932	42,98	50,87	$- 0,000632$(J)	7,95	7,890
8. Ag_2, $Ag_2(NO_3)_2$ | $Cu(NO_3)_2$, Cu . . .	0,458	21,12	30,04	$- 0,000708$(J)	8,92	8,920

In der Tabelle bedeutet (G) Gockel[2]), (J) Jahn. Die sekundäre Wärme setzt sich zusammen aus einem der Peltier-Wärme entsprechenden, sowie aus einem dem chemischen Vorgang an der Elektrode entsprechenden Theil. Untersuchungen von Gockel[3]) ergaben deshalb auch keine Uebereinstimmung hinsichtlich der Grösse der Peltier- und der sekundären Wärme.

Berechnung der elektromotorischen Kraft des Clarkelementes.

Nachstehend sind die von E. Cohen[5]) in betreff dieses Elementes ausgeführten Berechnungen wiedergegeben:

---

1) Crustschoff u. Sidnikoff, Compt. rend. **108**, 937, 1889; Wied. Ann. Beibl. **13**, 821, 1889.
2) J. M. Lovén, Zeitschr. physik. Ch. **20**, 456, 1895.
3) Gockel, Wied. Ann. **24**, 618, 1886; **33**, 10, 1888.
4) E. Cohen, Zeitschr. physik. Ch. **34**, 62, 179, 1900; vgl. hierzu Kahle, Zeitschr. f. Instrkd. **12**, 117, 1892; **13**, 191, 293, 1893; Wied. Ann. **51**, 174, 203 1894; **64**, 92.

a) „In erster Linie sei E_c (die chemiche Energie) berechnet unter Zugrundelegung der elektrischen Messungen von Kahle, Jaeger und Wachsmuth, Callendar und Barnes und zwar für $T = 2910$, da die kalorischen Messungen, welche wir später benutzen werden, bei dieser Temperatur ausgeführt worden sind.

Die E. K. des Clarkelementes kann nach Kahle dargestellt werden durch folgende Gleichung:

$$E_t = E_{15} - 0{,}00119\,(t - 15) - 0{,}000007\,(t - 15)^2 \ldots \quad (1)$$

während Callendar und Barnes ihre Messungen in der folgenden Gleichung zum Ausdruck bringen:

$$E_t = E_{15} - 0{,}001200\,(t - 15) - 0{,}0000062\,(t - 15)^2 \ldots \quad (2)$$

Aus (1) ergiebt sich:

$$\frac{dE}{dt} = - 0{,}00119 - 0{,}000014\,(t - 15) \qquad (1\,a)$$

aus (2)

$$\frac{dE}{dt} = - 0{,}00120 - 0{,}0000124\,(t - 15) \qquad (2\,a)$$

Die E. K. des Clarks bei 15^0 ist nach Jaeger und Kahle:
$$1{,}4328 \text{ Volt.}$$

Berechnen wir nun bei 18^0 den Temperaturkoëfficient nach (1a) bezw. (2a), so ergiebt sich:

nach (1a):
$$\left(\frac{dE}{dT}\right)_{T\,=\,291} = - 0{,}001232 \text{ Volt,}$$

nach (2a):
$$\left(\frac{dE}{dT}\right)_{T\,=\,291} = - 0{,}001237 \text{ Volt,}$$

Die E. K. des Clarkelementes bei $T = 271$ finden wir:
$$E_{291} = 1{,}4291 \text{ Volt.}$$

Setzen wir diese Werthe für E bezw. $\dfrac{dE}{dT}$ in der Gibbs- von Helmholtz'schen Gleichung:

$$E = \frac{E_c}{n\,\varepsilon_0} + \frac{T\,dE}{dT}$$

ein, und bringen nach Jahn's[1]) Messungen für 1 Volt-Ampère-Sek. 0,2362 Kalorien in Rechnung, so ist:

$$E_c = 2 \times 40745 = 814900 \text{ Kalorien.}$$

1898; Jaeger u. Wachsmuth, Elektrotech. Zeitschr. **15**, 507, 1894; Wied. Ann. **59**, 575, 1896; W. Jaeger, Elektrotech. Zeitschr. **18**, 647, 1897; Wied. Ann. **63**, 354, 1897; Jaeger u. Kahle, Zeitschr. f. Instrumkd. **18**, 161, 1898; Callendar u. Barnes, Proc. Roy. Soc. **62**, 117, 1897; Rep. Brit. Assoc. 1899, Sektion A. Phys. Rev. X. 202, 1900

[1]) H. Jahn, Wied. Ann. **25**, 49, 1885; Zeitschr. physik. Ch. **26**, 386, 1898.

b) „Berechnet man E_c nach der Gleichung:
$$Zn + Hg_2SO_4 \rightleftarrows 2\,Hg + ZnSO_4 \qquad (A),$$
so findet man:
$$E_c = \text{Bildungswärme } ZnSO_4 - \text{Bildungswärme } Hg_2SO_4.$$

Die Bildungswärme $ZnSO_4$ hat Thomsen[1] zu 230090 Kalorien bestimmt; diejenige des Hg_2SO_4 ist von Varet[2] auf zwei verschiedenen Wegen zu 175000 Kalorien bestimmt worden.

Aus diesen Zahlen ergiebt sich:
$$E_c + 23090 - 175000 = 55090 \text{ cal.}$$
welcher Werth um nicht weniger als 26000 Kalorien von dem auf elektrischem Wege berechneten verschieden ist.

Zieht man, wie es auch von Mac Intosh geschah, in Rechnung, dass sich $ZnSO_4$, $7\,H_2O$ bildet, also der Vorgang folgender ist,
$$Zn + Hg_2SO_4 + aq \rightleftarrows 2\,Hg + ZnSO_4,\ 7H_2O \qquad (A_1),$$
so findet man, dass nach Thomsen die Hydratationswärme des $ZnSO_4$ zu $ZnSO_4 - 7\,H_2O$ 22690 Kalorien beträgt:
$$E_c = 252780 - 175000 = 77780 \text{ cal.}$$
welche Zahl noch um etwa 4000 Kalorien von der auf elektrischem Wege berechneten abweicht."

c) „Nachdem gezeigt worden ist, dass die Gleichungen A und A' den Reaktionsmechanismus nicht darstellen, wollen wir untersuchen, welche Vorgänge thatsächlich im Elemente stattfinden:

Sind 2×96540 Coulomb durch das Element geflossen, so ist 1 Grammatom Zink in Lösung getreten. Dieses wird sich mit der äquivalenten Menge SO_4 aus Hg_2SO_4 zu $ZnSO_4$ verbinden. Das gebildete $ZnSO_4$ entzieht nun sofort der gesättigten Lösung von $ZnSO_4$, $7\,H_2O$, welche sich im Elemente befindet, Wasser und hydratisirt sich damit zu $ZnSO_4 . 7\,H_2O$. Diese Wasserentziehung wird stattfinden nach der Gleichung:
$$ZnSO_4 + \frac{7}{A-7}\,(ZnSO_4 . AH_2O) = \frac{A}{A-7}\,ZnSO_4 . 7\,H_2O \qquad (3)$$

Hierin ist A die Anzahl Molekeln Wasser, welche sich bei der Temperatur t^0, bei welcher das Element arbeitet, neben einer Molekel $ZnSO_4$ in der gesättigten Lösung des $ZnSO_4$, $7\,H_2O$ befinden. Das gebildete $ZnSO_4$, $7\,H_2O$ wird sich in der gesättigten Lösung des Elementes zu Boden setzen.

Die Wärmetönung im Elemente ist nun gleich dem Unterschiede der Bildungswärmen des $ZnSO_4$ und Hg_2SO_4 vermehrt um die Wärmetönung, welche den in Gleichung (3) dargestellten Vorgang begleitet. Diese letztere lässt sich im allgemeinen aus andern thermochemischen Daten berechnen.

---

1) Jul. Tomsen, Thermoch. Unters. III, 275 u. II, 245.
2) Varet, Ann. chim. phys. (7), 8, 1896; Berthelot, Thermoch. 2, 360, 1897.

Den Werth von A können wir den Löslichkeitsbestimmungen von Callendar und Barus[1]) und denjenigen von Cohen[2]) entnehmen, welche vollständig übereinstimmende Ergebnisse geliefert haben. Diese Bestimmungen führen zu der Gleichung:

$$L = 41{,}80 + 0{,}522\,t + 0{,}00496\,t^2,$$

wo L die Anzahl Gramme $ZnSO_4$ angiebt, welche sich bei t^0 in 100 g Wasser lösen. Aus dieser Gleichung findet man bei 18^0 $A = 16{,}81$. Bei dieser Temperatur nimmt also Gleichung (3) folgende Form an:

$$ZnSO_4 + 0{,}713\,(ZnSO_4 . 16{,}81\,H_2O) = 1{,}713\,ZnSO_4 . 7\,H_2O.$$

Die Wärmetönung, welche bei dieser Reaktion stattfindet, können wir bestimmen, indem wir die Systeme links und rechts von dem Gleichheitszeichen in so viel Wasser lösen, bis an beiden Seiten die Endkoncentration $ZnSO_4$, $400\,H_2O$ erreicht ist. Wir finden in dieser Weise:

Lösungswärme $ZnSO_4 - ZnSO_4$, $400\,H_2O = + 18430$ cal.[3])

Die Verdünnungswärme $(ZnSO_4$, $16{,}81\,H_2O) - ZnSO_4 . 400\,H_2O$ berechnen wir folgendermassen:

Verdünnungswärme $ZnSO_4 . 20\,H_2O - ZnSO_4 . 50\,H_2O = + 318$ cal.[3])

$$\text{Verdünnungswärme } ZnSO_4, 16{,}81\,H_2O - ZnSO_4 . 20\,H_2O = \frac{318}{20}\ \text{cal.}$$

$$20 - 16{,}81 = + 33{,}8\ \text{cal.}$$

Dann die Verdünnungswärme

$$ZnSO_4 . 20\,H_2O - ZnSO_4 . 200\,H_3O = + 390\ \text{cal.}$$
$$\text{(nach Thomsen 37)}$$

und Verdünnungswärme

$$ZnSO_4, 200\,H_2O - ZnSO_4, 400\,H_2O = + 10\ \text{cal.}$$
$$\text{(nach Thomsen 91),}$$

so ist die gesuchte Verdünnungswärme

$$ZnSO_4, 16{,}81\,H_2O - ZnSO_4, 400\,H_2O = + 433{,}8\ \text{cal.}$$

Weiter ist die Lösungswärme:

$$ZnSO_4, 7\,H_2O - ZnSO_4 . 400\,H_2O = - 4260\ \text{cal.}$$
$$\text{(nach Thomsen 275).}$$

Die Gleichung (3) ergiebt nun:

$$W = 18430 + 0{,}713 \times 433{,}8 + 1{,}713 \times 4260 = + 26037\ \text{cal.}$$

Die gesammte Wärmetönung E_c ist nun:

$$E_c = (230090 + 26037) - 175000 = 81127\ \text{cal.,}$$

welcher Werth mit dem auf elektrischem Wege gefundenen 81490 cal. in sehr befriedigender Uebereinstimmung steht."

---

1) Callendar u. Barus, Proc. Roy. Soc. 62, 117, 1897.

2) E. Cohen, Verslagen de koninklijke Akad. van Wetensch. te Amsterdam. 1900, 365.

3) Jul. Tomsen, l. c. III, 275, 90.

„Es versteht sich von selbst, dass wir dieses Resultat auch auf andere Weise darstellen können, und zwar durch Berechnung des Temperatur-koëfficienten nach der Gibbs- von Helmholtz'schen Gleichung und Vergleich dieser Zahl mit den direkt experimentell bestimmten.

Es ergiebt sich dann:

$$\left(\frac{d\,E}{d\,T}\right)_{291^0} = -\frac{8006}{291 \times 22782} = -\mathbf{0,001207}\ \text{Volt,}$$

während experimentell gefunden wurde — **0,001235** Volt.

d) „Bis dahin haben wir nun den Fall betrachtet, welcher sich auf die Elemente bezieht, wie sie wohl in der Praxis am meisten zur Verwendung kommen, d. h. wenn der Bodenkörper $ZnSO_4 - 7\,H_2O$ ist.

Befindet sich aber das Element oberhalb 39°, der Umwandlungstemperatur des Salzes mit sieben Molekeln Krystallwasser, oder ist es, nachdem es oberhalb dieser Temperatur erwärmt gewesen ist, nach völliger Umwandlung des Bodenkörpers, unterhalb 39° abgekühlt worden, so haben wir ein Element, wo $ZnSO_4$, $6\,H_2O$ als Bodenkörper, zugegen ist.

Gleichartige Betrachtungen, wie die, welche oben entwickelt wurden führen dann zur Reaktionsgleichung:

$$ZnSO_4 + \frac{6}{a-6}\,ZnSO_4\,.\,a\,H_2O = \frac{a}{a-6}\,ZnSO_4\,.\,6\,H_2O. \qquad (D)$$

Auch für dieses Element können wir E_c aus Jaeger's elektrischen Messungen berechnen und mit dem E_c-Werth vergleichen, welcher thermo-chemisch hergeleitet werden kann. Wir wollen die Rechnung für 15° ausführen. Bei dieser Temperatur ist $a = 15,67$. Gleichung (D) nimmt dann folgende Form an:

$$ZnSO_4 + 0,620\,ZnSO_4\,.\,15,67\,H_2O = 1,620\,ZnSO_4\,.\,6\,H_2O. \qquad (D)$$

Mit Thomsen's Daten, wie oben weiterrechnend, findet man:

$$W = 18430 + 0,6020 \times 441 + 1,620 \times 843 = +20069\ \text{cal.}$$

Die gesammte Wärmetönung in der Kette stellt sich dann auf:

$$E_c = (23090 + 20069) - 175000 = \mathbf{75159}\ \text{cal.}$$

Nun gilt weiter für Jaeger's Messungen für die Kette, in welcher $ZnSO_4$, $6\,H_2O$ als Bodenkörper zugegen ist:

$$E_t = 1400 - 0,00102\,(t - 39) - 0,000004\,(t - 39)^2$$

also

$$E_{15^0} = 1,4225\ \text{Volt.}$$

Aus (3) ergiebt sich:

$$\frac{d\,E}{(d\,T)_{288^0}} = -0,00102 + 48 \times 0,000004 = -0,000828\ \text{Volt,}$$

also wird:

$$E_c = 2\,(1,4225 + 288 \times 0,000828)\,22782 = \mathbf{75677}\ \text{cal.,}$$

während die kalorischen Bestimmungen für $E_c = 75159$ cal. ergeben, welche Zahl mit ersterer in völliger Uebereinstimmung steht."

Berechnung der elektromotorischen Kraft des Weston-Elementes.

In den nach Weston genannten Kadmiumelementen haben wir es mit folgender Kombination zu thun:

$$Hg - Hg_2SO_4 - \text{gesättigte Kadmiumsulfatlösung} - \text{Kadmium-amalgan } 14,3 \, ^0/_0.$$

Der Vorgang wird jedoch nach der Untersuchung von E. Cohen[1]), der sich dabei auf Messungen von Jaeger und Wachsmuth[2]) stützte, durch folgende Gleichungen wiedergegeben:

$$\text{Cd-Amalgam} \rightleftarrows Cd + Hg$$
$$Cd + Hg_2SO_4 \rightleftarrows 2\,Hg + CdSO_4$$

oder unter Berücksichtigung des Lösungsvorganges und darauffolgender Ausscheidung von $CdSO_4 \cdot {}^8/_3 \, H_2O$ durch folgende Gleichung:

$$Cd + \frac{^8/_3}{A - \, ^8/_3} \, (CdSO_4 \cdot A \, H_2O) + Hg_2SO_4 \rightleftarrows 2\,Hg +$$

flüssig.

$$\frac{A}{A - \, ^8/_3} \, (CdSO_4, \; ^8/_3 \, H_2O).$$

fest.

Während Zink und Zinkamalgan nach den Untersuchungen von Lindeck[3]) bezw. Hockin und Taylor[4]) gegen die nämliche Zinksulfatlösung dieselbe Potentialdifferenz zeigen, sobald die Menge des Zinks im Amalgam ein gewisses Minimum (etwa $2\, ^0/_0$) überschreitet, verhält sich nach Jaeger's Versuchen das im Weston-Element benutzte Amalgam wesentlich anders als das Kadmium, wie folgende Tabelle zeigt:

Zusammensetzung der Amalgame.		E. K. gegen das Amalgam von $14,3\, ^0/_0$ Cd.
$^0/_0$ Cd.	Cd : Hg.	Volt.
1	1 : 100	— 0,021
2	2 : 100	— 0,013
5	5,3 : 100	fast 0
10	11,1 : 100	0
11,4	12,9 : 100	0 } bis auf Hundertstel Millivolt.
13,0	15,0 : 100	0
14,3	16,7 : 100	0

---

[1]) E. Cohen, Zeitschr. physik. Ch. **34**, 612, 1900.
[2]) Jaeger, u. Wachsmuth, Wied. Ann. **59**, 575, 1896.
[3]) Lindeck, Wied. Ann. **35**, 311, 1888.
[4]) Hockin u. Taylor, Journ. Soc. Telegraph-Engineers **7**, 282, 1879.

Zusammensetzung der Amalgame. E. K. gegen das Amalgam von 14,3 % Cd.

% Cd.	Cd. : Hg.			Volt.		
15,5	18,2 : 100	0	bis	$+\,0,001$		ansteig.
20,0	25,0 : 100	$+\,0,001$	bis	$+\,0,011$		mit der
Cd-Amalgam	—	0	bis ca.	$+\,0,044$		Zeit.
Cd rein	—	$+\,0,051$.				

Hiernach setzt sich also die Wärmetönung im Weston-Element aus folgenden Einzelwerthen zusammen:

α) Es wird dem Kadmiumamalgam 1 Grammatom Cd entzogen (Wärmetönung W_1).

β) Das freigewordene Kadmium verbindet sich mit SO_4 des Hg_2SO_4 zu $CdSO_4$ (Wärmetönung W_2).

γ) Das gebildete $CdSO_4$ entzieht der gesättigten Kadmiumsulfatlösung des Elements Wasser und bildet $CdSO_4 . {}^8/_3 H_2O$, welches sich in der gesättigten Lösung zu Boden setzt (Wärmetönung W_3).

W_2 ergiebt sich als der Unterschied der Bildungswärme des $CdSO_4$ und Hg_2SO_4 zu $219900 - 175000 = 44900$ cal.

W_1 wurde von E. Cohen experimentell ermittelt und zu -5436 cal. bestimmt.

W_3 berechnet sich nach der Gleichung

$$CdSO_4 + \frac{{}^8/_3}{A - {}^8/_3} CdSO_4 . A . H_2O = \frac{A}{A - {}^8/_3} CdSO_4 {}^8/_3 H_2O.$$

Der Werth von A (Löslichkeit in 100 g . H_2O) lässt sich aus den Löslichkeitsbestimmungen von Mylius und Funk[1]), sowie Kohnstamm und Cohen entnehmen. Bei 18^0 ist $A = 15,17$. Aus der obigen Gleichung wird dann

$$CdSO_4 + 0,212 (CdSO_4 . 15,17 H_2O) = 1,212 \, CdSO_4 \, {}^8/_3 H_2O.$$

Lösen wir die Systeme zu beiden Seiten des Gleichheitszeichens in so viel Wasser, dass zu beiden Seiten die Endkoncentration $CdSO_4$, $4 H_2O$ erreicht wird, so lässt sich W_3 berechnen.

Aus noch nicht veröffentlichten Werthen von Holsboer liessen sich folgende Zahlen entnehmen:

Verdünnungswärme:

$CdSO_4 . 13,6 H_2O$	— $CdSO_4 . 30 \ H_2O$	$= + 1034$	cal.
$CdSO_4 . 15,6 H_2O$	— $CdSO_4 . 20,6 H_2O$	$= + 405$	„
$CdSO_4 . 20,6 H_2O$	— $CdSO_4 . 30,6 H_2O$	$= + 285$	„
$CdSO_4 . 30,6 H_2O$	— $CdSO_4 . 50,8 H_2O$	$= + 231$	„
$CdSO_4 . 50 \ H_2O$	— $CdSO_4 . 100 \ H_2O$	$= + 220$	„
$CdSO_4 . 100 \ H_2O$	— $CdSO_4 . 200 \ H_2O$	$= + 171$	„
$CdSO_4 . 200 \ H_2O$	— $CdSO_4 . 400 \ H_2O$	$= + 108$	„

Hieraus ergiebt sich die Verdünnungswärme von:

$$CdSO_4 . 15,17\,H_2O - CdSO_4 . 20,6\,H_2O = \frac{405}{5} . 0,43 + 405 = +\ 440\,cal.$$

$$CdSO_4 . 20,6\ \ H_2O - CdSO_4 . 30,6\,H_2O \qquad\qquad = +\ 285\ „$$

$$CdSO_4 . 30,6\ \ H_2O - CdSO_4 . 50\ \ H_2O \qquad\qquad = +\ 222\ „$$

$$CdSO_4 . 50\ \ \ \ \ H_2O - CdSO_4 . 400\,H_2O \qquad\qquad = +\ 499\ „$$

Verdünnungswärme $CdSO_4$ 15,17 $H_2O - CdSO_4 . 400\,H_2O = +1446\,cal.$

Es ist nun ferner nach Thomsen, Thermoch. Unters. III 201, die Lösungswärme des

$$CdSO_4 - CdSO_4 . 400\,H_2O = +10740\ cal.$$

und die Lösungswärme des

$$CdSO_4\,{}^8/_3\,H_2O - CdSO_4 . 400\,H_2O = +2660\ cal.$$

Dann ist also

$$W_3 = 10740 + 0,2112 \times 1446 - 1,212 \times 2660 = +7832\ cal.$$

Hierbei ist 0,2112 die Anzahl Grammmoleküle, denen durch Wasseraufnahme des neugebildeten $CdSO_4$ Wasser entzogen wird, und 1,212 ist die Gesammtheit der sich ausscheidenden Moleküle $CdSO_4$, ${}^8/_3\,H_2O$.

E_c ist also $= W_1 + W_2 + W_3 = -5436 + (219900 - 175000) + 7822 =$
$$+47286\ cal.$$

Jaeger und Wachsmuth geben folgende Temperaturgleichung:

$$E_t = 1,0186 - 0,000038\,(t-20) - 0,00000065\,(t-20)_2\ Volt,$$

also bei 18^0

$$E = 1,0186\ Volt$$

und $\left(\dfrac{dE}{dT}_{18^0\,C.}\right) = -0,0000354\ Volt$

und somit

$$E_c = +47889\ cal.$$

Auch hier zeigt sich also wieder befriedigende Uebereinstimmung.

Versuche von Cohen[1]) ergaben ferner, dass das $CdSO_4$, ${}^8/_3\,H_2O$ bei 15^0 eine Aenderung erleidet, er glaubt, dass deshalb das Weston-Element nicht unterhalb 15^0 als Normalelement benutzt werden darf; auch aus dem Grunde, dass das Kadmiumamalgan von $14,3^0/_0$ unterhalb 23^0 metastabil ist. Die betreffende Formel von Jaeger und Wachsmuth soll deshalb nur zwischen 23 und 26^0 brauchbar sein. Dies wird jedoch, wie Jaeger und Lindeck[2]) ausführen, durch die Erfahrung widerlegt. Auch verwenden sie neuerdings $13^0/_0$iges Cd-Amalgam.

---

1) Cohen, Zeitsch. physik. Ch. **34**, 621, 1900.

2) W. Jaeger u. St. Lindeck, ibid. **35**, 98, 1900; vgl. auch H. T. Barnes, Journ. Phys. Chem. **4**, 339, 1900.

Gaselemente.

Die Ströme, welche durch mit Gasen beladene Elektroden, die sich in einer Flüssigkeit befinden, erzeugt werden, sind zuerst von Grove untersucht worden. Eine sogenannte Wasserstoff-Sauerstoffkette kann dadurch erzeugt werden, dass man durch zwei platinirte Platinbleche, die sich in verdünnter Schwefelsäure befinden, einen Strom durchgehen lässt. Die Anode belädt sich dann mit Sauerstoff, dem noch etwas Ozon beigemischt ist, und die Kathode mit Wasserstoff. Das Platiniren geschieht durch Abscheidung von Platinmohr aus einer Platinchloridlösung auf je einer Platinplatte als Kathode.

Ausser durch den elektrischen Strom lässt sich die Wasserstoff-Sauerstoffkette auch durch Einleiten von Wasserstoff bezw. Sauerstoff in die Flüssigkeit an je eine Elektrode herstellen. Bei Stromschluss geht die mit Wasserstoff beladene Elektrode zur Anode, die mit Sauerstoff beladene zur Kathode, d. h. der Strom fliesst also in der umgekehrten Richtung, als er sich vorher beim Laden der Elektrode bewegt hatte. Es ist also ein Polarisationsstrom, der dem ladenden Strom entgegenwirkt. Hat man als leitende Flüssigkeit Schwefelsäure, so wird an der Wasserstoffelektrode Sauerstoff und an der Sauerstoffelektrode Wasserstoff abgeschieden, die sich mit dem auf der Elektrode kondensirten Gas zu Wasser vereinigen.

Hat man die Elektroden in Röhren mit den betreffenden Gasen stehen, so dass die unten offenen Röhren in die Flüssigkeit tauchen und immer neue Mengen Gas zur Verfügung stehen, so kann der Strom ziemlich konstant erhalten werden. Füllt man nur die Röhre mit Wasserstoff, so entsteht auch ein Strom, dessen Intensität jedoch bald abnimmt. Füllt man nur die Röhre mit Sauerstoff, so erhält man kaum einen Strom. Ozonhaltiger Sauerstoff wirkt etwas stärker, doch wird durch Zerstörung des Ozons durch den frei werdenden Wasserstoff die Wirkung desselben bald aufgehoben.

Je nach der Gasart, die auf dem Platin kondensirt wird, erhält man eine verschiedene elektromotorische Wirksamkeit. Wie Grove gefunden hat, lassen sich die Gase in eine Spannungsreihe ordnen, derart, dass das mit jedem folgenden Körper beladene Platin elektropositiv gegen das mit dem vorhergehenden beladene ist:

„Platin mit Chlor, Brom, Jod, Sauerstoff, Stickoxyd, Kohlensäure, Stickstoff, Metalle, die Wasser für sich nicht zersetzen, Platin mit Kampher, ätherische Oele, Aethylen, Aether, Alkohol, Schwefel, Phosphor, Kohlenoxyd, Wasserstoff, Metalle, die Wasser für sich zersetzen."

Nimmt man an Stelle des Platins ein anderes Metall, so ändert sich dies Verhältniss. So verhält sich eine Palladiumplatte in verdünnter Säure gegen Platin elektronegativ; tauchen beide in Wasserstoff, so ist letzteres elektropositiv.

Ausführliche Untersuchungen über die Gasketten sind von Schönbein, de la Rive, Beetz, Matteucci, Thoma, Buff, Peirce, Morley, Markovski, Alder Wright und C. Thompson, Mond und Langer u. s. w. ausgeführt worden (vergl. G. Wiedemann [l. c.]).

Nachstehend sei zunächst eine Tabelle von Beetz[1]) gegeben, bei der die elektromotorische Kraft einer Grove'schen Kette gleich 42 gesetzt ist (Grove: Daniell $= 100 : 170,8$), die aber infolge der sonstigen ungenauen Angaben eine Umrechnung nicht gut gestattet. Die elektromotorischen Kräfte waren in verdünnter Schwefelsäure:

						$G = 42$	$D = 2$
Platin in Sauerstoff gegen	Platin in			Wasser		3,49	0,042
„	„	Wasserstoff	„	„	„ Sauerstoff	23,98	0,293
„	„	„	„	„	„ Wasser	20,48	
„	„	„	„	„	„ Kohlenoxyd	12,12	
„	„	Kohlenoxyd	„	„	„ Brom	16,37	
„	„	Wasserstoff	„	„	„ „	28,32	
„	„	Luft	„	„	„ Chlor	9,50	
„	„	Wasserstoff	„	„	„ „	30,25	
„	„	„	„	„	„ Luft	20,50	

Morley[2]) fand folgende Resultate, bei denen $D = 100$ gesetzt ist und reines Wasser als Flüssigkeit angewendet wurde, und die von den von Beetz in verdünnter Schwefelsäure erhaltenen Resultaten erheblich abweichen.

	gewöhnl. Temp.	$75 - 78^0$.
H und O	87,4	82,8
H „ CO_2	98,1	87,5
H „ NO	93,3	94,5
H „ N_2O	79,0	78,0
H „ H_2O	80,7	95,4
H „ CO	40,4	—

Es zeigt sich auch in dieser Tabelle, dass Erhöhung der Temperatur eine meist geringere Abnahme der elektromotorischen Kraft bewirkt.

Die Untersuchungen von Peirce[3]) ergaben weiterhin, dass die Art der verwendeten Flüssigkeit von erheblichem Einfluss ist, was wir auch schon bei den von Beetz in verdünnter Schwefelsäure und von Morley in reinem Wasser angestellten Versuchen sahen.

Die Occlusion der Gase in den Metallen muss gewissermassen eine Ladung bewirken, infolge der gegenseitigen Beziehungen, sei es durch

[1]) Beetz, Pogg. Ann. **77**, 549, 1849; **90**, 42, 1853; **132**, 460 1867; Wied. Ann. **5**, 1, 1877.

[2]) Morley, Phil. Mag. (5), **5**, 292, 1878.

[3]) B. O. Peirce jun., Wied. Ann. **8**, 98, 1879.

Reibung oder eine andere ähnliche Ursache. Diese Reibung bewirkt eine Ansammlung oder besser eine Erregung der Elektronen, die je nach dem Grade der wirkenden Ursachen eine verschiedene Grösse erreichen kann.

Haben wir Platin-Wasserstoff gegenüber Platin in reinem ausgekochtem Wasser, so vertheilt sich die betreffende Erregung infolge der Wanderung von Wasserstoffatomen und Elektronen auf die beiden Elektroden; die Spannung zwischen beiden wird beseitigt, wobei ein Strom von der einen Elektrode zur andern geht.

Besondere Beachtung verdienen die Versuche von S. J. Smale[1]). Derselbe beobachtete folgende elektromotorische Kräfte:

Kombination.	Elektrolyt.	Elektromotorische Kraft nach Smale.	Peirce.	Beetz.
Wasserstoff-Sauerstoff	Schwefelsäure	1,073	1,019	1,080
„ „	Salzsäure	0,878	—	—
„ „	Phosphorsäure	1,068	—	—
„ „	Essigsäure	1,028	—	—
„ „	Chloressigsäure	1,070	—	—
„ „	Natronlauge	1,084	—	—
„ „	Kalilauge	1,092	—	—
„ „	Chlorkalium	0,971	—	—
„ „	Chlornatrium	0,969	0,843	—
„ „	Kaliumsulfat	1,066	0,768	—
„ „	Natriumsulfat	1,065	0,768	—
Wasserstoff-Chlor	Chlorwasserstoff	1,429	1,50	1,43
„ „	Chlornatrium	1,578	1,53	—
„ „	Chlorkalium	1,589	1,53	—
Wasserstoff-Brom	Bromwasserstoff	1,111	—	—
Wasserstoff-Jod	Jodwasserstoff	0,530	—	—

Es ergiebt sich also überall, wo Wasserstoff-Sauerstoff ohne Nebenreaktionen zur Wirkung kommt, bei Anwendung der geeigneten Elektroden eine elektromotorische Kraft von 1,07 Volt.

Diese Werthe vertheilen sich auf die einzelnen Elektroden folgendermassen:

Elektrolyt.	Werth der Wasserstoff-Elektrode.	Sauerstoff-Elektrode.	Chlor-Elektrode.
H_2SO_4	— 0,262	+ 0,811	—
HCl	— 0,271	+ 0,607	+ 1,158
$n/_{10}$ HBr	— 0,218	+ 0,555	—

---

1) F. J. Smale, Zeitschr. physik. Ch. **14**, 602, 1894.

Werth der

Elektrolyt.	Wasserstoff-Elektrode.	Sauerstoff-Elektrode.	Chlor-Elektrode.
H_3PO_4	$-0{,}236$	$+0{,}832$	—
CH_3COOH	$-0{,}161$	$+0{,}832$	—
KCl	$-0{,}028$	$+0{,}943$	$+1{,}561$
NaCl	$-0{,}030$	$+0{,}939$	$+1{,}548$
Na_2SO_4	$-0{,}036$	$+1{,}029$	—
K_2SO_4	$-0{,}034$	$+1{,}032$	—
KOH	$+1{,}070$	$+0{,}024$	—
NaOH	$+1{,}066$	$+0{,}018$	—
NH_3	$+1{,}107$	—	—

Diese Werthe sind sämmtlich von dem mit 0,560 Volt angesetzten Werthe der Normalkalomelelektrode abgeleitet.

„Von den allgemeinen Resultaten seien noch folgende erwähnt:

1. Die elektromotorische Kraft der Gaskette ist unabhängig von der Grösse und der Beschaffenheit der Elektroden, wenn diese unangreifbare sind.

2. Die elektromotorische Kraft der Gaskette ist unabhängig von der Natur und Koncentration des Elektrolyten, insofern sich bei Verwendung von Säuren, Basen und Salzen als Elektrolyte ein konstanter Werth von ungefähr 1,075 Volt ergab.

3. Die elektromotorische Kraft der Gaskette lässt sich in zwei Komponenten auflösen, die die an jedem der Pole herrschenden Potentiale darstellen. Es wurde versucht, die absoluten Werthe dieser Potentiale durch direkte Messung und nachfolgende Elimination der Kontaktelektricität festzustellen.

4. Es wurde die Aenderung in der elektromotorischen Kraft mit steigender Temperatur gemessen und daraus der Temperaturkoëfficient bestimmt. Die Weiterentwicklung der Nernst'schen Formel für steigende Temperatur liess sich in dem folgenden allgemeinen Satze formuliren: Die Lösungstension ändert sich mit der Temperatur, und zwar nimmt sie mit steigender Temperatur, proportional der absoluten Temperatur, ab."

In einer neuen Arbeit kommt E. Bose [1]) zu folgendem Resultate bei seiner ausführlichen Untersuchung der Gasketten: „Die elektromotorische Wirksamkeit der elementaren Gase ist bedingt durch ihre Löslichkeit in den Elektrodenmetallen. Die im Metall gelösten Gase sind wegen der hohen dissociirenden Kraft der Metalle als ganz oder theilweise in Einzelatome dissociirt zu betrachten. Die Ionen einer elektromotorisch wirksamen Substanz sind als schon in der Elektrode vorgebildet an-

---

[1]) E. Bose, Zeitschr. physik. Ch. **34**, 701, 1900; **38**, 1, 1901; **39**, 114, 1902; vgl. auch Wilsmore, **35**, 291, 1900.

zusehen. Die elektrolytische Lösungstension ergiebt sich alsdann als das Produkt aus dem osmotischen Druck dieser vorgebildeten Ionen und einem für jedes Lösungsmittel konstanten Faktor, den man am einfachsten als elektrolytischen Vertheilungskoëfficienten bezeichnet. Unter diesen Gesichtspunkten lässt sich die allgemeine Theorie der Gasketten, in denen Bildung des Lösungsmittels stattfindet, entwickeln."

„Die Sättigung der Elektroden mit den Gasen ist ein ausserordentlich langsam verlaufender Diffusionsvorgang im Elektrodenmetall. Die Grove'sche Kette arbeitet reversibel, aber die elektromotorische Kraft derselben ist bei Anwendung von Gasen von Atmosphärendruck jedenfalls höher als angenommen wurde. (Bose findet im Maximum 1,1046 V direkt gemessen und beobachtete eine zeitliche Zunahme von 1,0900 bis 1,1242 in ca. 16 Tagen.)"

„Die saure und die alkalische Wasserstoff-Sauerstoffkette unterscheiden sich von einander durch den Ort der Wasserbildung, welche in dem sauren Elemente an der Sauerstoffelektrode, im alkalischen an der Wasserstoffelektrode stattfindet."

„Der zweite Wasserzersetzungspunkt (von Glaser zu 1,67 Volt bestimmt) entspricht einem irreversibeln Vorgang, da ein und derselbe Vorgang nur einen einzigen Werth der maximalen Arbeit und also auch der elektromotorischen Kraft ergeben kann."

Als Maximalzahl wird schliesslich 1,1542 Volt angesehen. Hieraus ergiebt sich somit als wahrscheinlichster Werth bei 25° und 760 mm Druck

$$E_{25}^{760} = 1,1392 + 0,0150 \text{ Volt,}$$

welchem eine freie Bildungswärme des Wassers von

$$F = 52654 + 693 \text{ cal.}$$

entsprechen.

„Die Gaspolarisationen von Edelmetallen sind in weitaus den meisten Fällen keine durchgreifenden Sättigungen, sondern nur ziemlich oberflächliche Beladungen mit den betreffenden Gasen. An der Sauerstoffelektrode des Grove'schen Gaselementes haben wir ein Gleichgewicht zwischen Wasserstoffsuperoxyd, Wasser und Sauerstoff. Diesem Wasserstoffsuperoxyd kommt bei genügender Koncentration ein höheres Oxydationspotential zu als dem Sauerstoff von Atmosphärendruck entgegen dem gewöhnlichen Hydroperoxyd, welches das Oxydationspotential herabsetzt. Die Einstellung dieses Wasserstoffsuperoxydgleichgewichtes erfolgt bei Zimmertemperatur sehr langsam; namentlich an glatten Elektroden hält sich das hohe durch anodische Polarisation bei kleinen Stromdichten erreichte Oxydationspotential monatelang."

„Starke Temperaturerhöhung bedingt einen Umschlag des Potentials auf niedrige Werthe weit unter dem des reinen Sauerstoffs, also wahrscheinlich entsprechend einer Umwandlung einer Wasserstoffsuperoxydmodifikation in die andere. Das Oxydationsmittel verwandelt sich in das Reduktionsmittel."

„Durch die Betheiligung des H_2O_2 an den Vorgängen in der Gaskette wird die Theorie derselben, solange sich dieselbe nur auf Gleichgewichtszustände bezieht, nicht beeinflusst."

Ich habe bereits in Band I S. 124 gezeigt, dass für die Gaskette Sauerstoff — Wasserstoff die Reaktion folgende ist:

$$H + O = HO; OH + H = H_2O.$$

Hierfür berechnen sich $\dfrac{542}{2}$ K (K = 100 cal.), während die von

Glaser gefundene elektromotorische Kraft von 1,08 V = $\dfrac{514}{2}$ K ist.

Legen wir den von Bose gefundenen Werth von 1,114 Volt. zu

Grunde, so ergeben sich 1,1243 . 96540 . 0,24 = 26049 cal. = $\dfrac{522}{2}$ K.

Auch bei der Gaskette aus Chlor-Wasserstoff ergab sich annähernd Uebereinstimmung, nämlich für den Werth 1,42 V. von Beetz 328 K statt 351, berechnet aus der Bildungswärme von HCl.

E. Müller[1]) beobachtete folgende Werthe für diese Gaskette bei Anwendung von HCl:

Konc. der Säure	Gef.
N	1,3660 Volt.
N/$_{10}$	1,4849 „
N/$_{100}$	1,5460 „
N/$_{1000}$	1,5868 „

Legt man den letzten Werth von 1,5868 V. der Berechnung zu Grunde, so ergeben sich 367,8 statt 351 K.

19. Einwirkung des elektrischen Stromes und der elektrischen Strahlung auf chemische Reaktionen.

Allgemeines. Im galvanischen Elemente finden unter gleichzeitiger Bildung von elektrischer Energie chemische Umsetzungen statt. Umgekehrt werden gewisse chemische Verbindungen, die Elektrolyte, durch den elektrischen Strom in ihre Ionen zerlegt. Dieselben können zu verschiedenen andern Reaktionen verwendet werden, so der elektrolytische Wasserstoff zu Reduktionen, der elektrolytische Sauerstoff zu Oxydationen sowie die elektrolytisch abgeschiedenen Halogene zu Halogenirungen u. s. w.

Weiterhin finden Bildungen von chemischen Verbindungen statt unter dem Einflusse des elektrischen Funkens, des elektrischen Bogenlichtes wie

---

1) E. Müller, Zeitschr. physik. Ch. **40**, 158, 1902.

bei Calciumcarbid, bei Fluor, bei Aluminium, Karborundum u. s. w. Hierbei fiudet speciell die durch den Lichtbogen erzeugte grosse Hitze ihre Anwendung. Als besonders geeignet ist bei diesen Umsetzungen der Moissan'sche Ofen zu betrachten.

Ueber chemische Synthesen mittels der dunklen elektrischen Entladung haben S. M. Losanitsch und M. Z. Jovitschitsch[1] Untersuchungen angestellt. Während die dunkle elektrische Entladung neben der Umwandlung des Sauerstoffs in Ozon noch eine Reihe von chemischen Veränderungen hervorbringt, die nach den vorliegenden Erfahrungen theils Zersetzungen, theils Polymerisationen entsprechen, werden hierdurch auch eine Reihe von Synthesen bedingt. Berthelot zeigt, dass die elektrische Entladung die Bildung von Wasser aus Wasserstoff und Sauerstoff bewirkt. Den von Berthelot verwendeten Ozonisator bezw. Elektrisator benützten auch Losanitsch und Jovitschitsch. Sie verwendeten einen Strom von etwa 70 Volt und 3 bis 5 Amp., leiteten denselben durch einen grossen Ruhmkorff'schen Induktionsapparat, dessen Pole mit den Belegungen des Elektrisators verbunden waren und beobachteten nachstehende Synthesen:

Kohlenoxyd, in den mit Wasser angefeuchteten Apparat geleitet und nach Verdrängung der Luft dem Effluvium ausgesetzt, gab Ameisensäure entsprechend der Gleichung

$$CO + H_2O = HCOOH.$$

Kohlenoxyd uud Wasser geben Ameisensäure und Sauerstoff.

Kohlenoxyd und Wasserstoff bildeten Formaldehyd, der nach kurzer Zeit verschwand und Tröpfchen einer dicken Flüssigkeit bildete.

Kohlenoxyd und Wasserstoff gaben Ameisensäure; Kohlenoxyd und Methan lieferten Acetaldehyd, das in Aldol überging und sich weiter polymerisirte. Kohlenoxyd und Schwefelwasserstoff bildeten Thioformaldehyd, Kohlenoxyd und Ammoniak Formamid, Schwefelkohlenstoff und Wasserstoff bildeten das Monosulfid des Kohlenstoffs und Schwefelwasserstoff. Stickstoff und Wasserstoff gaben Ammoniumnitrit, eine Reaktion, die bereits Berthelot 1838 beschrieb. Ungesättigte Kohlenwasserstoffe polymerisirten sich.

Untersuchungen über die chemische Wirkung elektrischer Schwingungen sind ausgeführt worden von A. de Hemptinne[2].

Nach den Untersuchungen von W. J. Russel[3] wirken auch andre Stoffe, ähnlich den Becquerel'schen Strahlen im Dunkeln auf die photographische Platte. Unter Anwendung verschieden langer Exposition

---

1) S. M. Losanitsch u. M. Z. Jovitschitsch, Ber. **30**, 135, 1897.
2) A. de Hemptinne, Zeitschr. physik. Ch. **22**, 358, 483, 1897; **25**, 284, 1898.
3) W. J. Russel, Proc. Roy. Soc. **61**, 424, 1897; Naturw. Rundsch. **12**, 595, 1897.

auf bestimmte empfindliche Platten wirkten die Metalle: Hg, Mg, Cd, Zn, Ni, Al, englisch Zinn, Löthmetall, Pb, Bi, Sn, Co und Sb; ferner zeigten eine Wirkung Copal, Dammar- und Kanadabalsam, verschiedene Gummiarten, verschiedene Holzarten, Stroh, Heu, Bambus, Wachstaffet, manche Arten von Zeitungspapier, Pillenschachteln und andere Gegenstände. Die von diesen Körpern ausgehenden Wirkungen wurden von manchen Substanzen, z. B. von Glas aufgehalten, während sie durch andere hindurchgingen.

In seinen experimentellen Untersuchungen der elektrochemischen Aktinometer stellt H. Rigollot[1]) folgende Tabelle auf über die Empfindlichkeitsmaxima der verschiedenen untersuchten Aktinometer:

Wellenlänge in μ.	Elektrode.		
1,040	Schwefelsilber,		
660	Schwefelzinn,		
657	Kupferverbindungen	mit	Malachitgrün,
622	„	„	Methylviolett,
622	„	„	Cyanin,
614	„	„	Formylviolett,
588	„	„	löslichem Blau,
570	Bromkupfer,		
560	Kupferverbindungen	mit	Safranin,
554	„	„	Eosin,
540	Kupferchlorür,		
472	Kupferoxydul,		
464	Schwefelkupfer,		
460	Oxydirtes Zinn,		
410	Kupferjodür,		
410	Ultraviolettes Kupferfluorür.		

Da die Maxima sehr ausgeprägt sind und die Aktinometer praktisch monochromatisch wirken, kann man mit Hilfe derselben photometrische Messungen machen, ohne dass man eine spektrale Zerlegung allzu sorgfältig vornimmt.

20. Beziehungen zwischen mechanischen Wirkungen und elektrischem Strom.

Von mechanischen Wirkungen des elektrischen Stromes ist bereits eine grosse Zahl bekannt geworden. Es seien ausser den bereits vorher erwähnten Zerstäubungserscheinungen folgende Beispiele gegeben:

---

1) H. Rigollot, Journ. de Phys. (3), **6**, 520, 1897; Ref. Zeitschr. physik. Ch. **25**, 188, 1898.

a) für Dielektrika;

Beim Elektrisiren einer Leydener Flasche wird ihr innerer Raum grösser. Vulkanisirter Kautschuk nimmt beim Elektrisiren an Länge zu, dasselbe gilt für Glas, Glimmer u. s. w., wobei sich auch zugleich die Elektricität derselben ändert.

Auch das Volum der dielektrischen Flüssigkeiten wird beim Elektrisiren verändert, und zwar nimmt es fast immer zu.

Die Kohäsoin bezw. die Kapillarität von Flüssigkeiten wird nicht beeinflusst.

b) für Leiter erster Klasse.

Schon Peltier hatte beobachtet, dass Drähte von Kupfer und Messing nach sehr langem Gebrauche für die Durchleitung des elektrischen Stromes brüchig werden. Auch soll die Zerreissungsfestigkeit abnehmen, dagegen entsprechend den Veränderungen der Elasticität der Widerstand zunehmen. (Dufour u. Quintus Icilius). Die Versuche von Wertheim[1]) schienen dies vorerst zu bestätigen, doch haben weitere Untersuchungen ergeben, dass es anscheinend nur die betreffenden Temperaturänderungen sind, welche diese Veränderungen bewirken.

Bei den thermoelektrischen Strömen ist die Elasticität des Materials von ausserordentlichem Einfluss. So zeigen sich Thermoströme bei Herstellung einer Thermosäule aus gespannten und ungespannten Metall.

Unter Piezoelektricität versteht man die Elektricitätserscheinungen, welche bei Krystallen auftreten, wenn man sie einem Drucke aussetzt. Dieselben schliessen sich eng an die Erscheinungen der Pyroelektricität[2]).

21. Wechselwirkung zwischen Licht und Elektricität.

Allgemeines.

Die Wechselbeziehungen zwischen Licht und Elektricität sind insofern mannigfaltige, als der elektrische Strom durch die Wärmewirkungen, welche er in Leitern der Elektricität erzeugt, dieselben bei entsprechendem Widerstande zum Glühen bringt. Auch die Nernstlampe, sowie das elektrische Bogenlicht sind hierher zu rechnen, weil auch beim letzteren neben der Funkenentladung glühende Kohlentheilchen die Aussendung von Lichtstrahlen verursachen.

---

1) Wertheim, Ann. de Chim. et de Phys. (3), **12**, 610, 1844; H. Streintz, Wien. Ber. (2), **67**, 323, 1873; Pogg. Ann. **150**, 368, 1873; F. Exner, Pogg. Ann. Ergänzbd. **7**, 431, 1876; Wied. Ann. **2**, 100, 1877.

2) Vgl. hierzu E. Riecke u. W. Voigt, Wied. Ann. **45**, 523, 1892.

Ausserdem sind hier zu erwähnen die Funkenentladungen, die wir beim Blitz beobachten und in kleinerem Massstabe bei jedem Stromschluss oder jedem Oeffnen des Stromes beobachten können.

Weiterhin gehören hierher die Luminiscenzerscheinungen, welche in Geissler'schen Röhren erzeugt werden, bei denen die in grosser Verdünnung vorhandenen Gasmoleküle zum Leuchten gebracht werden.

Dann sei auch noch der Drehung der Polarisationsebene des Lichts gedacht, die durch den Entladungsstrom der Leydener Batterie eintritt.

Die Wechselbeziehungen sind also sehr weitgehende, was in Anbetracht des Umstandes, dass wir es bei beiden mit besonders gearteten Aethererregungen, mit Bewegungen der Elektronen, zu thun haben, nicht Wunder nehmen kann.

Nicht verändert werden meist durch den Einfluss der elektrischen Ladung: der Brechungsexponent, die Drehung der Polarisationsebene des Lichtes. Dagegen tritt mitunter in festen Dielektrika, welche zwischen zwei entgegengesetzt elektrisirte Leiter gebracht werden, Doppelbrechung auf; auch kann der ordentliche oder ausserordentliche Strahl eines Nicols beim Durchgang durch ein elektrisirtes Dielektrikum verzögert oder beschleunigt werden, infolge der Wirkung der Kraftstrahlen. Kerr[1]) hat hierfür ein reichhaltiges Beobachtungsmaterial zusammengetragen; doch lassen sich hieraus keine allgemeinen Schlüsse ziehen.

Weitere Untersuchungen ergaben, dass „die Intensität der Wirkung oder die Differenz der Verzögerungen des ordentlichen oder ausserordentlichen Strahles in der Einheit der Dicke des Dielektrikums dem Quadrate der wirkenden elektrischen Kraft proportional ist.“

Das Licht hat die Eigenschaft, an elektrisch negativ geladenen Metallen Entladung hervorzurufen. J. J. Thomson hatte dies dadurch zu erklären versucht, dass er von der Annahme ausging, die Metalle ziehen die positive Elektricität stärker an als das umgebende Dielektrikum und streben sich positiv zu laden; dies kann aber nicht stattfinden, wenn die negative Ladung des Metalls nicht entweichen kann. Wird nun der Leiter von ultraviolettem Lichte bestrahlt, so erfolgt Zerstäubung des Leiters und eine solche Aenderung der Luft in seiner Umgebung, dass sie eine negative Ladung aufnehmen kann; die Folge der Bestrahlung ist daher eine positiv elektrische Ladung der Metalle.

G. C. Schmidt[2]) suchte diese Annahme zu prüfen, indem er folgerte, dass alsdann Körper, die eine stärkere Anziehung für die negative Elek-

---

1) Kerr, Phil. Mag. (5), **13**, 153 u. 248, 1882; **20**, 363, 1885; vgl. auch Röntgen, Wied. Ann. **10**, 77, 1880; Brongersma, ibid. **16**, 222, 1882.

2) G. C. Schmidt, Wied. Ann. **62**, 407, 1897; vgl. auch O. Knoblauch, Zeitschr. physik. Ch. **29**, 527, 1899.

tricität besitzen, bei Belichtung die positive Ladung zerstreuen müssten. Als Substanzen, die im Lichte sich negativ laden, wählte er den **Fluss-spath** und das **Selen**, und mass an den Stellen der Oberfläche der Flussspathkrystalle, die im Lichte negative Elektricität zeigen, die Zerstreuung bei der Ladung mit positiver und negativer Elektricität. Flussspath, der·sich an den Ecken und besonders an frischen Bruchflächen stets positiv, in der Mitte dagegen negativ ladet, zerstreute an allen Stellen nur die negative Elektricität. Auch am Selen, welches eine grosse Verwandtschaft zur negativen Elektricität zeigt, fand nur eine Zerstreuung der negativen Elektricität statt, während die Zerstreuung der positiven Elektricität so klein war, dass sie nicht mit Sicherheit nachgewiesen werden konnte. Die Erklärung J. J. **Thomson's** ist also durch diese Versuche nicht bestätigt worden.

Photochemische Ströme.

Von E. **Becquerel**[1]) wurde beobachtet, dass bei ungleich belichteter, mit Chlorsilber überzogener Silberplatte in Salzsäure ein Strom fliesst, der von der unbestrahlten Platte als Kathode zur bestrahlten als Anode geht. Aehnlich verhalten sich die bis zum Braunwerden oxydirten Kupferplatten[2]) in Kochsalzlösung. Auch hier wird der belichtete Pol Anode, und zwar steigt die elektromotorische Kraft bei Belichtung mit den einzelnen Farben des Spektrums von Roth bis Violett und fällt dann wieder innerhalb des ultravioletten Spektrums.

Weitere Untersuchungen haben ergeben, dass die Frage, welche Elektrode Anode oder Kathode wird, von den in der Lösung vorhandenen Salzen abhängig ist, und auch die Wirkung der einzelnen Strahlenarten ist eine entsprechend verschiedene.

Auch über die Aenderung der elektromotorischen Kraft des **Selens** beim Kontakt mit Wasser durch Bestrahlung sind Untersuchungen angestellt worden.[3]) Es stellte sich heraus, dass das Selen im Dunkeln elektropositiv gegen Platin wird, bei Bestrahlung dagegen elektronegativ.

Wenn man zwei identische Metallplatten in eine Flüssigkeit stellt, die eine belichtet und die andere im Dunkeln hält, so findet man nach den Beobachtungen von **Becquerel**, dass zwischen beiden Platten eine Potentialdifferenz auftritt, die je nach den Versuchsbedingungen verschieden ist. H. **Rigollot**[4]), der diese Untersuchungen über ein **elektrochemisches Aktinometer** weiter ausdehnte, fand bei verschiedenen Körpern folgende Resultate:

---

1) E. **Becquerel**, Ann. de Chim. et de Phys. (3), **32**, 176, 1851.
2) **Gouy** u. **Rigollot**, Wied. Ann. Beibl. **12**, 681.
3) **Sabine**, ibid. **3**, 435.
4) H. **Rigollot**, Journ. de physique (3), **6**, 520, 1897.

Die Empfindlichkeit war am grössten für $\lambda = 1{,}04\ \mu$ beim Schwefel-silberaktinometer, für $\lambda = 0{,}660\ \mu$ beim Schwefelzinn, für $0{,}657\ \mu$ bei Kupferverbindungen mit Malachitgrün gefärbt, für $0{,}622\ \mu$ bei Kupferverbindungen mit Methylviolett gefärbt, für $0{,}620\ \mu$ bei Kupferverbindungen mit Cyanin, für $0{,}614\ \mu$ bei Kupferverbindungen mit Formylviolett, für $0{,}588\ \mu$ bei Kupfer mit löslichem Blau, für $0{,}570\ \mu$ bei Bromkupfer, für $0{,}560\ \mu$ bei Kupfer mit Eosin, für $0{,}540\ \mu$ bei Chlorkupfer, für $0{,}472\ \mu$ bei Kupferoxyd, für $0{,}464\ \mu$ bei Schwefelkupfer, für $0{,}460\ \mu$ bei Zinnoxyd, für $0{,}410\ \mu$ bei Jodkupfer, für Ultraviolett bei Fluorkupfer.

Bei allen diesen Aktinometern hörte die von einer Belichtung erzeugte elektromotorische Kraft augenblicklich mit der Belichtung auf. Man ist in der Lage bei Intensitätsmessungen bestimmter Strahlenarten sich hierfür das empfindlichste Aktinometer auszusuchen.

Nach den Untersuchungen von E. Bose und H. Kochan[1]) zeigen längere Zeit anodisch polarisirte Goldelektroden deutliche Lichtempfindkeit, z. B. folgt das Potential der Elektrode deutlich dem Verlauf der Tageshelligkeit. Es wirken erniedrigend auf das Oxydationspotential der Elektrode: Kohlenlichtbogen, Magnesiumbandlampe, Quecksilberlichtbogen, Auerbrenner, Quecksilberlichtbogen mit Kaliumpermanganatlösung davor (reines intensives Violett, weiterhin Spektralviolett); erhöhend wirken Bogenlicht mit rother Scheibe davor (das ganze Spektralroth), Quecksilberlichtbogen desgleichen (aber sehr lichtschwach), Bogenlicht mit rother und gelber Scheibe (lichtschwächer als 10, aber nur schmales Bereich des inneren sichtbaren Roth), Lithiumflamme, Lichtbogen mit alkoholischer Jodlösung davor (fast undurchsichtig, nur Spuren des äussersten sichtbaren Roths), Spektralroth.

Keine Einwirkung zeigt: Quecksilberlichtbogen mit gelber Glasscheibe davor (nur die grünen und orangefarbenen Linien des Bogens), Kohlenbogen oder Magnesiumlicht mit grüner Glasscheibe (das grüne Bereich des Spektrums sehr rein, Natriumflamme, entleuchtete Bunsenflamme.

Erzeugung von Lichterscheinungen.

H. Kauffmann[2]) fand folgende Resultate bei Einwirkung von Tesla-Strömen auf organische Verbindungen.

Die auftretenden Lichterscheinungen besitzen einen ausgeprägt konstitutiven Charakter.

Mit violetter Farbe leuchten Kohlenwasserstoffe, Phenole, Aniline, Amidophenole.

---

1) E. Bose u. H. Kochan, Zeitschr. physik. Ch. **38**, 28, 1901.
2) H. Kauffmann, Ber. **33**, 1725, 1900.

Das Leuchtvermögen wird verringert durch die Acetylgruppe, die Benzylidengruppe, die Nitrogruppe, Chlor, Brom, die Karboxylgruppe. Nitrokörper leuchten nicht. Von den acetylirten Körpern bildet eine Ausnahme die Acetylverbindung des Dimethyl-p-phenylendiamins sowie p-Phenetidin.

Die Chinone leuchten nicht, ebenso vermögen gefärbte Benzolderivate nicht zu leuchten. Auxochrome Gruppen erhöhen das Leuchtvermögen, chromophore erniedrigen es. Auxochrome rufen das Leuchten hervor. Chromophore nicht.

Die Leukoverbindungen der Farbstoffe sind zu den leuchtenden Substanzen zu zählen.

Den Zustand, den der Benzolkern beim Leuchten annimmt, bezeichnet **Kauffmann** als X-Zustand.

M. W. **Hoffmann**[1]) beobachtete Thermoluminiscenz bei der Mischung $CaSO_4 + 5\,^0/_0\,MnSO_4$, die durch die **Wiedemann**'schen Entladungsstrahlen hervorgerufen wurden. J. J. **Borgmann** und **Soumguine**[2]) machten die Beobachtung mit den **Röntgen**- und den **Becquerel**-Strahlen an derselben Salzmischung, wobei ebenfalls Thermoluminiscenz auftrat.

---

[1]) M. W. **Hoffmann**, Wied. Ann. **60**, 269, 1897.
[2]) J. J. **Borgmann**, Compt. rend. **124**, 895, 1897.

VII.

Der Magnetismus in seinem Verhältniss zu Zustands-
änderungen und Reaktionen.

Allgemeines.

Der Einfluss des Magnetismus, einer eigentlich viel auffälligeren Erscheinung als es die Elektricität ist, bezieht sich im allgemeinen auf die
wenigen magnetisirbaren Elemente und die Zustandsänderungen, welche
in diesen durch ihn bewirkt werden. Ausserdem kommen noch die Wirkungen in Betracht, welche er auf die Drehung der Polarisationsebene durch
unter gewöhnlichen Umständen nicht optisch aktive Verbindungen ausübt. .Ebenso sind noch von hervorragender Wichtigkeit die Entstehung
elektrodynamischer Ströme, welche durch die magnetischen Kraftlinien erzeugt werden.

Als Einheit des Magnetismus betrachtet man diejenige Menge
desselben, welche auf eine gleich grosse Menge des gleichen Magnetismus
in der Einheit der Entfernung eine Abstossung ausübt, die gleich der
Wirkung der beschleunigenden Kraft Eins auf die Masse Eins ist.

Das magnetische Moment eines Theilchens ist das Produkt der
in ihm getrennten magnetischen Massen mit dem Abstande, um den sie
von einander entfernt worden sind.

Unter magnetischer Susceptibilität versteht man die durch
die Stärke des Magnetfeldes dividirte Magnetisirungsintensität.

Nach der herrschenden Ansicht über den Magnetismus sind die betreffenden Molekeln mit bestimmtem positiven und negativen Magnetismus
beladen oder von elektrischen Molekularströmen durchflossen. Die sog.
Molekularmagnetchen sind für gewöhnlich in beliebigen Richtungen orientirt und werden im Magnetfelde beim Magnetisiren gleichmässig gerichtet.
Aus dieser bestimmten Orientirung kehren die Molekularmagnete wieder
in ihren ursprünglichen Zustand zurück, oder, wenn die Körper Koërcitiv-

kraft besitzen, behalten sie einen Theil ihres Magnetismus und werden permanente Magnete.

Mechanische Veränderungen, die beim Magnetisiren auftreten, sind zuerst von Joule aufgefunden worden, indem er zeigte, dass ein Stab aus weichem Eisen sich in der Richtung der Magnetisirung verlängert und in der Querrichtung verkürzt, so dass sein Volum ungeändert bleibt. Hurmuzescu[1]) stellte Versuche mit Eisensalzlösungen an und fand, dass deren Volum beim Magnetisiren kleiner wird. Aehnliches war bereits von Quincke 1885 beobachtet worden.

Magnetisches Eisen zeigt einen etwas grösseren elektrischen Widerstand als nicht elektrisches; bei Kupfer konnte aber ein solcher Unterschied nicht beobachtet werden. Lösungen von Eisensalzen haben sich hierbei ebenfalls indifferent gezeigt.

Ira Remsen entdeckte im Jahre 1881, dass in einem auf einem Magneten stehenden Gefässe aus Eisenblech das Kupfer einer Kupfersulfatlösung nicht gleichmässig, sondern längs bestimmter magnetischen Linien sich niederschlägt, welche den gleichen Magnetisirungen entsprechen. Auch wurde das magnetisirte Eisen weniger stark von der Lösung angegriffen als das nicht magnetisirte. Weitere Versuche über das elektromotorische Verhalten magnetischer und nicht magnetischer Substanzen haben unzweideutige Resultate nicht gegeben.

Hurmuzescu folgert aus seinen Versuchen: Wenn zwei Elektroden, die einander möglichst ähnlich und aus derselben magnetischen Substanz sind, in Flüssigkeit getaucht werden, welche sie angreifen kann, so entsteht beim Magnetisiren eine elektromotorische Kraft, für welche man einen einfachen Ausdruck erhält, wenn man auch den magnetischen Zustand des Eisensalzes in der Flüssigkeit berücksichtigt. Hat man den Versuch so angeordnet, dass man den magnetischen Zustand der Flüssigkeit vor der Elektrode vernachlässigen darf, so ist die stärker magnetisirte Elektrode positiv gegen die schwächer magnetisirte beim Eisen und Nickel und negativ beim Wismuth. Die experimentell zwischen der elektromotorischen Kraft und dem Magnetfelde gefundene Beziehung wird graphisch durch eine Kurve wiedergegeben, welche eine gewisse Verwandtschaft zur Magnetisirungskurve besitzt.

1. Paramagnetismus und Diamagnetismus.

Unter diamagnetischen Körpern versteht man solche, die sich entgegengesetzt wie Eisen verhalten, d. h. nicht durch den Magneten angezogen, sondern abgestossen werden. Eisen, Nickel, Kobalt sind para-

---

1) Hurmuzescu, Arch. sciences phys. natur. (4), **4**, 431, 540, 1897; **5**, 27, 1898; Naturw. Rundsch. **13**. 233, 1898.

magnetische Körper, Wismuth ist ein diamagnetischer Körper; Kupfer und Zink sind es im geringeren Grade, ebenso Steinöl, Olivenöl, Nelkenöl.

G. Wiedemann giebt in seiner „Lehre von der Elektricität", Bd. III, S. 913, folgende Anordnung:

„In absteigender Linie **magnetisch** sind:

Eisen, Nickel, Kobalt, Mangan, Chrom, Cer.

In aufsteigender Linie **diamagnetisch** sind:

Wolfram,	Arsen,	Blei,	Zink,
Iridium,	Gold,	Quecksilber,	Antimon,
Rhodium,	Kupfer,	Kadmium,	Wismuth,
Uran,	Silber,	Zinn.	

Sehr stark diamagnetisch ist Tellur, ebenso auch Schwefel, Selen und auch Thallium. Schwach diamagnetisch sind Niobium, Tantal."

Die magnetischen Eigenschaften der Elemente giebt St. Meyer[1] wieder, wobei die paramagnetischen Elemente mit einem $+$, die diamagnetischen mit einem $-$ versehen sind.

Li $-$	Be $+$	B $+$	C $-$	N ?	O $+$	F ?	Fe $+\,+$
Na $-$	Mg $-$	Al $+$	Si $+$	P $-$	S $-$	Cl ?	Co $+\,+$
K $-$	Ca $-$	Se $-$	Ti $+$	V $+$	Cr $+\,+$	Mn $+\,+$	Ni $+\,+$
Cu $-$	Zn $-$	Ga ?	Ge $-$	As ?	Se $-$	Br $-$	Ru $+$
Rb $-$	Sr $-$	Jn $-$?	Zr $-$	Nb $+$	Mo $+$	J $-$	Rh $+$
Ag $-$	Cd $-$	La $-$	Sn $+$	Sb $-$	Te $-$	$-$	Pd $+$
Cs $-$	Ba $-$	Yb ?	Ce $+$	Di $+$	Sa $+$	$-$	Os $+$
Au $-$	Hg $-$	Tl $-$	Pb $-$	Ta $+$	W $+$	$-$	Jr $+$
			Th $+$	Bi $-$	U $+$	$-$	Pt $+$

Die betreffenden Regelmässigkeiten sind leicht erkennbar.

Ueber Magnetisirungszahlen anorganischer Verbindungen hat St. Meyer[2] ebenfalls ausführliche Beobachtungen angestellt. Dieselben haben zu folgenden Resultaten geführt.

1. Die Verbindungen aus zwei diamagnetischen Elementen sind immer diamagnetisch. Bisher erhaltene abweichende Resultate (besonders bei Kupferverbindungen) lassen sich auf Verunreinigungen zurückführen. Verbindungen zweier paramagnetischer Substanzen sind in der Regel gleichfalls paramagnetisch, doch kann bei schwach magnetischen Elementen auch der Diamagnetismus entstehen.

2. Es giebt ausser der Gruppe Cr, Mn, Fe, Co, Ni eine Reihe sehr stark paramagnetischer Elemente und zwar: La, Ce, Pr, Nd, Yb, Sa, Gd, Er, die in aufsteigender Linie stärker werden. In analogen

---

1) St. Meyer, Wien. Akad. Sitzber. **108**, März, 1899.

2) St. Meyer, Wien. Akad. Anz. 1899, 223; Drude's Ann. **1**, 664, 1900; vgl. auch G. Jäger u. St. Meyer, ibid. **1898**, 107.

Verbindungen sind die letzteren Elemente, von Praseodym angefangen, ebenso stark oder stärker magnetisch als diejenigen der erstgenannten Gruppe. Erbium, das den Höhepunkt erreicht, ist im Er_2O_2 etwa viermal so stark magnetisch als Eisen im Fe_2O_3.

3. Bei den **Halogenverbindungen** lassen sich Gesetzmässigkeiten feststellen. Der Diamagnetismus wächst regelmässig nach einer einfachen Zahlenbeziehung mit steigendem Atomgewicht des Halogens. Bei gleichem Halogen wächst umgekehrt der Diamagnetismus der Alkalien mit dem Atomgewicht in bestimmter Weise.

4. **Sauerstoff** verhält sich in den Oxyden wie ein diamagnetischer Körper. Je mehr Einheiten O auf eine Einheit des Metalles kommen, desto stärker wird die Susceptibilität herabgedrückt.

5. **Krystallwasser** wird bezüglich seiner magnetischen Eigenschaft nicht einfach addirt, sondern sein Diamagnetismus in der Verbindung scheinbar geschwächt, was sich unter Annahme chemischer Gebundenheit dieses Wassers erklärt.

6. Ausser bei Fe_2O_3 erwies sich die Susceptibilität sämmtlicher untersuchten, auch stark magnetischen Verbindungen als unabhängig von der Feldstärke zwischen 6000 und 10000 C. G. S.

7. Es lässt sich eine Abhängigkeit des k (Magnetisirbarkeit) der Elemente vom Atomvolumen konstatiren. Die stark magnetischen Substanzen stehen im Minimum und dem diesem vorangehenden Theile des absteigenden Astes der Kurve Atomvolumen-Atomgewicht. Die 1., 3., 5., 7. (?) Gruppe ist stärker paramagnetisch als die 2., 4., 6.

8. Die magnetischen Einheiten weisen im periodischen Systeme darauf hin, dass das Atomgewicht des Neodym, entsprechend den neueren Angaben, grösser ist als das von Praseodym und dasjenige von Kobalt, entgegen den neueren Bestimmungen, kleiner als das von Nickel sein sollte. Ferner lässt sich annehmen, dass, wenn die Resultate nicht durch Verunreinigungen beeinflusst werden, Polonium und Radium, die sich paramagnetisch zeigten, an einen Ort geringen Atomvolumens, etwa zwischen 180 und 190 oder von 230 aufwärts einzureihen wären.

„Der **Magnetismus der Gase** ist schwierig zu untersuchen, da die festen Hüllen, in welche man sie einschliesst, gewöhnlich so stark vom Magnete beeinflusst werden, dass die Einwirkung auf die Gase selbst völlig verschwindet. Eigentlich müsste man den Magnetismus der Gase im luftleeren Raume bestimmen. In der Luft selbst oder in anderen Gasen ergiebt sich nur, ob ein Gas magnetischer oder weniger magnetisch als dieselbe ist. Dies letztere Verhalten hat **Faraday**[1]) in folgender sinnreichen Weise dargelegt. Die Gase strömten durch ein ⊔ förmiges Rohr in einen vertikalen Strom zwischen die Pole des Magnetes. Das

---

1) M. **Faraday**, Phil. Mag. (3), **31**, 401, 1897.

Rohr hatte seine Oeffnung oberhalb und war unter den Magnetpolen aufgestellt, wenn das Gas leichter als die umgebende Luft war; im entgegengesetzten Falle war es über den Magnetpolen mit seiner Oeffnung nach unten aufgestellt. In dieselbe wurde ein kleines, mit Chlorwasserstoffsäure befeuchtetes Löschpapier gelegt. Seiner Oeffnung gegenüber waren auf einem Gestell drei kleine parallele, fingerdicke Glasröhrchen aufgestellt, das eine in der axialen Ebene, die beiden anderen an jeder Seite derselben. In dies Röhrchen waren mit Ammoniakflüssigkeit getränkte Streifen von Fliesspapier eingelegt. Der ganze Apparat war zur Vermeidung der Luftströmungen mit einem aus Wachspapier und Glimmerplatten zusammengesetzten Kästchen bedeckt."

„Strömen die Gase ohne Einwirkung des Magnets aus, so gelangen sie in die mittlere Röhre. Wirkt der Magnet, so wird der Gasstrom aus seiner Richtung abgelenkt und gelangt in die eine oder andere seitliche Röhre, je nachdem er vom Magnet angezogen oder abgestossen wird. Lässt man z. B. Wasserstoff gerade in der Mitte unter den Magnetpolen austreten, so theilt sich der Strom in zwei Theile, die, wie die Zinken einer Stimmgabel, sich zu beiden Seiten der Magnetpole in die Aequatorialebene erheben."

„Bei gefärbten Gasen, Jod- und Bromdampf, salpetriger Säure, verdichtetem Wasserdampf, sieht man schon an der Richtung des Gasstromes ohne weiteres, ob die Gase magnetischer oder diamagnetischer sind, als das umgebende Medium."

„Mittels dieser Methode fand sich in der Luft magnetisch: Sauerstoffgas. Dieses magnetische Verhalten des Sauerstoffgases kann man auch nachweisen, indem man eine wohl ausgeglühte Kohle, welche sich zwischen den Magnetpolen in äquatorischer Lage einstellt, in Sauerstoffgas eintaucht. Der absorbirte Sauerstoff bewirkt dann, dass sie sich axial einstellt."

„Weniger magnetisch als die Luft, oder diamagnetisch verhalten sich in derselben: Stickstoff (schwach), Kohlendioxyd, Kohlenoxyd, Stickoxydul, Stickoxyd (sehr schwach), Chlor, Brom- und Joddampf, Cyan, Wasserstoff (stark), ölbildendes Gas, Steinkohlengas, schweflige Säure, Chlor- und Jodwasserstoff, Fluorsilicium, Ammoniakgas, nach Plücker auch Quecksilberdampf, welcher mit kondensirtem Quecksilber, und Wasserdampf, der mit kondensirten Wassertröpfchen gemengt ist."

„Wurde der die Magnete einschliessende Kasten statt mit Luft mit Kohlendioxyd gefüllt, so waren in ihr magnetisch: Sauerstoff, Stickoxyd, Luft, diamagnetisch: die übrigen Gase, auch Kohlenoxyd."

„In Steinkohlengas waren magnetisch: Sauerstoff, Luft (schwach); diamagnetisch: die andern Gase; in Wasserstoff magnetisch: Luft, Sauerstoff, Stickoxyd; diamagnetisch: die andern Gase, namentlich Stickstoff, Stickoxydul, ölbildendes Gas."

Von besonderem Interesse ist noch das diamagnetische Verhalten der
Flamme und des Rauches. Bringt man die Flamme in geeignete Nähe
der Magnetpole, so zeigt sich eine deutliche Ablenkung, die um so grösser
erscheint, je höher die Temperatur der die Kraftlinien des Magneten treffenden Flammengase ist. In allen Fällen findet eine Abstossung der Flamme
durch den Magneten statt.

Aus den Versuchen, die von J. Dewar und J. A. Fleming[1]) über
die im magnetisirten Eisen und Stahl durch die Temperatur
der flüssigen Luft hervorgerufenen Aenderungen ausgeführt wurden, ergab sich folgendes:

1. Eine plötzliche Abkühlung auf die Temperatur der flüssigen Luft
vermindert das magnetische Moment kurzer, aus vielen Stahlvarietäten
hergestellten Magnete, vorausgesetzt, dass sie ursprünglich in einem starken
Felde magnetisirt worden sind.

2. Diese anfängliche Abnahme findet sich sowohl beim gehärteten
Stahl, der grosse Koërcitivkraft hat, als auch im weichen oder ausgeglühten
Zustande dieser Stahlsorten und ist besonders auffallend bei dem 19 %igen
Nickelstahl.

3. In den meisten bisher untersuchten Fällen bestand die Wirkung
der Abkühlung der Magnete auf — 185° C. in einer temporären Zunahme
des magnetischen Moments, nachdem der Zustand permanenter Magnetisirung erreicht worden war.

4. Ausnahmen von dieser Regel machte der Nickelstahl mit 19 bis
25 % Ni; in ihm nahm das magnetische Moment immer durch Abkühlung auf — 185° temporär ab, nachdem der bleibende magnetische Zustand
erreicht worden war. Für den 19 %igen Nickelstahlmagnet, dessen magnetisches Moment beim Erwärmen von — 185° auf $+5°$ zunimmt, der
aber bei hohen Temperaturen sein magnetisches Moment verliert, wurde
das Maximum des Moments aufgesucht und zwischen 30° und 56° liegend
gefunden; bei der ersten Abkühlung gab Chromstahl keine Verminderung,
sondern eine schwache Steigerung des Moments.

Es ist also von grossem Einfluss, in welchem Medium die betreffenden Körper sich befinden. Diesbezügliche Versuche von Plücker[2]),
sowie von E. Becquerel[3]) haben folgende Gesetzmässigkeit ergeben:

„Die Anziehung oder Abstossung eines magnetischen oder
diamagnetischen Körpers durch den Magneten ändert sich also
beim Einsenken in eine Flüssigkeit um ebensoviel, wie die

---

1) J. Dewar u. J. A. Fleming, Proc. Roy. Soc. 60, 57 u. 81, 1896;
Naturw. Rundsch. 11, 667, 1896.
2) Plücker, Pogg. Ann. 77, 578, 1849.
3) E. Becquerel, Ann. de Chim. et de Phys. (3), 28, 283, 1850.

diamagnetische Abstossung oder magnetische Anziehung des
verdrängten Theiles der Flüssigkeit beträgt."

Erklärung der diamagnetischen Erscheinungen.

Eine Erklärung der diamagnetischen Erscheinungen ist
von Faraday gegeben worden, wonach in den diamagnetischen Körpern,
ganz ebenso wie in den magnetischen, durch einen benachbarten Magnetpol eine temporäre magnetische Polarität hervorgerufen wurde, welche in
den diamagnetischen Körpern der Polarität der magnetischen Körper entgegengesetzt gerichtet wäre. Versuche von W. Weber, Poggendorff,
Tyndall, Christie, Arndtsen, v. Quintus Jcilius u. s. w. bestätigten diese Erklärung nicht. Dagegen wurde von E. Becquerel eine
haltbarere Erklärung gegeben, nach der alle Körper ferromagnetisch sind,
nur in verschiedenem Grade und die Umgebung ist es, welche die Erscheinung des Diamagnetismus bedingt, indem das magnetische Moment
des Körpers gleich ist dem ihm durch magnetische Polarisirung ertheilten
Moment weniger dem in gleicher Weise dem von ihm verdrängten Medium
ertheilten magnetischen Moment.

„Nach dieser Ansicht müsste z. B. Wismuth weniger, Eisen stärker
magnetisch sein als der leere Raum. Letzterer müsste in der Reihe
der Körper eine bestimmte Stelle einnehmen, die ihm durch besondere
magnetische Eigenschaften des den leeren Raum erfüllenden Aethers
angewiesen wäre."

Weiterhin hat sich noch ergeben, dass die Grösse des magnetischen
Momentes, welches durch die äusseren Kräfte in den diamagnetischen, wie
in den magnetischen Körpern erzeugt wird, innerhalb gewisser Grenzen
der magnetisirenden Kraft proportional ist und bei allen Körpern wie
beim Eisen sich schneller oder langsamer einem Maximum nähert.

Für den Diamagnetismus gleicher Volumina verschiedener Substanzen
fand E. Becquerel[1]) folgende Werthe, die mit der Drehwaage beobachtet wurden.

Wasser	— 10,0,	Selen	— 16,52.
Zink käufl.	— 2,5,	Wismuth	— 217,60,
Wachs weisses	— 5,68,	Alkohol absol.	— 7,89,
Schwefel	— 11,37,	Schwefelkohlenstoff	— 13,30,
Blei käufl.	— 15,28,	Konc. Lösung von $FeCl_2$	— 658,13.
Phosphor	— 16,39,		

---

1) E. Becquerel, Ann. de Chim. et de Phys. (3), **44**, 223, 1855; (3), **28**,
313, 1850; vgl. auch E. Becquerel, (5), **12**, 5, 1877; Wied. Ann. Beibl. **1**, 627, 1877.

Magnetische Hysteresis.

Unter magnetischer Hysteresis wird der Verlust an Arbeit verstanden, den man hat, wenn man Eisen magnetisirt und alsdann wieder entmagnetisirt. Diese verlorene Energie findet sich als Wärme wieder.

Auch eine elektrische Hysteresis konnte beobachtet werden, indem ein Kondensator sich erwärmt, wenn er wechselnden Ladungen und Entladungen unterworfen wird.

„Dass die beim Spannen einer Feder aufgespeicherte Energie nicht ganz wieder gewonnen werden kann, wenn die Feder sich entspannt, ist nur ein anderer Ausdruck dafür, dass sie beim Entspannen nicht ganz wieder in ihre Anfangsform zurückgeht. Aehnlich behält ein Stück Eisen, nachdem die magnetisirenden Kräfte aufgehört haben zu wirken, seinen „remanenten Magnetismus", und ähnlich müsste ein dielektrisches Medium, wenn man in gleichem Sinne von dielektrischer Hysteresis sprechen will, eine gewisse dielektrische Spannung behalten, nachdem die von aussen wirkenden elektrischen Kräfte aufgehört haben."

Ein derartiges Verhalten konnte von W. Schaufelberger[1]) bei Hartgummi und Paraffin nachgewiesen und gezeigt werden, dass der procentische Energieverlust konstant war, während dies Arnò und andere nicht beobachtet haben.

2. Atom- und Molekularmagnetismus.

Molekularmagnetlsmus anorganischer Verbindungen.

Versuche von G. Wiedemann[2]) ergaben folgende Gesetzmässigkeiten:

a) „Das magnetische Moment der in verschiedenen Lösungsmitteln gelösten Salze für sich ist ihrer in der Volumeinheit enthaltenen Gewichtsmenge proportional und von dem Lösungsmittel unabhängig. Demnach ist es auch von dem durch die Verdünnungen bedingten Dissociationsgrad der Salze unabhängig. Nur wenn durch Verdünnung der Lösungen eine Hydrolyse des gelösten Salzes eintritt, so ändert sich z. B. bei einzelnen Eisenoxydsalzen dieses Verhältniss."

b) „Mit steigender Temperatur nimmt das temporäre magnetische Moment der Salze ab, und zwar bei allen untersuchten Salzen in gleichem Verhältnisse. Bezeichnet t die Temperatur in Centesimalgraden, M_0 das temporäre Moment bei 0^0, M_t dasselbe bei t^0, so ist sehr annähernd:

$$M_t = M_0 \, (1 - 0{,}00325 \, t).$$

Diese Abnahme des magnetischen Momentes, dessen Grösse der In-

1) W. Schaufelberger, Wied. Ann. **67**, 307, 1899.
2) G. Wiedemann, Pogg. Ann. **126**, 1, 1865; **135**, 177, 1868.

tensität der die magnetischen Moleküle umfliessenden Ampère'schen Molekularströme entspricht, ist nicht sehr verschieden von der Abnahme der Leitungsfähigkeit der Metalle für den galvanischen Strom bei den gleichen Temperaturänderungen [1])."

c) Der **Molekularmagnetismus**, d. h. das Produkt des specifischen Magnetismus mit dem Molekulargewicht, der analog zusammengesetzten gelösten Salze desselben Metalls mit verschiedenen Säuren ist nahezu der gleiche. So ist z. B. μ in einer willkürlichen Einheit für schwefelsaures, salpetersaures Nickeloxydul und Nickelchlorür 1426, 1433, 1400, für schwefelsaures, salpetersaures Eisenoxydul und Eisenchlorür 3900, 3861, 3858, für schwefelsaures, salpetersaures, essigsaures Manganoxydul und Manganchlorür 4695, 4693, 4586, 4700, für das relativ schwach magnetische, salpetersaure, essigsaure Kupferoxyd und Kupferchlorid 480, 489, 477 u. s. f. Dagegen ist der Molekularmagnetismus der Eisenoxyd- und Eisenoxydulsalze sehr verschieden. In obigen Einheiten ist er für das Eisenchlorid = 9636."

d) Berechnet man den Magnetismus derjenigen Mengen der verschiedenen Salze, welche je ein Atom des betreffenden Metalls enthalten, und nimmt das Mittel der so erhaltenen Werthe für jede Salzreihe, so kann man ihn unter der Annahme, dass der Magnetismus wesentlich dem Metalle im Salze zuzuschreiben ist, als **Atommagnetismus** des betreffenden Metalls in der betrachteten Salzreihe bezeichnen. Setzt man auf diese Weise den Atommagnetismus des Eisens in den **Eisenoxydsalzen** in sehr sauren Lösuugen **gleich** 100, so ist der Atommagnetismus a für die Metalle in den Salzen des

Manganoxyduls,	Eisenoxyduls,	Kobaltoxyduls,	Nickeloxyduls,
100,4	83,1	67,2	30,5

Didymoxyds,	Kupferoxyds,	Ceroxyduls,	Eisenoxyds,	Chromoxyds.
22,6	10,8	10,3	100,0	41,9

„Hiernach steht der Magnetismus des Metalls in den Eisenoxydulsalzen nahezu in der Mitte zwischen den Magnetismen der Manganoxydul- und Kobaltoxydulsalze und der der Kobaltoxydulsalze in der Mitte zwischen den Magnetismen der Mangan- und Nickeloxydulsalze. Die Atommagnetismen der vier genannten Salzgruppen, der Nickel-, Kobalt-, Eisen- und Manganoxydulsalze verhalten sich also wie a : a $+$ b : a $+$ 1 $^{1}/_{2}$ b : a $+$ 2 b."

e) „Der Magnetismus der festen, mit **Krystallwasser** verbundenen Salze ist nahezu derselbe wie der der gelösten Salze. So ist er, wenn der Atommagnetismus der Eisenoxydsalze in sehr sauren Lösungen gleich 100 ist, für festes, wasserhaltiges, schwefelsaures

---

[1]) Vgl. hierzu Plessner, Wied. Ann. **39**, 336, 1890.

Manganoxydul,   Eisenoxydul,   Eisenoxydul-Ammon,   Kobaltoxydul,
   100,4						78,5							83,0							67,2

     Nickeloxydul,   Didymoxyd,   Kupferoxyd.
      29,9							23,0							10,6

„Werden die Salze durch Erhitzen entwässert, so ändert sich ihr Atommagnetismus in einzelnen Fällen bedeutender, was wohl ihrer veränderten Dichtigkeit zuzuschreiben ist. So ist er für folgende wasserfreie Salze (gegen den Atommagnetismus des Metalls in den gelösten Eisenoxyd- oder Manganoxydsalzen = 100):

Wasserfreies, schwefelsaures

Kobaltoxydul,   Nickeloxydul,   Ceroxydul,   Kupferoxyd,   Eisenchlorür,
  67,2					29,2				9,9				9,3				83,1

   Kobaltchlorür,   Nickelchlorür,   Kupferchlorid,   Kupferbromid,
    62,9					33,5				8,7				5,2

f) „Da bei gleichen chemischen Eigenschaften des Metallatoms im Molekül verschiedener Verbindungen auch der Atommagnetismus desselben der gleiche ist, so ergiebt sich hieraus, dass der Magnetismus eines Gemisches mit oder ohne chemische Umsetzung gleich der Summe der Magnetismen der Bestandtheile ist, so lange sich die Konstitution nicht ändert, z. B.

	$M_1 + M_2$.	M_m.
Eisenchlorid + Kaliumeisencyanür,	20,4	21,1
Ferrosulfat + „	41,2	40,3
Kupfersulfat + „	0,7	0,8
Nickelsulfat + Kaliumeisencyanid,	20,3	22,5
„ + „ cyanür,	15,8	15,3
Kobaltnitrat + Kaliumeisencyanid,	29,2	29,2
„ + „ cyanür,	36,3	35,9
„ + Kaliummangancyanid,	40,5	41,0
Eisenchlorid + Sulfocyankalium,	15,1	14,6
Manganosulfat + Kaliumeisencyanür,	71,8	70,2

g) „Dagegen ändert sich der Molekularmagnetismus im allgemeinen, wenn sich die Konstitution ändert. Das interessanteste Beispiel bieten die Kupferoxydsalze, welche stark magnetisch sind, wie z. B. das Kupferchlorid, Kupferbromid, während die Kupferoxydulsalze und auch das metallische Kupfer schwach diamagnetisch sind. Ein diamagnetisches Metall (Kupfer) kann also mit diamagnetischen Elementen (z. B. Brom) magnetische Verbindungen bilden."

h) „Die Molekularmagnetismen der meisten Oxydhydrate sind theils nur wenig kleiner oder grösser, theils nahezu die gleichen wie die der entsprechenden Salze in ihren Lösungen. Ganz abweichend hiervon ist in einzelnen Fällen der Magnetismus der kolloidgelösten Oxyde. Eine Lösung von kolloidem Eisenoxyd, welche durch Dialyse einer mit Eisenoxydhydrat digerirten, kalten Lösung von Eisenchlorid dargestellt worden ist, zeigt im Verhältniss zu ihrem Eisengehalt einen viel schwächeren Magnetismus, als eine neutrale und koncentrirte oder mit viel Säure versetzte Lösung von Eisenchlorid. Der Molekularmagnetismus des kolloid gelösten Eisenoxyds ist nur etwa 0,21 von dem der Eisenoxydsalze. Löst man Eisenoxydhydrat in einer nicht zu verdünnten Lösung von Eisenchlorid auf, in welcher letzterer das Eisenchlorid fast ohne Dissociation unverändert besteht, so setzt sich der Magnetismus der Lösung aus dem des Eisenchlorids und dem des kolloid gelösten Eisenoxyds, sowie des Wassers direkt zusammen."

„Eine Lösung von Eisenchlorid von mittleren Koncentrationen enthält das Salz fast völlig in seinem gewöhnlichen Zustande, dagegen in einer Lösung von schwefelsaurem Eisenoxyd sind etwa 25 %/o des Salzes in kolloidales Eisenoxyd und Säure, in einer Lösung von salpetersaurem Eisenoxyd etwa 19 %/o dissociirt[1])".

„Eine Lösung von Chromoxydhydrat in salmiakhaltigem Ammoniak, ebenso eine Lösung desselben in Kalilauge hat dagegen nahe denselben Molekularmagnetismus wie die Chromoxydsalze, so dass wir nicht wohl annehmen können, dass das Chromoxyd in kolloidem Zustand gelöst sei."

„Ebenso verhalten sich die alkalischen Lösungen der magnetischen Salze, deren Fällung durch Zusatz von organischen Substanzen verhindert wird, z. B. die mit Traubenzucker und Kali versetzte Lösung des schwefelsauren Kobaltoxyduls."

i) „Die geglühten Oxyde besitzen im allgemeinen einen viel schwächeren Magnetismus als die ihnen entsprechenden Salze und Hydrooxyde."

„Die Hydrate der Superoxyde des Mangans, Kobalts und Nickels haben nur einen schwachen Magnetismus. Dagegen hat das sogenannte Chromsuperoxyd den einer Verbindung von Chromsäure mit Chromoxyd zukommenden Magnetismus."

„Die frisch gefällten Schwefelverbindungen besitzen im Gegensatze zum Magnetkies nur sehr schwachen Magnetismus."

k) Aus der Gleichheit der Molekularmagnetismen des festen oxalsauren Eisenoxydulkalis mit den Molekularmagnetismen der andern Eisenoxydulsalze, sowie derjenigen des oxalsauren Eisenoxydkalis und Kalieisenalauns in fester Form mit dem der übrigen Eisenoxydsalze können wir, entgegen den davon abweichenden, auf die eigenthüm-

---

1) G. Wiedemann, Wied. Ann. **5**, 45, 1878.

liche Färbung der Salze begründeten Ansichten nachweisen. dass in jenen Salzen auch in fester Form das Eisen in einer ganz ähnlichen Verbindungsart enthalten ist, wie in den übrigen Oxydul- und Oxydsalzen."

1) „Der Magnetismus der ammoniakhaltigen Kupfersalze ist nahe derselbe, wie der der gewöhnlichen gelösten Kupferoxydsalze. So ist der Molekularmagnetismus derselben:

	μ		μ
Gelöste Kupferoxydsalze,	10,8	$CuSO_4$, $2 NH_3$,	9,6
$CuSO_4$, $5 NH_3$,	9,3	$CuCl_2$, $2 NH_3$,	10,1
$CuSO_4$, NH_3,	9,7	$CuBr_2$, $2 NH_3$,	9,8
$CuSO_4$, $4 NH_3$, H_2O,	9,0		

„Hiernach dürfte die Ansicht von Graham[1]) nicht haltbar sein, dass das Kupfer einen Theil des Wasserstoffs der Ammongruppe vertrete, und somit die Salze den Kobaltiaksalzen ähnlich zusammengesetzt wären. Vielmehr lagert sich das Ammoniak, ähnlich dem Krystallwasser an das ungeänderte Kupferoxydsalz an."

„Aehnlich wie die erwähnten Kupfersalze verhalten sich die mit Ammoniak gesättigten Kupfer- und Kobaltoxydulsalze. Dagegen sind Luteokobaltchlorid und Purpureokobaltchlorid diamagnetisch, so dass sie jedenfalls nicht als einfache, mit Ammoniak verbundene Kobaltoxydsalze anzusehen sind; die ihren Magnetismus bestimmende, das Metall enthaltende Atomgruppe muss eine wesentlich andere sein, als in den einfachen Salzen[2]).

„Die Konstanz des Molekularmagnetismus in den verschieden gefärbten Chromoxydsalzen zeigt, dass die magnetische Atomgruppe unverändert ihre Eigenschaften bewahrt. Auch das sog. Tetramminchromchlorid ($Cr(NH_3)_4Cl_3 + H_2O$) besitzt nahe den gleichen Atommagnetismus wie die übrigen Chromoxydsalze, dürfte also auch nicht nach obiger Formel konstituirt sein, sondern nach der Formel Cr_2Cl_6, $8 NH_3$, $2 H_2O$. Die Werthe μ für eine andere Reihe von Chromverbindungen sind die folgenden:

	μ
Chlorpurpureochromchlorid, $Cl_2(Cr_2\ 10\ NH_3)Cl$	40,68
Luteochromchlorid, $Cr_2(12\ NH_3)(NO_3)_6$, $2\ H_2O$,	40,80
Xanthochromchlorid, $(NO_2)Cr_2(10\ NH_3)Cl_4$,	41,42
Erythrochromchlorid, $(OH)(NO_3)$, $Cr_2(10\ NH_3)(NO_4)H_2O$,	35,73
Rhodochromchlorid, $(OH)Cl\ .\ Cr_2(10\ NH_3)Cl_4$, H_2O,	32,27

„Der Atommagnetismus der ersten drei Salze ist nahe gleich dem der gewöhnlichen Chromoxydsalze, so dass sie als solche anzusehen sind. Der der letzten beiden weist auf eine besondere Konstitution hin."

---

1) Graham, Liebig's Ann. **29**, 29.
2) G. Wiedemann, Dekanatsprogramm der phil. Fak. der Univ. Leipzig 1876.

„Chromicyankalium und Chromosulfocyankalium haben dagegen denselben Atommagnetismus wie die übrigen Chromoxydsalze, so dass sie den Ferrocyanverbindungen nicht analog konstituirt, sondern als einfache Doppelsalze aufzufassen sind. Auch in den anderen Schwefelcyanmetallen hat das Metall dieselben magnetischen Eigenschaften, wie in den einfachen Salzen desselben Metalls.“

„Die mittleren Atommagnetismen für eine Reihe anderer Salze sind

	μ		μ
Eisenchlorid,	100,00	Oxalsaures Chromoxyd-Kali,	41,1
Oxalsaures Manganoxyd-Kali,	70,58	Mohr'sches Salz,	83,88
„ Eisenoxyd-Kali,	102,4	Manganfluorkalium,	43,25
„ Kobaltoxyd-Kali,	0,0	Ferrifluorkalium,	88,43

„Während sich also unter den oxalsauren Doppelsalzen diejenigen des Eisenoxyds und Chromoxyds ganz normal wie andere Oxydsalze desselben Metalls verhalten, ist der Atommagnetismus des Mangansalzes und Kobaltsalzes sehr bedeutend kleiner, als der der andern Oxydsalze, deren Atommagnetismus 115,8 und 84,6 sein sollte. Eine gleiche Anomalie zeigen die Fluordoppelsalze; die Atommagnetismen sind kleiner als zu erwarten, namentlich beim Mangansalz.“

m) „Cyannickel und Cyankobalt haben einen Molekularmagnetismus, welcher nur etwa 0,4 bis 0,6 von dem Magnetismus der übrigen Salze des Nickels und Kobalts ist. Werden die Cyanmetalle in Cyankaliumlösung aufgelöst, so verschwindet ihr Magnetismus fast vollständig. Es kann dies nicht von der Bildung eines einfachen Doppelsalzes herrühren, da in den Doppelsalzen die magnetischen Bestandtheile ihre Molekularmagnetismen ungeändert bewahren. Die gebildeten Salze sind wahrscheinlich ihrem elektrolytischen Verhalten entsprechend nach der Formel

$$K + (CN + \tfrac{1}{2} \, CoCN) \text{ und } K + (CN + \tfrac{1}{2} \, NiCN)$$

zusammengesetzt. Hierfür spricht auch das analoge magnetische Verhalten des Kaliumeisencyanürs und Kaliumeisencyanids. In diesen beiden Salzen kann das Kalium nach den Versuchen über die Zersetzung der magnetischen Salze durch doppelte Wahlverwandschaft durch die magnetischen Metalle ersetzt werden, welche dabei ihren Atommagnetismus unverändert behalten, wie in den gewöhnlichen Sauerstoff- und Haloïdsalzen. Nach der Analogie mit letzteren sind sie also ebenfalls anzusehen als bestehend aus einem Aequivalent Kalium, verbunden im Kaliumeisencyanür mit einer diamagnetischen Atomgruppe

$$K + (CN + \tfrac{1}{4} \, Fe \, (CN)_2),$$

durch welche das Salz selbst diamagnetisch ist, und im Kaliumeisencyanid mit einer magnetischen Atomgruppe

$$K + (CN + \tfrac{1}{3} \, Fe \, (CN_3)),$$

durch deren Hinzutreten das Salz magnetisch ist.“

„Der Molekularmagnetismus der drei dem Kaliumeisencyanid entsprechenden Salze des Mangans, Eisens und Kobalts ist, sowohl wenn die Salze im festen, wie wenn sie im gelösten Zustande untersucht werden:

	gelöst.	fest.
Kaliummmangancyanid,	30,5	31,9
Kaliumeisencyanid,	16,1	15,7
Kaliumkobaltcyanid	—	0,75

„Wie bei den Sauerstoff- und Haloïdsalzen der drei Metalle ist also auch hier der Molekularmagnetismus des Kaliumeisencyanids der mittlere von dem des Kaliummangancyanids und Kaliumkobaltcyanids, und die drei Molekularmagnetismen dieser Salze sind um nahe gleichviel gegen die Magnetismen der Oxydsalze derselben Metalle vermindert, wie wenn in letzteren zu den magnetischen Metallen eine stark diamagnetische Atomgruppe hinzugetreten wäre.“

Weitere diesbezügliche Versuche sind von P. Curie[1]), F. Quincke[2]), Howard[3]) und Wäbner[4]) ausgeführt worden. Dieselben sind eingehender besprochen in G. Wiedemann's Lehre von der Elektricität Bd. III, 968—970.

Molekularmagnetismus organischer Verbindungen.

Für eine sehr grosse Anzahl von möglichst reinen organischen Verbindungen ist nach der von G. Wiedemann benutzten Anziehungsmethode der Molekularmagnetismus von Henrichsen[5]) im Vereine mit Wleügel bestimmt worden. Die nachstehende Tabelle, in der der Volummagnetismus des Wassers $= 10$ gesetzt ist, giebt die betreffenden Werthe für den Molekularmagnetismus μ.

Name.	Formel.	μ	μ ber.
Wasser,	H_2O	180	—
Methylalkohol,	CH_4O	307	310
Aethylalkohol,	C_2H_6O	473	473
Propylalkohol,	C_3H_8O	637	637
Isopropylalkohol,	C_3H_8O	640	637
Isobutylalkohol,	$C_4H_{10}O$	806	800

---

1) P. Curie, Compt. rend. **115**, 803; **116**, 137, 1892; Wied. Ann. Beibl. **17**, 480. 1892.

2) F. Quincke, Wied. Ann. **24**, 347, 1885.

3) Howard, vgl. F. Quincke, Wied. Ann. **34**, 403, 1888.

4) Wäbner, Wien. Ber. (2), **96**, 85, 1888; Beibl. **12**, 389.

5) Henrichsen u. Wleügel, Wied. Ann. **22**, 121, 1884; **34**, 180, 1888; **45**, **38**, 1892; vgl. hierzu G. Heinrich, Sitzber. Bayr. Akad. **30**, 35, 1900; H. Freitag, ibid. **30**, 36, 1900.

Name.	Formel.	μ	μ ber.
Amylalkohol,	$C_5H_{12}O$	961	963
Heptylalkohol,	$C_7H_{16}O$	1288	1289
Acetaldehyd,	C_2H_4O	307	310
Propionaldehyd,	C_3H_6O	490	473
Aceton,	C_3H_6O	473	473
Isobutyraldehyd,	C_4H_8O	640	636
Valeraldehyd,	$C_5H_{10}O$	797	799
Methylhexylketon,	$C_8H_{16}O$	1271	1289
Paraldehyd,	$C_6H_{12}O_3$	1198	—
Ameisensäure,	CH_2O_2	275	275
Essigsäure,	$C_2H_4O_2$	437	439
Propionsäure,	$C_3H_6O_2$	591	602
Buttersäure,	$C_4H_8O_2$	758	765
Isobuttersäure,	$C_4H_8O_2$	761	765
Isovaleriansäure,	$C_5H_{10}O_2$	924	928
Kapronsäure,	$C_6H_{12}O_2$	1081	1092
Methylformiat,	$C_2H_4O_2$	440	439
Aethylformiat,	$C_3H_6O_2$	589	602
Propylformiat,	$C_4H_8O_2$	772	765
Methylacetat,	$C_3H_6O_2$	605	602
Aethylacetat,	$C_4H_8O_2$	758	765
Propylacetat,	$C_5H_{10}O_2$	936	928
Isobutylacetat,	$C_6H_{12}O_2$	1113	1091
Amylacetat,	$C_7H_{14}O_2$	1263	1255
Aethylvalerat,	$C_7H_{14}O_2$	1249	1255
Amylvalerat,	$C_{10}H_{20}O_2$	1743	1744
Amylnitrat,	$C_5H_{11}NO_3$	1150	1140
Amylnitrit,	$C_5H_{11}NO_2$	1001	1011
Propylchlorid,	C_3H_7Cl	788	781
Isobutylchlorid,	C_4H_9Cl	939	945
Amylchlorid,	$C_5H_{11}Cl$	1107	1108
Aethylbromid,	C_2H_5Br	747	749
Propylbromid,	C_3H_7Br	907	912
Isopropylbromid,	C_3H_7Br	900	912
Isobutylbromid,	C_4H_9Br	1082	1075
Amylbromid,	$C_5H_{11}Br$	1251	1238
Methyljodid,	CH_3J	824	814
Aethyljodid,	C_2H_5J	971	977
Propyljodid,	C_3H_7J	1137	1140
Methylsulfid,	$(CH_3)_2S$	633	628
Aethylsulfid,	$(C_2H_5)_2S$	952	955
Propylsulfid,	$(C_3H_7)_2S$	1279	1281

Name.	Formel.	μ	μ ber.
Aethyläther,	$C_4H_{10}O$	820	800
Essigsäureanhydrid,	$C_4H_6O_3$	731	730
Mesityloxyd,	$C_6H_{10}O$	848	850
Methylenjodid,	CH_2J_2	1317	—
Aethylenchlorid,	$C_2H_4Cl_2$	824	824
Aethylidenchlorid,	$C_2H_4Cl_2$	821	824
Aethylenbromid,	$C_2H_4Br_2$	1077	1075
Propylenbromid,	$C_3H_6Br_2$	1236	1238
Chloroform,	$CHCl_3$	807	809
Bromoform,	$CHBr_3$	1157	—
Chloral,	C_2HCl_3O	939	937
Dichlorhydrin,	$C_3H_6Cl_2O$	1120	1116
Kohlenstofftetrachlorid,	CCl_4	921	—
Kohlenstoffdichlorid,	C_2Cl_4	1123	—
Schwefelkohlenstoff,	CS_2	593	—
Allylbromid,	C_3H_5Br	800	800
Allylchlorid,	C_3H_5Bl	662	672
Allylacetat,	$C_5H_8O_2$	802	816
Diallyl,	C_6H_{10}	293	773
Kaprylen,	C_8H_{16}	1222	1211
Brombenzol,	C_6H_5Br	1081	1048.

Hieraus ergeben sich folgende Gesetzmässigkeiten:

1. Alle isomeren und metameren Körper in obiger Reihe besitzen den gleichen Molekularmagnetismus.

2. Bei Einführung von CH_2 nimmt der Molekularmagnetismus nahe um gleich viel zu, im Mittel um 163,2 (zwischen 143 und 178), wenn der des Wassers $= 180$ ist.

3. Der Molekularmagnetismus hängt dagegen von der Art der Bindung der Atome ab. Doppelte Bindung bedingt, wie es scheint, eine Verminderung desselben.

4. Unter gewissen chemischen Voraussetzungen kann man den Magnetismus der Atome aus den Molekularmagnetismen der Verbindungen berechnen, sie sind für:

H	O′	O″	C′	C″	Cl_I	Cl_{II}	Cl_{III}	Cl_{IV}	Br_I	Br_{II}	Br_{III}	J_I	J_{II}	S_I
9,0	129,0	17,0	145,2	98	282	249	218	194	413	374	334	612	577	284

5. Die Atommagnetismen nehmen mit wachsender Zahl der Atome ab.

6. Ist der Magnetismus bei 0^0 gleich M_0, so ist er bei t^0 gleich

$$M_1 = M_0 (1 + \alpha t),$$

wo im Mittel für die Säuren und Alkohole der Fettsäurenreihe der Volumenmagnetismus $\alpha = 0,00134$ (zwischen 0,00103 und 0,00156) ist. Der Molekularmagnetismus M_1 ist gegen den bei 0^0 bezw. M_0

$$M_1 = M_0 (1 - 0,00016\, t).$$

Magnetisches Verhalten der Krystalle.

Infolge der bei den Krystallen häufigen ungleichmässig ausgebildeten Dichte in verschiedenen Richtungen zeigen dieselben mitunter ein axiales oder äquatoriales Einstellen bei gewissen Richtungen, wenn auch auf alle ihre Theile gleiche magnetisirende Kräfte wirken.

Keine solche Einstellung findet sich bei den regulär krystallisirten Metallen Zink, Kupfer, Zinn, Blei, Gold.

„Dagegen stellt sich ein im rhombischen System krystallisirender Wismuthkrystall so ein, dass eine bestimmte Richtung in ihm, die Faraday mit dem Namen der Magnetkrystallaxe bezeichnet, der Verbindungslinie der Magnetpole, der Magnetaxe parallel wird. Diese Magnetkrystallaxe ist senkrecht auf der glänzendsten Hauptspaltungsrichtung. Ganz ebenso verhalten sich Antimon und Arsen; dagegen soll sich nach Plücker[1]) Antimon umgekehrt verhalten.“

„Der Cyanit besitzt die Fähigkeit, in der Richtung seiner Axe magnetisch polarisirt zu werden, in so hohem Grade, dass er sich schon durch den Einfluss des Erdmagnetismus mit derselben von Nord nach Süd einstellt, wenn man ihn an einem Coconfaden in der horizontalen Ebene schwingen lässt. Ebenso verhalten sich Augit und Zinnstein.“

„Krystalle von Eisenglanz bleiben zwischen den Magnetpolen in jeder Lage im Gleichgewicht, da sie wahrscheinlich sogleich eine permanente Polarität in ihrer ersten Stellung zwischen denselben annehmen.“

„Sehr eigenthümlich verhält sich nach Streng[2]) der Magnetkies von Bodenmais. Derselbe kann nach allen auf der Hauptaxe senkrechten Richtungen wie Stahl beim Streichen in jenen Richtungen dauernd polar magnetisch werden. In der Richtung der Hauptaxe vermag er dies nicht zu werden. Zwischen den Magnetpolen stellt sich ein nach der Hauptaxe verlängertes Stück desselben Magnetkieses mit letzterer äquatorial ein.“

„Wir können die Krystalle mit magnetischer und diamagnetischer Masse in je zwei Gruppen theilen, in solche, bei denen die magnetische und diamagnetische Vertheilung in der Richtung der Hauptaxe im Maximum ist, magnetisch positive Krystalle, und in Krystalle, bei denen die Vertheilung in jener Richtung im Minimum ist, magnetisch negative Krystalle.“

„In einem gleichartigen Magnetfelde stellt sich also, wenn der Krystall um eine gegen die Axe geneigte Drehungsaxe schwingen kann:

---

1) Plücker, Pogg. Ann. **76**. 576, 1849.
2) A. Streng, Neues Jahrb. der Mineralogie **1**, 184, 1882; Wied. Ann. Beibl. **6**, 597, 1882.

Krystalle.	Masse.	die Hauptaxe.
positiv	magnetisch	axial
positiv	diamagnetisch	äquatorial
negativ	magnetisch	äquatorial
negativ	diamagnetisch	axial.

„Auf diese Weise sind nach Plücker:

Krystalle mit magnetischer Masse:

1. Positive: Spatheisenstein, Skapolith, grüner Uranit, schwefelsaurer Kupferoxyd-Kalk, eisenhaltiges Bittersalz.

2. Negative: Turmalin, Beryll, Dioptas, Vesuvian, schwefelsaures Nickeloxydul, Kupferammoniumchlorid.

Krystalle mit diamagnetischer Masse:

1. Positive: Kalkspath, Antimon, Molybdänblei, Arsenblei, schwefelsaures Kali, Salpeter.

2. Negative: Wismuth, Arsen, Eis, Zirkon, Honigstein, Cyanquecksilber, arsensaures Ammon."

„Bei Erhöhung der Temperatur nimmt auch die Kraft ab, mit welcher sich die Krystalle zwischen den Magnetpolen einstellen, sowohl wenn ihre Masse magnetisch als auch wenn sie diamagnetisch ist."

3. Wechselwirkung zwischen Magnetismus und Licht.

Drehung der Polarisationsebene des Lichts.

„Bei durchsichtigen Körpern, auf welche eine magnetische Kraft wirkt, findet eine Aenderung der Lichtstrahlen statt. Dieselbe zeigt sich am eklatantesten in der Drehung der Polarisationsebene des Lichts. Es besteht jedoch ein wesentlicher Unterschied zwischen der Drehung der Polarisationsebene in einem zwischen den Polen des Magneten befindlichen Körper und Körpern, welche für sich die Polarisationsebene drehen, wie Bergkrystall, in Glasröhren voll Terpentinol u. s. w. In letzteren wird die Polarisationsebene eines polarisirten Strahles in Bezug auf die Fortpflanzungsrichtung des Lichtstrahls in gleich bleibendem konstanten Sinne gedreht, so dass von welcher Seite das Licht auch in den Körper einfällt, doch ein Beobachter an der gegenüberliegenden Seite die Polarisationsebene in demselben Sinne, z. B. nach rechts gedreht, sieht. Wird die Polarisationsebene zwischen den Magnetpolen gedreht, so ist die Drehung unabhängig von der Richtung des Lichtstrahls und nur bedingt durch die Lage der Magnetpole. Geht also der Lichtstrahl vom Südpol zum Nordpol, so findet die Drehung bei den meisten Körpern, vom Nordpole aus betrachtet, in der Richtung der Bewegung der Zeiger der Uhr statt, geht aber der

Lichtstrahl umgekehrt, in entgegengesetzter Richtung. Ganz ebenso verhält es sich, wenn die Drehung durch Einlegen der Substanzen in eine vom Strom durchflossene Spirale bewirkt wird. Auch hier ist sie nur von der Richtung des Stroms in den Windungen der letzteren bedingt und von der Fortpflanzungsrichtung des Lichtstrahls unabhängig."

Auch natürliches Licht wird unter dem Einflusse des Magnetismus gedreht, wie von Sohncke[1]) gezeigt wurde.

G. Wiedemann[2]) bezw. Verdet[3]) beobachteten, dass die Abhängigkeit der Grösse der Drehung der Polarisationsebene von der Grösse der auf das Licht wirkenden magnetischen Kräfte abhängig ist, sowie der Farbe des Lichtes. Es ergab sich hierbei folgende Gesetzmässigkeit:

„Der Winkel d, um welchen die Polarisationsebene gedreht wird, ist bei gleicher magnetisirenden Kraft dem Kosinus des Neigungswinkels α zwischen der Richtung des Lichtstrahles und der axialen Richtung der magnetischen Wirkung proportional."

Die Untersuchungen von Cornu und Potier[4]) haben dies Gesetz bestätigt bis zu sehr grossen Winkeln α.

Von weiteren Gesetzmässigkeiten seien nachfolgende erwähnt (G. Wiedemann l. c. Bd. III):

a) „Das magnetische Drehvermögen der Lösung eines Salzes ist nahezu gleich der Summe der Drehvermögen des in der Lösung enthaltenen Wassers und Salzes" (Verdet[5]).

b) Nahe dasselbe magnetische Drehvermögen besitzen die Stoffe im festen, geschmolzenen und im gelösten Zustande" (Bichat[6]).

Im übrigen sind die Gesetze der negativen magnetischen Drehung im allgemeinen dieselben, welche für die gewöhnliche magnetische Drehung gelten. Versuche hierüber sind von A. de la Rive[7]), von Jahn[8]), Wachsmuth[9]) sowie H. W. Perkin ausgeführt worden, besonders von letzteren in reichlichem Maasse.

---

1) Sohncke, Wied. Ann. **27**, 213, 1886.

2) G. Wiedemann, Pogg. Ann. **82**, 215, 1886.

8) Verdet, Ann. de Chim. et de Phys. (3), **41**, 370, 1854; **43**, 529, 1856; **44**, 1209, 1857.

4) Cornu u. Potier, Compt. rend. (4), **102**, 385, 1886; Wied. Ann. Beibl. **10**, 373, 1886.

5) Vgl. hierzu H. Becquerel, Ann. de Chim. et de Phys. (5), **12**, 5, 1877; Beibl. **2**, 627; O. Schönrock, Zeitschr. physik. Ch. **11**, 753, 1890; O. Humburg, ibid. **12**, 801, 1893.

6) Bichat, Ann. de l'école norm. sup. **2**, 292, 1873; vgl. auch H. Becquerel, l. c.

7) A. de la Rive, Arch. de sciences phys. **38**, 209, 1870.

8) H. Jahn, Wied.Ann. **43**. 293, 1891.

9) Wachsmuth, Wied. Ann. **44**, 377, 1891.

W. H. Perkin[1]) untersuchte das magnetische Drehvermögen gesättigter und ungesättigter zweibasischen Säuren sowie des Mesityloxyds,
dann die magnetische Drehung der Stickstoffverbindungen, der Salpetersäure, der Wasserstoff- und Ammoniumverbindungen des Chlors, Broms
und Jods in Lösungen. Weiterhin stellte er Beobachtungen über einige
Halogenabkömmlinge der fetten Säuren, des Phosgens und des Aethyl-
karbonats, von Aethylverbindungen und Ketonen, Kohlenwasserstoffen der
Benzolreihe u. s. w. an.

Eine ausführliche Beschreibung der Methode u. s. w. findet sich in
Zeitschr. f. physik. Ch. **21**. 451 u. 561. 1897. Aus den Ergebnissen
folgt ein grosser Unterschied zwischen den Stoffen der fetten und der
aromatischen Reihe, indem die in letzterer enthaltenen Kerne die Dreh-
ungsverhältnisse bedeutend beeinflussen.

„Es ergiebt sich, dass in vielen Fällen sich die Stoffe wie doppelte
Molekeln verhielten, indem der die Fettradikale enthaltende Theil die
Eigenschaften eines Körpers der fetten Reihe zeigte, wenn er vor dem
Einflusse des Phenyls vollständig durch die Schirmwirkung des Karbonyls
geschützt war, während der den Kern enthaltende Theil in anderer Art
wirkt. Dies zeigt sich bei den Estern der aromatischen Säuren, wo die
Alkyle praktisch den gleichen Einfluss ausüben, als wenn sie den Hydro-
xylwasserstoff im Karboxyl von fetten Säuren ersetzen. Der vorhandene
Benzolkern wirkt dagegen in abweichender Weise, wie sich an den grossen
Zahlen bei der unmittelbaren Verbindung mit CH_2 oder beim Ersatz von
Wasserstoff durch Hydroxyl zeigt, u. s. w. Ist die Schirmwirkung nicht
vollkommen, wie bei CH_2, so behalten die fetten Radikale den allgemeinen
Charakter ihrer Drehung bei, und diese wird zwar etwas vergrössert, aber
bei weitem nicht in dem Maasse, als wenn sie sich in unmittelbarer Ver-
bindung mit dem Kern befinden.“

„Auch der Kern wird durch die Gruppen und die Halogene, mit
denen er verbunden ist, beeinflusst. Durch NO_2 und Fluor wird seine
Wirkung stark vermindert, ebenso wenn auch in weit geringerem Maasse
durch CO und Chlor; es ist bemerkenswerth, dass diese alle negativ
sind. Andererseits wird sie vermehrt durch die Verbindung mit Kohlenwasserstoffen, namentlich ungesättigten, und sehr stark durch die elektro-
positive Gruppe NH_2, sowie ihre methylirten und phenylirten Abkömmlinge. Es ergiebt sich demnach, dass stark elektronegative Gruppen entgegengesetzt den elektropositiven wirken. Beim Brom tritt indessen keine
wesentliche Abweichung ein, und beim Jod eine kleine Zunahme.“

---

1) W. H. Perkin, Journ. chem. Soc. **58**, 561, 1888; Chem. News. **59**, 247,
1889; **60**, 253, 1889; **62**, 255, 1890; Journ. chem. Soc. **1884**, 402, 815; **1896**, 1024,
1900, 267.

„Ursprünglich war vermuthet worden, dass NO_2 und die anderen Gruppen ebenso wie die beiden ersten Halogene ihre vermindernde Wirkung dadurch ausüben, dass sie selbst eine viel geringere Drehung haben, als der Kern. Dies scheint indessen durch die Thatsache widerlegt zu sein, dass die NH_2-Gruppe, die gleichfalls eine kleine Drehung besitzt, eine starke entgegengesetzte Wirkung zeigt. Die auffallenden Drehungen der Nitroverbindungen und des Fluorbenzols können indess anders aufgefasst werden. Es ist von Becquerel[1]) gezeigt worden, dass Ferro- und Ferrichlorid, welche paramagnetische Körper sind, die auffallende Eigenschaft besitzen, die Polarisationsebene des Lichtes in der entgegengesetzten Richtung zu drehen, wie die diamagnetischen Stoffe. Ihre Drehung ist daher zum Unterschiede von der gewöhnlichen die negative genannt worden."

„Die Drehungen der wässerigen Lösungen dieser Salze enthalten auch den Einfluss des Lösungswassers, welcher positiv ist, und sie sind daher mit dem Gehalte veränderlich, da die entgegengesetzten Drehungen des Salzes und des Wassers sich zum Theil aufheben; daher kann das Verhältniss zwischen beiden so eingerichtet werden, dass die Lösungen positive, negative oder gar keine Drehung haben. Nicht in allen Fällen wirken indessen Eisenverbindungen so. Das Eisenkarbonyl von Mond ist diamagnetisch und hat eine positive Drehung, wie andere Verbindungen dieser Klasse."

„Sauerstoff ist im freien Zustande paramagnetisch, und Dewar hat gezeigt, dass er im flüssigen Zustande diese Eigenschaft in hohem Grade besitzt. Es ist daher nicht unmöglich, dass der Sausrstoff der Nitrogruppe im Nitrobenzol paramagnetisch ist. Ist dies so, so würde das Rechenschaft von der sehr geringen Drehung dieser Verbindung geben, da der negative Charakter des vorhandenen Sauerstoffs die positive Drehung des anderen Theiles des Stoffes neutralisiren und so vermindern würde. Trifft dies zu, so ist zu vermuthen, dass auch Fluor paramagnetisch ist, da es auf ähnliche Weise wirkt. Ebenso wie Eisen kann auch der Sauerstoff diese Eigenschaft in einigen Verbindungen verlieren; auch zeigt sein Einfluss auf die Drehung der meisten Stoffe, dass er sie nicht immer behalten kann. Die sehr kleine Drehung, welche Schwefel- und Phosphorsäure trotz ihres Gehaltes an stark drehendem Schwefel und Phosphor haben, könnte auch leicht erklärt werden, wenn der enthaltene Sauerstoff paramagnetisch wäre. Diese Eigenschaft scheint ihm nur zuzukommen, wenn er doppelt gebunden ist, denn im Hydroxyl scheint er immer diamagnetisch zu sein. . . . ."

„Die Veränderlichkeit des Einflusses des Kerns auf die Drehung hat sich als sehr erheblich erwiesen, selbst bei Kohlenwasserstoffen. Die

---

1) Becquerel, Ann. chim. phys. **12**, 51, 1877.

Art, wie dieser Einfluss sich ändert, wenn zwei Benzolkerne mehr und mehr in die Nähe und zuletzt in unmittelbare Verbindung kommen, ist sehr merkwürdig, denn es ergab sich, dass mit zunehmender gegenseitiger Einwirkung auch die Drehung wächst. So ist im Benzol der Werth des C_6H_5 10,776; werden zwei dieser Gruppen durch ein zwischenliegendes CH_2 verbunden, wie im Diphenylmethan, so wächst der mittlere Werth auf 11,157; sind drei um ein CH gehäuft, so wird er 11,493, und wird die zwischenliegende Gruppe entfernt, so dass beide Kerne sich unmittelbar verbinden, so steigt er auf 12,398. Hieraus ergiebt sich, dass diese Vorgänge nicht von der Wirkung der Masse herrühren, denn die Molekel des Diphenyls ist nur wenig von den des Diphenylmethans verschieden, und ist nur etwa zwei Drittel von der des Triphenylmethans. . . . . ."

Die weiteren Arbeiten von W. H. Perkin[1]) sind untenstehend angeführt.

Aus den Untersuchungen von Oppenheimer und Forchheimer ergab sich, dass die Bromide, Chloride und Sulfate der Alkalien für die Molekularrotation von der Koncentration der Lösungen ganz unabhängige Werthe liefern.

Nach dem Vorgange von Perkin werden die molekularen Drehungen auf die des Wassers als Einheit bezogen. Bezeichnet also $m_1 = 17,96$ das Molekulargewicht des Wassers und m das Molekulargewicht der Substanz, so ist die molekulare Drehung der letzteren S

$$S = \frac{s\,m}{m_1}$$

wobei s die specifische Drehung bedeutet. Für s gilt die Gleichung

$$s = \frac{w\,d_1}{w_1\,d}$$

wo w_1 den der Stromintensität entsprechenden Drehungswinkel des Wassers, w den der gleichen Stromintensität entsprechenden Drehungswinkel einer homogenen Flüssigkeit, d die Dichte des Wassers bei der Temperatur t, bei welcher die Drehung bestimmt wurde, und d_1 die Dichte der betreffenden Flüssigkeit ist. Für die Lösung gilt die Gleichung

$$s = \frac{\dfrac{w\,d_1}{w_1} - s_1\,l_1}{l}$$

1) W. H. Perkin, Journ. chem. Soc. **236**, 340, 1882; **262**, 421, 1884; **281**, 205, 1886; **287**, 777, 1887; **297**, 362, 1887; **300**, 808, 1887; **319**, 695, 1888; **325**, 680, 1889; **57**, 1893; Perkin u. Gladstone, ibid. 59, 60, 981, 1891; **61**, **62**, 800, 1892; **63**, 488, 1893; vgl. hierzu Hinrichs, Compt. rend. **113**, 500, 1891; W. Ostwald, Journ. Chem. Soc. **59**, 198, 1891; G. Watson u. J. W. Bodga, Zeitschr, physik. Ch. **19**, 323, 1895; S. Oppenheimer, ibid. **27**, 447, 1898; J. Forchheimer, ibid. **34**, 20, 1900; O. Schönrock, ibid. **11**, 753, 1890.

wo s_1 die specifische Drehung des Lösungsmittels, l_1 die Menge des in der Volumeinheit der Lösung enthaltenen Lösungsmittels, l die Menge der in der Volumeinheit des Lösungsmittels enthaltenen verschiedenen Substanzen bedeutet. Von den Resultaten Schönrock's seien folgende wiedergegeben:

Substanz.	Formel.	Drehung Specifische.	Drehung Molekulare.
Pentan,	C_5H_{12}	1,4525	5,811
Hexan,	C_6H_{14}	1,3940	6,601
Oktan,	C_8H_{18}	1,3770	8,722
Dekan,	$C_{10}H_{22}$	1,3927	10,988
Amylen,	C_5H_{10}	1,5891	6,180
Hexylen,	C_6H_{12}	1,5970	7,453
Oktylen,	C_8H_{16}	1,5116	9,406
Decylen,	$C_{10}H_{20}$	1,4460	11,247
Benzol,	C_6H_6	2,5918	11,230
Toluol,	C_7H_8	2,3541	12,031
Aethylbenzol,	C_8H_{10}	2,2632	13,327
o-Xylol,	C_8H_{10}	2,2596	13,306
m-Xylol,	C_8H_{10}	2,1620	12,731
p-Xylol,	C_8H_{10}	2,1718	12,789
Propylbenzol,	C_9H_{12}	2,1592	14,394
Isopropylbenzol,	C_9H_{12}	2,1661	14,440
Mesitylen,	C_9H_{12}	1,9381	12,920
ps-Kumol	C_9H_{12}	2,0651	13,767
Isobusylbenzol,	$C_{10}H_{14}$	2,0863	15,531
Cymol,	$C_{10}H_{14}$	2,0004	14,892
Methylalkohol,	CH_4O	0,9133	1,624
Aethylalkohol,	C_2H_6O	1,0701	2,735
Propylalkohol,	C_3H_8O	1,1269	3,756
Isopropylalkohol,	C_3H_8O	1,1897	3,966
Isobutylalkohol,	$C_4H_{10}O$,	1,1740	4,827
Amylalkohol,	$C_5H_{12}O$	1,2038	5,886
Diäthylketon,	$C_5H_{10}O$	1,1373	5,434
Aethylenchlorid,	$C_2H_4Cl_2$	1,0043	5,518
Aethylidenchlorid,	$C_2H_4Cl_2$	0,9756	5,360
Pyridin,	C_5H_5N	2,0085	8,819
Aceton,	C_3H_6O	1,0803	3,481
Amyläther,	$C_{10}H_{22}O$	1,2737	11,181

Isomere Verbindungen zeigen also keine übereinstimmende Drehung. Es übt auch die Konstitution einen Einfluss aus.

Einen Einfluss der elektrolytischen Dissociation konnte Schönrock nicht beobachten [1]). Bei Doppelsalzen wie $NaCl, HgCl_2$ und $2\,KJ, HgJ_2$ zeigte sich in wässeriger Lösung eine grössere Drehung als der Summe der beiden Bestandtheile entspricht. Von wässerigen Lösungen anorganischer Verbindungen seien wiedergegeben:

Calciumchlorid,	$CaCl_2$	1,4897	9,178
Quecksilberchlorid,	$HgCl_2$	0,9025	13,595
Quecksilberjodid,	HgJ_2	1,8284	46,105
Quecksilbcyanid,	$Hg(CN)_2$	0,4922	6,900
Chlorwasserstoff,	HCl	2,4528	4,967
Natriumsulfat,	Na_2SO_4	0,4377	3,457
Kaliumjodid,	KJ	2,0592	18,984
Mangansulfat,	$MnSO_4$	0,3075	2,579
Kadmiumsulfat,	$CdSO_4$	0,3510	4,056
Magnesiumsulfat,	$MgSO_4$	0,2978	1,986
Natriumquecksilberchlorid,	$NaCl, HgCl_2$	1,2973	23,757 (ber. 18.953)
Kaliumquecksilberjodid,	$2\,KJ, HgJ_2$	3,1053	135,557 (ber. 84,073)

Zeeman-Effekt.

An dieser Stelle sei auch nochmals der Zeeman-Effekt erwähnt, der bereits früher besprochen wurde und in einer Verdoppelung oder Verdreifachung der Spektrallinien durch Einwirkung der magnetischen Kraftfelder besteht. Vgl. Bd. I, S. 13, 20, II, S. 473, 474.

4. Wechselwirkung zwischen Magnetismus und Elektricität.

Wenn man an einem Magneten vorbei einen Strom in einem Leitungsdraht hindurchgehen lässt, findet eine Ablenkung des Magneten nach der Ampèreschen Regel [2]) statt. Dieselbe lautet:

„Denkt man sich, dass man mit dem Kopfe voran mit dem positiven Strome der Elektricität fortschwimmt und dabei die Magnetnadel anblickt, so weicht der nach Norden weisende Nord-Pol derselben nach links aus, und die Nadel sucht sich senkrecht gegen den Leitungsdraht zu stellen.“

Hierbei ist die Kraft der Ablenkung allein von der Elektricitätsmenge abhängig, die an der Nadel in einer gegebenen Richtung vorbeifliesst.

„Die in elektromagnetischem Maasse gemessene Intensität eines Stromes, welcher in der Ebene die Flächenein-

---

1) Vgl. jedoch hierzu W. H. Perkin, Trans. Chem. Soc. 1894, 20; Ref. Zeitschr. physik. Ch. **14**, 183, 1894.

1) Ampère, Ann. de Chim. et de Phys. **15**, 67, 1820; Gilbert's Ann. **67**, 123.

heit umfliesst und dabei auf einen Magnetpol gerade so wirkt, wie ein unendlich kleiner Magnet von dem in gleicher Einheit gemessenen Momente Eins, dessen Axe auf seiner Ebene senkrecht steht, wird als Eins bezeichnet."

Die Erscheinungen der magnetischen Induktion, auf denen die elektromagnetischen Ströme und auf deren Wirkung die Arbeitsleistungen der Dynamomaschinen beruhen, brauchen an dieser Stelle nicht näher erörtert zu werden. Magnetisches Kraftfeld und Becquerelstrahlen offenbaren beide gleich auffallende Beziehungen zwischen den Elementen Eisen bezw. Radium u. s. w. und den Elektronen. Sie unterscheiden sich von einander dadurch, dass wir es beim magnetischen Kraftfeld mit elektrischen Wellenbewegungen, bei den Becquerelstrahlen aber mit der Aussendung von Elektronen zu thun haben.

Hall'scher Effekt.

Der Hall'sche[1]) Effekt besteht in der Erscheinung, dass der galvanische Strom in sehr dünnen Metallplatten durch den Magneten abgelenkt wird, und zwar ist die Richtung der Ablenkung für Silber, Gold, Platin, Wismuth und Nickel die gleiche, für Eisen und Kobalt die entgegengesetzte. Die Drehungsgrösse erreicht bei einer gewissen Stärke des Magnetfeldes, die aber für die einzelnen Metalle verschieden ist, ihr Maximum und sinkt bei Abnahme der Temperatur.

In betreff der Theorie des Hall'schen Phänomens sei auf die Arbeit von L. Boltzmann[2]), sowie auf die Versuche von v. Ettingshausen und Nernst[3]) verwiesen. Nach Boltzmann könnte dasselbe der Bildung eines verschiedenen Leitungswiderstandes nach verschiedenen Richtungen entsprechen, wodurch die Stromstrahlen Spiralen werden.

Nach den Untersuchungen von H. Bagard[4]) nimmt der Hall'sche Effekt in Flüssigkeiten zu 1. wenn der Salzgehalt der Lösung abnimmt, 2. wenn die Dichte des hindurchgehenden Stromes wächst, 3. wenn die Intensität des Magnetfeldes vermehrt wird.

---

1) E. H. Hall, Americ. Journ. of. Math, **2**, 287, 1880; Sillim. Journ. (3), **20**, 161, 1880; Wied. Ann. Beibl. **4**, 408; **5**, 57; **6**, 36.

2) L. Boltzmann, Wien. Ber. (2), **94**, 644, 1886; Wied. Ann. Beibl. **13**. 548, 1886.

3) v Ettingshausen u. Nernst, Wien. Ber. (2), **94**, 560, 1886; Beibl. **11**, 359, 1886.

4) H. Bagard, Journ. de Physique (3), **5**, 499, 1896.

Register.

Verbesserungen.

Band I.   Seite 296, erste Tabelle lies statt „Grm." „Vol." In entsprechender Weise muss auch die folgende Tabelle abgeändert werden.

Seite 668, erste Zeile des ersten Absatzes lies statt „Konstanz der Valenzen", „Konstanz der Zahl der Valenzen".

Seite 672 statt „Kohlrauch-Lenz-Bonty" lies Kohlrausch-Lenz-Bouty.

Band II.   Seite 50, erste Zeile, lies statt „Phase" „Base".

Seite 449 lies statt „Entstehung der Indikatoren" „Eintheilung der Indikatoren".